U0332284

环境能源工程

廖传华　王银峰　高豪杰　王小军　著

化学工业出版社

·北京·

内 容 简 介

本书分别针对工农业生产和人民生活活动中产生的各种有机废弃物，对其能源化利用的过程原理、技术方法、工艺路线及主要设备等进行了详细介绍。主要内容包括：环境问题和环境能源的分类、开发、利用，有机废弃物的来源、组成及能源化利用方法，有机废弃物的燃烧与能源化利用技术及设备，有机废弃物的焚烧与能源化利用技术及设备，有机废弃物水热氧化与能源化利用技术及设备，有机废弃物热解液化与能源化利用技术及设备，有机废弃物水热液化与能源化利用技术及设备，有机废弃物热解气化与能源化利用技术及设备，有机废弃物气化剂气化与能源化利用技术及设备，有机废弃物水热气化与能源化利用技术及设备，有机废弃物热解炭化与能源化利用技术及设备，有机废弃物水热炭化与能源化利用技术及设备，有机废弃物物理转化与能源化利用技术及设备，有机废弃物生物液化与能源化利用技术及设备，有机废弃物生物气化与能源化利用技术及设备，产业结构调整与环境保护。

本书可供从事有机废弃物处理、新能源开发、环境污染治理及保护、能源开发利用等行业的科研人员、工程技术人员和管理人员阅读参考，也可供高等学校能源与环境系统工程、能源工程、新能源、环境工程、资源科学与工程等相关专业的师生参考使用。

图书在版编目（CIP）数据

环境能源工程/廖传华等著. —北京：化学工业出版社，
2020.11
　　ISBN 978-7-122-37518-6

　　Ⅰ.①环…　Ⅱ.①廖…　Ⅲ.①能源-研究　Ⅳ.①TK01

中国版本图书馆 CIP 数据核字（2020）第 148712 号

责任编辑：卢萌萌　仇志刚　董小翠　　　　　文字编辑：丁海蓉　林　丹
责任校对：刘　颖　　　　　　　　　　　　　装帧设计：王晓宇

出版发行：化学工业出版社（北京市东城区青年湖南街 13 号　邮政编码 100011）
印　　装：北京新华印刷有限公司
787mm×1092mm　1/16　印张 36¼　字数 948 千字　　2021 年 2 月北京第 1 版第 1 次印刷

购书咨询：010-64518888　　　　　　　　　　售后服务：010-64518899
网　　址：http://www.cip.com.cn
凡购买本书，如有缺损质量问题，本社销售中心负责调换。

定　　价：**198.00 元**　　　　　　　　　　　版权所有　违者必究
京化广临字 2020-14

前言

　　能源是人类赖以生存和发展不可缺少的物质基础，在一定程度上制约着人类社会的发展。如果能源的利用方式不合理，就会破坏环境，甚至威胁到人类自身的生存。可持续发展战略要求建立可持续的能源支持系统和不危害环境的能源利用方式。

　　在化石能源渐趋枯竭，可持续发展、环境保护和循环经济逐渐被认可的时候，世界开始将目光聚焦到可再生能源，特别是环境能源上。环境能源（environmental energy），定义有广义和狭义两种。广义的环境能源是指储存在地球环境中的能源（如风能、水能和海洋能等）、太阳能、地球内的放射性能源，是世界上所有能源的初始来源。我们目前使用的所有能源，从广义的角度来看，都可称为环境能源。狭义的环境能源，是指将导致环境污染的有机污染物转化为可以利用的能量，也就是通常所说的污染物的能源化利用。

　　从保护环境和资源利用的角度出发，加大环境能源的开发与应用力度，对减少环境污染、保护生态环境具有重要意义；从能源开发与利用的角度出发，将造成环境污染的有机废弃物视为能源的一种，可充分发挥当地的资源优势，有效减少对传统能源的依赖，对于优化产业结构布局、推动区域经济发展具有重要意义。为了实现可持续发展战略，必须加大对环境能源的开发利用力度。但环境能源同时也存在能量密度低和发热量小的缺点，开发利用或转化技术较为复杂，成本较高。

　　根据有机废弃物的来源和组成特性，能源化利用的方法也各不相同，目前用于环境能源开发利用的技术主要有两种：热化学转化技术和生物转化技术。热化学转化是在高温条件下使有机废弃物发生化学转化而实现能源化利用，根据产物的不同可分热化学氧化（包括直接燃烧、焚烧、水热氧化）、热化学液化（热解液化、水热液化）、热化学气化（热解气化、气化剂气化和水热气化）和热化学炭化（热解炭化、水热炭化）等方法，其中，最简单的利用方法是直接燃烧和焚烧。生物转化是依靠微生物或酶的作用，使有机废弃物发生生物转化而实现能源化利用，根据产物的不同可分为生物液化（最典型的是有机废弃物发酵制燃料乙醇和丁醇等化学品）和生物气化（最典型的是有机废弃物厌氧发酵制沼气和制氢等气体燃料）。本书主要针对农林废弃物、畜禽粪便、城市生活垃圾、废塑料和废橡胶、有机污泥和有机废水等有机废弃物，分别对直接燃烧或焚烧、水热氧化（湿式空气氧化和超临界水氧化）、热解液化、水热液化、热解气化、气化剂气化、水热气化、热解炭化、水热炭化、物理转化制衍生燃料、生物液化制燃料乙醇和丁醇、生物气化制甲烷与氢气等能源化利用技术进行了详细介绍。

全书共分 16 章。第 1 章对环境问题和环境能源进行了阐述；第 2 章介绍了各种有机废弃物的组成及能源化利用方法；第 3 章介绍了有机废弃物的燃烧与能源化利用技术及设备；第 4 章介绍了有机废弃物的焚烧与能源化利用技术及设备；第 5 章介绍了有机废弃物水热氧化（包括湿式氧化和超临界水氧化）与能源化利用技术及设备；第 6 章介绍了有机废弃物热解液化与能源化利用技术及设备；第 7 章介绍了有机废弃物水热液化与能源化利用技术及设备；第 8 章介绍了有机废弃物热解气化与能源化利用技术及设备；第 9 章介绍了有机废弃物气化剂气化与能源化利用技术及设备；第 10 章介绍了有机废弃物水热气化与能源化利用技术及设备；第 11 章介绍了有机废弃物热解炭化与能源化利用技术及设备；第 12 章介绍了有机废弃物水热炭化与能源化利用技术及设备；第 13 章介绍了有机废弃物物理转化与能源化利用技术及设备；第 14 章介绍了有机废弃物生物液化与能源化利用技术及设备；第 15 章介绍了有机废弃物生物气化与能源化利用技术及设备；第 16 章阐述了产业结构调整与环境保护的关系。

全书由南京工业大学廖传华和王银峰、盐城工学院高豪杰和南京水利科学研究院王小军著写，其中第 1 章~第 3 章由廖传华和王小军共同著写，第 5 章、第 7 章、第 12 章和第 14 章由廖传华著写，第 6 章、第 8 章、第 11 章由王银峰著写，第 4 章、第 13 章、第 16 章由王小军著写，第 9 章、第 10 章、第 15 章由高豪杰著写。全书由廖传华统稿。

在著写过程中，常州市范群干燥设备有限公司范炳洪董事长、北京化工大学屈一新教授、中国农业大学刘相东教授、南京水利科学研究院秦福兴教授级高级工程师、中国五环工程有限公司蔡晓峰教授级高级工程师、华陆工程科技有限责任公司郭卫疆教授级高级工程师、南京工业大学黄振仁教授和朱廷风高级工程师、南京凯盛国际工程有限公司周玲高级工程师等提出了大量宝贵的建议，博士研究生郭丹丹协助进行了审稿，研究生廖玮、陈厚江、洪至康、周旭等在资料收集与处理方面提供了大量的帮助，在此一并表示衷心的感谢。

本书（《环境能源工程》）与《能源环境工程》互为姊妹篇，从整书的谋篇布局至素材的收集与整理过程都得到了化学工业出版社编辑的通力配合，历时五年，经多次修改，终于付梓，激动之情，无以言表。然环境能源工程涉及的知识面广，由于作者水平有限，不妥及疏漏之处在所难免，恳请广大读者不吝赐教，作者将不胜感激。

廖传华

目录

第 3 章　有机废弃物燃烧与能源化利用　/　056

第 6 章　有机废弃物热解液化与能源化利用　/　177

第 9 章　有机废弃物气化剂气化与能源化利用　/　283

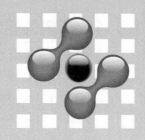

第 **1** 章 绪论

　　《中华人民共和国环境保护法》指出："本法所称的环境，是指影响人类生存和发展的各种天然的和经过人工改造的自然因素的总体，包括大气、水、海洋、土地、矿藏、森林、草原、野生动物、自然遗迹、人文遗迹、自然保护区、风景名胜区、城市和乡村等。"这是一种把环境中应当保护的要素或对象界定为环境的一种定义，其目的是从实际工作的需要出发，对环境的法律适用对象或适用范围做出规定，以保证法律的准确实施。

　　环境对人类生产、生活的排泄物具有一定的容纳和清除能力，这是环境的自净能力。当人类对环境的影响超过一定程度，即人类向环境索取资源的速度超过了资源的再生速度，或者向环境排放的废弃物的数量超过了环境的自净能力时，就会出现环境问题。

　　环境污染是由于人类的生产、生活活动产生的有害物质进入环境，引起环境质量下降、危害人类健康、影响人类正常生存发展的现象。环境保护指采取行政、法律、经济、科学技术等多方面的措施，在合理开发利用自然资源的同时，防治环境污染和破坏，以保持生态平衡、保护人类健康、促进经济和环境协调发展。

　　对于工、农业生产和人民生活活动中产生的有机废弃物，如有机废水和有机固体废弃物（包括生活垃圾、污泥等），以前由于认识的错位，都将其视为环境的污染源而必须"除之而后快"。然而，这些有机废弃物也是能源的载体，因此，从能源的角度来看，造成环境污染的有机废弃物也可视作环境能源的组成部分。

1.1 环境问题

　　对于环境问题，20 世纪 90 年代以前，人们只局限在对环境污染或公害的认识上，因此把环境污染等同于环境问题，而地震、水、旱、风灾等则认为全属于自然灾害。随着人们对自然的认识越来越深入，发现许多自然灾害是由人类盲目发展农业、砍伐林木、破坏植被以及严重的工业污染所造成的，因此，环境问题就其范围大小而论，可从广义和狭义两个方面理解。广义上理解，就是由自然力或人力引起生态平衡破坏，最后直接或间接影响人类生存和发展的一切客观存在的问题，都是环境问题。狭义的理解则是由于人类的生产和生活活动，使自然生态系统失去平衡，反过来影响人类生存和发展的一切问题。概括地讲，所谓环境问题，指的就是全球环境或区域环境中出现的不利于人类生存和发展的各种现象。

1.1.1　环境问题的分类

环境问题可分为两类：一类是原生环境问题；另一类是次生环境问题。

（1）原生环境问题

由自然力引起的环境问题称为原生环境问题，又称第一环境问题，主要是指地震、洪涝、干旱、滑坡等自然灾害发生时所造成的环境问题。原先认为原生环境问题主要是自然力所引起的，没有人为因素或人为因素很少。但由于人类对自然环境的干扰过大、过强，以致往往出现人为因素和自然因素相互交叉、相互影响，加重了原生环境问题的后果，而且原生环境问题往往超越了国界，成为全球性的大问题。

（2）次生环境问题

次生环境问题也称第二环境问题，是指由人为因素所造成的环境问题。次生环境问题又可分为环境污染和生态环境破坏。环境污染是指由于人类的生产和生活活动，使得环境的化学组成或物理状态发生变化，引起环境质量恶化，扰乱和破坏了生态系统和人们正常的生产和生活条件。具体来说，环境污染是指有害的物质，主要是工业"三废"（废水、废气和废渣）对大气、水体、土壤和生物的污染，包括大气污染、水体污染、土壤污染、生物污染等由物质引起的污染和噪声污染、热污染、放射性污染及电磁辐射污染等由物理性因素引起的污染。生态环境破坏是由人类活动直接作用于自然界引起的，如：乱砍滥伐引起的森林植被的破坏；过度放牧引起的草原退化；大面积开垦草原引起的沙漠化；滥采滥捕使珍稀物种灭绝，危及地球物种多样化的特点；植被破坏引起的水土流失等。

1.1.2　当前面临的环境问题

人类是环境的产物，又是环境的改造者。人类在同自然界的斗争中，运用自己的知识，通过劳动，不断地改造自然，创造新的生存条件，但由于缺少科学知识，在很长一段时间内，只知道向自然索取，根本不知道应该合理地开发利用自然资源，更不知道如何保护环境，导致当前面临着严重的环境问题。

（1）人口剧增

人口数量的增加和人类的生产活动是造成自然生态环境恶化和资源短缺的基本因素。公元元年，世界人口约3亿，直到18世纪中叶世界人口才增至8亿，这期间人口翻番用了1500年。自1750年起，世界人口增长加快，到1900年世界人口达17亿，人口翻番仅仅用了150年；到1950年，世界人口增至25亿；1950~1987年短短37年，人口翻番达到50亿；2011年底世界人口已增加到70亿。据预测，到2050年世界人口将达到94亿，2200年将达到110亿。若世界人口按目前每年1.17%的增长率继续增加下去，地球除南极洲以外的陆地面积，到2667年将挤满了人；假使南极洲也必须安排人的话，它也只能为7年内增长的人口勉强提供站脚的地方。世界人口的爆炸式增长是导致粮食短缺、资源过度消耗和环境恶化的基本原因，也是人类面临的各种困境的主要诱发因素。无法控制的人口增长，正在使自然界发生难以改变的倒退。人口问题已经成为当今世界未来学家高度重视、首先研究和亟待解决的制约社会可持续发展的重大课题。

（2）粮食短缺

人口的急剧增长使食物的供应量严重不足。地球能够向人类提供的食物是有限的，地球表面陆地面积只有1/2适于农耕和放牧，而随着经济的发展，大量可耕地被用于修建公路、居民点等，加上风蚀、河床改道和水土流失等人为和自然因素，耕地面积大幅度减少，质量不断降低；而由于人力、水源和肥源及其他自然条件的限制，可以扩大的耕地面积不多。另外，由于旱、涝、飓风、蝗虫等自然灾害和人为因素，世界粮食形势十分严峻。近几年，从全球看，粮食增产速度较快，但世界上挨饿的人比历史上任何时候都多，而且人口还在增加，患营养不良者达5亿人之多，每年仍有约1350万5岁以下的儿童死于营养不良。随着人口的继续无限制增长，不要说维持社会的持续发展，食物的匮乏甚至将危及人类的生存。

（3）资源危机

随着现代科学技术和工业的发展，包括能源在内的各种矿产资源的采掘和消耗日益增多，其中化石燃料的生产一直保持指数增长的速度。包括化石燃料在内的各种矿产资源是非再生资源，其储量是有限的，加上资源的地理分布极不均匀，资源消耗量极不平衡，少数发达国家依仗其军事和经济优势，肆意掠夺和浪费资源，使已存在的人类生产、生活对资源需求的无限增长的趋势与不能满足这种需求的矛盾日渐突出。世界性的资源危机，尤其是能源危机，已成为严重制约人类社会可持续发展的一大难题。

（4）淡水资源面临枯竭

据统计，地球上水的总量约为 $1.45 \times 10^9 km^3$，而其中绝大部分分布于海洋和两极冰川以及地壳孔隙中，真正可供人类利用的淡水只占地球总水量的1%。然而，就是这仅有的部分，近年来由于人类的掠夺性开采和大面积污染，使满足人类生产和生活所必需的淡水资源数量减少，资源性缺水现象日益严重；大量污废水的直接排放造成河流水质恶化，水质性缺水和工程性缺水现象日益普遍，"水荒"此起彼伏。水资源已成为制约人类社会可持续发展和威胁人类生存的难题之一。

（5）生态破坏

人口剧增和工业的发展，驱使人们对土地、矿产、森林、水资源和能源等自然资源进行无节制的掠夺性开采，超出了自然生态系统固有的自我调节能力，使全球性的生态平衡遭到严重的破坏。例如，盲目开垦草原和过度放牧，导致了土地的沙漠化，现在全世界有35%的陆地面积沙漠化，2/3 的国家面临沙漠化威胁，而且沙漠化土壤正以每年5万~7万平方公里的速度扩展；森林植被大面积被破坏，据估算，全球上原有森林面积76亿公顷，由于乱砍滥伐，毁林开荒，目前仅剩37亿公顷，而且每年以1800万公顷的速度消失，森林覆盖率已由原来的66%降至目前的22%左右。同时，由于森林被破坏和滥捕滥杀，生物物种也随之大量消失，估计到2050年，将会有25%的物种陷入绝境，6万种植物濒临灭绝，物种灭绝总数将达66万~186万种之多。地球生态环境的急剧恶化，将严重影响人类的生存和可持续发展。

（6）环境污染

科学技术的发展带动了工业、农业的深刻革命，同时也造成了严重的环境污染。燃料和动力的大量消耗，化肥、农药的无节制使用，以及城市人口和工业基地的加速集中，向周围环境排放出越来越多的废物和有毒有害的物质，严重污染大气、水体和土壤，破坏了生态平衡。水体污染和土壤污染不仅会造成有毒有害物质的扩散，危害人体健康，还会导致"水荒"和土质败坏等灾害发生。

1.2 能源与可持续发展

能源是人类赖以生存和发展的不可缺少的物质基础，在一定程度上制约着人类社会的发

展。如果能源的利用方式不合理，就会破坏环境，甚至威胁到人类自身的生存。可持续发展战略要求建立可持续的能源支持系统和不危害环境的能源利用方式。

1.2.1 可持续发展

在资源日渐枯竭、环境遭受严重污染与破坏的今天，世界各国都将可持续发展作为 21 世纪的发展战略。可持续发展是一种主要从环境和自然资源角度提出的关于人类长期发展的战略和模式，它不是一般意义上所指的一个发展进程要在长时间上连续运行、不被中断，而是特别指出环境和自然资源的长期承载能力对发展进程的重要性以及发展对改善生活质量的重要性。可持续发展的概念从理论上结束了长期以来把发展经济同保护环境与资源相互对立起来的错误观点，并明确指出了它们应当是相互联系和互为因果的。

可持续发展主要包括自然资源与生态环境的可持续发展、经济的可持续发展和社会的可持续发展三个方面，以自然资源的可持续利用和良好的生态环境为基础，以经济的可持续发展为前提，以谋求社会的全面进步为目标。只要社会在每一个时间段内都能保持资源、经济、社会和环境的协调，这个社会的发展就符合可持续发展的要求，人类的最后目标是在供需平衡条件下的可持续发展。可持续发展不仅是经济问题，也不仅是社会问题或者生态问题，而是三者互相影响的综合体。

可持续发展把发展与环境作为一个有机的整体，其基本内涵包括以下几点。

(1) 资源与环境是可持续发展的基础

可持续发展要求以自然资源为基础，同环境承载力相协调。"可持续性"可以通过适当的经济手段、技术措施和政府干预得以实现。力求降低自然资源的消耗速率，使之低于资源的再生速率或替代品的开发速率。鼓励清洁生产工艺和可持续消费方式，使单位经济活动所产生的废物数量尽量减少。可持续发展承认并要求体现出自然资源的价值，这种价值不仅体现在环境对经济系统的支撑和服务价值上，也体现在环境对生命支持系统的存在价值上。

(2) 发展是可持续发展的核心

可持续发展不否定经济增长，尤其是穷国的经济增长，但需重新审视如何推动和实现经济增长。要达到具有可持续意义的经济增长，必须将生产方式从粗放型转变为集约型，减少每个单位经济活动造成的环境压力，研究并解决经济上的扭曲和误区。环境退化的原因既然存在于经济过程之中，其解决方案也应该从经济过程中寻找。可持续发展以提高生活质量为目标，同社会进步相适应。经济增长一般定义为人均国民生产总值的提高，而发展则必须使社会和经济结构发生变化，使一系列社会发展目标得以实现。

(3) 可持续性是可持续发展的关键

可持续不仅是一般意义上的时间连续或不中断，而且特别强调环境与资源的长期承载能力对发展的促进作用，以及发展对改善生活的重要性。可持续有两方面的含义：一是自然资源存量和环境承载能力是有限的，物质上的稀缺性与经济上的稀缺性结合在一起，共同构成了经济发展的限制条件；二是在经济发展中，不仅要考虑当代人的利益，还要重视后代人的利益，既要考虑当前的发展，又要考虑未来的发展，把经济的发展和人口资源环境协调起来，把当前发展与长远发展结合起来。

(4) 可持续发展的实施以适宜的政策和法律体系为条件

强调"综合决策"和"公众参与"。需要改变过去各个部门封闭地、分别地制定和实施经济、社会、环境政策的做法，提倡根据周密的经济、社会、环境考虑和科学原则，全面的信息和综合的要求来制定政策并予以实施。可持续发展的原则要纳入经济、人口、环境、资源、社会等各项立法及重大决策之中。

从思想实质看，可持续发展包括3个方面的含义：a.人与自然的共同进化思想；b.当代与后代兼顾的伦理思想；c.效率与公平目标兼容的思想。也就是说，发展不能只求眼前利益而损害长期发展的基础，必须近期效率与长期效益兼顾。

人类只有依靠科技力量、科学精神和理性才能确保全球性、全人类的生存和可持续发展，才能引导人口、资源、能源、环境与发展等要素所构成的系统朝着合理的方向演化。纵观人类史，可把人类社会的发展规律归为智力发展的规律，把科技进步视为人类社会发展的基础和第一推动力。在未来时期，人类只有更加依赖科学文明、技术文明，才能创建更高级的人类文明模式，从而形成区域的和代际的可持续发展。

1.2.2 可持续发展对能源的需求

随着世界经济发展和人口的增加，能源需求越来越大。在正常的情况下，国民生产总值越高，能源消费量越大，能源短缺会影响国民经济的发展，成为制约持续发展的因素之一。许多发达国家都曾有过这样的教训，如1974年爆发的世界能源危机：美国能源短缺1.16亿吨标煤，国民生产总值减少了930亿美元；日本能源短缺0.6亿吨标煤，国民生产总值减少了485亿美元。据分析，由能源短缺所引起的国民经济损失约为能源本身价值的20~60倍。因此，不论哪一个国家哪一个时期，若要加快经济发展，就必须保证能源消费量的相应增长，要实现经济的可持续发展，就必须走可持续的能源生产和消费的道路。

在快速增长的经济环境下，能源工业面临经济增长和环境保护的双重压力。一方面，能源支撑着所有的工业化国家，同时也是发展中国家发展的必要条件。另一方面，能源生产是工业化国家环境退化的主要原因，也给发展中国家带来了种种问题。我国正处于工业化、城市化进程加快，能源需求最旺盛的历史阶段，自2001年以来，在经济增长和城市化进程引起的大规模基础设施投资的推动下，我国经济进入了一个重工业加速发展、能源消耗快速增长的阶段，出现了高能耗产业快速发展与能源利用率低的现象。能源利用导致的 CO_2 排放量、COD 等污染物也将以大致相同的比例增长。

根据可持续发展的指导思想，能源的开发与利用应考虑化石燃料资源的可枯竭性以及当前地理分布的不均匀性。工业化国家在20世纪后半叶已经历了地理分布不均匀性所造成的深远影响，简单地说，20世纪70年代的"能源危机"就是那些曾经或者现在仍旧强烈依赖燃油进口的工业化国家所面临的燃油供应中断危机。发展中国家对能源的潜在需求是工业化国家的数倍，因为其总人口是工业化国家的3倍以上。目前，发展中国家的能源需求正以每年7%的速度增长，而发达国家只有大约3%，而且这些需求大部分只能通过进口石油来满足。随着人类社会的进一步发展，除非采用替代能源技术，否则对化石燃料的需求还将继续增长。那些拥有资源或者能够负担进口费用的发达国家将增大对燃油的需求，而其他不发达国家只好发展其他化石能源，如煤和天然气，而不管本国是否有足够的资源。这将加速全球污染和气候变化的步伐。

可持续发展是人类对人与环境关系认识的一个新阶段。在目前的认识下，可持续发展包括3个基本因素：a.少破坏、不破坏，乃至改善人类所赖以生存的环境和生产条件；b.技术要不断革新，对于稀有资源、短缺资源能够经济地取得替代品；c.对产品或服务的供求平衡能实现有效的调控。按照可持续发展的要求，应将人口、经济、环境、资源、社会等全面统筹考虑协调发展。传统的高消耗、高产量、高废弃物的发展模式已对自然环境造成了恶性破坏：不可再生的化石能源日趋枯竭、环境污染日益严重、由水质型缺水导致的水资源供需矛

盾日渐突出、水土流失现象更加明显。能源属于自然资源的一种，尤其是不可再生的化石能源，要实现可持续发展的战略目标，必须大力开发新能源。在当前形势下，在进行环境治理的同时开发环境能源，无疑具有重要的意义。

1.2.3 开发环境能源的意义

在化石能源渐趋枯竭，可持续发展、保护环境和循环经济逐渐被认可的时候，世界开始将目光聚焦到可再生能源，特别是环境能源上。环境能源（environmental energy），从其外涵来说，有广义和狭义两种。广义的环境能源是指储存在地球环境中的能源（如风能、水能和海洋能等）、太阳能、地球内的放射性能源，是世界上所有能源的初始来源。实际上，我们目前使用的所有能源，从广义的角度来看，都可称为环境能源。狭义的环境能量，是指将导致环境污染的有机污染物转化为可以利用的能量，也就是通常人们所说的污染物的能源化利用。相对于煤、石油和天然气等化石能源而言，环境能源不仅具有资源量大、分布广泛等特点，而且其开发利用过程还可实现二氧化碳等污染物的零排放或低排放。

环境能源的大力开发与利用不仅可以有效解决当前的能源短缺问题，缓解能源供需矛盾，调整能源结构，而且能减少对环境的污染，改善区域生态环境质量，是发展循环经济的重要手段。循环再利用将传统的生产模式改变为"自然资源—产品—废弃物—回收再用—再生资源"，在这个循环过程中废弃物被能源化利用，实现了资源的循环再利用，同时也有助于解决环境恶化的问题，促进社会经济的可持续发展。

1.3 环境能源的分类

从实质上讲，环境能源是以有机污染物为载体、以化学能形式贮存在环境污染物中的能量形式，直接或间接来源于绿色植物的光合作用，可转化为常规的固态、液态和气态燃料。

在人类的工业生产与生活活动中每天都会产生大量的有机废弃物，形式繁多，如何对有机废弃物进行分类，有着不同的标准。根据废弃物的存在状态可分为有机固体废弃物和有机废水。

1.3.1 有机固体废弃物

有机固体废弃物可根据来源分为农业废弃物、林业废弃物、畜禽粪便、城市生活垃圾（餐厨垃圾）、废塑料和废橡胶、有机污泥等，其中农业废弃物占最大比例。

（1）农业废弃物

农业废弃物是农业生产的副产品，也是我国农村的传统燃料，主要包括：农业生产过程中的农作物废弃物，如农作物收获时残留在农田内的农作物秸秆（玉米秸秆、小麦秸秆、高粱秸秆、稻草、豆秸和棉秆等）；农产品加工业的废弃物，如农业生产过程中剩余的稻壳、麦糠等；蔬菜种植和加工过程产生的蔬菜废弃物；林业生产废弃物等。目前全国农村作为能源的秸秆消费量约 $2.86×10^8 t$，但大多数还是低效利用，即直接在柴灶上燃烧，其转换效率仅为 10%~20%。

1）农作物废弃物

主要包括玉米秸秆、小麦秸秆、麦糠、花生秧、花生壳、稻草、稻壳、豆秸、棉花秸秆等。

玉米秸秆的产量较大，是籽粒的 1.1~1.2 倍，干物含量为 88.8%，粗蛋白为 5.53%~

6.35%。小麦秸秆、麦糠的产量是小麦的1.1倍，干物质含量为95%，粗蛋白为3.6%。花生秧的产量是花生的0.8倍。稻草、稻壳的产量是水稻的0.9倍。

2）蔬菜废弃物

主要包括蔬菜秸秆、菜叶以及不能食用的尾菜。菌类生产中的菌糠其含水量为11.87%，含碳34%，含氮2.3%。

3）林业生产废弃物

主要指农村房前屋后所植果树等的落叶、剪枝、绿化修剪下脚料、烂果、木材加工下脚料等。

4）饼粕类

主要包括菜籽饼、花生饼、豆饼、棉籽饼等。菜籽饼含碳量为49.64%，含氮量为4.6%；花生饼含碳量为49.4%，含氮量为6.3%；豆饼含碳量为47.46%，含氮量为7%；棉籽饼含碳量为79%，含氮量为5.5%。

近十几年来，特别是小麦、玉米实行机械化收割以来，农民的生活条件日益改善，农作物秸秆在燃料、饲料、堆沤粪肥等方面的作用逐渐减小直至取消，以前被农民当作宝的农作物秸秆、蔬菜秧蔓等逐渐被废弃，造成了环境污染和资源浪费，因此，农业废弃物不合理处置越来越成为环境治理的一大难题。

为图省事，收割过后抛撒在地里不易敛收和影响下茬作物耕作种植的，直接焚烧处理，造成了空气污染，还容易引起火灾；焚烧过后，造成了土壤板结，大量的有益微生物也被烧死，之后的很长一段时间才可能被恢复。还有一些勤俭的农民，喜欢把用不着的作物秸秆堆放起来以备不时之需，占用了大量的公共空间，影响了村容村貌，时间长了，过一两个雨季，堆体内部就腐烂变质，污染了环境。

为了省时省力，菜农直接把蔬菜秧蔓扔进地头附近的沟渠，腐烂之后影响了水质，污染了环境。一些蔬菜秧蔓带有病虫害，病虫害在条件适宜时就会在附近传播蔓延，无形之中增加了病虫害的防治难度，给下茬作物的种植增加了成本。尾菜也同样存在着被种植户和经营户随意丢弃的现象，造成了环境污染。

（2）林业废弃物

林业废弃物是在林业育苗、管理、采伐、造材、加工和利用的整个过程中产生的废弃物，主要包括林木苗圃剩余物、林木修枝剩余物、木材采伐剩余物、木材造材剩余物、木材加工剩余物、薪材、废旧木材、竹材加工剩余物、废旧竹材、香蕉和菠萝残体。

林木苗圃剩余物是指林木苗圃中死亡的苗木及苗木培育产生的树梢和截头等剩余物。

林木修枝剩余物指用材林、防护林、特种用途林和经济林在其抚育和管理过程中，人为地除去枯枝和部分活枝而产生的枝桠。

木材采伐剩余物是林木在其主伐、抚育间伐及低产（效）林改造采伐和更新采伐等作业过程中产生的剩余物，主要包括木材的枝桠、梢头、树桩、树根以及可能的打伤木、枯倒木和伐区清理作业中砍伐获得的藤条和灌木。枝桠也叫枝丫或树枝。梢头是打枝时切除的树干顶端部分，更多的研究叫树梢或梢顶。树桩即伐根，也有研究叫木桩，是伐树后与树根连接在一起的地上残留部分。打伤木指采伐中打落的其他不属采伐树木的枝桠等。枯倒木是在伐区内因病害或其他自然灾害导致倒伏的树木。清场灌木和清场藤条是在采伐作业过程中，清理伐区而砍伐的灌木和藤条。

木材造材剩余物为原条被锯截成一定规格原木的造材过程产生的剩余物，包括树皮、截头和根部齐头。截头是原条被截去的上端部分，根部齐头是被截去的下端部分。截头和根部齐头都属于在造材过程中一定会产生的损耗。

木材加工剩余物是木材加工过程中产生的剩余边角料，包括板皮、板条、锯末、碎单板、木芯、刨花和废弃木块。板皮是原木外围锯下的带有表皮的板块。板条是削切木材产生的表层薄片。锯末是切割木材时散落下来的沫状木屑。碎单板是加工中产生的废弃的碎裂单板。木芯是旋切板生产过程中遗留下来的木材中心部分。刨花是加工过程中产生的卷曲薄片状木屑。

薪材是指不符合次加工原木标准要求的圆材。依据当前现行的行业标准《次加工原木》（LY/T 1369—2011），在林业调查中直立主干长度＜2m（包括树干扭曲或有树瘤、节子等情况；树高＜2m属于幼树，不属于薪材）或径阶＜8cm的林木称为薪材。

废旧木材是指木质建筑物在建造或改造过程中产生的木质废弃物，以及城乡生活、工业生产、办公场所及各种建筑废弃的木质家具，也有人称其为木质废料。

竹材加工剩余物是指竹子砍伐后产生的竹叶以及加工后产生的竹梢、竹枝和竹屑等废弃物。

废旧竹材指竹材的建筑物在建造或改造过程中产生的竹材废弃物以及城乡生活、工业生产、办公场所及各种建筑废弃的竹材家具。

香蕉和菠萝残体是指香蕉和菠萝的果实成熟采摘后，为准备种植下茬植物而砍伐清理获得的地上部分的植株残体。

由于我国一些地区农民燃料短缺，专门用作燃料的薪炭林太少，所以常以材林充抵生活燃料，这就属于"过耗"，近年来过耗现象已趋减少。

(3) 畜禽粪便

随着人民生活水平的提高，人们对肉类的需求也不断增大。为满足人民群众对肉类食品的需求，养殖业的规模也不断扩大。然而，养殖业会产生大量的有机废弃物，主要包括：a. 畜禽粪便。畜禽排泄物的总称，是其他形态生物质（主要是粮食、农作物秸秆和牧草等）的转化形式，包括禽畜排出的粪便、尿及其与垫草的混合物。粪便中粗蛋白的含量较高，尿液中含氮量较高。b. 病死畜禽尸体。畜禽尸体的碳氮比为5：1，含有大量的蛋白质、脂肪。c. 屠宰废弃物。包括污水、污泥、下脚料等，也是一种高氮材料，碳氮比也可按5：1计算。其中，禽畜粪便的产生量最大，是养殖业废弃物的主要组成。

畜禽粪便露天存放，臭气熏天，污染空气，蚊蝇满天飞，增加了病虫害的传播，影响人们的身体健康。禽畜粪便除青藏一带牧民用其直接燃烧（炊事、取暖）外，更多是将其制作有机肥料，或经厌氧发酵制取沼气后再作有机肥料。但有的农户为了省事，把畜禽粪便未经腐熟就直接施用，容易造成抛撒不匀烧苗或当季肥效得不到利用，有可能造成减产；堆制发酵碳氮池不适宜，发酵设施不符合要求，如敞口发酵、就地小堆发酵，外皮所占比例过大，保温效果差，且发酵条件控制不严，没有检测手段，温度和时间不能满足彻底消除病原菌和蛆虫卵的需要。并且过量、单一来源的粪肥，易造成土壤盐分和氯化钠、锌、铜等重金属超标。病死畜禽尸体的处理，即使养殖户进行深埋也会污染地下水。

因此，开发和推广集约化养殖禽畜粪便的能源化利用技术，通过收集、干燥、粉碎、转化等工序，将之转变为能源，不仅可有效减少环境污染，还可替代一定数量的化石能源，对于补充我国能源供应、调整能源消费结构具有重要意义。

(4) 城市生活垃圾

城市生活垃圾主要是由城镇居民生活垃圾、商业和服务业垃圾、少量建筑垃圾等废弃物所构成的混合物，组成成分比较复杂，受当地居民生活水平、能源结构、城市建设、自然条件、传统习惯以及季节变化等因素影响。随着城市规模的扩大和城市化进程的加速，中国城市生活垃圾的产生量和堆积量逐年增加，使垃圾处理越来越困难，由此而来的环境污染等问题逐渐引起社会各界的广泛关注。

2019 年 5 月，我国"无废城市"试点建设工作正式在 16 个城市和地区启动。践行绿色生活方式，推动生活垃圾源头减量和资源化利用是"无废城市"建设的 6 项重点任务之一。国内外研究表明，餐厨垃圾是生活垃圾的重要组成部分。据联合国粮食及农业组织（FAO）统计，全球约有 1/3 的食品在生产、流通和消费过程中被损失或浪费，数量高达 $1.3×10^9$ t/a，这些损失或浪费的食品多数会作为餐厨垃圾进行必要的处理。已有不同文献报道，我国城镇餐厨垃圾年产生量为 $6.00×10^7$ ~ $9.24×10^7$ t，与美国（$6.10×10^7$ t）和欧盟（$8.80×10^7$ t）的食品废物产生量接近。餐厨垃圾等高湿垃圾是城市固体垃圾中有机垃圾的重要组成部分，主要来自饭店、企事业单位食堂和居民家庭等，包括瓜果皮、食物残渣、厨房下脚料等。这些物质中含有脂肪、蛋白质、粗纤维、还原糖、淀粉等有机成分和氮、磷、钾等资源物质，具有很高的回收利用价值。

在我国，随着垃圾分类工作的推进，城市生活垃圾主要分为四大类：厨余垃圾、可回收物、有害垃圾和其他垃圾，如表 1-1 所示。

表 1-1　生活垃圾"四分类"

序号	分类类别	定义	内容
1	厨余垃圾	日常生活中产生的易腐烂垃圾	主要包括：废弃的剩菜、剩饭、蛋壳、瓜果皮核、茶渣、鱼刺、骨头、内脏等
2	可回收物	可资源化利用的物质	主要包括：纸类（报纸、传单、杂志、旧书籍、纸板箱及其他未受污染的纸制品等）、金属（钢、铁、铜、铝、易拉罐等金属制品）、玻璃（玻璃瓶罐、平板玻璃、啤酒瓶及其他玻璃制品）、除塑料袋外的塑料制品（泡沫塑料、塑料瓶、饮料瓶、硬塑料制品等）、未污染的纺织品、电器、电子产品、纸塑铝复合包装（牛奶盒）等
3	有害垃圾	对人体健康或自然环境有直接或潜在危害的物质	主要包括：废弃的充电电池、扣式电池、荧光灯管（日光灯管、节能灯等）、温度计、血压计、过期药品、杀虫剂、胶片及相纸、废油漆、溶剂及包装物等
4	其他垃圾	除厨余垃圾、可回收物和有害垃圾之外的生活垃圾	主要包括：受污染与无法再生的纸张（纸杯、照片、复写纸、压敏纸、收据用纸、明信片、相册、卫生纸、纸尿片等）、塑料袋与其他受污染的塑料制品、破旧陶瓷品、妇女卫生用品、一次性餐具、烟头、灰尘等

按照表 1-1 中的"四分类"，对应采用"四色桶"进行分类投放、分类收集和分类运输（图 1-1）：厨余垃圾桶采用绿色，色标为 PANTONE 562C；可回收垃圾桶颜色采用宝石蓝，色标为 PANTONE 660C；有害垃圾桶颜色采用红色，色标为 PANTONE 703C；其他垃圾桶采用灰色，色标为 PANTONE 137C。并在桶身正面印有所对应类别的醒目标志。

从燃烧性能方面，城市生活垃圾可分为可燃物和不可燃物，如表 1-2 所示。

表 1-2　城市生活垃圾组成

可燃物/%					不可燃物/%		
厨房垃圾	纸张	塑料	纺织物	竹子和木头	灰分	金属	玻璃
64.00	4.90	10.5	2.80	1.41	13.10	1.16	2.13

| 厨余垃圾
Food Waste | 有害垃圾
Hazardous Waste | 可回收物
Recyclable | 其他垃圾
Residual Waste |

生活垃圾流程图

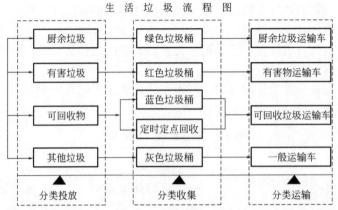

图 1-1　生活垃圾"四分类"标志及采用"四色桶"进行分类投放、分类收集和分类运输

城市生活垃圾的组成成分及热值如表 1-3 所示。

表 1-3　城市生活垃圾的组成成分与热值

成分/%								低位热值 /(kJ/kg)
C	H	O	N	S	Cl	H_2O	A(灰分)	
13.72	1.91	7.75	0.35	0.12	0.54	51.47	24.14	4186

由表 1-3 可知，目前中国城市生活垃圾的热值在 4.18MJ/kg 左右，是一种"放错地方的资源"。随着我国城市化率、煤气供应率和集中供暖率的上升，城市生活垃圾的有机质比重将迅速上升，利用相应的无害化处理技术，可得到有效能源如沼气、电能等。

（5）废塑料和废橡胶

随着科学技术的发展，塑料、橡胶制品的品质有了大幅提高，在民生领域得到了广泛应用。

塑料广泛用于农用地膜、塑料包装袋、快餐盒、包装盒、手机外壳、塑料盆、塑料拖鞋、塑料桌椅等。这些制品在完成使用功能和达到使用寿命后，即成为废塑料。目前我国废塑料的产生量约为 3500 万吨，在自然条件下基本无法降解，如果处理不得当，势必会破坏环境，危害百姓健康。

橡胶广泛用于制造轮胎、胶管、胶带、电缆及其他各种橡胶制品，大量应用于工业和生活各方面。如今全世界每年要耗用差不多 1000 万吨的合成橡胶，另外还有数百万吨的天然橡胶。橡胶中的一半用来制造轮胎。这些轮胎和其他的橡胶制品使用一定时间后都会报废，从而产生废橡胶。

在日常生活中，少量的废塑料、废橡胶往往都是混入城市生活垃圾中一并处理的，但由

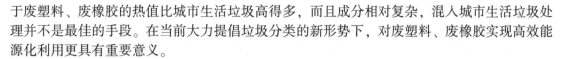

于废塑料、废橡胶的热值比城市生活垃圾高得多，而且成分相对复杂，混入城市生活垃圾处理并不是最佳的手段。在当前大力提倡垃圾分类的新形势下，对废塑料、废橡胶实现高效能源化利用更具有重要意义。

（6）有机污泥

污泥是污水处理厂在各级污水处理净化后所产生的含水量为75%~99%的固体或流体状物质，主要由有机残片、细菌菌体、无机颗粒、胶体及絮凝所用药剂等组成，是一种以有机成分为主、组分复杂的混合物，其中包括有潜在利用价值的有机质、氮、磷、钾和各种微量元素，同时也含有大量的病原体、寄生虫（卵）、重金属和多种有毒有害有机污染物，如果不能妥善安全地对其进行处理处置，将会给生态环境带来巨大危害。

随着技术的发展和观念的进步，污泥逐渐被看作是资源而并非仅仅是污染物。污泥中的有机物含有大量热值，具有能源化利用的潜力，将污泥处置甚至污水处理过程转变为能量的净产出过程逐渐引起了研究者的兴趣。

对于上述各类有机固体废弃物，从环境的角度看，其中所含的有机质是造成环境污染的主要原因，因此必须尽可能除去。但从可持续发展的角度来看，有机固体废弃物也是一种能源的载体，其所含的有机质蕴含着大量的化学能，因此可将其作为环境能源而加以开发利用。

1.3.2 有机废水

有机废水就是以有机污染物为主的废水，有机废水易造成水质富营养化，危害比较大。

有机废水按其性质可分为三大类：a. 易于生物降解的有机废水；b. 有机物可以降解，但含有害物质的废水；c. 难生物降解的和有害的有机废水。

有机废水根据来源可分为生活污水和工业有机废水。

（1）生活污水

生活污水主要由城镇居民生活、商业和服务业的各种排水组成，如洗浴排水、盥洗排水、洗衣排水、厨房排水、粪便污水等。一般城市污水含有0.02%~0.03%的固体与99%以上的水分，下水道污泥有望成为厌氧消化槽的主要原料。

（2）工业有机废水

工业有机废水是指工业生产过程中产生的有机废水，主要是酒精、酿酒、食品、制药、造纸及屠宰等行业生产过程中排出的废水，其中都富含有机物。

在生活污水、食品加工和造纸等工业废水中，含有碳水化合物、蛋白质、油脂、木质素等有机物质。这些物质以悬浮或溶解状态存在于污水中，可通过微生物的生物化学作用而分解。在其分解过程中需要消耗氧气，因而被称为耗氧污染物。这种污染物可造成水中溶解氧减少，影响鱼类和其他水生生物的生长。水中溶解氧耗尽后，有机物进行厌氧分解，产生硫化氢、氨和硫醇等难闻气味，使水质恶化。

随着经济的飞速发展，我国有机废弃物的排放量持续增高，已成为垃圾包袱最沉重的国家。因为有机废弃物易腐败分解而加剧环境污染，破坏生态平衡，严重危害城乡环境和居民生活条件，目前国际上已将其列为公认的十大环境问题之一。但从能源的角度看，所有的废弃物都可视为"放错了地方的资源"，有机废弃物中含有大量的有机物，在其腐败分解污染环境的同时也浪费了大量的有机能源。因此《国家中长期科技发展规划纲要（2006—2020）》中将"综合治污与废弃物循环利用"作为能源和环境重点领域中的优先主题；《国务院关于加快培育和发展战略性新兴产业的决定》中也将"节能环保"

列为战略新兴产业。

　　从保护环境和资源利用的角度出发，加大环境能源的开发与利用力度，对减少环境污染、保护生态环境具有重要意义；从能源开发与利用的角度出发，将造成环境污染的有机废弃物视为能源的一种，可充分发挥当地的资源优势，有效减少对传统能源的依赖，对于优化产业结构和产业布局、推动区域经济发展具有重要意义。但环境能源同时也存在能量密度低和发热量小的缺点，开发利用或转化技术较为复杂，成本较高。为了实现可持续发展战略，必须加大对环境能源的开发利用力度。

1.4　环境能源的开发与利用技术

　　环境能源，是将造成环境污染的有机废弃物视作能源的载体，针对各种有机废弃物的特性，分别采用不同的方法，以最经济的手段将其转化为可利用的能源，在保护环境的同时，实现资源的再利用。

　　目前，用于环境能源开发的技术主要有三种：热化学转化技术、物理转化技术和生物转化技术。表 1-4 所示为各种环境能源的开发利用方法。

表 1-4　环境能源的开发利用方法

方　　法			特　　点
热化学转化技术	热化学氧化	常压氧化	燃烧	对于热值较高、能自持燃烧的固体有机废弃物,使其与空气中的氧进行剧烈的化学反应,放出热量
		焚烧	对于热值较低、无法自持燃烧的有机废弃物,采取措施使其与空气中的氧进行剧烈的化学反应,放出热量
		水热氧化	湿式氧化	对于含水量较高、可以泵送的有机废弃物,以空气为氧化剂进行剧烈氧化反应,放出热量
		超临界水氧化	对于含水量较高、可以泵送的有机废弃物,利用超临界水的特性,使其与氧化剂发生剧烈的化学反应而放出热量
	热化学液化	热解液化	在无氧条件下将有机废弃物加热升温,引发分子链断裂而产生焦炭、可冷凝液体和气体产物,但以液体产物产率为目标
		水热液化	以水作为介质,在一定条件下使有机废弃物经过一系列化学过程,将其转化成液体燃料(主要是生物油)的清洁利用技术
	热化学气化	热解气化	在无氧条件下将有机废弃物加热升温,引发分子链断裂而产生焦炭、可冷凝液体和气体产物,但以气体产物产率为目标
		气化剂气化	简称气化。将有机废弃物加热升温,在气化剂的作用下引起分子链断裂而产生焦炭、可冷凝液体和气体产物,以气体产物产率为目标
		水热气化	以水作为介质,在一定条件下使有机废弃物经过一系列化学过程,将其转化成气体燃料(主要成分是 H_2、CO_2、CO、CH_4、含 $C_2 \sim C_4$ 的烷烃)的清洁利用技术
	热化学炭化	热解炭化	在无氧或缺氧条件下将有机废弃物加热升温,引发分子链断裂而产生焦炭、可冷凝液体和气体产物,但以固体产物产率为目标
		水热炭化	以水作为介质,在一定条件下使有机废弃物经过一系列的化学过程,将其转化为生物炭的清洁利用技术

方 法			特 点
物理转化技术	制合成燃料	合成固体燃料技术	将固体有机废弃物分选、粉碎、干燥后,与其他燃料混合制成高热值、高稳定性的固体燃料,也称衍生燃料
		合成浆状燃料技术	将固体有机废弃物经过混合研磨加工制成具有一定流动性、可以实现管道输送、能像液体燃料那样雾化燃烧的浆状燃料
生物转化技术	生物液化	发酵制乙醇	在酶的作用下,使有机废弃物经发酵而生成乙醇
		发酵制丁醇	在酶的作用下,使有机废弃物经发酵而生成丁醇
		制生物柴油	利用绿藻、浮萍等原料制备生物柴油
	生物气化	厌氧消化产甲烷	利用微生物在厌氧条件下将有机废弃物转化为甲烷气
		厌氧消化制氢	利用微生物在常温常压下进行酶催化反应由有机废弃物制得氢气

1.4.1 热化学转化技术

热化学转化包括热化学氧化、热化学液化、热化学气化和热化学炭化等方法。

1.4.1.1 热化学氧化

热化学氧化是将有机废弃物在一定条件下与氧气或空气中的氧气发生氧化反应放出热量,从而实现有机废弃物的能源化利用。根据操作条件,热化学氧化包括常压氧化和水热氧化。

(1) 常压氧化

常压氧化是指在常压条件下使有机废弃物与氧或空气中的氧气发生剧烈的氧化反应,从而放出热量,实现有机废弃物的能源化利用。根据有机废弃物的热值高低与是否能自持燃烧,常压氧化一般分为燃烧和焚烧两种操作。

1) 燃烧

燃烧技术是传统的能源转化形式,是人类对能源的最早利用。对于含热值较高、能实现自持燃烧的固态有机废弃物,如农林废弃物、畜禽粪便、废塑料、废橡胶等,可通过燃烧这种特殊的化学反应形式,将储存在其内的化学能转换为热能,广泛应用于炊事、取暖、发电及工业生产等领域。

2) 焚烧

对于某些热值较低、无法自持燃烧的有机废弃物,可采用焚烧的方法,通过外加辅助燃料或改变燃料粒径等方法,使其与氧或空气中的氧进行剧烈的化学反应,将化学能转化为热能,进而实现有机废弃物的能源化利用。焚烧既适用于固体有机废弃物,也适用于有机废液,因而具有广阔的应用前景。

(2) 水热氧化

水热氧化技术是在高温高压下,以空气或其他氧化剂将废水中的有机物(或还原性无机物)在液相条件下发生氧化分解反应或氧化还原反应,放出热量,进而实现有机废弃物的能源化利用。

根据反应所处的工艺条件,水热氧化可分为湿式(空气)氧化和超临界水氧化。

1) 湿式空气氧化

湿式空气氧化(wet air oxidation,WAO)是以空气为氧化剂,将有机废弃物中的溶解性

物质（包括无机物和有机物）通过氧化反应而放出热量，从而实现废弃物的能源化利用。由于湿式氧化的媒介是水，因此湿式氧化一般只适用于处理有机废液和通过加水调和后可以流动和连续输送的有机废弃物。

2）超临界水氧化

超临界水氧化（supercritical water oxidation，SCWO）是在水的超临界状态下，通过氧化剂（氧气、臭氧等）将有机废弃物中的有机组分迅速氧化分解为 CO_2、H_2O 和无机盐，并放出热量，从而实现有机废弃物的能源化利用。

与湿式氧化相同，超临界水氧化技术一般也只适用于处理有机废液和通过加水调和后可以流动和连续输送的有机废弃物。

1.4.1.2 热化学液化

热化学液化是将有机废弃物在一定的温度条件下经过一系列化学加工过程，使其转化成液体燃料（主要是生物油）的清洁利用技术。

根据热化学液化的工艺条件，可分为热解液化和水热液化。

（1）热解液化

有机废弃物热解液化的本质是热解，在无氧或缺氧条件下将有机废弃物加热干馏，使有机物发生各种复杂的变化：低分子化的分解反应和分解产物高分子化的聚合反应等；大部分有机物通过分解、缩合、脱氢、环化等一系列反应转化为低分子油状物。

（2）水热液化

水热液化是以水作为溶剂，把固体状态的有机废弃物经过一系列化学加工过程，使其转化成液体燃料（主要是生物油）的清洁利用技术。

1.4.1.3 热化学气化

热化学气化是指在加热和缺氧条件下，将有机废弃物中的大分子分解转化为小分子的可燃气，从而实现有机废弃物的能源化利用。气化处理利用技术既解决了有机废弃物直接排放带来的环境问题，又充分利用了其能源价值。气化过程中有害气体 SO_2、NO_x 产生量较低，且气化产生的气体不需要大量的后续清洁设备。随着环境能源技术的不断发展，有机废弃物气化技术因独特的优点得到越来越多的关注和探索。

根据热化学气化的工艺条件，可分为热解气化、气化剂气化（通常简称为气化）和水热气化。

（1）热解气化

在无氧或缺氧条件下将有机废弃物加热，使有机物产生热裂解，经冷凝后产生利用价值较高的燃气、燃油及固体半焦，但以气体产物产率为目标。

（2）气化剂气化

气化剂气化是在高温下将有机废弃物与含氧气体（如空气、富氧气体或纯氧）、水蒸气或氢气等气化剂反应，使其中的有机部分转化为可燃气（主要为一氧化碳、氢气和甲烷等）的热化学反应。气化可将有机废弃物转换为高品质的气态燃料，直接应用作为锅炉燃料或发电，产生所需的热量或电力，且能量转换效率比焚烧有较大的提高，或作为合成气进一步参与化学反应得到甲醇、二甲醚等液态燃料或化工产品。

（3）水热气化

水热气化是以水作为溶剂，把固体状态的有机废弃物经过一系列化学加工过程，使其转化成气体燃料（主要成分是氢气、二氧化碳、一氧化碳、甲烷、含 $C_2 \sim C_4$ 的烷烃）的清洁利用技术。

1.4.1.4　热化学炭化

热化学炭化是将有机废弃物在一定的温度条件下加热升温，引起分子分解而产生焦炭、可冷凝液体和气体产物，但以固体产物产率为目标。

根据热化学炭化的工艺条件，可分为热解炭化和水热炭化。

（1）热解炭化

在无氧或缺氧条件下将有机废弃物加热至 500℃ 以上，对其加热干馏，使有机物产生热裂解，经冷凝后产生利用价值较高的燃气、燃油及固体半焦，但以固体产物产率为目标。

（2）水热炭化

水热炭化是以水作为反应介质，在一定条件下使有机废弃物经过一系列复杂的化学反应转化为生物炭的过程。

1.4.2　物理转化技术

物理转化技术是根据有机废弃物的组成特性，通过向其中添加一系列其他物质而制成合成燃料。根据合成燃料状态的不同，有机废弃物物理转化制合成燃料技术可分为合成固体燃料技术和合成浆状燃料技术两大类。

（1）合成固体燃料技术

也称固体衍生燃料技术。一般来讲，有机废弃物的发热量低，挥发分比较少，灰分含量比较高，较难着火，难以满足直接在锅炉中燃烧的条件，因此，合成燃料除向其中加入降低含水率的固化剂外，还需要掺入引燃剂、除臭剂、缓释剂、催化剂、疏松剂、固硫剂等添加剂，以提高其疏松程度，改善合成燃料的燃烧性能，使合成燃料满足普通固态燃料在低位热值、固化效率、燃烧速率以及燃烧臭气释放等方面的评价指标。

（2）合成浆状燃料技术

合成浆状燃料技术是以有机废弃物为原料，通过向其中加入煤粉、燃料油及脱硫剂，经过混合研磨加工制成的具有一定流动性，可以通过管道用泵输送，能像液体燃料那样雾化燃烧的浆状燃料的技术。

1.4.3　生物转化技术

生物转化技术是依靠微生物或酶的作用，对有机废弃物进行生物转化，实现能源化利用。

根据制备产品的特性，有机废弃物生物转化技术可分为生物液化技术和生物气化技术。

（1）生物液化技术

有机废弃物生物液化技术是以淀粉质（玉米、小麦等）、糖蜜（甘蔗、甜菜、甜高粱秆和汁液等）或纤维质（木屑、农作物秸秆等）有机废弃物为原料，在生物酶的作用下，经发酵、蒸馏制成液体燃料（如乙醇、丁醇等），或用动植物油脂和低碳醇通过脂肪酶进行转酯化反应，制备相应的脂肪酸甲酯及乙酯，然后再制取生物柴油。

采用稻谷壳、薯类、甘蔗和糖蜜等生物质发酵生产乙醇，其燃烧所排放的 CO_2 和作为原料的生物质生长所消耗的 CO_2 在数量上基本持平，这对减少大气污染和抑制温室效应意

义重大。

（2）生物气化技术

有机废弃物生物气化技术是以有机废弃物为原料，在微生物的作用下，通过厌氧消化而制得气态燃料，主要针对农业生产和加工过程产生的有机废弃物，如农作物秸秆、畜禽粪便、生活污水、工业有机废水和其他农业废弃物等。最典型的有机废弃物生物气化技术是厌氧消化制沼气和厌氧消化制氢。

1）有机废弃物厌氧消化制沼气

有机废弃物厌氧消化制沼气是指富含碳水化合物、蛋白质和脂肪的有机废弃物在厌氧条件下，依靠厌氧微生物的协同作用转化成甲烷、二氧化碳、氢及其他产物的过程。整个转化过程可分成三个步骤：首先将不可溶的有机废弃物转化为可溶化合物，然后将可溶化合物转化成短链酸与乙醇，最后经各种厌氧菌作用转化成气体（沼气），一般最后的产物含有50%~80%的甲烷，最典型的产物含65%的甲烷与35%的CO_2，热值可高达20MJ/m^3，是一种优良的气体燃料。

2）有机废弃物生物制氢

有机废弃物生物制氢是以有机废弃物为原料，产氢微生物通过光能或发酵途径生产氢气的过程。利用有机废弃物制氢，对于缓解日益紧张的能源供需矛盾和环境污染问题具有特殊的意义，是极具吸引力和发展前景的途径之一。

参考文献

[1] 廖传华，李聃，王小军，等.污泥减量化与稳定化的物理处理技术［M］.北京：中国石化出版社，2019.
[2] 廖传华，王小军，高豪杰，等.污泥无害化与资源化的化学处理技术［M］.北京：中国石化出版社，2019.
[3] 廖传华，王万福，吕浩，等.污泥稳定化与资源化的生物处理技术［M］.北京：中国石化出版社，2019.
[4] 陈冠益，马文超，钟磊.餐厨垃圾废物资源综合利用［M］.北京：化学工业出版社，2018.
[5] 周全法，程洁红，龚林林.电子废弃物资源综合利用技术［M］.北京：化学工业出版社，2018.
[6] 汪苹，宋云，冯旭东.造纸废渣资源综合利用［M］.北京：化学工业出版社，2018.
[7] 尹军，张居奎，刘志生.城镇污水资源综合利用［M］.北京：化学工业出版社，2018.
[8] 黄建辉，刘明华.废旧金属资源综合利用［M］.北京：化学工业出版社，2018.
[9] 朱玲，周翠红.能源环境与可持续发展［M］.北京：中国石化出版社，2013.
[10] 杨天华，李延吉，刘辉.新能源概论［M］.北京：化学工业出版社，2013.
[11] 卢平.能源与环境概论［M］.北京：中国水利水电出版社，2011.
[12] 骆仲泱，王树荣，王琦，等.生物质液化原理及技术应用［M］.北京：化学工业出版社，2013.
[13] 谢光辉，傅童成，马履一，等.林业剩余物的定义和分类述评［J］.中国农业大学学报，2018，23（7）：141-149.
[14] 张志高，王志春，王春云，等.农业废弃物资源分类及利用技术［J］.农技服务，2015，32（1）：8-9.
[15] 司凤霞，于丽红.农业废弃物综合利用方法和途径［J］.现代农业，2019（1）：81-82.
[16] 马健，洪文娟，张文杰，等.畜禽粪便的危害及处理技术［J］.畜牧与兽医，2019，51（2）：135-140.
[17] 张琳琳，龙顺东，肖智华.农业生产中畜禽废弃物的资源化利用［J］.现代农业科技，2019（921）：167-169.
[18] 牛斌，王君，任贵兴.畜禽粪污与农业废弃物综合利用技术［M］.北京：中国农业科学技术出版社，2017.
[19] 薛菁菁.农业废弃物处理问题与对策［J］.河北农业，2018（9）：55-56.
[20] 史海东，才晓泉.生物质清洁能源的来源和分类［J］.生物学教学，2017，42（3）：67-68.
[21] 魏潇潇，王小铭，李蕾，等.1979—2016年中国城市生活垃圾产生和处理时空特征［J］.中国环境科学，2018，3（10）：3833-3843.
[22] 李扬，李金惠，谭全银，等.我国城市生活垃圾处理行业发展与驱动力分析［J］.中国环境科学，2018，38（11）：4173-4179.
[23] 倪娜.城市生活垃圾资源化存在的问题及对策探讨［J］.中国环境管理，2009（1）：50-53.

[24]　周恩毅，齐刚.我国城市生活垃圾资源化处理的现状和对策探讨［J］.西安邮电学院学报，2010，15（4）：109-111，160.

[25]　杨娜，邵立明，何品晶.我国城市生活垃圾组分含水率及其特征分析［J］.中国环境科学，2018，38（3）：1033-1038.

[26]　唐伟，郑思伟，何平，等.杭州市城市生活垃圾处理主要温室气体及 VOCs 排放特征［J］.环境科学研究，2018，31（11）：1883-1890.

[27]　李大中，王朋，刘林.城市生活垃圾与煤混烧与综合利用评述［J］.电站系统工程，2011，27（5）：1-4.

[28]　廖传华，米展，周玲，等.物理法水处理过程与设备［M］.北京：化学工业出版社，2016.

[29]　廖传华，朱廷风，代国俊，等.化学法水处理过程与设备［M］.北京：化学工业出版社，2016.

[30]　廖传华，韦策，赵清万，等.生物法水处理过程与设备［M］.北京：化学工业出版社，2016.

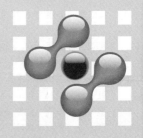

第2章 有机废弃物的组成及能源化利用方法

对于各类有机废弃物，以前由于认识的错位，都将其列为环境污染的源头。随着循环经济理念的发展，由于有机废弃物中蕴含有大量的化学能，因此可将其视为能源的载体，通过各种转化技术而实现能源化利用。

然而，对于各种有机废弃物，由于来源不同、组成不同，其能源化利用的方法也相差较大，因此，针对农林废弃物（农业废弃物和林业废弃物的统称）、畜禽粪便、城市生活垃圾、废塑料和废橡胶、有机污泥、有机废水等，应根据其组成的不同，采取相应的措施与方法，高效实现其能源化利用。

2.1 农林废弃物的组成及能源化利用方法

农林废弃物是农业废弃物和林业废弃物的总称，分别指农业和林业生产、加工过程产生的固体废弃物。

2.1.1 农业废弃物的组成

农业废弃物是农业生产的副产物，也是我国农村的传统燃料，主要包括：农业生产过程中的废弃物，如农作物收获时残留在农田内的农作物秸秆（麦秸、稻草、棉秆、麻秆、芦苇、玉米秸、高粱秸、甘蔗渣和豆秸等）；农产品加工业的废弃物，如农业生产过程中剩余的稻壳等。目前全国农村作为能源的秸秆消费量约 $2.86×10^8t$，但大多数还是低效利用，即直接在柴灶上燃烧，其转换效率仅为 $10\% \sim 20\%$。随着农村经济的发展和农民收入的增加，改用优质燃料（液化气、电炊、沼气、型煤）的家庭越来越多，各地均出现收获后在田边地头放火焚烧秸秆的现象，既危害了环境，又浪费了资源。目前我国农业废弃物的利用率和前几年相比不仅没有提高，反而有所降低，许多地区废秸秆量已占总秸秆量的 60% 以上，因此，加快秸秆的优质化转换利用势在必行。

（1）麦秸

我国麦秸资源年产量达 1 亿吨左右，大部分未得到合理利用，造成了资源的极大浪费。

麦秸的主要化学成分是纤维素、半纤维素和木质素。麦秸节间纤维素含量最高，麦秸半纤维素中聚戊糖的含量相当于阔叶树材的最高值。麦秸次要成分中的灰分含量远高于木材，而灰分中 95% 以上是 SiO_2。麦秸的热水抽提物含量也较高，为 10%～23%，其中果胶质仅为 10% 左右，大部分为淀粉等低聚糖。麦秸的 1% 氢氧化钠抽提物含量大约比木材高 1 倍，说明麦秸中低分子碳水化合物的含量较高。

麦秸自身密度较小，节间的平均密度为 $0.313g/cm^3$（绝对含水率 $W=8.9\%$），接近根部的节间壁较厚，密度为 $0.316g/cm^3$，节的密度为 $0.341g/cm^3$（$W=8.9\%$），节鞘的平均密度为 $0.257g/cm^3$（$W=8.9\%$）。从节间的横切面看，表皮处坚实，平均密度为 $0.383g/cm^3$，中层为 $0.307g/cm^3$，内层为 $0.298g/cm^3$。

（2）稻草

稻为禾科禾亚科稻属，别名禾、粳、糯。稻是重要的粮食作物，稻草是水稻的茎，一般指脱粒后的稻秆。稻草是主要的农作物秸秆资源之一，根据联合国粮农组织统计，全世界稻草年总产量为 44982.7 万吨，主要分布在中国、印度、日本等国，其中我国为 17218.4 万吨，占世界总量的 38.3%。除在部分地区用作造纸（制造包装纸、普通文化用纸、草纸板等）、种植食用菌外，目前大部分直接燃烧，利用比例较低。

稻草自身的热导率很小，仅为 0.035W/(m·℃)，5mm 稻草板的热导率为 0.108W/(m·℃)。稻草中粗蛋白含量 3%，粗脂肪含量 1% 左右，灰分含量 3%～12%，尤其草叶、草穗又高于茎秆。灰分中 SiO_2 含量很高，达 60% 以上。稻秆的密度很小，热值约为煤的 1/2，能量密度低。我国每年稻草的产量近 2 亿吨，若考虑与稻秆性质相近的农作物秸秆，则一年总量计 5.52 亿吨，折合标准煤约 2.26 亿吨。

与煤的化学组成和结构相比，稻草的基本结构单元中具有较少的缩合芳香环化合物和较多的脂肪烃结构以及较多数量和种类的含氧官能团，侧链比较长，这些特点使得稻秆在较低的温度下就能发生热解反应，析出挥发分迅速，但析出的气态物中存在高含氧量的碳氧化物，挥发分热值较低。稻秆在热解过程中生成气、液、固三种产物。

稻草的 H/C（氢碳原子比）与 O/C（氧碳原子比）值较高。H/C 值越高，越有利于生成液态的轻质芳烃或气态的烷烃，一般苯和苯酚的 H/C 值等于或大于 1，CH_4 的 H/C 值是 4；而 O/C 值高表明包含与氧的桥键（—O—）相关的各种基团，容易断裂键而形成气态挥发性产物。

2.1.2　林木废弃物的组成

林木废弃物是指在森林培育、抚育等经营管理及木材生产、加工和消费过程中产生的废弃物，按照来源又可细分为采伐剩余物、造材剩余物、抚育和间伐剩余物、木材加工剩余物、建筑木质废料、拆迁木质废料、装修木质废料、废弃木质家具以及废弃木质包装材料等。采伐剩余物是在森林和林木采伐过程中产生的枝桠、梢头、树皮、树叶、树根和藤条等。造材剩余物是在森林和林木采伐以及木质产品初加工过程中产生的截头、枝桠等。工业用材林中幼龄抚育及间伐剩余物主要是生态林、经济林、绿化林抚育和修整得到的木材。木材加工剩余物是在木制品加工过程中产生的板皮、板条、木竹截头、锯末、碎单板、木芯、木屑、刨花、木块、边角余料、砂光粉尘等。建筑木质废料是在建筑物建造过程中产生的废旧木模板、木胶合板和木脚手架等。拆迁木质废料是在房屋本体拆迁过程中产生的门窗、梁、柱、椽、木板等木质材料。装修木质废料是在建筑装饰装修过程中产生的木质废料。废弃木质家具是指废弃的木质家具或家具部件。废弃木质包装材料是废弃的木质包装物及拆解下来的木质材料。可以看出，林木剩余物的形式非常复杂多样，有木屑、锯末、刨花、板皮、枝桠、截头、木片、木板等等。

据统计，林木剩余物甚至可以占到人类原木蓄积量的50%，数量巨大。森林采伐时，原木仅占森林总量的30%左右，约70%的大量采伐剩余物留在林地中，若不合理利用，不但造成资源的浪费，而且妨碍森林的更新。在森林采伐剩余物中，约有20%的小径木及弯曲材、30%的树墩与树根、20%的枝桠、20%的树梢及10%的树皮。另外，林木剩余物还包括林业副产品生产中的一些副产物，如椰子壳、核桃壳、油茶壳、杏核、桃核等果核。

（1）林木抚育、间伐剩余物

根据国家林业局相关技术规定，中幼龄林在其生长过程中间伐2~4次。森林抚育间伐平均出材量6.0m³/hm²（20%间伐强度），可产生5.51亿立方米小径材，换算成生物质量为5亿吨。针叶树种和阔叶树种的修枝次数不同，平均为2~3次。在林木抚育期间，可产生1.84亿吨枝条。全国中幼龄林抚育间伐量为6.84亿吨。

林业生产和森林更新过程中产生的剩余物有采伐剩余物、造林剩余物和加工剩余物。树干是林木生物质的主要部分，约占70%，采伐后的枝和叶约占30%。

根据各林区采伐数据和样地数据，采伐剩余物（梢头+枝+叶）约占林木生物质量的40%。我国用材林达到采伐标准的成熟林和过熟林的面积为1468.57万公顷，蓄积量27.4亿立方米，总生物质量32.14亿吨。防护林和特种用途林需要采伐更新的过熟林面积307.75万公顷，蓄积量7.13亿立方米，总生物质量8.36亿吨。林木采伐更新总量40.5亿吨，采伐剩余物量约16.2亿吨。

天然林是我国森林资源的主体，全国天然林面积占林地面积的68.49%，占森林蓄积量的87.56%。天然林资源尤其是天然用材林的大部分集中在人口密度较小的山区，经过长时间的砍伐后，剩余的森林地处偏僻之处、交通闭塞、运输困难，所以这些地区森林所生产的采伐剩余物难以利用。另外，国家实施了天然林保护工程，天然林采伐受到严格限制。上述区域的采伐剩余物和抚育间伐物受政策和自然条件限制，利用难度大。其他地区（大部分是人工林），近30%的采伐剩余物和抚育间伐物可以利用，约为7亿吨。

根据《中国森林资源报告2014—2018》，我国森林面积2.2亿公顷，森林覆盖率22.96%，森林蓄积量175.6亿立方米；人工林面积0.69亿公顷，蓄积量24.83亿立方米。面积和蓄积量连续30多年保持"双增长"，成为全球森林资源增长最多的国家。

2018年，我国森林年均采伐量3.34亿立方米。其中，天然林年均采伐量1.79亿立方米，减少5%；人工林年均采伐量1.55亿立方米，增加26%；人工林采伐量占森林采伐量的46%，上升了7个百分点，森林采伐继续向人工林转移。每年的采伐量约合3.91亿吨林木质生物量，按采伐剩余物占总采伐量40%的比例计算，约产生1.56亿吨采伐剩余物。经济林、竹林的修剪枝丫量和木材加工剩余物全部作为能源为0.2~0.3亿吨。

由于我国一些地区农民燃料短缺，专门用作燃料的薪炭林太少，所以常以材林充抵生活燃料，这就属于"过耗"。近年来过耗现象已趋减少，而且造林绿化快速发展，全国用材林已形成5700多万公顷的中幼龄林，通过抚育间伐，可提供1亿多吨的生物质原料。

（2）木材加工剩余物

根据国家统计局发布的2018年国民经济数据，全国木材产量8432亿立方米，比上年增长0.4%。木材加工剩余物数量为原木的34.4%，其中，板条、板皮、刨花等占全部剩余物

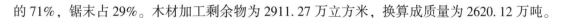

的 71%，锯末占 29%。木材加工剩余物为 2911.27 万立方米，换算成质量为 2620.12 万吨。

2.1.3　农林废弃物对环境的影响

农林废弃物如不加以收集利用，会对环境造成如下影响：

① 农林废弃物的大量堆积，会占用大量的土地，影响人们的出行与交通。

② 由于农林废弃物大多属着火点较低的可燃物，在"天干物燥"的秋冬季节，极易引起火灾，造成生命和财产的损失。

③ 农林废弃物长期堆放，会因腐败变质而散发出难闻的气味，影响居民的正常生活和身体健康。

为解决这一问题，以往农村都是采用就地焚烧的方式进行处理，因此每到收割季节，全国到处可见焚烧农作物秸秆的现象，导致大气污染非常严重，有的甚至直接威胁到交通安全。近年来，虽然农村已禁止焚烧秸秆，但农林废弃物不会因禁止焚烧就不产生，因此需找到一个妥善的解决办法。

现有农林废弃物资源的综合利用途径相当多，很多途径的资源利用率和经济效益都很高，但消耗量小，不能从根本上解决农林废弃物资源的处理和利用。如将农林废弃物资源作为能源载体，不仅能够最大量地处理农林废弃物，且产物不存在销路问题，而且还是唯一可液化的可再生能源，同时还是可通过光合作用实现大气中 CO_2 和 O_2 循环平衡的载体，在世界能源安全和碳减排中均将起到重要的作用。

2.1.4　农林废弃物的能源化利用方法

对于农林废弃物，因其中含有大量的化学能，因此可采用热化学转化（如直接燃烧、热化学液化、热化学气化和热化学炭化等）、物理转化（加工成成型燃料）和生物转化（如生物液化制燃料乙醇、丁醇和生物柴油，生物气化制沼气和氢气）的方法，将化学能转化为热能或高品位的能源物质而实现利用。

（1）直接燃烧

直接燃烧是指针对不同形状的农林废弃物原料，采用特定的燃烧方法及相适应的炉型使其与氧气发生燃烧反应，同时放出热量。直接燃烧的目的是利用其燃烧放出的热值，因此采用的炉型应尽可能使农林废弃物燃尽，即尽可能放出更多的热量。

根据农林废弃物形状及尺寸，采用的燃烧方法有层状燃烧、沸腾燃烧、流化燃烧、悬浮燃烧等，相应的燃烧设备分别为层燃炉、沸腾燃烧炉、流化床燃烧器（也称流化床锅炉）、悬浮燃烧炉等。

由于农林废弃物直接燃烧的热利用效率低，而且在燃烧过程中会产生大量的烟气和粉尘，因此已逐渐被热化学液化、热化学气化和热化学炭化等热化学转化技术和生物液化、生物气化等生物转化技术取代。

（2）热化学液化

热化学液化是在一定的温度和压力条件下，将农林废弃物经过一系列化学加工过程，使其转化成生物油的热化学过程。农林废弃物热化学液化对原料的适应性强，生物质利用率高，反应时间短，易于工厂化生产，产品能量密度大，易于存储和运输，直接或加以改性精制就可作为优质车用燃料和化工原料，不存在产品规模和消费的地域限制问题，同时也可以处理生物质发酵残余物，因而成为国内外生物质液化研究开发的重点和热点。

根据热化学加工过程的不同技术路线，农林废弃物的液化可分为热解液化和水热液化。

1) 热解液化

热解是指以农林废弃物为原料,在一定温度和缺氧条件下,使农林废弃物中的大分子物质裂解为小分子的气体和液体,残余量称为半焦。产生的小分子气体和液体都可以作为燃料,从而提升了农林废弃物的燃料品质。以追求气体产物收率最大化的热解称为热解气化;以追求液体产物收率最大化的热解称为热解液化;以追求固体产物收率最大化的热解称为热解炭化。

热解液化是将农林废弃物在隔绝空气的情况下快速加热,通过热化学反应,将原料直接裂解为粗油,反应速率快,处理量大,原料广谱性强,生产过程几乎不消耗水。生物油为主要产品,干基产率在70%左右,副产物为半焦、灰渣和气体,整个系统没有废气排出,处理过程几乎无污染。

农林废弃物热解液化最大的优点在于其产物生物油易存储、运输,为工农业大宗消耗品,不存在产品规模和消费的地域限制问题,生物油不但可以精制改性替代传统燃料,而且还可从中提取出许多附加值较高的化学品。采用分散热解、集中发电的方式,生物油通过内燃机、燃气轮机、蒸汽轮机完成发电,这些系统可产生热和能,能够达到更高的系统效率,一般为35%和45%,并且解决了因发电要求规模效益而带来的农林废弃物运输和储存成本以及场地费用等问题,适合于生物质能的特点,是一项极具经济性和产业化发展前景的技术。

2) 水热液化

液化是在合适的催化剂、溶剂介质存在下,在反应温度200~400℃、反应压力5~25MPa、反应时间从2min至数小时条件下液化,生产生物油、半焦和干气。由于水安全、环保、易得,因此常用水作溶剂,即为水热液化。水热液化所得生物油的含氧量在10%左右,热值比热解液化的生物油高50%,物理和化学稳定性更好。

由于水的汽化相变焓为2260kJ/kg,比热容为4.2kJ/(kg·℃),使水汽化的热量是把等量的水从1℃加热到100℃所需热量的5倍,而对于高含水生物质(含水率通常高于70%),采用热解液化技术需要干燥,能耗过大,因而增加了生产成本。采用水热液化无需进行脱水和粉碎等高耗能步骤,还避免了水汽化,反应条件比快速热解温和,且其中的水分还能提供加氢裂解反应所需的·H和脱羧基的·OH,有利于热解反应的发生和短链烃的产生。与热解液化相比,水热液化能获得低氧含量、高热值、黏度相对较小、稳定性更好的生物油,因此适用于水生植物、藻类、养殖业粪便和二次有机污泥等高含水有机废弃物的规模化液化,极具经济性和工业化前景,成为国内外研究者和生产者关注的热点之一。

目前,水热液化还处于实验室研究阶段,尽管反应条件相对温和,但对设备要求较为苛刻、成本较高等缺点使其应用受到一定的限制。

(3) 热化学气化

热化学气化是在一定的温度条件下,将农林废弃物经过一系列化学加工过程,使其转化成小分子气体的热化学过程。根据热化学加工过程的不同技术路线,农林废弃物的气化可分为热解气化、气化剂气化和水热气化。

1) 热解气化

热解气化是在无氧或缺氧条件下将农林废弃物加热,使有机物产生热裂解,经冷凝后产生利用价值较高的燃气、燃油及固体半焦,但以气体产物产率为目标。

2) 气化剂气化

气化剂气化简称气化,是采用某种气化剂,使农林废弃物在气化反应器中进行干燥、热解、燃烧和还原等热化学反应，生成含有 CO、CH_4、H_2 和 C_nH_m 等的可燃气体，热值高达 $16\sim21MJ/m^3$，除了直接燃烧用于炊事外，还可用作发电和热电冷多联产等。半焦可用作固体燃料、土壤改良剂、肥料缓释增效的载体以及高性能活性炭的原料等。灰渣富含钾、硅、镁、铁等作物所需元素，可用于肥料。

3）水热气化

水热气化是以水为溶剂，在合适的催化剂和一定的工艺条件下，使农林废弃物中的大分子物质发生裂解生成小分子的可燃气。

（4）热化学炭化

农林废弃物热化学炭化是指在一定温度条件下将农林废弃物中的有机组分进行热分解，使二氧化碳等气体从固体中被分离，同时又最大限度地保留农林废弃物中的碳值，使农林废弃物形成一种焦炭类的产品，通过提高其碳含量而提高其热值。根据热化学加工过程的不同技术路线，农林废弃物的炭化可分为热解炭化和水热炭化。

1）热解炭化

农林废弃物的热解炭化是在一定温度条件下，将满足含水率要求的农林废弃物进行热解，通过控制其操作条件（最主要是加热温度及升温速率），使农林废弃物中的有机组分分解产生气体、液体和固体，具体组成和性质与热解的方法和反应参数有关。如果热解是以追求固体产物的产率为目标，此时即为热解炭化，其过程的实质是在缺氧或少氧的情况下对生物质进行干馏，因此也称干馏炭化。

2）水热炭化

农林废弃物的水热炭化是在一定的温度和压力条件下，将农林废弃物放入密闭的水溶液中反应一定时间以制取焦炭的过程，实际上水热炭化是一种脱水脱羧的煤化过程。与传统的热解炭化相比，水热炭化的反应条件相对温和，脱水脱羧是一个放热过程，可为水热反应提供部分能量，因此水热炭化的能耗较低。另外，水热炭化产生的焦炭含有大量的含氧、含氮官能团，焦炭表面的吸水性和金属吸附性相对较强，可广泛用于纳米功能材料、炭复合材料、金属/合成金属材料等。

（5）物理转化

一般说来，农林废弃物的着火点很低，可直接作为燃料燃烧产热，但由于其能量密度较低，持续燃烧时间短，因此，也可采用物理转化的方式，将其加工成成型燃料，提高其能量密度，从而拓展其应用领域。

（6）生物液化

农林废弃物生物液化是指在微生物或酶的作用下，将农林废弃物转化为乙醇、丁醇等液化燃料。其中生物燃料乙醇的生产过程、反应机理和反应动力学等相对较为简单，生产工艺和装备与白酒生产几乎没什么不同，技术也很成熟，是近几年发展较快的生物质能转换技术。以稻草、谷物秸秆等农林废弃物为原料，将其转化为糖类，并在发酵桶中采用专用的细菌将糖类转化为生物丁醇和丙酮的液化技术，是当前国内外生物法液化技术研究的热点和未来的发展方向。

目前农林废弃物生物法液化存在的共性难题是反应时间长、发酵剩余物在 70% 以上、产品提纯能耗高等，急需解决的问题包括：提高生物质转化效率、处理能力和产率，降低生产成本；采用多种专用微生物和酶，将糖化、发酵和回收过程集成，开发连续化生产工艺，使发酵长时间地在峰值生产速率下完成，提高目标产物浓度，避免产品生成抑制问题；筛选和培育高效生物酶和专用菌，提高产率和原料适应性；开发先进的提纯分离技术，提高用能

和用水效率。

(7) 生物气化

农林废弃物生物气化是指在微生物或酶的作用下，通过厌氧发酵将农林废弃物转化为沼气或氢气等可燃气体。其中，农林废弃物厌氧发酵制沼气的技术已非常成熟，得到了普遍的应用。

2.2 畜禽粪便的组成及能源化利用方法

畜禽粪便也称畜禽排泄物，它是其他形态生物质（主要是粮食、农作物秸秆和牧草等）的转化形式，包括禽畜排出的粪便、尿及其与垫草的混合物。

畜禽粪便是一种复杂的混合物，具有某些挥发性成分。动物饮食、生长阶段和住房系统的差异导致了畜禽粪便的成分存在差异。由于动物摄入的食物、消化系统的组成和形状以及消化周期的长短不同，所以畜禽粪便的处理面临巨大挑战。

2.2.1 畜禽粪便的组成

不同畜禽种类和大小在单位时间内产生的粪便及粪便中的成分差异较大，并受季节、地区、饲料等影响。据报道，欧美等一些世界先进国家的肉猪的料肉比为2.4∶1，我国目前只有少数达到3.5∶1；鸡的料重比的世界先进水平为1.6∶1，我国只有（2~2.2）∶1；蛋鸡料蛋比的世界先进水平为2.4∶1，我国是（2.6~3）∶1。由此可知，我国饲养的畜禽食入的食物有部分未经消化吸收而直接排出体外，既浪费了饲料又污染了环境。

我国的养殖业发展很快，规模化、集约化、产业化程度越来越高，相应的畜禽粪便的排放量也成倍增加，由其造成的污染也越来越严重。2019年，我国畜禽养殖业的粪污产生量为38亿吨，排放的化学需氧量达1268.26万吨，占农业源化学需氧量排放总量的96%；总氮排放量为102.48万吨，占农业源氮排放总量的38%；总磷排放量达16.04万吨，占农业源磷排放总量的56%；铜排放量为2397.23吨，占农业源铜排放总量的97.76%；锌排放量为4756.94吨，占农业源锌排放总量的97.82%。全国有24个省份畜禽养殖场（小区）和养殖专业户化学需氧量排放量占到本省农业源化学需氧量排放量的90%以上。

2.2.2 畜禽粪便对环境的影响

畜禽粪便中公认的污染物质主要包括悬浮物、有机质、盐、沉积物、细菌、病毒与微生物和氮（N）、磷（P）、钾（K）及其他养分。这些物质在畜禽粪便的收集、贮存、运输、土地利用期间都有可能产生环境污染，进入水体则易形成面源污染。

畜禽粪便成为面源污染主要通过以下四种途径：一是畜禽粪便作为肥料施用后，粪便中的氮、磷从耕地淋失；二是由于畜禽生产中不恰当的粪便贮存，氮、磷养分的渗漏；三是不恰当的贮存和田间施用，养分中氨散发到大气中；四是乡村地区没有进行充分的废水处理设施，污染物直接排入农田。

大量畜禽粪便和污水会对土壤、大气和水体造成污染。

(1) 对土壤的污染

土壤的一个基本功能是它具有肥力，能提供植物生长发育所必需的水分、养分、空气和热能等条件，即可以供作物生长；另一个基本功能是可以分解有机物质。这两方面构成了土壤自然循环的重要环节。

畜禽粪便对土壤既有有利的一面也有不利的一面，在一定条件下两个方面可能相互转化。畜禽粪便对土壤有利的一面在于：能够施用于农田作为肥料培肥土壤；粪浆能为土壤提供必要的水分；经常施用粪肥能提高土壤抗风化和水浸蚀的能力，改变土壤的空气和耕作条件，促进土壤有机质和作物有益微生物的生长。畜禽粪便对土壤不利的一面在于：过度使用粪便会危害农作物、土壤、表面水和地下水水质。在某些情况下（通常是新鲜的禽粪）含有的高浓度氮能烧坏作物；大量使用粪便还能引起土壤中溶解盐的积累，使土壤盐分增高，植物生长受到影响。据报道，1999 年在非洲有 31%的牧场因畜禽粪便污染导致土壤发生盐渍化，土壤肥力下降。

畜禽粪便中的氮在土壤中以无机氮和有机氮两种形式存在，无机氮能直接被植物的根系吸收用于生长，土壤中的有机氮随时间的推移能逐渐形成无机氮，如果有足够的时间，粪便中的有机氮都能转化为植物可利用的无机氮。畜禽粪便中的氮在土壤中通过脱氮也可能被损失（无机氮通过生物转化为气态氮而损失），因为脱氮的发生，氮首先需氧化为硝态氮，然后变成氮气或氮氧化物气体，这个复杂过程依靠通风和渗透条件完成。如厌氧菌分解硝态氮释放氮气，因而土壤中的氧越多，氮的损失越少。这个损失也与土壤类型和降雨模式有关。重而湿润的土壤为脱氮作用引起最大限度氮损失提供了理想条件。

畜禽粪便中硝态氮的渗透损失是由植物根部下的过滤水移动引起的，而根部下的区域中，硝酸盐是一种潜在的地下水污染物质。土壤类型和降雨是影响硝态氮渗透的主要因素。粪便中元素（主要是氮）损失数量取决于土壤物理条件和粪便施用比率，且受季节影响。

P 是作物生长的必要元素，P 在土壤中以溶解态、微粒态等形式存在，自然条件下在土壤中的含量为 0.01%~0.02%之间。畜禽粪便中的 P 能以颗粒态和溶解态两种形式损失，大多数 P 易于被浸蚀的土壤部分吸附。P 通常存在于土壤上表层几厘米的地方（特别是少耕条件的土壤），在与地表径流作用最为强烈的土壤上表层几厘米处可溶解态的 P 的含量也十分高。当按作物对 N 需求的标准施用粪肥时，土壤中 P 的含量会迅速上升，P 的含量超出作物所需，土壤中的 P 发生积累。这种情况引发的后果是：一方面打破了区域内土壤养分的平衡，影响作物生长，且通过复杂的生物链增加了区域内动、植物产品的 P 含量；另一方面，土壤中累积的 P 会通过土壤的浸蚀和渗透作用进入水体，使水体富营养化。

此外，高密度的畜禽粪便使用也能导致土壤盐渍化，高的含盐量在土壤中能减少生物的活性，限制或危害作物的生长，特别是在干燥气候条件下危害更明显。畜禽粪便也能传播一些野草种子，影响土壤中正常作物的生长。畜禽粪便常包含有一些有毒金属元素如砷、钴、铜和铁等，这些元素主要存在于粪便固液分离后的固体中，过多施用畜禽粪便可能导致这些元素在土壤中的积累，对植物生长产生潜在危害作用。畜禽粪便也含有大量的细菌，细菌随畜禽粪便进入土壤后，在土壤中一般能存活几个月，主要受土壤种类、温度和土壤水压的影响。

（2）对大气的污染

畜禽粪尿中所含的有机物大体可分为碳水化合物和含氮化合物，它们在有氧或无氧条件下分解出不同的物质。碳水化合物在有氧条件下分解释放热能，大部分分解成二氧化碳和水；而在无氧条件下，化学反应不完全，可分解成甲烷、有机酸和各种醇类，这些物质略带臭味和酸味，使人产生不愉快的感觉。而含氮化合物主要是蛋白质，其在酶的作用下可分解成氨基酸，氨基酸在有氧条件下可继续分解，最终产物为硝酸盐类；在无氧条件下可分解成氨、硫酸、乙烯醇、二甲基硫醚、硫化氢、甲胺和二甲胺等恶臭气体，有腐烂洋葱臭、腐败的蛋臭和鱼臭等各种特有的臭味，这些气体不但危害畜禽的生长发育，而且也危害人类健康，加剧空气污染。

一般来说，散发的臭气浓度和粪便的磷酸盐及氮的含量成正比，家禽粪便中磷酸盐含量比较高，猪粪便又比牛粪便高，因此牛场有害气味比猪场少，尤其比鸡场少。挥发性气体及其他污染物质有风时可传播很远，但随距离加大，污染物的浓度和数量会明显降低。在恶臭物质中，对人畜健康影响最大的是氨气和硫化氢。硫化氢含量高时，会引起头晕、恶心和慢性中毒症状；人长期在氨气含量高的环境中，可引起目涩流泪，严重时双目失明。由于 CH_4 与 NH_3 对全球气候变暖和酸雨贡献较大，因而近年来对畜禽粪便中的这两种气体研究较多。CH_4、CO_2 和 N_2O 都是地球温室效应的主要气体，据研究 CH_4 对全球气候变暖的增温贡献大约为 15%，在这 15% 的贡献率中，养殖业的 CH_4 排放量最大。根据测验，每头猪年排放 CH_4 为 0.768kg，CO_2 为 0.714kg，N_2O 为 0.002kg。全球畜禽粪便的 CH_4 年排放量为 80~130Tg（$1Tg=10^{12}g$，即百万吨），中国动物粪便 CH_4 排放总量为 1.249Tg，占全球畜禽粪便 CH_4 排放量的 2% 左右。

美国学者 Natalie Anderson 等于 2003 年指出，畜禽废物是最大的氨气源，从畜禽粪便中产生氨的多少取决于许多参数，因而散发的影响因素很难预测。NH_3 挥发到大气中，增加了大气中的氮含量，严重时导致酸雨，危害农作物。

(3) 对水体的污染

在某些地区，当作物不需要额外养分时，高密度动物养殖的粪便成为一个严重问题。畜禽粪便中除养分外，还含有生物需氧量、化学需氧量、固体悬浮物、氨态氮、磷及大肠菌群等多种污染指标。畜禽粪便主要用于土壤，土壤通常有好的吸收、贮存、缓慢释放养分的能力。然而，持续地施用过量养分，土壤的贮存能力迅速减弱，养分寻找新的途径进入河流、湖泊。另外，畜禽粪便还可通过渗透或直接排放至废水进入水体，并逐渐渗入地下，从而污染地表水和地下水。当排入水体中的粪便总量超过水体自然净化的能力时，不仅改变水体的物理、化学性质和生物群落组成，使水质变坏，而且使原有用途受到影响，不仅污染河水水质，而且殃及井水，给人和动物的健康造成危害。研究表明，地下水污染后极难恢复，自然情况下需 300 年才能恢复，造成较持久污染。

粪肥中的 N 主要以氨态氮和有机氮形式存在，这些形式的氮很容易流失或侵蚀表面水。在自然情况下，大多数表面水中总的氨态氮超过标准约 0.2mg/L 将会毒害鱼类，氨态氮的毒性随水的酸性和水温而变化，在高温碱性水条件下，鱼类毒性条件是 0.1mg/L。如果有充足的氧，氨态氮能转变成硝态氮，进而溶解在水中，并通过土壤渗透到地下水中。研究表明，随着粪肥的施用，区域内地下水中的硝态氮污染物会增加，硝酸盐下渗到地下水中的数量与所施用的粪便呈一种函数关系。美国环保署（USEPA）规定公共用水硝态氮的最高标准为 10mg/L。同时，水体中过多的 N 会引起水体富营养化，促使藻类疯长，争夺阳光、空间和氧气，威胁鱼类、贝类的生存，限制水生生物和微生物活动中氧的供给，危害水产业；影响沿岸的生态环境，也影响水的利用和消耗。人若长期或大量饮用硝态氮超标的水体，可能诱发癌症；6 月龄以下新生婴儿饮用这种水可能患高铁血红蛋白症。研究表明，深夏和秋天，畜禽粪便的陆地施用率很可能是水源 N 污染的关键影响因素。

畜禽粪便中的 P 通常随雨水流失或通过土壤浸蚀而转移到表面水区域。研究发现，P 是导致水体富营养化的重要元素，P 进入水体使藻类和水生杂草不正常生长，水中溶解氧下降，引起鱼类污染或死亡，过量的磷在大多数内河或水库是富营养化的限制因子。美国环保署推荐由点源排放进入湖泊或水库的水中 P 不得超过 0.05mg/L，不是由点源直接排放进入湖泊或水库的水中 P 不得超过 0.1mg/L。

畜禽粪便中的有机质比通常的市政污水浓度高 10~250 倍，我国广州市的畜禽饲养废水排放量虽然只有生活污水量的 1.25% 左右，但其中 COD_{Cr} 的排放量是生活污水的 1.5 倍。有机质也主要通过雨水流失到水体，有机质进入水体，使水体变色、发黑，加速底泥积累，有机质分解的养分可能引起大量的藻类和杂草疯长；有机质的氧化能迅速消耗水中的氧，引起部分水生生物死亡，如在水产养殖中，经常因氧的迅速耗尽引起死亡。此外，用有机质含量高的畜禽粪水灌溉稻田，易使禾苗陡长、倒伏，稻谷晚熟或绝收；用于鱼塘或注入江河，会导致低等植物（如藻类）大量繁殖，威胁鱼类生长。

（4）传播疾病

裸露堆放的畜禽粪便会引来并滋生大量的蚊蝇、老鼠、害虫等，不可避免地成了传播疾病的媒介，而且长期存放会腐烂变质，也会产生大的细菌和病毒，极易通过空气、水、土壤等环境媒介而传播。

畜禽粪便中含有大量源自动物肠道中的病原微生物和寄生虫卵，据报道，畜禽场排放的污水，平均每 1mL 中含有 33 万个大肠杆菌和 69 万个大肠球菌；沉淀池每升污水中含有高达 190 多个蛔虫卵和 100 多个毛首线虫虫卵。这些病原微生物和寄生虫卵进入水体，会使水体中病原种类增多、菌种和菌量加大，且出现病原菌和寄生虫的大量繁殖和污染，导致介水传染病的传播和流行。特别是人畜共患病时，会引发疫情，给人、畜带来灾难性危害。在研究接纳灌溉水的田地地下水中的细菌时，发现土壤基质的过滤会大幅度减少粪便中大肠杆菌的数量，细菌在水体沉积物里可能存活几个星期。

（5）其他污染

在畜禽生产中，有的养殖户为了盲目追求经济效益、预防疾病，在饲料中添加过量的抗生素、促生长剂等，更有甚者在饲料中添加激素、瘦肉精等，导致药物在畜禽产品、粪便和尿液中残留，不仅对环境造成污染，而且对动物和人类也会产生影响，使疾病的治疗变得困难。在美国切萨皮克海湾流域的几条河流中，检测出了与畜禽粪肥归田有关的增长性荷尔蒙雄性激素和雌性激素。

2.2.3　畜禽粪便的能源化利用方法

从能量转化的角度来看，禽畜粪便除了是一种污染物外，更是一种能量载体，青藏一带的牧民很早就将其直接燃烧（炊事、取暖），广大的农村地区也多将其与其他有机物（如树枝、青草、菜叶等）混合后经厌氧发酵制取沼气。因此，大力开发和推广集约化养殖禽畜粪便的能源化利用技术，通过收集、干燥、粉碎、转化等工序，将之转变为能源，不仅可有效减少环境污染，还可替代一定数量的化石能源，对于补充我国能源供应、调整能源消费结构具有重要意义。

畜禽粪便的能源化可在工业上完全实现。根据来源及物性，畜禽粪便的能源化利用主要包括热化学氧化（包括直接燃烧、共燃烧、湿式氧化和超临界水氧化）、热化学气化（包括热解气化、气化剂气化和水热气化）、热化学炭化（包括热解炭化和水热炭化）和生物气化。

（1）热化学氧化

热化学氧化是使畜禽粪便与氧发生氧化反应，将其所蕴含的化学能转化为热能而实现能源化利用。根据热化学氧化中原料的种类及工艺条件，畜禽粪便热化学氧化可分为畜禽粪便直接燃烧、畜禽粪便与煤共燃烧、畜禽粪便湿式氧化和超临界水氧化。

环境能源工程

1）直接燃烧

直接燃烧是将畜禽粪便经过干燥后直接作为燃料使用，如青藏一带的牧民将其直接燃烧（炊事、取暖）。这种方式存在许多局限性：a.并不是所有的畜禽粪便都能用于直接燃烧，大量事实证明，能用于直接燃烧的主要是食草类畜类粪便，如牛粪、马粪等，这是因为牛粪、马粪中含有大量牛、马没有完全消化的纤维素类物质，具有一定的能量，因此在干燥后可直接燃烧。b.直接燃烧的热能利用率较低，而且在燃烧过程中会散发难闻的气味。因此这种方式现已较少采用。

2）共燃烧

由于畜禽粪便的热值较低，为提高其燃烧热值，可将其与高热值物质如煤等混合实现共燃烧。这种燃烧方式可提高总体的燃烧效率，降低煤单独燃烧时对空气所产生的污染。

3）湿式氧化和超临界水氧化

对于畜禽粪便，由于其含水量较高，因此也可采用湿式氧化和超临界水氧化的方法，将其中所含的有机物氧化分解而获取能量。但由于湿式氧化和超临界水氧化的设备投资和运行费用较高，其主要目标在于消除粪便中有机物对环境的污染，并不直接用于获取热能。

（2）热化学转化

热化学转化，主要是将粪便中的有机化合物在不完全燃烧的条件下断裂分子内的化学键，使其转化为可利用的能源物质。对于畜禽粪便，常用的热化学转化包括热化学气化和热化学炭化。

1）热化学气化

畜禽粪便热化学气化是在一定条件下将畜禽粪便加热，使其中的有机化合物转化为小分子可燃气体。与农林废弃物热化学气化一样，畜禽粪便的热化学气化也可分为热解气化、气化剂气化和水热气化三种。

2）热化学炭化

畜禽粪便热化学炭化是在一定的温度条件下，通过热化学反应，提高其中的碳含量，从而提高其燃烧热值的方法。与农林废弃物热化学炭化一样，畜禽粪便的热化学炭化也可分为热解炭化和水热炭化。

（3）生物气化

畜禽粪便生物气化是在一定的微生物和酶的作用下，将粪便中的有机物转化为沼气或氢气，从而实现能源化利用，如厌氧发酵制沼气、厌氧发酵制氢。

国内沼气工程技术在部分地区已经发展得相当成熟，沼气可用来发电，沼渣和沼液可用于种植业，形成了种植业—养殖业—沼气工程的循环利用模式。但大部分地区仍采用小型沼气池，大中型沼气池及配套设施的建设还不完善，对于大规模粪便处理，存在转化效率低等问题。

2.3　城市生活垃圾的组成及能源化利用方法

城市生活垃圾，是指城市居民在日常生活或为城市日常生活提供服务的活动中所产生的固体废物，不同来源的垃圾，其成分和特性也不相同。

2.3.1　城市生活垃圾的组成

城市生活垃圾主要由居民生活垃圾、街道保洁垃圾和单位垃圾等组成。

居民生活垃圾主要由厨余垃圾、食物残渣、一次性泡沫饭盒、废纸、废纸箱、废塑料、废织物、废金属、玻璃陶瓷碎片、砖瓦渣土、粪便，以及废家用什具、废旧电器、庭院废物、煤灰等组成，还包括少量废电池、灯泡等有毒有害垃圾。这类垃圾约占城市垃圾的60%，成分最为复杂，受时间和季节的影响也较大，有较大的波动性。街道保洁垃圾含有较多的泥沙、灰土、枯枝败叶及商品包装等，而易腐的有机物较少，热值比居民生活垃圾高。单位垃圾来自机关、团体、学校、商业区、写字楼、工厂、三产（第三产业的简称）等的生产、生活和工作过程，这类垃圾成分因来源不同而变化，构成较为单一稳定，平均含水率较低，高热值的易燃物较多，其低位热值一般为 6~15MJ/kg。

城市生活垃圾成分复杂，而且变化幅度也很大。其组成主要受自然环境、气候条件、城市发展规模、居民生活习惯、经济发展水平和民用燃料结构等影响。城市生活垃圾在产量迅速增加的同时，垃圾构成也发生了很大的变化，主要表现为：a. 有机物不断增加，平均值超过50%，易腐垃圾增加；b. 垃圾中无机物的含量持续下降，居民对煤的需求量较小，导致垃圾中的灰土含量比重较低；c. 近几年，城市垃圾中的可回收物大幅度增长，平均值由11.7%增长到26.6%，增长了1倍以上；d. 垃圾中可燃物增加，垃圾的热值有所提高。其中，塑料、橡胶类含量近几年也增长较快，平均值由2.77%增长到11.4%，增长了3倍以上；其次为废纸，平均值由2.85%增长到6.64%，也增长了1倍以上。织物、竹木的含量变化相对较小。

2.3.2　城市生活垃圾对环境的影响

随着全球城市化进程的加快和人类生活水平的提高，城市数量不断增加，规模持续扩大，城市生活垃圾大量产生，已成为一个污染环境、危害市民身体健康和妨碍城市发展的严重社会问题。以我国为例，全国城市年产生活垃圾已达1.5亿吨，并以每年8%~10%的幅度增长，垃圾侵占土地面积已超过 $5×10^8 m^2$，全国已有200多座城市被垃圾包围。城市垃圾的无害化、减量化和资源化已迫在眉睫。

城市生活垃圾对环境的影响包括以下几个方面：

（1）影响城市市容和环境卫生

从感官性状来说，城市生活垃圾因含有大量的厨余垃圾及一次性泡沫饭盒等，影响人的视觉和嗅觉的舒适感和生活卫生，尤其是其中所含的厨余垃圾和食物残渣，很高的含水量和有机组分使其成为微生物的温床，长期堆放会发酵变质，产生的恶臭气体会造成不同程度的大气污染，严重影响居民的生活，使城市的市容市貌遭到破坏。同时，高含水率使得垃圾的运输与处理难度增加。另外，垃圾长期堆放产生的垃圾渗滤液会污染土壤、地表水及地下水资源。

（2）传播疾病

裸露堆放的城市生活垃圾会引来并滋生大量的蚊蝇、老鼠、害虫等，不可避免地成了传播疾病的媒介，而且长期存放会腐烂变质，也会产生大量的细菌和病毒，极易通过空气、水、土壤等环境媒介而传播。

（3）对水体造成污染

垃圾中的腐蚀物在自身降解期间会产生水分，径流水以及自然降水也会进入垃圾中，当垃圾中的水分超出其吸收能力之后，就会渗流并流入周围的地表水或者土壤中，从而给地下水以及地表水带来极大的污染。

(4）侵占土地

大量的城市垃圾无法堆放就有可能会堆积到郊外的农田中，未经处理的生活垃圾堆放在农田中很可能会导致农田的性能下降，更严重的还会造成农田的保水保肥能力不足，使良性农田减少，这就出现了垃圾侵占土地的现象。

(5）造成安全隐患

把垃圾堆放在一起，进行覆盖，会使垃圾中的沼气量大幅度增加，极易引起垃圾爆炸事故，给人们造成极大的损失。

由于城市生活垃圾的产生量非常大，且分散，难以收集和运输，因此其资源利用率较低，这也加剧了对环境的污染。因此，如果对城市生活垃圾进行能源化利用，首先要解决其分类收集与分选回收等问题。

2.3.3 城市生活垃圾的分类收集

随着人民生活水平的提高，垃圾的构成也发生了很大的变化，具体表现为垃圾中灰渣含量持续下降，易腐垃圾和可燃物增多，可回收废物数量也有所增加，可利用价值增大。城市生活垃圾中可回收废物包括废纸、废塑料、废玻璃、废橡胶和废旧金属等，如果加以回收再利用，不仅可以减少最终无害化处理的数量，减少对环境的污染，而且可节约资源和能源。因此，要实现垃圾资源化，应从源头开始，加强管理，推行垃圾分类收集。

垃圾混合收集，容易混入危险废物如废电池、日光灯管和废油等，不利于对危险废物的管理，并增大了垃圾无害化处理的难度。我国人均资源和能源并不十分丰富，垃圾混合收集不利于垃圾中可利用物质的回收和循环利用，降低了有机物资源化和能源化价值。垃圾混合收集后再利用浪费人力、物力和财力。此外，垃圾混合收集可能造成严重的交叉污染和二次污染。

分类收集是按垃圾性质的不同，将城市生活垃圾进行分类后收集。通过分类收集，可有效实现废弃物的循环利用和最大限度的回收，为卫生填埋、堆肥、焚烧发电等垃圾处理方式的应用奠定基础。

美国、德国、新加坡等发达国家较早提出并实施在垃圾分类回收的基础上进行资源化处理，已经建立了相对完善的分类回收处理系统。而我国在城市垃圾处理方面由于起步较晚，加上种种客观因素的影响，目前主要以卫生填埋为主，其他方式仍处于试点和起步阶段。20世纪90年代末，为解决生活垃圾问题，国内不少城市借鉴发达国家的垃圾处理方式，开始推行分类收集措施。2000年，北京、上海、杭州等8个城市开始垃圾分类收集试点，但在随后的媒体采访中发现，这种做法在大部分城市都形同虚设。直到现在，绝大多数市民仍然不清楚可回收垃圾与不可回收垃圾之间的区别究竟在哪里。虽然在一些城市，如北京、青岛等地的垃圾分类率已达到了10%，但因为普遍实行袋装化收集，效果大打折扣。究其原因，主要有以下几点：一是源头配合不力，市民对垃圾分类收集的意识严重欠缺，没有认识到垃圾分类给自己带来的好处；二是分类后收集转运需要的人力、物力、财力巨大。目前，随着垃圾分类工作的逐渐推进，垃圾分类已成为一种新时尚，垃圾分类将在居民生活中全覆盖。

2.3.4 混合垃圾的分选回收

城市生活垃圾的种类繁多，其形状、大小、结构和性质各不相同。为了便于对它们进行合适处理，需要进行必要的分选回收处理。城市生活垃圾分选回收系统包括收集、运输、破碎、筛分、重力分选、磁力分选、摩擦与弹跳分选和浮选等，分选回收可得到的产品为轻质

可燃物（纸张、塑料、布料等有机物）、金属类（废钢铁、铜、铝等）、玻璃和其他无机物。

（1）城市生活垃圾的分选

在城市生活垃圾处理和回收利用之前必须进行分选，将其中的有用成分分选出来加以利用，并将有害组分分离出来。根据物料的物理和化学性质（如粒度、密度、重力、磁性、电性和弹性等），可分别采用人工分选、筛分、风力分选、跳汰机分选、浮选、电选等分选技术。

筛分是利用筛子将粒度范围较宽的颗粒群分成窄级别的作业。该分离过程可看作是由物料分层和细粒透过筛子两个阶段组成的，物料分层是条件，细粒透过筛子是分离的目的。为了使粗细物料通过筛面分离，必须使物料和筛面之间发生适当的相对运动，使物料处于松散状态。适用于城市生活垃圾的筛分设备主要有固定筛、筒形筛、振动筛和摇动筛。

重力分选是在活动的或流动的介质中按颗粒密度或粒度进行分选的过程。重力分选的介质有空气、水、重液（密度大于水的液体）、重悬浮液等，按作用原理可分为气流分选、惯性分选、重介质分选、摇床分选、跳汰分选等。气流分选的作用是将轻物料从较重的物料中分离出来，它的基本原理是气流将较轻物料向上带走或在水平方向移动较远的距离，而重物料则由于向上的气流无法支撑它而沉降，从而与轻物料相互分离。被气流带走的轻物料可通过旋流器进一步从气流中分离出来。气流分选具有工艺简单等优点，作为一种传统的分选方式，被广泛应用于城市固体废物的分选中。

磁力分选是利用各种物质的磁性差异在不均匀磁场中进行分选的一种处理方法。颗粒通过磁选机的磁场时，同时受到磁力和机械力（包括重力、离心力、阻力和摩擦力等）的作用，磁性强的颗粒所受的磁力大于其所受的机械力，而非磁性颗粒所受的磁力则较小，机械力占优势地位。由于作用在颗粒上的磁力和机械力的合力不同，使它们的运动轨迹也不同，从而实现分离。

磁流体分选是近30年发展起来的一种新的分选方法，工作原理是以磁流体作为分选介质，在磁场或磁场和电场的联合作用下产生"加重"作用，利用各组分的磁性和密度差异，或磁性、导电性和密度差异，使不同组分分离。当各组分间的磁性差异小而密度或导电性差异较大时，采用磁流体可有效进行分离。

（2）城市生活垃圾的破碎

通过外力破坏物体内部凝聚力和分子间作用力的过程统称为破碎。固体废物破碎机的种类很多，不同类型破碎机依靠不同的破碎作用来减小废物尺寸，选用的依据主要为待处理废物的类型和希望得到的终端产品。破碎作用可分为冲击破碎、剪切破碎、挤压破碎和摩擦破碎等。

冲击作用有两种形式，即重力冲击和动冲击。重力冲击是物体在重力作用下落到一个硬的表面上，如玻璃制品落在地面变成碎片。动冲击是物料与硬的快速旋转表面发生作用。剪切作用是切开或割断废物，特别适用于低 SiO_2 的松软物料。挤压作用是将物料放在两个硬表面之间进行挤压，这两个表面或一个静止一个移动，或两个同时移动。摩擦作用是在两个硬表面中间夹有较软材料，彼此碾磨所产生的作用。

处理固体废物的破碎机主要有颚式破碎机、辊式破碎机、冲击破碎机和剪切破碎机。颚式破碎机主要利用冲击和挤压作用。辊式破碎机利用冲击、剪切和挤压作用。冲击破碎机有锤式破碎机和反击式破碎机，锤式破碎机利用冲击、摩擦和剪切作用。此外，还有低温破碎和湿式破碎技术等。

（3）城市生活垃圾的压实

固体废物可以设想为各种颗粒的集合体，颗粒之间的空隙充满了气体。进行压实处理，

可以减少运输量和处置体积。所谓压实处理，就是通过施加压力以提高废物的密度。对于均匀松散的物料，其压缩比（即固体废物压实前的体积与压实后的体积之比）可达到 3~10，若破碎后再压实，其压缩比可达 5~10。如日本采用高压压缩技术处理城市固体废物，经三次压缩，最后一次压力为 2.5MPa，最终密度为 1100~1400kg/m³。

2.3.5　城市生活垃圾的能源化利用方法

目前开发、使用的城市生活垃圾能源化利用技术主要是垃圾的热化学氧化（焚烧）、热化学液化（包括热解液化和水热液化）、热化学气化（包括热解气化、气化剂气化和水热气化）、热化学炭化（包括热解炭化和水热炭化）、物理转化（城市生活垃圾制衍生燃料）和生物转化技术（厌氧发酵制氢或产沼气）。

（1）热化学氧化

城市生活垃圾的热化学氧化处理是使城市生活垃圾在一定温度条件下与氧发生剧烈的反应而放出热量。常用的城市生活垃圾热化学氧化处理技术是焚烧。

中国垃圾焚烧技术的研究起步于 20 世纪 80 年代中期，焚烧发电技术目前被认为是垃圾无害化、减量化、资源化处理最有效的方式。目前，我国已有不少城市建立了垃圾焚烧处理场，利用焚烧产生热量发电，取得了较好的环境和经济效益。

通过焚烧对城市生活垃圾进行处理与能源化利用，不是指传统意义上的露天点燃垃圾的粗放做法，而是集中将城市生活垃圾中分拣出来的可燃物在焚烧炉中与氧进行燃烧，生成烟气和固体残渣，回收热能、净化烟气或填埋残渣。我国建设部早在 1991 年就提出"有条件的地方垃圾处理应逐步走焚烧化道路"。深圳市于 1985 年从日本三菱重工业公司成套引进两台日处理能力为 150t 的垃圾焚烧炉，成为我国第一座现代化垃圾焚烧厂。目前全中国大多数大中城市都已建有垃圾焚烧炉，但从运行情况来看，大多数城市生活垃圾焚烧处理并不理想：一是垃圾在运往焚烧厂之前没有经过分类，运输量大、运输成本高，垃圾质量不高，严重影响到焚烧效果；二是由于缺乏足够的经验，焚烧技术和烟气处理技术的引进不能同步，设备投资较高，一直未能有实质性的进展；三是有些地方由于难以寻找合适的垃圾焚烧厂以及受资金、技术等方面的约束，只注重把垃圾烧掉，没有考虑充分利用所产生的热能，也没有认真对待焚烧所产生的大量有害气体——二噁英，导致了二次污染局面的出现。

目前，与垃圾焚烧有关的争议也日趋白热化。有人认为焚烧不是一种最好的、科学的垃圾处理方法，因为垃圾焚烧过程会产生有致癌作用的二噁英和吸附有重金属的焚烧飞灰。正因为此，城市生活垃圾焚烧已逐渐被热化学液化、热化学气化和热化学炭化等热化学转化技术和生物转化技术取代。

（2）热化学液化

热化学液化是在一定的温度和压力条件下，将城市生活垃圾经过一系列化学加工过程，使其转化成生物油的热化学过程。城市生活垃圾热化学液化对原料的适应性强，生物质利用率高，反应时间短，易于工厂化生产，产品能量密度大，易于存储和运输，直接或加以改性精制就可作为优质车用燃料和化工原料，不存在产品规模和消费的地域限制问题，因而成为国内外研究开发的重点和热点。

根据热化学加工过程的不同技术路线，城市生活垃圾的液化可分为热解液化和水热液化。具体技术内容参见 2.1.4 的相关内容。

（3）热化学气化

热化学气化是在一定的温度条件下，将城市生活垃圾经过一系列化学加工过程，使其转

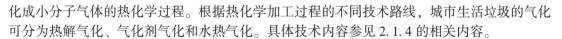

化成小分子气体的热化学过程。根据热化学加工过程的不同技术路线，城市生活垃圾的气化可分为热解气化、气化剂气化和水热气化。具体技术内容参见 2.1.4 的相关内容。

（4）热化学炭化

城市生活垃圾热化学炭化是指在一定温度条件下将城市生活垃圾中的有机组分进行热分解，使二氧化碳等气体从固体中被分离，同时又最大限度地保留城市生活垃圾中的碳值，使城市生活垃圾形成一种焦炭类的产品，通过提高其碳含量而提高其热值。根据热化学加工过程的不同技术路线，城市生活垃圾的炭化可分为热解炭化和水热炭化。具体技术内容参见2.1.4 的相关内容。

（5）物理转化

一般说来，城市生活垃圾的着火点很低，可直接作为燃料燃烧产热，但由于其能量密度较低，持续燃烧时间短，因此，也可采用物理转化的方式，将其通过分选、粉碎、干燥、成型造粒等过程，生产出高热值、高稳定性的固体燃料。生产的固体燃料一般称为垃圾衍生燃料（refused derived fuel，RDF）。

RDF 大小均匀、所含热值均匀、易于运输和储存、组成相对稳定，在常温下可贮存几个月而不会腐败。添加剂有助于炉内脱氯、脱硫而降低 HCl、SO_x 和二噁英的生成，有利于控制污染物的排放。RDF 可以作为供热、发电和水泥行业的燃料，燃烧后剩余的灰渣不需填埋，直接作为生产水泥的原料。垃圾衍生燃料技术已成为城市生活垃圾资源化利用领域的增长点。

（6）生物转化

城市生活垃圾的生物转化是指在微生物或酶的作用下，通过厌氧发酵将城市生活垃圾转化为沼气或氢气等可燃气体，从而实现能源化利用。

卫生填埋是城市生活垃圾经过焚烧或者堆肥处理工艺、实现垃圾利用最大价值后，剩余残留物的最终处理方法，是目前世界上最常用的垃圾资源化处理方式。最早的卫生填埋出现在 1930 年，到 1960 年，全球已有约 1400 座城市采用填埋法处理城市生活垃圾。它具有投资少、处理费用低、处理量大、操作简便，并能够产生可用来燃烧的沼气等优点，是各种废弃物最终的处理方式。

我国从 20 世纪 90 年代中后期起，相继建成一批以高密度聚乙烯（HDPE）防渗膜为核心的层状结构作为防渗层的卫生填埋场，尽管也有一些大中城市和经济发达地区先后建设了一批生活垃圾处理厂，有些城市还花巨资从国外引进了技术和设备，但就总体而言，垃圾处理依然在低水平上徘徊。目前存在的问题有：一是先进的垃圾填埋场建造成本高，大部分城市无力承建。建造一个日处理垃圾 200t 的卫生填埋场，需要的资金是 2 亿元。而一个日处理垃圾 500t 的垃圾焚烧场则需要 5 亿~6 亿元的资金。二是建造要占用大量的土地。三是垃圾填埋场渗滤液的处理仍是难以解决的问题。四是旧填埋场逐渐达到其饱和状态，而新填埋场的选址又出现困难。五是非正规垃圾填埋场的存在也对一些城市的环境安全构成隐患。

2.4　废塑料和废橡胶的组成及能源化利用方法

近年来，随着各国经济水平的不断改善，人们对生活品质的要求也日益提高。为满足人民群众日益增长的对美好生活的需求，大棚蔬菜种植、通信、交通运输、快递、服务等行业得到了迅猛发展，塑料、橡胶制品的生产量和消费量大规模增加，但同时也产生了大量的废弃塑料与橡胶，如大棚蔬菜种植行业产生的废弃农用地膜、废弃手机、快递行业产生的废弃

塑料袋与食品包装盒、交通行业产生的废弃轮胎等。

2.4.1 废塑料的组成

塑料因具有优异的化学稳定性、耐腐蚀性、电绝缘性、绝热性、优良的吸振和消声隔声性能，能很好地与金属、玻璃和木材等其他材料粘接，广泛用于各领域和各行业中，如大棚蔬菜种植用的农用地膜，家用电器和电脑的外壳，通信行业使用的手机外壳，居家生活用的塑料盆、塑料拖鞋、塑料桌椅、塑料门和塑料窗等。另外，随着近几年外卖、快递、电商等新业态的发展，塑料餐盒、塑料包装等的消耗量迅速上升。这些塑料制品在完成使用功能和达到使用寿命后，即成为废塑料。同时，这些塑料制品生产过程中产生的边角料和废品等，也是废塑料的来源之一。目前我国每年产生的废塑料量约为3500万吨。

不同地区和城市所产生废塑料的组成存在一定的差异，受城市化水平、当地经济水平、人口数量和政策等因素的影响。城镇化水平越高、经济越发达，塑料用品的消费量越大，废塑料的产生量也越大；人口数量对废塑料产生量的影响是内在的，一般来说人口数量越多，废塑料的产生量也越大；政策因素对废塑料产生量的影响较为复杂，如废物减量、回收和再收用及垃圾分类等政策和措施的推行可大幅减少废塑料的产生量。另外，城市居民消费方式的转变和升级也直接影响废塑料的产生量和组成。当前，我国城乡居民消费结构正在由生存型消费向发展型消费转变、由物质型消费向服务型消费转变、由传统消费向新型消费升级，废塑料的产生量也随之不断增加，最典型的就是快递行业产生的废塑料包装袋、升级淘汰的家用电器和电脑的外壳、更新换代产生的废手机的外壳。

根据受热后的性质不同，废塑料可分为热塑性塑料和热固性塑料。其中，热塑性塑料包括聚乙烯、聚丙烯、聚苯乙烯和聚氯乙烯，这四种塑料在废塑料中占有较高的比例。热塑性塑料受热时会发生软化或熔化，冷却后又能变硬，而且这种过程能够反复进行多次，因此，热塑性塑料被广泛用于各种电子设备的器件中。热固性塑料在受热时也发生软化，但受热到一定程度或通过物理化学方法固化后，即使再加热也不会发生形状的改变，常用于制造电子线路板、电器开关箱、电动机组件和破碎机等。

根据成分，废塑料主要分为聚乙烯（PE）、聚丙烯（PP）、聚苯乙烯（PS）、聚氯乙烯（PVC）和聚酯（PET）。聚乙烯分为高密度聚乙烯（HDPE）和低密度聚乙烯（LDPE），高密度聚乙烯通常来源于洗剂容器、牛奶瓶、超市购物袋等，低密度聚乙烯来源于牙膏或洗面乳的软管包装；聚丙烯来源于饮料瓶盖、吸管、微波炉食物盒；聚苯乙烯常见于部分饮品容器、一次性保温胶杯、包装冻肉盛器、饭盒；聚氯乙烯来源于管道、户外家具、雨衣等；聚酯通常来自饮料瓶。

废塑料进入自然环境后难以降解，会带来较严重的环境问题。由于塑料为大分子物质，结构较为稳定，很难被微生物降解，丢弃于自然环境的废塑料在环境中会变成污染物并永久存在和不断累积，形成"白色污染"。废塑料在土壤中不断累积，会影响农作物吸收养分和水分，导致农作物减产。丢弃在水体中的废塑料制品会对水生动物的生存和繁衍构成威胁，造成水生态系统破坏，同时对渔业和旅游业造成不利影响。另外，废塑料随垃圾填埋不仅会占用大量土地，加剧土地资源的压力，而且被占用的土地长期得不到恢复，影响土地的可持续利用，同时，废塑料还易于携带细菌和传播疾病。因此，随着人们生活和生产过程中废塑料产生量的不断增多，对环境造成的污染也将日益严重，非常有必要对废塑料进行回收利用。

2.4.2 废塑料的能源化利用方法

废塑料能源化利用技术，是通过热化学氧化、热化学转换和物理转换技术，将废塑料中所含能量释放出来并加以利用技术的总称。在煤、石油等常规能源日益短缺的情况下，由废塑料制取能源是一个具有战略意义的举措。

目前开发、使用的废塑料能源化利用技术主要是热化学氧化（焚烧）、热化学液化（包括热解液化和水热液化）、热化学气化（包括热解气化、气化剂气化和水热气化）、热化学炭化（包括热解炭化和水热炭化）和物理转化（废塑料制衍生燃料）。

（1）热化学氧化

废塑料的热化学氧化处理是使废塑料在一定温度条件下与氧发生剧烈的反应而放出热量。常用的废塑料热化学氧化处理技术是焚烧。

废塑料具有较高的热值，而且水分和灰分含量较低，所以适合作为燃料通过焚烧回收热量而用于发电和供热等，具有处理量大、成本低、效率高等优点，近年来被国内外广泛应用。

但由于废塑料的热值较高，采用焚烧方法进行能源化利用，会在焚烧过程中造成炉膛局部过热，从而导致炉膛及耐火衬里的烧损。另外，焚烧过程中产生的轻质烃类、硫化物、氮氧化物和其他有害有毒物质处理困难，尤其是二噁英问题，国内各地民众反对建设垃圾发电厂的事件时有发生。随着世界各国对焚烧过程中二噁英排放限制的严格化，废塑料的焚烧处理越来越成为人们关注的焦点问题。许多国家相继制定了有关法律、法规，限制大量焚烧废塑料。

在此背景下，热化学液化、热化学气化成为废塑料能源化利用的重点。

（2）热化学液化

热化学液化是在一定的温度和压力条件下，将废塑料经过一系列化学加工过程，使其转化成衍生油的热化学过程。

根据热化学加工过程的不同技术路线，废塑料的液化可分为热解液化和水热液化。

1）热解液化

热解液化是将废塑料在隔绝空气（或少量空气）的情况下快速加热，通过热化学反应，热解产物有气体、衍生油及固体残渣，并以追求衍生油产率为目标。热解衍生油可作燃料，发热量在 40MJ/kg 左右，也可用于生产高质量的代用汽油。

塑料通常分为热固性塑料和热塑性塑料两大类，前者如酚醛树脂、脲醛树脂等，在日常生活中的应用相对要少些，而且此类塑料在使用后产生的废物也不适宜作为热解原料。相对而言，热塑性塑料种类多、应用广泛、产生废塑料的量也较多。此类废塑料主要有聚乙烯（PE）、聚氯乙烯（PVC）、聚苯乙烯（PS）、聚苯乙烯泡沫（PSF）、聚丙烯（PP）及聚四氟乙烯（PTEF）等。这类塑料的特性就是当加热到 300~500℃ 时，大部分分解成低分子烃类，特别是 PE、PP、PS，其分子构成中只包括碳和氢，热解过程中不会产生有害气体，是热解油化的主要原料。

近几年，针对废旧塑料能源化利用相关部门也出台了一些具体的优惠政策，如：财政部与国家税务总局 2011 年发布的《关于调整完善资源综合利用产品及劳务增值税政策的通知》（财税〔2011〕115 号）规定，对"以废塑料、废旧聚氯乙烯、废橡胶制品及废铝塑复合纸包装材料为原料生产的汽油、柴油、废塑料（橡胶）油"实行增值税即征即退 50% 的政策；工信部 2012 年发布的《工业转型升级投资指南》也规定了要"推广先进适用的废旧轮胎、废塑料再生资源综合利用技术"。

2）水热液化

液化是在合适的催化剂、溶剂介质存在下，在一定的温度和压力条件下使废塑料液化，

生产衍生油。由于水安全、环保、易得，因此常用水作溶剂，即为水热液化。尤其是超临界水液化技术具有起点高、效率高等优点。

目前，水热液化还处于实验室研究阶段，尽管反应条件相对温和，但对设备要求较为苛刻、成本较高等缺点限制了其工业应用。

（3）热化学气化

热化学气化是在一定的温度条件下，将废塑料经过一系列化学加工过程，使其转化成小分子气体的热化学过程。根据热化学加工过程的不同技术路线，废塑料的气化可分为热解气化、气化剂气化和水热气化。

1）热解气化

热解气化是在无氧或缺氧条件下将废塑料加热热解，产物有气体、衍生油、炭黑及固体残渣，但以气体产物产率为目标。热解气体产物主要包括 CO、H_2、N_2 及少量 CH_4、C_2H_6 和 H_2S，热值与天然气相当，可以当燃料使用。

2）气化剂气化

气化剂气化简称气化，是采用某种气化剂，使废塑料在气化反应器中进行干燥、热解、燃烧和还原等热化学反应，生成含有 CO、CH_4、H_2 和 C_nH_m 等的可燃气体，除直接燃烧用于炊事等外，还可用于发电和热电冷多联产等。

3）水热气化

水热气化是以水为溶剂，在合适的催化剂和一定的工艺条件下，使废塑料中的大分子物质发生裂解生成小分子的可燃气。

（4）热化学炭化

热化学炭化是在一定的温度条件下，使废塑料经过一系列化学加工过程，将其中的挥发性物质脱除而生产焦炭的热化学过程。根据热化学加工过程的不同技术路线，废塑料的炭化可分为热解炭化和水热炭化。

1）热解炭化

热解炭化是在无氧或缺氧条件下将废塑料加热热解，产物有气体、衍生油、炭黑及固体残渣，但以固体炭的产率为目标。热解气体产物主要包括 CO、H_2、N_2 及少量 CH_4、C_2H_6 和 H_2S，热值与天然气相当，可以当燃料使用。

2）水热炭化

水热炭化是以水为溶剂，在合适的催化剂和一定的工艺条件下，使废塑料中的大分子物质发生裂解生成小分子的气体，分离气体后得到固体炭。

（5）物理转化

一般说来，废塑料的热值较高，能量密度也较大，因此，可将其经粉碎后混入有机垃圾中制成衍生燃料，具有燃烧稳定、污染低等特点。

2.4.3 废橡胶的组成

橡胶是指具有可逆形变的高弹性聚合物材料，在室温下富有弹性，在很小的外力作用下能产生较大的形变，除去外力后能恢复原状。橡胶分为天然橡胶和合成橡胶两种。天然橡胶是从橡胶树、橡胶草等植物中提出胶质后加工制成的，合成橡胶则由各种单体经聚合反应制得。橡胶广泛用于制造轮胎、胶管、胶带、电缆及其他各种橡胶制品，大量应用于工业和生活各方面。如今全世界每年要耗用差不多 1000 万吨的合成橡胶，另外还有数百万吨的天然橡胶。橡胶中的 1/2 用来制造轮胎。

废橡胶是指失去使用价值或者使用价值降低的一类热固性高分子材料，其来源主要是废旧橡胶制品，包括废旧轮胎、废胶鞋、废胶管、废胶带和废密封材料以及橡胶制品生产过程中产生的边角料和废品等。目前，废橡胶制品的数量仅次于废塑料，在废旧高分子材料中位居第二，其中，又以废旧轮胎的数量最多，约占废橡胶制品的 70%。尤其是最近几十年，随着我国汽车保有量的不断增加，废旧轮胎的产生量也日趋增多。据报道，2015 年全国汽车保有量为 1.6 亿辆以上，废旧轮胎的产量达 3.3 亿个，约 1200 万吨。如今数量庞大的废旧轮胎已构成了严重的"黑色污染"问题，引起世界各国的广泛关注。

废旧轮胎主要由橡胶、炭黑、金属材料、纺织物，以及多种有机、无机助剂组成，其热值较高，能量密度也较大，是具有极高能源利用价值的一类工业固体废弃物。

2.4.4　废橡胶的能源化利用方法

废橡胶能源化利用技术，是通过热化学氧化、热化学转换和物理转换技术，将废橡胶中所含能量释放出来并加以利用技术的总称。在煤、石油等常规能源日益短缺的情况下，由废橡胶制取能源是一个具有战略意义的举措。

目前开发、使用的废橡胶能源化利用技术主要是热化学氧化（焚烧）、热化学液化（包括热解液化和水热液化）、热化学气化（包括热解气化、气化剂气化和水热气化）、热化学炭化（包括热解炭化和水热炭化）和物理转化（废橡胶制衍生燃料）。

(1) 热化学氧化

废橡胶的热化学氧化处理是使废橡胶在一定温度条件下与氧发生剧烈的反应而放出热量。常用的废橡胶热化学氧化处理技术是焚烧。

废橡胶具有较高的热值，而且水分和灰分含量较低，所以适合作为燃料通过焚烧回收热量而用于发电和供热等，具有处理量大、成本低、效率高等优点，近年来被国内外广泛应用。

1）用作发电厂燃料

把废旧橡胶制品粉碎后与煤、石油、焦炭等混合可以作为发电用的燃料，世界第三大轮胎公司——桥石公司（Bridge Stone）研制的用废旧轮胎作燃料的发电设备，成功解决了用废旧轮胎燃烧发电时，由于轮胎燃烧产生的温度高达 1500℃，轮胎内的钢丝熔化粘在炉壁上，造成燃烧炉运行故障的问题。目前英国有多座以废旧轮胎为燃料的电厂，每年可处理英国 20% 左右的废轮胎，并且发电成本可与常规燃料相竞争。

2）作为替代燃料用于水泥、金属的冶炼生产

废旧轮胎经粉碎后与煤、石油混烧，可用于焙烧水泥、冶炼金属等。废旧轮胎用于烧制水泥时，生产过程中焙烧温度可在极短的时间内达 2000℃，轮胎中的硫黄、钢丝在烧制过程中转变为石膏及氧化铁，与其他燃烧残渣一起成为水泥的原料，并不影响水泥的质量，不产生黑烟、臭气和二次公害。

(2) 热化学液化

热化学液化是在一定的温度和压力条件下，将废橡胶经过一系列化学加工过程，使其转化成衍生油的热化学过程。

根据热化学加工过程的不同技术路线，废橡胶的液化可分为热解液化和水热液化。

1）热解液化

热解是将废橡胶在隔绝空气（或少量空气）的情况下快速加热，通过热化学反应，热解产物有气体、燃料油及固体残渣。根据追求的目标产物的不同，热解分为热解液化、热解

气化和热解炭化。

热解液化是以追求燃料油产率为目标，可将生成的气态烃和炭残渣作为热解炉燃料使废胶块热解，并采用减压法将油气迅速分离。热解衍生油可作燃料，也可用于生产高质量的代用汽油。

橡胶分为天然橡胶与人工合成橡胶两类。可用于热解的废橡胶主要是指天然橡胶，例如废轮胎、工业部门的废皮带等；人工合成橡胶诸如氯丁橡胶等由于在热解过程中会产生 HCl 和 HCN，一般不用热解法对其进行处理。在废橡胶中，废轮胎由于产生的量最大，分布最为广泛，因此对其热解技术的研究较多。

2）水热液化

液化是在合适的催化剂、溶剂介质存在下，在一定的温度和压力条件下使废橡胶液化，生产衍生油。由于水安全、环保、易得，因此常用水作溶剂，即为水热液化。

目前，水热液化还处于实验室研究阶段，尽管反应条件相对温和，但对设备要求较为苛刻、成本较高等缺点限制了其工业应用。

（3）热化学气化

热化学气化是在一定的温度条件下，将废橡胶经过一系列化学加工过程，使其转化成小分子气体的热化学过程。根据热化学加工过程的不同技术路线，废橡胶的气化可分为热解气化、气化剂气化和水热气化。

1）热解气化

废橡胶热解气化是以追求气体产物为目标的热解过程。废轮胎的热解气化产物主要包括 CO、H_2、N_2 及少量 CH_4、C_2H_6 和 H_2S，热值与天然气相当，可以当燃料使用。

单纯制备燃料气的热解气化工艺比较少见，因为气体产生量只占总产量的 4%～11%，而炭残渣占 37%～41%，油品占 55%。热解生成的气体经过冷凝后进一步加工可获得合成气。

2）气化剂气化

气化剂气化简称气化，是采用某种气化剂，使废橡胶在气化反应器中进行干燥、热解、燃烧和还原等热化学反应，生成含有 CO、CH_4、H_2 和 C_nH_m 等的可燃气体，除直接燃烧用于炊事等外，还可用于发电和热电冷多联产等。

3）水热气化

水热气化是以水为溶剂，在合适的催化剂和一定的工艺条件下，使废橡胶中的大分子物质发生裂解生成小分子的可燃气。

（4）热化学炭化

废橡胶热化学炭化是指在一定温度条件下将废橡胶中的有机组分进行热分解，使有机组分分离，从而得到固体炭黑。根据热化学加工过程的不同技术路线，废橡胶的炭化可分为热解炭化和水热炭化。

1）热解炭化

废橡胶热解炭化是以追求炭黑产率为目标的热解过程。由于废旧轮胎的热解产物中油和炭残渣的比重较大，可将油和炭黑作为产品考虑，此时应解决从炭残渣到炭黑的转变问题，即固体回收系统中的物质经磁选除去废钢渣后，再经细磨酸洗、过滤、烘干后得到炭黑产品。

2）水热炭化

废橡胶的水热炭化是在一定的温度和压力条件下，将废橡胶放入密闭的水溶液中反应一定时间以制取炭黑的过程。

（5）物理转化

一般说来，废橡胶的热值较高，能量密度也较大，因此，可将其经粉碎后混入有机垃圾中制成衍生燃料，具有燃烧稳定、污染低等特点。当焚烧低热值的城市生活垃圾时，添加废轮胎作为辅助燃料与煤混燃更加有效。

2.5　有机污泥的组成及能源化利用方法

工业有机废物是在工业生产、经营活动中产生的有机废弃物，根据形态可分为固体废物和废水。

工业固体废物包括所有固态、半固态和除废水以外的高浓度液态废物，产品的生产过程就是废物的产生过程，如工业有机残渣、有机污泥，市政行业产生的市政污泥等，其中来源最广、产生量最大的是各种污泥。

2.5.1　污泥的组成

污泥是污水处理厂在各级污水处理净化后所产生的含水量为75%~99%的固体或流体状物质，主要是由有机残片、细菌菌体、无机颗粒、胶体及絮凝所用药剂等组成的非均质体。

污泥是一种以有机成分为主、组分复杂的混合物，其中包括有潜在利用价值的有机质、氮、磷、钾和各种微量元素，同时也含有大量的病原体、寄生虫（卵）、重金属和多种有毒有害有机污染物，如果不能妥善安全地对其进行处理处置，将会给生态环境带来巨大危害。图2-1所示为污泥的主要组成。

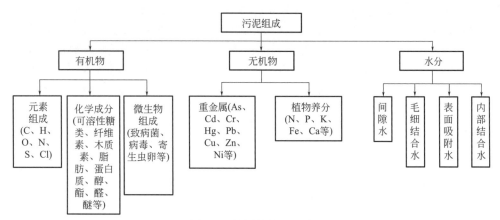

图2-1　污泥的主要组成

按污水的来源特性可将污泥分为生活污水污泥和工业废水污泥。生活污水污泥是生活污水处理过程中产生的污泥，其中的有机物含量一般相对较高，重金属等污染物的浓度相对较低；工业废水污泥是工业废水处理过程中产生的污泥，其特性受工业废水性质的影响较大，所含有机物及各种污染物成分变化较大。

2.5.2　污泥的性质

污泥是一种含水率高（液态污泥的含水率为97%左右，脱水污泥的含水率为80%左右）、呈黑色或黑褐色的流体状物质。污泥由水中悬浮固体经不同方式胶结凝聚而成，结构松散、形状不规则、比表面积与孔隙率极高（孔隙率常大于99%），其特点是含水率高、脱水性差、易腐败、产生恶臭、相对密度较小、颗粒较细，从外观上看具有类似绒毛的分枝与网状结构。

污泥脱水后为黑色泥饼，自然风干后呈颗粒状，硬度大且不易粉碎。

污泥的主要物相组成是有机质和硅酸盐黏土矿物。有机质含量大于硅酸盐黏土矿物含量时，称为有机污泥；硅酸盐矿物含量大于有机质含量时，称为土质污泥；当两者含量大致相同时，称为有机土质污泥。

2.5.2.1 污泥的物理性质

表示污泥物理性质的指标主要有污泥含水率、污泥浓度、污泥密度、污泥体积、污泥的脱水性能与污泥比阻、污泥的臭气、污泥的传输性、污泥的毒性和污泥的热值等。

（1）含水率

污泥中所含水分按其存在形式可大致分为四类，即空隙水、毛细水、吸附水和内部水，见图2-2所示。空隙水是指被大小污泥颗粒包围的水分，约占污泥中总水分的70%，由于空隙水不直接与固体结合，因而很容易分离，污泥在调节池停留数小时后此类水即可显著减少，是污泥浓缩的主要对象；毛细水是指在固体颗粒接触面上由毛细压力结合，或充满于固体与固体颗粒之间，或充满于固体本身裂隙中的水分，约占污泥水分的20%，此类水的去除需施以与毛细水表面张力的合力相反方向的作用力，如离心机的离心力、真空过滤机的负压力、电渗力或热渗力等；吸附水是吸附在污泥小颗粒表

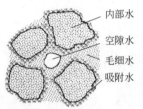

图2-2 污泥水分分布图

面的水分，占污泥水分的7%，污泥常处于胶体颗粒状态，比表面积大，在表面张力作用下能吸附较多的水分，表面吸附水的去除较难，不能用普通的浓缩或脱水方法去除，需采用混凝剂辅助进行分离或采用加热法脱除；内部水是指微生物细胞内部的液体，大约占污泥水分的3%，去除内部水必须破坏细胞膜，使用机械方法难以奏效，可采用高温加热或冷冻等措施将其转变成外部水，也可通过生物分解手段，如好氧氧化、堆肥化、厌氧消化等予以去除。

污泥含水率（P）指污泥中所含水分的质量与污泥总质量之比的百分数：

$$P = \frac{W}{W+S} \times 100\% \tag{2-1}$$

式中　P——污泥的含水率，%；

　　　W——污泥中水分质量，kg；

　　　S——污泥中总固体质量，kg。

污泥的含水率一般都较高，相对密度接近1。

（2）沉降特性

污泥的沉降特性可用污泥容积指数（SVI）来评价，其值等于在30min内1000mL水样中所沉淀的污泥容积与混合液浓度之比，具体计算公式为：

$$SVI = \frac{V_{30min}}{C} \tag{2-2}$$

式中　V_{30min}——1000mL水样在30min内沉淀的污泥容积，mL；

　　　C——污泥混合液的浓度，g/L。

(3) 流变特性和黏性

评价污泥的流变特性具有良好的现实意义，它可以预测运输、处理和处置过程中污泥的特性变化，可以通过该特性选择最恰当的运输装置及流程。测量黏性的目的是确定污泥切应力与剪切速率之间的关系，污泥黏性受温度、粒径分布、固体含量等多种因素的影响。

(4) 热值

废水污泥尤其是剩余污泥、油泥等，含有大量的有机物质，因此具有一定的发热值。污泥的热值取决于污泥的含水率和元素组成。若有机成分单一，可通过有关资料直接查取该组分的氧化反应方程式及发热值。污泥中可燃组分主要是 C、H、S，如果已知有机组分中各元素的含量，可根据下式来计算污泥的低位发热量 Q_{dw}(kJ/kg)。

$$Q_{dw} = 337.4C + 603.3\left(H - \frac{O}{8}\right) + 95.13S - 25.08P \tag{2-3}$$

式中　C，H，O，S——污泥中碳、氢、氧、硫的质量分数，%；

　　　　P——污泥的含水率，%。

然而，污泥的组成很复杂，较难确定各组分的含量。比较便利和常用的分析方法是测量污泥的 COD 值，它可以间接表征有机物的含量，与污泥的发热值存在着必然的联系。对大多数有机物而言，燃烧时每去除 1gCOD 所放出的热量平均约为 14kJ。利用这一平均值计算污泥的低位发热量所产生的最大相对误差约为 10%，在工程计算时是允许的。这样，有机污泥的低位发热量 Q_{dw}(kJ/kg) 可利用下式进行估算：

$$Q_{dw} = 14COD - 25.08P \tag{2-4}$$

式中　COD——有机污泥的 COD 值，g/kg。

一般有机污泥的热值相当于劣质煤，见表 2-1。用焚烧法处理污泥时，辅助燃料的消耗量直接关系到处理成本的高低。对于有机污泥，因其热值较高（一般达 6300kJ/kg），如果选用适合燃用低热值污泥的流化床焚烧炉，可不加辅助燃料进行处理，从而大大降低其运行费用。

表 2-1　有机污泥热值与燃料对比

污泥类别	原污泥	活性污泥	纸浆污泥	酪朊	煤	燃料油
平均热值/(kJ/kg)	18180	14750	11870	24540	20900	45020

2.5.2.2　污泥的化学性质

污泥的化学性质包括污泥的基本理化特性、可消化程度、污泥的肥分、污泥中所含的重金属物质等。

(1) 污泥的基本理化特性

城市污水处理厂污泥以有机物为主，有一定的反应活性，理化特性随处理状况的变化而变化。挥发分是污泥最重要的化学性质，决定了污泥的热值及其可消化性。

(2) 污泥的化学构成

污水的来源和处理方法在很大程度上决定着污泥的化学组成。一般地，污泥的化学构成包含植物营养元素、无机营养物质、有机物质、微量营养元素等。

1) 植物营养元素

污泥中含有植物生长所必需的 N、P、K 等常量元素，维持植物正常生长发育的多种微

量元素（Ca、Mg、Cu、Zn、Fe）和能改良土壤结构的有机质（一般质量分数为 60%～70%），因此它能够改良土壤结构，增加土壤肥力，促进作物生长。

2）无机营养物质

污泥的无机物组成包含毒害性无机物组成、植物养分组成、无机矿物组成等三个主要方面。

① 植物养分组成，是按氮、磷、钾 3 种植物生长所需要的宏量元素含量对污泥组成进行描述，既是对污泥肥料利用价值的分析，也是对污泥进入水体的富营养化影响的分析。对污泥植物养分组成的分析，除了总量外还必须考虑其化合状态。因此，氮可分为氨态氮（NH_3-N）、亚硝酸盐氮、硝酸盐氮和有机氮；磷一般分为颗粒磷和溶解性磷两类；钾则按速效和非速效分为两类。

② 无机矿物组成，主要是铁、铝、钙、硅元素的氧化物和氢氧化物。这些污泥中的无机矿物通常对环境是惰性的，但对污泥中重金属的存在形态有较大影响。

③ 毒害性无机物组成，城市污水处理厂污泥中的重金属来源多、种类繁、形态复杂，并且许多是对环境毒性比较大的元素，如砷、镉、铬、汞、铅、铜、锌、镍等，它们具有易迁移、易富集、危害大等特点，是限制污泥农业利用的主要因素。

污泥中的重金属主要来自污水，当污水进入污水处理厂时，里面含有各种形态、不同种类的重金属，经过物理、化学、生物等污水处理工艺，大部分重金属会从污水中分离出来，进入污泥。这是一个复杂的过程：如污水经过格栅、沉砂池时，大颗粒的无机盐、矿物颗粒等通过物理沉淀的方式，伴随其中的重金属进入污泥；在化学处理工艺中，大部分以离子、溶液、配合物、胶体等形式存在的重金属元素通过化合物沉淀、化学絮凝、吸附等方式进入污泥；在生物处理阶段，部分重金属可以通过活性污泥中微生物的富集和吸附作用，和剩余活性污泥、生物滤池脱落的生物膜等一起进入污泥。具体过程可参考相关书籍（《物理法水处理过程与设备》《化学法水处理过程与设备》《生物法水处理过程与设备》）。一般来说，生活污水污泥中的重金属含量较低，工业废水产生的污泥中重金属含量较高。

3）有机物质

污泥有机物的一种组成描述方式是元素组成，一般按 C、H、O、N、S、Cl 等 6 种元素的构成关系来考察污泥的有机元素组成。另一种组成描述方式是化学组成。由于污泥有机物的分子结构状况十分复杂，因此按其与污染控制及利用有关的各方面来描述其化学组成，其中主要包括：毒害性有机物组成、有机生物质组成、有机官能团化合物组成和微生物组成等。

① 毒害性有机物组成。所谓的毒害性有机物是按其在环境生态体系中的生物毒性达到一定的程度来定义的，各国均已公布的所谓环境优先控制物质目录中可以找到相应的特定物质。污泥中主要的毒害性有机物有多氯联苯（PCBs）、多环芳香烃（PAHs）等。

② 有机生物质组成。有机生物质组成是按有机物的生物活性及生物质结构类别对污泥的有机物组成进行描述，前者可将污泥有机物划分为生物可降解性和生物难降解性两大类，后者则以可溶性糖、纤维素、木质素、脂肪、蛋白质等生物质分子结构特征为分类依据。这两种生物质组成描述方式能有效地提供污泥有机质的生物可转化性依据。

③ 有机官能团化合物组成。有机官能团化合物组成是按官能团对污泥有机物组成进行描述的方法，一般包括醇、酸、酯、醚、芳香化合物、各种烃类等，其组成状况与污泥有机物的化学稳定性有关。

④ 微生物组成。为了表征污泥的卫生学安全性，一般采用指示物种的含量来描述污泥的微生物组成。我国一般采用大肠杆菌、粪大肠杆菌菌落数和蛔虫卵等生物指标。国外为了

能间接检查病毒的无害化处理效果，多将生物生命特征与病毒相似的沙门氏菌列入组成分析范围。

污泥中含有的有机物质可以对土壤的物理性质起到很大的影响，如土壤的肥效、腐殖质的形成、密度、聚集作用、孔隙率和持水性等。污泥中含有的可生物利用有机成分包括纤维素、脂肪、树脂、有机氮、硫和磷化合物、多糖等，这些物质有利于土壤腐殖质的形成。

4）微量营养元素

污泥中包括的微量营养元素，如铁、锌、铜、镁、硼、钼（起固氮作用）、钠、钡和氯等，都是植物生长所少量需要的，但对植物的生长非常重要。氯除了有助于植物根系的生长以外，其他方面的作用还不十分清楚。

土壤和污泥的 pH 值能影响微量元素的可利用性。

2.5.2.3　污泥的生化性质

污泥的生化性质主要包括污泥的可消化程度和致病性两个方面。

(1) 可消化程度

污泥中的有机物是消化处理的对象。一些有机物可被消化降解或称可被气化、无机化，另一些有机物如脂肪和纤维素等不易被消化降解。可消化程度 R_d 用来表示污泥中可被消化降解的有机物量。

(2) 致病性

大多数废水处理工艺是将污水中的致病微生物转移到污泥中，因此污泥中包含多种微生物群体。

污泥中的微生物群可以分为细菌、放线菌、病毒、寄生虫、原生动物、轮虫和真菌，这些微生物中相当一部分是致病的（如它们可以导致很多人和动物的疾病）。在污泥的应用中，病原菌可通过各种途径传播，污染土壤、空气、水源，并通过皮肤接触、呼吸和食物链危及人畜健康，也能在一定程度上加速植物病害的传播。

2.5.3　污泥对环境的影响

污泥中有机物含量高，易腐烂，有强烈的臭味，并且含有寄生虫卵、致病微生物和铜、锌、铬、汞等重金属，以及盐类、多氯联苯、二噁英、放射性核素等难降解的有毒有害物质，如不加以妥善处理，任意排放，将会造成二次污染。

2.5.3.1　污泥对水环境的影响

目前，城市污水处理厂普遍采用活性污泥法及其各种变形工艺，进厂污水中的大部分污染物是通过生物转化为污泥去除的，污水成分及其处理工艺的不同直接影响污泥组成。随着污水处理要求的日益严格，污泥成分会更加复杂。在人们的日常生活中，大量废弃物随污水进入城市污水管网，据文献报道大约有 8.0×10^4 种化学物质进入污水中，在污水处理过程中，有些物质被分解，其余的大部分被直接转移到污泥中。根据文献记录，污水污泥中的有机物分为 15 类共 516 种，其中包含 90 种优先控制物和 101 种目标污染物，而且污泥中经常含有 PCBs、PAHs 等剧毒有机物以及大量的重金属和致病微生物，以及一般的耗氧性有机物和植物养分（N、P、K）等。因此，城市污水厂污泥中含有覆盖面很广的各类污染物质，并且污水处理厂均有大量工业废水进入，经过污水处理，污水中重金属离子约有 50% 以上转移到污泥中。

污泥的处置方式不同，对水体环境的污染情况也不相同。当污泥与城市垃圾一起填埋于垃圾场时，污泥中的病原物会随雨水下渗，污染地下水。土地利用被认为是最有前景的污泥处置方式，但施用与保护不当，病原物不仅会污染土壤环境，而且还会经由地表径流和渗滤液污染地表水和地下水。污泥的集中堆置不仅将严重影响堆置地附近的环境卫生状况（臭气、有害昆虫、含致病生物密度大的空气等），也可能使污染物由地表径流向地下径流渗透，引起更大范围的水体污染问题。因此，选择合适的处置场所和方法，避免病原物引起水体环境二次污染是污泥土地安全处置中的重要环节。

2.5.3.2 污泥对土壤环境的影响

污泥中含有大量的 N、P、K、Ca 及有机质，这些有机养分和微量元素可以明显改变土壤的理化性质，增加 N、P、K 的含量，同时可以缓慢释放许多植物所必需的微量元素，具有长效性。因此，污泥是有用的生物资源，是很好的土壤改良剂和肥料。污泥用作肥料，可以减少化肥施用量，从而降低农业成本，减少化肥对环境的污染。但由于污水种类繁多、性质各异，各污水处理厂的污泥在化学成分和性质上有很大的差异，由许多工厂排出的污水合流而成的城市污水处理厂的污泥成分就更加复杂。在污泥中，除含有对植物有益的成分外，还可能含有盐类、酚、氰、3,4-苯并芘、镉、铬、汞、镍、砷、硫化物等多种有害物质。当污泥施用量和有害物质含量超过土壤的净化能力时，就可能毒化土壤，危害作物生长，使农产品质量降低，甚至在农产品中的残留超过食用卫生标准，直接影响人体健康。因此，施用污泥应当慎重。

造成土壤污染的有害物质主要是重金属元素。农田受重金属元素污染后，表现为土壤板结、含毒量过高、作物生长不良，严重的甚至没有收成。根据对农业环境的污染程度，可将污泥中的重金属元素分为两类：一类对植物的影响相对小些，也很少被植物吸收，如铁、铅、硒、铝等；另一类污染比较广泛，对植物的毒害作用重，在植物体内迁移性强，有些对人体的毒害大，如镉、铜、锌、汞、铬等。

① 锌。锌是植物正常生长不可缺少的重要微量元素，锌在植物体内的生理功能是多方面的。缺乏锌时，生长素和叶绿素的形成受到破坏，许多酶的活性降低，破坏光合作用及正常的氮和有机酸代谢，进而引起多种病害，如玉米的花白叶病、柑橘的缩叶病。过量的锌会使植株矮小、叶褪绿、茎枯死，质量和产量下降。锌在土壤中的含量一般为 $20 \sim 95\mu g/g$，最高允许含量为 $250\mu g/g$。

② 镉。镉是一种毒性很强的污染物质，它对农业环境的污染如在日本引起的举世闻名的"骨痛病"。镉对植物的毒害主要表现在破坏正常的磷代谢，叶绿素严重缺乏，叶片褪绿，并引起各种病害，如大豆、小麦的黄萎病。试验证明，土壤含镉 $5 \times 10^{-6}\mu g/m^3$ 可使大豆受害，减产 25%。镉属累积性元素，在植物体内迁移性强，生长在镉污染土壤上的农产品含镉量可达 $0.4 \times 10^{-6}\mu g/m^3$ 以上。在正常环境条件下，人平均日摄取镉量超过 $300\mu g$ 时，就会有得"骨痛病"的危险。土壤中镉的含量通常在 $0.5 \times 10^{-6}\mu g/m^3$ 以下，最高含量不得超过 $1 \times 10^{-6}\mu g/m^3$。

③ 铬。铬也是植物需要的微量元素。在缺乏铬的土壤中加入铬，能增强植物光合作用能力，提高抗坏血酸、多酚氧化酶等多种酶的活性，增加叶绿素、有机酸、葡萄糖和果糖含量。而当土壤中的铬过多时，则会严重影响植物生长，干扰养分和水分的吸收，使叶片枯黄、叶鞘烂、茎基部肿大、顶部枯萎。土壤中铬的含量一般在 $250 \times 10^{-6}\mu g/m^3$ 以下，最高含量不得超过 $500 \times 10^{-6}\mu g/m^3$。六价铬含量达 $1000 \times 10^{-6}\mu g/m^3$ 时，可造成土壤贫瘠，大多数植物不能生长。

④ 汞。汞是植物生长的有害元素，可使植物代谢失调，降低光合作用，影响根、茎、叶和果实的生长发育，使植物过早落叶。汞也属于累积性元素，当土壤中可溶性汞含量达 $0.1\times10^{-6}\mu g/m^3$ 时，稻米中含汞量可达 $0.3\times10^{-6}\mu g/m^3$。土壤中汞的含量一般在 0.2×10^{-6} $\mu g/m^3$ 以下，最高含量不得超过 $0.5\times10^{-6}\mu g/m^3$。

⑤ 铜。铜是植物生长的必需元素。土壤缺乏铜时，会影响植物叶绿素的生成，降低多种氧化还原酶的活性，影响碳水化合物和蛋白质的代谢，进而引起尖端黄化病、尖端萎缩病等。但过量铜会产生铜害，主要表现在根部，新根生长受到阻碍，缺乏根毛，植物根部呈珊瑚状。土壤中的铜含量一般在（10~50）$\times10^{-6}\mu g/m^3$ 之间，可溶性铜的最高允许含量为 $125\times10^{-6}\mu g/m^3$。据报道，土壤中的铜含量达 $200\times10^{-6}\mu g/m^3$ 时，将使小麦枯死。

2.5.3.3　污泥对大气环境的影响

污泥中含有的病原微生物可通过以下几种途径对大气环境产生危害：a. 在污水处理过程中，由于操作流程不规范，产生的污泥没有直接送入密闭装置，污泥颗粒会进入周围的大气环境；b. 施用液体污泥时，将污泥注射入土壤时产生的强大压力使少量污泥溅出，形成细小颗粒进入大气；c. 污泥表层施用或混施进入土壤后，在耕作或收获作物和刮大风时会形成气溶胶或粉尘，病原物随这些气溶胶或粉尘进入大气。大气中的病原物既可通过呼吸作用直接进入人体内，也可吸附在皮肤或果蔬表面间接地进入人体内，危害人类健康。

污泥中含有部分带臭味的物质，如硫化氢、氨、腐胺类等，任意堆放会向周围散发臭气，对大气环境造成污染，不仅影响堆放区周边居民的生活质量，也会给工作人员的健康带来危害。同时，臭气中的硫化氢等腐蚀性气体会严重腐蚀设备，缩短其使用寿命。另外，污泥中有机组分在缺氧储存、堆放过程中，在微生物作用下会发生降解而生成有机酸、甲烷等。甲烷是温室气体，其产生和排放会加剧气候变暖。

2.5.4　污泥的能源化利用方法

随着我国城镇化和污水处理水平的不断提高，污水厂污泥的产量也急剧增加。污泥如果得不到有效的处置，将会对环境造成二次污染。如何将产量巨大、成分复杂的污泥进行妥善安全的处理处置，使其减量化、稳定化、无害化和资源化，已成为环境界深为关注的重大课题。

随着技术的发展和观念的进步，污泥逐渐被看作是资源而并非仅仅是污染物。污泥中的有机物含有大量热值，具有能源化利用的潜力，将污泥处置甚至污水处理过程转变为能量的净产出过程逐渐引起了研究者的兴趣。

污泥的能源化利用是指采用热化学转化技术、物理转化技术和生物转化技术把污泥转变为较高品质的能源产品，同时可杀灭细菌、去除臭气。污泥能源化利用方法主要包括热化学氧化法（如直接燃烧、共燃烧、湿式氧化和超临界水氧化）、热化学液化法（包括热解液化和水热液化）、热化学气化法（包括热解气化、气化剂气化和水热气化）、热化学炭化法（包括热解炭化和水热炭化）、物理转化法（包括制合成燃料和浆状燃料）、生物转化法（厌氧消化制沼气和污泥生物制氢气）等。

（1）热化学氧化法

热化学氧化法是使污泥在一定温度条件下发生氧化反应，从而放出热量，实现其能源化利用。根据反应条件和操作方式的不同，污泥热化学氧化法可分为如下几种。

1）直接燃烧

由于污泥中含有大量的有机物质，污泥经脱水干化后，其热值可以达到褐煤的水平，因

而可作为燃料采用燃烧方式实现能源化利用。采用燃烧方式，可以完全消除致病微生物等的危害，实现污泥最大限度地减量化，同时可以回收其中的能量。近年来，采用燃烧方式对污泥进行处置的比例越来越高，该技术得到了迅速的发展和应用。

2）共燃烧

共燃烧技术是指利用现有的燃煤锅炉、垃圾焚烧炉等将污泥和煤、市政垃圾等进行混合共燃。共燃烧的优点是利用了现有的成熟设备和运行操作经验，不需要新的投资和建设。同时，先进的燃煤设备以及垃圾焚烧设备等已经配备了完善的尾气收集处理系统，可以有效地控制污染物的排放。在燃煤过程中，当污泥添加量不高于 10% 时，在热释放以及能量损失方面并没有明显的区别。也有研究表明，当污泥添加量不超过 25% 时，在为燃煤设计的锅炉中共燃烧污泥，污染物排放不会超过欧盟或德国排放限制的要求。

污泥的燃烧和共燃烧过程主要经历干燥、挥发分挥发和燃烧、焦炭的燃烧 3 个步骤。在燃烧过程中，这几个过程相互重叠、同时进行。污泥的干燥和挥发分析出在较低温度条件下就开始进行。污泥中的碳主要以挥发分形式存在，燃烧过程以挥发分的气相燃烧为主导。

污泥燃烧及共燃烧过程存在的潜在危害主要是污染气体的排放及灰分的处置。主要污染气体包括 SO_2、NO_2、N_2O、HCl、重金属以及一些痕量污染物（二恶英和呋喃类）。在污泥燃烧过程中，可以通过控制燃烧温度、停留时间、硫钙比和采用烟气循环技术等实现污染物的减排。

3）湿式氧化和超临界水氧化

由于污泥的含水量较高，可很方便地实现泵送，因此也可采用湿式氧化和超临界水氧化的方法，将其中所含的有机物氧化分解而获取能量。但由于湿式氧化和超临界水氧化的设备投资和运行费用较高，其主要目标在于消除污泥中有机物对环境的污染，并不直接用于获取热能。

（2）热化学液化法

污泥热化学液化是在一定的温度和压力条件下，将污泥经过一系列化学加工过程，使其转化成生物油的热化学过程。污泥热化学液化对原料的适应性强，有机质利用率高，反应时间短，易于工厂化生产，产品能量密度大，易于存储和运输，直接或加以改性精制就可作为优质车用燃料和化工原料，不存在产品规模和消费的地域限制问题，因而成为国内外研究开发的重点和热点。

根据热化学加工过程的不同技术路线，污泥热化学液化可分为热解液化和水热液化。

1）热解液化

污泥热解液化是利用污泥中的有机固体在特定温度和压力条件下，使其发生裂解反应，生成小分子的油类产物。

污泥热解液化是一个非常复杂的反应过程，影响污泥热解的因素主要有污泥特性、温度、停留时间、加热速率、含水率、催化剂、反应设备类型等。

污泥热解过程的能量平衡主要受含水率的影响，一般认为含水率 78% 是临界点，含水率低于 78%，热解过程的处理成本低于焚烧工艺的成本。使用催化剂可以提高污泥热解油的产率和品质，缩短热解时间，降低所需反应温度，降低产炭率。

2）水热液化

污泥液化是在合适的催化剂、溶剂介质存在下，在反应温度 200~400℃、反应压力 5~25MPa、反应时间从 2min 至数小时条件下液化，生产生物油、半焦和干气。由于水安全、环保、易得，因此常用水作溶剂，即为水热液化。水热液化所得生物油的含氧量在 10% 左右，热值比热解液化的生物油高 50%，物理和化学稳定性更好。

由于水的汽化相变焓为 2260kJ/kg，比热容为 4.2kJ/(kg·℃)，使水汽化的热量是把等量的水从 1℃加热到 100℃所需热量的 5 倍，而对于高含水污泥（含水率通常高于 78%），采用热解液化技术需要干燥，能耗过大，因而增加了生产成本。采用水热液化无需进行脱水等高耗能步骤，还避免了水汽化，反应条件比热解液化温和，且其中的水分还能提供加氢裂解反应所需的·H 和脱羧基的·OH，有利于热解反应的发生和短链烃的产生。与热解液化相比，水热液化能获得低氧含量、高热值、黏度相对较小、稳定性更好的生物油，因此适用于水生植物、藻类、养殖业粪便和二次有机污泥等高含水有机废弃物的规模化液化，极具经济性和工业化前景，成为国内外研究者和生产者关注的热点之一。

与污泥热解液化相比，污泥水热液化对含水率的要求较低，能量剩余率较高，但由于需要高温高压，对设备要求较为苛刻、成本较高等缺点使其应用受到一定的限制。

(3) 热化学气化法

热化学气化是在一定的温度条件下，使污泥经过一系列化学加工过程，转化成小分子气体的热化学过程。根据热化学加工过程的不同技术路线，污泥的气化可分为热解气化、气化剂气化和水热气化。

1) 热解气化

热解气化是在无氧或缺氧条件下将污泥加热，使其中的有机物发生热裂解，经冷凝后产生利用价值较高的燃气、燃油及固体半焦，但以气体产物产率为目标。

影响热解气化过程的因素包括温度、催化剂、原料特性（如粒度、表面特点、含水率、形状、挥发分、含碳量等）。采用热解气化方式可以将污泥中的有机组分转化为燃料气体及焦油，进行能源化利用，近年来得到了较多的研究。污泥的热解气化过程是弱还原条件下的热化学反应过程，和燃烧相比规避了二氧化硫、氮氧化物和氯代化合物的生成等问题，获得的燃气经净化后进行利用，避免了燃烧产生的二次污染。热解气化实现了污泥最大限度的减量化，但工艺过程较为复杂，对运行操作有较高的要求。污泥的高含水率使其不宜直接利用，需要脱水干化处理。此外，由于污泥的高灰分特征，仍需要对最终灰分的处置进行重金属浸出等评估。

2) 气化剂气化

气化剂气化简称气化，是采用某种气化剂，使污泥在气化反应器中进行干燥、热解、氧化、还原 4 个过程。有采用污泥单独气化的，也有和其他物质混合气化的。和热解不同的是，气化过程的液态产物较少，大约为 5%，主要产物是合成气和灰渣。合成气中的气体主要为 H_2、CO、CH_4、N_2、CO_2 等，其中可燃气体可占到气体组分的 18.5%~41.3%。气化过程会产生一些有害气体，主要包括 HCl、SO_2、H_2S、NH_3、NO_2 等，需要在利用之前进行净化。

气化的主要设备有固定床、流化床两大类。可通过工艺的优化和控制，实现高效生产可燃合成气的目的。

3) 水热气化

水热气化是以水为溶剂，在合适的催化剂和一定的工艺条件下，使污泥中的大分子物质发生裂解生成小分子的可燃气。目前研究最多的是污泥超临界水气化制氢。

污泥超临界水气化制氢是利用超临界水作为反应介质溶解污泥中的有机物并发生强烈的化学反应而产生氢气。超临界水气化制氢是一种新型、高效的可再生能源利用与转化技术，具有极高的能量气化效率、极强的有机物无害化处理能力，但该技术目前还处于实验室阶段，离大规模工业化还有一段距离。

（4）热化学炭化法

污泥热化学炭化是指在一定温度条件下将污泥中的有机组分进行热分解，使二氧化碳等气体从固体中被分离，同时又最大限度地保留污泥中的碳值，使污泥形成一种焦炭类的产品，通过提高其碳含量而提高热值。根据热化学加工过程的不同技术路线，污泥的炭化可分为热解炭化和水热炭化。

1）热解炭化

污泥热解炭化是指在一定温度条件下，将满足含水率要求的污泥进行热解，通过控制其操作条件（最主要的是加热温度及升温速率），使污泥中的有机组分分解产生气体、液体和固体，以追求固体产物的产率为目标。

2）水热炭化

污泥水热炭化是在一定的温度和压力条件下，将污泥放入密闭的水溶液中反应一定时间以制取焦炭的过程，实际上水热炭化是一种脱水脱羧的煤化过程。与传统的热解炭化相比，水热炭化的反应条件相对温和，脱水脱羧是一个放热过程，可为水热反应提供部分能量，因此水热炭化的能耗较低。另外，水热炭化产生的焦炭含有大量的含氧、含氮官能团，焦炭表面的吸水性和金属吸附性相对较强，可广泛用于纳米功能材料、炭复合材料、金属/合成金属材料等。

（5）物理转化法

一般说来，污泥中含有大量有机质和木质纤维素，均属可燃成分，可作为燃料利用，但由于污泥的含水量较高，其热值较低，直接作为燃料利用的经济性较差。可通过适当处理，制造污泥基合成燃料。

根据所制备合成燃料的状态，污泥基合成燃料可分为污泥基固体合成燃料和污泥基浆状合成燃料。

1）污泥基固体合成燃料

以污泥为原料制备污泥基固体合成燃料，除需向污泥中加入降低污泥含水率的固化剂外，还需要掺入引燃剂、除臭剂、缓释剂、催化剂、疏松剂、固硫剂等添加剂，以提高其疏松程度，改善衍生燃料的燃烧性能，使污泥衍生燃料满足普通固态燃料在低位热值、固化效率、燃烧速率以及燃烧臭气释放等方面的评价指标。

杨丽等通过正交试验将生活垃圾、污泥和煤粉混合，加入阻燃剂、脱硫剂 CaO 等制成有机垃圾混合燃料，热值高达 17889.8kJ/kg。另外，也可将污泥和油、煤混合制燃料，不同配比的污泥、油、煤制成的燃料的气化动力学特征不同。污泥制成的合成燃料除了具有燃烧性能外，还需要具备一定的成型率和抗压强度。蒋建国等通过实验研究了污泥含水率、粉煤灰的添加量、锯末和煤粉的添加量对燃料制品的抗压强度和成型率的影响，其中粉煤灰作为黏结剂添加时燃料的成型率会提高，而抗压强度会降低，最佳添加比例为4%，用锯末作为阻燃剂时，抗压强度会降低，用煤粉作为阻燃剂时抗压强度会升高。

2）污泥基浆状合成燃料

污泥浆状燃料制备技术是以机械脱水污泥、煤粉和燃料油及脱硫剂为原料，经过混合研磨加工制成浆状燃料。其特征是燃料有一定的流动性，可以通过管道用泵输送，能像液体燃料那样雾化燃烧。原料中的煤粉可以是一般的动力煤粉，也可以是洗精煤粉。燃料油可以是源自石油的重油，也可以是煤焦油、页岩油或各种回收的废油，以降低成本。

（6）生物转化法

污泥生物转化法是指在微生物或酶的作用下，将污泥中所含的有机质转化成能源的方

法，最典型的污泥生物转化包括污泥厌氧消化制沼气和污泥生物制氢。

1）污泥厌氧消化制沼气

利用污泥制沼气是指污泥在厌氧消化和其他适宜条件下，由厌氧菌和兼性菌的联合作用降解有机物，产生以甲烷为主的混合气的过程。污泥消化制沼气有较长的历史，目前主要是研究通过改进技术改善沼气的品质，提高沼气的产率。

2）污泥生物制氢

污泥生物制氢是依据微生物在常温常压下进行酶催化反应制得氢气的原理进行的。生物制氢主要有光合生物产氢和发酵细菌产氢两种方法。由于光合作用效率低、需要光源等因素，厌氧发酵制氢的研究比较多。厌氧发酵可利用的有机物的种类很多，更具有发展潜力。厌氧发酵过程中产生的氢气可以被某些细菌消耗掉，因此需要对原料进行前处理，尽可能地抑制耗氢细菌的活性，增加产氢细菌的量。前处理的方法主要有热处理、酸处理、碱处理，也可用氯仿、钠、2-溴乙基磺酸盐、碘甲烷等处理。在厌氧发酵中，对污泥进行冻融和杀菌处理，能够大幅增加氢气的产量，而添加抑制剂和超声波处理会减少氢气的产量。

厌氧发酵制氢耗能少，具有成本优势，但如何稳定高效地连续制氢是今后需要攻克的问题。

2.6　有机废水的组成及能源化利用方法

有机废水是指人类生产或生活过程中废弃排出的水，包括生活污水和工业废水。

2.6.1　生活污水的组成

生活污水是指人们生活过程中产生和排出的废水，主要来自家庭、商业、机关、学校、旅游服务业及其他城市公用设施。主要包括粪便水、洗涤水、冲洗水。

城市污水是城市中的生活污水和排入城市下水道的工业废水的总称，包括生活污水、工业废水和降雨产生的部分城市地表径流。因城市功能、工业规模与类型的差异，在不同城市的城市污水中，工业废水所占的比重会有所不同，对于一般性质的城市，其工业废水在城市污水中的比重大约为 10%~50%。由于城市污水中工业废水只占一定的比例，并且工业废水需要达到《污水排入城镇下水道水质标准》（GB/T 31962—2015）的规定后才能排入城市下水道（超过标准的工业废水需要在工厂内经过适当的预处理，除去对城市污水处理厂运行有害或城市污水处理厂处理工艺难以去除的污染物，如酸、碱、高浓度悬浮物、高浓度有机物、重金属等），因此，城市污水的主要水质指标有和生活污水相似的特性。

生活污水和城市污水水质浑浊，新鲜污水的颜色呈黄色，随着在下水道中发生厌氧分解，污水的颜色逐渐加深，最终呈黑褐色，水中夹带的部分固体杂质，如卫生纸、粪便等，也分解或液化成细小的悬浮物或溶解物。

生活污水和城市污水中含有一定量的悬浮物，悬浮物浓度一般在 100~350mg/L 范围内，常见浓度为 200~250ml/L。悬浮物成分包括漂浮杂物、无机泥沙和有机污泥等。悬浮物中所含有机物大约占生活污水和城市污水中总有机物含量的 30%~50%。

生活污水和城市污水中所含有机污染物的主要来源是人类的食物消化分解产物和日用化学品，包括纤维素、油脂、蛋白质及其分解产物、氨氮、洗涤剂成分（表面活性剂、磷）等，生活与城市活动中所使用的各种物质几乎都可以在污水中找到其相关成分。有机物含量为：一般浓度范围为 $BOD_5 = 100~300mg/L$，$COD = 250~600mg/L$；常见浓度为 $BOD_5 = 180~$

250mg/L，COD=300~500mg/L。由于工业废水的污染物含量一般都高于生活污水，工业废水在城市污水中所占比例越大，有机物的浓度，特别是COD的浓度也越高。

生活污水中含有氮、磷等植物生长所需的营养元素。新鲜生活污水中氮的主要存在形式是氨氮和有机氮，其中以氨氮为主，主要来自食物消化分解产物。生活污水和城市污水的氨氮浓度（以N计）一般范围是15~50mg/L，常见浓度是30~40mg/L。生活污水中的磷主要来自合成洗涤剂（合成洗涤剂中所含的聚合磷酸盐助剂）和食物消化分解产物，主要以无机磷酸盐形式存在。生活污水和城市污水的总磷浓度（以P计）一般范围是4~10mg/L，常见浓度是5~8mg/L。

生活污水和城市污水中还含有多种微生物，包括病原微生物和寄生虫卵等。

2.6.2 工业有机废水的组成

工业有机废水是指工业生产过程中产生的有机废水，主要是酿酒、食品、制药、造纸及屠宰等行业生产过程中排出的废水，其中都富含有机物。

工业废水的性质差异很大，不同行业产生的废水的性质不同，即使对于生产相同产品的同类工厂，由于所用原料、生产工艺、设备条件、管理水平等的差别，废水的性质也可能有所差异。

工业废水的总体特点是：a. 水量大。特别是一些耗水量大的行业，如造纸、纺织、酿造、化工等。b. 水中污染物的浓度高。许多工业废水所含污染物的浓度都超过了生活污水，个别废水，例如造纸黑液、酿造废液等，有机物的浓度达到了几万甚至几十万毫克每升。c. 成分复杂，不易处理。有的废水含有重金属、酸碱、对生物处理有毒性的物质、难生物降解有机物等。d. 带有颜色和异味。e. 水温偏高。

2.6.3 有机废水对环境的影响

目前我国每年的污水排放总量已达500多亿吨，并呈逐年上升的趋势，相当于人均排放40t，其中相当部分未经处理直接排入江河湖库。在全国七大流域中，太湖、淮河、黄河的水质最差，约有70%以上的河段受到污染；海河、松辽流域的污染也相当严重，污染河段占60%以上。河流污染情况严峻，其发展趋势也令人担忧。从全国情况看，污染正从支流向干流延伸，从城市向农村蔓延，从地表向地下渗透，从区域向流域扩展。

据检测，目前全国多数城市的地下水都受到了不同程度的点状和面状污染，且有逐年加重的趋势。在全国118个城市中，64%的城市地下水受到严重污染，33%的城市地下水受到轻度污染。从地区分布来看，北方地区比南方地区更为严重。日益严重的水污染不仅降低了水体的使用功能，而且进一步加剧了水资源短缺的矛盾，很多地区由资源性缺水转变为水质性缺水，对我国正在实施的可持续发展战略带来了严重影响，而且还严重威胁到城市居民的饮水安全和人民群众的健康。

在我国669个建制市中，目前有400多个城市不同程度缺水，其中严重缺水的城市有110个，城市年缺水总量达60亿立方米。在32个百万人口以上的特大城市中，有30个城市长期受缺水的困扰。由于供水不足，城市工业每年的经济损失高达2000亿元以上，影响城市人口4000万人，因此，未来我国水资源面临的形势是非常严峻的。

2.6.4 有机废水的能源化利用方法

有机废水中的COD是造成环境污染的主要因素，废水治理的目的是将其中的有机污染物（一般以化学需氧量COD表示）降解为稳定、无害的无机物。传统的处理工艺是通过消耗外部能量或物质（供给氧气）将其中的有机物分解成 CO_2 和水，从而使废水中的 COD 最终稳定为 CO_2。但从能量利用与温室气体排放控制的角度综合衡量，这种处理方式是与可持续发展战略相悖的。

事实上，有机废水中的 COD 含有大量的化学能，每千克 COD 约能产生 1.4MJ 的代谢能。如果在将 COD 转化降解为 CO_2 的同时，将其化学能进行回收利用，对于节约能源有着重要意义。

将有机废水中的含能物质 COD 转化为能量的方法主要有两种：一种是直接将 COD 的化学能通过热化学氧化而转化为热能，实现这种转化的技术有焚烧、湿式空气氧化、超临界水氧化；另一种是先将有机废水中的 COD 转化为含能物质（CH_4、H_2），再使这些含能物质通过燃烧而实现能量的利用，实现这种转化的技术有水热气化和生物转化。

（1）热化学氧化

热化学氧化法是使有机废水在一定温度条件下发生氧化反应，从而放出热量，实现其能源化利用。根据反应条件和操作方式的不同，有机废水的热化学氧化法可分为如下几种：

1）焚烧法

由于有机废水中含有有机物质，因此可采用焚烧的方式实现能源化利用。但这种方式对有机物质的含量有一定的要求，临界值一般为 10% 左右。如果有机物含量低于这一临界值，则由于其热值低，不能维持系统自持运行，因此不宜采用焚烧方式。对于这种有机物含量低的有机废水，可采用将与其高浓度有机废液混合后共焚烧的方式实现能源化利用。

2）湿式氧化和超临界水氧化

由于有机废水宜于泵送，因此也可采用湿式氧化和超临界水氧化的方法，将其中所含的有机物氧化分解而获取能量。但由于湿式氧化和超临界水氧化的设备投资和运行费用较高，其主要目标在于消除有机废水中有机物对环境的污染，并不直接用于获取热能。

（2）水热气化

有机废水的水热气化是在合适的催化剂和一定的工艺条件下，使废水中的大分子物质发生裂解生成小分子的可燃气。目前研究最多的是有机废水超临界水气化制氢。

有机废水超临界水气化制氢是利用超临界水作为反应介质使废水中的有机物发生强烈的化学反应而产生氢气。超临界水气化制氢是一种新型、高效的可再生能源利用与转化技术，具有极高的能量气化效率、极强的有机物无害化处理能力，但该技术目前还处于实验室阶段，离大规模工业化还有一段距离。

（3）有机废水生物转化

有机废水生物转化技术是指在微生物或酶的作用下，将有机废水中所含的有机质转化成能源的方法，最典型的有机废水生物转化技术包括有机废水厌氧消化制沼气和有机废水厌氧消化制氢。

1）有机废水厌氧消化制沼气

利用有机废水制沼气是指有机废水在厌氧消化和其他适宜条件下，由厌氧菌和兼性菌的联合作用降解有机物，产生以甲烷为主的混合气的过程。有机废水消化制沼气有较长的历史，目前主要是研究通过改进技术改善沼气的品质，提高沼气的产率。

2）有机废水厌氧消化制氢

有机废水厌氧消化制氢是依据微生物在常温常压下进行酶催化反应制得氢气的原理进行的。厌氧发酵可利用的有机物的种类很多，更具有发展潜力。厌氧发酵过程中产生的氢气可以被某些细菌消耗掉，因此需要对原料进行前处理，尽可能地抑制耗氢细菌的活性，增加产氢细菌的量。

厌氧发酵制氢耗能少，具有成本优势，但如何稳定高效地连续制氢是今后需要攻克的问题。

虽然采用水热气化和生物转化可将有机废水中的 COD 物质转化为能源，但对于量大面广的有机废水而言，直接将含能物质 COD 转化为能源在工程上往往事倍功半，因为废水中的 COD 浓度不会太高，也就是说，废水的能量密度较低。为了提高 COD 的能源转化率，可先对污水中的 COD 进行分离后再实施转化。

一般地，污水中的 COD 分别以固体性与溶解性两种形式存在。固体性的 COD 可以简单通过直接沉淀或混凝后沉淀而予以分离，然后以被收集的污泥形式 COD 进行能源转化。而对溶解性的 COD 来说，直接沉淀难以奏效，这就需要通过生物合成途径先将溶解性 COD 转化为生物细胞形式的生物污泥，然后通过污泥、水分离（中间或二次沉淀），以剩余污泥的方式转化为能源。在工程上，实施溶解性 COD 转化为生物细胞的方法是以极短的固体停留时间（8～25h）或水力停留时间（15～30min），让细菌最大限度地合成细胞菌体，如，A/B 法中的 A 段。以此种方式获得的生物污泥几乎不存在污泥的自身氧化（内源呼吸）作用，最大限度地避免了 COD 的直接氧化。

总之，污水中 COD 在转化前应首先以生物污泥形式从水中分离出来，以提高其能量密度。对生物污泥形式的 COD，即可采用上节介绍的污泥能源转化技术进行能源化利用。

参考文献

[1] 陈冠益，马文超，钟磊. 餐厨垃圾废物资源综合利用 [M]. 北京：化学工业出版社，2018.
[2] 周全法，程洁红，龚林林. 电子废弃物资源综合利用技术 [M]. 北京：化学工业出版社，2018.
[3] 汪苹，宋云，冯旭东. 造纸废渣资源综合利用 [M]. 北京：化学工业出版社，2018.
[4] 尹军，张居奎，刘志生. 城镇污水资源综合利用 [M]. 北京：化学工业出版社，2018.
[5] 黄建辉，刘明华. 废旧金属资源综合利用 [M]. 北京：化学工业出版社，2018.
[6] 朱玲，周翠红. 能源环境与可持续发展 [M]. 北京：中国石化出版社，2013.
[7] 杨天华，李延吉，刘辉. 新能源概论 [M]. 北京：化学工业出版社，2013.
[8] 骆仲泱，王树荣，王琦，等. 生物质液化原理及技术应用 [M]. 北京：化学工业出版社，2013.
[9] 邓良伟，吴有林，丁能水，等. 畜禽粪污能源化利用研究进展 [J]. 中国沼气，2019，37（5）：3-14.
[10] 包维卿，刘继军，安捷，等. 中国畜禽粪便资源量评估相关参数取值商榷 [J]. 农业工程学报，2018，34（24）：314-322.
[11] 包维卿，刘继军，安捷，等. 中国畜禽粪便资源量评估的排泄系数取值 [J]. 中国农业大学学报，2018，23（5）：1-14.
[12] 赵明安. 畜禽场废弃物的分类处理 [J]. 科学种养，2014（4）：55-56.
[13] 张晓华，王芳，郑晓书，等. 四川省畜禽粪便排放时空分布及污染防控 [J]. 长江流域资源与环境，2018，27（2）：433-442.
[14] 部丽英. 畜禽粪便对环境的影响及利用探索 [J]. 中国动物保健，2015，17（5）：16-17.
[15] 彭里. 畜禽粪便环境污染的产生及危害 [J]. 家畜生态学报，2005，26（4）：103-106.
[16] 赵清玲，杨继涛，李遂亮，等. 畜禽粪便资源化利用技术的现状及展望 [J]. 河南农业大学学报，2003，37（2）：187.
[17] 廖青，韦广泼，江泽普，等. 畜禽粪便资源化利用研究进展 [J]. 南方农业学报，2013，44（2）：338-343.
[18] 吴震洋，李丽，唐红军，等. 畜禽粪便资源化利用现状分析 [J]. 甘肃畜牧兽医，2018，48（12）：19-20.
[19] 马健，洪文娟，张文杰，等. 畜禽粪便的危害及处理技术 [J]. 畜牧与兽医，2019，51（2）：135-140.
[20] 谢光辉，包维卿，刘继军，等. 中国畜禽粪便资源研究现状述评 [J]. 中国农业大学学报，2018，23（4）：75-87.

[21]　周思邈，韩鲁佳，杨增玲，等.碳化温度对畜禽粪便水热炭燃烧特性的影响［J］.农业工程学报，2017，33（23）：233-240.

[22]　王煌平，张青，章赞德，等.不同热解温度限氧制备的畜禽粪便生物炭养分特征［J］.农业工程学报，2018，34（20）：233-239.

[23]　张昊，陈芳，申杰，等.畜禽粪便堆肥产臭与生物除臭的研究进展［J］.家畜生态学报，2018，39（1）：84-89.

[24]　杨军香，林海.我国畜禽粪便集中处理的组织模式［J］.中国畜牧杂志，2017，53（6）：148-152.

[25]　张子豪.畜禽粪便与秸秆混合制备炭基肥的试验研究［D］.武汉：华中农业大学，2018.

[26]　刘诚.湖南省畜禽粪便产生量估算及对环境影响评价［J］.黑龙江畜牧兽医，2018（13）：72-74.

[27]　王建华，李培培，张宝珣，等.青岛市畜禽粪便负荷量和土地承载力研究［J］.中国畜牧杂志，2018，54（10）：138-144.

[28]　耿维，胡林，崔建宇，等.中国区域畜禽粪便能源潜力及总量控制研究［J］.农业工程学报，2013，29（1）：171-179，295.

[29]　程明军，崔阔澍，甘莉，等.畜禽粪便的利用［J］.四川畜牧兽医，2018，45（3）：15-16.

[30]　张家才，胡荣桂，雷明刚，等.畜禽粪便无害化处理技术研究进展［J］.家畜生态学报，2017，38（1）：85-90.

[31]　李登忠，杨军香.畜禽粪便资源化利用技术种养结合模式［M］.北京：中国农业科学技术出版社，2017.

[32]　牛斌，王君，任贵兴.畜禽粪污与农业废弃物综合利用技术［M］.北京：中国农业科学技术出版社，2017.

[33]　钟佳芸.畜禽粪便资源化技术研究［D］.成都：西南交通大学，2016.

[34]　Ghose M K, Sun Yi, Liu Jin, et al. Organic waste treatment via anaerobic bio-hydrogenation［J］.沈阳化工大学学报，2015，29（3）：282-288.

[35]　梁晶.畜禽粪便资源化利用技术和厌氧发酵法生物制氢［J］.环境科学与管理，2012，37（3）：52-55.

[36]　解强，罗克浩，赵由才.城市固体废弃物能源化利用技术［M］.北京：化学工业出版社，2019.

[37]　王星，施振华，赵由才.分类有机垃圾的终端厌氧处理技术［M］.北京：冶金工业出版社，2018.

[38]　樊耀亭，廖新成，卢会杰，等.有机废弃物氢发酵制备生物氢气的研究［J］.环境科学，2003，24（6）：132-135.

[39]　高宁博，李爱民，李延吉.有机废弃物气化焚烧的 NO_x 和 SO_2 排放试验研究［J］.热力发电，2008，37（8）：21-25.

[40]　肖本益，刘俊新.利用有机废弃物的发酵产氢［J］.上海环境科学，2004，23（6）：262-266.

[41]　魏潇潇，王小铭，李蕾，等.1979-2016年中国城市生活垃圾产生和处理时空特征［J］.中国环境科学，2018，3（10）：3833-3843.

[42]　李扬，李金惠，谭全银，等.我国城市生活垃圾处理行业发展与驱动力分析［J］.中国环境科学，2018，38（11）：4173-4179.

[43]　倪娜.城市生活垃圾资源化存在的问题及对策探讨［J］.中国环境管理，2009，（1）：50-53.

[44]　周恩毅，齐刚.我国城市生活垃圾资源化处理的现状和对策探讨［J］.西安邮电学院学报，2010，15（4）：109-111，160.

[45]　杨娜，邵立明，何品晶.我国城市生活垃圾组分含水率及其特征分析［J］.中国环境科学，2018，38（3）：1033-1038.

[46]　李会军.城市生活垃圾焚烧的智能控制策略［J］.重庆理工大学学报（自然科学版），2019，33（1）：64-68.

[47]　谭灵芝，孙奎立.我国城市生活垃圾焚烧对环境健康的影响［J］.企业经济，2018（2）：69-77.

[48]　王艳，郝炜伟，程轲，等.城市生活垃圾露天焚烧PM2.5及其组分排放特征［J］.环境科学，2018，39（8）：3518-3523.

[49]　张蒙蒙，宋强，宋丽华，等.城市生活垃圾与松木屑共热解实验研究［J］.环境工程，2018，36（4）：137-141.

[50]　吴一鸣，周怡静，田贺忠，等.我国城市生活垃圾处理处置全过程大气排放研究进展［J］.环境科学研究，2018，31（6）：991-999.

[51]　冉德超，赵坤，臧国津.济南城市生活垃圾强制分类探讨［J］.中国人口·资源与环境，2017，27（A2）：156-159.

[52]　张劲松.城市生活垃圾实施强制分类研究［J］.理论探索，2017（4）：99-104.

[53]　刘海龙，周家伟，陈云敏，等.城市生活垃圾填埋场稳定化评估［J］.浙江大学学报（工学版），2016，50（12）：2336-2342.

[54]　宋丽莎.枣庄市城市生活垃圾治理问题与对策研究［D］.济南：山东大学，2018.

[55]　史海东，才晓泉.生物质清洁能源的来源和分类［J］.生物学教学，2017，42（3）：67-68.

[56]　陈立雯.农村垃圾分类治理和挑战［J］.中华环境，2018（6）：71-73.

[57]　宫渤海，庞立习，黄修国.农村有机废弃物收集管理模式探讨［J］.环境卫生工程，2015，23（3）：68-69.

[58] 张志高，王志春，王春云，等.农业废弃物资源分类及利用技术 [J].农技服务，2015，32 (1)：8-9.

[59] 韩雪，常瑞雪，杜鹏祥，等.不同蔬菜种类的产废比例及性状分析 [J].农业资源与环境学报，2015，32 (4)：377-382.

[60] 谢光辉，傅童成，马履一，等.林业剩余物的定义和分类述评 [J].中国农业大学学报，2018，23 (7)：141-149.

[61] 薛菁菁.农业废弃物处理问题与对策 [J].河北农业，2018 (9)：55-56.

[62] 司凤霞，于丽红.农业废弃物综合利用方法及途径 [J].现代农业，2019 (1)：81-82.

[63] 李钢，王珏，邓天天.农业废弃物花生壳热解气化利用研究 [J].农机化研究，2019 (7)：254-257.

[64] 阎杰，谢军，陈聪，等.烟煤与农业废弃物共热解特性研究 [J].煤炭技术，2017，36 (5)：275-278.

[65] 崔晓宇，李铉军，刘芳芳，等.以农业废弃物为原料的生物质热解液的理化特性 [J].吉林农业大学学报，2017，39 (5)：551-557.

[66] 李雪兵，金鹏康.热水解对农业废弃物-厨余共发酵产气的影响 [J].环境科学与技术，2018，41 (9)：66-73.

[67] 李雪兵.农业废弃物与厨余垃圾共发酵工艺的优化研究 [D].西安：西安建筑科技大学，2018.

[68] 翁伯琦，王义祥，王煌平，等.福建省农业废弃物多级循环模式优化与集成应用研究进展 [J].中国农业科技导报，2017，19 (12)：91-103.

[69] 范如芹，罗佳，高岩，等.农业废弃物的基质化利用研究进展 [J].江苏农业学报，2014，30 (2)：442-448.

[70] 艾娟娟，厚凌宇，邵国栋，等.林业废弃物基质配方特性及其对柚木生长的影响 [J].浙江农林大学学报，2018，35 (6)：1027-1037.

[71] 艾娟娟，厚凌宇，邵国栋，等.不同林业废弃物配方基质的理化性质及其对西桦幼苗生长效应的综合评价 [J].植物资源与环境学报，2018，27 (2)：66-76.

[72] 牛淼淼，黄亚继，金保昇，等.林业废弃物氧气-水蒸气气化的 ASPEN PLUS 模拟 [J].东南大学学报（自然科学版），2013，43 (1)：142-146.

[73] 雅努义，马慧静.青海省林业废弃物资源利用存在的问题及发展趋势 [J].现代农业科技，2018 (22)：164，167.

[74] 杜婷婷，云斯宁，朱江，等.生物质废弃物厌氧发酵的研究进展 [J].中国沼气，2016，34 (2)：46-52.

[75] 廖传华，李聃，王小军，等.污泥减量化与稳定化的物理处理技术 [M].北京：中国石化出版社，2019.

[76] 廖传华，王小军，高豪杰，等.污泥无害化与资源化的化学处理技术 [M].北京：中国石化出版社，2019.

[77] 廖传华，王万福，吕浩，等.污泥稳定化与资源化的生物处理技术 [M].北京：中国石化出版社，2019.

[78] 吴奇，汤林，王立坤，等.油气田污水污泥处理关键技术 [M].北京：石油工业出版社，2017.

[79] 薛红艳，战友，张劲勇，等.城市生活污水污泥理化性质分析 [J].实验室研究与探索，2014，33 (9)：28-32.

[80] 张辉，胡勤海，吴祖成，等.城市污泥能源化利用研究进展 [J].化工进展，2013，32 (5)：1145-1154.

[81] 黄野，董兴.城市污泥的处理及资源化利用探讨 [J].新农业，2016 (11)：43-46.

[82] 刘桓嘉，马闯，刘永丽，等.污泥的能源化利用研究 [J].化工新型材料，2013，41 (9)：8-10.

[83] 水落元之，久山哲雄，小柳秀明，等.日本生活污水污泥处理处置的现状及特征分析 [J].给水排水，2015，41 (11)：13-16.

[84] 李强.焦化污水污泥处理方法及应用研究 [D].南京：南京工业大学，2016.

[85] 常思琦.市政污水污泥处理现状及可持续发展对策 [J].化工设计通讯，2019 (1)：207，228.

[86] 郑燕，李明，朱锡锋.城市污水污泥催化快速热解制备芳香烃和烯烃 [J].化工学报，2016，67 (11)：4802-4807.

[87] 刘敬勇，陈佳聪，孙水裕，等.城市污水污泥与咖啡渣的混燃特性分析 [J].环境科学学报，2016，36 (10)：3784-3794.

[88] 吕冠英.城市污水污泥处理工艺研究 [J].建筑工程技术与设计，2018 (12)：4587.

[89] 杨再勇.市政污水污泥处理工艺技术分析 [J].建材与装饰，2018 (20)：149-150.

[90] 杜桂月.城市污水污泥超临界水热解制油实验研究 [D].天津：天津大学，2016.

[91] 曹放.污水污泥热解及残渣高温气化的实验研究 [D].包头：内蒙古科技大学，2016.

[92] 黄鑫.污水污泥快速热解制备生物油及化学品 [D].徐州：中国矿业大学，2016.

[93] 闫志成，许国仁，李建政.污水污泥热解过程中有机物转化机理研究 [J].黑龙江大学（自然科学学报），2017，34 (4)：450-458，505.

[94] 许敏，耿震，蒋岚岚.新型珍珠工艺在污水污泥热干化中的应用 [J].给水排水，2015，41 (11)：24-27.

[95] 张辰，王磊，谭学军，等.污水污泥高温与中温厌氧消化对比研究 [J].给水排水，2015，41 (8)：33-37.

[96] 杨明沁，解立平，岳俊楠，等.污水污泥气化焦油热解特性的研究 [J].化工进展，2015，34 (5)：1472-1477，1487.

[97] 胡艳军，管志超，郑小艳.污水污泥裂解油中多环芳烃的分析 [J].化工学报，2013，64 (6)：2227-2231.

[98] 许春玲，许春来，王嘉豪.高浓度有机废水处理技术及资源化利用研究进展 [J].山东化工，2018，49 (19)：

　　　　71-74.

[99]　郝晓地，胡沅胜，魏丽.废水中有机物的能源转化与利用 [J].节能与环保，2007 (8)：17-18.

[100]　苗雷.浅析工业废水和生活污水处理工艺 [J].化工管理，2018 (25)：108.

[101]　廖传华，米展，周玲，等.物理法水处理过程与设备 [M].北京：化学工业出版社，2016.

[102]　廖传华，朱廷风，代国俊，等.化学法水处理过程与设备 [M].北京：化学工业出版社，2016.

[103]　廖传华，韦策，赵清万，等.生物法水处理过程与设备 [M].北京：化学工业出版社，2016.

[104]　廖传华，张秌湲，冯志祥.重点行业节水减排技术 [M].北京：化学工业出版社，2016.

[105]　任兴荣.某公司污水站末端废水深度处理的技术研究及工程应用 [D].杭州：浙江工业大学，2017.

[106]　吴艾欢，杨婷婷，李丽，等.工业废水与生活污水合并处理方案研究 [J].中国环境管理干部学院学报，2017，27 (4)：48-51.

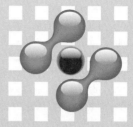

第**3**章　有机废弃物燃烧与能源化利用

对于固体有机废弃物，如果其中的有机物含量足够高，发热值也足够高，则可采用与煤炭燃烧相同的直接燃烧方式而利用其热能。对于发热值较低的固体废弃物和废液，则需采用其他方式。

根据来源不同，固体有机废弃物可分为农业废弃物、林业废弃物和城市固体废弃物。早在几千年前，人类就已广泛利用农业废弃物（如稻秸秆、麦秸秆、玉米棒、玉米芯、棉秆、麻秆等）和林业废弃物（如树皮、修剪的枝桠、树叶等）直接生火取暖和做饭。而城市固体废弃物则是近30年来随着城市工商业的发展而逐渐多起来的，是由城镇居民生活垃圾、商业和服务业垃圾、少量建筑垃圾等废弃物所构成的混合物，主要包括商品包装盒和包装袋、厨余垃圾等。

对于上述的固体有机废弃物，可根据其尺寸大小而采用相应的燃烧方式，如层状燃烧、沸腾燃烧、流化燃烧、悬浮燃烧、旋风燃烧等。也可以采用致密成型技术将其制成成型燃料后，再进行燃烧。

3.1　块状有机废弃物层状燃烧

块状有机废弃物是指尺寸较大、外形呈块状的固体有机废弃物。农业废弃物、林业废弃物、大部分的城市生活垃圾都呈块状。块状有机废弃物适宜采用层状燃烧方式。

3.1.1　层状燃烧

层状燃烧的特征是将块状有机废弃物平铺在固定的或移动的炉箅上形成一定厚度的燃料层，与通过炉箅送入燃料层的空气进行燃烧，生成的高温燃烧产物离开燃料层而进入炉膛，如图 3-1。在燃烧过程中燃料不离开燃料层，故称为层燃。绝大部分燃料在炉箅上燃烧，少量细小颗粒和挥发分在炉膛空间燃烧，灰渣则排到坑里。

采用层状燃烧法时，固体有机废弃物在自身重力的作用下彼此堆积成致密的料层。为了保持燃料在炉箅上稳定，固体有机废弃物的质量必须大于气流作用在块状有机废弃物上的动压冲力。对于一定直径的固体有机废弃物，如果气流速度太高，当固体有机废弃物的质量和气流对固体有机废弃物的动压相等时，固体有机废弃物将失去稳定性，如果再提高空气流速，固体有机废弃物将被吹走，造成不完全燃烧。

一方面，为了能在单位炉箅上燃烧更多的固体有机废弃物，必须提高气流速度，因此也必须保证固体有机废弃物有一定的直径。但另一方面，固体有机废弃物的直径越小，反应面积越大，燃烧反应越强烈。因此，应当同时考虑上述两个方面，确定一个合适的块度。

层状燃烧法的优点是燃料的点火热源比较稳定，因此燃烧过程也比较稳定。缺点是鼓风速度不能太大，而且机械化程度较差，因此燃烧强度不能太高，只适用于中小型的炉子。

在炉箅上，固体有机废弃物首先经受干燥和干馏作用而释放出水分和挥发分，然后才是固定碳的燃烧。含挥发分多的有机废弃物的火焰较长，反之，则火焰较短。

燃烧炉中固定碳的燃烧过程可以用图 3-2 中所给出的沿堆层厚度方向上气体成分的变化曲线来说明。从图中可以看出，在氧化带中，碳的燃烧除了产生 CO_2 以外，还产生少量的 CO。在氧化带末端（该处氧气浓度已趋于零），CO_2 的浓度达到最大，而且燃烧温度也最高。

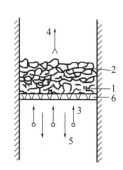

图 3-1 层状燃烧示意图
1—灰渣层；2—燃料层；3—空气；
4—燃烧产物；5—灰渣；6—炉箅

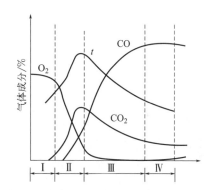

图 3-2 沿堆层厚度方向上气体成分的变化
I—灰渣带；II—氧化带；
III—还原带；IV—干馏带

当固体有机废弃物堆层的厚度大于氧化带厚度时，在氧化带上将出现一个还原带，CO_2 被 C 还原成 CO。因为是吸热反应，所以随着 CO 浓度的增大，气体温度逐渐下降。

上述情况说明，根据固体有机废弃物堆层厚度的不同，所得到的燃烧反应及其产物也不同，因此就出现了两种不同的层状燃烧法，即"薄层"燃烧法和"厚层"燃烧法。

薄层燃烧法的固体有机废弃物堆层较薄，在堆层中不产生还原反应。厚层燃烧法也叫半气化燃烧法，固体有机废弃物堆层较厚，目的是使部分燃烧产物得到还原，使燃烧产物中含有一些 CO、H_2 等可燃气体，以便使火焰拉长，改善炉膛中的温度分布。

当采用薄层燃烧法时，助燃空气全部由固体有机废弃物堆层下部送进燃烧室。当采用半气化燃烧法时，一部分空气由固体有机废弃物堆层下部送入（叫作一次空气），另一部分（叫作二次空气）则是从固体有机废弃物堆层上部空间分成很多股细流以高速送到燃烧室空间，以便和燃烧产物中的可燃气体迅速混合和燃烧。二次空气与一次空气的比例应根据固体有机废弃物挥发分的含量和燃烧产物中可燃气体的多少来决定。实践证明，如果二次空气的比例不合适或者与可燃气体的混合不够好时，不仅不能保证半气化燃烧法的预期效果，而且还会由于送入大量冷风而降低燃烧温度，影响炉温，并增加了金属的氧化和烧损。

层状燃烧法是一种最简单和最普通的块状有机废弃物燃烧法，它的发展已有悠久的历史，人类最早用林业废弃物或农业废弃物取暖做饭就是采用这一燃烧法。

3.1.2 层燃炉

由于加料方式不一样，层燃炉可分为上饲式固定炉排炉、下饲式固定炉排炉、振动炉排燃烧炉、往复推动式炉排燃烧炉、链式炉排燃烧炉等炉型。图3-3所示为几种典型的块状有机废弃物燃烧炉形式。要保证燃烧正常运行，炉内空气量供应要充分，对于中小型层燃炉，炉膛出口过剩空气系数可按下列范围选择：人工炉 $\alpha = 1.3 \sim 1.4$，机械化炉排炉 $\alpha = 1.2 \sim 1.3$。

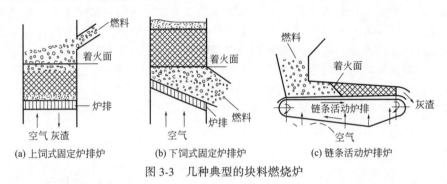

(a) 上饲式固定炉排炉　　(b) 下饲式固定炉排炉　　(c) 链条活动炉排

图3-3　几种典型的块料燃烧炉

3.1.2.1 上饲式固定炉排炉

上饲式固定炉排炉属于正烧法燃烧炉。正烧法是将固体有机废弃物从面上加入的一种燃烧方法，固体有机废弃物在面上先行预热、干燥，逐渐释放出挥发物并形成焦炭。焦炭的氧化燃烧主要在料层的中层面及其偏下部位，是氧的最主要消耗区，炉栅面上是灰渣层。这种燃烧方法，部分挥发物会因面上温度偏低或供氧不足而未经燃烧便已逃逸，还会因固体有机废弃物堆层烧结而影响氧与可燃物的充分接触，使燃烧进行得不充分，因此黑烟相对较多（尤其是添加多量含湿量较大的固体有机废弃物时），灰渣夹炭现象较为明显，热效率一般偏低。

上饲式固定炉排炉根据加料方式可分为人工加料上饲式固定炉排炉和机械加料上饲式固定炉排炉。人工加料上饲式固定炉排炉又称手烧炉。根据炉排形式的不同，上饲式固定炉排炉可分为水平炉排、倾斜炉排炉和阶梯炉排炉，图3-3(a) 所示为上饲式固定炉排炉结构示意，图3-4所示为水平炉排手烧炉。

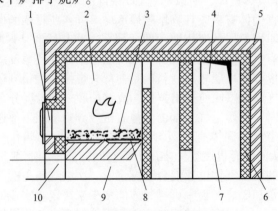

图3-4　水平炉排手烧炉结构示意

1—炉门；2—炉膛；3—燃料层；4—出烟口；5—红砖外壳；6—耐火砖内衬；7—沉降室；8—炉排；9—炉渣室；10—出渣口

上饲式固定炉排炉的操作过程是先手工或机械将块状有机废弃物铺在炉排上，与通过炉排缝隙送入的空气接触燃烧。上饲式固定炉排炉是一种最简单而又被普遍使用的燃烧设备，固体有机废弃物的着火条件较好，新加入的固体有机废弃物在炉膛上部受炉膛高温的热辐射，下部受到燃烧层的直接加热，即使水分较多、挥发物较少的固体有机废弃物，也能较容易地着火燃烧，所以又称无限制燃烧方式。其优点是投资少，原料适应性广，一般窑炉上均可采用，但同时具有热效率低、消烟除尘差、劳动强度大等缺点。

（1）人工加料层燃炉

这是最早采用的一种层燃炉。由于过去的工业技术水平较低，对工业炉的容量和经济性要求不高，而这种燃烧炉的结构又比较简单，通用性较强，因此获得广泛应用，并在应用中不断完善，直到今天，在中小型企业中仍有相当数量。

图 3-5 所示的人工加料层燃炉主要由以下几个部分构成：

1）灰坑

位于炉算下部，用来积存灰渣和使空气沿炉算平面分布均匀，高度约为 800mm。

2）炉排

也叫炉算或炉栅，用来支承料层，并使空气通过炉排上的缝隙进入燃烧空间，一部分灰渣也通过炉算缝隙落到灰坑中，为了避免堵塞，炉排缝做成上小下大。

人工加料层燃炉的炉排一般用铸铁制成的梁式炉条拼成，如图 3-6 所示。炉排缝隙的宽度与块状有机废弃物料的大小及灰渣的黏结性有关。对于块度较小和容易爆裂的固体有机废弃物，炉排缝隙宽度可取 3~8mm；若块度较大或灰渣黏结性较强，则取 10~15mm。

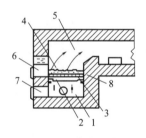

图 3-5　人工加料层燃炉
1—灰坑；2—炉排；3—灰层；4—料层；5—燃烧室空间；
6—加料口；7—清灰口；8—冷却水箱

图 3-6　梁式炉条

炉排缝隙总面积的大小也和固体有机废弃物发热量有关。对于发热值较高的固体有机废弃物，如树枝等，缝隙面积为炉排面积的 26%~32%；对于发热值较低的固体有机废弃物，如包装纸箱等，缝隙面积为炉排面积的 20%~24%。

炉排面积的大小应根据燃烧室的燃料消耗量和 $1m^2$ 炉算面积在 1h 内所能烧掉的固体有机废弃物量（即炉排强度）来确定，也就是说：

$$A = \frac{m}{Q_F} \tag{3-1}$$

式中　A——所求的炉算面积，m^2；

　　　m——固体有机废弃物消耗量，kg/h；

　　　Q_F——炉排强度，$kg/(m^2 \cdot h)$。

为了操作上的方便，人工加料层燃炉的长度应在 2m 以下，每个加料口所负担的操作面的宽度不宜大于 1.2m。

环境能源工程

3）灰层

在炉排和粒层之间应保留一层50~60mm厚的灰渣（即灰层），主要目的是保护炉排使之不和高温燃烧反应区直接接触，以免烧坏。此外，灰层也有使鼓风分布均匀和使空气得到预热的作用。

当炉子强化操作及产量提高时，燃烧室四周的灰渣往往会和炉墙黏结在一起，使得炉排的有效面积越来越小，并造成清渣的困难，甚至被迫停炉。为了解决这一问题，可以在燃烧室周围靠近炉排处安装冷却水箱。这一措施对延长炉墙寿命、保证燃烧室正常工作，以及改善劳动条件都有良好的效果。

4）燃烧室空间

燃料层上部的自由空间叫作燃烧室空间，它的作用是使燃烧产物能够比较畅通地进入炉膛，并使烟气中的可燃气体能在燃烧室内完全燃烧，因此应有一定的容积。

当燃烧室的容积太小时，会造成炉压过大，燃烧不完全。空间太大时，则容易抽进冷风，导致燃烧温度降低。燃烧室空间的容积应根据燃烧室的耗料量及所允许的容积热强度 Q_V 来确定，即：

$$V = \frac{Q_{低} m}{Q_V} \tag{3-2}$$

式中 V——所求的燃烧室空间的容积，m^3；

$Q_{低}$——固体有机废弃物的低位发热量，kJ/kg；

m——燃烧室固体有机废弃物消耗量，kg/h；

Q_V——燃烧室的容积热强度，W/m^3。

燃烧室的容积热强度也是一个经验指标，它和固体有机废弃物种类及操作方法有关。

燃烧室空间的高度可用下式计算：

$$H = \frac{V}{A} \tag{3-3}$$

式中 H——燃烧室空间的高度，m；

A——炉排面积，m^2。

在层状燃烧室中，加入燃烧室中的固体有机废弃物可从上下两方面都获得热量促使着火，上面是靠炉膛内高温烟气和炉墙的辐射热，下面则是靠流经新料层的热烟气，因此着火热力条件最为可靠，几乎可以使用各种不同性质的燃料。

人工加料层燃炉的主要特点是，固体有机废弃物周期性地加进炉内，因此燃烧过程也具有周期性。在两次加料间隔时间内，固体有机废弃物分别经过加热、干燥、挥发物分解、燃烧和固定碳的烧尽等阶段，形成一个燃烧周期。由于加料操作是不连续的，所以燃烧过程的波动很大。这是由于当固体有机废弃物刚加到炉膛内的燃料层上时，火床料层的厚度加厚，通风阻力增加，透过料层的空气量减少，这时新加到火床上的固体有机废弃物受热析出挥发物，同时焦炭的燃烧也需要大量的新鲜空气；而挥发分烧完后，只剩下固定碳的燃烧，所以需要的空气量最少。但实际上鼓风量不可能随着加料周期进行调整，因此风量必然有时显得不足，有时又显得过剩。另外，由于混合不完善，以及炉内有些地方温度太低等原因，进入炉内的空气只有一部分能被利用。因此，在每一加料周期的最初阶段，虽然空气有过剩，但还是不足以使固体有机废弃物完全燃烧，但这时的空气系数将显得过大。由于这种燃烧过程的周期性，所以人工加料燃烧室的经济性较差。为了提高经济性，应合理地缩短加料周期，即每次加入炉内的料量要少，而次数多。加料周期越短，周期性的影响就越小。

炉子运行周期的长短与炉子的出力负荷有关。当炉子需要较高的出力时，往火床的投料量增大，加料、拨火的周期较短，冒黑烟的频率增加，甚至为持续性冒黑烟。排烟黑度的深浅与固体有机废弃物所含的挥发性组分有关。若固体有机废弃物中的挥发性组分高，燃烧时需要的空气量就增大，周期性不完全燃烧的情况就更严重，从而造成严重的大气环境污染。解决上饲式固定炉排炉内料层燃烧产生黑烟的关键是解决运行过程中的周期性不完全燃烧。

除了上述特点之外，人工加料层燃炉由于加料和清渣全靠人力，劳动强度大，劳动条件也很差，而且为了防止烧坏炉排和出现化渣现象，一次空气的预热温度不能太高，一般不超过 250℃。

综合以上所述可以看出，为了改善人工加料层燃炉的燃烧过程和劳动条件，必须采用连续性的机械加料措施。

（2）抛料机上饲式燃烧炉

利用机械或风力把料抛在炉排上，代替人工加料，19 世纪末就开始在锅炉上应用。这种燃烧技术的特点是消除了人工加料时炉温出现周期性波动和因投料打开炉门吸入大量冷风使炉子热效率降低的缺点，同时也大大减轻了司炉工的体力劳动。

抛料机一般都由两个主要部分组成，如图 3-7 所示。一是给料器，它的主要任务是把料斗里的固体有机废弃物按需要输送到抛料器中；二是抛料器，它的任务则是把固体有机废弃物抛撒到炉排上。若与往复炉排配合使用，可使投料和清灰工作实现机械化。

抛料机加料的特点是，当固体有机废弃物颗粒大小适当时，沿整个炉排上燃烧进行得很均匀，随抛随烧，料层很薄，对调节固体有机废弃物的燃烧量很敏感，升温和熄灭都很快，料屑和挥发物在经过炉膛空间时就能进行燃烧，因此它能适应烧挥发分较高的固体有机废弃物；对结焦性强的固体有机废弃物，也能

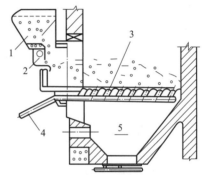

图 3-7　抛料机示意图
1—给料器；2—抛料器；3—往复炉排；
4—手摇杆；5—灰渣斗

获得满意的燃烧；清炉借助于手动往复炉排就能方便地进行；送风压力只要 25～50mmH$_2$O（1mmH$_2$O = 9.8Pa）就可以满足供风。

3.1.2.2　下饲式固定炉排炉

下饲式固定炉排炉属于明火反烧法，是指固体有机废弃物从炉腔底部加入的一种燃烧装置。

（1）抽板顶升式燃烧炉

抽板顶升式属于明火反烧方式。料层的着火燃烧主要是在表面火源的直接传导下，初步形成干燥、预热层带，逐渐分解析出挥发物，并与从炉排下部进入、穿过料层的风混合后，往上穿过火源着火燃烧，燃烧热又使释放出挥发物后的焦炭剧烈燃烧，产生大量热。此时料层反烧进入正常运行期，逐渐形成上层的灰渣层带、中层的氧化层带、下层的预热干燥层带及底层的料层。随着燃烧反应的进行，氧化层带逐渐下移，灰渣层带加厚，直到层带消失，整个料层燃尽，这就是整个燃烧反应周期。

底部加料法的加料间隔时间较短，加料过程兼有破拱作用，料层通透性良好，空气过剩系数相对可以小一些，因而燃烧比较充分，炉温较高，黑烟可以基本消除。另外，反烧法还可以减少炉门的开启次数。以上这些因素都会导致热效率的提高。

抽板顶升式燃烧炉由炉缸、抽板及料缸等部件组成。设置在炉膛内的炉缸是火床燃烧的主要部件，风室布置在炉缸与炉膛之间的夹层内，炉缸壁开有风孔并与风室相通，风由风室经风孔横向进入炉缸内料层中往上穿越，为料层的燃烧反应提供充足的空气，使燃烧充分，达到较好的消烟效果。抽板与料缸是饲料的主要部件，料缸一般安装在炉前抽板的下部，缸口与抽板面相平，饲料时抽板向炉后水平移动，将已装料的料缸移至炉膛内的炉缸底部，通过料缸内的顶料板将料顶入炉缸内，饲料后抽板往回移动，并将料缸及顶料板恢复至原位置，为下次往炉膛内饲料做好准备。

炉膛内的料层厚度，燃烧时一般保持在 450~500mm，而炉缸内料层的高度略低于料层的厚度，一般约为 300mm，料缸内的顶料板提升、下降的行程高度一般为 120mm。对于炉膛面积较大的炉子，为了使中心区获得较好的燃烧状态，根据炉膛燃烧的通风要求，在炉缸内布置中间风道，以获得较好的燃烧效果。

由于料层的着火燃烧是从料层表面往下进行的，而固体有机废弃物的着火条件较差，所以对挥发物含量低的固体有机废弃物不适用。如果炉膛内的辐射面积过大，对料层的着火燃烧是有影响的，因此在炉膛内加拱有利于料层的燃烧，提高炉膛温度，达到完全燃烧。运行周期中严禁对燃烧层进行激烈搅拌，造成燃烧层带混乱，破坏正常燃烧，产生大量黑烟。

明火反烧方式由于受燃烧周期的限制，不能适应炉子的持续运行，因为随着燃烧时间的延续，燃烧层逐渐下移，灰渣层加厚，炉膛热量逐渐降低，炉子负荷不稳定。

(2) 螺旋下饲式燃烧炉

为实现持续性燃烧，通过螺旋输送机从燃烧层下部及时补充燃料，使明火反烧持续进行，这就是螺旋下饲式燃烧炉，如图 3-3(b) 和图 3-8 所示。

固体有机废弃物经料斗由螺旋输送机送到炉膛内的料槽下，受螺旋的挤压力缓慢上升至槽上。固体有机废弃物在炉膛内受顶部燃烧层的直接传导进行预热、干燥，析出的挥发物与从料槽周围横向进入的一次风充分混合，往上穿出火层，在炉膛内充分燃烧。燃烧热使析出挥发物后的焦炭剧烈燃烧，放出大量热，焦炭逐渐被挤推至四周的炉排上继续燃烧。生成的灰渣则集中在两侧可以翻转的渣板上，到一定程度时由人工清出炉外，也可以借渣板的翻转落到下面的渣车中。而固体有机废弃物定时经料斗由螺旋输送机传输至料槽内，缓慢上升至炉膛内进行补充，使炉膛内的明火燃烧持续进行。

螺旋输送机是一种应用较广的机械加料设备，其简单结构如图 3-9 所示。从加料斗 1 加进来的固体有机废弃物由于绞杆 3 的推挤作用而被挤压到料槽 7 的上方，形成由下而上的连续性的加料动作。在固体有机废弃物的上移过程中，逐渐受到从燃烧室空间传来的热量加热作用而析出水分和挥发分。助燃用的空气是由风管 4 送到风箱 5 中，并通过风眼 6 穿过料层进入燃烧空间，在料层上部与焦炭及挥发分进行燃烧反应。图中的搅拌器 2 用来起松动作用，以保证料斗中的固体有机废弃物能顺利地落到绞杆上。水套 8 用来冷却灰渣，避免与燃烧室围墙粘在一起。

在输料过程中，为了减少固体有机废弃物对螺旋的反作用力及传输中的摩擦阻力，并使固体

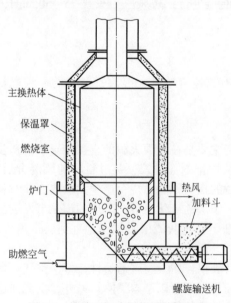

主换热体
保温罩
燃烧室
炉门
热风
加料斗
助燃空气
螺旋输送机

图 3-8　螺旋下饲式燃烧炉结构示意

有机废弃物保持疏松状态，将螺旋的节距从进料口至出料口处采用逐节放大的不等螺距，以使螺旋在输料过程中阻力降低，输送畅通，避免发生挤压堵塞现象。在料槽底部螺旋出料口处，还设置反螺旋叶片，使输送到料槽底部出料口处的固体有机废弃物因受对称螺旋的螺旋作用力而均匀地垂直向上顶升至燃烧层下。

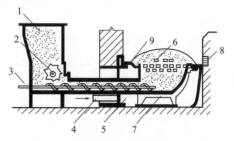

图 3-9　螺旋输送机简单结构示意图
1—加料斗；2—搅拌器；3—绞杆；4—风管；
5—风箱；6—风眼；7—料槽；8—水套；9—渣板

下饲式燃烧炉中的燃烧过程如图 3-10 所示。新燃料区位于燃烧区之下，由于没有高温烟气流过新燃料层对其进行预热，着火所需的热量仅来源于料层上部的燃烧反应区，因此着火热力条件较差。当燃料向上运动时，它逐渐被加热、干燥，并析出挥发物，在燃料层表面的已是焦炭，挥发物和空气的混合物经过焦炭层，在焦炭层的孔隙中燃烧，燃烧很激烈，在燃料层上的火焰很短。在挥发物燃烧区，如果挥发物较多，空气中的氧大多用于挥发物的燃烧，焦炭则由于缺乏氧气而只是局部气化。此后，在新燃料的推动下，焦炭向炉排两侧运动，并开始与氧接触而燃烧。

在燃烧过程中，热量向下传递，当负荷不变时，燃料层中各个区域保持稳定。如果送入的空气量不变而增大燃料加入速率，则高温区将向上移动，甚至使新燃料到达燃料层表面时还未着火［如图 3-11(b)］，由此可见，在下加料燃烧室中，保持正确的燃料层结构是很重要的。

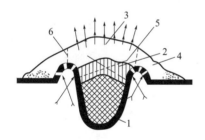

图 3-10　下饲式燃烧炉中的燃烧过程
1—新燃料区；2—挥发物析出区；3—挥发物
燃烧区；4—焦炭燃烧区；5—空气流的边界线；
6—挥发物和焦炭燃烧区的分界线

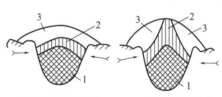

(a) 正常的燃烧情况　　(b) 不正常的燃烧情况

图 3-11　下饲式层燃炉的不同燃烧情况
1—新燃料区；2—挥发物析出
及气化区；3—燃烧区

下饲式燃烧方式是持续明火反烧。由于料层明火反烧条件差，因此不宜使用挥发组分较低的固体有机废弃物，其表面水分也不宜过高，以防止料粒黏滞，保证料粒在螺旋输送过程中呈疏松状态。料粒进入料斗前应进行过筛，防止石块等杂物进入螺旋内卡塞输料通道，导致燃烧中断。另外，因料粒的松散度及流动性问题，尤其是燃用结焦性很强的固体有机废弃物时，会出现着火不良和焦块黏结现象，表现为火床中部隆起，需人工平整拨火，将焦炭推拨至四周炉排上继续燃烧，切忌将火层激烈搅动，使燃烧层带混乱，人为造成不完全燃烧，使烟囱冒黑烟。

下饲式层燃炉对固体有机废弃物的大小也有较高的要求，最大块度不超过 40mm，一般希望在 3~20mm 之间。为了有利于焦炭的着火和燃烧，固体有机废弃物的挥发分最好不少于 20%。灰分含量希望在 20%以下，熔点应当在 1200℃以上。当燃烧不结焦的固体有机废弃物时，由于料层厚薄不均，如热强度稍大，很容易出现穿孔现象，导致炉子的热强度和经济性降低。

下饲式燃烧装置是一种持续性的明火反烧设备，料层着火条件差，对突然增大的燃烧负荷不适应。如果直接往火床上投料，将会造成火床燃烧恶化，出现严重的不完全燃烧，产生黑烟，炉渣中可燃物增加，热效率降低。正常燃烧时，烟气中初始含尘浓度一般在 $0.5 \sim 2g/m^3$ 范围内。

3.1.2.3　振动炉排燃烧炉

振动炉排炉具有升温快、温度均匀等特点，采用这种形式的炉排可以使体力劳动大大减轻，除渣也完全实现了机械化。

炉排由死炉排（固定炉排）和活炉排（活动炉排）两部分组成。活炉排除支承并输送固体有机废弃物外，还有能通风保证燃烧的作用，并能随时更换。死炉排主要起封闭作用，是砌在燃烧室侧墙里的金属结构件，与炉排活动部分接触，并有防渣冷却管。活动炉排安装在用型钢焊接而成的一组金属结构架上，振动靠电动机带动一偏心轮，通过焊接在金属结构架上的钢管和弹簧板的弹力，使炉排产生振动。加入的固体有机废弃物在炉排上靠振动所产生的惯性徐徐向后移动，并与空气相接触。随着炉排上固体有机废弃物的移动，新的固体有机废弃物由料斗不断补充引入炉内，按照先后顺序，得到干燥、预热、着火燃烧和燃尽。小颗粒炉渣落入炉排底下，由绞龙清除；大颗粒炉渣由活动炉排自动排除，落入燃烧室外边的灰渣斗里，如图 3-12 所示。

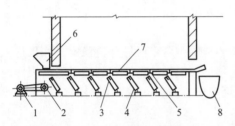

图 3-12　振动炉排示意图

1—电动机；2—偏心轮；3—压簧；4—弹簧板；5—拉杆；6—料斗；7—活动炉排；8—灰渣斗

炉排下部空间，既是风箱（空气由此穿过炉排上的风眼进入燃烧室），又是碎料末及灰渣的沉积箱，并装有绞龙，随时清理积灰和炉渣。

当振动炉排炉工作时，固体有机废弃物中所含水分和灰分的多少，在一定程度上限制了其在炉排上的移动速度。当固体有机废弃物中含水分较多时，会使预热区占据炉排过多的工作区域，以致相应地减少了其他各燃烧区域。多灰分的固体有机废弃物形成的灰渣层阻碍灰层中尚未烧完的焦炭的燃烧，为了燃尽，就必须延长燃料的行程，否则会大大增加灰渣的不完全燃烧热损失。

3.1.2.4　往复推动式炉排燃烧炉

往复推动式炉排燃烧炉，又称往复推饲炉或往复推动炉，其结构简单，制造容易，金属耗量低，运行维修方便，原料适应性广，而且消烟除尘效果好，因此被广泛采用。

往复推动式炉排燃烧炉的主要部件是由活动炉排和固定炉排组成的往复炉排，如图 3-13 所示。往复炉排在运行过程中，固体有机废弃物从料斗靠自重下落到炉排最上层固定炉排上，由于炉排的不断往复运动，料层由前向后缓慢移动，进入炉膛后受前拱和高温烟气的热辐射，从而逐步实现料的预热、干馏、着火燃烧，并最后燃尽。燃烧反应中产生的可燃气和黑烟，从前拱向后流经中部的高温燃烧区和燃尽区，在离开炉膛之前绝大部分燃尽。燃尽的灰渣由出渣炉排的退回间隙（约 $150 \sim 300mm$）漏进水封渣池中。

往复推动炉排具有较好的着火条件，炉内料层的着火燃烧除了炉拱和烟气的高温辐射外，当炉排往复运动时将未着火的固体有机废弃物推至后方已着火的料层上，起到机械拨火

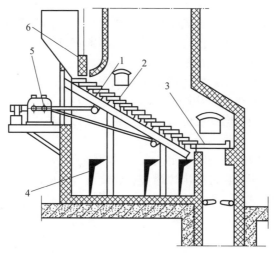

图 3-13　往复炉排示意图

1—活动炉排片；2—固定炉排片；3—燃尽炉排片；4—分段风室；5—传动机构；6—料闸门

的作用，能够连续不断地将固体有机废弃物预热干馏，并使其直接受热着火燃烧，因而能适应燃用水分较高、灰分较多的固体有机废弃物。

进入加热室的火焰能连续稳定并完全燃烧，这就有利于提高炉膛温度，提高传热效率。另外，往复炉排送料是连续的，并有一定的运行时间，所以，固体有机废弃物的挥发物是连续稳定地析出。析出的气体主要是烃类及一氧化碳等可燃气体，当它们在 500℃ 左右时，立即与炉排下边所供空气或二次热风中的氧混合燃烧。

往复炉排炉不仅克服了人工加料的许多弊病，实现机械加料，而且活动炉排还能起到类似人工拨火的作用，大大改善了燃烧条件和减少对环境的污染。

往复炉排炉对原料的要求不高，选择性宽，其发热量在 21000kJ/kg 以上即可，对挥发物高者更适宜，料的灰分熔点不宜过低，否则容易结渣；对料的粒度无严格要求，但块状有机废弃物和粉状有机废弃物的混合燃烧对往复炉排炉不适宜，由于燃烧速率不均，块状有机废弃物不易燃烧，造成不完全燃烧。

节能、消烟除尘效果与炉排是否正常运行有密切关系，关键是保证炉膛达到设计温度要求；在正常运行时除保证达到较高的炉膛温度外，推料的时间不要过长，但要经常推；要进行合理的布风，保持炉排满火，主燃区火焰要达到最高温度，使通过此区域的可燃气与燃烧反应产生的黑烟烧尽；拨火清渣时应关小风量，尽量避免在炉膛前部或中部拨火，严禁往火床直接投料，造成燃烧层带混乱，燃烧恶化，产生黑烟。

根据往复炉排炉的设计特性，对难以着火的固体有机废弃物要保持较厚的料层，堆料要慢，要提高通风压头，使炉膛燃烧呈微正压状态，以保证炉膛高温，便于料层的充分燃烧和消除黑烟。但要注意，炉排后部不能出现漏风情况。

然而，往复炉存在着主燃烧区温度高，容易烧坏炉排片，烟气容易窜入料斗引起料斗着火，以及炉排前端漏料多等缺点。

3.1.2.5　链式炉排燃烧炉

链式炉排也是一种机械化燃烧装置，它如同皮带运输机一样在炉内缓慢移动。链条炉有料斗加料和抛料机加料两种形式，大都采用料斗加料的链条炉，如图 3-3（c）所示。固体有机废弃物自料斗下来落在炉排上，随炉排一起前进，空气自炉排下方自下而上引入。固体有机废弃物在炉内受到辐射加热后，开始是烘干并析出挥发物，继之着火燃烧和燃尽，灰渣则随炉排移动而被排出。以上各个阶段是沿炉长方向相继进行但又同时发生的，所以炉内的燃烧过程不随时间而变，不存在燃烧过程的周期性变化。

固体有机废弃物在链条炉排炉中的燃烧过程如图3-14所示，分为四个阶段：

① 干燥区1。当固体有机废弃物随炉排进入炉膛后，首先进入干燥区1，料层受炉拱和炉膛高温烟气的热辐射及相邻燃烧层的直接热传导，进行预热干燥。该阶段基本上不需要氧气，固体有机废弃物受热分解析出挥发物。

② 燃烧区2。在该区内挥发物与从下而上穿过料层的一次风充分混合，穿出料层进入炉膛并在高温下着火燃烧，挥发物边析出边燃烧，燃烧温度也随之增高。

③ 焦炭燃烧区和还原区3。挥发物的燃烧热使析出挥发物后的焦炭剧烈燃烧，这是料层在炉膛内的主要燃烧阶段。该区又分为两个区段：首先是当一次风从下而上穿过炽热的焦炭层时，空气中的氧与碳分子进行氧化反应生成CO_2，并产生大量的热，此为焦炭燃烧区3a；然后为焦炭还原区3b，在该区段内，经氧化反应后的一次风再往上穿越上面的焦炭层，由于空气中的氧在氧化反应时已基本耗尽，主要为CO_2，所以在其穿越焦炭层时，CO_2中的氧被焦炭层中的碳所夺取，发生还原反应，即CO_2被还原为CO，并在穿出焦炭层时在炉膛内燃烧。

④ 灰渣形成区4。链条炉是单面引火，最上层的固体有机废弃物首先被点燃，灰渣也在此较早形成。此外，因空气从下层进入，最底层的固体有机废弃物氧化燃尽也较快，也较早形成灰渣。随着燃烧反应的进行，焦炭层已基本成为炉渣，随着炉排的往后移动，进入炉膛后部的余燃区内燃烧，炉渣落在灰斗排出炉外。

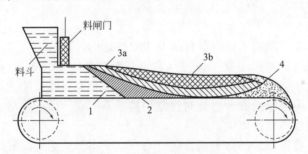

图3-14 链条炉排炉燃烧过程示意

1—干燥区；2—燃烧区；3a—焦炭燃烧区；3b—焦炭还原区；4—灰渣形成区

为适应固体有机废弃物沿炉排长度方向分阶段燃烧这一特点，可以把炉排下边的风室隔成几段，各段都装有调节门，分段送风。通常沿炉排长度分为4~6段。采用分段送风后，在一定程度上改善了空气供求之间的配合情况。

固体有机废弃物在炉膛内随着炉排的移动，燃烧反应过程是持续的，消除了手工投料产生的周期性不完全燃烧现象。链条炉在运行过程中，为了保持良好的消烟效果和经济燃烧，应使炉排上的固体有机废弃物进行正常的燃烧反应，拨火时应避免将燃烧层带搅乱，人为造成燃烧恶化，并严禁直接往炉排上投料燃烧，防止产生手烧炉的周期性排烟污染。

链式炉排上的固体有机废弃物系单面引燃，着火条件比较差，燃料层本身没有自动扰动作用，拨火工作仍需借助于人力，因此固体有机废弃物的性质对链式炉排工作有很大影响。一般链式炉排对固体有机废弃物有严格要求，即水分不大于20%，灰分不大于30%，灰分熔点应高于1200℃，固体有机废弃物应经过筛选，0~6mm的粉末不应超过55%，料块最大尺寸不应超过 40mm，以保证燃尽。由于固体有机废弃物的水分和灰分含量较高，且易于粉碎等，采用链条炉很难取得良好的燃烧效果。

链式炉排的结构形式很多，但按其运动部分结构一般可分为链带式、鳞片式和横梁式三大类。图 3-15 所示为链条炉的典型结构，具有结构简单、重量轻、制造安装和运行都很方便等优点。其主要缺点是主动炉排片（链环）受拉应力较易折断，炉排通风面积大，长期运行后炉排之间相互磨损，使通风间隔更大，漏料损失也增多，当有一片炉排折断而掉下时，会使整个炉排运行受阻而造成事故。

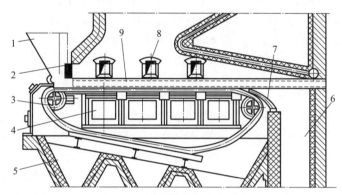

图 3-15　链条炉典型结构示意

1—料斗；2—料闸门；3—链条炉排；4—风室；5—灰斗；6—渣斗；7—除渣板；8—检查孔；9—防渣箱

3.2　粒状有机废弃物沸腾燃烧

粒状有机废弃物是指外形相对规整、粒径较小的固体有机废弃物，如木材加工业中产生的锯末、农产品加工中产生的稻壳等、破粒后的橡胶颗粒等。粒状有机废弃物适宜采用沸腾燃烧方式。

3.2.1　沸腾燃烧

沸腾燃烧相当于在火床中当火床通风速度达到粒状有机废弃物沉降速度时的临界状态下的燃烧，粒状有机废弃物由气力系统送入沸腾床中，燃烧所需空气经布风板孔以高速喷向料层，使粒状有机废弃物失去稳定性而在料层中做强烈的上下翻腾运动，因其颇类似沸腾状态，故称为沸腾燃烧。图 3-16 所示为沸腾燃烧的原理。由于粒状有机废弃物和空气进行剧烈的搅拌和混合，燃烧过程十分强烈，有机废弃物的燃尽率很高（一般可达到 96%～98% 以上），所以沸腾燃烧能有效地燃烧各种粒状有机废弃物，但由烟气带出的飞灰量也较大，一般需经二级除尘后才能达到排放标准。

为防止沸腾层内灰渣结块破坏燃烧过程，通常在

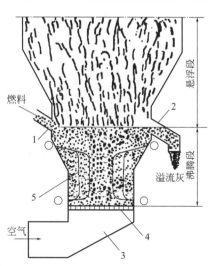

图 3-16　沸腾燃烧原理

1—燃料管；2—排灰管；3—进气管；
4—布风板；5—混合器

沸腾床内设置埋管受热面，使床内温度维持在 800~900℃ 之间。这些受热面由于受到强烈翻腾料粒的冲刷，使热阻的层流边界层被破坏，故受热面可达到很高的传热系数 [可达 250~350W/(m²·℃)]。因此，较小的受热面积即可传递大量的燃烧放热量。

3.2.2　沸腾燃烧炉

沸腾炉中，粒状有机废弃物通过螺旋给料机从前墙送入床内。床内布置有倾斜的埋管受热面，空气由风箱经过床底的布风板进入床层，使固体料床（热灰渣）及粒状有机废弃物沸腾起来（流态化）。沸腾床层静止时，高度约为 500~600mm，料床中 90%~95% 左右是热渣，只有 5%~10% 左右才是新加入的粒状有机废弃物，有机废弃物的尺寸在 8~10mm 以下，大部分是 2~3mm 的碎屑。运行时新加入的粒状有机废弃物在气流作用下迅速与灼热的灰渣粒混合，并在一定高度内上下翻腾地进行燃烧。这个一定高度便称为沸腾段（一般为 1.0~1.5m）。沸腾段内的温度常维持在 850~1050℃。温度之所以保持得较低是为了避免床层内炉料的结渣。沸腾段内的颗粒浓度很大，其中新加入的有机废弃物颗粒只占 5%~10%。新加入的粒状有机废弃物进入沸腾段后，和 10 倍、20 倍的炽热炭粒或灰粒混合，因而能迅速着火燃烧，即使是灰分多、水分大、挥发分少的有机废弃物也能稳定地燃烧。并且由于有机废弃物颗粒在沸腾段内上下翻腾，停留时间较长，因此绝大部分颗粒（90%以上）都能燃烧完全。沸腾床上界面以上的炉膛空间称为悬浮段。悬浮段也应有足够的高度和温度，以保证从沸腾段飞出的细粒能够燃尽。沸腾床内用的床料和灰渣，可以从位于沸腾床高度处的溢流口，或从床底部的冷渣排放管中排出。

沸腾燃烧与层流燃烧的主要不同之处是固体有机废弃物的颗粒大小不同和颗粒在炉膛里的运动特性不同。在沸腾炉中燃烧的固体有机废弃物不是块状，也不是粉状，而是粒径小于 10mm 的粒状有机废弃物。这些有机废弃物颗粒既不是在炉排上固定不动地燃烧，也不是悬浮在空间燃烧，而是在一定高度内上下翻腾地进行燃烧。正是由于这种新型的燃烧方式，使它具有层燃及粉状燃烧所没有的一些优点。这些优点主要有：

① 燃烧稳定，对原料的适应性大。沸腾炉采用较小的有机废弃物颗粒，燃烧面积很大。且颗粒在炉内停留时间长，炉内蓄热量大，混合又十分强烈，因此着火和燃烧都很稳定，可以采用含灰量多、含水量大、挥发分少的有机废弃物来工作，非常适用于固体有机废弃物的燃烧。又由于沸腾炉内温度较低，有利于灰熔点低、含碱量高的有机废弃物工作。所以这种燃烧方式的适应性大。

② 沸腾床内传热强烈，可节省受热面钢材。沸腾床内的受热面，由于颗粒上下翻滚，因此传热性能很好，传热系数通常可达 230~290W/(m²·K)。这一数值比一般对流传热系数大 3~4 倍，因而可大大节省受热面耗用的钢材。

③ 污染物排放较少，对环境保护有利。沸腾床内维持的温度较低，因此燃烧生成的 NO_x 较少，可以大大减轻氮氧化物对大气的污染。

④ 容积热强度大，锅炉体积小。沸腾炉内燃烧强度很大，炉膛的容积热强度可达 1750~2080kW/m³，再加上炉内传热系数大，因此沸腾炉的体积较小，造价较低。

⑤ 沸腾炉的灰渣具有"低温烧透"的特点，因而灰渣不会软化和黏结，可用作水泥等建筑材料，也可作沥青和塑料的填料，或进行其他综合利用。

沸腾炉虽有上述优点，但在运行过程中也存在不少问题。这些问题主要有：

① 飞灰量大，飞灰中含碳量高，因而锅炉热效率低（60%~75%）。

② 炉内受热面和炉墙磨损比较严重，沸腾层中埋管一般一年左右就得更换。

③ 烟尘排放浓度大，一般必须进行二级除尘。

④ 有机废弃物需破碎至 10mm 以下，且送风需要压力高（5886~7848Pa）的鼓风机，因而耗电量大。

上述问题严重影响沸腾炉的进一步发展和应用，但随着燃烧技术的进一步发展，这些问题不断得到改善和解决。目前已出现了能发挥沸腾燃烧技术优点，并能克服其不足的循环流化床技术（循环床），并已在实际中开始应用。

3.3 粒状有机废弃物流化燃烧

流化燃烧是基于气固流态化的一项燃烧技术，其适应范围广，能够燃烧一般燃烧方法无法燃烧的含水率较高的有机废弃物等，如城市生活垃圾。此外，流化燃烧技术可以降低尾气中氮与硫的氧化物等有害气体含量，保护环境，是一种清洁燃烧技术。

3.3.1 流化燃烧

根据风速和有机废弃物颗粒的运动，燃烧炉内的有机废弃物可分为固定层、沸腾流动层和循环流动层。

（1）固定层

气体速度较低，有机废弃物颗粒保持静态，气体从有机废弃物颗粒间通过（如炉排炉）。

（2）沸腾流动层

气体速度超过流动临界点的速度，颗粒中产生气泡，颗粒被搅拌产生沸腾状态（如沸腾炉）。

（3）循环流动层

气体速度超过极限速度，气体和颗粒激烈碰撞混合，颗粒被气体带着飞散（如燃煤发电锅炉）。

流化床燃烧炉主要是沸腾流动层状态。一般需将有机废弃物粉碎到 20mm 以下再投入炉内，有机废弃物颗粒和炉内的高温（650~800℃）惰性介质接触混合，瞬时气化并燃烧。未燃尽成分和轻质颗粒一起飞到上部燃烧室继续燃烧。一般认为上部燃烧室的燃烧占 40% 左右，但容积却为流化层的 4~5 倍，同时上部的温度也比下部流化床层高 100~200℃，通常也称其为二燃室。

不可燃物沉到炉底和惰性介质（砂）一起被排出，然后将惰性介质和不可燃物分离。惰性介质回炉循环使用。有机废弃物灰分的 70% 左右作为飞灰随着燃烧烟气流向烟气处理设备。

惰性介质可保持大量的热量，有利于再启动。而且即使是湿含量大、热值低的有机废弃物，在加入流化床后的短时间内，能通过惰性介质传热而迅速实现着火燃烧，因此流化燃烧技术的一个明显优点是能燃烧那些低热值的有机废弃物，但是，考虑到低温操作环境下所排出的气体，通常需添加一些含有较高热值的燃料。另外，流化燃烧对原料的预分类等有严格的要求。

3.3.2 流化床燃烧装置

流化燃烧具有混合均匀、传热和传质系数大、燃烧效率高、有害气体排放少、过程易于控制、反应能力大等优点，因此利用流化床燃烧装置对固体有机废弃物进行热化学处理越来越受到人们的关注。然而，单独的固体有机废弃物形状不规则，呈线条状、多边形、角形等，当量直径相差较大，受到气流作用容易破碎和变形，在流化床中不能单独进行流化。以锯末为例，气流通入以纯锯末为流化物的流化床中，床中将出现若干个弯曲的沟流，大部分气体从中溢出，无法实现正常的流化。通常加入廉价、易得的惰性物料如砂子、白云石等，使其与有机废弃物构成双组分混合物，从而解决了难以流化的问题。

图 3-17 是流化燃烧技术的典型装置。流化床燃烧炉是一个圆柱形容器，底部装有称为布风板的多孔板，板上放置载热体（砂），作为燃烧炉的燃烧床。空气（或其他气体）由容器底部喷入，砂子被搅成流动态，有机废弃物被喷入燃烧床内，由于燃烧床内迅速的热传递而立刻燃烧，烟道气的燃烧热即被燃烧床吸收。燃烧时砂床和有机废弃物之间进行热传递。有机废弃物在燃烧床中由向上流动的空气使其呈悬浮状态，直到烧尽，烧成的灰由烟道气带到炉顶排出炉外。在燃烧床中要保持一定的气流速度（一般为 1.5～2.5m/s），气流速度过高会使过多的未燃烧有机废弃物被烟道气带走。

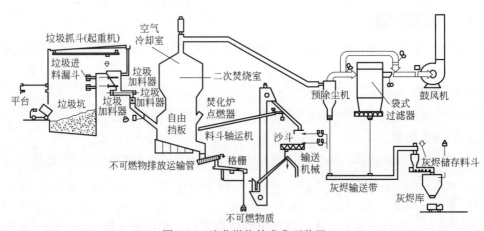

图 3-17　流化燃烧技术典型装置

在流化床的床料中，炽热的灰渣占 95%，占床料 5% 的新加入的有机废弃物进入床中就被床料吞没并迅速点火燃烧。这种优越的点火条件是其他燃烧方式无法比拟的，几乎可以燃烧任何有机废弃物。流化床中有机废弃物颗粒的扰动很剧烈，有机废弃物不仅点火迅速，而且与空气混合良好，温度均匀，在较低的过量空气系数下即可充分燃烧。

流化床一般采用石英砂作为惰性介质，依据气固两相流理论，当流化床中存在两种密度或粒径不同的颗粒时，床中颗粒会出现分层流化，两种颗粒沿床高形成一定相对浓度的分布。占份额较小的有机废弃物颗粒粒径大而轻，在床层表面附近浓度很大，在底部的浓度接近零。在较低的风速下，较大的有机废弃物颗粒也能进行良好的流化，而不会沉积在床层底部。料层的温度一般控制在 800～900℃ 之间，属于低温燃烧。

流化床有炉体小、燃烧炉渣的热灼减率低（约 1%）、炉内可动部分设备少的优点。此外，流化床燃烧炉燃烧时固体颗粒激烈运动，颗粒和气体间的传热、传质速率快，因而处理能力大。但与机械炉排炉相比，流化床燃烧炉有以下缺点：比机械炉排炉多设置流动砂循环系统，且流动砂造成的磨损比较大；燃烧速率快，燃烧空气的平衡较难，较易产生 CO；炉内温度控制较难。

目前采用流化床燃烧有机废弃物已工业化。瑞典通过将树枝、树叶、森林废弃物、树皮、锯末和泥炭的碎片混合，然后送到热电厂，在大型流化床锅炉中燃烧利用。其有机废弃物处理能力达到 55kW·h，占总能耗的 16.1%。虽然有机废弃物的含水率高达 50%～60%，锅炉的热效率仍可达 80%。美国爱达荷能源公司生产的媒体流化床锅炉，其供热（1.06～1.32)×10⁶kJ/h。该系列锅炉对有机废弃物的适应性广，燃烧效率高达 98.5%，环保性能好，可在流化床内实现脱硫，装有多管除尘器和湿式除尘器，排烟浓度小于 24.42mg/m³。我国哈尔滨工业大学开发的 12.5t/h 甘蔗流化床锅炉、4t/h 稻壳流化床锅炉、10t/h 碎木和木屑流化床锅炉也得到应用，燃烧效率可达 99%。

3.4　粉状有机废弃物悬浮燃烧

在工业上，固体有机废弃物除了可以采用层状燃烧、沸腾燃烧和流化燃烧外，还可将其碾磨成一定细度（一般是 20～70μm）的粉末，用空气通过喷燃器（或称煤粉燃烧器，如图 3-18 所示）送入炉膛，在炉膛空间中悬浮燃烧（见图 3-19）。这种燃烧方法称悬浮燃烧法，由于工业上所采用的燃料大多为煤炭，因此习惯上称其为煤粉燃烧法。

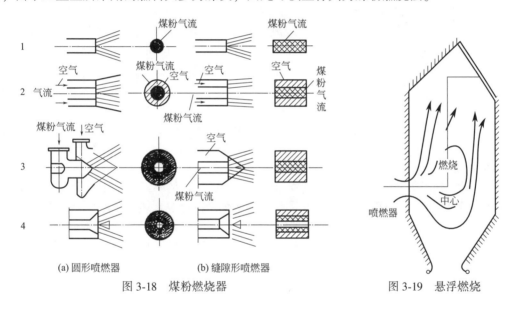

图 3-18　煤粉燃烧器　　　　　图 3-19　悬浮燃烧

悬浮燃烧法是 20 世纪 20 年代出现的一种燃烧方法，但直到 1935 年出现了较完善的制粉设备以后，才开始在动力锅炉上大量采用。

与层状燃烧法相比，悬浮燃烧法的最大优点是可以大量使用固体有机废弃物。实践证明，当用层状燃烧法燃烧发热量较低和灰分含量较高的固体有机废弃物时，炉温只能达到1100℃，而改用悬浮燃烧法时，由于悬浮燃烧的燃烧速率快，完全燃烧程度高，炉温可达到 1300℃。

用来输送粉料的空气叫一次空气，一般占全部助燃空气量的 15%～20%（与粉料的挥发分产率有关），其余的空气叫二次空气，另外用管道单独送至炉内。在采用悬浮燃烧法时，二次助燃空气可以允许预热到较高的温度，因而有利于回收余热和节约燃料。此外，采用悬浮燃烧法时，炉温容易调节，可以实现炉温自动控制，并且可以减轻体力劳动强度和改善劳动条件。

采用悬浮燃烧法，最好使用挥发分高一点的有机废弃物，这样可以借助于挥发分燃烧时放出的热量来促进炭粒的燃烧，有利于提高燃烧速率和完全燃烧程度，一般希望挥发分大于

20%。对于以生物质为主要组成的城市生活垃圾，特别适宜采用悬浮燃烧法，但应注意控制含水量。有机废弃物中的水分对粉料的磨制和输送妨碍极大，因此，对于含水量较大的固体有机废弃物，在磨制前应进行干燥处理，最好把水分降到1%~2%，一般不超过3%~4%。实践证明，当水分含量达到7%时，在同样粉料细度的情况下，磨粉电力消耗将显著增加，而且还会显著降低磨粉机的粉料产量。

3.4.1 悬浮燃烧

悬浮燃烧是将磨成微粒或细粉状的有机废弃物与空气混合后从喷燃器喷出，在炉膛空间呈悬浮状态的一种燃烧。按空气流动方式的不同，悬浮燃烧可分为直流式(火炬式) 燃烧和旋涡式(旋风式) 燃烧两种。直流式燃烧采用的燃烧设备叫悬浮燃烧炉（又称煤粉炉，因采用粉状燃料得名），旋涡式燃烧采用的燃烧设备叫旋风炉（因空气旋转得名）。

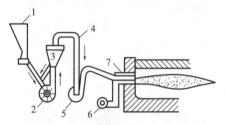

图 3-20　悬浮燃烧系统的一般组成
1—给料器；2—磨粉机；3—分离器；
4—粉料输送管道；5—一次空气；
6—二次空气；7—粉料燃烧器

悬浮燃烧系统由磨粉装置、粉料输送设备和燃烧设备所组成。图 3-20 所示是悬浮燃烧系统的一般组成。固体有机废弃物经给料器按一定速率进入磨粉机，在磨粉机中经过粉碎后送到分离器，不合格的粗粉沿回路重新回至磨粉机中进行研磨，合格的细粉则沿管道送至一次风机，在一次空气的带动下，以规定的速率送往粉料燃烧器。

根据供粉方式的不同，悬浮燃烧系统有直吹式供粉燃烧系统和中间储仓式供粉燃烧系统。直吹式供粉燃烧系统在任何时候整台磨粉机的制粉量都等于燃烧器的燃烧量，制粉量是随燃烧量而变化的，当燃烧量减少时，制粉系统负荷降低，会造成运行的不经济。中间储仓式供粉燃烧系统是将磨好的粉用细粉分离器分离下来，储存在粉料仓中，然后再从粉料仓中根据燃烧量的需要，调节给粉机把粉料送入燃烧器进行燃烧。这种供粉燃烧系统供粉可靠，且可使磨粉机在经济工况下运行，但需要增加细粉分离器、螺旋输粉机及粉料仓等设备，因而系统复杂，投资较大，一般在电站锅炉中应用较多。

根据粉料用量的大小，制粉系统一般可以分为两种类型，即：集中式的制粉系统，规模较大，供全厂集中使用；分散式的制粉系统，规模较小，分散在各个车间，一套设备只供一个车间或一个炉子使用。

图 3-21 是一种简易的粉料制备和输送系统示意图。这种简易粉料制备系统的主要特点是，在粉料磨制过程中不使用干燥剂，而且从磨粉机出来的粉料不经过分离器就直接送往炉内燃烧。

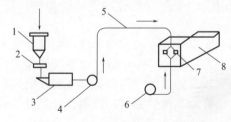

图 3-21　简易粉料制备和输送系统
1—料斗；2—给料器；3—磨粉机；4—送粉风机（一次风机）；
5—粉料输送管理；6—二次风机；7—粉料烧嘴；8—加热炉

　　磨粉机是粉料制备系统的重要设备，它的类型很多，如何选取主要取决于产量的大小和料质的情况，后者主要指有机废弃物的含水量、挥发分产率和可磨性系数。可磨性系数是用来表示将物料磨成细粉的难易程度的一个指标，它是在实验室条件下，将粒度相同的标准煤和被测定物料磨制成同样细度时所消耗的能量之比。可磨性系数越大，表示该物料越容易磨细。

　　悬浮燃烧的基本特点是，炉膛内的有机废弃物粉末和空气不进行旋转。它们在炉膛内的停留时间很短，一般只有 2~3s。要在这么短的时间内完成燃烧过程，必须把有机废弃物磨得很细（平均直径在 100μm 以下）。由于磨得细，表面积大大增加，因而改善了与空气的混合条件。再加上炉膛温度高，燃烧可以进行得很剧烈。各种有机废弃物都可有效地燃烧，所以悬浮燃烧炉具有燃烧效率高、热强度较大、负荷调节方便的特点。

　　图 3-22 为采用悬浮燃烧技术的生物质水管锅炉。在悬浮燃烧中，需要对生物质进行预处理，要求颗粒尺寸小于 2mm，含水率不超过 15%。先将生物质粉碎至细粉，再与空气混合后一起切向喷入燃烧室内形成涡流，呈悬浮燃烧状态，这样可增加滞留时间。悬浮燃烧系统可在较低的过剩空气下运行，可减少 NO_x 的生成。生物质颗粒尺寸较小，高燃烧强度会导致炉墙表面温度升高，这会较快损坏炉墙的耐火材料。另外，该系统需要辅助启动热源，辅助热源在炉膛温度达到规定要求时才能关闭。

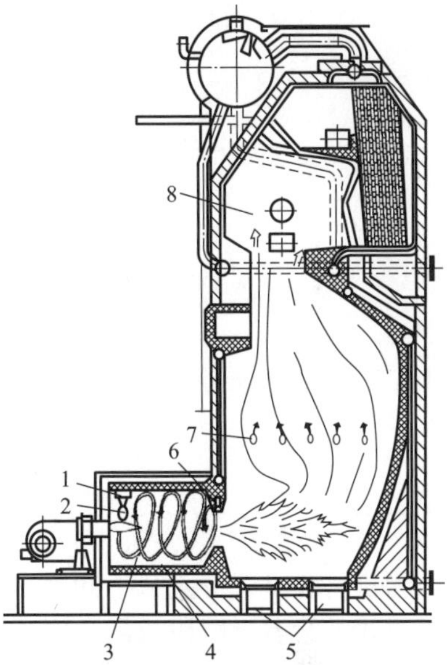

　　与层燃炉相比，悬浮燃烧炉具有下列优点：a. 燃烧效率高；b. 可采用灰分、水分多的固体有机废弃物；c. 可实现操作运行的全部机械化和自动化；d. 单机容量可以做得很大，适宜于大型动力工业的需要。

　　悬浮燃烧炉虽有上述优点，但亦存在一些不足，主要是：烟气中飞灰含量高；金属受热面易磨损；受热面上积灰和结渣问题较严重；需要一套制粉设备，使能耗增加。此外，操作、运行也较复杂。

图 3-22 采用悬浮燃烧技术
的生物质水管锅炉示意图
1—初级空气；2—燃料输送；3—还原段；
4—烟气回流；5—灰室；6—二次空气；
7—三次空气；8—锅炉水管

3.4.2 悬浮燃烧装置

　　悬浮燃烧系统中的燃烧器是一个重要部件，其功能是将燃料和空气送入燃烧室，并组织气流使燃料和空气合理地在燃烧室中混合、着火和燃烧。这类燃烧器在工业炉中常用于煤粉的燃烧，因此习惯上称其为煤粉燃烧器或煤粉烧嘴。煤粉燃烧器分为直流式和旋流式两类。

　　根据喷口断面形状，煤粉燃烧器有圆口煤粉燃烧器和扁口煤粉燃烧器，如图 3-23 所示。在设计时，重要的不是选择烧嘴的形式，而是按照有机废弃物的质量及炉子对火焰的要求选择合理的喷出速度。根据有机废弃物的不同，应当选择不同的喷出速度。

　　煤粉燃烧器根据结构的不同，主要有以下几种形式：

（1）扩散式燃烧器

1）直流式燃烧器

直流式燃烧器的结构比较简单，常由一组圆形或矩形喷口组成，如图 3-24 所示。有机

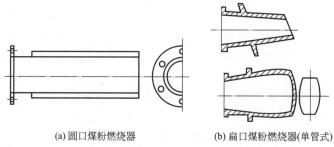

(a) 圆口煤粉燃烧器   (b) 扁口煤粉燃烧器(单管式)

图 3-23　煤粉燃烧器

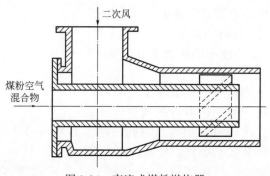

图 3-24　直流式煤粉燃烧器

废弃物粉料和空气分别从不同喷口送入炉膛。喷口分为一次风喷口（将有机废弃物粉料送入炉膛并供给着火阶段所需空气）、二次风喷口（供给助燃空气，保证有机废弃物粉料的燃尽）和三次风喷口（加强有机废弃物粉料燃烧后期的混合）。直流燃烧器一、二次风喷口的排列方式有两种：一种是一、二次风喷口交替间隔排列，称为均匀配风。这种配风可使有机废弃物粉料和空气混合较快，因而适用于燃烧挥发分较多的有机废弃物。另一种是几个一次风喷口相对集中，称为分级配风。这种配风使一、二次风的混合推迟，它适用于燃烧挥发分较少的有机废弃物。大部分直流煤粉燃烧器布置在炉膛的四角，四角燃烧器的轴线相切于炉膛中心的假想切圆，形成切向燃烧。从各喷口喷出的射流火炬呈 L 形，共同围绕炉膛中心轴线旋转，然后汇集成略有旋转的上升火焰并向炉膛出口流去。

2）涡流式或旋风式燃烧器

涡流式或旋风式煤粉燃烧器有多种形式。

图 3-25 所示是涡流式煤粉燃烧器，一次风是通过蜗壳送入的直流风，二次风是通过轴向叶片送入的旋转射流。轴向叶片的角度可用拉杆进行调节，从而可在较大范围内改变二次风的旋转强度以适应有机废弃物多变的要求。这种燃烧器还可换烧重油和煤粉。在烧油或烧很容易着火的煤粉时，可以减少二次风的旋流强度，缩小扩展角，使二次风和油雾及煤粉较快地混合，在烧煤粉时可采用较大的旋流强度，增大回流区尺寸，以使煤粉易于着火和稳定燃烧。

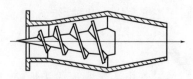

图 3-25　涡流式煤粉燃烧器

图 3-26 所示是旋风式煤粉燃烧器的结构示意图，其特点是二次风呈螺旋状进入，燃烧时火焰产生旋流，燃烧速率明显加快，火焰较短。

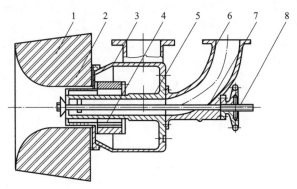

图 3-26　旋风式煤粉燃烧器的结构示意
1—烧嘴砖；2—钝体；3—风壳；4—旋风室；5—直管；6—弯管；7—调节杆；8—手轮

3）双管式煤粉燃烧器

图 3-27 所示为双管式煤粉燃烧器，有机废弃物粉料和一次空气混合物从中间喷管喷出，二次空气从外层套管送入，其特点是火焰较长。

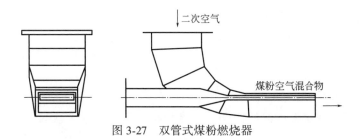

图 3-27　双管式煤粉燃烧器

4）煤气、煤粉两用燃烧器

图 3-28 所示是一种煤气、煤粉两用燃烧器，可同时燃用两种或单独燃用任何一种燃料。

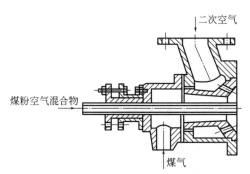

图 3-28　煤气、煤粉两用燃烧器

5）电加热多级点火燃烧器

浙江大学从事电加热方面的研究，并形成了一套独特的方式，图 3-29 所示为电加热式多级点火燃烧器示意。

6）速差射流型燃烧器

图 3-30 为在回转水泥窑中燃用低挥发分煤的速差射流煤粉燃烧器的强化燃烧，设计了一种新型的煤粉燃烧器。为了不使煤粉火焰发散，使其能形成稳定的窑皮，该燃烧器由内外两个燃烧筒组成，在两燃烧筒壁之间形成一通道，高温烟气通过此通道回流至一次风出口，与一次风混合、加热，使煤粉提前着火燃烧。燃烧器外筒端面的冷却风仅在燃用优质煤时打开，以阻止高温烟气的回流。在其他条件给定的情况下，燃烧器内筒端面与喷口端面之间的距离就决定了高温烟气的回流，这个距离过大和过小都不利于回流量。此外，为了进一步增大烟气的回流，强化燃烧，必须采用中心大速差射流。它的作用是：进一步增加高温烟气的回流量；将煤粉约束在一定范围内，不致扩散；使窑炉的 NO_x 排放量降低。

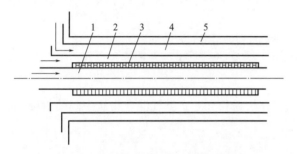

图 3-29　电加热式多级点火燃烧器示意
1—第 1 级煤粉气流；2—环间风；3—电热丝；
4—第 2 级煤粉气流；5—第 3 级煤粉气流

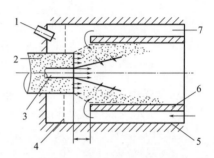

图 3-30　速差射流型煤粉燃烧器示意
1—冷却风；2—一次风；3—中心高速射流管；4—孔板；
5—燃烧器外筒；6—燃烧器内筒；7—高温烟气

（2）预燃式燃烧器

图 3-31 为预燃式燃烧器的结构简图。由磨粉机连续供给的一次风和有机废弃物粉料通过燃烧器的蜗壳旋流器形成旋流，在预燃室内强烈旋转。来自高压助燃风机的二次风经过燃烧器的分配阀，分成切线风和直线风。切线风进入预热室，与一次风和有机废弃物粉料充分混合并加大其旋流强度，在预燃室中心造成局部负压，形成回流区，建立起点火稳焰条件。同时，旋流使有机废弃物粉料停留时间增长，在高温下完成所需的燃烧和气化反应，形成 1200℃左右的半煤气化混合物喷入炉内。直线风从燃烧器出口四周引射，使半煤气燃烧完全，并起降低燃烧器表面温度的作用。

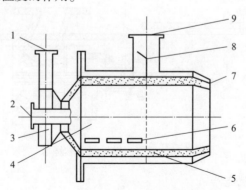

图 3-31　预燃式燃烧器的结构简图
1—一次风与煤粉入口；2—点火观察孔；3—蜗壳旋流器；4—预燃室；5—耐火衬里；
6—二次切线风出口；7—二次直线风出口；8—分配阀；9—二次风进口

预燃式燃烧器的两种燃烧形式和冷、热态点火迅速是其重要的特点，适合随时启停的需要。根据直接点火方式的不同，预燃式燃烧器又有以下几种有代表意义的形式。

1）带根部二次风预燃式直接点火燃烧器

图3-32所示的带根部二次风预燃式煤粉直接点火燃烧器是很有代表性的预燃式燃烧器。在20世纪80年代初预燃式技术得不到广泛推广的原因就在于其易发生积粉、结渣、烧坏预燃筒等事故，根部二次风是解决这一问题的办法之一。

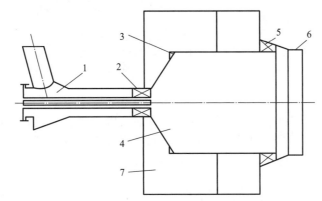

图3-32　带根部二次风预燃式煤粉直接点火燃烧器
1—一次风筒；2——次风旋流叶片；3—根部二次风直叶片；4—预燃室筒体；
5—出口二次风旋流叶片；6—预燃室出口；7—二次风箱

2）中心火炬式煤粉直接点火燃烧器

图3-33所示的中心火炬式煤粉直接点火燃烧器，它设置了一个前置油燃烧室，形成1200℃高温火炬入燃烧室，投入一次风粉后即可着火，既可点燃，又可作主燃烧器连续运行。

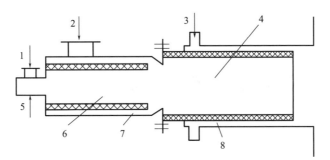

图3-33　中心火炬式煤粉直接点火燃烧器
1—空气；2——次风粉；3—二次风粉；4—煤燃烧室；5—油；
6—油燃烧室；7——次风粉夹套；8—二次风粉夹套

3）抛物线内筒式直接点火燃烧器

图3-34所示的抛物线内筒式直接点火燃烧器是一种发展较成熟的结构形式。一方面，预燃室内筒采用了抛物线型，有将热量聚积的作用，再加上旋流产生的热回流，可以较理想地点燃煤粉。另一方面，在内筒外流过的二次风既起冷却内筒的作用，又使本身加热，以一定的方式进入预燃筒，起到防渣、吹灰的作用。

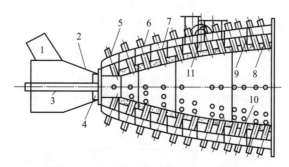

图 3-34 抛物线内筒式直接点火燃烧器

1——一次风进口管；2—锥形管；3—套管；4—旋流叶片；5—燃烧筒外壳；6—外层风套；
7—内层风套；8—抛物线型内衬；9—二次风嘴；10—吹灰喷嘴；11—隔板

4）等离子体直接点火燃烧器

图 3-35 所示为俄罗斯开发的等离子体点火系统，由预燃室和具有可动石墨阴极的同轴直流等离子体发生器（功率达 200kW）组成，属于无油直接点火燃烧器。我国也成功进行了等离子体直接点燃煤粉的工业性实验并取得成功。

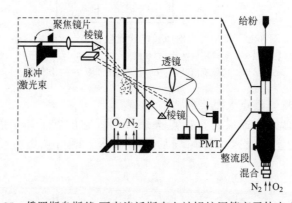

图 3-35 俄罗斯乌斯基-可麦洛沃斯克电站锅炉用等离子体点火系统

3.5 粉状有机废弃物旋风燃烧

采用悬浮燃烧方式，可以使有机废弃物品种的范围扩大，使炉子的操作实现机械化和自动化，并且可以适应炉子容量不断扩大的需要。虽然如此，但悬浮燃烧方式也有它的严重缺点，例如，因为烟气中含有大量的飞灰，占全部灰分的 85%~90%，造成换热器和风机的磨损，而且有碍环境卫生，不得不装设复杂的除尘设备。此外，还需要复杂的制粉设备，增加了设备投资。为克服这一缺点，可采用旋风燃烧实现粉状有机废弃物的燃烧。

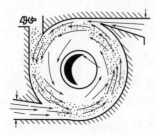

图 3-36 旋风燃烧

3.5.1 旋风燃烧

旋风燃烧是利用旋风分离器的工作原理，使燃烧空气流沿燃烧室内壁的切线方向以高达 100~200m/s 的速度做旋转运动，如图 3-36 所示，在离心力的作用下，有机废弃物颗粒和空气得以紧密接触并迅速完成燃烧反应。在这种燃烧方式下，不仅改善了有机废弃物和空气的混合条件，而且还显著延长了有机废弃物在燃烧室中的停留时间，因此可以将空气过剩系数降到 1.05~1.1，并且可以燃烧粗粉或碎粒，从而可以简化甚至取消制粉设备。旋风燃烧法的突出优点是燃烧强度大，它的容积热强度可达到 $(12.5~25.1) \times 10^6 \mathrm{kJ/m^3}$，而且由于燃烧温度高，可以使渣熔化成液体排出，从而解决了由烟气飞灰所带来的一系列问题。

3.5.2　旋风燃烧炉

旋风燃烧炉有卧式和立式两种结构形式，现以卧式旋风炉为例，将旋风燃烧室的有关特性说明如下。

卧式旋风燃烧炉的简单示意图如图 3-37 所示。有机废弃物碎粒由一次空气从旋风燃烧炉前的喷料器送入炉内，二次空气沿切线方向送入炉内，在炉腔内和有机废弃物碎粒强烈混合并燃烧。炉渣熔化成液态，在离心力的作用下在炉墙上形成液态渣膜。旋风炉可以水平布置，也可以向下倾斜 5°~20°，使熔渣容易排出。

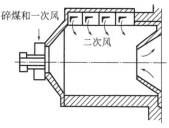

图 3-37　卧式旋风燃烧炉示意图

旋风燃烧炉中的轴向速度有两个极大值，可将气流分为外层和内层两个区域。在外层气流中，越靠近炉墙，其切向速度越低。在气流中心处则相反，越靠近中心，切向速度越低。

有机废弃物碎粒由于离心力的作用，大部分集中在外层气流中，随着气流螺旋形前进，直到喇叭形的出口处所形成的旋风沟中。在旋风沟中，有机废弃物浓度很高，空气消耗系数远小于 1，有机废弃物强烈气化，而且由于此处温度很高，因此化学反应速率很快。在悬浮燃烧炉中，有机废弃物和烟气的停留时间是相同的，而在旋风燃烧炉中，有机废弃物在炉内的停留时间大大延长，而且扩散掺混和燃烧过程特别强烈。

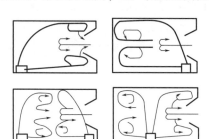

图 3-38　旋风炉循环区的位置
与气流入口位置的关系

工业上实际采用的旋风炉，由于二次空气送入的方式不同，气流分布和燃烧情况不尽相同。图 3-38 给出旋风炉循环区的位置与气流入口位置的关系。当气流集中在旋风炉前部送入时，如前所述，外层气流的循环区位于旋风沟附近，燃烧过程主要也在那里进行。相反，如果将气流入口移到旋风沟中，则外层气流的循环区移到旋风炉前部，燃烧区的位置也随之改变。当气流由两端送入时，燃烧主要是在旋风炉中部进行。如果气流由中间送入，则前后都进行激烈的燃烧反应。由此可见，将气流集中到旋风炉前部送入是不恰当的，不能充分利用炉腔容积，只有出口部分有液体渣膜，前部的耐火材料容易磨损。将气流集中在旋风沟中送入的方式同样也是不恰当的，它将导致旋风沟中温度过分降低，影响液态渣的排出。比较合理的方式是将气流在中部送入，这时火焰充满炉腔，几乎全部炉墙都由液体渣膜包住。

除了送风方式以外，旋风燃烧室的工作状态还和有机废弃物性质、灰渣成分及有机废弃物颗粒尺寸大小等因素有关。一般都将二次风嘴沿旋风炉宽度成组布置，并分别调节，这样具有较大的灵活性，并可获得最有利的工况。

按照一次风的送入方式，卧式旋风炉又可分为两大类，即：一次风沿轴向送入或者沿切向送入。图 3-37 所示就是一次风沿轴向送入的旋风炉。试验证明,虽然一次风也是沿蜗壳喷燃器送入的,但决定旋风炉中气体流动情况的主要还是沿切向送入的二次风。试验发现,如果将有机废弃物沿轴向送入旋风炉,则将有许多细粉随着内层气流运动。虽然内层气流也是旋转的,但是它不经过旋风沟,气流也不循环,很快就流出旋风炉,使机械不完全燃烧增加,燃烧一直延续到旋风炉出口以后,捕渣率也降低。因此,当燃烧粒径较大的有机废弃物时,有机废弃物碎粒宜从切向送入,使有机废弃物保持在外层气流中,经过循环区,延长它在炉内的停留时间,使它能强烈气化和燃烧。

图 3-39 所示是一次风沿切向送入的卧式旋风炉。喷嘴分成上、下两排,下排用来送一次风,上排用来送二次风,而且它们是沿旋风炉的宽度均匀送入的,这样,在一次风和炉墙之间夹有一层空气,使有机废弃物不能直接和炉墙接触,只有熔化的液体渣由于密度较大,才能从气流中分离出去。由此可知,此时在一次风和二次风的接触面上都可以着火,着火面积大大增加,沿整个炉膛长度形成管状的着火面,如图 3-40 所示。这样,使得这种旋风炉不仅可燃烧含挥发物多的有机废弃物,而且可以燃烧挥发物少的有机废弃物。据资料介绍,当一次风沿切向进入时,可以燃烧挥发物只有 8%、灰渣熔化温度高达 1550℃ 的有机废弃物。

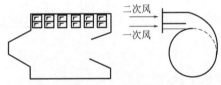
图 3-39 切向送进一次风的卧式旋风炉

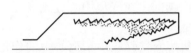
图 3-40 切向送进一次风时卧式旋风炉的着火面

在采用旋风燃烧法时,旋风炉的二次风速高达 130~180m/s,旋风炉的阻力往往也高达数百毫米水柱,因此降低二次风的阻力对旋风炉的经济性有很大意义。

在不改变风速的条件下,降低旋风炉阻力的主要措施是降低设备的阻力系数 ζ。实验证明,阻力系数主要和下列结构因素有关。

① 旋风炉的喷口直径 d_c 和它的直径 D 之比。

② 二次风喷嘴流通截面 $\sum A_C$ 和旋风炉截面 A 之比,亦即:

$$\zeta = f\left(\frac{d_c}{D}, \sum \frac{A_C}{A}\right) \tag{3-4}$$

对于几何相似的旋风炉,$d_c/D = \text{const}$(常数),为了保证它们的阻力相等,在一定的二次风速下,必须保证它们的 $\sum A_C/A$ 相同。一般情况下,$\sum A_C/A = 6.4\% \sim 2.2\%$。因为 $\sum A_C/A = \text{const}$,而且二次风速 $w_2 = \text{const}$,因此:

$$\frac{w_2 \sum A_C}{A} = \frac{V_2}{A} = \text{const} \quad \text{或} \quad V_2 \propto F \tag{3-5}$$

当一次风和二次风的比例不变,空气消耗系数相同时,旋风炉的热负荷正比于空气消耗量,故有:

$$Q \propto V \propto V_2 \propto A \tag{3-6}$$

亦即:

$$Q/A = \text{const} \tag{3-7}$$

由此可见,为了保证旋风炉的经济性,使它的阻力在合理的范围内,需要保证的不是它的容积热强度,而是它的截面热强度 $Q/A[\text{kJ}/(\text{m}^2 \cdot \text{h})]$。根据现有资料介绍,旋风炉的截

面热强度一般约为 $(42 \sim 54.6) \times 10^6 \mathrm{kJ/(m^2 \cdot h)}$。

根据截面热强度，可以确定旋风炉的直径：

$$D = \sqrt{\frac{BQ_{低}}{0.785 \dfrac{Q}{A}}} \qquad (3\text{-}8)$$

式中　B——有机废弃物处理量，kg/h；

$Q_{低}$——有机废弃物的发热量，kJ/kg。

在采用轴向进料（一次风）时，一次风量约占 15%。当负荷变化时，一次风量保持不变，一次风速为 $w_1 = 30 \sim 35 \mathrm{m/s}$。对于切向进风的旋风炉，一次风速较低，一般可取为 $w_1 = 20 \sim 30 \mathrm{m/s}$。旋风炉的空气消耗系数可取为 $1.05 \sim 1.1$。

旋风炉出口的结构尺寸（喷口直径 d_c，长度 l_c，张角 α_c，参见图 3-41）对它的工作有很大的影响。减小 d_c/D，可以使外层气流加大，最大切向速度 u_t 也加快，边界上的气流切向速度几乎不变而中心的切向速度则增加，同时，还导致旋风炉中心负压和四周正压增大，因而使密封和加料困难，而且气流阻力也增大。因此，不宜过分减小喷口直径。一般情况下，$d_c/D = 0.35 \sim 0.59$ 为宜，对于挥发物含量高和化学反应能力强的燃料，d_c/D 可稍大。

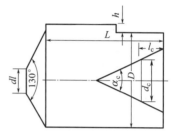

图 3-41　卧式旋风炉的几何尺寸

喇叭口的长度 l_c 对气流运动情况的影响较小。喇叭口可以使循环气流加强，并且可以稍稍改善分离情况。喇叭口过长会使旋风沟减小，一般可取 $l_c/D = 0.6 \sim 1.0$。

喇叭口的扩张角 α_c 对旋风炉的阻力略有影响，当 $\alpha_c = 30° \sim 45°$ 时，阻力最小。

当气流入口情况不变时，增加旋风炉的长度 L 导致阻力增加，使气流出口处的旋转速度降低。一般 $L/D = 1 \sim 1.3$。

综上所述，旋风燃烧法由于热强度大，设备结构紧凑，而且可以液体排渣，因此在蒸汽动力工业部门获得了很大的发展。

3.6　生物质成型燃料燃烧

对于农林废弃物类固体有机废弃物而言，绝大多数的热值都较低，其燃烧特性较差，燃烧过程中的黑烟较多，对环境不友好，而且堆积密度大，不便于储存和运输。如能将其制成具有一定粒度的成型燃料，则可提高其能量密度，改善其燃烧特性，减少燃烧过程中的黑烟，而且便于储存和运输。

3.6.1　生物质成型燃料的燃烧过程与机理

作为固体燃料的一种，生物质成型燃料的燃烧过程也要经历点火、燃烧等阶段。

（1）点火过程

生物质成型燃料的点火过程是指生物质成型燃料与氧分子接触、混合后，从开始反应到温度升高至激烈的燃烧反应前的一段过程。实现生物质成型燃料的点火必须满足：生物质成型燃料表面析出一定浓度的挥发物，挥发物周围要有适量的空气，并且具有足够高的温度。

生物质成型燃料的点火过程是：a. 在热源的作用下，水分被逐渐蒸发逸出生物质成型燃料表面；b. 生物质成型燃料表面层燃料颗粒中的有机质开始分解，有一部分挥发性可燃气态物质分解析出；c. 局部表面达到一定浓度的挥发物遇到适量的空气并达到一定的温度，便开始局部着火燃烧；d. 随后点火面逐渐扩大，同时也有其他局部表面不断点火；e. 点火面迅速扩大为生物质成型燃料的整体火焰出现；f. 点火区域逐渐深入生物质成型燃料内部一定深度，完成整个稳定点火过程。点火过程如图 3-42 所示。

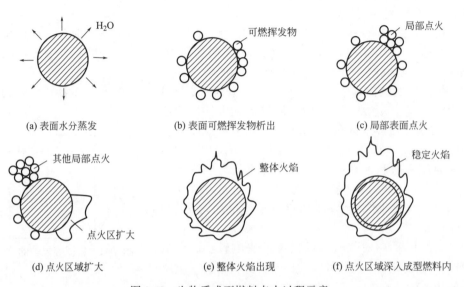

图 3-42　生物质成型燃料点火过程示意

影响点火的因素有：点火温度、生物质的种类、外界的空气条件、生物质成型燃料的密度、生物质成型燃料的含水率、生物质成型燃料的几何尺寸等。

生物质成型燃料由高挥发分的生物质在一定温度下挤压而成，其组织结构限定了挥发分由内向外的析出速率，热量由外向内的传递速率减慢，且点火所需的氧气比原生物质有所减少，因此生物质成型燃料的点火性能比原生物质有所降低，但远远高于型煤的点火性能。从总体趋势分析，生物质成型燃料的点火特性更趋于生物质点火特性。

（2）燃烧机理

生物质成型燃料的燃烧机理属于静态渗透式扩散燃烧，其燃烧过程如图 3-43 所示。从着火后开始，包括如下几个阶段：a. 生物质成型燃料表面可燃挥发物燃烧，进行可燃气体和氧气的放热化学反应，形成火焰。b. 除了生物质成型燃料表面部分可燃挥发物燃烧外，成型燃料表层部分的炭处于过渡燃烧区，形成较长火焰。c. 生物质成型燃料表面仍有较少的挥发分燃烧，更主要的是燃烧向成型燃料更深层渗透。焦炭进行扩散燃烧，燃烧产物 CO_2、CO 及其他气体向外扩散，行进中 CO 不断与 O_2 结合成 CO_2，燃料表层生成薄灰壳，外层包围着火焰。d. 燃烧进一步向更深层发展，在层内主要进行炭燃烧（$2C+O_2 \longrightarrow 2CO$），在成型燃料表面进行 CO 的燃烧（即 $2CO+O_2 \longrightarrow 2CO_2$），形成比较厚的灰壳。由于生物质的燃尽和热膨胀，灰层中呈现微孔组织或空隙通道甚至裂缝，较少的短火焰包围着成型块。e. 灰壳不断加厚，可燃物基本燃尽，在没有强烈干扰的情况下，形成整体的灰球，灰球表面几乎看不出火焰而呈暗红色，至此完成了生物质成型燃料的整个燃烧过程。

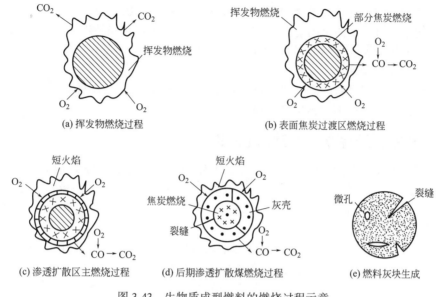

图 3-43　生物质成型燃料的燃烧过程示意

3.6.2　生物质成型燃料的燃烧特性

（1）原生物质的燃烧特性

原生物质，特别是秸秆类生物质，密度小、体积大，其挥发分高达 60% ~ 70% 之间，点火温度低，易点火。同时热分解的温度又比较低，一般在 350℃ 就释放出 80% 左右的挥发分。燃烧速率快，燃烧开始不久就迅速由动力区进入扩散区，挥发分在短时间内迅速燃烧，放热量剧增，在传统燃烧设备中，高温烟气来不及传热就由烟囱排出，因此造成大量的排烟损失。另外，挥发分剧烈燃烧所需要的氧量远远大于外界扩散所供应的氧量，导致供氧明显不足，较多的挥发分不能燃尽，形成大量的 CO、H_2、CH_4 等产物，产生大量的气体不完全燃烧损失。

当挥发分燃烧完毕，进入焦炭燃烧阶段时，由于生物质焦炭的结构为松散状，气流的扰动就可使其解体并悬浮起来，从而脱离燃烧层，迅速进入炉膛的上方空间，经过烟道而进入烟囱，形成大量的固体不完全燃烧损失。此时燃烧层剩下的焦炭量很少，不能形成燃烧中心，使得燃烧后劲不足。这时如不严格控制进入的空气量，将使空气大量过剩，不但降低炉温，而且增加排烟热损失。

总之，原生物质燃烧的速率忽快忽慢，燃烧所需的氧量与外界供给的氧量极不匹配，呈波浪式燃烧，燃烧过程不稳定。

（2）生物质成型燃料的燃烧特性

由于生物质成型燃料是经过高压而形成的块状燃料，其密度远大于原生物质，其结构与组织特征决定了挥发分的逸出速率与传热速率都大大降低，点火温度有所升高，点火性能变差，但比型煤的点火性能要好，从点火性能考虑，仍不失生物质的点火特性。燃烧开始时挥发分慢慢分解，燃烧处于动力区，随后挥发分燃烧逐渐进入过渡区与扩散区。如果燃烧速率适中，能够使挥发分放出的热量及时传递给受热面，使排烟热损失降低，同时挥发分燃烧所需的氧量与外界扩散的氧量很好地匹配，挥发分能够燃尽，又不过多地加入空气，炉温逐渐升高，减少了大量的气体不完全燃烧损失与排烟热损失。挥发分燃烧后，剩余的焦炭骨架结构紧密，运动的气流不能使骨架解体悬浮，骨架炭能保持层状燃烧，能够形成层状燃烧核心。这时炭的燃烧所需要的氧与静态渗透扩散的氧相当，燃烧稳定持续，炉温较高，从而减少了固体与排烟热损失。在燃烧过程中可以清楚地看到炭的燃烧过程，蓝色火焰包裹着明亮的炭块，燃烧时间明显延长。

总之，生物质成型燃料的燃烧速率均匀适中，燃烧所需的氧量与外界渗透扩散的氧量能够较好地匹配，燃烧波动小，燃烧相对稳定。

3.6.3 生物质成型燃料的燃烧装置

生物质成型燃料的一般特点是水分高、灰分少、挥发分高、发热值偏低、形状不规则，除一些农产品果实的外壳（稻壳、核桃壳）和果核（玉米芯、桃核等）可直接燃烧外，其他的燃料如秸秆、树枝等在燃烧前必须经过处理，以使能够布料并保证燃烧的均匀。

理论上来说，块煤、粉煤、油或气体燃烧装置都可以燃烧生物质燃料，但由于生物质材料特有的燃烧特性，在这些燃烧装置中燃烧生物质成型燃料还存在许多问题，如粉状燃烧时，首先应将其制成粉末，但由于生物质成型燃料是非脆性材料，磨制时易生成纤维团而不是粉状，而且需要预先干燥，而干燥高水分的生物质成型燃料则需要消耗大量的热。因此，目前针对生物质成型燃料的特性开发了一些燃烧装置。

（1）生物质成型燃料层状燃烧装置

可以采用与块煤同样形式的层状燃烧装置，如图 3-44 所示。国内也有一些企业将燃煤炉改造成燃生物质成型燃料的实例，如图 3-45 所示。

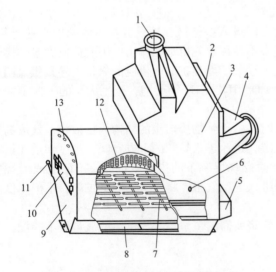

图 3-44　燃柴热管空气加热炉结构示意
1—烟气出口；2—冷空气入口；3—列管换热器；4—热空气出口；5—二次风风道；6—二次风口；7—活动炉排；8—清灰插板；9—落灰室；10—投柴门；11—活动炉排扳手；12—热管；13—副进风口

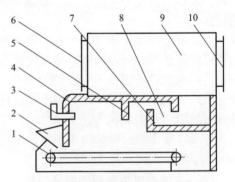

图 3-45　燃煤燃稻壳两用炉结构示意
1—自动炉排；2—加燃料口；3—喷射器；4—前拱；5—储能花墙；6—冷空气入口；7—后拱；8—除尘室；9—换热器；10—热空气出口

采用层状燃烧炉燃烧生物质成型燃料，燃料通过料斗送到炉排上时，不可能像煤那样均匀分布，而容易在炉排上形成料层疏密不均，从而使布风不匀。薄层处空气短路，不能用来充分燃烧，厚层处需要大量空气用于燃烧，但由于这里阻力较大，因而空气量较燃烧所需的空气量少，这种布风将不利于燃烧和燃尽。

由于生物质的挥发分很高，在燃烧的开始阶段，挥发分大量析出，需要大量空气用于燃烧，如这时空气不足，可燃气体与空气混合不好，将会导致气体不完全燃烧损失急剧增加。同时，由于生物质比较轻，容易被空气吹离床层而带出炉膛，这样导致固体不完全燃烧损失很大，因而燃烧效率很低。另外，当生物质成型燃料含水率很高时，水分蒸发需要大量的热量，干燥及预热过程需要较长时间，所以生物质燃料在床层表面很难着火，或着火推迟，不能及时燃尽，造成固体不完全燃烧损失很高，导致加热装置燃烧效率、热效率均较低，实际运行的层状燃烧装置的热效率有的低达 40%。另外，一旦燃尽后，由于灰分很少，不能在炉排上形成一层灰以保护后部的炉排不被过热，从而导致炉排被烧坏。

目前国内外大多采用倾斜炉排的生物质成型燃料燃烧炉，炉排有固定和振动两种。这种堆积燃烧型炉结构简单，但热效率低，燃烧时温度难以控制，劳动强度大。

（2）生物质成型燃料流化床燃烧装置

流化燃烧具有混合均匀、传热和传质系数大、燃烧效率高、有害气体排放少、过程易于控制、反应能力高等优点，因此利用流化床燃烧装置对生物质进行热化学处理越来越受到人们的关注。然而，单独的生物质形状不规则，呈线条状、多边形、角形等，当量直径相差较大，受到气流作用容易破碎和变形，在流化床中不能单独进行流化。以锯末为例，气流通入以纯锯末为流化物的流化床中，床中将出现若干个弯曲的沟流，大部分气体从中溢出，无法实现正常的流化。通常加入廉价、易得的惰性物料如砂子、白云石等，使其与生物质构成双组分混合物，从而解决了生物质难以流化的问题。

采用流化床燃烧方式时，密相区主要由媒体组成，生物质燃料通过给料器送入密相区后，首先在密相区与大量媒体充分混合，密相区的惰性床料温度一般在 850~950℃之间，具有很高的热容量，即使生物质含水率高达 50%~60%，水分也能迅速蒸发干，使燃料迅速着火燃烧。加上密相区内燃料与空气接触良好，扰动强烈，因此燃烧效率显著提高。

生物质燃料媒体流化床的一个关键问题是如何选择媒体种类与尺寸，如何得到流化速度。Azner 在直径 14cm、30cm 的流化床中系统研究了谷类秸秆、松针、锯末、不同尺寸的木块切片与砂、硅砂、FCC（流化催化裂化催化剂）构成的双组分混合物的最小流化速度，发现硅砂适宜尺寸在 200~297μm，白云石在 397~630μm，FCC 在 65μm。混合物的最小流化速度随生物质占混合物的体积分数在 2%~50% 之间缓慢上升，达到 50% 后急剧上升，而达到 75%~80% 时混合物体系不再流化。已有的预测混合物最小流化速度的关联式都与各单个组分的最小流化速度有关，而单一生物质的流化速度无法得到，导致原有的关联式不能应用。而且，不同生物质双组分的流化曲线形状差异很大，也不易得到通用预测式。因此，应通过试验确定生物质与惰性颗粒双组分混合物的最小流化速度。

生物质的另一个流化问题是惰性物料与它的混合、分离。生物质在流化床中处理时要求二者混合均匀，避免分离。Rasul 以甘蔗渣与砂的粒径比、密度比分别为横、纵坐标，得出该双组分混合物的混合-分离图，对其他生物质双组分混合物具有一定的参考价值。

3.7 畜禽粪便燃烧

随着生活水平的提高，人们对肉类食品的需求量也越来越大，畜禽养殖业有了迅猛发展。畜禽粪便中含有许多应用价值较高的化学成分和可再生能源，通过近红外反射光谱法（NIRS）评估动物粪便中的水分、有机物、干物质、氮、碳、磷和金属含量，得到我国猪粪、牛粪、鸡粪每年蕴藏的能量约为44006TJ。

3.7.1 畜禽粪便的热值分析

表 3-1 所示的是猪粪、牛粪、鸡粪、马粪和羊粪 5 种主要畜禽粪便的工业分析、元素分析与热值分析。

表 3-1　不同畜禽粪便的特征比较

畜禽粪便种类	工业分析/%				元素分析/%					热值分析
	水分	挥发分	灰分	固定碳	C	H	O	N	S	高位热值/(MJ/kg)
猪粪	74.28~76.75	60.20~70.95	9.72~10.90	8.04	45.00~46.40	4.82~6.90	26.07~45.98	1.80~1.90	0.06~0.94	15.68~19.39
牛粪	75.56~83.30	64.09~86.29	14.80~20.78	4.50~11.68	38.06~51.43	5.06~6.72	28.15~39.59	1.74~2.29	0.18~0.52	13.56~18.40
鸡粪	68.61	48.31~57.50	32.20~35.08	7.20~13.06	26.77~35.70	3.33~5.08	15.64~30.52	2.25~3.76	0.49~0.74	13.52
马粪	75.80	64.80	16.70	10.10	45.90	6.40	35.70	1.00	0.10	18.80
羊粪	68.00	—	24.68~25.80	—	41.84~48.66	5.69	54.26	2.34~3.75	—	15.27

由表 3-1 可以看出，鸡粪的灰分和牛粪的挥发分明显高于其他畜禽粪便。牛粪的热值比较高，可用于燃烧取热；鸡粪则相反，因为鸡粪中存在大量未被消化的粗蛋白，一般经过加工后可用作饲料，然而随着饲料添加剂的滥用，将鸡粪用作饲料的风险也将大大增加。与此同时，猪粪和马粪的挥发分含量也相对较高。马厩中的马粪由粪便、稻草和尿液混合而成，其通常与木屑混合通过燃烧产生热量，混合燃料的平均燃烧温度可达到 978℃。然而，马粪燃烧过程中会产生大量的 NO_x 和低量的 CO。猪粪是一种复杂的均匀混合物，含有纤维素、木质素、半纤维素、有机酸、无机盐、少量的硫和氮元素等，具有挥发性高、固定碳含量低的特点。根据热重分析的结果，猪粪的燃烧特性指数相对较高。因此，猪粪具有优异的燃烧性能。然而，猪粪燃烧过程中会产生如 SO_2 和 NO_x 等有害气体。绵羊和牛属于反刍动物，羊粪也具有很高的热值，但由于体积小、收集困难，羊粪很少用于燃烧产热。

3.7.2 畜禽粪便的燃烧特性

由表 3-1 可知，猪粪、牛粪、鸡粪、马粪和羊粪等的高位热值都高于 13MJ/kg，均可作为燃料直接燃烧提供热量。尤其是马粪，其高位热值可达 18MJ/kg 以上，北方牧区的牧民至今仍有将牛粪作燃料煮饭的习惯。直接燃烧即粪便中的可燃成分与氧化剂进行化学反应并释放出热量的过程，其主要目的是取得热量，设备较简单且处理有效，但这种方法仅适用于草原上的牛、马等动物的粪便。对于集约化养殖场产生的大量粪便，由于含水量高，干燥比较困难，目前的措施是将畜禽粪便与其他生物质或煤等混合燃烧，产生蒸汽用于发电和供热。

从 1992 年开始，英国 Fibrowatt 公司就用鸡粪作燃料，产生蒸汽发电，发电机组 65MW。日本岩手县二户市鸡肉产品公司燃烧鸡粪发电，投资 65 亿日元，鸡粪经燃烧和处理后，每小时可传输 6250kW 的电力。美国明尼苏达州农场将畜禽粪便与秸秆、木屑、干草（占 20%~25%）燃烧发电，投资 2 亿美元，装机 55MW，每年处理家禽粪便 70 万吨，可供 55000 户家庭用电。我国圣新能源投资 3.2 亿元建立了以圣农发展养鸡场鸡粪与谷壳混合物为原料的直燃发电厂，年处理鸡粪 30 万吨，年发电约 1.3 亿千瓦时。

畜禽粪便直接燃烧的主要问题是粪便对燃烧特性、气体排放的影响和造成炉灰量剧增。Keener 等利用 113t 蒸汽锅炉对蛋鸡粪和煤的混烧行为进行了可行性试验研究，发现混入 20% 的鸡粪对燃烧的气体排放没有显著影响，但是由于鸡粪中含有较多的碱性矿物质，使炉灰增加了约 50%，需要进一步研究由此带来的潜在的结渣问题。

美国得克萨斯州农业实验站的研究人员对牛粪直接燃烧的污染气体排放、炉灰等进行了研究，首次建立了牛粪燃烧的 NO_x 排放模型，发现牛粪燃烧的 NO_x 排放量只有燃烧天然气和煤的 20%~30%，并通过热重分析发现牛粪的燃烧温度比煤低 100℃ 左右。得克萨斯州大学还相继进行了 30kW/t 和 150kW/t 煤和牛粪混燃试验，发现温室气体（NO_x、CO_2）减排的同时，CO 的排放量有所增加。在容量为 150kW/t 且煤：牛粪为 90：10 的试验中，炉灰的产量接近 100% 煤的 2 倍。由于粪便燃烧通常会造成炉灰量剧增，Megel 等对炉灰的粒度进行工程学的分级，并做了可塑性、压缩性、密度及含水量等研究，发现炉灰是很好的路基材料。

目前国外畜禽粪便直接燃烧技术处于大型工业化的示范阶段。但畜禽粪便含有大量水分，规模化饲养过程中为了保持畜/禽舍卫生，也会采用水冲的方式清理畜/禽舍，进一步增加了畜禽粪便的含水量，影响了畜禽粪便作为燃料使用途径的推广。另外，畜禽粪便中含有 N、S、Cl、碱金属以及碱土金属等元素，燃烧过程中可能会引起腐蚀、结渣等问题。

参考文献

[1]　朱玲，周翠红. 能源环境与可持续发展 [M]. 北京：中国石化出版社，2013.
[2]　杨天华，李延吉，刘辉. 新能源概论 [M]. 北京：化学工业出版社，2013.
[3]　卢平. 能源与环境概论 [M]. 北京：化学工业出版社，2011.
[4]　陈冠益，马文超，颜蓓蓓. 生物质废物资源综合利用技术 [M]. 北京：化学工业出版社，2015.
[5]　任学勇，张场，贺亮. 生物质材料与能源加工技术 [M]. 北京：中国水利水电出版社，2016.
[6]　袁振宏. 生物质能高效利用技术 [M]. 北京：化学工业出版社，2014.
[7]　袁振宏，吴创之，马隆龙. 生物质能利用原理与技术 [M]. 北京：化学工业出版社，2016.
[8]　廖传华，王小军，高豪杰，等. 污泥无害化与资源化的化学处理技术 [M]. 北京：中国石化出版社，2019.
[9]　廖传华，耿文华，张双伟. 燃烧技术、设备与工业应用 [M]. 北京：化学工业出版社，2018.
[10]　潘剑峰. 燃烧学：理论基础及其应用 [M]. 镇江：江苏大学出版社，2013.
[11]　陈长坤. 燃烧学 [M]. 北京：机械工业出版社，2013.
[12]　徐旭常，吕俊复，张海. 燃烧理论与燃烧 [M]. 2 版. 北京：科学出版社，2012.
[13]　李永华. 燃烧理论与技术 [M]. 北京：中国电力出版社，2011.

[14] 杨林军.燃烧源细颗粒物污染控制技术 [M].北京：化学工业出版社，2011.

[15] 徐通模.燃烧学 [M].北京：机械工业出版社，2011.

[16] 严传俊，范玮.燃烧学 [M].3 版.西安：西北工业大学出版社，2016.

[17] 王全德.燃烧化学理论研究进展 [M].徐州：中国矿业大学出版社，2015.

[18] 张英华，黄志安，高玉坤.燃烧与爆炸学 [M].2 版.北京：冶金工业出版社，2015.

[19] Stephen R Turns.燃烧学导论：概念与应用 [M].北京：清华大学出版社，2015.

[20] 张全旭.均匀混合分层燃烧技术在链条炉排炉上的应用 [J].建筑工程技术与设计，2015 (27)：33-35.

[21] 熊义.生物质层燃炉内燃烧与 NO_x 排放模型研究 [D].广州：华南理工大学，2016.

[22] 罗永浩，张敏，邓睿渠，等.生物质层燃锅炉低 NO_x 燃烧技术的研究 [J].动力工程学报，2018，38 (12)：957-964.

[23] 陈继兴.浅谈层燃锅炉应用生物质与煤混燃技术的改造方法 [J].林业劳动安全，2011，24 (1)：40-42.

[24] 张方时.玉米秸秆层燃特性的试验研究 [D].哈尔滨：哈尔滨工业大学，2008.

[25] 马括，邹思柯，王小聪，等.生物质颗粒燃料层燃燃烧的 FLIC 数值模拟与分析 [J].可再生能源，2015，33 (5)：766-770.

[26] 付成果，侯书林，田宜水，等.生物质层燃燃烧过程中的影响因素分析 [J].可再生能源，2013，31 (10)：120-125.

[27] 张衡，许崇涛，曹阳，等.木质生物质层燃燃烧特性实验研究 [J].工业锅炉，2015 (5)：1-5.

[28] 林鹏.秸秆类生物质层燃燃烧特性的试验研究 [D].上海：上海交通大学，2008.

[29] 吕学敏，虞亚辉，林鹏，等.典型生物质燃料层燃燃烧特性的试验研究 [J].动力工程，2009，29 (3)：282-286.

[30] 许崇涛.生活垃圾层燃特性实验研究及低 NO_x 燃烧技术分析 [D].上海：上海交通大学，2015.

[31] 曾帅.层燃炉中生物质燃烧性能的研究 [D].北京：北京交通大学，2011.

[32] 陈梅倩，曾帅，刘翔，等.层燃炉中生物质燃烧辐射传热特性的研究 [J].工程热物理学报，2012，33 (12)：2151-2154.

[33] 韩海燕.生物质层燃炉内燃烧特性的数值模拟研究 [D].哈尔滨：哈尔滨工业大学，2012.

[34] 李清海.层燃-流化复合垃圾焚烧炉燃烧与排放研究 [D].北京：清华大学，2007.

[35] 费俊.层燃炉排上城市固体垃圾燃烧过程的数值模拟 [D].哈尔滨：哈尔滨工业大学，2006.

[36] 吕学敏，虞亚辉，林鹏，等.生物质层燃实验台的设计与实验 [J].锅炉技术，2011，42 (6)：60-63，73.

[37] 葛伟.生物质秸秆在固定床内的燃烧特性和排放特性的研究 [D].南京：东南大学，2010.

[38] 李亚猛，周雪花，胡建军，等.生物质颗粒直燃炉灶设计与试验 [J].农业机械学报，2017，48 (10)：280-285.

[39] 夏李.一种实用的层燃锅炉燃烧自动控制系统 [J].自动化技术与应用，2012 (11)：101-103.

[40] 张兵，林乃照，林震欧.循环流化床燃烧技术在层燃锅炉改造中的应用分析 [J].工业技术创新，2016，3 (4)：602-605.

[41] 常兵.配风方式对层燃炉燃烧特性影响的试验研究 [D].上海：上海交通大学，2007.

[42] 刘洪福，汤高奇，刘圣勇，等.生物质悬浮燃烧器的设计与研究 [J].河南农业大学学报，2016，50 (5)：656-662.

[43] 刘洪福.生物质悬浮燃烧器的设计与研究 [D].郑州：河南农业大学，2016.

[44] 张秀梅，张衡.稻壳悬浮燃烧炉自动化控制研究 [J].粮食加工，2010，32 (2)：42-44.

[45] 张衡，刘启觉.PID 控制在稻壳悬浮燃烧炉中的应用 [J].粮食加工，2007，32 (3)：52-54.

[46] 李福金，钱原吉，杨军.多级悬浮燃烧医疗垃圾焚烧炉 [J].中国环保产业，2004，2 (A2)：90-100.

[47] 石九菊.石油焦悬浮燃烧动力学研究 [D].南京：南京工业大学，2011.

[48] 石九菊，周勇敏，周全.石油焦悬浮燃烧燃烬率的理论分析 [J].化学工程，2011 (10)：51-55，72.

[49] 段丁杰，李爱莉.分解炉内煤粉悬浮燃烧特性及动力学参数的实验研究 [J].建材发展导向，2016，14 (24)：42-45.

[50] 吉登高，王祖讷，付晓恒，等.水煤浆悬浮燃烧燃料氮的释放特性 [J].中国矿业大学学报，2006，35 (3)：389-392.

[51] 丁自富.水煤浆流化-悬浮燃烧锅炉数值模拟 [J].油气田地面工程，2013，32 (6)：34-36.

[52] 赖木贵，伍圣才.水煤浆悬浮燃烧锅炉和流化燃烧锅炉的比较 [J].特种设备安全技术，2015 (6)：7-9.

[53] 杨国军.水煤浆流化-悬浮燃烧锅炉系统设计 [J].中国煤炭，2009，35 (5)：81-82.

[54] 王辉.水煤浆流化-悬浮燃烧机理研究 [D].哈尔滨：哈尔滨工业大学，2007.

[55] 张龙习.燃油锅炉改造为水煤浆流化悬浮燃烧锅炉 [J].节能与环保，2011 (5)：58-60.

[56] 曹亚红.水煤浆流化悬浮燃烧技术的应用 [J].医药工程设计杂志，2008，29 (2)：7-10.

[57] 张建辉.循环流化床锅炉与层燃锅炉燃烧特点分析 [J].工业锅炉,2008 (3):33-36.

[58] 滕海鹏,李诗媛,吕清刚.生物质流态化燃烧床料流化特性研究 [J].工程热物理学报,2014, 35 (4):714-717.

[59] 李廉明.生物质流态化燃烧过程理论和实验研究 [D].杭州:浙江大学,2013.

[60] 滕海鹏,李诗媛,吕清刚.小麦秸秆流态化燃烧粘结特性实验研究 [J].工程热物理学报,2010, 31 (3):511-514.

[61] 滕海鹏,李诗媛,吕清刚,等.生物质流态化燃烧黏结失流特性分析 [J].中国电机工程学报,2010, 30 (A1):138-143.

[62] 初雷哲,范晓旭,贤建伟,等.稻壳的流态化燃烧实验 [J].化工进展,2010, 29 (A1):113-115.

[63] 李兴亮.基于颗粒间力学特性的生物质流态化燃烧聚团趋势研究 [D].杭州:浙江大学,2012.

[64] 滕海鹏,李诗媛,吕清刚.皇竹草流态化燃烧粘结特性试验研究 [J].可再生能源,2011, 29 (6):121-124.

[65] 滕海鹏.生物质流态化燃烧粘结失流特性研究 [D].北京:中国科学院研究生院,2011.

[66] 秦建光.秸秆类生物质流态化燃烧特性研究 [D].杭州:浙江大学,2009.

[67] 展红炜.流态化燃烧炉冷模试验研究 [D].南京:南京工业大学,2007.

[68] 庞宪海.浅谈沸腾燃烧锅炉存在的问题 [J].黑龙江科技信息,2008 (9):44, 184.

[69] 张开鹏,李杰.双强微油点火煤粉燃烧器应用浅析 [J].科技展望,2015 (21):155-158.

[70] 徐琼琼.锯末旋风燃烧特性实验研究 [D].武汉:华中科技大学,2014.

[71] 黄岳,桑英帅,耿夏炎,等.生物质微米燃料旋风燃烧的数值模拟 [J].工业加热,2017, 46 (5):19-23.

[72] 周魁斌.火旋风的燃烧规律及其火焰移动机制研究 [D].合肥:中国科学技术大学,2013.

[73] 雷佼.火旋风燃烧动力学的实验与理论研究 [D].合肥:中国科学技术大学,2012.

[74] 宋长志,安丰所.煤粉旋风燃烧技术在手烧锅炉中的应用 [J].节能,2014, 33 (9):77-78.

[75] 罗思义,肖波,郭献军.生物质微米燃料旋风燃烧实验研究 [J].锅炉技术,2010, 41 (1):69-72, 76.

[76] 刘效洲.一种用于节能改造的新型旋风燃烧技术 [J].工业锅炉,2012 (4):43-45.

[77] 冉景煜,刘丽娟,黎柴佐.一种旋风燃烧器内煤颗粒燃烧及沉积特性的研究 [J].动力工程学报,2012, 32 (11):836-840.

[78] 肖刚.城市垃圾流化床气化与旋风燃烧熔融特性研究 [D].杭州:浙江大学,2006.

[79] 邓良伟,吴有林,丁能水,等.畜禽粪污能源化利用研究进展 [J].中国沼气,2019, 37 (5):3-14.

[80] 梁晶.畜禽粪便资源化利用技术和厌氧发酵法生物制氢 [J].环境科学与管理,2012, 37 (3):52-55.

[81] 坚一明,李显,钟梅,等.生物质型煤技术进展 [J].现代化工,2018, 38 (7):48-52.

[82] 李梅.新型生物质型煤的制备及燃烧特性研究 [D].西安:西安科技大学,2017.

[83] 姚云隆,张守玉,吴顺延,等.成型工艺参数对生物质热压成型燃料理化特性的影响研究 [J].太阳能学报,2018, 39 (7):1917-1923.

[84] 桑会英,杨伟,朱有健,等.生物质成型燃料热解过程无机组分的析出特性 [J].中国电机工程学报,2018, 38 (9):2687-2692, 2838.

[85] 王茜.秸秆成型燃料提质及清洁燃烧特性研究 [D].济南:山东大学,2017.

[86] 孙文杨.秸秆与油泥混合成型燃料燃烧特性研究 [D].大庆:黑龙江八一农垦大学,2017.

[87] 孙文杨,王黎明,马超,等.秸秆与油泥混合成型燃料燃烧过程及动力学研究 [J].生物质化学工程,2017, 51 (4):53-58.

[88] 翟万里,刘圣勇,管泽运,等.生物质成型燃料链条蒸汽锅炉的研制 [J].农业工程学报,2016, 32 (1):243-249.

[89] 任晓平,唐欣彤,孙晓婷,等.生物质成型燃料循环流化床燃烧技术探讨 [J].应用能源技术,2019 (1):17-19.

[90] 崔旭阳,杨俊红,雷万宁,等.生物质成型燃料制备及燃烧过程添加剂应用及研究进展 [J].化工进展,2017, 36 (4):1247-1257.

[91] 李文雅.生物质成型燃料层燃锅炉结渣特性的研究 [D].郑州:河南农业大学,2017.

[92] 赵欣,张永亮,孙桂平,等.生物质固体成型燃料层燃燃烧模型研究现状 [J].农机化研究,2015, 37 (3):234-238.

[93] 侯宝鑫,张守玉,茆青,等.生物质炭化成型燃料燃烧性能的试验研究 [J].太阳能学报,2017, 38 (4):885-891.

[94] 彭好义,姚昆,曹小玲,等.两种不同生物质成型燃料燃烧特性实验研究 [J].太阳能学报,2016, 37 (4):1002-1008.

[95] 宋冰腾.生物质炭化成型燃料制备及燃烧特性研究 [D].唐山:华北理工大学,2018.

[96] 张艳玲,张政清,李秀华,等.单颗粒玉米秸成型燃料管式炉燃烧特性实验 [J].可再生能源,2018, 36 (9):

1278-1284.

[97] 陈国华，李运泉，彭浩斌，等.大颗粒木质成型燃料燃烧过程烟气排放特性 [J].农业工程学报，2015，31（7）：215-220.

[98] 姚宗路，吴同杰，赵立欣，等.生物质成型燃料燃烧挥发性有机物排放特性试验 [J].农业机械学报，2015，46（10）：235-240.

[99] 李士伟，李辉，李昌珠，等.生物沥青-木屑混合成型行为和成型燃料品质分析 [J].中南大学学报（自然科学版），2017，48（4）：1111-1118.

[100] 刘立果，张学军，刘云，等.生物质成型燃料热风炉燃烧室的设计与研究 [J].农机化研究，2016（10）：245-249.

[101] 孙康，陈超，许玉，等.秸秆成型燃料锅炉燃烧机设计及试验研究 [J].林产化学与工业，2014，34（6）：93-99.

[102] 林顺洪，李伟，柏继松，等.TG-FTIR 研究生物质成型燃料热解与燃烧特性 [J].环境工程学报，2017，11（11）：6092-6097.

[103] 巴飞，胡建杭，刘慧利，等.生物质和塑料混合成型燃料全氧燃烧的热重分析 [J].环境化学，2017，36（9）：2062-2068.

[104] 赵欣，李慧，胡乃涛，等.生物质固体成型燃料燃烧的 NO 和 CO 排放研究 [J].环境工程，2015，33（10）：50-54.

[105] 朱文学.热风炉原理与技术 [M].北京：化学工业出版社，2005.

[106] 高杰.秸秆成型燃料改性及燃烧硫氮污染物排放特性研究 [D].济南：山东大学，2017.

[107] 施苏薇.基于毛竹废弃物的成型燃料制备及水热炭特性研究 [D].合肥：合肥工业大学，2017.

[108] 李永玲.城市生活垃圾与棉秆成型燃料混合燃烧特性研究 [D].合肥：合肥工业大学，2017.

[109] 贺莉，冉毅，席江，等.生物质成型燃料热值的不确定度评估 [J].中国沼气，2017，35（5）：79-80.

[110] 舒振杨.小型秸秆生物质成型燃料锅炉结构设计研究 [D].长春：吉林大学，2017.

[111] 魏炫坤.新型生物质成型燃料热解气化装置结构及锅炉输出特性研究 [D].广州：华南理工大学，2018.

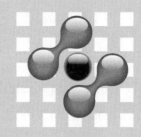

第4章 有机废弃物焚烧与能源化利用

前面所述的固体有机废物直接燃烧处理必须满足三个条件：a.有点火源存在，点火源能提供有机物着火所需的热量；b.有空气或氧气存在，能维持燃烧反应的进行；c.固体废物中的有机物含量达到一定的要求，其在燃烧过程中放出的热量能维持燃烧的持续进行。但是，对于某些有机废弃物，如畜禽粪便、城市生活垃圾、有机污泥（包括工业污泥和市政污泥）、有机废液，由于含水量较高，导致其中有机物含量相对下降，无法满足直接燃烧所需的三个条件，此时就无法采用直接燃烧法了。为此，可采用焚烧的方法对这些有机废弃物实现能源化利用。

焚烧法是在高温条件下，使有机废弃物中的可燃组分与空气中的氧进行剧烈的化学反应，将其中的有机物转化为水、二氧化碳等无害物质，同时释放能量，产生固体残渣。焚烧处理具有有机物去除率高（99%以上）、适应性广等特点，所以在发达国家已得到广泛应用。

焚烧过程是集物理变化、化学变化、反应动力学、催化作用、燃烧空气动力学和传热学等多学科于一体的综合过程。有机物在高温下分解成无毒无害的 CO_2、水等小分子物质，有机氮化物、有机硫化物、有机氯化物等被氧化成 SO_x、NO_x、HCl 等酸性气体，但可以通过尾气吸收塔对其进行净化处理，净化后的气体能够满足《大气污染物综合排放标准》（GB 16297—1996）的规定。同时，焚烧产生的热量可以回收或供热。因此，焚烧法是一种使有机废弃物实现减量化、无害化和能源化利用的处理技术。

4.1 城市生活垃圾焚烧与能源化利用

城市生活垃圾是一种复杂的非均匀物质，其物理构成受当地经济发展水平和气候条件影响。随着能源结构和城市居民食品结构的变化，垃圾中有机物以及可燃物含量明显增加，无论是大城市还是中小城镇，垃圾中的有机物含量均超过 50%，低位热值在 4.18MJ/kg 左右。

对于含水量较低、热值较高的城市生活垃圾，可采用前面所述的直接燃烧方式实现能源化利用，但对于含水量较高、热值较低的城市生活垃圾，需采用焚烧的方式以实现能源化利用。

4.1.1 城市生活垃圾的焚烧过程

城市生活垃圾的焚烧过程比较复杂，通常由干燥、热解、燃烧等传热、传质过程所组成。一般根据可燃物质的种类，分为分解燃烧（即挥发分燃烧）和固定碳燃烧两种。而从工程技术的观点来看，又可将城市生活垃圾的焚烧分为三个阶段：干燥加热阶段、焚烧阶段、燃尽阶段（即生成固体残渣的阶段）。由于焚烧是一个传质、传热的复杂过程，因此这三个阶段没有严格的划分界限。从炉内实际过程来看，送入的城市生活垃圾中有的物质还在预热干燥，而有的物质已开始燃烧，甚至已燃尽了。从微观角度上来看，对同一废弃物颗粒，颗粒表面已进入焚烧阶段，而内部可能还在加热干燥。这就是说上述三个阶段只不过是焚烧过程的必由之路，其焚烧过程的实际工况更为复杂。

（1）干燥加热阶段

从城市生活垃圾送入焚烧炉到开始析出挥发分着火这一阶段，都认为是干燥加热阶段。城市生活垃圾送入炉内后，其温度逐步升高，水分开始逐步蒸发，此时，物料温度基本稳定。随着不断加热，水分开始大量析出，城市生活垃圾开始干燥。当水分基本析出完后，温度开始迅速上升，直到着火进入真正的燃烧阶段。在干燥加热阶段，城市生活垃圾中的水分是以蒸汽形态析出的，因此需要吸收大量的热量——水的汽化热。

城市生活垃圾是有机物和无机物的综合体，含水率较高，因此，焚烧时的预热干燥任务很重。城市生活垃圾的含水率越大，干燥阶段也就越长，从而使炉内温度降低。水分过高，炉温将大大降低，着火燃烧就困难，此时需投入辅助燃料燃烧，以提高炉温，改善干燥着火条件。有时也可采用干燥段与焚烧段分开设计的办法：一方面使干燥段的大量水蒸气不与燃烧的高温烟气混合，以维持焚烧段烟气和炉墙的高温水平，保证燃烧段有良好的燃烧条件；另一方面，干燥吸热是取自完全燃烧后产生的烟气，燃烧已经在高温下完成，再取其燃烧产物作为热源，就不致影响燃烧段本身了。

（2）焚烧阶段

城市生活垃圾基本完成干燥过程后，如果炉内温度足够高，且又有足够的氧化剂，就会顺利进入真正的焚烧阶段。焚烧阶段包括强氧化反应、热解、原子基团碰撞三个同时发生的化学反应模式。

1）强氧化反应

燃烧是包括产热和发光的快速氧化反应。如果用空气作氧化剂，则可燃元素（C）、氢（H）、硫（S）的燃烧反应为：

$$C+O_2 \longrightarrow CO_2$$
$$2H_2+O_2 \longrightarrow 2H_2O$$
$$S+O_2 \longrightarrow SO_2$$

在这些反应中，还包括若干中间反应，如：

$$2C+O_2 \longrightarrow 2CO$$
$$2CO+O_2 \longrightarrow 2CO_2$$
$$C+H_2O \longrightarrow CO+H_2$$
$$C+2H_2O \longrightarrow CO_2+2H_2$$

$$CO+H_2O \longrightarrow CO_2+H_2$$

2）热解

热解是在无氧或近乎无氧的条件下，利用热能破坏含碳化合物元素间的化学键，使含碳化合物破坏或者进行化学重组。尽管焚烧时有 50%～150% 的过剩空气量，可提供足够的氧气与炉中待焚烧的有机废弃物有效接触，但仍有部分有机废弃物没有机会与氧接触。这部分有机废弃物在高温条件下就会发生热解。热解后的组分常是简单的物质，如气态的 CO、H_2O、CH_4，而 C 则以固态形式出现。

在焚烧阶段，对于大分子的含碳化合物而言，其受热后总是先进行热解，随即析出大量的气态可燃成分，诸如 CO、CH_4、H_2 或者分子量较小的挥发分成分。挥发分析出的温度区间在 200～800℃ 范围内。

3）原子基团碰撞

焚烧过程出现的火焰实质上是在高温下富含原子基团的气流的电子能量跃迁，以及分子的旋转和振动产生的量子辐射，它包括红外线、可见光及波长更短的紫外线的热辐射。火焰的形状取决于温度和气流组成。通常温度在 1000℃ 左右就能形成火焰。气流包括原子态的 H、O、Cl 等元素，双原子的 CH、CN、OH、C2 等，以及多原子的 HCO、NH_2、CH_3 等极其复杂的原子基团气流。

城市生活垃圾的热值相当于低品位的煤，但通常含有很高比例的挥发分和较少的固定碳，因此在焚烧时会产生更多的挥发分火焰。

（3）燃尽阶段

燃尽阶段的特点可归纳为：可燃物浓度减小，惰性物增加，氧化剂量相对较大，反应区温度降低。

然而，由于城市生活垃圾中固体分子是紧密靠在一起的，要使它的有机物分子和氧充分接触进行氧化反应较困难。城市生活垃圾在焚烧炉中充分燃烧的必要条件有：a.碳和氢所需要的氧气（空气）能充分供给；b.反应系统有良好搅动（即空气或氧气能与有机废弃物中的碳和氢良好接触）；c.系统温度必须足够高。这三个因素对于城市生活垃圾的焚烧过程很重要，也是最基本的条件。因此，为改善燃尽阶段的工况，常采用翻动、拨火等办法减少物料外表面的灰尘，或控制稍多一点的过剩空气，增加物料在炉内的停留时间等。该过程与焚烧炉的几何尺寸等因素直接相关。

需注意的是，城市生活垃圾的成分变化较大，如不同处理阶段的有机废弃物、不同来源的有机废弃物，其焚烧过程也不一样。

4.1.2　城市生活垃圾焚烧系统流程

焚烧法是一种高温热处理方法，是指将城市生活垃圾先经分选装置分选，然后输送至垃圾焚烧炉中焚烧，使其中的可燃物质充分燃烧并产生热能或发电的一种方法。典型的城市生活垃圾焚烧系统流程如图 4-1。

通过焚烧处理，城市生活垃圾的剩余物体积减小 90% 以上，质量减少 80% 以上。一些危险固体废物焚烧后，可以破坏其组织结构或杀灭病菌，减少新污染物的产生，避免二次污染。所以城市生活垃圾通过焚烧处理，能同时实现减量化、无害化和资源化，是一种重要的处理途径。发达的工业国家如日本、西欧等国，由于其能源和土地资源日趋紧张，焚烧处理的比例逐渐增多。但垃圾焚烧厂的建设费用和运行成本极高。焚烧处理要求垃圾的热值大于 3.35MJ/kg，否则需添加助燃剂，所产的电能价值远远低于预期值。

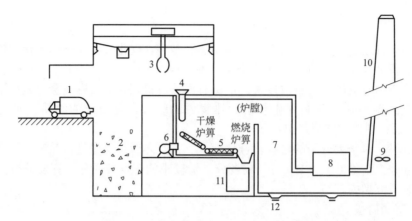

图 4-1　典型的城市生活垃圾焚烧系统流程

1—运料卡车；2—储料仓库；3—吊车；4—装料斗；5—炉算；6—鼓风机；7—废热回收装置；
8—尾气净化装置；9—引风机；10—烟囱；11—灰渣斗；12—冲灰渣沟

4.1.3　城市生活垃圾的焚烧方式

根据城市生活垃圾在焚烧炉内焚烧过程的基本原理和特点，城市生活垃圾焚烧方式主要分为悬浮燃烧、沸腾燃烧、层状燃烧和多室燃烧。

(1) 悬浮燃烧

悬浮燃烧不设炉排。将城市生活垃圾粉碎得很细，随空气流送入炉中，迅速着火呈悬浮状态燃烧。由于燃烧反应面积很大，与空气混合良好，所以燃烧迅速，燃烧效率也远比层燃炉高。由于垃圾在炉中停留时间较短，为保证燃尽，需配置比层燃炉容积更大的炉膛。

悬浮燃烧具有炉温高、燃烧安全等优点，但对于城市生活垃圾，选择悬浮燃烧时，有以下因素需考虑：

① 对垃圾的预处理费用高。从原始混合垃圾到衍生燃料（RDF），要经过初级破碎、磁选、筛分、化学处理、再破碎、再筛分、气力分选、热力处理等过程。

② 对具有一定高热值、一定量可燃气的垃圾，制取 RDF 才有意义。

③ 在悬浮燃烧方式下，垃圾颗粒处于稀相状态，垃圾颗粒与空气体积之比在 1∶10000 的数量级，炉内燃料储量少，因此对垃圾的品质及工况事故等很敏感，给燃烧调整带来一定的难度。

(2) 沸腾燃烧

沸腾燃烧是将小尺寸（一般<8mm）的城市生活垃圾送到炉算上，在炉排下经布风板或风帽吹入空气，使垃圾在炉算上一定高度的空间内（沸腾段）上下翻腾猛烈燃烧，少量细粉被烟气带到悬浮段内燃烧，灰渣由沸腾段上界面的溢流口自动排出，烟气则加热受热面。

沸腾燃烧的最大特点是：炉内热容大，可燃用较低热值的垃圾；炉温低，炉内停留时间长，适于进行炉内固硫反应，缓解垃圾中所含的硫化物对余热锅炉高温受热面的高温腐蚀及对大气的二次污染。但要将原始垃圾制成沸腾燃烧的燃料，要有较严格的破碎、筛分过程，设备投资和运行费用均较高。

(3) 层状燃烧

层状燃烧也称火床燃烧，其显著特点是有炉排（炉算），把垃圾放在炉算上，形成均匀的、有一定厚度的料层。主气从炉算下送入，绝大部分垃圾粒间没有相互运动，在火床上燃烧，只有一小部分粉状垃圾被吹到炉膛内形成悬浮燃烧，燃烧生成的热烟气加热受热面，灰渣从炉算上排出。根据炉算的特点，可将层燃炉分为燃料不动的固定炉排炉、燃料层在炉排上移动的往复炉排炉或振动炉排炉、燃料层与炉排一起移动的链条炉等。

层燃炉对入炉垃圾的尺寸有一定的要求，太小的垃圾颗粒易被空气吹走，太大的垃圾块则不易燃烧完全。因此，对于层燃炉，垃圾也宜进行初步的破碎和分选，但比悬浮燃烧和沸腾燃烧的预处理简单得多。同时，层燃炉还有在炉内停留时间长、炉内燃料储量多等优点。

对于热值较低的城市生活垃圾，可采取用烟气再循环预热烘干，按辐射和对流原理设计低而长的前后拱，一次风推迟配风并配合二次风，焚烧炉区域不布置水冷壁管，往复炉排运动松动燃料层并上下引燃等强化燃烧的措施。因此，在城市生活垃圾焚烧炉中，层燃方式被广泛采用，用得较多的层燃炉有马丁炉和多（两）段焚烧炉。

（4）多室燃烧

多室燃烧，就是将城市生活垃圾焚烧过程的各个阶段分别在焚烧设备内的不同空间进行。因为城市生活垃圾燃烧的不同阶段对氧化剂（空气）的需求量不同，采用多室燃烧既能保证垃圾的充分、洁净燃烧，又能使焚烧设备的燃烧效率和热效率均达到一定水平。

4.1.4　城市生活垃圾焚烧炉

焚烧炉是焚烧技术的关键。城市生活垃圾焚烧炉种类繁多，其结构类型与垃圾的种类、性质和焚烧方式等因素有关，不同的焚烧方式需要相应的焚烧设备。

（1）炉排型焚烧炉

将城市生活垃圾置于炉排上进行焚烧的炉子称为炉排型焚烧炉，它可分为固定炉排焚烧炉和活动炉排焚烧炉。固定炉排焚烧炉又可分为水平式固定炉排焚烧炉和倾斜式固定炉排焚烧炉。

水平式固定炉排焚烧炉是最简单的焚烧炉。城市生活垃圾从炉子上部投入，经人工扒平，使其均匀铺在炉排上，炉排下部的灰坑兼作通风室，助燃空气靠自然通风从出灰门送入，或采用强制通风方式。为了使城市生活垃圾焚烧完全，在焚烧过程中，需要经常对料层进行翻动，燃尽的灰渣落在炉排下面的灰坑，人工扒出。此类焚烧方式的劳动条件和操作稳定性差，炉温不易控制，因此对较大的城市生活垃圾及难以燃烧的固体废物均不适用，仅适用于焚烧少量的如废纸屑、木屑及纤维素等易燃性废物。

倾斜式固定炉排焚烧炉的基本原理与水平式固定炉排炉类似，只是炉排倾斜一定的角度，有些倾斜炉排的后面仍然设置水平炉排，增加一段倾斜段可增加干燥段以适应含水量较高的城市生活垃圾的焚烧。此类炉型也只能用于易燃城市生活垃圾的焚烧。

活动炉排焚烧炉也称机械炉排焚烧炉，是目前城市生活垃圾处理中使用最广泛的焚烧炉。活动炉排是活动炉排焚烧炉的心脏部分，在操作过程中能实现自动化和连续化，它们的运行性能直接影响城市生活垃圾的焚烧处理效果。炉排按构造形式不同可分为往复式、摇动式和移动式炉排等。常见的炉排形式见图4-2。

机械炉排焚烧炉的典型结构如图4-3所示，它的燃烧室内放置一系列机械炉排，通常按其功能分为干燥段、燃烧段和后燃烧段（各段炉排的功能见表4-1）。城市生活垃圾由进料装置进入机械炉排焚烧炉，在机械式炉排的往复运动下，逐步被导入燃烧室内炉排的表面。城市生活垃圾在由炉排下方送入的助燃空气及炉排运动的机械力的共同推动及翻滚下，在向前运动的过程中水分不断蒸发，通常在被输送到水平燃烧段炉排时已经完全干燥并开始点

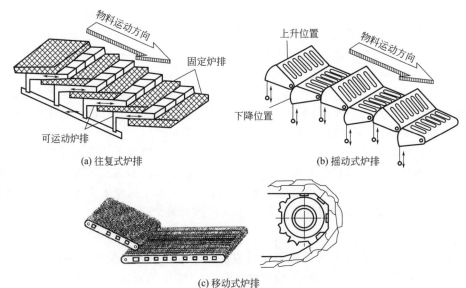

(a) 往复式炉排　　　　　　　　　　(b) 摇动式炉排

(c) 移动式炉排

图 4-2　常见的炉排形式

燃。燃烧段炉排运动速度的选择是应保证城市生活垃圾在到达该炉排尾端时被完全燃尽成灰渣，从后燃烧段炉排尾部落入灰斗。产生的废气上升而进入二次燃烧室内，与炉排上方导入的助燃空气充分混合，完全燃烧后进入燃烧室上方的废热锅炉回收余热。

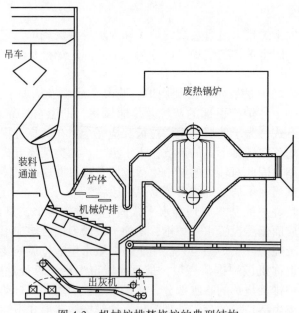

图 4-3　机械炉排焚烧炉的典型结构

表 4-1　干燥段、燃烧段及后燃烧段炉排所具有的功能

种类	功能
干燥段炉排	具有自清作用,不能因固体废物颗粒与砂土等杂质造成炉排的阻塞;气体贯穿现象少;固体废物不会形成大团或大块;不易夹带异物,可均匀移动固体废物;可将大部分固体废物中的水分蒸发

种类	功　能
燃烧段炉排	可均匀分配助燃空气;固体废物的搅拌、混合状况良好;可均匀移送固体废物;炉排冷却效果好;具有耐热、耐磨损特性;不易造成贯穿燃烧
后燃烧段炉排	余烬与未燃物可充分搅拌、混合及完全燃烧,延长废物在炉排上的滞留时间;保温效果好;较小的过量空气系数即可使余烬燃烧完全;排灰顺畅;可均匀供给助燃空气,不易形成烧结块

（2）炉床式焚烧炉

炉床式焚烧炉采用炉床盛料,燃烧在炉床上物料表面进行,适宜于处理颗粒小或粉状的固体废物以及泥浆状废物,可分为固定炉床和活动炉床两大类。固定炉床焚烧炉可分水平式固定炉床焚烧炉和倾斜式固定炉床焚烧炉。

水平式固定炉床焚烧炉是最简单的炉床式焚烧炉,它的炉床与燃烧室构成整体,炉床水平或略倾斜。加料、搅拌及出灰均为手工操作,劳动条件差,且为间歇式操作,不适用于大量城市生活垃圾的处理。水平式固定炉床焚烧炉适用于蒸发燃烧的城市生活垃圾,如塑料、油脂残渣等,不适用于橡胶、焦油、沥青、废活性炭等表面燃烧的废物。

倾斜式固定炉床焚烧炉的炉床为倾斜式,便于投料、出灰,并使物料在向下滑动时进行燃烧,改善了焚烧条件。与水平炉床相同,该型焚烧炉的燃烧室与炉床为一整体。此类焚烧炉的投料和出料操作基本上是间歇式的。如果城市生活垃圾焚烧后灰分很少,并设有较大的储灰坑,或设有连续出灰机和连续加料装置,也可实现连续操作。

活动炉床焚烧炉的炉床是活动的,使城市生活垃圾在炉床上松散和移动,以改善焚烧条件,进行自动加料和出灰操作。活动炉床焚烧炉可分为转盘式炉床、隧道回转式炉床和回转式炉床（即旋转窑）等几种。应用最多的是旋转窑焚烧炉,基本形式的旋转窑焚烧炉见图 4-4。

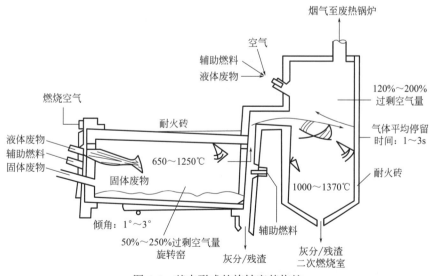

图 4-4　基本形式的旋转窑焚烧炉

（3）流化床焚烧炉

流化床燃烧是 20 世纪 80 年代发展起来的一种清洁燃烧技术。流化床的燃料适应性强,

 环境能源工程

负荷调节范围大，这对于燃烧热值及成分多变的垃圾具有独特的优势。

为了增强物料的流动性、对垃圾传热的均匀化和维持炉膛内一定的蓄热量，流化床焚烧炉常常选择砂粒作为载热体。开车时，首先用油/气等燃料将砂粒加热到600℃以上，用200℃以上的流化空气沸腾床料，然后投入城市生活垃圾。城市生活垃圾进入流化床内迅速干燥、热解，并与空气中的氧气发生剧烈的燃烧反应，未燃尽的垃圾质量较轻，悬浮在载热体中继续反应，垃圾燃尽的灰渣一般质量较重，随同大粒径的砂粒沉入炉底，然后通过排渣设备排出炉外，用水或空气冷却后，再分选出粗细粒径的残渣，留下中等粒径的残渣与砂粒一同由提升设备送入炉内再循环。流化床焚烧炉最显著的特点就是在流化空气的作用下，城市生活垃圾和砂粒的混合物在炉膛内被悬浮起来，呈沸腾状进行燃烧。

流化床焚烧炉对入炉垃圾的粒度有要求，一般希望不超过50mm，否则过大的垃圾容易沉入炉底，造成不完全燃烧。所以流化床焚烧炉一般都配有大型的破碎和分选装置，这不但使工程造价提高，同时增大了垃圾暴露的机会和引起环境污染的风险。流化床焚烧炉为使炉料沸腾需要高压头的风机，因此耗电量很大。流化床风量过大会使细小的灰尘容易被吹出床外，造成余热锅炉大量集灰，同时增加了下游除尘设备的负荷，风量过小会造成流化质量下降，降低流化床处理能力，一般流化床对操作的要求较高。另外，流化床对垃圾中的低熔点和低软化点的物质非常敏感，低熔点和低软化点物质会引起床料板结，从而破坏物料在流化床中的运动。

（4）多室垃圾焚烧炉

在一次燃烧过程中，不供应全部所需空气，只供应能将固定碳素燃烧的空气，依靠燃烧气体的辐射、对流传热等将垃圾干馏，在二次或三次燃烧过程中将干馏气体、臭气、有害气体等完全燃烧的设备称为多室垃圾焚烧炉。图4-5为多室垃圾焚烧炉示意图。

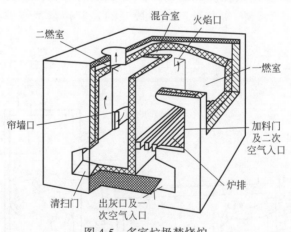

图 4-5　多室垃圾焚烧炉

一般而言，处理燃烧气体量较多的物质时多使用本类炉。在生活垃圾处理领域，多采用多室燃烧炉。实际焚烧过程中，多室焚烧可采取将不同焚烧设备组合应用的方法，如"层燃炉+沸腾炉"，也有专门开发的多室燃烧设备。

4.1.5　城市生活垃圾与煤混合焚烧

垃圾焚烧具有减量化、资源化和能量回收等优点，可减容70%~90%，减重50%~80%，成为仅次于垃圾填埋的第二大垃圾处理手段。但中国大多数城市生活垃圾的热值不高，一般

在 3.5~5.0MJ/kg 左右，不适宜直接焚烧，而且垃圾单独焚烧后会带来污染，如二噁英、重金属、酸性气体等，如何无害化利用城市生活垃圾是目前急需解决的问题。

针对含水率高、热值低的垃圾，向其中添加辅助燃料是必要的。垃圾与煤混烧，能维持燃烧的稳定性，提高燃烧效率，同时能有效抑制污染物的生成，是符合我国国情的一种垃圾处理方式。

（1）燃烧反应器

常见的生物质与煤混烧的燃烧反应器有 3 种：固定床、流化床和气流床。垃圾与煤混烧时，流化床因其燃料适应性好，能够处理低热值的城市生活垃圾并能保持燃烧稳定性而被广泛采用。流化床几乎能燃烧任何固体、半固体和液体燃料，污染物排放量小，并且把已有的流化床燃煤锅炉改造成垃圾与煤混烧锅炉比建造专门的混烧锅炉更具经济性、效率更高。目前比较成熟的流化床技术主要有两种：鼓泡流化床（BFB）和循环流化床（CFB）。垃圾与煤流化床混烧采用中低温燃烧（炉膛出口烟温 850℃）和分级送风分段燃烧的方法，炉内添加石灰石等可以降低 SO_2 和 HCl 的排放，而加入少量劣质煤能提高炉内温度，有利于有机物分解并防止芳香烃类有毒物质的生成和排放。

（2）燃烧特性

燃烧特性是燃料的重要性质，主要包括燃烧着火特性、挥发分析出特性和燃尽特性等。垃圾与煤混合燃料的特性主要取决于两者的混合比例，不同的混合比例决定了混合燃料的成分，从而会影响到混燃特性、污染物排放特性、灰熔融特性以及混燃电厂的经济效益。煤燃烧的主要部分是焦炭燃烧，而垃圾则是挥发分的燃烧。混烧后，垃圾的挥发分在较低的温度下迅速大量地析出，而挥发分气相燃烧速率快，从而促进了煤粉的着火和燃烧。随着垃圾掺混比的增加，碳的消耗加快，而流化床中焦炭的浓度也降低，从而增加了燃烧率。然而组成成分不同的垃圾与煤混烧的燃烧特性也不尽相同，很多研究都针对某一种单一成分垃圾展开。

（3）酸性气体排放

城市生活垃圾与煤混烧后的主要污染气体包括：NO_x（NO、N_2O）、SO_2、HCl、CO 和 CO_2。NO 和 SO_2 在大气中与水结合形成酸雨，使土地和水酸化，从而威胁各种动植物的生命；N_2O 和 CO_2 则是引起温室效应的最主要气体。

① NO_x 排放。垃圾与煤混烧会降低氮氧化物的排放量。混烧时，燃料中的 N 在燃烧过程中首先转化为 HCN 和 NH_3，再通过一系列氧化和还原反应生成 NO、N_2O 等氮氧化物。随着垃圾掺混比的增加，大量挥发分在骤然升温过程中迅速析出，与煤粉抢氧气，局部燃烧区形成贫氧区，使 NO、N_2O 的还原作用加强，从而降低了其浓度。而流化床床温的变化会使氮氧化物的排放产生波动，随着床温的增加，N_2O 排放浓度下降而 NO 浓度会有所增加，但从整体看氮氧化物的排放量呈下降趋势。

② SO_2 排放。硫化物主要来源于煤，垃圾与煤混烧可以有效降低 SO_2 的排放量。在流化床床温固定时，随着垃圾掺混比的增加，SO_2 的排放量逐渐减小，因为在垃圾中含有一些碱金属和碱土金属（K、Na、Ca），掺入的垃圾比例越高，则 S 到 SO_2 的转化率越低，因此可以在混烧过程中加入高硫煤，充分利用垃圾自身的脱硫能力。与此同时，流化床床温也会对 SO_2 的生成起波动作用。

③ HCl 排放。HCl 会引起锅炉等设备的管壁腐蚀，而 Cl、S、水和 O_2 共存时会促进 HCl 的生成。垃圾焚烧过程中的 Cl 主要来自食盐和 PVC 等含氯废料。当垃圾的掺混比增大时，混合燃料中的水和 Cl 的含量随之增加，HCl 的生成量也增多。但其生成主要在低温，因此，

HCl 的生成量随温度的增加变化不明显。

④ CO 和 CO_2 排放。CO 和 CO_2 主要来源于煤的焦炭燃烧，随着垃圾掺混比的增加，煤焦炭的比重减小，CO 的排放量也随之减少，同时 Cl 的生成增加，阻碍了 CO 的氧化反应。除了垃圾掺混比和流化床床温对污染气体排放有影响，过量空气系数和二次风量也对它们的生成有显著影响，同时城市生活垃圾的含水率对混烧效率和污染气体排放有影响。

(4) 二噁英排放

二噁英具有毒性和致癌作用，主要来源于城市生活垃圾和医疗垃圾的焚烧过程。研究发现，城市生活垃圾与煤按照一定掺混比混烧能有效抑制二噁英的产生。煤燃烧和垃圾燃烧最显著的区别在于煤燃烧产生较高浓度的 SO_2 和 S/Cl 值，而硫类物质在烟气中的存在能够有效抑制二噁英的生成。Lindbauer 等人发现，当 S/Cl 在 1~5 范围内时能大大降低二噁英的排放。通过调节煤的掺混比可以改变 S/Cl。不同成分的垃圾与煤混烧时达到最佳的二噁英抑制效果，其掺煤比也不同。有机城市生活垃圾掺煤比为 16% 时，二噁英的抑制率可达 95%。而一般城市生活垃圾与煤混燃时，添加约 20% 的煤，二噁英的抑制效果显著，继续增加煤，二噁英的抑制作用不会有明显的提升。因此控制煤的掺混比是控制二噁英的有效手段。

(5) 灰结渣特性

城市生活垃圾焚烧后产生大量的灰渣，产量约占垃圾焚烧前总量的 20%~30%。根据灰渣收集位置的不同，可将其分为底灰和飞灰。底灰位于炉床尾端，密度高，颗粒大；飞灰是由烟气净化系统和热回收利用系统收集的残渣，含有大量的重金属、二噁英等有毒物质，属于危险废弃物，要进行相关处理和管理。

垃圾与煤混烧可以改变重金属在灰渣中的分布，使灰渣中重金属浸出毒性低于危险废物浸出毒性限定值。混烧时，熔融渣的熔点普遍低于煤的灰熔点，并随着垃圾成分和掺混比的变化而变化。同时随着熔融温度的不同，飞灰中不同重金属的固溶效果也会变化。

4.2 污泥焚烧与能源化利用

污泥是一类典型的有机废弃物，其焚烧处理与能源化利用是利用焚烧炉高温氧化污泥中的有机物，使污泥完全矿化为少量灰烬并对放出的热量加以回收利用的处理方法。

4.2.1 污泥焚烧工艺

根据焚烧时的进料状态，污泥焚烧可分为污泥单独焚烧和污泥与其他物料的混合焚烧两种工艺。

4.2.1.1 污泥单独焚烧工艺

污泥单独焚烧是指污泥作为唯一原料进入焚烧炉进行焚烧处理，其工艺流程如图 4-6 所示，一般包括预处理、燃烧、烟气处理与余热锅炉利用三个子系统。

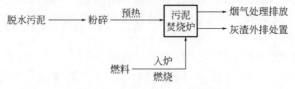

图 4-6 污泥焚烧的工艺流程

1）预处理子系统

预处理子系统包括污泥的前置处理和预干燥。污泥焚烧系统的原料一般以脱水污泥饼为主，前置处理过程包括浓缩、调理、消化和机械脱水等。考虑到焚烧对污泥热值的要求，一般拟焚烧的污泥应不再进行消化处理。在选用污泥脱水的调理剂时，既要考虑其对污泥热值的影响，也要考虑其对燃烧设备安全性和燃烧传递条件的影响，因此，腐蚀性强的氯化铁类调理剂应慎用，石灰有改善污泥焚烧传递性的作用，适量（量过大会使可燃分太低）使用是有利的。

污泥单独焚烧工艺又可分为两类：一类是将脱水污泥直接送焚烧炉焚烧；另一类是将脱水污泥干化后再焚烧。预干燥对污泥实现自持燃烧有很大的帮助，大型污泥焚烧设施都应采用预干燥单元技术。

2）燃烧子系统

对于污泥燃烧子系统，主要是考虑污泥焚烧炉型的选择，焚烧炉型的不同直接影响污泥焚烧的热化学平衡和传递条件。污泥焚烧设备主要有回转式焚烧炉（回转窑）、立式多段焚烧炉、流化床焚烧炉等。从污泥性状来看，污泥焚烧会阻塞炉排的透气性，影响燃烧效果，因此炉排炉不适于焚烧污泥。

在污泥焚烧工业化的初期，多采用多膛炉，但多膛炉燃烧的固相传递条件较差，污泥燃尽率通常低于 95%，同时，辅助燃料成本的上升和气体排放标准的更加严格，使得多膛炉逐渐失去了竞争力。目前应用较多的污泥焚烧炉主要是流化床和卧式回转窑两类。

流化床焚烧炉于 20 世纪 60 年代开始出现于欧洲，70 年代出现于美国和日本。流化床焚烧炉包括沸腾流化床焚烧炉和循环流化床焚烧炉两种，其共同特点是气、固两相的传递条件良好，气相湍流充分，固相颗粒小，受热均匀，所以流化床焚烧炉已成为城市污水处理厂污泥焚烧的主流炉型。流化床焚烧炉的缺点是炉内的气流速度较高，为维持床内颗粒物的粒度均匀性，不宜将焚烧温度提升过高（一般为 900℃左右）。

污泥卧式回转窑焚烧炉，其结构与水平水泥窑十分相似，污泥在窑内因窑体转动和窑壁抄板的作用而翻动、抛落，动态地完成干燥、点燃、燃尽的焚烧过程。回转窑焚烧炉的污泥固相停留时间较长（一般大于 1h），且很少会出现"短流现象"；气相停留时间易于控制，设备在高温下操作的稳定性较好（一般水泥窑烧制最高温度大于 1300℃），特别适用于含特定耐热性有机物的工业污水处理厂污泥（或工业与城市污水混合处理厂污泥）。其缺点是逆流操作的卧式回转窑，尾气中含臭味物质较多，另有部分挥发性的有毒有害物质，需配置消耗辅助燃料的二次燃烧室（除臭炉）进行处理；顺流操作的回转窑则很难利用窑内烟气热量实现污泥的干燥与点燃，需配备炉头燃烧器（耗用辅助燃料）使燃烧空气迅速升温，达到污泥干燥与点燃的目的。因此，水平回转窑焚烧炉的成本一般较高。

3）烟气处理与余热锅炉利用子系统

在 20 世纪 90 年代，污泥焚烧烟气处理子系统主要包含酸性气体（SO_2、HCl、HF）和颗粒物净化两个单元。大型污泥焚烧厂酸性气体净化多采用炉内加石灰共燃（仅适用于流化床焚烧）、烟气中喷入干石灰粉（干式除酸）、喷入石灰乳浊浆（半干式除酸）3 种方法。颗粒物净化采用高效电除尘器或布袋式过滤除尘器。小型焚烧装置则多用碱溶液洗涤和文丘里除尘方式分别进行酸性气体和颗粒物脱除操作。后来为了达到对重金属蒸气、二噁英类物质和 NO_2 进行有效控制的目的，逐步加入了水洗（降温冷凝洗涤重金属）、喷粉末活性炭（吸附二噁英类物质）和尿素还原脱氮等单元环节。这些烟气净化技术的联合应用可以在污泥充分燃烧的前提下，使尾气排放达到相应的排放标准。

污泥焚烧烟气的余热利用，主要方向是用于自身工艺过程（以预干燥污泥或预热助燃

空气为主），很少有余热发电的实例。焚烧烟气余热用于污泥干燥时，既可采用直接换热方式，也可通过余热锅炉转化为蒸汽或热油的能量而间接利用。

（1）污泥流化床焚烧炉单独焚烧

流化床焚烧特别适合焚烧污水处理厂污泥和造纸污泥，脱水污泥和干化污泥均可在流化床中焚烧，常用工艺为固定式和循环式。循环流化床比鼓泡床对污泥的适应性更好，但是需要旋风除尘器来保留床层物质。鼓泡式流化床焚烧炉可能会存在被一些污水污泥堵塞设备的危险，但可从工艺中回收热量促进污泥的干燥，进而降低对辅助燃料的需求。鼓泡式流化床焚烧炉适用于处理热值较低的污泥，往往需要加入一定的辅助燃料，一般可焚烧多种废物，如树皮、木材废料等，也可加入煤或天然气作为辅助燃料，处理能力为 $1\sim10t/h$。旋转式流化床焚烧炉适用于污泥与生活垃圾混合焚烧，处理能力为 $3\sim22t/h$。循环式流化床焚烧炉特别适合焚烧高热值的污泥，主要是全干化污泥，处理能力为 $1\sim20t/h$（大多数大于 $10t/h$）。流化床焚烧炉炉膛下部有耐高温的布风板，板上装有载热的惰性颗粒，通过床下布风，使惰性颗粒呈沸腾状，形成流化床段，在流化床段上方设有足够高的燃尽段（即悬浮段）。污泥在焚烧炉中混合良好，热值范围广，燃烧效率高，负荷调节范围宽。

流化床焚烧炉的污染物排放浓度低，热强度高。飞灰具有良好浸出性，灰渣燃尽率高。对于鼓泡式流化床焚烧炉（BFB）、旋转式流化床焚烧炉（RFB）和循环式流化床焚烧炉（CFB），灰渣中的残余炭均可小于3%，其中 RFB 通常在 $0.5\%\sim1\%$ 之间；烟气残留物产生量少，焚烧装置内烟气具有良好的混合度和高紊流度。NO_x 含量可降至 $100mg/m^3$ 以下。废水产生量少，炉渣呈干态排出，无渣坑废水，亦无需处理重金属污水的设备。通常需对污泥进行严格的预处理，将污泥破碎成粒径较小、分布均匀的颗粒，因此飞灰产生量较多，操作要求较高，烟气处理投资和运行成本较高。

流化床焚烧炉既可以直接燃烧湿污泥，也可以燃烧半干污泥（干燥物质的质量分数为 $40\%\sim65\%$）。当污泥的水分含量高于50%时，水分蒸发过程往往贯穿了燃烧过程的始终，在燃烧过程中占有显著地位，并明显不同于一般化石燃料的燃烧。污泥着火时间（污泥燃烧产生火焰时的开始时间）随床温的增加而减小，随水分的增大而增大，当床温超过一定值（≥850℃）或水分低于一定值（≤43%）时，着火时间的差别很小。对流化床焚烧炉而言，污泥在炉内的停留时间通常达几十分钟，因此，高水分污泥的着火延迟不会对污泥在流化床内的燃尽有实质影响。

由于水分蒸发具有初期速率极快的特点，在流化床焚烧含水量大的污泥时，必须有足够的措施来保证大量析出的水分不会使床层熄火。首先要保证给料的稳定性和均匀性。给料的波动会造成床温的波动，这给运行带来不利的影响。另外，还要保证燃烧初期污泥与床料较好地混合。与煤相比，污泥是较轻的一种燃料，大量的潮湿污泥堆积在床层表面会使流化床上部温度急剧下降而导致熄火。

在流化床中污泥干燥和脱挥发分两个过程是平行发生的，此过程中颗粒的中心温度相对比较低，但在炭燃烧过程中，温度快速增加，达到峰值温度1000℃。干燥和脱挥发分过程中的低颗粒温度表明，初期强干燥将产生由颗粒内部到外表面的低温蒸汽流，这使表面温度保持很低。低脱挥发分温度使湿污泥的脱挥发分时间比干污泥颗粒脱挥发分的时间长。

湿污泥在原始直径降到较小时，颗粒物主要漂浮在流化床表面，干燥时有时会沉降至较低位置挥发和燃烧。挥发分以某种脉动的方式析出，以短的明焰燃烧，火焰不连续，时有时无。对于更小（直径在10mm以下）的颗粒而言，则观察不到火焰。与湿污泥燃烧相比，干污泥的燃烧火焰是长而黑的，火焰的高低取决于析出挥发分的强度。

　　挥发分的析出在燃烧初期比较缓慢，随着燃烧过程的进行，挥发分的析出速率逐渐增大，并在一定时间内保持不变，最后随着燃烧接近尾声，挥发分的析出速率又降低为零。污泥中的可燃物在燃烧中大部分以气态挥发分的形式出现，必须组织好炉内的动力场以有效地对这些气体成分进行燃烧破坏。适当地在床内加一部分二次风，不但可以增加炉内的湍流度，而且可以延长燃料在炉内的停留时间。

　　污泥中可燃物的绝大部分都是挥发分，污泥中 80%以上的碳随着挥发分析出。在污泥干燥和脱挥发分后，剩下的炭焦会继续和氧反应直到被烧掉为止。由于污泥中的固定碳很少，炭焦的燃烧时间比挥发分析出和燃烧的时间要短或者差不多。对于湿污泥而言，脱挥发分的时间更长。在湿污泥焚烧中可以忽略炭焦燃烧的影响。污泥燃烧以很少的碳载荷为特征，而且在床内的炭焦浓度与污泥中的固定碳含量完全关联。

　　污泥的含湿量和挥发分含量高，对污泥焚烧特性影响大。污泥中挥发分含量高确定了干燥和挥发分的脱析在燃烧过程中的主导地位，与其对应的炭焦燃烧处于次要地位，在设计干燥器和焚烧炉时要考虑这一点。污泥干燥的位置、挥发分析出和燃烧的位置确定了焚烧炉中的温度分布，当用流化床焚烧炉焚烧时，这种现象格外明显。

　　污泥在流化床焚烧炉中失重的同时伴随着污泥球粒径的减小，在整个焚烧过程中，污泥密度变化范围很大，但粒度变化相对较小。采用流化床焚烧炉焚烧污泥时，选取合适的床料，保证污泥在燃烧的大部分过程中均能很好地在床层内混合均匀，具有重要的意义。

　　当污泥以较大体积的聚集态送入流化床时，往往会迅速形成具有一定强度和耐磨性的较大块团，还会通过包覆或粘连床内的其他颗粒而形成较大的块团，这种现象称为凝聚结团现象，这能有效减少扬析损失，是一个能提高燃烧效率、减轻二次污染的有利因素。污泥与柴油混烧时，污泥结团强度变小，而污泥与煤混烧时，其结团强度能得到大大增强。

（2）喷雾干燥和回转式焚烧炉联合处理工艺

　　北京市环境保护科学研究院和浙江某公司在杭州市萧山区临浦工业园区建成了一座处理能力为 60t/d 的污泥喷雾干燥-回转窑焚烧工艺的示范工程（污泥含水率为 80%），用来处理萧山污水处理厂的脱水污泥，其工艺流程如图 4-7 所示。

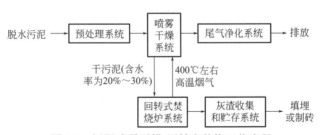

图 4-7　污泥喷雾干燥-回转窑焚烧工艺流程

　　在含水率为 64.5%和 28.9%的情况下，污泥的低位热值分别为 2.8MJ/kg 和 7.2MJ/kg，当污泥被干燥到含水率为 30%以下时，污泥不但能够维持燃烧，而且可以有大量的热量富余，这些热量可用来干燥污泥等。脱水污泥经预处理系统处理后，通过高压泵进入喷雾干燥塔顶部，经过充分的热交换，污泥得到干化，干化后含水率为 20%~30%的污泥从干燥塔底直接进入回转式焚烧炉焚烧，产生的高温烟气从喷雾干燥系统顶部导入，直接对雾化污泥进行干燥，排出的尾气分别经过旋风分离器和生物填料除臭喷淋洗涤塔处理后，经烟囱排放。焚烧灰渣送往砖厂制砖或附近的水泥厂作为生产水泥的原料。该示范工程的主要设备包括一台喷雾干燥器（$\phi \times H = 3.5\text{m} \times 7\text{m}$）、一台回转式焚烧炉［$\phi \times H$（筒身）= 1.7m×9.0m，内径为

1.0m，倾角为2°]、一个热风炉、一个二燃室（6m×1.85m×2.0m）、一个旋风除尘器（$\phi \times H = 1320mm \times 5727mm$）和两个生物除臭喷淋洗涤塔（$\phi \times H = 5.0m \times 5.0m$）。此工艺具有以下特点：

① 采用微米级粉碎设备将含水率为75%~80%的脱水污泥破碎，使污泥中的部分结合水转变为间隙水，在提高污泥流动性和均质度以利于泵输送的同时，能够最大限度地使污泥得到有效雾化，在与焚烧炉高温烟气直接接触时不仅使干燥速率最大化，而且使经气固分离后得到的干化污泥的松密度、流动性和粒径分布更为合理。

② 通过调整喷嘴雾化粒径，使污泥形成300~500μm的液滴，在吸附并积聚焚烧烟气中颗粒物质及重金属氧化物以及减少粉尘产生量的同时降低安全隐患，减少后续尾气处理难度，节约处理成本，并使干燥污泥的粒度分布在0.125~0.250mm，利于焚烧。

③ 烟气在温度大于850℃条件下的停留时间在2s以上，可有效消减二噁英及其前驱物的产生。同时，将进入喷雾干燥塔的烟气温度控制在400℃左右，可防止二噁英及其前驱物的再生。

④ 使喷雾干燥塔具有烟气预处理功能，可有效降低后续烟气净化设施的处理负荷。400℃的高温烟气进入喷雾干燥器与雾化污泥并流接触后，烟气中的粉尘和重金属氧化物吸附在雾化污泥中，烟气中的酸性气体也溶解在其中，并随水蒸气进入后续烟气净化系统。

⑤ 利用焚烧高温烟气直接对雾化污泥进行干燥，避免了复杂换热器的热损失，干燥器高温烟气进口温度高（400℃），废气排放温度低（70~80℃），因此热效率高（＞75%）。采取一些热能循环利用措施后，其热利用效率可以提高到80%以上。

⑥ 系统结构简单，投资成本仅为流化床干化系统的30%~40%。

⑦ 系统安全可靠，污染风险低。污泥焚烧采用煤作为辅助燃料，利用污泥本身的热能产生热风供应干燥塔，在污泥焚烧中实现回转炉焚烧尾气的零排放，同时在焚烧炉设置二燃室、干燥塔和旋风除尘器、活性炭吸附设备，彻底避免尾气的烟尘污染、臭气和可能存在的二噁英问题。

系统以煤作为辅助燃料，热值为21MJ/kg的燃煤平均消耗量为44.84kg/m³（含水率为80%的湿污泥）；处理单位湿污泥（含水率为80%）的电耗为62.98kW·h/t，单位水耗为2.33m³/t，系统中消耗化学试剂的主要单元为生物填料除臭喷淋洗涤塔，其平均单位碱消耗量为2.5kg/m³（含水率为80%湿污泥）。通过对系统进行能量平衡分析（如图4-8所示）可知，系统的热能综合利用效率高达80%以上，因此具有良好的热能综合利用效率和节能

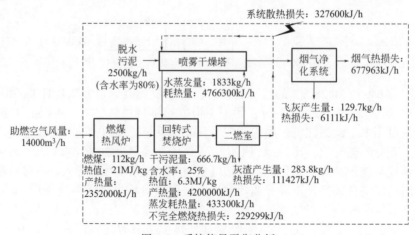

图4-8　系统能量平衡分析

效果。

　　烟气监测结果表明，在连续运行过程中排放的各种大气污染物质，经旋风除尘和生物填料除臭喷淋洗涤塔处理后，均远低于《生活垃圾焚烧污染控制标准》（GB 18485—2014）中大气污染物排放限值的要求。

4.2.1.2　污泥混烧工艺

　　相对于投海、填埋、堆肥等处理方法，焚烧法处理污泥可消灭病原体、大幅减小污泥体积、回收部分能量，在无害化、减量化、资源化方面优势明显。但是，单独建设大型污泥焚烧厂存在投资大、运行成本高、建设周期长、运输成本高等问题。如果利用污水处理厂附近的电厂、水泥厂、垃圾焚烧厂现有的燃烧设备就近焚烧处理污泥，不仅可节省大量的湿污泥运输费用，而且投资少、运行成本低、见效快，在经济效益和环境保护上均具有显著的优点。

（1）燃煤电厂污泥混烧工艺

1）煤粉炉中的污水污泥混烧

　　实践证明，当污泥占燃煤总量的5%以内时，对于尾气净化以及发电站的正常运行无不利影响。过高的混烧比例（如7.6%干污泥）会使尾部烟气净化装置，特别是静电除尘器发生严重的结灰现象。火电厂煤粉炉混烧污泥的主要优点是：可以除臭，病原体不会传染，卫生；装车运输方便，仓储容易，与未磨碎煤的混合性及其燃烧性都得以改善。对于煤粉炉中的污泥和煤的混烧，需要考虑燃料的制备、燃烧系统的改造和燃烧产生的污染物处理等。首先，污泥必须预先干燥，并在干燥后磨制成粉末；其次，电厂还须增加处理凝结物、臭气、粉尘和CO的设备，并考虑污泥干燥过程中的能源损耗以及干燥后的污泥还存在自燃、风粉混合物的爆燃等隐患。煤粉炉长期进行污泥和煤混烧，应严格控制污泥中Cl、S及碱金属的含量，因为碱性硫化物容易凝结在受热面管上，并与氧化层进行反应形成复杂的碱性铁硫化合物 $[(K_2Na_2)_3Fe(SO_4)_3]$，使过热器发生高温腐蚀。污泥中的氮、硫和重金属含量较高，还会导致混烧过程中 NO_x、SO_2 和重金属排放增加，因此会受到更严格的污染排放标准的约束。

2）流化床锅炉中的污水污泥混烧

　　近年来，利用热电厂的循环流化床锅炉将污泥与煤混烧已逐渐成为重要的污泥处置方式。燃煤流化床锅炉中污水污泥的混烧又可分为湿污泥直接混烧和污泥干化混烧。湿污泥直接混烧是将湿污泥直接送入电厂锅炉与煤混烧，污泥干化混烧则是将湿污泥经干化后再送入电厂锅炉与煤混烧。按照热源和换热方式来分，典型的污泥干化方法包括两类：一类是利用锅炉烟道抽取的高温烟气或锅炉排烟直接加热湿污泥；另一类是利用低压蒸汽作为热源，通过换热装置间接加热污泥。湿污泥的含水率约为80%，干化污泥的含水率为20%~40%。

　　湿污泥直接混烧的典型工艺流程如图4-9所示。含水率为80%左右的污泥经喷嘴喷入炉

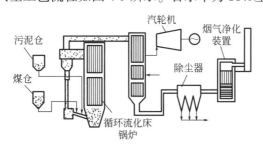

图4-9　典型燃煤电厂湿污泥直接混烧工艺流程

膛，迅速与大量炽热床料混合后干燥燃烧，随烟气流出炉膛的床料在旋风分离器中与烟气分离，分离出来的颗粒再次送回炉膛循环利用，炉膛内的传热和传质过程得到强化。炉膛内温度能均匀保持在 850℃ 左右，由旋风分离器分离出的烟气引入锅炉尾部烟道，对布置在尾部烟道中的过热器、省煤器和空气预热器中的工质进行加热，从空气预热器出口流出的烟气经除尘净化后，由引风机排入烟囱，排向大气。

这种处理处置方式在经济和技术上存在的问题是：a. 污泥的含水率和掺混率对焚烧锅炉的热效率有很大影响。污泥含水率越高，热值越低，含水率为 80% 的污泥对发电的热贡献率很低，为保证良好的混烧效果，其混烧的量不能很大，否则会对电厂的运行造成不良影响。b. 污泥掺入会影响锅炉的焚烧效果。由于混烧工况下烟气流速会增大，对烟气系统造成磨损，烟气流速的上升会导致燃料颗粒的炉内停留时间缩短，可能产生停留时间小于 2s 的工况，不符合避免二噁英产生的基本条件。c. 污泥焚烧处理所需的过剩空气系数大于燃煤，因此污泥混烧会导致电厂烟气排量大，热损失大，锅炉热效率降低。d. 混烧对锅炉的尾气排放也会带来较大影响。由于污泥中含有较高浓度的污染物（如汞浓度数十倍于等质量的燃煤），焚烧后烟气中有害污染物浓度明显增加，但由于烟气量大幅度增加，烟气中污染物被稀释，其浓度可能低于非混烧烟气污染物的浓度，目前无法严格合理地界定并控制排入大气的污染物浓度。

（2）水泥厂回转窑污泥混烧工艺

水泥生产中，原料中 K_2O+Na_2O 的绝对含量宜控制在 1.0% 以下，硫碱比 $n(S)/n(R)$ 在 0.6~1.0 之间，Cl^- 含量不大于 0.015%。对于卤素含量高的含镁、碱、硫、磷等的污泥，应该控制其焚烧喂入量。通常加入的干污泥占正常燃料（煤）的 15%。若 1kg 干污泥汞含量超过 3mg，则不宜入窑焚烧。

污泥与水泥原料粉混合或分别送入水泥窑，通过高温焚烧至 2000℃，污泥中的有机有害物质被完全分解，在焚烧中产生的细小水泥悬浮颗粒会高效吸附有毒物质；回转窑的碱性气氛很容易中和污泥中的酸性有害成分，使它们变为盐类固定下来，如污泥中的硫化氢（H_2S）因氧的氧化和硫化物的分解而生成 SO_2，又被 CaO、R_2O 吸收，形成 SO_2 循环，在回转窑的烧成带形成 $CaSO_4$、R_2SO_4 而固定在水泥中。污泥中的重金属在进窑燃烧的过程中被固定在熟料矿物晶格里。污泥灰分成分与水泥熟料成分基本相同，污泥焚烧残渣可以作为水泥原料使用，混烧即为最终处理，灰渣无需处理。

水泥窑具有燃烧炉温高和处理物料量大的特点，而且水泥厂均配备大量的环保设施，是环境自净能力强的装备，利用水泥窑系统混烧污泥具有如下优点：

① 可以利用水泥熟料生产中的余热烘干污泥的水分，从而提高水泥厂的能量利用率；

② 污泥可以作为辅助燃料应用于水泥熟料煅烧，从而降低水泥厂对煤等一次能源的需求；

③ 水泥窑内的碱性物质可以和污泥中的酸性物质化合成稳定的盐类，便于其废气的净化脱酸处理，而且还可以将重金属等有毒成分固化在水泥熟料中，避免二次污染，对环境的危害降到最小；

④ 污泥可以部分替代黏土质原料，从而降低水泥生产对耕地的破坏；

⑤ 投资小，具有良好的经济效益，只需要增加污泥预处理设备，投资及运行成本均低于单独建设焚烧炉，上海某水泥厂污泥混烧示范工程的综合运行成本仅为 60 元/t（污泥含水率为 80%）；

⑥ 回转窑的热容大，工艺稳定，回转窑内气体温度通常为 1350~1650℃；窑内物料停

留时间长，高温气体湍流强烈，有利于气固两相的混合、传热、分解、化合和扩散，有害有机物分解率高；

⑦ 燃烧即为最终处理，省却了后续的灰渣处理工序，节约了填埋场用地和资金。

其缺点是：

① 恶臭气体和渗滤液等若未经合适处理会使厂区环境恶化；

② 脱水污泥进厂后要进行脱水和调质等预处理，增加了资源和能量消耗；

③ 水泥窑中过高的焚烧温度会导致 NO_x 等污染物排放的增加，从而增加了尾气处理成本。

利用水泥厂干法（回转窑进行污泥混烧）处理污泥有以下两种方法：

① 污泥脱水后直接运至水泥厂，在水泥厂进行湿污泥直接燃烧，即贮存污泥通过提升输送设备，采用给料机进行计量后，输送到分解炉或烟室进行处置。直接燃烧处理工艺环节少、流程简单、二次污染可能性小，但所需燃料量大，水泥厂应充分利用回转窑废气余热烘干湿污泥后焚烧。该方法在污水处理厂与水泥厂距离较远时污泥运输费用高，同时水泥厂需要进行必要的设备改造。

② 污水处理厂污泥脱水后，通过适当的措施进行干化或半干化，然后运至水泥厂。该方法的优点是焚烧相对简单，容易得到水泥厂的配合，运输费用低，污泥可作为水泥生产的辅助燃料提供热量；缺点是污水处理厂需要设置干化设备，没有充分利用水泥厂的余热进行干化，导致污泥干化费用较高。

对于湿法直接焚烧处理工艺，水泥厂也可采取两条技术路线：一条是污泥从湿法搅拌机进入，经过均化、贮存、粉磨后从窑尾喂入窑内焚烧；另一条是污泥与窑灰搅拌混合、均化后，从窑中喂入窑内焚烧。一般而言，污泥含水率高，更适合湿法水泥窑处理，直接作为生料配料组分加以利用。

利用水泥厂的干法水泥窑进行污泥混烧，污泥的进料位置可以为生料磨、分解炉底部、窑尾和窑头冷却机，工艺流程如图 4-10 所示。

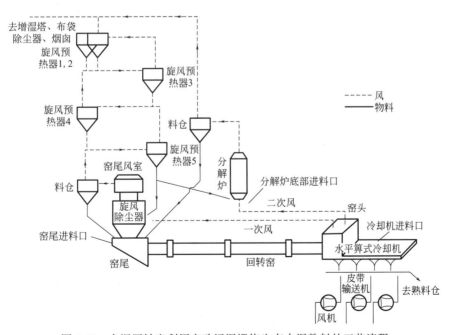

图 4-10　水泥回转窑利用市政污泥煅烧生态水泥熟料的工艺流程

1）从生料磨进料

对于水分含量较低的污泥，如干化后含水率达到8%左右，可以作为水泥生产的辅助原料直接加入生料磨中和其他物料一起粉磨；若污泥的含水率为65%~80%，由于污泥的处理量相对于水泥生料量很小，也可以将污泥直接加在生料磨上，利用热风和粉磨时产生的热量去除污泥中残存的少量水分。

在生料磨中加入污泥对水泥窑整个生产线的影响最小，对分解炉和回转窑的运行没有什么影响，充分利用了烟气余热，增加的煤耗很少，所以是首选的进料方式。

2）从分解炉底部进料

从分解炉底部进料，可利用窑头算冷机所产生的热风（二次风）作为污泥预干化的热源和助燃空气，能保证污泥的水分蒸发及燃烧，流态化分解炉的温度为850~900℃，气体停留时间为2s左右，污泥中的有机物和气体中的有害成分可以完全燃尽，物料焚烧后通过窑尾的旋风除尘器进入水泥生成系统，系统简单安全。生料中的石灰石能吸收污泥中的硫化物，不需要设置脱硫装置。

从分解炉底部进料的方式不适合处理氯含量高的污泥，因为飞灰中含有的高浓度氯离子容易腐蚀分解炉的炉体和回流管的耐火材料，形成结皮和结圈，使系统无法使用。

分解炉底部进料的缺点是：污泥量不能太大，污泥量太大可能导致炉底局部温度下降过快，使得煤不能完全燃烧，耗煤量增加。

3）从窑尾进料

某水泥厂干法水泥窑熟料生产能力为1050t/d，每吨熟料的煤耗为163kg。2.3t/h未干化的市政污泥（含水率为80%）从窑尾投加到回转窑中，窑尾的温度很快从900℃下降至850℃左右。自控系统立即指令进料的计量泵转速降低，从而使得熟料的产量下降10%左右，喂煤量保持不变。

4）从窑头冷却机进料

某水泥厂的窑头冷却机为水平算式冷却机，熟料从窑头出料，温度从1100℃降低到190℃左右，在应急的情况下，可以直接将污泥用抓斗或者布料管均匀分布在水平算上，利用熟料的高温使污泥中的水分蒸发掉，并使有机物分解。

根据对水泥窑生产的影响和热能消耗的比较，从生料磨加入污泥是最安全、最节能的方式。主要原因是水泥生产线的生料磨本来就是利用水泥窑的余热进行生料的加热，不需对回转窑进行热能的重新平衡，而且生料磨和回转窑、分解炉关联性不大，不会因为局部温度骤降而影响运行，也避免了污泥中的污染物质可能导致的水泥窑结皮和结圈。从窑尾和分解炉底部加污泥都需要限制投加量，保证局部温度不要骤降而导致熟料产量下降或增加煤耗。从窑头冷却机进料可以作为应急措施，但不能作为长期的措施，因为烟气不能达标排放，并可能造成熟料质量的不稳定。

（3）垃圾焚烧厂污泥混烧技术

1）垃圾焚烧厂直接混烧污泥技术

典型垃圾焚烧厂混烧污泥的工艺流程如图4-11所示。垃圾和污泥加入焚烧炉，烟气出口温度不低于850℃，烟气停留时间不小于2s，可控制焚烧过程中二噁英的形成，高温烟气经余热锅炉回收热能发电。从余热锅炉出来的烟气依次经除酸系统、喷活性炭吸附装置、除尘器等烟气净化装置处理后排出。为提供焚烧炉内垃圾、污泥处理所需的热氧化环境，炉内过剩空气系数大，排放烟气中氧气含量为6%~12%。

垃圾焚烧炉型包括机械炉排炉和流化床炉。我国垃圾焚烧行业经过多年的发展，以机械炉排炉为主的垃圾焚烧工艺相对完善，并具有一定的规模，基本具备混烧污泥的条件。利用

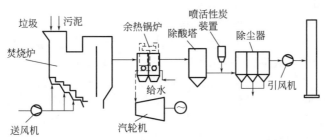

图 4-11　典型垃圾焚烧厂混烧污泥工艺流程

垃圾焚烧厂炉排炉混烧污泥，需安装独立的污泥混合和进料装置。含水率为 80% 的污泥与生活垃圾的掺混比例为 1∶4，干污泥（含固率约 90%）以粉尘状的形式进入焚烧室或者通过进料喷嘴将脱水污泥（含固率为 20%~30%）喷入燃烧室，并使之均匀分布在炉排上。

污泥与生活垃圾直接混烧需考虑以下问题：a. 污泥和垃圾的着火点均比较滞后，在焚烧炉排前段的着火情况不好，可造成物料燃尽率低。b. 焚烧炉助燃风通透性不好，物料焚烧需氧量不充分，可造成燃烧温度偏低。c. 污泥与生活垃圾在炉排上混合不理想时，会引起焚烧波动。d. 燃烧工况不稳定。城市生活垃圾成分受区域和季节的影响较大，垃圾含水率和灰土含量的大小将直接影响污泥处理量。e. 为保证混烧效果，往往需要向炉膛添加煤或喷入油助燃，消耗大量的常规能源，运行成本高。

目前为止，我国已有多座示范工程，如深圳盐田垃圾焚烧厂，每天处理 40t 脱水污泥。

2）垃圾焚烧厂富氧混烧污泥

我国垃圾和污泥的热值普遍偏低，单纯混烧污泥将不利于垃圾焚烧发电系统的正常运行，天津某环保有限公司开发了污泥掺混垃圾的富氧焚烧发电技术，其工艺流程如图 4-12 所示。先将湿污泥脱水，使含水率降低至 50% 左右，干化后再与秸秆以 5∶1~3∶1 比例混合制成衍生燃料，以保证焚烧的经济性并兼顾污泥的入炉稳定燃烧。衍生燃料和垃圾一起入炉焚烧，将一定纯度的氧气通过助燃风管路送到垃圾焚烧炉内助燃，实现生活垃圾混烧污泥的富氧焚烧，产生的热能通过锅炉、汽轮机和发电机转化成电能。富氧焚烧所需氧气量根据城市生活垃圾含水率、灰土成分的不同和污泥的热值变化而不断调整，助燃风含氧量为 21%~25%。

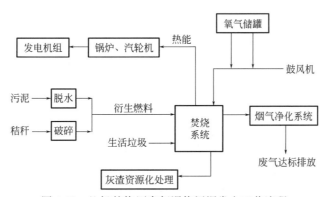

图 4-12　垃圾焚烧厂富氧混烧污泥发电工艺流程

垃圾焚烧厂富氧混烧污泥工艺具有如下特点：a. 污泥衍生燃料提高了燃烧物料的热值，解决了垃圾焚烧中热值低、不易燃烧的问题。b. 混合物料着火点提前，改善垃圾着火的条件，提高燃烧效率和燃烧温度，保证垃圾焚烧处理效果。c. 提高垃圾燃烧工况稳定性。根据混合物料的热值和水分、灰土含量等实际情况及时调整富氧含量，改善垃圾着火情况，从而解决燃烧工况不稳定的问题。d. 增加焚烧炉内助燃风氧气含量，有效降低锅炉整体空气过剩系数，获得更好的传热效果，降低排烟量，从而减少排烟损失，有助于提高锅炉效率，减少环境污染。e. 提高烟气排放指标。富氧燃烧能使炉内垃圾剧烈燃烧，从而降低烟气中 CO 和二噁英等有害物质的浓度。f. 减少灰渣热灼减率。富氧燃烧使助燃风中氧气含量提高，充分满足垃圾焚烧所需助燃氧气，提高垃圾燃烧效率，从而减少炉渣热灼减率。

垃圾焚烧厂富氧混烧垃圾的缺点是烟气和飞灰产生量增加，烟气净化系统的投资和运行成本增加，并降低生活垃圾发电厂的发电效率和焚烧厂的垃圾处理能力。

（4）污泥与重油在流化床锅炉中的混烧

浙江大学在 500mm×500mm 的大型流化床上开展了油与污泥混烧试验，研究了油和污泥的混烧特性，以寻求最佳的油枪布置位置和验证燃油系统的可靠性。试验结果表明，采用高料层、低风速运行非常有助于燃烧及床温的稳定。污泥的给料粒度在较大范围内均能正常燃烧，大粒度给料不会影响运行稳定；油与污泥混烧时的料层高度逐渐下降，床层的上、中、下部温差增大，加入床料后，运行状况得到明显改善；油与污泥混烧时床温稳定，但料层阻力逐渐下降，应适时补充床料。

4.2.1.3 污泥焚烧最佳可行技术

我国目前推荐的污泥焚烧最佳可行技术为干化+焚烧，其中干化工艺以利用烟气余热的间热式转盘干燥工艺为最佳，常规污水污泥焚烧的炉型以循环流化床炉为最佳，重金属含量较多且超标的污水污泥焚烧的炉型以多膛炉为最佳，具体的工艺流程见图 4-13 所示。

污泥焚烧的关键设备包括干燥器、干污泥贮存仓、焚烧炉、烟气处理系统、废水收集处理系统、灰渣及飞灰收集处理系统等，同时包括污泥干化预处理和污泥焚烧余热利用等设施。具体的运行要求有：a. 优化空气供给计量系数，一次风和二次风的供给和分配优化；优化燃烧区域内停留时间、温度、紊流度和氧浓度等，防止过冷或低温区域。b. 主焚烧室有足够的停留时间（≥2s）和湍流混合度，气相温度以 850~950℃ 为宜，以实现完全燃烧。c. 焚烧炉不运行期间（如维修），应避免污泥贮存过量，通过选择性的气味控制系统而采用相关措施（如采用掩臭剂等）控制贮存区臭气（包括其他潜在的逸出气体）。d. 安装自动辅助燃烧器使焚烧炉启动和运行期间燃烧室中保持必要的燃烧温度。e. 安装火灾自动监测及报警系统。f. 建立对关键燃烧参数的监测系统。

4.2.1.4 污泥焚烧的经济性分析

G. Mininni 等比较了流化床焚烧炉和多膛焚烧炉及不同配置条件下的系统合理性和可行性。焚烧炉处理对象分别为湿污泥和干污泥两种形式，余热回收方式有产生电能和不产生电能两种方式。辅助燃料采用 CH_4 气体。G. Mininni 等比较了图 4-14 所示的四种不同方案。

① 方案 a：污泥焚烧采用多膛焚烧炉结合独立的后燃室，后燃室内产生的高温烟气由余热锅炉进行余热回收，余热锅炉产生的蒸汽一方面用于发电，另一方面用于尾部烟气再热。烟气经过喷雾干燥烟气净化装置处理后进入布袋除尘器，然后排入烟囱。

② 方案 b：先对污泥进行干燥，然后采用流化床焚烧炉进行焚烧处理，助燃空气经余热锅炉产生的蒸汽加热后进入锅炉，同样设有独立的后燃室，余热回收产生的蒸汽不进行发电，而是用于加热助燃空气和尾部烟气的再热。烟气经过喷雾干燥烟气净化装置处理后进入布袋除尘器，然后排入烟囱。

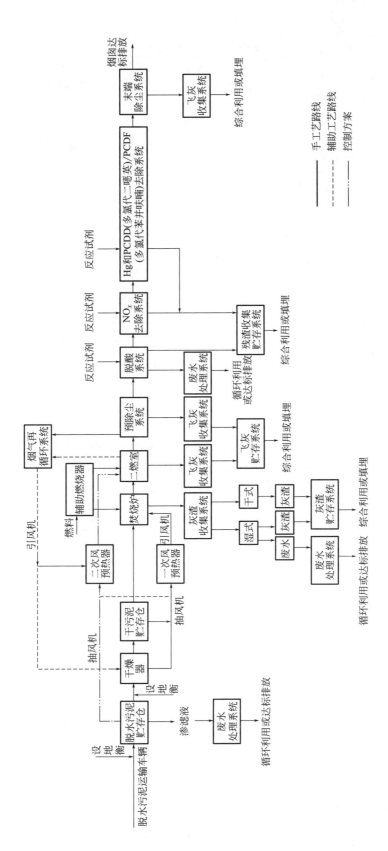

图 4-13 污泥干化焚烧最佳可行技术工艺流程图

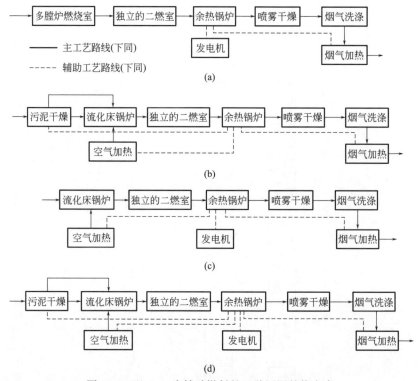

图 4-14　以 CH₄ 为辅助燃料的四种污泥焚烧方案

③ 方案 c：不对污泥进行干燥，直接采用流化床焚烧炉结合独立的后燃室进行焚烧处理，燃烧空气经余热锅炉产生的蒸汽加热后进入锅炉，利用余热回收产生的蒸汽进行发电、加热助燃空气和尾部烟气的再热。烟气经过喷雾干燥烟气净化装置处理后进入布袋除尘器，然后排入烟囱。

④ 方案 d：对污泥进行干燥后，采用流化床焚烧炉结合独立的后燃室进行焚烧处理，燃烧空气经余热锅炉产生的蒸汽加热后进入锅炉，利用余热回收产生的蒸汽进行发电、加热空气和尾部烟气的再热。烟气经过喷雾干燥烟气净化装置处理后进入布袋除尘器，然后排入烟囱。

焚烧炉的处理能力为 35t/d，污泥含固率为 25%，其中挥发分（干基）为 65%。由于干燥污泥所需的热能较多，用多膛焚烧炉或流化床焚烧炉这两种方式直接处理湿污泥，其热能产出要大于先干燥再去流化床处理的方式。具体而言，考虑污泥本身热能和辅助燃料的热值，处理干燥污泥的焚烧发电效率极低，仅为 4.6%，而处理湿污泥的流化床焚烧方式发电效率可达 14.6%~16.3%，尽管处理相同量的污泥，辅助燃料量不一样。

通过经济分析，一般焚烧处理污泥的水分控制在 43%~44% 时，经济性最佳。

直接焚烧湿污泥比先干燥污泥再焚烧的方式所需辅助燃料量及烟气排放量要大得多，因而处理干燥污泥和湿污泥的流化床焚烧炉在炉外形及尺寸等方面有较大不同，特别是对流段和省煤器段的设计要求不同，相应对空气预热器的要求也有所不同，干化污泥焚烧炉的容量不宜过大，湿污泥焚烧炉的容量可以设计大型化。

4.2.2　污泥焚烧炉

在污泥焚烧设备中，流化床焚烧炉（FBC）和多膛式焚烧炉（MIF）是应用最广泛的主要炉型，尽管其他炉型，如旋转炉窑、旋风炉和各种不同形式的熔炼炉也在使用，但所占份额不大。

4.2.2.1　多膛式焚烧炉

多膛式焚烧炉又称为立式多段焚烧炉，是一个垂直的圆柱形耐火衬里钢制设备，内部有许多水平的由耐火材料构成的炉膛，自下而上布置有一系列水平的绝热炉膛，一层一层叠加。一段多膛焚烧炉可含有 4～14 个炉膛，从炉子底部到顶部有一个可旋转的中心轴，如图 4-15 所示。

多膛式焚烧炉的横截面如图 4-16 所示，各层炉膛都有同轴的旋转齿耙，一般上层和下层的炉膛设有四个齿耙，中间层炉膛设有两个齿耙。经过脱水的泥饼从顶部炉膛的外侧进入炉内，依靠齿耙翻动向中心运动并通过中心的孔进入下层，而进入下层的污泥向外侧运动并通过该层外侧的孔进入再下面的一层，如此反复，使得污泥呈螺旋形路线自上而下运动。铸铁轴内设套管，空气由轴心下端鼓入外套管，一方面使轴冷却，另一方面空气被预热，经过预热的部分或全部空气从上部回流至内套管进入最底层炉膛，再作为燃烧空气向上与污泥逆向运动焚烧污泥。

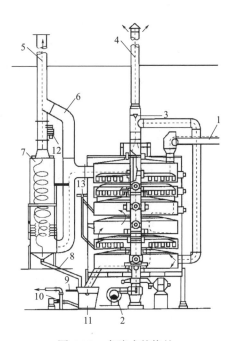

图 4-15　多膛式焚烧炉

1—泥饼；2—冷却空气鼓风机；3—浮动风门；4—废冷却气；
5—清洁气体；6—无水量旁路通道；7—旋风喷射洗涤器；
8—灰浆；9—分离水；10—砂浆；11—灰斗；
12—感应鼓风机；13—轻油

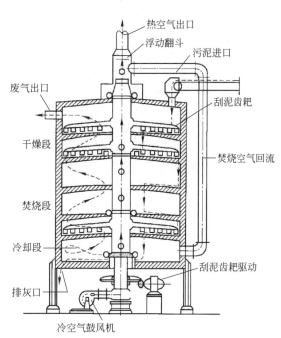

图 4-16　多膛式焚烧炉的横截面

从污泥的整体焚烧过程来看，多膛炉可分为三个部分。顶部几层为干燥区，起污泥干燥作用，温度约为 425～760℃，可使污泥含水率降至 40% 以下。中部几层为污泥焚烧区，温度为 760～925℃。其中上部为挥发分气体及部分固态物燃烧区，下部为固定碳燃烧区。最底部几层为缓慢冷却区，主要起冷却并预热空气的作用，温度为 260～350℃。

该类设备以逆流方式运行，分为三个工作区，热效率很高。气体出口温度约为400℃，而上层的湿污泥仅为70℃或稍高。脱水污泥在上部可干燥至含水50%左右，然后在旋转中心轴带动的刮泥齿耙的推动下落入燃烧床上。燃烧床上的温度为760~870℃，污泥可完全着火燃烧。燃烧过程在最下层完成，并与冷空气接触降温，再排入冲水的熄灭水箱。燃烧气含尘量很低，可用单一的湿式洗涤器把尾气含尘量降到200mg/m³以下。进空气量不必太高，一般为理论量的150%~200%。

根据经验，燃烧热值为17380kJ/kg的污泥，当含水量与有机物之比为3.5∶1时，可以自燃而无需辅助燃料，否则，多膛炉应采用辅助燃料。辅助燃料由煤气、天然气、消化池沼气、丙烷气或重油等组成。多膛炉焚烧时所需辅助燃料的多少与污泥的自身热值和水分大小有关。

正常工况下，空气过剩系数为50%~100%才能保证燃烧充分，如氧供应不充足，则会产生不完全燃烧现象，排放出大量的CO、煤油和烃类，但过量的空气不仅导致能量损失，而且会带出大量灰尘。

多膛焚烧炉的规模多为5~1250t/d不等，可将污泥的含水率从65%~75%降至约0，污泥体积降至10%左右。多膛焚烧炉的污泥处理能力与其有效炉膛面积有关，特别是处理城市污水污泥时。焚烧炉有效炉膛面积为整个焚烧炉膛面积减去中间空腔体、臂及齿的面积。一般多膛炉焚烧处理20%含水率的污泥时焚烧速率为34~58kg/(m³·h)。

多膛炉的废气可通过文丘里洗涤器、吸收塔、湿式或干式旋风喷射洗涤器进行净化处理。当对排放废气中颗粒物和重金属的浓度限制严格时，可使用湿式静电除尘器对废气进行处理。

多膛焚烧炉具有以下特点：加热表面和换热表面大，炉身直径可达到7m，层数可从4层多到14层；在连续运行中，燃料消耗少，而在启动的头1~2天内消耗燃料较多；在有色金属冶金工业中使用较多，历史也长，并积累了丰富的使用经验。多膛焚烧炉存在的问题主要是：机械设备较多，需要较多的维修与保养；耗能相对较多，热效率较低，为减少燃烧排放的烟气污染，需要增设二次燃烧设备。

以前，污水污泥焚烧炉多使用多膛炉，但由于污泥自身热值的提高使炉温上升并产生搅拌臂消耗，以及焚烧能力等原因，同时由于辅助燃料成本上升和更加严格的气体排放标准，多膛炉越来越失去竞争力，促使流化床焚烧炉成为较受欢迎的污泥焚烧装置。

4.2.2.2 流化床焚烧炉

流化床焚烧炉内衬耐火材料，下面由布风板构成燃烧室。燃烧室分为两个区域，即上部的稀相区（悬浮段）和下部的密相区。其工作原理是：流化床密相区床层中有大量的惰性床料（如煤灰或砂子等），其热容很大，能够满足污泥水分的蒸发、挥发分的热解与燃烧所需热量的要求。由布风装置送到密相区的空气使床层处于良好的流化状态，床层内传热工况良好，床内温度均匀稳定维持在800~900℃，有利于有机物的分解和燃尽。焚烧后产生的烟气夹带着少量固体颗粒及未燃尽的有机物进入流化床稀相区，由二次风送入的高速空气流在炉膛中心形成一旋转切圆，使扰动强烈，混合充分，未燃尽成分继续进行燃烧。

按照流化风速及物料在炉膛内的运动状态，流化床焚烧炉可分为沸腾式流化床和循环式流化床两大类，如图4-17所示。

沸腾式流化床焚烧炉的横断面如图4-18所示。高压空气（20~30kPa）从炉底部耐火格栅中的鼓风口喷射而上，使耐火格栅上约0.75m厚的硅砂层与加入的污泥呈悬浮状态。干燥破碎的污泥从炉下端加入炉中，与灼热硅砂剧烈混合而焚烧，流化床的温度控制在725~950℃。污泥在循环流化床焚烧炉和沸腾流化床焚烧炉中的停留时间分别为数秒和数十秒。焚烧灰与气体一起从炉顶部排出，经旋风分离器进行气固分离后，热气体用于预热空气，热焚烧灰用于预热干燥污泥，以便回收热量。流化床中的硅砂也会随着气体流失一部分，每运行 300h，应补充流化床中硅砂量的 5%，以保证流化床中的硅砂有足够的量。

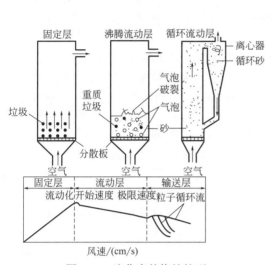

图 4-17　流化床焚烧炉炉型

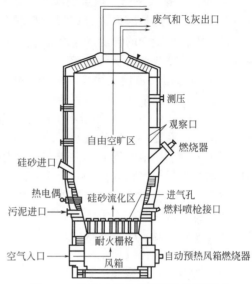

图 4-18　沸腾式流化床焚烧炉的横断面

污泥在流化床焚烧炉中的焚烧在两个区完成。第一个区为硅砂流化区，污泥中水分的蒸发和有机物的分解几乎同时发生在这一区中；第二区为硅砂层上部的自由空旷区，这一区相当于一个后燃室，污泥中的炭和可燃气体继续燃烧。

流化床焚烧炉排放废气的净化处理可以采用文丘里洗涤器和/或吸收塔。

污泥流化床焚烧炉的焚烧温度一般为 660～830℃（辅助燃料采用煤时，该温度区域可扩大为 850℃），在该区域内可有效消除污泥臭味。图 4-19 所示为焚烧温度与尾气臭味排放水平的关系。焚烧温度在 730℃ 以上时，臭味的排放接近零。此温度可由设在炉床处的辅助烧嘴及热风予以调节控制。

与多膛式焚烧炉相比，流化床焚烧炉具有以下优点：

① 焚烧效率高。流化床焚烧炉由于燃烧稳定，炉内温度场均匀，加之采用二次风增加炉内的扰动，炉内的气体与固体混合强烈，污泥的蒸发和燃烧在瞬间就可以完成。未完全燃烧的可燃成分在悬浮段内继续燃烧，使得燃烧非常充分。热容大，停止运行后，每小时降温不到 5℃，因此在 2d 内重新运行，可不必预热载体，可连续或间歇运行；操作可用自动仪表控制并实现自动化。

② 对各类污泥的适应性强。由于流化床层中有大量的高温惰性床料，床层的热容大，能提供低热值高水分污泥蒸发、热解和燃烧所需的大量热量，所以流化床焚烧炉适合焚烧各种污泥。

③ 环保性能好。流化床焚烧炉将干燥与焚烧集成在一起，可除臭；采用低温燃烧和分级燃烧，焚烧过程中 NO_x 的生成量很小，同时在床料中加入合适的添加剂可

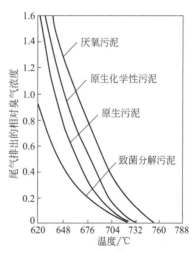

图 4-19　焚烧温度与尾气臭味
排放水平的关系

以消除和降低有害焚烧产物的排放，如在床料中加入石灰石可中和焚烧过程中产生的 SO_x、HCl，使之达到环保要求。

④ 重金属排放量低。重金属属于有毒物质，升高焚烧温度将导致烟气中粉尘的重金属含量大大增加，这是因为重金属挥发后转移到粒径小于 $10\mu m$ 的颗粒上，某些焚烧实例表明：铅、镉在粉尘中的含量随焚烧温度呈指数增加。由于流化床焚烧炉焚烧温度低于多膛式焚烧炉，因此重金属的排放量较少。

⑤ 结构紧凑，占地面积小。由于流化床燃烧强度高，单位面积的处理能力大，炉内传热强烈，还可实现余热回收装置与焚烧炉一体化，所以整个系统结构紧凑，占地面积小。

⑥ 事故率低，维修工作量小。流化床焚烧炉没有易损的活动部件，可减少事故率和维修工作量，进而提高焚烧装置运行的可靠性。

流化床焚烧技术的优势还在于有非常大的燃烧接触面积、强烈的湍流强度和较长的停留时间。如对于平均粒径为 0.13mm 的床料，流化床全接触面积可达到 $1420m^2/m^3$。

然而，在采用流化床焚烧炉处理含盐污泥时也存在一定的问题。当焚烧含有碱金属盐或碱土金属盐的污泥时，在床层内容易形成低熔点的共晶体（熔点在 $635\sim815℃$ 之间），如果熔化盐在床内积累，则会导致结焦、结渣，甚至流化失败。如果这些熔融盐被烟气带出，就会黏附在炉壁上固化成细颗粒，不容易用洗涤器去除。解决这个问题的办法是：向床内添加合适的添加剂，它们能够将碱金属盐类包裹起来，形成熔点在 $1065\sim1290℃$ 之间的高熔点物质，从而解决了低熔点盐类的结垢问题。添加剂不仅能控制碱金属盐类的结焦问题，而且还能有效控制污泥中含磷物质的灰熔点。

流化床焚烧炉运行的最高温度通常取决于：a. 污泥组分的熔点；b. 共晶体的熔化温度；c. 加添加剂后的灰熔点。流化床污泥焚烧炉的运行温度通常为 $760\sim900℃$。

流化床焚烧炉可以两种方式操作，即鼓泡床和循环床，这取决于空气在床内空截面的速度。随着空气速度的提高，床层开始流化，并具有流体特性。进一步提高空气速度，床层膨胀，过剩的空气以气泡的形式通过床层，这种气泡将床料彻底混合，迅速建立烟气和颗粒的热平衡。以这种方式运行的焚烧炉称为鼓泡流化床焚烧炉，如图 4-20 所示。鼓泡流化床内空床截面烟气速度一般为 $1.0\sim3.0m/s$。

当空气速度更高时，颗粒被烟气带走，在旋风筒内分离后，回送至炉内进一步燃烧，实现物料的循环。以这种方式运行的称为循环流化床焚烧炉，如图 4-21 所示。其空床截面烟气速度一般为 $5.0\sim6.0m/s$。

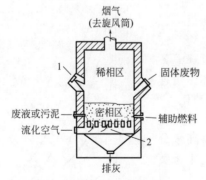

图 4-20　鼓泡流化床焚烧炉

1—预热燃烧器；2—布风装置
工艺条件：焚烧温度 760~1100℃；平均停留时间
1.0~5.0s；过剩空气 100%~150%

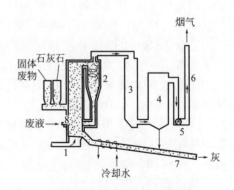

图 4-21　循环流化床焚烧炉

1—进风口；2—旋风分离器；3—余热利用锅炉；
4—布袋除尘器；5—引风机；6—烟囱；
7—排渣输送系统；8—燃烧室

循环流化床焚烧炉可燃烧固体、气体、液体和污泥，可向炉内添加石灰石来控制 SO_x、HCl、HF 等酸性气体的排放，而不需要昂贵的湿式洗涤器，HCl 的去除率可达 99% 以上，主要有害有机化合物的破坏率可达 99.99% 以上。在循环流化床焚烧炉内，污泥在高气速、湍流状态下焚烧，其湍流程度比常规焚烧炉高，因而不需雾化就可燃烧彻底。同时，由于焚烧产生的酸性气体被去除，避免了尾部受热面遭受酸性气体的腐蚀。

循环流化床焚烧炉排放烟气中 NO_x 的含量较低，其体积分数通常小于 100×10^{-6}。这是由于循环流化床焚烧炉可实现低温、分级燃烧，从而降低了 NO_x 的排放。

循环流化床焚烧炉运行时，污泥与石灰石可同时进入燃烧室，空床截面烟气速度为 5~6m/s，焚烧温度为 790~870℃，最高可达 1100℃，气体停留时间不低于 2s，灰渣经水间接冷却后从床底部引出，尾气经废热锅炉冷却后，进入布袋除尘器，经引风机排出。

流化床焚烧炉的缺点是：运行效果不及其他焚烧炉稳定；动力消耗较大；飞灰量很大，烟气处理要求高，采用湿式收尘的水要专门的沉淀池来处理。

4.2.2.3　回转窑式焚烧炉

回转窑式焚烧炉是采用回转窑作为燃烧室的回转运行的焚烧炉。回转窑采用卧式圆筒状，外壳一般用钢板卷制而成，内衬耐火材料（可以为砖结构，也可为高温耐火混凝土预制），窑体内壁是光滑的，也有布置内部构件结构的。窑体的一端以螺旋加料器或其他方式进行加料，另一端将燃尽的灰烬排出炉外。污泥在回转窑内可逆向与高温气流接触，也可与气流一个方向流动。逆向流动时高温气流可以预热进入的污泥，热量利用充分，传热效率高。排气中常携带污泥中挥发出来的有毒有害气体，因此必须进行二次焚烧处理。顺向流动的回转窑，一般在窑的后部设置燃烧器，进行二次焚烧。如果采用旋流式回转窑，那么顺向流动的回转窑不一定必须带二次燃烧室。

污泥回转窑焚烧炉见图 4-22。炉衬为混凝土砖结构，混凝土部分设置内部构件结构，回转窑所配置的燃烧室做成带滚轮的结构，可移动并且方便维修。

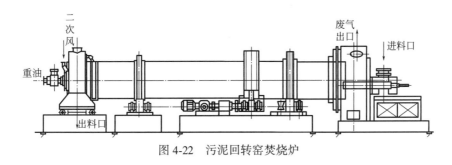

图 4-22　污泥回转窑焚烧炉

回转窑焚烧炉的温度变化范围较大，为 810~1650℃，温度控制由窑端头的燃烧器的燃料量加以调节，通常采用液体燃料或气体燃料，也可采用煤粉作为燃料或废油本身兼作燃料。

典型的回转窑焚烧炉炉膛/燃尽室系统如图 4-23 所示。污泥和辅助燃料由前段进入，在焚烧过程中，圆筒形炉膛旋转，使污泥不停翻转，充分燃烧。该炉膛外层为金属圆筒，内层一般为耐火材料衬里。回转窑焚烧炉通常稍微倾斜放置，并配以后置燃烧器。一般炉膛的长径比为 2~10，转速为 1~5r/min，安装倾角为 1°~3°，操作温度上限为 1650℃。回转窑的转动将污泥与燃气混合，经过预燃和挥发将污泥转化为气态和残碳态，转化后气体通过后置燃烧器的高温（1100~1370℃）进行完全燃烧。气体在后置燃烧器中的平均停留时间为 1.0~

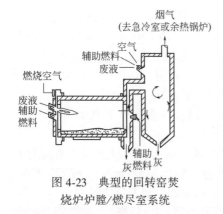

图 4-23　典型的回转窑焚烧炉炉膛/燃尽室系统

3.0s，空气过剩系数为 1.2~2.0。

回转窑焚烧炉的平均热容约为 $63×10^6$ kJ/h。炉中焚烧温度（650~1260℃）的高低取决于两方面：一方面取决于污泥的性质，对于含卤代有机物的污泥，焚烧温度应在 850℃ 以上，对于含氰化物的污泥，焚烧温度应高于 900℃；另一方面取决于采用哪种除渣方式（湿式还是干式）。

回转窑焚烧炉内的焚烧温度由辅助燃料燃烧器控制。在回转窑炉膛内不能有效去除焚烧产生的有害气体，如二噁英、呋喃等，为了保证烟气中有害物质的完全燃烧，通常设有燃尽室，当烟气在燃尽室内的停留时间大于 2s、温度高于 1100℃ 时，上述物质均能很好地消除。燃尽室出来的烟气通过余热锅炉回收热量，用以产生蒸汽或发电。

4.2.2.4　炉排式焚烧炉

污泥送入炉排上进行焚烧的焚烧炉简称为炉排型焚烧炉。炉排焚烧炉因炉排结构不同，可分为阶梯往复式、链条式、栅动式、多段滚动式和扇形炉排。可使用在污泥焚烧中的通常为阶梯往复式炉排焚烧炉。

阶梯往复式炉排焚烧炉的结构如图 4-24 所示。一般该焚烧炉炉排由 9~13 块组成，固定炉排和活动炉排交替放置。前几块为干燥预热炉排，后为燃烧炉排，最下部为出渣炉排。活动炉排的往复运动由液压缸或由机械方式推动。往复的频率根据生产能力可在较大范围内进行调节，操作控制相当方便。

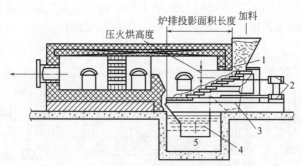

图 4-24　阶梯往复式炉排焚烧炉的结构
1—压火烘；2—液压缸；3—盛料斗；4—出灰斗；5—水封

用炉排炉焚烧污水污泥，固定段和可动段交互配置，油压装置使可动段前后往返运动，一边搅拌污泥层，一边运送污泥层。污泥焚烧的干燥带较长，燃烧带较短。含水率在 50% 以下的污泥可以高温自燃。上部设置余热锅炉，回收的蒸汽可以用于污泥干燥等。脱水污泥饼（含水率为 75%~80%）经过干燥成干燥污泥饼（含水率为 40%~50%）进入焚烧炉排炉，最终形成焚烧灰。

4.2.2.5　电加热红外焚烧炉

电加热红外焚烧炉如图 4-25 所示，其本体为水平绝热炉膛，污泥输送带沿着炉膛长度方向布置，红外电加热元件布置在焚烧炉输送带的顶部，由焚烧炉尾端烟气预热的空气从焚烧炉排渣端送入，供燃烧用。

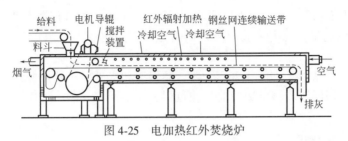

图 4-25　电加热红外焚烧炉

电加热红外焚烧炉一般由一系列预制件组合而成，可以满足不同焚烧长度的要求。脱水污泥通过输送带一端送入焚烧炉内，入口端布置有滚动机构，使污泥以近 12.5mm 的厚度布满输送带。

在焚烧炉中，污泥先被干化，然后在红外加热段焚烧。焚烧灰排入设在另一端的灰斗中，空气从灰斗上方经过焚烧灰层的预热后从后端进入焚烧炉，与污泥逆向而行。废气从污泥的进料端排出。电加热红外焚烧炉的空气过剩系数为 20%~70%。

电加热红外焚烧炉的特点是投资小，适合于小型的污泥焚烧系统。缺点是运行耗电量大，能耗高，而且金属输送带的寿命短，每隔 3~5 年就要更换一次。

电加热红外焚烧炉排放废气的净化处理可采用文丘里洗涤器和/或吸收塔等湿式净化器进行。

4.2.2.6　熔融焚烧炉

很多焚烧炉型的运行温度低于污泥中灰分的熔点，灰渣中含有大量高浓度的污染环境的重金属，要处理处置这种污染物，费用很高，并且需要特殊的填埋地点。

污泥熔融焚烧炉的目的主要是控制污水污泥中含有的有害重金属排放。预先干燥的污泥在超过灰熔点的温度下进行焚烧（一般在 1300~1500℃），形成比其他焚烧方式密度大 2~3 倍的熔化灰，将污泥灰转化成玻璃体或水晶体物质，重金属以稳定的状态存在于 SiO_2 等玻璃体或水晶体中，不会溶出（被过滤）而损害环境，炉渣可用作建筑材料。向污泥中加入石灰和硅石可降低熔融温度，使运行容易、炉膛损耗减少。

一般来说，污水污泥的熔融焚烧系统由以下四个过程组成：

① 干燥过程：将含有 70%~80% 水分的脱水污泥饼降至含水 10%~20% 的干燥污泥饼。

② 调整过程：根据各熔炉的适用方式，进行造粒、粉碎、热分解、炭化等。

③ 燃烧、熔融过程：有机分燃烧，无机分首先变成灰，然后再熔融成炉渣。

④ 冷却、炉渣粒化过程：使用水冷得到粒状炉渣，空冷得到慢慢冷却的炉渣，然后将结晶炉渣渣粒化后实现资源化利用。

用于污泥处理的熔融炉有许多种，如表面熔融炉（膜熔融炉）、旋流式熔融炉、焦炭床式熔融炉、电弧式电熔融炉。

（1）表面熔融炉（膜熔融炉）

表面熔融炉的构造有方形固定式和圆形回转式两种。熔融污泥时，有机成分首先热分解燃烧，焚烧灰在炉表面以膜状熔流滴下，形成粒状炉渣。如果污泥的发热量在 14654kJ/kg（3500kcal/kg）以上，能够自然熔融。由于主燃烧室温度为 1300~1500℃，炉膛出口的烟气温度为 1100~1200℃，可以进行热量回收，用来加热燃烧用空气和在余热锅炉中产生用于干燥污泥的蒸汽。

（2）旋流式熔融炉

将细粉化的干燥污泥旋转吹入圆筒形熔融炉内，污泥中的有机成分瞬时热分解、燃烧，形成 1400℃ 左右的高温，污泥中的灰分开始熔融，在炉内壁上一边形成薄层一边流下，从炉渣口排出。

旋流式熔融炉有纵型（如图 4-26 所示）、倾斜型和水平型三种炉型，原理都相同，具有旋风炉的特性，但污泥送入熔融炉的前处理过程可能不同，有蒸汽干燥、流动干燥、流动热分解等。

（3）焦炭床式熔融炉

如图 4-27 所示，填充焦炭为固定层，由风口吹入一次空气，在床内形成 1600℃ 左右的灼热层。这里，含水率为 35%~40% 的干燥粒状污泥和焦炭、石灰或碎石交互被投入。灰分和碱度调整剂一起在焦炭床内边熔融边移动，生成的炉渣在焦炭粒子间流下。炉膛出口烟气温度为 900℃ 左右，在 500℃ 左右加热空气，然后进一步进行热量回收产生锅炉蒸汽，蒸汽被送入桨式污泥干燥机。焦炭的消耗量受投入污泥的含水率、发热量及投入量影响较大，填充的焦炭必须保证一定的量。炉内容易保持较高的温度，同样适用于发热量较低的污泥或熔点较高的污泥。对于发热量较高的污泥，不会节省焦炭，因此必须进行积极的热回收。

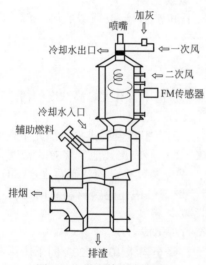

图 4-26 纵型旋流式熔融炉

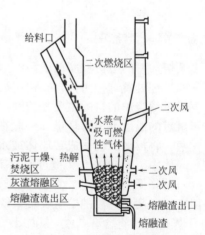

图 4-27 焦炭床式熔融炉

（4）电弧式电熔融炉

这种方式需先将污泥干燥到含水率为 20% 左右。电炉的电弧热使干燥污泥饼中的有机物分解，变成可燃气体，无机物作为熔融炉渣被排出。用高压水喷射流下来的炉渣，使其粉碎后形成人工砂状物。粒状炉渣经沉降分离后由泵送到料斗中贮存。熔融炉中产生的热分解气体在脱臭炉中直接燃烧，干燥机排气在 750℃ 左右脱臭，然后经除尘装置以及排气洗涤塔处理后排放到大气中。这种方式由于使用电能，成本较高，使用剩余能量不如城市垃圾焚烧炉那样优点突出。

4.2.2.7 旋风焚烧炉

旋风焚烧炉是单个炉膛，炉膛可动，齿耙固定（如图 4-28 所示）。空气被带进燃烧器的切线部位。焚烧炉是由耐火材料线性排列的圆顶圆柱形结构，以即时燃料补充的方式加热空气，形成了一个提供污泥和空气混合良好的强旋涡形式。空气和烟气在螺旋气流中顺着圆顶中心位置排出的烟气回旋垂直上升。污泥由螺旋给料机供给，在回转炉膛的外围沉积，并被耙向炉膛中心排出。焚烧炉内的温度为 815~870℃。这些焚烧炉相对较小，在操作温度下，可在 1h 内启动。

旋风焚烧炉的一种改型如图 4-29 所示，这是一种卧式焚烧炉。飞灰通过烟气排出。污泥从炉壁沿切线方向由泵打进焚烧炉，空气被带进燃烧器的切线部位形成旋风效果。这种焚烧炉没有炉膛，只有炉壳和耐火材料，污泥在炉内的停留时间不超过 10s。燃烧产物在 815℃ 下从涡流中排出，确保完全燃烧。

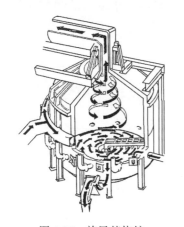

图 4-28　旋风焚烧炉

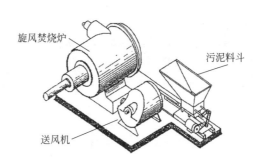

图 4-29　单独安装的旋风焚烧炉

旋风焚烧炉适用于污水处理量小于 9000t/d 的污水处理厂污泥的焚烧。这种处理方式相对便宜，机组结构简单。卧式焚烧炉可以作为一个完全独立的设备单独安装，适用于现场焚烧污泥，运行时仅需配备进料系统和烟囱。

4.2.3　污泥焚烧炉的设计

污泥焚烧系统的选择需要考虑很多因素，如技术、经济成本、政策等，其中投资与成本是非常重要的因素。一般来说，选择焚烧技术需完成如下一些分析步骤：

① 污泥特性分析。需分析的污泥特性包括组成、热值、重度、黏度等。需要注意的是，上述特性是随技术、法规和经济发展等因素变化而变化的。

② 系统的初步考虑。依据当前及将来可能的法规要求，提出污泥焚烧系统的性能指标要求，并进行焚烧系统的设计考虑。

③ 能量与物料平衡。一般从污泥的物质流及能量流等角度确定能量平衡、物料平衡、燃烧所需空气以及烟气排放等。测算往往基于污泥处理的日平均量，计算结果应取处理能力最大值。

④ 焚烧炉及配套辅助系统的分析。这一选择往往取决于业主对技术的认识以及技术本身的适应性。辅助系统中重要的有污泥给料系统、点火系统及烟气净化系统。辅助系统的选择必须要求稳定可靠，烟气净化系统的选择还应严格按照国家的法规要求。

⑤ 焚烧系统经济性分析。主要包括两部内容：初投资及运行成本。

一些因素对污泥焚烧工程初投资的影响可以采用下式来估算：

$$C_i = C_0 \left(\frac{S_i}{S_0}\right)^n \tag{4-1}$$

式中　C_i——变化后的某设备或装置的投资额；

$\quad\quad C_0$——变化前的某设备或装置的投资额；

$\quad\quad S_i$——变化后的某设备或装置某一特征值；

$\quad\quad S_0$——变化前的某设备或装置某一特征值；

$\quad\quad n$——某设备或装置对初投资的影响指数。

4.2.3.1　质量平衡原理

根据质量守恒定律，焚烧系统输入的物料（污泥）质量应等于输出的物料（烟气和飞灰）质量，即：

$$M_a + M_f - M_g - M_r = 0 \tag{4-2}$$

式中　M_a——进入焚烧系统助燃空气的质量；

$\quad\quad M_f$——进入焚烧系统的污泥质量；

$\quad\quad M_g$——排出焚烧系统的烟气质量；

$\quad\quad M_r$——排出焚烧系统的飞灰质量。

污泥中的主要可燃元素为 C、H、S，其燃烧方程分别如下：

$$\begin{array}{cccc} C & + & O_2 & \longrightarrow & CO_2 \\ 12.010 & & 32.000 & & 44.010 \end{array} \tag{4-3}$$

$$\begin{array}{cccc} 2H_2 & + & O_2 & \longrightarrow & 2H_2O \\ 4.032 & & 32.000 & & 36.032 \end{array} \tag{4-4}$$

$$\begin{array}{cccc} S & + & O_2 & \longrightarrow & SO_2 \\ 32.066 & & 32.000 & & 64.066 \end{array} \tag{4-5}$$

根据以上反应式计算可得，污泥中每 1kgC 燃烧需 O_2 量为 2.6644kg，生成 CO_2 的量为 3.6644kg；污泥中的 H_2 燃烧需 O_2 量为 7.9365kg/kg，生成水蒸气的量为 8.9365kg/kg；污泥中的 S 燃烧需 O_2 量为 0.9979kg/kg，生成 SO_2 的量为 1.9979kg/kg。即 1kg 干污泥燃烧所需的总 O_2 量为：

$$\text{需 } O_2 \text{ 量} = 2.6644w(C) + 7.9365w(H_2) + 0.9979w(S) - \text{燃料中含 } O_2 \text{ 量} \tag{4-6}$$

换算为空气，则有：

$$\text{需空气量} = \text{需氧量} \times 4.3197 \tag{4-7}$$

1kg 干污泥燃烧生成的水蒸气量为：

$$\text{生成的水蒸气量} = 8.9365w(H_2) \tag{4-8}$$

1kg 干污泥燃烧生成的干气体量为：

$$\text{生成的干气体量} = 3.6644w(C) + 1.9979w(S) + \text{需氧量} \times (4.3197-1) + \text{燃料中含 } N_2 \text{ 量} \tag{4-9}$$

根据 Dulong 方程，1kg 干污泥燃烧释放的热量为：

$$Q = 33829w(C) + 144277[w(H_2) - 0.125w(O_2) + 9420w(S)] \tag{4-10}$$

以上各式中 C、H_2、S、O_2、N_2 的质量分数单位为%；Q 的单位为 kJ/kg；需氧量、需空气量、生成水蒸气量和生成干气体量的单位均为 kg/kg。

4.2.3.2　能量平衡原理

从能量转换的观点来看，污泥焚烧系统是一个能量转换设备，它将污泥的化学能通过燃烧过程转化成烟气的热能，烟气再通过辐射、对流、导热等基本传热方式将热能分配交换给工质或排放到大气环境中。在稳定工况条件下，焚烧系统输入输出的热量是平衡的，即：

$$Q_f + M_a h_a - M_g h_g - M_r h_r = 0 \qquad (4-11)$$

式中　Q_f——污泥燃烧放出的热量；

　　　h_a——单位质量助燃空气的焓；

　　　h_g——单位质量烟气的焓；

　　　h_r——单位质量飞灰的焓。

4.2.3.3　流化床焚烧炉的设计

（1）污泥给料系统的考虑

一般来说，首先应确定该系统需要的给料量、污泥成分、污泥含固率、干基污泥中的可燃物质量、污泥燃烧值及污泥中一些化学物质如石灰的含量等。

输送方式的选择将依据输送装置的尺寸、运行成本、安装位置及维修难易程度等来定。一般可用于输送污泥的方式有带式、泵送式、螺旋式以及提升式。带式输送机械结构简单而可靠，通常可倾斜到 18°。

许多情况下，湿污泥可通过泵进行输送和给料，通常采用的有柱塞泵、挤压泵、隔膜泵、离心泵等。泵送可实现稳定的给料速率，减少污染排放，有利于焚烧炉的稳定运行；系统易于布置，对周围布置条件要求低；可充分降低污泥臭味对环境的影响。不足的是，泵送污泥的压力损失较大。对于泵送污泥，其所需的起始压力为：

$$\Delta p = \frac{4 L \tau_0}{d_0} \qquad (4-12)$$

式中　L——输送长度，m；

　　　τ_0——起始剪切力，10^{-5}Pa；

　　　d_0——管道直径，m。

在采用泵送方式时，起始剪切力可随着污泥在输送管道内静止停留时间的增长而增加。

比较而言，刮板式输送机械更适于污泥的输送。这种方式有调节松紧装置，但需考虑污泥的触变特性，即污泥在受到一定剪切力时，其表面黏性力可急剧下降，使原来硬稠的污泥变为液体状的污泥。污泥的水平输送通常使用螺旋输送机械，输送距离应不超过 6m，以防止机械磨损和方便机械的检修、维护。

给料量的范围主要取决于焚烧炉处理的最小负荷和最大负荷。

辅助燃料的添加可以有多种不同的方案，大多数装置采用将污泥和辅助燃料（煤或油）分别给入床内的办法，例如将污泥由炉顶自由落入炉内，煤由床层上方负压给料口给入，辅助油通过在床层内布置的油枪，或将其雾化后与一次风一起送入流化床。也可以将辅助燃料通过一些特殊设备事先与污泥混合，然后一起加入。这样可避免床内的燃烧不均匀，有利于污泥的燃烧稳定和锅炉的安全运行。

（2）污泥流化床焚烧炉的主要设计原则

1）污泥流化床焚烧炉内径的确定

所选流化床焚烧炉的内径取决于进料污泥中所含的水分量。

2）污泥流化床焚烧炉静止床高的确定

典型的污泥流化床焚烧炉的膨胀床高与静止床高之比一般介于 1.5~2.0，而静止床高可为 1.2~1.5m。污泥流化床焚烧炉的处理能力与污泥水分之间的关系可表示为：

$$Q = 4.9 \times 10^{2.7-0.0222P} \tag{4-13}$$

式中　Q——污泥的处理量，$kg/(m^2 \cdot h)$；

　　　P——进料污泥的水分含量，%。

焚烧速率为：

$$I_v = 2.71 \times 10^{5.947-0.0096P} \tag{4-14}$$

当污泥水分介于 70%~75% 时，Q 为 53~69kg/$(m^2 \cdot h)$，I_v 为 $(1.81~2.04) \times 10^6$kJ/$(m^2 \cdot h)$。

流化床焚烧炉的热负荷为 $(167~251) \times 10^4$kJ/$(m^3 \cdot h)$（以炉床断面为基准）。若床层高度为 1m，炉子容积热强度高达 $(167~251) \times 10^4$kg/$(m^3 \cdot h)$。因此，即使污泥进料量有所变动，炉内流化温度的波动幅度也不大。流化床焚烧炉一般采用连续运行方式，但由于焚烧炉的蓄热量很大，停炉后的温度下降很慢，再启动较容易，所以有时也可采用间歇操作方式。

3）床料粒度的选择

污泥流化床焚烧炉的混合试验研究表明，对于二组元的污泥流化床焚烧炉，两种物料的颗粒粒度和密度对物料在床内分布产生的影响最大。一般来说，污泥在床内为低密度、大粒度物料，需选用小颗粒、大密度物料作为基本床，此时床内颗粒的分布规律将主要受密度的影响。污泥流化床焚烧炉大多采用石英砂为床料，其粒径的选择取决于临界流化速度。为达到较低的流化风速，选取的床料平均粒径在 0.5~1.5mm 之间。

4）污泥流化床焚烧炉防止床料凝结的措施

如何防止床料凝结，避免其对正常流化的影响，是流化床焚烧炉焚烧污泥的技术关键之一。污泥特别是城市污泥和一些工业污泥，本身带有一定量的低熔点物质，如铁、钠、钾、磷、氯和硫等成分，这些物质极易导致灰高温熔结成团，如磷与铁可以进行反应：PO_4^{3-} + $Fe^{3+} \longrightarrow FePO_4$，并产生凝结现象。一种简单有效的方法是在流化床中添加 Ca 基物质，通过 $3Ca^{2+} + 2FePO_4 \longrightarrow Ca_3(PO_4)_2 + 2Fe^{3+}$ 反应来克服 $FePO_4$ 的影响。

另外，碱金属氯化物可与床料发生以下反应：

$$3SiO_2 + 2NaCl + H_2O \longrightarrow Na_2O \cdot 3SiO_2 + 2HCl \tag{4-15}$$

$$3SiO_2 + 2KCl + H_2O \longrightarrow K_2O \cdot 3SiO_2 + 2HCl \tag{4-16}$$

反应生成物的熔点可低至 635℃，从而影响灰熔点。

添加一定量的 Ca 基物质可使得上述反应生成物进一步发生以下反应：

$$Na_2O \cdot 3SiO_2 + 3CaO + 3SiO_2 \longrightarrow Na_2O \cdot 3CaO \cdot 6SiO_2 \tag{4-17}$$

$$Na_2O \cdot 3SiO_2 + 2CaO \longrightarrow Na_2O \cdot 2CaO \cdot 3SiO_2 \tag{4-18}$$

生成高灰熔点的共晶体，防止碱金属氯化物对流化的影响。

将高岭土应用于流化床焚烧炉中也可有效防止床料玻璃化和凝结恶化。高岭土在流化床焚烧炉中可以发生以下脱水反应：

$$Al_2O_3 \cdot 2SiO_2 \cdot 2H_2O \longrightarrow Al_2O_3 \cdot 2SiO_2 + 2H_2O \tag{4-19}$$

$$Al_2O_3 \cdot 2SiO_2 + 2NaCl + H_2O \longrightarrow Na_2O \cdot Al_2O_3 \cdot 2SiO_2 + 2HCl \tag{4-20}$$

而共晶体 $Na_2O \cdot Al_2O_3 \cdot 2SiO_2$ 的熔点高达 1526℃。高岭土与碱金属的比例，一般为 3.3（对 K 而言）和 5.6（对 Na 而言），以避免 Al_2O_3 和 SiO_2 过量。

考虑到污泥以挥发分为主，为防止流化、恶化现象的发生，还可通过其他方式来控制，如低燃烧温度和异重流方式。

4.2.3.4　多膛焚烧炉的设计

首先，多膛焚烧炉的有效处理能力必须与污泥的产生量相匹配；其次，必须能适应污泥和补充燃料燃烧释放的热量。图 4-30 所示为典型多膛焚烧炉。

为了确定设备的尺寸和特性，必须通过一系列的计算测定多膛焚烧炉的进气流量、烟气量、补充燃料量和冷却水需要量。首先进行质量平衡计算，然后进行热平衡计算，最后得到系统排放物的特性。

多膛焚烧炉的处理能力与搅拌速率和炉的大小有关。可根据相关资料确定多膛焚烧炉的搅拌能力和停留时间。在很多情况下，多膛焚烧炉的组件必须能经得起烟气的高温和腐蚀影响。

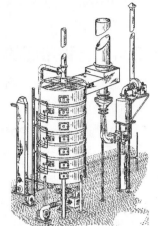

图 4-30　典型多膛焚烧炉

4.2.3.5　电加热焚烧炉的设计

图 4-31 所示是一个带同流换热器的电加热焚烧炉焚烧污泥时物料和能量的流向图。通入系统的空气/气体由引风机引入。电加热焚烧炉的特点是排放物很少，不需要高能耗的洗涤系统。干污泥置于传送带上，不进行机械或其他形式搅动，选择适当的传送速率使污泥的最初厚度为 2.54cm，这个厚度能确保污泥到达传送带的另一端之前燃烧完全。

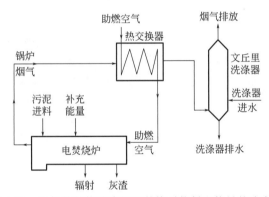

图 4-31　电加热焚烧炉中污泥焚烧时物料和能量的流向图

电加热焚烧炉的制造和操作相对简单，但电耗高，仅适用于电价较低的地区。

（1）电加热焚烧炉尺寸确定

电加热焚烧炉尺寸可根据湿污泥的负荷按有关资料进行选用，从 1.22m 宽、6.10m 长到 2.90m 宽、31.7m 长不等。常采用多单元形式而不是单个大单元形式。采用多单元形式可以减少设备电力启动和降低电耗，可同时运行两个或三个单元但无需同时启动一个以上的单元。

（2）电加热焚烧炉的焚烧参数

电加热焚烧炉的过剩空气量一般为 10%~20%。污泥的进料方向与气流方向相反，温度沿污泥进料方向从 871℃ 上升至 927℃。焚烧炉的烟气出口温度大约为 649℃。当使用一个空气加热器或同流换热器时，焚烧炉的入口空气温度不超过 316℃。

（3）电耗计算

假设湿污泥的进料速率为 5443kg/h，湿污泥的含水率为 78%，干污泥的灰分为 43%，干污泥的热值为 14.63×10^3 kJ/kg，电加热焚烧炉的热辐射损失率为 4%，使用一个换热器时，污泥焚烧电耗可降低 50% 以上。尽管电加热焚烧炉启动时电耗很高，但启动过程较快，仅需 1~2h。

4.2.4 特种污泥的焚烧

工业生产中会产生各种各样的污泥，污泥的来源不同、组成不同，其焚烧过程的工艺条件也不同。

4.2.4.1 造纸污泥的焚烧

造纸污泥是造纸废水处理过程中产生的残余沉淀物质，主要包括不溶性纤维、填料、絮凝剂以及其他污染物。

（1）造纸污泥单独焚烧

随着水分含量的增加，污泥的理论燃烧温度会显著下降，如图 4-32 所示。当污泥水分

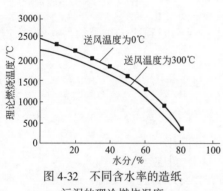

图 4-32　不同含水率的造纸污泥的理论燃烧温度

在 50% 时，其理论燃烧温度低于 1300℃，扣除燃烧损失和散热损失后，流化床可以维持合理的床温；当污泥水分含量升至 65% 时，理论燃烧温度降至 900℃ 以下，纯烧污泥不能维持床温，采用热空气送入，情况也改善不多。

造纸污泥进入流化床焚烧炉后，并不是破碎成细粒，而是会形成一定强度的污泥结团，这是污泥流化床焚烧炉稳定运行和高效燃烧的基础。

不同水分含量的造纸污泥在不同床温下燃烧时，形成一定强度的污泥结团，能减少飞灰损失。在各种含水量和床温下，造纸污泥都能很好地结团，并且存在最大的强度，经过一定时间后，各强度都趋于一较小值（见图 4-33 和图 4-34 所示）。

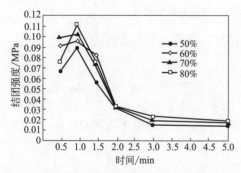

图 4-33　造纸污泥的结团强度与水分含量的关系（温度为 900℃，进料污泥尺寸 $d=12$mm）

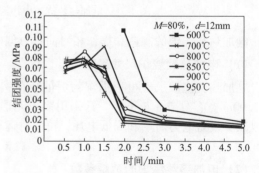

图 4-34　造纸污泥的结团强度与床温的关系

图 4-35 所示为与图 4-34 相应的污泥颗粒在流化床焚烧炉中水分蒸发、挥发分析出并燃

烧以及固定碳燃烧的过程曲线。结合图 4-35 和图 4-34 可以很明显地看出，在污泥中固定碳、挥发分燃烧时，有着较高的结团强度，从而减少了飞灰损失。同时，当污泥中可燃物燃尽时，结团强度也急剧减小，此时污泥灰壳易被破碎成细粉而以飞灰形式排出床层，从而实现无溢流稳定运行和获得较高的燃烧效率。

　　图 4-36 所示为含水率为 80% 的造纸污泥在床温为 900℃ 时三种不同粒径的污泥团在流化床焚烧炉中凝聚结团的抗压强度。由于小粒径的污泥团的水分蒸发和挥发分析出的速率均比大粒径的污泥团要快得多，其凝聚结团的内部较为疏松，结团强度因而相对较弱。因此，在实际污泥焚烧操作中可以选用较大的给料粒度而不必担心污泥的燃烧不完全，可简化给料系统。

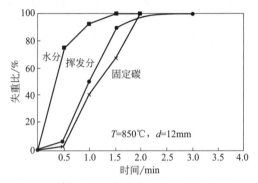

图 4-35　造纸污泥的水分蒸发、挥发分析出
　　　　 并燃烧以及固定碳燃烧的过程曲线

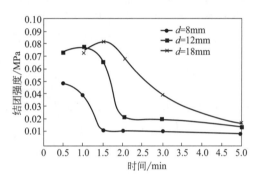

图 4-36　给料粒度对造纸污泥结团强度的影响

　　从造纸污泥的灰渣的熔融特性看，其灰变形温度和灰流动温度的温差只有 80℃，属短渣。流化床焚烧炉的运行床温一般不超过 850℃，远低于灰变形温度 1270℃，正常运行时不会结焦。

　　造纸污泥采用流化床焚烧炉焚烧时，只用造纸污泥作为床料进行流化，床层会发生严重的沟流现象，必须与石英等惰性物料混合构成异比重床料后才能获得理想的流化。当石英砂的粒径为 $0.425 \sim 0.850$mm、平均粒径 $d_p = 0.653$mm 时，床料能得到良好的流化，当流化数（气固流化床操作速度与最小流化速度之比值）在 $2.5 \sim 2.8$ 之间时，床层流化十分理想，污泥在床层均匀分布，无分层和沟流现象发生。

　　造纸污泥的焚烧行为与其含水率密切相关，在无辅助燃料的情况下，水分含量大于 50% 的造纸污泥无法在流化床焚烧炉内稳定燃烧。水分含量降至 40% 时，造纸污泥能在流化床内稳定燃烧，平均床温约 830℃，床内燃烧份额为 45%，悬浮段燃烧份额为 55%。焚烧炉出口烟气中 CO_2、CO、O_2、NO_x、N_2O 和 SO_2 的浓度分别为 14.8%、0.46%、5.92%、0.0047%、0.0029% 和 0.0065%，满足环保要求。

　　造纸污泥单独焚烧，其飞灰中 Zn、Cu、Pb、Cr、Cd 的含量分别为 295.8mg/kg、44.4mg/kg、28.9mg/kg、31.6mg/kg 和 0.36mg/kg，低于农用污泥中有害物质的最高允许浓度。

（2）造纸污泥与煤混烧

1）造纸污泥和造纸废渣与煤在循环流化床焚烧炉中的混烧

　　以回收废旧包装箱为主要原料生产瓦楞纸的造纸工艺所产生的废弃物包括造纸污泥和造纸废渣两部分。其中，造纸污泥是造纸废水处理的终端产物，除含有短纤维物质外，还含有许多有机质和氮、磷、氯等物质。造纸废渣中含有相当成分的木质、纸头和油墨渣等有机可燃成分。此外，两种废弃物中都含有重金属、寄生虫卵和致病菌等。采用煤与废弃物混烧来发电或供热将是一种很好的选择。与纯烧废弃物相比，混烧技术能够保持燃烧稳定，提高热利用率，有利于资源回收，同时减少了焚烧炉的建设成本和投资。

赵长遂等人利用图 4-37 所示的循环流化床热态试验台进行了造纸污泥和造纸废渣与煤混烧的试验。整个装置由循环流化床焚烧炉本体、启动燃烧室、送风系统、引风系统、污泥/废渣加料系统、高温旋风分离器、返料装置、尾部装置、尾气净化系统、测量系统和操作系统等几部分组成。流化床焚烧炉的本体分为风室、密相区、过渡区和稀相区四部分，总高 7m。密相区高 1.16m，内截面积为 0.23m×0.23m；过渡区高 0.2m；稀相区高 4.56m，内截面积为 0.46m×0.395m。送、引风系统由空气压缩机和引风机组成，来自空压机的一次风经预热后送往风室，二次风未经预热从稀相区下部送入炉膛。煤和脱硫剂经预混合由安装在密相区下部的螺旋给料系统加入焚烧炉。造纸污泥、废渣的混合物采用图 4-38 所示的容积式叶片给料器由调速电机驱动进料，以确保试验过程中加料均匀、流畅、稳定和调节方便。

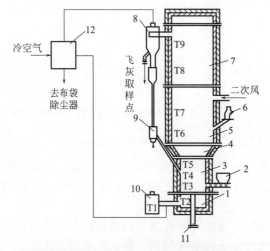

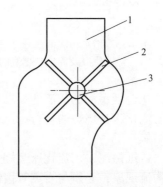

图 4-37　试验台流化床焚烧炉结构简图

1—风室；2—加煤系统；3—密相区；4—过渡段；5—稀相区；
6—废弃物加料器；7—稀相区；8—旋风分离器；9—返料器；
10—启燃室；11—排渣装置；12—换热器；T1～T9—各测温点

图 4-38　造纸污泥/废渣给料器示意图

1—外壳；2—叶片；3—轴

流化床焚烧试验台采用床下点火启动方式。轻柴油在启动燃烧室燃烧，产生的高温烟气经风室和布风板通入密相床内，流化并加热床料，在床料达到煤的着火温度后开始向床内加煤。当煤在流化床内稳定燃烧、密相床温达到 900℃ 以后，向返料器通入松动风，使高温旋风分离器分离的飞灰在炉内循环，待物料循环正常且炉膛上下温度均匀后，即可向床内加入造纸污泥和造纸废渣，并调节加煤量，使流化床在设定工况下稳定一定时间后开始进行焚烧试验。

将废渣与污泥按质量比 2.2∶1 混合好后（以后简称为泥渣），再与烟煤混烧。试验所采用的脱硫剂为石灰石，其中 CaO 的质量分数为 54.29%，平均粒径为 0.687mm，各试验工况中，钙硫摩尔比保持为 3.0。

试验结果表明，二次风率、过剩空气系数和泥渣与煤的掺混比对炉温和焚烧效果影响较大。

① 二次风率对炉温和焚烧效果的影响。

一方面，在总风量不变的条件下，随着二次风率的增加，密相区的氧浓度降低，其燃烧气氛由氧化态向还原态转移，使得密相区的燃烧份额减小，燃烧放热量变小，炉内温度降低。同时，密相区的流化速度变小，扬析夹带量减小，有使密相区的燃烧份额变大、稀相区的燃烧份额减小的趋势，不利于温度场的均匀分布。

另一方面，在总风量不变的情况下，二次风率增大，流化速度减小，从整体上延长了颗粒在炉内的停留时间，增加了悬浮空间的大尺度扰动，加速了其中各个烟气组分对氧的对流、扩散及其与固体颗粒间的传质过程，从而改善气、固可燃物的燃烧环境，促进其进一步燃尽。

② 空气过剩系数对炉温和焚烧效果的影响。

随着空气过剩系数的增加，密相区内的氧浓度变大，同时由于泥渣的挥发分析出比较迅速，因而导致密相区的燃烧份额增加，密相区的温度呈上升趋势。但空气过剩系数对稀相区温度的影响比较复杂，随着空气过剩系数的增加，稀相区的温度先会有所上升，待到达某一值后又呈下降趋势。因为起初增大空气过剩系数时，流化速度变大，增强了炉内的扰动和热质传递，温度分布趋于均匀，有利于固体、气态可燃物在稀相区的燃尽。但进一步增大空气过剩系数后，流化速度增大较多，固体、气态可燃物在稀相区的停留时间明显缩短，稀相区的燃烧份额减小，导致了稀相区的温度下降。

对于燃烧效率，空气过剩系数存在一最佳值，开始时，随着空气过剩系数的增大，炉内的氧浓度增大，流化速度逐渐增大，混合效果增强，因而燃烧效率先呈上升趋势。但当空气过剩系数过大时，颗粒在炉内的停留时间缩短，扬析现象严重，使燃烧效率降低。

③ 泥渣与煤的掺混比对炉温和焚烧效果的影响。

随着掺混质量比的增大，由泥渣带入炉内的水分变大，由于泥料的给料点离密相区较近，当泥渣进入密相区后，水分蒸发吸收了大量的热量，从而导致了密相区的温度下降。而泥渣中的水分最终以气态形式排放到大气中，带走了大量的热值，使炉内的整体温度下降。

随着泥渣与煤掺混质量比的增大，混合燃料的热值降低，燃料中的水分相应增加，燃料燃烧时，水分析出降低了燃料周围的温度，使其低于床层温度，从而燃烧效率降低。

当掺混质量比为 1 时，最佳空气过剩系数为 1.3 左右。试验结果应用于某纸业公司一台蒸发量为 45t/h 的造纸污泥/废渣掺煤循环流化床焚烧锅炉的设计中，投产后燃烧稳定，运行可靠。

2）造纸污泥与煤在循环流化床焚烧炉中的混烧

孙昕等人采用图 4-37 所示的试验台、同一脱硫剂和烟煤与造纸污泥进行了混烧试验，试验中 Ca/S（摩尔比）为 3.0。试验得出，二次风率、空气过剩系数和污泥与煤的掺混比对炉温和焚烧效果的影响与污泥和煤的混烧实验完全一致。同时试验结果还表明，采用流化床混烧污泥和煤时，钙硫摩尔比取 3 的情况下，SO_2、NO_x 等的排放都达到国家标准，随着空气过剩系数和床层温度的增大，SO_2 的排放量相应增大。NO 的排放随着空气过剩系数的增大而增加，却随着二次风率的增大而减少。空气过剩系数的减小，二次风率和床层温度的增大将抑制 N_2O 的排放。

（3）造纸污泥与树皮在循环流化床焚烧炉中混烧

1985 年，日本 Oji 纸业公司的 Tomakomai 厂投运了世界上第一台以造纸污泥为主燃料（以树皮为辅助燃料）的流化床锅炉，如图 4-39 所示。

采用单锅筒，自然循环和强制循环。最大连续蒸发量为 42t/h。蒸汽压力为 3.4MPa，蒸汽温度为 420℃，给水温度为 120℃。采用炉顶给料方式，给料量为 250t/d。床料为石英砂，

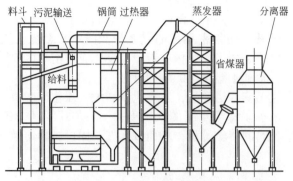

图 4-39　日本 Oji 纸业公司造纸污泥 FBC 锅炉

平均粒径为 0.8mm。

污泥以脱水泥饼形式给入炉内，树皮的给料量根据污泥性质而做调整，当二者的热值不够维持床温时，自动加入重油助燃。点火启动时的初始流化风速为 0.4m/s，运行时的流化风速控制在 1~1.5m/s，床温维持在 800~850℃。NO$_x$ 排放浓度为 $(50~100)×10^{-6}$，负荷可降至 70% 左右。

（4）造纸污泥与草渣和废纸渣在炉排炉中混烧

造纸工业的固体废物主要由草渣（包括麦草、稻草、芦苇等各种生物质废渣）、废纸渣（废塑料皮）和制浆造纸污泥 3 大类组成。

1）草渣

草渣主要由原料稻草、麦草和芦苇中的碎叶片和麦糠、稻壳等组成，一般平均密度为 150~200kg/m^3，挥发物含量大约为 60%~80%，发热量在 8000~10000kJ/kg 之间。其燃烧特点是着火温度低，挥发物析出速率快，挥发物的燃烧和固定碳的燃烧分两个阶段进行。

2）废纸渣

废纸渣（废塑料皮）的主要成分是打包塑料封带及部分短纤维，一般含水率在 50%~70%，热值在 8000~10000kJ/kg 之间。塑料皮的主要成分是聚氯乙烯和氯代苯，在燃烧过程中，当烟气中产生过多的未燃尽物质或燃烧温度不高时，会产生二噁英等有害物质。炉膛设计时必须保证炉膛温度在 850℃ 以上，炉膛要有一定的高度，使烟气在炉内有足够的停留时间。

3）制浆造纸污泥

制浆造纸污泥的成分随原料的不同而变化，化学浆、脱墨浆和经过二次处理产生的活性污泥成分稍有差异。造纸废水处理污泥主要是细小纤维与填料和化学药品的混合物，含水量在 70% 左右，热值约为 2300kJ/kg，密度为 1200kg/m^3 以上。与市政污泥相比，N 和 P 的含量低，而 Ca^{2+} 和 Al^{3+} 的含量却高得多，且漂白化学浆废水处理污泥中含有聚氯联苯化合物（PCB）和二噁英（PCDD）。

山东临沂某锅炉厂开发研制出日焚烧 60t 造纸工业固体废物的焚烧锅炉，专门用于造纸厂固体废物如草渣、废纸渣（废塑料皮）和干燥后污泥的焚烧，已在 40 多家企业投入运行，状况良好。该系统的投运不但可以使纸厂的固体废物得到减量化、无害化处理，减轻环境污染，减少固体废物的运输费用，而且还具有非常显著的节能效果。以日焚烧量 60t 下脚料计，每天可节煤 25t 多。

整个系统包含进料系统、燃烧设备、烟气处理系统等。

① 进料系统。焚烧系统采用分别进料方法，草渣通过皮带输送机由料场输送到螺旋给料机的料仓，然后通过螺旋给料机在二次风的帮助下喷向炉膛。废纸渣具有缠绕性，需通过皮带输送机由料场输送到煤斗，在推料机的作用下输送到往复炉排上。污泥经适当干燥后，混入废纸渣一起输送到往复炉排上燃烧，但不能将大块泥团送入炉内，以免大块泥团无法燃尽。焚烧炉采用悬浮室燃烧加往复炉排燃烧的组合技术。对于草渣，采用风力吹送的炉内悬浮燃烧加层燃的燃烧方式。草渣进入喷料装置，依靠高速喷料风喷射到炉膛内，调节喷料风量的大小和导向板的角度，以改变草渣落入炉膛内部的分布状态，合理组织燃烧。在喷料口的上部和炉膛后墙布置有三组二次风喷嘴，喷出的高速二次风具有较大的动能和刚性，使高温烟气与可燃物充分搅拌混合，保证燃料的完全充分燃烧。废纸渣通过推料机送入炉内的往复炉排上，难燃烧的固定碳下落到炉膛底部的往复炉排上，对刚刚进入炉排口的废纸渣有加热引燃作用，有利于废塑料的及时着火燃烧。而着火后的废塑料很快进入高温主燃区，形成高温燃料层，为下落在炉排上的大颗粒燃料及固定碳提供良好的高温燃烧环境，有利于这部分大颗粒物及固定碳的燃烧及燃尽。往复炉排采用倾斜 15° 角的布置方式，燃料从前向后推动的同时有一个下落翻动过程，起到自拨火作用。由于草渣及废纸渣的挥发物含量高，固定碳含量相对较少，往复炉干燥阶段风量仅占一次风量的 15%，主燃区风量占 75% 以上，燃尽区风量仅占 10% 左右。二次风量必须占 15%~20% 以上，以保证废纸渣挥发分大量集中析出时的充分燃烧。

② 炉膛结构。锅炉炉膛设计成细高型，高度为 7.7m，宽度为 1.65m，平均深度为 3m，以保证废纸渣焚烧烟气在炉内有足够的停留时间。上部炉膛布有水冷壁，下部有绝热炉膛，以减少吸热量，提高炉膛温度。锅炉采用低而长的绝热后拱，以利于燃料的燃尽。在后拱出口上部设有一组二次风喷嘴，这组二次风的作用是将从后拱出来的高温烟气及从喷料口下落的燃料吹向前墙处，有利于物料的干燥着火燃烧，也促使从喷料口下落的燃料落到炉排前端，增加燃料在炉排上的停留时间，有利于燃料的燃烧。锅炉受热面可根据灰量大小采用合理的烟速，以防止对流受热面的磨损。在管束的前区和炉膛部位布置检修门，便于清灰和检修，必要时加装防磨和自动清灰装置。尾部采用空气预热器，物料燃烧的一次风和二次风均来自空气预热器产生的热风。为防止空气预热器的低温腐蚀，采用较高的排烟温度和热风温度。

③ 烟气的处理和净化。该焚烧系统的烟气特点是飞灰量大、颗粒细、重量轻，且含有 HCl 等有害气体。对烟气分两级处理：烟气首先进入半干式脱酸塔，酸性有害气体在塔内得到综合处理；脱酸烟气再进入布袋除尘器进行除尘处理，最后由烟囱排入大气。

（5）造纸污泥与木材废料在炉排炉中混烧

造纸污泥可按照 15% 的比例投入燃烧木材废料的炉排炉中焚烧，可以得到较好的处理，但往往会形成大量氯化物污染环境。焚烧造纸污泥会对设备产生不利影响，如：a. 较湿的污泥会堵塞炉排，影响炉子燃烧；b. 污泥中的灰分含量较高，容易堵塞炉排；c. 污泥的燃烧热值较低，从而导致蒸汽产生量较少；d. 污泥焚烧带出来的杂质较多，容易造成锅炉管束及灰斗的堵塞。

4.2.4.2　制革污泥的焚烧

据统计，每加工 1t 生皮约产生 150kg 的制革污泥。制革污泥主要有：水洗污泥，成分以氯化物、硫化物、酚类、细菌等为主；脱毛浸灰污泥，成分以硫化物、毛浆、蛋白质、石灰为主；含铬污泥，铬鞣废液碱沉淀法回收的铬泥以及用物理、化学和生化法处理废水所剩的污泥。制革污泥的成分为：蛋白质，油脂化合物，铬、钙、钠的氯化物、硫化物、硫酸盐

以及少量的重金属盐等。制革污泥还含有大量水分（90%~98%），即使脱水后的污泥也含有 50%~80% 的水分。

与其他处理方法相比，焚烧法具有无害化、减容化、资源化的优点，而且污泥的含水率和可燃质含量都比较高，焚烧后只有少量的灰烬。对制革污泥进行焚烧处理，可彻底消除其中的大量有害有机物和病原体（如细菌、病毒、寄生虫卵等）。制革污泥焚烧后，剩余的灰分可回收铬再利用，其余的灰分可用作肥料。对不同成分的污泥应严格控制其焚烧条件；焚烧废气中含有 SO、NO_x、铬尘、HCl 等有害物质，必须进行净化；焚烧产生的热能应转化成制革厂的能源，以降低焚烧费用。当焚烧灰渣中六价铬含量较高时，必须回收其中的铬，含量较低时，灰渣必须作为危险废物进行二次处理。

S. Swarnalatha 等采用图 4-40 所示的贫氧焚烧及固化系统处理制革污泥，在分解其中的有机物和杀灭其中的病原体的同时，阻止其中的 Cr^{3+} 在焚烧过程中被氧化成 Cr^{6+}，使石灰渣中的铬全部以 Cr^{3+} 存在。以涂 Ni 陶瓷颗粒为催化剂，在 450℃ 温度下将经碱液吸收酸性气体后的烟气进行彻底氧化分解，然后用水泥或石膏对焚烧灰渣进行固化处理，所得固化体的强度和浸出毒性均满足建筑用砖要求。

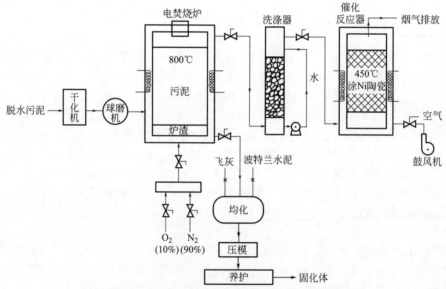

图 4-40 制革污泥贫氧焚烧及固化系统示意图

具体焚烧方法如下：将干化的制革污泥研磨成 600μm 的粉末，置于炉中，通入体积比为 90:10 的 N_2 和 O_2 的混合气，然后按以下步骤焚烧：a. 以 270℃/h 的速率将焚烧炉从室温升至 300℃；b. 以 50℃/h 的速率从 300℃ 升至 500℃；c. 以 100℃/h 的速率从 500℃ 升至 600℃；d. 以 200℃/h 的速率从 600℃ 升至 800℃；e. 在 800℃ 下恒温焚烧 2h。

4.2.4.3 含油污泥的焚烧

（1）含油污泥的分类及物理化学特性

油气田勘探开发、石油炼制及石油化工行业的生产过程都会产生含油污泥，这些含油污泥中含有苯系物、酚类、蒽、芘等具有恶臭味和毒性的物质，是国家明文规定的危险废物。

含油污泥主要分为以下几类：

① 油田开采过程中产生的含油污泥，如落地泥、钻井泥。在石油开采过程的钻井、试

喷以及作业等过程中，有大量的原油降落到地面，与泥土、沙石、水等混合后形成油土混合物。一般含油量在 10%~30% 之间，其中所含油品质量较好，同时落地油泥中还可能带有玻璃瓶等其他固体废弃物。

② 油品集输过程产生的含油污泥，如油品储罐在储存油品时，油品中的少量机械杂质、沙粒、泥土、重金属盐类以及石蜡和沥青质等重油性组分沉积在油罐底部形成的罐底油泥。此类含油污泥中脂肪烃及环烷烃的含量范围较宽，特别是碳原子数低于 5 的脂肪烃在含油污泥中含量较高，极性化合物和脂肪酸化合物其次。芳香烃化合物溶解于水中形成含油污泥中的溶解性有机物。另外，在采油及原油处理过程中投加了大量的化学药剂，如缓蚀剂、阻垢剂、清防蜡剂、杀菌剂、破乳剂等，这些化学药剂在罐底含油污泥中均有不同程度的残留。罐底含油污泥的泥质粒径大于 10μm 的组分在 90% 以上。

③ 炼油厂以及污水处理厂产生的含油污泥，如炼油厂的"三泥"（污水处理厂浮渣、剩余活性污泥、池底泥）等。此类含油污泥中原油分 5 种形式存在：

a. 悬浮油：油珠颗粒较大，一般为 15μm，大部分以连续相形式存在。

b. 分散油：粒径大于 1μm，一般分散于水相中，不稳定，可聚集成较大的油珠而转化为浮油，也可以在自然和机械作用下转化为乳化油。

c. 乳化油：由于表面活性剂的存在，油在水中形成水包油（O/W）型乳化颗粒，因双电层的存在，体系稳定，不易浮到水面。

d. 溶解油：油以分子状态或化学方式分散于水体中形成油-水均相体系，非常稳定，浓度一般低于 5~15mg/L，难于分离。

e. 油-固体物：即由油黏附在固体表面而形成的。

浮渣中黏土矿物的机械组成为伊利石、高岭石、绿泥石、蒙脱石等。浮渣中的絮凝团小于 0.6μm，由于单个颗粒的表面积太大，加之样品中原油的黏结作用，使得多个颗粒聚集在一起，导致表观粒度变大，致使浮渣呈现为黏稠的半流态固体，其中所含的水分不能依靠重力的方式脱出。

（2）含油污泥的焚烧

焚烧法适用于各种性质不同的含油污泥，有利于油泥的大规模处理。该技术的原理是：利用污泥中石油类物质的可燃性，在不改变目前燃煤锅炉工况的条件下进行燃烧，在回收含油污泥中热量的同时，利用燃煤锅炉的烟气处理系统，确保排放废气达标；废渣按燃煤废渣的处理方式处理，可用于建筑材料。

含油污泥与燃煤混烧的方式有两种：一种是将含油污泥干化成粉状后与煤粉混烧；另一种是直接将含油污泥与水煤浆混入流化床锅炉内焚烧。

含油污泥的含油率一般在 2%~20% 之间，含水率在 70%~90% 之间，含渣率在 4%~15% 之间。油泥中的油和水处于油包水状态，水分得不到蒸发，因此，焚烧前应加入破乳剂，使含油污泥迅速破乳，让游离状态的水分子变成水合状态，将油包水中的水游离出来，易于干燥。但破乳后的含油污泥还有明显的水分，且成团不松散，不易与燃煤混合燃烧，因此还有必要加入疏散剂、引燃剂和催化剂。疏散剂可提高含油污泥的孔隙率，使其易干化、不结团、易燃烧；引燃剂可提高含油污泥的挥发分，使其易燃；催化剂能加快反应速率，提高反应的热值。

当添加剂与油泥的比例为 1:4 时，添加药剂后的油泥在室外（温度 30℃ 左右）放置 3 天后，可得到粉状的含油污泥。干化后的含油污泥是黑色的颗粒，粒径为 0.5~3cm，燃煤锅炉煤粉粒径约为 20μm，干化物经粉碎后可混入燃煤进行焚烧处理，以不改变燃煤锅炉的

工况条件为原则，根据干化物与燃煤的热值确定其掺混比例。

Liu Jianguo 等人利用一台蒸汽产量为 15~20t/h 的流化床焚烧炉，以平均粒径为 1.62mm 的石英砂为床料，控制含油污泥和煤水浆的进料速率分别为 120~50t/d 和 240t/d，进行了含油污泥与水煤浆的混烧试验。其中，含油污泥为胜利油田的罐底油泥，含水率为 16.95%，低位热值为 8530kJ/kg，煤水浆的含水率为 32.90%，煤粒的平均粒径（质量加权）为 40μm，低位热值为 18877kJ/kg。结果表明，流化床焚烧炉运行良好，烟气处理后符合环保要求，灰渣可作为农用土壤利用。

4.2.4.4 污染河湖底泥的焚烧

与黏土相比，污染河湖底泥的有机物和重金属（Cu、Pb、Zn、Ni、Cr）含量偏高，但其主要成分含量与黏土相当，可作为黏土质原材料，利用水泥厂现有的回转窑烧制水泥熟料。

以苏州河底泥为例，其主要化学成分及其含量范围为：SiO_2 50.00%~87.00%，Fe_2O_3 1.00%~5.00%，Al_2O_3 2.50%~11.00%，MgO 1.20%~7.00%，CaO 1.50%~13.00%，K_2O 1.00%~2.50%，Na_2O 1.00%~2.50%。其主要化学成分波动范围较大，与黏土相比烧失量较高，SiO_2 和 Al_2O_3 含量较低。底泥中的污染物主要以有机物为主，重金属 Cu、Pb、Zn、Cd、Ni、Cr 的含量较高。底泥中存在的重金属污染可能会影响水泥熟料的烧成过程及水泥使用范围，而且底泥中含有的有机污染物在煅烧过程中可能会造成空气污染。

工业化试生产采用苏州河底泥全部替代黏土质原材料的方案，苏州河底泥取自污染状况较严重的彭越浦口河段和西藏路桥河段，掺量为 12.5%~20.0%，在 ϕ2.5m×78m 的窑上煅烧，台产熟料 9.65t/h，共生产熟料 450t。将熟料在 ϕ2.4m×13m 的水泥磨上磨制成 525 号普通水泥 600t。

试验结果表明，用苏州河底泥生产的水泥熟料，其凝结时间正常，安定性合格。熟料 3 天抗压强度达到 30MPa 以上，28 天抗压强度大于 60MPa，可满足生产 525 号水泥的技术要求。

熟料的 XRD（X 射线衍射）分析表明，苏州河底泥配料烧制的熟料主要矿物成分与硅酸盐熟料相同，C_2S、C_3S 和 C_4AF 为主导矿物。熟料岩相结构分析表明，苏州河底泥配料烧制的熟料和普通熟料岩相结构基本相同，C_3S 颗粒直径在 25μm 左右，颗粒大小均齐。C_3S 晶体多为六方板状，边缘整齐无熔蚀现象；表面光滑，有少量 C_2S 包裹体，发育良好。C_2S 晶体呈圆形，表面光滑并有明显的交叉双晶纹，边缘整齐无熔蚀情况。苏州河底泥配料烧制的熟料中，fCaO 和方镁石很少，黑色中间相呈树枝状分布，具有优良熟料的特征。水化产物 XRD 图谱分析表明，苏州河底泥配料的水泥水化产物主要有水化硅酸钙、钙矾石、氢氧化钙及未水化熟料矿物，与一般水泥水化产物基本相同。苏州河底泥配料的水泥和一般水泥 3 天、14 天水化产物的扫描电镜（SEM）形貌表明，两种水泥试样的水化产物分布、形貌基本相同。

烧制过程排放烟气中 SO_2、NO_x、HCl、Cl_2 和 H_2S 的浓度分别为 525mg/m^3、473mg/m^3、18.5mg/m^3、0.11mg/m^3 和 1.47mg/m^3，均小于允许排放浓度。熟料中有害重金属（As、Pb、Cd、Cr）的浸出毒性分析结果表明浸出液中这几种重金属含量远小于国家标准规定。

4.3 有机废液焚烧与能源化利用

工业生产中产生的有机废液种类极其繁多，废液的热值取决于其中有机物的含量。在焚烧处理时，根据其热值的高低确定是否需要辅助燃料。

4.3.1　有机废液焚烧的工艺过程

有机废液焚烧的一般工艺过程为：有机废液→预处理→高温焚烧→余热回收→烟气处理→烟气排放。

（1）预处理

由于有机废液的来源及成分不同，通常都要进行预处理使其达到焚烧要求。

① 一般的有机废液中都含有固体悬浮颗粒，而有机废液常采用雾化焚烧方式，因此在焚烧前需要过滤，去除有机废液中的悬浮物，防止固体悬浮物堵塞雾化喷嘴，使炉体结垢。

② 不同工业废液的酸碱度不同。酸性废液进入焚烧炉会造成炉体腐蚀，而碱性废液更易造成炉膛的结焦结渣。因此有机废液在进入焚烧炉前需进行中和处理。

③ 低黏度的有机废液有利于泵送和喷嘴雾化，所以可采用加热或稀释的方法降低有机废液的黏度。

④ 喷液、雾化过程在废液焚烧过程中十分重要。雾化喷嘴的大小、嘴形直接关系到液滴的大小和液滴凝聚，因此需要选好合适的喷嘴和雾化介质。

⑤ 不适当的混合会严重限制某些能作为燃料的废物的焚烧，合理的混合能促进多组分废液的焚烧。混合组分的反应度和挥发性是提高混合方法效果的重要因素，混合物的黏性也十分重要，因为它影响雾化过程。合理的混合方法可以减少液滴的微爆现象。

（2）高温焚烧

有机废液的焚烧过程大致分为水分的蒸发、有机物的气化或裂解、有机物与空气中的氧发生燃烧反应三个阶段。焚烧温度、停留时间、空气过剩量等焚烧参数是影响有机废液焚烧效果的重要因素，在焚烧过程中要进行合适的调节与控制。

① 大多数有机废液的焚烧温度范围为 900~1200℃，最佳的焚烧温度与有机物的构成有关。

② 停留时间与废液的组成、炉温、雾化效果有关。在雾化效果好、焚烧温度正常的条件下，有机废液的停留时间一般为 1~2s。

③ 空气过剩量的多少大多根据经验选取。空气过剩量大，不仅会增加燃料消耗，有时还会造成副反应。一般空气过剩量选取范围为 20%~30%。

④ 对于工业废液中出现的挥发性有机化合物，可采用催化焚烧的方式，即对焚烧的废液进行催化氧化后再焚烧，此举可以降低运行温度，减少能量消耗。对于抗生物降解的有机废液，可以采用微波辐射下的电化学焚烧，它不会产生二次污染，容易实现自动化。

（3）余热回收

余热回收是将高浓度有机废液焚烧产生的热量加以回收利用，既节能又环保。常用的余热利用设备主要包括余热锅炉、空气换热器等。余热锅炉多用在废液热值高且处理量大的废液焚烧系统中。在处理规模较小的废液焚烧处理系统中多利用空气换热器，将空气预热后输送至焚烧炉中，达到余热利用的目的。余热利用需要尽量避免二噁英类物质合成的适宜温度区间（300~500℃）。

余热回收装置并不是废液焚烧炉的必要组件，其是否安装取决于焚烧炉的产热量，产热量低的焚烧炉安装余热回收装置是不经济的。余热回收设计还需考虑废液焚烧产生的 HCl、SO_x 等物质的露点腐蚀问题，要控制腐蚀条件，选用耐腐蚀材料，保证其不进入露点区域。

（4）烟气处理

由于有机废液成分复杂，多含有氮、磷、氯、硫等元素，焚烧处理后会产生 SO_2、

NO_x、HCl 等酸性气体，不但污染大气，而且降低了烟气的露点，造成炉膛腐蚀和积灰，影响锅炉的正常运行。因此，焚烧装置必须考虑二次污染问题，产生的烟气必须经过脱酸处理后才能排放到大气中。美国 EPA 要求所有焚烧炉必须达到以下三条标准：a. 主要危险物 P、O、H、C 的分解率、去除率≥99.9999%；b. 颗粒物排放浓度 $34\sim57\text{mg/m}^3$（干，标）；c. 烟气中 HCl/Cl_2 值为 $(21\sim600)\times10^{-6}$，干基，以 HCl 计。我国出台的《危险废物焚烧污染控制标准》（GB 18484—2014），对高浓度有机废液等危险废物焚烧处理的烟气排放进行了严格的规定。

烟气脱酸的方式主要有三种：湿法脱酸、干法脱酸和半干法脱酸。高浓度有机废液焚烧系统中采用何种方式脱酸与废液的成分有关。当废液中 N、S、Cl 等成分的含量少时，可采用干法脱酸；当废液中含有大量 N、S、Cl 等成分时，可采用湿法脱酸；一般情况下，国内废液焚烧系统多采用半干法脱酸。半干法脱酸是干法脱酸和湿法脱酸相结合的一种烟气脱酸方法，结合了干法和湿法的优点，构造简单，投资少，能源消耗少。

高浓度有机废液在焚烧过程中会产生飞灰等颗粒物，因此在烟气排放前还须对其进行除尘处理，降低烟尘排放。烟气除尘多采用除尘器进行去除，常用除尘器主要有旋风除尘器、袋式除尘器、静电除尘器等。在上述除尘器中，袋式除尘器主要是通过精细的布袋将烟气进行过滤，从而去除烟气中的飞灰，除尘效率能够达到 99% 以上，因此在高浓度有机废液焚烧系统中的应用率较高。袋式除尘器必须采取保温措施，并应设置除尘器旁路。为防止结露和粉尘板结，袋式除尘器宜设置热风循环系统或其他加热方式，维持除尘器内温度高于烟气露点温度 20~30℃。袋式除尘器应考虑滤袋材质的使用温度、阻燃性等性能特点，袋笼材质应考虑使用温度、防酸碱腐蚀等性能特点。

4.3.2　有机废液焚烧设备

有机废液焚烧设备多种多样，对于不同的有机废液，可以采用不同的炉型。常用的有机废液焚烧设备有液体喷射焚烧炉、回转窑焚烧炉、流化床焚烧炉等。

4.3.2.1　液体喷射焚烧炉

高浓度难降解有机废液的焚烧常选用液体喷射焚烧系统。液体喷射焚烧系统由以下几部分组成：a. 废液预处理系统；b. 废液雾化系统；c. 助燃及燃烧系统（焚烧炉）；d. 尾气处理系统；e. 电气控制系统。其工艺流程如图 4-41 所示。

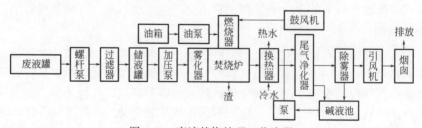

图 4-41　废液焚烧处理工艺流程

各系统的功能分别为：

① 废液预处理系统。为防止废液雾化器的堵塞，需要对废液进行预处理，通过螺杆泵将废液加压通过过滤器以去除废液中较大的固体颗粒物，之后进入储液罐。废液在储液罐内存放一定的时间，使废液中密度较大的颗粒物、重组分能够沉淀到储罐底部，同时也可达到使废液水质均匀混合的目的。储罐底部装有排污阀，以便定期清除罐内沉淀物。经过滤后的

废液用加压泵送入雾化器。

② 废液雾化系统。对于废液焚烧炉来说，废液的雾化效果直接影响着废液的燃烧速率和燃尽效果，废液雾化系统主要包括雾化泵和废液喷枪。加压泵一般选用螺杆泵，具有耐腐蚀、运行稳定的特点，系统内设有计量装置，用来计量废液的处理量。

③ 助燃系统。当废液中水分较多且热值较低时，废液不能维持自身的燃烧，需采用辅助燃料助燃。助燃系统的主要设备有油箱、油泵、燃烧器。油料由油泵加压送入燃烧器，经喷雾雾化后喷入炉膛燃烧，同时炉膛内鼓入一次风，保证废液与油料燃烧所需的空气量。空气量不能过大，过大会带走炉内的热量，使燃烧不能正常进行；空气量也不能过小，太小会使燃烧不完全。一般空气量取理论需求量的 1.2~2.0 倍即可。

④ 焚烧炉炉体。焚烧炉炉体是整个焚烧系统的核心部分，液体喷射焚烧炉用于处理可以用泵输送的液体废弃物，其简易结构如图 4-42 所示。通常为内衬耐火材料的圆筒（水平或垂直放置），配有一级或二级燃烧器 2、6。废液通过喷嘴雾化为细小液滴，在高温火焰区域内以悬浮态燃烧。可以采用旋流或直流燃烧器，以便废液雾滴与助燃空气充分混合，增加停留时间，使废液在高温区内充分燃烧。废液雾滴在燃烧室内的停留时间一般为 0.3~2.0s，焚烧炉炉温一般为 1200℃，最高温度可达 1650℃。良好的雾化是达到有害物质高分解率的关键，常用的雾化技术有低压空气雾化、蒸汽雾化和机械雾化。一般高黏度废液

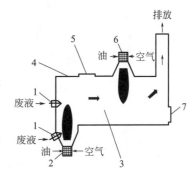

图 4-42　焚烧炉简易结构示意图
1—废液雾化器；2—一级燃烧器；3—炉膛；4—炉壁；5—卸爆阀；6—二级燃烧器；7—排渣炉门

应采用蒸汽雾化，低黏度废液可采用机械雾化或空气雾化。为了防止焚烧爆炸性液体时产生爆炸现象，在炉膛顶部设置有卸爆阀 5。同时为了清除炉内的残渣，设有排渣炉门 7。

⑤ 尾气处理系统。尾气处理系统主要包括吸收塔、除雾器、尾气引风机、碱液池、碱液泵等。焚烧炉排出的烟气首先经过热交换器将烟气中的热能回收利用，同时也降低了烟气的温度，降温后的烟气进入吸收塔，用碱液洗涤除去烟气中的酸性组分及残余的细粉尘。经过净化处理后的烟气流进除雾器。除雾器内装有填料，含水汽的烟气流经除雾器时，与塔内填料不断撞击，使烟气中的小液滴吸附在填料表面，随着烟气的流动，液滴不断扩大形成水流，最后从除雾器底部排出。除雾器的烟气由引风机通过烟囱排放，最终达到《危险废物焚烧污染控制标准》（GB 18484—2014）。

液体喷射焚烧炉用于处理可以用泵输送的液体废弃物，主要分为卧式和立式两种。

（1）卧式液体喷射焚烧炉

图 4-43 所示为典型的卧式液体喷射焚烧炉炉膛。辅助燃料和雾化用蒸汽或空气由燃烧器进入炉膛，火焰温度为 1430~1650℃，废液经蒸汽雾化后与空气由喷嘴喷入火焰区燃烧。在燃烧室内的停留时间为 0.3~2.0s，焚烧炉出口温度为 815~1200℃，燃烧室出口空气过剩系数为 1.2~2.5，排出的烟气进入急冷室或余热锅炉回收热量。卧式液体喷射焚烧炉一般用于处理含灰量很少的有机废液。

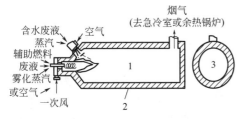

图 4-43　典型的卧式液体喷射焚烧炉炉膛
1—炉膛；2—耐火衬里；3—炉膛横截面

（2）立式液体喷射焚烧炉

典型的立式液体喷射焚烧炉如图 4-44 所示，

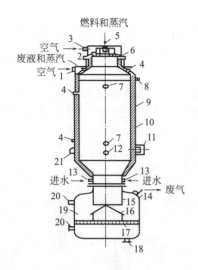

图 4-44 典型的立式液体喷射焚烧炉
1—废液喷嘴部分空气入口；2—废液喷嘴进口；
3—燃烧空气入口；4—视镜；5—燃料喷嘴；
6—点火口；7—测温口；8—上部法兰；
9—耐火衬里；10—炉体外筒；11—人孔；
12—取样口；13—冷却水进口；14—废气
出口；15—连接管；16—锥形帽；17—带
孔挡板；18—排渣器；19—冷却罐；
20—防爆孔；21—支座

适用于焚烧含较多无机盐和低熔点灰分的有机废液。其炉体由碳钢外壳与耐火砖、保温砖砌成，有的炉子还有一层外夹套以预热空气。炉子顶部有重油喷嘴，重油与雾化用蒸汽在喷嘴内预混合后喷出。燃烧用的空气先经炉壁夹层预热后，在喷嘴附近通过涡流器进入炉内，炉内火焰较短，燃烧室的热强度很高，废液喷嘴在炉子的上部，废液用中压蒸汽雾化，喷入炉内。对于大多数的有机废液，其最佳燃烧温度为 870~980℃。有机物在很短的时间内燃烧分解。在焚烧过程中，某些盐、碱的高温熔融物与水接触会发生爆炸。为了防止爆炸的发生，采用了喷水冷却的措施。在焚烧炉炉底设有冷却罐，由冷却罐出来的烟气经文丘里洗涤器洗涤后排入大气。

有机废液喷射焚烧炉的优点是：a. 可处理的废液种类多，处理量大，适用范围广；b. 炉体结构简单，无运动部件，运行维护简单；c. 设备造价相对较低。其缺点是无法处理黏度非常高而无法雾化的高浓度有机废液。

4.3.2.2 回转窑焚烧炉

回转窑焚烧炉是采用回转窑作为燃烧室的回转运行的焚烧炉，用于处理固态、液态和气态可燃性废物，对组分复杂的废物，如沥青渣、有机蒸馏釜残渣、焦油渣、废溶剂、废橡胶、卤代芳烃、高聚物，特别是含 PCB（印制电路板）的废物等都很适用。美国大多数危险废物处置厂采用这种炉型。该炉型的优点是可处理废物的范围广，可以同时处理固体、液体和气体废物，操作稳定、焚烧安全，但管理复杂，维修费用高，一般耐火衬里每两年更换一次。

典型的回转窑焚烧炉系统如图 4-45 所示。废液和辅助燃料由前段进入，在焚烧过程中，圆筒形炉膛旋转，使废液和废物不停翻转，充分燃烧。该炉膛外层为金属圆筒，内层一般为耐火材料衬里。回转窑焚烧炉通常稍微倾斜放置，并配以后置燃烧器。一般炉膛的长径比为 2~10，转速为 1~5r/min，

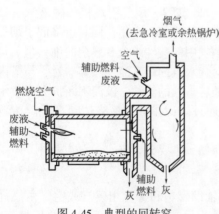

图 4-45 典型的回转窑
焚烧炉系统

安装倾角为 1°~3°，操作温度上限为 1650℃。回转窑的转动将废物与燃气混合，经过预燃和挥发将废液转化为气态和残态，转化后气体通过后置燃烧器的高温度（1100~1370℃）进行完全燃烧。气体在后置燃烧器中的平均停留时间为 1.0~3.0s，空气过剩系数为 1.2~2.0。

回转窑焚烧炉的平均热容约为 $63×10^6 kJ/h$。炉中焚烧温度（650~1260℃）的高低取决于两方面：一方面取决于废液的性质，对于含卤代有机物的废液，焚烧温度应在 850℃ 以上，对于含氰化物的废液，焚烧温度应高于 900℃；另一方面取决于采用哪种除渣方式（湿

式还是干式）。

回转窑焚烧炉内的焚烧温度由辅助燃料燃烧器控制。因回转窑炉膛内不能有效去除焚烧产生的有害气体，如二噁英、呋喃和 PCB 等，为了保证烟气中有害物质的完全燃烧，通常设有燃尽室，当烟气在燃尽室内的停留时间大于 2s、温度高于 1100℃时，上述物质均能很好地消除。燃尽室出来的烟气通过余热锅炉回收热量，用以产生蒸汽或发电。

4.3.2.3　流化床焚烧炉

流化床焚烧炉内衬耐火材料，下面由布风板构成燃烧室。燃烧室分为两个区域，即上部的稀相区（悬浮段）和下部的密相区。

流化床焚烧炉的工作原理是：流化床密相区床层中有大量的惰性床料（如煤灰或砂子等），其热容很大，能够满足有机废液的蒸发、热解、燃烧所需大量热量的要求。由布风装置送到密相区的空气使床层处于良好的流化状态，床层内传热工况十分优越，床内温度均匀，稳定维持在 800~900℃，有利于有机物的分解和燃尽。焚烧后产生的烟气夹带着少量固体颗粒及未燃尽的有机物进入流化床稀相区，由二次风送入的高速空气流在炉膛中心形成一旋转切圆，使扰动强烈，混合充分，未燃尽成分在此可继续进行燃烧。

与常规焚烧炉相比，流化床焚烧炉具有以下优点：

① 焚烧效率高。流化床焚烧炉由于燃烧稳定，炉内温度场均匀，加之采用二次风增加炉内的扰动，炉内的气体与液体混合强烈，废液的蒸发和燃烧在瞬间就可以完成。未完全燃烧的可燃成分在悬浮段内继续燃烧，使得燃烧非常充分。

② 对各类废液的适应性强。由于流化床层中有大量的高温惰性床料，床层的热容大，能提供低热值高水分废液蒸发、热解和燃烧所需的大量热量，所以流化床焚烧炉适合焚烧各种水分含量和热值的废液。

③ 环保性能好。流化床焚烧炉采用低温燃烧和分级燃烧，所以焚烧过程中 NO_x 的生成量很小，同时在床料中加入合适的添加剂可以消除和降低有害焚烧产物的排放，如在床料中加入石灰石可中和焚烧过程中产生的 SO_x、HCl，使之达到环保要求。

④ 重金属排放量低。重金属属于有毒物质，升高焚烧温度将导致烟气中粉尘的重金属含量大大增加，这是因为重金属挥发后转移到粒径小于 $10\mu m$ 的颗粒上，某些焚烧实例表明：铅、镉在粉尘中的含量随焚烧温度呈指数增加。由于流化床焚烧炉的焚烧温度低于常规焚烧炉，因此重金属的排放量较少。

⑤ 结构紧凑，占地面积小。由于流化床焚烧炉的燃烧强度高，单位面积的废弃物处理能力大，炉内传热强烈，还可实现余热回收装置与焚烧炉一体化，所以整个系统结构紧凑，占地面积小。

⑥ 事故率低，维修工作量小。由于流化床焚烧炉没有易损的活动零件，所以可减少事故率和维修工作量，进而提高焚烧装置运行的可靠性。

然而，在采用流化床焚烧炉处理含盐有机废液时也存在一定的问题。当焚烧含有碱金属盐或碱土金属盐的废液时，在床层内容易形成低熔点的共晶体（熔点在 635~815℃之间），如果熔化盐在床内积累，则会导致结焦、结渣，甚至流化失败。如果这些熔融盐被烟气带出，就会黏附在炉壁上固化成细颗粒，不容易用洗涤法去除。解决这个问题的办法是：向床内添加合适的添加剂，它们能够将碱金属盐类包裹起来，形成像耐火材料一样的熔点在 1065~1290℃之间的高熔点物质，从而解决了低熔点盐类的结垢问题。添加剂不仅能控制碱金属盐类的结焦问题，而且还能有效控制废液中含磷物质的灰熔点。但对于具体情况，需进

行深入研究。

　　流化床焚烧炉运行的最高温度通常取决于：a.废液组分的熔点；b.共晶体的熔化温度；c.加添加剂后的灰熔点。流化床废液焚烧炉的运行温度通常为 760~900℃。

　　流化床焚烧炉有两种操作方式，即鼓泡流化床焚烧炉和循环流化床焚烧炉，取决于空气在床内空截面的速度。随着空气速度的提高，床层开始流化，并具有流体特性。进一步提高空气速度，床层膨胀，过剩的空气以气泡的形式通过床层，这种气泡将床料彻底混合，迅速建立烟气和颗粒的热平衡。以这种方式运行的焚烧炉称为鼓泡流化床焚烧炉，如图 4-46 所示。鼓泡流化床内空截面烟气速度一般为 1.0~3.0m/s。

　　当空气速度更高时，颗粒被烟气带走，在旋风筒内分离后，回送至炉内进一步燃烧，实现物料的循环。以这种方式运行的焚烧炉称为循环流化床焚烧炉，如图 4-47 所示。循环流化床焚烧炉内的空截面烟气速度一般为 5.0~6.0m/s。

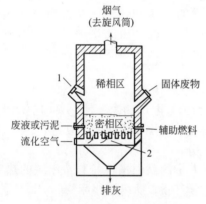

图 4-46　鼓泡流化床焚烧炉
1—预热燃烧器；2—布风装置
工艺条件：焚烧温度 760~1100℃；平均停留
时间 1.0~5.0s；过剩空气 100%~150%

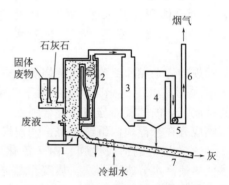

图 4-47　循环流化床焚烧炉系统
1—进风口；2—旋风分离器；3—余热利用锅炉；
4—布袋除尘器；5—引风机；6—烟囱；
7—排渣输送系统；8—燃烧室

　　循环流化床焚烧炉可燃烧固体、气体、液体和污泥，可采用向炉内添加石灰石的方法来控制 SO_x、HCl、HF 等酸性气体的排放，而不需要昂贵的湿式洗涤器，HCl 的去除率可达 99% 以上，主要有害有机化合物的破坏率可达 99.99% 以上。在循环流化床焚烧炉内，废物处于高气速、湍流状态下焚烧，其湍流程度比常规焚烧炉高，因而废物不需雾化就可燃烧彻底。同时，由于焚烧产生的酸性气体被去除，因而避免了尾部受热面遭受酸性气体的腐蚀。

　　循环流化床焚烧炉排放烟气中 NO_x 的含量较低，其体积分数通常小于 100×10^{-6}。这是由于循环流化床焚烧炉可实现低温、分级燃烧，从而降低了 NO_x 的排放。

　　循环流化床焚烧炉运行时，废液、固体废物与石灰石可同时进入燃烧室，空截面烟气速度为 5~6m/s，焚烧温度为 790~870℃，最高可达 1100℃，气体停留时间不低于 2s，灰渣经水间接冷却后从床底部引出，尾气经废热锅炉冷却后，进入布袋除尘器，经引风机排出。

　　表 4-2 为几种常规焚烧炉与流化床焚烧炉的比较结果。可以看出，流化床焚烧炉（包括鼓泡流化床焚烧炉和循环流化床焚烧炉）在处理废液方面具有明显的优越性。正是由于流化床焚烧炉的上述优点，在工业发达国家，它已被广泛用于处理各种废弃物。

表 4-2　几种常规焚烧炉与流化床焚烧炉的比较结果

项目	旋转窑焚烧炉	液体喷射焚烧炉	鼓泡流化床焚烧炉	循环流化床焚烧炉
投资费用构成	￥￥+洗涤器+燃尽室		￥+洗涤器+额外的给料器+基础设施投资	
运行费用构成	￥￥+更多的辅助燃料+回转窑的维修+洗涤器		￥+额外的给料器的维修+更多的石灰石+洗涤器	
减少有害有机成分排放的方法	设燃尽室	炉膛内高温	燃烧室内高温	不需过高温度
减少 Cl、S、P 排放的方法	设洗涤器	42%采用洗涤器	设洗涤器	在燃烧室内加石灰石
NO_x、CO 排放量	很高	很高	比 CFB 高	低
废液喷嘴数量	2		5	1(为基准)
废液给入方式	过滤后雾化	过滤后雾化	过滤后雾化	直接加入无需雾化
飞灰循环	无	无	最大给料量的 10 倍	给料量的 50~100 倍
燃烧效率	高(需采用燃尽室)	高	很高	最高
热效率/%	<70	<75		>78
碳燃烧效率/%			<90	>98
传热系数	中等	中等	高	最高
焚烧温度/℃	700~1300	800~1200	760~900	790~870
维修保养	不易	容易	容易	容易
装置体积	大(>4×CFB 体积)	居于回转窑和鼓炮床间	较大(>2×CFB 体积)	较小

注：CFB 表示循环流化床焚烧炉；￥表示循环流化床焚烧炉的费用（作为比较基准），￥￥表示循环流化床焚烧炉费用的两倍。

4.3.3　有机废液焚烧存在的问题

采用焚烧法处理高浓度有机废液具有占地面积小、焚烧处理彻底、可回收热量等特点，具有广阔的应用前景，但必须同时解决以下几个不可避免的问题：

（1）焚烧过程中有害物质的排放

有机废液中含有聚氯乙烯、氯苯酚、氯苯、多氯联苯（PCB）等类似结构的物质，在焚烧过程中会反应生成二噁英。二噁英的排放不易控制是高浓度有机废液焚烧处理工艺应用的一个难点，主要原因是二噁英的形成机理至今仍未研究透彻。一般抑制二噁英的生成可采取以下方法：a. 提高焚烧温度，一般应≥800℃，并保证烟气的停留时间，保证有机废液在焚烧炉内充分燃烧。在焚烧炉中，利用 3T+1E（指温度、时间、扰动和过剩空气系数）综合控制的原则，确保有机废液中的有害成分充分分解。b. 加入辅助燃料煤，利用煤中的硫抑制二噁英的生成。c. 尽可能充分燃烧以减少烟气中的碳含量。d. 使冷却烟道尾部的烟气温度迅速下降，尽量缩短其在 500~300℃ 温度段的停留时间，避免二噁英在此温度段的再合成。e. 高效的烟气除尘设施。由于烟气的飞灰中可能吸附有二噁英，必须加以去除。目前一般是采用袋式除尘器进行除尘，收集的飞灰经进一步固化后，安全填埋。f. 利用活性炭部分吸附尾气中的二噁英。

（2）结焦结渣

结焦结渣是熔化了的飞灰沉积物在受热面上的积聚，其本质是床层颗粒燃烧产生大量热量，使温度超过了灰渣的变性温度而发生的黏结成块现象。造成焚烧炉结焦结渣的原因很多，如灰分的组成及其熔点的高低、焚烧温度、碱金属盐类、燃烧器布置方式及其结构、辅助燃料的混合比例及其特性等。

减轻结焦结渣的方法有：a.适当降低焚烧温度；b.预处理时除去碱金属盐类；c.设计最佳的燃烧器喷射高度；d.向其中添加高岭土、石灰石、Fe_2O_3 粉末等添加剂来抑制结焦结渣。

（3）炉体腐蚀

炉体腐蚀的主要形式为露点腐蚀和应力腐蚀。炉体腐蚀的主要原因有：a.焚烧产生的酸性物质如 H_2S、SO_2、NO_x 等与水蒸气结合形成酸液，附着在炉壁上造成化学和电化学腐蚀；b.炉体受热不均产生的热应力。主要的防护措施有：a.在尾气炉前端加衬防护衬里；b.使用耐腐蚀性能强的炉体材料。

（4）二次废水

焚烧装置产生的废水主要为洗涤尾气产生的烟气除尘废水，主要污染指标为 COD、SS（固体悬浮物），一般经沉淀处理后排放。

（5）处理成本与投资效益

有机废液焚烧技术之所以在我国受到较少的关注，原因就在于其投资大、收益低，因此需要解决有机废液焚烧中的各种问题，改进焚烧技术，降低成本。

焚烧法处理高浓度有机废液处理成本高的原因主要有如下两点：

① 项目初投资大。相对于其他高浓度有机废液处理技术，焚烧处理高浓度有机废液系统包括焚烧系统和烟气处理系统，所需的设备多，且部分设备需进口，因此初投资大。

要降低项目的初投资，主要是进一步发展高浓度废液焚烧技术，大力推行焚烧处理设备的国产化，降低对进口设备的依赖。

② 处理废液的热值波动范围较大，很多高浓度废液的焚烧处理必须添加辅助燃料，导致处理成本居高不下。一般认为 COD≥100000mg/L、热值≥10450kJ/kg 的有机废液，在有辅助燃料引燃的条件下能够自燃，适宜用焚烧法处理。

要解决此问题，就需要提前对有机废液进行分析，对于热值≥10450kJ/kg 的有机废液直接入炉焚烧；对于热值≤10450kJ/kg 的高浓度有机废液，可以浓缩后再入炉焚烧，也可以采用其他的处理技术进行处理。

参考文献

[1] 廖传华，王重庆，梁荣，等.反应过程、设备与工业应用［M］.北京：化学工业出版社，2018.
[2] 陈冠益，马文超，颜蓓蓓.生物质废物资源综合利用技术［M］.北京：化学工业出版社，2015.
[3] 任学勇，张场，贺亮.生物质材料与能源加工技术［M］.北京：中国水利水电出版社，2016.
[4] 廖传华，耿文华，张双伟.燃烧技术、设备与工业应用［M］.北京：化学工业出版社，2018.
[5] 李会军.城市生活垃圾焚烧的智能控制策略［J］.重庆理工大学学报（自然科学版），2019，33（1）：64-68.
[6] 曾卫东，田爽，袁亚辉，等.垃圾焚烧炉自动燃烧控制系统设计与实现［J］.热力发电，2019，48（3）：109-113.
[7] 王艳，郝炜伟，程轲，等.城市生活垃圾露天焚烧 $PM_{2.5}$ 及其组分排放特征［J］.环境科学，2018，39（8）：3518-3523.

[8] 贾振南，李春曦，尹水娥，等.垃圾焚烧旋转喷雾干燥净化模型研究 [J].动力工程学报，2018，38（6）：484-492.

[9] 颜可珍，郑凯高，胡迎斌.城市生活垃圾焚烧飞灰在沥青胶浆中的应用 [J].铁道科学与工程学报，2018，15（10）：2509-2517.

[10] 章骅，于思源，邵立明，等.烟气净化工艺和焚烧炉类型对生活垃圾焚烧飞灰性质的影响 [J].环境科学，2018，39（1）：467-476.

[11] 阮煜，宗达，陈志良，等.水热法协同处置不同垃圾焚烧炉飞灰及其机理 [J].中国环境科学，2018，38（7）：2602-2608.

[12] 李菁若，谭巍，张东长，等.沥青路用城市生活垃圾焚烧飞灰的物化性能 [J].北京工业大学学报，2018，44（2）：268-275.

[13] 李进，刘宗宽，贺延龄.城市生活垃圾焚烧厂渗滤液产甲烷潜力 [J].环境工程学报，2019，13（2）：457-464.

[14] 冯琳，王华，庞玉亭，等.城市垃圾焚烧厂选址邻避冲突的对策探讨 [J].环境保护，2018，46（19）：49-51.

[15] 齐丽，任玥，李楠，等.垃圾焚烧厂周边大气二噁英含量及变化特征：以北京某城市生活垃圾焚烧发电厂为例 [J].中国环境科学，2016，36（4）：1000-1008.

[16] 赵锐，蔡栩仪，王小倩，等.运营期垃圾焚烧发电项目公众风险感知研究 [J].西南交通大学学报（社会科学版），2018，19（4）：116-121.

[17] 叶方清.污泥深度脱水协同垃圾焚烧生产性试验研究 [J].中国给水排水，2018，34（15）：110-115.

[18] 王圣，岳修鹏，张亚平.我国垃圾焚烧发电产业存在的环保问题及相关思考 [J].环境保护，2018，46（11）：59-61.

[19] 谭灵芝，孙奎立.我国城市生活垃圾焚烧对环境健康的影响 [J].企业经济，2018（2）：69-77.

[20] 蒋旭光，吴磊，李晓东，等.固体回收燃料焚烧技术的研究现状及发展方向 [J].环境污染与防治，2018，40（10）：1181-1187.

[21] 李大中，王朋，刘林.城市生活垃圾与煤混烧与综合利用评述 [J].电站系统工程，2011，27（5）：1-4.

[22] 林莉峰，王丽花.上海市竹园污泥干化焚烧工程设计及试运行总结 [J].给水排水，2017，43（1）：15-21.

[23] 梁冰，胡学涛，陈亿军，等.不同级配垃圾焚烧底渣固化市政污泥工程特性分析 [J].环境工程学报，2017，11（2）：1117-1122.

[24] 廖传华，李聃，王小军，等.污泥减量化与稳定化的物理处理技术 [M].北京：中国石化出版社，2019.

[25] 廖传华，王小军，高豪杰，等.污泥无害化与资源化的化学处理技术 [M].北京：中国石化出版社，2019.

[26] 周玲，廖传华.污泥混合焚烧处理工艺的现状 [J].中国化工装备，2018，20（1）：4-10.

[27] 周玲，廖传华.污泥焚烧设备的比较与选择 [J].中国化工装备，2018，20（2）：13-22.

[28] 周玲，廖传华.污泥单独焚烧工艺的应用现状 [J].中国化工装备，2017，19（6）：16-22.

[29] 卢闪，赵斌，武志飞，等.污泥半干化焚烧系统㶲分析 [J].热力发电，2017，46（2）：55-60，74.

[30] 徐晓波，孙卫东，吕金明，等.日本的典型污泥焚烧工程案例及启示 [J].中国给水排水，2017，33（12）：135-138.

[31] 李文兴，郑秋鹃，廖建胜，等.温州市污泥干化焚烧处理工程技术改造 [J].中国给水排水，2017，33（2）：90-95.

[32] 方平，唐子君，钟淑怡，等.城市污泥焚烧渣中重金属的浸出特性 [J].化工进展，2017，36（6）：2304-2310.

[33] 许少卿，王飞，池涌，等.污泥干燥焚烧工程系统质能平衡分析 [J].环境工程学报，2017，11（1）：515-521.

[34] 海云龙，阎维平.鼓泡床锅炉富氧焚烧含油污泥技术 [J].环境工程学报，2017，11（7）：4313-4319.

[35] 海云龙，阎维平，张旭辉.流化床富氧焚烧含油污泥技术经济性分析 [J].化工环保，2016，36（2）：211-215.

[36] 孙明华，王凯军，张耀峰，等.污泥干化协同焚烧的环境影响实例研究 [J].环境工程，2016，34（3）：128-132.

[37] 闻哲，王波，冯荣，等.城镇污泥干化焚烧处置技术与工艺简介 [J].热能动力工程，2016，31（9）：1-8.

[38] 侯海盟.生物干化污泥衍生燃料流化床焚烧试验研究 [J].科学技术与工程，2016，16（28）：303-307.

[39] 肖汉敏，黄喜鹏，黄伟豪，等.造纸污泥干燥焚烧的生命周期评价 [J].中国造纸，2016，35（3）：38-42.

[40] 唐世伟，纵建，陆勤玉，等.城市污泥流化床焚烧技术研究和影响分析 [C].合肥：2016清洁高效燃煤发电技术交流研讨会论文集，2016：444-445.

[41] 滕文超.污泥流化床焚烧过程中磷的富集机理 [D].沈阳：沈阳航空航天大学，2016.

[42] 王筵辉.污泥焚烧飞灰重金属提取的实验研究 [D].杭州：浙江大学，2016.

[43] 袁言言，黄瑛，张冬，等.污泥焚烧能量利用与污染物排放特性研究 [J].动力工程学报，2016，36（11）：934-940.

[44] 李云玉，欧阳艳艳，许泓，等.循环流化床一体化污泥焚烧工艺运行成本影响因素分析 [J].给水排水，2016，42（4）：45-48.

[45] 崔广强，孙家国.垃圾焚烧底灰和石灰固化污水污泥性质的试验研究［J］.武夷学院学报，2016，35（9）：57-60.

[46] 曾小红，陈晓平，梁财，等.温度对污泥流化床焚烧飞灰重金属迁移的影响［J］.东南大学学报（自然科学版），2015，45（1）：97-102.

[47] 桂轶.城市生活污水污泥处理处置方法研究［D］.合肥：合肥工业大学，2015.

[48] 吴智勇.城市污泥脱水焚烧新工艺研究［D］.大连：大连理工大学，2015.

[49] 李畅.城市污泥焚烧及污染物排放特性研究［D］.北京：华北电力大学，2015.

[50] 孟联宇，宋春涛.污水污泥焚烧处理工艺应用探讨［J］.建筑与预算，2015（7）：40-42.

[51] 靖丹枫，耿震.石化污泥干化焚烧工程设计［J］.中国给水排水，2015，31（8）：61-63.

[52] 王锦，龚春辰，刘德民，等.铁路含油污泥的焚烧特性［J］.中国铁道科学，2015，36（2）：130-135.

[53] 魏国侠，武振华，徐仙，等.污泥衍生燃料在流化床垃圾焚烧炉混烧试验［J］.环境科学与技术，2015，38（5）：130-133.

[54] 胡学清，梁冰，陈亿军，等.不同粒径垃圾焚烧底渣对固化市政污泥工程特性的影响［J］.环境工程学报，2015，9（1）：5567-5572.

[55] 徐佳媚，黄瑛，姚一思，等.南京市污泥深度脱水-干化-焚烧处置规划研究［J］.环境工程，2015，33（A1）：515-519.

[56] 张幸福.污泥焚烧过程中铬等重金属的迁移转化特性研究［D］.杭州：浙江大学，2015.

[57] 李怡娟，徐竟成，李光明.城市污水处理厂污泥中能源物质利用的研究进展［J］.净水技术，2015，34（S1）：9-15.

[58] 杨宏斌，冼萍，杨龙辉，等.广西城镇污泥掺烧利用组分特性的分析［J］.环境工程学报，2015，9（3）：1440-1444.

[59] 李庄，李金林，赵凤伟.含油污泥焚烧技术及其在海外油田项目的应用［J］.中国给水排水，2015.31（16）：76-79.

[60] 刘磊，罗跃，刘清云，等.江汉油田含油污泥焚烧处理技术研究［J］.石油与天然气化工，2014，43（2）：200-203.

[61] 龚春辰.铁路含油污泥焚烧资源化处理研究［D］.北京：北京交通大学，2014.

[62] 刘家付.污泥干化与电站燃煤锅炉协同焚烧处置的试验研究［D］.杭州：浙江大学，2014.

[63] 方平.城镇污泥焚烧烟气污染控制技术研究［D］.北京：中国科学院大学，2014.

[64] 涂兴宇.市政污泥处理处置技术评价及应用前景分析［D］.上海：上海交通大学，2014.

[65] 胡中意.苏州工业园区污泥干化焚烧系统工艺设计［J］.中国给水排水，2014，30（12）：88-90.

[66] 邱锐.深圳市污泥干化焚烧工艺运行成本分析［J］.给水排水，2014，40（8）：30-32.

[67] 李博，王飞，朱小玲，等.污泥干化焚烧联用系统最佳运行工艺研究［J］.环境污染与防治，2014，36（8）：29-33，42.

[68] 钱炜.污泥干化特性及焚烧处理研究［D］.广州：华南理工大学，2014.

[69] 李辉，吴晓芙，蒋龙波，等.城市污泥焚烧工艺研究进展［J］.环境工程，2014，32（6）：88-92.

[70] 姬爱民，崔岩，马劲红，等.污泥热处理［M］.北京：冶金工业出版社，2014.

[71] 王美清，郁鸿凌，陈梦洁，等.城市污水污泥热解和燃烧的实验研究［J］.上海理工大学学报，2014，36（2）：185-188.

[72] 兰盛勇，廖发明.成都市第一城市污水污泥处理厂干化焚烧系统调试［J］.水工业市场，2014，7：67-69.

[73] 刘敬勇，孙水裕，陈涛，等.污泥焚烧过程中Pb的迁移行为及吸附脱附［J］.中国环境科学，2014，34（2）：466-477.

[74] 洪建军.污泥低温碳化焚烧处理技术与应用［J］.中国给水排水，2014，30（8）：61-63.

[75] 郭艳.污水污泥焚烧技术现状分析［J］.资源节约与环保，2013（10）：67.

[76] 彭洁，袁兴中，江洪炜，等.城市污水污泥处置方式的温室气体排放比较分析［J］.环境工程学报，2013，7（6）：2285-2290.

[77] 贾新宁.城镇污水污泥的处理处置现状分析［J］.山西建筑，2012，38（5）：220-222.

[78] 宋丽华.固体垃圾与污水污泥混烧中重金属迁移特性的研究［J］.安徽化工，2012，38（3）：61-63.

[79] 李博，王飞，严建华，等.污水处理厂污泥干化焚烧可行性分析［J］.环境工程学报，2012，6（10）：3399-3404.

[80] 向文川.城市污水污泥干化焚烧工艺的碳排放研究［D］.成都：西南交通大学，2011.

[81] 张萌，张建涛，杨国录，等.污泥焚烧工艺研究［J］.工业安全与环保，2011，37（8）：46-48.

[82] 李欢，金宜英，李洋洋.污水污泥处理的碳排放及其低碳化策略［J］.土木建筑与环境工程，2011，33（2）：

117-131.

[83]　李国建，胡艳军，陈冠益，等.城市污水污泥与固体垃圾混烧过程中重金属迁移特性的研究［J］.燃料化学学报，2011，39（2）：155-160.

[84]　林丰.污水污泥焚烧处理技术及其应用［J］.环境科技，2011，24（A1）：84-86.

[85]　王罗春，李雄，赵由才.污泥干化与焚烧技术［M］.北京：冶金工业出版社，2010.

[86]　陈涛.广州市污水污泥特性及其焚烧过程中重金属排放与控制研究［D］.广州：广东工业大学，2010.

[87]　陈涛，孙水裕，刘敬勇，等.城市污水污泥焚烧二次污染物控制研究进展［J］.化工进展，2010，29（1）：157-162.

[88]　廖艳芬，漆雅庆，马晓茜.城市污水污泥焚烧处理环境影响分析［J］.环境科学学报，2009，29（1）：2359-2365.

[89]　史骏.城市污水污泥处理处置系统的技术经济分析与评价（上）［J］.给水排水，2009，35（8）：32-35.

[90]　史骏.城市污水污泥处理处置系统的技术经济分析与评价（下）［J］.给水排水，2009，35（9）：56-59.

[91]　张衍国，奉华，邓高峰，等.城市污水污泥焚烧过程中的重金属迁移特性［J］.环境保护，2000，28（12）：35-36.

[92]　罗秀朋，时明伟，刘晓阳.己内酰胺装置废气废液焚烧系统工艺流程设计［J］.合成纤维工业，2018，41（2）：63-67.

[93]　李晓峰，张翠清，李文华，等.热解废水循环流化床焚烧工艺模拟研究［J］.现代化工，2018，38（9）：209-214.

[94]　张锦泰，黄亚继，刘秀宁，等.高浓度有机废液的焚烧特性实验研究［J］.环境工程，2017，35（9）：13-17，135.

[95]　王丽香，孙长顺，杜利劳.焚烧处理黄姜皂素水解废液中试研究［J］.中国给水排水，2016，32（15）：119-121.

[96]　廖传华，朱廷风，代国俊，等.化学法水处理过程与设备［M］.北京：化学工业出版社，2016.

[97]　王增鹏.废液焚烧炉的热力计算和CFD模拟分析［D］.上海：华东理工大学，2016.

[98]　朱姚斌.浅谈废液焚烧工艺选择［J］.化工安全与环境，2017（48）：21-23.

[99]　沈克宇，雷树宽，李召召，等.高浓度含盐有机废液焚烧技术解析［J］.科学与信息化，2018（17）：84-85.

[100]　赵劲潮.高含盐有机废水流化床焚烧处理研究［D］.杭州：浙江大学，2016.

[101]　卜银坤.化工废液焚烧余热锅炉的结构设计研究［J］.工业锅炉，2015，5：12-19.

[102]　王磊.己内酰胺废液焚烧炉衬使用及缺陷问题分析［J］.工业炉，2015，37（5）：65-67.

[103]　刘颖，王丽洁.化工废液焚烧及废气除尘工艺探讨［J］.科学中国人，2015，9：28-29.

[104]　尹洪超，付立欣，陈建标，等.废液焚烧炉内燃烧过程及污染物排放特性数值模拟［J］.热科学与技术，2015，14（4）：297-304.

[105]　付立欣.化工废液焚烧装置燃烧过程及污染物生成特性的数值模拟［D］.大连：大连理工大学，2015.

[106]　英鹏.炼化废液焚烧飞灰粒子沉积与分布特性研究［D］.大连：大连理工大学，2015.

[107]　吴晓亮.BA研究所废液焚烧项目质量管理研究［D］.哈尔滨：哈尔滨工业大学，2014.

[108]　郑全军，王舫，肖显斌，等.新型有机废液焚烧炉炉内燃烧过程的数值模拟［J］.环境工程，2014，32（A1）：210-213.

[109]　李永胜，王舫，肖显斌，等.高浓度有机废液焚烧炉燃烧器布置方式的数值模拟［J］.工业炉，2014，36（2）：13-16.

[110]　马吉亮，刘道银，陈振东，等.添加剂对含盐废水焚烧结焦特性的影响［J］.工程热物理学报，2014，35（8）：1669-1673.

[111]　任天杰.化工系硫胺废液焚烧处理工程方案设计探析［J］.当代化工，2014，43（5）：767-769.

[112]　张善军.废液焚烧余热锅炉结渣过程的数值模拟研究［D］.大连：大连理工大学，2014.

[113]　李军，李江陵.化工废液焚烧废气除尘技术特点探析［J］.中国环保产业，2013，1：63-65.

[114]　夏善伟.废液焚烧炉燃烧过程的数值模拟及结构优化设计［D］.合肥：合肥工业大学，2013.

[115]　金鑫.含盐苯胺废液焚烧及其溶盐腐蚀行为研究［D］.合肥：合肥工业大学，2013.

[116]　刘亮.废液焚烧余热锅炉结渣实验与沉积机理研究［D］.大连：大连理工大学，2013.

[117]　刘亮，尹洪超，穆林.废液焚烧余热锅炉灰渣沉积机理分析［J］.化工进展，2013，32（5）：1172-1176.

[118]　王舫，李永胜，肖显斌，等.新型有机废液焚烧炉的雾化干燥技术研究［J］.工业炉，2013，35（6）：1-4，15.

[119]　李振威，喻朝飞，卢强.提高焚烧炉对BI废液焚烧效果的方法［J］.化工机械，2013，40（3）：479.

[120]　胡琦，于淑芬，林川.废液焚烧处置控制系统的设计［J］.中国环保产业，2013，9：50-54.

[121]　潘剑峰.燃烧学：理论基础及其应用［M］.镇江：江苏大学出版社，2013.

[122]　李传凯.丙烯腈废液焚烧空气分级及NO_x排放试验研究［J］.石油化工设备，2013，42（3）：20-24.

[123]　陈高，李传凯.丙烯腈废液焚烧二次污染物排放的特性研究［J］.工业炉，2012，34（6）：42-45.

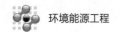

[124] 李建新.燃烧污染物控制技术［M］.北京：中国电力出版社，2012.

[125] 穆林，赵亮，尹洪超.化工废液焚烧炉内积灰结渣特性［J］.化工学报，2012，63（11）：3645-3651.

[126] 穆林，赵亮，尹洪超.废液焚烧余热锅炉内气固两相流动与飞灰沉积的数值模拟［J］.中国电机工程学报，2012，32（29）：30-37.

[127] 汪君，金航，张世红，等.糖蜜酒精废液焚烧炉水冷壁结渣原因探析［J］.可再生能源，2012，30（12）：48-51.

[128] 徐旭常，吕俊复，张海.燃烧理论与燃烧［M］.2版.北京：科学出版社，2012.

[129] 杨林军.燃烧源细颗粒物污染控制技术［M］.北京：化学工业出版社，2011.

[130] 张晓键，黄霞.水与废水物化处理的原理与工艺［M］.北京：清华大学出版社，2011.

[131] 陈金思，金鑫，胡献国.有机废液焚烧技术的现状及发展趋势［J］.安徽化工，2011，37（5）：9-11.

[132] 陈金思，施银燕，胡献国.废液焚烧炉的研究进展［J］.中国环保产业，2011（10）：22-25.

[133] 张绍坤.焚烧法处理高浓度有机废液的技术探讨［J］.工业炉，2011，33（5）：25-28.

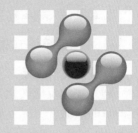

第**5**章 有机废弃物水热氧化与能源化利用

对于含水量较高的有机废弃物，如畜禽粪便、工业污泥、市政污泥、有机废液，由于有机物含量较低，单位质量有机物的发热值较低，不能采用直接燃烧法，采用焚烧处理需加添加过多的辅助燃料而导致运行成本太高，此时可采用水热氧化技术而实现能源化利用。

水热氧化能量转化是基于"所有废弃物都是放错位置的资源"这一理念发展起来的技术，在实现废弃物无害化处理的同时副产清洁能源，从而实现环境治理与资源利用的统一，无疑具有重大的环境与社会意义。

5.1 水热氧化技术的分类

水热氧化技术是在高温高压下，以空气或其他氧化剂使废水中的有机物（或还原性无机物）在液相条件下发生氧化分解反应或氧化还原反应，大幅去除介质中的 COD、BOD_5 和 SS，并改变有害金属的存在状态，大幅降低其毒性。根据反应所处的工艺条件，水热氧化可分为湿式氧化和超临界水氧化。

反应温度和压力在水的临界点以下的水热氧化称为湿式氧化（wet oxidation，WO），典型运行条件为温度 150~350℃，压力 2~20MPa，反应时间 15~20min。如果使用空气作氧化剂，则称为湿式空气氧化（wet air oxidation，WAO）。反应温度和压力超过水的临界点的水热氧化称为超临界水氧化（supercritical water oxidation，SCWO），典型运行条件为温度 400~600℃，压力 25~40MPa，反应时间数秒至几分钟。当在反应系统中加入催化剂时，相应称为催化湿式氧化（CWAO）和催化超临界水氧化（CSCWO）。

5.1.1 湿式氧化

湿式氧化（wet air oxidation，WAO）工艺是美国 F. J. Zimmer Mann 于 1944 年提出的一种用于有毒有害有机废弃物的处理方法，它是在高温（125~320℃）和高压（5.0~20MPa）条件下，以空气中的氧气为氧化剂（后来也使用其他氧化剂，如臭氧、过氧化氢等），在液

相中将有机污染物氧化为 CO_2 和水等无机物或小分子有机物的化学过程。

5.1.1.1 传统湿式氧化

传统湿式氧化是以空气为氧化剂，将有机废弃物中的溶解性物质（包括无机物和有机物）通过氧化反应转化为无害的新物质或容易分离排除的形态（气体或固体），从而达到处理的目的。通常情况下氧气在水中的溶解度非常低（0.1MPa、20℃时氧气在水中的溶解度约为9mg/L），因而在常温常压下，这种氧化反应的速率很慢，尤其是利用空气中的氧气进行高浓度污染物的氧化反应就更慢，需借助各种辅助手段促进反应的进行（通常需要借助高温、高压和催化剂的作用）。一般来说，在 10~20MPa、200~300℃ 条件下，氧气在水中的溶解度会增大，几乎所有污染物都能被氧化成二氧化碳和水。

高温、高压及必需的液相条件是这一过程的主要特征。在高温高压下，水及作为氧化剂的氧的物理性质都发生了变化，如表 5-1 所示。由表 5-1 可知，从室温到100℃范围内，氧的溶解度随温度的升高而降低，但在高温状态下，氧的这一性质发生了改变，当温度大于150℃时，氧的溶解度随温度升高反而增大，氧在水中的传质系数也随温度升高而增大。因此，氧的这种性质有助于高温下进行氧化反应。

表 5-1 不同温度下水和氧的物理性质

性质	温度/℃							
	25	100	150	200	250	300	320	350
水								
蒸汽压/MPa	0.033	1.05	4.92	16.07	41.10	88.17	116.64	141.90
黏度/Pa·s	922	281	181	137	116	106	104	103
密度/(g/mL)	0.944	0.991	0.955	0.934	0.908	0.870	0.848	0.828
氧(5atm,25℃)								
扩散系数/(m²/s)	22.4	91.8	162	239	311	373	393	407
亨利常数/(1.01MPa/mol)	4.38	7.04	5.82	3.94	2.38	1.36	1.08	0.9
溶解度/(mg/L)	190	145	195	320	565	1040	1325	1585

湿式氧化过程大致可分为两个阶段：前半小时内，因反应物浓度很高，氧化速率很快，去除率增加快，此阶段主要受氧的传质控制；此后，因反应物浓度降低或产生的中间产物更难以氧化，使氧化速率趋缓，此阶段主要受反应动力学控制。

温度是湿式氧化过程的关键影响因素。温度越高，化学反应速率越快；温度的升高还可以增加氧的传质速率，减小液体的黏度。压力的主要作用是保证氧的分压维持在一定的范围内，以确保液相中有较高的溶解氧浓度。

湿式氧化是针对高浓度有机废弃物（包括高浓度有机废水、市政污泥、工业污泥、畜禽粪便等）的一种处理技术，因而具有其独特的技术特点和运行要求。WAO 的主要特点有：

① 它可以有效地氧化各类高浓度的有机废水和污泥，特别是毒性较大、常规方法难降解的废水和污泥，应用范围较广；

② 在特定的温度和压力条件下，WAO 对 COD 的去除效率很高，可达到 90% 以上；

③ WAO 处理装置较小，占地少，结构紧凑，易于管理；

④ WAO 处理有机物所需的能量几乎就是进出物料的热焓差，因此可以利用系统的反应热加热进料，能量消耗少；

⑤ WAO 氧化有机污染物时，C 被氧化成 CO_2，N 被氧化成 NO_2，卤化物和硫化物被氧化为相应的无机卤化物和硫氧化物，因此产生的二次污染较少。

正因为此，WAO 在处理浓度太低而不能焚烧、浓度太高而不能进行生化处理的有机废弃物时具有很大的吸引力。但是，湿式氧化法的应用也存在一定的局限性：

① 该法要求在高温、高压条件下进行，系统的设备费用较大，条件要求严格，一次性投资大；

② 设备系统要求严，材料要耐高温、高压，且防腐蚀性要求高；

③ 仅适用于小流量的高浓度难降解有机废水和污泥，或作为某种高浓度难降解有机废水和污泥的预处理，否则很不经济；

④ 对某些有机物如多氯联苯、小分子羧酸等难以完全氧化去除。

目前，湿式氧化技术在国外已广泛用于各类高浓度废水及污泥的处理，尤其是毒性大、难以用生化方法处理的农药废水、染料废水、制药废水、煤气洗涤废水、造纸废水、合成纤维废水及其他有机合成工业废水的处理，也用于还原性无机物（如 CN^-、SCN^-、S^{2-}）和放射性废物的处理。

然而，由于传统湿式氧化技术需要较高的温度和压力，相对较长的停留时间，尤其是对于某些难氧化的有机化合物反应要求更为苛刻，致使设备投资和运行费用都较高。为降低反应温度和反应压力，提高处理效果，在传统湿式氧化技术的基础上进行了一些改进。

归纳起来，湿式氧化技术的发展有两个方向：第一，开发适于湿式氧化的高效催化剂，使反应能在比较温和的条件下，在更短的时间内完成，即催化湿式氧化（catalytic wet oxidation，CWAO）；第二，将反应温度和压力进一步提高至水的临界点以上，进行超临界湿式氧化（supercritical wet oxidation，SCWO）或超临界水氧化技术（supercritical water oxidation，SCWO）。

5.1.1.2　催化湿式氧化

催化湿式氧化技术是根据有机物在高温高压下进行催化燃烧的原理，在传统湿式氧化处理工艺中加入适当的催化剂。其最显著的特点是以羟基自由基为主要氧化剂与有机物发生反应，反应中生成的有机自由基可以继续参加 HO· 的链式反应，或者通过生成有机过氧化物自由基后进一步发生氧化分解反应直至降解为最终产物 CO_2 和 H_2O，从而达到氧化分解有机物的目的。

目前用于湿式氧化法的催化剂主要包括过渡金属及其氧化物、复合氧化物和盐类。已有多种过渡金属氧化物被认为具有湿式氧化催化活性，其中贵金属系（如以 Pt、Pd 为活性成分）催化剂的活性高、寿命长、适应性强，但价格昂贵，应用受到限制，所以在应用研究中一般比较重视非贵金属催化剂，其中过渡金属如 Cu、Fe、Ni、Co、Mn 等在不同的反应中都具有较好的催化性能。表 5-2 列出了催化湿式氧化法中常用的催化剂。

表 5-2　催化湿式氧化法中常用的催化剂

类别	催化剂
均相催化剂	$PdCl_2$、$RuCl_3$、$RhCl_3$、$IrCl_4$、K_2PtO_4、$NaAuCl_4$、NH_4ReO_4、$AgNO_3$、$Na_2Cr_2O_7$、$Cu(NO_3)_2$、$CuSO_4$、$CoCl_2$、$NiSO_4$、$FeSO_4$、$MnSO_4$、$ZnSO_4$、$SnCl_2$、Na_2CO_3、$Cu(OH)_2$、$CuCl$、$FeCl_2$、$CuSO_4$-$(NH_4)_2SO_4$、$MnCl_2$、$Cu(BF_4)_2$、$Mn(AC)_2$
非均相催化剂	WO_3、V_2O_5、MoO_3、ZrO_4、TaO_2、Nb_2O_5、HfO_2、OsO_4、CuO、Cu_2O、Co_2O_3、NiO、Mn_2O_3、CeO_2、Co_3O_4、SnO_2、Fe_2O_3

续表

类别	催化剂
非均相催化剂复合氧化物	$CuO\text{-}Al_2O_3$、$MnO_2\text{-}Al_2O_3$、$CuO\text{-}SiO_2$、$CuO\text{-}ZrO\text{-}Al_2O_3$、$RuO_2\text{-}CeO_2$、$RuO_2\text{-}Al_2O_3$、$RuO_2\text{-}ZrO_2$、$RuO_2\text{-}TiO_2$、$Mn_2O_3\text{-}CeO_2$、$Rh_2O_3\text{-}CeO_2$、$IrO_2\text{-}CeO_2$、$PdO\text{-}TiO_2$、$Co_3O_4\text{-}BiO(OH)$、$Co_3O_4\text{-}CeO_2$、$Co_3O_4\text{-}BiO(OH)\text{-}CeO_2$、$Co_3O_4\text{-}BiO(OH)\text{-}Lu_2O_3$、$CuO\text{-}ZnO$、$SnO_2\text{-}Sb_2O_4$、$SnO_2\text{-}MoO_3$、$Fe_2O_3\text{-}Sb_2O_4$、$SnO_2\text{-}Fe_2O_3$、$Fe_2O_3\text{-}Cr_2O_3$、$Fe_2O_3\text{-}P_2O_5$、Cu-Mn-Fe 氧化物、Cu-Mn 氧化物、Cu-Mn-Zn 氧化物、Co-Mn 氧化物、Co-Cu 氧化物、Cu-Mn-Co 氧化物

催化湿式氧化的特点可归纳为：

① 催化湿式氧化是一种有效的处理高浓度、有毒、有害、生物难降解废水和污泥的高级氧化技术。

② 由于非均相催化剂具有好的活性、稳定性、易分离等优点，已成为催化湿式氧化研究开发和实际应用的重要方向。

③ 在非均相催化剂中，贵金属系列催化剂具有较高的活性，能氧化一些很难处理的有机物，但是催化剂成本高，通过加入稀土氧化物可降低成本，而且能够提高催化剂的活性和稳定性。Cu 系催化剂活性较高，但是存在严重的催化剂流失问题。催化剂在使用过程中有失活现象。

④ 大量研究表明，催化湿式氧化有广泛的应用前景。催化湿式氧化催化剂向多组分、高活性、廉价、稳定性的方向发展。

催化湿式氧化降低了反应的温度和压力，提高了氧化分解的能力，缩短了反应的时间，缓解了设备的腐蚀，降低了成本，在各种高浓度难降解有毒有害废水和污泥的处理中非常有效，具有较高的实用价值。

5.1.2 超临界水氧化

超临界水氧化（supercritical water oxidation，SCWO）工艺是美国麻省理工学院 Medel 教授于 1982 年提出的一种能完全、彻底地将有机物结构破坏的深度氧化技术。超临界水具有很好的溶解有机化合物和各种气体的特性，因此，当以氧气（或空气中氧气）或过氧化氢作为氧化剂与溶液中的有机物进行氧化反应时，可以实现在超临界水中的均相氧化。

采用超临界水氧化技术，超临界水同时起着反应物和溶解污染物的作用，使反应过程具有如下特点：

① 许多存在于水中的有机质将完全溶解在超临界水中，并且氧气或空气也与超临界水形成均相，反应过程中反应物成单一流体相，氧化反应可在均相中进行。

② 氧的提供不再受 WAO 过程中的界面传递阻力所控制，可按反应所需的化学计量关系，再考虑所需氧的过量倍数按需加入。

③ 因为反应在温度足够高（400～700℃）时，氧化速率非常快，可以在几分钟内将有机物完全转化成二氧化碳和水，水在反应器内的停留时间缩短，或反应器的尺寸可以减小。

④ 有机物在 SCWO 中的氧化较为完全，可达 99%以上。

⑤ 在废水进行中和反应过程中可能生成无机盐，无机盐在水中的溶解度较大，但在超临界流体中的溶解度却极小，因此无机盐类可在 SCWO 过程中被析出排除。

⑥ 当被处理的废水或废液中的有机物质量分数超过 10%时，就可以依靠反应过程自身的反应热来维持反应器所需的热量，不需外界加热，而且热能可回收利用。

⑦ 设备密闭性好，反应过程中不排放污染物。

⑧ 从经济上来考虑，有资料显示，与坑填法和焚烧法相比，超临界水氧化法处理有机废弃物的操作维修费用较低，单位成本较低，具有一定的工业应用价值。

目前，超临界水氧化反应用的氧化剂通常为氧气或空气中氧气。如果使用过氧化氢（H_2O_2）作为氧化剂，过氧化氢水溶液与含有机物水溶液混合，进入反应器中，过氧化氢（H_2O_2）热分解产生的氧气作为氧化剂，在温度、压力超过水的临界点（$T \geqslant 374.3℃$，$p \geqslant 22.1MPa$）下发生氧化反应。使用过氧化氢（H_2O_2）作为氧化剂可以省去高压供气设备，减少工程投资，但氧化效率会受到影响，运行费用较高。

5.2　有机废弃物湿式氧化与能源化利用

针对畜禽粪便、工业污泥、市政污泥、有机废液等有机废弃物，由于其含水量较高，流动性好，因此可采用湿式氧化处理而实现其能源化利用。

5.2.1　湿式氧化的工艺过程

湿式氧化处理有机废弃物是将有机废弃物置于密闭容器中，在高压条件下通入空气或氧气当氧化剂，按水力燃烧原理将有机废弃物中的有机物在高温条件下氧化分解成无机物的过程。

湿式氧化自 1958 年开始，经多年发展和改进，对于处理不同的有机物，出现了不同的工艺流程。

（1）Zimpro 工艺

Zimpro 工艺是应用最广泛的湿式氧化工艺流程，是由 F. J. Zimmermann 在 20 世纪 30 年代提出、40 年代在实验室开始研究，于 1950 年首次正式工业化的。到 1996 年大约有 200 套装置投入使用，大约 50% 用于城市活性污泥处理，大约有 20 套用于活性炭再生，50 套用于工业废水的处理。

Zimpro 工艺流程如图 5-1 所示。反应器是鼓泡塔式反应器，内部处于完全混合状态，在反应器的轴向和径向完全混合，因而没有固定的停留时间，这一点限制了其在对废水水质要求很高场合时的应用。虽然在废水处理方面，Zimpro 流程不是非常完善的氧化处理技术，但可以作为有毒物质的预处理方法。废水和压缩空气混合后流经热交换器，物料温度达到一定要求后，废水从下向上流经反应器，废水中的有机物被氧化，同时反应释放出的热量使混合液体的温度继续升高。反应器流出液体的温度、压力均较高，在热交换器内被冷却，反应

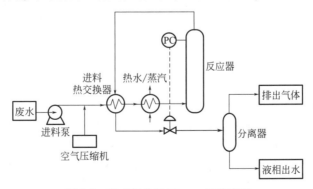

图 5-1　湿式氧化的 Zimpro 工艺流程

过程中回收的热量用于大部分废水的预热。冷却后的液体经过压力控制阀降压后，液体在分离器分离为气、液两相。反应温度通常控制在 420~598K，压力控制在 2.0~12MPa 的范围内，温度和压力与所要求的氧化程度和废水的情况有关。用于污泥脱水的温度一般控制在 420~473K 范围内，473~523K 的温度范围比较适宜活性炭的再生和生物难降解废水的处理。废水在反应器内的平均停留时间为 60min，在不同的应用中停留时间可从 40min 到 4h。

（2）Wetox 工艺

Wetox 工艺是由 Fassell 和 Bridges 在 20 世纪 70 年代设计成功的由 4~6 个有连续搅拌小室组成的阶梯水平式反应器，如图 5-2 所示。此工艺的主要特点是每个小室内都增加了搅拌和曝气装置，因而有效改善了氧气在废水中的传质情况，这种改进是从以下 5 个方面进行的：

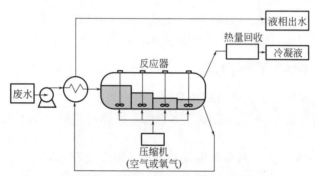

图 5-2　湿式氧化的 Wetox 工艺流程

① 通过减小气泡的体积，增加传质面积；

② 改变反应器内的流型，使液体充分湍流，增加氧气和液体的接触时间；

③ 由于强化了液体的湍流程度，气泡的滞膜厚度有所减小，从而降低了传质阻力；

④ 反应室内有气液相分离设备，因而有效增加了液相的停留时间，减少了液相的体积，提高了热转化的效率；

⑤ 出水液体用于进水液体的加热，蒸气通过热交换器回收热量，并被冷却为低压的气体或液相。

该装备的主要工作温度在 480~520K 之间，压力在 4.0MPa 左右，停留时间在 30~60min 的范围内，适用于有机物的完全氧化降解或作为生物处理的预处理过程。Wetox 工艺广泛用于处理炼油、石油化工废液、碘化的线性烷基苯废液等，而且也可用于电镀、造纸、钢铁、汽车工业等的废液处理。

Wetox 工艺的缺点是使用机械搅拌的能量消耗、维修和转动轴的高压密封问题。此外，与竖式反应器相比，反应器水平放置将占用较大的面积。

（3）Vertech 工艺

Vertech 工艺主要由一个垂直在地面下 1200~1500m 的反应器及两个管道组成，内管称为入水管，外管称为出水管，如图 5-3 所示。

可以认为这是一类深井反应器，其优点是湿式氧化所需要的高压可以部分由重力转化，因而减少物料进入高压反应器所需要的能量。在反应器内废水和氧气向下在管道内流动时，进行传质和传热过程。反应器内的压力与井的深度和流体的密度有关。当井的深度在 1200~1500m 之间时，反应器底部的压力在 8.5~11MPa，换热管内的介质使反应器内的温度可达

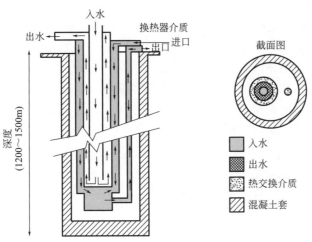

图 5-3　湿式氧化的 Vertech 工艺流程

到 550K，停留时间约为 1h。此工艺在 1993 年首次开始运行，处理能力为 23000t/a，反应器入水管的内径为 216mm，出水管的内径为 343mm，井深为 1200m。但在操作过程中有一些困难，例如深井的腐蚀和热交换。废水在入水管中随着深度的增加压力逐渐增加，内管的入水与外管的热的出水进行热交换而使温度升高。当温度为 450K 时氧化过程开始，氧化释放的热量使入水的温度逐渐增加。废水氧化后上升到地面，此时出水压力减小，与入水和热交换管的液体进行热交换后降低，从反应器流出的液体温度约为 320K。虽然此工艺有较好的降解效果，但流体在反应器内需要一定的停留时间才能流出较长的反应器。

（4）Kenox 工艺

该工艺的新颖之处在于是一种带有混合和超声波装置的连续循环反应器，如图 5-4 所示。该装置的主反应器由内外两部分组成，废水和空气在反应器的底部混合后进入反应器，先在内筒体内流动，之后从内、外筒体间流出反应系统。内筒体内设置有混合装置，便于废水和空气的接触。当气、液混合物流经混合装置时，有机物与氧气充分接触，有机物被氧化。超声波装置安装在反应器的上部，超声波穿过有固体悬浮物的液体，利用空化效应在一定范围内瞬间产生高温和高压，从而可加速反应进行。反应器的工作条件为：温度控制在 473~513K 之间，压力控制在 4.1~4.7MPa 之间，最佳停留时间为 40min。通过加入酸或碱，使进入第一个反应器的废水的 pH 值在 4 左右。此工艺的缺点是使用机械搅拌，能耗过高，高压密封易出现问题，设备维护困难。

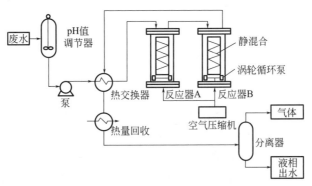

图 5-4　湿式氧化的 Kenox 工艺流程

（5）Oxyjet 工艺

Oxyjet 工艺流程如图 5-5 所示。此工艺采用射氧装置，极大地提高了两相流体的接触面积，因而强化了氧在液体中的传质。在反应系统中气液混合物流入射流混合器内，经射流装置作用，使液体形成了细小的液滴，产生大量的气液混合物。液滴的直径仅为几微米，因此传质面积大大增加，传质过程被大大强化。此后气液混合物流过反应器，在此有机物被快速氧化。与传统的鼓泡反应器相比，该装置可有效缩短反应所需的停留时间。在反应管之后，又有一射流反应器，使反应混合物流出反应器。

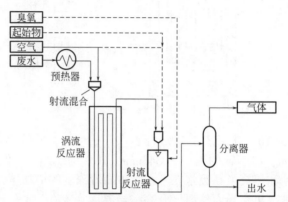

图 5-5　湿式氧化的 Oxyjet 工艺流程

Jaulin 和 Chornet 使用射流混合器和反应管系统氧化苯酚，工作温度为 413~453K，停留时间为 2.5s，苯酚的降解率为 20%~50%。Gasso 等研究使用射流混合器和反应管系统，并加入一个小型的用于辅助氧化的反应室。在温度为 573K、停留时间为 2~3min 条件下，处理纯苯酚和液体，TOC（总有机碳）降解率为 99%。他们又发现，此工艺适用于处理农药废水、含酚废水等。

由于湿式氧化为放热反应，因此反应过程中还可以利用其产生的热能。目前应用的 WAO 废水处理的典型工艺流程如图 5-6 所示。废水通过储罐由高压泵打入换热器，与反应后的高温氧化液体换热后，使温度升高到接近反应温度后进入反应器。反应所需的氧由压缩机打入反应器。在反应器内，废水中的有机物与氧发生放热反应，在较高温度下将废水中的有机物氧化成二氧化碳和水或低级有机酸等中间产物。反应后的气液混合物经分离器分离，液相经热交换器预热进料，回收热能。高温高压的尾气首先通过再沸器（如废热锅炉）产生蒸汽或经热交换器预热锅炉进水，其冷凝水由第二分离器分离后通过循环泵再打入反应

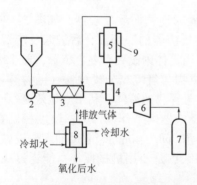

图 5-6　湿式氧化典型工艺流程
1—污水储罐；2—加压泵；3—热交换器；
4—混合器；5—反应器；6—气体加压泵；
7—氧气罐；8—气液分离器；
9—电加热套筒

器，分离后的高压尾气送入透平机产生机械能或电能。为保证分离器中热流体充分冷却，在分离器外侧安装有水冷套筒。分离后的水由分离器底部排出，气体由顶部排出。

根据湿式氧化工艺的经济性分析，这一典型的工业化湿式氧化系统适用于 COD 浓度为 10~300g/L 的高浓度有机废水的处理，不但处理了废水，而且实现了能量的逐级利用，减

少了有效能量的损失，维持并补充湿式氧化系统本身所需的能量。

5.2.2　湿式氧化的影响因素

湿式氧化的处理效果取决于废水性质和操作条件（温度、氧分压、时间、催化剂等），其中反应温度是最主要的影响因素。

（1）反应温度

大量研究表明，反应温度是湿式氧化系统处理效果的决定性影响因素，温度越高，反应速率越快，反应进行得越彻底。温度升高，氧在水中的传质系数也随着增大，同时，温度升高使液体的黏度减小，表面张力降低，有利于氧化反应的进行。不同温度下的湿式氧化效果如图 5-7 所示，可以看出：

① 温度越高，时间越长，有机物的去除率越高。当温度高于 200℃ 时，可以达到较高的有机物去除率。当反应温度低于某个限定值时，即使延长反应时间，有机物的去除率也不会显著提高。一般认为湿式氧化的温度不宜低于 180℃，通常操作温度控制在 200～340℃。

② 达到相同的有机物去除率，温度越高，所需的时间越短，相应的反应器容积越小，设备投资

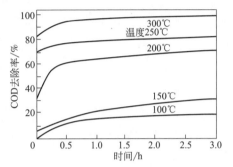

图 5-7　温度对湿式氧化效果的影响

也就越少，但过高的温度是不经济的。对于常规湿式氧化处理系统，操作温度在 150～280℃ 范围内。

③ 湿式氧化过程大致可以分为两个速率阶段。前半小时，因反应物浓度高，氧化速率快，去除率增加快，此后，因反应物浓度降低或中间产物更难以氧化，致使氧化速率趋缓，去除率增加不多。由此分析，若将湿式氧化作为生物氧化的预处理，则控制湿式氧化时间以半小时为宜。

（2）反应时间

对于不同的污染物，湿式氧化的难易程度不同，所需的反应时间也不同。对湿式氧化工艺而言，反应时间是仅次于温度的一个影响因素。反应时间的长短决定着湿式氧化装置的容积。

实验与工程实践证明，在湿式氧化处理装置中，达到一定的处理效果所需的时间随着反应温度的提高而缩短。温度越高，所需的反应时间越短；压力越高，所需的反应时间也越短。根据有机废弃物被氧化的难易程度以及处理的要求，可确定最佳反应时间。一般而言，湿式氧化处理装置的停留时间在 0.1～2.0h 之间。若反应时间过长，则耗时耗力，去除率也不会明显提高。

（3）反应压力

气相氧分压对湿式氧化过程有一定影响，因为氧分压决定了液相中的溶解氧浓度。若氧分压不足，供氧过程就会成为湿式氧化的限速步骤。研究表明，氧化速率与氧分压成 0.3～1.0 次方关系，增大氧分压可提高传质速率，使反应速率增大，但整个过程的反应速率并不与氧传质速率成正比。在氧分压较高时，反应速率的上升趋于平缓。但总压影响不显著，控制一定总压的目的是保证反应呈液相反应。温度、总压和气相中的水蒸气量三者是耦合因素，其关系如图 5-8 所示。

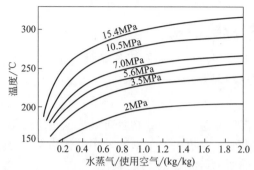

图 5-8　每公斤干燥空气的饱和水蒸气量与温度、压力的关系

在一定温度下，压力愈高，气相中水汽量就愈小，总压的低限为该温度下水的饱和蒸气压。如果总压过低，大量的反应热就会消耗在水的汽化上，这样不但反应温度得不到保证，而且当进水量低于汽化量时，反应器就会被蒸干。湿式氧化系统应保证在液相中进行，总压力应不低于该温度下的饱和蒸气压，一般不低于 5.0~12.0MPa。

（4）有机物的结构及浓度

大量的研究表明，有机物的氧化与物质的电荷特性和空间结构有很大的关系，不同的有机物有各自的反应活化能和不同的氧化反应过程，因此湿式氧化的难易程度也不相同。

对于有机物，其可氧化性与氧元素含量（O）或者碳元素含量（C）在分子量（M）中的比例具有较好的线性关系，即 O/M 值愈小，C/M 值愈大，氧化愈容易。研究表明，低分子量有机酸（如乙酸）的氧化性较差，不易氧化；脂肪族和卤代脂肪族化合物、氰化物、芳烃（如甲苯）、芳香族和含非卤代基团的卤代芳香族化合物等的氧化性较好，易氧化；不含非卤代基团的卤代芳香族化合物（如氯苯和多氯联苯等）的氧化性较差，难氧化。

有机废弃物中的有机物必须被氧化为小分子物质后才能被完全氧化。一般情况下湿式氧化过程中存在大分子氧化为小分子中间产物的快速反应期和继续氧化小分子中间产物的慢反应期两个过程。大量研究发现，中间产物苯甲酸和乙酸对湿式氧化的深度氧化有抑制作用，其原因是乙酸具有较高的氧化值，很难被氧化，因此乙酸是湿式氧化中常见的累积的中间产物，在计算湿式氧化处理污泥的完全氧化效率时，很大程度上依赖于乙酸的氧化程度。

（5）进料的 pH 值

在湿式氧化工艺中，由于不断有物质被氧化和新的中间体生成，使反应体系的 pH 值不断变化，其规律一般是先变小，后略有回升。因为 WAO 工艺的中间产物是大量的小分子羧酸，随着反应的进一步进行，羧酸进一步被氧化。温度越高，物质的转化越快，pH 值的变化越剧烈。pH 值对湿式氧化过程的影响主要有 3 种情况：

① 对于有些废水和污泥，pH 值越低，其氧化效果越好。例如王怡中等在湿式氧化农药废水的实验中发现，有机磷的水解速率在酸性条件下大大加强，并且 COD 去除率随着初始 pH 值的降低而增大。

② 有些废水和污泥在湿式氧化过程中，pH 值对 COD 去除率的影响存在一个极值点。例如，Sadana 等采用湿式氧化法处理含酚废水，pH 值为 3.5~4.0 时，COD 的去除率最大。

③ 对有些废水和污泥，pH 值越高，处理效果越好。例如 Imamure 发现，在 pH＞10 时，

NH_3 的湿式氧化降解显著。Mantzavions 在湿式氧化处理橄榄油和酒厂废水时发现，COD 的去除率随着初始 pH 值升高而增大。

因此，pH 值可以影响湿式氧化的降解效率，调节 pH 到适合值，有利于加快反应的速率和有机物的降解，但是从工程的角度来看，低 pH 值对反应设备的腐蚀增强，对反应设备（如反应器、热交换器、分离器等）的材质要求高，需要选择价格昂贵的材料，使设备投资增加。同时，低 pH 易使催化剂活性组分溶出和流失，造成二次污染，因此在设计湿式氧化流程时要两者兼顾。

（6）搅拌强度

在高压反应釜内进行反应时，氧气从气相至液相的传质速率与搅拌强度有关。搅拌强度影响传质速率，当增大搅拌强度时，液体的湍流程度也越大，氧气在液相中的停留时间越长，因此传质速率就越大。当搅拌强度增大到一定程度时，搅拌强度对传质速率的影响很小。

（7）燃烧热值与所需的空气量

湿式氧化通常也称湿式燃烧。在湿式氧化反应系统中，一般依靠有机物被氧化所释放的氧化热维持反应温度。单位质量被氧化物质在氧化过程中产生的热值即燃烧热值。湿式氧化过程中还需要消耗空气，所需空气量可由降解的 COD 值计算获得。实际需氧量由于受氧利用率的影响，常比理论值高出 20% 左右。虽然各种物质和组分的燃烧热值和所需空气量不尽相同，但它们消耗每千克空气所能释放的热量大致相等，一般约为 2900～3500kJ。

（8）氧化度

对有机物或还原性无机物的处理要求，一般用氧化度来表示。实际上多用 COD 去除率表示氧化度，它往往是根据处理要求选择的，但也常受经济因素和物料特性所支配。

（9）反应产物

一般条件下，大分子有机物经湿式氧化处理后，大分子断裂，然后进一步被氧化成小分子的含氧有机物。乙酸是一种常见的中间产物，由于其进一步氧化较困难，往往会积累下来。如果进一步提高反应温度，可将乙酸等中间产物完全氧化为二氧化碳和水等最终产物。选择适宜的催化剂和优化工艺条件，可以使中间产物有利于湿式氧化的彻底氧化。

（10）反应尾气

湿式氧化系统排放气体的成分随着处理物质和工艺条件的变化而不同。湿式氧化气体的组成类似于重油锅炉烟道气，其主要成分是氮和二氧化碳。氧化气体一般具有刺激性臭味，因此应进行脱臭处理。排出的氧化气体中含有大量的水蒸气，其含量可根据工作状态确定。

5.2.3　湿式氧化的主要设备

从以上各湿式氧化工艺可以看出，不同应用领域的湿式氧化工艺虽然有所不同，但基本流程极为相似，主要包括以下几点：

① 将废水或污泥用高压泵送入系统中，空气（或纯氧）与废水或污泥混合后，进入热交换器，换热后的液体经预热器预热后送入反应器内。

② 氧化反应是在氧化反应器内进行的，反应器是湿式氧化的核心设备。随着反应器内氧化反应的进行，释放出来的反应热使混合物的温度升高，达到氧化所需的温度。

③ 氧化后的反应混合物经过控制阀减压后送入换热器，与进料换热后进入冷凝器。液体在分离器内分离后，分别排放。

完成上述湿式氧化过程的主要设备包括：

（1）反应器

反应器是湿式氧化过程的核心部分，湿式氧化的工作在高温、高压下进行，而且所处理的废水或污泥通常有一定的腐蚀性，因此对反应器的材质要求较高，需要有良好的抗压强度，且内部的材质必须耐腐蚀。

（2）热交换器

废水或污泥进入反应器之前，需要通过热交换器与排出的处理后液体进行热交换，因此要求热交换器有较高的传热系数、较大的传热面积和较好的耐腐蚀性，且必须有良好的保温能力。对于含悬浮物多的物料常采用立式逆流套管式热交换器，对于含悬浮物少的物料常采用多管式热交换器。

（3）气液分离器

气液分离器是一个压力容器。当氧化后的液体经过换热器后温度降低，使液相中的氧气、二氧化碳和易挥发的有机物从液相进入气相而分离。分离器内的液体再经过生物处理或直接排放。

（4）空气压缩机

在湿式氧化过程中，为了减少费用，常采用空气作为氧化剂。当空气进入高温高压的反应器之前，需要使空气通过热交换器升温和通过压缩机提高空气的压力，以达到需要的温度和压力。通常使用往复式压缩机，根据压力要求来选定段数，一般选用3~6段。

5.2.4 湿式氧化在能量转化中的应用

采用湿式氧化法处理有机废弃物，可将有机废弃物中所含的化学能转化为热能，进而利用转化的热能产生蒸汽。湿式氧化产能的优点是不会产生对大气有污染的N、S化合物，而且湿式氧化工厂回收能量的效率也高于传统的煤炭燃烧炉的效率。湿式氧化还可以将没有能量利用价值的有机污泥和废水转化为能量更低的物质，同时回收能量。Flynn等探讨了湿式氧化工厂中不同形式的能量回收方式，其中以热回收的能量最为有效，可以将热量转化为蒸汽、锅炉热的入水和其他的用途。除此之外，利用反应放出的气体使涡轮机膨胀产生机械能或电能，虽然能量转化率有些低，但也是能量转化的一种有效方式。

湿式氧化还可以从各类低能残余物质，如农业和林业中各种副产品及有机废水中的化学物质中经济有效地回收部分能量。

5.3 有机废弃物超临界水氧化与能源化利用

对于易流动和易实现泵送的有机废弃物，如畜禽粪便、工业污泥、市政污泥、有机废液等，采用超临界水氧化技术可实现其能源化利用。

5.3.1 超临界水氧化的工艺过程

超临界水氧化反应的氧化剂可以是纯氧气、空气（含21%的氧气）或过氧化氢等。在实际运行过程中发现，使用纯氧气可大大减少反应器的体积，降低设备投资，但氧化剂成本提高；使用空气作为氧化剂，虽然运行成本降低，但反应器等的体积加大，相应增加设备的投资，并且由于电力需求过大，而不适于工业化应用。使用过氧化氢作氧化剂，虽然反应器等设备体积有所减小，但氧化剂成本有所提高。另外，由于受市场双氧水浓度的限制，过氧化氢氧化能力较差，有机物分解效率将会降低。因氧气易于工业化操作，用电少，整体运行费用低，便于工业化应用，其工艺流程如图 5-9 所示。

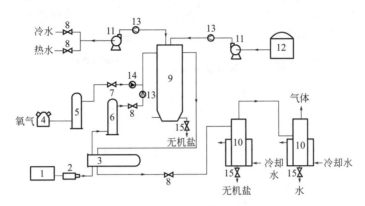

图 5-9　超临界水氧化工艺流程

1—污水池；2,11—高压柱塞泵；3—内浮头式换热器；4—氧气压缩机；5—氧气缓冲罐；
6—液体缓冲罐；7—气体调节阀；8—液体调节阀；9—超临界水氧化反应器；10—分离器；
12—燃油贮罐；13—液体单向阀；14—气体单向阀；15—防堵阀门

由图 5-9 可见，将废水放置于一污水池中，用高压柱塞泵将废液打入热交换器，废水从换热器内管束中通过，之后进入缓冲罐内，同时启动氧气压缩机，将氧气压入一氧气缓冲罐内。废水与氧气在管道内混合之后进入反应器，在高温高压条件下，使水达到超临界状态，废水中的有机污染物被氧化分解成无害的二氧化碳、水，含氮化合物被分解成氮气等无害气体，硫、氯等元素则生成无机盐，由于气体在超临界水中溶解度极高，因此在反应器中成为均一相，从反应器顶部排出，无机盐等固体颗粒由于在超临界水中溶解度极低而沉淀于反应器底部，超临界水与气体的混合流体通过热交换器冷却后进入分离器，为使分离更加彻底，往往再串联一级气液分离器。分离器的下半部分安装有水冷套管，使超临界流体进一步降温，水蒸气冷凝。

在超临界水氧化系统中，有机成分几乎可以完全被破坏（达到 99%以上），有机物主要被氧化成 CO_2 和 H_2O。这主要是因为在超临界条件下，氢键比较弱，容易断裂，超临界水的性质与低极性的有机物相似，导致有机物具有很高的溶解性，而无机物的溶解性则很低。如在 25℃水中 $CaCl_2$ 的溶解度可达到 70%（质量分数），而在 500℃、25MPa 时仅为 3×10^{-6}；NaCl 在 25℃、25MPa 时的溶解度为 37%（质量分数），550℃时仅为 120×10^{-6}；而有机物和一些气体如 O_2、N_2、CO_2 甚至 CH_4 的溶解度则急剧升高。氧化剂 O_2 的存在，则加速了有机物分解的速率。连续式超临界水氧化的工艺流程为：废水→高压→换热→反应→分离（固液分离）和气液分离，如图 5-10 所示。

在 SCWO 过程中，废水中的碳氢氧有机化合物最后都将被氧化成水和二氧化碳，含氮化合物中的氮被氧化成 N_2 和 N_2O，因 SCWO 的氧化温度与焚烧法相比相对较低，并不像焚烧法，氮和硫会生成 NO_x 和 SO_x。由于 SCWO 对废水有机物的完全氧化将放出大量的反应热，除了在开工阶段需外加热量外，在正常运转时，SCWO 可利用产品水与原料水之间的间接换热，无需外加热量。另外，由于这些反应本身是放热反应，所以，为考虑过程能量的综合利用，可将反应后的高温流体分成两部分：一部分流体用来加热经压缩升压后的稀浆至超

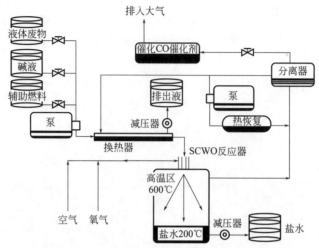

图 5-10　连续式超临界水氧化的工艺流程

临界状态；另一部分高温流体用来推动透平机做功，将氧化剂（空气或氧气等）压缩至反应器的进料条件。SCWO 一般适合于含有机物 1%～20%（质量分数）的废水，有机物含量过低时，将不能满足自供热量操作，而需要外热补充。如果有机物含量超过 20%～25%时，焚烧法也不失为一种好的替代方案。图 5-11 是 Model 提出的连续式超临界水氧化处理废水的工艺流程，图中标出了有代表性的几个参数，但没有示出换热过程。

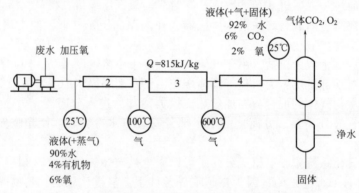

图 5-11　连续式超临界水氧化处理废水的工艺流程图

1—高压泵；2—预热反应器；3—绝热反应器；4—冷却器；5—分离器

　　由于这项技术具有工业化前景，所以关于这方面的报道很多，包括各种超临界水氧化技术的应用和开发，一些发达国家已经建立了超临界水氧化的中试装置，结合研究结果，超临界水氧化的工业开发也在同步进行，包括反应器设计、特殊材料实验、反应后无机盐固体的分离、热能回收和计算机控制等内容。

　　目前，美国、德国、日本、法国等发达国家先后建立了几十套工业装置，主要用于处理市政污泥、火箭推进剂、高毒性废水废物等。

5.3.2　超临界水氧化反应器

　　在超临界水氧化装置的整体设计中，最重要和最关键的设备是反应器，其结构有多种形式。

(1) 三区式反应器

由 Hazelbeck 设计的三区式反应器结构如图 5-12 所示，整个反应器分为反应区、沉降区、沉淀区三个部分。

反应区与沉降区由蛭石（水云母）隔开，上部为绝热反应区。反应物和水、空气从喷嘴垂直注入反应器后，迅速发生高温氧化反应。由于温度高的流体密度低，反应后的流体因此向上流动，同时把热量传给刚进入的废水。而无机盐由于在超临界条件下不溶，导致向下沉淀。在底部漏斗有冷的盐水注入，把沉淀的无机盐带走。在反应器顶部还分别有一根燃料注入管和八根冷/热水注入管。在装置启动时，分别注入空气、燃料（例如燃油、易燃有机物）和热水（400℃左右），发生放热反应，然后注入被处理的废水，利用提供的热量带动下一步反应

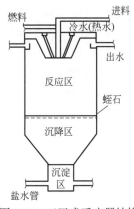

图 5-12　三区式反应器结构

继续进行。当需要设备停车时，则由冷/热水注入管注入冷水，降低反应器内温度，从而逐步停止反应。

设计中需要注意的是反应器内部从热氧化反应区到冷溶解区，轴向温度、密度梯度的变化。在反应器壁温与轴向距离的相对关系中，以水的临界温度处为零点，正方向表示温度超过 374℃，负方向表示温度低于 374℃。在大约 200mm 的短距离内，流体从超临界反应态转变到亚临界态。这样，反应器中高度的变化可使被处理对象的氧化以及盐的沉淀、再溶解在同一个容器中完成。

另有文献表明，反应器内中心线处的转换率在同一水平面上是最低的，而在从喷嘴到反应器底的大约 80% 垂直距离上就能实现所希望的 99% 的有机物去除率。

在实际设计中，除了考虑体系的反应动力学特性以外，还必须注意一些工程方面的因素，如腐蚀、盐的沉淀、热量传递等。

(2) 压力平衡式反应器

压力平衡式反应器是一种将压力容器与反应筒分开，在间隙中使高压空气从下部向上流动，并从上部通入反应筒内的反应器。这样反应筒的内外壁所受的压力基本一样，因此可减小内胆反应筒的壁厚，节约高价的内胆合金材料，并可定期更换反应筒，见图 5-13。

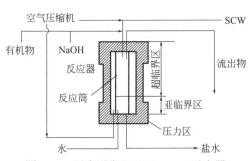

图 5-13　压力平衡和双区 SCWO 反应器

废水与空（氧）气、中和剂（NaOH）从上部进入反应筒，当反应器由燃料点燃运行后，超临界水才进入反应筒。反应筒在反应中的温度升至 600℃，反应后的产物从反应器上部排出。同时，无机盐在亚临界区作为固体物析出。将冷水从反应筒下部加入，形成 100℃以下的亚临界温度区，超临界区中的无机盐固体物不断向下落入亚临界区，而溶于流体水中，然后连续排出反应器。该反应器已经在美国建立了 2t/d 处理能力的中试装置。反应器内反应筒内径 250mm，高 1300mm，运行表明，该反应器运行稳定，且能连续分离无机盐类。

(3) 深井反应器

1983 年 6 月在美国的科罗拉多州建成了一套深井 SCWO/WAO 反应装置，如图 5-14 所

示。深井反应器长 1520m，以空气作氧化剂，每日处理 5600kg 有机物。由于废水中 COD 浓度从 1000mg/L 增加到 3600mg/L，后又增加了 3 倍空气进气量。该井可进行亚临界的湿式（WAO）处理，也可以进行超临界水氧化（SCWO）处理。该种反应装置适用于处理大流量的废水，处理量为 0.4~4.0m³/min。由于是利用地热加热，可节省加热费用，并能处理 COD 值较低的废水。

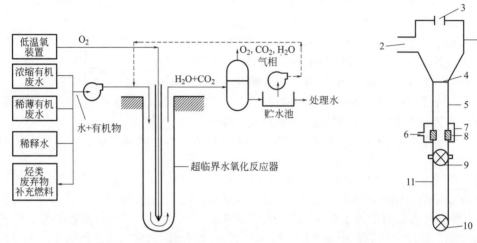

图 5-14　Vertox 超临界水反应器模式
（超临界水氧化反应器深度 3045~3658m，
反应器直径 15.8cm，流量 379~1859L/min，
超临界反应区压力 21.8~30.6MPa，温度
399~510℃，停留时间 0.1~2.0min）

图 5-15　固气分离式反应器
1—旋液分离器；2—含有固体物的处理液入口；
3—分离出固体物的流体出口；4—出口；
5—支管；6—空气入口；7—夹套；
8—多孔烧结物；9，10—阀门；
11—支管下部分

（4）固气分离式反应器

该反应器为一种固体-气体（SCWO 流体）分离同用的反应器，如图 5-15。由图可见，为了连续或半连续除盐，需加设一固体物脱除支管，可附设在固体物沉降塔或旋液分离器的下部。来自反应器的超临界水（含有固体盐类）从入口 2 进入旋液分离器 1，经旋液分离出固体物后，主要流体由出口 3 排出。同时带有固体物的流体向下经出口 4 进入脱除固体物支管 5。此支管的上部温度为超临界温度，一般为 450℃ 以上，同时夹带水的密度为 0.1g/cm³，而在支管底部，将温度降至 100℃ 以上，水的密度约 1g/cm³。利用水循环冷却法沿支管长度进行冷却，或将支管暴露于通风的环境中，或在支管周围缠绕冷却蛇管（注入冷却液）等。通过入口 6 可将加压空气送到夹套 7 内，并通过多孔烧结物 8 涌入支管中，这样支管内空气会有所增加。通过阀门 9 和阀门 10，可间断除掉盐类。通过固体物夹带的或液体中溶解的气体组分的膨胀过程，可加速盐类从支管内排出。然后将阀门 10 关闭和阀门 9 打开，重复此操作。

日本 Organo 公司设计了一种与固体接收器联用的 SCWO 装置，如图 5-16 所示。在冷却器 2 和压力调节阀 3 之间的处理液管 1 上装设一台水力旋分器 4，其入液口和出液口分别与处理液管 1 的上流侧和下流侧相连，固体物出口是经第一开闭阀 6 而与固体物接收器 5 相连接。开闭阀 6 为球阀，固体物能顺利通过，且能防止在此阀内堆积。固体物接收器 5 是立式密闭容器，用来收集经水力旋分器分离后的产物，上部装有一排气阀（第二开闭阀）7，接收器下部装有排出阀 8。试验证明，该装置适用于流体中含有微量固体物的固液分离，该种形式可较好地保护调节阀 3 不受损伤。

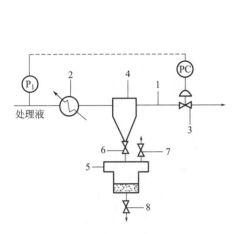

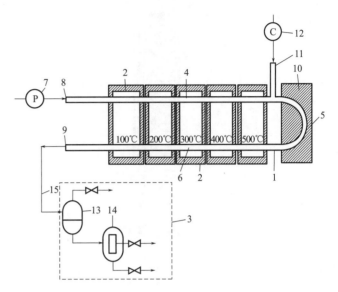

图 5-16　与固体接收器联用的 SCWO 装置
1—处理液管；2—冷却器；3—压力调节阀；
4—水力旋分器；5—固体物接收器；
6—第一开闭阀；7—第二开
闭阀；8—排出阀

图 5-17　多级温差反应器
1—反应器；2—热介质槽；3—后处理装置；4—进料管；5—弯曲部；
6—回路；7—加压泵；8—进料口；9—出料口；10—绝热部件；
11—进氧口；12—压缩机；13—气液分离器；
14—液固分离器；15—管线

（5）多级温差反应器

为解决反应器和二重管内部结垢及使用大量管壁较厚的材料等问题，日本日立装置建设公司开发了一种使用不同温度、有多个热介质槽控温的 SCWO 反应装置，如图 5-17 所示。

该装置由反应器 1 和多个热介质槽 2，及后处理装置 3 所组成。反应器为 U 形管，由进料管 4、弯曲部 5 和回路 6 所组成，形成连续通路。浓缩污泥或污水经加压泵 7 以 25MPa 压力送入进料口 8。浓缩污泥经超临界水氧化所得处理液由出料口 9 排出。多个热介质槽 2 在常压下存留温度不同的热介质，按其温度顺序串联配置成组合介质槽，介质温度从左至右依次分别为 100℃、200℃、300℃、400℃ 和 500℃。前两个热介质槽最好用难热劣化的矿物油作为热介质，其余三个则用熔融盐作为热介质。超临界水氧化装置开始运转时需用加热设备启动。存留最高温度热介质的热介质槽（最右边一个）可使浓缩污泥中的水呈超临界状态，当其温度为 500℃ 时，弯曲部 5 因氧化放热，温度达到 600℃。经压缩机 12 并由进氧口 11 供给氧气。后处理装置 3 包括气液分离器 13 和液固分离器 14。处理液和灰分分别经两条管线排出。由此可见，该反应器加热、冷却装置的结构简单，而且热介质槽 2 在常压下运行，所需板材不必太厚，材料费和热能成本均较低。

（6）波纹管式反应器

中国科学院地球化学研究所的郭捷等设计了带波纹管的 SCWO 反应器，并获得实用新型专利，该反应器如图 5-18 所示，内置喷嘴结构如图 5-19 所示。

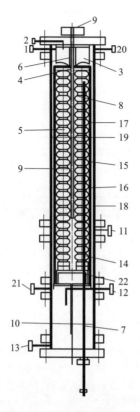

图 5-18　波纹管式反应器

1—污水入口；2—氧气入口；3—内置喷嘴；4—喷孔；5—波纹管；
6—测温孔；7—加热管；8—洁净水区域；9—电热偶；10—固、液、
气分离区；11—剩余氧出口；12—洁净水出口；13—无机盐排出口；
14—亚临界区管程；15—Al_2O_3 陶瓷管状隔热层；16—钛制
隔离罩；17—冷却水；18—承压厚壁钢管；19—超临界水反应区；
20—冷却水入口；21—冷却水出口；22—管状金属隔层

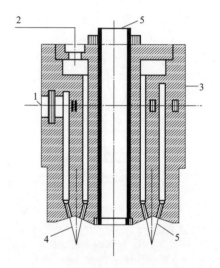

图 5-19　波纹管式反应器内置喷嘴结构

1—污水进口；2—氧气进口；
3—金属框；4—喷嘴孔；
5—测温口

由图 5-18 可见，经过反应器外部第一级加热至接近临界温度而在临界温度以下的高温高压污水和高压氧分别通过设在超临界反应器上端的污水入口 1 和氧气入口 2 同时进入设置在反应器上端的内置喷嘴 3，并通过喷嘴内部下端设置的喷孔 4 形成喷射，射流设计有一定的角度，使污水和氧气互相碰撞雾化并通过喷嘴底部形成的喷雾区，正好落入下设波纹管 5 的超临界水反应区 19 中。喷嘴内部设有一测温孔 6，用于插入热电偶以测量反应器内部的温度。此时从反应器下端的加热管 7 的冷凝段将反应器外部的能量传至波纹管 5 外部的洁净水区域 8，此区域的水在加热管 7 的加热下重新成为超临界水，利用超临界水良好的传热性质，将加热管 7 传来的能量和波纹管 5 内的废水、氧气的混合物进行强化换热，使污水和氧气在临界温度以上进行反应。反应产物经亚临界区管程 14，在冷却水 17 的热交换作用下，温度降至临界温度以下，水变为液态，一同进入反应器中的固、液、气分离区 10，在这里通过剩余氧出口 11，将氧气分离出来供循环使用。反应后的高温、高压、高热熔值的水通过洁净水出口 12 流出，而反应后沉降的无机盐从无机盐排出口 13 排出。在反应器外壳和波纹管之间设有一 Al_2O_3 陶瓷管状隔热层 15，在陶瓷管内壁设有一钛制隔离罩 16，并在 Al_2O_3 陶瓷管外壁和外层承压厚壁钢管 18 间设置有适当间距以流通冷却水 17。和高压污水同样压

力的冷却水在污水和高压氧进入反应器的同时也通过冷却水入口 20 进入，冷却水 17 通过一管状金属隔层 22 和反应出水进行一定的热交换，同时反应区热量也有少部分传至冷却水，使其呈超临界态，由于超临界水具有较高的定压比热容（临界点附近趋近于无穷大），是一种极好的热载体和热缓冲介质，可保证承压钢管温度恒定，不超出等级要求，直到外壳承压钢管温度恒定，保证设备的安全作用，随后带走一部分热量，从冷却水出口 21 流出。

（7）中和容器式反应器

在用 SCWO 法处理过程中，被处理的物料往往含有氯、硫、磷、氮等，在反应过程中副产盐酸、硫酸和硝酸，对反应设备有强烈腐蚀作用。为解决设备腐蚀问题，往往用 NaOH 等碱中和，但产生的 NaCl 等无机盐在超临界水中几乎不溶，而是沉积在反应设备和管线内表面，甚至发生堵塞。日本 Organo 公司通过改善碱加入点和损伤条件解决了超临界水氧化过程中反应系统的酸腐蚀和盐沉积问题。

图 5-20 所示为容器型超临界水氧化反应器。可见，反应器处理液经排出管排出，处理液经冷却、减压和气液分离后，其 1/3 经管线而循环回到反应器，在排出管适当位置（TC-6、TC-7）添加中和剂溶液，这样就能防止酸腐蚀和盐沉积。

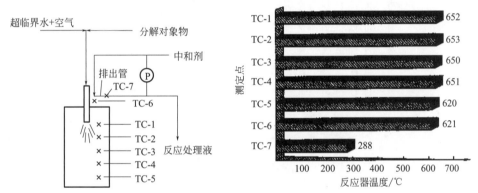

图 5-20　容器型超临界水氧化反应器

（8）盘管式反应器

盘管式超临界水氧化反应器如图 5-21 所示，中和剂溶液添加位置在 T-4~T-5 之间，此处的处理液温度为 525℃，添加时中和剂溶液温度为 20℃，由反应器温度分布结果可见，当加入中和剂溶液后，500℃以上的处理液温度迅速降低到 300℃ 左右。试验结果表明三氯乙

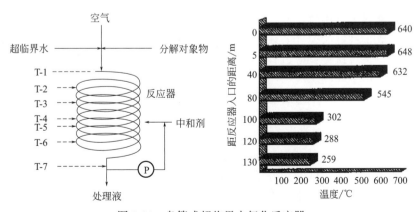

图 5-21　盘管式超临界水氧化反应器

环境能源工程

烯分解率为 99.999% 以上，且无酸腐蚀和盐沉积。

(9) 射流式氧化反应器

为了强化超临界水氧化处理过程的传热与传质特性，提高处理效果，同时避免反应器内腐蚀及盐堵的发生，南京工业大学廖传华等开发了一种新型射流式超临界水氧化反应器，并获得发明专利。该反应器如图 5-22 所示，在反应器内设置一射流盘管［如图 5-22(b) 所示］，与氧化剂进口连接。在射流盘管上均匀分布着一系列的射流列管，列管上开有小孔。在反应过程中，氧化剂从列管上的这些射流孔进入反应器。列管上射流孔的分布密集度自下而上减小，并且所有列管均匀分布在反应器的空间里，这样既可节约氧化剂，又可使氧化剂与超临界水充分相溶，反应更加完全。

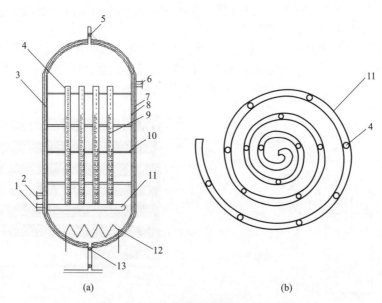

图 5-22　射流式超临界水氧化反应器

1—氧化剂进口接管；2—废水进口接管；3—反应器筒体；4—氧化剂列管；5—控压阀；6—清水出口接管；7—绝热层；
8—陶瓷衬里；9—氧化剂喷射孔；10—支撑板；11—氧化剂盘管；12—加热器；13—无机盐排放阀

根据反应器内射流盘管安装的位置，可将反应器分为反应区与无机盐分离区。在射流盘管的上部区域为反应区，氧化剂经高压泵（或压缩机）加压至一定压力后，从氧化剂进口经射流盘管分配进入射流列管，沿列管上的小孔以射流方式进入待处理的超临界废水中。氧化剂射流进入超临界废水中时具有一定的速度，将导致反应器内超临界废水与氧化剂之间发生扰动，从而形成了良好的搅拌效果，既强化了超临界废水与氧化剂之间的传热传质效果，提高了反应效率，又可避免反应过程产生的无机盐在反应器壁与射流列管上沉积。反应器的顶部设有控压阀，用于控制反应器内的压力不超过反应器的设计压力，以保证安全。反应产生的无机盐由于在超临界水中溶解度极小而大量析出，在重力作用下沉降进入反应器下部。射流盘管的下部区域为无机盐分离区，通过反应器底部设置的无机盐排放阀定时清除。

与进出口管道相比，反应器的直径较大，由高压泵输送而来的超临界废水在反应器中由下向上的流速很小，可近似认为其轴向流是层流，且无返混现象，因此具有较长的停留时间，可以保证超临界反应过程的充分进行。在运行过程中，由于受开孔方向的限制，氧化剂只能沿径向射流进入超临界水中，也就是说，在某一径向平面内，由于射流扰动的作用，氧化剂能高度分散在超临界水相中，因此有大的相际接触表面，使传质和传热的效率较高，对于"水力燃烧"的超临界水氧化反应过程更为适用。当反应过程的热效应较大时，可在反应器内部或外部装置热交换单元，使之变为具有热交换单元的射流式反应器。为避免反应器中的液相返混，当高径比较大时，常采用塔板将其分成多段式以保证反应效果。另外，反应器还具有结构简单、操作稳定、投资和维修费用低、液体滞留量大的特点，因此适用于大批量工业化应用。

超临界水氧化过程所用的氧化剂既可以是液态氧化剂（如双氧水，采用高压泵加压），也可以是气态氧化剂（如氧气或空气，用压缩机加压），氧化剂的状态不同，进入反应器的方式也不一样：液态氧化剂以射流方式从射流孔进入超临界水中，此时反应器称为射流式反应器；如果氧化剂是气态，则以鼓泡的方式从射流孔进入超临界水中，此时反应器称为射流式鼓泡床反应器。无论是液态氧化剂的射流式反应器，还是气态氧化剂的射流式鼓泡床反应器，其传热传质性能对于超临界水氧化过程的效率具有较大的影响。

5.3.3　超临界水氧化在能量转化中的应用

超临界水氧化技术在能量转化中的应用主要包括以下几种方式。

5.3.3.1　高浓度废水联产蒸汽

高浓度难降解有机废水用传统方法（如焚烧、坑填、湿化空气氧化等）进行处理较为困难，但采用 SCWO 法能在短时间内迅速彻底地氧化有机物。由于高浓度废水 COD 较高，含有大量化学能，在反应过程中会放出大量的热，致使反应器出口的超临界流体含有极高的压力能和热能，能量能级高，直接排放不仅造成能量的浪费，还会因排放的高温流体而造成"热岛"效应。

针对这种情况，基于"先用功后用热，能量逐级利用，控制有效能损失最小"的指导思想，廖传华等提出了如图 5-23 所示的超临界水氧化与热量回收系统耦合的工艺流程。

将待处理废水经高压柱塞泵 1 加压至设定压力，用加热器 3 加热至设定的温度，达到超临界状态后，进入反应器 4。氧化剂经高压柱塞泵（对于液态氧化剂）或压缩机（对于气态

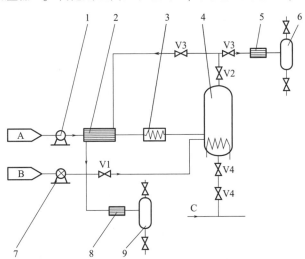

图 5-23　超临界水氧化与热量回收系统耦合的工艺流程图
1—高压柱塞泵；2—第一换热器；3—加热器；4—反应器；5—第二换热器；6—第一气液分离器；
7—压缩机或高压柱塞泵；8—第三换热器；9—第二气液分离器；V1、V2、V3、V4—阀门；
A—待处理废水；B—氧化剂；C—除盐用清水

氧化剂）7 加压至指定的压力后进入反应器 4，与待处理废水混合并发生超临界水氧化反应，废水中的有机物、氨氮及总磷等经过反应后被降解成二氧化碳、氮氧化物及无机盐，废水中的主要污染物被去除，达到排放标准或回用要求。如果反应器 4 内的温度达不到工艺要求，即可启动反应器 4 附设的加热器对混合液进行加热。在超临界状态下，反应过程中产生的无机盐等在水中的溶解度非常小，因此沉积在反应器 4 的底部，可通过间歇启闭反应器 4 下部的两个阀门而排出。反应过程产生的 CO_2 等气体在超临界状态下与水互溶。

为充分利用系统的热量，将由反应器 4 出来的高温高压水分为两股，一股（绝大部分）首先经过第一换热器 2 与由高压柱塞泵 1 加压后的废水进行热量交换，充分利用高温水的热量对冷废水进行预热，以减小后续加热器 3 和反应器 4 所附设加热器的负荷；从第一换热器 2 出来的废水虽然与冷废水进行了热量交换，但仍具有较高的温度，因此采用第三换热器 8 对其进行冷却，再经第二气液分离器 9 实现气液分离后即可达标排放或回用。另一部分经过第二换热器 5 冷却后，由第一气液分离器 6 实现气液分离后即可达标排放或回用。第二换热器 5 的作用是对高温高压水进行冷却，同时产生满足需要的热水或蒸汽，另供他用。

这种耦合工艺由于充分利用由反应器 4 出来的水的热量对废水进行了预热，可有效减小加热器 3 所需的负荷；第二换热器 5 和第三换热器 8 在完成冷却任务的同时又能产生热水或蒸汽，可满足其他的工艺需求。因此过程的经济性有了明显的提高。从反应器 4 出来的分别流经第一换热器 2 和第二换热器 5 的流量可根据工艺过程的需要进行优化调整，以取得最大的经济效益。

在此基础上，张阔等提出了一种 SCWO 污水处理系统以及蒸气联产工艺，将反应器出口直接与蒸气联产工艺相连，通过联产蒸气而实现热量回收，大大提高了过程的经济性；将蒸气发生器的流出水（其温度控制在 200℃ 左右）用于预热待处理废水，可以取代传统工艺中的废水预热和换热部分，同时通过优化管路设计，使得需要强化的管路减少，减轻设备对特殊材料的依赖性，降低了装置制造成本。

对于高浓度的有机废液，由于 SCWO 反应过程中放出的热量巨大，从经济性角度考虑，可以直接利用离开反应器的高温高压超临界流体生产电能而实现能量转化。廖传华等提出一种超临界水发电系统，将 SCWO 装置与超临界发电机组相连，利用发电装置直接利用离开反应器的高温高压超临界流体所蕴含的高能级能量，再将发电后的背压蒸气作为热源对待处理废水进行预热，实现了能量的梯级利用。

5.3.3.2　低浓度废水能量耦合

针对高浓度废水可采用蒸气联产方式实现能量生产与回收利用，对于 COD 浓度较低的废水，由于反应过程放出的热量相对较少，不符合蒸气联产的条件，对此可采用能量耦合的方式回收能量来降低装置运行成本。

廖传华等针对不同的工艺需求，将热量回收系统、透平系统以及多效蒸发系统选择性地结合起来，开发了 SCWO 系统与热量回收系统和透平系统耦合的工艺流程，如图 5-24 所示，以期实现对反应器 4 出来的高温高压水所含的热量及压力能的综合利用。

将待处理废水经高压柱塞泵 1 加压至设定压力，用加热器 3 加热至设定的温度，达到超临界状态后，进入反应器 4。氧化剂经高压柱塞泵（对于液态氧化剂）或压缩机（对于气态氧化剂）5 加压至指定的压力后，进入反应器 4，与待处理废水混合并发生超临界水氧化反应，废水中的有机物、氨氮及总磷等经过反应后被降解成二氧化碳、氮氧化物及无机盐，废水中的主要污染物被去除，达到排放标准或回用要求。如果反应器 4 内的温度达不到工艺要求，即可启动反应器 4 附设的加热器对混合液进行加热。在超临界状态下，反应过程中产生

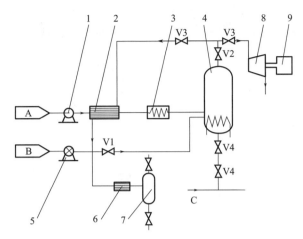

图 5-24　超临界水氧化与热量回收系统和透平系统耦合的工艺流程图
1—高压柱塞泵；2—第一换热器；3—加热器；4—反应器；5—高压柱塞泵或压缩机；
6—第二换热器；7—气液分离器；8—透平机；9—发电机；V1、V2、V3、V4—阀门；
A—待处理废水；B—氧化剂；C—除盐用清水

的无机盐等在水中的溶解度非常小，因此沉积在反应器 4 的底部，可通过间歇启闭反应器 4 下部的两个阀门而排出。反应过程产生的 CO_2 等气体在超临界状态下与水互溶。

在图 5-24 所示的工艺流程中，为了充分利用从反应器 4 出来的高温高压水的热量和压力能，将从反应器 4 出来的高温高压水分成两股，其中一股（绝大部分）经第一换热器 2 与由高压柱塞泵 1 加压后的废水进行热交换，利用反应器 4 出来的高温水的热量对冷废水进行预热，以减小后续加热器 3 的负荷。经第一换热器 2 换热后的水仍具有较高的温度，因此经第二换热器 6 进行冷却，并由气液分离器 7 进行气液分离后即可达标排放或直接回用。

采用透平机 8，让由反应器 4 来的高温高压水在透平机 8 中减压膨胀，具有较高压力的水因减压膨胀，压力变小，体积变大，因此产生可驱动其他装置的有用功。如前所述，采用超临界水氧化技术对高浓度难降解有机废水进行治理，首先需将待处理废水经高压柱塞泵 1 加压至临界压力以上，这需要消耗大量的能量。采用透平机 8 后，则可利用回收的有用功驱动发电机 9 以补充对废水进行加压用的高压柱塞泵 1 和对氧化剂进行加压收的高压柱塞泵（对于液态氧化剂）或压缩机（对于气态氧化剂）5 所消耗的能量，从而降低整个系统的有用功耗，提高过程的经济效益。

由于换热器的效率往往与反应器出口温度有关，为使废水预热效果更为显著，针对低浓度废液的处理，通常希望反应器的出口温度越高越好，以减少后续加热器的能耗。为此，廖传华等针对低浓度有机废液，在图 5-24 所示的耦合工艺流程的基础上，进一步开发了如图 5-25 所示的超临界水氧化与热量回收系统和多效蒸发耦合的工艺流程，在高压柱塞泵 1 之前设置了一多效蒸发器 9，待处理废水在经高压柱塞泵 1 加压之前，先用离心泵将其泵入多效蒸发器 9 中。运行过程中，将待处理废水经高压柱塞泵 1 加压至设定压力，用加热器 3 加热至设定的温度，达到超临界状态后，进入反应器 4。氧化剂经高压柱塞泵（对于液态氧化剂）1 或压缩机（对于气态氧化剂）5 加压至指定的压力后，进入反应器 4，与待处理废水混合并发生超临界水氧化反应，废水中的有机物、氨氮及总磷等经过反应后被降解成二氧化碳、氮氧化物及无机盐，废水中的主要污染物被去除，达到排放标准或回用要求。如果反应器 4 内的温度达不到工艺要求，即可启动反应器 4 附设的加热器对混合液进行加热。在超临界状态下，反应过程中产生的无机盐等在水中的溶解度非常小，因此沉积在反应器4的底部，可通过间歇启闭反应器4下部的两个阀门而排出。反应过程产生的 CO_2 等气体在超临界状态下与水互溶。

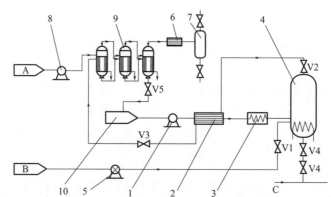

图 5-25　超临界水氧化与热量回收系统和多效蒸发耦合的工艺流程图

1—高压柱塞泵；2—第一换热器；3—加热器；4—反应器；5—高压柱塞泵或压缩机；6—第二换热器；

7—气液分离器；8—离心泵；9—多效蒸发器；10—缓冲罐；V1、V2、V3、V4、V5—阀门；

A—待处理废水；B—氧化剂；C—除盐用清水

待处理水中所含的化学耗氧量物质（COD）在反应器4中与氧化剂反应放出大量的反应热，使由反应器4出来的水的温度进一步升高。由反应器4出来的高温水经第一换热器2对待处理废水进行预热后，出来的水仍具有较高的温度（一般不低于200℃），如果任其排放，不仅造成巨大的浪费，还会导致热污染的形成，因此将其引入蒸发装置，充分利用其热量对冷废水进行预热并增浓。

随着蒸发过程的进行，高温水将自身的热量传递给冷废水，使冷废水不断蒸发而产生蒸汽。产生的蒸汽与作为蒸发热源的热水混合经第二换热器6冷凝并经气液分离器7分离出其中含有的气体成分，即可达标排放或回用。由于部分水分的蒸发，废水中化学耗氧量物质的浓度也就逐步升高，从蒸发器底部出来后，再经高压柱塞泵1加压和加热器3加热后进入反应器4与氧化剂发生反应。因为在蒸发装置中部分水蒸发为蒸汽，整个超临界水氧化处理系统的处理负荷变小了，相应的反应器等设备的体积也减小了；由于反应器4所处理废水的化学耗氧量物质（COD）的浓度提高了，反应过程放出的热量增多，通过第一换热器2回收的热量也多，后续加热器3的负荷也小。可见，采用这种耦合工艺流程，既可减少设备的投资费用，又能降低过程的运行成本，能显著提高过程的经济效益。

5.3.3.3　有机固体废弃物能量回收

超临界水氧化技术不仅适用于废水处理，对于宜输送、能实现连续进出料的物料，如污泥、化工残渣等，也可采用 SCWO 技术进行无害化处理的同时实现能量回收利用。

污泥，无论是市政污泥，还是剩余污泥，其中的有机物含量一般为 8%～10%，相当于 COD 浓度为 80000～100000mg/L 的废水，蕴含有大量的化学能，因此，也可将污泥用作能源的载体，利用超临界水氧化技术实现能量转化与利用。昝元峰等实验考察了不同有机物含量的城市污泥超临界水氧化处理过程的反应热，结果表明，将有机物含量高的城市污泥作为能源的载体，可在实现污泥无害化处理的同时回收热量。王玉珍等采用 SCWO 处理煤气化废水污泥，也得出了相同的结论。

廖传华等将 SCWO 工艺用于污泥的深度处理和资源化利用，开发了集污泥处理与能量回用发电于一体的工艺流程，如图 5-26 所示。该工艺的特点是，既可直接利用高浓度污泥 SCWO 反应放出的化学能而进行超临界发电，也可针对有机物含量不很高的污泥，通过向离开超临界水氧化反应器的高温高压超临界流体中直流混入冷水，使其变为 2～14MPa 蒸汽后，利用普通蒸汽轮机进行发电，有效降低装置费用。

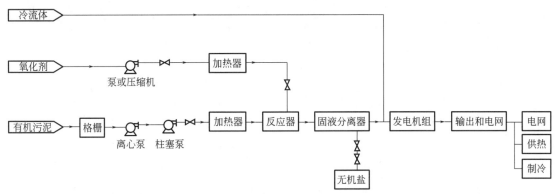

图 5-26　超临界水氧化处理有机污泥发电工艺流程图

除了污泥，对于可通过与水掺混形成可输送悬浮液的有机固体废弃物，同样也可采用超临界水氧化技术实现无害化处理与能源化利用。李智超等采用 SCWO 处理系统与蒸汽联产的工艺流程，对精对苯二甲酸（PTA）残渣废水进行了处理实验，结果表明：与传统 SCWO 处理系统相比，SCWO 系统与蒸汽联产工艺在经济性及能量利用率方面具有明显的优势；通过后续工艺参数的调整可实现反应自运行。张阔等采用 ASPEN 模拟手段对装置运行过程中各部分的能耗进行比对，得到了在实现装置自运行的前提下有用能效率最高、蒸汽产量最大的操作参数，并对能量回收和预热工段进一步优化，发现热流体在温度 450℃、流量比为 1.2：1 时，对待处理废水温度提升效果最好，装置热量回收效率最高。

5.3.3.4　超临界流体稠油热采

以上方法均是意在通过将排出口温度压力降至最低来回收多余热量，在回收过程中不可避免地存在能量耗损、降级等问题，研究人员一直在探索超临界热流体的应用途径，试图从另一方面提升 SCWO 过程的经济性。

分析我国现有油藏种类以及分布情况，不难发现稠油在我国油藏中占有极重比例，而常规开采方法效果均不理想，研究稠油开采技术已然成了石油行业研究人员所面临的共同难题。针对稠油在油藏中的分布情况以及目前稠油热采技术的局限性，周守为院士结合国内外超临界水氧化技术的发展特点，分析了超临界流体的特点及其用于稠油热采的优点，创造性地提出了采用超临界多源多元热流体实现稠油热采的思路。廖传华等结合工程实际，开发了一种用于海上平台稠油热采的超临界流体制备系统，如图 5-27 所示，将混合废液（钻井平台采出水、生活废水、生理废液等）与原油按一定比例掺混来制备超临界流体，避免了传统稠油热采过程中对外加能源和海水淡化的依赖，并且解决了钻井平台采出水、生活废水与生理废液的处理等问题，实现了油田采出水无害化处理与资源化利用。同时比较多种热量耦合方式，确定了有效降低装置运行费用的能量回收工艺。

当然，目前对于 SCWO 技术能量转化的研究仍有很长的路要走。加强对能量转化机理的研究和过程能流分析，从能量品位的角度分析操作参数对㶲损的影响，以及调整多种耦合方式对利用效率的影响，探究转化过程中㶲损和焓损的深层次原因，对提升 SCWO 系统的能

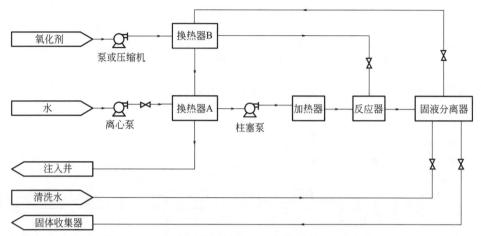

图 5-27　用于稠油热采的超临界流体制备工艺流程图

量利用效率有指导性作用。同时，可以通过对反应装置、换热介质材料的研究，避免热量损失以及转化过程中不必要的㶲损，以此提升能量转化效率。

参考文献

［1］　廖传华，王小军，高豪杰，等.污泥无害化与资源化的化学处理方法［M］.北京：中国石化出版社，2019.
［2］　廖玮，朱廷风，廖传华，等.超临界水氧化技术在能量转化中的应用［J］.水处理技术，2019，45（3）：14-17.
［3］　毕淑英，谢益民.超临界水氧化技术处理造纸工业废水的应用研究综述［J］.中华纸业，2019，40（2）：6-11.
［4］　张光伟，董振海.超临界水氧化处理工业废水的技术问题及解决思路［J］.现代化工，2019，39（1）：18-22，24.
［5］　廖传华，王重庆，梁荣，等.反应过程、设备与工业应用［M］.北京：化学工业出版社，2018.
［6］　廖传华，耿文华，张双伟，等.燃烧技术、设备与工业应用［M］.北京：化学工业出版社，2018.
［7］　廖传华，朱廷风，代国俊，等.化学法水处理过程与设备［M］.北京：化学工业出版社，2016.
［8］　胡林龙.湿式空气氧化法处理城市污水厂污泥的可行性分析［J］.绿色科技，2018（8）：49-51.
［9］　殷逢俊，陈忠，王光伟，等.基于动态气封壁反应器的湿式氧化工艺［J］.环境工程学报，2016，10（12）：6988-6994.
［10］　陶明涛，李玉鸿，文欣.部分湿式氧化法处理市政污泥的工程实践［J］.水工业市场，2015，4：64-67.
［11］　雷燕，雷必安，杨其文，等.催化湿式氧化处理城市污水厂污泥的研究进展［J］.现代化工，2015，35（3）：41-44，46.
［12］　武跃，袁圆，张静，等.亚临界湿式氧化法脱除含油污泥中的重金属［J］.化工环保，2015，35（3）：236-240.
［13］　李本高，孙友，张超.生化剩余污泥湿式氧化减量机理研究［J］.石油炼制与化工，2014，45（9）：85-89.
［14］　武跃，徐岩，白长岭，等.一种城市污水处理厂污泥处理方法的探究［J］.辽宁师范大学学报（自然科学版），2014，37（3）：379-384.
［15］　徐岩.湿式氧化法在处理城市污泥中的应用［D］.大连：辽宁师范大学，2014.
［16］　姬爱民，崔岩，马劲红，等.污泥热处理［M］.北京：冶金工业出版社，2014.
［17］　麻红磊.城市污水污泥热水解特性及污泥高效脱水技术研究［D］.杭州：浙江大学，2012.
［18］　贾新宁.城镇污水污泥的处理处置现状分析［J］.山西建筑，2012，38（5）：220-222.
［19］　陶明涛，张华.污泥水热处理技术及其工程应用［J］.北方环境，2012，25（3）：211-214.
［20］　陶明涛，张华.城市污泥水热处理过程中有机物的变化［J］.广东化工，2012，39（3）：189-190.
［21］　栾明明.湿式氧化法处理含油污泥研究［D］.大庆：东北石油大学，2012.
［22］　崔世彬，栾明明.湿式氧化法处理炼油厂含油污泥研究［J］.广东化工，2011，38（10）：42-43.
［23］　陶明涛，张华，王艳艳，等.基于部分湿式氧化法的污泥资源化研究［J］.环境工程，2011，29（A1）：244，402-404.

[24] 张丹丹, 李咏梅. 湿式氧化法在法国污泥处理处置中的初步应用 [J]. 四川环境, 2010, 29（1）: 9-11, 31.

[25] 史骏. 城市污水污泥处理处置系统的技术经济分析与评价（上）[J]. 给水排水, 2009, 35（8）: 32-35.

[26] 史骏. 城市污水污泥处理处置系统的技术经济分析与评价（下）[J]. 给水排水, 2009, 35（9）: 56-59.

[27] 孙淑波, 吴立娜, 胡筱敏. 催化湿式氧化处理城市污水厂污泥的研究 [J]. 环境科学与技术, 2009, 32（B1）: 84-86.

[28] 刘俊, 曾旭, 赵建夫. NaOH 强化催化湿式氧化处理制药污泥 [J]. 化工环保, 2017, 37（1）: 106-109.

[29] 郑师梅, 韩少勋, 解立平. 污水污泥处置技术综述 [J]. 应用化工, 2008, 37（7）: 819-821.

[30] 李亮, 叶舒帆, 胡筱敏. Cu-Fe-Co-Ni-Ce/γ-Al$_2$O$_3$ 催化湿式氧化城市污泥 [J]. 环境工程, 2008, 26（A1）: 252-255.

[31] 叶舒帆. 催化湿式氧化处理城市污水处理厂污泥的实验研究 [D]. 沈阳: 东北大学, 2008.

[32] 马承愚, 彭英利. 高浓度难降解有机废水的治理与控制 [M]. 北京: 化学工业出版社, 2007.

[33] 桂轶. 城市生活污水污泥处理处置方法研究 [D]. 合肥: 合肥工业大学, 2007.

[34] 吴丽娜. 催化湿式氧化处理城市污水处理厂污泥的研究 [D]. 沈阳: 东北大学, 2006.

[35] 万世强, 邓建利, 潘咸峰, 等. 炼油厂剩余污泥湿式氧化处理研究 [J]. 工业水处理, 2006, 26（1）: 90-91.

[36] 刘蜀渝. 城市生活垃圾有机物资源化新途径: 水热氧化技术新应用 [J]. 云南环境科学, 2006, 25（增刊1）: 72-74.

[37] 苏晓娟. 湿式氧化工艺处理城市污水厂剩余污泥技术的 LCA 评价 [D]. 上海: 同济大学, 2005.

[38] 苏晓娟, 陆雍森, Laurent Bromet. 湿式氧化技术的应用现状与发展 [J]. 能源环境保护, 2005, 19（6）: 1-4.

[39] 杨爽, 江洁, 张雁秋. 湿式氧化技术的应用研究进展 [J]. 环境科学与管理, 2005, 30（4）: 88-90, 98.

[40] 昝元锋, 王树众, 沈林华, 等. 污泥处理技术的新进展 [J]. 中国给水排水, 2004, 20（6）: 25-29.

[41] 杨晓奕, 蒋展鹏. 湿式氧化处理剩余污泥反应动力学研究 [J]. 上海环境科学, 2004, 23（6）: 231-235, 261.

[42] 杨晓奕, 将展鹏. 湿式氧化处理剩余污泥的研究 [J]. 给水排水, 2003, 29（7）: 20-55.

[43] 熊飞, 陈玲, 王华, 等. 湿式氧化技术及其应用比较 [J]. 环境污染治理技术与设备, 2003, 4（5）: 66-70.

[44] 张立峰, 吕荣湖. 剩余活性污泥的热化学处理技术 [J]. 化工环保, 2003, 23（3）: 146-149.

[45] 孙德智, 于秀娟, 冯玉杰. 环境工程中的高级氧化技术 [M]. 北京: 化学工业出版社, 2002.

[46] 耿莉莉, 杨凯旭, 张诺伟, 等. Ru 和 Cu 协同催化湿式氧化处理氨氮废水 [J]. 化工学报, 2018, 69（9）: 3869-3878, 4137.

[47] 薛超, 毛岩鹏, 王文龙, 等. 高压下微波催化湿式氧化技术降解苯酚类废水 [J]. 化工学报, 2018, 69（A2）: 210-217.

[48] 周海云, 刘树洋, 徐宁, 等. 双甘膦废水的湿式氧化处理 [J]. 农药, 2017, 56（1）: 23-26.

[49] 巩加文. 催化湿式氧化 DMF 催化剂的研究 [D]. 上海: 华东理工大学, 2018.

[50] 公彦猛, 姜伟立, 李爱民, 等. 高浓度有机废水湿式氧化处理的研究现状 [J]. 工业水处理, 2017, 37（5）: 20-25, 49.

[51] 王子丹, 张诺伟, 陈秉辉. PdNi/C 低温高效催化湿式氧化无害化处理氨氮废水 [J]. 厦门大学学报（自然科学版）, 2018, 57（1）: 32-37.

[52] 周昊, 郭姣姣, 胡嘉辉, 等. RuO$_2$/ZrO$_2$-CeO$_2$ 催化湿式氧化降解乙酸机理研究 [J]. 水处理技术, 2018, 44（6）: 34-37, 41.

[53] 孙文静, 卫皇曌, 李先如, 等. 催化湿式氧化处理助剂废水工程及过程模拟 [J]. 环境工程学报, 2018, 12（8）: 2421-2428.

[54] 种盼盼. 低压湿式氧化降解模拟石油废水的研究 [D]. 舟山: 浙江海洋大学, 2017.

[55] 廉东英. 复合铁氧化物中空膜湿式氧化染料废水性能研究 [D]. 天津: 天津工业大学, 2018.

[56] 刘赛. 臭氧氧化/湿式氧化联用工艺降解 PVA 纺织材料的研究 [D]. 无锡: 江南大学, 2018.

[57] 邵云海, 黄思远, 邓佳, 等. 湿式氧化处理制药废水的实验研究 [J]. 环境工程, 2016, 34（A1）: 9-12.

[58] 曾旭, 刘俊, 赵建夫. 湿式氧化法预处理高浓度合成制药废水的研究 [J]. 工业水处理, 2017, 37（8）: 78-80.

[59] 李艳辉, 王树众, 孙盼盼, 等. 湿式氧化降解高氯化工废水实验研究及经济性分析 [J]. 化工进展, 2017, 36（5）: 1906-1913.

[60] 李先如, 王维, 陈静怡, 等. 催化湿式氧化处理头孢氨苄废水 [J]. 工业催化, 2018, 26（1）: 74-80.

[61] 黄瑞琦. 湿式氧化双甘膦母液及氮磷的回收研究 [D]. 南京: 南京工业大学, 2016.

[62] 王立越. 湿式氧化耦合生化法处理含聚乙二醇制药废水的研究 [D]. 苏州: 苏州科技大学, 2017.

[63] 柏亚成, 陈晔. 高浓度苯酚废水的均相催化湿式氧化研究 [J]. 现代化工, 2015, 35（6）: 136-138, 140.

[64] 吴军亮. 高浓度难降解有机废水湿式氧化的分析 [J]. 绿色环保建材, 2018（4）: 51.

[65] 赵凯, 杨锦林, 汤成. 新型湿式氧化还原法脱硫药剂试验研究 [J]. 石油化工应用, 2018, 37 (4): 143-145, 152.

[66] 叶安道, 刘金龙, 何庆生. 催化湿式氧化处理氨氮废水的中试研究 [J]. 炼油技术与工程, 2018, 48 (7): 62-64.

[67] 张伟民, 陈晔. 催化湿式氧化对高浓度染料废水试验研究 [J]. 当代化工, 2018, 47 (10): 2026-2029, 2033.

[68] 路琼琼. 水合肼与氧气湿式氧化技术处理纸浆漂白废水及药物废水的研究 [D]. 上海: 华东理工大学, 2016.

[69] Seafaddin Eshag Yahya Moham. 催化湿式氧化处理 N, N-二甲基甲酰胺废水催化剂的制备和应用 [D]. 厦门: 厦门大学, 2016.

[70] 李倩, 崔景东, 路丹丹, 等. 超临界水氧化处理模拟染料废水 [J]. 印染, 2018, 44 (3): 10-14.

[71] 李世刚, 王万福, 孟庭宇, 等. 工业污泥超临界水氧化处理的研究进展 [J]. 工业水处理, 2018, 38 (1): 1-5.

[72] 闫正文, 廖传华, 廖玮, 等. 高盐废水超临界水氧化处理过程的响应面优化 [J]. 印染助剂, 2019, 36 (2): 16-19.

[73] 闫正文, 廖传华, 廖玮, 等. 无机盐在超临界水中的溶解度研究 [J]. 应用化工, 2018, 47 (3): 514-516.

[74] 周海云, 崔卫方, 姜伟立. 超临界水氧化处理毒死蜱产生的缩合废水 [J]. 科学技术与工程, 2018, 18 (2): 367-371.

[75] 王璠, 张全胜. 高浓度有机废水超临界水氧化技术应用 [J]. 水运工程, 2017 (8): 82-85.

[76] 王琪, 杨博闻, 申哲民. 超临界水氧化降解有机物的定量构效关系研究 [J]. 环境科学学报, 2018, 38 (6): 2367-2373.

[77] 公彦猛, 姜伟立, 李爱民. 垃圾渗滤液膜滤浓缩液的超临界水氧化处理 [J]. 工业水处理, 2018, 38 (1): 74-78.

[78] 王惠杰, 杨杰, 张凤鸣. 超临界水氧化水膜反应器的气固两相流分析 [J]. 科学技术与工程, 2018, 18 (30): 81-88.

[79] 陈久林, 张凤鸣, 苏闯建, 等. 基于氧气回收的超临界水氧化工艺优化 [J]. 集成技术, 2018, 7 (3): 62-71.

[80] 陈海峰, 陈久林. 蒸发壁式超临界水氧化能量回收的模拟研究 [J]. 陕西科技大学学报, 2018, 36 (6): 154-162.

[81] 宋成才. 超临界水氧化技术处理油田含油污泥 [J]. 科学与财富, 2018 (33): 122.

[82] 鞠鸿鹏, 李长华, 刘淑梅. 超临界水氧化 (SCWO) 技术总有机碳的分析 [J]. 化工管理, 2018 (23): 126.

[83] 张言言. 超临界水氧化处理工业废物的现状分析 [J]. 中国化工贸易, 2018, 10 (15): 81.

[84] 杨保亚. 超临界水氧化技术在废水处理中的研究 [J]. 建筑工程技术与设计, 2018 (16): 240.

[85] 高占朋. 超临界水氧化技术处理污泥的研究与应用进展 [J]. 环球市场, 2017 (2): 105.

[86] 石德智, 张金露, 胡春艳, 等. 超临界水氧化技术处理污泥的研究与应用进展 [J]. 化工学报, 2017, 68 (1): 37-49.

[87] 欧阳创, 张美兰, 申哲民. 超临界水氧化设备的能量平衡 [J]. 净水技术, 2017, 36 (2): 104-108.

[88] 龚为进, 魏永华, 赵亮, 等. 生活垃圾填埋场渗滤液超临界水氧化试验研究 [J]. 水资源保护, 2017, 33 (2): 59-62.

[89] 王俊飒. 超临界水氧化技术在工业生产中的应用现状 [J]. 山西科技, 2017, 3 (3): 146-148, 152.

[90] 蒋宝南. 超临界水氧化技术在固体废弃物处理中的应用 [J]. 环境与可持续发展, 2017, 42 (4): 73-75.

[91] 廖传华. 超临界水氧化技术在生产废水处理中的应用 [J]. 塑料助剂, 2016 (6): 51-53.

[92] 杨树月, 张振涛. 超临界水氧化技术处理磷酸三丁酯的实验研究 [J]. 原子能科学技术, 2016, 50 (12): 2138-2144.

[93] 李智超, 廖传华, 吴祖明. PTA 残渣的超临界水氧化处理试验研究 [J]. 工业用水与废水, 2016, 47 (1): 21-24, 42.

[94] 钱黎黎, 王树众, 王来升, 等. 超临界水氧化处理印染污泥 [J]. 印染, 2016, 42 (3): 4-7.

[95] 张洁, 王树众, 卢金玲, 等. 高浓度印染废水及污泥的超临界水氧化系统设计及经济性分析 [J]. 现代化工, 2016, 36 (4): 154-158.

[96] 张拓, 王树众, 任萌萌, 等. 超临界水氧化技术深度处理印染废水及污泥 [J]. 印染, 2016, 42 (16): 43-45.

[97] 于航, 于广欣, 盛金鹏, 等. 超临界水氧化处理煤气化生化污泥 [J]. 化工环保, 2016, 36 (5): 557-561.

[98] 徐雪松. 超临界水氧化处理油性污泥工艺参数优化的研究 [D]. 石河子: 石河子大学, 2016.

[99] 侯霙, 刘晗, 石岩, 等. 超临界水氧化处理橡胶废水的实验研究 [J]. 天津化工, 2016, 30 (5): 44-48.

[100] 王慧斌, 廖传华, 陈海军, 等. 超临界水氧化技术处理煤化工废水的试验研究 [J]. 现代化工, 2016, 36 (11): 154-158.

[101] 王慧斌. 超临界水氧化反应器传热传质模拟研究 [D]. 南京: 南京工业大学, 2016.

[102] 王玉珍, 高芬, 王来升, 等. 超临界水氧化系统中氧回用工艺经济性评估 [J]. 工业水处理, 2016, 36 (3): 39-42.

[103] 单玉海, 孙建军. 超临界水氧化设备的设计 [J]. 化工设计通讯, 2016, 42 (3): 83.

[104] 刘威, 廖传华, 陈海军, 等.超临界水氧化系统腐蚀的研究进展 [J].腐蚀与防护, 2015, 36 (5): 487-492.

[105] 刘威.不锈钢在酸性介质超临界水氧化中的腐蚀研究 [D].南京: 南京工业大学, 2015.

[106] 洪渊.基于不同条件下超临界水气化污泥各态产物分布规模研究 [D].深圳: 深圳大学, 2015.

[107] 王玉珍, 于航, 盛金鹏, 等.超临界水氧化法处理煤气化废水生化污泥 [J].化学工程, 2015, 43 (10): 11-15.

[108] 王金利, 李秀灵, 严波.含油污泥处理技术研究进展 [J].能源化工, 2015, 36 (5): 71-76.

[109] 湛世英, 曲旋, 张荣, 等.超临界水氧化处理潜艇生活、生理垃圾Ⅰ: 实验研究 [J].环境工程, 2015, 33 (A1): 221-224.

[110] 湛世英, 曲旋, 张荣, 等.超临界水氧化处理潜艇生活、生理垃圾Ⅱ: 系统构建初步研究 [J].环境工程, 2015, 33 (A1): 225-227.

[111] 马睿, 闫江龙, 方琳, 等.超临界水氧化去除污泥中化学需氧量的动力学 [J].深圳大学学报 (理工版), 2015, 32 (6): 617-624.

[112] 王俊飒.对超临界水氧化污泥的环境评价 [J].山西建筑, 2015, 41 (19): 189-190.

[113] 李智超, 廖传华, 郭丹丹, 等.PTA残渣的超临界水氧化处理与资源化利用 [J].工业用水与废水, 2014, 45 (4): 1-4.

[114] 郭丹丹, 廖传华, 陈海军, 等.制浆黑液资源化处理技术研究进展 [J].环境工程, 2014, 32 (4): 36-40.

[115] 陈忠, 王光伟, 殷逢俊, 等.典型醇类物质超临界水氧化反应途径研究 [J].燃料化学学报, 2014, 42 (3): 343-349.

[116] 陈忠, 王光伟, 陈鸿珍, 等.气封壁高浓度有机污染物超临界水氧化处理系统 [J].环境工程学报, 2014, 8 (9): 3825-3831.

[117] 张鹤楠, 韩萍芳, 徐宁.超临界水氧化技术研究进展 [J].环境工程, 2014, 32 (A1): 9-11.

[118] 徐东海, 王树众, 张峰, 等.超临界水氧化技术中盐沉积问题的研究进展 [J].化工进展, 2014, 33 (4): 1015-1021.

[119] 夏前勇, 郭卫民, 申哲民.化工废水的超临界水氧化研究 [J].安全与环境工程, 2014, 21 (5): 78-83.

[120] 王红涛.催化超临界水氧化处理焦化废水试验研究 [J].现代化工, 2014, 34 (4): 134-137.

[121] 高志远, 程乐明, 曹雅琴, 等.超临界水氧化处理鲁奇炉气化废水的研究 [J].化学工程, 2014, 1: 6-9, 14.

[122] 张勇.超临界水氧化气膜反应器模拟研究 [D].济南: 山东大学, 2014.

[123] 张阔, 廖传华, 李智超, 等.一种循环水氧化陶瓷壁式反应器 [P].ZL201310586563.9, 2013-11-19.

[124] 张阔, 廖传华, 李智超, 等.一种超临界循环水氧化处理废水的系统 [P].ZL201310584984.8, 2013-11-19.

[125] 张阔, 廖传华, 李智超, 等.一种超临界循环水氧化处理废弃物与蒸汽联产工艺 [P].ZL201310584953.2, 2013-11-19.

[126] 黄晓慧, 王增长, 催文全, 等.超临界水氧化过程中的腐蚀控制方法 [J].工业水处理, 2013, 33 (2): 6-10.

[127] 于广欣, 于航, 王建伟, 等.煤气化废水的超临界水氧化处理实验 [J].工业水处理, 2013, 33 (4): 65-68.

[128] 王齐.超临界水氧化处理印染废水实验研究 [D].太原: 太原理工大学, 2013.

[129] 廖传华, 王重庆.制浆黑液超临界水氧化资源化治理 [J].中华纸业, 2011, 32 (3): 31-34.

[130] 田震, 关杰, 陈钦.超临界流体及其在环保领域中的应用 [J].上海第二工业大学学报, 2011, 28 (1): 265-274.

[131] 王丽君, 郭翠.超临界水氧化技术应用研究进展 [J].中国石油和化工标准与质量, 2011, 31 (11): 64-66.

[132] 徐东海.城市污泥的超临界水无害化处理及能源化利用研究 [D].西安: 西安交通大学, 2011.

[133] 张钦明.城市污泥超临界水无害化处理和资源化利用的理论与实验研究 [D].西安: 西安交通大学, 2010.

[134] 易怀昌, 王华接, 陆超华.超临界水氧化技术在污泥处理中的应用 [J].广东化工, 2010, 37 (2): 95, 105-107.

[135] 马红和, 王树众, 周璐, 等.城市污泥在超临界水中的部分氧化研究 [J].化学工程, 2010, 38 (12): 44-47, 52.

[136] 廖传华, 朱跃钊, 李永生.超临界水氧化反应器的研究进展 [J].环境工程, 2010, 28 (2): 7-12, 23.

[137] 廖传华, 李永生, 朱跃钊.制浆黑液超临界水氧化过程的动力学研究 [J].中华纸业, 2010, 31 (5): 63-66.

[138] 廖传华, 李永生, 朱跃钊.造纸黑液超临界水氧化过程的能流分析与经济评价 [J].中国造纸学报, 2010, 25 (3): 58-63.

[139] 马雷, 廖传华, 朱跃钊, 等.超临界水氧化技术在环境保护方面的应用 [C].中国环境科学学会2010年学术年会, 上海, 2010.

[140] 廖传华, 褚旅云, 方向, 等.合成香料废水处理技术现状 [C].第三届中国香料香精技术及市场年会, 海口, 2009.

[141] 崔宝臣, 崔福义, 刘先军, 等.超临界水氧化对含油污泥无害化 [J].应用化工, 2009, 38 (3): 332-335.

[142] 崔宝臣, 崔福义, 刘淑芝, 等.碱对含油污泥超临界水氧化的影响研究 [J].安全与环境学报, 2009, 9 (4):

48-50.

[143] 崔宝臣.超临界水氧化处理含油污泥研究［D].哈尔滨：哈尔滨工业大学，2009.

[144] 朱飞龙.超临界水氧化法处理城市污水处理厂污泥［D].上海：东华大学，2009.

[145] 张守明，高波.超临界水氧化法处理含油污泥的工艺研究［J].炼油与化工，2009，20（2）：22-24，67.

[146] 徐东海，王树众，公彦猛，等.城市污泥超临界水技术示范装置及其经济性分析［J].现代化工，2009，29（5）：55-59，61.

[147] 褚旅云，廖传华，方向.超临界水氧化法处理高含量印染废水研究［J].水处理技术，2009，35（8）：84-86.

[148] 廖传华，李永生.基于超临界水氧化过程的能源环境系统设计［J].环境工程学报，2009，3（12）：2232-2236.

[149] 廖传华，褚旅云，方向，等.超临界水氧化法在造纸黑液治理中的应用［J].中国造纸，2008，27（9）：51-55.

[150] 廖传华，褚旅云，方向，等.超临界水氧化法在高浓度难降解印染废水治理中的应用［J].印染助剂，2008，25（12）：22-26.

[151] 方明中，孙水裕，森楚娟，等.超临界水氧化技术在城市污泥处理中的应用［J].水资源保护，2008，24（3）：66-68，94.

[152] 荆国林，霍维晶，崔宝臣.超临界水氧化油田含油污泥无害化处理研究［J].西安石油大学学报（自然科学版），2008，23（3）：69-71，100.

[153] 荆国林，霍维晶，崔宝臣.超临界水氧化处理油田含油污泥［J].西南石油大学学报，2008，30（1）：116-119.

[154] 马承愚，赵晓春，朱飞龙，等.污水处理厂污泥超临界水氧化处理及热能利用的前景［J].现代化工，2007，37（A2）：497-499.

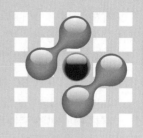

第**6**章 有机废弃物热解液化与能源化利用

对于农业废弃物、林业废弃物、畜禽粪便、城市生活垃圾等，虽然采用前述的直接燃烧或焚烧处理可将其蕴含的化学能转化为热量而实现能源化利用，但所得热能的品位较低，且受含水率的影响较大。

热解，又称热裂解或裂解或干馏，是指在隔绝空气或通入少量空气的条件下，利用热能切断有机物大分子中的化学键，破坏有机质的高分子键合状态，使之转变为低分子物质的过程，反应的产物是气体、液体和焦炭。热解液化是以追求液体产物产率的热解过程，以连续的工业化的生产方式将有机废弃物转化为易储存、易运输和能量密度高的液体燃料——生物油，可用作锅炉燃料、生物柴油替代燃料等，具有广阔的应用前景。

6.1 热解液化的基本原理及其影响因素

有机废弃物热解能否得到高能量产物取决于原料中 H 转化为可燃气体与水的比例，实际的热解过程中还同时发生 CO、CO_2 等其他产物的生成反应，因此，不能以此来简单地评价有机废弃物的热解效果。

6.1.1 热解的基本原理

有机物的成分不同，整体热解过程开始的温度也不同。例如，纤维素开始解析的温度在 $180\sim200℃$ 之间，而煤的热解开始温度也随着煤性质的不同在 $200\sim400℃$ 之间不等。从热解开始到结束，有机物都处在一个复杂热裂解过程中，不同的温度区间所进行的反应过程不同，产物的组成也不同。总之，热解的实质是有机物大分子裂解成小分子析出的过程。

6.1.1.1 固体有机废弃物的热解反应

固体有机废弃物的热解是一个极其复杂的化学反应过程，它包括大分子的键断裂、异构化和小分子的聚合等反应，这一过程可以用下式来表示。

有机垃圾——→气体（H_2、C_mH_n、CO、CO_2、NH_3、H_2S、HCN、H_2O、SO_2 等）+有机液体（焦油、芳烃、煤油、有机酸、醇、醛类等）+炭黑、灰渣

例如，纤维素热解的化学反应式可以写为：

$$3C_6H_{10}O_5 \xrightarrow{\text{加热}} 8H_2O + C_6H_8O + 2CO + 2CO_2 + CH_4 + H_2 + 7C$$

其中，C_6H_8O 为焦油。

有机物的热稳定性取决于组成分子的各原子的结合键的形成及键能的大小。键能大的难断裂，其热稳定性高；键能小的易分解，其热稳定性差。

烃类化合物的热稳定性顺序为：缩合芳烃>芳香烃>环烷烃>烯烃>炔烃>烷烃。芳烃上侧链越长越不稳定，芳环越多侧链也越不稳定；缩合多环芳烃的环数越多，其热稳定性越大。

固体有机废弃物热解过程中键的断裂方式主要有：

① 结构单元之间的桥键断裂生成自由基，其主要是—CH_2—、—CH_2—CH_2—、—CH_2—O—、—O—、—S—、—S—S—等，桥键断裂后易成自由基碎片。

② 脂肪侧链受热易裂解，生成气态烃，如 CH_4、C_2H_6、C_2H_4 等。

③ 含氧官能团的热稳定性顺序为：—OH≥C=O>—COOH>—OCH_3。羧基热稳定性低，200℃开始分解，生成 CO_2 和 H_2O。羰基在 400℃左右裂解生成 CO。羟基不易脱除，到700℃以上，有大量 H 存在，可氧化生成 H_2O。含氧杂环在 500℃以上也可能断开，生成 CO。

④ 固体有机废弃物中低分子化合物的裂解是以脂肪化合物为主的低分子化合物的裂解，其受热后可分解成挥发性产物。

6.1.1.2 一次热解产物的二次热解反应

固体有机废弃物热解的一次产物，在析出过程中受到二次热解。二次热解的反应有裂解反应、脱氢反应、加氢反应、缩合反应、桥键分解反应等。

（1）裂解反应

$$C_2H_6 \longrightarrow C_2H_4 + H_2$$
$$C_2H_4 \longrightarrow CH_4 + C$$
$$CH_4 \longrightarrow C + 2H_2$$

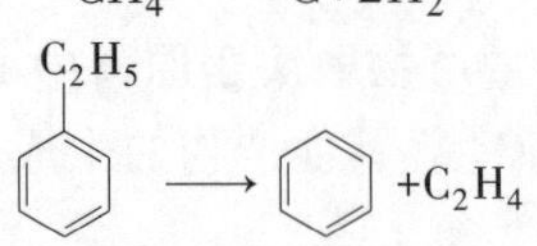

（2）脱氢反应

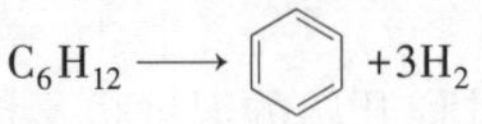

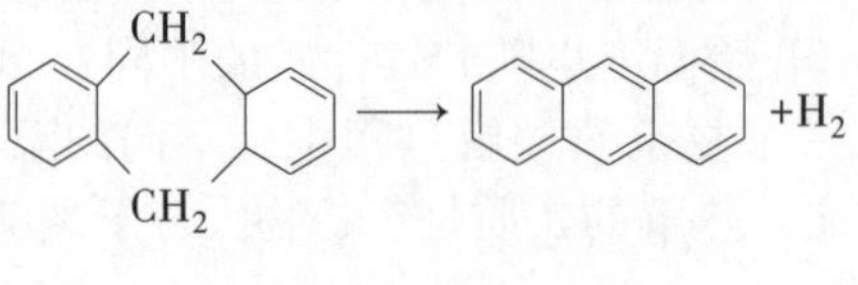

$$C_6H_{12} \longrightarrow \text{（苯）} + 3H_2$$

（3）加氢反应

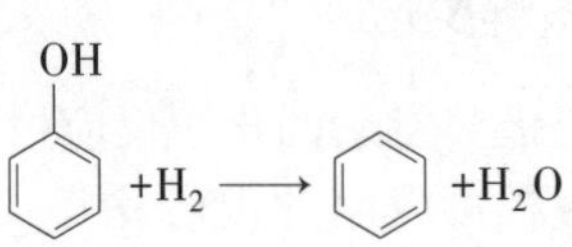

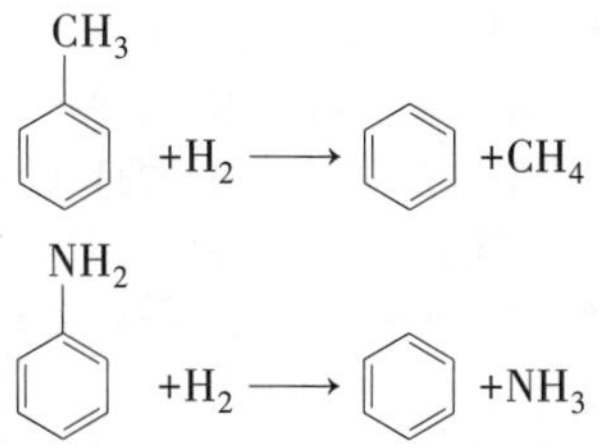

(4) 缩合反应

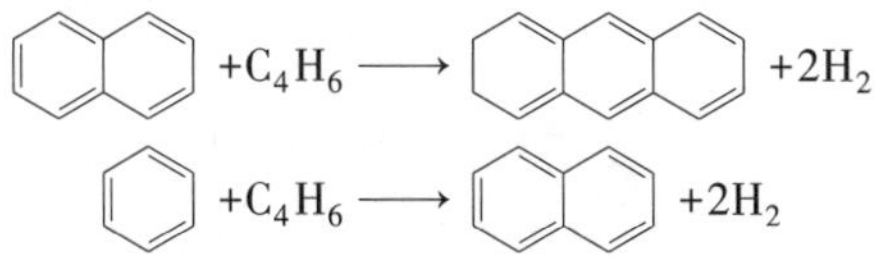

(5) 桥键分解反应

$$—CH_2—+H_2O \longrightarrow CO+2H_2$$

$$—CH_2—+—O— \longrightarrow CO+H_2$$

6.1.1.3 固体有机废弃物中的缩聚反应

固体有机废弃物热解的前期以裂解反应为主，而后期则以缩聚反应为主。缩聚反应对固体有机废弃物热解生成固态产品（半焦）的影响较大。胶质体固化过程的缩聚反应，主要是在热解生成的自由基之间的缩聚，其结果是生成半焦。半焦分解残留物之间缩聚，生成焦炭。

缩聚反应是芳香结构脱氢。苯、萘、联苯和乙烯参与反应，如：

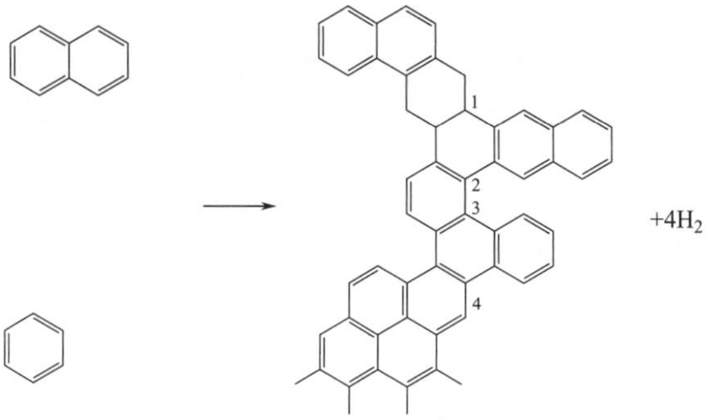

具有共轭双烯及不饱和键的化合物，在加成时进行环化反应，如：

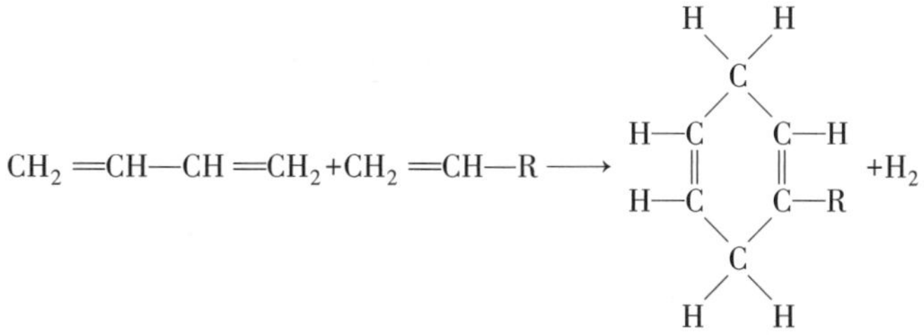

由以上可见，热解将会产生 3 种相态的物质：气相产物主要是水（水蒸气）、C_mH_n、CO 和 CO_2；液相产物主要是焦油和燃料油，还有乙胺、丙酮、甲醇等；固相产物为炭黑和废弃物中原有的惰性物质。

$$\text{含碳的固体物质} \xrightarrow{\text{加热}} \begin{cases} CH_4、H_2、H_2O、CO、CO_2、NH_3、H_2S、HCN、HCl\ 等 \\ \text{分子量小的有机气体或液体} \\ \text{分子量大及分子量中等的有机液体} \\ \text{多种有机酸和芳香族化合物} \\ \text{（焦油、燃油及某些芳香族化合物）} \\ \text{炭渣} \end{cases}$$

总之，在通常的工作温度下，真正的高温分解过程（不是气化）是吸热反应（要求热量输入）。废弃物需加热以分馏可挥发的化合物。高温分解时热量还使碳和水发生如下反应：

$$C+H_2O \longrightarrow H_2+CO$$
$$C+2H_2O \longrightarrow CO_2+2H_2$$
$$C+CO_2 \longrightarrow 2CO$$

6.1.1.4 其他反应

虽然上述这些反应方程式说明了分解过程，但它们并不能确切表明所有的化学反应，因为在固体有机废弃物中，绝大部分碳不是以自由状态存在的，还有可能发生水煤气转变的反应。当反应器中的 CO 和 H_2O 相遇时起反应并生成 CO_2 和 H_2，同时还会发生二次反应即 C 和 O_2 形成 CO_2。当 C 和 H_2 结合时便产生 CH_4。

$$CO+H_2O \longrightarrow CO_2+H_2+Q$$
$$C+O_2 \longrightarrow CO_2+Q$$
$$C+2H_2 \longrightarrow CH_4+Q$$

如果反应器在大气压力和较低温度下运行，也能产生少量的 CH_4。但是如果反应器温度很高，这些反应产生的热量很多，足以使整个分解反应成为放热过程。

高温分解过程可以认为是一种物料的化学变化，这种化学变化是由物料在 O_2 不足的气氛中燃烧，并由此产生的热作用引起的。这个工艺还可看成是破坏性蒸馏、热分解或炭化过程。

6.1.2 热解过程的影响因素

固体有机废弃物热解的主要产物包括固体、液体和气体，其具体组成和性质与热解的方法和反应参数有关。

① 气体，主要是 H_2、CH_4、CO、CO_2 及其他各种气体。

② 液体，由含乙酸、丙酮、酒精和复合碳水化合物的液态焦油或油的化合物组成。如果再进行一些附加处理，可将其转换成低级的燃料油。

③ 固体残渣，包括产生的炭及废弃物本身含有的惰性物质。

热解反应所需的能量取决于各种产物的生成比，而生成比又与加热速率、温度和原料的粒度等有关。以追求气体产物产率为目标的，称为热解气化；以追求液体产物产率为目标的，称为热解液化；以追求固体产物产率为目标的，称为热解炭化。对于以追求液体产物产率为目标的固体有机废弃物热解液化，则应采用更快的加热速率，以避免生成的低分子有机物发生二次反应而转化为气体。

影响热解液化的关键参数有：加热速率、温度、物料含水量、物料尺寸、停留时间（即热解时间）、废弃物的成分及处理方法等。不同的热解过程，追求的目标产物不同，其工艺条件也各异，应根据实际情况通过实验确定。

6.2　农林废弃物热解液化与能源化利用

对于农林废弃物，国外采用了多种不同的热解试验装置和技术路线，以达到增加生物油产率和提高能源利用水平的目的，如快速裂解、加氢裂解、真空裂解、低温裂解、部分燃烧裂解等，但一般认为在常压下的快速热解仍是生产液体燃料最为经济的方法。

6.2.1　农林废弃物热解液化的工艺过程

以液体产物产率最大化为目标的农林废弃物（如木屑、秸秆等）快速热解的工艺流程如图 6-1 所示，包括物料的干燥、粉碎、热解、产物炭与灰分的分离、气态生物油的冷凝和生物油的收集等部分。

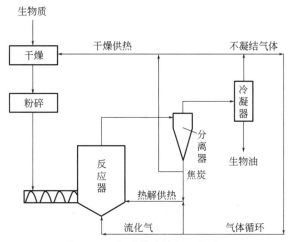

图 6-1　生物质快速热解工艺流程

（1）干燥

为了避免原料中过多的水分被带到生物油中，对原料进行干燥是必要的。一般要求物料含水率在 10% 以下。

（2）粉碎

为了提高生物油的产率，必须有很高的加热速率，因此要求物料有足够小的粒度。不同的反应器对农林废弃物粒径的要求不同：流化床反应器要求粒径为 2~3mm，循环流化床反应器要求粒径为 1~2mm，旋转锥反应器所需的粒径为 2~3mm，烧蚀反应器处理的生物质粒径可以达到 2cm，而真空热解反应器更是可以高达 2~5cm。采用的物料粒径越小，加工费用越高，因此，物料的粒径需在满足反应器要求的同时综合考虑加工成本。

（3）热解

热解生产生物油技术的关键在于要有很高的加热速率和热传递速率、严格控制的中温以及热解挥发分的快速析出。只有满足这样的要求，才能最大限度地提高产物中油的比例。

（4）产物炭与灰分的分离

几乎所有的生物质中的灰都留在了产物炭中，炭从生物油中的分离较困难，产物炭会在

二次热解中起催化作用，并且在液体生物油中产生不稳定因素。所以，对于要求较高的生物油生产工艺，快速彻底地将炭和灰分从生物油中分离是必须的。

（5）气态生物油的冷凝

热解挥发分由生产到冷凝阶段的时间和温度影响着液体产物的质量及组成，热解挥发分的停留时间越长，二次热解生成不可冷凝气体的可能性越大。为了保证油产率，需快速冷凝挥发产物。

（6）生物油的收集

生物质热解反应器的设计除需保证温度的严格控制外，还应在生物油收集过程中避免由生物油的多种重组分的冷凝而导致管路堵塞。

6.2.2 农林废弃物热解液化反应器

农林废弃物快速热解技术的基本工艺流程是相同的，其最主要的差别是热解反应器的不同，才形成了农林废弃物快速热解的不同工艺。作为工艺中最重要设备的反应器，其类型在很大程度上决定了产物的最终分布，也决定了整个技术路线的差别，反应器类型和加热方式的选择是各种技术路线的关键。国外从 20 世纪 70 年代末就开始了对热解反应器的研究，通过长期的努力现已发展了多种农林废弃物快速热解工艺，为农林废弃物的能源化利用提供了有效可行的方法。依据加热方式的不同可分为机械接触式反应器和混合式反应器两大类。

6.2.2.1 机械接触式反应器

该类型反应器主要是通过灼热的反应器表面直接或间接接触农林废弃物的方式传递热量，使农林废弃物快速升温从而达到快速热解的目的，其采用的热量传递方式主要为热传导。常见的有荷兰屯特（Twente）大学的旋转锥反应器、美国可再生能源协会的涡流反应器和英国阿斯顿大学的烧蚀反应器。其中涡流反应器是早期典型的机械接触式反应器，农林废弃物颗粒在高速氮气或过热蒸汽引射作用下沿切线方向进入反应器，并由高速离心力作用在高温的反应器壁上烧蚀，从而在反应器壁上留下生物油膜，并迅速蒸发。

（1）旋转锥反应器

旋转锥反应器（rotating cone reactor）是机械接触式反应器的经典设计，由荷兰 Twente 大学发明。它巧妙地利用了离心力的原理成功地将反应产生的热解气和固体产物分离开来，其工作原理如图 6-2 所示。其工艺流程为：农林废弃物颗粒与过量的惰性载热体（如石英砂等）一同进入反应器旋转外锥的底部，在农林废弃物颗粒和石英砂混合物沿着炽热的锥壁螺旋上升的过程中，农林废弃物发生热解转化生成挥发分和炭，其中的炭和石英砂在离心力作用下被抛向旋转锥器壁，从而分离落入集炭箱，而热解挥发分析出反应器并经旋风分离器进一步净化后进入冷凝器冷却。该工艺不需要载气，从而有效减小了生物油收集系统的体积。通过阻隔旋转锥内部的部分空间，将旋转锥内的气体容积有效降低，从而能减少反应器内的气相停留时间，抑制气相中生物油的裂化反应。采用旋转锥反应器，在 600℃ 的反应温度下，可生成 60% 的液态产物、25% 的气体和 15% 的木炭。

（2）烧蚀反应器

烧蚀反应器（ablativer reactor）是机械接触式反应器中的典型系统之一，其工艺流程见图 6-3。这类反应器的共同点是通过一灼热的反应器表面直接与农林废弃物颗粒接触，从而将热量传递到农林废弃物而使其高速升温达到快速热解的目的。该反应器由于农林废弃物颗粒在灼热的固体表面接触被"热腐蚀"而得名。烧蚀反应器的热解能量由底部和四周的筒状加热器提供，四个不对称的变角度叶片高速旋转，产生了传递给农林废弃物颗粒的机械压力，将农林废弃物颗粒压在 450~600℃ 的工作表面，叶片的机械运动使农林废弃物颗粒相对于热反应器表面以较高的速度（＞1.2m/s）移动并发生热解反应，生成的挥发分由氮气携带出反应器，携带气同时起控制气相停留时间的作用，焦炭则由后续的旋风分离器分离并进入炭箱，分离后的油蒸气和不可冷凝气体通入收集装置，并进一步经冷凝系统收集得到生物油。在 600℃ 时，生成 77.6% 的生物原油、6.2% 的气体和 15.7% 的木炭。与其他反应器相比，制约反应过程的因素是加热速率而不是传热速率，因此可使用较大颗粒的原料。

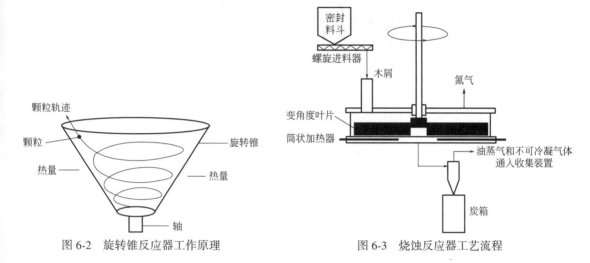

图 6-2　旋转锥反应器工作原理　　　　图 6-3　烧蚀反应器工艺流程

6.2.2.2　混合式反应器

依靠热气流或气固多相流对农林废弃物进行快速加热，起主导作用的热量传递方式为对流换热，但热辐射和热传导也不可忽略。因其能够实现高加热速率、相对均匀的温度，因而能有效抑制热解产物二次反应而提高液体产率，成为目前最具发展潜力的工艺。美国佐治亚技术研究院开发的气流床热解反应器和快速引射反应器、加拿大滑铁卢大学的流化床反应器等都是此类反应器的典型代表。混合式反应器，尤其是流化床反应器，有着加热速率高、气相停留时间短、控温简便、气固分离可靠、投资低等优点。

通常生物质快速热解过程在常压下进行，但在较低加热速率下进行的真空热解也能取得较高的生物油产量，加拿大拉瓦尔大学和荷兰真空热解公司先后设计出生物质真空热解反应器。该系统最大的优点是真空条件下一次热解产物能很快脱离反应器热解炉膛从而降低二次反应发生的概率，但其需要真空系统的正常运转以及反应器极好的密封性来保证，而在实际应用时将会加大投资成本和运行难度。

（1）流化床反应器

混合式反应器主要借助热气流或气固多相流对农林废弃物进行快速加热，其主导传热方式为对流换热，常见的反应器类型是流化床反应器，其工艺流程如图 6-4 所示。经干燥、粉碎后的农林废弃物由螺旋给料器输送到外加热式反应器内部，并和热石英砂床料充分接触从而得到快速加热升温并发生热解，热解产物随流化气进入旋风分离器，焦炭在分离器中被收集至集炭箱，挥发分和流化气进入冷凝器被冷却，可冷凝组分被收集得到生物油，不可凝气体则通过后续的过滤器净化后一部分作为流化气经加热后循环使用，一部分用于吹扫松动原料输送绞龙。

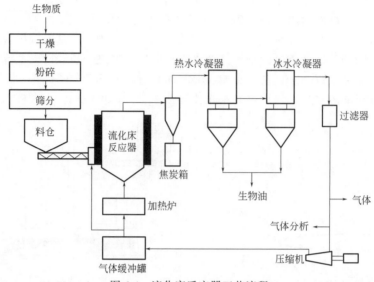

图 6-4　流化床反应器工艺流程

流化床热解技术早在 20 世纪 80 年代就开始开发了，主要的目的是创造最佳的反应条件，最大限度地利用生物质。例如，加拿大国际能源转换有限公司（RTI）建设的流化床技术快速热解示范工程，以多种生物质为原料，产量为 50～100kg/h。

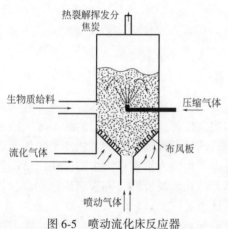

图 6-5　喷动流化床反应器

喷动流化床反应器（见图 6-5）是在流化床热解反应器的基础上改造而来的，利用喷动床快速喷动的特性，加速石英砂和生物质颗粒的混合，实现充分热解。

浙江大学针对已有的生物质热解工艺能源利用率不高、液体产物不分级等缺点，研发了整合式流化床快速热解试验中试装置并取得发明专利，如图 6-6 所示。该系统的工艺特点是生物质热解后经过气炭分离的挥发分进入高温冷凝器、中温冷凝器

和低温冷凝器分级冷凝，从低温冷凝器出来的不可凝热解气经过气体滤清装置后，由煤气泵将部分气体再循环输送到变截面流化床反应器用作流化气体，高温冷凝器和中温冷凝器内吸收的热量由各自冷凝回路里的导热油介质通过高温空冷器和中温空冷器释放，冷凝回路里的高温导热油加热器和中温导热油加热器分别将各自的导热油预热到预定温度，而从高温空冷器和中温空冷器出来的热风则被送入炭燃烧炉内以利用余热。

（2）循环流化床反应器

循环流化床反应器（如图 6-7 所示）与流化床反应器的区别主要是使热解副产品炭燃烧用于提供反应所需的热量。利用热解反应器内生物质热解液化后分离获得的焦炭燃烧加热石英砂，热的石英砂进入流化床反应器与生物质混合并传递给生物质热量。生物质获得热量后

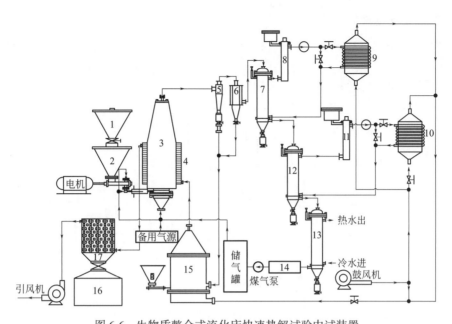

图 6-6　生物质整合式流化床快速热解试验中试装置

1—预备料斗；2—组合式给料装置；3—变截面流化床反应器；4—反应器换热器；5—旋风分离器；
6—炭过滤器；7—高温冷凝器；8—高温导热油加热器；9—高温空冷器；10—中温空冷器；
11—中温导热油加热器；12—中温冷凝器；13—低温冷凝器；14—气体滤清装置；
15—炭燃烧炉；16—料仓；17—原料干燥室

发生热解反应，挥发分经分离后被冷凝收集得到生物油。循环流化床最大的特点是将提供反应热量的燃烧室和发生热解反应的流化床反应器合为一体。理论和经验证明，只要系统设计合理，利用副产物焦炭和热解气体的燃烧热量，完全可以为生物质热解提供足够的热量。这一设备的优点在于结构的整合降低了反应器的制造成本和热量的损失，进而有效降低了生物油的成本，提高了热解液化技术的市场竞争力，也有利于技术规模的扩大化，但这是以操作运行的复杂化为代价的。

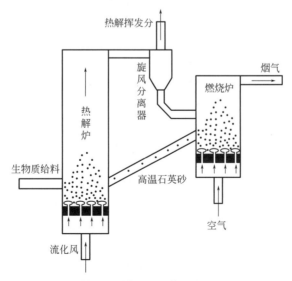

图 6-7　循环流化床反应器

（3）携带床反应器

携带床反应器（entrained reactor），也称快速引射流反应器，其工艺流程如图 6-8 所示。

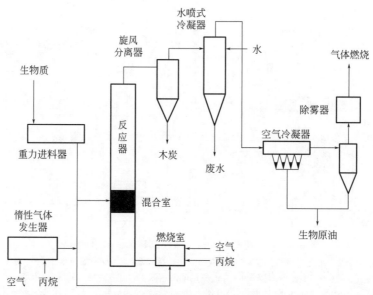

图 6-8　携带床反应器工艺流程

农林废弃物干燥后粉碎，通过一个旋转阀门的控制，在重力作用下进入反应器中。反应器是一个不锈钢垂直管，物料进入点是位于反应器下部的填有耐火材料的混合室，在这里物料与吹入的高温气体充分混合。高温气体是由空气和丙烷按一定比例混合配制的惰性气体（即贫氧气体）在燃烧室内不完全燃烧产生的。高温气体与木屑混合，气体携带的大量热量迅速传递给生物质颗粒，使其温度上升至预定温度，向上流动穿过反应器，在反应器中发生热解反应，反应生成的混合物经旋风分离器分离，木炭被分离收集，挥发分和未完全燃烧的尾气进入水喷式冷凝器用水冷却并洗涤，冷凝器下部的废水经处理后达标排放或回用，冷却后的气体进入空气冷凝器，可冷凝组分被收集得到生物油，不可凝气体经除雾器去除其夹带的水雾后，经气体燃烧装置燃烧后排放。

携带床反应器由于采用惰性气体，燃烧的尾气直接向生物质提供热量，因此能达到较高的热解温度，但气体与固体之间的传热问题制约了该技术的进一步发展。

（4）真空移动床反应器

真空移动床反应器（vacuum moving reactor）的工艺流程如图 6-9 所示。农林废弃物经干燥和粉碎后，由真空进料器导入反应器。物料在两个加热的水平平板上传递，采用熔盐混合物加热平板并使其温度维持在 530℃。由热解生成的不可冷凝气体供入燃烧室燃烧，燃烧放出的热量用于加热熔盐，采用电感应加热器可以选择性地用于维持反应器的温度。生物质热解生成的挥发分由于反应系统处于真空从而迅速析出离开反应器，并进入后续的冷凝系统，收集得到生物油。反应的产物为 35% 的生物油、34% 的木炭、11% 的气体和 20% 的水分。

这种热解反应器不需要载气，因此其工艺能耗较低，容易实现自热式热解，但由于存在移动部件及需要保持真空状态，因此对磨损及密封需进行针对性考虑。

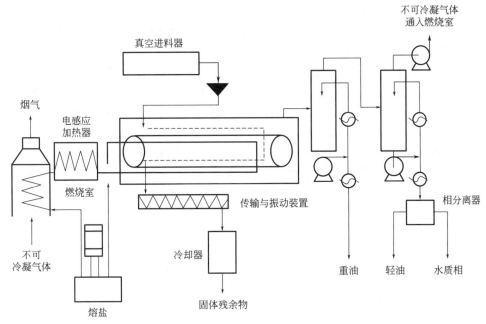

图 6-9　真空移动床反应器工艺流程

6.2.3　农林废弃物热解液化产物的特性

生物质热解液化的生物油是含氧量极高的复杂有机成分总的混合物，这些混合物主要是一些分子量大的有机物，其化合物种类有数百种之多，从属于数个化学类别，几乎包括所有种类的含氧有机物，如醚类、酯类、醇类、醛类、酮类、酚类、有机酸和糖类等物质。不同生物质的生物油在主要成分和相对含量上大都表现出相同的趋势，但每种生物油中，酚类化合物和一些羧酸类化合物的含量相对较大。

（1）生物油的理化特性

① 外观。一般来讲，由木质纤维素类生物质制取的生物油是外观呈棕黑色或者暗褐色、不透明、黏稠、有流动性和刺激性气味的混合物。制备的新鲜生物油多为均匀单一相的，依据焦炭分离效果不同，生物油中混有含量不一的固体杂质。如果生物油的含水量高于 30%（质量分数），生物油会分为两层。且存放久的生物油也易分层，还会观察到容器底部有重质组分沉积的现象。

② 水分。生物油中的水分含量高且变化大，约占 15%~50%（质量分数），这些水分由生物质物料带入的自由水和热解反应过程中生成的化学水组成，因此，高的水分含量在生物油制备过程中不可能避免。

含水量是燃料油标准严格限制的一个指标，因为水分不但会加剧设备的腐蚀，而且易造成熄火，严重时还可能引起爆炸。一般烃类都有吸水性，保证完全无水很困难，除了航空油品和电绝缘用油外，许多油品允许水分不大于 0.025%（质量分数）。可见，生物油中的含水量远远高出这个值。然而，水分对于生物油并非是完全不利的因素，一定量的水分不但可以降低生物油的黏度，改善生物油的流动和雾化性能，还能减少 NO_x 的排放。

③ 固体不溶物含量。生物油中固体不溶物含量约小于 1%（质量分数），其来源可能为

三种：一是反应过程中生成的焦炭未完全分离而带入生物油中；二是生物质原料中可能混合尘土等杂质；三是生产过程中引入的杂质。柴油机燃油喷射系统对精度要求极高，如果使用生物油的话，所含固体不溶物会使组件很快磨损。而在一般的重油锅炉里，对该指标没有高的要求，生物油完全能够满足。

④ 灰分。生物油中的灰分比较低，通常生物油中仅含 0.1%～0.2%（质量分数），而在森林残留物和秸秆生物油中较高，为 0.2%～0.4%（质量分数）。部分灰分是碱金属的氧化物，由于含量很低且热解过程在中温条件下进行，不易造成反应器结渣的问题，因此有关生物油灰分的研究，多是着重于它们对生物油产量与成分的影响。

⑤ 残炭率。残炭率表示的是空气不足的条件下，所有挥发分挥发后残留的炭物质，是间接说明油品发生结焦和积炭可能性的指标。生物油的残炭率约是柴油最高残炭率的几倍，会产生一定的结焦和积炭，从而使燃烧器磨损与堵塞。

⑥ 闪点。闪点是液体燃料加热到一定温度后，液体燃料蒸气与空气混合接触火源而闪燃的最低温度，是燃料安全性的重要指标，过低闪点的油品存储危险性较大。生物油含有大量低沸点的化合物，其闪点为 50～66℃，接近柴油与重油的闪点。

⑦ 密度。生物油的密度对于生物油的储存、输送和利用是一个重要的参数，其与原料的密度比也是衡量其在容积能量密度上的优势的指标。生物油的密度在 1100～1500kg/m³ 之间，相比于低密度的原料，其运输和储存更为方便。生物油的密度与热解反应条件没有直接的联系。

⑧ 黏度。王树荣测得以水曲柳为原料获得的生物油的动力黏度（20℃）在 10～70mPa·s 之间，而用花梨木制取的生物油的动力黏度（20℃）在 70～350mPa·s 之间，以秸秆为原料得到的生物油的动力黏度（20℃）最小，在 5～10mPa·s。这种显著的差异主要是由于不同原料获得的生物油的成分不同，其中低黏度生物油的水分含量往往较高。生物油呈现出典型的牛顿流体特性，在 20～80℃的测量范围内，其黏度随温度的增加而降低，在温度较高时黏度变化规律轻微偏离牛顿流体行为。

⑨ pH 值。生物油的 pH 值通常在 2～3 之间，低的 pH 值是由成分中含有大量有机羧酸（如甲酸、乙酸等）造成的。强的酸性对生物油的应用极其不利，不仅会增加储存和运输的成本，而且容易腐蚀燃烧器的主要部件。

⑩ 元素分析与热值。传统石化液体燃料主要由烃类化合物组成，含氧量极少。从元素分析来看，生物油主要由含氧化合物组成，含氧量甚至高达 50%（质量分数）以上。正是高含氧量导致生物油的热值较低，只相当于石油的 1/3。同时，生物油的热值与含水量有很大关系，因为水分难以除掉，所以生物油是不能直接测定干基热值的，但可通过计算得到。不同原料生物油的干基热值比较类似，一般在 20MJ/kg 左右。近年来的研究发现，一些油料作物的种子热解制备的生物油，其热值与汽油、柴油相当。

⑪ 稳定性。生物油高的含氧量以及包含大量低沸点挥发性物质，导致其在储存过程中理化性质会发生变化，表现在黏度和水分随时间增长而变大，可能出现底部重质部分沉积以及挥发性物质的损失。事实上，含氧化合物可能会发生各种反应，例如醛与醇反应生成半缩醛、醛自聚合生成低聚物、酸和空气氧化生成的过氧化物催化不饱和化合物聚合等，都可能是生物油暴露于空气中或加热时容易老化的原因。此外，生物油中含有的焦炭和无机成分也可能起着催化剂的作用，促进了老化反应的发生。当前，对于生物油老化的原因还未有详细的定论，这方面的研究还需要深入进行。

表 6-1 为生物油与其他油品物理性质的比较。生物油的理化特性与其他油品有较大不同，具有黏度大、热值低、含氧高、呈酸性、含水多等特性。

表 6-1　生物油与其他油品物理性质的比较

指标	生物油	原油	炉用燃料油（重油）	柴油	车用汽油
水分(质量分数)/%	15~50	0.3	0.1	0.1	0.025
固体(质量分数)/%	<1	—	0.2~2.5	<0.5	—
灰分(质量分数)/%	<1	—	>0.3	<0.01	—
C(质量分数)/%	32~75	84~87	85	85~86	84~88
H(质量分数)/%	4.0~8.5	11~14	12.5	13~15	12~16
N(质量分数)/%	<0.4	0.02~1.7	0.2	0.1	0.1
O(质量分数)/%	15~60	0.08~1.82	1	—	—
S(质量分数)/%	0.05	0.06~2	>1	0.2~0.5	0.08
稳定性	不稳定	—	稳定	稳定	稳定
黏度/(10^{-6} m/s)	15~35(40℃)	范围大	20~200(80℃)	3~8(20℃)	0.6~0.7(40℃)
密度(15℃)/(kg/m³)	1100~1300	700~1000	<980	850	700~800
闪点/℃	40~110	—	<130	40~55	—
残炭率(质量分数)/%	17~23	—	<20	0.1~3	—
燃烧的低位热值(LHV)/(MJ/kg)	13~18	41.7	38~40	40~46	46
pH 值	2~3	—	—	—	—

（2）生物油的化学特性

生物油的化学组成极其复杂，不仅包括小分子挥发性组分，还包括大分子的糖类，难以用单一的分析手段鉴别所有的成分，但是多数组分在生物油中的含量很低，仅有几种含量会大于5%（质量分数），如乙酸。此外，其化学性质不够稳定，具有热敏性，难以采用传统的分离手段预分离后再进行分析。分析手段的不同，再加上物料、工艺的差别，造成各文献上报道的化学成分差别较大，难以进行对比分析。因此全面分析生物油具有极大难度。采用不同的预处理手段和分析方法，可以得到不同的组分。比如，生物油样品先经过萃取、薄层色谱或是液相色谱制备，可以分离出饱和烃与芳香烃类组分，含量仅在0.2%（质量分数）之下。不经过这样的预分离，气相色谱-质谱联用仪（GC-MS）是很难检测出这些组分的。

在早期的成分分析研究中，多强调的是成分的定性，定量分析仅局限在少数化合物的范围内。近期，国际能源部-欧盟（IEA-EU）在12个实验室进行4种生物油的对比测试（round robin test），目的是调查分析方法的精确性。其中有4个实验室进行了成分的测定，给出了几十种成分的定量结果，检测出相当多的羧酸类化合物，共有18种，其中最大量的乙酸在2%~11%（质量分数）之间。醛、醇、酮主要由甲醛、乙醛、乙二醛、乙醇醛、糠醛、羟基丙酮、丙酮、1-羟基-2-丙戊烯酮、甲醇、乙醇、2-丙醇和丁醇等构成，甲醛、乙醇醛和羟基丙酮是其中含量最多的，含量在1%~10%（质量分数）之间。定量的酚类有15种，总含量在1%~4%（质量分数）之间。有3个实验室均检测到左旋葡聚糖是糖类化合物中最重要的成分。对比测试结果表明，不同实验室之间定量结果有极大的差异。

浙江大学使用GC-MS分析了多种生物油的成分，这些生物油中各族类化合物的分布如图6-10所示。发现不同种类物料热解后的生物油在化学族类上分布基本相同，几乎都为含氧有机物，主要可以分为酸、酮、醇、醛、酚、糖等几类含量相对较多的成分，另外还包括少量的呋喃、酯和烃类等其他成分。在具体化合物上，乙酸、糠醛、1-羟基-2-丙酮、酚类、左旋葡聚糖在生物油中所占比例较大。海藻由于本身含有大量的脂肪和蛋白质，导致生物油中的含氮化合物和糖类较多。

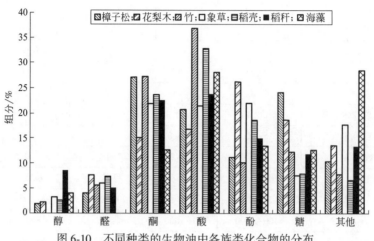

图 6-10　不同种类的生物油中各族类化合物的分布

（3）生物油的燃料特性

生物质快速热解产生的生物油可以直接应用或通过中间转换途径转变成次级产物。图 6-11 给出了生物油的主要用途。生物油可在一定程度上替代石油，作为各种工业燃油锅炉、透平机械的燃料，也可通过对现有内燃机供油系统进行简单改装，直接作为各种内燃机、引擎的燃料，并且不含硫，不会造成酸雨，其他排放物均在可接受的范围内。另外，由于生物油中含有许多常规化工合成路线难以得到的有价值的成分，因此还是用途广泛的化工原料和精细日化原料，如可以生物油为原料生产高质量的黏合剂和化妆品。此外，生物油经过精制改性可以合成高品质的动力燃料。

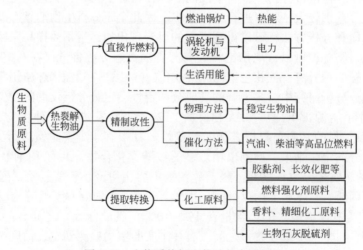

图 6-11　生物质热解生物油的主要用途

1）生物油的燃料特性

通过分析生物油的热值、黏度、酸度、灰分和闪点等重要指标可知，生物油与柴油和汽油等常规油品的性质大不相同。由于不挥发组分的含量较高，因此生物油是可燃的，但不是易燃的。从理论上讲，生物油可替代化石燃料用作热力设备的燃料。目前生物油燃烧的应用研究主要有锅炉燃烧、柴油机燃烧、燃气轮机燃烧、斯特林发动机燃烧。

通过在锅炉、柴油发动机以及燃气轮机中的燃烧试验，人们能更深入地认识生物油的燃烧性能。VTT Energy 与芬兰 Oilon 的研究中心合作，在 Oilon 锅炉中做了大量的生物油燃烧试验，以检测生物油的燃烧性能和排放情况。研究表明，生物油可以在传统的锅炉中使用，但是鉴于锅炉喷嘴易阻塞，部分部件需要改动；生物油的燃烧行为与常规油品不同，其火焰更大，燃烧时间更长；需要其他燃料启动锅炉，甚至燃烧过程中也需要助燃；不同生物油燃烧情况差别很大，质量差的生物油难以正常稳定地燃烧。而美国的 Manitowoc 发电站，试验连续运行 370h 没有发现太大的不良状况。表 6-2 给出了部分研究单位对生物油在锅炉中燃烧的试验研究情况，不难看出，只需对锅炉燃料供应系统进行必要的改造，生物油就可能满足锅炉连续运行的特性和烟气排放量的要求，技术上完全可行。生物油和煤共燃不会对锅炉和设备产生不利的影响，最有可能得到大规模的应用。

表 6-2　生物油在锅炉中燃烧的试验研究情况

研究单位	设备	原料	运行和改造	结论
芬兰 Neste Oy 公司	2.5MW 锅炉	生物油	双燃烧管路	CO 和 NO_x 排放量分别为 0.003% 和 0.014%
美国 Manitowoc 发电站	20MW 燃煤锅炉	生物油提取化工原料后的残油	炉内雾化燃烧与煤混合燃烧	未对锅炉产生不良影响，烟气中 SO_x 排放量减少 5%
加拿大 Dynamotive 公司	25kW 小型锅炉	生物油制备生物石灰后的石灰生物油	与煤共燃	SO_x 和 NO_x 排放量分别减少 90% 和 40%
美国 Red Arrow 公司	5MW 旋流燃烧器	生物油	双燃烧管路，不锈钢喷嘴	NO_x 排放量为 1.2%，达到政府规定上限

柴油机热效率高、经济性好，生物油在柴油机中燃烧的试验研究情况见表 6-3。生物油在柴油机中很难压燃，喷射系统容易出现磨损和积炭现象，运行不是很稳定，技术上还需要做进一步改进。

表 6-3　生物油在柴油机中燃烧的试验研究情况

研究单位	改造	原料	结论
美国麻省理工学院	生物油预先过滤	Ensyn 公司木屑生物油	燃烧室和排气阀积炭
英国 Ormrod 公司	双燃料，部分缸使用生物油	BTG 公司松树生物油	SO_x 和 NO_x 排放量低，CO 排放量高；喷射器针阀和喷油柱塞出现积炭
芬兰国家技术中心	燃用含点火增强剂的生物油	Ensyn RTP 生物油	喷油嘴堵塞，生物油难以压燃
	柴油、乙醇和生物油交替使用	Ensyn RTP 稻草生物油	CO 和 HC（烃类）排放量较高，喷射系统出现磨损现象
	使用电子控制增压系统	Ensyn RTP 混合硬木生物油	减少了 NO_x 排放，喷射系统磨损

在欧洲，许多研究者研制生物油与柴油的乳状液，并将其成功运用于柴油发动机中，无

严重堵塞和喷射的问题；此燃料的燃烧过程与纯柴油相似，但着火延迟低于纯柴油。加拿大和德国的研究者直接将快速热解生物油用于燃气轮机，结果因生物油黏度大、灰分高，发动机的喷射系统受到严重阻塞和磨损，并有大量焦炭沉积；其酸性对一般的机械部件造成腐蚀，生物油若用于燃气轮机就必须先经过预热和过滤降低黏度。总之，生物油无论是直接用于锅炉燃烧，还是在柴油发动机或是燃气轮机中，都存在许多不利于燃烧的问题，严重影响着生物油作为动力燃料的商业应用进程。尽管燃烧试验都证明生物油远远不及现有化石燃料的优良性能，但是其环境污染小的优点不可忽略。对比 RTP^{TM} 生物油及轻、重质燃料油的排放量，生物油的排放量远远小于化石燃料，NO_x 排放量不到 50mg/kg，比重质油小，比轻质油略大。

2）生物油精制改性

生物质快速热解工艺的优化，主要目的是实现产量最大化，并不能改变生物油的本质特性。产量的最大化不等于质量的最优化，生物油能否真正替代石油产品成为实际应用的动力燃料，根本在于其品质。解决生物油不能真正实际利用的理论与技术难题，在化石能源日益短缺的今天具有重要意义。

生物油的物理性质和燃烧性能与常规化石燃料存在较大差距，为提高其可利用性，国内外许多学者探索各种途径改善生物油品质。尽管采用芝麻秆、橄榄渣、大豆饼、腰果壳等含油类农作物作热解原料可以得到热值较高的生物油，但是生物油的本质特性并未改变。同样，物理处理方法仅仅改善生物油的一种或几种物理特性，经过这样低层次处理的生物油只能用到对燃料要求不高的燃烧器中。要想使生物油真正可与传统的石油燃料相媲美，必须对生物油进行深层次的精制改性，从根本上改变生物油的化学组分。生物油精制改性的方法可分为物理法和催化法两大类。物理法包括热过滤、热冷凝、加入溶剂、乳化及分级冷凝等，催化法早期是以催化裂化和催化加氢为主，近年来生物油催化重整和催化酯化改性得到较快发展。

6.2.4 农林废弃物微波热解与能源化利用

随着微波热效应研究的不断深入，微波技术作为一种新型热解技术，由于其加热迅速、能耗低、效率高、易于控制、无污染，国内外学者在纤维素类农林废弃物的能源化利用中也引入了微波技术。

芦超等分别以 SiC/Fe_3O_4、SiC/TiO_2、SiC/ZnO、SiC/ZrO_2 和 SiC/Al_2O_3 为复合微波吸收剂对木屑进行微波裂解研究，通过升温曲线以及裂解油的成分分析发现，SiC/Fe_3O_4 具有较高的炭化温度（437℃），且能够促进中间液体的生成，进一步研究发现，当 SiC 与 Fe_3O_4 以 8：2 的比例混合时，在热解温度为 650℃和微波频率 600W 条件下，可以保证生物质具有较快的升温速率，而且还能够降低生物质微波"热点"的负效应，达到 46.8% 的高生物油收率。李炳缘等在菜籽粕的微波裂解实验中发现，纤维素的热解反应区间为 325～375℃，裂解过程中在 300～600℃产生的不凝气主要来源于纤维素与木质素的裂解反应。

Zhao 等采用微波技术对麦秆进行裂解的研究中发现，由于秸秆的微波吸收能力较弱，在采用微波技术单纯处理秸秆时只能起到干燥的作用，在秸秆中添加 CuO 和 Fe_3O_4 后，不仅能够促进裂解反应发生，而且裂解产物主要为液体。Shra'ah A 等在低温（200～280℃）采用微波技术对晶型和非晶型两种纤维素进行微波裂解实验，结果发现，相较于其他温度而言，无论是晶型还是非晶型纤维素，在 260℃进行裂解时生物油产率均达到最高，并且非晶型纤维素产率高于晶型纤维素，达到 45%，生物油主要成分为酮、醛、呋喃、苯酚以及缩水内醚糖。添加吸波物质水后，两种纤维素的生物油产率明显提高，晶型纤维素的油产率为

47%，非晶型纤维素的油产率为 52%。添加活性炭可提高气体产物的产率。

Aizi S M A 等通过微波技术对棕榈壳、木屑以及西米废物等农业废物进行裂解研究，发现 3 种生物质裂解产生的生物油具有较高的热值，分别为 27.19MJ/kg、25.99MJ/kg、21.99MJ/kg，GC-MS 分析显示，具有酚、醛、醇、酮、羧酸等官能团，高价值烃类主要为单环芳烃以及酚类化合物。

6.3　畜禽粪便热解液化与能源化利用

畜禽粪便的干基高位热值大约为 12MJ/kg，可作为燃料直接燃烧提供热量。比如在北方牧区，牧民们会使用晒干的牛粪作为燃料。但畜禽粪便含有大量水分，规模化饲养过程中为了保持畜/禽舍卫生，也会采用水冲的方式清理畜/禽舍，进一步增加了畜禽粪便的含水量，影响了畜禽粪便作为燃料使用途径的推广。另外，畜禽粪便中含有 N、S、Cl、碱金属以及碱土金属等元素，燃烧过程中可能会引起腐蚀、结渣等问题。

畜禽粪便的热解是指粪便在完全没有氧或缺氧条件下热降解，利用热能切断其大分子中的化学键，使之转变成低分子液体燃料、木炭和可燃气体的过程。畜禽粪便热解液化是以追求液体燃料产率为目标的热解过程，是在隔绝空气的情况下快速加热，通过热化学方法，将原料直接裂解为粗油，反应速率快，处理量大，原料广泛，生产过程几乎不消耗水。21 世纪初国外已开展了许多研究工作。目前对于畜禽粪便的热解液化大多处于机理研究和实验室研究阶段，国外研究比国内活跃也较深入细致，但实现工业应用还有很多方面需要深入研究。

6.3.1　畜禽粪便热解液化过程的机理

热解液化通过快速热解，在较高的传热速率和中温下，使气体高分子化合物在完全分解之前冷凝，目的是减少气体产物形成，尽可能多地获得液体产物，能直接获得液体燃料。通过热解液化，畜禽粪便可快速转化为高品质的生物油燃料，热效率高，不会对环境造成二次污染。

Thien 等对牛粪进行了热重分析，发现牛粪与煤相比具有较低的活化能、热解温度以及较快的挥发释放速度。Kim 分别在 5℃/min、10℃/min 和 20℃/min 升温速率下对鸡粪进行了热重分析，发现大部分物质在 270~590℃分解，并发现鸡粪热解主要分三个阶段，随着表观活化能从 99kJ/mol 上升到 484kJ/mol，热解转化率从 5%增加到 95%。涂德浴等利用热重-微商热重的分析方法对猪、牛、鸡和羊 4 种畜禽粪便的热解行为进行了研究，求出了不同畜禽粪便在相应热解条件下的反应动力学参数，结果显示，几种样品的表观活化能值都在 100kJ/mol 以下，说明几种粪便都很容易受热分解。

6.3.2　畜禽粪便热解液化过程的影响因素

畜禽粪便热解液化的工艺流程如图 6-12 所示。

畜禽粪便经过自然风干、粉碎和筛分后，贮存于料仓中，在载气（一般用氮气）的作用下进入反应器发生热解，生成的气体（包括不凝性气体和可凝性油类）和固体（主要成分是炭）经旋风分离器分离得到生物炭后，气体进入冷凝器，可凝性油类气体经冷凝即得到生物油，不凝性气体经过滤器过滤后排出。

影响畜禽粪便热解液化过程的主要因素有温度、压力、物料特性和进料速率等。

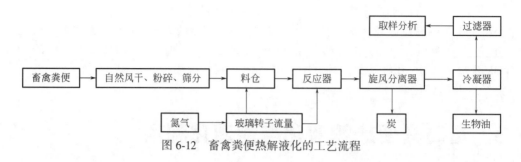

图 6-12　畜禽粪便热解液化的工艺流程

（1）温度的影响

反应温度是热解过程最为关键的影响因素，其他各种因素对热解的影响，比如加热速率、停留时间等，都可以归结为原料颗粒以多大的升温速率达到反应温度以及热解的挥发分物质在高温区停留时间的长短等。温度较低时，热解反应较为缓慢，导致原料主要发生炭化反应，因此生物油产率较低。随着温度的上升，挥发分产量会进一步增加，因此生物油产率会随之增加，但是如果温度过高则很容易导致一些可冷凝气体发生二次裂解，导致生物油产率下降而气体产率增加。生物油主要由可冷凝气体冷凝后获得，要想获得较高的生物油产率就要对升温速率、物料停留时间进行合理的控制。如果热解温度较低（200~400℃），低的加热速率和较长的滞留期可产生更多的炭；高温热解（600℃以上）时，较长的滞留期则有利于产生更多的可燃气；在中温热解（450~600℃）时，提高加热速率和缩短滞留期则有利于抑制生物油挥发性物质的二次反应，从而能产出更多的生物油。因此，要想获得较多的液体生物油燃料，就要提高热解的升温速率并缩短气体的停留时间。

（2）压力的影响

压力的大小影响气相滞留期，从而影响二次裂解，最终影响热解产物产量的分布。如果反应器内压力较高，则挥发产物的滞留期增加，二次热解的机会增大；而如果压力较小，则挥发物可以迅速从颗粒表面离开，从而限制了二次裂解的发生，有利于生物油产量的提高。

（3）物料特性的影响

热解产物中的生物油主要来源于生物质中的挥发分，挥发分含量越高热解效果越好。灰分可能以催化剂的方式对生物质的热解产生影响：通过催化生物质因而有利于小分子量气体产物的生成，却不利于生物油的生成。固定碳的燃点较高，因此它的含量越高，越不利于反应，热解最终残留固体越多。

（4）进料速率的影响

在其他各因素相同的条件下，增加原料的进料速率可以使单位时间内挥发分的生成量增加，从而气相流量增加，相应地缩短了停留时间，因此提高进料速率可以提高生物油的产率。但是试验过程中发现，较高的进料速率很容易对试验造成不利影响。

尚斌等利用自行设计的一套流化床热解系统进行了猪粪的热解液化试验，研究了反应温度、原料粒径、给料速率等因素对热解各产物分布的影响。结果表明热解温度对猪粪热解产物分布有较大影响，低温时，生物油产率随着温度的升高而增大，在450℃左右生物油产率达到最大，其值约为18.10%，超过500℃时，生物油产率随着温度的升高而减小，气体产率增加，固体炭产率减小；颗粒粒径较小（<1mm）时，颗粒对热解产物的分布情况没有明显影响；增大原料的进料速率可以减少气相产物在高温区的停留时间，从而提高生物油产率。还发现热解主要是原料中挥发成分的析出过程，灰分和固定碳含量在热解前后没有发生

变化；固体产品中 TN（总氮）含量远远小于原料中总量，而 K、P、Cu、Zn 热解后则几乎都保存在灰分中。该研究还有很多方面需要进一步深入分析，特别是系统的优化、产物的深入分析等。

6.3.3　畜禽粪便热解液化产物的特性

Schnitzer 等对鸡粪热解产生的生物油及焦炭进行了深入的分析，生物油的质谱和红外分析显示二级冷凝生物油与一级冷凝生物油相比具有较高的碳含量和热值及较低的氮含量。焦炭和原料鸡粪的红外谱线趋势相似，但焦炭的糖类浓度较原料鸡粪低。对生物油及焦炭的 GC-MS 分析发现，二级冷凝生物油富含杂环族化合物，一级冷凝生物油与焦炭富含脂肪族化合物，一级冷凝生物油中烷烃和烯烃的碳原子数从 7 到 18，部分为 19。

6.4　城市生活垃圾热解液化与能源化利用

随着人们生活水平的提高，垃圾中可燃组分日趋增加，纸张、塑料、合成纤维等占有很大比重，因此，热解城市生活垃圾，回收燃料油、燃料气是一种新的垃圾能源化利用技术。

城市生活垃圾热解液化是在无氧或缺氧条件下将城市生活垃圾加热，利用高温使其中所含有机物的大分子发生键断裂，脱出挥发性物质并形成固体焦炭的过程，主要产物为热解油和固体炭，气体产率相对较低。采用热解液化技术，不仅可以实现城市生活垃圾的无害化处理，还可得到液体燃料，对于缓解当前环境压力和能源紧张具有重要意义。

6.4.1　城市生活垃圾热解液化的工艺系统

城市生活垃圾热解液化工艺中，比较有代表性的是 Occidental 系统和 Garrett 系统。

（1）Occidental 系统

该系统的工艺流程如图 6-13 所示。首先将垃圾破碎至 76.2mm（3in）以下，通过磁选分离出金属铁，再通过分选将垃圾分为重组分（无机物）和轻组分（有机物）。利用热解气体的热量将轻组分干燥至含水率 4% 以下，通过二次破碎装置使有机物粒径小于 3.175mm，再由空气跳汰机分离出其中的玻璃等无机物，作为热解原料。热解设备为一不锈钢筒式反应器，有机原料由空气输送至炉内。热解反应产生的炭黑加热至 760℃ 后返回至热解反应器内，提供热解反应所需的热源，热解反应在炭黑和垃圾的混合物通过反应器的过程中完成。热解气体首先通过旋风分离器分离出新产生的炭黑，再经过 80℃ 的急冷分离出燃料油。残余气体的一部分用于垃圾输送载体，其余部分用作加热炭黑和送料载气的热源。产生的热解油中含有较多的固体颗粒，经离心分离后，贮存于油罐。

分选出来的重组分经滚筒筛分离成 3 部分：粒径小于 12.7mm 的进入玻璃回收系统；粒径在 12.7~102.8mm（0.5~4.0in）之间的进入铝金属回收系统；粒径大于 102.8mm 的重新返回至一次破碎装置。玻璃的回收采用气浮分选方式，垃圾中玻璃的回收率约为 77%。铝的回收采用涡电流分选方式，铝的回收率达到 60%。得到的热解油的平均热值约为 24400kJ/kg（5832kcal/kg），低于普通燃料油的热值 42400kJ/kg（10134kcal/kg），这是由热解油中 C、H 含量较低而 O 含量较高所致。其黏度也较普通燃料油低，在 116℃ 下可以喷雾燃烧。

Occidental 系统从利用垃圾生产贮存性燃料这一点来看，是一种非常有意义的技术，但

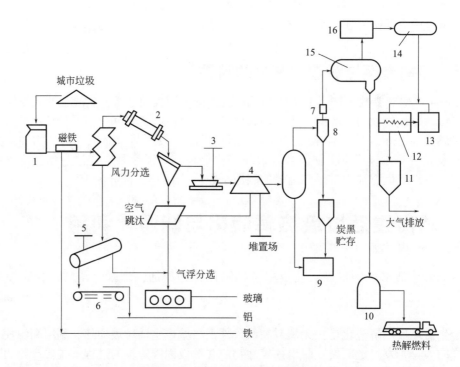

图 6-13　Occidental 系统工艺流程

1—破碎机；2—干燥器；3—二次破碎机；4—热解装置；5—滚筒筛；6—铝涡流分选器；7—冷却管；
8—旋风分离器；9—炭黑燃烧器；10—油罐；11—布袋除尘器；12—换热器；13—后燃烧器；
14—压缩机；15—油气分离器；16—气化净化装置

由于炭黑产生量太大（约占垃圾总质量的 20%，含有总热值 30% 以上的能量），大部分热量都以炭黑的形式损失，系统的有效性没有得到充分发挥。今后，应进一步开展炭黑作为燃料或其他原料利用的研究。

（2）Garrett 系统

该法由 Garrett Research and Development 公司开发，工艺流程如图 6-14 所示。垃圾从贮

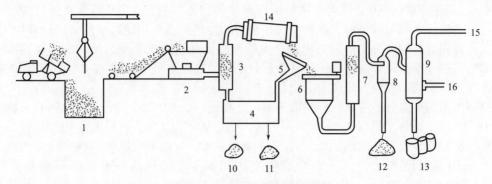

图 6-14　Garrett 系统工艺流程

1—垃圾贮藏坑；2——次破碎机；3—风力分选器；4—金属及玻璃处理系统；5—筛网；6—二次破碎机；
7—管式热分解炉；8—旋风分离器；9—冷却塔；10—玻璃；11—金属；12—炭黑；
13—热分解油；14—干燥器；15—循环气体；16—排水

藏坑中被抓斗吊起送上皮带输送机，由破碎机破碎至约 50mm 大小，经风力分选后干燥脱水，再筛分以除去不燃组分。不燃组分送到磁选及浮选工段，在浮选工段可以得到纯度为 99.7%的玻璃，回收 70%的玻璃和金属。由风力分选获得的轻组分经二次破碎成约 0.36mm 大小，由气流输送入管式热分解炉。该炉为外加热式热分解炉，炉温约为 500℃，常压，无催化剂。有机物在送入的瞬间即进行分解，产品经旋风分离器除去炭末，再经冷却后热解油冷凝，分离后得到油品。气体作为加热管式炉的燃料。由于是间接加热得到的，油、气发热量都较高［油的热值为 $3.18×10^4 kJ/L$，气的热值（标准状态下）为 $1.86×10^4 kJ/m^3$］。1t 垃圾可得 136L 油、约 60kg 铁和 70kg 炭（热值 $2.09×10^4 kJ/kg$）。

6.4.2　城市生活垃圾热解设备

一个完整的热解工艺包括进料系统、热解炉、回收净化系统、控制系统等部分，其中热解炉是整个工艺的核心，热解过程就在热解炉中发生。不同的热解炉类型往往决定了整个热解反应的方式以及热解产物的成分。城市生活垃圾热解液化所用的热解炉主要有旋转窑式热解炉和输送式反应器两种。

（1）旋转窑式热解炉

图 6-15 是间接加热旋转窑式热解炉，主要设备是一个稍微倾斜的圆筒，它慢慢地旋转，因此可以使废弃物通过蒸馏容器到卸料口。蒸馏容器由金属制成，而燃烧室则由耐火材料砌成。分解反应所产生的气体的一部分在蒸汽发生器外壁与燃烧室内壁之间的空间里进行燃烧。这部分热量用来加热废弃物。因为在这类装置中热传导非常重要，所以分解反应要求废弃物必须破碎得较细，尺寸一般要小于 50mm，以保证反应进行完全。

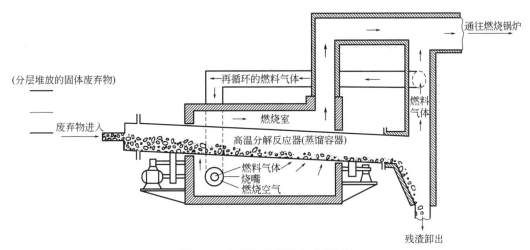

图 6-15　间接加热旋转窑式热解炉

从旋转窑产生的燃料气体，其成分在相对平衡时的百分比可以从一些收集到的研究数据中得出。表 6-4 为从典型的间接加热旋转窑得到的高温分解气体的成分，表 6-5 为这类旋转窑高温分解过程的材料平衡。

表 6-4　从典型的间接加热旋转窑得到的高温分解气体成分　　　　单位:%

成分	CO	CO_2	CH_4	H_2	C_2H_4
体积分数	35	20.4	19.6	16.3	8.7

表 6-5 间接加热旋转窑高温分解过程的材料平衡　　　　　　　单位：kg

入料/出料		C	H	O	惰性气体	总计
输入	可燃物	235.9	31.7	186.0		453.6
	水分		25.2	201.6		226.8
	惰性气体				226.8	226.8
	小计	235.9	56.9	387.6	226.8	907.2
输出	炭渣	77.1	1.8	11.8	226.8	317.5
	有机液体	97	10.8	21.5		129.3
燃料气体	CO_2	13.1		35		48.1
	CO	23.3		31.1		54.4
	H_2		1.8			1.8
	C_2H_4	11.7	1.9			13.6
	CH_4	13.7	4.5			18.2
	小计	61.8	8.2	66.1		136.1
水蒸气	废水气		25.2	201.6		226.8
	高温分解		10.9	86.6		97.5
	小计		36.1	288.2		324.3
总计		235.9	56.9	387.6	226.8	907.2

（2）输送式反应器

输送式反应器的工作温度通常是使液体部分的产物作为主要产品，并且由于废弃物在反应器中滞留时间很短，进入的炉料一般需要细破碎。

一般情况下，输送式反应器中分解反应所需的热量由反应产生的热炭渣进行再循环来提供。热炭渣从反应器排出后，通过一个外部的流化床，并对流化床通以适量空气，将炭渣进行部分氧化，并使炭渣进行再循环，因而为吸热的高温分解反应提供能量，从而生产出液体产品。

在图 6-16 所示的装置中，经破碎的废弃物被部分再循环的气体产物带入反应器中。高温分解反应器的温度约为 500℃，压力约为 100kPa。当固体残渣（炭渣）离开反应器时，旋风分离器把蒸气产物分离出来，炭渣与空气混合并进行燃烧。燃烧着的残渣再送至高温分解反应器入口，以供应高温分解所需热量。由于热灰渣是混乱流动，而且入炉的有机物及热

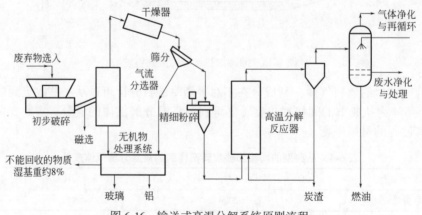

图 6-16 输送式高温分解系统原则流程

灰渣颗粒都很细微，因此可以得到良好的热传递，从而使有机物快速分解。

当固体残渣与其他高温分解的产物分开后，蒸气产物迅速进行激冷。这就阻止了大的油分子进一步裂解，以致形成不合要求的产物。最终产品是热解油、气体和水。

在工作温度为500℃时，典型产物的一次分析如表6-6所列。产品产量和产品的组成，特别是残渣和可燃气是随高温分解的温度和在反应器中的滞留时间而变化的。这些产量表示了高温分解反应器的流出物，但不包括载热气体和热灰渣，因此不能代表反应过程的总产品产量。事实上在工作过程中气体产物用作传输炉料的介质进行再循环，并且最后进行燃烧来给反应器提供热量。如上述得出的炭渣也进行燃烧，为高温分解提供热量。高温分解产生的液体产物所需的黏度用混以适量反应产生的水来达到。

表6-6　高温分解输送式反应器典型产物的一次分析　　　　单位:%

产物	质量分数			
炭渣(20%) 高位发热量 19100kJ/kg	C	48.8	N	1.1
	H	3.3	Cl	0.3
	S	0.1	O	13.1
	灰分	33.0	合计	100
燃油(40%) 高位发热量 24600kJ/kg	C	57.0	N	1.1
	H	7.7	Cl	0.3
	S	0.2	O	33
	灰分	0.5	合计	100
	物质的量分数			
气体(30%) 高位发热量 15MJ/m³	H_2	12	C_2H_6	3
	CO	37	C_xS	3
水(10%)	CO_2	37	H_2S	0.8
	CH_4	6	HCl	0.2

在生成油的这种高温分解过程中，送入废物量的大约38%以有用物质的形式被回收，大约44%在过程中消耗掉，剩余18%是残余物，运去填埋，部分残余物成为排出的水。

形成油类产物的反应器有某些优点胜过生产气体的反应器。虽然生产气体可能获得更多能量，但是产油热解炉有突出特点，包括：a.每单位体积所含能量高于从废弃物得到的任何其他能量形式；b.需要的贮存容积小，运送给较远地方的消费者也较为方便；c.通常比搬运固体燃料方便得多。

6.4.3　城市生活垃圾热解液化产物的特性

与焚烧相比，城市生活垃圾热解对环境更加安全，而且其中的有机物转化成可利用的能量形式，其经济性非常好。热解获得的液体燃料的灰分含量远低于1%，因此几乎可以在任何场合下燃烧。

热解油中含氧量较高。该油大约60%是可溶于水的，这样有利于运输，因为它可以降低油的黏度。这种油呈微酸性，因此对低碳钢有腐蚀性。酸性基本上来自高温分解形成的羧基，部分来自 HCl，它由经常存在于废弃物中的有机氯化物所形成。氧含量也影响热解油的黏度。如果这种油保持在较高的温度，经过一定时间，油的黏度将不可逆地增加，从而使运输性能恶化。

环境能源工程

然而，由于生活垃圾的物理及化学成分极其复杂，而且组分随地域、季节、居民生活水平及能源结构的改变而有较大变化，将会导致热解工艺处在一个较为复杂的不确定状态中，若以回收液体燃料（热解油）为目标，要保持产品质量的稳定就必须实现工艺的稳定控制，但这较为困难。

6.5　废塑料和废橡胶热解液化与能源化利用

近年来，随着各国经济生活的不断改善，废塑料和废橡胶的产生量越来越多，虽然采用焚烧法可回收废塑料和废橡胶的热能，但会产生大量有毒有害气体，对环境造成二次污染，且附加值低。采用热解液化法将废塑料和废橡胶转化为燃料油的技术既可以解决环境污染问题，又能够缓解能源紧缺问题，是目前废塑料和废橡胶回收利用技术中非常具有前景的研究方向。

6.5.1　废塑料热解液化与能源化利用

废塑料热解是将废塑料在无氧或缺氧状态下加热，在一定条件或催化作用下，使废塑料中的 C—C 键发生断裂，同时伴随着 C—H 键断裂，进而转化为气体、油、焦炭和水。有利用价值的有机产物包括石蜡、异构烷烃、烯烃、环烷烃和芳烃以及非冷凝高热值可燃气等，这些产物的形成与塑料成分、处理工艺条件相关，包括反应温度、反应器的设计等。

废塑料热解液化是以追求液体产物即热解油为目标的废塑料热解工艺，也常称为废塑料制油或废塑料油化，是当前较成熟的废塑料回收利用技术。

不同废塑料热解液化技术的主要步骤大致相同（如图 6-17 所示），包括预处理、裂解、馏分等步骤，都是以热裂解为核心步骤，在热裂解过程中加入催化剂形成催化裂解法，而在氢气的气氛下进行热裂解的过程称为加氢裂解。

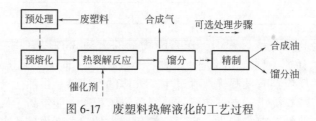

图 6-17　废塑料热解液化的工艺过程

6.5.1.1　废塑料热解液化过程的影响因素

废塑料裂解过程受很多因素的影响，包括：原料组成、裂解温度、停留时间、催化剂种类和反应器类型等。

（1）原料组成

废塑料种类繁多，主要包括聚对苯二甲酸乙二醇酯（PET）、聚乙烯（PE）、聚氯乙烯（PVC）、聚丙烯（PP）、聚苯乙烯（PS）等，不同种类的废塑料裂解后的产物有很大区别。Sakata 等研究了聚乙烯（PE）、聚氯乙烯（PVC）、聚对苯二甲酸乙二醇酯（PET）以及它们的混合物（PE+PVC 和 PE+PET）在 430℃ 条件下裂解为燃料油的过程，发现：PE 裂解的液体产物产率 70%，包含 $C_5 \sim C_{25}$；PVC 裂解的液体产物产率只有 4.7%，包含 $C_5 \sim C_{20}$；PET 的裂解产物中没有液体产物。Demirbas 研究了 PS、PE 和 PP 三种废塑料的热裂解，结

200

果表明 PS 裂解后液体产物收率更高，而 PE 和 PP 裂解后得到的气体产物更多。

不同种类废塑料混合后裂解与单一种类废塑料分别裂解相比得到的产物发生了明显的变化。TRÖGE 等详细研究了原料组成对裂解过程中产物收率的影响。在 PS 存在的情况下，PS 催化自由基的形成使得 PE 和 PP 的裂解速率更快。另外，研究也发现在原料中添加溶剂可以降低原料的黏度，最终改变热裂解产物的分布。在废塑料中添加油作为溶剂，可以使裂解得到气体的产率下降、液态产物的收率增加。Marcilla 等研究了 LDPE 和蜡油共热解，Serrano 等研究了 LDPE 和润滑油的共热解。郑典模等研究了混合废塑料（PE、PP 和 PS）和废机油共同催化裂解制备燃料油的过程，发现将废机油作为溶剂添加到废塑料中可以克服废塑料裂解因传热差，导致裂解炉中温度极不均匀、结焦等难题，提高了燃料油收率。

与一种或几种简单组成的废塑料热解过程相比，从生活垃圾中分选出来的废塑料组成更为复杂，热解产物更为复杂。Demirbas 研究了垃圾堆中的聚烯烃（PE 和 PP）和 PS 混合物的裂解过程，最终得到的液体收率 46.6%（质量分数，下同），这和 Kaminsky 等研究的德国家庭中收集来的包含 75%聚烯烃（PE 和 PP）和 25%PS 的混合废塑料裂解后得到的液体产物收率 48.4%的结果相近。Grause 等研究了包含 45%PE、20%PP、20%PS 和 15%PET 的混合物的裂解过程，裂解后得到的液态产物的收率为 45%。和单一种类废塑料裂解后液态产物收率大于 50%相比，混合废塑料裂解后得到的液体收率都低于 50%。

在各种废塑料中，PVC 由于氯元素的存在，一直是废塑料制油技术发展过程中需要单独解决的问题。PVC 中包含了 58%的氯，使其具有优异的耐火性能，但 PVC 热解制油过程中会产生大量有腐蚀性的 HCl 气体，不但会腐蚀设备还会和其他物质接触生成有毒或有害的化合物，如后续制油工艺使用催化裂解法还会造成催化剂失活。为了解决这个问题，PVC 需要脱氯以降低液态产物中的氯含量。脱氯过程可以通过几种方法实现，例如裂解前脱氯和裂解过程中脱氯。目前，研究者重点关注在裂解前脱氯，使 HCl 的副作用最小化。PVC 制油过程包含两步反应，第一步为低温下的脱氯反应，第二步为高温下的催化裂解反应。Lopez-Urionabarrenechea 等研究发现 PVC 在加热到 300℃时开始脱氯反应，整个过程可以减少超过 75%的氯含量。Kaminsky 等研究了从德国家庭中收集来的混合废塑料的热解过程，其中原料包含少于 1%的 PVC，在流化床反应器中 730℃热解得到的液体产物的收率为 48.4%，经分析其中氯含量为 4μg/g，低于石油化工加工过程中氯含量的最小值 10μg/g。据此，研究者推断混合废塑料原料中 PVC 含量不超过 1%时，即可保证热解得到高质量的油品。另外也有研究者报告了物理化学法脱氯，其步骤是将 PVC 和氧化钙在球磨机中研磨后用水清洗，该方法是一种不需要加热的脱氯方法。综合目前的研究进展，包含 PVC 的混合塑料在热解制油工艺前必须进行脱氯，与传统将 PVC 从混合塑料中分选出来相比，通过控制加热温度在低温进行脱氯步骤对原料及原料预处理要求更低，更适合在产业化中使用。

（2）裂解温度

温度控制了聚合物的裂解反应，因此被认为是影响裂解产物的质量和数量的重要因素之一。

各种废塑料都有不同的热裂解温度特性。在 180~320℃温度段内，可以脱除 PVC 中的 HCl；在 320~360℃温度段内，PS 进行热裂解；在 360~400℃温度段内，PP 进行热裂解，同时 PVC 进行第二步热裂解；在 400~500℃温度段内，PE 进行热裂解。

废塑料热裂解制油技术中，裂解温度对产物分布影响较为显著。热解温度升高，气体产物收率增加，油和蜡的收率下降。Onwudili 等研究了 LDPE、PS 和它们的混合物在 300~500℃条件下热解过程中反应温度和停留时间对热解反应的影响，结果表明，LDPE 在 425℃下热解得到的液态产物最多，随着温度的继续升高，液态产物进一步转化为焦炭和烃类气体。PS 在 350℃ 左右热解得到的液态产物最多，随着温度的升高，液态产物进一步转化为焦炭。Mastral 等研究了 HDPE 在 650℃、685℃、730℃、780℃ 和 850℃ 等 5 个不同温度下热解的产物分布情况，结果表明，在 650℃ 时得到的主要产物是乳白色的蜡状物，主要为多达 C_{30} 的脂肪烃。当热解温度升高至 780℃ 时，热解得到 86.4% 的气体和 9.6% 的油。

冀星等研究了反应温度对 PP 和 PE 催化热解过程中液体收率的影响，发现随着温度的升高，油品中汽油馏分含量升高，柴油馏分含量无明显变化，而重油馏分含量则逐渐减少。Scott 等在 515~795℃ 的惰性气体氛围中，在活性炭床层中研究了 PE 的热解过程，发现在 600℃ 时，50% 的烃类产物是液体，沸点范围 40~240℃，气体产物是 C_{5+}。随着反应温度的升高，液态产物减少，以焦炭为主的固态产物增加。Kumagai 等也研究了 PE 的热解，将热解温度从 600℃ 提高到 700℃ 之后，发现气态产物大大增加，而液态产物和蜡却急剧减少。Seo 等研究了 450℃ 时 HDPE 在 HZSM-5 上的催化热解过程，最终液态和气态产物收率分别为 35% 和 65%。HERNÁNDEZ 等使用了相同的催化剂和原料，研究了反应温度为 500℃ 时的催化热解过程，结果生成 4.4% 的液态和 86.1% 的气体，液态产物急剧减少。根据 Onwudili 等和 Marcilia 等的研究结果，LDPE 的热解在 360~550℃ 范围内液态产物收率逐渐增加，而当温度升高到 600℃ 后液态产物收率急剧降低。李稳宏等研究了 PVC、PP 及 PS 混合塑料在不同反应温度下催化热解的产物收率后发现：反应温度过低，会抑制催化剂活性，造成液态产物收率不足；而温度过高，会造成液态产物过度裂解而生成焦炭和干气，同样会导致液态产物收率降低。

龙小柱等研究了固定床热解混合车辆废塑料（以聚对苯二甲酸二乙二醇酯和聚乙烯为主）过程中反应条件（温度、压力和升温速率等）对液态产物收率的影响，通过实验确定了液态产物收率最高（35.52%）时的最佳工艺条件，并发现裂解气的主要成分有甲烷、乙烯和丙烷等。对液态产物进一步分析表明，芳烃和含氧化合物含量较高，并且液态产物的物化性能与车用汽油相近。

无论是热裂解还是催化裂解，废塑料从室温开始加热，随反应温度的升高裂解反应开始，液态产物随温度升高不断产生并达到最大值，之后随反应温度继续升高，液态产物会进一步裂解形成焦炭、干气等固态、气态产物。同时，不同组成的废塑料裂解反应的开始和完成温度并不相同，需针对不同的原料研究其裂解最佳温度使得反应过程得到最多的液态产物。

（3）停留时间

停留时间是指原料在反应器内存留的平均时间，会影响产物的分布。随着停留时间的增加，初级产物（例如轻分子量的烃类和不凝气体）的收率也随之增加，并在一定停留时间后不再增加。表 6-7 详细描述了不同停留时间对塑料热解的影响。

表 6-7 不同停留时间对塑料热解的影响

序号	反应温度	塑料原料	停留时间/min	反应产物
1	450℃	LDPE	0	全部转化为 91.1% 的油和 8.7% 的气体
			30	液体收率降至 83.5%，气体收率为 16.3%
			60	液体收率降至 72.4%，气体收率增加到 26%，同时出现 1.75% 的焦炭
			90	液体收率降至 69.4%，气体和焦炭收率分别提高到 27.8% 和 2.6%
			120	液体收率降至 61%，气体收率提高到 28.5%，焦炭收率达 10.1%

序号	反应温度	塑料原料	停留时间/min	反应产物
2	<685℃	HDPE	停留时间增加	导致液体收率增加
	>685℃		对液体和气体收率有较少影响	当停留时间达到一个特定值时,对热解过程中产物的收率没有明显的影响
3	440℃	3种混合废塑料	30~120min	得到相同的油品收率

Onwudili 等研究了 LDPE 和 PS 以及它们的混合物在 300~500℃ 的热解过程。在 450℃ 时,LDPE 完全裂解为 91.1% 的油和 8.7% 的气体。之后,随着停留时间的延长,液态产物收率下降,气态产物收率增加。停留时间 30min、60min、90min、120min 后,液态产物收率分别降至 83.5%、72.4%、69.4%、61%,气态产物收率分别上升到 16.3%、26%、27.8%、28.5%,并且从 60min 开始出现固态产物焦炭,停留时间 60min、90min、120min 时的固态产物收率分别为 1.75%、2.6% 和 10.1%。以上结果说明 450℃ 条件下,聚合物全部裂解为液态和气态产物后,随着停留时间的延长,有可能会引发二次反应(异构化、芳构化和加氢/脱氢反应),导致部分液态产物会转化为气态产物和焦炭。Mastral 等研究了在流化床反应器上温度和停留时间对 HDPE 热解过程的影响,结果表明,当反应温度低于 685℃ 时,随着停留时间的增加,液态产物收率增加,但当反应温度超过 685℃ 时,液态和气态产物的收率随停留时间增加没有明显变化。LÓPEZ 等研究了 3 种不同混合废塑料在 440℃ 的热解,发现停留时间 30~120min 内,液态产物收率没有发生变化。

以上研究情况表明:废塑料制油过程中原料的停留时间过短,裂解反应不够完全,停留时间过长,液态产物收率将下降,因此在选择合理的裂解温度后也需要选择合适的停留时间来保证得到更多的油品。

(4)催化剂种类

催化剂在废塑料制油技术中起到降低反应温度、缩短停留时间和提升转化率等关键性作用,它将热解的产物进一步裂解,使部分石蜡级大分子进一步裂解生成汽油和柴油级小分子,所得液态组分中汽油和柴油的比例比没有催化剂作用下有明显的增加。

为了提高液体产率,可在裂解过程中添加固体催化剂,即将废塑料与催化剂混合后置于反应釜中进行催化热解反应,这种方法也称为"一段法"(催化热解)。该过程通常采用固体酸作为催化剂,可以用碳正离子理论解释其反应机理。谢芳菲等用水热合成法制备了介孔 ZrO_2/Ti-MCM-41 分子筛材料,并将其应用于催化热解聚丙烯的实验,结果表明,反应较佳温度为 400℃,催化剂用量与原料质量比为 0.02,反应时间为 30min,在此条件下,聚丙烯的转化率为 91.2%,液态产物收率为 83.6%。

刘福胜等采用酸性较强的介孔 SO_4^{2-}/Zr-MCM-41 分子筛为催化剂热解聚丙烯,研究表明,Si 与 Zr 物质的量比为 40 时,SO_4^{2-}/Zr-MCM-41 的催化热解活性较高。在催化剂用量与原料质量比为 0.05 和反应温度 380℃ 条件下反应 2h,聚丙烯的转化率大于 92%(液体收率>84%)。赵书伟等以自制 M4 为催化剂用于催化热解聚乙烯,在反应温度 420~460℃ 条件下反应 50min,液体收率可达 85.3%,其中汽油馏分产率为 17.9%。与热解工艺相比,催化热解所需反应温度低,废塑料经催化热解后,液体产率明显上升。

也可通过热解-催化改质法,即"二段法"(将废塑料熔融裂解后生成的气体通入含有催化剂的反应管中进行诸如环构化、异构化、烯烃芳构化等一系列反应)对废塑料进行处理,以提升油品品质。王海南等研究了几种改性 HY 分子筛对聚乙烯废塑料的裂解性能,研究表明，以 REY 型分子筛为催化剂所得液体的收率较高（70.5%）。相比而言，HY 催化剂的液体收率为 67.0%。改性后，HY 材料从 1#到 5#的结构变化不大，但是表面酸强度逐渐降低，从而不易产生深度裂化，使液体收率逐渐增加。其中，采用 1#样品为催化剂时的液体收率为 69.0%，催化剂积炭率最高（9.1%）；采用 5#样品为催化剂时的液体收率最高（76.1%），但重油含量较高；4#催化剂样品的积炭率最低，液体收率较高，并且汽油产率最大。研究表明，所使用的催化剂酸性对反应性能影响较大。叶林等将稀土锆改性催化剂用于处理塑料，结果表明，在反应温度 290℃条件下，液体产率最高（86.1%），气体产率最低（10.65%），其中，汽油馏分产率为 48.9%，柴油馏分产率为 34.1%，催化剂积炭率为 2.8%。

袁中兴等研究了不同反应温度和催化剂对聚乙烯催化改性的影响，结果表明，气相热裂解产物通过进一步环构化、异构化和芳构化等反应，提高了汽油馏分烃的品质。以 PPA 分子筛为催化剂时，液体产率可提高至 83.3%，其中，汽油馏分产率为 48.8%（辛烷值可达88.1）。通过热解-催化改质法所得的油品品质较高，是一种较好的处理工艺。

制约废塑料裂解制燃料油技术的关键因素之一就是催化剂的发展水平。目前国内外研究用的催化剂大致有碱式催化剂（BaO、CaO、Al_2O_3、$AlCl_3$ 等，主要用于裂解苯乙烯类废塑料）、FCC 催化剂（其主要成分是具有高选择性和热稳定性的 Y 型分子筛，FCC 催化剂对所有的塑料都有比较好的催化性能，液态产物的收率都超过 80%）、分子筛催化剂（使废塑料裂解产物中挥发性烃类产物收率提高，液态产物收率下降）和硅铝催化剂（是一种包含了 B 酸位和 L 酸位的无定形的酸性催化剂）。其中，FCC 催化剂和硅铝催化剂能增加液体收率，降低气体收率，更适合废塑料制油。

6.5.1.2 废塑料热解液化反应器

反应器是废塑料裂解过程中的关键设备之一，工业应用的主要有：连续搅拌反应器（continuous stirred tank reactor，CSTR）、流化床反应器、快速裂解反应釜、管式反应器和铅室裂解反应器。

（1）CSTR 反应器

根据运行的连续性，CSTR 反应器分为间歇式和连续式。间歇式是将废塑料一次性加入反应器进行反应，待反应结束后，停炉降温，再打开反应器进行人工清渣，完成一次热解制油过程。由于间歇式反应釜工作不连续，能耗高，效率偏低，频繁开停炉存在安全隐患，所以该工艺现在基本已被淘汰。连续式反应器是针对间歇式反应器的不足，进行了相应的改进，重点解决了连续进料、反应器传热、连续排渣 3 个主要问题，提高了安全性和效率。

1）连续进料

热解反应要在缺氧或无氧环境中进行，高温反应器中混入空气，不仅影响裂解反应效率，还会造成燃烧爆炸的危险，所以需要隔绝空气。目前工业上一般采用熔融态和压缩式两种方法进行密封进料。

熔融态进料是将塑料加热到熔融液态，通过液体本身良好的密封性，实现对空气的隔绝。工业上熔融进料采用较多的是挤塑机，但挤塑机要求加入的塑料含杂质较少，这就需要增加废塑料的清洗工艺。

压缩式进料对塑料的清洁性要求不高，是利用螺杆的旋转挤压作用，排出塑料内的空气，实现密封进料。

2）反应器传热

塑料的导热性差，达到热分解的时间长，反应器内壁温度分布不均匀，这些因素都会导致塑料受热不均匀，产生炭化结焦现象，生成的残炭结渣黏附在器壁表面上，又进一步恶化传热，不仅严重影响反应进程，甚至导致反应器局部温度过高而烧裂。为解决反应器的导热性加装了搅拌装置，搅拌装置兼有刮壁除渣功能，将容器壁上产生的结焦和炭黑及时刮除。如图 6-18 所示，转动框架和刮板通过斜置的连杆连接，通过改变连杆的倾斜角度及刮板的配重，保证刮板能合理地紧贴高温容器的内壁。

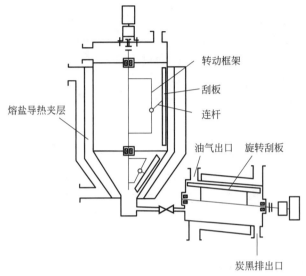

图 6-18　CSTR 反应器示意图

CSTR 类型反应器通常采用电阻丝或者燃烧器的方式进行加热，但都存在受热面温度分布不均匀的问题。为改进传热，有研究者在反应釜外用熔盐等高比热容流体做一个导热夹层套，通过熔盐介质的二次传热，实现反应器内壁温度的均匀分布，如图 6-18 所示。

在塑料裂解过程中会产生大量的重油和石蜡，这些产品的利用率不高，可以采用打回流的方式将这些组分输送回热解反应器中，进行重复深度裂解，以提高轻质燃油的产率，而重油和塑料的混合也起到了热源载体的作用，强化了传热。

3）连续排渣

反应结束后，反应器底部的残渣会混合一定量的重油，一起构成所谓的渣油。为了将渣油中的炭黑和重油有效分离开，达到资源利用的最大化，需要对渣油进行深度裂解，最后将炭黑排入渣罐。现有的渣油裂解装置有多种，图 6-18 采用了一种倾斜装置，将炭黑和重油分离。该装置中设有一个旋转刮板，高端设置油气出口，低端设置炭黑排出口，使渣油在连续受热的同时向炭黑排出口移动，以实现裂解反应的同时连续排渣。另外，排渣管道需要做好保温措施，避免胶渣遇冷凝固而堵塞。排渣阀可采用带蒸汽吹扫的双闸阀门。

CSTR 反应器存在着以下缺点：a. 由于采用外加热形式，热散失量较大，能耗高；b. 刮板除渣装置使用时间较长后，磨损严重，刮渣不完全，反应器安全性和热效率降低；c. 受加热面的限制，规模很难放大，扩大生产困难；d. 如果采用催化裂解，催化剂与原料直接混合，造成催化剂烧结和积炭，催化剂的再生回收困难。综上原因，现有的搅拌反应装置大多只适用于小型化生产，原料也多为干净单一的塑料，采用的裂解工艺也以热裂解为主。

（2）流化床反应器

对比 CSTR 反应装置，流化床反应器具有良好的传热、传质性能，且反应停留时间较

环境能源工程

短，加热效率高，比较适合工业放大。国内外在此方面开展了大量的研究工作。

德国汉堡大学 M. Predel 等采用半工业流化床反应器 LWS-4 研究混合废塑料裂解特性，系统如图 6-19 所示。主体反应器分为上下两部分，下部高 1220mm，直径 130mm，上部高 500mm，直径 158mm。流化载体采用直径 0.3~0.5mm 的石英砂。加料端采用挤塑机进料，混合塑料被加热至 250℃成熔融态进入反应器。在反应开始前，用氮气排空系统内的空气，待反应稳定后，将系统产出的不凝气导回作为流化介质，不凝气在进入流化床前被预热器加热到 340℃。由于系统在反应阶段呈微正压，所以反应器内始终能保持缺氧的氛围。从反应器出来的裂解气先后经过冷凝系统和分离系统进行冷凝和除尘，裂解气中携带的焦炭和砂粒通过旋风除尘器除去，而大量的石蜡和油品通过冷凝器收集，最后气体中少量的杂质被布袋除尘器和静电除尘器除去。

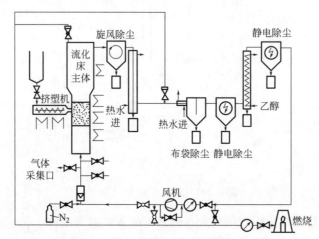

图 6-19　LWS-4 流化床反应器系统示意图

该研究表明，PP 和 PE 中混合热解时，相互间影响不大，总的热解产物是各种塑料热解产物的加和。但将 PS 加入 PP、PE 混合热解时，PP、PE 产出的不饱和蜡的量增加，而 PS 产生更多的低链聚合物，PS 的加入对反应具有促进作用。

William J. Hall 等采用砂子流化床裂解高抗冲压阻燃型聚苯乙烯塑料（HIPS）。HIPS 大量存在于电子、电器废弃物（WEEE）中。为了达到良好的阻燃性，在 HIPS 中往往添加有十溴二苯醚和三氧化二锑，而溴和锑随着裂解反应会转移到产物中，严重影响油品质量。该研究利用图 6-20 所示的流化床装置裂解 HIPS 塑料，温度控制在 450~550℃。进料设备采用料斗和螺杆进料器组合的方式。在螺杆进料器与反应器接口处，采用水冷形式防止塑料受热熔化堵塞进口。主体反应采用氮气作为流化介质，另外小股氮气通入螺杆进料器，防止流化时裂解产物进入加料系统。裂解产生的气和油通过反应器顶部进入水冷和冰冷两级冷凝系统，实现油品的完全冷凝。冷凝后的裂解气经过湿式洗涤塔，去除 HBr 和 Br_2 后排空。实验结果表明，HIPS 通过流化床裂解后，产油率达到 89.9%，焦渣中含有 1/2 的锑而不含有溴，大部分的溴存在于油品中，只有少于 2%的溴存在于不凝气中。

国内外流化床反应器大多处于试验研究阶段，工业化成功案例较少，而且反应过程中容易出现灰渣黏结成块的情况，导致"失流化（defluidization）"故障，裂解油气中的含尘率很高，设备管理复杂，投资较高，尚未形成成熟的流化床裂解制油工艺。

（3）管式反应器

管式反应器具有结构简单、调节方便等特点，适合大规模的工业化生产。刘光宇等结合

206

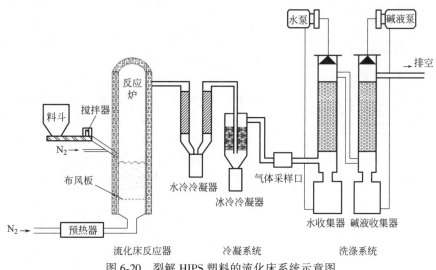

图 6-20 裂解 HIPS 塑料的流化床系统示意图

现有废塑料热解装置的优缺点，设计了一套三段管式反应器，如图 6-21 所示。

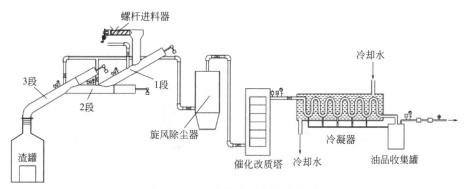

图 6-21 三段管式反应器示意图

进料端采用螺杆进料器，实现连续密封进料；第一段温度控制在 300～350℃，完成废旧塑料的干燥和含氯塑料的除氯；第二段温度控制在 400～500℃，成为塑料热解的主体反应段，反应器内设置活塞式刮渣器，解决管壁结焦问题；第三段温度控制在 450～550℃，完成残渣的深度裂解；产出的裂解气通过旋风除尘器除尘后，进入催化改质塔进行催化改质，最终冷凝得到混合油品，燃气可为在线燃料。通过自动化控制装置，调节物流流入速率、反应温度、刮渣频率等，实现自动控制。相比 CSTR 和流化床反应器其优点有：a. 适合多种混合塑料，并能有效避免二次裂解；b. 裂解规模可以通过改变管径来调节；c. 对不同杂质具有良好适应性，特别是垃圾塑料。

6.5.1.3 废塑料热解液化的工艺过程

废塑料热解液化制油工艺基本上分为两步：a. 通过初步的热解反应得到热解油类的初次产品；b. 通过对热解油类的催化裂解得到高质量的油类产品。

废塑料热解液化主要工艺有两种：一是将废塑料加热熔融，通过热解生成简单的烃类，再在催化剂的作用下产生油，此法经济性较好，产物量较多，但是建设费较高，塑料作为唯一的生产原料，通常收集和运输费用也较高。二是如图 6-22 所示的工艺流程，将整个热解

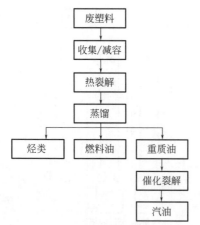

图 6-22 废塑料热解制造汽油的工艺流程

工艺分为热裂解和催化裂解两个阶段，此工艺最主要的特点是第一步塑料热解得到重油，达到了减容增效的目的，第二步只要将重油收集在一起，集中进行催化裂解。

日本川崎重工利用 PVC 脱 HCl 的温度比聚乙烯（PE）、聚丙烯（PP）和聚苯乙烯（PS）分解温度低这一特点，将 PE、PP、PS 在 300～400℃ 熔融，形成熔融液浴，再将 PVC 加入其中，分解温度低的 PVC 首先脱除 HCl 气化，之后 PE、PP、PS 再逐渐分解。分解产物主要有 HCl、CO、N_2、H_2O 及 C_1～C_{30} 的烃类，其中 C_1～C_4 为气体，C_5～C_6 为液体，C_7～C_{30} 为油脂状的烃类，经冷凝塔及水洗塔回收油品及 HCl，气体经碱洗后作为燃料气燃烧提供热解所需的热量。本流程的优点是用对流传热替代热导率小的热传导。由于分解温度低，没有金属（PVC 的稳定剂）的飞散。该工艺流程如图 6-23 所示。

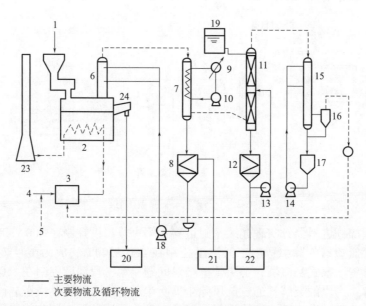

图 6-23　聚烯烃浴废塑料热解流程

1—加料；2—聚烯烃浴热分解炉；3—燃烧室；4—轻质油；5—空气；6—重质油分离塔；7—轻质油分离塔；8—轻质油槽；9—热交换器；10,13,14,18—泵；11—HCl 吸收塔；12—HCl 贮槽；15—洗涤塔；16—除雾器；17—NaOH 水溶液贮槽；19—给水贮槽；20—残渣；21—轻质油；22—盐酸；23—烟囱；24—再加热室

聚烯烃浴塑料热解系统采用槽式聚合浴反应器，特点是在槽内分解过程中进行混合搅拌，物料处于充分混合状态。另外采取外部加热方式，根据温度来控制生成油的性状。

6.5.1.4　废塑料热解油的精制

废塑料热解液化过程主要有气相产物、液相产物及部分残渣。P. T. Williams 研究表明，聚乙烯和聚丙烯经过热解和液化处理后主要得到液相产物，同时含有甲烷、乙烷、丙烷和丁烷等气相产物。而聚氯乙烯经处理后则生成了较多的氯化氢气体和固体残留物，PET 经热解液化处理后的产物主要是固体残留物以及 CO 和 CO_2 气体。薛大明等采用 GC-MS 对废旧聚乙烯塑料裂解产物进行分析，结果表明，液态产物中 $C_{11} \sim C_{17}$ 和 $C < 11$ 烃类含量较高，而 $C > 17$ 组分烃类仅占约 10%。

虽然通过各种热解工艺可以以废塑料为原料，直接得到较高产率的液相产品（废塑料油），但这些液相产品的颜色较深，气味较重，烃类产物分布宽，必须通过进一步加工处理以提升其品质。尹航等以废塑料油为原料，采用 $Zr/\gamma-Al_2O_3-HY$ 催化剂对其进行加氢精制处理，结果表明，在压力 6MPa、温度 210℃、空速 $0.5h^{-1}$ 和氢油体积比 800：1 的反应条件下，柴油馏分烃收率大幅提高至约 83.0%，并且所得柴油产品的指标均符合标准。

梁长海等先将塑料油经蒸馏处理后分别得到 < 300℃馏分油和 > 300℃重油，以硫化物为催化剂，对 < 300℃馏分油进行加氢精制处理。通过加氢饱和反应以及脱硫、除胶质等过程得到无异味和高品质的汽、柴油混合油。对经蒸馏 > 300℃的重油组分使用反应精馏塔进行处理，所得馏分油再进行加氢精制，通过蒸馏分别得到汽油和柴油馏分油。

张毓莹等将较高密度的废塑料油先进行分馏处理，然后对分馏所得的重组分进行加氢精制，最后得到柴油产品；对较低密度废塑料油采用直接加氢的方式处理，然后通过分馏处理工艺得到柴油产品。关明华等首先将塑料油与高芳组分（芳香族成分含量较高的组分）混合，采用类似二段法工艺进行处理，可使轻质燃料油收率超过 85%。

除了通过上述工艺提升油品质量以外，王莹等以聚乙烯类废塑料为原料制备了氧化聚乙烯蜡产品。结果表明，以高密度聚乙烯和低密度聚乙烯为原料均能得到色度较好的聚乙烯蜡产品，明显拓宽了废塑料的有效利用途径。

6.5.2　废塑料微波热解与能源化利用

废塑料热解液化技术研究的不断深入，可缓解废塑料对环境的污染，而且实现了废塑料的能源化利用，但由于不同种类塑料的裂解温度区间不同，不能实现塑料的混合裂解，采用微波技术可实现快速和高效的废塑料混合裂解过程。

由于塑料通常属于微波透过物质，所以不能通过微波技术直接对塑料进行裂解处理。近年来国内外学者通过将具有较强吸收微波并将微波能转化为热能能力的炭黑等含碳材料与金属丝等物质与塑料混合后进行微波裂解，可使塑料的吸波性能得到极大改善，使微波技术在废塑料处理方面得到很好应用。

A. Undri 等分别采用炭黑和废轮胎块作为微波吸收物质对聚乙烯和聚丙烯进行微波裂解，结果表明，在较低微波频率下对聚烯烃进行裂解时，可以获得低黏度的液态产物，但高密度聚乙烯只能部分裂解，而聚丙烯可以完全裂解，所添加的强吸波物质炭黑和废轮胎块对裂解过程不会产生影响。兰新哲等采用微波技术对低质煤与塑料进行共热解研究，发现随着塑料在煤中添加比例的增大，可以明显提高焦油产率，而且有利于增大焦油的回收率，不仅对煤的裂解过程进行了优化，而且也达到了对废塑料进行处理的目的。

D. V. Suriapparao 等将石墨、铝、碳化硅、活性炭、木质素和粉煤灰作为微波吸收物质对聚丙烯进行微波裂解，发现随着吸波物质与聚丙烯质量比的增大，升温速率显著增加，但是液态产物产率明显减小，这主要是由于吸波物质质量增加产生了更为优良的能量转化效果，导致不可控的裂解反应发生。在微波频率 400W 条件下，采用石墨作为微波吸收物质，液态产物产率最高达 48.16%，且主要为烯烃类组分。M. Bartoli 等采用活性炭作为微波吸收物质对聚苯乙烯进行微波裂解，结果表明：将微波反应器抽真空并在液体收集系统与储气柜之间添加一个可以使微波反应器实现减压的膜式真空泵，可实现裂解物的快速精馏，进而有效提高液态产物产率（92.3%）；在保持膜式真空泵存在条件下，向微波反应器中加入 N_2，可使液态产物产率进一步提高到 94.3%，所得液态产物的主要成分为苯乙烯及其他芳香族烃类。Z. Hussain 等研究发现，采用铝或铁作为微波吸收物质对聚苯乙烯进行微波裂解，可使裂解温度近乎达到金属的熔点，这主要是由微波与金属的相互作用所致，并且在裂解产物中含有苯乙烯等各种芳香族化合物的液态产物超过 80%。

X. Zhang 等研究发现，采用 ZSM-5 为催化剂对低密度聚乙烯进行催化裂解，可得到具有实用价值的芳香族化合物，裂解机理包括热解过程和催化过程。温度低于 500℃ 的热解过程，通过两种同时进行的机理产生沿碳链方向的自由基产物，即随机断裂产生长链自由基烃类以及链终端断裂产生低分子量自由基产物。由于形成具有不饱和终端或自由基终端的分子导致分子断裂，形成的自由基碎片通过氢转移反应形成直链二烯烃、烯烃以及烷烃，随后在 ZSM-5 催化剂上通过碳正离子的典型双分子机理和单分子机理进行催化裂化反应。王文平等在对国外微波裂解塑料专利技术进行研究总结以及大量微波裂解塑料实验实践的基础上，开发了一种兼具微波吸收、催化裂解以及抑制结焦于一体的多功能微波裂解塑料的催化剂，该催化剂在固定微波功率 700W、频率 915MHz 或 2450MHz 条件下，能够将微波能有效转化为热能，使裂解油的收率明显增加，并且在裂解过程中不会产生结焦或只产生疏松易清除的焦渣。

医疗废物中的一次性塑料制品占较大比例，这些一次性塑料制品与普通塑料的不同点在于医疗塑料制品在使用后会携带大量病毒、病菌以及有毒有害的化学残留物，具有极强的致病性和传染性。医疗废弃物处理中的传统微波法，主要是利用微波的非热效应进行快速杀菌消毒，然后进行焚烧、掩埋等进一步处理。随着微波热效应理论的不断完善以及在塑料处理中的成功实践，可结合微波技术特有的非热效应与热效应实现对医疗废弃物中的塑料制品进行无害化和资源化的综合处理。表 6-8 为塑料中混合不同吸波物质的微波热解工艺对比。

表 6-8　塑料中混合不同吸波物质的微波热解工艺对比

非催化剂微波热解	共裂解物质	聚乙烯、聚丙烯	改善塑料的吸波能力，促进热解反应发生的同时吸波物质也发生裂解，但对塑料的热解过程不产生任何影响
	吸波物质	聚苯乙烯	不同吸波物质在吸收微波进行热能转换的同时，还具有各自不同的裂解特性
催化剂微波热解	催化剂	各种废旧塑料制品及塑料垃圾	催化剂同时兼具微波吸收与促进裂解等作用

6.5.3　废轮胎热解液化与能源化利用

在废橡胶中，废轮胎由于产生的量最大，分布最为广泛，因此对其热解技术的研究较多。

废轮胎热解是在无氧或缺氧的工况和适当的温度下，使轮胎的有机成分发生裂解。由于废轮胎中含有大量碳、氢等，能生成热值高的物质，所以热解废轮胎产物有气体、液态油和炭黑。废旧轮胎热解液化是以追求液体产率为目标的热解技术，也称为油化技术。此时可将生成的气态烃和炭残渣作为热解炉燃料使废胶块热解，并采用减压法将油气迅速分离。热解衍生油占 27%（质量分数），主要为苯 4.75%、甲苯 3.62% 和其他芳香族化合物 8.50%，可作燃料，也可作催化裂化原料，生产高质量的汽油。

6.5.3.1 废轮胎热解液化的工艺过程

废旧轮胎热解靠外部加热打开化学链，产生燃料气、燃料油和固体炭。一般地，废旧轮胎的热解温度为250~500℃，最高可达900℃，当热解温度高于250℃时，破碎的轮胎分解出的液态油和气体随温度升高而增加，当热解温度超过400℃时，液态油和固态炭黑的产量随气体产量的增加而减少。

废旧轮胎热解液化技术按照所采用的反应器不同可分为常压静态式、流化床式、真空静态式。

P. T. William 等在200cm³静态分批式反应器中热解废旧轮胎，温度为300~720℃、常压N₂氛围中，获得了55%的衍生油，并研究了这些油的组成。又从衍生油中发现了极具经济价值的二萜类化合物，这是一种食品添加剂。

Ming-Yen Wey 等对废轮胎热解液化制油做了另一种尝试，他们在流化床内进行热解，以空气和氮气作为流化气，控制空气分率使部分废旧轮胎燃烧，以达到维持自热的目的。研究表明，当空气分率为0.21、温度为570℃时，可以得到39.3%的汽油、35%的柴油、7.5%的燃料油和8.9%的重油。

真空热解较常压热解有许多优势：a. 真空热解温度低，热解初级产品在反应器中停留时间短，减少副反应发生的可能性；b. 真空热解油收率高；c. 真空热解油含有较多芳香化合物，有利于燃料油辛烷值的提高。B. Benallal 等研究了在真空条件下废旧轮胎的热解液化技术，结果表明在510℃、2~20kPa 的条件下，产生50%的油，其中包括20%的轻质石脑油、6.8%的重石脑油、30.7%的中间馏分和42.5%的残渣。在得到的衍生油中，大约2%（体积分数）的石脑油可直接进行加氢精炼。日本已申请了废旧轮胎热解液化制油技术的专利，这个过程包括一个清洗装置、一个废旧轮胎与催化剂混合预热装置，在230~400℃、100~250kPa 下裂解得到衍生油。美国也申请了专利，它是在177~260℃下，在氧极限分压条件下热解，并给出了气体、挥发性油的组成。

废橡胶的热解一般采用流化床和回转窑等热解炉，其典型热解操作过程为：处理后的轮胎经称量后，整个或破碎后送入热解系统。破碎后的胶粉常采用磁分离技术除铁。进料通常用裂解产生的气体来干燥和预热。裂解产生油被冷凝和浓缩，轻油和重油被分离，水分被去除，最后过滤产品。

在废橡胶热解工艺中，比较有代表性的是英国 Beven Recycling 公司开发的 Beven 热解工艺，如图6-24。将轮胎置于热解室，然后排空空气并且间接加热，将轮胎分解成合成气和油。水冷凝器用于冷凝生物油。热解的主要产物是炭黑，合成气用作燃气来保证工艺运行

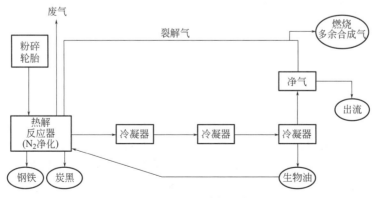

图6-24 Beven 热解工艺

（一部分裂解油也可以用作燃料），多余的合成气被烧掉。合成气在燃烧前需先用水洗涤，然后洗涤水用工艺产生的炭吸附处理到可接受的程度再排入排水管网。因此整个工艺没有洗涤添加剂，并且没有需要处置的残留物。经认证，该工艺的 SO_x、NO_x、微粒和未燃的烃类排放均可达到英国环境署的要求。

Beven 热解工艺是一种比较简单的技术，但具有很高的回用率，而且过程产物具有广阔的市场前景。虽然从环境保护的观点出发需要捕集多余的合成气而不是烧掉，这对小规模工厂来说可能是经济的。

日本油脂公司采用美国 ND 工艺（美国开发的由煤炭等低温热解提取液体燃料的工艺）的分解炉，开发了废旧轮胎的热分解技术，并由石川岛播磨重工业设计，年处理废旧轮胎 8088t，生成 3800t 油、2830t 炭和 400t 废钢。该工艺将废旧轮胎破碎成直径大约 100mm 的小颗粒，不去除钢丝，一起送入热解炉。热解炉是外热式的，利用生成的煤气从外部加热带有螺旋送料器的反应管道，使废胶块热分解，并采用减压法将油、气迅速排除。由于螺旋供料反应管道是外部加热的密闭装置，所以此工序无污染。如将所得油中的硫黄除去，其性质符合日本 A 号重油标准，可以添加抗氧化剂作燃料油使用。

6.5.3.2 废轮胎热解液化的影响因素

影响废旧轮胎热解液化过程的主要因素包括温度、升温速率、催化剂、粒径等。

（1）温度

温度作为生产中最主要的工艺条件之一，对整个热解液化过程都有非常重要的意义。无论是轮胎的热解还是后期热解产物的制取，热解温度都起到决定性的作用。

温度的作用主要表现在以下两个方面：a. 热解温度的高低决定了轮胎热分解所需要的时间，并呈线性关系，在一定温度范围内，热解温度越高，热解所需时间越短；b. 热解温度对热解产物的产率有一定的影响，表现为随着热解温度的上升，固体焦炭的最终产率基本保持不变，热解油产率先上升后下降，热解气体产率大幅上升。

以液相产物的最高产率为界将轮胎热解分为低温液化和高温气化两个阶段。在低温液化阶段，随着温度的升高，轮胎中的橡胶大分子物质发生分解，表现为液相和气相产物的产量增大，固体残留物的质量则呈减小趋势。在高温气化阶段，随着温度的升高，挥发分中的大分子物质发生二次裂解，宏观表现为气相产物产量持续性增加，而热解油产率则有所降低，且热解气中的甲烷、氢气以及 $C_2 \sim C_3$ 等物质的含量逐渐增大。

（2）升温速率

随着升温速率的提高，其热解起始温度、一次剧烈质量损失温度、二次剧烈质量损失温度、热解终止温度都会向较高温度方向移动，两个质量损失峰靠近并向一个峰演变，但最终质量损失率却近乎相等，即升温速率并不对热解产物最终产率造成影响。另外，升温速率的加快可以缩短热解反应所需时间，加快反应速率，使两次剧烈质量损失的温差变小。

（3）催化剂

合适的催化剂不仅可以降低反应活化能，加快反应速率，缩短反应时间，减少能耗，还能够提高目标产物的产量和质量。美国许多研究者积极探索了废旧轮胎与煤的共液化，已有的研究工作包括：当加入硫化铁催化剂时，将大幅度提高油产率；将灰分中的氧化锌转化为硫化锌；煤中的痕量金属将沉淀在残基中，并能很容易地除去。废旧轮胎液化后的衍生油是煤的优良溶剂。在煤转化反应时加入废旧轮胎颗粒后显示了协同效应，如真空热解油溶解煤的转化率比废轮胎热解高 20%。

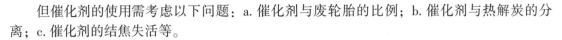

但催化剂的使用需考虑以下问题: a. 催化剂与废轮胎的比例; b. 催化剂与热解炭的分离; c. 催化剂的结焦失活等。

(4) 粒径

不同粒径颗粒内部升温和挥发物的释放是不同的,而且对油品和炭黑的收率有很大影响。在较低温度下,由于小颗粒内部升温快,热解迅速,挥发物被载气带走,因此热解油产率有所提高,气体产率不高;但在稍高温度下,小颗粒间隙小,加热膨胀后黏结在一起,容易把通道堵塞,因此阻碍了挥发物的挥发;大颗粒内部升温速率较慢,温度较低时,热解过程由表面向内部推进,挥发物从内部扩散,因此油品产率较低,气体产率增大,但大颗粒间隙较大,在稍高温度下,加热膨胀后仍有大量通道利于挥发物从内部挥发并扩散出来。温度较高时,废轮胎颗粒的大小对热解影响不太明显。

6.5.3.3　废轮胎热解液化产物的特性

废旧轮胎热解液化的产物是热解油,其密度在 $950 \sim 970 kg/m^3$ 之间,闪点较低,小于 $32℃$,储存安全性差;从元素组成来看,热解油 H/C 为 $1.3\% \sim 1.5\%$,硫质量分数为 $1\% \sim 1.5\%$ 。很多学者对不同热解工艺的热解油的热值进行分析发现,热解油的热值为 $40 \sim 43 MJ/kg$,完全可以作为燃料整体利用。

将真空热解油与重质柴油各方面性能进行比较,发现热解油可以作为电站锅炉和工业锅炉的液体燃料使用,当其与重柴油混合使用时将大大提高其整体雾化效果。高雅丽将不同热解温度下得到的热解油同柴油相关的理化性质进行了比较,发现其除了闪点外,其他方面均可符合重柴油的要求,同时热解油可以作为要求更低的船用或炉用燃料油使用。河大海分析了热解油的燃烧动力学特性及热解油在炉膛内的燃烧烟气特性及硫氮化合物、烟黑等的排放特性,结果表明热解油作为燃料直接燃烧具有广泛的应用前景。

芳烃在裂解油中占的比例较大,除芳烃外,脂肪烃也是裂解油的主要成分。Rodriguez 等研究发现,热解油以 $C_5 \sim C_{20}$ 为主要成分,脂肪烃和芳烃质量分数分别为 31.6% 和 62.4%。烷烃和烯烃为热解油中脂肪烃的主要成分,其中烯烃(以烯烃、正构烷烃为主)含量占热解油总质量的 38.71%。单环芳烃为热解油中芳烃的主要成分(占芳烃总质量的 43% ~ 58%),除此之外还有单环、非稠环和稠环多环芳烃。Laresgoiti 等发现热解油中多环芳烃(PAH)主要含有烷基苯、萘、菲、联苯等。另外,热解油中含有重要的化学品柠檬烯、甲苯、二甲苯等。柠檬烯具有较高的工业价值,如果能从裂解油中分离出柠檬烯,将会大大提高裂解油的附加值。

烃类成分是热解油的主要成分,除烃类之外,裂解油中还有含硫化合物,比如苯并噻唑、噻吩,醇、酸和酚是含氧化合物的主要存在形式,此外还含有少量氮氧化合物。石脑油馏分是一种轻质馏分,热解油中的石脑油馏分含有柠檬烯和 BTX(苯、甲苯、二甲苯)等。真空热解石脑油含有 7% 左右的柠檬烯、45% 的芳烃和 22% 的烯烃。

6.5.3.4　热解油的应用

将热解油作为替代燃料使用从理论上讲是可行的,可以在一定程度上缓解能源的匮乏问题,但是要作为清洁环保的燃料使用,还需要进一步的加工,因此在废轮胎热解油产量较低时,整体利用简单易行且经济性较好,但是产量较大时,可以将其进行进一步的馏分切割,分为不同的轻质馏分、中质馏分和重质馏分使用,并且还可以从中提取经济价值更高的化工原料。

（1）轻质馏分的利用

关于烃类的研究方面，热解轻质馏分中含有的高附加值化学品如柠檬烯、BTX（苯、甲苯、二甲苯）等，已引起许多学者的关注。研究结果显示，轻质馏分中二甲苯的含量最高，为 24%，甲苯为 11%，柠檬烯为 8%，苯约为 3%。此外，轻质馏分中含有近 50 种的脂肪烃，且大多数为不饱和烃和芳烃，其中 BTX 占 45% 以上。

对轻质馏分的利用研究主要有：a. 提取其中的化学品 DL-苧烯、BTX 等；b. 将其直接掺入石油石脑油中；c. 对轻质馏分进行加氢精制，脱除其中的硫、氮元素。

许多研究者都发现热解油轻质馏分中含有较多的 DL-苧烯。DL-苧烯俗称柠檬烯，是一种应用广泛的化工原料，可用作工业溶剂、树脂和吸附剂，或用作色素分散剂，还可以作为芳香剂和调味剂的原料。而且 DL-苧烯具有可生物降解的特性，是一种对环境友好的溶剂和芳香剂。有研究者在热解油中检出了最大含量为 3.6% 的苧烯。不仅在真空热解油中检测出了 DL-苧烯，而且在实验室规模上尝试从热解油中富集出 DL-苧烯。此外，有研究者还在间歇反应釜中检测到轻质馏分中含 16.3% 的柠檬烯，经蒸馏分离后，柠檬烯的浓度可增加至 32%～37%，如果将柠檬烯馏分与甲醇在不同的催化剂下进行醚化反应，可进一步提纯柠檬烯。在此基础上，有研究者还将连续化微型反应器中得到的柠檬烯馏分进行醚化反应，考察了不同操作条件、不同催化剂对柠檬烯馏分与二聚戊烯醚化反应的影响，并研究了催化剂的再生问题。

此外，轻质馏分中单环芳烃如苯、甲苯和二甲苯的含量较高。苯、甲苯和二甲苯是在高热解温度下发生的二次芳香化反应中生成的，具有较高的工业利用价值。Kaminsky 等在 750℃、流化床热解工艺中得到热解油的收率约为 30%，其中甲苯、二甲苯、苯乙烯的含量分别达 16%、12% 和 0.5%。Cypre 等研究的两段热解工艺（初次热解反应温度 450～600℃，二次反应温度 750～800℃）得到热解油中单个物质的最高含量为苯 36.4%，甲苯 16.8%，二甲苯 3.95%，苯乙烯 5.83%。研究表明，对热解油中的甲苯、二甲苯进行常压分馏提纯试验，得出甲苯含量可从 7% 富集到 70%，二甲苯含量可从 10% 富集到 65%。Roy 等将热解油石脑油以 2% 的体积比直接掺入石油石脑油中，发现虽然混合后石脑油的辛烷值增加，硫、氮及烯烃、芳香烃含量也增加，但混合后石脑油的性质仍能达到标准。轻质馏分由于氮、硫、烯烃、芳烃含量高，不适宜直接与汽油燃料掺混使用。

（2）中质馏分的利用

热解油的蒸馏实验表明，与商业柴油相比，热解油中含有更多的轻质和重质馏分，而中质馏分含量相对偏低。研究者将 240～450℃ 馏分与商业芳香油 Dutrex R729 进行了对比研究，发现中质馏分有很好的动力性能和润滑性能，与工业芳香油相似。

对中质馏分的利用研究主要有：a. 用作橡胶操作油；b. 直接掺入柴油馏分使用；c. 进行加氢精制脱除其中的硫、氮元素。

热解油部分来自橡胶生产过程中起软化、增塑作用的操作油，因此中质馏分和工业芳香油比较相似，具有很好的动力性能和润滑性能。有研究者尝试将热解油中质馏分重新作为橡胶操作油使用。

Murugan 等将废轮胎热解油和柴油混合，然后用在单气缸柴油发动机上，发现当热解油的掺入比超过 70% 时，发动机不能正常工作，原因是热解油的黏度影响发动机性能。此外，热解油中具有硫含量高的特性，导致使用过程中产生大量含硫污染物。而对热解油进行预处理后，将 150～200℃ 的馏分以 90% 的比例掺入柴油中，再进行工作性能、排放物和燃烧情况的研究，结果发现发动机能够正常运转。

有研究者采用与轻质馏分相同的处理方法，对中质馏分整体进行加氢精制，考察了反应温度、反应压力、空速和氢油比对脱硫率、脱氮率的影响，得出硫、氮的最高脱除率分别可达 94% 和 97%。

（3）重质馏分的利用

研究表面，重质馏分中含有橡胶加工过程中使用的添加剂，可作为橡胶加工的软化剂，代替松焦油或作为生产细焦的原料。将重质馏分进行延迟焦化实验，结果发现制得焦炭的硫含量、灰分含量均较低，且不含工业焦炭中普遍存在的杂质钒，但含锌和硅。这种焦炭内孔结构非常发达，是一种优质的针状或石墨型半焦物质。实验同时回收了份额相当高的副产品，包括高热值燃气以及强芳香性的石脑油、轻柴油和可在制焦系统内直接回收利用的重柴油。

作为主要热解产物，热解油的品质不高，如硫、氮含量高等，限制了热解油的利用，同时也阻碍了废轮胎热解处理的大范围推广。因此，如何提高热解油的质量，实现清洁化利用是目前研究废轮胎热解油的关键。

6.5.4 废轮胎微波热解与能源化利用

采用微波技术对废轮胎进行处理不仅能够实现废轮胎的完全资源化，而且在节能以及裂解时间上具有明显优势。

轮胎含有质量分数 30% 以上的炭黑等强吸波物质，可以利用微波技术直接对废旧轮胎进行转废为能的裂解操作。A. V. Yatsun 等将废旧卡车子午线轮胎切割为约 5mm×5mm 的小块，在 1kW 和 2.45GHz 微波辐射条件下，当物料被加热到 450~500℃ 时发生裂解反应生成气体、棕黑色具有特殊气味的液体以及具有孔道结构的含碳固体残渣，组成分别为 9%、50% 和 41%。对裂解气产物和液态产物进行色谱分析，发现裂解气的主要组分为 H_2 和 CH_4，并且随裂解时间延长，H_2 含量逐渐增加，CH_4 含量逐渐减小。液态产物中具有芳香族结构的化合物含量较高，超过 20%，且主要为苯、甲苯、二甲苯和烷基苯。裂解过程中，橡胶分子主链和侧链的单键和双键均会发生断裂形成 H·、饱和烃 R、不饱和烃 R′ 以及碳和硫的自由基，液态和气态产物是通过上述自由基之间发生加成、加氢以及歧化反应形成的。

A. Undri 等在对组成为 $\omega(C) = 88.19\%$、$\omega(H) = 7.23\%$、$\omega(N) = 0.23\%$ 和 $\omega(S) = 1.76\%$ 的 T1 型号以及组成为 $\omega(C) = 87.48\%$、$\omega(H) = 7.52\%$、$\omega(N) = 0.35\%$ 和 $\omega(S) = 1.68\%$ 的 T2 型号的两种废旧轮胎碎块进行的微波裂解实验中发现，在同一微波频率下，不同型号轮胎的对应裂解产物产率差别不大，如在 3kW 和裂解时间 38min 条件下，两种型号轮胎碎块的气液固产率分别为 T1：14.1%、42.6%、43.2%，T2：16.6%、38.8%、44.6%。通过改变微波频率可以控制裂解气和裂解油的产量。在微波反应器与冷凝系统间添加分馏柱后获得的液态产物具有较低的密度和黏度，且组成以芳香族和烯烃类化合物为主，固态产物含量明显增加，通过对固态产物进行元素分析，发现碳含量大于 88%，主要组成为具有孔道结构的炭黑和烃类。

2011 年，加拿大 Environmental Waste International（EWI）公司开发的废旧轮胎连续化微波裂解工艺实现了在低温（250~300℃）的氮气处理室中对废旧轮胎的资源化裂解，该工艺分为氮气冲洗、微波裂解、环境控制和物料回收，主要流程为：先将废旧轮胎经过氮气冲洗洁净化后送入装有微波发生器的微波裂解反应室进行微波裂解，形成的小分子烃从反应室底部排出，并通过压缩机对液油成分进行分离，通过环境控制可去除液油中的 H_2S 等环境有害物质，最后对液油、炭黑和钢丝等进行物料回收。通过所产生的裂解气带动涡轮机进行发电，不仅能够解决微波发生装置的自身用电，而且可将剩余的电能用于外部供电。2013 年，该公司采用废旧轮胎的连续化微波裂解工艺进行了日均处理 6000~7000 条废旧轮胎的微波裂解生产线的工业化实践，并取得成功，实现了废旧轮胎 100% 的资源化再利用。国内采用微波技术对废旧轮胎进行处理的研究尚处于起步阶段，表 6-9 为几种废旧橡胶轮胎的微波热解工艺对比。

表 6-9　几种废旧橡胶轮胎的微波热解工艺对比

微波热解工艺	废轮胎种类	热解产物
间歇微波热解	卡车子午线轮胎碎块	直接裂解产生裂解产物
	两种不同型号的废旧轮胎碎块	直接裂解产生裂解产物，在微波反应器与冷凝系统间添加分馏柱后，固态产物的含量明显增加
连续微波热解	整个轮胎	通过氮气冲洗、微波裂解、环境控制以及物料回收四个环节实现废旧轮胎的连续化裂解，涡轮机通过裂解气的带动可对整套裂解装置以及外部输电网进行供电

6.6　污泥热解液化与能源化利用

随着人们生活水平的不断提高，污泥中的有机物含量逐年升高，污泥的能量利用价值越来越高。采用热解液化技术，以污泥为原料制得液体燃料，通过改性后作为柴油等矿物燃料的替代品，则可实现污泥的资源化利用，为人类提供一条新的能源开发途径。

6.6.1　污泥热解液化过程的影响因素

污泥热解液化是在较低的温度下使污泥中含有的有机成分，如粗蛋白、粗纤维、脂肪及碳水化合物，经过一系列分解、缩合、脱氢、环化等反应转变为轻质组分的混合物。热解产物的组成及分布主要由污泥性质决定，但也与热解温度有关。污泥热解液化产生的衍生油黏度高、气味差，但发热量可达到 29~42.1MJ/kg，而现在使用的三大能源，即石油、天然气、原煤的发热量分别为 41.87MJ/kg、38.97MJ/kg、20.93MJ/kg。可见，污泥热解液化具有较高的能源价值。另外，热解液化油的大部分脂肪酸可被转化为酯类，酯化后其黏度降至原来的 1/4 左右，热值可提高 9%，气味得到很大改善，热解油酯化工艺使得其更加易于处理和商业化。

热解过程中固、气、液三种产物的比例与热解工艺和反应条件有关，热解过程的影响因素包括污泥特性、预处理方式、热解终温、停留时间、加热速率及方式、催化剂等。由于污泥原料的复杂性，各种因素对污泥热解的影响也存在着很大的区别。

（1）污泥特性

污泥特性是影响污泥热解液化效果的前提因素。Lutz 等利用管式炉对活性污泥、油漆污泥和消化污泥三种不同原料进行热解液化制油研究。其中，活性污泥的碳含量最高，灰分含量最低；油漆污泥的碳含量最低，灰分含量最高；消化污泥居中，热解终温为 380℃。通过研究发现，不同原料污泥的热解液化油产率不同，经过热解液化后，活性污泥、油漆污泥、消化污泥的产油率分别为 31.4%、14.0%、11.0%。活性污泥中有 2/3 的碳转移到热解油产品中，热解油中含 26% 的脂肪酸；消化污泥和油漆污泥的热解油产品中脂肪酸含量仅为 3% 左右。由此可知，与油漆污泥和消化污泥相比，活性污泥更适于热解液化制油。可见，选择

适宜的污泥进行热解液化制油，是实现污泥经济制油且提高油品品质的重要前提。

（2）预处理方式

从设备构成看，污泥热解液化比污泥焚烧要增加预干燥器、油水分离设备，因此设备投资费会有所增加，但污泥热解所需温度（≤450℃）比污泥焚烧所需温度（800～1000℃）低，因此运行费用远低于后者。且污泥热解液化后生成的油和炭还可出售或辅助二次燃烧分解获得一部分收益。两项相抵，污泥热解液化处理的成本约为直接焚烧的80%。

（3）热解终温

热解终温对污泥热解产物的影响最大。研究结果认为，热解温度的升高导致固体产率的减小，液体部分变化较小，而气体产率则明显增大。热解温度对产物产率的影响如图6-25所示。

由图6-25可知，热解液的产率随温度的变化有一最大值，在热解终温为250℃时只有少量热解液产出（主要为水分）；随温度升高热解液产率增加，450℃时热解液产率为41.65%，该温度段污泥中有机物的碳链断裂，发生裂解生成大分子油类，在终温为550℃时达到最大值43%；温度继续升高，反应体系中的羧酸、酚醛、纤维素等大分子物质可能发生二次裂解，生成分子量较小的轻质油及H_2、CH_4等，焦油的产率则相应有所下降。

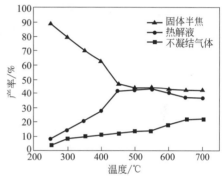

图6-25　热解产物产率随热解终温的变化

从实验现象看，污泥热解过程中不同温度段产生的热解液的组成、颜色及性状有很大差别。实验过程中当物料温度为165℃左右时，在热解液收集器的内壁上开始形成淡黄色的晶体状物质，如果温度继续升高，会逐渐产生淡黄色的焦油，而且黏度较大，物料温度为356℃左右时热解液的增长速率最大。当温度达到450℃时，热解液中黑褐色油明显增多，且流动性好。污泥热解后收集的热解液呈现明显的分层现象：最下层为水及水溶性有机物；中间为浅黄色的没有完全合成的热解油，黏稠状，其分子量相对较高；最上层为黑褐色类似于原油的热解油，分子量较小。

当热解终温在250℃左右时，热解液中以水分为主，低温下生成的少量淡黄色晶体漂浮在水面上；超过250℃以后，开始形成浅黄色的热解油；热解终温达到300℃以上时，黑褐色原油类热解油析出；终温达到400℃以上时，黑褐色热解油的比例超过浅黄色油。在250～550℃温度范围内，随着热解温度的升高，热解液的体积也在增大，但在450～550℃，热解液产率的变化只有1.35%。热解终温超过550℃后，热解液产率下降，原因在于一部分挥发性物质进入气体中。虽然550℃后总的热解液减少了，但是黑褐色热解油的产率却有增加，黄色热解油相应地减少，这说明温度升高有利于油的转化。

也有学者研究了温度与有机质转化率、炭得率、油得率之间的关系，认为在一定的温度范围内，有机质转化率与温度基本呈线性正相关，但高温阶段相反，炭得率与温度呈明显负相关性，油得率与温度呈正相关，较高温度有利于有机质向气相的转化。

（4）停留时间

热解反应停留时间在污泥热解工艺中也是重要的影响因素。污泥固体颗粒因化学键断裂而分解形成油类产物，在分解的初始阶段，形成的产物应以非挥发分为主，随着化学键的进一步断裂，可形成挥发性产物，经冷凝后形成热解油。随着时间的延长，上述挥发性产物在颗粒内部以均匀气相或不均匀气相与焦炭进一步反应，这种二次反应将对热解产物的产量及

分布产生一定的影响。因此，反应停留时间是污泥热解工艺中需要控制的重要因素，随着停留时间的增加，油类产量会降低。为减少有机物的二次分解和相互反应，缩短其在高温区的停留时间是有效方式。

（5）加热速率

在污泥热解过程中，低温段形成的热解液很少，升温过程也很短，因此热解液在低温段受加热速率的影响很小。但当达到一定温度水平后，有机物的裂解反应很剧烈，而且很复杂，这时加热速率对反应进程的影响较大。加热速率对热解液产率的影响在高温段较明显，在低温段达到热解终温所需的时间较短，而热解液的形成在低温时主要在保温过程，因此受到加热速率的影响较小。在热解高温段，达到450℃以上时，在升温过程中已发生了强烈的裂解，且温度越高，受加热速率的影响越大。在450~550℃时，加热速率较慢，热解过程停留的时间较长，产生的挥发性气体较多，但由于温度较低，这些挥发性物质以长链有机物为主，冷凝后形成的焦油量较大。在550~650℃温度范围内，由于温度升高，引起了大分子挥发物的二次裂解，加热速率慢时，有一部分有机物裂解成气态，生成的焦油量略有减少。

综上所述，停留时间、反应温度、加热速率、最终热解温度等因素对不同污泥热解效果的影响均与污泥中各种有机质化学键在不同温度下的断裂有关。温度超过450℃后，裂解产生的重油发生了第二次化学键断裂，形成了轻质油，气体产量也相应增加；温度超过525℃后，会进一步发生化学键断裂形成更轻质的油和气态烃，使不凝性气体的量提高，但炭焦量随气体量的增加而减少。

（6）含水率

污泥热解过程的能量平衡主要受脱水泥饼含水率的制约。一般认为脱水污泥热解的临界含水率为78%，当脱水污泥的含水率低于78%时，热解过程的处理成本低于焚烧工艺成本。

（7）加热设备

Dominguez 等利用微波加热和电加热两种设备对污泥热解特性进行研究，两者产生的热解油组成有很大不同，微波加热产生的热解油主要由脂肪酸、酯、羧酸和氨基类有机物组成，而电加热产生的热解油主要为芳香族烃类，还含有少量的脂肪族烃类、酯和腈类有机物。

（8）催化剂

在污泥热解液化过程中，催化剂可以提高液体燃料的产率和质量、缩短热解时间、降低所需反应温度、提高热解能力、减少固体剩余物、影响热解产品分布的范围、提高热解效率、减少工艺成本。因此，为了提高热解油的产量和质量，在污泥中添加催化剂是十分必要的。目前，已有许多价格较低且无害的催化剂被广泛用于污泥的催化热解。

为提高污泥热解转化率、液态产品产量、热解油质量等，可选用含铝物质催化剂、含铁物质催化剂、含铜物质催化剂。

6.6.2 污泥热解液化的工艺流程

污泥热解液化的工艺流程如图6-26所示。污泥经脱水后，干燥至含固率90%，在反应器内热解成油、水、气体和炭；气体和炭及部分油在燃烧器中燃烧，高温燃气的产热先用于反应器加热，后在废热锅炉中产生蒸汽用于干燥；尾气净化排空，反应水（约为污泥干重的5%）送污水处理厂处理。其热解工艺各阶段的技术要求与控制条件为：

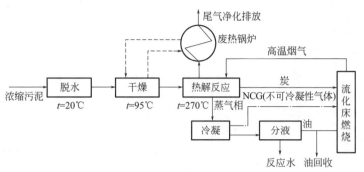

图 6-26　污泥热解液化工艺流程

① 脱水。从污泥浓缩池排出的含水率为 96%~98% 的污泥经机械脱水后含水率降至 65%~80%。常用脱水设备有转鼓真空抽滤机、板框压滤机、带式压滤机和离心脱水机。污泥热解工艺中最常用的为离心脱水机，因为该脱水方式不需加药，且脱水效率高。脱水操作在常温下进行。

② 干燥。低温热解要求将污泥干燥至含水率 13% 以下，以避免污泥中的水被带入生成的油中。

选择干燥机时要考虑到污泥的种类、性能、加热特性、处理量等因素，在国内多采用回转窑干燥，窑内控制温度为 95℃。

③ 热解。热解设备的技术关键是要有很高的加热和热传导速率、严格控制中温以及热解蒸汽快速冷却。典型的热解设备有流化床、沸腾床、双塔流化床和立窑。国外主要采用带夹套的外热卧式反应器和流化床反应器，如图 6-27 和图 6-28 所示；国内主要采用回转窑热解装置，如图 6-29 所示。

④ 炭与灰的分离。因为炭在热解蒸汽的二次裂解时会起催化作用，并且在液化油中产生不稳定的因素，所以必须快速分离。但由于污泥中的含碳量一般小于 5%，所以这个影响不会太大。分离装置一般采用旋风分离器。

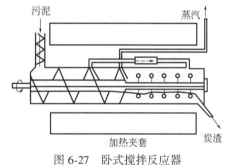

图 6-27　卧式搅拌反应器

⑤ 液体冷却收集。热解蒸汽的停留时间越长，二次裂解变成不凝气的可能性越大。为了保证油产率，蒸汽的快速冷却具有重要作用。因此，选用传热快、易于冷凝和快速分离的冷凝器是热解蒸汽冷凝工艺的第一目标。用于废气冷凝的设备有接触冷凝器和表面冷凝器，其中以接触冷凝器选用较多。冷凝液经收集后进入专设处理厂处理。液体冷凝的参数控制为：冷凝温度不小于 15℃，后续冷凝液分离温度在 65℃ 左右。由于污泥热解设施一般都是与污水处理厂合建的，因此可直接回流到污水处理厂进行处理。

⑥ 热量的回收与利用。对污泥热解液化产生的气体和炭，可将其与部分产品油燃烧，高温燃气先用于反应器加热，而后在废热锅炉中产生蒸汽用于前段污泥干燥或作供热利用。

⑦ 二次污染防治。由于燃烧介质是热值高、颗粒小、污染物含量低、易于充分燃烧的气体、炭和部分产品油，因而尾气中的各项污染指标均较低，经袋式除尘器处理后一般可满足排放要求。但产生的污水属高浓度有机废水，必须妥善处理后才可排放。

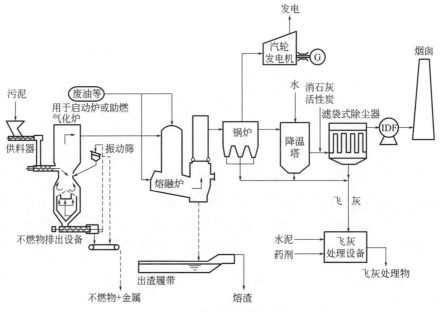

图 6-28　流化床热解装置系统

G—低温蒸汽；IDF—引风机

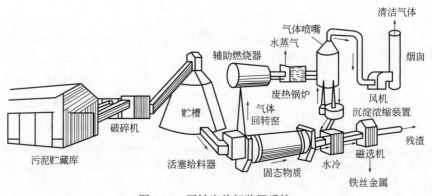

图 6-29　回转窑热解装置系统

6.6.3　污泥热解液化产物的特性

热解液化的目的是尽可能多地得到热解液，其特性及应用前景直接影响该工艺技术的经济效益。

（1）液化产物的物理性质

热解后热解产物中的可凝结挥发性物质冷凝后形成了热解液。热解液呈明显的分层现象，最下层为少量水，中间为淡黄色的没有完全合成的热解油，最上层为黑褐色类似于原油的黏稠状热解油。由此可见，热解终温越高，黑色油状物越多，焦油的密度越小。

从热解液的流动性看，在低温段产生的热解液黏度较低，呈水状，而高温段的热解液黏度较高。尤其是没有完全合成的淡黄色热解液，流动性较差，类似于泥状，而高温产生的黑色热解液，黏度相对较低。

（2）液化产物的化学组成

污泥热解油主要由 C、H、N、S、O 五种元素组成，其中 C 含量约为 75%、H 含量约为 9%、N 含量约为 5%、S 含量约为 1%、O 含量约为 20%。由于热解油中含有大量的 C、H 元素，所以热解油具有很高的热值，随着热解油中含水率的不同，发热量范围在 15~41MJ/kg 之间，单从发热量来看，热解油可以是很好的燃料。污泥热解油中有机物分子的碳链长度在 C_3~C_{31} 之间，而柴油中有机物分子的碳链长度在 C_{11}~C_{20} 之间，表明热解油含有较多的易挥发和沸点较高的有机物。Chang 等通过 GC 分析含油污泥热解产生的热解油，发现其中含有的轻、重石脑油或汽油的含量与柴油很相近，H/C 也与燃料油相近，但在高温条件下剩余残渣量较大。Fonts 等认为热解油的上层部分可以直接与柴油混合使用，与柴油的比例为 1:10 时，可以直接作为柴油机燃料；而中间层和下层的热解油因为 N、S 含量超标，可以作为石灰窑或玻璃窑的燃料，如果经过脱 N、S 加工，可以作为高品质燃料。

（3）液化产物的燃料特性分析

若将污泥热解油用作石油的替代品，必须保证其具备柴油等矿物油成分的基本特征。

1）燃料油特性

通过对比热解油的燃料性质与《燃料油》［SH/T 0356—1996（2007）］的要求，发现除了闪点和灰分外，其他各项性能均可满足 4 号燃料油的要求，因此认为热解油经过去除少量轻质组分和固体有机物之后，可以作为 4 号燃料油使用，但在使用过程中应该注意采用脱硫设施减少 SO_2 对大气的污染。

2）非燃料性质

虽然热解油具有良好的燃料特性，可以作为 4 号燃料油使用，但是一些非燃料性质会对热解油的利用产生影响。金属离子会影响油的品质；固体颗粒物会堵塞设备而影响燃烧系统；热解油中的不饱和有机物会导致热解油的成分和性质发生变化。

6.6.4 污泥热解液化产物的加工

污泥热解液化所得热解液一般含有较高的水分和一定的固体颗粒物，限制了热解油的应用。通过两步蒸馏法对热解油进行加工，可得到轻质组分、中质组分、沥青质和水，其工艺流程如图 6-30 所示。具体操作过程为：第一步利用简单蒸馏装置，在温度条件为 120~130℃范围内，保持 2min，分离出轻质组分和水；第二步是在减压操作过程中，选用回流比

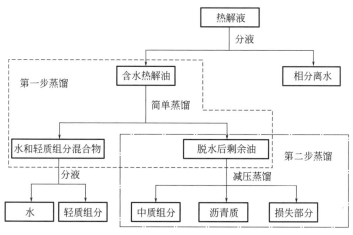

图 6-30　热解油加工流程图

为 1（回流量/采出量），收集在常压下沸点低于 325℃ 的馏分，蒸馏分离出中质组分和沥青质。

（1）轻质组分的有机组成

轻质组分中含有大量的有机物，通过 GC-MS 分析表明轻质组分是成分复杂的混合物，包括不同碳链长度的烷烃、烯烃、酚、芳烃、腈类等，各种有机物的含量相差很大。虽然有机物种类很多，但是大体可以分为四大类：烷烃类、烯烃类、含 N 和 O 的有机物、芳烃类。其中，烷烃类含量为 24.32%，烯烃类含量为 36.33%，芳烃类含量为 22.96%，含 N 和 O 的有机物为 16.39%。

由此可知，轻质组分中主要为烃类有机物，含 N 和 O 的有机物含量较低，只占总量的 16.39%；轻质组分中含有大量的不饱和有机物，含量占到总有机物的 50% 以上。在烷烃中含量最大的是辛烷、壬烷和癸烷，比例分别为 4.33%、4.06% 和 3.0%。烯烃是轻质组分中含量最大的一类物质，占到总有机物的 1/3 以上，含量最大的为庚烯，各种异构体占到总量的 5.37%。烷烃和烯烃的碳链长度主要分布在 $C_6 \sim C_{13}$ 之间，虽然也有高于 C_{13} 的有机物存在，但是含量较小，轻质组分的碳链长度与汽油的典型碳链长度相似。芳香烃中碳链最长的有机物为甲基萘，含量为 0.12%；含量最大的有机物为甲苯，含量为 9.98%。

多环芳烃类有机物因毒性较大一直受到关注，而在轻质组分中，除了含量为 0.12% 的甲基萘含有两个苯环以外，未发现其他含有两个苯环以上的有机物，可能的原因是多环芳烃类的沸点较高，在简单蒸馏中未被蒸出。含 N 和 O 的有机物在热解油中存在形式复杂，包括低链脂肪酸、吡啶、醛类等，这些有机物也是轻质组分有恶臭气味的主要原因，在含 N 和 O 的有机物中含量最多的为腈类、吡咯和呋喃，含量分别为 3.97%、1.46% 和 0.97%。轻质组分的硫含量为 1.1%，但在气质联用中并未检出含硫化合物，可能是由于各种含硫物质的含量太低而不易检出。

（2）轻质组分的燃料性质

含水热解油经过简单蒸馏得到的轻质组分为橙色液体，具有强烈的刺激性气味，恶臭强度超过热解油本身。轻质组分在热解油中所占比例约为 15%，其热值为 31MJ/kg，具备作为燃料的基本条件。

通过与《车用汽油》（GB 17930—2016）相对照，认为轻质组分经过适当调整其所含有机物比例和脱硫处理后，有望作为车用汽油的替代燃料。

（3）中质组分的有机组成

中质组分是热解油在常压情况下低于 325℃ 时得到的馏分，该部分是热解油中量最多的部分，约为热解油总体积的 1/3。通过 GC-MS 分析可知，中质组分中烷烃的含量为 35.68%、烯烃的含量为 13.48%、芳烃的含量为 2.51%、含 N 和 O 的化合物的含量为 48.35%。与轻质组分相比，中质组分中含有更多的烷烃类及含 N 和 O 的有机物，大量含 N 和 O 的化合物表明中质组分中有机物的结构更加复杂。

中质组分中烃类有机物占全部有机物的 51.67%，烷烃类有机物占所有烃类有机物的 70% 左右，在烷烃中含量最大的是十四烷、十五烷和十七烷，比例分别为 8.23%、6.27% 和 5.59%。烯烃在中质组分中的含量较小，其中含量最大的是十一烯、十四烯和十六烯，含量分别为 2.17%、5.62% 和 3.11%。烷烃和烯烃的碳链长度主要分布在 $C_{10} \sim C_{20}$ 之间，而柴油的典型碳链长度为 $C_{11} \sim C_{20}$，可见中质组分与柴油在碳链长度上很相近。芳烃类有机物在中质组分中含量最小，其中含量最大的是 2-甲基萘，含量为 1.03%，2-甲基萘也是中质组分中唯一含有两个苯环的有机物，在中质组分中未发现高于两个苯环的有机物。

中质组分中将近 1/2 的有机物是含 N 和 O 的有机物，这与原料污泥中的有机物种类有关，其中含量最大的是十六腈，含量为 16.55%。除了含有大量的腈类有机物外，中质组分中还含有有机酸、醇和酚类等，有机酸的含量为 4.6%、醇类的含量为 5.09%、酚类的含量为 8.3%。与轻质组分相比，中质组分有机物种类有很大不同，轻质组分中未检出有机酸和醇类有机物。

（4）中质组分的燃料特性

通过与《车用柴油》(GB 19147—2016) 相对照，发现除了 20℃运动黏度、硫含量、密度和氧化性、安定性以外，其他性质可以满足标准要求，认为中质组分有望作为柴油的替代品，既可以提高中质组分的附加值，也可以减少石油的进口量。

（5）柴油添加剂应用

中质组分具有替代柴油的潜力，但仍与商业柴油具有一定距离。通过在 5 号柴油中添加 10%中质组分，发现含有 10%中质组分的柴油性质与柴油相比有一些变化，但对柴油性质的影响不大，混合物各性质都可以满足车用柴油要求。中质组分与柴油不互溶，两者混合均匀后，经过长时间静置会出现分层现象，且柴油相会变得不再清澈，表明中质组分中有一部分有机物会溶入柴油中，但短时间内两者的混合物不会出现分层现象。在商业柴油中添加 10%的中质组分，可以减少柴油的使用量，对减缓石油能源枯竭有着十分重要的意义。

（6）沥青质的特性分析

沥青质在热解油中所占比例约为 30%，没有刺激性气味，表明恶臭物质为沸点较低的易挥发组分。

通过对沥青质中的金属离子进行分析表明，除 Cu 以外，沥青质中其他金属离子的含量均高于在热解油中的含量，可能的原因是在热解油加工过程中，由于蒸馏温度较低，金属离子大都残留在沥青质中。沥青质中的 Fe 含量为 978mg/kg，远高于热解油中的 Fe 离子含量，可能的原因是在蒸馏过程中热解油中的酸性组分对蒸馏塔的不锈钢填料的腐蚀。

沥青质的热值为 36MJ/kg，硫含量为 0.5%，可以作为半固体燃料；其具有与沥青相似的性质，也可以用作道路用沥青；沥青质中含有大量的 C、H 元素，可以用作裂解法生产裂化油品的原料。

综上所述，对于污泥热解的产物，其中的轻质组分具有作为车用汽油的潜力；中质组分燃料性质表明其可作为 2 号燃料油使用，且与 5 号柴油相近，具有作为车用柴油的潜力；向 5 号柴油中添加 10%的中质组分不会影响柴油使用；沥青质热值为 36MJ/kg，可作为燃料或建筑材料。

6.6.5　污泥微波热解液化与能源化利用

在德国、美国以及日本等发达国家，已经实现了采用微波技术对含油污泥进行处理的工业化。我国在采用微波技术对油泥进行处理方面较为滞后，近年来进行了大量的实验研究。

J. Zhang 等在对污水处理厂污泥进行微波裂解时发现：在 100~300℃，随温度升高，生物气、生物油以及炭黑产率变化不大，且炭黑产率大于 90%。在 300~500℃，随温度升高，炭黑产率急剧减小，焦油产率急剧增大，且增加量达 40%，生物气产率增幅为 5%，这主要得益于温度升高，导致污泥中的有机物进一步裂解。在 500~800℃升温时，炭黑产率小幅度减小，小于 5%，但生物油产率从 45%减小到 18%，生物气产率持续增大，达到最大值 46%。在 800~1000℃继续升温，三相产物的产率基本不发生变化。生物气中的主要含氮物质为 HCN 和 NH$_3$，并且随温度升高，HCN 产率增大，而 NH$_3$ 产率出现 300~700℃先增大和

700~800℃再减小的趋势。

Q. Xie 等在频率为 2450Hz 和功率为 700W 的微波实验炉中以 HZSM-5（Si 与 Al 物质的量比 30，表面积 405m²/g）为催化剂，对污水处理厂的初级与二级混合污泥进行裂解处理研究，结果表明，温度对污泥裂解产物分布影响很大。随温度升高，裂解油产率增大，温度为 550℃时，裂解油产率达最高值 20.9%；温度超过 550℃时，次级反应的出现导致裂解油产率下降。Y. Yu 等在微波辐射下考察了 CaO、CaCO₃、NiO、Ni₂O₃、γ-Al₂O₃ 和 TiO₂ 催化剂对含油污泥裂解情况的影响，结果发现，相较于直接进行微波裂解，催化剂的存在不仅能够影响污泥的温度演化，而且能够改变裂解产物的分布以及气相产物的组成，除 CaO 外，其他催化剂均具有很好的裂解温度提升速率，在 22min 内催化剂的提温速率依次为：$Ni_2O_3 \approx \gamma\text{-}Al_2O_3 > TiO_2 > NiO > CaCO_3$，其中，NiO 和 Ni₂O₃ 对有机物的裂解具有更高的催化活性，特别是 Ni₂O₃ 能够显著提高生物油和裂解气的产率，且裂解气中 CO 含量较高。Y. Huang 等将经过干燥的污泥与稻秆混合进行微波裂解研究，发现稻秆与污泥混合裂解可以产生协同效应促进裂解过程中温度的升高，当稻秆添加量为 40% 时，裂解后的污泥 C/H 和 C/O 与无烟煤相当，可作为石油燃料的替代品。

J. Jiang 等在对造纸厂污泥的微波裂解实验中发现，随着微波辐射时间的增加，污泥量迅速减少，在 14min 后质量不再发生变化，随着微波功率增大，裂解反应速率更快。在污泥中分别添加 5% 的活性炭、NaOH、H₃PO₄ 以及 ZnCl₂ 后，分别在 CO₂ 和 N₂ 两种气体环境下进行裂解，发现在 CO₂ 环境下添加 NaOH 和在 N₂ 环境下添加 ZnCl₂，均表现出更好的裂解性能。A. B. Namazi 等在 1200W 微波炉中对造纸厂污泥进行裂解，结果表明，在污泥中添加 5% 的 KOH 能够在几分钟内完成裂解过程，挥发物质的快速释放，导致微波裂解的碳产物比传统裂解的碳产物产率低，只有 20%，由于二级污泥中的蛋白质含量比初沉污泥高，在裂解后产生的碳产物产率也相对较高，而且活性炭的比表面积为 660m²/g。吴迪等在对污泥进行裂解时发现，微波功率越高，污泥中有机物转化率越高，而固体残留物的产率就越低，并且通过 Design-Expert 相应优化器确定微波裂解污泥的最佳工艺条件为：微波功率 1880W，吸波物质添加量 0.48g，污泥含水率 79.7%。实测污泥裂解率与预测相比仅差 5%，热解所得固体产物中灰分和固定碳比例较大，通过微波氧化后适合进行进一步资源化利用。

刘小娟等对油田污水处理中产生的含水量 78.3% 和含油量 11.6% 的污泥进行了脱水、脱油以及油水乳状液的微波处理研究，结果发现，微波技术可作为对含水污泥的油、水和渣三相分离手段。侯影飞等发明了一种油田污泥的微波资源化处理方法及装置，将污泥送入密闭微波反应室于 200~900℃下进行裂解反应，产生的裂解气、裂解油可回收再利用，残渣可用一定浓度的硝酸或 NaOH 改性，制备具有利用价值的吸附材料，避免产生可观的危险废物排污费用，而且可达到 75% 的原油回收率。表 6-10 为含油污泥微波热解工艺对比。

表 6-10　含油污泥微波热解工艺对比

污水处理厂或造纸厂污泥	采用微波技术直接进行裂解，添加微波吸收物质可促进裂解反应的发生
油田污泥	采用微波技术不仅能够对污泥进行裂解，还能作为三相分离手段

参考文献

[1]　廖传华，王小军，高豪杰，等. 污泥无害化与资源化的化学处理技术 [M]. 北京：中国石化出版社，2019.
[2]　杨启容，邹瀚森，魏鑫，等. 天然橡胶热解产物反应机理研究 [J]. 西安交通大学学报，2019，35（1）：114-121.

[3] 王玉杰，丁毅飞，张欢，等.污泥与木屑共热解特性研究［J］.可再生能源，2019，37（1）：26-33.

[4] 宋飞跃，丁浩植，张立强，等.生物质三组分混合热解耦合作用研究［J］.太阳能学报，2019，40（1）：149-156.

[5] 宋金梅，刘辉，王雷，等.废弃碳纤维/环氧树脂复合材料的热解特性及动力学研究［J］.玻璃钢（复合材料），2019（1）：47-53.

[6] 朱玲，周翠红.能源环境与可持续发展［M］.北京：中国石化出版社，2013.

[7] 杨天华，李延吉，刘辉.新能源概论［M］.北京：化学工业出版社，2013.

[8] 卢平.能源与环境概论［M］.北京：化学工业出版社，2011.

[9] 骆仲泱，王树荣，王琦，等.生物质液化原理及技术应用［M］.北京：化学工业出版社，2013.

[10] 任学勇，张扬，贺亮.生物质材料与能源加工技术［M］.北京：中国水利水电出版社，2016.

[11] 袁振宏.生物质能高效利用技术［M］.北京：化学工业出版社，2014.

[12] 袁振宏，吴创之，马隆龙.生物质能利用原理与技术［M］.北京：化学工业出版社，2016.

[13] 陈冠益，马文超，颜蓓蓓.生物质废物资源综合利用技术［M］.北京：化学工业出版社，2014.

[14] 陈冠益，马文超，钟磊.餐厨垃圾废物资源综合利用［M］.北京：化学工业出版社，2018.

[15] 汪苹，宋云，冯旭东.造纸废渣资源综合利用［M］.北京：化学工业出版社，2017.

[16] 周全法，程洁红，龚林林.电子废物资源综合利用技术［M］.北京：化学工业出版社，2017.

[17] 尹军，张居奎，刘志生.城镇污水资源综合利用［M］.北京：化学工业出版社，2018.

[18] 赵由才，牛冬杰，柴晓利.固体废弃物处理与资源化［M］.北京：化学工业出版社，2006.

[19] 解强，罗克浩，赵由才.城市固体废弃物能源化利用技术［M］.北京：化学工业出版社，2019.

[20] 李为民，陈乐，缪春宝，等.废弃物的循环利用［M］.北京：化学工业出版社，2011.

[21] 杨春平，吕黎.工业固体废物处理与处置［M］.郑州：河南科学技术出版社，2016.

[22] 孙可伟，李如燕.废弃物复合成材技术［M］.北京：化学工业出版社，2005.

[23] 郭明辉，孙伟坚.木材干燥与炭化技术［M］.北京：化学工业出版社，2017.

[24] 王潇.油菜秸秆热解及催化热解特性研究［D］.西安：西北大学，2018.

[25] 桑会英，杨伟，朱有健，等.生物质成型燃料热解过程无机组分的析出特性［J］.中国电机工程学报，2018，38（9）：2687-2692，2838.

[26] 孟斌斌，朱凯.杉木屑干馏及干馏产物组成的研究［J］.林产化学与工业，2018，38（6）：88-94.

[27] 赵海波，宋蔷，吴兴远，等.稻秆焦炭热解和 CO_2 气化过程中碱金属和碱土金属的迁移［J］.燃料化学学报，2018，46（1）：27-33.

[28] 张润禾，王体朋，陆强，等.大叶黄杨木质素的高效提取及热解特性研究［J］.太阳能学报，2018，39（9）：2656-2659.

[29] 吴丹焱，辛善志，刘标，等.基于木质素部分脱除及其含量对生物质热解特性的影响［J］.农业工程学报，2018，34（1）：193-197.

[30] 王雅君，李丽洁，邓媛方，等.变速升温对玉米秸秆热解产物特性的影响［J］.农业机械学报，2018，49（4）：337-342，350.

[31] 莫榴，林顺洪，李玉，等.含油污泥与玉米秸秆共热解协同特性［J］.环境工程学报，2018，12（4）：1268-1276.

[32] 朱丹晨，胡强，何涛，等.生物质热解炭化及其成型提质研究［J］.太阳能学报，2018，39（7）：1938-1945.

[33] 李弯，张书平，陈涛，等.热解/水热对稻壳焦改性产物电容特性的影响［J］.中国电机工程学报，2018，38（11）：3384-3392.

[34] 刘朝霞，牛文娟，楚合营，等.秸秆热解工艺优化与生物炭理化特性分析［J］.农业工程学报，2018，34（5）：196-203.

[35] 胡二峰，赵立欣，吴娟，等.生物质热解影响因素及技术研究进展［J］.农业工程学报，2018，34（14）：212-220.

[36] 刘凯.干馏和水蒸气气化 2 种模式下牛粪热解产物特性研究［D］.武汉：华中农业大学，2017.

[37] 李继连，王丽，李忠浩.一种新的畜禽粪便污染处理方法［J］.河北北方学院学报（自然科学版），2010，26（2）：59-61.

[38] 黄叶飞，董红敏，朱志平，等.畜禽粪便热化学转换技术的研究进展［J］.中国农业科技导报，2008，10（4）：22-27.

[39] 高腾飞，肖天存，闫巍，等.固体废弃物微波技术处理及其资源化［J］.工业催化，2016，24（7）：1-10.

[40] 陈义胜，李姝姝，庞赟佶，等.几种典型城市生活垃圾的热解特性和动力学分析［J］.科学技术与工程，2015，15（35）：179-184.

[41] 胡艳军，余帆，陈江，等.污泥热解过程中多环芳烃排放规律［J］.化工学报，2018，69（8）：3662-3669.

[42] 鲁文涛，何品晶，邵立明，等.轧钢含油污泥的热解与动力学分析［J］.中国环境科学，2017，37（3）：

1026-1032.

[43] 高豪杰，熊永莲，金丽珠，等.污泥热解气化技术的研究进展 [J].化工环保，2017，37（3）：264-269.

[44] 高标.城市污水污泥热解特性与热解气化实验研究 [D].南昌：南昌航空大学，2017.

[45] 陈倩文，沈来宏，牛欣.污泥化学链气化特性的试验研究 [J].动力工程学报，2016，36（18）：658-663.

[46] 王山辉，刘仁平，赵良侠.制药污泥的热解特性及动力学研究 [J].热能动力工程，2016，31（10）：90-95，128.

[47] 杨铭，朱小玲，梁国正.利用 TG-FTIR 联用技术对 Kevlar 纤维的热解过程的分析 [J].光谱学与光谱分析，2016，36（5）：1374-1377.

[48] 刘璇.热解技术用于人粪污泥资源化处理的研究 [D].北京：北京科技大学，2015.

[49] 陆在宏，陈咸华，叶辉，等.给水厂排泥水处理及污泥处置利用技术 [M].北京：中国建筑工业出版社，2015.

[50] 杨立峰，张红润，屈玉林.生活垃圾热解干馏气化技术初探 [J].中国高新技术企业，2015（5）：92-94.

[51] 金顶峰，杨潇，吴盼盼，等.多孔玉米淀粉热分解反应动力学 [J].高校化学工程学报，2015，29（6）：1371-1376.

[52] 吴迪，张军，左薇，等.微波热解污泥影响因素及固体残留物成分分析 [J].哈尔滨工业大学学报，2015，47（8）：43-47.

[53] 闫志成.污水污泥热解特性与工艺研究 [D].哈尔滨：哈尔滨工业大学，2014.

[54] 畅洁.制革污泥热解过程及其产物特性的研究 [D].西安：陕西科学大学，2014.

[55] 左薇，田禹.微波高温热解污水污泥制备生物质燃气 [J].哈尔滨工业大学学报，2014，43（6）：25-28.

[56] 王美清，郁鸿凌，陈梦洁，等.城市污水污泥热解和燃烧的实验研究 [J].上海理工大学学报，2014，36（2）：185-188，193.

[57] 金溢，李宝霞.生物质与污水污泥共热解特性研究 [J].可再生能源，2014，32（2）：234-239.

[58] 王静静.含油污泥热解动力学及传热传质特性研究 [D].青岛：中国石油大学（华东），2013.

[59] 王晓磊，邓文义，于伟超，等.污泥微波高温热解条件下富氢气体生成特性研究 [J].燃料化学学报，2013，41（2）：243-251.

[60] 于颖，于俊清，严志宇.污水污泥微波辅助快速热裂解制生物油和合成气 [J].环境化学，2013，32（3）：486-491.

[61] 胡艳军，宁方勇.污水污泥低温热解技术工艺与能量平衡分析 [J].环境科学与技术，2013，36（4）：119-124.

[62] 田禹，龚真龙，吴晓燕，等.微波热解城市污水污泥的 H_2S 释放影响因素研究 [J].环境污染与防治，2013，35（7）：7-10，16.

[63] 胡艳军，宁方勇，钟英杰.城市污水污泥热解特性及动力学规律研究 [J].热能动力工程，2012，27（2）：253-258，270.

[64] 管志超，胡艳军，钟英杰.不同升温速率下城市污水污泥热解特性及动力学研究 [J].环境污染与防治，2012，34（3）：35-39.

[65] 刘秀如.城市污水污泥热解实验研究 [D].北京：中国科学院研究生院，2011.

[66] 沈佰雄，张增辉，陈建宏，等.污水污泥热解试验研究 [J].安全与环境学报，2011，11（3）：100-104.

[67] 万立国，田禹，张丽君，等.污水污泥高温热解技术研究现状与进展 [J].环境科学与技术，2011，34（6）：109-114.

[68] 熊思江.污水污泥热解制取富氢燃气实验及机理研究 [D].武汉：华中科技大学，2010.

[69] 祝威.油田含油污泥热解产物分析及性能评价 [J].环境化学，2010，29（1）：127-131.

[70] 解立平，郑师梅，李涛.污水污泥热解气态产物析出特性 [J].华中科技大学学报（自然科学版），2009，37（9）：109-112.

[71] 贾相如，金保升，李睿.污水污泥在流化床中快速热解制油 [J].燃烧科学与技术，2009，15（6）：528-534.

[72] 刘亮，张翠珍.污泥燃料热解特性及其焚烧技术 [M].长沙：中南大学出版社，2006.

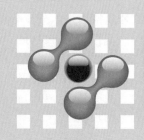

第 **7** 章 有机废弃物水热液化与能源化利用

有机废弃物水热液化与能源化利用是指在一定的温度和压力条件下，将有机废弃物经过一系列的水热处理过程，转化成液体燃料（主要是生物油），进而实现有机废弃物的能源化利用。

7.1 有机废弃物水热液化技术

水热处理技术是目前研究较多的有机废弃物处理技术，与其他热化学处理技术相比，水热处理技术的反应温度较低，且无需对原料进行干燥预处理，在一定程度上起到了节能的作用。但有机废弃物的水热处理过程十分复杂，伴随着一系列复杂的物理和化学反应，如物质传递、热量传递和水解、聚合等化学反应，其产物种类复杂丰富。

7.1.1 水热处理过程

有机废弃物水热处理过程的一般工艺流程如图 7-1 所示。各类有机废弃物原料先经过预处理，包括备料、研磨、压榨、浸渍等过程后，用泵加压后进入反应器中，原料浆经过高温

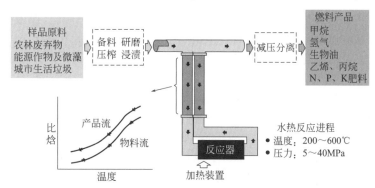

图 7-1 有机废弃物水热处理过程的一般工艺流程

高压反应后进入减压分离装置，形成了最终产物生物油、水相、生物炭和气体。

水作为一种良好的环境友好型溶剂，基于其在临界点附近的诸多特性，利用水热技术处理有机废弃物具有以下优点：

① 由于水热反应是在水中进行的，因此该过程无需进行干燥预处理，不必考虑样品水分含量的高低，可直接进行转化反应，节约了能量，尤其适用于含水率较高的有机废弃物，如餐厨垃圾等。

② 水作为反应介质可以运输、处理有机废弃物中的不同生物质组分。高温高压水可以溶解有机废弃物中的大分子水解产物及中间产物。此外，高压的环境也避免了由水分蒸发带来的潜热损失，大大提高了过程的能量效率。

③ 有机废弃物的转化速率快且反应较为完全。临界状态和超临界状态下水的密度、扩散系数、离子积常数和溶解性能等特性发生了极大的改变，有利于生物质大分子水解以及中间产物与气体和催化剂的接触，减小了相间的传质阻力。

④ 产物分离方便。由于常态水对有机废弃物转化所得产物的溶解度很低，大大降低了产物分离的难度，节约能耗和成本。

⑤ 产物清洁，不会造成二次污染。较高的反应温度可使有机废弃物中任何有毒有害组分在较短的时间内发生水解，因此产物基本不含有毒有害物质。

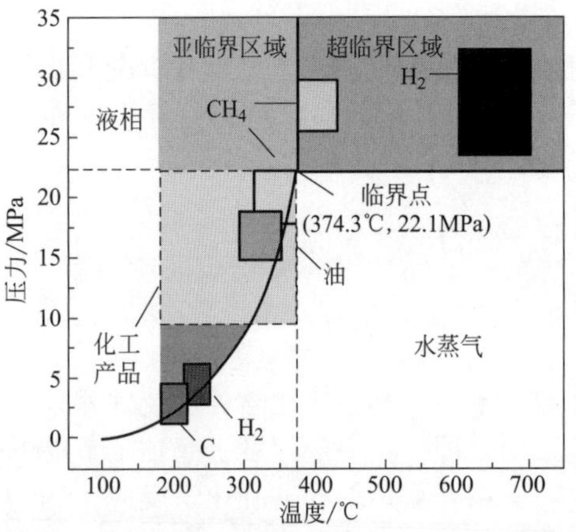

图 7-2 水热转化技术产物分布

总体来说，有机废弃物水热反应过程大致可分为以下几个步骤：生物质在溶剂中溶解；生物质主要化学组分（纤维素、半纤维素和木质素）解聚为单体或寡聚物；单体或寡聚物经脱羟基、脱羧基、脱水等过程形成小分子化合物，小分子化合物再通过缩合、环化而形成新的化合物。其中目前研究较多的是生物质主要组分的解聚过程以及单体或寡聚物的脱氧机理。基于不同操作参数及所得不同比率的目标产物，可将水热处理技术分为水热气化技术、水热液化技术和水热炭化技术，如图 7-2 所示。水热气化以追求气体产物产率最大化为目标，水热液化以追求液体产物产率最大化为目标，而水热炭化则以追求固体产物产率最大化为目标。

7.1.2　水热液化技术

有机废弃物的水热液化是以水为反应介质，以有机废弃物为原料，制取生物油的热化学转换过程，通常反应温度为 270~400℃，压力为 10~25MPa。在此状态下水通常处于亚临界状态、超临界状态，水在反应中既是重要的反应物又充当着催化剂，其主要产物包括生物油、焦炭、水溶性物质及气体。

与上一章所述的热解液化相比，水热液化反应不用对原料进行干燥，降低了能耗，这在一定程度上达到了节能的效果。另外，水热液化所得的生物油中含酚类物质较多，酸、糖类等极性化合物及焦炭的含量相对较少。当前的研究者们都把注意力集中在如何通过减少有机物在水相中的溶解量来增加生物油的收率，现阶段典型的方法是在水热反应中加入强碱、碳酸氢盐及碳酸盐作为催化剂，此时焦炭的生成受到一定程度的抑制，生物油的产率得到提高，油品也得以改善。

7.2 农林废弃物水热液化与能源化利用

刚收获的农林废弃物,如新鲜植物、农作物等,其含水率普遍较高,一般都高于 70%,有的甚至能达到 85%以上,普通的气化需要先将其干燥至含水率小于 10%,这是一个既耗能又费时的过程,而采用水热液化技术对有机废弃物进行液化和能源化利用就可避免这一过程。

水热液化技术最早始于 1925 年 Fierz 等人对于木材液化方面的研究工作,当时的液化条件参照了煤液化过程,成功地将木粉直接液化,制备出了液体燃料。水热液化技术的发展也大多是以农林废弃物为原料进行的。Selhan 等选取木质素、纤维素、松木屑、米壳等 4 种不同生物质为原料,在温度为 280℃、停留时间为 15min 的条件下进行高压水热液化实验制取生物油。经 GC-MS 检测分析表明,相对于松木屑、米壳的液化油,木质素和纤维素的液化油组分相对简单。木质素液化油的主要化学成分有邻苯二酚、甲氧基苯酚及 4-甲基邻苯二酚;纤维素液化油的主要成分是 5-甲基-2-呋喃草醛、丙酸等;米壳和松木屑的液化油除具有前 2 种液化油的成分外还有其他成分,组成较复杂。Funazukuri 等在间歇式反应器中对磺酸木质素进行亚临界和超临界水液化,结果显示,在 400℃时生物油的产率最高且受到温度、水密度及停留时间的影响。经核磁共振氢谱分析,生物油在较短的时间内就能生成,并且其中的甲氧基团含量比较高。陈玮将玉米秸秆放在高压反应釜中进行水热液化,结果表明,在温度为 390℃、停留时间为 15min 时,生物油的产率和热值是最高的。徐玉福等将小球藻粉进行水热催化液化制造生物油,结果表明,在温度为 300℃、停留时间为 20min 时,液化率可达到 39.87%,经 FTIR(傅里叶变换红外光谱仪)及 GC-MS 检测其基团发现,其生物油的成分与化石燃油很接近,且热值高达 26.09MJ/kg。

7.2.1 农林废弃物水热液化的机理

由于有机废弃物的种类很多,组成也极其复杂,因此关于各类组分在水热液化制油中的反应机理,就目前来说尚未有统一而明确的认识,这也是国内外的研究热点。相对来说,人们对纤维素和半纤维素的解聚过程认知度较高,这是由于这两种组分均为五碳糖或六碳糖的聚合体,人们已对其进行了深入的研究,而对木质素以及其他一些有机大分子组分的解聚过程则知之甚少。

(1)纤维素的解聚

因为纤维素同时具有分子内和分子间的氢键,呈现一定的结晶度,因此很难在水中溶胀,也不溶于乙醇、乙醚等有机溶剂,只有某些酸、碱和盐的水溶液可渗入纤维结晶区,发生无限溶胀,使纤维素溶解。目前认为,高温高压的水热条件足以破坏纤维素的氢键,又能使 β-1,4-糖苷键水解,从而得到葡萄糖单体。Minowa 等对纤维素的水热液化过程进行了系统研究,在温度 180~350℃、初压 3MPa(氮气)下,将 5g 纤维素和 30mL 水混合后加入反应釜中,在此条件下分别进行了无催化剂、以 Na_2CO_3 及镍为催化剂的纤维素液化研究,并将反应产物分为油相、气相、水相以及固体残渣四类。纤维素的水热液化分解产物中,葡萄糖及低聚糖的含量仅占纤维素原料的 6%~12%。进一步通过葡萄糖在高温下的分解实验证实,葡萄糖产率低的原因在于这些产物很快分解成其他物质。纤维素从 180℃时开始分解,在温度低于 260℃的范围内,所得产物均为水溶性,无烃类生成;当温度超过 260℃时,产物中开始出现油状物,并且这些油状物可发生二次分解,生成气态化合物;在 260~300℃

温度范围内，随着温度的升高，分解速率逐渐加快，生成油类、气体和焦炭产物，其中在290~300℃温度范围内生成的水溶性物质含碳量最高达43%；温度高于300℃时水相中的含碳量下降，但产油率逐渐增加，在320~340℃区间内达到最大值。纤维素在300℃时即可全部分解，在此温度下水溶性物质转化为油类、气体产物和焦炭。当温度高于350℃时，油类发生二次分解，进一步生成焦炭和气体。

纤维素在水热条件下的降解过程大致如图7-3所示，主要包括：a. 纤维素水解得到的葡萄糖与果糖互变，果糖脱水形成羟甲基糠醛；b. 羟甲基糠醛进一步脱水形成1∶1的甲酸和乙酰丙酸；c. 乙酰丙酸脱水形成当归内酯；d. 葡萄糖或果糖的逆羟醛缩合反应形成甘油醛和赤藓糖；e. 上述中间体进一步反应生成丙酮醛、乙醇醛和小分子羧酸。

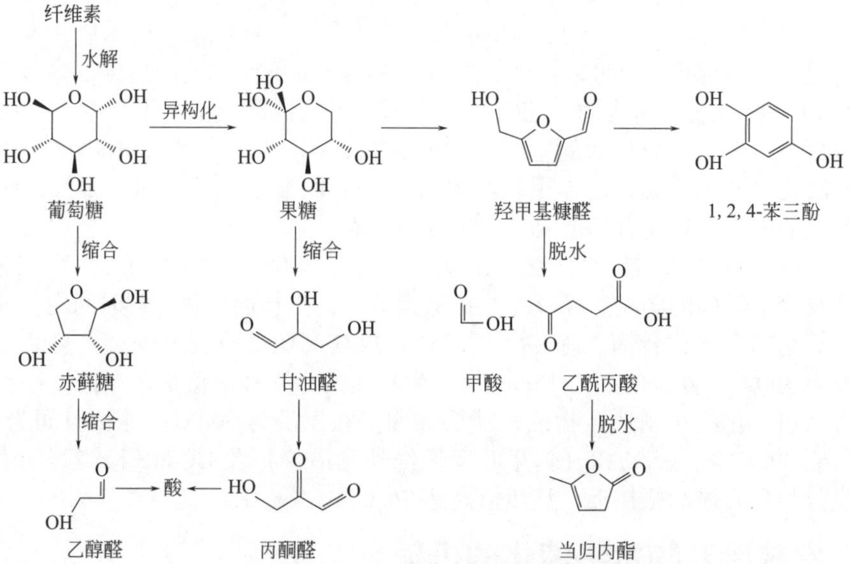

图 7-3　纤维素在水热条件下的降解过程

需要指出的是，不同生物质来源的纤维素具有不同的物理化学结构，因此其反应行为应有一定差别。纤维素在水热条件下水解时，温度和压力会对其产生显著影响，尤以温度的影响最为明显，纤维素的降解速率在反应温度达到水的临界点附近时会迅速加快；Sasaki 等在290~400℃、25MPa 的水中研究纤维素的液化，发现其在超临界水中的转化率远大于近临界以及其他条件下的转化率。随着温度的升高，达到临界点时，纤维素水解速率迅速提高，远大于生成物的分解速率，反应停留10s，纤维素的转化率接近100%，水解产物（包括葡萄糖、果糖、葡萄糖低聚物）的产率为75%。此外，升温速率也会对其产生影响，较快的升温速率可以缩短纤维素的水解时间。

（2）半纤维素的降解

与纤维素不同，半纤维素缺乏重复的 β-1,4-糖苷键直链单元，是一种随机结构的聚合物。由于其结构无序化程度提高，因此结晶度和抵抗结构变化的能力比纤维素弱得多。总体而言，相比于不易水解的纤维素，半纤维素更易于在稀酸、稀碱和半纤维素酶存在的情况下发生降解。同时有研究表明，即使在不加催化剂的情况下，半纤维素也能直接溶解在亚临界水中。

一般来说，半纤维素的热降解主要有两种类型：a. 大分子化合物在较低温度下逐步降解、分解、结焦；b. 在较高温度下发生快速挥发，伴随左旋葡萄糖的生成。半纤维素在化学性质上与纤维素相似，主要降解产物也是甲酸、乙酸、甲醇、酮类以及糖醛等。

（3）木质素的降解

木质素结构的复杂性造成反应机理的复杂性，其在水热液化条件下的反应路径大致如图 7-4 所示。

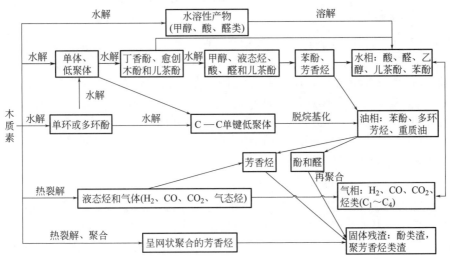

图 7-4　水热液化中木质素的反应路径

总体上将产物分为四相：油相（芳香烃及重质烷烃）、水相（酸、醛、醇和酚类）、气相（氢气、碳氧化物和轻质烷烃）和固体残渣。反应历程主要包括：

① 具有醚键的可溶性化合物水解生成单环酚类，例如丁香酚、愈创木酚、儿茶酚等；

② 丁香酚和愈创木酚进一步水解和脱烷基生成水溶性的甲醇和儿茶酚；

③ 少量儿茶酚进一步分解为苯酚和芳香烃；芳香烃进一步缩聚生成聚合芳香烃以及芳香残渣；

④ 高温下，木质素和寡聚体的 C—C 键断裂成单环或多环酚；

⑤ 木质素热解生成的难溶性产物通过自由基反应热解为气体、烷烃、酚类和可溶性产物（甲醇、酸和醛）。

近年来关于木质素的研究较多，木质素水解反应中的关键影响因素是水相的密度，在一定范围内，水密度的提高有利于木质素的降解。此外，研究人员还发现一个特别的现象：当温度大于 250℃时，木质素即开始降解，生成一些中间产物，但当温度过高时，这些成分又会进一步发生缩合，生成固体残留物，导致生物油的产率下降。造成这一现象的可能原因在于木质素分子结构中连接单体的氧桥键和单体苯环上的侧链键相对较弱，受热时容易发生断裂，形成活泼的含苯环自由基，这些产物又极易与其他分子或自由基发生缩合反应，生成结构更为稳定的大分子，进而炭化结焦。

因此，木质素的降解存在一个最佳的反应温度和停留时间，以防止产物的进一步缩合；也可以向反应体系中引入氢源或其他的稳定剂来抑制中间产物发生缩聚等反应。

（4）淀粉的降解

淀粉是植物中广泛存在的储存性葡萄糖，是葡萄糖以 β-1,4 链和 α-1,6 链连接的高聚体。通常可分为直链淀粉和支链淀粉两类。淀粉可在 180~240℃的温度下借助催化剂降解，其中升温速率是最关键的影响因素，较快的升温速率可使淀粉在 180℃下快速溶解，但升温速率对葡萄糖的产率并无明显影响，生成的葡萄糖会进一步快速降解，主要产物为 5-羟甲基糠醛（HMF）。Miyazawa 等人对甘薯（主要成分为淀粉）进行液化，发现淀粉在 200℃下反应 15min 后葡萄糖的产率只有 4%；而当体系中加入 CO_2 时，水解速率大幅加快，几乎与体系中 CO_2 的浓度成正比。在后续的研究中，将淀粉在 240℃下反应 3.64min，葡萄糖的产率达到了 43.8%，同时生成的葡萄糖进一步降解生成 1,6-脱水葡萄糖和 HMF。

（5）脂类的降解

脂类主要存在于油脂类物质中，例如动物肝脏、油泥等，主要是指长链脂肪酸和甘油三酯。在普通条件下，脂类并不溶于水，而在水的临界区域内，水的介电常数大幅降低，极性减小，对脂类的溶解度也大幅上升。油脂在水热条件下的水解产物主要是游离脂肪酸和甘油。King 等以大豆油（主要成分为甘油三酯）为原料，在 330~340℃、13.1MPa 下进行水热反应，并通过一个透明的可视床对反应体系的相态进行观察，发现在 339℃时，相界面消失，达到临界状态，此时反应速率明显加快，最终所制得的游离脂肪酸产率在 90% 以上。

（6）蛋白质的降解

蛋白质是广泛存在于动物类和微生物类生物质中的一类大分子化合物。组成蛋白质的基本单位是氨基酸，氨基酸通过脱水缩合形成肽链，蛋白质由一条或多条肽链组成，每一条肽链有 20 至数百个氨基酸残基，各种氨基酸残基按一定的顺序排列。蛋白质的一个特点是氮元素含量相对较高，这些氮元素会在一定程度上保留到所制得的生物油中，导致恶臭、易燃等特性。

蛋白质中的肽键要比纤维素和淀粉中的糖苷键更加坚固，因此水解速率较慢，通常加入酸性催化剂以加速反应，蛋白质的水解产物主要是氨基酸。研究表明，在蛋白质的水热液化过程中通入 CO_2 作为反应气氛可促进蛋白质的降解，可能的原因在于 CO_2 溶于水后呈酸性，以此实现酸催化的作用。

由于氨基酸的结构繁多（21 种），进一步降解的机理不甚清楚，但由于不同氨基酸的肽键骨架基本一致，所以几乎所有的氨基酸都遵循相类似的降解途径，经历脱羧基和脱氨基作用，主要产物为烃类、胺类、乙醛和有机酸。Klingler 等研究了乙氨酸和丙氨酸的降解路径，发现这两种最基本的氨基酸都经历了脱羧基和脱氨基作用，分别形成相应的胺类和醛类。Rogalinski 等考察了牛血清蛋白在亚临界水中的水解反应，结果发现在 330℃下反应 200s 后牛血清蛋白几乎全部分解，最终得到的主要产物有羧酸（乙酸、丙酸、正丁酸和异丁酸等）以及一些含氮有机物（乙胺、鸟氨酸），而绝大多数的氮元素以氨气的形式溢出。

（7）脱氧反应机理

生物油的高位热值（higher heating value，HHV）与元素含量的关系通常可按下式进行估算：

$$HHV = 337.4C + 1442.8 \times (H - O/8) \, (kJ/kg) \tag{7-1}$$

式中，C、H、O 分别为生物油中碳、氢、氧的质量分数。

由式(7-1) 可以看出，较高的氧含量会严重降低生物油的热值。此外，氧元素的存在还会导致油品的化学性质不稳定，某些含氧有机物甚至具有腐蚀性，影响到生物油的存储和利用。所以与热解液化一样，水热液化中非常重要的一个目标就是脱氧。脱氧的途径大体有三种：脱水、脱羰基和脱羧基，即将氧元素分别以 H_2O、CO 和 CO_2 的产物形式脱除。

木质纤维素类生物质的主要化学组分中，纤维素和半纤维素均为多羟基醇结构，理论上羟基容易与氢源发生反应生成水，但由于水热液化环境中已有过量的水存在，所以脱水反应具有一定难度，通常需借助某些重金属催化剂或者在酸性环境中进行。

相比于脱水，脱羧更具有吸引力，因为按这种方式脱氧不仅可以降低生物质原料的氧含量，而且可以提高产物的 H/C 值，从而进一步提高产物的热值。与单纯热解不同，水热条件下的脱羧反应可以通过采取措施进行抑制或加强。例如，以 KOH 等强碱性溶液为催化剂时，可以促进脱羧反应的进行，这是因为碱性溶液可吸收并转化掉产物中的 CO_2，从而使化学平衡向着脱羧反应的方向进行。有研究表明，在 300~350℃ 的水热条件下，大部分木质纤维素中的氧元素是以脱羧方式脱除的。

目前来说，与脱水过程相比，脱羧过程的研究还相对较少，相关的反应机理仍需要进一步的研究。

根据工艺条件的不同，可将各种工艺过程分为亚临界水热液化和超临界水热液化。

7.2.2　亚临界水热液化工艺

亚临界水热液化工艺是指液化过程的工艺条件处于水的亚临界状态，即温度不超过 374℃，压力不超过 22.1MPa。目前常用的水热液化工艺过程，例如 PERC（Pittsburg energy research center，匹兹堡能源中心）工艺、HTU（hydrothermal upgrading，水热提质）工艺、LBL（lawrence berkely laboratory，劳伦斯-伯克利实验室）工艺、CatLiq（catalytic liquefaction，催化液化）工艺以及 CWT（cahnging world technologies，CWT 公司）工艺等，都属于亚临界水热液化工艺。

（1）PERC 工艺

20 世纪 70 年代 Appell 团队对生物质加压液化过程做了大量的工作，考察了包括城市生活垃圾、木材、印刷品和牛粪在内的多种生物质原料的水热液化过程，积累了大量的实验室经验。而后在美国俄勒冈州的奥尔巴尼建立了中试装置，具体流程为：将干燥的木材（水分 4%）粉碎（35 目）后，在 300~370℃ 和 20MPa 的 CO/H_2 下，同时加入 4%~8%（质量分数）的 Na_2CO_3 作催化剂，制取生物油，收率大概在 45%~55%。但好景不长，由于生物质原料中的许多固体物质难以溶解，反应底物的黏度随着装置的连续运行而变得越来越大，由此带来了一系列的技术问题，在 1981 年后该装置就难以运行，在这期间总共产出了约 5t 的油。由于这项研究是在匹兹堡能源研究中心（PERC）进行的，所以后来被命名为 PERC 法。图 7-5 所示为 PERC 工艺流程图。

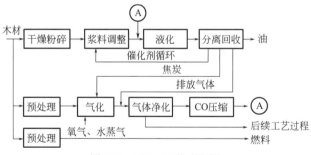

图 7-5　PERC 工艺流程图

（2）LBL 工艺

美国能源部与劳伦斯伯克利实验室（LBL）联合开发了现在被称为 LBL 法的加压液化技术，与 PERC 法相比，该工艺最大的特点是采用预水解的方法代替了 PERC 法中的木材干燥粉碎以及用液化油混合的工序，其余操作条件基本相同。具体工艺为：先将生物质原料在硫酸溶液中水解，在温度180℃、压力1MPa、硫酸用量为木材质量0.17%的条件下水解45min，而后用Na_2CO_3中和。处理后的浆液混匀后进入反应器，在330~360℃和10~24MPa下反应，最后得到类似沥青的产物：密度1.1~1.2kg/m^3、含氧15%~19%、含氢6.8%~8%、含碳74%~78%。商业规模下的油收率大约为干基木材的35%，能量收率大约为54%（以高位发热量为基准）。LBL工艺流程如图7-6所示。

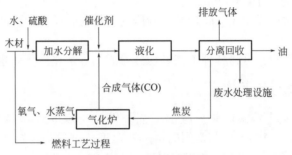

图7-6　LBL工艺流程图

然而到了20世纪80年代，由于石油价格的回落，更多的研究转向诸如乙醇之类的汽油添加剂，在美国，关于生物质液化的研究（包括PERC和LBL法）被搁置。

（3）HTU工艺

1982年，壳牌公司开发了名为"hydrothermal upgrading（HTU，水热提质）"的生物质水热液化技术，如图7-7所示。其特点是木材在无催化剂条件下，用水热方法加以液化。由于碱性催化剂的作用可以抑制从油向焦炭的聚合，加强油的稳定性，HTU工艺在没有催化剂参与的情况下，通过控制反应时间来控制聚合反应的进行，即可理解为水热液化中快速热分解，得到的油在室温下为固体，但一加热就成为具有流动性的流体。可惜由于商业的原因，该项目于1988年终止，当时只在实验室规模下运行了几百小时。到了1997年，由于荷兰政府的大力扶持，壳牌公司与斯托克工程建设公司（Stork Engineers & Contractors）合作，重新启动了HTU项目，并运行至今。在HTU中试装置运行中进行了许多探索性的实验，一系列具有较高含水量的生物质原料被证明可以在高压下进行液化。具体操作为：生物质与水一起通过高压泵打入反应器中，反应温度为330~350℃，压力为12~18MPa，反应时间为5~20min，在此条件下获得45%的生物油（按原料的干燥无灰基计算）、25%的气体产物（其中90%以上为CO_2）以及约10%的水溶性有机物（乙酸、甲醇等）。进一步的分析表明，所制得的生物油的热值在30~35MJ/kg之间，H/C约为1:1，含氧量为10%~18%，整个过程的热效率为74.9%（理论最大值为78.6%）。生物油可进一步分离为重质组分和轻质组分，可分别用于不同的机械装置，也可通过加氢脱氧技术精制提炼。

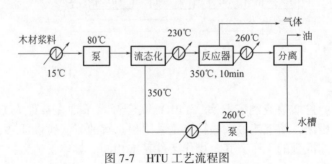

图7-7　HTU工艺流程图

（4）日本资源环境技术综合研究所液化法

PERC 工艺和 LBL 工艺都使用还原性气体（CO/H_2），与此不同的是日本资源环境技术综合研究所（现为产业技术综合研究所）开发的液化法。该法不使用还原性气体，催化剂为 Na_2CO_3，木粉与催化剂（与木材质量比约为 5%）一起在热水中（300℃，10MPa）进行油化处理。压力靠水的自发压力（对应于某一温度的水的饱和蒸气压）自动升到 10MPa。油的收率为 50%，能量收率超过 70%（以高位发热量为基准）。

（5）DoS 工艺

德国汉堡应用技术高等专业学院（Hochschule für Angewandte Wissenschaften Hamburg，HAW）开发了一种将木质纤维素类物质（木材、秸秆等）直接液化的工艺，称为 DoS（direct liquefaction of organic substances）工艺。该工艺需要对原料进行干燥预处理，虽然也是在加压条件下进行，但严格来说与其他水热液化完全不同，倒是更趋向于热解液化。具体运行条件为：压力 8MPa、温度 350~500℃，并以氢气为反应气氛，在此条件下得到生物油、水、焦炭和气体，整个系统的热效率约为 70%。该工艺只在汉堡应用技术大学（Hamburg University of Applied Science）建立了一套 5kg/h 进料的半连续测试装置。

（6）CatLiq 工艺

丹麦高科技材料公司（SCF Technologies）开发了一种 CatLiq（catalytic liquidification，催化液化）技术，采用均相 K_2CO_3 和非均相 ZrO_2 为催化剂，在 280~350℃的温度以及 22.5~25MPa 的压力下，将有机废弃物转化为生物油。整个过程总体上可以分为反应和分离两大步骤。为了延长物料与非均相催化剂的接触时间，提高转化率，在反应阶段，原料依靠循环泵连续循环通过反应器，在分离阶段，产物按相态不同进行分离，主要有油相（浮于产物上层）、气相（主要为 CO_2 和 H_2）、水相（主要为一些可溶性的有机物，例如乙酸、甲醇等），以及在产物底层的不可溶无机物。生物油的产率一般在 30%~35%，整个系统的热效率约为 70%~75%。

（7）CWT 工艺

美国改变世界技术公司（Changing World Technologies，CWT）于 1999 年建立了一套处理量为 7t/d 的生物质水热液化工业装置，到 2004 年，扩大到 250t/d，这也是迄今为止规模最大的水热液化装置，位于美国密苏里的迦太基，主要用于将食品废弃物（主要是动物内脏）转化为生物油、活性炭以及可以制造化肥的浓缩矿物质，这一工艺被称为 CWT 工艺，

又称为 TDP（thermal-depolymerization process）工艺，其流程如图 7-8 所示。该工艺总体上分为两个阶段：第一阶段为水热液化阶段，原料浸泡成浆液后进料，加热至 250℃左右，水在该温度下蒸发达到其饱和蒸气压约 4MPa（相比于其他水热工艺，该过程压力较低），反应后，固液产物进行分离，液相产物首先通过闪蒸除去水分，然后进入下一反应阶段。第二阶段首先对闪蒸除水后的剩余物质进一步加热到 500℃下进行反应，而后进入冷却器，将生物油冷凝成液态后收集。

由此可见，CWT 工艺在一定程度上实现了生物质的多联产。在第一阶段可以回收矿物质原料，可进

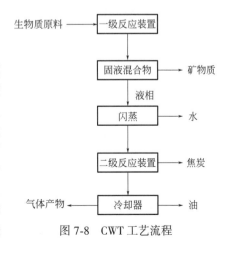

图 7-8　CWT 工艺流程

一步通过加工制成肥料利用；在第二阶段可以得到燃料气、焦炭和生物油，其中生物油组分主要是 $C_{15} \sim C_{20}$ 的烃类，与常规的柴油具有一定的相似度。此外，CWT 公司宣称原料中 $15\% \sim 20\%$ 的能量即可用于维持整个工厂的设备运转，即原料中 85% 的能量将保留于最终产品中。

在上述各种水热液化工艺中，虽然都包括低分子化的分解反应和分解物高分子化的聚合反应等过程，反应机理也大致相同，但运行过程、操作参数以及产率和产品性质都存在差别。图 7-9 所示为现代生物质水热液化的流程简图。先对生物质原料进行研磨、粉碎等预处理，而后配制成生物质浆液；经过预热后进入反应器进行水热反应；最后将产物冷凝并分离收集。由于高温高压水蒸气的热导率较高，该系统通过利用反应器出口物料加热原料浆液的方法进行回热交换利用，从而进一步降低能耗。

图 7-9　现代生物质水热液化流程简图

7.2.3　超临界水热液化工艺

虽然亚临界水热液化工艺具有反应条件温和、设备投资与运行费用均较低的优点，但由于亚临界水热液化过程的产物收率低，因此，随着现代科技的发展，将工艺条件提高到水的临界点以上的超临界水热液化工艺得到了日益广泛的应用。

超临界水热液化技术是指在一定的温度和压力条件下使水处于超临界状态（压力高于 22.1MPa，温度高于 374℃），在该状态下将生物质由固态直接转变为液态。以超临界水为介质，环境友好，产物易于分离，且液化产物得率高，符合绿色化学与洁净化工生产的发展方向。与常规条件下的生物质液化相比，超临界水液化具有转化速率快、残渣率低的优点，值得大力开展深入系统的研究工作。

南京工业大学廖传华团队采用图 7-10 所示的间歇式超临界水热液化工艺流程，在高温高压反应釜（容积 500mL，材质为 316L 不锈钢）内，以有机溶解物产量为主要指标，分别考察了较高压力的亚临界和超临界条件下，反应温度、反应压力、停留时间、物料浓度、物料粒径、催化剂对液化过程的影响。

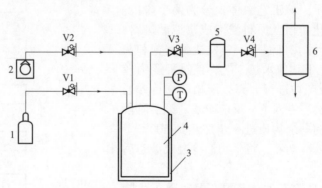

图 7-10　间歇式超临界水热液化工艺流程

1—氩气瓶；2—恒流泵；3—加热器；4—反应釜；5—冷却器；6—气液分离器；V1~V4—减压阀

用天平称取样品 50g，装入反应釜内。用量筒量取 250mL 蒸馏水倒入釜内，排出空气，控制一定的压力，快速加热至反应温度并停留一定时间后，自由冷却至室温，然后放出气体生成物，取出固、液产物。实验的温度范围为 280～400℃，压力范围为 2.8～30MPa，反应时间为 40min。结果表明，在料液比为 5∶1（50g 生物质和 250mL 蒸馏水）、温度 310℃ 和反应时间 40min 的亚临界试验条件下，木焦油产量最高达到 14.4g；在温度 380℃、压力 23MPa 和反应时间 40min 的超临界试验条件下，有机溶解物的产量最高为 10.3g。进一步的优化试验表明，在温度为 300～330℃ 时，液化油产量较大；在试验压力范围内，木焦油产量在某压力时有最大或最小值；有机溶解物产量随温度升高而增大，随压力变化有一最大值。在 380℃、23.2MPa 时，有机溶解物产量达到最大；生物质在水中的直接液化反应过程由物理萃取、化学转化和结焦炭化过程组成。

7.2.4 水热液化的产物

水热液化的最终产物包括生物油、水相、生物炭和气体。

（1）产物分离

水热液化产物的分离一般较为复杂，目前常用的分离方法主要有萃取和精馏两种，前者按所用萃取剂的不同分为丙酮萃取、四氢呋喃（THF）萃取和甲苯萃取等。而精馏所采用的馏程也各不相同。目前多数研究者采用萃取分离。

丙酮萃取流程一般如图 7-11 所示，液化产物首先经过水洗得到水不溶物，进而用丙酮萃取，溶于丙酮的即被定义为生物油，不溶物定义为残渣。

彭文才等开发了一种多溶剂共同萃取工艺，如图 7-12 所示。该工艺先后采用正己烷、甲苯和四氢呋喃进行萃取，从而将产物进一步细分，其中正己烷可溶物定义为生物油，甲苯可溶物定义为沥青烯（主要含一些大分子物质），四氢呋喃可溶物定义为前沥青烯（主要为小分子物质）。

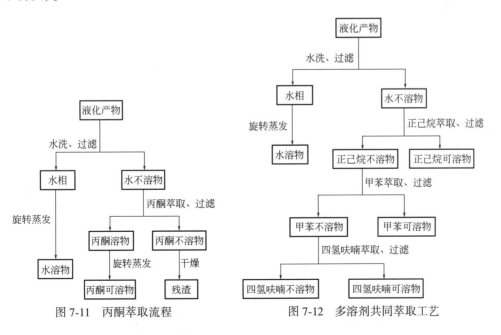

图 7-11 丙酮萃取流程　　　　图 7-12 多溶剂共同萃取工艺

不同分离方法的主要单元操作基本都为过滤、萃取、蒸发等。在产物含水的情况下，通

常先要除水，主要措施有两种：一是利用与水不互溶的溶剂（如二氯甲烷、甲苯等）将部分液相产物萃取出来；二是利用过滤的方法分离为水相和固相，固相再进行溶剂萃取。萃取操作一般需要多次才能达到较好的分离效果，为进一步增强分离效果，还可以利用超声或索氏抽提等方法。由于水对多数精密分析仪器有害，因此一般仅分析水相中的 TOC，或者是利用蒸发的方法除去水后再进一步检测水溶物成分。

产物分离方法的不同必然造成产物性质的不同，目前还没有一种被广泛认可的分离工艺，所以产物组成的分析一般都要针对其特定的分离方法而言。另外，不同的研究对液相产物的称谓也各不相同，如生物油（bio-oil）、生物原油（bio-crude）、生物汽油（bio-gasoline）和生物柴油（bio-diesel）等，对应的产率计算方式也各不相同，因此不能仅依据产率的数值大小来比较液化工艺的优劣。

（2）产物组成

水热液化产物的组成非常复杂，定量分析十分困难，目前见诸报道的多为定性或半定量的结果。对于液化产物，目前主要的表征手段有 GC-MS（气-质联用仪）、NMR（核磁共振）、FTIR（傅里叶变换红外光谱）、HPLC（高效液相色谱）以及 DSC（差示扫描量热法）、TG（热重分析）等热分析技术。

通常来说，生物质水热液化液相产物中主要含有烷烃、烯烃、芳香化合物、酚类和羧酸等，含氧量为 10%~20%，热值为 30~60MJ/kg。经过水热液化后，原料中 97% 的能量被保留了下来。同时，原料中原本含有的大量氧元素（66%~80%）在反应过程中转变为 H_2O 和 CO_2 的形式脱除，也正是因为如此高的脱氧率损失了产物的部分质量，所以一般相对于热解液化，水热液化的液相产物收率较低。

（3）产物精制

水热液化的主要目标是获得可替代燃料油的液体产物，但需要进行后续的油品精制和改良处理，目标是脱除液相产物中的氧元素，以及将大分子降解为小分子（与石油成分更相近），以期获得具有高热值的石油替代物。

就目前来说，与生物质热解液化技术的规模化应用不同，水热液化还处于工业示范阶段，绝大多数研究都是针对液化工艺的条件优化，对于特定于这一反应体系下的生物油精制或者改性方法基本还没有系统研究。生物油精制过程参照的是原油精制工艺，主要包括加氢裂化和加氢脱氧，该过程通常需要借助催化剂（Cu、Ni 等负载于 Al_2O_3、SiO_2 上），在温度 250~400℃、压力 10~18MPa 以及一定的氢气流量（100~700L/L 生物油）下进行。这与原油精制技术有一定的相似性，但目标不同，原油精制过程的主要目标是脱除 N 和 S 元素，而生物油精制的主要目标是脱除氧元素，一般来说，脱氧的难度比脱氮和脱硫的难度更高。

7.3 畜禽粪便水热液化与能源化利用

对于含水率高的畜禽粪便（含水率通常高于 70%），采用前述的热解液化需要干燥，能耗过大，因而增加了生产成本。采用水热液化无需进行脱水、粉碎和干燥等高耗能步骤，还避免了水汽化，反应条件比热解液化温和，降低了能耗。另外，水热液化能将畜禽粪便全组分包括脂肪、蛋白质和碳水化合物进行转化；反应在近临界或超临界状态下进行，反应迅速，效率高；通常反应可以杀死粪便中的虫卵、病菌等，最终实现完全无毒化，特别适合畜禽粪便的处理。

畜禽粪便水热液化获得的生物油氧含量在 10% 左右，热值比快速热解的生物油高 50%，物理和化学稳定性更好。因此，在畜禽粪便液化产油的研究中主要采用水热液化技术。

7.3.1　畜禽粪便水热液化过程的影响因素

目前，关于畜禽粪便进行水热液化制备生物原油的研究主要在间歇反应釜中进行。通过研究反应温度、时间、反应溶剂、催化剂及初始载气等，探讨合理水热液化产油条件及揭示粪便水热液化成油机理。关于粪便水热液化的研究主要集中于猪粪和牛粪。

猪粪中含有丰富的营养成分，如蛋白质、碳水化合物等，这些营养成分在水热液化条件下会被转化为生物原油。从 1999 年起，伊利诺伊大学香槟分校张源辉教授团队以新鲜猪粪为原料，进行了一系列水热液化制备生物原油的研究，发现在反应过程中，反应温度对猪粪水热液化的影响最为重要。He 等以新鲜猪粪为原料，在 1.8L 间歇反应釜中，反应温度 275～350℃，反应时间 5～180min，利用还原性气体 CO 作为载气，探讨了反应温度、时间对新鲜猪粪水热液化产油的影响，获得生物原油产率为 32%～42%。Ye 等研究了不同反应溶剂对猪粪水热液化特性的影响，在温度 340℃、停留时间 15min 条件下，甲醇/甘油/水混合剂对猪粪水热液化起到协同促进作用，生物油产率高达 65%，当亚油酸作为反应溶剂时，酸催化效应促进脱水及酯化反应的发生，因此所得猪粪生物油产率最大，达到 79.96%。Lu 等对猪粪在不同条件下进行水热液化处理，并对生物油及重金属迁移特性进行分析：在 220～340℃ 温度区间内，由于反应主要沿着脱水、脱羧路径进行，使得产油率逐渐升高；当温度升高至 370℃ 时，生物油气化反应程度逐渐加强，生成更多气体产物导致产油率降低。因此，在温度为 340℃ 时，产油率达到最大 25.58%，主要组分为酯类、酸类、醛类等化合物。此外，经液化处理后，猪粪中超过 70% 含量的重金属（Zn、Cu、As、Pb、Cd）富集于固体产物中。

Yin 等研究了不同影响因素对牛粪水热液化产生的生物油特性的影响，发现液化温度及气体氛围对生物油产率影响最大，而较高的初始压力、较长的停留时间以及较大的原料固液比则会抑制生物油的生成，在温度为 310℃、CO 作为载气、停留时间为 15min 以及固液比为 0.25g/mL 的条件下所得生物油产率最高，达到 48.78%（质量分数），生物油平均热值为 35.53MJ/kg。Theegala 和 Midgett 选取 Na_2CO_3 为催化剂，在 250～350℃ 温度范围内对牛粪进行水热液化特性研究，随着温度从 250℃ 升高至 325℃，由于生物油发生裂化、脱水和缩聚反应形成气体、水和焦炭，因此其产率表现为先增大后减小。催化剂的加入有助于提高生物油产率，在温度为 350℃、Na_2CO_3/牛粪（质量比）为 1/20 时，生物油产率最大为 24%，热值为 33.5MJ/kg，其能量回收率达到 67.6%。Chen 等研究了不同反应溶剂对牛粪生物油组分特性的影响，发现：当以 $NH_3 \cdot H_2O$ 或甘油作为反应溶剂时，所得生物油中甲苯、二甲苯及其他苯环类化合物含量显著提高；以 H_3PO_4 作反应溶剂时，生物油中生成更多酸类、吡啶、3-甲基-吡啶、2,6-二甲基-吡嗪、2-环戊烯-1-酮类以及酚类化合物。

混合液化是提高粪便原油品质和产率的重要手段，将粪便与其他废弃物如粗甘油结合，可有效获得 68% 的生物原油产率。Vardon 等对比分析了螺旋藻、猪粪和消化厌氧污泥在相同水热液化条件下的产油特性，表明猪粪水热液化效果不佳。此外，奶牛粪便与其他生物质原料（柳枝稷、家禽垃圾等）水热液化成油对比实验表明，在能源回收率上，高油脂的原料所生产的生物原油未必强于高碳水化合物类原料。

7.3.2 畜禽粪便水热液化的工艺过程

由于水热处理对反应装置有较高的要求，目前仍没有实现规模化连续生产，需要解决连续进料、提高产率、试验的放大以及生物油的精制等问题。根据工艺条件，畜禽粪便的水热液化可分为亚临界水热液化和超临界水热液化。

（1）畜禽粪便亚临界水热液化

畜禽粪便亚临界水热液化是指水热液化的工作条件在水的临界点以下。Vardon 等在300℃、最大压力 12MPa 下进行猪粪水热液化 30min，获得生物油产率为 30.2%，热值为34.7MJ/kg。在另一个批式猪粪水热液化试验中，采用的温度为 340℃，以氮气作为工艺气，初始压力为 0.69MPa，时间为 15min，最大生物油产率为 24.2%，热值为 36.05MJ/kg。对牛粪进行水热液化批式试验中，采用温度 310℃，压力 34.5MPa，以 CO 作为工艺气（0.1MPa）时获得 48.8%的生物油产率，最高热值 35.53MJ/kg。

（2）畜禽粪便超临界水热液化

畜禽粪便超临界水热液化是指水热液化的操作条件在水的临界点之上，在高温、高压状态下使反应物达到超临界状态液化而得到高热值的生物油的热化学转化过程，具有处理高含水率有机废弃物的优势，但其设备技术要求高，成本高。

畜禽粪便的超临界水热液化研究始于 20 世纪 90 年代的美国伊利诺伊州立大学，他们对猪粪的超临界水热液化进行了大量的试验条件优化研究。试验温度为 275~350℃，压力为 5.5~18MPa，停留时间为 15~30min，在不需要降低畜禽粪便水分的条件下，生物油产率高达80%，热值 32000~36700kJ/kg，COD 含量平均减少了 75.4%，固体产物只有进料的 3.3%。对液化过程能量平衡进行了分析，结果显示猪粪水热液化是净产能过程。研究显示最佳操作温度为 295~305℃，停留时间为 15~30min。继而考察了进料 pH 值、起始还原剂 CO 的添加量和原料总固体含量三个因素对转换过程的影响。在转化过程，高 pH 值有利于生物油的产生，进料 pH 值为 10 时，生物油产率最高。CO/VS 从 0.07 增加到 0.25，CO 分压从0.69.MPa 增加到 2.76MPa，生物油产量从 55%增加到 70%，但是 COD 减少率降低到 50%，推荐 CO/VS 不高于 0.1。进料总固体（TS）越高，产油率和 COD 减少率越高。试验前添加几种处理（工艺）气体是热转化产油过程的关键，还原性气体（如 CO、H_2）和惰性气体（如 CO_2、N_2、压缩空气）都可以作为处理气体，添加还原性气体（如 CO、H_2）可以获得质量更好的生物油，并且油产量更高。猪粪热解液化获得的生物油含碳 71.1%，氢 8.97%，氮 4.12%，硫 0.2%，灰分 3.44%，水分 11.3%~15.8%，高位热值 34760kJ/kg，其成分与木屑及其他生物质液化油相似。在批式试验的基础上，又于 2006 年开发了连续进料式的水热液化小试装置，每天可以处理猪粪污 48kg，每次试验连续运行 16h，获得生物油产率62.0%~70.4%，最高生物油热值 25176~31095kJ/kg。

7.4 城市生活垃圾水热液化与能源化利用

城市生活垃圾是指城市居民在日常生活或为城市日常生活提供服务的活动中所产生的固体废物，不同来源的垃圾，其成分和特性也不相同。原本由于城市生活垃圾中的无机物占有较大的比重，其热值较低，无法采用水热法实现能源化利用，但由于近年来居民生活水平的提高，城市生活垃圾中有机物的比重越来越高，而且随着垃圾分类工作的不断推进，对于以

厨余垃圾和食物残渣为主的湿垃圾，完全可以采用水热法实现其能源化利用。

7.4.1　城市生活垃圾水热液化的工艺过程

对于经过分类后的以厨余垃圾和食物残渣为主的城市生活垃圾，可首先对其进行预处理（包括研磨、压榨、浸渍等过程）后，形成一种流动性好的生物质浆液，然后用泵加压后进入反应器中，生物质浆液经过高温高压的水热反应后进入减压分离装置，形成最终产物生物油、水相、生物炭和气体。水热液化则是以追求生物油产率为目标的水热处理过程。

（1）预处理过程

以厨余垃圾和食物残渣为主的城市生活垃圾，其中的大多数组分都属于亲水性物质，因此可通过水热处理技术进行处理，在反应前将与水混合为固体含量为5%～35%的浆料注入反应器中。对于含水量较低的，则需在反应前添加足够的水分对其浸渍。

（2）水热液化处理过程

以厨余垃圾和食物残渣为主的城市生活垃圾的水热液化处理过程主要包括浆料注入、预热、水热反应、减压分离等。经过预处理后的浆料通过泵加压注入反应器中，并经过换热器进行预热。浆料注入的流速和压力通过泵来控制。经过预热的浆料进入反应器中，使其温度和压力均达到预设要求，而停留时间则通过浆料注入泵的注入速度来确定。待反应完成后，所得的产物经过热交换器降温，并通过压力阀对其压力进行控制。已降至室温常压的产物便可进行气液分离并收集。

7.4.2　城市生活垃圾水热液化产物的特性

以厨余垃圾和食物残渣为主的城市生活垃圾水热液化技术主要是以水为反应介质，制取生物油的热化学转化过程，通常反应温度为270～370℃、压力为10～25MPa，在此状态下水通常处于亚临界状态，水在反应中既是重要的反应物又充当着催化剂，其主要产物包括生物油、焦炭、水溶性物质和气体。

与热解液化相比，水热液化反应不用对原料进行干燥，这在一定程度上达到了节能的效果。另外，水热液化所得的生物油中含酚类物质较多，酸、糖类等极性化合物及焦炭的含量相对较少。当前的研究者们都把注意力集中在如何通过减少有机物在水相中的溶解量来增加生物油的收率，现阶段典型的方法是在水热反应中加入强碱、碳酸氢盐及碳酸盐作为催化剂，此时焦炭的生成受到一定程度的抑制，但生物油的产率得到提高，油品也得到改善。

7.5　废塑料和废橡胶水热液化与能源化利用

废塑料和废橡胶的主要组成元素是碳和氢，除可采用前述的热解液化制取燃料油而实现能源化利用外，还可采用水热液化技术分别实现废塑料和废橡胶的能源化利用。

7.5.1　废塑料水热液化与能源化利用

塑料作为一种高分子产品，通过C—C键断裂，可降低分子量，从而将固体塑料变成小分子油状液产物。实现此过程的方法，除了前述的废塑料热解液化外，还可采用水热液化的方法。

从本质上讲，将塑料大分子的C—C键断裂是一种塑料的解聚过程，因与塑料的聚合过

程相反而得名。实现塑料的解聚，可分别采用亚临界法和超临界法。

7.5.1.1 废塑料亚临界解聚

废旧塑料亚临界解聚法是在所采用溶剂的亚临界状态下实现废塑料的解聚。

（1）聚酯的解聚

聚酯的解聚以 PET（聚对苯二甲酸乙二醇酯，俗称涤纶树脂）为对象，方法如下：

① 甲醇解聚法。采用甲醇溶媒全解聚 PET，回收对苯二甲酸二甲酯（DMT）和乙二醇（EG）。

② 糖（原）醇解聚法。采用乙二醇（EG）部分解聚 PET，回收对苯二甲酸乙二醇酯（BHET）单体。

③ 醇解酯交换法。第 1 步用 EG 解聚 PET 回收 BHET，第 2 步通过甲醇的酯交换，回收 DMT 与 EG。

④ 水解聚法。利用水、酸、烧碱、氢氧化铵（氨水）等全解聚 PET，回收对苯二甲酸（TPA）与 EG。

目前①~③已商业化，日本的 PET 解聚工艺流程见图 7-13。

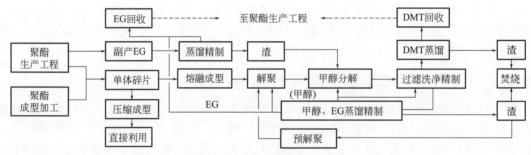

图 7-13　日本 PET 解聚工艺流程

（2）尼龙的解聚

多数纤维工厂、纤维原料工厂都配套商业化尼龙解聚装置，以解决厂内的废纤维尼龙的再循环利用。

商业化尼龙-6 解聚装置，主要用于解聚固体纤维状尼龙-6。首先将废尼龙-6 装入反应器内，以蒸气与酸性催化剂（如硫酸）为媒介，解聚反应生成己内酰胺，进而用它制造尼龙-6。美国建有生产能力为 4530t/a 的己内酰胺装置，年处理尼龙-6 地毯 9060t。

Dupont 公司开发了氨解尼龙-66 的装置，回收废纤维的 50%以上，回收单体制成的纤维仍保持原有纤维的强度、抗污染性和可染色性。该技术与原始原料（单体）生产尼龙相比，在全流程生产费用上更有竞争力。

（3）聚氨酯的解聚

聚氨酯解聚通常采用乙二醇解聚、胺解聚和水解聚等方法。

① 醇解法。采用低分子脂肪族二元醇和催化剂，在 200℃的条件下，发生解聚反应分解聚氨酯，回收多元醇。

② 胺解法。依次通过一级、二级胺解反应，解聚聚氨酯，回收多元醇。

③ 水解法。用烧碱解聚聚氨酯，回收多元醇。

日本东洋橡胶工业公司建有 200t/a 的装置，以乙二醇为媒介解聚汽车缓冲器、冷冻车等使用的高交联度硬质发泡氨基甲酯乙酯，回收多元醇，以及在乙二醇解聚生成物中添加烯（化）氧化物，合成不同的多元醇。BASF 公司与 Philp 公司合作建成聚氨酯硬及半硬泡沫塑料制多元醇的实用化装置，生产能力 453t/a，可从硬、软聚氨酯以及混合塑料中回收多元醇。

7.5.1.2　废塑料超临界解聚

超临界介质中的解聚反应，主要是利用超临界介质优异的溶解能力和传质性能，分解或降解高分子废弃物，得到气体、液体和固体产物。目前，在超临界介质中进行聚合物解聚反应的研究包括聚乙烯、聚苯乙烯、聚丙烯、聚氨酯、尼龙-6、尼龙-66、聚对苯二甲酸乙二醇酯（PET）等。

（1）聚对苯二甲酸乙二醇酯（PET）

王汉夫等分别以超临界甲醇、乙醇为介质，对 PET 的降解规律进行了探索，并通过红外、色谱等分析手段，研究降解后单体回收率与温度、压力及反应时间的关系，确定甲醇对 PET 降解的最佳条件为反应温度 300℃、反应压力 14MPa、反应时间 30min，确定乙醇对 PET 降解的最佳条件为反应温度 350℃、反应压力 17MPa、反应时间 60min。

曹维良等研究了 PET 在超临界甲醇中的解聚行为及温度、压力和反应时间对 PET 解聚率的影响，发现 PET 在超临界甲醇中可迅速地完全解聚。红外光谱检测解聚产物是纯度很高的对苯二甲酸二甲酯（DMT）单体和乙二醇（EG）。

Tadafumi 等研究了 400℃、40MPa 下超临界水中 PET 的降解情况，发现在超临界水中反应 2min 后，PET 的分解率便达到了 95%，12.5min 后，对苯二甲酸（TPA）的回收率达到 90%。然而由于 TPA 的催化作用，乙二醇被大部分分解，回收率很低。

Chen 等在 190~240℃、0.1~0.62MPa 及不同的乙二醇/PET 值下，详细研究了乙二醇解聚 PET 聚酯的反应，认为反应机理由以下两式组成：

$$PET+EG \longrightarrow BHET+低聚物$$
$$BHET \rightleftharpoons 低聚物+EG$$

通过实验发现，解聚速率与反应温度、压力以及乙二醇/PET 的值有关，在一定的温度、压力和 PET 浓度下获得该反应的简化动力学方程如下式所示：

$$R_{解聚}=k[EG]^2$$

（2）聚苯乙烯（PS）

陈克宇等研究了聚苯乙烯泡沫在超临界水中的降解反应，考察了反应时间、温度和添加剂对降解反应的影响。实验结果显示，超临界水能将聚苯乙烯泡沫降解为油状产物。在反应的前 30min 内，分子量降低了约 98%；提高温度对反应时间短的或无添加剂的配方有明显的促降解作用；添加剂用量以在 5% 左右时为准。

聚苯乙烯（PS）在超临界水中分解比想象的容易，5~10min 即可完全分解，分解产物中含有苯乙烯、甲苯和二甲苯等物质。

徐鸣等研究了在超临界水中，添加剂的品种和用量对聚苯乙烯泡沫塑料分解的影响。实验结果显示，添加剂品种和用量都能不同程度地加速分解反应。在反应开始后约 0.5~1h 内，促进效果最明显。分析结果表明，油状分解产物的组成是苯的衍生物。

W. Douglas Lilac 等研究了废弃聚苯乙烯塑料在无氧和部分氧的条件下在超临界水中苯乙烯单体生成的机理及动力学。他们指出了在上述两种条件下聚苯乙烯解聚的机理，并认为在无氧的条件下，苯乙烯的产量较小，而在 PS/O_2 适中的情况下，苯乙烯的产率可达 71%，

并且能把 CO_2 的产量控制得尽可能小。

Vishal Karmore 等研究了聚苯乙烯在 5.0MPa、300~330℃ 条件下在超临界苯中降解的动力学分布。他们通过假定降解速率常数与分子摩尔质量呈线性关系来探讨连续动力学分布，结果表明，反应的速率常数在 1.26~2.22min^{-1} 范围内。

潘志彦等对聚苯乙烯在超临界二甲苯介质中的解聚反应进行了研究，在温度 340~390℃、压力 5~10MPa 条件下，产物用 GC-MS 分析表明，解聚产物多达 107 种，含量最多的是苯乙烯的二聚物、丙基苯和对甲基苯乙烯二聚物。在实验取值范围内，主要产物苯乙烯二聚物及解聚转化率随温度升高而增加。在一级反应的基础上，由数据拟合求出了反应速率常数的表达式，能较好地预测实验结果。

Liu 等在流化床反应器内以 6.6℃/s 的加热速率解聚苯乙烯以回收苯乙烯及其他芳香烃单体，当温度从 450℃ 升高到 600℃ 时，其产率也从 70% 增加到 86.6%，在 600℃ 时苯乙烯产率达到最大值，为 78.7%。在 500℃ 时，产物中单体占 78%、二聚物占 7%、三聚物占 6%。

Zheng Fang 等进行了聚苯乙烯在空气环境和在超临界水中解聚的比较研究，发现 PS 在 496.1℃ 以上分解成苯乙烯状的产物，此时 PS 才呈现溶解状态。如果以 2.9℃/s 的速率加热，在 464.4℃、681MPa 条件下 PS 几乎不溶解，也没有反应发生。在超临界条件下，在 271.7~320.2℃ 范围内 PS 会熔解，这个范围高于其熔点。反应中有水珠状产物，其颜色不断变化，并有气体产物产生。在整个反应过程中，总是存在水和熔融状的 PS/液体产物的两相，液体产物经分析认为是苯乙烯及其衍生物。

(3) 聚异戊二烯

Dhawan 等在 349℃ 和 13.8MPa 的高压釜里，以超临界甲苯为媒介，对顺-聚异戊二烯进行热解。反应产物通过气相色谱进行检测，发现产物总计有 171 种（包括异构体）。聚合物大部分裂解为低分子量的芳烃，主要有二甲苯、烷基苯和联苯烯烃。在相同的操作条件下，对飞机废旧轮胎橡胶进行以甲苯为媒介的超临界处理后，得到相似的结论。

Lee 等对顺-聚异戊二烯橡胶在超临界四氢呋喃介质中的解聚进行了研究。解聚过程可以通过降解程度和用 GC、FT-IR 和 GC-MS 仪器分析获得的解聚产物来描述。结果表明，顺-聚异戊二烯橡胶经过 3h 解聚成低分子聚合物，其分子量变化的幅值极小，同时产生不少于 10 种有机化合物，其产物随着操作条件的变化而不同。此时，顺-聚异戊二烯橡胶的降解受到操作压力的影响，同时受浓度升高的抑制。

Dhawan 等和 Lee Sunggyu 等研究了聚异戊二烯及废弃轮胎的超临界四氢化萘和甲苯的解聚反应，得到以二甲苯为主的产品，研究表明，随降解条件的改变而得到不同的产品。

(4) 聚碳酸酯（PC）

用超临界水对聚碳酸酯（PC）的分解实验表明，作为分解物的双酚-A 纯度达到 95%，而剩余的 5% 又是作为 PC 末端封端剂使用的苯酚，因此这种反应的原料回收纯度极高。

对聚碳酸酯（PC）的超临界水分解的研究结果表明：分解生成物中有气体、水溶性成分和油状成分之分。气体主要是 CO_2，含有少量 CO；水溶性成分主要是苯酚，其中含有少量异丙基苯酚；油状成分是双酚-A 的低聚物。

考查温度的影响发现：在 325~400℃ 这一区间 CO_2 的产生量一定随着温度的进一步升高而增加，同时气体中有 CO 产生，且随之急剧增加。另外，水相中苯酚的浓度随温度升高而增加，但过临界点后，反而下降，进一步升高温度，浓度再次增加。在临界温度以上，生成水相中有黑色浮游物生成，温度越高生成量越多。另外，油状成分用甲醇稀释后测定乌氏黏度，结果表明溶液黏度随温度的升高而变小，这被认为是高温生成物分子量变小的缘故。

考查反应压力的影响发现：反应压力越低，生成气体的体积越大，而气体的组分并不发生变化。在水相中，苯酚的量随反应压力的增大而增大，同时，黑色的浮游物由低压时的固体变成了悬浮物。

为了考查氧对 PC 分解反应的影响，其他条件不变，加入 30% 的 H_2O_2，结果表明，过氧化氢的浓度越高，气体中的 CO 比例越小，水相中苯酚的浓度越大，确定氧起到了促进作用。

(5) 聚乙烯（PE）的分解回收

对于加成聚合物 PE、PP 等塑料，许多学者做过研究，发现在超临界水中 PE 的分解速率及产率比缩聚物差得多。400℃下，完全分解需要 4~10h，而 450℃下为 1~5h，500℃以上时为 5min 左右。可见随温度升高，分解速率显著提高。在体系中导入水量 2% 的氧气（0.1~1MPa），反应效率明显提高，400℃时，2h 分解完全。另外，使 PE 粒子变小，使与水的接触面积扩大，同样有利于分解速率的提高。当粒径为 0.1mm 时，400℃下，分解时间仅为 10min。

分解生成物中油相主要含有链烷烃、链烯烃等，随着反应时间的延长，这些物质有进一步转化成芳香族化合物的可能。在水相中有乙醇、丁醇等成分，也有由乙醇脱水产生的少量的乙醛等物质。

(6) 其他

超临界水降解处理废旧 PVC 显示了很好的潜力。在 20cm³ 的高压反应器中，PVC 颗粒和水分别为 0.1g 和 10g，在 400~600℃之间，反应 1h，然后冷却至室温，取样进行 GC-MS 分析。在 400℃、37.0MPa 下反应，得到的液相产品中有苯、酚、乙酸等，气相产品中有丁烷、丙烷和戊烷等。在 600℃、60MPa 下反应，液相产品中有苯、酚、萘等，气相产品中有丁烷、丙烷和戊烷等。氯原子以氯化氢水溶液的形式被回收。

Shibata 等在温度（200~250℃）、压力（4~14MPa）和甲醇过量的状态下，对聚对苯二甲酸丁二醇酯（PBT）进行解聚。考虑到甲醇的临界点（239.4℃，8.09MPa），在反应温度为 240℃下，反应压力范围在 6~14MPa 之间变化。结果表明，在回收不同压力、浓度下的二甲基对苯二酸酯和 1,4-丁二醇时，甲醇的超临界状态不是 PBT 降解的主要影响因素，压力的影响可以忽略。相反，在压力为 12MPa，温度为 200~250℃之间变化时，在高于 PBT 的熔点（227℃）下的降解速率常数大于反应温度（200~210℃）下的速率常数。结果表明，PBT 的熔化是其短时间降解的一个重要因素。

Dubois 等对原子发电站用过的离子交换树脂进行了超临界水的分解实验，结果表明，分解程度较低（5%），且分解中的各类反应比较复杂。在日本，对有害物质进行分解处理后排放，成为保护环境的一个新措施。目前，多氯联苯及有机氯化合物等利用超临界水处理可100%实现无害化。

7.5.1.3 废塑料超临界水油化

日本东北电力公司从 1992 年开始研究超临界水油化，1997 年 10 月开始同三菱重工业公司进行联合研究，在其子公司北日本电线公司建造一处理能力为 0.5t/d 的实验装置，1998 年 1 月投入试验运转。该装置用于处理电力工业的废塑料如废电线包皮等。废塑料粉碎后与水混合，加热、加压至 374℃和 22.1MPa 超临界状态分解成油。此外，日本物质工学工业研究所和熊本县工业技术中心共同研究用超临界水分解玻璃纤维增强不饱和树脂复合料

（FRP）回收油分和纤维成分已获得初步成果。实验证明采用超临界水对废塑料进行油化是可能的和可行的，超临界水油化可加速塑料分解，相对其他油化工艺，具有效率高、出油率高、无残渣和不结焦等优点，所需设备尺寸较小，回收的油主要是轻油，几乎无副产物。

7.5.2 废橡胶水热液化与能源化利用

对于水来说，当温度、压力超过其临界值（温度为374.1℃，压力为22.4MPa）时，许多性质都发生了异常变化，特点是：具有较小的极性，能够溶解有机物，溶解度很高，而不溶解无机物；具有液体的密度和气体的扩散速度；在400℃以上水的离子积很小，特别适合于烃类热解的自由基反应。因此，随着超临界流体技术的不断完善，利用超临界流体对废旧轮胎进行热解引起了研究者的重视。

研究者发现将超临界流体应用于废轮胎热解具有很多独特优势，比如在常态下，超临界流体具有有机溶剂的强溶解性能，能溶解有机物，但不溶解无机物，同时具有气体的可压缩性。因此在废轮胎热解过程中可利用这些特点迅速溶解废轮胎，生成热解油，再利用超临界流体对温度和压力的敏感性，通过改变体系的温度和压力分离出产物。图7-14为超临界热解系统。

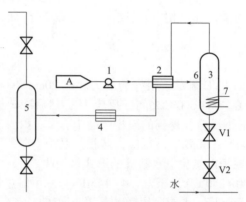

图 7-14　超临界热解系统
1—高压柱塞泵；2—换热器；3—超临界反应器；4—冷凝器；5—气液分离器；
6—输送管道；7—加热器；V1、V2—阀门

对于占废橡胶较大比例的废轮胎，超临界水液化是将废轮胎置于反应釜内，改变反应釜内条件，使一些物质（甲苯和水）处于超临界状态，并以一定加热速率对反应釜进行加热，对废轮胎实现超临界萃取的过程。由于物质处于超临界状态时具有很高的溶解性、特殊的流动能力和较强的传递性能，因此该方法的优点在于可以降低裂解温度、提高产物产率。

有研究者用超临界水、超临界水-超临界CO_2、超临界甲苯及超临界环己烷体系进行废轮胎的低温热解研究。结果发现在超临界水的热解过程中，反应温度和初始的气相组成是影响废轮胎转化率和热解油产率的主要因素。若用氮气置换出空气（主要是除去氧气），则可抑制热解油进一步裂化成热解气，提高热解油产率、降低热解气产率。在超临界水-超临界CO_2反应体系中，通过调整反应时间可将热解油的分子量控制在一定范围内。当用超临界甲苯和超临界环己烷时，在反应温度350℃、反应压力10MPa、反应时间1h的条件下，废轮胎样品可完全分解成热解油。此外，还发现温度是影响转化率和热解油平均分子量的主要因素，上述条件下回收的油中主要是链烷烃、苯、环炔和乙醇等，平均分子量在126~153之间。

Kershaw 等尝试了超临界状态下废旧轮胎的萃取过程，将超临界反应在 400mL 的高压釜内进行，加热速率为 70℃/min，试验了乙醇、丙酮、甲苯、正丁醇等不同超临界流体存在下废旧轮胎萃取反应的变化，结果表明不同溶剂及不同萃取温度是影响产品产率的主要因素，其中萃取液为甲苯、温度分别为 350℃ 和 380℃ 时，产率分别高达 66% 和 67%。

有研究者对丁苯橡胶在超临界水中的热解进行研究，考察了双氧水对反应过程的催化行为，结果发现当双氧水用量在一定范围内时，丁苯橡胶的转化率随双氧水用量的增加而增大。杜昭辉等以超临界水为介质，在温度为 450℃ 下比较了热裂解、催化裂解和超临界水裂解三种裂解方法的液相混合油收率及反应时间，得出：废橡胶超临界水裂解的反应时间最短（为 5min），裂解混合油收率最高（为 59.20%），而且废橡胶超临界水裂解工艺避免了传统工艺存在的反应时间长、能耗大、传热效率低、易结焦等问题，是具有较大发展前景的废橡胶热解工艺。刘银秀等进行废旧轮胎在超临界甲苯中的解聚研究，在温度 345℃ 时，液相产物以芳香族和烯烃化合物为主，且分子量均小于 300。

毕继承等发明了一种高压降解废旧轮胎制燃料油的方法。实验先按质量比（7~15）∶1 加入水和废旧轮胎碎块，在氮气气氛下加热至 380~500℃，压力达到 23~45MPa 后反应 10~60min，冷却至室温，气液产物进行分离。分离得到的液相油水乳浊液经四氢呋喃萃取，在经过真空干燥后获得产品。这种工艺无废水、无有害气体排放，停留时间短，有利于工业化连续生产。

Toshitaka Funazukurl 等人尝试了将超临界反应在 0.7L 批式操作高压釜内进行，试验了不同超临界流体（水、正戊烷、甲苯、氮）存在下废旧轮胎热解反应的变化。通过实验发现：溶剂的溶解能力由大到小依次为甲苯、正戊烷、氮，而水的溶解能力与正戊烷相近；不同溶剂的使用并未影响产品的产率，如在 653K、5.2MPa 的操作条件下，油品的产率均为 57%，固体产率均为 40%。

7.6　污泥水热液化与能源化利用

污泥热解液化虽然无需很高的压力，常压即可，但所采用的污泥需经干燥脱水，使其干基含水率在 5% 以下，此过程需要消耗大量的能量。通过对热解制油全过程进行的能量平衡分析可以得知，过程所需的能量与生成油的有效能量的比值（能耗率）接近 1，剩余能量较低，因而经济效益不显著。而水热液化制油是在水中进行的，原料不需要干燥，特别适用于含水率高达 95% 以上的污泥的转化反应，因此，很多学者把研究的重点转移到液化制油技术的研究上。

7.6.1　污泥水热液化制油的工艺过程

污泥水热液化制油工艺是利用污泥中含有大量有机物和营养元素这一特点，使污泥中的有机质转化成油制品的过程。这一废物资源化技术的开发和利用不仅能带来经济效益和环境效益，而且能缓解能源危机。污泥水热制油技术的原料还可以扩展到其他有机废物，是解决当前能源问题和环境问题的新途径。

污泥水热液化制油技术能够处理高湿度生物污泥，且无需使用还原性气体保护。污泥先生成水溶性中间体，所含的有机物在 250~350℃、5.0~15MPa 条件下，大部分通过水解、缩合、脱氢、环化等一系列反应转化为低分子油类物质，得到的重油产物用萃取剂进行分离收集，降低了污泥制油的成本。该技术的最基本工艺流程如图 7-15 所示。反应过程中，污泥颗粒悬浮于溶剂中，反应过程是气-液-固三相化学污泥液化制油反应与能量传递过程的组合，并且反应在气相无氧的条件下进行。

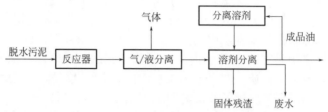

图 7-15　污泥水热液化制油工艺的基本流程

污泥水热液化制油技术源于煤和固体有机物的液化过程，后来逐渐进行适用于污泥特征的改进，形成了不同的工艺，如图 7-16。

位于美国俄亥俄州辛辛那提市的美国环境保护局所属水利工程研究实验室（EPA's Water Engineering Research Laboratory，Cincinnati，Ohio，USA）开发了以污泥为原料的水热液化制油示范装置，称为 STORS（sludge-to-oil reactor）工艺，该装置为间歇反应器，可处理 30L/h 的市政污泥（含水量 80%），报道称原料在 300℃ 和 10MPa 下反应 1.5h 即可完全转化。制得的生物油的热值约为 36MJ/kg，主要用作锅炉燃料，原料中约 73% 的热量可保留到产物油和焦炭中。这一技术在世界范围内取得了较大的发展。

20 世纪 90 年代，日本奥加诺株式会社（Organo Corp.）在日本经济产业部基金的资助下，以生活污泥为对象，建立了处理量 5t/d 的污泥水热液化制油装置，在 10MPa、300℃ 下得到了油产品。生活污泥中大约 50% 的有机物转变成油，能量收率大约为 70%（以高位发热量为基准）。图 7-17 为活性污泥油化连续装置示意图。与美国的 STORS 装置不同，该系统为连续性反应装置，也可以视为一个高温高压的蒸馏塔，产生的气体和其他的挥发分从反应器上部去除，液相产物从塔底进行收集，并通过萃取的方式从中提取出产品油。

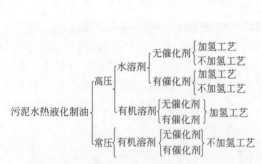

图 7-16　污泥水热液化制油工艺的分类

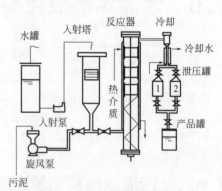

图 7-17　活性污泥油化连续装置

P. M. Molton 于 1986 年进行了污泥连续水热液化制油系统的运行试验，原料为含水率 80%~82% 的初沉池污泥经脱水后的泥饼及占污泥总量 5% 的 Na_2CO_3。操作参数为：温度 275~300℃、压力 11.0~15.0MPa、停留时间 60~260min。运行时间超过 100h，设备没有腐蚀和结焦现象。试验证明：300℃、1.5h 的停留时间，可使污泥有机质充分转化，输入污泥能量的 73% 可以以燃料油或焦炭的形式回收。处理中所产生的气体主要是 CO_2（95%，体积分数），剩余废水中的 BOD/COD 表明其可生物降解性强。过程能量分析表明，回收的能源制品（油和焦炭）的能量不仅可满足过程操作与污泥脱水之需，还可有占输入污泥能量 3.6%

的部分以燃料油形式外供。

　　S. Itoh 在 1992 年对该技术的连续液化生产做了相关的研究，并建立了一套 500kg/d 的连续液化试验装置，如图 7-18 所示。使用污泥为脱水污泥，在温度 275～300℃、压力 6～12MPa、停留时间 0～60min 的条件下连续操作超过 700h 没有出现任何问题，总的油品收率为 40%～43%。该装置包含一个能从反应混合物中连续分离出占污泥有机质质量 11%～16% 的燃料油的高压蒸馏单元，油的特性明显优于以通常方式分离的油，其热值为 38MJ/kg，黏度为 0.05Pa·s。残渣可直接用于锅炉燃烧，向处理系统供能，简化流程。废水的 BOD_5 为 30.4g/L，BOD_5/COD 约为 0.82，可回流至污水厂处理。

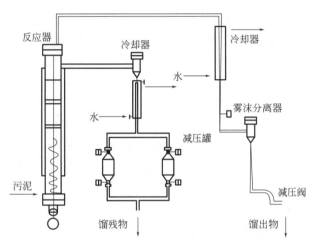

图 7-18　污泥连续液化处理试验流程

　　根据试验结果，S. Itoh 提出了图 7-19 所示的建厂原则流程，反应条件为：温度 300℃，压力 9.8MPa，停留时间（指达到反应温度后的时间）0～60min。依据试验结果和建厂流程所做的能量平衡分析认为：日处理含水率为 75% 的脱水泥饼 60t 时，系统无需外加能量并可剩余 1.5t 的燃料油供回收。由此可见，连续设备的运用不仅在工艺上可以得到更大改进，在运行费用上也会大大降低。

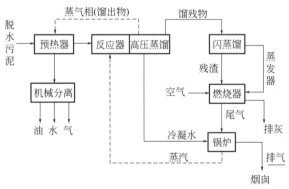

图 7-19　S. Itoh 的建厂原则流程图

　　众多研究者对各种污泥液化制油工艺的适宜反应条件对液化结果的影响进行了比较研究，比较的标准是得油率、能量回收率或能量消费比（系统耗能与产能之比），其主要结果见表 7-1。

表 7-1　各种污泥液化制油工艺的适宜反应条件

工艺种类	催化剂	载体溶剂	反应温度/℃	压力/MPa	溶剂比(干泥/溶剂)	得油率/%
有机溶剂高压加氢	Na$_2$CO$_3$(0%)	蒽油	425	8.3(H$_2$)	0.33	63
有机溶剂	无	沥青	300	—	0.1~0.3	43
常压	无	芳香族	250	—	0.6	48
水溶剂催化液化	Na$_2$CO$_3$(5%)	水	275~300	8~14	—	>20
水溶剂非催化液化	无	水	250~300	8~12	—	40~50

实验结果证明，水热液化工艺中以油类为溶剂，在压力为 10~15MPa、温度为 300~450℃ 的条件下，以 H$_2$ 作为反应密封气体，工艺复杂，成本高，无实际的商业生产意义。以水为溶剂、不加氢的污泥水热液化工艺过程比较简洁，工业化、经济性前景最好，在此条件下对污泥水热液化工艺研究中所使用的评价指标有：有机物转化率、能量回收率、能量消费比、得油率和废水可生化性。研究的反应条件有：加氢与否、碱金属和过渡金属盐类的催化作用、反应压力、温度、停留时间等。有关研究结果见表 7-2。

表 7-2　污泥水热液化制油优化反应条件

反应温度/℃	催化剂	压力/MPa	停留时间/min	加氢与否	得油率/%	油热值/(MJ/kg)	废水性质
275~300	无	8~11	0~60	否	约50	33~35	BOD/COD>0.7

7.6.2　污泥水热液化制油设备

污泥水热液化制油系统由热媒锅炉、反应器、凝缩器、冷却器以及装料系统等组成，如图 7-20 所示。

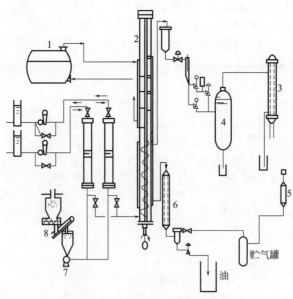

图 7-20　污泥水热液化制油系统

1—热媒锅炉；2—反应器；3—凝缩器；4—闪蒸罐；5—脱臭器；6—冷却器；7—压力泵；8—料斗

污泥水热液化制油技术的设备可分为间歇式反应装置和连续式反应装置两类。间歇式反应装置如图 7-21 所示，主要用于实验研究。污泥脱水至含水率 70%~80% 即可满足相关反应要求，在向高压釜中加入液化催化剂 Na₂CO₃ 后，高压釜经过排气后充入氮气至所需压力，随后升温。随温度的升高，工作压力随之增加。然后通过压力调节阀释放高压使工作压力保持恒定，反应产生的气体用气体储罐收集，用气相色谱测定气体的成分。反应结束后，打开高压釜，取出反应混合物进行进一步的分离和分析。

污泥水热液化制油技术的连续运行是推进该技术实际应用的重要前提。日本资源研究会的横山等人与 Orugant 水处理技术公司、资源环境技术综合研究所等单位联合开发了如图 7-22 所示的连续反应装置，其污泥处理能力可达到 5t/d。在反应条件为温度 300℃ 左右、压力 10MPa 时，可得到热值为 37.6MJ/kg 的液化油，油回收率为 40%~50%（以干有机物为基准）。

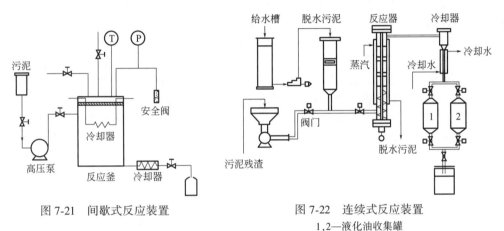

图 7-21 间歇式反应装置　　　图 7-22 连续式反应装置
1,2—液化油收集罐

7.6.3　污泥水热液化过程的影响因素

采用水热液化技术实现污泥制油应充分考虑催化剂、污泥种类、操作条件（反应温度、停留时间、加热速率、反应压力）等对油产率的影响。

（1）催化剂

Thiphunthod 的研究表明，水热液化过程中使用催化剂可以提高液体燃料的产率和品质，同时可以提高热解效率和降低工艺成本。Shin-ya Yokoyama 的研究表明，催化剂的使用量对油产率影响很大。当催化剂使用量为污泥质量的 5% 时，最大油产率是 48%，大约是催化剂使用量为污泥质量 2% 时的两倍。如果不加催化剂，油产率很低（19.5%）。Doshi 等认为在污泥水热液化过程中，添加有效的催化剂能够缩短热解时间，降低所需反应温度，提高热解能力，减少固体剩余物，控制热解产品的分布范围。Shie 等以钠化合物和钾化合物为催化剂，在 377~467℃ 时对污泥热解进行了研究，得出催化剂的使用提高了热解转化率，且 K₂CO₃ 得到的转化率最高。

综上所述，对于污泥水热液化制油工艺，投加少量无水碳酸钠作为催化剂可以提高油产率，投加 5%（质量分数）左右可得到最高产率。若污泥本身成分中含有碳酸钠等能起催化作用的碱金属盐类和碱土金属盐类，即使不投加催化剂，对油产率也无影响。而且，大量催化剂的投加对油产率影响不大。

（2）污泥种类

污泥的种类不同，其液化的油产率也不同。Ching-Yuang Chang 等对活性污泥、消化污泥和油漆污泥进行了热解处理，油产率分别为 31.4%、11.0% 和 14.0%，可见污泥的种类不同，油产率也不同。G. Gasco 的研究表明：油产率主要取决于污泥中粗脂肪的含量。Shen 的研究表明未经消化的原始污泥适合液化制油，尤其是原始初污泥和原始混合污泥，其油产率比其他污泥高出 8%。

（3）操作条件

污泥液化的操作条件对水热液化制油过程的影响很大，比如反应温度、停留时间、加热速率等。

① 反应温度。温度是污泥水热液化制油过程的重要影响因素。Isabel Fonts 报道，反应温度在很大程度上影响油产率，在不添加催化剂、停留时间 2h 的条件下，加热至 275℃时开始有重油产生，重油的产率随着温度的升高而增加，在 300℃时产率达到最大值，约为 50%，300℃以上油产率不发生变化。若添加催化剂，300℃以上的油产率有一些提高。这说明油的产生主要发生在 300℃时。液体燃料的热值达到 29～33MJ/kg。

② 停留时间。停留时间在不同温度范围内会对产物产生影响。在 275℃以下，油类产物的回收率会随停留时间的增加而增加，但达到 300℃时，对回收率几乎没有影响。在停留时间达到 60min 时，回收率基本保持恒定，不再受反应温度的影响，但停留时间越长，分离相越明显。而且温度的升高或停留时间的延长也可提高水相中有机物的可生物降解性。

③ 加热速率。Shen 报道，加热速率只在较低的热解温度（如在 450℃）下才有很重要的作用；而在较高的热解温度（如在 650℃）下，加热速率的影响可以忽略不计。在 450℃时，更高的加热速率使热解效率更高，会产生更多的液态成分和气态成分，而降低了固态剩余物的量。

④ 反应压力。目前的研究多集中于 10MPa 左右一个很小的区间，压力对油产率的影响还需进一步研究。

7.6.4　污泥水热液化产物的特性

污泥水热液化的产物可用溶剂萃取的方法实现分离。常采用二氯甲烷作有机溶剂，把能溶于二氯甲烷的部分定义为油相，可分别获得几个不同馏分：油相、水相和固相。分离过程如图 7-23 所示。

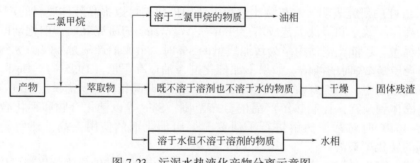

图 7-23　污泥水热液化产物分离示意图

研究与试验表明，污泥水热液化工艺可以转化成 4 种主要产品：油分、焦炭、非冷凝性气体和反应水。不同类型污泥的油产率有所不同。生污泥中的挥发性固体含量比消化污泥高，所以油产率也高，可达 30%～44%；消化污泥的油产率较低，仅为 20%～25%。典型污泥液化工艺的转化情况见表 7-3。

表 7-3　典型污泥液化工艺的转化情况

产品名称	生污泥		消化污泥		工业污泥	
	污泥能量/%	油产率/%	污泥能量/%	油产率/%	污泥能量/%	油产率/%
油分	60	30~44	50	20~25	50~60	15~40
焦炭	32	50	41	60	30~40	30~70
非冷凝性气体	5	10	6	10	3~5	7~10
反应水	3	10	3	10	2~4	10~15

　　污泥水热液化工艺技术是否可行，与回收油的性状、油的发热量以及整个工艺过程的能量是否平衡有关，因此需对生成油的性能进行考察。1992 年，Y. Dote 以气相色谱-质谱（GC-MS）联用分析了油的化学组成，检出了油中存在 77 种有机化合物，对油的元素组分进行定性定量分析的结果表明，油的主要成分是含氧化合物，其元素组成为碳 70%、氢 10%、氧 15%、氮 6%，发热量为 33.44MJ/kg。其化学组成情况见表 7-4。

表 7-4　污泥水热液化法制油的化学组成情况

操作温度/℃	碳(质量分数)/%	氢(质量分数)/%	氧(质量分数)/%	氮(质量分数)/%	发热量/(MJ/kg)
250	68.3	9.1	5.6	17.0	33.11
275	71.1	9.2	5.9	13.8	34.90
300	72.1	9.4	5.8	12.6	35.70

7.6.5　污泥水热液化与热解液化的比较

　　对比污泥水热液化制油技术与污泥热解制油技术，发现这两种技术的优缺点如下：

　　① 污泥水热液化制油技术所采用的污泥可以是只经过机械脱水的高含水率污泥。而热解制油技术所采用污泥的含水率必须在 5% 以下，因此污泥必须经干燥脱水才能满足要求。

　　② 污泥热解制油技术所需设备较简单，无需耐高温高压设备。而污泥水热液化制油则需要较高的压力，对设备的要求较高。

　　③ 污泥水热液化制油技术可破坏有机氯化物的生成，由于处理温度低、不凝气产量小，可减少 SO_2、NO_x 和二噁英带来的二次污染，产生的气体仅需进行简单清洗就可以满足气体排放标准，但在产品油中会产生大量的多环芳烃物质，对环境产生不利的影响。污泥热解制油的产物中有 2%~3% 的 N_2 残余，燃烧过程中会有氮氧化物生成，容易对大气造成污染，因此应采取相应措施加以控制。

　　④ 水热液化制油技术能有效实现重金属钝化，控制重金属的排放，处理后污泥中绝大多数重金属进入炭油中，其中 90% 以上被氧化固定在炭中。污泥热解制油技术虽然也降低了污泥的污染程度，但是在反应过程中会产生大量的难闻气体。

　　⑤ 污泥热解制油技术的能量回收率高，污泥中的碳有约 2/3 可以油的形式回收，碳和油的总收率占 80% 以上，但这种技术因需提供前端污泥干燥的能量，因此能量剩余率不高，能量输出与消耗比为 1.16，可提供 700kW·h/t 的净能量。而污泥水热液化制油技术的油收率虽然只有 50%，但由于液化过程只需提供加热到反应温度的热量，省去了原料干燥所需的加热量，因此综合起来，还是水热液化制油技术的能量剩余率较高，约为 20%~30%（一般是在污泥含水率为 80% 以下的情况）。

　　与国外相比，污泥水热液化制油技术的研究在国内刚刚起步。由于水热液化制油技术的特征是反应在水中进行，原料不需要干燥，因此对含水率高的生物质（水生物质、垃圾、活性污泥等）的转化反应是十分适合的，水热液化法必将成为污泥油化的发展趋势。国内外的研究表明，在污泥水热液化制油的研究过程中必须考虑以下问题：

① 水热液化的本质是热解，其中还发生各种复杂的变化，低分子化的分解反应和分解物高分子化的聚合反应等，污泥先生成水溶性中间体，在水中反复聚合、水解。在液化制油过程中，主要是适度的聚合反应，而抑制油向焦炭聚合更加重要，因此催化剂在此起着重要作用。国外生物质热解制油所选用的原料大多数是木材，采用的催化剂有碱性金属盐、Na_2CO_3、K_2CO_3、Al_2O_3 及过渡金属盐类如镍催化剂等，这些催化剂对污泥的催化性能需要进一步研究。通过在污泥中加入不同种类和用量的催化剂，利用热失重仪建立一系列热解动力学模型，通过热解动力学方程中的活化能及频率因子，考察各种催化剂对液化过程的作用，判断催化剂是否既具有催化氧化的作用，又具有抑制聚合的作用。根据产物分布及收率，从中找出实现油品最大产率的有效催化剂。

② 国外的一些工艺使用合成气加压，如果操作压力靠污泥中水升温的自发压力自动升压，操作方便，所以加压方式应充分考虑，使操作简单易行。

③ 污泥的种类繁多，除生活污泥外，一些工业污泥中的有机质含量非常高，比如制革污泥的有机质含量高达 70% 左右，是污泥油化的很好原料，但不同种类的污泥中往往含有一些不同的碱性重金属盐，应考虑其对水热液化制油过程是否有催化剂的作用。

参考文献

[1] 廖传华，王小军，高豪杰，等.污泥无害化与资源化的化学处理技术 [M].北京：中国石化出版社，2019.
[2] 杨启容，邹瀚森，魏鑫，等.天然橡胶热解产物反应机理研究 [J].西安交通大学学报，2019，35（1）：114-121.
[3] 王玉杰，丁毅飞，张欢，等.污泥与木屑共热解特性研究 [J].可再生能源，2019，37（1）：26-33.
[4] 宋飞跃，丁浩植，张立强，等.生物质三组分混合热解耦合作用研究 [J].太阳能学报，2019，40（1）：149-156.
[5] 宋金梅，刘辉，王雷，等.废弃碳纤维/环氧树脂复合材料的热解特性及动力学研究 [J].玻璃钢（复合材料），2019（1）：47-53.
[6] 朱玲，周翠红.能源环境与可持续发展 [M].北京：中国石化出版社，2013.
[7] 杨天华，李延吉，刘辉.新能源概论 [M].北京：化学工业出版社，2013.
[8] 卢平.能源与环境概论 [M].北京：化学工业出版社，2011.
[9] 骆仲泱，王树荣，王琦，等.生物质液化原理及技术应用 [M].北京：化学工业出版社，2013.
[10] 任学勇，张扬，贺亮.生物质材料与能源加工技术 [M].北京：中国水利水电出版社，2016.
[11] 袁振宏.生物质能高效利用技术 [M].北京：化学工业出版社，2014.
[12] 袁振宏，吴创之，马隆龙.生物质能利用原理与技术 [M].北京：化学工业出版社，2016.
[13] 陈冠益，马文超，颜蓓蓓.生物质废物资源综合利用技术 [M].北京：化学工业出版社，2014.
[14] 陈冠益，马文超，钟磊.餐厨垃圾废物资源综合利用 [M].北京：化学工业出版社，2018.
[15] 汪苹，宋云，冯旭东.造纸废渣资源综合利用 [M].北京：化学工业出版社，2017.
[16] 周全法，程洁红，龚林林.电子废物资源综合利用技术 [M].北京：化学工业出版社，2017.
[17] 尹军，张居奎，刘志生.城镇污水资源综合利用 [M].北京：化学工业出版社，2018.
[18] 赵由才，牛冬杰，柴晓利.固体废弃物处理与资源化 [M].北京：化学工业出版社，2006.
[19] 解强，罗克浩，赵由才.城市固体废弃物能源化利用技术 [M].北京：化学工业出版社，2019.
[20] 李为民，陈乐，缪春宝，等.废弃物的循环利用 [M].北京：化学工业出版社，2011.
[21] 杨春平，吕黎.工业固体废物处理与处置 [M].郑州：河南科学技术出版社，2016.
[22] 薄采颖，周永红，胡立红，等.超（亚）临界水热液化降解木质素为酚类化学品的研究进展 [J].高分子材料科学与工程，2014，30（11）：185-190.
[23] 邱庆庆.海带水热液化制备小分子有机酸的研究 [D].哈尔滨：哈尔滨工业大学，2015.

[24]　陈宇.低脂微藻催化水热液化及过程原位分析的研究 [D].北京：清华大学，2016.

[25]　曲磊，崔翔，杨海平，等.微藻水热液化制取生物油的研究进展 [J].化工进展，2018，3 (8)：2962-2969.

[26]　张冀翔，王东，蒋宝辉，等.厨余垃圾水热液化制取生物燃料 [J].化工学报，2016，67 (4)：1475-1482.

[27]　朱张兵，王猛，张源辉，等.鸡粪发酵液培养的小球藻水热液化制备生物原油及其特性 [J].农业工程学报，20117，33 (8)：191-196.

[28]　陈永兴，魏琦峰，任秀莲.海藻残渣水热液化制备乙醇酸的研究 [J].离子交换与吸附，2017，33 (2)：168-178.

[29]　郑冀鲁，孔永平.肉质废物水热液化制备液体燃料 [J].化工学报，2014，65 (10)：4150-4156.

[30]　方丽娜，陈宇，刘娅，等.藻类水热液化产物生物油分离纯化及组分分析 [J].化工学报，2015，66 (9)：3640-3648.

[31]　马其然，郭洋，王树众，等.蓝藻水热液化制取生物油过程优化研究 [J].西安交通大学学报，2015，49 (3)：56-61.

[32]　李润东，谢迎辉，杨天华，等.源头改性对玉米秸秆水热液化制备生物油的研究 [J].太阳能学报，2016，37 (11)：2741-2746.

[33]　王伟，闫秀懿，张磊，等.木质纤维素生物质水热液化的研究进展 [J].化工进展，2016，35 (2)：453-462.

[34]　陈裕鹏，黄艳琴，阴秀丽，等.藻类生物质水热液化制备生物油的研究进展 [J].石油学报 (石油加工)，2014，30 (4)：756-763.

[35]　王东.高压反应釜水热液化制备生物油的实验研究 [D].北京：中国石油大学 (北京)，2016.

[36]　许玉平.水生植物水热液化及液化油改性提质 [D].焦作：河南理工大学，2016.

[37]　李可.以水热液化法将水生植物转制生物油品 [D].台北：台湾大学，2016.

[38]　尹连伟.生物质水热液化研究 [D].青岛：山东科技大学，2013.

[39]　朱哲.生物质水热液化制备生物油及其性质分析的研究 [D].天津：天津大学，2015.

[40]　胡见波，杜泽学，闵恩泽.生物质水热液化机理研究进展 [J].石油炼制与化工，2012，43 (4)：87-92.

[41]　赵楠楠.藻类水热液化有机产物分析 [D].武汉：中国地质大学 (武汉)，2013.

[42]　方丽娜.微藻水热液化制备生物油的过程控制及分析的研究 [D].石河子：石河子大学，2015.

[43]　陈裕鹏.藻及其蛋白质模型化合物水热液化实验研究 [D].北京：中国科学院大学，2014.

[44]　张良.亚临界条件下水葫芦的水热液化研究 [D].上海：复旦大学，2012.

[45]　伍超文.生物质水热液化过程及动力学研究 [D].上海：华东理工大学，2012.

[46]　彭文才.农作物秸秆水热液化过程及机理的研究 [D].上海：华东理工大学，2011.

[47]　伍超文，吴诗勇，彭文才，等.不同气氛下的纤维素水热液化过程 [J].华东理工大学学报 (自然科学版)，2011，37 (4)：430-434.

[48]　马智明.市政湿污泥亚/超临界水热液化制生物油实验研究 [D].沈阳：沈阳航空航天大学，2018.

[49]　刘芳奇.城市污泥的溶剂萃取及其残渣水热液化研究 [D].上海：华东理工大学，2016.

[50]　林桂柯.微藻和污泥水热液化实验研究 [D].西安：西安交通大学，2017.

[51]　刘芳奇，吴诗勇，黄胜，等.污泥的正己烷亚/超临界萃取及其产物特征 [J].华南理工大学学报 (自然科学版)，2016，42 (4)：460-466.

[52]　孙衍卿，孙震，张景来.污泥水热液化水相产物中氮元素变化规律的研究 [J].环境科学，2015，26 (6)：2210-2215.

[53]　覃小刚.污泥水热液化性能及其产物特性研究 [D].重庆：重庆大学，2015.

[54]　陈红梅.城市污泥与油茶饼粕亚/超临界液化行为研究 [D].长沙：湖南大学，2015.

[55]　周磊，韩佳慧，张景来，等.污泥直接液化制取生物油试验研究 [J].可再生能源，2012，30 (3)：69-72.

[56]　张竞明.污泥燃料化方法浅析 [J].甘肃科技，2011，27 (11)：74-75，85.

[57]　黄华军，袁兴中，曾光明，等.污水厂污泥在亚/超临界丙酮中的液化行为 [J].中国环境科学，2010，30 (2)：197-203.

[58]　李细晓.城市污泥在超临界流体中的液化行为研究 [D].长沙：湖南大学，2009.

[59]　李桂菊，王子曦，赵茹玉.直接热化学液化法污泥制油技术研究进展 [J].天津科技大学学报，2009，24 (2)：74-78.

[60]　姜勇，董铁有，丁丙新.含油污泥热化学处理技术 [J].安全与环境工程，2007，14 (2)：60-62.

[61]　李桂菊，王昶，贾青竹.污泥制油技术研究进展 [J].西部皮革，2006，28 (8)：32-35.

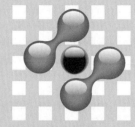

第 **8** 章 有机废弃物热解气化与能源化利用

热解气化是以追求气体产物产率为目标的热解，其基本过程与第 6 章所述的热解液化相似，但工艺条件不同。

热解气化工艺由于供热方式和热解炉结构等方面的不同，有不同的分类方法。按供热方式可分为直接（内部）供热热解和间接（外部）供热热解。按热解炉的结构可分为固定床热解、流化床热解、移动床热解和旋转炉热解等，不同的热解炉又有不同的燃烧床条件、物料流方向，因此有流化态燃烧床热解炉、反向物流可移动床热解炉等，这些热解炉与对应的焚烧炉结构和特性是相似或相同的。按热解与燃烧反应是否在同一设备中进行，可分为单塔式热解和双塔式热解。另外，按反应废弃物成分可分为污泥热解、农林废弃物热解、城市固体废物热解。但在实际生产中，热解工艺通常按供热方式分为直接加热法和间接加热法。

（1）直接加热法

直接加热法是指供给被热解物的热量是被热解物（所处理的废弃物）部分直接燃烧或者向热解炉提供补充燃料时所产生的热。由于燃烧需提供氧气，因而就会产生 CO_2、H_2O 等惰性气体混在热解可燃气中，稀释了可燃气，从而降低了热解气的热值。如果采用空气作氧化剂，热解气体中不仅有 CO_2、H_2O，而且含有大量的 N_2，更稀释了可燃气，使热解气的热值大大降低。因此，采用的氧化剂是纯氧、富氧或空气，其热解得到的可燃气的热值是不同的。直接加热法的设备简单，可采用高温，其处理量和产气率也较高，但所产气的热值不高，作为单一燃料还不能直接利用。由于采用高温热解，需认真考虑 NO_x 的产生和控制问题。

（2）间接加热法

间接加热法是将被热解的物料与直接供热介质在热解炉中分离的一种方法，可利用墙式导热或中间介质（热砂料或熔化的某种金属床层）来传热。墙式导热因存在热阻大、难以采用更高的热解温度、熔渣会包覆和腐蚀传热壁面等问题而受限。采用中间介质传热，也存在固体传热、物料与中间介质分离困难等问题。但综合比较，中间介质传热较墙式导热方式要好。间接加热法的主要优点在于其产品的品位较高，可当成燃气直接燃烧利用，且可较少

地考虑 NO_x 的产生问题。一般而言，除流化床方式外，间接加热不可能采用高温热解方式，其物料被加热的性能较直接加热差，从而延长了物料在热解炉里的停留时间，每千克物料所产生的燃气量和产气率大大低于直接法。

8.1　农林废弃物热解气化与能源化利用

农林废弃物热解气化，是指将农林废弃物在隔绝空气的条件下加强热（800~900℃），使原料中的碳、氢元素转化为氢气、甲烷、一氧化碳等可燃气体，同时副产固体炭、木焦油和木醋液。燃气可作民用燃料，也可供工业利用或发电，而且清洁无污染。副产品经加工可用作肥料、燃料、化工原料等。

农林废弃物热解气化产物中气体、液体和固体产物所占比例受到原料性质、加热速率、反应温度和反应时间等多种因素的综合影响，一般而言，产物成分比例大致为可燃气体 25%~35%，固体炭 28%~35%，木醋液和木焦油 35%~47%。农林废弃物气化剂气化生产燃气技术存在可燃气体热值低和副产品利用率低的问题，而热解气化产生的燃气属于中热值燃气，热值相对较高，可用于生活用燃气如炊事、供暖和热水等，同时可生产生物炭、木焦油和木醋液，这些产品是非常重要的化工原料。因此，生物质热解气化技术成为生物质能利用的一个重要发展方向。

8.1.1　农林废弃物热解气化技术的原理

农林废弃物热解气化是一个复杂的化学反应过程，包括脱水、热解、脱氢、缩合、氢化等反应，使原料中碳、氢、氧元素转化为氢气、甲烷、一氧化碳等可燃气。这些反应没有十分明显的阶段性，许多反应是交叉进行的。可燃气经净化进入气柜，通过管道输送到用户，同时分离出木醋液、木焦油和木炭等副产品。其反应过程是：

第一步：脱水，脱出内水：

第二步：脱甲基，反应温度到 250℃ 左右开始，温度升至 280℃ 开始放热反应：

第三步：将前过程生成的芳环化合物进行热解、脱氢、缩合、氢化等反应：

(1)
$$C_2H_6 \xrightarrow{\triangle} C_2H_4 + H_2$$
$$C_2H_4 \xrightarrow{\triangle} CH_4 + C$$
$$CH_4 \xrightarrow{\triangle} C + 2H_2$$

(2)

(3)

$$\begin{array}{c}\underset{H}{\overset{H}{\bigcirc}}H \end{array} + H_2C=CH-CH=CH_2 \xrightarrow{\triangle} \text{[naphthalene]} + 2H_2$$

（4）

$$\text{[benzene]}-CH_3 + H_2 \xrightarrow{\triangle} \text{[benzene]} + CH_4$$

$$\text{[benzene]}-NH_2 + H_2 \xrightarrow{\triangle} \text{[benzene]} + NH_3$$

$$\text{[benzene]}-OH + H_2 \xrightarrow{\triangle} \text{[benzene]} + H_2O$$

不同有机物热解所需的时间和压力差别很大，可以从100℃到1000℃，压力可以是常压，也可以是高压（1.4MPa）。有机物热解产物中气体、液体和固体产物所占比例随加热速度、反应温度和反应时间等因素变化而有所差别，如低温（500~580℃）快速热解一般可获得较多的液体产物，高温（600~1000℃）热解可获得较多的气体产物。因此，通过改变和调节热解过程条件可以达到不同的生产目的。

8.1.2 农林废弃物热解气化的工艺过程

农林废弃物热解气化产物的主要组分是CO、CH_4、C_mH_n、H_2等，热值相对较高，可以作为燃料，用于发动机、锅炉、民用炉灶等。我国开展了农林废弃物热解气化技术的推广应用，其中典型的有焦作市某公司开发研制的STQ-Ⅰ型生物炭气油联产系统、大连某研究院建成的生物质能源工程、辽宁科技大学建成的以玉米秸秆为原料的生物质连续干馏制气装置。

（1）焦作市生物炭气油联产系统工艺流程

焦作市某公司开发研制的STQ-Ⅰ型生物炭气油联产系统由原料制备、干馏净化、气体储存、管网输送及用户设施等部分组成，如图8-1所示，供气规模为500户，年消化秸秆、锯末等农林废弃物2000t，产品主要有机制木炭、可燃气、木焦油和木醋液。该系统有效利用了大量农林废弃物资源，保护了生态环境，使农村实现了炊事燃气化，加快了农村建设小康社会的步伐。

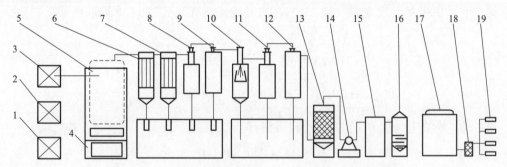

图8-1 STQ-Ⅰ型生物炭气油联产系统生产工艺原理图

1—粉碎设备；2—烘干设备；3—成型设备；4—加热炉；5—干馏釜；6—一级降温器；7—二级降温器；8—初分器；9—二分器；10—碱洗塔；11—三分器；12—四分器；13—过滤器；14—燃气排放机；15—气水分离器；16—水封；17—储气柜；18—阻火器；19—燃气用户

该工艺首先将玉米秸秆、棉花秆、稻草、木屑等生物质粉碎成直径小于4mm的颗粒；再采用气流式干燥法（以生物质燃烧产生的烟道气为热源）进行干燥，干燥后（含水量小于 10%）由旋风分离器排出，再经螺杆挤压机挤压成型，在适宜的温度下即可得到表面光滑、无明显裂纹、密度为 1500kg/m³ 左右的中空原料棒。将原料棒放入密闭的釜中，在隔绝空气的条件下加热，使其裂解。产出物经过冷却、净化、过滤后得到机制木炭、可燃气、木焦油和木醋液等产品。

主体设备为干馏釜，内设 3 个温度计探头，以便观察釜内干馏过程的温度变化情况，控制加热炉的火势。干馏过程分为 3 个阶段：第 1 阶段为预热阶段（大约 2h，温度在 200℃ 以下），产出物主要成分为水蒸气。第 2 阶段为吸热过程，也是热解产出物最多的阶段。当放散出的气体变为浓黄色时，启动燃气排送机，气体从后一个放散管放空，这时的气体称为馏头气，还达不到用户的要求，可以作为干馏釜的加热燃料，节省燃柴。当干馏釜上层温度计显示为 300℃ 以上时，气体就可以输入储气柜。调节燃气排送机旁通阀，使反应釜出口压力保持在 49～147Pa，从各种净化设备分离出大量的可燃气、木醋液和木焦油，此时干馏釜内下层温度为 250℃ 左右。第 3 阶段为放热过程，干馏釜上层温度显示为 600℃ 时，下层温度开始逐渐升高。这时加热炉可以停火，釜内物料靠自身的放热还在继续热解，产出的燃气质量最好，待下层温度升至 500℃ 并开始下降时，釜内热解反应基本结束，可以停炉。每吨原料经过干馏可以得到 300kg 机制木炭、300m³ 可燃气、200kg 木醋液、50kg 木焦油。

经测定，STQ-Ⅰ型生物炭气油联产系统生产的机制木炭发热量大于 29MJ/kg，各项指标均优于木炭；可燃气中的焦油和灰尘含量小于 10mg/m³、热值大于 17MJ/m³，优于城市煤气；木醋液 pH 值为 2～4，木焦油含水量小于 10%，这两种副产品均为优良的化工原料。

（2）大连市生物质能源工程工艺流程

大连市某研究院设计的生物质能源工程的工艺流程如图 8-2 所示，主要设备有粉碎机、烘干机、压型设备、热解炉、干馏釜、除焦油器、冷却器、分离器、碱洗设备、罗茨风机、气柜等。该工艺所用原料以农作物秸秆为主，可供 1000 户农民生活用燃气。

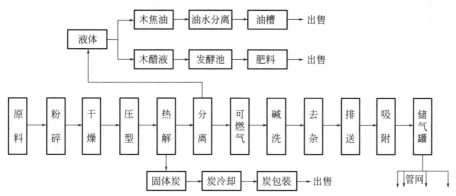

图 8-2　大连某研究院设计的生物质能源工程工艺流程

其工艺流程包括以下步骤：

① 粉碎。将生物质原料粉碎至粒度为 5～10mm，一般情况下此阶段原料的含水量在 20%～30%。

② 干燥。将原料中水分降低至 10%。

③ 压型。一般要求将原料压至 0.8～1.2g/cm³，压成的形状分别为：50mm×50mm×400mm 的六方柱体；32mm×32mm×100mm 的长方体；ϕ8.0mm×12mm 的圆柱体。

④ 热解。此工序为关键过程，其温度、压力、流量、固相和气相停留时间等参数都要严格控制。一般情况下，热解温度控制在 600℃ 左右，压力控制在 0～10Pa。

⑤ 冷凝。从热解炉出来的可燃气中杂质多且呈酸性，温度达 300℃，经过多次冷却、净化、分离等一系列过程得到纯净的可燃气，同时将各种副产品分离出来。

⑥ 碱洗。去除燃气中所含的醋酸，以防对气柜和管道腐蚀。

由该工艺制得的热解产品及其主要用途分别为：

① 可燃气。主要成分为 CO、CH_4、C_2H_4、H_2 等，热值约为 14.7MJ/m^3，可作为气体燃料使用。

② 木炭。含水分低，反应性能好，比表面积大，其热值约为 29MJ/m^3，属优质炭，可用于食品烧烤、有色金属冶炼、铸造行业中，也可用于改良土壤性质，增强土壤肥力，还可制成活性炭，用于废水、废气处理等。

③ 木焦油。是一种以烃、酚、酸类化合物为主导的复杂混合物，其品质优于煤焦油，具有柔和度好、耐老化、耐高温等优点，是生产防水材料、防腐涂料、船舶漆、硬质聚氨酯泡沫和抗凝剂的优良原料，可替代煤焦油，具有广阔的市场前景。

④ 木醋液。主要含有醋酸、甲醇、乙醛、丙酮、乙酸乙酯等，采用不同精制方法得到的木醋液，可以作为医药原料、食品添加剂、染料原料、脱臭剂、农药原料、土壤改良剂和植物生长促进剂的原料等。

(3) 辽宁生物质连续干馏制气装置工艺流程

辽宁科技大学建成的生物质连续干馏制气装置的工艺流程如图 8-3 所示，以玉米秸秆为原料，每小时可生产热值为 15.4MJ/m^3 的生物质燃气 250m^3。秸秆经破碎后由斗式提升机运送至炉顶料仓，经双螺旋给料机将秸秆挤压后连续从顶部送入干馏炉内，连续向下移动，在移动过程中，温度渐升，实现连续干馏制气过程。干馏炉内产生的粗燃气向上流动，经炉顶上升管、集气管进入燃气净化系统。粗燃气在上升管顶部经循环水喷洒，被初步冷却到 80~90℃，然后再经初冷器冷却到 30~40℃。初冷器后面连接鼓风机，鼓风机将一部分燃气送回干馏炉用于加热，将另一部分燃气送至储气罐储存供用户使用。每个干馏炉的燃气产量为 (0.6~0.8)×$10^4$$m^3$/d。

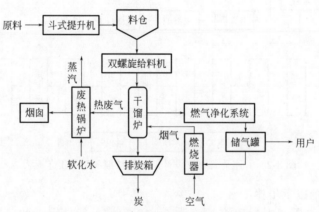

图 8-3 生物质连续干馏制气装置工艺流程

干馏炉为立式箱形结构，外热式，用特种钢制作。干馏炉由干馏室和燃烧室组成，干馏室两侧各有 1 个燃烧室，燃烧室又分为加热段和空气预热段，燃烧室内部为水平折流火道结构。干馏室平均宽 440mm，长 2.1m，高 4.5m。2 个干馏室联成 1 组使用。

燃烧室内的高温废气沿着水平火道流动，不断向干馏室供热，废气温度逐渐降低，然后从燃烧室顶部排出，经废热锅炉回收余热后温度降至 200~250℃，最后由烟囱排入大气。

干馏过程产生的炭从干馏室底部出口靠自重落入与之密封连接的排炭箱内。排炭箱分上、中、下 3 段。上段内侧四周设置若干喷嘴，喷洒适量水使炭初步冷却；中段外侧设水夹套及水封装置，通过循环水使上段下来的生物炭进一步冷却到 200℃ 左右；下段装有特制的星形排料器，配有调速电机进行连续排放。

8.2　城市生活垃圾热解气化与能源化利用

城市生活垃圾热解气化与垃圾焚烧技术同属于热处置技术，但却是两个完全不同的热化学转化过程，具有各自的特点，如表 8-1 所示。但从垃圾无害化、资源化、能源化利用的角度比较，垃圾热解气化比垃圾焚烧具有诸多优势。热解气化可以将城市生活垃圾转化为较为稳定的气、液、固 3 种类型产品，或直接利用燃烧产热或产热发电。从污染物排放角度，由于直接焚烧的不充分性所引起的二次污染，特别是二噁英的排放问题，制约着该技术的广泛应用，而热解气化过程是在贫氧或缺氧气氛下进行的，从原理上减少了二噁英的生成，同时大部分重金属在热解气化过程中熔入灰渣，减少了排放量。

表 8-1　垃圾热解气化与垃圾焚烧技术特点比较

对比项	技术名称	
	垃圾焚烧	垃圾热解气化
作用机理	利用焚烧物本身热值	利用有机物的热不稳定性，使之裂解
反应过程	足氧条件下固态非均相燃烧，放热过程	绝氧或缺氧燃烧后再进行含氧气化，吸热过程
主要产物	二氧化碳、氮氧化物、水及灰渣	气态低分子化合物：氢气、甲烷、一氧化碳；液态低分子化合物：甲醇、丙酮、醋酸、乙醛及焦油、溶剂油等；固体产物：焦炭或炭黑
产品形式	热、电	可燃性气体、燃料油和炭黑；热、电
适用范围	热值高、水分含量较低的城市生活垃圾	能处理含水量高达 60% 的固体废弃物，有机垃圾适用性最强
二次污染	二噁英、氯化氢和氰化氢等有毒致癌物质，固体颗粒物、重金属及其化合物成分残留	大部分物质可以回收利用，可降低二噁英的生成量，并减少飞灰排放量

在欧美和日本等一些发达国家，热解气化技术的研究已经达到一定高度，尤其自 20 世纪 70 年代以来，西方国家经济生活水平不断提高使得城市生活垃圾中有机物含量越来越多，其中纸张、木质纤维、塑料等可燃成分比例有了较大提高，垃圾热值日益增加，西欧国家垃圾平均热值达 7500kJ/kg，已相当于褐煤发热量，为垃圾热解气化技术的工业化应用创造了条件。

8.2.1　城市生活垃圾气化熔融技术

城市生活垃圾热解气化技术以减少焚烧所造成的二次污染和垃圾减量为主要目的，实现垃圾无害化处理。目前应用最多的是气化熔融技术。

城市生活垃圾气化熔融技术包括垃圾在 450~640℃ 温度下的气化和含炭灰渣在 1300℃ 以上的熔融燃烧 2 个过程，并将这 2 个过程有机地结合起来形成一个整体。其工艺

流程如图 8-4 所示。

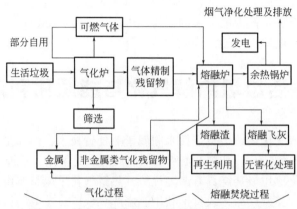

图 8-4 城市生活垃圾气化熔融技术的工艺流程

（1）外热回转窑式生活垃圾气化熔融工艺

城市生活垃圾气化熔融焚烧技术由气化和熔融焚烧 2 个过程组成，尽管外热回转窑式城市生活垃圾气化熔融焚烧技术的气化设备主要是外热式回转窑（炉），但由于后续熔融焚烧设备可有不同的配备形式，因此整个气化熔融焚烧技术的工艺及设备也就不尽相同。

图 8-5 所示的外热回转炉式城市生活垃圾气化熔融工艺及设备的特点是：城市生活垃圾首先经粉碎机粉碎，然后在干燥炉中进行干燥，干燥炉的热源是回转式气化炉中作为外加热热源加热垃圾后温度已降低的中低温热气体，干燥炉的排气分别供给熔融炉的二次燃烧室和热风炉，垃圾经干燥后在外热式回转气化炉中进行热解气化；气化炉制得的热解气化可燃气

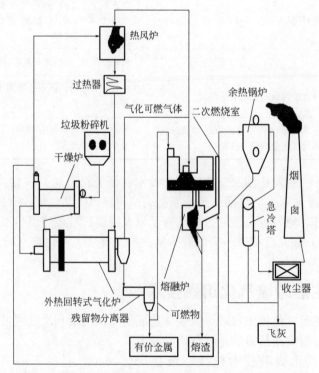

图 8-5 外热回转炉式城市生活垃圾气化熔融工艺及设备

体分别供给熔融炉的二次燃烧室和气化炉本身，供给气化炉本身用的可燃气体在热风炉中燃烧加热进入气化炉并作为气化炉外热源的气体；气化残留物经残留物分离器选出有价金属后，其余残留物供给熔融炉进行熔融焚烧；熔融炉采用回转式表面熔融炉，熔融炉的熔融渣经水淬后可进行有效再生利用；经二次燃烧室完全燃烧后的高温烟气经余热锅炉进行余热回收利用（如发电或供热）；从余热锅炉中排出的烟气为了防止二噁英类毒性物质在 400 ~ 500℃ 的烟温下重新合成，经急冷塔急冷至 200℃ 以下，再经烟气收尘器进行净化处理后排向大气。该技术经日本几家垃圾处理厂实际检测证明，二噁英类的排放在 $0.01 ng/m^3$ 以下。

（2）城市生活垃圾直接气化熔融技术

城市生活垃圾直接气化熔融技术是将城市生活垃圾的气化过程和熔融焚烧过程置于一个设备中进行，工艺过程和设备简单，工程投资和运行费用大大降低，操作比城市生活垃圾两步法气化熔融焚烧处理技术要容易得多。其工艺流程如图 8-6 所示。

城市生活垃圾直接气化熔融技术的工艺设备分类方法很多。按城市生活垃圾气化熔融的结构形式，一般分为回转式、竖井炉式、高炉型、等离子体式、氧气顶底复合吹式等，其中最典型的是回转窑式生活垃圾直接气化熔融技

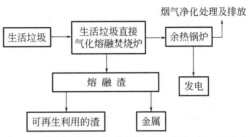

图 8-6　城市生活垃圾直接气化熔融技术工艺流程

术，首先由美国的 ABB 公司和欧洲的 VONROLL 公司研制并拥有，此后日本的住友公司、日立造船公司也引进此技术并在日本建成了几个垃圾处理厂。

典型的回转窑式城市生活垃圾直接气化熔融技术工艺流程如图 8-7 所示。该技术的特点是：先将城市生活垃圾与石灰石一道加入回转窑，城市生活垃圾在回转窑的前端先被干燥，到了回转窑的中部后城市生活垃圾被部分燃烧和热解气化；气化残留物在回转窑的后端进行

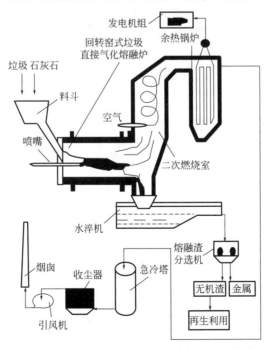

图 8-7　典型的回转窑式城市生活垃圾直接气化熔融技术工艺流程

熔融焚烧；回转窑一般用重油喷嘴进行助燃，回转窑后端最高温度可达1350℃；气体产物从回转窑进入竖式二次燃烧室，在二次风旋涡搅动下完全燃烧，二次燃烧室出口处烟气温度可达1000℃；烟气进入余热锅炉进行余热回收利用后排向烟气净化系统进行净化；熔融渣和金属从渣口排出并被水急速冷却，被冷却的熔融渣和金属经分选机分选出金属和无机渣，金属回收利用，无机渣则作为建材。

8.2.2　城市生活垃圾热解气化系统

实际应用的城市生活垃圾热解气化系统多种多样，代表性的系统有新日铁系统、Torrax系统和Landgard系统。

（1）新日铁系统

新日铁系统主要是通过热解气化熔融炉产生高温蒸汽发电，日本已建成多座生活垃圾直接气化熔融焚烧炉，例如藤泽市城市垃圾发电厂、界市垃圾焚烧发电厂、东京墨田垃圾发电厂，其热解气化熔融炉的单台处理量分别达到130t/d、230t/d、600t/d。

该技术的工艺流程如图8-8所示，主要分为干燥、热解、燃烧和熔融几个阶段。垃圾由炉顶投料口进入炉内，为了防止空气的混入和热解气体的泄漏，投料口采用双重密封阀结构。进入炉内的垃圾在竖式炉内由上向下移动，通过与上升的高温气体换热，生活垃圾中的水分受热蒸发，此为干燥段（约300℃）。经干燥段干燥后的垃圾随后进入第一燃烧室，即热解段（600~800℃），在缺氧状态下有机物发生热解，生成可燃气和灰渣。有机物热解产生的可燃性气体导入二燃室（即燃烧和熔融段，1000~1800℃），在供氧充足条件下进一步燃烧，产生高温烟气用于加热蒸汽进行发电。灰渣进一步下移进入燃烧区，灰渣中残存的热解固相产物炭黑与从炉下部通入的空气发生燃烧反应，其产生的热量不足以满足灰渣熔融所需温度，可通过添加焦炭来提供碳源。

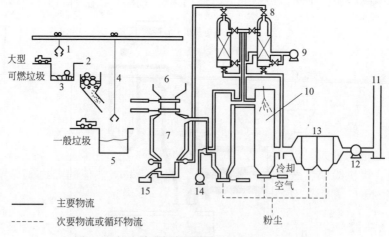

图8-8　新日铁生活垃圾热解熔融处理工艺流程

1,4—吊车；2—破碎机；3—大型垃圾贮槽；5—垃圾贮槽；6—投入口；7—熔融炉；8—热风炉；9—鼓风机；
10—喷水冷却器（或锅炉燃烧室）；11—烟囱；12—引风机；13—电除尘器；14—燃烧用鼓风机；15—熔融渣槽

灰渣熔融后形成玻璃体和铁，重金属等有害物质也被完全固定在固相中，体积大大减小，垃圾减量明显。玻璃体可以直接填埋处置或作为建材加以利用，磁分选出的铁也有足够的利用价值。热解得到的可燃性气体的热值为6276~10460kJ/m³（1500~2500kcal/m³）。

（2）Torrax 系统

Torrax 系统的工艺流程如图 8-9 所示，由气化炉、二燃室、一次空气预热器、热回收系统和尾气净化系统构成。垃圾不经预处理直接投入竖式气化炉中，在其自重的作用下由上向下移动，与逆向上升的高温气体接触，完成干燥、热解过程，在塔底部灰渣中的炭黑与从底部通入的空气发生燃烧反应，其产生的热量使无机物熔融转化为玻璃体。垃圾干燥和热解所需的热量由炉底部通入的预热至 1000℃ 的空气和炭黑燃烧提供。熔融残渣由炉底连续排出，经水冷后变为黑色颗粒。热解气体导入二燃室，在 1400℃ 条件下使可燃组分和颗粒物完全燃烧，二燃室出口气体的温度为 1150~1250℃，部分用于助燃空气的预热，其余通过废热锅炉回收蒸汽。通过废热锅炉和空气预热器的尾气，再由静电除尘器处理后排放。

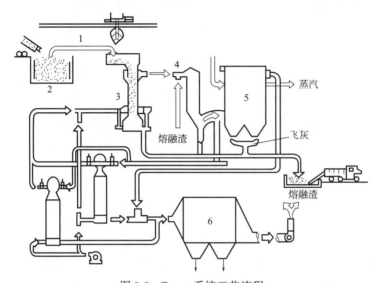

图 8-9　Torrax 系统工艺流程
1—吊车；2—垃圾槽；3—热解炉；4—燃烧室；5—余热锅炉；6—静电除尘器

最早的 Torrax 系统是 1971 年由 EPA 资助在纽约州的 Eire County 建造的处理能力为 68t/d 的中试装置，除了城市垃圾的处理外，还进行过城市垃圾与污泥混合物的处理，包括废油、废轮胎和 PVC 的热解处理试验。进入 20 世纪 80 年代，在美国的 Luxemburg（艾奥瓦州）建设了处理能力为 180t/d 的生产性装置，并向欧洲推出了该项技术。

该系统的能量衡算如图 8-10 所示。垃圾热值的 35% 左右用于助燃空气的加热和设施所需电力的供应，提供给余热锅炉的热量达 57%，相当于垃圾热值的大约 37% 作为蒸汽得到

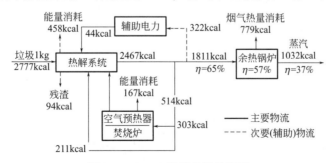

图 8-10　Torrax 系统的能量衡算
（1kcal≈4.184kJ）

265

回收。

（3） Landgard 系统

Landgard 系统由 Monsanto Enviro-Chem System 公司开发，其工艺流程如图 8-11。

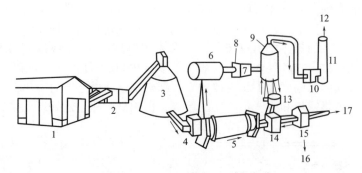

图 8-11　Landgard 系统工艺流程

1—垃圾贮藏库；2—破碎机；3—贮槽；4—进料装置；5—回转窑；6—后燃室；7—废热锅炉；8—蒸汽；9—气体洗涤器；
10—风机；11—烟囱；12—清洁气体；13—沉淀浓缩装置；14—水冷；15—磁选机；16—铁系金属；17—残渣

　　垃圾经锤式破碎机破碎至 100mm 以下，放在贮槽内，用油压活塞送料机自动连续地向回转窑送料，垃圾与燃烧气体对流而被加热分解产生气体。空气用量为理论用量的 40%，使垃圾部分燃烧，调节气体的温度在 730~760℃ 之间。为了防止残渣熔融，温度需保持在 1090℃ 以下，每千克垃圾约产生 1.5m³（标准状态下）气体，发热量（标准状态下）为（4.6~5.0）×10³kJ/m³。热值的大小与垃圾组成有关。焚烧残渣于水封熄火槽中急冷，从中可回收铁和玻璃。热解产生的气体在后燃室完全燃烧，进入废热锅炉可产生 4.7MPa 的蒸汽用于发电。此分解流程由于前处理简单，对垃圾组成适应性大，装置构造简单，操作可靠性高。

　　美国 Maryland（马里兰）州的 Baltimore（巴尔的摩）市由 EPA 资助建设的日处理 1000t 的实验工厂，处理能力为该市居民排出垃圾总量的 1/2。窑长为 30m，直径为 60cm，转速为 2r/min，二次燃烧产生的气体用 2 个并列的废热锅炉回收 91000kg 的蒸汽。

8.2.3　城市生活垃圾热解气化产物的特性

　　对于我国来说，热解气化处理垃圾成本相对较低，有成型的技术设备和可以借鉴的国内外经验，具有较强的可行性。但鉴于我国城市生活垃圾特性及收运现状，一般情况下采用进口技术和设备的垃圾气化燃烧很难达到热解气化熔融所需高温，气化效率受到影响，无法保持可燃气的质量，从而影响熔融效果。因此有必要开发适用于我国低热值垃圾的热解处理技术。

　　目前我国一些垃圾热解气化技术已经投入使用，取得了不错的垃圾处理效果，并且实现了技术及设备出口。

　　无论哪种热解气化技术和系统，城市生活垃圾热解气化的产物主要是热值较低的燃气，若供用户使用需进一步提高热含量。可将燃气压力提高 150 倍，用水蒸气在固定床催化热解炉中除去 CO_2、H_2S 等酸气，净化后的燃气进行甲烷化，使 H_2、CO_2 和 CO 在高压下合成 CH_4，反应式为：

$$CO+3H_2 \xrightarrow{\text{催化剂}} CH_4+H_2O$$

$$CO_2+4H_2 \xrightarrow{\text{催化剂}} CH_4+2H_2O$$

　　采用垃圾热解气化技术时，目标产品的选择以热、电为宜。由于生活垃圾的物理及化学成分极其复杂，而且组分随地域、季节、居民生活水平及能源结构的改变而有较大变化，将会导致热解工艺处在一个较为复杂的不确定状态中，若以回收可燃气体为目标，要保持产品质量的稳定就必须实现工艺的稳定控制，但这具有较大困难。

8.3 废塑料和废橡胶热解气化与能源化利用

废塑料和废橡胶的主要成分是碳和氢，除可采用前面章节所述的热解液化技术制取燃料油实现能源化利用外，还可通过热解气化制取燃料气而实现能源化利用。

8.3.1 废塑料热解气化与能源化利用

废塑料热解是将废塑料在无氧或缺氧状态下加热，在一定条件或催化作用下，使废塑料转化为气体、油、焦炭和水。有利用价值的有机产物包括石蜡、异构烷烃、烯烃、环烷烃和芳烃以及非冷凝高热值可燃气等，这些产物的形成与塑料成分、处理工艺条件相关，包括反应温度、反应器的设计等。

废塑料热解气化是以追求气体产物即燃料气为目标的废塑料热解工艺，其工艺过程与废塑料热解液化大体相同，但操作条件不一样。

(1) 热解温度

无论是热裂解还是催化裂解，废塑料从室温开始加热，随反应温度的升高裂解反应开始，液态产物随温度升高不断产生并达到最大值，之后随反应温度继续升高，液态产物会进一步裂解形成焦炭、干气等固态、气态产物。董芃等以流化床为反应器，对 5 种常见废旧塑料（HDPE、LDPE、PS、PP、PVC）进行热解实验，结果表明，随着热解温度的升高，热解气体产物产率增加，而冷凝液体产率降低。在该实验条件下，上述 5 种塑料产生的热解气主要含有甲烷、乙烷、乙烯及少量丙烷、丙烯、氢气等。

废塑料热解液化以追求液体产物产率为目标，为实现燃料油产率的最大化，其热解温度较低。但废塑料热解气化是以追求燃料气产率为目标的热解过程，为提高燃料气的产率，其热解温度要高于热解液化的操作温度。

(2) 停留时间

停留时间是指原料在反应器内存留的平均时间。随着停留时间的增加，燃料气（例如轻分子量的烃类和不凝气体）的收率也随之增加，并在一定停留时间后不再增加。因此，为提高气体产物的产率，应选择较长的停留时间。

(3) 催化剂种类

催化剂在废塑料热解中起到降低反应温度、缩短停留时间和提升转化率等关键性作用，它将热解的产物进一步裂解。研究表明，采用分子筛催化剂能使废塑料裂解产物中挥发性烃类产物收率提高，液体产物收率下降，更适合废塑料热解气化。

在资源回收利用方面，废塑料催化热解气化技术可得到包括汽油、石蜡等各种烃类产品；在环境效益方面，废塑料催化热解气化工艺在贫氧或缺氧气氛下进行，减少了二噁英的产生量，同时大部分的重金属在热解气化过程中熔入灰渣，减少了排放量。因此，废塑料催化热解气化技术得到了广泛的应用。图 8-12

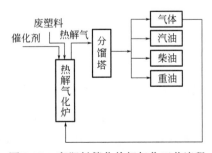

图 8-12 废塑料催化热解气化工艺流程

所示为废塑料催化热解气化的工艺流程。

8.3.2 废橡胶热解气化与能源化利用

早在 20 世纪 20 年代，就有人做了天然橡胶的热解研究。最初的研究是为了得到天然橡胶的再生单体，后来逐步发展到提取裂解油和可燃气体。废橡胶热解气化的主流技术主要有低温真空热解、微波热解、加氢热解、催化热解等。

由于废轮胎中含有大量碳、氢等热值高的元素，所以废轮胎的热解产物有气体、液态油、炭黑。废旧轮胎热解气化是以制备燃料气为目的的热解工艺。

8.3.2.1 废轮胎的热解机理

以废轮胎为研究对象，在 TG（热重分析法）及 DTG（微商热重法）曲线研究中发现，废轮胎热解过程主要分为两个阶段，分别为橡胶的分解阶段和热解产物二次分解阶段。废轮胎的 TG 及 DTG 曲线如图 8-13 所示。

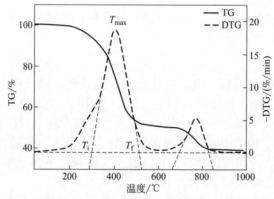

图 8-13　废轮胎的 TG 及 DTG 曲线
（升温速率 50℃/min）

由图 8-13 可知，废轮胎的热解过程可分为两个阶段。第一阶段是橡胶的分解阶段，包括：

① 温度在 150~200℃ 范围内，轮胎中的增塑剂及其他有机助剂分解，且有少量的油气产生；

② 温度高于 250℃ 时，热解出液态油和气体；

③ 当温度在 250~300℃ 时，天然橡胶和合成橡胶开始裂解；

④ 当温度在 450~500℃ 时，液体产量出现峰值，之后开始减少；

⑤ 当温度在 550℃ 时，热解挥发分析出完毕，轮胎基本完成裂解。

第二阶段是热解炭黑中的灰分在高温条件下进一步热解。根据 DTG 曲线可知，在接近 400℃ 时，废轮胎出现最大峰值，此时反应最剧烈。在接近 750℃ 时，热解半焦发生了二次分解反应。800℃ 时，热解反应基本结束，可作为热解终温。

8.3.2.2 废轮胎热解气化的工艺过程

废轮胎热解气化是将废轮胎在高温的条件下，置于连续或间歇式裂解反应器中高温裂解，橡胶组分在高温环境下裂解成炭黑和油气混合物，油气混合物在冷凝器或者分油器中冷凝成裂解油，贮存在集油罐中；不可冷凝气体经冷却后回收成裂解气；固态产物经磁选分离后，钢丝可加工为粗钢，炭黑可进一步制备活性炭。

废轮胎热解气化常用的热解工艺主要有固定床热解、移动床热解、回转窑热解和多层式热解等。

（1）固定床热解

固定床热解反应器是间歇式热解反应器，由于其结构简单、操作稳定、便于控制、易实现大型化等优点而广泛应用，可以降低由连续进料系统带来的热解工况不稳定、进料复杂以及反应器床层污染的问题。国际上，固定床热解工艺的代表有英国 Leeds 大学 Williams 教授研究组的外热式氮气吹扫热解固定床和 Sainz-Diaz 等研究的内热式火焰热解固定床。Williams 教授研究组的热解工艺，经历了处理量从每批 150g 到每批 3kg 的过程，并最终与 Beven Recycling 股份有限公司合作开发了废轮胎处理量每批 1015kg 的中试热解装置。

固定床的优势在于可直接对整胎进行热解气化。Sainz-Diaz 开发的中试装置的处理量为每批 20kg，其优点在于直接加热，热损失少。缺点在于反应产生的气体中氮气和二氧化碳等气体含量较高，气体热值低；热解油和热解炭产率不高；批量式进料造成启停花费大量时间，工作效率降低；启停阶段和中间阶段的热解工况不一致导致热解产物的品质不均一。

（2）移动床热解

移动床反应器因其结构简单、原料适应性强、物料混合均匀等特点被广泛应用到碳基原料的热解中。

Aylón 等人进行了固定床和移动床反应器中轮胎热解的比较，并评估了反应器类型对产率和产物特性的影响。与固定床反应器相比，移动床反应器由于其较长的停留时间和较快的加热速率，可以观察到更多的主要热解产物。对于固定床和移动床反应器，均获得了约 38% 的热解炭产率。另外，移动床反应器将热解油产率从 54.6% 降低至 43.2%，并将产物气体产率从 7.5% 增加至 17.1%。

（3）回转窑热解

国际上对回转窑热解工艺的研究中，日本、德国和意大利处于技术领先地位，如日本 Kobe Steel 公司的处理量为 1t/h、Onahama Smelting 公司的可对整胎进行热解的处理量为 4t/h 的商业化装置，德国 Bochum 公司的处理量为 5t/d 的 GMU 商业化装置，意大利 ENEU 研究中心的处理量为 48kg/h 的废轮胎中试回转窑热解装置。意大利 ENEU 研究中心和日本 Onahama Smelting 公司的热解产物为炭黑、热解油和钢丝，而其他公司的热解产物主要为燃气。回转窑热解工艺的优势在于适用于所有固体废弃物，特点是对废弃物形态、形状和尺寸适应性广。

国内，浙江大学岑可法院士研究组对废轮胎回转窑热解工艺的研究最为详尽。他们在小型实验室规模装置上研究了固体废物热解的机理；在自行设计制造的处理量 10~40kg/h 的连续式回转窑中试试验装置上研究了废轮胎碎片的热解动力学特性、热解机理及废轮胎在回转窑内的运动特性和传热特性。

（4）多层式热解

浙江大学的柴琳等对包括小试、模式试验和工业放大过程设计在内的热裂解技术进行了研究，分析了废轮胎热降解的机理，提出"产物连续化"的概念，设计了具有专利授权的多层式轮胎热解反应器，并对热解油品的后续处理过程进行了研究。刘宝庆等在多层盘式废轮胎热裂解塔中，在微负压、400~600℃ 条件下，对去除钢丝后的废轮胎颗粒（15mm 左右）进行了热解研究。

8.3.2.3　热解气化过程的影响因素

热解工况对废轮胎热解过程、热解产物产率及产物特性均有极大影响，研究者可以通过改变热解工况来获得相应的热解炭、热解油和热解气。目前研究较多的废轮胎热解气化的影响因素为热解终温、升温速率、热解压力、停留时间和催化剂等。

（1）热解终温

热解终温对废轮胎热解反应的影响较为显著。热解终温的升高有利于橡胶组分发生裂解从而产生更多的低分子量组分。Rodriguez 等人在 300~700℃ 的温度范围内和不锈钢高压釜（3.5dm^3）中进行了热解实验。每次运行中，在 1dm^3/min 氮气流中，以 15℃/min 的加热速率将 175g 轮胎从室温加热到目标温度（300~700℃），并在目标温度下保持 30min。在相同的加热速率下，热解气体和液体的产率随着温度的升高而增加持续到 500℃。该结果与热重分析一致，因为固体残余质量在 500℃ 以上为常数。但是与 TGA 分析相比，固体部分的分析显示出较高的热解试验产率（41.2%）。这种行为归因于聚合产物之间的二次再聚合反应，从而形成炭。

（2）升温速率

升温速率一样对废轮胎热解行为以及产物特性有较大影响。有研究表明高升温速率可以增加气体产物的产率，Leung 等人使用专门设计的加热速率可达到 1200℃/min 的试验装置进行轮胎粉末的热解。在热解过程中，首先将反应器加热到目标温度，然后将装有废轮胎样品的专门设计的钢网坩埚迅速推入反应器的高温区。结果表明，与较低的升温速率（10℃/min）相比，总产气量由 5% 提高到 23%，而热解油产量由 57% 下降到 43%，气体产率的提高是由于高升温速率导致更强的热裂解作用，使热解油裂解成热解气。在 900℃ 以上，未观察到产物部分的显著变化。此外，观察到随着温度从 500℃ 升到 800℃，热解炭的产率从 37% 略微降低到 36%。但是，当温度高于 800℃ 时，热解炭的产率进一步降低到 34%。这是由于炭黑与气体产品中排放的二氧化碳发生气固反应。

Zabaniotou 也研究了废旧轮胎在高升温速率下的热解。在 390~890℃ 的温度区间内使用 200g 碎轮胎（不含钢的碎片小于 500mm）在 30cm^3/min 的氮气流速下以 70~90℃/s 的升温速率进行试验。然而，Zabaniotou 等人在大约 830℃ 下获得了较高的气体分数，达到 73%。气体产量的增加和液体产量的相应减少也归因于在较高的升温速率和较高的温度下发生的更强烈的热裂解。

（3）热解压力

热解压力也会对废轮胎热解产物的产率与特性产生影响。Roy 等人对真空下废轮胎的热解情况进行了研究。在 480~520℃ 的温度区间内，在低于 10kPa 的总压力下进行热解过程，典型的热解产物包括 43%~47% 的热解油、36%~39% 的热解炭、5%~6% 的热解气、1%~3% 的水和 10% 的钢丝。真空热解得到的热解油产率高于常压热解条件下得到的热解油产率，而热解炭和气体的馏分较低。

（4）停留时间

停留时间也会影响废轮胎热解产物的产率与特性。研究表明，随着热解中间产物停留时间的增加，热解油和热解炭的产量下降，同时热解气的产量增加。这可能是由于停留时间的延长促进了废轮胎热解油二次热解产生更多的气体产物，给二次反应提供了更长的反应时间。

（5）催化剂

催化热解的主要优点是：提高热解效率、降低热解反应的活化能、改善热解产物品质。废轮胎催化热解常用的催化剂主要有：沸石、分子筛、碱性化合物和矿石等。Zhang 等研究了镍催化剂对废轮胎热解气及催化剂的影响。镍作为催化剂，能够促进热解挥发物二次热解，在催化剂表面产生积炭。载体与催化剂的比例对催化热解产生的积炭产率影响较大。Al_2O_3 和 SiO_2 作为镍催化剂载体，当 Al_2O_3：SiO_2 从 1：1 增加到 2：1 时，催化剂表面焦炭含量（质量分数）从 19.0%降低到 13.0%，且超过 95%的积炭是丝状的碳纳米管。Kordoghli 等研究了催化剂对废轮胎热降解的影响，结果表明，沸石（ZSM-5）、氧化铝（Al_2O_3）、碳酸钙（$CaCO_3$）和氧化镁（MgO）均引起热解过程的延迟。MgO 和 $CaCO_3$ 分别将热解活化能从 246.89kJ/mol 降低至 121.82kJ/mol 和 128.34kJ/mol。沸石的强酸性促进废轮胎热解更彻底，沸石催化热解废轮胎的热解炭黑产率低，但碳的相对含量高、灰分少、热解效率高。靳利娥等采用热重微商法（TG-DTG）考察了废轮胎与生物质的共热解过程，认为催化剂 SBA-15 和 MCM-41 的存在对降低高沸点馏分的含量具有决定性作用，并且 SBA-15 的催化作用强于 MCM-41。

8.3.2.4　废轮胎热解气化产物的特性

废轮胎热解气化技术研究得较多。Redepenning 等研究了废轮胎与废油共同气化的技术，在 300~650℃、没有氧气存在的条件下，热解生成的气体经过冷凝，进一步加工可获得合成气。日本有人将废轮胎与 5%~20%的含碳固体燃料（如焦油、煤等）共同作用生产气体，美国的研究人员将热解工艺与 Texaco's 工艺相连接，直接产生纯净的氢气。

废旧轮胎热解气化产物热解气的主要成分分别是甲烷、乙烷、乙烯、丙烷、丙烯、乙炔、丁烷、丁烯、丁二烯、戊烷、苯、甲苯、二甲苯、苯乙烯、氢气、一氧化碳、二氧化碳和硫化氢等，气体分布以乙烯为主，其次是丙烯、丁烯、异丁烯等。热解气热值与天然气热值相当，可作为燃料使用。P. T. William 以 5℃/min、20℃/min、40℃/min 和 80℃/min 的加热速率把废轮胎颗粒加热到 720℃，得到的气体热值分别为 36.47MJ/m³、38.56MJ/m³、51.95MJ/m³ 和 64.68MJ/m³。由此可以看出热解气具有很高的热值。

然而，单纯制备燃料气的工艺比较少见，因为气体产生量只占总产量的 4%~11%，而炭残渣占 37%~40%，油品占 55%。热解气通常用来加热反应器。另外，由于轮胎在制造过程中含有大量的添加剂（如抗氧剂、硫化剂等），使热解气中硫含量偏高，在燃烧过程中会产生二次污染。因此，如何开发环境友好、产品无二次污染的废旧轮胎热解工艺，是当前急需解决的问题。

8.4　污泥热解气化与能源化利用

污泥热解气化是利用污泥中有机物的热不稳定性，在无氧或缺氧条件下进行高温加热，使其中所含的有机物发生热解，经冷凝后产生利用价值较高的燃气，同时副产燃油及固体半焦的过程。热解气化前必须对污泥进行干燥处理，使其含水率达到干馏操作的要求。

8.4.1　污泥热解气化的工艺过程

自 20 世纪 70 年代开始，由于世界性的石油危机对工业化国家的冲击，德国科学家 Bayer 和 Kutubuddin 等率先在实验室开始研究污泥热解技术的反应过程，开发了图 8-14 所示的污泥热解工艺。热解过程在微正压、热解温度为 250~500℃、缺氧的条件下进行，停留一定时间，污泥中的有机物通过热裂解转化为气体，经冷凝后得到热解油，不凝气体即为小分子可燃气体。

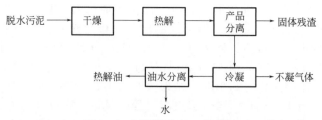

图 8-14　污泥热解的工艺流程

1983 年，加拿大的 Campbell 和 Bridle 等采用带加热夹套的卧式反应器进行了污泥热解中试实验。他们通过机械方法先将污泥中的大部分水和无用泥沙去掉，再将污泥烘干；然后将干污泥放进一个 450℃的蒸馏器中，在与氧隔绝的条件下进行蒸馏。结果，气体部分经冷凝后变成了燃油，不凝部分即为可燃气，固体部分成为炭。

8.4.2　污泥热解气化过程的影响因素

热解过程中固、气、液三种产物的比例与热解工艺和反应条件有关，热解气化过程的影响因素主要包括热解终温、停留时间、加热速率和加热设备等。由于污泥原料的复杂性，各种因素对污泥热解的影响也存在着很大的区别。

（1）热解终温

热解终温对污泥热解产物的影响最大。研究结果认为，热解温度的增加导致固体产率的减少，液体部分变化较小，而气体产率则明显增加。热解终温对产物产率的影响如图 8-15 所示。

热解过程产生的挥发性物质中含有常温状态下仍为气态的物质（即 NCG）。一般而言，热解终温是影响气态产物产率的决定因素。图 8-16 表示了气态产物体积产率随热解终温的变化。

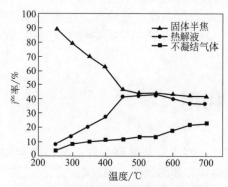

图 8-15　热解产物产率随热解终温的变化

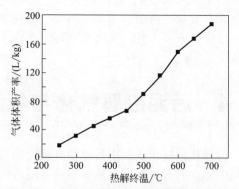

图 8-16　气态产物体积产率随热解终温的变化

由图 8-16 可以看出，热解温度为 450℃时出现转折点，即在 450℃前后两个温度段内，气体产率的实验数据点均呈很好的线性关系。在 250~450℃区间内产率随温度的变化缓慢，从 250℃到 450℃产率增加了 49L/kg，平均温度每提高 100℃，气体产率增加 24.5L/kg；450~

700℃区间内产率随温度的变化较快，从 450℃ 到 700℃ 产率增加了 118.4L/kg，平均温度每提高 100℃，气体产率增加 47.36L/kg。这一不同段的温度变化规律可分别回归为下式：

$$V=0.2416t-40.72 \quad (250\sim450℃) \tag{8-1}$$

$$V=0.4859t-150.58 \quad (450\sim700℃) \tag{8-2}$$

式中　V——热解气体积产率，L/kg；

　　　t——热解终温，℃。

对比式(8-1) 和式(8-2) 可知，450℃以上高温部分的气体产生速率约为低温下的 2 倍，这一现象可能是在该温度下大分子有机物（无论是一次裂解气还是一次裂解焦油）发生了二次裂解反应。

由图 8-15 可以看出：当热解终温低于 450℃ 时，半焦产率随热解终温升高而减少，变化明显，此阶段的热解气、热解液产率随热解终温升高而增加；热解终温在 450℃ 以上时，半焦的产率继续减少，但变化很小，直至 700℃ 时只减少了 5.1%，在这一温度段，热解气的产率在持续增加，而热解液的产率则持续下降，说明在这一阶段热解液产率的减少是热解气产率增加的主要因素。热解液产率的减少，一方面是由于原料中的大分子有机物在高温下更多地直接断裂为小分子的有机气体，使得生成焦油的产率减少；另一方面，作为中间产物的焦油中的高分子量烃类在高温下又进一步发生裂解，生成小分子的二次裂解气。

（2）停留时间

热解反应停留时间在污泥热解工艺中也是重要的影响因素。污泥固体颗粒因化学键断裂而分解形成油类产物，在分解的初始阶段，形成的产物应以非挥发分为主，随着化学键的进一步断裂，可形成挥发性产物，经冷凝后形成热解油。随着时间的延长，上述挥发性产物在颗粒内部以均匀气相或不均匀气相与焦炭进一步反应，这种二次反应将对热解产物的产量及分布产生一定的影响。因此，反应停留时间是污泥热解工艺中需要控制的重要因素，随着停留时间的增加，气体产物产量增加。

李海英利用固定床热解炉进行污泥热解研究发现，随着热解反应时间的增长，各种加热条件下污泥热解气体产物的产率均存在峰值，而且曲线有规律地波动，这种产气率的波动是与热解的反应进程密切相关的。例如，当热解加热速率为 5℃/min、热解终温 500℃ 时，气体产率随时间变化曲线的第一个峰值对应的反应时间为 105min，对应的炉子壁温已达到 500℃，物料中心温度为 362℃，距中心 42.5mm 处温度为 367℃，距中心 85mm 处温度为 432℃，这时各处的污泥中有机质都达到了裂解温度，因此，气体产生量迅速增加。当反应进行到 150min 左右时，有机质裂解释放出的挥发分开始有所降低，到 200min 时，气体产量已经很少。当热解终温低时，物料内部温度也较低，热解终温为 250℃ 以下时，气体产物很少，经冷凝后生成少量水；但当热解终温超过 500℃ 后，气体的总产量及瞬时产气率都较高，热解终温越高，瞬时产气率越大。当终温为 700℃ 时，气体的瞬时产率可达 0.00456m³/min，而且温度越高，曲线中峰的宽度越小，也就是产气时间随温度的升高而降低。

通过比较相同热解终温但不同加热速率下气体的产率发现，加热速率越高，气体的瞬时产率最大值出现得越早；热解终温越高，这种倾向越显著。

（3）加热速率

在相同的热解终温下，加热速率较低时，由于热解过程停留的时间较长，因此形成的不凝性气体量都相应较多。在高温时，可能由于小分子气体的聚合作用加强，使得低加热速率时气体的产量略有下降。

综上所述，停留时间、反应温度、加热速率、最终热解温度等因素对不同污泥热解气化效果的影响均与污泥中各种有机质化学键在不同温度下的断裂有关。温度超过450℃后，裂解产生的重油发生了第二次化学键断裂，形成了轻质油，气体产量也相应增加；温度超过525℃后，会进一步发生化学键断裂形成更轻质的油和气态烃，使不凝性气体的量提高，但炭焦量随气体量的增加而减少。

（4）加热设备

Dominguez 等利用微波加热和电加热两种设备对污泥热解特性进行研究，发现微波的加热速率高于电加热，两种加热方式下所得到的气体产物有很大差别，电加热产生的热解气中含有大量的烃类，因此气体热值较高。另外，在污泥中加入石墨或热解半焦作为微波吸收介质的情况下，会提高热解气中 CO 和 H_2 的产量。Menendez 等通过微波热解湿污泥得到与 Dominguez 等相似的规律，还发现在污泥中加入 CaO 也会提高 H_2 产量。

8.4.3 污泥热解气化产物的特性

李海英等通过气相色谱对污泥热解气体的研究发现：不同温度条件下，热解气体的组成不同，主要是由 H_2、CO、CH_4、CO_2、C_2H_4、C_2H_6 等几种成分构成的混合气，除 CO_2 外均为可燃气体。此外，热解气中还含有少量的 C_3、C_4、C_5 等气体，由于含量较少，未做分析。具体结果如图 8-17 所示。

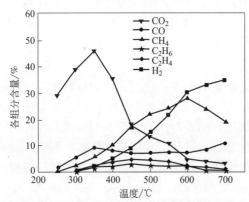

图 8-17 热解气成分平均值随热解终温的变化

由图 8-17 可知：在低温段，主要气体产物为 CO_2，只有少量的 CO 和 CH_4 气体，热解终温在 300℃ 以下时，热解气不能燃烧。当热解终温达到 350℃ 以上时才产生 H_2、C_2H_4、C_2H_6。气体中 H_2 的含量随着温度的升高而升高，且温度在 450~600℃ 时 H_2 产量的增加很显著。在 450~600℃ 温度范围时，CH_4 气体的含量也明显提高。在450℃左右，C_2H_4、C_2H_6 含量达到最高，此后，随着温度的升高而逐渐减少，这是因为随反应温度的升高及污泥中含有的重金属的催化作用，脱氢反应加剧，越来越多的大分子烃类分解释放出 H_2 和 CH_4。这种现象也证实了在450℃左右有机物发生了二次裂解。根据气体组成估算：热解终温在450℃时，气体的热值可达到 12347.25kJ/m^3 左右；热解终温在600℃时气体的热值最高，达到 16712kJ/m^3；当温度超过600℃时，热值有所降低。

热解气体的热值在 6~25MJ/m^3 之间，变化很大，热值的大小与气态烃类在热解气体中的含量有关。热解气大约占到全部热解产物的 1/3，此部分气体在大多情况下作为燃料烧掉，所产生的能量用以补充污泥热解所需的能量，这样既可以减少热解过程中其他能量的消耗，也可以解决气体的收集和运输问题。

8.5 污泥微波热解气化与能源化利用

与常规热解方式相比，微波热解具有更高的可控性、高能效、经济性，更节省热解时间和能量，且过程更加清洁，是替代当前传统热解方式用于废弃物处理处置的理想选择。微波热解虽然在加热方式上具有许多优点，但微波热解设备要求较高，且在处理规模和进出料的便捷性上稍逊色于常规热解方式。

8.5.1　污泥微波热解工艺

污泥微波热解工艺一般包括热解与回收单元，主要工艺流程、主要产物和能量通量如图 8-18 所示。

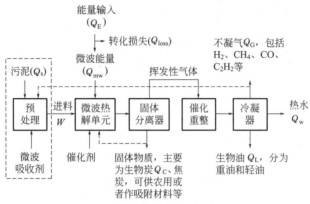

图 8-18　污泥微波热解系统

污泥微波热解由微波腔和反应釜两部分组成。由于微波加热的特殊性，反应釜一般都采用石英等耐高温、耐腐蚀的透波材料制作，若热解过程添加如 KOH、NaOH 等对石英具有腐蚀性的化学添加剂，则对反应釜要求更高。微波腔体及反应釜是限制污泥热解设备处理规模的主要因素，大批量热解时，微波的穿透厚度也会影响微波热解效果。Lin 等构建了一套污泥微波热解系统，该系统的批次处理量达 3.5kg。丁慧通过自主设计的微波热解系统处理含油污泥，批次热解量达到 20kg。微波腔置于反应釜的主体位置，是物料吸收微波辐射的场所，其容积也就决定了批次热解的规模。综合考虑微波辐射强度，扩大微波腔体的容积需要兼顾热解效果。反应釜也是限制微波热解规模的限制因素，由于材料的限制，如石英玻璃材料属于脆性材料，不适于制备大容积的反应釜，同时加工难度大且价格高。

微波热解设备决定了热解规模的大小，大型化微波热解设备需要进一步的研发，且微波热解设备高昂的价格也使得微波热解初始成本高。提高污泥处理处置的经济可行性也有助于推广污泥微波热解技术的工业化应用。

8.5.2　污泥微波热解过程的影响因素

针对污泥的微波热解，产生的附加值产品的产量和质量都受到一些关键参数的影响。为了获得更高的质量和更大的转化率，这些变量的优化得到较多的关注。原料（包括原料的类型、成分及性状等）、工艺（包括热解温度、升温速率及微波输出功率等）、其他参数（如微波吸收剂、化学添加剂、载气及搅拌速率等），这些变量对产物产率、产物特性、工艺效率等都有较大的影响。

（1）污泥特性

污泥热解是污泥的热转换过程，原料污泥的特性对热解过程具有一定的影响，这在一定程度上对污泥特性提出了一定的要求，如污泥含水率、含碳量及其热值等。

污泥含水率对污泥热值的影响很大，同时影响热解过程的能耗。通常都会对污泥进行干燥后再热解，但也有对湿污泥直接进行热解的。原料的含碳量直接影响热解产物的碳含量，剩余污泥的含碳量较高，甚至达到了 55.3%，这为热解污泥提供了碳含量基础。此外，原污泥的热值对热解过程中能量的平衡具有至关重要的作用，原污泥热值越高就越有利于热解系统的能量正输出。

不同地域、不同处理工艺的污水处理厂所产生的污泥都具有一定的差异，Zielińska 等选取荷兰 4 座同为厌氧消化工艺污水处理厂的脱水污泥进行热解以研究不同污泥对热解产物的影响，结果表明，污泥特性与热解所得生物炭的 pH 值、元素含量、矿物成分有一定的相关性，不同污泥产生的生物炭具有差异。

污泥含水率是影响污泥热解能耗的主要因素，提高污泥脱水能力以降低污泥热解时的含水率是污泥热解可行性及经济性的重要环节，也是污泥热解工业化应用比较重要的环节之一。

（2）热解温度

温度是热解过程的关键工艺参数之一，对热解产物的产量、组成及特性均具有较大的影响。生物炭的产量随着热解温度的升高而降低，同时产物特性也随热解温度发生变化。

Lin 等在 300~700℃对污泥进行热解，生物炭的产量随着温度的升高而下降，然而液体产物和气体产物的产量却随着温度的升高而升高，而且产物气的热值随着温度的升高从 $4012kJ/m^3$ 升至 $12077kJ/m^3$。Trunh 等在热解污泥时得到了相似的规律。热解温度对生物炭产率影响的同时，也对油气成分具有较大的影响。Wang 等采用热解-气化组合工艺，在 400~550℃下热解制备生物炭，然后在 800~850℃下将制备的炭气化制取燃料气，而制取的燃料气用于为污泥干燥和热解提供能量，炭产率在 37.28%~53.75%（质量分数）变化，炭气化后所得燃料气的热值为 5.31~5.65MJ/m³。热解和气化过程的能量平衡与原污泥热值、含水率和热解温度有关，高热值、低含水率和高热解温度有利于工艺的能量平衡。对含水率为 80%（质量分数）的污泥，如仅用热解过程所产生的挥发性物质提供热量时，污泥热值需高于 18MJ/kg 且热解温度需高于 450℃才能保证能量的自给自足；当污泥热值在 14.65~18MJ/kg 时，需要结合炭气化所得的燃料气一起提供能量；当污泥的热值低于 14.65MJ/kg 时，需要提供额外的热源。该研究表明，高热解温度有利于能量平衡的关键是气化阶段，因为高温可促进产气率的提高。温度对生物油的热值也具有一定的影响。随着温度的升高（300~500℃），生物油的热值增大，同时在此温度范围内，其产量也随温度的升高而增大。此外，热解温度对生物气的组分具有较大的影响，当热解温度在 500~900℃变化时，生物气中 CH_4、C_2H_2 的含量先增加后减少，在 700℃时各自达到最大值（30.4% 和 21.6%，体积分数）。这主要是因为不同温度条件下产生的气体产物的成分和含量不一，当高热值的产物含量高时，整体热值就会增大。

热解温度不仅对产物产率有影响，还对生物炭特性和生物油、气的组成具有影响。研究表明，当温度在 300℃时生物炭的产量最大，且生物炭的比表面积随着温度的升高而增大，但随着热解温度的升高，污泥生物炭的碳含量却会降低。Menéndez 等考察比较了 400℃和 600℃下生物炭的理化性能和农用性能，研究表明生物炭能显著影响施用土壤的特性，例如，600℃下获得的生物炭可有效增加田间土壤持水量，但在 400℃下获得的生物炭却没有这一效应，同时污泥生物炭的 pH 值、BET 表面积、真密度随着热解温度的升高而增加，然而阳离子交换能力和电导率随着温度升高而下降。污泥生物炭保留了污泥中原有的重金属，其稳定性在一定程度上影响了其应用。热解温度对污泥中重金属的固化有一定的影响，高温下污泥热解可以大幅减少污泥的体积，有效固定重金属，减少重金属析出量。研究表明，热解温度控制在 300℃下制备生物炭，既能减少污泥中重金属潜在的环境风险，又能降低能源消耗。Chen 等的研究发现，在热解温度为 500~900℃内，热解所得生物炭对 Cd、Pb、Zn、Ni 等重金属都具有良好的固化作用，其浸出液中的含量最高都不超过生物炭中对应重金属含量的 20%。在 Menéndez 等的研究中也发现，污泥经 500℃热解后，不仅固化了 Cu、Ni、Zn、Cd 和 Pb，而且降低了 Cu、Ni、Zn、Cd 和 Pb 的浸出风险。此外，污泥热解后的生物炭还可作为吸附剂使用，且热解温度对吸附效果具有一定的影响。Chen 等的研究表明，当热解温度在 800~900℃时，生物炭对 Cd^{2+} 溶液的吸附量达到 15mg/g，高于活性炭的吸附量。

温度对热解具有显著的影响，而其数值来源于其探测的方式，因此，温度探测方式也格外重要。不同于常规热解的物料周边环境探温，微波热解是直接在物料表面或内部探温，主流的探温方式为红外和热电偶，探温方式的不同，会有一定的温度差范围，且微波热解探温要求高于常规热解探温。

(3) 升温速率

热解过程中升温速率对产物分布具有较大的影响。低升温速率有利于生物炭产量的提升，而快速升温有利于生物油的形成。较快的升温速率不仅可提高污泥热解所得生物油的产量，而且还可优化生物油的化学构成和提高其热值。快速热解污泥也可增大气体产物的产率，当升温速率为 30/min 时，升温到终温 550℃并保持 1min，产出结果中生物气、生物油和生物炭的产量（质量分数）分别为 27%、28%、45%。

升温速率对活化能有一定影响，快速升温使得分子间的化学键更加脆弱而易断裂，提高了热解速率。常规热解下快速升温虽然可使污泥在短时间内达到热解温度，但会使样品颗粒内外存在较大的温度梯度，进而导致热解效果不佳。相对于常规热解，具有加热均匀、升温快速等特性的微波热解更具优势。微波加热能够实现快速升温，在短时间内达到热解温度与热解效果，缩短整体热解反应时间，因此应充分利用微波加热的特性，实现快速闪速污泥微波热解。

(4) 微波吸收剂

微波热解离不开微波吸收剂，不同材料对微波的吸收效率不一，选择适当的吸波材料有助于提高微波热解系统的热解效率，提高升温速率，缩短系统反应时间。

炭粉具有高效的微波吸收特性，热解所得的生物炭也具有良好的微波吸收特性，还有其他一些如碳化硅粉末、碳纤维、石墨等也具有很好的微波吸收特性。Zou 等研究发现微波热解原污泥在不添加任何微波吸收剂时最高温度只能达到 300℃，而通过添加 SiC 温度可达到 800~1130℃。在 Menéndez 等的研究中发现，当用微波对湿污泥进行热解时，只对污泥进行了干燥，热解效果不佳，然而通过添加微波吸收剂，甚至是添加热解后本身所产生的生物炭，都可使热解温度升高到 900℃。同时，不同的微波吸收剂还影响产物特性，如 SiC 可提高产气量，活性炭可以最大化生物气中 H_2 和 CO 的浓度，而石墨可提高产物油中单环芳香烃的浓度。因此，在原料中添加一定量的微波吸收剂可提高反应体系的温度，提升能源利用率，有助于热解反应器的高效运行。在热解过程中，随着热解的碳化过程，原料对微波的吸收特性越来越强。污泥微波热解使用污泥生物炭作为微波吸收剂，既可节省其他来源的微波吸收剂，又可避免其他化学剂的添加对原料的影响。

(5) 化学添加剂

在热解原料中添加一些化学物质，可改变热解产物特性及热解效果。目前研究中常用的化学添加剂有 K_2CO_3、H_3PO_4、KOH、NaOH、$Fe_2(SO_4)_3$、$ZnCl_2$、H_2SO_4、柠檬酸等。不同化学添加剂对热解过程或者产物特性具有不同的影响，如 K_2CO_3 可增大生物炭的比表面积，当污泥添加一定量的 K_2CO_3 时，生物炭的 BET 比表面积在 500℃时达到了 $90m^2/g$，是相同温度下未添加时的 5 倍。Zhang 等研究发现，通过硫酸浸渍，在 650℃ 热解所得生物炭的 BET 比表面积达到了 $408m^2/g$，而采用 $ZnCl_2$ 浸渍达到了 $555m^2/g$。研究发现，当热解温度为 700℃、添加 KOH 时，污泥热解所得生物炭的 BET 比表面积达到了 $1882m^2/g$。Ros 等对比了不同化学添加剂下所得生物炭的特性，研究发现，添加 NaOH 的效果最好，所得生物炭的 BET 比表面积最大达到 $689m^2/g$，比相同条件下添加 H_3PO_4 的最大值要高出 40 倍左右。不同的添加剂具有不同的物理化学性质，如柠檬酸、磷酸易促进中孔及大孔隙的形成，$ZnCl_2$ 易促进微孔的形成，而 KOH 最理想的使用温度在 700~900℃。因此，根据需求的目标产物特性及热解条件来选择合适的化学添加剂不仅可以优化提高产物特性，还能提高热解效率。

（6）载气

热解需要在无氧的条件下进行，因此需选用载气为热解系统提供无氧环境，可结合具体情况选择不同的载气。实验室研究主要以氮气为载气，CO_2 及水蒸气或 CH_4 及 H_2 等都可作为载气。不同的载气在热解过程中会起到不同的作用，例如，仅提供惰性氛围或者直接参与反应过程。当使用 CO_2 作为热解载气时，在温度高于 550℃ 时明显改变污泥分解行为，并可提高气态产物和液态产物的含量。在微波加热条件下，高温段（600℃ 以上）使用氮气比氢气产生的气体产物更多，产率分别在 65% 和 25% 左右，产油率却低 4 倍左右，但生物炭产量相当。在常规加热条件下，使用氮气比氢气的生物炭产量要多（产率分别约为 85% 和 45%），但产油量明显减少，气体产量相当；同在氮气条件下，微波热解与常规热解的炭、油、气三者的产量相差不大。相较于微波热解与常规热解，常规热解的生物炭产量高于微波热解，而在相同的温度范围内，微波热解的油量高于常规热解。不同于氮气环境，氢气环境更利于生物油的产生，氮气环境的生物油产率约为 25%，而氢气环境的生物油产率在 65% 左右。

8.5.3 污泥微波热解机制

污泥热解机制的研究包括热解过程物质的转化与分解规律、过程产物的类型与作用、热解对重金属的固化作用以及热解过程元素的转化规律等，这些有关热解过程的机理研究对污泥热解具有重要的指导意义。目前污泥热解机制的研究还处于初级阶段，研究面不宽且不够深入。污泥热解的机制与诸多因素有关，温度是关键的影响因素之一，不同温度段的热解过程有着显著不同的特点。Zhai 等通过 TG 分析将热解分为 180~220℃、220~650℃、650~780℃ 三个阶段，在第二个阶段，醇类、氨类和羧酸几乎全部变成了气体，仅有少量的化合物含有—CH、—OH、—COOH 等官能团。热解反应的初始阶段是挥发性物质的气化，难挥发性物质的热解产物为炭，同时有一定的焦油和气体，然而在更高的温度下，炭的二次热解会产生烃类和芳香族化合物。微波热解与传统热解过程存在差异，微波热解各失重阶段存在相互交错，主要因为微波的升温速率快，在较短的时间内达到了有机物分解的温度区间，由于高温段水蒸气向外的传质过程，可推断出微波热解更易形成孔隙结构丰富的生物炭。

污泥热解的主要机制在于脂肪族化合物的分解、原污泥中微生物所含蛋白质的肽键断裂以及官能团的转化，如脂肪酸的酯化和酰胺化等。根据 Menéndez 等的研究，羧基化合物及羧基官能团的分解是温度低于 450℃ 时 CO、CO_2 释放的主要原因。CO 是焦油裂解主要的次生产物，尤其是在高温下。

热解过程中污泥中的碳、H_2O 以及热解过程中生成的 CO_2、CH_4 等物质都存在着相互反应的过程，其反应过程受到产物浓度及反应环境的影响。热解过程中产生的生物炭在气化过程中起着重要的作用，生物炭的多孔性表面为反应物反应提供活性反应点位。Zhang 等用含水率为84.2% 的湿污泥进行热解研究，认为热解分为两个阶段：当温度低于 600℃ 时，C—H 键的断裂

促使 CH_4 和 C_2 烃类化合物的含量上升，而 $C=O$ 键的断裂促使 CO 与 CO_2 含量上升，这一阶段主要为挥发性有机物的分解；当温度高于600℃时，焦油开始分解并伴有 H_2 的产生。

在热解过程中，胺态氮、杂环氮、腈类氮三种中间产物影响热解过程中 NH_3 和 HCN 的形成，在300~500℃时胺态氮的脱氨和脱氢作用的贡献率分别为8.9%（NH_3）和6.6%（HCN），而在500~800℃杂环氮和腈类氮的脱氨和脱氢作用的贡献率则分别为31.3%和13.4%，因此通过控制500~800℃的中间产物可减少 NH_3 和 HCN 的排放。Zhang 等在不同微波热解温度条件下研究 N 在炭、油、气三相产物间的转化规律，研究发现，NH_3、HCN 是污泥微波热解过程中 N 的主要存在形式，而在生物炭与生物油中，主要为胺类/氨基化合物、含 N 的杂环化合物及腈类化合物，而随着热解温度的变化，各含 N 化合物的含量也随之改变。由于污泥热解过程复杂，目前的热解机制尚不完全明了，污泥的复杂性，如含水率、各有机物的含量等对不同的污泥各不相同；热解工艺条件不一，如常规热解和微波热解的转化机制存在一定的区别。因此，对污泥热解机制进行深入研究对实际的热解过程具有一定的指导意义。

8.5.4 污泥微波热解制氢的影响因素

相比常规热解技术，微波热解具有时间短、能源效率高等优点，因此在污泥热解制氢方面，微波热解技术比常规热解技术表现出更高的产氢效率。在微波热解过程中，污泥粒径、含水率、温度以及微波吸收剂形态等因素都会对富氢气体的生成造成影响。

(1) 污泥在不同粒径下的产气规律

由于粒径对于物料在热解过程中的传热和传质过程有重要影响，粒径常作为研究影响热解过程的重要参数。王伟等开展了红松锯屑在管式电加热炉内热解制取富氢气体的研究，结果表明，物料粒径越小，则热解产气量越大。Li 等研究了生物质在沉降炉内的热解特性，也得到了热解产气量随物料粒径减小而增大的结论。王晓磊等对不同粒径的污泥在微波热解过程中固态、液态和气态产物的分布情况进行了分析，发现粒径对污泥微波热解产物影响并不明显，并没有得出粒径越小，产气量越大和热解越彻底的规律。其原因可能是微波加热为体积加热，加热过程几乎没有传热阻力，整个物料内外受热均匀一致，因此粒径对热解过程的影响相对较小；而电加热是由外到内的导热过程，颗粒粒径越小，传热和传质阻力越小，颗粒升温速率加快，热解更彻底，因此粒径对热解过程的影响较显著。

王晓磊等对热解终温为850℃时污泥热解气中 H_2、CO、CH_4 和 CO_2 四种气体组分的浓度分布进行分析，发现随着粒径的增大，CO 和 H_2 的浓度呈现下降的趋势，而 CH_4 和 CO_2 的浓度则呈现上升的趋势，但粒径对气体总量的影响并不明显，四种气体组分的体积分数之和为79%~82%。随着粒径的增大，H_2 和 CO 的总体积分数从56%降至48%，而 CH_4 和 CO_2 的总体积分数由23%上升至33%。表明小粒径有助于提高富氢气体中 H_2 和 CO 的浓度，即随着颗粒粒径的减小，促进了 CH_4 和 CO_2 向 H_2 和 CO 的转化。研究表明，CH_4 和 CO_2 可以通过以下反应向 H_2 和 CO 转化：

$$C(s) + CO_2 \longrightarrow 2CO \qquad \Delta H_{298K} = 173 kJ/mol \qquad (8-3)$$

$$CH_4 + CO_2 \longrightarrow 2CO + 2H_2 \qquad \Delta H_{298K} = 247.9 kJ/mol \qquad (8-4)$$

$$CH_4 \longrightarrow C(s) + 2H_2 \qquad \Delta H_{298K} = 75.6 kJ/mol \qquad (8-5)$$

研究表明，C、Fe 和碱性氧化物对反应（8-4）和反应（8-5）具有催化促进作用。当颗粒粒径减小时，污泥颗粒的比表面积会增大，从而提高了热解气和固体颗粒之间的接触面积，为反应（8-3）~反应（8-5）的顺利进行创造了更加有利的条件。这可能是减小污泥颗粒粒径能够促进 CH_4 和 CO_2 向 H_2 和 CO 转化的原因。

反应（8-3）中的 C 可能来自污泥热解固定碳，也可能来自作为微波吸收剂的粉末活性炭。王晓磊等考察了热解固定碳和粉末活性炭与 CO_2 之间反应的竞争关系，结果表明，污泥热解固定碳和活性炭与 CO_2 之间反应能力的差别并不大。可见，活性炭中的 C 对气体产物中的 CO 是有贡献的，但贡献并不大，约占热解气体中总 CO 含量的 7%~10%。而实际的贡献量应该更小，因为在实际热解过程中，有大量的热解挥发分产生，因此导致 CO_2 与碳的接触反应机会减小。

（2）不同含水率污泥的产气规律

1）含水率对热解产物的影响

研究表明，在微波热解和电加热热解过程中，污泥含水率对污泥热解产物均有明显的影响：随着含水率的提高，热解气质量分数逐渐增大，而固相和液相的质量分数则随之减少，在热解过程中，水分的存在会诱导反应（8-6）和反应（8-7）的进行，从而导致固体产物减少；而液相组分（C_nH_m）则通过反应（8-8）和水蒸气进行重整反应。

$$C(s)+2H_2O(g) \longrightarrow 2H_2+CO_2 \qquad \Delta H_{298K}=75kJ/mol \tag{8-6}$$

$$C(s)+H_2O(g) \longrightarrow H_2+CO \qquad \Delta H_{298K}=132kJ/mol \tag{8-7}$$

$$C_nH_m(g)+nH_2O(g) \longrightarrow nCO+(n+\frac{m}{2})H_2 \tag{8-8}$$

通过分析不同含水率污泥微波热解和电加热热解产物分布可知，微波热解条件下的气体产量比电加热条件下的气体产量提高了 7%~10%，且高水分条件下气体产量的增幅高于低含水率条件下。Dominguez 等通过对咖啡壳的热解研究也得到了相似的结构，发现咖啡壳在微波热解中的气体产量比电加热热解的气体产量高 3.0%~4.0%。同时指出焦炭能促进挥发分的二次裂解，而在微波加热条件下焦炭的促进作用更加明显，从而使气体产量升高。

和常规电加热不同，微波具有选择性加热的显著特点，如果被加热物质中含有介电损耗因子很高的物质，该物质就会大量吸收微波而急剧升温，形成热点效应。在热解固相产物中，焦炭具有很高的介电损耗因子，因此容易形成热点效应，在热点位置的温度显著高于周围的温度，对挥发分的二次裂解有更好的促进作用。

在反应（8-6）和反应（8-7）中的 C 可能来自污泥热解固定碳，也可能来自作为微波吸收剂的粉末活性炭。研究表明，污泥热解固定碳残渣和水蒸气之间的反应活性显著高于活性炭粉末和水蒸气之间的反应活性，这是由于污泥热解残渣中所含的金属元素对反应（8-7）具有催化作用。按上述结果，活性炭通过与水蒸气的反应对总气量的贡献为 5%~7%，而实际的贡献量应低于此值，这是因为：一方面，在实际的热解过程中有大量的挥发分和蒸气竞争碳的反应位，使得水蒸气和碳的接触反应机会被削弱；另一方面，在微波热解过程中，污泥中大量的水分在 100~200℃ 时释放出来，在高温段，污泥中的水分含量已经很少，因而水蒸气的重整反应也会明显削弱。

2）含水率对气体组分分布的影响

在微波加热和电加热两种热解方式下，污泥含水率大小对气体组分分布有明显的影响：随着含水率的增加，H_2 和 CO 的浓度总体呈上升的趋势，而 CH_4 和 CO_2 的浓度总体呈下降的趋势。微波热解过程中，当含水率从 0 增至 83% 时，热解气中 H_2 和 CO 的总体积分数从 52% 上升至 73%，而 CH_4 和 CO_2 的总体积分数从 30% 下降至 17%。而在电加热过程中，随着含水率的增加，H_2 和 CO 的总体积分数从 47% 上升至 60%，而 CH_4 和 CO_2 的总体积分数从 34% 下降至 27%。由此说明，提高污泥含水率促进了 CH_4 和 CO_2 向 H_2 和 CO 的转换。在水蒸气存在的情况下，CH_4 可以通过反应（8-9）进行蒸气重整反应转化为 H_2 和 CO，而 CO_2 浓度的降低可能由反应（8-4）引起，当污泥含水率提高时，污泥在热解过程中水分的蒸发可以产生更高的孔隙率，提高热解气和固相之间的接触面积，从而促进反应（8-4）的进行。

$$CH_4 + H_2O \longrightarrow CO + 3H_2 \qquad \Delta H_{298K} = 206.1 kJ/mol \qquad (8-9)$$

另外，随着污泥含水率的升高，微波热解条件下，H_2 的体积分数从 32% 上升至 42%，而电加热条件下，H_2 的体积分数从 24% 上升至 33%。因此，污泥微波热解在制取富氢气体方面比常规热解有显著优势。

通过对不同温度下干基污泥热解气组分浓度分布进行分析可知，随着热解温度的升高，微波热解气中 H_2 和 CO 的浓度明显高于电加热热解气，而 CH_4 和 CO_2 的浓度则明显低于电加热热解气。这说明在高温热解条件下，微波热解固相残留物对反应（8-4）和反应（8-5）的催化效果相比电加热条件显著提高，促进了 CH_4 和 CO_2 向 H_2 和 CO 的转化。

(3) 不同热解温度下的产气规律

大量研究表明，温度是对热解过程影响最为显著的参数。温度越高，越容易促进有机质的一次裂解和二次裂解，提高液相和气相产物的总量。通过对不同粒径的干基污泥在不同热解温度下的产物分布情况进行分析表明，无论是微波热解还是电加热热解，热解温度变化对热解产物的分布都有明显影响。当热解终温从 500℃ 增加到 850℃ 时，微波热解和电加热热解的产气量均明显增加，而固体残留物产量均明显减少，高温条件下热解更加彻底。在 500℃ 时，电加热热解的固相产率比微波热解过程低 3.8%，即电加热热解挥发分的析出率明显高于微波热解过程。但电加热热解所析出的挥发分仅有 29.4% 转化为气相产物，而微波热解过程所析出的挥发分有 36.4% 转化为气相产物，气相转化率显著高于电加热热解。

在微波热解和电加热热解中，通过对不同温度段的热解气体组分进行检测分析可知，随着热解温度从 450℃ 升高到 950℃，两种热解方式所得的 H_2 和 CO 浓度均显著升高。温度的升高促进了挥发分大分子化合物的二次裂解，提高了小分子气体化合物的产量，而且从反应（8-3）~ 反应（8-9）可以看出，这些反应都属于吸热反应，温度升高促使反应向右进行，使 CH_4 和 CO_2 更多地转化为 H_2 和 CO。

温度升高对 CH_4 和 CO_2 浓度的影响可从两方面考虑：一方面，温度升高促进了挥发分的二次裂解，有利于提高 CH_4 和 CO_2 等小分子气体组分浓度；另一方面，温度升高促进了反应（8-3）~ 反应（8-9）向右进行，使得 CH_4 和 CO_2 浓度降低。因此，CH_4 和 CO_2 的最终浓度是上述两方面因素综合的结果。

同时可知，随着温度的升高，CO_2 和 CH_4 的浓度变化呈先上升后下降的趋势。在 450~600℃，CH_4 和 CO_2 浓度最低，这是由于在低温条件下 CO_2 和 CH_4 的生成率较低；随着温度进一步升高，挥发分二次裂解加强，CH_4 和 CO_2 浓度呈上升趋势；但进一步升高热解温度也促进了反应（8-3）~ 反应（8-9）的进行，使得 CH_4 和 CO_2 浓度又有所降低。在 450~600℃，污泥微波热解和电加热热解的产氢浓度相当，当热解温度高于 600℃ 时，微波热解在产氢能力方面相比电加热热解开始体现出显著优势。

(4) 不同形态微波吸收剂作用下的产气规律

相比粉末态吸波剂，固定形态吸波剂作用下不同含水率污泥的热解气产量都有所提高，液相产量则有所降低，固相产量没有明显变化。这是因为，固定形态吸波剂可以促进热解挥发分向气相的转化，从而提高热解产气量。分析其原因，这可能与固定形态微波吸收剂的特殊结构有关。采用固定形态微波吸收剂，污泥填充于吸波剂内，在热解过程中，这种结构一方面延长了热解气在吸波剂内的停留时间，另一方面提高了热解气和高温吸波剂之间的接触面积，两者都有利于促进挥发分的二次裂解，提高产气量。

另外，两种形态吸波剂作用下热解气的组分浓度较相近，固定形态吸波剂作用下的 H_2 和 CO 浓度略高于粉末态下的浓度。高温（850~950℃）条件下，固定形态吸波剂对 H_2 浓

环境能源工程

度的促进效果较明显，H_2 的体积分数比粉末态吸波剂作用下的略有提高。

固定形态微波吸收剂在完成热解后很容易和污泥颗粒进行分离，实现其重复利用。因此，固定形态微波吸收剂在提高产气率和经济性方面相比粉末吸波剂有一定优势。

参考文献

[1] 廖传华，王重庆，梁荣.反应过程、设备与工业应用 [M].北京：化学工业出版社，2018.
[2] 任学勇，张扬，贺亮.生物质材料与能源加工技术 [M].北京：中国水利水电出版社，2016.
[3] 袁振宏.生物质能高效利用技术 [M].北京：化学工业出版社，2014.
[4] 袁振宏，吴创之，马隆龙.生物质能利用原理与技术 [M].北京：化学工业出版社，2016.
[5] 骆仲泱，王树荣，王琦，等.生物质液化原理及技术应用 [M].北京：化学工业出版社，2012.
[6] 陈冠益，马文超，颜蓓蓓.生物质废物资源综合利用技术 [M].北京：化学工业出版社，2014.
[7] 陈冠益，马文超，钟磊.餐厨垃圾废物资源综合利用 [M].北京：化学工业出版社，2018.
[8] 汪苹，宋云，冯旭东.造纸废渣资源综合利用 [M].北京：化学工业出版社，2017.
[9] 尹军，张居奎，刘志生.城镇污水资源综合利用 [M].北京：化学工业出版社，2018.
[10] 赵由才，牛冬杰，柴晓利.固体废弃物处理与资源化 [M].北京：化学工业出版社，2006.
[11] 解强，罗克浩，赵由才.城市固体废弃物能源化利用技术 [M].北京：化学工业出版社，2019.
[12] 李为民，陈乐，缪春宝，等.废弃物的循环利用 [M].北京：化学工业出版社，2011.
[13] 杨春平，吕黎.工业固体废物处理与处置 [M].郑州：河南科学技术出版社，2016.
[14] 金晓宇，王训，胡智泉，等.松木屑化学链气化制备合成气实验 [J].环境工程，2019，13（1）：147-152.
[15] 李钢，王珏，邓天天.农业废弃物花生壳热解气化利用研究 [J].农机化研究，2019（7）：254-257.
[16] 何皓，王旻烜，张佳，等.城市生活垃圾的能源化综合利用及产业化模式展望 [J].现代化工，2019，39（6）：6-14.
[17] 高腾飞，肖天存，闫巍，等.固体废弃物微波技术处理及其资源化 [J].工业催化，2016，24（7）：1-10.
[18] 李继连，王丽，李忠浩.一种新的畜禽粪便污染处理方法 [J].河北北方学院学报（自然科学版），2010，26（2）：59-61.
[19] 黄叶飞，董红敏，朱志平，等.畜禽粪便热化学转换技术的研究进展 [J].中国农业科技导报，2008，10（4）：22-27.
[20] 刘光宇，栾键，马晓波，等.垃圾塑料裂解工艺和反应器 [J].环境工程，2009，27（3）：383-388，572.
[21] 高豪杰，熊永莲，金丽珠，等.污泥热解气化技术的研究进展 [J].化工环保，2017，37（3）：264-269.
[22] 廖传华，朱廷风，代国俊，等.化学法水处理过程与设备 [M].北京：化学工业出版社，2016.
[23] 聂永丰，岳东北.固体废物热力处理技术 [M].北京：化学工业出版社，2016.
[24] 陆在宏，陈咸华，叶辉，等.给水厂排泥水处理及污泥处置利用技术 [M].北京：中国建筑工业出版社，2015.
[25] 李复生，高慧，耿中峰，等.污泥热化学处理研究进展 [J].安全与环境学报，2015，15（2）：239-245.
[26] 孙海勇.市政污泥资源化利用技术研究进展 [J].洁净煤技术，2015，21（4）：91-94.
[27] 刘良良.污泥与煤制洁净燃料研究 [D].湘潭：湖南科技大学，2014.
[28] 马玉芹.城市固体废弃物热化学处理实验研究 [D].北京：华北电力大学，2014.
[29] 何选明，王春霞，付鹏睿，等.水热技术在生物质转换中的研究进展 [J].现代化工，2014，34（1）：26-29.
[30] 刘桓嘉，马闯，刘永丽，等.污泥的能源化利用研究进展 [J].化工新型材料，2013，41（9）：8-10.
[31] 张辉，胡勤海，吴祖成，等.城市污泥能源化利用研究进展 [J].化工进展，2013，32（5）：1145-1151.
[32] 李复生，高慧，耿中峰，等.污泥热化学处理研究进展 [J].安全与环境学报，2015，15（2）：239-245.
[33] 熊思江.污水污泥热解制取富氢燃气实验及机理研究 [D].武汉：华中科技大学，2010.
[34] 丁兆军.生物质制氢技术综合评价研究 [D].北京：中国矿业大学（北京）；2010.
[35] 郭鸿，万金泉，马邕文.污泥资源化技术研究新进展 [J].化工科技，2007，15（1）：46-50.
[36] 张钦明，王树众，沈林华，等.污泥制氢技术研究进展 [J].现代化，2005，25（1）：34-37.
[37] 王智化，葛立超，徐超群.水热及微波处理对我国典型褐煤气化特性的影响 [J].科技创新导报，2016，13（6）：171-172.

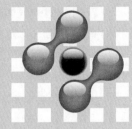

第**9**章　有机废弃物气化剂气化与能源化利用

气化剂气化，就是通常所说的气化，是在一定的温度和压力及特定的装置中，使有机废弃物中的有机成分与气化剂发生反应，最终转化为可燃气体（含 CO、H_2 和烃类）的技术。随着有机废弃物资源化发展逐渐引起研究者的重视，有机废弃物气化技术的独特优点得到越来越多的关注和探索。

9.1　气化剂气化技术

气化的目的是尽可能多地得到可燃气，尽量减少焦油的产生。气化技术既解决了有机废弃物直接排放带来的环境问题，又充分利用了其能源价值。气化过程中有害气体 SO_2、NO_x 产生量较低，且气化产生的气体不需要大量的后续清洁设备。气化技术已有 100 多年的历史，最初的气化反应器产生于 1883 年，是以木炭为原料，气化后的燃气驱动内燃机，推动早期的汽车或农业排灌机的发展。

9.1.1　气化过程的机理

有机废弃物气化是以有机废弃物为原料，以氧气（空气、富氧或纯氧）、水蒸气或氢气等作为气化剂（或称气化介质），在高温条件下通过热化学反应将有机废弃物中可燃的部分转化为可燃气的过程。有机废弃物气化产生气体的主要有效成分是 CO、H_2 和 CH_4 等，称为生物质燃气。按具体转换工艺的不同，在加入气化反应器之前，需要根据气化反应器的具体要求进行适当的干燥、粉碎等加工处理。

有机废弃物的气化都要通过气化炉完成，其反应过程非常复杂，随着气化反应器类型、工艺流程、反应条件、气化剂种类、原料性质和粉碎粒度等条件的不同，其反应过程也不相同。根据气化反应体系的大量研究，普遍认为，气化反应过程是由有机废弃物原料、气化剂、热解产物之间多个独立、连串的反应组成的热化学反应体系，既包括了物质的转化，也包括了能量的传递与转移。

以较为典型的气体在炉内自下而上流动的气化反应器（上吸式）的工作情况为例，来说明有机废弃物气化过程的主要反应，如图9-1所示。工作中，原料（如铡碎的薪柴）在气化炉内大体上分为四个区域（层），即氧化层、还原层、热分解层和干燥层，炉内温度自氧化层向上递减。原料从炉顶落入炉内，大型气化炉原料是连续加入的，而户用小型气化炉原料是间歇性投入的。空气由下方供给，产生的燃气经上方管道输出。

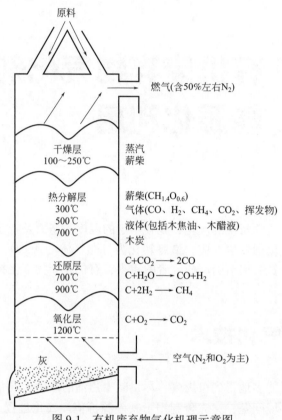

图 9-1 有机废弃物气化机理示意图

（1）氧化层（燃烧层）

发生氧气与生物质热解炭的充分燃烧反应，生成大量二氧化碳，同时释放热量，温度最高可达 $1200 \sim 1300℃$ 或更高，其反应为：

$$C+O_2 \longrightarrow CO_2 \tag{9-1}$$

在部分氧化（空气供应不足）的区域，则生成一氧化碳，放出部分热量：

$$2C+O_2 \longrightarrow 2CO \tag{9-2}$$

在燃烧层内主要产生二氧化碳，一氧化碳生成量不多，在此层内已基本没有水分。

（2）还原层

氧化层产生的二氧化碳及水在这里与从上层下落的生物质炭反应，被还原成一氧化碳和氢气，为吸热反应，温度开始降低，一般在 $700 \sim 900℃$。

$$C+CO_2 \longrightarrow 2CO \tag{9-3}$$

$$H_2O+C \longrightarrow CO+H_2 \tag{9-4}$$

$$2H_2O+C \longrightarrow CO_2+2H_2 \tag{9-5}$$

$$H_2O+CO \longrightarrow CO_2+H_2 \tag{9-6}$$

$$C+2H_2 \longrightarrow CH_4 \tag{9-7}$$

（3）热分解层（干馏层）

高温燃气向上通过热分解层，加热原料，使挥发分析出，温度保持在 400~500℃。

有机废弃物 $\overset{\triangle}{\longrightarrow}$ H_2、CO、CO_2、CH_4 等永久性气体+焦油、木醋液等大分子液态产物+热解炭等固体产物+HCN+NH_3+HCl+H_2S+其他含硫气体。

永久性气体和大分子液态产物将混入燃气中，燃气温度继续降低。

（4）干燥层

低温燃气加热干燥层中的新鲜原料，水分蒸发，吸收热量，燃气温度降到 100~300℃。

氧化层及还原层总称为气化层（或称有效层），因为气化过程的主要反应在这里进行。干馏层和干燥层总称为燃料准备层。实际应用中，燃料层这样清楚地划分是观察不到的，层与层之间的界面通常是模糊的，甚至随着气化反应过程的调整，各个层之间的界面可能是移动的。上述反应层的划分只是指气化过程的几个大的区段。

气化和燃烧过程是密不可分的，燃烧是气化的基础，热解气化是部分燃烧或缺氧燃烧。固体燃料中碳的燃烧为气化过程提供了能量，气化反应其他过程的进行取决于碳燃烧阶段的放热状况。实际上，气化是为了增加可燃气的产量而在高温状态下发生的热解过程。气化过程和燃烧过程的区别是：燃烧过程中供给充足的氧气，使原料充分燃烧，目的是直接获取热量，燃烧的产物是二氧化碳和水蒸气等不可再燃烧的烟气；气化过程只供给热化学反应所需的那部分氧气，而尽可能将能量保留在反应得到的可燃气体中，气化后的产物是含氢、一氧化碳和低分子烃类的可燃气体。

在应用中，通常希望燃气中一氧化碳、氢气、甲烷等可燃气体的含量愈高愈好。从各个区段的主要反应看，还原层是影响燃气品质和产量最重要的区域。研究表明，温度愈高，则二氧化碳还原为一氧化碳的过程进行得愈顺利，还原区的温度应保持在 700~900℃。另外，使二氧化碳与高温热解炭接触时间越长，则还原作用进行得越完全，得到的一氧化碳量也越多。需要注意的是，在将有机废弃物的气化气作为炊事燃气时，从安全角度考虑，其一氧化碳含量应严格控制，满足民用燃气的标准要求。

9.1.2　气化过程的分类

有机废弃物气化有多种形式，按制取燃气热值的不同可分为制取低热值燃气方法（燃气热值低于 $16.7MJ/m^3$）、制取中热值燃气方法（燃气热值为 $16.7~33.5MJ/m^3$）和制取高热值燃气方法（燃气热值高于 $33.5MJ/m^3$）；按照气化剂的不同，可将其分为空气气化、氧气气化、水蒸气气化、空气-水蒸气气化和氢气气化等，如图9-2所示。

（1）空气气化

空气气化是以空气为气化剂的反应过程。空气气化过程中，空气中的氧气与有机废弃物中的有机组分发生氧化反应，释放出热量，为气化反应的其他过程（如热分解和还原过程）提供所需的热量，整个气化过程是一个自供热系统。由于空气可以任意获得，空气气化过程不需外部热源，因此空气气化是所有气化过程中最简单、最经济也最易实现的形式，应用非常普遍。但由于空气中所含的高达79%的氮气不参加反应，而且稀释了燃气中可燃组分的含量，因而也降低了燃气的热值，使气化得到的可燃气的热值仅为 $4~6MJ/m^3$，但在近距离

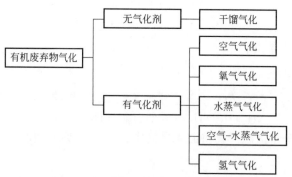

图 9-2 有机废弃物气化技术的分类

燃烧和发电时,空气气化仍是最佳选择。在典型的气化条件下,气化得到的可燃气的组分主要包括:CO(19%~21%)、H_2(10%~16%)、O_2(1.5%~2.5%)、CH_4(1%~3%)、N_2(40%~54%),还有少量的烃类、焦油及无机组分,如 HCN、NH_3 等。

空气流量是气化炉长周期经济稳定运行的重要影响因素:过小会造成有机质燃烧的过度缺氧,反应温度过低且不完全,有效成分总量减少,焦油总量增多,堵塞后续二次设备和管道,影响气化效果;流量过大,导致气化反应速率过快,燃气产量虽高,但容易造成过氧燃烧,使可燃成分含量减少,同时还引起气流速度快,将反应残余的炭粒和生物质灰带到后续的反应装置中,既造成能源浪费,又增加了后续处理设备的负荷。1000℃以上的高温空气气化、旋风气化是近年来提出的新工艺,具有焦油含量低且污染小、热值高、可控性强等特点,发达国家已取得了一系列的研究成果,我国也在相关领域进行了系统化的研究工作。相关研究成果表明,空气当量比对有机废弃物气化有着极其重要的影响。随着当量比的增加,气化炉的反应温度升高,氧化层、还原层的温度分别稳定在 1000℃ 和 900℃ 左右,H_2、CO、CH_4 气体的含量减小,焦油含量降低,但同时也使燃气的热值降低,产率近似呈线性增加,最佳当量比为 0.25~0.26。

（2）氧气气化

氧气气化是一种利用氧气或富氧空气使有机废弃物中的有机质部分燃烧为热解还原反应提供所需热量的过程,其反应实质与空气气化过程相同,但因为没有惰性气体氮气稀释反应介质,因此减少了加热氮气所需的热量,在与空气气化相同的当量比下,反应温度显著提高,反应速率明显加快,反应器容积减小,气化热效率提高,气化得到的可燃气的热值也有所提高,一般达 $10~15MJ/m^3$。在相同的气化温度下,耗氧量降低,当量比减小,因而也提高了产气的质量。

富氧技术分全氧燃烧和局部增氧燃烧,是一种特殊的气化方式。高温有利于有机废弃物气化,而局部增氧燃烧恰好提高了火焰温度和反应速率,使有机废弃物中的有机质充分燃烧,缩短燃尽时间,增强原料的燃烧活性,因此在气化反应中局部增氧燃烧技术比较常见。由于氧气气化产气的热值大小与城市煤气相当,可以建立中小型集中供气系统,也可以用于生产合成气,取得更好的效益。

然而,氧气气化过程也存在一定的问题,如需要昂贵的制氧设备和额外的动力消耗,成本高,总经济效益不高。中国科学技术大学和华中科技大学等研究者都发现氧气浓度、氧气当量比和氧气体积分数对燃气组成、碳转化率和热值都有很大的影响,燃气中 CO、H_2 的含量较高,CH_4 的含量较低。

（3）水蒸气气化

水蒸气气化是以高温水蒸气作为气化剂的气化技术。水蒸气气化过程不仅包括水蒸气和碳的还原反应，还有 CO 与水蒸气的转化反应、各种甲烷化反应及有机废弃物在反应炉内的热解反应，其主要反应是吸热反应，因此需要外部对其供给热量才能维持反应。典型的水蒸气气化得到的可燃气的主要组分（体积分数）为：H_2（20%~26%）、CO（28%~42%）、CO_2（16%~23%）、CH_4（10%~20%）、C_2H_2（2%~4%）、C_2H_6（约1%）、C_3 以上组分（2%~3%），其热值可达 $17~21MJ/m^3$。相比于空气、氧气等气化方式，水蒸气气化具有氢气产率高、燃气质量好、热值高等优点，是一种有效地将低品位生物质能转化为高品质氢能的利用方式。

（4）空气-水蒸气气化

空气气化投资少，可行性强，在工业中应用较多，但产物中氢气的体积分数只占8%~14%，产气的热值低。水蒸气气化产物中 H_2、CH_4 居多，CO_2、CO 等含量较少，但只有当水蒸气的温度达到700℃以上时，焦炭与水蒸气的反应才能达到理想的效果，因此反应时需外加热源。而空气-水蒸气气化综合了空气气化和水蒸气气化过程的特点，既实现了自供热运行，又可减少氧气消耗量，并提高了产气中氢的比例。

（5）氧气-水蒸气气化

生物质氧气-水蒸气气化时由于水蒸气的加入向系统补充了大量的氢源，可以生产富含 H_2、烃类和 CO 的燃气，同时还减少了焦油的产生量，降低了后续焦油处理的难度。

（6）氢气气化

氢气气化是以氢气作为气化剂的气化过程，燃气热值可达到 $22.3~26MJ/m^3$，属于高热值燃气。氢气气化反应的条件极为严格，需要在高温高压下进行，一般不常使用。

9.2　农林废弃物气化剂气化与能源化利用

农林废弃物的气化剂气化是以农林废弃物为原料，以氧气（空气、富氧或纯氧）、水蒸气或氢气等作为气化剂（或称气化介质），在高温条件下通过热化学反应将农林废弃物中可燃的部分转化为可燃气的过程。农林废弃物气化产生气体的主要有效成分是 CO、H_2 和 CH_4 等，称为生物质燃气。

农林废弃物气化所用原料是原木生产及木材加工的残余物、薪柴、农业副产物等，包括板皮、木屑、枝杈、秸秆、稻壳、玉米芯等，原料来源广泛，价廉易得。农林废弃物原料挥发性高，灰分少，易裂解，是热化学转换的良好材料。按具体转换工艺的不同，在加入气化反应器之前，需要根据气化反应器的具体要求进行适当的干燥、粉碎等加工处理。

对于农林废弃物，国外采用了多种不同的气化路线和试验装置，以达到增加可燃气产率和提高能源利用水平的目的。

9.2.1　农林废弃物气化工艺系统

农林废弃物气化工艺系统主要由加料装置、气化装置、燃气净化冷却装置、燃气输送装置及连接管道等部分组成。根据工艺系统中装置内部的压力不同，农林废弃物气化工艺系统可以分为正压系统、负压系统和鼓引风系统，如图9-3所示。

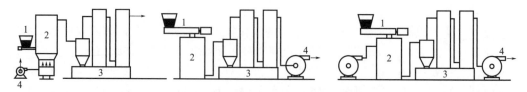

图 9-3 农林废弃物气化工艺系统

1—加料装置；2—气化装置；3—燃气净化冷却装置；4—燃气输送装置

正压系统，即燃气输送装置布置在气化炉之前，气化炉及净化冷却装置都在微正压下运行，一般上吸式气化炉、流化床气化炉采用正压系统。其优点是燃气输送装置工作状况良好，输送介质是常温的洁净空气，而且进入气化装置时有足够的压力，容易根据气化工艺需求组织气流，以获得理想的工作状况。缺点是加料点处于正压，必须采取密封措施防止燃气外泄，一般采用间歇加料或双阀密封加料方式。

负压系统，即燃气输送装置布置在气化装置和净化冷却装置之后，气化炉、净化冷却装置都在微负压下运行。传统的下吸式固定床气化炉一般采用负压系统。其优点是系统运行稳定，自平衡能力强，其顶部可以打开，连续加料，在物料向下移动不畅时可以用拨火的方式保证反应层的充实，防止物料在气化装置内产生架桥、穿孔等现象。负压系统的缺点是气化剂被动吸入气化装置，反应条件稍差。

鼓引风系统是在气化装置的前边和系统的末端都有燃气输送装置，以便控制系统的压力平衡点。鼓引风系统一般压力的控制要求较严，操作相对复杂。

9.2.2 农林废弃物气化装置的类型

燃气发生装置，即气化炉，是农林废弃物气化反应的主要设备。在气化炉中，农林废弃物完成了气化反应过程并转化为生物质燃气。根据气化炉中可燃气相对于农林废弃物原料流动速度和方向的不同，可将气化炉分为固定床气化炉和流化床气化炉。

(1) 固定床气化炉

固定床气化炉依靠炉排承托反应层，在上部加料口与下部炉排之间形成由块状或颗粒状农林废弃物原料组成的床层。经切碎或压块的农林废弃物原料由炉子顶部加料口投入气化炉中，如图 9-4 所示。反应过程中，随着燃烧消耗，上部原料依靠自重缓慢下移，与穿行其间的气化剂接触，并基本按层次完成气化的各反应过程。相对于气体流动速度，燃料层移动缓慢。反应产生的气体在炉内的流动要靠风机来实现，安装在燃气出口一侧的风机是引风机，它靠抽力（在炉内形成负压）实现炉内气体的流动；靠压力将空气送入炉中的风机是鼓风机。灰和半焦经炉排由下部排灰口排出。

固定床气化装置结构简单、原料适应性广，但反应速率较慢、热负荷低，适合于小规模应用场合。根据气流在炉内的流动方向以及炉内各反应层的相对位置，固定床气化炉又分为上吸式、下吸式、横吸式和开心式四种类型。

1）上吸式固定床气化炉

生物质由上部加料装置装入炉体，然后依靠自身的重力下落，由向上流动的热气流烘干、析出挥发分，原料层和灰渣层由下部的炉栅所支承，反应后残余的灰渣从炉栅下方排出。气化剂由下部的送风口进入，通过炉栅的缝隙均匀地进入灰渣层，被灰渣层预热后与原料层接触并发生气化反应，产生的生物质燃气从炉体上方引出，如图 9-4(a) 所示。

上吸式气化炉的主要特征是气体的流动方向与物料运动方向是逆向的，所以又称逆流式

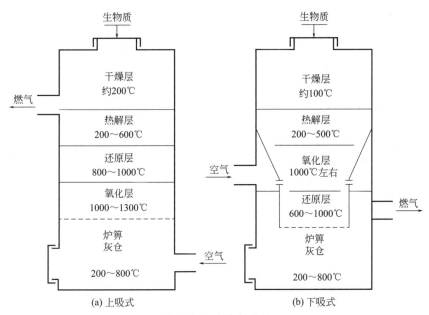

图 9-4　固定床气化炉

气化炉。因为原料干燥层和热解层可以充分利用还原反应气体的余热，可燃气在出口的温度可降低至300℃以下，所以上吸式气化炉的热效率高于其他类型的固定床气化炉。

2）下吸式固定床气化炉

其特征是气体和生物质的运动方向相同，所以又称顺流式气化炉。下吸式气化炉一般设置高温喉管区，气化剂通过喉管区中部偏上的位置喷入，生物质在喉管区发生气化反应，可燃气从下部被吸出，如图9-4(b)所示。产出气体必须通过炽热的氧化层，因此，挥发分中的焦油可以得到充分分解，燃气中的焦油含量大大低于上吸式气化炉。它适用于相对干燥的块状物料（含水率低于30%）以及含有少量粗颗粒的混合物料，且结构较为简单，运行方便可靠。由于下吸式气化炉燃气中的焦油含量较低，特别受到了小型发电系统的青睐。

3）横吸式固定床气化炉

其特征是空气由侧向供给，产出气体从侧向流出，气流横向通过气化区，如图9-5所示，一般用于木炭和含灰量较低物料的气化。

4）开心式固定床气化炉

它是由我国研制并应用的，类似于下流式固定床气化炉，所不同的是，它没有缩口，同时它的炉栅中间向上隆起，如图9-6所示。这种炉子多以稻壳作为气化原料，反应产生灰分较多。在工作过程中，炉栅缓慢地绕它的中心垂直轴做水平的回转运动，目的在于防止灰分堵塞炉栅，保证气化反应连续进行。

（2）流化床气化炉

流化床气化炉多以形状均匀的小颗粒燃料为气化原料，经阻气输料装置送入气化炉，气化剂通常以一次风形式由鼓风机从炉体底部吹入，流化床内有时采用二次风来调节炉膛上部温度。在高速流动的气化剂作用下，物料悬浮在装置内，达到流化状态，可稳定获得均一的反应温度和良好的气固反应条件，并可方便地使用各种气化介质或添加催化剂，是大规模、高品质燃气制备的首选炉型。

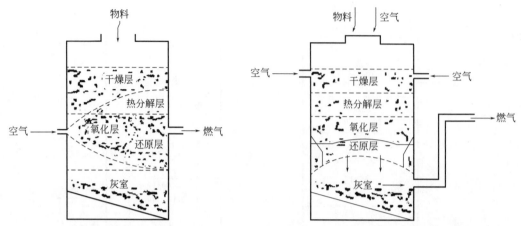

图 9-5　横吸式固定床气化炉示意　　　　图 9-6　开心式固定床气化炉示意

对于流化特性较差的原料，多选用惰性材料（如石英砂）作为流化介质，首先使用辅助燃料（如燃油或天然气）将床料加热，原料随后进入流化床与气化剂进行气化反应。流化床原料的颗粒度较小，以便气固两相充分接触反应，反应速率快，气化效率高，产生的焦油也可在流化床内分解。如果采用秸秆作为气化原料，由于其灰渣的灰熔点较低，容易发生床结渣而丧失流化功能，因此，需要严格控制运行温度，反应温度一般为 700~850℃。流化床气化炉按照床内气流速度的不同，可分为鼓泡流化床气化炉、循环流化床气化炉、双床气化炉和携带流化床气化炉。

1）鼓泡流化床气化炉

鼓泡流化床气化炉是最基本、最简单的气化炉，只有一个反应器，气化剂从底部气体分布板吹入，在流化床上同生物质原料进行气化反应，生成的气化气直接由气化炉出口送入净化系统中，如图 9-7 所示。鼓泡流化床气化炉的流化速度较低，炉内空床流速通常低于 2m/s，为了延长原料在炉内的停留时间，鼓泡床通常设计成下小上大的结构形式，在炉底部原料进行充分流化，而上部面积大，原料在上部速度降低，可以保持充分的停留时间进行气化，因此特别适用于颗粒粒度较大物料的气化，而且一般情况下必须增加热载体，即流化介质。由于其存在飞灰和炭颗粒夹带严重等问题，一般不适合小型气化系统。

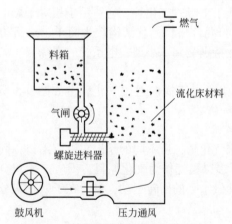

图 9-7　鼓泡流化床气化炉工作原理

2）循环流化床气化炉

其工作原理如图 9-8 所示。循环流化床气化炉与鼓泡流化床气化炉的主要区别是：炉内气流速度通常设计在 3m/s 以上，在气化气出口处设有旋风分离器或袋式分离器，将燃气携带的炭粒和砂子分离出来，返回气化炉中再次参加气化反应，从而提高碳的转化率。循环流化床气化炉的反应温度一般控制在 700~900℃，适用于较小的生物质颗粒，在大部分情况下，它可以不必加流化载体，所以运行最简单，但它的炭回流难以控制，在炭回流较少的情况下容易变成低速率的携带床。

3）双床气化炉

双床气化炉的工作原理如图9-9，它分为两个组成部分，一部分是气化炉，另一部分是燃烧炉。气化炉中产出的燃气经分离后，砂子和炭粒流入燃烧炉中，在这里炭粒燃烧将砂子加热，灼热的砂子再返回到气化炉中，以补充气化炉所需的热量。两床之间靠热载体即流化介质进行传热，所以控制好热载体的循环速度和加热温度是双流化床系统最关键也是最难的技术。

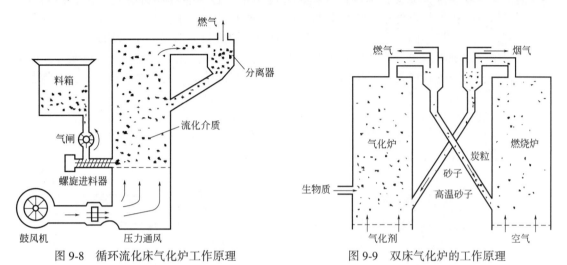

图9-8　循环流化床气化炉工作原理　　　　图9-9　双床气化炉的工作原理

4）携带流化床气化炉

携带流化床气化炉是流化床气化炉的一种特例，它不使用惰性材料作为流化介质，气化剂直接吹动炉中的生物质原料，属于气流输送。该气化炉要求原料破碎成细小颗粒，其运行温度可高达1100~1300℃，产生气体中焦油成分及冷凝物含量很低，碳转化率可达100%。但由于运行温度高易烧结，因此选材较困难。

无论是固定床气化炉还是流化床气化炉，在设计和运行中都有不同的条件和要求，了解不同气化炉的各种特性对正确合理设计和使用生物质气化炉至关重要。表9-1表示了各种气化炉对不同原料的要求。表9-2给出了各种气化炉在使用不同气化剂时产出气体的热值情况。

表9-1　气化炉对不同原料的要求

气化炉类型	下吸式固定床	上吸式固定床	横吸式固定床	开心式固定床	流化床
原料种类	秸秆、废木	秸秆、废木	木炭	稻壳	秸秆、木屑、稻壳
尺寸/mm	5~100	20~100	40~80	1~30	<10
适度/%	<30	<25	<7	<12	<20
灰分/%	<25	<6	<6	<20	<20

表9-2　各种类型气化炉产出气体热值对照表

气化剂	下吸式	上吸式	横吸式	开心式	单流化床	双流化床	循环床	携带床
空气	低热值气体	低热值气体	低热值气体	低热值气体	低热值气体	中热值气体	低热值气体	低热值气体
氧气	中热值气体	中热值气体	中热值气体		中热值气体		中热值气体	中热值气体
水蒸气						中热值气体		

9.2.3　固定床气化装置及应用

（1）固定床气化装置

固定床气化装置主要由加料部件、炉膛、炉排和出灰部件等构成。在气化过程中，随着燃料的消耗，料层逐渐下移，为维持气化过程的稳定，必须通过加料口向气化炉补充新燃料。固定床气化炉加料口位于气化炉上部，根据原料形状、尺寸、密度等的不同以及气化方式的不同，可以选择不同的加料方式，如气力输送、螺旋绞龙输送、皮带输送、斗提输送、双钟罩输送、双翻板输送等形式。对于微负压运行的下吸式气化炉，加料时可以敞开；而上吸式气化炉，由于落料口与燃气排出口都在气化炉上部，需要采用密封加料方式，以防燃气外泄。

气化装置中炉排的主要作用是支撑燃料层、清除灰渣、松动料层，根据气化炉规格、运行方式、使用原料不同，分为固定炉排、活动炉排和回转炉排。活动炉排的主要结构形式有往复式、翻转式和拨叉式，如图9-10所示。

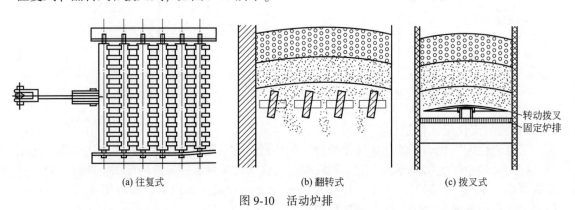

| (a) 往复式 | (b) 翻转式 | (c) 拨叉式 |

图 9-10　活动炉排

翻转式和往复式炉排都是将活动的炉条与炉外摇杆相连，通过摇杆运动使炉条动作，需要人工摇动炉排，常用于非连续运行的小型气化炉。拨叉式炉排由固定炉排和转动拨叉组成，固定炉排上分布着均匀的孔槽，上部拨叉转动后通过孔槽将灰渣拨落至灰室，该炉排可用于小规模气化炉。回转式炉排在炉内缓慢旋转，具有消除炉内物料架桥、搅动料仓、均匀布风、破碎渣块的作用，能够实现完全机械化除灰。目前回转式炉排使用较多的有宝塔式和鱼鳞式两种，可以连续运转，适用于较大型的生物质气化炉。

气化装置的出灰方式有间歇式和连续式。采用间歇式出灰方式时气化炉需停止运行，该形式只用于小型间歇式运行的气化炉，出灰门常采用快开形式。连续式出灰装置结构复杂，适合较大型连续生产气化炉。连续式出灰方式又可细分为干式机械出灰和水封湿式出灰。干式机械出灰方式的出灰空间需要密闭，排灰时可以采用双翻板阀卸料器或其他密封结构与炉内空腔隔开；湿式出灰方式利用水封起密封作用。

气化装置的炉膛用于容纳燃料并提供气化反应所需空间，其截面尺寸和形状主要由炉膛截面热负荷及物料特性确定。固定床气化装置的炉膛形式一般有圆筒式和带缩口的两种形式，如图9-11所示。圆筒式炉膛结构简单，料层移动顺畅，但是氧化层反应剧烈程度不高，多用于上吸式气化炉或层式下吸式气化炉。带缩口的炉膛结构主要用于下吸式气化炉，缩口位于氧化区，利于燃气中焦油裂解，但缩口处易形成物料架桥，影响气化过程的稳定性。考虑到热裂解后生物质炭的强度低、体积收缩明显，有些下吸式气化炉设计为下部收缩的倒锥形。

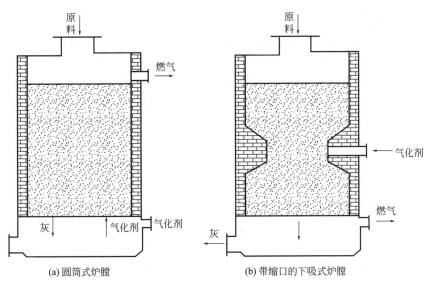

图 9-11　固定床气化装置炉膛形式

固定床气化装置结构相对简单，运行可靠，在我国应用广泛。目前国内的固定床气化装置最大产气量已达到 $5000m^3/h$，以空气为气化剂产出的燃气热值约为 $4\sim5MJ/m^3$。在实际工程应用中，固定床气化装置主要以上吸式和下吸式为主，横吸式气化装置应用较少。近年来随着生物质气化技术的不断进步，又出现了将干燥热解和氧化还原分开的两步法气化、集成上、下吸气化炉优点而设计的上下吸复合式固定床气化装置等新型装置。

（2）上吸式固定床气化装置

上吸式固定床气化炉原料从上部加入，依靠重力向下移动；气化剂从炉排下部进入气化炉，向上经过各反应层，燃气从上部排出。进入气化炉的原料遇到下方上升的热气流，首先脱除水分，当温度提高到 200℃ 以上时，开始发生热解反应，逐渐析出挥发分，留下的碳再与气化剂发生氧化还原反应。气化剂进入气化炉后首先经过灰层进行预热，然后在氧化层与碳发生氧化反应生成二氧化碳，温度迅速升高，气流上行通过还原层时与炙热的碳发生还原反应，转变成含一氧化碳和氢气的可燃气体，进入热解层，与热解层析出的挥发分混合成为粗燃气由气化炉上部排出。

由于上吸式固定床气化炉的氧化层在反应器的最底部，气化剂和床层逆流接触，因此具有气化效率高、压力损失小、燃气含灰量少的优点。来自氧化层的高温燃气在经过热解层和干燥层时，将其携带的热量传递给物料，用于物料的热解和干燥，同时降低其自身温度，使炉子热效率大大提高，而且热解层和干燥层对燃气有一定的过滤作用，致使出炉燃气中灰分含量较低。但是，上吸式气化炉具有加料不方便、燃气焦油含量高的缺点。为了防止燃气的泄漏，必须采取专门的密封措施和复杂的进料装置；或者采用间歇加料的方式，运行时将上部密闭，当炉内原料用完后再停炉加料。由于气化反应时热解层产生的焦油直接混入了可燃气体，造成燃气焦油含量高，冷凝后的焦油会沉积在管道、阀门、仪表、用气设备上，影响系统的正常运行，因此上吸式气化炉一般用在粗燃气不需冷却和净化就可直接使用的场合，例如直接作为锅炉或加热炉的燃料气。

（3）下吸式固定床气化装置

下吸式气化炉的原料由上部加入，依靠重力逐渐由顶部移动到底部，灰渣由底部排出；

气化剂在气化炉上部或中部的氧化区加入,燃气由反应层下部吸出。在气化炉的最上层,原料首先被干燥,当温度达到200℃以后开始热解反应,析出挥发分。600℃时大致完成热解反应,此时空气的加入引起了剧烈的燃烧,燃烧反应以炭层为基体,挥发分在参与燃烧的过程中进一步降解。燃烧产物与下方的炭层进行还原,转变为可燃气体。

下吸式气化装置由于气流和床层顺流接触,克服了上吸式的部分缺点,加料时不需要严格的密封,便于实现连续加料和运行中料层检查及拨火等操作,加料方便,而且热解气体通过炽热的氧化层可以使燃气中的焦油得到充分裂解,焦油含量低。但是下吸式气化炉也存在气化效率低、压力损失大、燃气含灰量多的缺点。燃气离开气化炉时气体温度高、灰渣碳含量高,因此气化效率偏低;燃气经过灰层后直接流出,带出的灰量较多。此外,由于气流向下流动,与热流方向相反,也造成其床层阻力较高。

(4) 两步法气化装置

传统的固定床气化装置所产燃气中都含有一定量的焦油,给燃气净化系统带来了较大压力。为减少燃气中焦油的含量,丹麦技术大学提出了两步法气化装置,如图9-12所示。其基本流程为:生物质原料首先进入干燥热解器,由外热源加热干燥并发生热解反应,热解后的气体和半焦进入气化炉,在氧化区与空气发生强烈的氧化反应使气体中的焦油分解,分解后的气体进入下部还原层,完成气化过程,产生的高温燃气经过简单净化冷却后即可满足用气要求。

两步法气化装置将热解和气化过程在两个装置中划分为两个阶段,形成两步气化过程,与传统固定床气化炉相比,可以更有效地形成稳定均匀的高温环境,保证气体在反应器中的停留时间和焦油深度裂解,同时生物质原料热解后形成流动性较好的半焦,也克服了床料搭桥不稳定现象。运行实践表明,两步法气化装置反应过程稳定均匀,经过旋风除尘和布袋过滤后,燃气中焦油等杂质的总含量低于$20mg/m^3$,符合常规用气要求,避免了燃气净化过程产生的二次污染,提高了系统运行稳定的可靠性。

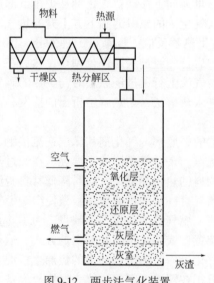

图9-12 两步法气化装置

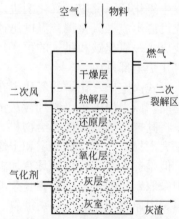

图9-13 上下吸复合式气化装置

(5) 上下吸复合式气化装置

为了降低固定床气化装置产生燃气中的焦油含量,山东省科学院能源研究所开发了上下吸复合式固定床生物质气化装置,如图9-13所示。该装置兼有上吸式固定床和下吸式固床的优点，上端可以敞开式进料，下端通入的一次气化剂可以保护炉排，中部的二次燃烧区可使焦油得到裂解。通过调整一、二次风的比例，控制各反应区的温度和反应深度，实现可控气化，最终获得低焦油、高品质的清洁燃气。该工艺热效率高、碳转化率高、所产燃气焦油含量低，以空气作为气化介质处理生物质原料时产生燃气的焦油含量小于 $20mg/m^3$，热值为 $4.2\sim5.0MJ/m^3$，系统能量转化率大于 80%，气化灰渣中含碳量小于 25%。

中国科学院广州能源研究所研制开发的生物质混流式固定床气化工艺及装置，由内部连通的下吸式气化段和上吸式气化段组成，如图 9-14 所示。在前气化阶段，气化剂由位于下吸式气化段上端的一次气化剂入口进入炉内向下流动；在后气化阶段，气化剂由位于上吸式气化段下端的一次气化剂入口进入上吸式气化段内向上流动。根据两种气化方式的特点及用气系统的要求，通过前后气化阶段鼓入气化剂种类及流量配比的优化控制，充分发挥两种气化方式的优点，优化气体组分，提高气化效率。气化剂一般使用空气、氧气或富氧空气，还可根据需要在气化剂中添加水蒸气；前气化阶段的气化介质流量约为气化介质总流量的 50%～80%，后气化阶段的气化介质流量约为气化介质总流量的 20%～50%，水蒸气一般在后气化阶段使用。整个气化过程为下吸式气化和上吸式气化结合的混流式气化过程，最后产生的气化气从两气化阶段的一次气化剂入口之间排出，有效地解决了下吸式气化段中出口燃气温度偏高和上吸式气化段中出口燃气温度偏低的问题。

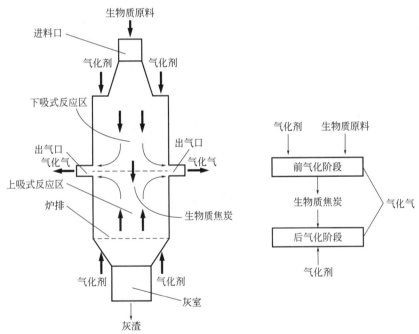

图 9-14　生物质混流式固定床气化工艺及装置示意图

生物质混流式固定床气化装置充分发挥了下吸式和上吸式气化的优点，同时具有焦油含量低、气体组分调控能力强、负荷适应能力强、运行稳定等特点，并具有较强的规模放大能力，可广泛应用于气化供气、气化发电、合成燃料、氢气制备等领域。

9.2.4　流化床气化装置及应用

流化床内发生的主要气化反应与固定床内基本相同，但因流化床内的床料和燃料呈现类流体状态，其反应机制和固定床有很大差别。根据反应器中的流化状况，目前流化床的类型

主要有鼓泡流化床、循环流化床和双流化床等。

（1）鼓泡流化床气化炉

鼓泡流化床气化炉如图9-15所示，生物质原料由下部阻气螺旋进料器加入气化炉，气化介质通过位于气化炉下部的布风板进入气化炉。生物质被气化介质吹动，呈现出类流体状态，处于高强度的传热传质过程，生物质中的挥发分析出和固定碳的氧化还原反应在炉内同时发生，生物质转化为燃气，生物质的灰分基本上以飞灰形式由炉体上部随燃气离开。通常鼓泡流化床采用锥形结构，床层截面随高度而变化，流化气存在着速度梯度。底部截面积较小，流速较高，可以保证大颗粒的流化，而在顶部截面较大，流速低，可防止颗粒的带出。这样在一定的流化气流量下，能使大小不同的颗粒都在床层中流化，还可以使流化床轴向气速基本保持不变，有效降低气流中的颗粒物夹带量，同时增加设备的操作弹性。气化炉一般采用钢结构，内部使用耐火水泥作绝热保温材料。

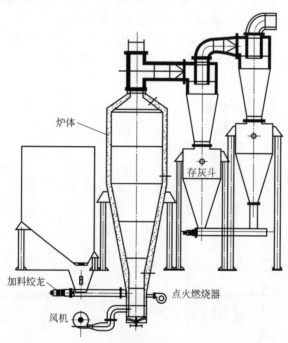

炉体

存灰斗

加料绞龙

风机

点火燃烧器

图9-15　鼓泡流化床气化炉

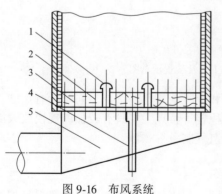

图9-16　布风系统
1—风帽；2—隔热层；3—花板；
4—冷渣管；5—风室

流化床气化炉气化所需的空气主要由图9-16所示的布风系统提供。布风系统位于炉膛底部，由均压风室和布风板组成。布风板由花板和风帽组成。作为重要的布风装置，布风板在流化床气化炉中的作用是支撑静止燃料层，防止漏渣，同时给通过布风板的气流以一定阻力，使布风板具有均匀的气流速度分布，达到良好的流化工况。

（2）循环流化床气化炉

循环流化床气化过程中，作为气化剂的空气被鼓风机推动，由气化炉底部的布风板进入气化炉，吹动炉内炽热的床料（合适粒径的河砂或炉渣）以沸腾状态运动。作为燃料的生物质由气化炉下部加入，在高温床料的加热作用下，与空气完成气化反应，产生的燃气与循环灰一起在气化炉顶部进入旋风分离器。经过气固分离后，燃气离开气化炉，循环灰和一部分未反应的炭由料腿落下，通过返料器进入气化炉继续反应。循环物料与原料加入量的比值为循环倍率，通常循环流化床的循环倍率为10~20。

生物质循环流化床气化炉主床（提升管）通常采用圆筒形结构设计，保证床内处于3m/s以上的空塔速度，采用旋风分离器实现未充分反应的半焦高效收集，通过返料器将未反应的半焦送回炉膛继续反应，如图9-17所示。实现循环流化床气化的关键在于实现高温半焦的高效分离及顺利返送回主床炉膛。对循环灰的分离效果关系到气化效率及碳转化率的高低，如果分离效率低，燃气势必带出大量的炭粒，一方面增加机械不完全燃烧损失，另一方面大量的含碳颗粒易堵塞管道。循环流化床气化炉对旋风分离器的要求主要包括耐高温、耐磨损，低阻力，能处理较高浓度（燃气中炭粒含量达 $100~300g/m^3$）的含尘气流。

返料器主要完成返料和防止燃气反窜到旋风分离器的问题，在传递循环灰的同时，避免炉内燃气窜入旋风分离器降低分离效率。对于返料回流结构，目前应用最多的是U阀返料器（如图9-18），其作用是防止床料吹通或循环立管堵塞。

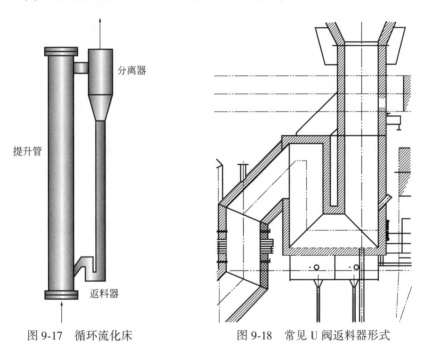

图9-17 循环流化床　　　　　图9-18 常见U阀返料器形式

(3) 流化床气化的影响因素

流化床气化的反应条件和影响因素主要包括原料自身的性质、气化剂、操作条件和布风情况等。

1）床温的影响

对于气化系统来说，温度升高可促进还原反应和焦油二次裂解反应的进行，增加煤气中CO和 H_2 的含量，从而提高煤气热值和碳转化率。气化装置运行温度受到生物质灰熔融性的限制，同时要考虑不同的排渣方式以及对炉内衬材料的耐温要求，一般控制在700~850℃。

2）床料的影响

当采用床料作为辅助流化介质时，生物质可以采用较大粒径，这就减小了生物质前处理的难度和成本。无床料时，流化床通常只能处理粒径在 10mm 以下的流化特性好的生物质，如稻壳、木屑等；在加入石英砂等辅助床料后，流化床可处理 100mm 以下的流化特性较差的生物质，如铡切的秸秆、木片等，扩大了生物质原料的适用范围。

3）一/二次风的分布情况

对于生物质流化床气化装置，一/二次风的比例关系到炉内的温度分布情况、气化效率以及燃气品质。通常一次风量需保证底部的生物质处于充分流化状态，并供给放热反应所需要的氧气，维持底部处于高温状态。二次风的主要作用是提高炉体上部温度，通常在稀相和密相区交界处加入。二次风主要与稀相区的可燃组分反应，对床料层温度影响较小，主要影响二次风口以上自由空间段的温度，随着二次风配比增加，二次风口上方空间温度明显增加。二次风的加入会促使燃气中焦油含量显著降低，最佳二次风配比根据生物质和气化剂的不同有一定差异。理论计算表明，二次风比例在 30% 以下时，增加二次风量有利于燃气热值、产气率、碳转化率和气化效率等参数提高，并降低燃气中焦油含量。

4）循环流化床与鼓泡流化床的比较

鼓泡流化床结构简单，操作气速较低，对设备磨损较轻，工作可靠。循环流化床气化效率高，气化强度大，目前已应用于一些大型的生物质气化工程。鼓泡流化床的气化强度约为固定床气化炉的 3~5 倍，循环流化床的气化强度约为鼓泡床的 2~3 倍，气化强度可达到 $2000kg/(m^2 \cdot h)$。

（4）双流化床气化装置

常规生物质气化技术主要存在气体热值较低、气化效率较低等问题。研究人员尝试采用纯氧气化和高压气化来提高燃气热值，但这些技术增加了设备的复杂程度和建设及运行费用。双流化床气化作为一种新型的气化技术，能在较低运行温度下，采用空气气化生产中热值燃气。该技术将燃料中半焦燃烧和生物质热解在装置的不同部分进行，实现了燃料的解耦气化，通过循环灰作为热载体，实现燃烧反应向气化反应提供能量，避免了燃烧产生的烟气对气化反应生成燃气的稀释，从而提高了燃气品质。

双流化床装置由生物质气化装置和半焦燃烧炉组成，并通过循环灰进行耦合。在气化反应过程中，生物质全部加入气化装置中，吸收高温循环灰的热量并进行气化反应。反应中难以气化的半焦及循环灰被输送回燃烧炉，通过燃烧半焦释放热量重新加热循环灰。循环灰是双流化床的热载体，通过循环不断将燃烧炉内产生的热量供给气化装置。系统的能量平衡是稳定运行的关键，在理想条件下，半焦燃烧释放的能量大于生物质气化所需能量就可以实现系统稳定运行。通过理论分析和实际测试，大部分生物质可以满足这个要求。

许多研究机构对双流化床生物质气化进行了研究，并形成了不同的炉型结构，其中比较有代表性的几种形式见图 9-19~图 9-22 所示。

双流化床的燃烧炉多采用快速床，在较高空塔速度下能够使高温循环介质携带能量进入气化炉，同时半焦的燃烧属于高反应速率反应，可在快速床较短停留时间内完成反应并释放能量；而气化反应属于慢速反应，为提高气化效率，多家研发机构采用不同结构形式的气化炉，用于强化循环物料与生物质的掺混程度和延长反应时间。实现双流化床稳定运行的关键在于保证携带能量的固体物料顺畅循环，气化装置和燃烧炉的连接部件在确保固体物料通过的前提下，需要在最大程度上避免气化装置和燃烧炉的气体互相掺混。为保证双流化床中燃烧炉向气化装置传递能量，燃烧炉需要运行在 850~1100℃ 的较高温度区间，操作不当时易发生结焦。

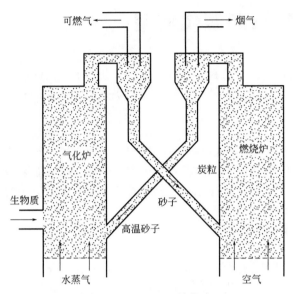

图 9-19　Battelle 双流化床

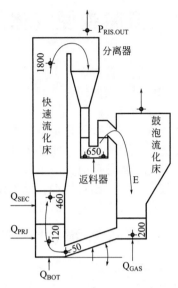

图 9-20　维也纳工业大学双流化床

Q_{SEC}—气化用蒸汽；Q_{PRJ}—生物质；Q_{BOT}—燃烧空气；
Q_{GAS}—流化用气体；E—热解焦；$P_{RIS,OUT}$—气化气

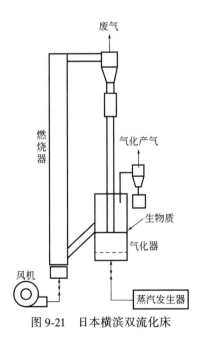

图 9-21　日本横滨双流化床

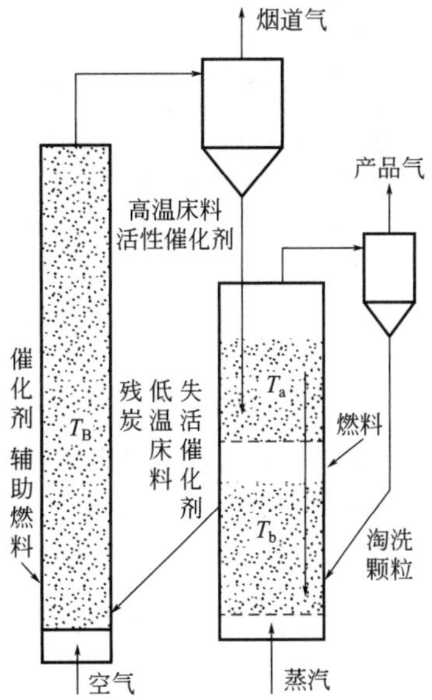

图 9-22　日本横滨两段式双流化床

　　总的来看，双流化床具备较高的可燃气纯度、氢气含量以及热值（通常为 $12\sim15MJ/m^3$），但其结构形式比鼓泡流化床和循环流化床复杂得多，导致启动和操作困难。双流化床气化的技术要求和研究成本都较高，目前虽然许多国家都进行了工业化的试运行，但仍未完全实现该技术的工业化大量应用。

9.3　畜禽粪便气化剂气化与能源化利用

鉴于煤炭、传统农林生物质的气化转化利用已有逾百年的研究历史，获得了丰富的经验和大量的成果，为此研究者们大多借鉴煤炭，尤其是农林生物质气化的研究经验来进行畜禽粪便的气化研究。

畜禽粪便气化剂气化是以畜禽粪便为原料，以氧气、空气、水蒸气或氢气为气化剂，在高温不完全燃烧条件下，使畜禽粪便中分子量较高的有机烃类发生链裂解，并与气化剂发生复杂的热化学转化反应，产生分子量较低的 CO、H_2、CH_4 等可燃气体的过程。该法能量利用效率较高，投资相对较小，设备技术比较简单，并且在化石燃料及其他生物质上的应用比较成熟，已有较多研究人员开展了畜禽粪便的气化研究。

9.3.1　畜禽粪便气化剂气化的工艺过程

畜禽粪便是高含水率生物质，鲜物料收到基的含水率高达90%，这与一般的农林类生物质有较大区别。因此，可采取3种气化方法：一是先将畜禽粪便进行干燥，在气化过程中通入水蒸气进行气化重整试验；二是畜禽粪便原位气化制氢研究；三是通过将畜禽粪便与其他干生物质进行混合来降低其含水率，利用混合料进行气化。

第一种方法是借鉴含水率低的农林生物质气化方法，研究的重点是催化剂种类、水蒸气用量、温度等因素对气化效果的影响。试验中原料都是经过干燥或者其他处理（如堆肥）后进行蒸气重整制氢。Wang 等采用猪粪堆肥为原料进行水蒸气催化重整制取富氢气体，结果表明采用改进的镍基催化剂不仅能减少气体中焦油的含量，而且提高了气体中 H_2 的产率。另外，提高温度有利于促进 H_2 的产生；水蒸气与猪粪堆肥料的质量比为1.24时效果最好。

Zhang 等研究了家禽粪便在低温条件下催化气化制氢气的研究，采用酸预处理步骤去除鸡粪中部分或全部的矿物质元素，结果表明当鸡粪中存在 Ca 时增加了 H_2 的产率，粪便中的 Ca 元素具有催化作用。何小民在下吸式固定床气化炉中研究了牛粪气化制氢的影响因素，试验表明：牛粪的元素成分中 C、H 约占36%；当牛粪中含水率在20%时，气化气的热值最大，含水率增加到25%时气体热值大幅下降；其采用的固定床是适用于农业干物料的气化炉，直接用于牛粪时，需要将牛粪含水率降低至30%以下。Xu 等研究了动物排泄物制可燃气体技术，含水率的控制通过煤油浆料脱水法处理，脱水处理时在原料中嵌入 Ca 基催化剂，研究 Ca 的存在对气化效果的影响。结果表明 Ca 基催化剂具有增加气化反应中炭活性、降低生物油产率具有催化作用。

9.3.2　原料特性对气化过程的影响

影响畜禽粪便气化过程的主要因素有原料特性、气化过程操作条件和气化反应器的构造，其中最重要的因素是原料特性，包括原料的化学组成、工业分析组成、元素分析组成。

(1) 原料的化学组成对气化过程的影响

原料中半纤维素、纤维素和木质素的含量对气化过程中热量平衡和气化温度有较大的影响：其一，在气化后期，也就是温度在400℃左右，纤维素和木质素会发生剧烈的热裂解反应，放出一部分热量，这部分热量的大小取决于纤维素和木质素的含量；其二，气化得以进行的前提条件是气化温度，气化可分为干燥（150℃）、热解（550℃）、氧化（900～950℃）、还原（850~900℃）4个过程，在这4个过程中氧化和还原起主导作用，发生氧化和还原这两个反应，必须达到一定的温度，主要靠不完全燃烧三大素（纤维素、半纤维素和木质素），发生剧烈的反应，放出热量提供干燥、热解和还原所需的能量，所以三大素的含量是气化可行性的前提条件。由于受喂养饲料种类的影响，不同的畜禽粪便化学成分的含量有很大的差异性，如表9-3所示。

表9-3　畜禽粪便的三大素含量及其和玉米秸秆的比较　　　　　单位:%

种类	纤维素	半纤维素	木质素
牛粪	23.04	18.80	12.24
猪粪	7.23	10.80	7.12
鸡粪	18.87	15.65	8.03
玉米秸秆	22.82	43.01	15.51

由表9-3可知，牛粪、鸡粪中的半纤维素含量分别为18.80%和15.65%，猪粪只有10.80%，但与玉米秸秆相比，都显得较低；牛粪中的纤维素含量与玉米秸秆的纤维素含量相当，但猪粪只有7.23%，与玉米秸秆纤维素含量相比将近少16%。牛粪中木质素含量为12.24%，与玉米秸秆中木质素的含量差不多，猪粪最低，只有7.12%。

（2）原料工业分析组成对气化产物的影响

原料的含水率对气化过程有很大的影响，如果含水率过高，在气化过程中将消耗大量的热源，影响气化温度，从而影响还原反应和可燃气的质量。灰分对固体产物畜禽粪便炭的发热量有一定的影响，也是衡量粪便炭中金属盐多少的一个标准。挥发分中往往含有较多可燃的成分，挥发分的含量对可燃气体的热值有一定的影响。表9-4是畜禽粪便的工业分析组成及其和玉米秸秆的比较。

表9-4　畜禽粪便的工业分析组成及其和玉米秸秆的比较　　　　　单位:%

种类	水分	灰分	挥发分	固定碳
牛粪	27.14	21.34	67.71	10.95
猪粪	16.78	30.18	61.78	8.04
鸡粪	26.53	22.56	62.56	14.88
玉米秸秆	4.87	5.93	71.95	17.75

由表9-4可以看出，畜禽粪便的含水率和秸秆类物质相比显得非常高，说明畜禽粪便中含水量较多，气化前需要进一步晾干或进行必要的干燥处理，将含水率降到一个合适的范围。降低水分要消耗大量的能量，这一部分的能耗费用将对畜禽粪便气化过程的能耗和经济性产生一定的影响。

畜禽粪便的灰分含量相比于秸秆都显得较高，但挥发分含量相当，鸡粪的固定碳含量为14.88%，和玉米秸秆的固定碳含量17.75%相比差距较小，但牛粪和猪粪的固定碳含量相对较低。

（3）原料元素分析组成对气化潜力的影响

元素分析和热值分析能够反映出生物质进行气化反应的潜力。畜禽粪便的元素分析和低位热值分析及其和玉米秸秆的比较如表9-5所示。

表 9-5 畜禽粪便的元素分析和低位热值分析及其和玉米秸秆的比较

种类	C/%	H/%	O/%	N/%	S/%	低位热值/(MJ/kg)
牛粪	40.5	4.6	41.3	3.4	0.3	12.3
猪粪	21.3	0.66	39.6	1.2	1.0	7.4
鸡粪	41.2	3.54	40.5	7.3	0.7	11.2
玉米秸秆	49.9	5.9	43.1	1.1	0.3	15.5

畜禽粪便的气化反应过程是碳、氢、氧 3 种元素及其化合物之间的反应，还原反应越充分，可燃气体含量越高，气化效果越好。由表 9-5 可以看出，鸡粪和牛粪的元素分析结果和玉米秸秆的分析结果基本接近，但氮元素和玉米秸秆相比高出很多，而猪粪的元素分析结果与玉米秸秆的差距较大，特别是碳元素和氢元素只有 21.3% 和 0.66%。牛粪和鸡粪的低位热值与秸秆类物质也接近，畜禽粪便中的碳、氢、氧元素的多少与气化过程中产生可燃气的质量密切相关，初步判断鸡粪和牛粪更加具有气化的潜力。

Shen 等分析了 838 个有代表性的畜禽粪便样品（209 个猪粪、217 个奶牛粪、139 个肉牛粪、162 个蛋鸡粪和 111 肉鸡粪）的特性与组成，在此基础上，评估了我国畜禽粪便用于气化的能源潜力，认为我国这五种畜禽粪便用于气化，可产生合成气 9834 亿立方米。

Koger 等对猪粪进行了成分分析及元素分析，发现猪粪硫含量很低，因而推测气化排放的硫化物污染物将会很少；对 Na、K 等碱金属物质的熔融特性进行了考察，发现在还原条件下 1100℃高温不会使 Na、K 等碱金属物质软化结块，高温反而有利于消除焦油和二噁英气体，气化温度 800~1100℃ 是比较有利的。

9.3.3　畜禽粪便气化设备

通过能量输入与产出的理论分析，畜禽粪便空气气化过程的理论能量转化效率能达到 50% 左右，具有能量转换方面的效率优势。进一步实验表明，在粒径 0.5mm，当量比 ER 为 0.15，起始温度 300℃ 的气化操作条件下，猪粪空气气化所得燃气热值在 4000kJ/m³ 左右，最高可达 4777.76kJ/m³，气化效率最高达到 59.47%。

畜禽粪便气化剂气化的设备主要有固定床和流化床。固定床气化结构简单，产生低热值气体；流化床气化产生高热值气体，但是结构复杂。

Priyadarsan 等对牛粪垫草和鸡粪进行了系统的气化研究。所用设备是 10kW 的上吸式气化炉。气化炉的氧化区温度为 1000℃ 左右，原料含水率在 10%~12%，考察了原料粒径（0.5cm、1cm）、空气流量（1.48~1.97kg/h）对气体组分和热值的影响，以及不同原料的结渣现象。结果发现粒径对气体组分和热值 [(4.4±0.4)kJ/m³] 没有明显影响，温度基本是受床层高度的影响，氧化速率主要受气化原料灰分含量和不同空气流速的影响，Na、K 等碱金属物质容易导致炉内结渣，低灰分的生物质（垫草）适于气化，高灰分的粪便适于和低灰分的垫草混合气化，以减小结渣的可能性。

何小民等使用 200kg/h 的下吸式气化炉，在分析牛粪元素成分的基础上开展了不同运行状态、含水率（10%、20%、25%）、炉内真空度（40mmH₂O、60mmH₂O、80mmH₂O 和 100mmH₂O）和不同燃料（牛粪、稻壳）时的气化特性研究，获得了相应状态下出口燃气成分和热值的变化规律。结果表明，原料含水量为 20% 时气体热值最大，且 H_2 和 CH_4 含量最多，CO 则随着含水量的增加而增加。最佳的炉内真空度为 60mmH₂O。分别以稻壳、牛粪、稻壳和牛粪的混合物（以质量比 1:1 混合）为原料进行气化研究，对应于三种燃料燃烧时的燃气成分和热值随气化运行时间的变化规律基本一致，稻壳的热值略比牛粪高。

Koger 等分别用鼓泡流化床、BGP 气化炉进行了气化试验。利用鼓泡流化床进行的猪粪气化试验中，以氧化镁为床料，用水蒸气和 CO_2 作为气化剂，在 800℃ 操作温度下进行试验，考察水蒸气与 CO_2 比对气体热值及组分的影响。试验结果表明，水蒸气量从 100% 减少到 0%，产气热值从 $14.1MJ/m^3$ 降到 $4.9MJ/m^3$，$H_2：CO$ 也从 2.1 下降到 0.2。利用 BGP 气化炉进行猪粪气化试验中，试验温度在 700~950℃，对 NO_x 和 CO 的排放进行测定，认为 800℃ 是较佳的操作温度。最后固体产物对金属的回收效率分析表明，Zn、Cu 损失近 1/2，P、K、Ca、Mg 几乎没有损失。研究者进一步对系统进行了改进，解决了连续进料运行和热量损失严重的问题。

涂德浴对猪、牛、鸡和羊的粪便进行了系统的工业分析和化学组成分析，设计加工了一套气化负荷在 1~5kg/h 的鼓泡流化床，对猪粪的空气气化过程展开了试验研究，考察了原料粒径、当量比和起始温度三个主要操作参数对产物分布、固体产物特性、气体产物成分、所产燃气的热值、碳转化率和气化效率等方面的影响作用，试验得出猪粪空气气化的建议操作条件为：粒径 0.5mm，ER 0.15，起始温度 300℃。试验所得燃气热值在 $4000kJ/m^3$ 左右，最高可达 $4777.76kJ/m^3$，气化效率最高达到 59.47%。

畜禽粪便气化的研究趋势是用新催化剂（如镍、活性炭等）气化产生氢气。生物质气化制氢反应速率快、效率高、环境友好。生物质制氢主要采用超临界水热气化（温度在 374℃ 以上、压力高于 22.1MPa），没有催化剂时，采用流化床超临界水气化技术对鸡粪进行超临界气化，在进料含水量高达 80% 时，气化效率为 70%，1kg 原料产出的气体热值为 14.5MJ。

9.3.4　畜禽粪便气化剂气化的优势

畜禽粪便气化剂气化具有以下几点优势：a. 气化属于自供热系统，不需要也不损耗其他能源。b. 属于多联产技术，有气、液、固 3 种产品。c. 3 种产品均可以资源化利用。固体产品（炭）具有一定的孔隙结构和比表面积，畜禽粪便炭内含有丰富的钙、钾等元素，有利于农作物生长，可以用作土壤改良剂和缓释肥。液体产品（提取液）中含有铵根离子和钙、镁离子，这些离子分别是氨肥、钙肥等中不可缺少的成分，液体可以作为液体肥料、叶面肥。气体产品（合成气）主要含有 CO、H_2、CH_4 等可燃成分，从发热量看属于低发热值气体，适合用于村庄集中供气，也可作为燃气锅炉用气。d. 气化的能量利用效率较高，投资相对较小，设备技术比较简单。

畜禽粪便气化技术相对简单，研究较多，也比较成功，已应用各种类型的气化设备进行了试验研究，但大多只是参考植物类生物质气化经验进行，欠缺对各因素的深入分析。另外，畜禽粪便的含水率和秸秆类生物质相比显得非常高，气化前需要进一步晾干或进行必要的干燥处理，将含水率降到适合的范围，干燥需要消耗大量的能量，对其气化过程的能耗和经济性产生影响。因此，畜禽粪便气化技术还处于试验研究阶段。

9.4　城市生活垃圾气化剂气化与能源化利用

城市生活垃圾气化是指在一定温度条件下，将城市生活垃圾中的有机成分（主要是碳）在还原气氛下与气化剂反应生成可燃气（CO、H_2、CH_4）的过程，一般是通过部分燃烧反应放热提供其他制气反应所需的吸热量。根据气化产物的用途，城市生活垃圾气化可分为气化制可燃气和气化制合成气产生物燃料两类过程。

9.4.1 气化剂气化制可燃气

城市生活垃圾气化制可燃气的目标产物为燃气。理想情况下，燃气中包含了气化原料中的所有能量，而实际的能量转化率为 60%～90%。图 9-23 为典型城市生活垃圾气化流程。

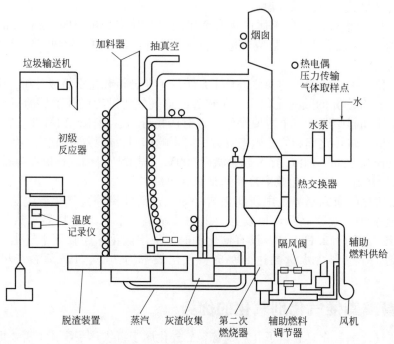

图 9-23 典型城市生活垃圾气化流程

（1）城市生活垃圾气化的影响因素

为了保证城市生活垃圾的气化处理过程能够正常进行，一些影响气化反应和气化系统的重要因素应当予以注意。

① 垃圾的组分。城市生活垃圾是一种成分复杂的混合物，其组成随地区、生活水平的不同而变化。城市生活垃圾的组分直接影响所生产的燃气的成分以及气化过程中产生的灰渣的数量和类型。一般来说，城市生活垃圾中的塑料等高分子化合物含量越高，其热值越高，气化时其气体产物中 H_2、CH_4 等高热值的气体含量增加，气体产物的热值相应增大，气体产物的得率也随着提高。

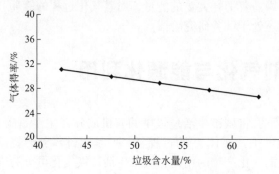

图 9-24 垃圾含水量与气体得率的关系

组分均一的气化原料可以使产生的可燃气体的成分保持稳定，从而有利于燃气的使用。垃圾的组分往往波动较大，因此应采取适当的措施保证气化系统运行的稳定和可靠。

② 垃圾原料的含水量。垃圾含水量与气体得率的关系如图 9-24 所示。单位质量生活垃圾的气体产物产生量（即气体得率）根据垃圾含水量的变化而变化，但变化不明显。不过随着垃圾中水分含

量的增加，干燥所需的热量也不断增加，从而使气化的热效率降低。垃圾含水量过大会使垃圾的气化过程因热平衡困难，需补充大量的辅助燃料。在实际应用中，水分含量应控制在 10%~20%。

为提高气化产物中 H_2 的比例及所得燃气的热值，通常在垃圾气化过程中通入一定量的水蒸气，使垃圾中的 C 和热解产生的 CO_2 与水蒸气发生水汽变换反应。

③ 垃圾中的灰分。垃圾中灰分的含量及灰分的化学组成对于气化过程非常重要。灰分的化学组成直接影响其在高温环境下的表现。例如熔化的灰渣会在气化炉内造成积灰和结渣，从而会阻塞排渣，也可能造成严重的系统故障。

④ 垃圾原料中的挥发分。在受热过程中，垃圾原料分解为挥发性气体和焦炭。与煤相比，垃圾的挥发分含量较高（将近80%）。

⑤ 垃圾原料的热值。城市生活垃圾的热值随时间和地点的不同有着较大的差别。城市生活垃圾的热值是衡量城市生活垃圾中有机可燃物含量的一个重要标志，它不仅决定城市生活垃圾是否可以用热处理方法进行处置，也是城市生活垃圾处理装置设计及运行的依据。

⑥ 垃圾原料的粒径分布。垃圾原料的粒径对于确保其在气化炉内均匀流动、不发生阻塞十分重要。此外，垃圾原料的粒径也应保证固体颗粒间的热量传递能够充分进行。

⑦ 空气供给量。城市生活垃圾气化，有的是在绝氧情况下进行的，此时产生的气体产物的热值较高；有的是在供空气的情况下进行的，此时产生的气体产物中含有大量的 CO_2 和 N_2，使可燃气体的热值大大降低。一般来说，空气供给量与可燃气体的热值成正比。供纯氧所制得的可燃气体热值比供空气时的要高。

（2）城市生活垃圾的气化方式

城市生活垃圾的气化过程通常发生于固定式气化装置、流化床气化装置或悬浮床气化装置中，而且也同垃圾与气体在初级反应器中的接触方式有关。在固定床气化装置中，垃圾原料缓缓向下移动穿过气化炉，同时与外逸的气体相接触。在流化床气化装置中，气化介质促使垃圾原料流态化。而在悬浮床系统中，实际是气化介质携带着垃圾原料一起前进。

固定床气化炉和流化床气化炉的技术已较为成熟，其结构与运行原理在前述的农林废弃物气化中均已详细叙述。

1）悬浮床气化

悬浮床反应器是一种处理城市固体废弃物的很有潜力的气化设备。在反应器中，垃圾原料悬浮于气化介质之中，而且气化反应主要取决于介质的特性。挥发物质迅速氧化，因此气化产物中通常不含焦油和其他燃油，CH_4 也很少。图 9-25 是这种气化炉的原理。

悬浮式气化炉最重要的特性是它能燃烧任何类型的燃料。因燃料颗粒在气体介质中是不连续的，因此不存在燃料的特殊处理问题。其主要缺点是每次仅能处理少量燃料，并且颗粒必须是很细小的（除非气体再循环速度很高）。物料和气体的流向相同，因此效率较低。同向流和燃料浓度低造成反应速率相对较低，且燃料转换也是一个问题。

2）流化床气化熔融工艺

目前在日本具有代表性的荏原式流化床城市生活垃圾气化熔融焚烧炉如图 9-26 所示。其工艺及设备的特点是：城市生活垃圾置于温度为 500~600℃ 的流化床内进行气化，流化床中的空气过剩系数保持在

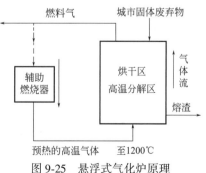

图 9-25　悬浮式气化炉原理

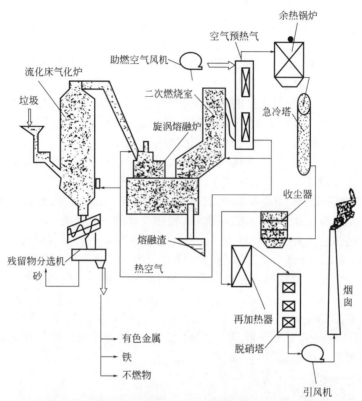

图 9-26　荏原式流化床城市生活垃圾气化熔融焚烧炉

0.1~0.3 之间，流化床的气化产物与气体携带的未燃物、飞灰一起进入立式（竖式）旋涡熔融炉，在约 1350℃ 的温度下进行熔融燃烧，熔融燃烧室中的空气过剩系数为 1.3。为了能使整个工艺顺利进行，生活垃圾的热值要求在 6MJ/kg 以上。为了使该工艺的余热发电效率达到 30% 以上，特在熔融炉二次燃烧室中安装高效陶瓷换热器将空气预热到 700℃ 以上，并用它将过热器中的过热蒸汽加热，可得到压力为 10MPa、温度为 250℃ 的过热蒸汽。由于空气中未含有 HCl 等腐蚀物质，因此不必担心高温腐蚀。

9.4.2　气化剂气化制合成气产液体燃料

合成气是以 H_2、CO 为主要组分的混合气体，以其为原料生产燃料乙醇等液体燃料的技术近年来研究较多，并取得了一些进展。生物质、有机垃圾来源和数量广泛、含硫量低、是比煤更易气化的合成气资源。

城市生活垃圾经有效分类后，其中的有机垃圾可以在高温条件下转化为合成气，然后经过费托合成（Fischer-Tropsch，F-T）或生物化学转化制备乙醇、甲醇、汽油、柴油、航空煤油和 LPG（液化石油气）等液体燃料产品。

（1）垃圾气化制合成气

该过程是利用空气中的氧或含氧物质等作为气化剂，将生活垃圾中所含的烃类转化为小分子可燃气体。在此过程中，还伴随有碳与水蒸气的反应以及碳与氢的反应，得到的气体由 H_2、CO、CO_2、甲烷、乙烷、焦油、焦炭和灰尘等组成。

以生产合成气为目的的垃圾定向气化，与以可燃气体为主产物用于供热和发电为目的的常规气化有着本质区别，即它不是以热值为追求目标，而是要使有机物尽可能多地转化为富含 H_2、CO 和 CO_2 的混合气体以满足后续转化工艺要求，减少无用气体和烃类，并降低对转化工艺不利的焦油、焦炭、硫和酸性气体等物质的生成量，减轻转化难度。因而，此技术路线的关键步骤是合成气净化和组分调变过程。

粗合成气经热交换冷却后，用过滤袋除灰后在气体的露点温度下进行两级水洗，主要除去 HCl、NH_3、汞以及剩余的灰烬，同时水中含有的 $Fe(OH)_2$、H_2S 在酸性环境下变为 FeS 沉淀被除掉。在水洗过程中可以向水中加入 NaOH 调节其 pH。水洗后，进行气体重整，其目的是将气体中烃类（如烃类气体和焦油等）催化裂解为有用气体，并除去硫化氢等其他有害气体。经过重整后气体纯度虽然达到了要求，但 H_2、CO 和 CO_2 三者之间的比例一般还不能符合下一步费托（F-T）合成的要求，而且通常是 H_2 不足，CO_2 含量过高。目前主要采用水煤气变换制氢、重整制氢和脱 CO_2 等调变工艺，使 $H_2/(2CO+3CO_2)$ 约等于 1.05。

（2）F-T 合成制液体燃料

F-T 合成反应是 CO 和 H_2 在高温、高压条件下，催化反应生成包括 $C_1 \sim C_{30}$ 的各种烯烃、烷烃以及氧化物的复杂反应过程。F-T 反应机理非常复杂，产物烃的生成及其链增长的基本过程为：反应引发；链增长反应与链终止反应（从催化剂表面脱附）；二次反应（加氢、脱氢、分解）。主反应是生成直链烷烃和 1-烯烃，副反应是生成甲醇、乙醇等醇及醛等含氧有机化合物，并伴随有水煤气变换反应，以及可能会发生的析碳反应则会引起催化剂积炭。

由于 F-T 合成反应的产物分布遵循 ASF（Anderson-Schulz-Flory）分布规律，产物分布宽，种类繁多，难以选择性地合成某一油品，但当控制反应条件、选取合适催化剂和反应器时，可以使链增长率 α 达到 0.9 以上，选择性地合成重质烃组分，然后再经过加氢精制，得到汽柴油、航空煤油、石脑油等产品，这些产物中几乎不含硫化物和氮化物，是非常洁净的燃料。

与 F-T 合成法制烃类燃料略有不同的是，F-T 法制乙醇需要高选择性地把碳链增长过程停止在 C_2 这一步，而目前从合成气出发，无论是生成烃类，还是生成醇类，高选择性地生成 C_2 物种（乙烷或者乙醇）仍然具有相当难度，都没有实现工业化过程。国内外对 F-T 法制烃类燃料及乙醇催化剂的选择、制备和应用以及催化剂助剂的选择等方面进行了研究，主要集中在钴（Co）系催化剂（K-Mo-Co/活性炭催化剂、Cu-Co-Mn 催化剂、Mo_2-Co_2-K 硫化钼基催化剂等）、铁（Fe）系催化剂（Cu-Zn-Fe/K 固体催化剂）、铑（Rh）系催化剂和钌（Ru）系催化剂。目前商业化和半商业化的 F-T 合成均使用钴系催化剂，其催化活性较高，寿命较长，但铁系催化剂价格低廉，成本最低，操作弹性大，仍是研发的重点之一。最新的研究工作是针对铑系和钌系催化材料，但成本十分昂贵，限制了研发工作的开展，目前尚不能进行商业应用。

在合成过程与工艺条件优化方面，研究集中在催化剂用量、合成条件（温度、压力和空速）等上面。以乙醇为例，目的在于提高乙醇等低碳醇合成过程的单程转化率、合成气的选择性和醇产率。目前，乙醇的选择性可以达到 75% 以上，乙醇产率可以达到 13% ~ 18% 以上，可以实现 1000h 以上的连续运转。

9.4.3　热解气化与气化剂气化的比较

在生活垃圾的气化处理过程中，能源化利用有两条技术路线可供选择，即热解气化和气化剂气化制合成气产液体燃料。对我国来说，热解气化处理垃圾成本相对较低，有成型的技术设备和可以借鉴的国内外经验，具有较强的可行性。不过鉴于我国城市生活垃圾特性及收运现状，一般情况下采用进口技术和设备的垃圾气化燃烧很难达到热解气化熔融所需高温，气化效率受到影响，无法保证可燃气的质量，从而影响熔融效果，实际运行中仍需额外补充其他燃料，增加了生产成本，因此有必要开发适用于我国低热值垃圾的热解气化技术。

另外，采用垃圾热解气化技术时，目标产品的选择以热、电为更宜。由于生活垃圾的物理及化学成分极其复杂，而且组分随地域、季节、居民生活水平及能源结构的改变而有较大变化，将会导致热解工艺处在一个较为复杂的不确定状态中，若以回收可燃性气体为目标，要保持产品质量的稳定性，就必须实现工艺的稳定控制，这无疑具有较大困难。此外，还需要充分考虑与该技术配套的生活垃圾破碎、分选等预处理技术所带来的高投资和高能耗，以及生活垃圾中低熔点物质给系统操作可能造成的障碍，有害物质的混入等对产品质量及应用方面的影响。因此，目标产品为热、电等能量利用形式更适合我国国情。

以乙醇、甲醇及汽油、航空煤油等液体燃料为目标产品时，采用生活垃圾气化剂气化制合成气技术无疑更为合理，其工艺过程如图 9-27 所示。其优势在于：城市生活垃圾只需简单分离即可；减少垃圾的体积近 90%；低温低压反应节约过程能耗，也可掺混木质纤维类原料，实现两种原料资源的协同处理；根据市场产品需求可实现工艺灵活切换。但需注意的是，当生活垃圾含水量高、热值低（2000～3500kJ/kg）时，还需要添加部分煤或天然气才能进行气化反应。

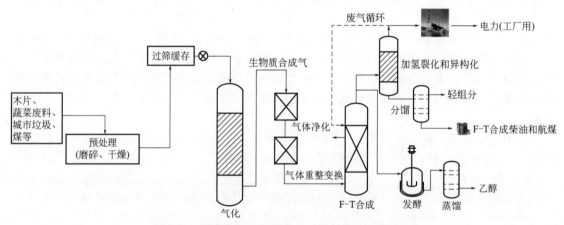

图 9-27　城市生活垃圾气化——燃料热电联产工艺

9.5　废塑料和废橡胶气化剂气化与能源化利用

废塑料和废橡胶气化剂气化是利用气化介质（空气、氧气或水蒸气）将废塑料、废橡胶分解，以获得合成气（CO、H_2、CH_4 等），这些气体可作为生产其他化工产品（甲醇、合成氨等）的原料，也可作为燃料用于高效、低污染的燃气-蒸汽联合循环电站来发电和供热，以提升资源回收利用价值。

9.5.1　废塑料气化剂气化与能源化利用

塑料挥发分高、灰分少、易裂解，适用于热化学转换。气化技术同时结合了热解和焚烧技术的特点，在过程中引入氧气加速分解，并起到了避免炭化结焦的效果。废塑料气化过程依赖于特定的氧化反应气氛（空气、氧气、水蒸气）以及催化剂，克服了热解反应速率慢、残渣多、易结焦炭化、传热性能差的缺点，将原料中的大分子量的有机物转化成小分子量的液状物（油、油脂等）、燃料气和焦炭等物质，从而实现废塑料的能源化利用。

废塑料气化反应过程中不会产生二噁英、芳香族化合物与卤代烃类有毒物质，对环境影响比焚烧和热解要小得多。从气化过程中回收的所有产品（气体、金属、填充物等）都可以直接利用，无需进一步处理，明显优于热解过程。

9.5.1.1　废塑料气化剂气化的工艺过程

废塑料低温气化可降低塑料外表涂层中重金属的析出量，此外，650℃左右的温度适合流化床炉内石灰石脱氯反应的进行，有助于提高钙利用率和减轻高温腐蚀。德国、美国、日本等发达国家在加压鲁奇炉、高温温克勒和德士古等目前比较成熟的气化炉上进行了混合废塑料气化中试规模的研究，多集中在1000℃以上的高温区，气化介质为纯氧和蒸汽，产品中主要成分为CO和H_2。空气鼓风气化方式由于没有空分装置，大大降低了投资和运行费用，已广泛用于生产低热值燃料气的气化工艺中。

肖睿等研究了聚丙烯类废塑料流化床气化温度、石英砂堆积高度以及通入空气系数对气化产物的影响。结果表明，提高气化炉温度，产气率增加，焦油和焦炭产率下降；增加床层高度，气固非均相气化反应进行更加充分，甲烷和氢气含量略有增加，CO含量基本不变，焦油产率下降；增加空气量，塑料与空气燃烧反应更剧烈，CO_2产生量增加，温度升高，促进C_2H_m的分解和气化反应的进行，使得CO、CH_4生成量增加，C_2H_m含量下降，H_2含量基本不变。

汤翔宇等研究了气化比（即空气消耗系数）、温度和催化剂（40~60目铜渣）对塑料气化的影响。结果表明气化比、温度对催化气化产气品位有很明显的影响；在750~900℃温度内铜渣的存在对促进塑料气化的影响较为明显，CO_2、H_2、CO等的气体百分比都明显高于无铜的情况，900℃以上并无明显影响；随气化比的减小CO_2体积分数减小，CO、H_2、CH_4的产率大体上增大，C_2H_4、C_2H_6、C_2H_2的产率基本没有变化，在气化比为0.02~0.06时，各气体所占百分比基本不变，且可燃气含量高，CO_2含量最高。

关于废塑料的气化过程，产品合成气的主要成分是H_2、CO、CO_2、CH_4和C_2C_5气体。塑料气化合成气中的氢浓度（体积分数）过低（5%~10%），无法进一步利用。为了提高塑料废弃物产品合成气中的氢气含量，甲烷催化重整反应如甲烷分解、甲烷干重整、甲烷水蒸气重整、水煤气变换反应等正在被广泛研究。

9.5.1.2　废塑料气化剂气化反应器

气化反应器的设计在塑料气化技术中占有重要地位，固定床和流化床反应器已应用于废塑料气化过程。

杨芳等发明了一种固定床气化炉，可有效防止杂质堵塞管道及精密仪表，确保反应顺利进行。藤森俊郎设计了一种流化床装置，能够控制流化床燃烧炉内固体粒子的循环量而提高流化床气化炉中的气化效率。G. Lopez等人提出了一种适宜于塑料气化的反应器，该反应器具有传热速率高、避免操作问题、适宜的停留时间有利于焦油裂解、反应物与催化剂接触良好等优点。

为了进一步增加氢气的产率，C. Wu等设计了两级反应器进行塑料催化气化，塑料废弃物中的杂质不会直接与催化剂接触，从而延长了催化剂的使用寿命；研制的两级反应器制氢，包括热解和重整两段以提高氢浓度，可产生含氢量高的合成气。V. Wilk也进行了废塑料双流化床气化炉（DFB）试验，结果表明在流化床中，PE 裂解后主要产生 CO_2 和 C_2H_4，而随着 PP 或 PS 的增加，H_2 和 CO 的产生量上升，蒸汽量也随之上升，这是因为在聚合物间强相互作用下，更多蒸汽将转化为气体，导致焦油产量减少，可燃气产量增大。

Susana Martinez Lera 等研究了鼓泡流化床中废塑料残渣的实际转化情况，结果表明合成气热值超过 $5MJ/m^3$，其中甲烷、氢气以及一氧化碳作为主要的可燃气体。当量比增至 0.35 时，可取得最大转换效率，即冷煤气效率为 66%，碳转换率为 61%。

9.5.2　废橡胶气化剂气化与能源化利用

废轮胎是一种广泛存在的废弃橡胶。废轮胎气化剂气化是将废轮胎置于连续或间歇的气化反应器中，在气化剂的参与下，使橡胶组分在高温环境下裂解成炭黑和油气混合物，油气混合物在冷凝器或者分油器中冷凝成生物油，贮存在集油罐中，不可冷凝气体经冷却后回收气化气，固态产物经磁选分离后，钢丝可加工为粗钢，炭黑可进一步制备活性炭。

9.5.2.1　废轮胎气化的工艺过程

目前研究较多的废轮胎气化工艺主要有固定床气化、移动床气化。

（1）固定床气化反应器

固定床气化反应器是间歇式反应器，物料一次性放入反应器内，然后进行升温，达到设定的温度后，通入气化剂进行气化反应。由于其结构简单、操作稳定、便于控制、易实现大型化等优点而获得了广泛的应用，可以降低由连续进料系统带来的气化工况不稳定、进料复杂以及反应器床层污染的问题。

南京工业大学热科学与工程实验室设计了一种与生物质反烧式固定床气化炉结构相似的混合热解反应器，可以直接进行整胎气化，反应器中生物质与废轮胎间隔装料，生物质在反应器内气化带动轮胎的热解气化。主要由进气组件、灰箱、热解室、水夹套和炉盖组成，如图 9-28 所示，原料从气化炉顶部由给料装置加入炉膛，依靠自身的重力作用下移，与从气化炉底部进风口进入的气化剂形成逆流。原料在下降过程中依次经历了干燥、热解、还原和氧化阶段。气化炉内气化反应所需的热量由在氧化阶段中的碳与气化剂发生燃烧反应提供。此外，气化产物中的可燃气体（CO、H_2、CH_4）是在还原阶段产生的，这些气体与未反应的气化剂在上升过程中使原料热解，并且在气化炉顶部干燥新加入的原料。在炉膛内，原料与气体通行方向相反，因此气固两相的热交换效率非常高，适合处理水分较高的原料，并对原料尺寸要求不高；原料干燥所需的热量完全由炉膛内上升气流提供，降低了产生气体的温度，使气化炉的热效率有所提高，并且热解区和干燥区对燃气有一定的过滤作用。

固定床的优势在于可直接对整胎进行气化，缺点在于：反应产生的气体中氮气和二氧化碳等气体含量较高，气体热值低；生物油和气化炭产率不高；批量式进料造成启停花费大量时间，工

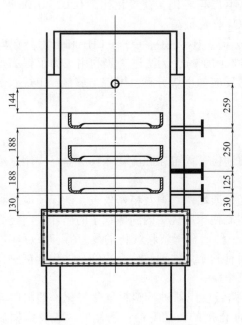

图 9-28　整胎直接气化式固定床气化炉示意图

作效率降低；由于启停阶段和中间阶段的气化工况不一致而导致气化产物的品质不均一。

（2）移动床气化反应器

移动床气化反应器因其结构简单、原料适应性强、物料混合均匀等特点被广泛应用到碳基原料的气化中。移动床气化工艺主要应用于固体颗粒与流体直接接触的场合。在移动床反应器中，固体颗粒缓慢移动并与气体或液体相接触，能实现固体颗粒的连续化运动，并且反应效率高。

图9-29为南京工业大学热科学与工程实验室研发的一种连续进料式移动床反应器，以管式炉为主体，采用螺旋进料方式，有利于物料在反应器内的传热、传质。反应器由 $\phi80\times7\times1500$ mm 耐热不锈钢管、加热控制系统、进料控制系统和气体净化收集系统组成。开展了胶粉和生物质共气化实验，结果表明温度是影响胶粉气化的重要因素，提高气化终温使得挥发分的二次裂解反应加强，大幅提高产气率，当气化温度从700℃升至1000℃时，胶粉的气体产率（质量分数）从37.3%提高至66.6%，液体产率从37.3%降低到11.2%。为解决胶粉与生物质共气化过程中产油率较高的问题，可采用较高的操作温度。

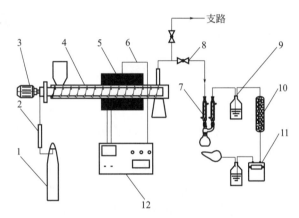

图 9-29 连续进料式移动床反应器

1—氮气瓶；2—流量计；3—调频电机；4—螺旋推进器；5—管式炉；6—热电偶；7—冷凝管；
8—球阀；9—水洗瓶；10—过滤罐；11—煤气表；12—采样袋

9.5.2.2 废轮胎气化过程的影响因素

废轮胎气化过程的工艺条件对气化过程、气化产物产率及产物特性均有极大影响。

（1）气化温度

气化温度对废轮胎气化反应的影响较为显著。气化温度的升高有利于橡胶组分发生裂解从而产生更多的低分子量组分。

南京工业大学热科学技术研究所宁雷等人采用管式炉反应器在 700~1000℃温度下研究了胶粉和生物质混合物的共气化特性，分析温度对共气化特性的影响，如图9-30所示，混合物气化气产率从700℃时的27.3%（质量分数）增加到1000℃时的51.6%，产油率随温度的增加从27.3%降低到10.2%，产炭率随温度变化不明显。说明高温可以促使固定炭和油类中的大分子热解，变为小分子气体。

（2）升温速率

升温速率一样对废轮胎气化行为以及产物特性有较大影响。有研究表明高升温速率可以

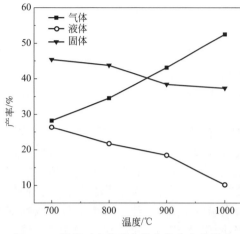

环境能源工程

图 9-30　温度对生物质气化产物产率的影响

增加气体产物的产率。气体产量的增加和液体产量的相应减少也归因于在较高的升温速率和较高的温度下发生的更强烈的热裂解。

（3）停留时间

停留时间也会影响废轮胎气化产物的产率与特性。研究表明，随着中间产物停留时间的增加，生物油和气化炭的产量下降，同时气化气的产量增加。这可能是由于停留时间的延长促进了废轮胎生物油二次热解产生更多的气体产物，给二次反应提供了更长的反应时间。

9.5.2.3　废轮胎与其他原料的共气化

较多学者开展了废轮胎与生物质或煤的共气化研究，一致认为废轮胎与生物质、煤之间存在协同效应，共气化生成的生物油比单独气化所得的生物油的沸点升高、芳香性增强。

大多数轮胎的共气化都是与生物质共同进行的，样品有杏仁壳、棕榈果和污泥。据报道，轮胎中炭的反应活性要低于生物质。Lahijani 等研究指出用生物质对轮胎进行共气化可以提高轮胎生物质的活性。实验中参与的生物质产品为杏仁壳和棕榈果，并以 1∶1 的比例混合轮胎和生物原料，杏仁壳和棕榈果的转化率分别提高了 5 倍和 10 倍。Song 和 Kim 在循环流化床反应器中完成了污水污泥和废轮胎的共气化实验。废轮胎废料气化产生的产品气热值为 $15MJ/m^3$，但在与湿污泥共气化时，产气热值降低到 $5MJ/m^3$ 以下。

南京工业大学宁雷等采用移动床气化炉开展了生物质与轮胎胶粉的共气化实验研究，在 900℃下研究了胶粉质量含量对气化过程的影响，结果表明，液体和固体产率随着胶粉质量含量的增加而增大，气化气产率随胶粉质量含量的增加减小，当胶粉质量含量由 0 增大至 50% 时，气化气的产率由 55.1% 降低至 25.5%，生物油产率从 21.1% 增加到 40.6%。曹青等考察了 500℃条件下、以 SBA-15、Mo/SBA-15 和 Co/SBA-15 为催化剂的废轮胎与生物质在管式固定床内，及在等离子条件下的共气化过程，结果表明：随着轮胎比例的增大，生物油的比重和黏度有所降低；当稻壳与轮胎比例为 75∶25 时，Co/SBA-15 催化共气化产物油中的氧含量最低而氢含量最高。刘岗研究了催化气化过程中生物质对共气化过程中二次反应的抑制作用，发现多孔材料分子筛孔径与所得油的品质间存在相互关系，并从微观角度揭示了废轮胎同生物质共气化的规律。

Brachi 等研究表明聚合废物和生物质的共气化导致甲醇生产成本降低。气化实验在中试规模流化床反应器中进行，所用的聚合废物材料是废轮胎和废饮料瓶中的聚对苯二甲酸乙二醇酯（PET），所使用的生物质材料是橄榄壳，原料混合物的比例为 80% 生物质和 20% 聚合物材料（聚酯或轮胎颗粒）。在焦油裂解过程中使用了镍和氧化铝催化剂，从而获得了更好的气体质量。

Straka 和 Bucko 使用鲁奇气化炉进行了废轮胎和褐煤的共气化实验，轮胎和褐煤混合比例为 2∶8。实验结果表明，混合共气化与单纯褐煤气化（12.45MJ/kg）相比，产品气的热值（12.05MJ/kg）提高了 3%，且最佳进料比轮胎/褐煤为 1∶9。相比于单褐煤气化，褐煤和轮胎的共气化过程中，H_2S 和 CH_3SH 的生成量下降。

9.5.2.4　废轮胎气化剂气化产物的特性

废轮胎气化剂气化产物的成分包括 CH_4、C_2H_4、C_3H_6、C_2H_6、CO、CO_2 和 H_2，各气体产物的浓度取决于工作温度。

Raman 等的研究结果表明，在 900K 时，CH_4 的浓度最高，其次是 H_2、C_2H_4、C_3H_6、CO_2、C_2H_6 和 CO。但是在 1060K 时，H_2 浓度最高，紧接着是 CH_4、CO_2、C_2H_4、CO、C_3H_6 和 C_2H_6。整个气化实验没有催化剂参与。

Portofino 使用四种催化剂在回转窑反应器中进行轮胎气化。其中两种催化剂是商用镍催化剂，另外两种是天然矿物，为白云石和橄榄石。在 823K 的较低温度下，CH_4 的浓度最高（40%），其次是 H_2（30%），C_2H_6+C_2H_n（14%），CO（11%）和 CO_2（5%）。在 1023K 时，H_2（56%）的浓度最高，其次是 CH_4（21%），CO（9%），CO_2（7%）和 C_2H_6+C_2H_n（7%）。

9.6　污泥气化剂气化与能源化利用

污泥气化是在一定的热力学条件下，借助气化剂的作用，使污泥中的有机质和纤维素等高聚物发生热解、氧化、还原、重整反应，热解的产物焦油进一步催化热裂化为小分子烃类，获得含 CO、H_2、CH_4 和 C_mH_n 等烷烃类的燃气。

污泥气化技术在近年来取得了一定的进展，主要体现在气化处理工艺系统占地面积小、减容效果明显、能源利用效率高，同时有害气体排放量低。与传统的焚烧方式相比，气化产生的可燃气体可以有多种用途，如输送到工厂现有的锅炉或窑炉中燃用，同时由于气化、燃烧过程可以利用余热干燥污泥中的水分，从而不必外加辅助燃料，降低运行费用。

9.6.1　污泥气化的工艺过程

污泥气化一般是经过"干燥→在气化装置中气化生成可燃性气体产物→气体燃烧"过程实现洁净处理、能量回收利用，其工艺流程如图 9-31 所示。该工艺涉及污泥的干燥、输送、气化、燃气的输送及燃烧等很多过程，其中：燃烧过程为气相燃烧，易于控制；干燥所需的热量可以来自气化可燃气体的燃烧，即源自污泥，达到能量自给。

污泥气化过程包含一系列化学变化过程，是含碳物质挥发释放的热分解过程，使原始污

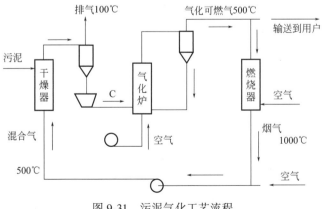

图 9-31　污泥气化工艺流程

泥分解出几种气体，气化产物主要是气体、炭黑和油，每种气体的产生量受气化温度的影响，气化温度升高，产生的气体质量增加，而炭黑和油的质量下降。图 9-32 所示为预干燥市政污泥的热解产物随温度变化的情况。

污泥气化的气体产物主要由 H_2、CO、CO_2 和 C_xH_y 组成，而每一种气体的量主要取决于污泥的种类和气化温度，图 9-33 所示为不同种类干燥污泥气化时的气体产物组成。对于绝大部分污泥来说，气体产物中 CO 的量最大，其次是 C_xH_y。表 9-6 为同一种污泥在不同温度气化时各气体产物组成的百分比，随着气化温度升高，气化产生的 CO 量增加而 CO_2 和 C_xH_y 的量减少。

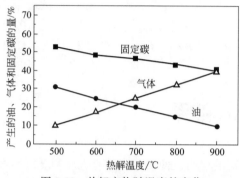

图 9-32 热解产物随温度的变化

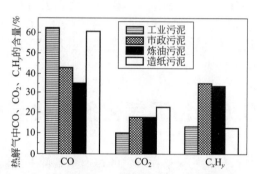

图 9-33 不同种类干燥污泥气化时气体产物的组成

表 9-6　同一种污泥在不同温度气化时各气体产物组成的百分比

温度/℃	620	670	760	830
H_2/%	2.5	2.59	3.2	4.62
CO_2/%	24.4	18.32	15.39	7.25
CO/%	28.63	34.62	43.32	66.17
C_xH_y/%	33.54	36.04	31.12	16.45

污泥中的碳有两种存在形式，即挥发分碳和固定碳，污泥中的碳在气化时绝大部分随着挥发分挥发出去，如图 9-34，在气化温度较低时，污泥中 40%~60% 的碳随挥发分释放出去，如果温度升高到 700℃，70%~80% 的碳随挥发分释放出去，如果再升高温度，则污泥

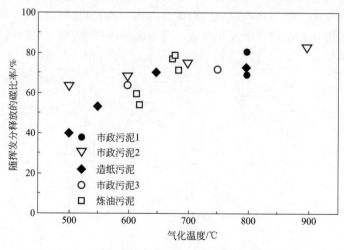

图 9-34 气化温度对随挥发分释放的碳比率的影响

中碳随挥发分释放的比例几乎不再改变。挥发分碳和固定碳的这种分配比例是所有污泥的共性，与污泥的种类、水分含量、气化起始温度无关，在燃烧温度时，绝大部分碳是挥发分碳。

Midilli 等和 Dogru 等认为污泥气化是一种很好的污泥资源化处置方法，可以用来生产低品质燃气。在 1000~1100℃ 条件下，污泥的气化产物中含有 H_2、CO、CH_4、C_2H_2 和 C_2H_6 等可燃成分，其中 H_2、CO 和 CH_4 的含量最大，分别占总气体量的 10.48%、8.66% 和 1.58%，可燃成分占全部气体产物的 19%~23%，其他为 N_2 和 CO_2。气体的热值（标态）在 2.55~3.2MJ/m^3 之间，这些可燃成分可以用来补偿气化过程中所需的能量。在污泥气化过程中，绝大部分的重金属被稳定到固体半焦中，只有 Hg 会伴随气体和颗粒物而散发出去，可通过气体过滤装置减少 Hg 对大气的污染。

虽然在气化过程中会控制条件朝着有利于气体生成的方向进行，但是不可避免地会生成少量的焦油，焦油的产生会造成能量损失、环境污染，并会堵塞管道和腐蚀设备等，如何减少气化过程中的焦油产生量是实现工业化应用亟待解决的问题。另外，污泥气化处理的成本较高，对于年处理 800~1000t 污泥的气化厂，每吨污泥的处理成本达到 350~450 欧元，如此高的处置成本，很难被发展中国家所接受。

与农林废弃物的气化过程一样，污泥气化也可依所用气化剂的不同而分为空气气化、氧气气化、水蒸气气化、二氧化碳气化、空气-水蒸气气化、氧气-水蒸气气化、氢气气化和空气-氢气气化等，其中应用较多的是空气气化、氧气气化和水蒸气气化。

9.6.2　污泥气化过程的影响因素

影响污泥气化的主要因素包括气化温度、催化剂、气化剂（气化介质）、污泥种类、停留时间等，其中有些因素起主要作用，有些因素只起次要作用。

（1）气化温度

温度是影响气化结果的重要参数之一。随着温度的提高，一次反应在得到加强的同时，二次反应的作用也被进一步提升，即其中的大分子烃类在高温下发生二次裂解，生成更多小分子气体，同时大部分蒸气重组反应都是吸热的，这可以解释为较高的温度有利于热裂解和蒸汽重整反应，更有利于产气量的增加和 H_2 的生成。

Kang 等研究表明，当温度达到 800℃ 时，H_2、CH_4、C_2H_6 和 CO 的含量增加，原因是温度升高促进了水煤气反应［式(9-4)］和水煤气变换反应［式(9-6)］的进行，使产气中 H_2 的含量显著增加，同时 CO 的含量提升。由于此过程中发生了一系列化学反应，产气中 CH_4、C_2H_6 的含量也有一定的提升。张艳丽等也得到了相同的结论，当温度超过 850℃ 时，H_2 产率大幅度增加。

Kang 等研究表明，当量比 ER 从 0.1 升至 0.2 时，H_2、CH_4 和 C_2H_6 含量升高，CO 和 CO_2 含量下降，但随着 ER 的持续升高，即从 0.2 升至 0.3，得到与前期相反的趋势。王伟等研究也发现，可燃气含量及污泥碳转化率都与 ER 相关，且在 ER 为 0.3~0.4 时达到最高值。因为相对于 H_2 产率，ER 存在一个最大值，在污泥气化过程中，ER 太小会使温度过低，反应不完全，ER 太大则生成的可燃气体会被氧化消耗，也不利于气体品质的提高。

（2）催化剂

污泥自身含有一定量的重金属，在气化过程中可以起到一定的催化作用，在一定程度上提高产物的产率和质量，并对气化过程的工艺条件也有一定的影响。一般而言，包括污泥在内的生物质催化气化制氢的催化剂主要有天然矿石、镍基催化剂、碱金属及复合催化剂，它

们对焦油裂解都有显著的催化效果。调控产物的分配，开发使用寿命长、机械强度高、活性好的催化剂是今后的发展方向。

De Andres 等研究了流化床中在空气和空气-水蒸气气氛下催化剂对污泥气化过程的影响，催化剂的使用对降低焦炭产率有很大的影响，白云石、Al_2O_3、橄榄石 3 种催化剂相比，白云石的效果最佳，橄榄石的效果欠佳，白云石和 Al_2O_3 催化剂能在增加 H_2 和 CO 产量的同时降低 CH_4、CO_2 及 C_mH_n 的产量。Hong 等研究了固定床中催化剂在污泥气化中减少结焦的作用，使用白云石、钢粉和氯化钙 3 种催化剂，反应温度升到 800℃ 时，气体产物和液体产物量增加，焦炭量下降，污泥中有机组分的 C—H 键发生断裂，生成相应的 H_2 和烯烃；随温度升高，3 种催化剂作用下的焦炭产率均有下降，氯化钙对 H_2 和 CH_4 的选择性较高，对 CO_2 的选择性较低。Chiang 等采用新型的 2 段气化装置，分别填充了分子筛、白云石和活性炭，试验结果表明，气化净化装置的加入可以大幅度降低焦油的产率，尤其对焦油中环状的烃类有大幅度的减少效果，气体产率增加，能量转化率也有所提高。

(3) 气化介质

富氧气化比空气气化有更好的效果和操作性能，但富氧气化增加了运行费用，相比而言，空气气化较为常见。又由于水蒸气的参与能大幅度增加可燃气体的质量，水蒸气-空气作气化剂是不错的选择，也广受研究者关注。

Werle 和 Dominguez 等研究证实了湿污泥气化的可行性，由于水蒸气、有机挥发物和气体三者之间的完全反应，有利于提高富氢气体产率的条件是较快的升温速率、逐渐升高的温度和较低的气氛流率。Willams 发现，在 1000K 下，水蒸气的加入极大地影响着 H_2 的产率，这是因为在高温时水蒸气的加入有利于水煤气反应 [式(9-4)] 和水煤气变换反应 [式(9-6)] 的发生；温度和水蒸气的相互作用可以得到高产率的 H_2、CH_4 和 $C_2 \sim C_4$ 气体，去除生成的 CO_2 也能增加富氢气体的得率。Xie 等也得到了相同的结论，温度升高时，污泥中的水分气化，形成水蒸气氛围，促进了富氢气体的生成，随污泥中水分含量提升，厌氧消化污泥和未消化污泥气化生成 H_2 和 CO_2 的趋势差别越来越明显，但 CO 的生成趋势趋于一致。Mun 等探讨了操作变量对污泥气化产气特性的影响，发现污泥含水率直接影响着产气品质，尤其是 H_2 的产率；污泥含水率为 30% 时，可获得最大的氢气产率（32.1%），表明污泥气化过程是一种稳定产气，并可获得高氢气含量、低焦炭的污泥处理方式。

(4) 其他因素

污水处理工艺对污泥气化过程也有一定的影响。李涛等研究了 3 种不同性质污泥的气化特性，发现：连续 SBR 工艺的未消化污泥气化气中 CO、CO_2 的含量最高，H_2、CH_4 和 C_mH_n 的含量最低；A^2/O 工艺的未消化污泥气化气中 CO、CO_2 的含量最低，CH_4 的含量最高；活性污泥法的未消化污泥气化气中 H_2 和 C_mH_n 的含量最高。3 种污水处理工艺污泥的气化气热值依次升高。

气化技术除了可以应用于单一污泥原料的处理外，也可用于污泥与其他生物质的共气化过程。Peng 等研究表明：含水率为 80% 的湿污泥与林业废弃物共气化的失重速率随林业废弃物含量的增加而增加，并且湿污泥蒸发的水蒸气与气化的残渣发生反应；污泥含量减少有利于气体的生成，在湿污泥质量分数达到 50% 时，H_2 和 CO 有最大的产量。焦李和 Seggiani 等也得到类似的结论，并发现得到的燃气中 PAHs 和呋喃等有害物质含量有所降低。

9.6.3 污泥气化炉

气化炉是污泥气化产生可燃气体的主要设备，设计高效廉价、操作简单的气化炉，是实现污泥气化技术规模化应用的最主要前提。根据物料的运动特性，目前采用的污泥气化炉主要分为固定床气化炉、流化床气化炉和气流床气化炉。

（1）固定床气化炉

固定床气化炉具有一个容纳原料的炉膛和承托反应料层的炉栅。根据固定床气化炉内气流运动的方向和组合，固定床气化炉又分为上吸式气化炉、下吸式气化炉、横吸式气化炉及开心式气化炉，应用最多的是下吸式气化炉和上吸式气化炉，如图 9-35 所示。

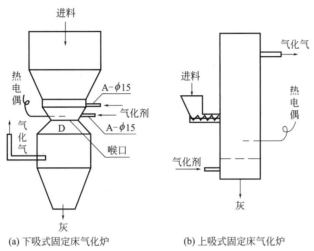

(a) 下吸式固定床气化炉　　　(b) 上吸式固定床气化炉

图 9-35　固定床气化炉

下吸式固定床气化炉的特点是在床的底部设有一个收缩喉口区，污泥自炉顶投入炉内，气化剂由进料口和进风口进入炉内，污泥和气体同向通过高温喉口区向下流动，污泥在喉口区发生气化反应，气化产生气体、液体与固体产物，大多数气化气体的主要成分为 H_2、CO_2、CO、CH_4 和少量的烃类（如乙烷），液体产物一般含有乙醇、乙酸、水或焦油等，固体残余物含有炭（如木炭）及灰分等，产生的焦油通过喉口高温区在炭床上部分裂解。

下吸式气化炉的特点是：结构简单，工作稳定性好，可随时进料，气体下移过程中所含的焦油大部分被裂解，但出炉燃气的灰分较高（需除尘），燃气温度较高。整体而言，该炉型可以对大块原料不经预处理而直接使用，焦油含量少，构造简单。

对于上吸式气化炉，气化剂流动方向与污泥移动方向相反，污泥自炉顶投入炉内，气化剂由炉底进入炉内参与气化反应，反应产生的燃气自下而上流动，由燃气出口排出。沿炉的高度方向从上往下依次分布着干燥层、热解层、还原层和氧化层，在气化过程中，燃气在经过热解层和干燥层时，可以有效地进行热量传递，既用于污泥的热解和干燥，又降低了自身的温度，大大提高了整体热效率。同时，热解层、干燥层对燃气具有一定的过滤作用，使其出口灰分降低，但是其构造使得进料不方便，小炉型需间歇进料，大炉型需安装专用的加料装置。整体而言，该炉型结构简单，适用于不同形状尺寸的原料，但生成气中焦油含量高，容易造成输气系统堵塞，使输气管道、阀门等工作不正常，加速其老化，因此需要复杂的燃气净化处理，给燃气的利用（如供气、发电）设备带来问题，大规模的应用比较困难。

一般而言，固定床气化炉结构简单，运行温度约为 1000℃，但所产可燃气的热值较低（约 $4\sim6MJ/m^3$），其组分一般为：N_2（40%~50%）、H_2（15%~20%）、CO（10%~15%）、CO_2（10%~15%）、CH_4（3%~5%）。

（2）流化床气化炉

流化床污泥气化系统主要包括气体发生器及气化净化装置两大部分，如图9-36。与上吸式及下吸式固定床气化炉不同，流化床气化炉没有炉算，鼓入气化炉的适量气化剂经布风板均匀分布后将床料流化，粒度适宜的污泥由供料装置送入气化炉，并与高温床料迅速混合，在布风板以上的一定空间内激烈翻滚，在常压条件下迅速完成干燥、热解、燃烧及气化反应过程，从而生产出需要的燃气。

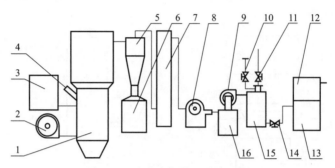

图9-36　流化床气化工艺流程图

1—气化器；2—鼓风机；3—料仓；4—减压机；5—除尘器；6—灰仓；7—冷却塔；8—1#风机；9—2#风机；
10—火焰监视器阀门；11—排空阀；12—水封；13—过滤器；14—供气阀；15—Ⅱ号除焦器；16—Ⅰ号除焦器

流化床气化炉具有气、固接触混合均匀和转换效率高的优点，是唯一在恒温床上进行反应的气化炉。根据污泥的特性，流化床气化炉的运行温度一般为800～1000℃，污泥进入流化床气化炉后，首先干燥，然后开始反应。这时，污泥中的有机物转化为气体、焦炭及焦油。部分焦炭落入循环流化床的底部，被氧化形成 CO、CO_2，释放出热量。此后，以上得到的产物向流化床上部流动，发生二次反应，可分为异相反应（即焦炭参与其中的气-固反应）和均相反应（即所有反应物均为气体的气-气反应）。反应生成的可燃气携带部分细尘进入旋风分离器，大部分固体颗粒在旋风筒内被分离，然后返回流化床底部。由于床料热容大，即使水分含量较高的污泥也可直接气化。因其气化强度高，且供入的污泥量及气化剂量可严格控制，所以流化床气化炉非常适合于大型污泥处理系统。

流化床气化炉包括鼓泡流化床、循环流化床及双流化床等炉型，比较常见的是前两种。

鼓泡流化床气化炉是最简单的流化床气化炉，气化剂由布风板下部吹入炉内，污泥在布风板上部被直接输送进入床层，与高温床料混合接触，发生气化反应，密相区以燃烧反应为主，稀相区以还原反应为主，生成的高温燃气由上部排出。鼓泡流化床气化炉的气流速度较慢，比较适合颗粒较大的原料，生成气中的焦油含量较少，成分稳定，但飞灰和炭颗粒夹带严重，运行费用较大。

循环流化床气化炉相对于鼓泡流化床气化炉而言，流化速度较高，生成气中含有大量的固体颗粒，在燃气出口处设有旋风分离器或布袋分离器，未反应完的炭粒被旋风分离器分离下来，经返料器送入炉内，进行循环反应，提高了碳的转化率和热效率。其特点是：运行的流化速度高，约为颗粒终端速度的3～4倍，气化空气量仅为燃烧空气量的20%～30%；为保持流化高速，床层直径一般较小，适用于多种原料，生成气的焦油含量低，单位产气率高，单位容积的生产能力大。

（3）气流床气化炉

气流床气化工艺过程为：污泥与气化剂经喷嘴喷入气化炉的燃烧区，由于该处温度高达

1500～2000℃，因此污泥中的残余水分快速蒸发，同时由于热解反应速率大大高于污泥的燃烧速率，所以细小的颗粒开始发生快速热解，即脱挥发分，生成半焦和气体产物，挥发分中的活性可燃成分如 CO、H_2、CH_4 及焦油与 O_2 发生气相燃烧反应，生成 CO_2 和 H_2O，并放出热量供污泥继续热解及气化反应的进行。由于气相燃烧反应速率很快，因此一般认为在有氧气存在的情况下，上述气相燃烧反应能达到完全，亦即在氧气存在时，气相中不含 CO、H_2、CH_4 和焦油。污泥中的挥发分析出后，发生半焦燃烧及气化反应，与水蒸气及 CO_2 反应，如此时仍有氧气存在，则在气相中仍发生 CO 和 H_2 燃烧反应。气化炉中的氧气反应完后，半焦与水蒸气、CO_2 和 H_2 等继续发生气化反应，同时气相中还有变换反应和甲烷裂解反应等。对气流床气化，一般将变换反应和甲烷化反应视为平衡反应。

固定床气化炉、流化床气化炉和气流床气化炉三种气化炉各有其优缺点。固定床技术由于主气化层建立在灰熔融的高温区附近，燃料在炉内停留时间长，气化剂在炉内的气流速度低，吹风蓄热，加上采用上、下轮吹制气，使得炉内热利用率高，初净化容易，排灰和排气温度较低，炉内热损失少，因此具有省氧、省蒸汽、省投资且气化效率高的优势，提高碳转化和提高整体热效率以及降低运行费用的关键在于优化操作工艺。流化床气化炉技术由于备料简单，炉温较低、均匀，使工艺简化、方便，设备制造不复杂，且投资不太大，具有规模适中、操作很容易掌握等优势。气流床气化技术由于燃料适应性强，炉子操作温度高，热效率高，合成气中有效组分高，蒸汽和氧的耗量相对流化床均较低，具有运行可靠性高、自动化程度高、环保性能良好等优势。

9.6.4　污泥气化过程的污染物控制

污泥气化过程的污染物控制主要涉及含 N 化合物和重金属等，掌握这些物质在污泥气化过程中的形成分布规律及影响因素，从而减少或避免造成的二次污染，这对于保证污泥的无害化处理具有重要的理论和现实意义。

Paterson 等研究了污泥气化时 HCN 和 NH_3 的释放特性，结果显示：HCN 浓度随气化温度的升高而增加，表明 HCN 是含氮化合物分解的初级产物，含量随气化时间的延长而降低，这是由于 HCN 分解成了 NH_3；气化剂中水蒸气的存在可以促进 HCN 的生成；NH_3 浓度随气化温度的升高而不断下降，系由 NH_3 分解为 N_2 和 H_2 所致。王宗华等对污泥热解和气化过程中 NO_x 前驱物的释放特性进行了对比分析发现，与热解条件相比，气化条件下 NO 开始快速生成的温度较高，NH_3 的温度则基本相同，而 HCN 生成完成时的温度则较低。李爱民等研究认为，污泥经气化-焚烧两段处理后烟气中 NO_x 和 SO_2 的最高排放浓度均远低于国家规定的排放标准。Maria Azner 等也对污泥热解气化时氮化物的形成过程进行了研究，发现大部分氮元素形成了气态产物，且主要以氮气形式存在，随着气化温度的升高，NH_3 和含氮焦油的产量降低而氮气含量增加。J. Ferrasse 等还对污泥水蒸气气化时氮化物的行为特征建立了模型，用于预测 NH_3 的排放。Qiang Zhang 等对污泥和煤共气化时磷的行为进行了研究，结果表明：磷的挥发程度随气化温度的升高而增大，且挥发过程主要发生在热解阶段，当热解温度低于 1100℃ 时，主要是有机磷化物的挥发，即使温度高达 1200℃，无机磷仍未明显挥发；经过气化后，大部分的磷以玻璃化形态存在于灰渣中。

Reed 等研究了污泥气化时痕量元素的分布规律，表明固体残渣不含汞，钴、铜、锰和钒既未在床体残渣中损耗，也未富集带入气体净化设备中的细料中，床体残渣中钡、铅和锌的损耗因污泥类型的不同而异，当气化温度大于 900℃ 时，铅在细料中的富集似乎会增加。Marrero 等的研究结果表明，镉、锶、铯全部滞留在焦炭中，少量的砷发生了迁移，其在烟气中的检测量稍微高于 1%。

当然，由于污泥灰分含量相对较高，气化最终会产生大量灰渣，因而需进一步挖掘污泥气化残渣的利用价值，减少处理成本。

9.6.5 污泥气化产物的特性

污泥气化的主要目的之一是获得热值更高、产率更大的可燃气体，因此国内外学者对污泥气化气的析出特性和组成进行了大量研究。

Manya 等采用鼓泡流化床研究了床层高度和空气当量比对污泥气化的影响，结果发现：H_2、CO、CH_4、C_2H_4 和 C_2H_6 的浓度均随床层高度的增加而增大，随空气当量比的增加而减小，而 N_2 的浓度随床层高度和空气当量比的变化规律则正好相反；空气当量比对产气成分的影响要大于床层高度，产气量和产气中碳回收率随空气当量比和床层高度的增加而增加。Petersen 等考察了空气当量比、气化温度、给料高度和流化速度对污泥在循环流化床中气化特性的影响，研究认为：影响产气的主要因素是空气当量比，其最佳值为 0.3，尽管气化温度越高气体热值越大，但温度过高可能使灰分发生熔融、团聚和烧结；给料高度越低，颗粒混合越均匀，同时气体流速越大，对气化气产量和品质的提高越有利。

Xie 等利用外热式下吸固定床气化实验装置研究了污泥水分含量对 3 种不同性质污泥空气气化特性的影响，结果表明：气化气中 CO、CH_4 和 H_2 含量、气化气热值以及水相生成量均随着污泥水分含量的增加而增加，而 CO 含量和焦油生成量则呈下降趋势；污泥厌氧消化降低了 CO、CH_4、H_2、C_mH_n 含量以及气化气品质，而污水处理工艺中的厌氧过程可改善气化气品质；随污泥水分含量的增加，两种不同性质消化污泥气化气中 CO、CO_2 和 H_2 含量的差距逐渐变大，而消化与未消化污泥气化气中 CO 含量的差距则趋于接近。他们还指出，升高气化温度可有效提高气化气中可燃组分的含量，减小空气流量有利于气化气品质的提高；污泥厌氧消化使气化气品质降低，不同污水处理工艺亦会对污泥气化气品质和热值产生影响。

Nimit Nipattummakul 等认为污泥的水蒸气气化可以提高氢气含量，考察了不同水碳比对污泥水蒸气气化时合成气产率及组成、氢气产率、能量利用率和表观热效率的影响，结果表明：污泥气化时的表观热效率与工业冷煤气效率相当，最优水碳比为 5.62，与热解相比，气化对污泥的能量利用率可提高 25%；气化温度越高，氢气产量越大，水蒸气氛围下的氢气产率是空气氛围下的 3 倍，对比纸张、餐厨垃圾和塑料，污泥气化持续时间更长，且其产氢量高于纸张和餐厨垃圾。M. A. Juan 等发现水蒸气和催化剂的加入可显著提升 H_2 的产量，同时催化剂的存在可提高燃气的产量和热值；氧化铝和白云石可以增加 H_2 和 CO 的含量，降低 CO_2 和烃类气体的含量。

M. Seggiani 等的研究结果表明，当污泥与传统的木质生物质进行共气化时，由于污泥灰分含量高且灰融温度较低，污泥含量过高时共气化反应变得不稳定，同时随着污泥含量的升高，气化气的产率、低位热值和冷煤气效率均有所降低。Woei Saw 等对木材与污泥的共气化进行了研究，发现随着污泥含量的增加，H_2 与 CO 的比值由 0.6 增至 0.9，而合成气产量和冷煤气效率却各自急剧降低了 53% 和 43%，污泥单独气化时，用 H_2O 作为气化剂的 CO 和 H_2 产量比其他气化剂高 40%。

污泥的气化过程经历污泥热解和污泥热解产物气化两个阶段，因此亦有学者对污泥热解半焦的气化特性进行了研究。Susanna Nilsson 等的研究表明污泥热解半焦在氧气氛围下的气化反应性约是 CO_2 氛围下的 3 倍。张艳丽等对污泥热解半焦的水蒸气气化进行了实验研究，指出：随着气化温度的升高，气体产率和燃气中 H_2 含量均有所增加；最佳固相停留时间和水蒸气流量分别为 15min、1.19g/min；添加催化剂可提高 H_2 的产量。Lech 等利用天平对污泥热解半焦在氧气、水蒸气和二氧化碳氛围下的气化特性进行对比分析表明：最有效的气化剂是含有 O_2 的气态混合物，其反应温度在 $400\sim500℃$，而 CO_2 和 H_2O 条件下完成碳转化的温度更高，为 $700\sim900℃$；采用容积模型和收缩核模型描述了半焦碳转化率对气化反应速率的影响，发现收缩核模型能够有效预测 CO_2 和 O_2 氛围下半焦的气化速率，而容积模型最适合于半焦的水蒸气气化；由实验数据估算的动力学参数与文献中木质半焦气化反应相一致。

9.6.6 污泥气化技术的应用

焚烧技术、热解技术和气化技术是基于污泥自身储存能量再利用、实现污泥减量化和资源化的 3 种热化学处理技术，具有良好的发展前景。其不同之处在于总能量消耗量，以及固、液、气 3 种产物的产率。表 9-7 为污泥焚烧、热解和气化技术的主要参数对比。

表 9-7 污泥焚烧、热解和气化技术主要参数对比

热化学技术	资源化程度	处置温度	环境指标	处置规模	经济性	产物性能指标
焚烧技术	CO_2、灰渣、热量	高温	容易产生二次污染	占地面积少，减量化显著	一次性投资大，需国家补贴	回收热用来生产蒸汽和电能
热解技术	焦油、焦炭、气体	$600\sim900℃$以上	重金属固化，减少二次污染	灵活度高，大小型均可	550℃理论上可达到能量平衡，有一定的经济效益	处理 1t 污泥可得到 $200\sim250m^3$ 燃气
气化技术	可燃气、建筑材料	1000℃以上	接近零排放	大型化	全封闭式，有良好的经济效益	处理 1t 污泥可得到 $3000\sim3500m^3$ 燃气

虽然污泥气化技术需要能量的再投入，但综合而言是比较有前景的技术之一。Chun 等采用热解、气化技术处理污泥，试验在固定床中进行，对比了污泥处理后气体、焦油、焦炭的产率。通过水蒸气气化技术处理污泥可得到最大产气量，其原因是经过水蒸气重整后，H_2 和 CO 的含量较高。然而，目前污泥气化工业化的项目和企业仍然较少，相关数据的缺乏限制了该技术的推广。

污泥气化技术还处于试验阶段，在实际应用方面也有一些成果。德国巴林根斯瓦比亚城市污水处理厂从 2005 年开始研究污泥气化技术并取得成功，可将污泥气化产生的可燃气体用于发电，提供自身运行所需的能量，处理后的剩余泥渣也可以用于建筑产业或筑路。日本已成功开发出一套系统，将污泥在流化床中气化，得到的合成气用于发电，从而大幅度减少了温室气体的排放。15t/d 的装置试验厂已在 2005 年建成，并成功运转，此技术的推广将减少 50% 以上温室气体排放，并节约 19% 的能源投入。德国于 2010 年在曼海姆建立了 3 条生产线，总计可以处理 10000t/d 污泥。污泥经预处理后进入气化炉，再将产生的可燃气经过气体净化器和燃气发电机，最后可输出电力。污泥气化的基本流程见图 9-37。

南京工业大学开发了高湿基污泥与林业废弃物共气化技术并成功进行了中试实验。

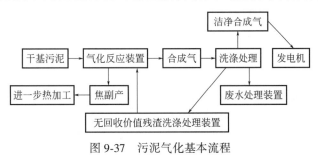

图 9-37 污泥气化基本流程

200kg/h 的污泥与林业废弃物（如锯末、木屑粉）的混合物进入气化装置，经间接换热后达到气化温度，气化气可直接用于燃烧或经净化后发电。在气化过程中，由高湿基污泥产生的水蒸气与碳基发生反应，增大了可燃气的产量，提高了可燃气的品质。

气化反应的核心设备分为固定床气化炉和流化床气化炉，二者的适用范围不同。固定床气化炉主要应用于锅炉供热，运行模式灵活，操作方便，适用于小规模生产；流化床气化炉主要用于发电供电，设备复杂，适用于大型化、工业化生产。但它们都存在一定的技术问题，如产生的燃气中焦油和灰尘含量较高，易对后面的管道和设备造成不利影响。目前对焦油的处理技术还不成熟，一般采用催化裂解的方法，是今后亟待解决的问题，同时各种新工艺、新设备的研究也将进一步推进污泥气化技术的发展。

9.7 有机废弃物气化技术在能源领域的应用

有机废弃物气化技术的发展和应用与人们对电、气、热等不同能源需求的变化、能源总体效率提升的要求、产品多样化和经济附加值的提高等因素密切相关。而有机废弃物气化及其应用技术本身也在上述推动力的作用下不断发展，已在集中供气、发电、供热、化石燃料替代、化工合成等多个领域获得应用。

9.7.1 有机废弃物气化集中供气

在 20 世纪 90 年代，我国广大农村地区的居民出于提升生活品质的要求，逐渐告别了原始的直接燃烧农林废弃物作为炊事燃料的生活方式，天然气、液化石油气等优质燃料逐渐进入农村家庭。但是上述优质燃料在农村地区供应短缺，价格高昂，不能满足农村居民的需要，同时我国农村地区有大量的农林废弃物被随意丢弃和焚烧，造成巨大的资源浪费和环境污染。山东省科学院能源研究所研究开发了秸秆类低品质农林废弃物气化炉，并在此基础上开发了低热值燃气输配系统和炊事燃具，形成了秸秆气化集中供气技术，在全国建立了数百个秸秆气化集中供气工程。

图 9-38 为有机废弃物气化集中供气系统示意图。该系统以自然村为单元，包括气化系统、燃气净化系统和燃气输配系统。气化装置主要采用下吸式气化炉，以玉米秸秆、麦秸秆等农作物秸秆为原料，气化效率一般在 72%~75%，燃气热值在 4~5MJ/m³ 之间。气化装置产出的燃气经旋风分离器、冷却洗涤器、过滤器后，得到冷却净化，由罗茨风机（经水封器）输送至储气柜。储气柜容积依据用气户数的多少和气化装置的产气量设计。储气柜压力的大小按保证距气化站最远用户灶前压力设计。储气柜中的燃气依靠气柜压力经阻火器沿低压输气管网输送到用户，户内系统主要包括煤气表和专用的低热值燃气灶。

农林废弃物集中供气系统已在我国许多省份得到了推广使用，在农民居住比较集中的村庄，建造一个气化站就可以解决整个村庄居民的炊事用气体燃料。但农林废弃物气化集中供气系统也存在诸多问题，限制了其发展：a. 燃气焦油含量高，净化

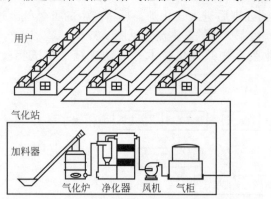

图 9-38 有机废弃物气化集中供气系统

困难，采用多级过滤和水洗净化需要妥善处理含有焦油的废水，否则易造成二次污染；b. 单一炊事用气，气化系统间断运行，开车率低，经济效益差；c. 频繁的开停车还导致了系统焦油和粉尘易于黏附在设备和管道上，造成系统故障率高、劳动强度大、维护管理困难，上述问题影响了农林废弃物气化集中供气技术的应用。因此，近年来农村区域的农林废弃物集中供气正逐步朝着气热电联供方向发展，在满足居民炊事燃气需求的同时，多余的燃气可用于发电，同时副产热水为附近居民提供生活热水和采暖，构成了典型的小型分布式能源供应系统，在保证系统连续运行的情况下提高了经济性。

9.7.2　有机废弃物气化发电

有机废弃物气化发电的工艺流程如图 9-39 所示，有机废弃物原料在气化装置中转化为可燃气体，经除尘净化冷却系统除去燃气中的灰分、焦油等杂质后，送入燃气发电装置进行发电，产生的电力可以并入电网，也可直接供给附近的用电设施。它既能解决有机废弃物难以处理而又分布分散的缺点，又可以充分发挥燃气发电技术设备紧凑而污染少的优点，所以是有机废弃物最有效最洁净的利用方法之一。

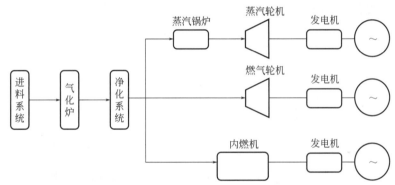

图 9-39　有机废弃物气化发电工艺流程示意

（1）有机废弃物气化发电过程

气化发电过程包括三个方面：一是有机废弃物气化，把固体有机废弃物转化为气体燃料；二是气体净化，气化出来的燃气都带有一定的杂质，包括灰分、焦炭和焦油等，需经过净化系统把杂质除去，以保证燃气发电设备的正常运行；三是燃气发电，利用燃气轮机或燃气内燃机进行发电，有的工艺为了提高发电效率，发电过程可以增加余热锅炉和蒸汽轮机。

有机废弃物气化发电技术是生物质能利用中有别于其他可再生能源的独特方式，具有三个方面的特点：一是技术有充分的灵活性，由于有机废弃物气化发电可以采用内燃机，也可以采用燃气轮机，或者结合余热锅炉和蒸汽发电系统，所以可根据发电规模的大小选用合适的发电设备，保证在任何规模下都有合理的发电效率，能较好地满足有机废弃物分散利用的特点；二是具有较好的环保性，生物质本身属可再生能源，可有效减少 CO_2、SO_2 等有害气体的排放，而且气化过程一般温度较低（70~90℃），NO_x 的生成量很少，所以能有效控制 NO_x 的排放；三是经济性好，有机废弃物气化发电技术的灵活性可以保证该技术在小规模下具有良好的经济性，同时燃气发电没有高压过程，设备简单紧凑，使有机废弃物气化发电技术比其他可再生能源发电技术投资更小。所以总的来说，有机废弃物气化发电技术是可再生能源技术中最经济的发电技术之一，综合发电成本已接近小型常规能源的发电水平。

（2）有机废弃物气化发电系统的分类

有机废弃物气化发电系统由于采用的气化技术和燃气发电技术以及发电规模的不同，其系统构成和工艺过程有很大的差别。

1）根据发电规模分类

从发电规模上分，有机废弃物气化发电系统可分为小型、中型、大型三种。小型气化发电系统简单灵活，主要功能为农村照明或作为中小企业的自备发电机组，所需的有机废弃物数量较少，种类单一，所以可根据不同有机废弃物形状选用合适的气化设备，一般发电功率＜200kW。中型气化发电系统主要作为大中型企业的自备电站或小型上网电站，它可以适用于一种或多种不同的有机废弃物，所需的数量较多，需要粉碎、烘干等预处理，所采用的气化方式主要以流化床气化为主。中型气化发电系统用途广泛，是当前气化发电技术的主要方式，功率规模一般在500～3000kW之间。大型气化发电系统主要是作为上网电站，它适用的有机废弃物较为广泛，所需的生物质数量巨大，必须配套专门的供应中心和预处理中心，是今后有机废弃物利用的主要方式。大型气化发电系统的功率一般在5000kW以上，虽然与常规能源相比仍显得非常小，但在发展成熟后，将是替代常规能源电力的主要方式之一。各种气化发电技术的特点见表9-8。

表9-8　各种气化发电技术的特点

规模	气化过程	发电过程	主要用途
小型系统 （功率＜200kW）	固定床气化、流化床气化	内燃机组、微型 燃气轮机	农村用电、中小企业用电
中型系统 （500kW＜功率＜3000kW）	常压流化床气化	内燃机	大中型企业自备电站、 小型上网电站
大型系统 （功率＞5000kW）	常压流化床气化、高压流化 床气化、双流化床气化	内燃机+蒸汽轮机 燃气轮机+蒸汽轮机	上网电站、独立能源系统

2）根据气化形式分类

从气化形式上看，有机废弃物气化过程可以分成固定床和流化床两大类。固定床气化包括上吸式气化、下吸式气化和开心式气化三种，现在这三种形式的气化发电系统都有代表性的产品。流化床气化包括鼓泡流化床气化、循环流化床气化及双流化床气化三种，这三种气化发电工艺目前都有研究，其中研究和应用最多的是循环流化床气化发电系统。为了实现更大规模的气化发电方式，提高气化发电效率，国外正在积极开发高压流化床气化发电工艺。

3）根据燃气发电系统分类

有机废弃物气化发电技术按燃气发电方式可分为内燃机气化发电系统、燃气轮机气化发电系统及整体气化联合循环发电系统。气化发电系统主要由进料机构、燃气发生装置、净化装置、发电机组及废水处理设备等组成。

① 内燃机气化发电系统。内燃机是一种动力机械，它是使燃料在机器内部燃烧，将燃料释放出的热能直接转换为动力的热力发动机。内燃机以往复活塞式最为普遍，将燃气和空气混合，在汽缸内燃烧，释放出的热量使汽缸内产生高温高压燃气，燃气膨胀推动活塞做功，再通过曲柄连杆机构或其他机构将机械功输出。内燃机气化发电系统既可单独使用低热值燃气，又可燃气、油两用。内燃机发电系统具有设备简单、技术成熟可靠、功率和转速范围宽、配套方便、机动性好、热效率高等特点，获得了广泛的应用。

内燃机对燃气质量要求高，燃气必须进行净化及冷却处理。有机废弃物气化气的热值低且杂质含量高，与天然气和煤气发电技术相比，需要采用单独设计的设备。目前国内燃气内燃机的最大功率只有 200kW，大于 200kW 的气化发电系统由多台内燃机并联而成。国外这方面的产品也较少，只有低热值燃气与油共烧的双燃料机组，大型机组和单燃料气化气内燃机都是从天然气机组改装而来的，其产品价格也较高。

② 燃气轮机气化发电系统。燃气轮机是以连续流动的气体作为工质驱动叶轮高速旋转，将燃料的能量转变为有用功的热力发动机。燃气轮机的工作过程是，压气机连续不断地从大气中吸入空气将其压缩；压缩后的空气进入燃烧室，与喷入的燃料混合后进行燃烧，成为高温燃气，随即流入燃气透平中膨胀做功，推动透平叶轮带动压气机叶轮一起旋转；加热后的高温燃气做功能力显著提高，因而燃气透平在带动压气机的同时，尚有余量作为燃气轮机的输出机械功。

有机废弃物气化气属于低热值燃气，燃烧温度和发电效率偏低，而且由于燃气的体积偏大，压缩困难，降低了系统的发电效率，因此需要采用燃气增压技术。另外，有机废弃物气化气中杂质较多，有可能腐蚀叶轮。目前国内外没有适合有机废弃物气化发电系统的专门燃气轮机，极少数的示范工程是根据系统的要求进行专门设计或改造的，成本非常高。

燃气轮机的未来发展趋势是提高效率。提高效率的关键是提高燃气的初温，即改进透平叶片的冷却技术，研制耐温更高的高温材料。高温陶瓷材料能在 1300℃ 以上的高温下工作，用它来做透平叶片和燃烧室的火焰筒等高温零件时，就能在不用空气冷却的情况下大幅度提高燃气初温，从而提高燃气轮机的效率。适合于燃气轮机的高温陶瓷材料有氮化硅和碳化硅等。其次是提高压缩比，研制级数更少而压缩比更高的压气机。

③ 整体气化联合循环。对于燃气轮机气化发电系统，发电后排放的尾气温度为 500～600℃，从能量利用的角度看，尾气仍携带大量的可用能量，应该加以回收利用。另外，气化炉出口处的燃气温度也比较高，为 700～800℃，也可将这部分能量充分利用起来。所以，在使用燃气轮机发电基础上，增加余热锅炉和过热器产生蒸汽，再利用蒸汽循环进行发电，可有效提高发电效率（系统效率大于 40%），称为整体气化联合循环（IGCC）。整体气化联合循环由制氧装置、气化炉、净化装置、燃烧器、余热锅炉和汽轮机等组成，典型的工艺流程如图 9-40 所示。

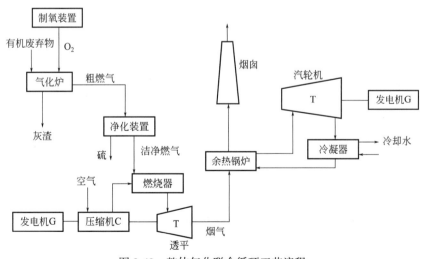

图 9-40　整体气化联合循环工艺流程

④ 整体气化热空气循环。整体气化热空气循环（IGHAT）是正处于开发阶段的气化发

电技术，其流程如图 9-41 所示。它和 IGCC 的主要区别在于用一个燃气轮机取代了后者的燃气轮机和汽轮机。由水蒸气和燃气混合工质通过燃气轮机输出有用功，其效率可达到 60%，是目前输出功热力循环所能达到的最高效率，有望成为 21 世纪的新型发电技术。

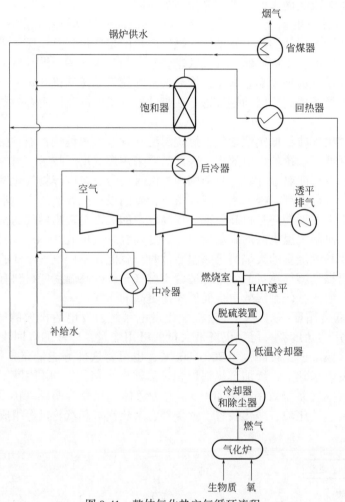

图 9-41　整体气化热空气循环流程

　　有机废弃物气化产生的燃气净化后作为热空气透平燃烧室的燃料。从省煤器、空压机中间和后置冷却器以及气化过程中回收的低品位热量都用来加热给水，加热至约 200℃后被送至混合饱和器顶部。空压机送来的高压空气被送至饱和器的底部后，空气被加热和加湿，湿空气中含 20%～40%的水蒸气。饱和器出来的湿空气被燃气轮机排气预热，从而使排气中高品位的热量被回收做功。水蒸气直接减少了空压机压缩的空气量，并维持适中的燃气轮机的燃烧温度。与 IGCC 相比，IGHAT 由于充分利用了高、低品质的热量，减少了空压机消耗的功率，具有较高的效率。

　　目前，使用有机废弃物气化气作为燃料的 IGCC 和 IGHAT 技术远未达到成熟阶段，仍然处于示范和研究的阶段。例如，由欧盟和瑞典国家能源部资助的瑞典 Varnamo 有机废弃物示范电厂采用了 IGCC 技术，建设的主要目的是研究有机废弃物 IGCC 的关键技术。

　　在中国目前条件下研究开发与国外相同技术路线的 IGCC 大型气化发电系统，由于资金和技术问题，将更加困难。由于工业水平的限制，目前，我国小型燃气轮机（5000kW）的效率仅有 25% 左右（仅能用于天然气或石油，如果利用低热值气体，效率更低），而且燃气轮机对燃气参数要求很高 [进口燃气(标态)$H_2S<200mg/m^3$，萘(标态)$<100mg/m^3$，HCN(标态)$<150mg/m^3$，焦油与杂质(标态)$<100mg/m^3$]。而国外的燃气轮机的造价很高，单位造价约达 7000 元/kW（系统造价将达 15000 元/kW 以上）。另外，由于我国仍未开展生物质高压气化的研究，所以在我国如果研究传统的 IGCC 系统，以目前的水平，其效率将低于30%，而且有很多一时难以解决的技术问题。

针对我国具体实际，采用气体内燃机代替燃气轮机、其他部分基本相同的有机废弃物气化发电过程，不失为解决我国有机废弃物气化发电规模化发展的有效手段。一方面，采用气体内燃机可降低对燃气杂质的要求 [焦油与杂质含量（标态）$<100mg/m^3$ 即可]，可大大减少技术难度。另一方面，避免了调控相当复杂的燃气轮机系统，大大降低系统的成本。从技术性能上看，这种气化及联合循环发电在常压气化下的整体发电效率可达 28%~30%，只比传统的低压 IGCC 降低 3%~5%。但由于系统简单，技术难度小，单位投资和造价大大降低（约 5000 元/kW）。更重要的是，这种技术方案更适合于我国目前的工业水平，设备可以全部国产化，适合于发展分散的、独立的有机废弃物能源利用体系，可以形成我国自己的产业，在发展中国家大范围处理生物质中有更广阔的应用前景。

9.7.3　有机废弃物气化燃气的热利用

气化产生的燃气可以用于替代传统化石燃料，作为燃气锅炉或各种工业加热炉的气体燃料，产生热水、蒸汽、高温烟气等多种热源形式，用于区域集中供热或者工业生产应用。生物质能是清洁能源，以生物质燃气替代化石燃料的燃烧利用，可以减少化石燃料燃烧导致的污染。

有机废弃物气化集中供热是指有机废弃物经过气化炉气化后，生成的气化气送入下一级燃烧器中燃烧，为终端用户提供热能。此类系统相对简单，热利用效率高。有机废弃物经进料系统进入气化装置，产生的燃气经除尘后送入燃气热水锅炉燃烧器，对给水加热，产生热水，利用循环水泵送至用户供热。利用燃气锅炉，通过炉内合理配风，合理的组织燃烧和炉内气流，能够取得较好的燃烧效果。这种燃烧方式与传统固态有机废弃物直接燃烧相比，不仅热效率高，燃烧完全，而且减少烟尘和有害气体、焦油等有害物质的排放。

目前有机废弃物气化装置不断大型化，气化燃气用于区域供热已经达到了商业化水平。连云港某集中供热项目用于为花卉园区供暖。该项目配置有机废弃物气化机组 1 套，500m³ 干式储气柜 1 座，1.4MW 有机废弃物燃气专用锅炉 1 台，用于 14000m² 温室大棚的冬季供暖。项目投产后，运行和生态效益良好。

气化燃气在工业锅炉中作为清洁替代能源的应用范围越来越广泛。广东某制药企业 2 台额定蒸发量为 8t/h 的燃油锅炉，为了降低运行成本和节能减排，以有机废弃物气化燃气替代燃油作为锅炉燃料。系统主要由原料储存装置、上料设备、固定床气化装置、燃气净化和输送装置、燃烧器及锅炉构成，其工艺流程如图 9-42 所示。

有机废弃物原料（木片）经送料机、斗提机、进料螺旋由顶部进入气化装置，气化介质通过鼓风机加入气化装置；原料在气化装置内产生可燃气，在引风机作用下，经旋风除尘器净化除尘后输送至锅炉燃烧器；燃气与助燃空气经燃烧器混合燃烧供热给锅炉，产生蒸汽；燃烧后的锅炉烟气通过省煤器将锅炉用水预热后由烟囱排出。

在该工艺中，有机废弃物气化设备维护及紧急停炉情况下，使用燃油作为备用燃料，保证锅炉生产过程的正常进行。该项目每年能减排二氧化硫 51.4t、烟尘 10.0t、二氧化碳约 13500t。

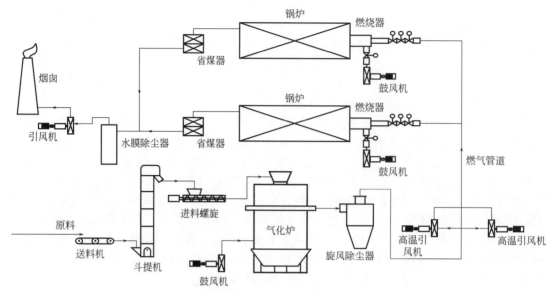

图 9-42　有机废弃物气化燃气用于燃气锅炉的工艺流程

9.7.4　有机废弃物气化多能联产系统

为了提高有机废弃物能源的利用效率，以有机废弃物分布式供能为代表的冷热电联供系统成为一种气化燃气的重要应用形式。由山东省科学院能源研究所设计的 500kW 固定床有机废弃物气化多能联供系统如图 9-43 所示。

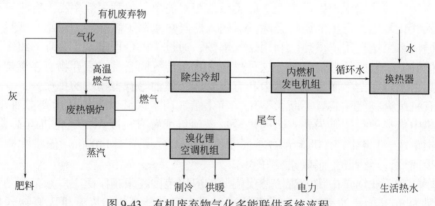

图 9-43　有机废弃物气化多能联供系统流程

该系统由燃气发生炉、废热锅炉、燃气净化系统、燃气发电机组及余热利用系统组成。其中燃气发生炉采用上下吸复合式固定床装置，使用高温蓄热室将燃气加热到 1000℃ 左右，使其中的焦油在高温下裂解为小分子的可燃气体。高温燃气排出气化炉后进入废热锅炉换热，产生蒸汽。初步冷却的燃气经除尘净化和进一步冷却后输入内燃机，内燃发动机做功驱动发电机组产生电力，并入电网。由内燃机排出的高温烟气与废热锅炉产生的蒸汽进入双热源溴化锂空调机组，冬季供暖，夏天制冷。内燃机外循环冷却水带出的热量可以给附近建筑物提供生活热水。产生的燃气还可以通过管道输送到附近的居民家中作为炊事燃气使用。该系统通过余热梯级利用，实现冷、热、电、气的联产联供，大大提高了系统的整体能源利用率。

中国科学院广州能源研究所研制的 2MW 有机废弃物气化发电与热电联供系统示范工程包括 2.5t/h 的有机废弃物气化系统、4500m³/h 的燃气净化系统、2MW 的燃气发电机组、1.5t/h 的余热设备、0.5t/h 的制冷系统、1000m³/h 的燃气燃烧试验窑炉等。示范内容包括电力供应：大部分电力由示范厂区自用，多余电力可上网；生活供气：示范厂区食堂供气，在有条件时为附近企业提供管道气；窑炉供气：建设模拟的工业窑炉，进行气化燃气替代天然气试验；生产供热：为示范厂区中的其他示范系统生产、蒸汽制冷机组提供热源；空调制冷：夏天利用余热进行制冷，为生产车间集中供冷。示范系统运行的发电效率为 25.5%，余热回收效率为 26.8%，热电联供综合热效率达到 52.3%。

9.7.5　有机废弃物气化用于化工合成

气化合成技术，是以有机废弃物为原料，通过气化和组分调变，获得高质量的合成原料气，然后采用催化合成技术生产液体燃料和化学品的一整套集成技术，可制取烃类燃料、醇类化学品以及合成氨等。有机废弃物定向气化制备合成气技术可分为定向气化和气体重整变换两个步骤。

与常规气化不同，定向气化以制备化工合成气为目的，需要提高合成气中 H_2、CO 含量，以减轻后续重整变换的难度。通常采用以下方法实现有机废弃物的定向气化：

① 提高气化温度。研究表明，气化温度越高，燃气中的 H_2、CO 和 CO_2 越多，烃类组分越少。

② 采用水蒸气、氧气作为气化剂。水蒸气可与烃类发生重整、水煤气反应等，增加 H_2、CO 含量。氧气作气化剂可提高气化反应温度，同时也避免了 N_2 混入燃气中。

③ 延长反应时间。反应时间越长，则气化产生的燃气中被裂解掉的焦油等大分子成分越多，烃类成分越少。

气体重整变换工艺主要由净化、重整和变换三部分组成。气化净化是为了防止合成气中的微细粉尘颗粒和微量液滴状焦油进入后续工艺。可采用陶瓷过滤器进行气体净化。气体重整是通过加入适量水蒸气将气体中的烃类成分和焦油进行重整，生成 H_2、CO。气体变换是通过水汽变换反应增加气体中 H_2 含量，调节气体中的氢碳比，使之达到化工合成工艺的最终要求，例如甲醇合成要求 $H_2/(2CO+3CO_2)$ 约为 1.05。

山东省科学院能源研究所与中国科学院广州能源研究所合作，于 2006 年在山东济南建成 100t/a 规模的有机废弃物富氧气化合成二甲醚中试系统。系统采用两步法固定床富氧气化工艺，以玉米芯为原料，使用富氧气体作为气化剂，采用高温袋式除尘器和间接水冷对合成气进行净化和冷却，产生的合成气经增压、脱碳、脱氧后采用一步法合成二甲醚，并经吸收精馏系统进行精制。该系统在国内首次实现了使用有机废弃物合成气一步法合成二甲醚，其工艺流程如图 9-44 所示。

中国科学院广州能源研究所于 2013 年年底在广东佛山建设了千吨级有机废弃物气化合成含氧液体燃料示范系统，利用有机废弃物流化床复合气化炉产生合成气生产含氧液体燃料（低碳混合醇）。其主要工艺流程为：有机废弃物原料经破碎和干燥预处理后，送入有机废弃物流化床复合气化装置，产生低焦油的粗燃气。粗燃气通过高温无机膜过滤重整反应器除去灰分，同时通过负载在表面的催化剂转化焦油，调整 H_2/CO 比。由制气系统产生的有机废弃物合成气经储气柜缓冲后深度脱氧，而后通过压缩机增压、脱碳并深度净化，再送入含氧液体燃料合成塔，产生的含氧液体燃料采用冷凝、软水吸收的方法与合成尾气分离，尾气一部分循环回合成塔生产含氧液体燃料，另一部分送入内燃机发电，为压缩机及其他设备提

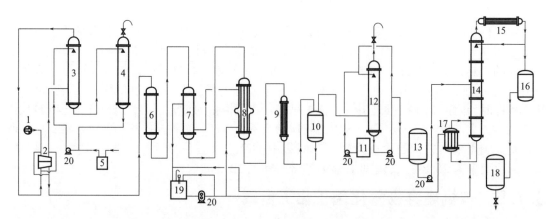

图 9-44　有机废弃物合成气一步法合成二甲醚中试系统工艺流程

1—合成气进口；2—压缩机；3—脱碳塔；4—再生塔；5—碳丙溶液储槽；6—吸附塔；7—脱氧塔；8—合成塔；
9—冷凝器；10—气液分离器；11—软水槽；12—吸收塔；13—中间储槽；14—精馏塔；15—塔顶冷凝器；
16—塔顶储槽；17—再沸器；18—成品罐；19—导热油炉；20—循环泵

供电力。含氧液体燃料经简单精馏提纯后得到低碳混合醇。该项目的工艺流程如图 9-45 所示。

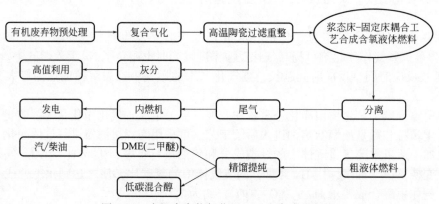

图 9-45　有机废弃物气化用于工业合成流程图

参考文献

[1]　廖传华，王重庆，梁荣.反应过程、设备与工业应用 [M].北京：化学工业出版社，2018.

[2]　任学勇，张扬，贺亮.生物质材料与能源加工技术 [M].北京：中国水利水电出版社，2016.

[3]　袁振宏.生物质能高效利用技术 [M].北京：化学工业出版社，2014.

[4]　袁振宏，吴创之，马隆龙.生物质能利用原理与技术 [M].北京：化学工业出版社，2016.

[5]　骆仲泱，王树荣，王琦，等.生物质液化原理及技术应用 [M].北京：化学工业出版社，2012.

[6]　陈冠益，马文超，颜蓓蓓.生物质废物资源综合利用技术 [M].北京：化学工业出版社，2014.

[7]　陈冠益，马文超，钟磊.餐厨垃圾废物资源综合利用 [M].北京：化学工业出版社，2018.

[8]　汪苹，宋云，冯旭东.造纸废渣资源综合利用 [M].北京：化学工业出版社，2017.

[9]　尹军，张居奎，刘志生.城镇污水资源综合利用 [M].北京：化学工业出版社，2018.

[10]　赵由才，牛冬杰，柴晓利.固体废弃物处理与资源化 [M].北京：化学工业出版社，2006.

[11] 解强，罗克浩，赵由才.城市固体废弃物能源化利用技术［M］.北京：化学工业出版社，2019.

[12] 李为民，陈乐，缪春宝，等.废弃物的循环利用［M］.北京：化学工业出版社，2011.

[13] 杨春平，吕黎.工业固体废物处理与处置［M］.郑州：河南科学技术出版社，2016.

[14] 金晓宇，王训，胡智泉，等.松木屑化学链气化制备合成气实验［J］.环境工程，2019，13（1）：147-152.

[15] 何皓，王旻烜，张佳，等.城市生活垃圾的能源化综合利用及产业化模式展望［J］.现代化工，2019，39（6）：6-14.

[16] 常圣强，李望良，张晓宇，等.生物质气化发电技术研究进展［J］.化工学报，2018，69（8）：3318-3330.

[17] 王东营，刘永卓，王博，等.餐厨垃圾化学链气化制备合成气［J］.高校化学工程学报，2018，32（1）：229-236.

[18] 陆杰，金保昇.生物质流化床气化的三维数值模拟［J］.太阳能学报，2018，39（10）：2863-2868.

[19] 贾爽，应浩，徐卫，等.生物质炭水蒸气气化制取富氢合成气［J］.化工进展，2018，37（4）：1402-1407.

[20] 解立平，秦梓雅，张琲，等.污泥流化床水蒸气气化焦油化学组成研究［J］.华中科技大学学报（自然科学版），2018，46（4）：115-120.

[21] 刘忠慧，于旷世，张海霞，等.基于 Aspen Plus 的循环流化床工业气化炉模拟［J］.化工进展，2018，37（5）：1709-1717.

[22] 李冲，胡建军，张寰，等.小麦秸秆真空氧载体气化特性实验研究［J］.太阳能学报，2018，39（6）：1667-1674.

[23] 于杰，董玉平，常加富，等.玉米秸秆循环流化床气化中试试验［J］.化工进展，2018，37（8）：2970-2975.

[24] 李延吉，于梦竹，李润东，等.源头提质的可燃固体废物流化床气化实验［J］.中南大学学报（自然科学版），2018，49（8）：2091-2098.

[25] 钟振宇，金保昇，裴海鹏，等.鼓泡流化床稻草与污泥共气化试验［J］.化工进展，2018，37（7）：2613-2619.

[26] 赵伟.基于 Fluent 的生物质气化及混燃过程模拟研究［D］.郑州：华北水利水电大学，2018.

[27] 杨剑，张成，张小培，等.纤维素的催化水热气化特性实验研究［J］.广东电力，2018，31（5）：15-20.

[28] 陈善帅，孙向前，高娜，等.超临界水体系中纤维素模型物的高效气化［J］.造纸科学与技术，2018，37（3）：37-41.

[29] 赵京，魏小林，李森，等.上吸式秸秆气化炉中当量比对气化特性的影响［J］.中国电机工程学报，2017，37（A1）：118-122.

[30] 李九如，李想，陈巨辉，等.生物质气化技术进展［J］.哈尔滨理工大学学报，2017，22（3）：137-140.

[31] 高腾飞，肖天存，闫巍，等.固体废弃物微波技术处理及其资源化［J］.工业催化，2016，24（7）：1-10.

[32] 秦恒飞，周建斌，张齐生.畜禽粪便气化可行性研究［J］.中国畜牧兽医，2012，39（1）：218-221.

[33] 李继连，王丽，李忠浩.一种新的畜禽粪便污染处理方法［J］.河北北方学院学报（自然科学版），2010，26（2）：59-61.

[34] 黄叶飞，董红敏，朱志平，等.畜禽粪便热化学转换技术的研究进展［J］.中国农业科技导报，2008，10（4）：22-27.

[35] 刘光宇，栾键，马晓波，等.垃圾塑料裂解工艺和反应器［J］.环境工程，2009，27（3）：383-388，572.

[36] 高豪杰，熊永莲，金丽珠，等.污泥热解气化技术的研究进展［J］.化工环保，2017，37（3）：264-269.

[37] 秦梓雅，解立平，王云峰，等.污水污泥流化床空气气化焦油的燃烧特性［J］.环境工程学报，2017，11（1）：6056-6062.

[38] 廖传华，朱廷风，代国俊，等.化学法水处理过程与设备［M］.北京：化学工业出版社，2016.

[39] 牛永红，韩枫涛，陈义胜.高温蒸汽松木颗粒富氢气化试验［J］.农业工程学报，2016，32（3）：247-252.

[40] 黄建兵，朱超.水热气化生物质制氢催化剂及热力学分析研究［J］.科技创新导报，2016，13（10）：164-165.

[41] 聂永丰，岳东北.固体废物热力处理技术［M］.北京：化学工业出版社，2016.

[42] 陆在宏，陈咸华，叶辉，等.给水厂排泥水处理及污泥处置利用技术［M］.北京：中国建筑工业出版社，2015.

[43] 李复生，高慧，耿中峰，等.污泥热化学处理研究进展［J］.安全与环境学报，2015，15（2）：239-245.

[44] 胡艳军，肖春龙，王久兵，等.污水污泥水蒸气气化产物特性研究［J］.浙江工业大学学报，2015，43（1）：47-51，93.

[45] 洪渊.基于不同条件下超临界水气化污泥各态产物分布规律的研究［D］.深圳：深圳大学，2015.

[46] 肖春龙.污泥气化合成气生成特性及其 BP 神经网络预测模型研究［D］.杭州：浙江工业大学，2015.

[47] 孙海勇.市政污泥资源化利用技术研究进展［J］.洁净煤技术，2015，21（4）：91-94.

[48] 李春萍.污泥衍生燃料最佳气化温度模糊评价［J］.环境科学与技术，2014，37（1）：147-150.

[49] 刘良良.污泥与煤制洁净燃料研究［D］.湘潭：湖南科技大学，2014.

[50] 乔清芳，申春苗，杨明沁，等.污水污泥气化技术的研究进展［J］.广州化工，2014，42（6）：31-33.

[51] 乔清芳.上吸式固定床污水污泥气化焦油的基本特性［D］.天津：天津工业大学，2014.

[52] 霍小华.基于 Aspen Plus 平台的污泥富氧气化模拟 [J].山西电力，2014，1：48-50.

[53] 陈翀.干化污泥的颗粒分布及气化特性研究 [J].中国市政开程，2014，5：54-56.

[54] 马玉芹.城市固体废弃物热化学处理实验研究 [D].北京：华北电力大学，2014.

[55] 刘桓嘉，马闯，刘永丽，等.污泥的能源化利用研究进展 [J].化工新型材料，2013，41（9）：8-10.

[56] 何丕文，焦李，肖波.水蒸气流量对污水污泥气化产气特性的影响 [J].湖北农业科学，2013，52（11）：2529-2532.

[57] 何丕文，焦李，肖波.温度对干化污泥水蒸气气化产气特性的影响 [J].环境科学与技术，2013，36（5）：1-3，42.

[58] 焦李，蔡海燕，何丕文，等.脱水污泥/松木锯末水蒸气共气化研究 [J].环境科学学报，2013，33（4）：1098-1103.

[59] 张辉，胡勤海，吴祖成，等.城市污泥能源化利用研究进展 [J].化工进展，2013，32（5）：1145-1151.

[60] 徐超.污泥在水煤浆气化中的应用研究 [J].上海化工，2013，38（6）：11-13.

[61] 朱邦阳.污泥水煤浆成浆性能及其气化特性的研究 [D].淮南：安徽理工大学，2013.

[62] 王伟.污泥固定床气化实验研究 [D].杭州：浙江大学，2013.

[63] 李威.城市污泥气化技术中气化炉的设计与优化 [D].大连：大连理工大学，2012.

[64] 夏海渊.造纸污泥热解气化实验研究 [D].北京：中国科学院研究生院，2012.

[65] 张艳丽.城市污泥热解及残渣气化制备富氢燃气 [D].武汉：华中科技大学，2011.

[66] 吴颜.炼油厂含油污泥与高硫石油焦混合制浆共气化的研究 [D].上海：华东理工大学，2011.

[67] 刘伟.污水污泥气化特性研究 [D].杭州：浙江大学，2011.

[68] 李涛，解立平，高建东，等.污水污泥空气气化特性的研究 [J].燃料化学学报，2011，39（10）：796-800.

[69] 解立平，李涛，高建东，等.污泥水分含量对其空气气化特性的影响 [J].燃料化学学报，2010，38（5）：615-620.

[70] 牟宁.污泥气化处理工艺浅谈 [J].环境保护与循环经济，2010，30（5）：49-50，56.

[71] 李涛.污水污泥空气气化特性的研究 [D].天津：天津工业大学，2010.

[72] 周肇秋，赵增立，杨雪莲，等.造纸废渣污泥基础特性研究：造纸废渣污泥气化处理能量利用技术之一 [J].造纸科学与技术，2001，20（6）：14-17.

[73] 周肇秋，熊祖鸿，杨雪莲，等.造纸废渣污泥气化能量利用技术研究：造纸废渣污泥气化处理能量利用技术之二 [J].造纸科学与技术，2001，20（6）：18-21.

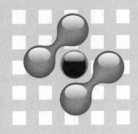

第**10**章 有机废弃物水热气化与能源化利用

有机废弃物水热气化与能源化利用是在一定温度和压力条件下经过一系列的水热处理过程，将有机废弃物转化为小分子可燃气体，进而实现有机废弃物的能源化利用。

10.1 水热气化技术

水热气化技术是以追求气体产物产率为目标的一种水热处理技术。

10.1.1 水热气化的工艺过程

有机废弃物的水热气化技术是一种高效制气技术，通常反应温度为 $400\sim700℃$，压力为 $16\sim35MPa$。与传统的热化学转化方法相比，利用水热气化技术显著地简化了反应流程，降低了反应成本。水热气化产物中氢气的体积分数可以超过 50%，并且不会产生焦炭、焦油等二次污染物。另外，对于含水量较高的有机废弃物，如餐厨垃圾、有机污泥等，水热气化反应也省去了能耗较高的干燥过程。一般来说，经水热转化后所得气体产物的成分主要包括 H_2、CH_4、CO_2 以及少量的 C_2H_4 和 C_2H_6。对于含有大量蛋白质类物质的有机废弃物，产生的气体中还会含有少量的氮氧化物。

根据工艺形式的不同，有机废弃物的水热气化可分为连续式、间歇式和流化床三种主要工艺。其中，间歇式最简单，易于操作，适用于几乎所有的反应物料，但内部反应机理复杂，升温速率慢，适合于产量低的小规模生产。连续式工艺的物料混合均匀、反应时间短，适合产业化发展，但易堵塞和结渣。流化床工艺得到的气体转化率相对较高，焦油含量低，但是工艺成本较高，设备复杂不易操作。

东京科技大学、日本东京大学、广岛大学等高校的多位教授经全面分析比较后表明，有机废弃物超临界水气化技术在经济上比传统的生物质厌氧发酵产气、热解气化、气化剂气化等技术有显著优势。在超临界水气化过程中，由于 CO_2 能被高压水所吸附，可实现与 H_2 的初步分离，由此得到的高压富氢气体可在高压下与膜分离及变压吸附技术进行集成，实现

CO_2 的富集分离、H_2 的提纯与资源化利用。当此气体作为燃料电池的原料时，能够大幅度提高系统能量的综合利用率。美国夏威夷大学、日本东京大学、美国太平洋国家实验室、德国卡尔斯鲁厄研究中心等对超临界水气化过程操作参数的影响、反应机理、催化剂、反应装置等方面进行了大量的实验研究与理论分析，并取得显著进展。

10.1.2 水热气化过程的影响因素

以有机废弃物为原料，采用水热气化技术制取气体燃料和高附加值化学品，具有收率高、适应性强和无污染等优点，是一项具有应用价值和开发前景的新能源转化及利用技术。20 世纪 80 年代开始，越来越多的学者投入有机废弃物水热处理技术的研究中，他们考察了多种因素（如反应温度、催化剂、停留时间、升温和冷却速率、压强、溶剂等）对水热处理产物的影响。

(1) 反应温度

反应温度是有机废弃物能源转化过程中的一个重要影响因素。由于有机废弃物来源广泛，组分复杂，各组分在高温高压水中的热稳定性存在明显差异。随着反应温度的变化，反应路径也会随之变化。一般而言，反应温度越高，聚合物降解形成液相产物越容易，生物油的产率也会随之提高。进一步提高温度将促进有机废弃物碎片降解形成气相产物，导致气体和挥发性有机物的增加，不利于生物油的产生。在某一临界温度之下，形成液相产物的反应过程将优于形成气相产物的反应过程，而在某一临界温度之上，趋势则刚好相反。Karagöz 等研究发现，高温（$250 \sim 280℃$）下的产油率随反应时间的延长而减小，而低温（$180℃$）时则随反应时间的延长而增大，这可能是由于在较长的反应时间下，生物油会发生二次反应，生成焦和气体。Akhtar 提出了类似的观点，在较高的反应温度条件下，二次分解和气化反应（形成气相产物）将变得活跃。总的来说，较高的反应温度更有利于液化中间产物/液相产物/固相产物发生脱羧基、分解、气化和脱水反应，从而生成更多的气相产物和水。

(2) 催化剂

添加催化剂能提高产物的产率并提高过程的效率。催化剂按类型可分为均相催化剂和非均相催化剂。在超临界水热气化过程中经常使用非均相催化剂（如金属催化剂、活性炭、氧化物等）来增加气体产物的产率。

近年来，非均相催化剂多数应用于超临界水气化过程中，目的是在较低温度下水热处理有机废弃料，增加气体的生成速率。同时，催化剂可以改变反应方向，使得反应向目标产物的生成方向发生。Azadi 和 Farnood 综述了生物质亚临界及超临界水气化过程中不同种类的非均相催化剂在气化过程中的作用，结果表明，负载 Ni 和 Ru 的金属催化剂更有利于生物质气化。

(3) 停留时间

停留时间是影响水热转化过程的又一重要因素。近年来，对各类有机废弃物的水热转化过程的研究集中在使用间歇式反应器。在利用此反应器进行水热转化的研究中，至少有 3 种不同的方法来计算反应时间。第 1 种方法是先将反应器放入流沙浴中或加热炉中升温，在达到设定温度时开始计算时间。在这种情况下，在达到计算反应时间开始之前，有机废弃物中的部分组分已经发生了反应，如水解。第 2 种方法是考虑了加热和冷却过程所需要的时间，与第 1 种方法相比，此种情况下的反应时间被过度延长。第 3 种方法是同时考虑到了时间和温度，通过定义强度系数来应用此方法，比前两者更精确。

10.2　农林废弃物水热气化与能源化利用

刚收获的农林废弃物，如新鲜植物、农作物等，其含水率普遍较高，一般都高于70%，有的甚至能达到85%以上，热解气化和气化剂气化需要先将其干燥至含水率小于10%，这是一个既耗能又费时的过程，而采用水热气化技术对有机废弃物进行气化和能源化利用就可避免这一过程。

根据水热气化过程的工艺条件，农林废弃物的水热气化技术可分为亚临界水气化技术和超临界水气化技术。以农林废弃物为原料，采用超临界水气化技术制气，可通过控制反应过程的条件而分别制得以氢气或甲烷为主要成分的混合燃气。

10.2.1　农林废弃物超临界水气化制氢

农林废弃物超临界水气化（SCWG）制氢是在温度、压力高于水的临界值（374℃、22.1MPa）的条件下，以超临界水（SCW）作为反应介质，利用SCW的特殊性质（介电常数小、黏度小、扩散系数大及溶解性强等），进行热解、氧化、还原等一系列复杂的热化学反应，将生物质转化为氢气。其主要过程包括蒸汽重整反应［式(10-1)］、水气转换反应［式(10-2)］和甲烷化反应［式(10-3)、式(10-4)］。

$$CH_nO_m+(1-m)H_2O \longrightarrow (n/2+1-m)H_2+CO \tag{10-1}$$

$$CO+H_2O \longrightarrow H_2+CO_2 \tag{10-2}$$

$$CO+3H_2 \longrightarrow CH_4+H_2O \tag{10-3}$$

$$CO_2+4H_2 \longrightarrow CH_4+2H_2O \tag{10-4}$$

由于该技术可直接处理高含湿量的生物质，无需高能耗的干燥过程，具有气化率高、生成高热值富氢气体、对环境友好等优点，有效克服了传统方法所存在的问题，目前已成为国际上研究生物质的热点。

(1)　超临界水气化制氢过程的影响因素

1）温度

在生物质SCWG制氢过程中温度是最重要的因素。随着温度的升高，气化率（GE）、碳气化率（CGE）以及氢气产量会大幅度地提高，气体产物的组成也会发生变化。Lu等对玉米芯进行SCWG制氢实验，发现下列影响因素对氢气产量的影响大小：温度>压力>反应物浓度>停留时间。在此过程中，会伴随着水解反应和热解反应。SCW在其中不仅作为反应介质、反应媒介、催化剂，而且还作为供氢源。

在超临界状况下，生物质的水解速率与水的离子积（K_W）有关。其中SCW的密度对离子积的影响很大。当温度高于临界温度时，密度变小，从而离子积减小，水解速率会变慢，自由基反应机理会增强。

Promdej等研究葡萄糖在300~460℃的反应机理，发现在亚临界水（NCW）中，主要发生离子反应（如水解反应），然而在SCW中，则主要发生自由基反应（如热解反应）。随着温度的升高，离子反应就会逐渐向自由基反应转变（$K_W > 10^{-14} \longrightarrow K_W < 10^{-14}$），氢气产量从而提高。从热力学角度来看，该反应是吸热反应，由于生物质复杂的分子结构断裂需要大量的能量，因此高温是不可少的。

Hao等对葡萄糖进行SCWG制氢实验，在923.15K、30MPa、5.1min、0.1mol葡萄糖的条件下，发现葡萄糖的GE达到150%、CGE达到93%，并且反应过程中无焦炭产生，最后得到摩尔分数为 41.2% 的氢气。当温度降低到 873.15K、773.15K，得到的氢气摩尔分数仍可达到 30% 以上。Susanti 等对葡萄糖进行 SCWG 制氢实验，发现当温度从 650℃ 升高到 767℃ 时，CGE 从 79.5% 增加到 91.0%，氢气产量从 7.9mol/mol 增加到 11.5mol/mol，然而总有机碳（TOC）从 $51×10^{-6}$ 降低到 $23×10^{-6}$。高 CGE、低 TOC 说明葡萄糖转化为气态产物效果很好。李卫宏等对木质素在 SCW 中气化制氢进行研究分析，发现在 400℃ 时气体很少，而在 500℃ 时气体明显增多。当温度从 400℃ 升高到 500℃ 时，H_2 的质量产率由 1.32% 上升到 1.96%，增幅高达 48.5%。这说明在较高温度下，气体产量明显提高。

虽然随着温度的升高，气化率、碳气化率及氢气产量会大幅度提高，但是温度过高会对反应器的材料、密封等方面有更苛刻的要求，这样会增大安全生产成本，不利于该技术的广泛应用。许多研究表明，大部分生物质在 800℃ 时可以完全气化。因此，温度不超过 800℃ 是经济可行的。

2）压力

压力对生物质 SCWG 过程影响比较复杂。在临界点附近气化效果很明显，远离临界点效果不太明显。其对制氢过程的影响与 SCW 的性质密切相关。随着压力的提高，SCW 的密度、介电常数、离子积就会变大，从而增强离子反应，抑制自由基反应。

压力升高，SCW 密度变大，溶剂分子形成的"溶剂笼"就会抑制溶质扩散，从而抑制了溶质的相关反应（如缩聚反应），促进了溶剂的相关反应［如水解反应、WGS 反应（水气变换反应）等］。所以，当 SCW 的密度增大时（压力升高或温度降低），水解反应速率提高，热解反应速率降低。

Lu 等在 923K、27s、20~30MPa 的条件下，对 2%（质量分数）木屑进行 SCWG 制氢实验研究，发现提高压力对 GE、CGE 影响不大。此外，氢气产量随着压力的提高而略微增加，而 CH_4 和 CO 却恰好相反。闫秋会等对 3%（质量分数）纤维素在不同压力（20MPa、25MPa、30MPa、35MPa）下进行实验研究，发现压力的变化对气化率、氢气产量影响不大。在 600℃，压力对纤维素的气化率几乎没影响。综合考虑，压力作为超临界状态的条件保证，适宜的范围为 22~30MPa。

3）反应物浓度

反应物浓度高不利于 SCWG 过程的进行。这是由于浓度高，反应物难气化，甚至会在反应过程中结焦而使反应器堵塞。浓度低，对提高气化率和氢气产量有利。

当反应物浓度增加时，气体的相对产率（单位生物质对应的气体产量）就会减小，这表明 SCWG 反应表现出负的反应级数。这是因为中间产物降解到气体是低反应级数，这个反应弱于生成焦油和焦炭的高反应级数的聚合反应，因此增加反应物浓度会减小气体相对产率。

Guo 等对甘油进行 SCWG 制氢实验研究，发现当甘油质量浓度从 10% 增加到 25% 时，蒸汽重整反应会迅速减缓，甘油的热解会迅速增强，从而 H_2 和 CO 的摩尔分数会减小。因此，甘油浓度增加，会抑制蒸汽重整反应，促进甘油的热解。但是，Lu 等在玉米芯 SCWG 制氢实验中，发现当温度达到 1048K 以上时，9%（质量分数）玉米芯几乎完全气化，并且 CGE 超过 95%，氢气产量反而提高。这表明，高温、高浓度，也可能会得到高 CGE、高 GE。目前，在生物质 SCWG 制氢实验中，模型化合物的浓度一般不超过 30%，否则气化效率会急剧下降。

4）停留时间

停留时间对 SCWG 过程影响不大。在一定范围内，停留时间越长，气化率和氢气产量越高，但增加的幅度不明显。这是因为生物质的气化反应达到平衡需要一定的时间，随着时间的增加反应会越接近平衡状态，气化就越完全。当停留时间足够长时，生物质将会被完全气化。

Guo 等在 567℃、25MPa、10%（质量分数）甘油的条件下进行 SCWG 制氢实验，发现当停留时间从 4.2s 延长到 7.3s 时，氢气产量从 3.13mol/mol 增加到 3.37mol/mol。此外，在 487℃ 也得到了类似的规律。这表明，高温下延长停留时间是没有必要的，因为停留时间对氢气产量影响不大。

（2）催化剂对超临界水气化制氢的影响

催化剂不仅能降低反应条件，减少焦油、焦炭的形成，而且还能显著提高氢气产量及气化效率。因此适当使用催化剂，优化反应途径，提高产物产量已成为研究热点。

根据超临界水催化气化（CSCWG）的特点可将催化剂分为均相催化剂和非均相催化剂。均相催化剂主要有金属离子或碱金属催化剂，如 NaOH、K_2CO_3 等。这类催化剂主要是通过促进 WGS 反应，提高氢气产量。而非均相催化剂主要以贵金属或过渡金属作为催化活性组分负载于载体上，如 Ni/ZrO_2、Ru 等。这类催化剂与均相催化剂相比，有着更高的选择性，可以回收，不易造成二次污染与浪费，是 CSCWG 技术研究的重点。

1）碱类催化剂

碱类催化剂是目前 SCWG 制氢实验中使用最广泛的催化剂。常见的碱类催化剂有 KOH、NaOH、K_2CO_3、Na_2CO_3、$KHCO_3$、$Ca(OH)_2$ 等。碱类催化剂能增强 WGS 反应，提高氢气产量。碱性化合物中的氢氧根、碳酸根、碳酸氢根等都有催化作用，会促进 WGS 反应，提高氢气产量。但是这些碱类催化剂易于流失，且很难溶于 SCW，可能会导致容器的腐蚀、堵塞，限制其工业应用。

2）金属类催化剂

常见的金属类催化剂有 Ni、Ru、Rh、Pt、Pd、Ir 等。其中 Ni 是生物质气化中使用最早的催化剂。许多研究发现，Ni 能促进蒸汽重整反应和甲烷化反应，从而提高气化率和产气量。但是 Ni 及其他金属催化剂（如 Ru）在反应过程中，自身具有一定的毒性。此外，Ni 在较高的温度和压力下会发生严重腐蚀，易被氧化而导致失活。这是因为在反应过程中其表面吸附了中间产物。Sato 等对含有烷基的酚类化合物在 400℃ 进行催化气化实验，结果表明 Ru 和 Rh 对甲烷具有选择性，能明显提高产气量。而 Pt 和 Pd 则对氢气有选择性，但对产气量提高不明显。美国 PNL 的 Elliott 在生物质催化气化实验中，发现下列金属催化剂对乙二醇的碳气化催化活性大小：Ru＞Pt＞Rh～Ni＞Pd。

3）金属氧化物催化剂

金属氧化物的催化作用主要体现在作为载体与作为催化剂两方面，其中作为载体更为常见，如 Al_2O_3、SiO_2、ZrO_2 等。Sato 等在对含烷基的酚类化合物进行催化气化实验中比较了几种非均相催化剂，发现其催化活性大小为：$Ru/\gamma\text{-}Al_2O_3$＞Ru/C＞$Pt/\gamma\text{-}Al_2O_3$、Pd/C 和 $Pd/\gamma\text{-}Al_2O_3$。Yukihiko 等认为一般的催化剂载体，如 Al_2O_3、SiO_2 会在高温高压下溶解而失活。Davda 等比较了以 SiO_2 为载体的金属催化剂，发现其催化活性大小为：Pt～Ni＞Ru＞Rh～Pd＞Ir。Byrd 等对柳树稷进行催化气化研究，实验表明以 ZrO_2 为载体比以 TiO_2 为载体的催化剂对柳树稷的气化效率要高。在 600℃、25MPa 的条件下，以 Ni/ZrO_2 为催化剂，氢气产量达到 0.98mol/mol，并且实验中气化效果稳定。这表明，ZrO_2 作为有效载体时，Ni 有较高的活性。

ZrO_2 除作为有效载体外，自身也是具有催化作用的。Watanable 等研究了 ZrO_2 在 SCW 中对葡萄糖和木质素的催化作用，发现 ZrO_2 不仅能抑制甲烷的生成，而且能提高氢气产量，但是它的催化活性低于 NaOH。

4）碳类催化剂

活性炭用作催化剂有很大的潜力。它不仅催化活性高，而且不易造成二次污染。Xu 等用各种活性炭对有机物进行 CSCWG 实验，发现活性炭能促进 WGS 反应和甲烷化反应。此外，2h 以后，WGS 反应开始发生，4h 以后，活性炭失活。

活性炭还可以作为金属催化剂的有效载体。Yamaguchi 等对木屑进行 CSCWG 制氢实验研究，发现其对提高氢气产量的影响大小为：Pd/C＞Ru/C＞Pt/C＞Rh/C＞Ni/C。

上述催化剂虽然有诸多优点，但是也存在着不少问题。如碱类催化剂不易回收，与焦油结合会堵塞、腐蚀反应器。金属催化剂 Ni、Ru 成本太高不宜大量使用。活性炭具有化学吸附作用，会降低其表面积，从而影响其催化活性。目前，催化剂对氢气的选择性以及稳定性是当前面临的问题。

（3）反应装置

生物质 SCWG 制氢反应器有间歇式和连续式两种类型。间歇式反应器结构简单，适用于所有物料，缺点是不易使物料混合均匀，不能实现连续生产，一般用于制氢机理的研究和催化剂的筛选，如高温高压反应釜和金刚石压腔（DAC）等。而连续式反应器则可以实现连续生产，且实验准确性较高，但反应时间短，不易得到中间产物，难以分析反应进行的情况，在研究气化过程的动力学特性、气化制氢特性方面应用广泛，如管式反应器、连续搅拌反应器、SCW 流化床反应器和微通道反应器等。

DAC 是一种高压微腔间歇式反应器。大体由金刚石压砧、支撑加压部分以及外部机械装置组成。其中金刚石压砧由一对金刚石对顶砧和密封垫组成。该装置通过微电加热器可以快速加热，还可以使用光学显微镜比较直观地观察反应物及超临界条件下的原位反应状态，有助于研究制氢机理。

SCW 流化床反应器能防止反应器堵塞。吕友军等对生物质 SCW 流化床气化制氢系统进行研究，实验表明在 600℃、25MPa 的条件下，8%（质量分数）玉米芯可长达 5h 稳定气化，未见反应器堵塞。Wei 等在 SCW 流化床反应器中研究了物料的分布和停留时间对氢气产量的影响，发现斜向下 45°的对称进料管有利于物料的均匀分布和停留时间的延长，从而提高氢气产量。

微通道反应器比表面积极大，混合效率和换热效率极高，能极大提高物料的转化率、气化率以及氢气产量。Goodwin 等用连续式微通道反应器对葡萄糖进行 SCWG 制氢研究。该反应器由 21 根长为 100cm 的矩形（75μm×500μm）蛇形管道组成，能精确控制反应温度和反应物料按精确配比瞬间混合。在 750℃、25MPa、2s 的条件下，葡萄糖气化率达到 100%，氢气产量达到 5.7mol/mol。

南京工业大学廖传华团队的罗威采用图 10-1 所示的间歇式超临界水气化工艺流程，以松木屑为原料进行了超临界水气化制氢过程的实验研究，结果表明：在一定条件下，温度对制氢效果有很显著的影响，随着温度的升高，氢气产量会大幅度地提高；当温度高于 450℃时，水蒸气重整反应逐渐增强，从而 H_2 产量会大幅度提高；压力对制氢效果影响不大；停留时间在一定范围内对制氢效果有一定影响；物料浓度低，对氢气产量有利；物料粒径对气化结果影响不大。各因素对制氢过程的影响大小为：反应温度＞物料浓度＞停留时间，最优方案为反应温度 500℃、反应压力 26MPa、停留时间 50min、木屑质量浓度 8%、木屑粒径 8～16 目。在该条件下，得到 H_2 产量为 3.29mol/kg。Ni、Fe、K_2CO_3、Na_2CO_3、$CuSO_4$ 对制氢过程的催化活性大小为：Ni＞Fe＞K_2CO_3＞Na_2CO_3＞$CuSO_4$。质量浓度为 2%的 Fe 在制氢过程中不仅能促进水气转换反应，大幅提高 H_2 产量，而且还能使木屑几乎完全气化。

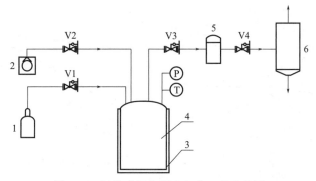

图 10-1　间歇式超临界水气化工艺流程图

1—氩气瓶；2—恒流泵；3—加热器；4—反应釜；5—冷却器；6—气液分离器；V1~V4—减压阀

10.2.2　农林废弃物超临界水气化制甲烷

南京工业大学廖传华团队的刘理力采用图 10-2 所示的间歇式超临界水气化工艺流程，以安徽产松木屑为原料，主要考察了反应温度、反应压力、松木屑浆料浓度、反应持续时间、粒径、催化剂种类以及催化剂浓度对气化过程的影响。

（1）非催化条件下的影响因素分析

在反应温度为 410 ~ 490℃、反应压力为 26 ~ 34MPa、松木屑浆料浓度为 3% ~ 7%、反应持续时间为 5~25min、反应物粒径为 2~1000 目并且不添加催化剂的条件下，分别以反应温度、反应压力、松木屑浆料浓度、反应持续时间、反应物粒径为变量，进行单因素实验，考察各操作参数对松木屑气化过程的影响。

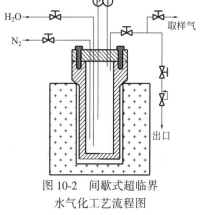

图 10-2　间歇式超临界
水气化工艺流程图

1）反应温度的影响

在压力为 26MPa、松木屑浆料浓度为 5%、反应持续时间为 5min、粒径为 2~4 目的条件下，不同温度对实验结果的影响如图 10-3 所示。

由实验结果可以看出，随着温度的升高，气体产率由 $0.19m^3/kg$ 逐渐上升至 $0.38m^3/kg$，但 CH_4 的摩尔分数和气体产量随着温度的升高呈现先上升后下降的趋势。这是因为，松木屑超临界水气化过程中的甲烷化反应一般在低温条件下发生，随着温度的持续升高，CH_4 会和水蒸气发生气化反应［式(10-5)、式(10-6)］。因此，甲烷的摩尔分数和气体产量会随着温度的升高而降低，氢气的摩尔分数和气体产量逐渐升高。

$$CH_4 + 2H_2O \longrightarrow CO_2 + 4H_2 \qquad \Delta H_{298K} = 156kJ/mol \qquad (10\text{-}5)$$

$$CH_4 + H_2O \longrightarrow CO + 3H_2 \qquad \Delta H_{298K} = 250kJ/mol \qquad (10\text{-}6)$$

由此可见，为获得较高气体产量的甲烷，温度控制在 450℃左右为宜。

2）反应压力的影响

在温度为 450℃、松木屑浆料浓度为 5%、反应持续时间为 5min、粒径为 2~4 目的条件下，不同压力对实验结果的影响如图 10-4 所示。

由实验结果可以看出，在压力由 26MPa 逐渐增大至 34MPa 的过程中，松木屑的气化效率由 21.43% 上升至 24.33%，增幅 13.53%。但 CH_4 的摩尔分数以及气体产量呈现了先上升

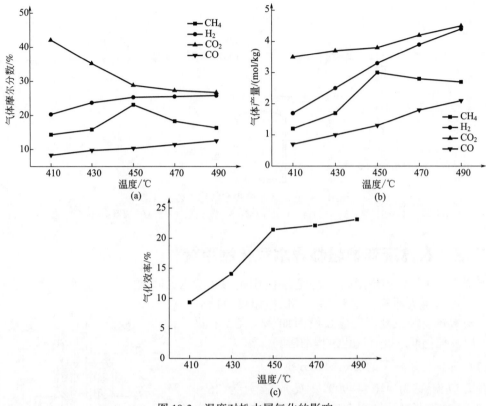

图 10-3 温度对松木屑气化的影响

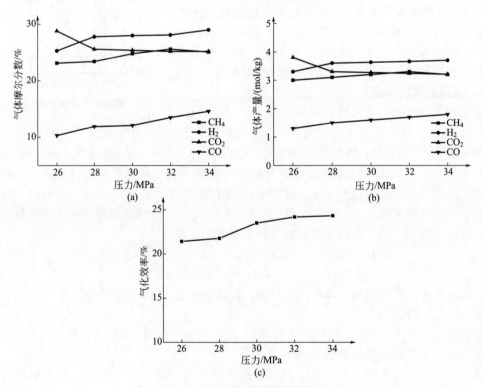

图 10-4 压力对松木屑气化的影响

后下降的趋势。这是因为，水的密度和离子积对数随着压力的升高而持续变大，离子积对数的变大能促进离子反应的进行，而密度的变大则会抑制自由基反应。甲烷是通过自由基反应生成的，过高的压力减弱了自由基反应，所以 CH_4 的气体产量随着压力的升高有着先升高后下降的趋势，在 32MPa 时达到最大值。

　　3）松木屑浆料浓度的影响

　　在温度为 450℃、压力为 32MPa、反应持续时间为 5min、粒径为 2~4 目的条件下，不同松木屑浆料浓度对实验结果的影响如图 10-5 所示。

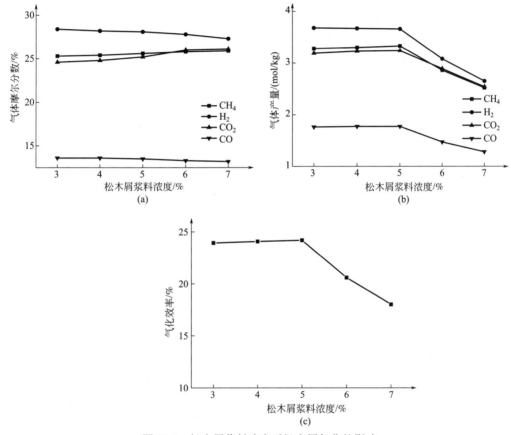

图 10-5　松木屑浆料浓度对松木屑气化的影响

　　可以看出，松木屑浆料浓度从 3% 增加到 5% 的过程中，气体产率稳定在 $0.29m^3/kg$，上下波动不大。松木屑浆料浓度由 5% 继续增加到 7% 的过程中，气体产率迅速减小至 $0.22m^3/kg$。CH_4 的摩尔分数表现出增长的趋势，由 25.61% 升高至 25.92%，然而 CH_4 的气体产量由 3.33mol/kg 迅速降至 2.52mol/kg，降幅达到 24.32%。气体热值由 13939.51kJ/m^3 降至 13916.88kJ/m^3，松木屑气化效率也由 24.19% 降至 18.02%，降幅达到 25.51%。

　　这是因为物料浓度越大，水含量越少，水蒸气重整和水气转化反应减弱，气化越难进行。另外，高浓度的松木浆在釜内不能完全反应，生成的大量中间产物会聚合成焦炭、焦油。实验过程中，随着松木屑浆料浓度的升高，反应结束后附着在反应釜内壁的焦炭、焦油也随之变多，导致反应釜难以清洗。

　　4）反应持续时间的影响

　　在温度为 450℃、压力为 32MPa、松木屑浆料浓度为 5%、粒径为 2~4 目的条件下，不同反应持续时间对实验结果的影响如图 10-6 所示。

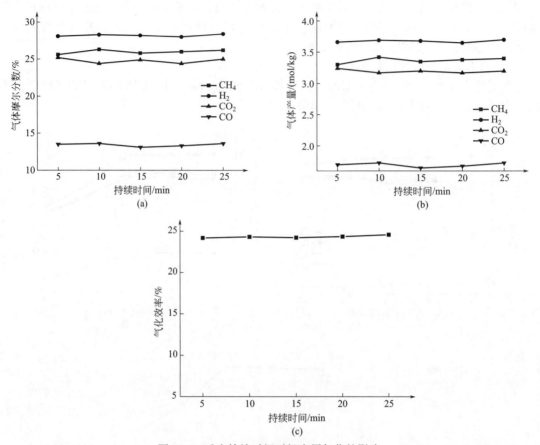

图 10-6　反应持续时间对松木屑气化的影响

由实验结果可以看出，在反应持续时间从 5min 延长至 30min 的过程中，气体产率维持在 0.29m³/kg 左右。CH_4、H_2、CO_2、CO 的摩尔分数以及气体产量相对稳定，波动不大。所得气体的热值在 13939.51～14179.39kJ/m³ 范围内波动，松木屑的气化效率维持在 24.19%～24.59%之间。反应持续时间对气化的影响很小，较长的反应持续时间是一个耗时耗能的过程。

5）反应物粒径的影响

在温度为 450℃、压力为 32MPa、松木屑浆料浓度为 5%、反应持续时间为 5min 的条件下，不同粒径对实验结果的影响如图 10-7 所示。

由实验结果可以看出，在粒径从 500～1000 目增大到 2～4 目的过程中，气体产率维持在 0.29m³/kg 左右。CH_4 的摩尔分数以及气体产量维持在 25.48%～25.61% 范围内和 3.28～3.33mol/kg 范围内；H_2、CO_2、CO 的摩尔分数以及气体产量也相对稳定。所得气体的热值在 13867.36～14032.56kJ/m³ 范围内波动，松木屑的气化效率在 24.06%～24.35% 范围内波动。

这是因为热解和气化产物分布与原料的加热速率有关，粒径越小，比表面积越大，加热速率越快。但由于松木屑是孔隙结构，并且超临界水是均相介质，具有良好的传递性，加上在超临界条件的高压作用下，使得在气化反应中因传递而产生的阻力冲击大大减小，使粒径

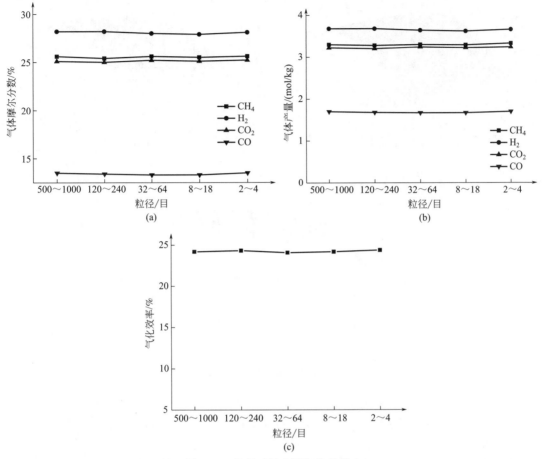

图 10-7　粒径对松木屑气化的影响

大的松木屑的升温速率提高。所以粒径对气化过程几乎不产生影响，粒径大的物料相对于粒径小的物料，节约了粉碎所需要的时间和能量，更利于工业化气化制甲烷。

6）响应面优化

在反应持续时间为 5min、粒径为 2~4 目的条件下，从反应温度、反应压力、松木屑浆料浓度这三个因素中各选取两个水平来进行响应面优化实验，如图 10-8 所示。

由图 10-8 可以看出，反应温度是影响甲烷气体产量的主要因素，反应压力是次要因素，松木屑浆料浓度对其影响较小。响应面优化结果表明，松木屑超临界水气化制甲烷的最优工艺参数为：反应温度 456.79℃、反应压力 32.10MPa、松木屑浆料浓度 4.60%。在此工艺条件下甲烷气体产量的理论值可达到 3.47mol/kg。

（2）催化剂种类对气化过程的影响

在松木屑超临界水气化制甲烷的过程中，在不添加催化剂的条件下，松木屑的气化效率以及甲烷的气体产量都较低，即使在最佳操作条件下，CH_4 的气体产量仍低于 H_2 的气体产量。为了提高松木屑超临界水气化的气化效率和 CH_4 的气体产量，就必须添加催化剂来促进甲烷化反应。现阶段在生物质超临界水气化研究中，大量使用的催化剂有碳类催化剂、碱类催化剂和金属类催化剂。

1）碱性催化剂的影响

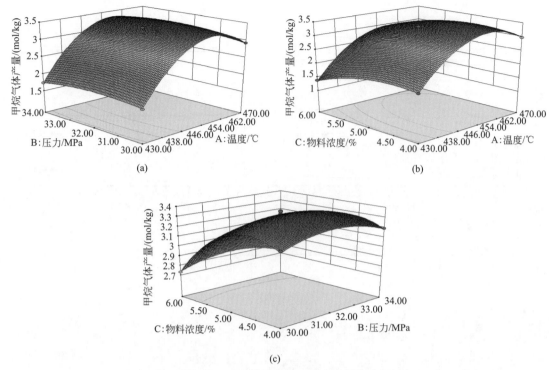

图 10-8　甲烷气体产量的响应面曲线

在温度为 457℃、压力为 32MPa、松木屑浆料浓度为 4.6%、反应持续时间为 5min、粒径为 2~4 目的条件下，KOH、K_2CO_3、Na_2CO_3、$Ca(OH)_2$ 四种不同碱性催化剂对实验结果的影响如图 10-9 所示。

由图 10-9 可以看出，KOH、K_2CO_3、Na_2CO_3、$Ca(OH)_2$ 都能促进松木屑气化生成甲烷。碱性金属能使得离子化反应被减弱而自由基反应被增强。KOH 在超临界水中会发生自由基反应生成 OH·。产生的 OH·的化学性质非常活泼，攻击能力极强，能破坏许多有机物的分子结构，同时 OH·具有很强的氧化性。OH·可以很快除去大分子有机物或者小分子自由基中的 H，并将其氧化。

一般情况下认为生物质在超临界水气化过程中，主要经历分解和水解两个过程，生成以葡萄糖为主的有机物。由于葡萄糖的分子结构，使得醛基（—CHO）易脱离碳链，生成醛基自由基（CHO·）。CHO·被 OH·氧化成羧基（RCOOH）。

$$C_6H_{12}O_6 \Longleftrightarrow C_5H_{11}O_5 + CHO· \tag{10-7}$$

$$RCHO + OH· \Longleftrightarrow RCOOH + H· \tag{10-8}$$

CHO·是产生 CO 的关键，并且 RCOOH 会发生脱羧反应。

$$CHO· \Longleftrightarrow CO + H· \tag{10-9}$$

$$RCOOH \Longleftrightarrow RH + CO_2 \tag{10-10}$$

体系中的 CO 和 CO_2 经过以下几个步骤生成 CH_4。

$$CO + 2H· \Longleftrightarrow CHOH· \tag{10-11}$$

$$CHOH· + H· \Longleftrightarrow CH_2· + OH· \tag{10-12}$$

$$CO_2 + H· \Longleftrightarrow HOCO· \tag{10-13}$$

$$HOCO· + 3H· \Longleftrightarrow CH_2· + 2OH· \tag{10-14}$$

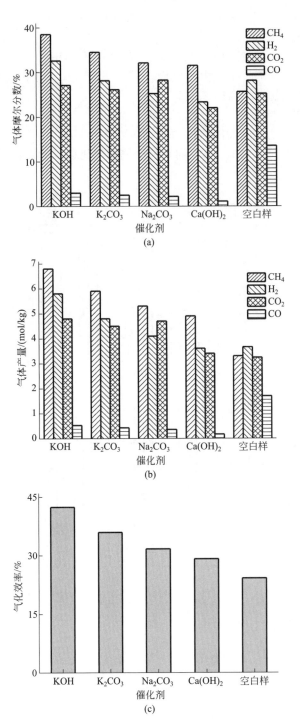

图 10-9　碱性催化剂对松木屑气化的影响

$$CH_2 \cdot + 2H \cdot \Longrightarrow CH_4 \qquad\qquad (10\text{-}15)$$

　　自由基反应可以促进 CH_4 一类的非极性气体的生成，从而促进甲烷化反应，因此 CH_4 的气体产量增加。

　　由于 K_2CO_3 和 H_2O 会生成 KOH：

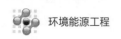

$$K_2CO_3 + H_2O \longrightarrow KHCO_3 + KOH \tag{10-16}$$

Na_2CO_3 和 H_2O 会生成 $NaOH$：

$$Na_2CO_3 + H_2O \longrightarrow NaHCO_3 + NaOH \tag{10-17}$$

$NaOH$ 和 KOH 一样都能发生自由基反应，促进甲烷气体产量的增加。并且在超临界条件下，KOH 比 $NaOH$ 更易发生自由基反应。

2）金属催化剂的影响

在温度为457℃、压力为32MPa、松木屑浆料浓度为4.6%、反应持续时间为5min、粒径为2~4目的条件下，Fe、Co、Ni、Cu 四种不同金属催化剂对实验结果的影响如图10-10所示。

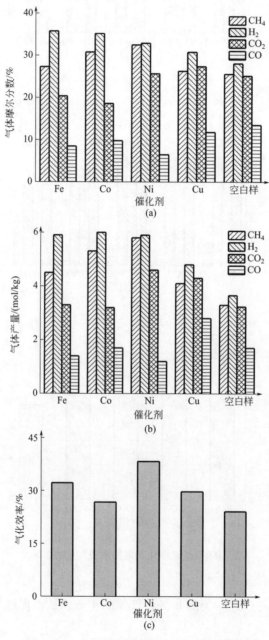

图 10-10　金属催化剂对松木屑气化的影响

由图 10-10 可以看出，Fe、Co、Ni、Cu 对松木屑超临界水气化制甲烷有一定的促进作用，其催化活性的大小由高到低的顺序依次是：Ni＞Co＞Fe＞Cu。

这是因为，疏松蜂窝状结构的 Ni 是一种比表面积较大的骨架形式的催化剂，反应体系中生成的 CO、CO_2、H_2 等小分子物质更容易被吸附在镍晶格活性中心周围，为 CO、CO_2 与 H_2 发生甲烷化反应提供了有利条件，促进了甲烷化反应的进行。

Cu 作为催化剂虽然价格便宜、易制备，但活性较低，且选择性差、易积炭、易失活。Ni 作为催化剂催化活性较高、选择性好、反应条件易控制，但对硫十分敏感，极少量的硫化物也会使催化剂中毒而失活。

3）催化剂浓度的影响

在温度为 457℃、压力为 32MPa、松木屑浆料浓度为 4.6%、反应持续时间为 5min、粒径为 2~4 目的条件下，KOH 浓度对实验结果的影响如图 10-11 所示。

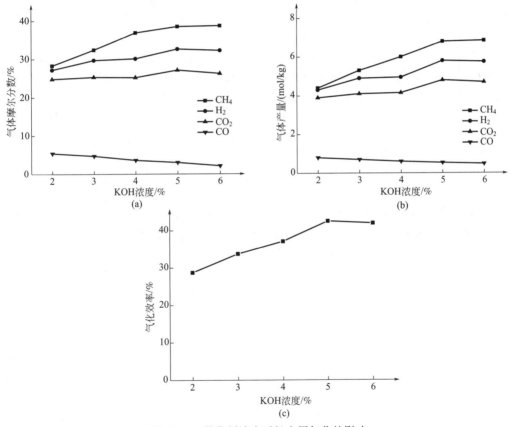

图 10-11　催化剂浓度对松木屑气化的影响

由图 10-11 可以看出，随着 KOH 浓度的增加，CH_4、H_2、CO_2 的摩尔分数以及气体产量总体保持着逐渐上升的趋势，CO 的摩尔分数和产量则缓慢下降。从反应的机理上来说，KOH 浓度增大，反应体系中具有催化活性的簇合物浓度也会相应增高，催化活性的增加促进了甲烷化反应的进行，同时也使得松木屑在超临界水条件下的气化反应更加充分。并且当 KOH 浓度较低时，KOH 浓度的变化对气体摩尔分数、气体产量以及松木屑的气化效率的影响更加显著。当 KOH 浓度较高时，气化反应较完全，各反应都达到平衡状态，KOH 浓度继续升高，对反应的影响减弱。

10.3　畜禽粪便水热气化与能源化利用

　　无论是前述的热解气化还是气化剂气化，对于含水率较高的畜禽粪便，需首先进行晾干或进行必要的干燥处理，将含水率降到适合的范围，干燥需要消耗大量的能量，对其气化过程的能耗和经济性产生影响。但采用水热气化技术可对高含水率的畜禽粪便直接进行气化处理制得可燃气，省掉了高耗能的干燥环节，从而大大提高了过程的经济性。

　　畜禽粪便的元素分析结果和秸秆类物质基本接近，只有氮元素偏高，水热气化能处理畜禽粪便类湿原料，需要金属催化剂加快反应速率，可以产生氨用作肥料。涂德浴等对能量输入与产出的理论分析发现，畜禽粪便空气气化过程的理论能量转化效率能达到 50% 左右，具有能量转换方面的效率优势。进一步实验表明，在粒径 0.5mm，当量比 ER 为 0.15，起始温度 300℃ 的气化操作条件下，猪粪水热气化所得燃气的热值在 $4MJ/m^3$ 左右，气化效率最高达到 59.47%。

　　畜禽粪便水热气化制氢是目前的研究热点。与热解和蒸汽气化方法相比，水热气化具有无需干燥和气化率高等优点，但同时氢气产量的增加需要较高的温度和压力，能耗较大，目前水热气化技术仍处于试验研究阶段。为了降低反应条件同时提高氢气产量，研究人员进行了水热催化气化，研究表明水热制氢需要较高稳定性和催化活性兼备的催化剂，选择合适的催化剂能够增加氢气的产量和减少焦炭和 CO_2 的生成。目前应用的催化剂主要有有机碳、碱性无机化合物和金属催化剂。

　　目前畜禽粪便水热气化的研究主要集中在超临界水气化技术方面。Tavasoli 等采用流化床临界水气化技术（温度在 374℃ 以上、压力高于 22.1MPa），在没有催化剂下，TS（总硫）9% 的鸡粪在 620℃ 可以完全气化，碳气化率 99.2%；在加入活性炭催化剂后，620℃ 下氢产率可达到 25.2mol/kg。Cao 等研究了鸡粪超临界水催化气化产氢特性，在温度为 620℃ 且无催化剂添加时，鸡粪被完全气化，C 的气化效率达到 99.2%，气体产物中 H_2 的占比达到 45.2%。温度为 540℃ 时，活性炭催化剂的加入促进了水气变换反应和蒸汽重整反应的发生，C 气化效率和 H 气化效率分别从 68.2% 和 131.9% 升高至 78.3% 和 165.3%，气体产物中 H_2 的占比也由 40.5% 升高至 45.6%。Yong 和 Matsumura 对猪粪/桉树混合物超临界水催化气化特性进行了研究，发现随着桉树添加量的增多，气体组成为 H_2、CO_2 和 CH_4，混合原料中 C 的气化效率呈现为先增大后减小的变化趋势，可能是因为桉树中所含的某些组分因桉树添加量的增多对气化反应产生抑制作用。此外，活性炭催化剂的添加提升了气化反应速率，因此产气量增多，C 的气化效率从 25.6% 上升至 42.2%，同时导致气体产物中 CH_4 产率减少，H_2 和 CO_2 产率增多。Nakamura 等利用超临界水气化技术处理鸡粪，设备处理能力为 10t/d，在进料含水率分别为 80%、85% 和 90% 时进行试验，发现较佳的进料含水率为 80%，气化效率为 70%，1kg 原料产出的气体热值为 14.5MJ。但是设备投资大，运行成本高。

10.4　城市生活垃圾水热气化与能源化利用

　　随着居民生活水平的提高和垃圾分类工作的不断推进，城市生活垃圾中有机物的比重越来越高，对于以厨余垃圾和食物残渣为主的湿垃圾，除可采用前述的热解气化和气化剂气化制取可燃气外，还可以采用水热气化法实现其能源化利用。

10.4.1　城市生活垃圾水热气化的工艺过程

对于经过分类后的以厨余垃圾和食物残渣为主的城市生活垃圾，可首先对其进行预处理（包括研磨、压榨、浸渍等过程）后，形成一种流动性好的生物质浆液，然后用泵加压后进入反应器中，生物质浆液经过高温高压的水热反应后进入减压分离装置，形成最终产物生物油、水相、生物炭和小分子可燃气体。水热气化是以追求可燃气体产率为目标的水热处理过程。

(1) 预处理过程

以厨余垃圾和食物残渣为主的城市生活垃圾，其中的大多数组分都属于亲水性物质，因此可通过水热技术进行处理，并在反应前将其与水混合为固体含量 5%~35% 的浆料注入反应器中。对于含水量较低的，则需在反应前添加足够的水分对其浸渍。

(2) 水热气化处理过程

以厨余垃圾和食物残渣为主的城市生活垃圾的水热气化处理过程主要包括浆料注入、预热、水热反应、减压分离等过程。经过预处理后的浆料通过泵加压注入反应器中，并经过换热器进行预热。浆料注入的流速和压力通过泵来控制。经过预热的浆料进入反应器中，使其温度和压力均达到预设要求，而停留时间则通过浆料注入泵的注入速度来确定。待反应完成后，所得的产物经过热交换器降温，并通过压力阀对其压力进行控制。已降至室温常压的产物便可进行气液分离并收集。

10.4.2　城市生活垃圾水热气化产物的特性

以厨余垃圾和食物残渣为主的城市生活垃圾水热气化技术主要是以水为反应介质，制取小分子可燃气的热化学转化过程，通常反应温度为 400~700℃、压力为 16~35MPa。与传统的热化学转化（如前述的热解气化和气化剂气化）相比，利用超临界水气化技术显著简化了反应流程，降低了反应成本。水热气化产物中氢气的体积分数可以超过 50%，并且不会产生焦炭、焦油等二次污染物。另外，对于含水率较高的原料，水热气化反应也省去了能耗较高的干燥过程。

一般来说，经水热转化后得到的气体产物成分主要包括 H_2、CH_4、CO_2 以及少量 C_2H_4 和 C_2H_6。对于以厨余垃圾和食物残渣为主的城市生活垃圾，由于含有大量的蛋白质类物质，因此气化气中还含有少量的氮氧化物。

根据工艺形式的不同，以厨余垃圾和食物残渣为主的城市生活垃圾水热气化可分为连续式、间歇式和流化床三种主要工艺。连续式适用于研究气化制氢特性、气化过程中的动力学特性；间歇式反应器装置相对简单，适用于几乎所有的反应物料，可用于研究气化反应的机理和催化剂的筛选；流化床工艺得到的气体转化率相对较高，焦油含量较低，但工艺成本较高，设备复杂不易操作。

10.5　废塑料和废橡胶水热气化与能源化利用

随着环保要求的日益提高，对于不易降解的废塑料和废橡胶的处理一直是世界发达国家的主要研究与开发课题。采用水热气化技术可将之转换为可燃气体，一方面消除了

大量废塑料和废橡胶对环境的严重污染，另一方面将其实现能源化利用，防止了资源的巨大浪费。

然而，采用水热气化技术实现废塑料和废橡胶的能源化利用目前还处于实验研究阶段，要实现其工业化应用还有相当长一段路要走。

10.5.1　废塑料水热气化与能源化利用

根据组成与使用性能，塑料可分为热塑性塑料和热固性塑料。

聚酯、聚丙烯、聚乙烯、聚苯乙烯和聚氯乙烯等原料的单体都是从石油中提炼出来的，因此可通过高温使其发生分子链断裂，生成分子量较小的混合烃。南京工业大学廖传华团队针对可乐瓶（聚酯，PET）、可乐瓶盖（聚丙烯，PP）、购物袋（聚乙烯，HDPE）和一次性饭盒（聚苯乙烯，PS）等废塑料制品开展超临界水气化研究。分别将各种原料破碎至一定大小的颗粒，与水按一定比例装入间歇式超临界水反应器，考察温度、压力、停留时间、粒径大小、装料浓度等操作条件对气化效果的影响。结果发现，上述各种塑料在超临界水中均能取得较好的气化效果，气化气的主要成分为 CH_4、H_2、CO 等可燃气，气化气的热值较高，可满足工业应用。

热固性塑料主要用于制造电脑、电视机、手机等的外壳。出于经济原因，在对废旧家电中的有价值金属进行回收利用过程中，人们很少考虑对这类热固性塑料的利用。南京工业大学廖传华团队的李洋对热固性塑料（手机外壳、线路板）进行了超临界水气化研究，结果表明，热固性塑料在超临界水中也能较好气化，生成的气体主要有 CO、甲烷等，可有效实现能源化利用。

10.5.2　废轮胎水热气化与能源化利用

水热气化是一种将废轮胎转化为可燃气的环保技术，其工作原理如图 10-12 所示。将废轮胎与水的混合物加热至一定的压力和温度条件后，即可获得氢气和烃类等可燃气体，从而实现其能源化利用。

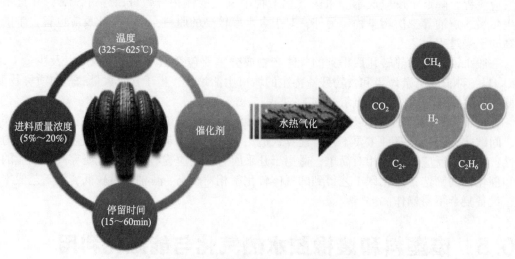

图 10-12　废轮胎水热气化工作原理图

然而，在已知的范围内，文献中还没有关于废轮胎在水介质中气化的报道。基于这一目标，目前的工作主要集中在亚临界和超临界水催化气化废轮胎，用于富氢燃气的生产。对水热气化的关键操作参数，如温度、反应时间和原料浓度的影响进行了深入的研究和优化，以最大限度地提高气体产量和转化效率。

Sonil Nanda 等在亚临界和超临界水中对废轮胎进行气化，研究其在合成气生产过程中的降解行为。对温度（325~625℃）、反应时间（15~60min）和进料质量浓度（5%~20%）等工艺参数进行优化，以最大限度地提高废轮胎产气量。在最优温度（625℃）、反应时间（60min）和进料质量浓度（5%）下，可获得最高的总气体产量（34mmol/g）、氢气产量（14.4mmol/g）和碳气化效率（42.6%）。均相催化剂和非均相催化剂的应用均提高了废旧轮胎的产氢率，其顺序为：$Ni/SiO_2\text{-}Al_2O_3$（19.7mmol/g）> Ru/Al_2O_3（17.9mmol/g）> $Ba(OH)_2$（16.9mmol/g）> $Ca(OH)_2$（16.7mmol/g）> $Mg(OH)_2$（15.4mmol/g）。结果表明，废轮胎是利用水热气化回收富氢燃气的潜在资源。

10.6 污泥水热气化与能源化利用

污泥水热气化是通过控制合适的工艺条件，直接将有机污泥转化生成高能量密度的气体（清洁燃气）、液体（生物油）、固体产物（焦炭）的过程。根据工艺条件的不同，污泥水热气化可分为亚临界水气化和超临界水气化，目前研究较多的是超临界水气化技术。

污泥超临界水气化技术是将有机污泥、超临界水和催化剂放在一个高压的反应器内，利用超临界水具有的较强溶解能力，将污泥中的各种有机物溶解，然后在均相反应条件下经过一系列复杂的热解、氧化、还原等反应过程，最终将污泥中的有机质催化裂解为富氢气体的一种新型气化技术。

10.6.1 污泥超临界水气化过程的机理

理论上讲，以富含烃类的有机废弃物为原料，在超临界水条件下的气化过程是依靠外部提供的能量使废弃物中有机质原有的 C—H 键全部断裂（即高温分解与水解过程）后，再经蒸汽重整而生成氢气。其化学方程式可表示如下：

$$CH_xO_y+(1-y)H_2O \longrightarrow CO+(1-y+x/2)H_2 \tag{10-18}$$

当然，在生物质气化产生氢气的同时，也伴随着水气变换反应［式(10-19)］与甲烷化反应［式(10-20)］：

$$CO+H_2O \longrightarrow CO_2+H_2 \tag{10-19}$$

$$CO+3H_2 \longrightarrow CH_4+H_2O \tag{10-20}$$

可以看出，在超临界水气化过程中，水既是反应介质又是反应物，在特定的条件下能够起到催化剂的作用。有机污泥在超临界水条件下气化制氢的关键问题是如何抑制可能发生的小分子化合物聚合以及甲烷化反应，促进水气转化反应，以提高气化效率和氢气的产量。

与常压下的高温气化过程相比，超临界水气化的主要优点是：a. 超临界水是均相介质，使得在异构化反应中因传递而产生的阻力冲击有所减小；b. 高固体转化率，气化率可达100%，有机化合物和固体残留物均很少，这在气化过程中考虑焦炭和焦油等的作用时是至关重要的；c. 气体中氢气含量高（甚至超过 50%）；d. 由于特殊的操作条件，使反应可在高转化率和高气化率下进行；e. 由于直接在高压下获得气体，因此所需的反应器体积较小，存储时耗能少，所得气体可以直接输送。因此超临界水气化技术作为一种全新的有机物处理和资源化利用技术，是美国能源部（DOE）氢能计划的一部分，已成为当前国际上的研究热

点之一，有着很好的应用前景。

10.6.2 污泥超临界水气化工艺

普通管式反应器存在的最大问题是物料在反应器中的堵塞，从而影响反应的连续进行，也给商业化应用带来了困难。2003 年，日本广岛大学（Hiroshiam University）的 Matsumurd 提出了将流化床用于超临界水气化制氢的设想，并对此展开了一些基础研究。流化床中的固体颗粒可以阻止结焦层和灰层在反应器壁上的形成，而且可以使整个反应器中的温度场分布更均匀，从而使反应更彻底。固体颗粒可以是生物质，也可以是催化剂颗粒，或者由二者混合组成。这是一种新的催化剂添加方法，克服了传统管式反应器中催化剂难以固定或者随反应物流失的缺点。Matsumura 在反应温度为 350~600℃、压力为 20~35MPa 条件下，提出了 2 种流化床方式，即鼓泡床和循环流化床，并分析了温度、固体颗粒大小对流化速度、最终速度的影响，为超临界水流化床式反应器的设计提供了理论依据。

2004 年，日本东京大学（University of Toyko）的 Yoshida 设计了三段式连续超临界水气化制氢反应器，该反应器由热解反应器、氧化反应器和接触反应器组成。实验详细分析了各个反应器中所进行的化学反应，并且获得了最佳反应参数。在温度为 673K、压力为 25.7MPa、停留时间为 60s 的条件下，碳的气化效率为 96%，产生的气体主要为氢气和二氧化碳，其中氢气的体积分数约为 57%。

辽宁省某公司与西安交通大学联合研发设计了用于处理污泥等有机废弃物的连续式超临界水气化处理试验装置，其工艺流程如图 10-13 所示。试验发现，超临界水气化处理后的污泥具有残渣无害、脱水性强、有机物挥发率和能量回收率高等其他热化学处理技术不可比拟的优点，但也存在污泥处理成本高、设备易腐蚀的缺陷，阻碍了该技术的工业化。虽然如此，但超临界水气化技术作为一种新型的可再生能源转化与再生性水循环利用相结合的技术，仍具有广阔的应用前景。

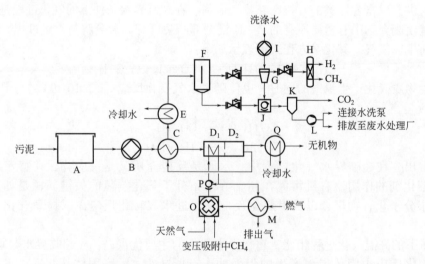

图 10-13　污泥超临界水气化装置工艺流程

A—准备室；B—高压泵；C—热交换器（预热）；D_1—热交换器；D_2—反应器；E—热交换器（产物冷却）；
F—气液分离装置；G—洗涤器；H—变压吸附装置；I—高压泵；J—混合室；K—膨胀室；L—污水泵；
M—气体预热装置；O—燃烧室；P—气体混合装置；Q—无机物冷却器

在多年实验研究工作的基础上，南京工业大学廖传华团队成功开发了处理规模为 1t/h

的高湿基污泥气化中试装置。污泥单独或与厨余垃圾、林业废弃物（如锯末、木屑粉）的混合物进入气化装置后，经间接加热后达到临界温度和压力，可将污泥中的有机物转化为可燃气直接用于燃烧或经净化后发电。处理后的残渣存在明显的矿化现象，因此其脱水性好，能取得较好的环境效益。而且在气化过程中，高湿基污泥所含的水蒸气与碳基发生反应，增大了可燃气的产量，提高了可燃气的品质，能取得较好的经济效益。

然而，与前述的热解气化、气化剂气化等污泥热化学转化过程相比，超临界水气化技术虽然具有气化产率和能量回收率高等优点，但设备投资与运行费用均相对较高，而且设备在运行过程中易腐蚀，从经济性角度考虑，仅适用于高浓度难降解工业污泥的资源化利用。

10.6.3　污泥超临界水气化过程的影响因素

影响污泥超临界水气化过程的主要因素包括温度、物料、催化剂等。

（1）温度

温度是有机污泥转化率的主要影响因素，压力和停留时间对有机污泥转化率的影响不大。王志锋等以城市污泥转化为富氢气体为目的，在反应温度为 500~650℃、压力为 22.8~37MPa、水料比为 2.6~6 及停留时间为 1~36min 的条件下，使用超临界水（SCW）间歇反应器，考察了污泥在超临界水气化过程中的气体组分及产率。当温度由 500℃ 升高至 650℃ 时，氢气产率由 16.54mL/g 上升到 62.4mL/g；当水料比由 2.6 提高到 6 时，氢气产率提高了 1 倍多。马红和等在研究城市污泥的超临界水处理效果时发现，反应温度每升高 20℃，H_2 物质的量分数约提高 2.0%，CH_4 物质的量分数提高 0.2%~0.9%。这是因为温度升高，可促使 CO 和 H_2O 发生水气变换反应，CO 和 H_2 发生甲烷化反应，而且温度越高促进效果越明显。

对于在超临界条件下有机废弃物分解反应中的气化反应，主要考虑与 C、H、O 有关的蒸汽重整反应（吸热反应）、甲烷生成反应（放热反应）、氢生成反应及水气变换反应。后两种反应的反应热几乎为零。高温、高压可促进气化反应的进行，但会抑制甲烷的收率；相反，低温、高压有利于甲烷的生成。因此，为了使有机废弃物有效生成甲烷等燃料，需开发适用于低温、高压条件的有效催化剂，或先在高温、低压下进行蒸汽重整反应，生成 CO 和 H_2 后，再由其他方法生成燃气。

（2）物料

采用超临界水气化技术处理有机污泥，可制得富氢燃气。日本三菱水泥公司向 20g 有机废弃物（如重油残渣、废塑料、污泥等）中添加 50mL 水，然后将其放入超临界水反应器中，在 650℃、25MPa 的条件下反应，生成以氢气和二氧化碳为主的气体。然后使用氢分离管将生成的氢气与其他气体分离，并加以收集。其他产物经过气、液分离后，得到以二氧化碳为主的气体（含有少量甲烷）。使用该方法可以得到纯度为 99.6% 的氢气，且氢气占总产生气体体积的 60%。

超临界水气化不仅针对单一物料，也可采用两种或两种以上物料共同气化。王奕雪等发现，在底泥-褐煤超临界水共气化过程中碳气化率和产氢率存在明显的协同作用，并且可将底泥和褐煤中的碳、氢等元素转为燃料气，将重金属和富营养元素有效分离。以最优比例进行共气化，既可达到处置底泥的目的，又可保持相对较高的 H_2 产率（350mL/g）和 CH_4 产率（113mL/g）。左洪芳等在研究褐煤-焦化废水超临界水气化制氢过程中证实了两种物料间的协同作用，且存在最优气化比例。

（3）催化剂

催化剂的加入能提高城市污泥超临界水气化后富氢气体的产量。镍基催化剂是公认的对超临界水气化过程催化效率最高的催化剂。此外，马红和等加入活性炭催化剂，H_2 物质的量分数提高了 14.5%~16.1%。Yanamura 等在 375~500℃ 下探讨了 RuO_2 催化剂对污泥在超临界条件下的降解情况，发现随催化剂加入量的增加，污泥的气化效率也呈现增加的趋势，并可在 450℃、47.1MPa 和停留时间 120min 下得到大量的气体，氢气质量分数达 57%。

（4）其他

停留时间对于污泥超临界水气化处理过程虽然不是主要的影响因素，但也有一定的积极作用。Afif 等研究表明，在温度为 380℃、催化剂的载入量为 0.75g/g 时，随停留时间延长，总的产气量也不断增加，但在 30min 时达到最大值，氢气质量分数可达 50% 以上，同时含有一定量的甲烷、一氧化碳等。

超临界条件下有机废弃物会发生水煤气反应（$C+H_2O \longrightarrow CO+H_2$）和水气变换反应（$CO+H_2O \longrightarrow CO_2+H_2$），向反应体系中添加 $Ca(OH)_2$ 可吸收并回收副产物 CO_2，从而促进氢生成反应的发生。一般在 650℃、25MPa 以上的高温、高压下，碳几乎被 100% 气化，氢回收率很高。

10.6.4 氯化铝对脱水污泥超临界水气化产氢的影响

Xu 等针对不同含水率（76%~94%）的脱水污泥进行超临界水气化实验，提出含水率 80% 左右的脱水污泥可以直接进行超临界水气化产氢。而针对不同性质的脱水污泥的试验表明，各种城镇污水厂的污泥均能正常进行超临界水气化产氢，但都出现氢气产量偏低的问题。由于产氢量较低，不足以进行能源化利用成为超临界水气化处理污泥技术走向实际应用的重要制约因素，因此如何促进气化反应、提高氢气产量成为该技术的关键。

在提高氢气产量的研究中，通过提高反应温度、延长反应时间以及添加合适催化剂都可以在一定程度上提高氢气产量，相对于提高温度和延长反应时间而言，通过添加合适的催化剂可在相对较低的温度（400~450℃）下促进气化反应的进行，达到促进产氢的效果，具有高效低成本的特点。

目前常用的催化剂种类有金属催化剂、炭催化剂、金属氧化物催化剂和碱性化合物催化剂等。其中碱金属盐类催化剂是广泛使用的均质催化剂，价格低廉，可有效促进水气变换反应，提高氢气产量。Sinag 等发现 K_2CO_3 能够显著提高葡萄糖的超临界水气化产气效率，同时促进小分子物质聚合生成酚类。Muanral 等指出 NaOH 能够显著提高餐厨垃圾的超临界水气化产氢量，并抑制焦炭的生成。Xu 等探讨了多种碱性化合物催化剂 [NaOH、KOH、K_2CO_3、Na_2CO_3 和 $Ca(OH)_2$] 对脱水污泥超临界水气化的产氢效果，结果表明，除了 $Ca(OH)_2$ 外，其他碱性化合物催化剂都可明显提高氢气产量，但是产氢量依然较低。因此寻找一种更高效的催化剂对脱水污泥超临界水气化技术的实际应用具有重要意义。

近年来，很多学者发现一些添加剂能够促进生物质高温水热反应（50~350℃），促进大分子化合物转化为小分子化合物。Eranda 等发现 HCl 能够显著促进葡萄糖高温水热解转化成糠醛。Martin 等用氯化铝（$AlCl_3$）作为催化剂研究乙醇醛、丙酮醛在亚临界状态下的转化时发现 $AlCl_3$ 可以促进大分子生物质分解转化成小分子，并提出 $AlCl_3$ 水解生成 HCl 和 $Al(OH)_3$。$AlCl_3$ 同样可能会促进污泥中的有机质在亚临界条件下水热转化成小分子化合物并进一步在超临界条件下气化产生更多氢气。与此同时，为了提高污泥的脱水性能，通常在脱水之前对污泥进行预处理，即污泥调理。

在各种污泥调理方法中，化学调理因具有效果可靠、设备简单、操作方便等优点，被长期广泛采用，调理效果的好坏与调理剂种类、投加量以及环境因素有关。无机絮凝剂氯化铝因适用范围广而获得了广泛的应用。那么，能否利用调理用的氯化铝而促进脱水污泥超临界水气化制氢过程的产氢效果呢？为此，曾佳楠等以 $AlCl_3$ 作为催化剂，以污水厂脱水污泥为对象，对 $AlCl_3$ 对脱水污泥超临界水气化产氢过程的影响进行了研究，并通过分析 $AlCl_3$ 对主要产物的影响，探讨了 $AlCl_3$ 的催化机理。

（1）添加 $AlCl_3$ 对气体产率的影响

污泥单独超临界水气化的产气效率非常低，仅有 4.35mol/kg 干污泥，其中主要成分为 CO_2，H_2 组分极低，仅有 0.27mol/kg 干污泥。在相同的实验条件下，$AlCl_3$ 的添加显著增加了污泥气化的气体产率和 H_2 产率。随着 $AlCl_3$ 添加量从 0 增加到 6%（质量分数），H_2 产率由 0.27mol/kg 干污泥增加到 11.52mol/kg 干污泥。在 6%（质量分数）添加量下，氢气产率提高了近 43 倍，效果显著。

（2）添加 $AlCl_3$ 对液相产物的影响

液相产物中 TOC 和总酚是污泥超临界水气化处理后的关键产物，分析 $AlCl_3$ 对液相 TOC 和总酚的影响能够了解有机质的转化过程及可能发生的反应。液相 TOC 代表了液相中的有机质含量，而污泥超临界水气化后有机质主要贮存在液相中。污泥单独气化时液相 TOC 含量较高，达到 6688mg/L，添加 $AlCl_3$ 后液相 TOC 含量迅速降低，在 1%（质量分数）添加量下，液相 TOC 含量即下降到 5258mg/L，下降明显。随着 $AlCl_3$ 继续添加到 6%（质量分数）后，液相 TOC 含量降低至 3857mg/L。随着 $AlCl_3$ 添加量从 0 增加到 4%（质量分数），液相总酚浓度由 80.75mg/L 增加到 141.75mg/L，增加了 75%。在 6%（质量分数）添加量时，液相总酚浓度虽然较 4%（质量分数）添加量时略低，但是仍远远高于污泥单独气化时的液相总酚浓度。

（3）添加 $AlCl_3$ 对固相产物的影响

污泥经过超临界水气化反应后固相产物中有机质含量明显降低。相比于原泥中 50% 的有机质含量，超临界水气化后固相中的有机质含量仅为 17%，约 72% 的有机质通过超临界水气化反应转化为气体和液体。随着 $AlCl_3$ 添加量的增加，固相有机质含量逐渐降低。

焦炭作为阻碍超临界水气化反应的终端产物，其含量的变化会对超临界水气化反应造成影响。实验结果表明，添加 $AlCl_3$ 后固相产物中焦炭含量降低。随着 $AlCl_3$ 添加量从 0 增加到 6%（质量分数），焦炭含量从 8.40% 降到 5.74%，减少约 32%。

（4）$AlCl_3$ 促进脱水污泥超临界水气化产氢的机理

脱水污泥的超临界水气化反应是一个在低温阶段固相中有机质转化进入液相中并在高温阶段液相有机质进一步气化生成气体的过程。液相 TOC 和固相有机质含量随 $AlCl_3$ 添加量的增加呈降低趋势，说明 $AlCl_3$ 促进了固相有机质转化进入液相并促进液相中有机质进一步气化产生气体，提高气体产率和 H_2 产率。

脱水污泥的超临界水气化反应是一个复杂的反应过程，其中以蒸气重整反应［式(10-21)］、水气变换反应［式(10-22)］以及甲烷化反应［式(10-20)］为主。

$$CH_nO_m+(1-m)H_2O \longrightarrow (n/2+1-m)H_2+CO \tag{10-21}$$
$$CO+H_2O \longrightarrow CO_2+H_2 \tag{10-22}$$

添加碱性化合物催化剂能够促进水气变换反应［式(10-22)］，进而增加氢气产量。$AlCl_3$ 会发生水解反应［式(10-23)］生成 HCl 和 $Al(OH)_3$。

$$AlCl_3+3H_2O \longrightarrow Al(OH)_3+3HCl \tag{10-23}$$

脱水污泥进行超临界水气化反应，大分子有机物在超临界水的催化作用下先发生高温水热解反应，生成中间产物，再进一步气化生成气体或者聚合生成大分子有机物残留在液相和固相产物中。而污泥中有机物成分主要是糖类、蛋白质和脂肪等碳水化合物，这些碳水化合物在酸性环境下能够快速水解生成葡萄糖、丙氨酸和甘油酸等小分子化合物。$AlCl_3$发生水解反应生成 HCl 和 $Al(OH)_3$。HCl 是一种酸性极强的无机酸，作为酸性水解剂在亚临界条件下创造酸性环境促进污泥中的碳水化合物快速水解生成的小分子物质进一步在超临界条件下气化产生氢气，即促进了蒸气重整反应［式(10-21)］生成大量的 H_2 和 CO。而生成的 $Al(OH)_3$ 作为碱性催化剂促进水气变换反应［式(10-22)］生成大量的 CO_2 和 H_2，并促进小分子聚合生成酚类，抑制小分子聚合生成焦炭。HCl 和 $Al(OH)_3$ 二者共同作用促进脱水污泥超临界水气化产氢。

参考文献

[1] 廖传华，王重庆，梁荣.反应过程、设备与工业应用［M］.北京：化学工业出版社，2018.
[2] 任学勇，张扬，贺亮.生物质材料与能源加工技术［M］.北京：中国水利水电出版社，2016.
[3] 袁振宏.生物质能高效利用技术［M］.北京：化学工业出版社，2014.
[4] 袁振宏，吴创之，马隆龙.生物质能利用原理与技术［M］.北京：化学工业出版社，2016.
[5] 骆仲泱，王树荣，王琦，等.生物质液化原理及技术应用［M］.北京：化学工业出版社，2012.
[6] 陈冠益，马文超，颜蓓蓓.生物质废物资源综合利用技术［M］.北京：化学工业出版社，2014.
[7] 陈冠益，马文超，钟磊.餐厨垃圾废物资源综合利用［M］.北京：化学工业出版社，2018.
[8] 汪苹，宋云，冯旭东.造纸废渣资源综合利用［M］.北京：化学工业出版社，2017.
[9] 尹军，张居奎，刘志生.城镇污水资源综合利用［M］.北京：化学工业出版社，2018.
[10] 赵由才，牛冬杰，柴晓利.固体废弃物处理与资源化［M］.北京：化学工业出版社，2006.
[11] 解强，罗克浩，赵由才.城市固体废弃物能源化利用技术［M］.北京：化学工业出版社，2019.
[12] 李为民，陈乐，缪春宝，等.废弃物的循环利用［M］.北京：化学工业出版社，2011.
[13] 杨春平，吕黎.工业固体废物处理与处置［M］.郑州：河南科学技术出版社，2016.
[14] 何皓，王旻烜，张佳，等.城市生活垃圾的能源化综合利用及产业化模式展望［J］.现代化工，2019，39（6）：6-14.
[15] 杨剑，张成，张小培，等.纤维素的催化水热气化特性实验研究［J］.广东电力，2018，31（5）：15-20.
[16] 陈善帅，孙向前，高娜，等.超临界水体系中纤维素模型物的高效气化［J］.造纸科学与技术，2018，37（3）：37-41.
[17] 李九如，李想，陈巨辉，等.生物质气化技术进展［J］.哈尔滨理工大学学报，2017，22（3）：137-140.
[18] 黄叶飞，董红敏，朱志平，等.畜禽粪便热化学转换技术的研究进展［J］.中国农业科技导报，2008，10（4）：22-27.
[19] 廖传华，朱廷风，代国俊，等.化学法水处理过程与设备［M］.北京：化学工业出版社，2016.
[20] 黄建兵，朱超.水热气化生物质制氢催化剂及热力学分析研究［J］.科技创新导报，2016，13（10）：164-165.
[21] 聂永丰，岳东北.固体废物热力处理技术［M］.北京：化学工业出版社，2016.
[22] 李复生，高慧，耿中峰，等.污泥热化学处理研究进展［J］.安全与环境学报，2015，15（2）：239-245.
[23] 洪渊.基于不同条件下超临界水气化污泥各态产物分布规律的研究［D］.深圳：深圳大学，2015.
[24] 孙海勇.市政污泥资源化利用技术研究进展［J］.洁净煤技术，2015，21（4）：91-94.
[25] 乔清芳，申春苗，杨明沁，等.污水污泥气化技术的研究进展［J］.广州化工，2014，42（6）：31-33.
[26] 陈翀.干化污泥的颗粒分布及气化特性研究［J］.中国市政开程，2014，5：54-56.
[27] 马玉芹.城市固体废弃物热化学处理实验研究［D］.北京：华北电力大学，2014.
[28] 何选明，王春霞，付鹏睿，等.水热技术在生物质转换中的研究进展［J］.现代化工，2014，34（1）：26-29.
[29] 刘桓嘉，马闯，刘永丽，等.污泥的能源化利用研究进展［J］.化工新型材料，2013，41（9）：8-10.
[30] 张辉，胡勤海，吴祖成，等.城市污泥能源化利用研究进展［J］.化工进展，2013，32（5）：1145-1151.
[31] 郭烈锦，陈敬炜.太阳能聚焦供热的生物质超临界水热化学气化制氢研究进展［J］.电力系统自动化，2013，37（1）：38-46.
[32] 康世民.木质素水热转化及其产物基础应用研究［D］.广州：华南理工大学，2013.

［33］　曾其林.生物质有机废弃物水热解机理及资源化工程利用研究［D］.北京：华北电力大学（北京），2013.

［34］　曾其林.废水超临界水热气化过程建模及优化［J］.电力科学与工程，2012，28（12）：29-33.

［35］　曾佳楠.氯化铝对脱水污泥超临界水气化产氢的影响［J］.科学技术与工程，2017，17（13）：86-90.

［36］　李复生，高慧，耿中峰，等.污泥热化学处理研究进展［J］.安全与环境学报，2015，15（2）：239-245.

［37］　马倩，朱伟，龚森，等.超临界水气化处理对脱水污泥中重金属环境风险的影响［J］.环境科学学报，2015，5：1417-1425.

［38］　王尝.城市污水处理厂污泥超临界气化反应研究［D］.长沙：湖南大学，2013.

［39］　徐志荣.污水厂脱水污泥直接超临界水气化研究［D］.南京：河海大学，2012.

［40］　熊思江.污水污泥热解制取富氢燃气实验及机理研究［D］.武汉：华中科技大学，2010.

［41］　丁兆军.生物质制氢技术综合评价研究［D］.北京：中国矿业大学（北京），2010.

［42］　徐东海，王树众，张钦明，等.超临界水中氨基乙酸的气化产氢特性［J］.化工学报，2008，59（3）：735-742.

［43］　郭鸿，万金泉，马邕文.污泥资源化技术研究新进展［J］.化工科技，2007，15（1）：46-50.

［44］　张钦明，王树众，沈林华，等.污泥制氢技术研究进展［J］.现代化，2005，25（1）：34-37.

［45］　廖传华，王小军，高豪杰，等.污泥无害化与资源化的化学处理技术［M］.北京：中国石化出版社，2019.

［46］　索扎伊.基于 Aspen Plus 的水热液化：气化系统过程模型与能量平衡分析［D］.北京：中国农业大学，2017.

［47］　郭烈锦，陈敬炜.太阳能聚焦共热的生物质超临界水热化学气化制氢研究进展［J］.电力系统自动化，2013，37（1）：38-46.

［48］　王智化，葛立超，徐超群.水热及微波处理对我国典型褐煤气化特性的影响［J］.科技创新导报，2016，13（6）：171-172.

［49］　黄建兵，朱超.水热气化生物质制氢催化剂及热力学分析研究［J］.科技创新导报，2016，13（10）：164-165.

［50］　陈善帅，孙向前，高娜，等.超临界水体系中纤维素模型物的高效气化［J］.造纸科学与技术，2018，37（3）：37-41.

［51］　何选明，王春霞，付鹏睿，等.水热技术在生物转换中的研究进展［J］.现代化工，2014，34（1）：26-29.

［52］　高英，石韬，汪君，等.生物质水热技术研究现状及发展［J］.可再生能源，2011（4）：77-83.

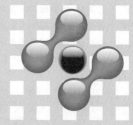

第**11**章 有机废弃物热解炭化与能源化利用

热解炭化是以追求固体产物产率为目标的热解过程。有机废弃物热解炭化与能源化利用是指在一定温度条件下将有机废弃物中的有机组分进行热解，使二氧化碳等气体从固体中被分离，同时又最大限度地保留有机废弃物中的碳值，使有机废弃物形成一种焦炭类的产品，通过提高碳含量而提高热值，进而实现其能源化利用。

11.1 农林废弃物热解炭化与能源化利用

农林废弃物的热解炭化是在隔绝或限制空气（主要指氧气）的条件下，将农林废弃物原料进行低温（一般400~600℃）长时间的慢速热解，目标产物是木炭，同时得到可以利用的木醋液和木煤气等副产物。炭化与燃烧并列，是最古老的生物质能量转化技术，如今在发展中国家仍然是重要的固体燃料的制造方法，而以前发达国家烧炭也是非常盛行的。

11.1.1 农林废弃物热解炭化的原理

根据农林废弃物炭化过程的温度变化、热解速率和生成产物量等特征，炭化过程可以分为四个阶段。当温度在200℃以下时，此过程基本为干燥过程，木材中所含水分依靠外部供给的热量进行蒸发，木质材料的化学组成几乎没有变化。预炭化阶段的温度为150~275℃，木质材料热分解反应比较明显，木质材料的化学组成开始发生变化，其中不稳定的组分，如半纤维素分解生成二氧化碳、一氧化碳和少量醋酸等物质。以上两个阶段都要外界供给热量来保证热解温度的上升，所以又称为吸热分解阶段。炭化阶段的温度为275~400℃，在这个阶段中，木质材料急剧进行热分解，生成大量分解产物。生成的液体产物中含有大量醋酸、甲醇和木焦油，生成的气体产物中二氧化碳含量逐渐减少，而甲烷、乙烯等可燃性气体逐渐增多。这一阶段放出大量反应热，所以又称为放热反应阶段。温度上升到450~500℃，这个阶段依靠外部供给热量进行木炭的煅烧，排出残留在木炭中的挥发性物质，将产生具有一定固定碳质体和细微多孔结构的木炭，碳元素的比例超过80%，而生成的液体产物已经很少。

农林废弃物热解炭化是复杂的多反应过程，实际上这四个阶段的界限很难明确划分，由于炭化设备各个部位受热量不同，木质材料的热导率又较小，因此，设备内木质材料所处的位置不同，甚至大块木材的内部和外部，其所处的热解阶段也可能不同。

农林废弃物热解炭化的工艺特点可概括为三个方面：a. 较小的升温速率，一般在 30℃/min 以内。相对于快速热解方式，慢速加热方式可使炭的产率提高 5.6%。b. 较低的热解终温。500℃ 以内的热解终温有利于生物炭的产生和良好的品质保证。c. 较长的气体滞留时间。根据原料种类不同，一般要求在 15min 至几天不等。

11.1.2　农林废弃物热解炭化的影响因素

热解炭化是农林废弃物燃烧中最基础的热化学处理方式，能将农林废弃物转化为生物炭、燃料和化学品。影响农林废弃物热解炭化过程的因素较多，主要有原料（种类、粒径、全水分）、热解反应参数（热解温度、升温速率、热解压力、全反应气氛、反应时间）以及参与反应的催化剂。

（1）原料

原料的种类、粒径、全水分等对农林废弃物的热解炭化都有一定影响。

1）种类

农林废弃物中通常含有一定量的灰分，这些灰分在热解后，绝大部分都残留在生物炭中，所以原料灰分含量越大，热解后的生物炭产量通常越大，这也是原料种类对生物炭产量影响的主要原因。总体而言，在同等反应条件下，农作物生物炭的产量高于木材类生物炭。

原料种类对热解炭的元素组成、灰分及挥发分含量、比表面积及孔隙结构等影响显著。一般来说，与草本植物相比，木质材料制备的热解炭总碳元素（C）含量较高，比表面积较大，孔隙结构更发达；原料的灰分含量高，制备的热解炭灰分含量也较高，虽然对应的比表面积较低，却可以提供更多的矿物质养分元素，如氮（N）、磷（P）、硫（S）等。

2）粒径

原料的粒径尺寸对生物炭的产量有一定影响，在一定范围内随原料尺寸增大，生物炭产量降低，但影响效果并不明显。另外，原料尺寸增加，液体产量会有所增加，生物炭产量会显著降低，这主要是因为原料粒径越大，反应器中装填密度越小，受传热等因素影响，热解不完全。

3）全水分

原料含水量对热解炭化过程的反应机制具有重要影响，并且水分过多会降低生物炭产量。这是因为，农林废弃物原料中的含水量对热解的 4 个阶段（干燥阶段、预热阶段、挥发分析出阶段和炭化阶段）都有重要影响，所含的水分在热解过程中会吸收大量的热量，水分含量越高，干燥阶段所需能量越多，热解升温速率下降，热解反应会延迟，但同时会促进原料的热解。另外，随着水分含量的增大，生物炭产量减小，这主要是因为水分析出会引起一些物理效应：由于水分的存在，农林废弃物原料组分的玻璃态转化温度会降低 90℃ 左右。在特定温度下，水分与碳元素结合形成挥发性气体，并减小熔融状态下聚合物的黏性，加速蒸汽和气体气泡的生成和析出，从而生成更多挥发性物质，降低了生物炭的产量。

（2）反应参数

1）热解温度

农林废弃物热解炭化的温度对生物炭的产量、性质有很大影响。热解温度越高，生物炭产量越小，但高温能优化生物炭性质，芳香化结构增强、比表面积增加、孔隙率提高、吸附

能力提升。

炭化温度升高，木炭产量会逐渐下降，但其分子结构变得更加规则，分子间晶面间距逐渐增大，有利于孔隙结构的扩展和比表面积的提高；高温热解产生的较高的灰分能够赋予木炭更高的反应活性；同时，较高的反应温度有利于降低木炭中挥发分的含量，减小木炭粒径，提高石墨化程度，从而提高木炭的密度和机械强度。但是当反应温度过高（＞900℃）时，过度烧蚀导致孔壁受到严重破坏，孔结构发生变形，反而会降低木炭的比表面积。此外，木炭表面存在大量官能团，如羧基、羰基、酚羟基、酯键等，其中酸、醇和酮类等热稳定性较差的官能团会随着温度的升高而逐渐消失。

热解温度不仅是影响生物炭产量和性质的主要因素，还是热解炭化过程中能源消耗的一个主要原因。农林废弃物的热解同时包含吸热和放热两类反应，不同成分热解所需的温度范围不同：半纤维素的热解温度范围为200～260℃，纤维素的热解温度范围为240～350℃，木质素的热解温度范围为280～500℃。在实际生产中，应综合考虑能源消耗、生产效率、产品质量等因素，选择最优的热解温度。

2）升温速率

升温速率对热解炭化过程的机制及所得生物炭的性质都具有重要的影响。提高升温速率会降低生物炭的产量，但可以增加生物炭的孔隙结构。

升温速率直接影响热解炭化过程的木炭产率。与追求高液体产物产率的快速热解不同，以追求高焦炭产率为目的的热解炭化是慢速热解，其热解过程的升温速率对焦炭产率的影响非常显著，随着升温速率的增加，热解反应移向高温区，失重率增加，降低生物炭的产量。另外，较高的升温速率会使挥发分分解、软化，却没有足够的时间从木炭表面脱离，从而增加生物炭的孔隙结构。但如果原料中氢、氧元素的含量较高，不利于孔隙结构的扩展和比表面积的提升。

3）热解压力

热解压力对热解过程有较大影响，升高压力会减小生物质的活化能，提高热解速率，增加生物炭产量。

4）反应气氛

保护气的气体流量对生物炭产量的影响较显著。随着气体流量的增加，生物油产率增大，不可冷凝气体产率变化不明显，炭产率下降。主要原因是：气体流量增大使农林废弃物原料颗粒气固两相界面上产生的气体浓度降低，产生的热解气体能够立刻脱离颗粒表面，同时产生的热解气体在反应器内停留时间缩短，有利于提高生物油产率，降低炭的产率。惰性保护气的种类对生物炭产量及性质的影响不大。

5）反应时间

在生物质热解中，生物质颗粒原料反应时间越短，液体产物所占的比例就越高，热解所得生物炭所占的比例越小。因此颗粒原料在反应器内的停留时间，即热解反应时间是一个非常重要的参数。

在热解温度和升温速率恒定等条件下，反应时间的延长会增加生物炭的产量，对生物炭的灰分含量及元素组成也有一定影响。反应时间越长，生物炭的灰分含量越大，挥发分含量越小，C/N值减小，K和P含量增加。

（3）催化剂

不同的催化剂种类与掺加量对热解炭化过程的影响不同。

对于铁元素催化剂，随着催化剂含量的增大，液体和其他产物的产量增加，而生物炭产量减小。钾盐催化剂对生物质中半纤维素的低温段分解过程和纤维素的整个热解过程都存在催化效果，并能促进脱水和交联反应，从而导致生物炭率提高和残炭有序化，体现为生物炭产量增大，残炭分解活化能提高。

11.1.3　农林废弃物热解炭化设备

针对前述农林废弃物热解炭化反应的特点，要产出质量和活性都符合要求的优质炭，热解炭化反应设备应具备如下特点：a.温度易控制，炉体本身要起到阻滞升温和延缓降温的作用；b.反应是在无氧或缺氧条件下进行，反应器顶部及炉体整体密封条件必须要好；c.对原料种类、粒径要求低，无需预处理，原料适应性要强；d.反应设备容积相对较小，加工制造方便，故障处理容易，维修费用低。

农林废弃物热解炭化设备主要包括两种类型，即窑式热解炭化炉和固定床式热解炭化炉。其中窑式热解炭化炉在传统土窑炭化工艺的基础上已出现大量新的炉型，而固定床式炭化设备按照传统方式的不同又可分为外燃料加热式和内燃式，还有一种再流通气体加热式热解炭化炉也很有代表性。

11.1.3.1　窑式热解炭化炉

（1）堆烧法

堆烧法是将炭化原料竖立或横摆在垫木上，上面铺盖一层小树枝或柴草，再用黏土覆盖密封，如图 11-1 所示，同时修筑一排烟口或装一根排烟管，而后点火烧制。堆烧法曾是欧美一些国家常用的烧炭方法，我国很少见。

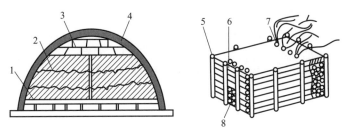

图 11-1　堆烧法示意图

1—垫木；2—炭化原料；3—柴草；4—黏土；5—立柱；6—挡土板（棍）；7—排烟口；8—点火口

（2）传统窑式炭化炉

烧炭工艺历史悠久，传统的生物质炭化主要是土窑或砖窑式烧炭工艺，它是将炭化原料置于窑内进行烧炭的方法。首先将要炭化的原料填入窑中，由窑内燃料燃烧提供炭化过程所需的热量，然后将炭化窑封闭，窑顶开有通气孔，炭化原料在缺氧环境下被闷烧，并在窑内进行缓慢冷却，最终制得炭。各地炭窑的形式虽不一致，但基本组成和烧炭程序相差不多，现以"浙江炭窑"为例，说明筑窑的方法和烧炭的过程。

1）炭窑的筑造与装料

炭窑最好在土壤坚实的黏土地筑造。选好窑址后，在地面上画出一个等边三角形，每边长约 2.1m，沿线向下挖 1m 深左右的三角坑，即为炭化室，如图 11-2 所示。炭化室的前端（图的右侧）略高于后端，在炭化室后面正中挖烟道口、排烟孔和烟道腔，烟道口为方形孔，边长 18cm，孔高 14cm。在炭化室前端三角形顶点处钉几块木楔后，即可进行装料。薪柴直立装于炭化室中，薪柴长度为 0.8~1m。质量好的和质量差的薪柴，依次按 A 区—B 区—C 区装入，细端向下，粗端向上，全窑薪柴中间略高于四周，呈拱形。上面盖一层稻草，在四个

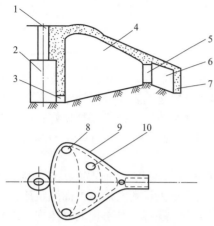

图 11-2 "浙江炭窑"示意图

1—烟道口；2—烟道腔；3—排烟孔；4—炭化室；
5—进火口；6—燃烧室；7—引火口；
8—后烟孔；9—出炭门；10—前烟孔

前、后烟孔处各放一个藤圈，然后沿四周铺盖泥土，筑窑盖，边铺土边打紧，外向锤打得越紧越好。窑盖筑好后，将藤圈中的泥土挖出，并撒入松土。上述工序完成后，在炭化室前面筑燃烧室，燃烧室底前端低于后端，燃烧室有引火口和进火口。

2）烧炭操作程序

① 烘窑。窑筑好装料后，需进行烘窑。烘窑时，在燃烧室点燃干柴，火力不要太猛，以免干烧速度过快造成窑不结实。

② 缺氧闷烧。燃烧室点火后，火逐渐烧入炭化室，要控制从引火口的空气供给量。待窑上烟孔中松土发白时，把松土挖出，从烟口冒出（含水蒸气）白烟，待烟色变黄时（含挥发物），将烟孔盖上，再打开原封盖的烟道口，烟气从烟道口冒出，待烟气变为青色，乃至看不见，即可焖窑。

③ 闷窑。闷窑时将所有的孔口堵塞，经 2d 冷却后，在窑的侧面开一个出炭门，出炭。

上述操作中，木炭是在窑内冷却后才被取出，称为窑内熄火法，所得的木炭称为"黑炭"。若木材在窑内炭化完毕时，趁热从窑内扒出，然后用湿沙土熄火，称为窑外熄火法，这种方法，热木炭扒出时与空气接触，炭的外部被氧化生成白灰附在木炭上，称为"白炭"。白炭比黑炭坚硬。

用窑烧法烧制的木炭，其质量和产量与操作水平关系甚大。如果控制不好，火候太过，产炭量少，乃至将炭化原料烧尽；若火候不足，会烧出夹生炭，影响使用。火候的掌握需要在实践中不断摸索，不断总结。窑烧法出炭率："黑炭" 15%~20%，"白炭"要比"黑炭"少 1/4~1/3。

窑式炭化炉对燃烧过程中的火力控制要求十分严格，且由于窑体多是由红砖砌成，一般容积较大，多用硬质木料进行烧炭，不仅资源浪费严重，而且生产过程劳动条件差、强度大，生产周期长，污染严重，对于农村大量废弃秸秆、稻草等储量丰富的农林废弃物原料无法热解制炭。我国在 20 世纪 60 年代以年产炭 3000 万吨居世界之首，用的就是这种土窑，但使用大量的木材物料只获得 20%~30% 的合格木炭，其余的气体和液体产物都被排放到环境中，成为世界制炭行业的最大污染源。

（3）新型热解炭化窑

新型窑式热解炭化系统主要在火力控制和排气管道方面做了较大改变，其主要构造包括密封炉盖、窑式炉膛、底部炉栅、气液冷凝分离及回收装置。在炉体材料方面多用低合金碳钢和耐火材料，机械化程度更高，得炭质量好，适用性更强。在产炭同时可回收热解过程的气液产物，生产木醋液和木煤气，通过化学方法可将其进一步加工制得乙酸、甲醇、乙酸乙酯、酚类、抗聚剂等化工产品。

1）圆台形可移动式炭化炉

圆台形可移动式炭化炉由炉体、炉盖、炉栅、点火架及烟道等部分构成，如图 11-3 所示。炉体为下口直径略大于上口的圆台形，用 1~2mm 厚的不锈钢板卷制而成。为便于搬运及装卸，常分成上、下两段或上、中、下三段，相互间采用插接方式连接，插接部分用细砂土密封。下口沿圆周方向均匀地设有通风口及烟道口 4 个，碟形炉顶盖中央设置带盖的点火口，靠近底部设置 4 块扇形炉栅，炉栅上放置点火架。

以压缩成型燃料棒为例，说明烧炭操作程序。先将成型燃料棒竖填排列于炉内，装满后盖好炉盖，并将上、下炉体及炉盖的连接处用黏土（或其他密封材料）密封，将 4 根直径 100mm、高 1.5m 的烟道管和 4 根通风管与炉体紧密连接好，即可点火烧炭。先从点火口投入火种，陆续添加燃料（或预先于点火架内已装好燃料），当烟道口温度达到 60℃ 以上时（手感灼热），封闭点火口。此时烟道口冒出白烟（含水蒸气）。经过 3~4h 后，炉内原料干燥完毕，接着烟气由白色转为黄色（含挥发物），这时要逐渐关小通风孔。再过 6~8h，当通风口出现火焰，烟道口冒青烟时，说明成型燃料已经炭化。此时炉内温度上部达到 600℃，下部温度为 450~470℃，将通风管抽掉并用泥沙堵住孔道，进行闷炉。经大约 10h，炉温降至 50~60℃ 时，即可出炭。

在炭化过程中，由烟道口排出的烟气中含有可燃性气体及木焦油、挥发酚等物质。可燃性气体可用管道引回到烧炭工序中作燃料；在管道中间用冷却法可回收木焦油与木醋液。这样，既有效利用了能源，又减少了对环境的污染。可移动式烧炭炉生成一炉炭的操作周期约 24h，出炭率为 25%~30%。

目前国内外对窑式炭化炉的研究主要集中在利用现代工艺和制造手段改进传统炉体。

2）日本 BA-Ⅰ型炭化窑

日本农林水产省森林综合研究所设计了一种具有优良隔热性能的移动式 BA-Ⅰ型炭化窑，如图 11-4 所示，以当地毛竹、桑树作为原料进行制炭。该窑体的四壁面和开闭盖采用具有隔热性能材料的双层密封结构，炭化窑本体和顶盖连接部分的缝隙中用图 11-5 所示的砂土密封，热量不易泄漏，保温性能良好，因此炉内温差小，通风量也小，从而防止了由燃烧而导致木炭损失的缺点，木炭得率高。

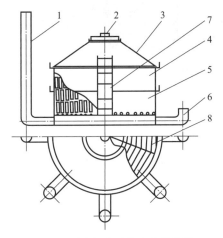

图 11-3　圆台形可移动式炭化炉
1—烟道；2—点火口；3—炉盖；4—上炉体；
5—下炉体；6—风孔；7—点火架；8—炉栅

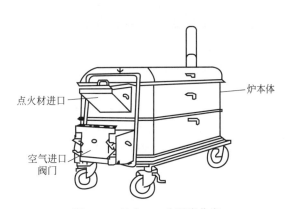

图 11-4　日本 BA-Ⅰ型炭化窑

3）敞开式快速热解炭化窑

王有权等研发了一种自燃闷烧式炉型，又叫敞开式快速热解炭化窑，如图 11-6 所示。这种炉体采用上点火式内燃控氧炭化工艺，当炉内温度达到 190℃ 时，在自然环境下进行原料断氧，控制火力，火焰能逐渐进入炭化室，使窑内多种生物质原料炭化，同时产生清洁、高热值的可燃气体。

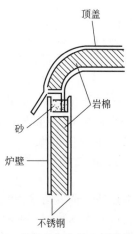

图 11-5 砂封的窑本体和顶盖断面图

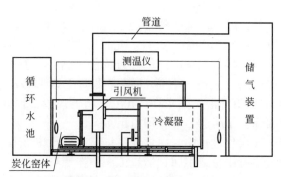

图 11-6 敞开式快速热解炭化窑

4）外加热回转窑内热解炭化窑

浙江大学将生物质废弃物置于一种外加热回转窑内热解炭化，如图 11-7 所示。回转窑筒体长 0.45m，内径 0.205m，筒体转速可在 0.5~10r/min 范围内调节，在整个加热过程中窑壁和窑膛温度可以稳定升高直至热解终温。这种回转窑炭化炉的固体炭产率可达 40%以上。

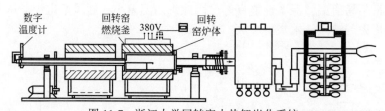

图 11-7 浙江大学回转窑内热解炭化系统

5）三段式生物质热解窑

河南省能源研究所雷廷宙等研制了三段式生物质热解窑，如图 11-8 所示。该窑体由热解釜与加热炉两部分组成，根据不同升温速率对热解产物的影响，将热解釜部分设计成 3 个温度段炉膛，分别为低温段（100~280℃）、中温段（280~500℃）和高温段（500~600℃），热解釜尺寸为 $\phi450mm\times90mm$，通过管道相互连通，气相也通过料管排出，料管焊

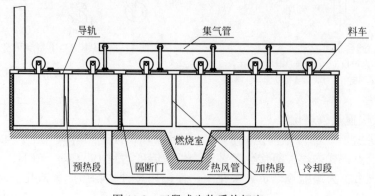

图 11-8 三段式生物质热解窑

在装有两个轮子的钢板上，可在热解釜下方的卧式加热炉导轨上行走。试验结果表明，这种炭化系统具有炭化效率高、产物性能好等优点。

11.1.3.2　固定床式热解炭化炉

从 20 世纪 70 年代开始，生物质固定床热解炭化技术得到迅猛发展，各种炭化炉型大量出现。生物质固定床式热解炭化炉的优点是运动部件少、制造简单、成本低、操作方便，可通过改变烟道和排烟口位置及顶部密封结构来影响气流流动从而达到热解反应稳定、得炭率高的目的，更适合于小规模制炭。随着机械化程度更高的大型固定床式热解炭化炉的出现，利用各种生物质原料进行大规模工业制炭的产业时代将指日可待。

（1）外热式固定床热解炭化炉

外热式固定床热解炭化系统包括加热炉和热解炉两部分，由外加热炉向热解炉提供热解所需能量。加热炉多采用管式炉，其最大优点是温度控制方便、精确，可提高生物质能源利用率，改进热解产品质量，但需消耗其他形式的能源。由于外热式固定床热解炭化炉的热量是由外及里传递，使炉膛温度始终低于炉壁温度，对炉壁材料的耐热要求较高，且通过炉壁表面的热传导不能保证不同形状和粒径的原料受热均匀。国内外对加热炉型及加热方式进行了比较深入的研究。

1）固定床加压热解炭化系统

巴西利亚大学研究的固定床加压热解炭化系统如图 11-9 所示。该系统利用背压增压器来实现反应器增压，使生物质热解炭化更加充分，在 1MPa 的压力下可使小桉树炭化的得炭率增加到 50%。目前，美国乔治亚大学和国际农业研究发展中心也在进行增压热解炭化反应设备的研究，但受限于增压设备的成本，尚未形成工业生产规模。

2）热管式生物质固定床气化炉

南京工业大学于红梅等设计的热管式生物质固定床气化炉如图 11-10 所示。利用高温烟气加热热管蒸发段，通过在不同位置布置不同数量的高温热管，利用热管的等温性、热流密度可变性以调控气化炉床层温度，可更好地达到控制制气与制炭的目的。这种加热方式在固定床热解气化炉中得到了成功应用，但在炭化炉中较难实现温度的均匀分布，且由于温度传递的滞后效应，不适用于硬质木料的炭化，可针对粒径较小的生物质进行热解炭化实验研究。

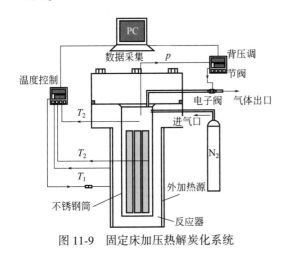

图 11-9　固定床加压热解炭化系统

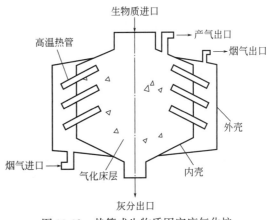

图 11-10　热管式生物质固定床气化炉

3）微波外加热固定床热解炉

中国石油大学开发了一种利用单模谐振腔微波外加热固定床热解炉，如图 11-11 所示。研究表明，微波加热速率较慢，蒸汽驻留时间长，热解得到的炭具有比常规加热更大的比表面积和孔径，经处理可作为活性炭使用。但其原料适应性相对较差，生产成本较高，不适于用户推广，目前只限于实验室水平研究。

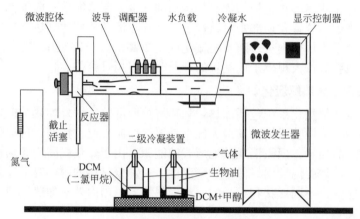

图 11-11 微波外加热固定床热解炉

4）其他类型热解炭化炉

我国于 20 世纪 50 年代从苏联引进的专门用于制造活性炭的斯列普炉、中国科学院兰州化学物理研究所研发的螺旋炭化机、山东理工大学研制的陶瓷球热载体加热下降管式生物质热解装置、焦作市某公司研发的 SRQ-Ⅰ型生物炭气油联产系统，都是采用外加热式的固定床热解炭化炉，运行良好，取得了很好的经济效益和社会效益。

（2）内燃式固定床热解炭化炉

内燃式固定床热解炭化炉的燃烧方式类似于传统的窑式炭化炉，需在炉内点燃生物质燃料，依靠燃料自身燃烧所提供的热量维持热解。内燃式炭化炉与外热式的最大区别是热量传递方式的不同，外热式为热传导，而内燃式炭化炉是热传导、热对流、热辐射 3 种传递方式的组合，因此，内燃式固定床热解炭化炉的热解过程不消耗任何外加热量，反应本身和原料干燥均利用生物质自身产热，热效率较高，但生物质燃料消耗较大，且为了维持热解的缺氧环境，燃烧不充分，升温速率较慢，热解终温不易控制。

1）内燃下吸式生物质热解炭化炉

印度博拉理工学院（BITS）研制的内燃下吸式生物质热解炭化炉如图 11-12 所示。该装置利用炉体顶部的水封槽达到密封且便于拆卸的目的，设置窄口还原区，便于热解区域挥发分向下流动，这既利于热解区域温度较高时带走热量增加产炭，又利于氧化区域增加热量，同时对挥发分后续的冷凝制取生物油也起到降温作用，从而达到炭、气、油的高效联产。

2）内燃加热式生物质气化炉

合肥工业大学朱华炳等设计的以热解气体为燃料的内燃加热式生物质气化炉，将生物质气化与焦油催化裂解集于一体，不需为催化裂解提供热源，如图 11-13 所示。在废气引风机的作用下，产生的燃气经回流燃气风量调节阀、止火器，可持续与空气混合，混合气经点燃后经蛇形管向气化炉内提供热量。烟气回流燃烧既节省能源又减少污染。物料从 45°锥形滑板上下落，可延长物料与挥发分的接触时间，利于热量的传递和炭质量的提高。这种内部蛇形管道和锥形滑板落料器的设计为炭化炉传热和落料设计提供了依据。但受滑道的限制，这种炉体只适合于粒径较小的物料。

中国林业科学研究院林产化学工业研究所蒋剑春院士团队开发的 BX 型炭化炉也是内燃式生物质固定床热解炭化设备，所得成型炭质量与日本同类产品相当。

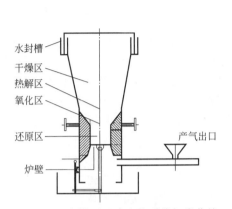

图 11-12　内燃下吸式生物质热解炭化炉

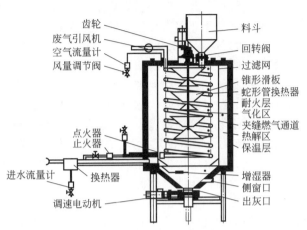

图 11-13　内燃加热式生物质气化炉

（3）再流通气体加热式固定床热解炭化炉

再流通气体加热式固定床炭化炉是一种新型热解炭化设备，其突出特点是可以高效利用部分生物质物料本身燃烧而产生的燃料气来干燥、热解、炭化其余生物质。

泰国清迈大学研发的烟道气体炭化炉如图 11-14 所示，将木薯根茎在燃烧炉内点燃，用产生的燃料气进一步热解炭化炉中的物料，且热解产生的可燃气体还可二次回流利用。实验发现：当将炭化炉以 70°的倾斜角放置时热解温度分布最理想，热解所需时间最短，对于干燥物料热解仅需 95min；在炭得率方面，鲜木薯根茎经过热解可得到 35.65% 的合格木炭。

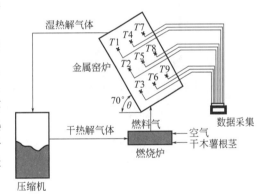

图 11-14　泰国清迈大学烟道气体炭化炉

国内出现的再流通气体加热式固定床炭化炉，其热解多利用固体燃料层燃技术，采用气化、炭化双炉筒纵向布置，炉筒下部为炉膛，炉膛内布置水冷壁，炉膛两侧为对流烟道。为保障烟气的流通，防止窑内熄火，避免炭化过程中断，要在烟道上安装引风机和鼓风机。由于气化炉本身产生的高温燃气温度可达 600~1000℃，能充分满足炭化反应的需要，因此燃料利用率更高，更适于高挥发分生物质的炭化。该炭化炉按照气化室产出加热气体的流向分为上吸式和下吸式两种。

1）上吸式固定床炭化炉

即气化炉部分采用上吸式，特点是空气流动方向与物料运动方向相反，向下移动的生物质物料被向上流动的热空气烘干和裂解，可快速、高效利用气化炉内燃料。上吸式气化炉对物料的湿度和粒度要求不高，且由于热气流向上流动具有自发性，能源消耗相对下吸式固定床更少，经多层物料过滤后产生的供炭化炉使用的高温可燃气体灰分含量也较少，但对炉体顶部密封要求较高。

典型炉型如韩璋鑫设计的上吸式固定床快速热解炭化炉，如图 11-15 所示。在干馏炭化室中心部位设置气化反应室，空气进口设置在气化室底部，采用下点火式，气化产生的高温缺氧气体通过两个燃气抽吸口，向上扩散到干馏炭化室将物料炭化。该上吸式固定床气化炉的优点除产气灰分含量低外，炭化室中物料在上部热解时所释放的高发热量挥发分都被吸入下面料层，有助于热解炭化，也使收集得到的可燃气体热值提高。

2）下吸式固定床炭化炉

下吸式固定床炭化炉采用下吸式，与上吸式气化炉相比有 3 个优点：物料气化产生的焦油可以在物料氧化区床层上被高温裂解，生成气即炭化所需高温燃气中焦油含量较低；裂解后的有机蒸气经过高温氧化区，携带较多热量，所以下吸式气化炉气化室部分排出的气体温度更高；由于气流流动特点，下吸式气化炉在微负压条件下运行，对密封要求不高。

图 11-16 为下吸式固定床反火生物炭化燃气发生炉，上层为下吸式反火气化室，下层为热解炭化室，在上层反火气化炉腔和下层炭化炉膛中间设炉内防爆管口接头。由于气化产生气体的温度较高、焦油含量低、热气流流动均匀等优点，生产的生物炭和燃气都较为理想。与上吸式固定床相比，下吸式固定床对原料含水率的要求更高，不能超过 30%，因气化室和炭化室间的通气炉栅长期处于高温状态，该炉体对材料性能和成本要求较高。

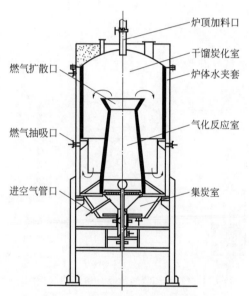

图 11-15　上吸式固定床快速热解炭化炉

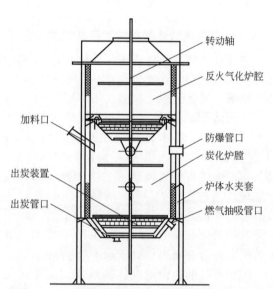

图 11-16　下吸式固定床反火生物炭化燃气发生炉

11.1.3.3　移动床热解炭化炉

针对老式炉窑间歇性生产、工人操作工作量大和环境污染的缺点，开发了适合于工业规模的木炭和活性炭生产的连续运行的移动床热解炭化炉，其工艺操作为：

① 炭化反应在移动床中连续进行，炭化原料依靠重力向下移动或由机械移动，在移动过程中依次完成炭化的各个阶段，实现了机械化操作。

② 属于自热型炭化装置，原料加热所需热量来自炭化过程中析出的挥发分，而不是消耗原料，因此木炭得率高于炭窑，装置的能量转换率也大为提高。

③ 适用于流动性较好的颗粒状燃料，颗粒度一般为 10~30mm，不适合于棒状燃料和粉状燃料。

④ 热解析出的蒸气气体混合物燃烧利用后，对环境污染大大减少。

⑤ 有多种连续运行的炭化炉，结构和原理大致相同，使用较多的有果壳炭化炉和斯列普（鞍形）炉。

椰子壳、杏核壳、核桃壳、橄榄壳等质地坚硬的果壳（核），是生产颗粒活性炭的良好原料，图 11-17 所示是专为此类颗粒状原料炭化而设计的果壳炭化炉。果壳炭化炉是用耐火材料砌筑的立式炭化炉，横断面呈长方形，炉体内由两个狭长的立式炭化槽及环绕四周的烟道组成。炭化槽由上而下形成高度不等的三部分，分别为约 1.2m 的预热段、1.35~1.8m 的炭化段和 0.8m 的冷却段。

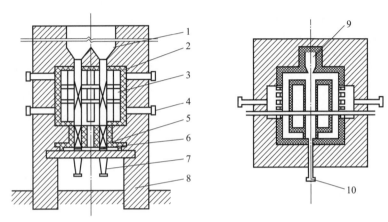

图 11-17　果壳炭化炉
1—预热段；2—炭化段；3—耐热混凝土板；4—进风口；5—冷却段；
6—出料器；7—卸料斗；8—支架；9—烟道；10—测温孔

颗粒状原料由炉顶加入炭化槽的预热段，先利用炉体的热量预热干燥，而后进入炭化段。炭化段用具有横向条状倾斜栅孔的耐热混凝土预制件砌成，横断面呈长条状。其外侧的烟道用隔板分隔成多层，控制烟气的流向以利于传热，烟道外侧的炉墙上设进风口以吸入空气助燃。炭化段的温度为 400~450℃，原料炭化后生成的蒸气气体混合物通过炭化槽上的栅孔进入烟道，与吸入的空气接触燃烧。生成的高温烟道气在烟道内曲折流动加热炭化槽后，由烟囱抽吸排出。炭化后的果壳落入冷却段自然冷却后，定期由炉底部的出料装置卸出。

通常每 8h 加料一次，每小时出料一次，物料在炉内停留 4~5h，炭化连续进行。通过调节进风口吸气量控制炉内炭化区的温度。果壳炭的得率一般为 25%~30%。

11.1.4　农林废弃物热解炭化产物的特性

根据形态的不同，农林废弃物热解炭化的主要产物可分为固体产物、液体产物和气体产物。

（1）固体产物

农林废弃物热解炭化的固体产物称为木炭。与原料相比，析出挥发分以后的木炭中含有较多的固定碳，而氧和氢元素含量大大降低。碳元素的含量反映了木材炭化的深度，也是木炭的重要质量指标。尽管在较低的温度下木炭产率很高，但由于挥发分尚未充分析出，碳元素的含量较低，而氧和氢元素的含量较高，这时炭化程度很低，达不到商业木炭的标准。从提高木炭质量的角度，应该选择 500~600℃ 的炭化温度。

（2）液体产物

农林废弃物热解炭化生成的气体经冷凝分离后可以得到木醋液和不可冷凝的可燃气体。木醋液是一种棕黑色的液体，其成分十分复杂，除了含较大量的水分外，还含有酸类、醇类、酚类、酮类、醛类、碱类等 200 种以上的各种有机物，这些化合物中有的溶于水，有的不溶于水。

阔叶材炭化得到的木醋液澄清时分为两层，上层是澄清的木醋液，下层为沉淀的木焦油。澄清木醋液是黄色到红棕色的液体，有特殊烟焦气味，含有 80%～90% 的水分和 10%～20% 的有机物。沉淀木焦油是黑色、黏稠的油状液体，含有大量的酚类物质。

（3）气体产物

农林废弃物热解炭化产生的不可凝气体的主要成分是 CO_2、CO、CH_4、C_2H_4、H_2 等，热值较高。低温炭化时，气体析出量较少，气体的主要成分是 CO_2 和 CO；随着炭化温度升高，不但气体产量上升，而且气体中的 CO_2 含量不断减少，从 300℃ 开始，CO 也逐渐减少，H_2、CH_4 和 C_2H_4 等组分却随着炭化终温的升高而逐渐增加，在 700℃ 时的热值达到了 16MJ/m^3。

11.1.5　农林废弃物热解木炭的性质

木炭是木材或其他有机物经过不完全燃烧或者在缺氧或有限供氧条件下热解，所残留的深褐色或黑色多孔固体燃料。

用于制备木炭的原材料很多，几乎所有的农林废弃物均可作为制备木炭的原材料。主要使用的原料包括：a. 木材。阔叶树：柞栎、柞木、橡树、宽叶桦以及多种阔叶树。针叶树：落叶松、松树、翠柏、杉木。b. 竹子采伐废弃物。c. 果壳、果核。如椰子壳、桃核壳、杏核等。d. 各种农作物。

（1）木炭的种类

木炭的种类很多，如何进行分类一直没有明确的规定。一般地，可按炭质将木炭分为白炭和黑炭。

白炭和黑炭的烧制方式相同，区别在于烧成后熄火方式不同。白炭表面呈白色，又硬又重，非常耐烧。黑炭又软又轻，容易点燃，易燃烧。白炭和黑炭的简易区分方法见表 11-1。

表 11-1　白炭和黑炭的简易区分方法

项目	白炭	黑炭
炭化温度	1000℃ 以上	400～700℃
熄火方式	高温精炼后扒出窑外用消火粉熄火、冷却	在密封的窑内完全熄火、冷却
颜色	外表呈灰白色	完全呈黑色
强度	强度高，炭质坚硬	强度低，易碎
重量	很重	轻，易浮在水上
火力	瞬时火力不高，但能持久	瞬间火力高，但持续性差
点燃	发火点高，为 350～520℃（平均 460℃）	易燃，发火点为 250～450℃（平均 350℃）
火力标准用途	烧烤用	用于冶炼金属
传导性	良好	不可

项目	白炭	黑炭
不纯物质含量	几乎全部消除	多少残留一点
碳元素含量	93%左右	65%~85%
主要用途	炊事、净化、洗浴、净化空气、阻断电磁波、健康用品、烧烤用	消臭、调节湿度、工业、农业和畜牧业用
负离子产生	每毫升约 134 个(以柞木炭为准)	不可
磁性实验	很快带磁性	不可
酸碱度	弱碱性	弱酸性

也可按制炭原料的不同而将木炭分为竹炭、果核炭、秸秆炭和其他炭。竹炭：古代就开始利用竹子烧炭，但最近才广为利用；果核炭：用果壳、果核（如椰子壳、桃核等）等原料烧制；秸秆炭：利用农作物秸秆烧制而成；其他炭：从蔬菜到水果，几乎所有的生物质都能制成炭。

（2）木炭的元素组成

尽管各种木材的化学组成不同，但它们的热解规律是相同的，即各种木材在热解各个阶段生成木炭的元素组成相同，主要成分是碳元素，灰分含量很低，此外还有氢、氧、氮以及少量的其他元素，其含量与树种的关系不大，主要取决于炭化的最终温度。不同温度下，制取的桦木炭和松木炭的元素组成见表 11-2。

表 11-2　不同温度下桦木炭和松木炭的元素组成

| 温度/℃ | 炭的得率/% | | 木炭的元素组成/% | | | | | |
| | 桦木炭 | 松木炭 | 桦木炭 | | | 松木炭 | | |
			C	H	O+N	C	H	O+N
350	39.5	40	73.3	5.2	21.5	73.2	5.2	21.5
400	35.3	36	77.2	4.9	17.9	77.5	4.7	17.8
450	31.5	32.5	80.9	4.8	14.3	80.4	4.2	14.4
500	29.3	30	85.4	4.2	10.4	88.3	3.9	9.8
600	26.8	27.3	90.3	3.3	6.4	90.2	3.4	6.4
700	24.5	24.9	92.3	2.8	4	92.9	2.9	4.2
800	23.1	23.8	94.9	1.8	3.3	94.7	1.8	3.5
900	23.5	22.6	96.4	1.3	2.3	96.2	1.2	2.6

同一种木材，制成白炭与黑炭的元素含量也不同，见表 11-3。

表 11-3　木炭的元素组成　　　　　单位:%

木炭类别	C	H	O+N	灰分
白炭	90~96	0.1~2.4	2.00~6.57	1.04~3.66
黑炭	79~94	1.0~4.0	3.03~9.44	0.91~3.80

（3）木炭的物理性质

木炭的物理性质包括机械强度、相对密度、孔隙率等，对于其在工业应用方面有着重要意义。

1）木炭的机械强度

木炭一般都有大量的裂缝，部分裂缝是在木材生长过程中形成的，更多的裂缝是在木材热解和木炭冷却过程中形成的，这与木材的结构特征，主要是密度有关，密度在树干的径向上最明显，与年轮树脂道、各种生长缺陷、偏心和病害等的存在也有关系。因此，提高木炭强度的主要途径：一是选择比较结实、健康的木材用于热解；二是在木材热解与木炭冷却过程中创造适当的条件，保证尽量少产生裂缝。

2）木炭的相对密度

木炭的相对密度随炭化原料、炭化温度、碳的含量不同而不同。炭化原料的相对密度大，烧成木炭的相对密度也大；木炭含碳量大则相对密度大；炭化温度越高，相对密度也越大。一般栎木炭的相对密度最高，为1.652；松木炭次之，为1.613；杂木炭为1.602。

3）木炭的孔隙率

木炭是一种多孔物质，孔隙总体积占木炭体积的70%以上，因此具有较强的反应和吸附能力。木炭的总孔隙率主要与木材的树种、生产方法、粉碎程度、木材的部位、年龄、生长条件等有关。

木炭的孔隙率是木炭性质比较活泼的原因之一。一般说来，孔隙率增加，固体碳素的反应性能也随之增加。比如，反应活性木炭大于焦炭，焦炭大于石墨，它们的孔隙率依次为：木炭为65%~75%，焦炭为37%~57%，而石墨仅为12%~35%。

（4）木炭的热值

木炭的热值约为27.2~33.5MJ/kg，主要取决于炭化温度。对于木材，当炭化温度为380~500℃时，得到木炭的热值为31.4~34.2MJ/kg，而炭化温度为600℃左右时，得到木炭的热值可达到34.5MJ/kg。另外，生物炭与炭化原料的类别有关，秸秆压缩成型燃料炭化后的热值要比锯末压缩成型燃料炭化后的热值少1/4左右，从这点来说，秸秆压缩成型燃料不宜再加工成炭燃料。

（5）炭的反应能力

木炭孔隙率高，反应能力强，其中最具有典型意义的反应就是氧化反应。木炭与氧在室温下就会发生氧化反应，所以木炭从刚出炉到整个存放期间都会发生反应，但是木炭与氧刚接触时反应最强烈，以后逐渐衰减。影响木炭活性的因素很多，包括生产木炭的树种、木材的年龄、木材品质、木炭的结构特性等。很多学者研究了木炭的活性与热解温度的关系，结果表明：木炭的活性随着炭化温度的升高而增大，在500℃时活性最大，之后再升高炭化温度，活性下降。

（6）木炭的水分

刚出炉的木炭含有2%~4%的水分，随着存放时间的增长，含水率逐渐增加。长时间储存在空气中，即使不淋雨雪，其含水量也可达到10%~20%。若存放几年，含水率可能超过50%，此时很易破碎，而且不能用于冶炼。吸湿的程度取决于木炭表面的性质。木炭表面的性质受热解方法和热解最终温度的影响。木炭表面氧化得越多，吸收水分就越多，因此，木炭存放时间越长，就越容易吸水。

木炭的吸湿性质会随热解温度的变化而变化。500℃左右热解的木炭吸附水蒸气最多，进一步升高温度反而会明显降低木炭表面的吸湿性。

（7）木炭的自燃性

木炭的自燃指木炭吸附空气中的氧放出反应热，如不能及时散热则使其温度升高，温度升高到一定程度将发生快速的氧化反应。

促使木炭自燃的因素很多，如利用腐朽木制成的木炭比一般木材制成的炭更容易自燃，究其原因：一方面是因为腐朽木材制得的木炭易被磨成碎块和炭粉，易堆积，热量不易散失；另一方面是腐朽木材含有较多的无机杂质，制成的木炭含有的灰分高，更容易着火。

为了防止木炭自燃，在制造、储存木炭时应遵循以下原则：a. 炭化过程中腐朽木的用量要合理；b. 炭化过程中要使用均匀、小块木段；c. 采用较高的炭化温度，减少木炭的挥发分含量；d. 木炭在存放之前要筛去粉末炭，堆放高度不要过高，温度不宜过高。

11.1.6　农林废弃物热解木炭的应用

木炭具有热值高、燃烧时无烟、反应能力强等特点，在生活与生产中得到了广泛应用。

(1) 可直接作民用燃料和转化成气体燃料

木炭可直接作为民用燃料用于烘烤食品、饮食燃用、采暖。木炭具有低挥发分、高热值、燃烧完全、燃烧过程清洁的突出优点，是一种优良的固体生物燃料。用木炭烧烤的食品风味独特，在世界的各个角落都十分流行。随着人们生活水平的提高和旅游业的发展，木炭消费量持续增长。出于对森林资源的保护和利用农业残余物的考虑，近年来各种用木屑、秸秆、稻壳生产的机制木炭逐渐占领了市场，成为燃料木炭的主要品种。

除直接作为民用燃料外，也可将木炭与水蒸气发生水气转换反应而制取气体燃料。这一用途大多应用于工业领域。

(2) 用于冶炼高质量的有色金属和铸铁

木炭用来冶铁已有很长的历史，其冶炼的生铁具有晶粒细小、铸件紧密、缺陷少等优点，这是因为木炭对氧化铁的还原过程可以在较低温度下进行。用木炭生产的铁含氢、氧气体少，铸件紧密均匀，杂质少，适于生产优质钢。在有色金属生产中，木炭常用作表面助溶剂，在熔融金属表面形成保护层，使金属与气体介质分开，既可以减少熔融金属的飞溅损失，又可以降低熔融物中气体饱和度。木炭在铜及铜合金（铜磷合金、铜硅合金）、锡合金、铝合金、锰合金、硅合金、铍青铜合金等生产中广泛用作表面助溶剂。

(3) 用于晶体硅的生产

晶体硅是重要的电子工业和新能源材料，工业晶体硅对杂质含量有严格要求，为了保证产品纯度，需要使用高品质还原剂进行还原提纯。木炭的纯度、孔隙率、反应能力与介电性都比其他碳素材料更能满足以上要求，因此广泛地用于生产晶体硅。生产晶体硅需用不含炭头、低灰分和杂质含量的木炭。生产晶体硅时，木炭、石油焦与石英石共同在电炉中加热，反应温度高达 2000℃，石英石蒸发的二氧化硅蒸气与赤热的木炭反应，放出一氧化碳，逐步还原为一氧化硅和纯硅，生产 1t 晶体硅需消耗木炭 1.4t。

(4) 用作机械零件的渗碳剂

渗碳处理是钢制零件的重要热处理方式，渗碳后零件表面具有较高硬度和耐磨性，而中心具有良好韧性，大大改善了零件的力学性能。用来进行渗碳处理的含碳混合物称为渗碳剂，其主要成分为木炭。单纯木炭的渗碳效果较差，而且在渗碳过程中，产生的一氧化碳会逐渐减少，因此需要加入一定数量的接触剂，如碳酸钡和碳酸钠等。渗碳剂中木炭含量约为80%，主要工艺是将碳酸钡浆液在搅拌机中涂敷到木炭表面，然后用回转滚筒干燥机干燥。

(5) 制造二硫化碳

二硫化碳是一种挥发性无色有毒液体，具有强折光性，是良好的溶剂，对硫、磷、生橡

胶、各种油脂和树脂类物质有良好溶解作用，应用于人造丝、玻璃纸、橡胶轮胎帘子线等的生产，还用于制造四氯化碳等。木炭是制造二硫化碳的优质原料，每年都有大量木炭用于制造二硫化碳。工业上制造二硫化碳的方法是：先对木炭进行500~600℃的干燥和煅烧，除尽水分，降低挥发分含量，然后将硫黄蒸气通过高温木炭层，反应温度约800℃。生产1t二硫化碳要消耗0.5t木炭。

（6）可制成石墨

炭石墨材料兼有金属材料和非金属材料的优点，如自润滑性、耐高温、耐腐蚀、高导热性、低膨胀性、易加工等，被广泛用于机械制造工业中。比如炭石墨材料可作为良好的固体润滑剂及润滑添加剂，这对于无法使用润滑油的转动零件非常重要。

（7）在农林业中的应用

木炭孔隙结构发达，吸附性能好，能够使土壤疏松通气、保持水分，促进微生物繁殖，具有改良土壤的作用。木炭吸附了化肥和农药以后，能够缓慢释放，延长化肥和农药作用的时间。在我国南方和东南亚等易板结酸性土壤中施用木炭粉后，能够明显提高农产品的产量。

（8）用于制作活性炭

木炭制成活性炭后，应用就更加广泛，在化工、医药、环保等方面都有应用，如用于化学药剂的提纯、糖的脱色与提纯、脂肪的除臭、分离气体、回收溶剂、净化饮用水和空气、过滤有害物质、做防毒面具等。

11.2　畜禽粪便热解炭化与能源化利用

畜禽粪便的热解是指畜禽粪便在完全没有氧或缺氧条件下进行热降解，最终生成生物油、生物炭和可燃气体的过程。畜禽粪便热解炭化是以制取生物炭产品为目标的热解过程。随着研究的发展，热解炭化制备生物炭也成为利用畜禽粪便的一种重要方式。即使热解炭化有时只是作为其他处理的预处理，但都有效地减轻了畜禽粪便对环境的压力，得到了有利用价值的产物。

根据制备条件的不同，热解炭化可分为慢速热解炭化和快速热解炭化。慢速热解是使生物质原材料简单处理后放入热解设备中，以保证热解过程中能够均匀受热，控制在缺氧、300~700℃条件下发生热解炭化，热解炭化时间较长，一般为几十分钟到几小时不等，该方法制得的生物炭产率较高。快速热解炭化是使生物质材料在较高温度和缺氧的情况下迅速发生热解炭化，热解温度一般在700℃以上，热解炭化时间相对较短，一般为几分钟到几十分钟，该方法制成的生物炭产率较低，灰分较多，产气体和油类较多。

考虑到畜禽粪便中含有P、N、K等元素，炭化获得的生物炭中矿物质元素得到富集，且生物炭具备孔隙结构，能够改善土壤。因此多数研究人员把研究的重点集中在原料种类、操作条件、热解方式等对畜禽粪便热解固体产物理化特性的影响上，主要考察炭中矿物质元素含量、pH值、EC（可溶性盐含量）值、总磷、总氮、比表面积等指标的变化规律，为生物炭可用于改善土壤理化特性的作用提供理论数据。

11.2.1　原料种类对热解炭化的影响

中国农业科学院尚斌研究了猪粪、牛粪、羊粪的基本热解特性，以及猪粪液化特性和牛粪气化特性，结果表明温度对产物影响较大。中国农业大学的蔡鹏瑶等研究了鸡粪、猪粪和牛粪的热解特性，认为畜禽粪便的种类对热解特性有影响。浙江大学王立华以鸡粪、猪粪的为研究对象分析不同温度下生物炭的特性，结果表明猪粪制备的生物炭中灰分含量为41.2%~70.6%，鸡粪为20.3%~48.1%，灰分含量随着温度的升高而增加，这与鸡粪、猪粪的成分和矿物质含量的差异有关。Zhang 等研究猪粪和鸡粪中矿物质成分对获得热解炭活性的影响，结果表明畜禽粪便含有的矿物质有利于提高热解炭的活性，热解炭活性和灰分的含量具有正相关关系。

11.2.2　温度对热解炭化的影响

畜禽粪便的热解温度一般低于700℃，热解炭的物理性质（包括得率、pH 值、灰分含量、含氧官能团）和化学性质（元素含量及挥发损失）受热解温度的影响较大。

(1)　温度对热解炭物理性质的影响

1）温度对热解炭得率的影响

王立华等对热解温度对猪粪和鸡粪 2 种原材料制备的生物炭的得率、灰分含量和 pH 值的影响进行了研究，结果表明，2 种原材料制备生物炭的得率均随热解温度的升高而降低，猪粪生物炭的得率要高于鸡粪生物炭。在 200~700℃ 内，猪粪的热解得率为 92.7%~59.2%，鸡粪为 90.2%~39.8%。500℃ 以上，生物炭的得率变化较小。水稻秸秆在 250~450℃ 内热解的得率为 63.2%~34.1%，棉籽壳在 200~800℃ 内热解的得率为 83.4%~24.2%，松针在 200~700℃ 内热解的得率为 75.3%~14.0%。畜禽养殖中的固废源生物炭得率远高于植物源，因此其热解的生物炭得率也高于植物源。

2）温度对热解炭灰分含量的影响

热解生物炭的灰分含量随着热解温度的升高而增加，在 200~700℃ 时，猪粪热解制备的生物炭的灰分含量为 41.2%~70.6%，鸡粪为 20.3%~48.1%，即猪粪热解制备的生物炭的灰分明显高于鸡粪，究其原因，一是鸡粪中含有较多的挥发组分，C、H、O、N 等的损失较大，二是鸡粪原料中矿物质成分较少。低温（200~500℃）热解状态，灰分含量随温度的改变变化大，在较高温度（>500℃）时，灰分含量变化较小。这是因为 200~500℃ 间，温度越高，挥发性组分损失越多。大于 500℃，易挥发组分已基本分解完全，灰分含量的变化幅度较小。水稻秸秆在 250~450℃ 热解所得生物炭的灰分含量为 20.5%~39.0%，棉籽壳在 200~800℃ 热解制备的生物炭的灰分含量为 3.1%~9.2%，松针在 200~800℃ 热解制备的生物炭的灰分含量为 0.9%~2.8%。相比之下，植物源灰分含量较低，即畜禽养殖中的固废源生物炭灰分含量高，施入土壤能缓慢释放矿质元素如 P、K、Fe 等，因此畜禽养殖固废源生物炭较植物源生物炭作为土壤肥料的潜力更大。

3）温度对热解炭 pH 值的影响

不同热解温度下制备的生物炭的 pH 值存在显著差异。低温（<300℃）热解过程，生物炭的 pH 值变化不大，甚至较原物质降低。较高温度（400~700℃）热解导致生物炭的 pH 值急剧增大，并随着制备温度的升高逐渐增大，猪粪、鸡粪制备的生物炭的 pH 值分别为 6.85~9.98 和 6.45~9.54。这是因为，热解过程是有机组成（C）和无机组成分离的过程，大约在 200~300℃，纤维素和半纤维素分解产生有机酸，将导致生物炭的 pH 值降低。热解温度升高后，碱性盐类物质从有机炭化相中分离，导致产物的 pH 值升高。在 300~700℃ 温度范围内热解，生物炭的 pH 值与灰分含量呈显著正相关。相同的灰分含量，鸡粪源生物炭的 pH 值较高，说明生物炭的 pH 值除与灰分含量相关外，可能还与矿质元素的组成，甚至与有机官能团相关。

Shinogi 等考察了奶牛粪便的炭化特性，分析了温度（250~800℃）对炭化物产量、表面积、总碳、总氮等的影响，发现随着炭化温度的增加，表面积、总碳和灰含量增加，pH 值升高，而炭化物产量减少，温度对产品的密度没有影响。Lima 等以水蒸气为催化剂在700℃ 条件下进行了鸡粪炭化研究，活性炭获得率在 23%~37% 之间，每克活性炭对 Cu^{2+} 的吸附率在 0.72~1.92mmol 之间。

（2）温度对热解炭化学性质的影响

1）温度对元素含量（质量分数）的影响

生物炭中的 P、K、Ca、Fe、Mn、Cu、Zn 的质量分数均随热解温度的升高而增高。猪粪生物炭中 P、K、Ca、Fe、Mn、Cu、Zn 的质量分数分别为 17.2~27.6g/kg、10.9~16.5g/kg、63.0~102.8g/kg、4.4~7.4g/kg、0.5414~0.7946g/kg、0.6283~1.0336g/kg 和 1.1216~1.6196g/kg。鸡粪生物炭中 P、K、Ca、Fe、Mn、Cu、Zn 的质量分数分别为 15.7~31.1g/kg、17.1~19.2g/kg、65.2~151.9g/kg、1.9~3.9g/kg、0.7966~1.9434g/kg、0.1880~0.3982g/kg 和 0.3319~0.6332g/kg。从元素组成看，灰分成分主要以 P、K、Ca 为主，Fe 次之，Mn、Cu、Zn 较少。

同一源物质不同温度下制备的生物炭中的矿质含量与其得率密切相关，得率高，矿质元素的富集倍数（富集倍数即元素在生物炭中的浓度与原材料中该元素浓度的比值）相对较小。生物炭矿质元素的富集倍数随热解温度的升高而增大，猪粪生物炭的富集倍数平均为 1.04~1.65，鸡粪生物炭为 1.08~2.26。

2）温度对元素挥发损失的影响

与炭化前相比，猪粪热解过程中 P、K、Ca、Fe、Mn、Cu、Zn 的挥发损失分别为 1.10%~16.33%、3.84%~12.63%、0.31%~4.91%、1.08%~19.52%、0.36%~8.60%、0.29%~5.04%、0.43%~9.41%。鸡粪热解过程中 P、K、Ca、Fe、Mn、Cu、Zn 的挥发损失分别为 1.94%~14.88%、7.13%~54.16%、3.23%~6.07%、3.13%~16.45%、0.17%~9.27%、6.94%~14.02%、4.56%~21.70%。总体看来，鸡粪 P、K、Ca 的挥发损失较猪粪高，300~700℃ 热解鸡粪 K 的挥发损失超过 30%，700℃ 热解鸡粪 Cu、Zn 的挥发损失达 14.02% 和 21.70%。从维持较高含量 K 肥以及减少 Cu、Zn 大气污染出发，鸡粪的热解温度控制在 500℃ 比较合理。

Whitely 等考察了不同粒度鸡粪在纯氮气条件下炭化时的氨释放规律，认为在低温阶段氨由铵盐分解而来，在高温阶段则来源于有机胺化合物的分解。Qian 等以 $ZnCl_2$ 为催化剂对牛粪进行了炭化试验，考察了 $ZnCl_2$ 掺比、活化温度和保持时间对炭化的影响，得到最大的吸附表面积达 2170m²/g，小孔体积达 1.7cm³/g。

11.2.3 炭化时间对热解炭化的影响

热解反应本身需要一定的时间。升温速率增大，停留时间缩短，会导致热解进行得不完全；升温速率减小，停留时间过长，则热解产物如轻质气体和焦油等容易发生二次反应。因此，增大升温速率会增加生物油的产率，降低炭的生成概率。

牛粪生物炭产率随炭化时间的延长而下降，灰分含量随炭化时间的延长而上升，到最后都趋于稳定。在 0~2h 时为牛粪主要的炭化热解阶段，大量的生物质在这个阶段发生炭化和分解，导致在该阶段牛粪生物炭的产率和灰分含量变化很大。当炭化时间到达 2h 以后，牛粪中的大部分易分解的生物质基本完成了炭化和分解，只有小部分难分解的生物质剩下，所以在 2h 以后，牛粪生物炭的产率和灰分含量都趋于稳定。

11.2.4 升温速率对热解炭化的影响

加热速率对热解过程的影响是双向的。一方面，加热速率增加可以使颗粒迅速达到预定的反应温度，有利于热解的进行；另一方面，加热速率增加会导致颗粒内外温差变大，由于传热滞后效应所以会影响物料内部热解的进行。

牛粪生物炭的产率随升温速率增大而下降，灰分含量随升温速率增大而增大，虽然升温速率对牛粪生物炭的产率和灰分含量有一定的影响，但不明显。

11.3 城市生活垃圾热解炭化与能源化利用

随着居民生活水平的提高和垃圾分类工作的不断推进，现代城市生活垃圾中的有机组分主要包括纸张、木屑、塑料、橡胶、织物和厨余垃圾等。

11.3.1 工艺条件对热解焦产率的影响

城市生活垃圾热解炭化受原料种类、粒径尺寸、升温速率等因素影响。李文涛等分别采用慢速热解炭化和快速热解炭化对城市生活垃圾中纸张（包装纸、办公纸）、木屑（杨木、松木）、塑料（PE、PET）、橡胶、织物和厨余垃圾 6 种有机组分进行了热解炭化研究，考察了工艺条件对热解焦产率的影响，并对热解焦产物进行傅里叶红外光谱表征。

（1）原料种类对热解焦产率的影响

两种不同热解速率下的炭化实验结果表明，城市生活垃圾中不同有机组分在相同热解炭化条件下的热解焦产率各不相同，且差别较大，热解焦产率由高到低依次为纸张>厨余垃圾>木屑>橡胶>织物>塑料。办公废纸慢速热解时热解焦产率高达 37.50%，聚乙烯（PE）快速热解时热解焦产率仅为 3.20%。

这是因为，生物质由于原料种类不同而灰分含量各异，在热解过程中，灰分最终常以固态形式存在于生物炭中，所以生物质中灰分含量越高，炭化率往往越高。纸张灰分含量在10%左右，远高于木材的灰分含量（约 0.3%），而灰分最终将以固态形式存在于生物炭中，这应该是纸张炭化率高的主要原因。木质素热解困难，即使在 900℃ 热解仍有约 45% 的固体残余，因此对于木质素含量较高的材料，一般具有较高的炭化率。与此相反，纤维素的热解温度较低，400℃ 以上基本可以实现完全热解，其炭化率相应也较低。橡胶成分较为复杂，除了主要成分（橡胶聚合物）外，还包括一定量的填充物和无机助剂，而某些成分难分解，即使达到一定的温度，也要经过较长的活化时间才能反应，因此橡胶最终热解炭化率较高。塑料中挥发分含量高，特别是 PE，挥发分含量高达 99% 以上，因此热解炭化率最低。

（2）升温速率对热解焦产率的影响

升温速率是影响热解炭化过程的显著因素。李文涛的实验结果表明，同一组分慢速热解的热解焦产率均高于其快速热解炭化时的焦产率。这是因为升温速率增加，影响试样内部的传热传质，导致试样的最大分解速率向高温区偏移，造成失重率增加，最终热解焦产率降低。

粒径尺寸会直接影响到传热传质过程，研究表明：当粒径小于 1mm 时，热解过程主要受内在动力控制，颗粒间传热传质的影响可以忽略；而当粒径超过 1mm 时，同时还要受到传热传质的影响。但在低升温速率下，物料粒径对热解失重过程的影响非常小，随着升温速

率的增加，热解反应移向高温区，失重率增加，生物炭产量将降低。由此可知，慢速热解更有利于炭化反应，提高热解焦产率。

当城市生活垃圾中纸张、厨余物等含量较高时，在较慢升温速率下热解可得较高的热解焦产率。塑料，尤其是 PE，不适宜用于制备热解焦产品。

11.3.2 生活垃圾热解炭化产物的特性

李文涛等对城市生活垃圾中纸张（包装纸、办公纸）、木屑（杨木、松木）、塑料（PE、PET）、橡胶、织物和厨余垃圾等 6 种有机组分的热解炭化产物进行了傅里叶红外光谱表征，结果表明，城市生活垃圾经热解炭化，羰基（C＝O）官能团含量明显减少，羟基（OH）基本完全脱除；热解焦官能团中烯属烃及芳香类 C＝C 键含量增加，芳香化程度较高；升温速率越慢，芳香类 C＝C 键含量越高，芳香化程度越高。热解结束时，在包装纸、PET、厨余垃圾等热解焦中还出现大量含氧官能团，这可能是由原料本身较高的含氧量造成的。

然而，由于生活垃圾的物理及化学成分极其复杂，而且组分随地域、季节、居民生活水平及能源结构的改变而有较大变化，将会导致热解工艺处在一个较为复杂的不确定状态中，若以回收固体产物（炭黑）为目标，要保持产品质量的稳定就必须实现工艺的稳定控制，但这具有较大困难。

11.3.3 城市生活垃圾低温炭化工艺过程

城市生活垃圾低温炭化工艺包括垃圾储料及贮存系统、预处理系统、炭化系统、产品处理及利用系统和环境保护系统。城市生活垃圾在无氧或缺氧低温加热条件下，使垃圾中的有机成分发生大分子断裂，产生可燃气体、有机焦油和黑炭。

城市生活垃圾炭化产生的气体包括一氧化碳、甲烷、乙烯、乙烷、丙烯和丁烯等高热值气态燃料和二氧化碳等少量不可燃气，经过洗气净化，将有害物质溶解于水中后，回炉膛燃烧，产生的高温烟气作为干燥烟气的热源，即垃圾热解的热源，形成热量的循环利用。焦油配比厨余垃圾处理后提取的油脂，可形成有用的生物柴油；炭则作为产品，既可直接作为燃料使用，也可用作土壤改良剂等。

由此可见，城市生活垃圾低温炭化具有回收资源、不外加燃料和二噁英排放达标等优点，有可能成为城市生活垃圾处理的主流模式，成为未来生活垃圾无害化、减量化和资源化的有效途径。

11.3.4 煤与生活垃圾高温炭化技术

在钢铁企业中，有许多成熟的高温冶炼技术、设备及其完善的后续处理系统，如炼焦炉及其焦炉煤气处理系统、高炉炼铁及其高炉煤气净化系统、加热炉及其烟气余热回收系统等，这些技术和装备除了具有冶金生产功能外，还具有消纳处理大宗废弃物的功能。

城市生活垃圾与煤在元素构成上具有相似性，在高温状态下均会发生热解反应生成自由基，这些自由基在相互碰撞的过程中又会重新结合生成稳定的分子物质，因此可采取煤与生活垃圾高温炭化技术实现城市生活垃圾的能源化利用。

煤与生活垃圾高温炭化技术是生活垃圾分选技术、热解技术和现有炼焦炉高温炭化技术的有机结合，其基本思路是充分利用传统焦化工艺中的系统和设备，包括炼焦炉、化产回收系统和煤气净化与回收系统来代替热解炉及其相关的回收净化系统，从而大大减少热解法处理生活垃圾的初投资和运行成本。

煤与生活垃圾高温炭化的基本原理是通过全密闭运输和给料将分选后的城市生活垃圾送入焦炉中，并在焦炉内进行高温炭化处理，使其中的有机组分与煤发生共热解反应，最终转化为残炭、焦油和可燃气。生活垃圾中的有毒有害元素，包括氯、硫、氮等，在高温炉内发生热分解反应和还原反应，最终生成氯化氢、硫化氢、氨气，这些气体经焦化工艺的化产回收系统和气体净化系统集中处理，其中：氯化氢和氨气溶入水中形成氯化铵盐，可进行回收处理；硫化氢进入脱硫工序，通过催化反应转变为单质硫进行回收，从而实现城市生活垃圾的无害化处理和能源化利用。

煤与城市生活垃圾高温炭化技术具有以下特点：

① 充分利用现有成熟的焦化工艺及其系统设备来处理城市生活垃圾，大大降低了初投资和运行费用，使之工业化和商业化运行成为现实。

② 垃圾处理过程在焦炉还原性气氛下操作，垃圾不直接焚烧，从源头上防止了二噁英等剧毒物质的产生，实现垃圾处理的彻底无害化。

③ 原生垃圾经分选后，有机可燃组分与煤高温炭化转化为残炭、焦油和可燃气。其中，热解焦油可作为重要的化工原料；可燃气可用于发电、供热或用作化学合成气；由于生活垃圾挥发分较大，因此热解残炭孔隙发达，除可作为洁净燃料直接燃烧外，也可作为气化原料，或经过进一步加工制备成活性炭和碳分子筛。

④ 利用焦化工艺系统处理城市生活垃圾，有利于实现城市与焦化工业之间的物质和能量循环，进一步促进循环经济的发展。

11.4　废塑料和废橡胶热解炭化与能源化利用

根据废塑料和废橡胶的组成特点，不仅可采用前面所述的热解液化和热解气化分别制取燃料油和燃料气而实现能源化利用，还可通过热解炭化制得焦炭或炭黑而实现其能源化利用。

11.4.1　废塑料热解炭化与能源化利用

废塑料热解是将废塑料在无氧或缺氧状态下加热，在一定条件或催化作用下，使废塑料中的 C—C 键发生断裂，同时伴随着 C—H 键断裂，进而转化为气体、油、焦炭和水。废塑料热解炭化是以追求固体产物即焦炭为目标的废塑料热解工艺。

11.4.1.1　废塑料热解炭化的工艺过程

废塑料热解炭化的工艺过程与热解液化、热解气化没有本质的区别，同样也包括预处理、裂解、馏分等步骤（如图 11-18），都是以热裂解为核心步骤。但与热解液化和热解气化相比，热解炭化的操作条件更为苛刻。炭化物经相应处理即可制得活性炭或离子交换树脂等吸附剂。当炭化物质排出系统外用作固体燃料时，应采用高效且无污染的燃烧工艺。

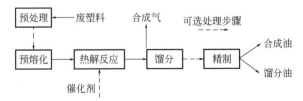

图 11-18　废塑料热解液化的工艺过程

（1）聚氯乙烯废旧塑料的炭化

聚氯乙烯（PVC）经加热分解，脱出氯化氢后即可生成炭化物，它可用于生产活性炭或离子交换树脂等吸附剂。将PVC先进行热分解使其炭化，并采取适当措施使炭化物形成具有牢固键能的立体结构，即得高性能活性炭。在所采取的措施中，要注意调节升温速率、引入交联结构和使用添加剂等。其具体过程是将PVC在350℃脱氯化氢后的生成物以10～30℃/min的速率升温，加热到600～700℃获得炭化物，然后在转炉中用水蒸气于900℃活化，即可得到比表面积为400m²/g、亚甲基蓝脱色能力为120mL/g左右的活性炭。工艺调控十分重要，升温速率过快，将降低炭化物的力学强度，而炭化温度超过750℃，将阻碍孔隙结构更好地形成。如果活化时的水蒸气温度低于800℃，活化反应缓慢，活化效率低；而高于900℃时，则活性炭微孔不再发展，表面积不会增大。在活化过程中，除用水蒸气等气体活化外，还可用脱水物质（氯化锌和氯化钙等）或氧化性物质（如重铬酸钾和高锰酸钾等）与废旧PVC一起加热，使炭化和活化同时进行，活化温度一般比用水蒸气低。在加速形成交联结构的研究中，通过在空气中脱除氯化氢，或在氨水中加压加热，以促进交联作用，对提高活性炭的活性具有明显作用。

回收的PVC废弃物中，因含有各种不同的助剂，所以制得的活性炭的收率和活性都不尽相同。废旧PVC中的增塑剂（邻苯二甲酸酯类）、碱式硫酸铅盐稳定剂和碳酸钙添加剂等对炭化均有一定影响。废旧PVC来源不同，所产活性炭的质量也有较大差异。

混合PVC废弃物炭化的工艺条件为：脱氯温度350℃，炭化温度700℃，用水蒸气于800～900℃在转炉内炭化，即可得到比表面积400m²/g、收率为7.5%的活性炭；用作电缆护套的PVC回收料可制得比表面积为650m²/g、收率为14%的活性炭；用回收的硬质PVC管材，炭化温度为600℃，用水蒸气于750～1000℃活化，可得到比表面积为550m²/g、收率为16%的活性炭。

用废旧通用塑料制取活性炭时，应综合考虑产量和排放量等问题，废旧PVC则是最主要的回收利用对象。在一般气氛中热解PE和PS等热塑性树脂时，低分子化以后得不到其炭化物；而在氯气中使之炭化，则可制得较好收率的活性炭。这说明在炭化过程中，氯对高分子碳链反复进行加成和脱氯化氢反应，从机制上解释了氯可促进缩合和环化反应的发生，因而有利于形成牢固的碳骨架结构。废旧PVC还可用于制备离子交换体。其过程是先炭化后用硫酸进行磺化反应，或者直接在浓硫酸中先磺化、后脱氯化氢即得。具体做法是将废旧PVC投入约10倍质量计的浓硫酸中，缓缓提高温度，最后在180℃完成脱氯化氢反应，即可制得活性炭状的离子交换体，其离子交换容量为4.2mmol/g。另外，具有一定规模的废旧PVC热分解装置中，将含有稳定剂的PVC进行炭化，再用20%（质量分数）的硫酸（发烟品级）在70℃经20h磺化，结果表明，含锡类稳定剂2%（质量分数）的PVC可制得最大离子交换容量的离子交换体。所制得离子交换体的性能会受到炭化温度的影响，如：在275～325℃下进行炭化，所得炭化物的磺化及羧基化反应率均较低；达到350℃以上时，则炭化物易形成多孔质，提高了磺化率，从而增大了离子交换体的交换容量。

（2）其他几种废塑料的炭化工艺

除聚氯乙烯外，还有其他塑料和一些热固性树脂也可进行热解炭化，并进一步制取活性炭。例如，将酚醛树脂在600℃下炭化，用盐酸处理后灰分被溶出，再在850℃时经水蒸气活化，制得比表面积大的高性能活性炭。将聚丙烯腈在空气中加热，于270℃下经4h缩合，得到耐热、耐火性强的碳纤维，再将此纤维在600～900℃用水蒸气活化，即可制取活性炭。它加工后可制成纤维状、毡状、薄膜状或颗粒状产品。

11.4.1.2 废塑料热解炭化的影响因素

在所有废旧塑料的热解炭化过程中，温度控制了聚合物的裂解反应，因此被认为是影响裂解产物的质量和数量的重要因素之一。废塑料从室温开始加热，随反应温度的升高裂解反应开始，液态产物随温度升高不断产生并达到最大值，之后随反应温度继续升高，液态产物会进一步裂解形成焦炭、干气等固态、气态产物。

11.4.2 废橡胶热解炭化与能源化利用

在废橡胶中，废轮胎由于产生的量最大，分布最为广泛，因此对其热解技术的研究较多。

热解法处理废旧轮胎是指在无氧或缺氧的工况和适当的温度下，使轮胎的有机成分发生裂解。由于废旧轮胎中含有大量碳、氢等元素，所以热解废旧轮胎的产物有气体、液态油、炭黑。热解炭化则是以追求固体产物炭黑为目标的热解过程，热解炭黑可用于制备橡胶/沥青混合物，用于铺路时较一般沥青铺路效果好。从炭黑中还可制备活性炭，用于水净化处理。

11.4.2.1 废旧轮胎热解炭化的工艺过程

废旧轮胎热解炭化是以制备炭黑为目标的废旧轮胎热解工艺，此时应解决从炭残渣到炭黑的转变，即固体回收系统中的物质经磁选除去废钢渣后，再经细磨、酸洗、过滤、烘干后得到炭黑产品。

废旧轮胎热解炭化的一般工艺流程如图 11-19 所示。装置采用高温密闭裂解反应炉，废旧轮胎整条装入反应炉内，将盖板封严。在反应炉下部的燃烧室中，加煤燃烧，控制一定的温度。反应炉中的废旧轮胎发生裂解反应，烟气经过烟管进入冷凝器，烟气冷凝后成为燃料油流入储油罐，少量的废气点火炬排放。经过一定时间的裂解反应后，废旧轮胎胶料中所含的油全部蒸发，残余在炉内的即为热裂解炭黑与钢丝。采用"热出热装"的方法出入料，反应完毕后，马上开始出料。将出炉的"红水"炭黑用水喷淋熄灭，然后用人工将整圈和较长的钢丝进行收集，细小的钢丝经过磁选法除去。磁选后经水洗、干燥、粉碎、收集、造粒，即生产出炭黑产品。

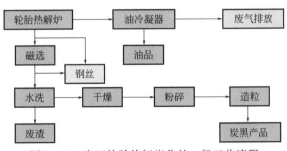

图 11-19 废旧轮胎热解炭化的一般工艺流程

(1) 水洗分离

利用炭黑的疏水性，将磁选后的炭黑进行水洗分离。因废旧轮胎表面还残留了一些在预处理中未除掉的砂、石之类的杂质，这些杂质将直接导致炭黑中灰分的增加。尽管炭黑经过水洗有一定的损失，但对炭黑质量的提高、灰分的降低大有好处。水洗剩下的废渣与煤混合在一起当燃料烧掉。另外在磁选中没有分离出来的一些小钢丝（主要是夹在小块状炭黑中），在水洗过程中也可以达到分离的效果。

（2）干燥

炭黑在经过出炉的喷淋和水洗后，表面有较多的吸附水，炭黑成品的水分要求为小于1.5%，经过干燥机干燥后，可达到要求。另外，因在裂解后，炭黑表面含有一定比例的油质，在转筒干燥机内干燥时，控制适当的温度和一定的时间，将炭黑表面所含的油质进行氧化处理，达到除去油质的目的。

（3）粉碎

从裂解炉中出来的炭黑为大块状，经过筛分、水洗、干燥后，仍然为小块状和一部分粉状，为得到商品级的炭黑，必须进行粉碎。一般采用微粒粉碎机粉碎，将炭黑从投料口风送进入微粒粉碎机，粉碎后由旋风分离器收集，闭路循环。收集的炭黑进入干法造粒机进行造粒。

日本兵库县立试验场神户制钢所采用外热式回转炉建立了一座废旧轮胎热解处理装置，以回收炭黑为目的，年处理轮胎7000t，回收炭黑2100t、燃料油2800t、废钢350t，还有可燃性气体。其工艺流程如图11-20所示。

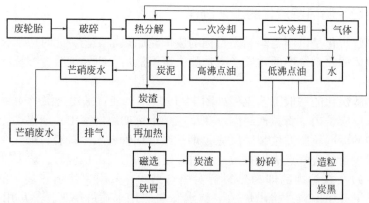

图 11-20　兵库工试——神户制钢废旧轮胎热解炭化工艺流程

回收炭黑的性质及其与通用炭黑和高耐磨炭黑的比较见表11-4。可以看出，回收炭黑具有和市售炭黑不同的特性值，但其配合物比通用炭黑有较高的补强性，与高耐磨炭黑相近似，所以回收炭黑是一种新的补强剂。配合回收炭黑能满足一般橡胶制品的要求，而且能取得较好的经济效益。

表 11-4　回收炭黑的性质及其与通用炭黑和高耐磨炭黑的比较

项目	回收炭黑	通用炭黑	高耐磨炭黑
加热减量/%	0.25	—	—
碘吸附值/（mg/g）	130	30	94
DBP 吸油值[①]/（mL/g）	86	83	167
挥发分/%	3.24	<2.00	<2.07
苯着色透过率/%	95	96.7	97.2
灰分/%	10.74	0.10	0.20
pH 值	10.5	6.3	7.3

①DBP 吸油值即炭黑吸油值。在规定的试验条件下，100g 炭黑吸收邻苯二甲酸二丁酯（DBP）的体积（mL）数，用来表征炭黑的聚集程度。

石桥轮胎公司分析了热解废旧轮胎生成的残渣炭成分，分别为：炭黑占 80%~90%，无机物（硫化锌等）占 8%~12%，有机物占 3%~10%，另外还有少量橡胶和纤维的树脂化合物及炭化物。该公司开发了一种制备活性炭的工艺，首先将残渣炭和木炭粉碎，然后按比例与沥青配合，进行混炼，送入回转炭化炉，在 500~600℃除去挥发性成分，再进入赋活炉，在 800~900℃通入水蒸气，赋予活性，最后制得活性炭成品。这种活性炭破坏强度高，焦糖脱色能力好，吸附速率、再生性能、再生损失、吸附力复原性和市售产品相同。

11.4.2.2　废旧轮胎热解炭化的影响因素

影响废旧轮胎热解炭化过程的主要因素包括温度、升温速率、热解时间、催化剂、粒径等。

（1）温度对热解炭化过程的影响

温度作为生产中最主要的工艺条件之一，对整个热解炭化过程都有非常重要的意义。无论是轮胎的热解还是后期热解产物的制取，热解温度都起到决定性的作用。一般来说，热解温度的高低决定了轮胎热分解所需的时间，并呈线性关系，在一定温度范围内，热解温度越高，热解所需时间越短。

图 11-21 是废旧轮胎热解过程的热失重曲线图。由图可知，废旧橡胶在 N_2 气流中约 200℃时开始失重，最先失去的是增塑剂及其他有机助剂；大约在 300℃时，天然橡胶及顺丁橡胶开始裂解，并在 500℃左右恒重；500~800℃轮胎中的碳和硫发生反应生成二硫化碳，燃烧后所剩残留物是轮胎制造过程中添加的无机助剂。

废旧轮胎的失重速率在 420℃时达到峰值，表明此时分解速率最快。当温度达到 500℃时质量损失达到 60% 左右，剩余的 40% 是热解炭黑，此时裂解已经比较完全。所以废旧轮胎的热解温度以 300~500℃为宜。

（2）温度对产物收率的影响

在不添加催化剂的情况下，废旧轮胎热解过程中固、液两相产品的收率随温度的变化如图 11-22 所示。可以看出，液相产物收率随反应温度的升高而升高，在 500℃时液相收率最高达到 49.7%；固相产物收率随温度的升高而降低。温度在 500℃以下时裂解不完全，液相收率自然较低，相应的固相残余物比较高。温度升高到一定程度（高于 450℃）后，固体炭的最终产率基本保持不变。

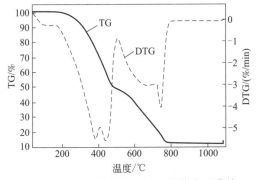

图 11-21　废旧轮胎热解过程的热失重曲线

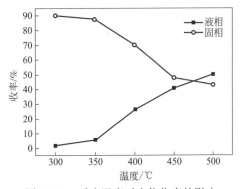

图 11-22　反应温度对产物收率的影响

（3）升温速率对热解炭化过程的影响

随着升温速率的提高，其热解起始温度、一次剧烈质量损失温度、二次剧烈质量损失温

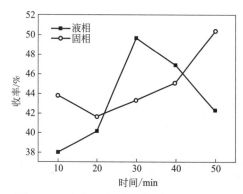

图 11-23　产物收率随热解时间的变化曲线

度、热解终止温度都会向较高温度方向移动，两个质量损失峰靠近并向一个峰演变，但最终质量损失率却近乎相等，即升温速率并不对热解炭的最终产率造成影响。另外，升温速率的加快可以缩短热解反应所需时间，加快反应速率，使两次剧烈质量损失的温差变小。

（4）热解时间对产物收率的影响

废旧轮胎热解过程中固、液两相产品的收率随热解时间的变化如图 11-23 所示。可以看出，反应在 10~30min 时液相产物收率随反应时间的延长而升高，反应在 30~50min 时，液相产物的收率随反应时间的延长而降低。固相产物收率在反应时间为 10~20min 时随时间的延长而降低，在反应时间为 20~50min 时随反应时间的延长而升高。因此，为获得更高的炭收率，应采用较长的热解时间。

（5）催化剂

合适的催化剂可以降低反应活化能，加快反应速率，缩短反应时间，减少耗能，但催化剂不会改变热解炭的产率。另外，催化剂的使用需考虑以下问题：a. 催化剂与废轮胎的比例；b. 催化剂与热解炭的分离；c. 催化剂的结焦失活等。

（6）粒径

不同粒径颗粒内部升温和挥发物的释放是不同的，而且对油品和炭黑的收率有很大影响。在较低温度下，由于小颗粒内部升温快，热解迅速，挥发物被载气带走，对炭产率几乎没影响。但在稍高温度下，小颗粒间隙小，加热膨胀后黏结在一起，容易把通道堵塞，因此阻碍了挥发物的挥发，挥发物会与固体炭反应，从而减少炭的生成；大颗粒间隙较大，在稍高温度下，加热膨胀后仍有大量通道用于挥发物从内部挥发并扩散出来，因此炭产率不变。温度较高时，废轮胎颗粒的大小对热解影响不太明显。

11.4.2.3　废旧轮胎热解炭化产物的特性

废旧轮胎热解炭化的产物是炭黑。不经过处理的炭黑，可以用作低等橡胶制品的强化填料或用作墨水的色素，也可作为燃料直接使用。另外，由于炭残余物中含有难分解的硫化物、硫酸盐和橡胶加工过程中加入的无机盐、金属氧化物以及处理过程中引入的机械杂质，因此可直接应用于橡胶成型的生产。而且，如果与普通耐磨炭黑按一定的比例混用，其耐磨性能将大大增强。

热解炭黑、酸洗炭黑表面含有较多酯基、链烃接枝，因此具有不同于色素炭黑的特殊表面特性，回收炭黑的表面极性比色素炭黑表面极性要低，该特性增加了回收炭黑的表面亲油性能，作为一种新型炭黑应用到橡胶、油墨等材料中将具有更好的分散性。

废旧轮胎热解产品中含有 35% 的固相。Ogata 等对热解制活性炭做了研究，当温度为850℃时制得了较高活性的活性炭，若温度再升高，活性下降。Mastumoto 等将活性炭用 HCl处理。A. Bota 等对废旧轮胎热解产生的活性炭研究发现，其孔径较大，适用于水的净化处理。从废旧轮胎热解固相也可回收炭黑。Hans Darmstadt 等详细研究了在常压和真空条件下热解炭黑和市售炭黑的区别，发现真空热解产生的炭黑要比常压下更接近市售炭黑。

然而，由于轮胎在制造过程含有大量的添加剂（如抗氧剂、硫化剂等），这不仅使热解过程对环境有一定的污染（如硫化氢产生），而且使热解炭黑灰分含量偏高，以致妨碍了它们的广泛应用。因此，如何开发环境友好、产品无二次污染的废旧轮胎热解工艺，是当前急需解决的问题。

11.5 污泥热解炭化与能源化利用

污泥热解是在无氧或缺氧条件下加热干馏，使其中所含的有机物发生热解，得到固体半焦、燃气和燃油的过程。污泥热解炭化是以追求固体炭（半焦）的产率为目标的热解过程。热解炭化前必须对污泥进行干燥处理，使其含水率达到干馏操作的要求。

11.5.1 污泥热解炭化的工艺过程

污泥热解炭化主要采用污泥干燥-热解工艺系统，如图 11-24 所示。泥饼首先通过间接式蒸汽干燥装置干燥至含水率 30%，直接投入竖式多段热解炉内，通过控制助燃空气量使之发生热解反应。将热解产生的可燃性气体和干燥器排气混合进入二燃室高温燃烧，通过附设在二燃室后部的余热锅炉产生蒸汽，提供泥饼干燥所需的热能。

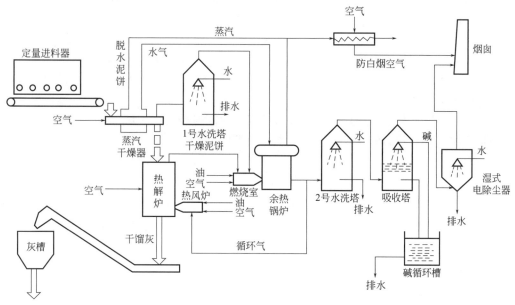

图 11-24 污泥干燥-热解工艺系统示意图

11.5.2 污泥热解炭化过程的影响因素

污泥热解过程中固、气、液三种产物的比例与热解工艺和反应条件有关，热解过程的影响因素包括热解终温、停留时间、加热速率及方式、催化剂等。由于污泥原料的复杂性，各种因素对污泥热解的影响也存在着很大的区别。

（1）热解终温

热解终温对污泥热解产物的影响最大。热解终温对产物的影响如图 11-25 所示。在 250~700℃ 范围内，半焦的产率逐渐减少；在 250~450℃ 范围内，半焦产率减少很快，从

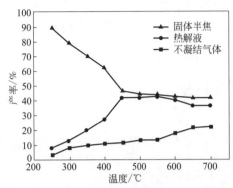

图 11-25　热解产物产率随热解终温的变化

250℃的89%减少到450℃的46.6%。平均热解终温每提高100℃，半焦产率下降21.2%；在450～700℃范围内，半焦产率的减少非常缓慢，从450℃的46.6%减少到700℃的41.5%，平均热解终温每提高100℃，半焦产率下降2%，即热解终温对半焦产率的影响很小。

在250～450℃范围内，发生的反应以解聚、分解、脱气反应为主，产生和排出大量的挥发性物质（可凝性气体和不可凝性气体），且温度越高挥发分脱除得越多，剩余的固态物质就越少。在450～700℃这一阶段，一方面有机质中的可挥发性物质大部分已经脱离出来，另一方面其中间产物存在两种变化趋势，既有从大分子变成小分子甚至气体的二次裂解过程，又有小分子聚合成较大分子的聚合过程，这阶段的反应以解聚反应为主，同时发生部分缩聚反应，因而半焦产率的减小变缓。Inguanzo的实验研究也表明，随着温度的升高，半焦中的挥发分含量下降，在450℃以上时，其挥发分含量的变化已很小。对以脱除污泥中挥发分为目的的热解反应，其热解终温控制在450℃为宜。超过450℃后，污泥中的挥发分已基本脱除，而由于温度升高所需的能耗会显著提高。

炭焦的热值与反应温度基本呈反比；污泥热解制成的炭为无光泽多孔状黑色块（粒），炭体积约为原有污泥体积的1/3，污泥炭产率随温度上升而下降，为取得较高产炭率，将热解温度控制在300℃以下，可得到燃烧性能较好的污泥炭，且此时全系统的能量回收效率最高。此过程的生产性规模设备还处于发展之中。澳大利亚、加拿大研制的反应器的特点是带加热夹套的卧式搅拌装置，反应器分成蒸汽挥发和气间接触两个区域，两区域间以一个蒸汽内循环系统相连接，从而满足了反应机制对反应器的要求。

（2）停留时间

热解反应停留时间在污泥热解炭化工艺中也是重要的影响因素。有学者研究了温度与有机质转化率、炭得率、油得率之间的关系，认为在一定的温度范围内，有机质转化率与温度基本呈线性正相关，但高温阶段相反，炭得率与温度呈明显负相关性，油得率与温度呈正相关，较高温度有利于有机质向气相的转化。

（3）加热速率

污泥热解达到热解完全时，加热速率对固态产物产率的影响不是很大，这主要是由于实验过程中以不再产生气体作为反应终止时间，因此最终半焦的产率受到加热速率的影响不大。但在350～550℃温度范围内，不同加热速率下固体半焦的产率略有不同，而此阶段正好是热解反应最激烈的温度段。加热速率越低，物料在此反应阶段停留的时间就越长，热解得越完全，剩余的固体半焦量也就越少。

11.5.3　污泥热解炭化产物的特性

固体炭为污泥热解炭化的固体产物。污泥热解炭化过程中，绝大部分的重金属都聚积在固体炭中，利用pH值为4～4.5之间的酸性溶液对固体炭进行淋滤实验，发现重金属离子的稳定性很好。

热解炭化炭具有较大的孔隙率和巨大的比表面积，可以用作吸附剂。但由于活性炭制备工艺中存在稳定性、活性、重金属以及制备工艺成熟性等问题，污泥制备活性炭在工业中未得到广泛应用。

参考文献

[1]　袁振宏，吴创之，马隆龙.生物质能利用原理与技术［M］.北京：化学工业出版社，2016.

[2]　任学勇，张扬，贺亮.生物质材料与能源加工技术［M］.北京：中国水利水电出版社，2016.

[3]　袁振宏.生物质能高效利用技术［M］.北京：化学工业出版社，2014.

[4]　骆仲泱，王树荣，王琦，等.生物质液化原理及技术应用［M］.北京：化学工业出版社，2012.

[5]　陈冠益，马文超，颜蓓蓓.生物质废物资源综合利用技术［M］.北京：化学工业出版社，2014.

[6]　陈冠益，马文超，钟磊.餐厨垃圾废物资源综合利用［M］.北京：化学工业出版社，2018.

[7]　丁浩.废橡胶热解产物的性能研究［J］.当代化工，2019，48（5）：958-960.

[8]　解强，罗克浩，赵由才.城市固体废弃物能源化利用技术［M］.北京：化学工业出版社，2019.

[9]　李为民，陈乐，缪春宝，等.废弃物的循环利用［M］.北京：化学工业出版社，2011.

[10]　杨春平，吕黎.工业固体废物处理与处置［M］.郑州：河南科学技术出版社，2016.

[11]　郭明辉，孙伟坚.木材干燥与炭化技术［M］.北京：化学工业出版社，2017.

[12]　范方宇，邢献军，蒋汶，等.基于能量产率的玉米秸秆成型颗粒炭化工艺优化［J］.太阳能学报，2019，40（1）：172-178.

[13]　朱丹晨，胡强，何涛，等.生物质热解炭化及其成型提质研究［J］.太阳能学报，2018，39（7）：1938-1945.

[14]　王艳秋.生物质碳及水热炭化技术介绍［J］.江西化工，2018（1）：154-155.

[15]　刘佩垚，赵俊，田伟，等.污泥炭化处理技术综述［J］.资源节约与环保，2019（1）：79-81.

[16]　辛明金，陈天佑，孟军，等.秸秆炭化烟气除尘技术研究进展［J］.吉林农业大学学报，2018，40（6）：659-665.

[17]　兰珊.回转连续式炭化设备关键部件的设计与试验研究［D］.大庆：黑龙江八一农垦大学，2018.

[18]　黄宇.直立连续式生物炭化设备研究［D］.武汉：华中农业大学，2018.

[19]　王秀丽，张盛东.木材炭化速率及其影响因素分析综述［J］.结构工程师，2018，34（3）：177-182.

[20]　陈现征.秸秆连续炭化装置的设计及有限元模拟分析［D］.青岛：青岛科技大学，2018.

[21]　徐浩，祝守新，王学俊，等.微波热解炭化炉谐振腔的设计与仿真［J］.大连工业大学学报，2018，37（3）：229-234.

[22]　宋冰腾.生物炭化成型燃料制备及燃烧特性研究［D］.唐山：华北理工大学，2018.

[23]　彭友舜，秦兆文，杨敬波.炭化温度对3种果核类生物炭特性的影响［J］.江苏农业科学，2018，46（23）：304-307，317.

[24]　孙书晶，曾旭.生物质热解炭化及其资源利用进展［J］.化工能源，2017，43（4）：207.

[25]　邱良祝，朱脩玥，马彪，等.生物质热解炭化条件及其性质的文献分析［J］.植物营养与肥料学报，2017，23（6）：1622-1630.

[26]　顾文波.烟梗热解炭化特性研究［D］.哈尔滨：哈尔滨工业大学，2017.

[27]　蒋正武，张静娟，曾志勇，等.炭化工艺参数对竹炭调湿性能的影响［J］.建筑材料学报，2017，20（5）：717-722.

[28]　侯宝鑫，张守玉，茆青，等.生物炭化成型燃料燃烧性能的试验研究［J］.太阳能学报，2017，38（4）：885-891.

[29]　胡万河.竹屑/成型棒炭化工艺研究［D］.北京：中国林业科学研究院，2017.

[30]　张晓帆，于晓娜，周涵君，等.炭化温度对小麦秸秆炭化产率及理化特性的影响［J］.华北农学报，2017，32（4）：201-207.

[31]　霍丽丽，赵立欣，姚宗路，等.秸秆热解炭化多联产技术应用模式及效益分析［J］.农业工程学报，2017，33（3）：227-232.

[32]　向永超，樊啟洲，刘国山.基于小型炭化炉的农林废弃物炭化试验研究［J］.环境工程，2016，34（A1）650-652，678.

[33]　徐佳，刘荣厚，王燕.基于能量得率的棉秆热裂解炭化工艺优化［J］.农业工程学报，2016，32（3）：241-246.

[34]　缪宏，江城，梅庆，等.废气自循环利用生物炭化装备设计与性能研究［J］.农业工程学报，2017，33（21）：222-230.

[35] 赵立欣，贾吉秀，姚宗路，等.生物质连续式分段热解炭化设备研究［J］.农业机械学报，2016，47（8）：220，221-226.

[36] 郭淑青，刘磊，董向元，等.麦秆水热炭化及反应动力学的研究［J］.太阳能学报，2016，37（11）：2733-2740.

[37] 辛善志，米铁，杨海平，等.纤维素低温炭化特性［J］.化工学报，2015，66（11）：4603-4610.

[38] 叶协锋，于晓娜，孟琦，等.烤烟秸秆炭化后理化特性分析［J］.烟草科技，2015，48（5）：14-18.

[39] 丛宏斌，姚宗路，赵立欣，等.内加热连续式生物炭化中试设备炭化温度优化试验［J］.农业工程学报，2015，31（16）：235-240.

[40] 严伟，陈智豪，盛奎川.适宜炭化温度及时间改善生物质成型炭品质［J］.农业工程学报，2015，31（24）：245-249.

[41] 金桃，颜炯，Michael Bottlinger，等.餐厨垃圾制生物煤试验初探［J］.可再生能源，2014，32（4）：505-510.

[42] 袁艳文，田宜水，赵立欣，等.卧式连续生物炭化设备研制［J］.农业工程学报，2014，30（13）：203-210.

[43] 赖鹏豪，马晓建，常春，等.稻壳连续炭化装置研究［J］.江苏农业科学，2015，43（1）：338-342.

[44] 王茹，侯书林，赵立欣，等.生物质热解炭化的关键影响因素分析［J］.可再生能源，2013，31（6）：90-95.

[45] 石海波，孙姣，陈文义，等.生物质热解炭化反应设备研究进展［J］.化工进展，2012，31（10）：2130-2137.

[46] 盛聪，宋成芳，单胜道，等.炭化温度和时间对猪粪水热炭性质的影响［J］.江苏农业科学，2019，47（2）：302-305.

[47] 黄惠群，蔡文昌，张健瑜，等.炭化温度对牛粪生物炭结构性质的影响［J］.浙江农业学报，2018，30（9）：1561-1568.

[48] 张进红，林启美，赵小蓉，等.不同炭化温度和时间下牛粪生物炭理化特性分析与评价［J］.农业机械学报，2018，49（11）：298-305.

[49] 陈贵，赵国华，汤银根，等.不同动物粪便炭化特性比较［J］.江苏农业科学，2016，44（11）：485-487.

[50] 王立华，林琦.热解温度对畜禽粪便制备的生物炭性质的影响［J］.浙江大学学报（理学版），2014，41（2）：185-190.

[51] 张强，稽冶，冀伟.餐厨垃圾能源化研究进展［J］.化工进展，2013，32（3）：558-562.

[52] 高腾飞，肖天存，闫巍，等.固体废弃物微波技术处理及其资源化［J］.工业催化，2016，24（7）：1-10.

[53] 刘光宇，栾健，马晓波，等.垃圾塑料裂解工艺和反应器［J］.环境工程，2009，27（5）：383-388，572.

[54] 柴琳，阳永荣，陈伯川.固体废弃物轮胎的热解技术［J］.环境污染与防治，2002，24（1）：42-45.

[55] 章备.浅析城市生活垃圾的资源化处理方式［J］.中国市政工程，2013（3）：53-55.

[56] 李文涛，柴宝华，王美净，等.不同生活垃圾组分热解炭化特性与热解焦傅里叶红外光谱表征［J］.新能源进展，2020，8（1）：22-27.

[57] 刘波，李世青，廖洪强，等.煤与城市生活垃圾高温炭化处理技术［J］.能源环境保护，2010，24（5）：8-12.

[58] 张林，刘云.污泥炭化处置技术比较分析［J］.上海环境科学，2016，35（1）：42-46.

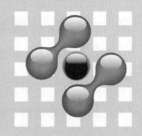

第 **12** 章　有机废弃物水热炭化与能源化利用

水热炭化是以追求固体产物产率最大化为目标的水热处理过程，是指在一定温度（180~250℃）和压力（2~10MPa）条件下进行水热反应，将有机废弃物主要转化为炭类固态产品的过程，实际上水热炭化是一种脱水脱羧的煤化过程。

与传统的热解炭化相比，水热炭化的反应条件相对温和，脱水脱羧是一个放热过程，可为水热反应提供部分能量，因此水热炭化的能耗较低。另外，有机废弃物水热炭化产生的水热炭含有大量的含氧、含氮官能团，焦炭表面的吸水性和金属吸附性相对较强，可广泛用于纳米功能材料、炭复合材料、金属/合成金属材料等。基于其简单的处理设备和方便的操作方法，其应用规模可调性相对较强。

水热炭化的炭产率和能量回收率分别由式(12-1)和式(12-2)计算得到：

$$炭产率 = \frac{水热炭的质量}{初始反应物的质量} \times 100\% \tag{12-1}$$

$$能量回收率 = \frac{水热炭的热值}{初始反应物的热值} \times 炭产率 \tag{12-2}$$

随着研究的逐步深入，水热炭化采用的原材料逐渐由结构简单的纯碳水化合物扩展到组成较为复杂的废弃生物质（木屑、稻壳、果皮、虾壳及猪粪等）。我国废弃生物质资源丰富，按其来源可分为：农林废弃物（如玉米秸秆、麦秸秆、稻秸秆等）、城市生活垃圾（如家庭厨余垃圾、餐饮垃圾、城市粪便、城镇污泥等）、畜禽粪便、有机污泥、有机废水。不同原料的水热炭化各有不同。

12.1　农林废弃物水热炭化与能源化利用

我国是一个农业大国，农林废弃物主要有：在农林生产、流通及加工过程中产生的废弃物（作物秸秆、残茬、树木枝等），农贸市场和水果市场产生的废弃物或丢弃的果蔬等有机垃圾，以及农林产品加工过程中的农林产品垃圾等。

12.1.1　农林废弃物的水热炭化过程

农林废弃物中一般都含有纤维素、半纤维素、木质素、蛋白质、无机盐、脂肪及低分子糖类等，所以其水热炭化基本上都要经历水解、脱水脱羧、芳香化及缩聚等步骤。在水热的初期阶段都会发生水解反应，而水解所需的活化能比大部分裂解反应的低，所以有机废弃物的水热降解所需温度较低。低分子有机物在 150~180℃ 发生水热炭化；半纤维素在 150~190℃ 发生醚键的断裂，生成低聚糖及单糖；纤维素因为含有线型分子，炭化温度一般在220℃以上；木质素中的芳醚需要在 300℃ 以上才能裂解聚合。由于植物中纤维素和半纤维素占较大部分，木质素含量较少，直接根据木质素的炭化条件的操作过程需耗费较多能量。因此，通过控制反应温度、反应时间等条件，可以将生物质中的木质素和纤维素分步炭化，以便节约能耗。

Kumar 等采用两步水热法，在温度 150~190℃、停留时间 20min、碳酸钾存在的条件下对生物质进行水热炭化。通过控制其 pH 值将半纤维素和木质素从纤维素中分离出来，将余液在 200℃ 进一步炭化以制备炭产品。木质素和半纤维素被抽离后，纤维素的反应性和表面积都得以增加，糖类转化率和水解速率都有所提高。美国 Hoekman 等在 215~295℃ 的水热温度下研究了木质素类生物质固、液、气三相产物的性质和分布，发现在温度为 225℃ 时糖类的回收率最高，在温度为 255℃ 时炭的能量密度最高。由此可见，通过对反应温度和停留时间的控制，可以使生物质中的组分完全反应并达到产物分离和提纯的目的。

常见的农林废弃物如玉米秸秆、稻草、花生壳等被广泛用于制备生物炭，现在人们还在不断开发各种农林资源用于生物炭的转化研究。研究表明，棕榈壳、桉树皮、橄榄渣、水葫芦等不同原材料水热炭化制备的生物炭，随反应温度的升高和反应时间的延长，其碳和灰分含量、芳香性的 C—C 和 C—H 官能团含量增加，而 O 含量和比表面积则随反应温度的升高而降低，反应温度在水热转化中占主导因素。孙克静等研究了几种不同农林废弃物制备的水热生物炭，发现水热木屑生物炭更适于作为吸附剂使用。Yu 等以不同炭化方式处理果壳废弃物，对比了所得产物的产率及热值。结果发现，300℃ 时水热生物炭的产率（31.4%）及热值（25.8MJ/kg）均高于 600℃ 时热解生物炭的产率（27.8%）及热值（22.0MJ/kg），因此推测相比于高温热解法，低温水热法更有利于废弃生物质的炭化。

催化剂在水热反应中具有重要的作用，使用金属离子等催化剂，不仅可以加快水热炭化的速率，还可以改善产物的结构与性质。王栋等在玉米芯水热炭化过程中添加氯化铝和氯化锌，在较低的温度下即可生成碳含量较高（44.26%~63.72%）且呈球形结构的生物炭，推测是由于生物质中的含氧基团可与铝离子和锌离子发生作用，O—H、C—O 等结构被破坏，从而促进水热炭化过程。罗光恩等以水葫芦和水浮莲为研究对象，在无添加额外水的反应釜中考察了反应温度（150~280℃）和反应时间（0~60min）等水热条件的影响。结果表明，两种生物质在最高温度和最长反应时间内获得的固体产量并不是最小的，这主要是因为在水热反应中，不仅存在大分子物质的降解转化，同时还存在合成等副反应。某些降解反应中形成的产物，在较高温度或较长反应时间下可以通过一系列副反应形成不溶于水的物质，故而固体产物的质量又稍有增加。曾淦宁等以铜藻为原料，固液比为 1:4，在 180℃ 下水热反应 2h 制备生物炭，产率为 51.4%，比表面积为 26.6m²/g，与热解法相比，水热法制备的铜藻基生物炭表面含氧、含氮官能团含量更丰富，这些官能团的存在使得其亲水性更强，同时水热生物炭的灰分含量更低，碳回收率和产率更高。Sevilla 等利用含氮丰富的微藻在 180℃ 下水热反应 24h 制得了含氮量在 0.7%~2.7% 的微米球结构生物炭，经过 KOH 活化后比表面积达到 1800~2200m²/g。

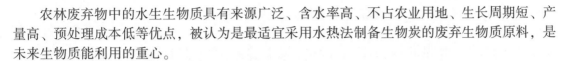

农林废弃物中的水生生物质具有来源广泛、含水率高、不占农业用地、生长周期短、产量高、预处理成本低等优点，被认为是最适宜采用水热法制备生物炭的废弃生物质原料，是未来生物质能利用的重心。

12.1.2　水热炭化过程的影响因素

通常，农林废弃物的水热炭化过程受物料种类、水热温度和压力、反应时间、液固比、催化剂等诸多因素影响，影响过程也较为复杂。

(1)　物料种类

物料种类不同，所得炭化产物的性质也各不相同。水热炭化反应过程中，一般伴随着 C 的富集和 H、O 的减少，H/C 和 O/C 值相应降低，因此，常用这 2 个比值作为原材料炭化程度指标。一般说来，水热反应制备的生物炭（简称湿生物炭）的 H/C 和 O/C 值远高于热解生物炭（简称干生物炭），说明前者的炭化程度低于后者。此外，在一定温度范围内，干生物炭的产率随着炭化温度的升高而降低，与之相同，湿生物炭的产率也随着反应温度的升高而降低，即反应温度越高，更多的干物质转化为气体或液体。这可能是因为升高反应温度，水的介电常数减小，电离常数增加，其性质更接近非极性的有机溶剂，增强了大分子有机物质的溶解析出，不利于缩合或聚合反应。

高英等选取麦秆、棉秆、稻秆、松木屑和水葫芦，对其水热炭化过程中炭的物化特性演变规律进行了研究，结果表明，不同生物质水热炭的质量产率大小依次为：棉秆>松木屑>稻秆>麦秆>水葫芦，这主要是因为棉秆和松木屑中的纤维素和木质素含量较高，半纤维素含量较低。另一个可能因素是灰分含量。从能量产率上可知，不同生物质水热炭的能量产率为 24%~57%，而质量产率仅为 16%~36%，其中棉秆的能量产率最高，可达 56.23%，水葫芦的最低，约为 24.70%。因此，生物质水热炭化是在少量能量消耗的基础上提高生物质能的品质，同时可有效降低生物质利用过程的费用。

(2)　水热温度和压力

在水热反应体系中，水作为水热反应的介质，其蒸气压变高、密度变小、表面张力变小、黏度变小、离子积变高，活性增强，可促进水热反应的进行。根据 Arrhenius（阿伦尼乌斯）方程，反应速率常数随温度的增加呈指数函数递增，因此，水热条件下物质反应性能明显增加的主要原因是，水的电离常数随反应温度和压力的上升而增加，进而水的离子积随温度和压强的增加迅速增大，常温常压下不溶于水的矿物或有机物在水热条件下也能诱发离子反应或促进水解反应。

在工业成分分析指标中，水分和灰分属于无机组成成分，挥发分和固定碳属于有机组成成分。随着水热炭化终温的提高，生物炭中灰分增加，挥发分减少，这主要是由于水热炭化温度越高，挥发分中有机物的水热反应进行得越充分，并转化为无机物质或水溶性物质，使挥发分损失量增加，部分不稳定有机质转化为二氧化碳，导致灰分质量分数变高。一般地，污泥本身较高的灰分质量分数决定了污泥生物炭中灰分质量分数要远高于植物源生物炭。

(3)　水热时间

高英等在反应温度为 240℃的条件下，通过改变时间（2~10h）对麦秆水热炭的产率和特性进行分析。结果表明，能量产率与质量产率的变化趋势相似，均随停留时间的延长先减小后增大，过长的停留时间需消耗更多的能量，在 6h 时能量产率和质量产率达到最小值，这可能是因为水热炭的生成一方面是通过轻质油产物的缩合聚合形成新的聚合物，另一方面则是未反应的纤维素和木质素。

Hoekman 等提出，水热炭的能量密度同时也随温度的升高和停留时间的延长而增大，并且热值也随温度的升高而增大。在温和条件下，即停留时间 2h，反应温度 220℃，能量产率和质量产率较大，是固相产物的较适宜条件。不同停留时间下得到的麦秆水热炭的元素分析结果表明，随着时间的延长，水热炭的 C 含量逐渐增大，在 2h 时 C 含量为 57.37%，在 10h 时增至 62.84%，O 含量在 4h 后虽有所增大，但变化趋势不明显，H 含量变化不明显，约为 4.20%，这主要是因为时间的延长对炭化程度有影响。4h 后，O 含量基本在 20% 附近波动，说明麦秆中含氧官能团的水热解主要集中在 4h 附近。随着温度的升高，N 含量随时间的延长缓慢增大，而 S 含量的变化趋势不明显。由于 C 含量的增大，水热炭的高位热值（HHV）也逐渐增大，变化趋势不明显，在 22%~24% 内波动。

（4）液固比

水是农林废弃物水热炭化反应重要的反应物、溶剂，且具有催化作用，它能促进农林废弃物中大分子氢键的断裂并使生物质在水热环境中发生脱水、脱氧、脱氢和缩聚等一系列的化学反应，部分以可溶物（如低聚糖、小分子有机酸和酚类化合物等）形式进入水中，水的溶解度直接与水溶有机物的分布相关，也影响生物质的水热反应路径。同时，作为溶剂，水在农林废弃物大分子碎片脱离母体的过程中起到传热和传质的决定性作用。当液固比较低时，农林废弃物主要组分（纤维素和半纤维素）水解所形成的单糖和低聚糖等可溶物可能部分吸附于多孔的固体水热炭内部或沉积于其表面，造成水热炭得率略高，而当液固比增加时，会有更多糖类等水溶物进入液相。因此，当液固比从 10 逐渐增加到 50 时，水热炭得率有所下降。

董向元等以草坪草、麦秆和梧桐树叶为原料，分别在 200℃、220℃、240℃，120min，液固比 10~50 下，在小型水热反应釜中进行水热炭化实验，结合 FTIR 和元素分析对 3 种水热炭的表征结果，深入分析液固比对水热炭化学结构和组成特性的影响，并利用碘量法定量分析液相产物中还原糖浓度的变化与液固比的关系，以液固比为变量，拟合分析水热炭产率和还原糖产量，得出如下结论：a. 草坪草、麦秆和梧桐树叶水热炭得率随液固比的增加均有所下降，但当液固比超过 30 后，变化幅度均不大，在液固比 10~50 内，水热炭产率是液固比的函数，均可用单指数衰减函数进行拟合，这有利于水热炭产率的预测。b. 随着液固比的增加，3 种水热炭的碳含量均有所增加，液体产物中还原糖产量逐渐增加，同样是液固比超过 30 以后，变化幅度均较小。糖类化合物特征峰的红外吸收随液固比的增加而减弱。在反应温度 240℃、液固比 10~50 时，梧桐树叶水热炭理化特性变化幅度最小。c. 随着温度的升高，液固比的增加对水热炭化反应的影响减弱。在反应温度 200~240℃ 内，液固比从 10 增加到 50 时，主要是增加了水的溶解性能，因此温度较高时，可选择相对较低的液固比。

（5）预增压

农林废弃物是一种复杂的高聚物，大多数生物质主要由纤维素、半纤维素和木质素组成，3 种组分占其总质量的 90% 以上。在水热及裂解条件下，农林废弃物各组分的降解主要受温度的影响。半纤维素在 150~190℃ 发生醚键断裂生成低聚糖和单糖；纤维素由结晶区和无定形区交错连接而成，水热炭化温度较高，一般在 220℃ 以上；木质素中的芳醚键在 300℃ 才能断裂和进一步聚合与裂解。要使废弃生物质中的结晶纤维素和木质素完全降解转化，反应温度是水热反应过程中的关键性指标。

水热炭化需要水不断汽化，增加反应体系的压力，使温度升高，一般升温时间较长，同时由于反应釜需要耐受较高的压力，釜体一般较厚，传热速率受到影响，导致水热反应升温时间延长，能耗较高。向天勇等设计开发了预增压水热炭化工艺，通过空气和氮气 2 种气氛介质的预增压水热炭化试验，探索不同气氛条件下预增压对稻秸水热炭化效率的影响规律。结果表明：

① 增加稻秸水热反应体系的压力具有良好的节能效果，且不影响固体炭的产率。预增压后温度和压力的变化关系与常压基本一致，但克服了常压沸腾后通过自增压缓慢升温的过程，使这一阶段的升温耗时明显低于常压，大幅节约升温时间，提高电加热效率。250mL 反应釜加料 150mL，反应温度从 17℃ 升至 300℃，利用空气增压所需升温时间与常压相比最大可缩短近 63.917%，升温速率提高 2.772 倍，电加热效率提高 1.657 倍。利用氮气增压所需升温时间最大可缩短近 49.038%，升温速率提高 1.960 倍，电加热效率提高 1.612 倍。氮气介质的节能效率略低于空气，推测与空气中具有较高的氧浓度有关。长时间水热炭化过程中，固体炭产率随反应进程出现高低变化，但整体来看 2 种气氛介质加压均未带来固体炭产率的显著变化，通过控制加压反应的进程，可得到相近的产率（44%左右）。

② 增加稻秸水热反应体系的压力，对炭产物表面官能团组成及产物晶相结构无显著影响，但可加快水热炭化进程。对于不同的气氛介质，通过合理控制反应进程可以得到 IR、XRD 结构表征和产率相近的固相产物，但同等条件下，氮气更有利于缩短水热反应周期，空气更有利于保留炭产物表面的 OH 类含氧官能团。反应压力增加提高了体系中的底物浓度，使暴发聚合反应的饱和浓度提前出现，从而使水热炭化进程加快，而反应体系中氧浓度增加有利于 OH 类含氧官能团的形成，但延长了水热反应周期。

③ 增加稻秸水热反应体系的压力，不会显著改变炭产物的吸附性能。水热炭化过程中，化合物溶出、裂解等造成表面孔体积改变是比表面积改变的主要原因。不同条件所制得生物炭的吸附曲线均符合 Freundlich 模型，对亚甲基蓝表现为优惠型吸附。

（6）催化剂

目前，大多数的水热炭化研究关注的是反应温度及反应时间对水热炭化的影响，对添加催化剂等物质对水热炭化影响的研究较少，有研究表明金属盐类对农林废弃物的水热炭化过程有着明显加速作用。王栋等以玉米芯作为原料，考察了反应温度和金属盐类对玉米芯水热炭化的影响，得出如下结论：

① 在无盐类添加的水热体系中，温度是影响生物炭的主要因素。随着温度由 180℃ 升高至 230℃，生物炭的固体产率由 50.12% 降至 39.86%；与原样相比，C/O 分别提高了14.3%、26.2%、41.7%，C/H 分别提高了 21.2%、38.0%、88.6%，热值分别提高了6.3%、10.3%、10.84%。生成生物炭的含氧官能团随着温度升高而含量明显减少，结构越来越致密，230℃ 时开始出现微米球结构。

② 在金属盐类添加的水热体系中，氯化铝和氯化锌对玉米芯的水热炭化均起着积极作用。其中，氯化铝的作用明显大于氯化锌。添加氯化铝后，温度 180℃ 时的固体产率就降低至无盐类添加时 230℃ 的固体产率，230℃ 时，固体产率降至 30.3%；在温度 230℃ 时，C/O、C/H 及热值均达到最大值，与原样相比，分别提高了 147.6%、91.8%、50.06%；炭微球结构在 180℃ 时生成，230℃ 时炭微球结构增多且更规则。

12.1.3 水热炭化物的表面化学性质

水热炭化过程的优点之一，即可以通过添加合适的原料、化学试剂或简单地后续处理使水热炭化物表面有效地负载各种含氧、含氮官能团，在催化、选择吸附、电池、生物传感器等领域表现出优良的性能。

（1）含氮官能团

含氮官能团在 pH 响应吸附剂、超级电容器、燃料电池电极、CO_2 选择吸附剂及高导电材料中具有优越的性能。目前很多研究集中在通过水热炭化形成含氮官能团的炭化物，如 Titirici 等利用水热炭化材料表面的高化学反应性，通过后续的修饰方法在炭化物表面负载各种含氮官能团。实验结果证明，水热炭化物在 3-氯-1-丙胺回流反应后，表面会负载含氨基的官能团达 4mmol/g，可应用于催化、层析、能量储存及药物传输领域。

（2）含氧官能团

碳水化合物本身含有丰富的氧元素，直接水热炭化后表面即含有大量的含氧官能团。但为了提高酸度和离子交换能力，研究人员利用含有羧酸根、磺酸根、硫酸根的有机酸或磷酸等无机酸作为添加剂，一步水热合成含大量羧酸根、磺酸根的固体酸催化剂或阳离子交换剂。Demir Cakan 等通过在水热炭化原料中添加丙烯酸成功制备了含羧基丰富的炭化微米球。Zhang 等利用对甲苯磺酸、葡萄糖、间苯二酚在 180℃ 水热合成块状含磺酸根的炭材料作为固体酸催化缩醛反应，显示很好的活性和重复利用性。Xiao 等通过同时添加含有羧酸根和磺酸根的有机质（柠檬酸和羟乙磺酸或对甲苯磺酸）与碳水化合物一步水热炭化合成具有多种酸根的炭化物，可以作为固体酸催化酯化和缩酮反应。实验结果证明，固体酸的催化活性与硫酸相当。利用无机磷酸水热活化蔗糖形成含磷酸盐的微米球，表面显示酸度高，该方法在炭结构中引入的含磷化合物同时也加强了炭材料的阳离子交换能力。

通过添加有机或无机材料在水热中或水热后负载官能团，是一种有效的表面官能团修饰方法。但纯化学试剂的添加成本较高，同时有些添加剂具有毒性和腐蚀性，不利于回收和工业应用，从经济角度考虑，应尽量使用天然或废弃的添加材料，从而降低生产成本。

12.1.4 水热炭化产物的燃烧特性

燃烧特性主要包括燃料性质和燃烧反应活性。水热生物炭的燃料性质可通过其煤化程度表示，反应活性则需利用燃烧指数和动力学分析进行评价。范方宇等采用综合燃烧指数 S 评价了不同升温速率下生物炭的燃烧特性，研究发现，随着升温速率的增加，水热生物炭综合燃烧指数显著提升。综合燃烧指数 S 综合了着火、燃烧、燃尽 3 个方面的性能，但由于受单位制的影响，综合燃烧指数在处理数据结果上不能表现其规律性。其他评价水热生物炭燃烧特性的研究未见报道，但针对煤或热解生物炭燃烧特性评价的研究相对较多，由于水热生物炭与褐煤、烟煤组成相近，可参考煤燃烧特性的相关评价方法和指数。

除综合燃烧指数 S 外，挥发分释放特性指数 D、可燃性指数 C、煤种燃烧稳定性判别指数 G 被用于评价煤或焦样的着火性能，燃尽指数 D_f 被用于评价煤或焦样的燃尽性能。另外，与综合燃烧指数 S 类似，无量纲综合燃烧指数 Z 也可用于评价煤或焦样的综合燃烧性能，Z 值越大，表示燃烧反应性越高。研究表明，随着热解温度由 550℃ 增加至 850℃，煤半焦燃烧指数 Z 由 0.39 降至 0.21，表观燃烧活化能由 17kJ/mol 增加到 27kJ/mol，煤半焦反应活性变差。这表明，指数 Z 与表观燃烧活化能对煤半焦反应活性的评价具有较高的一致性，且与指数 S 相比，指数 Z 为无量纲指数，不受单位制的限制，其适用性更广。

（1）小麦秸秆水热炭化产物的燃烧特性

马腾等对小麦秸秆水热生物炭的燃烧特性进行了评价，并研究水热炭化温度对水热生物炭燃烧特性的影响。通过 O/C、H/C 物质的量比等化学组成参数的变化，揭示水热炭化温度对水热生物炭煤化程度和反应活性的影响；基于热重分析结果，采用燃烧活化能和无量纲综合燃烧指数 Z 评价水热生物炭燃烧特性。结果表明：

① 随着水热炭化温度由 200℃升至 360℃，水热生物炭中固定碳含量和 C 元素含量显著增加，而挥发分含量和 O 元素含量显著降低。当水热炭化温度达到 240℃后，水热生物炭的燃烧性能大幅提升，接近褐煤；当温度进一步升高至 320℃后，水热生物炭的化学组成与烟煤中的长焰煤和气煤接近，但发热量略低于两种烟煤。

② 当温度低于 280℃时，水热生物炭存在两个失重速率峰，低温失重速率峰与部分挥发分的脱除有关，而高温失重速率峰与剩余挥发分和固定碳的燃烧有关；当温度达到或超过 280℃时，低温失重速率峰消失。

③ 随着水热炭化温度的升高，燃烧指数 Z 逐渐降低，水热生物炭在低温燃烧段和高温燃烧段的活化能均逐渐升高，燃烧反应活性降低。燃烧指数 Z 可用于衡量水热生物炭的燃烧反应活性。

（2）锯末和玉米秸秆水热炭化产物的燃烧特性

范方宇等选择具有代表性的锯末和玉米秸秆，研究生物质中木本类生物质和草本类生物质水热生物炭的燃烧特征，结果表明：

① 锯末、玉米秸秆水热生物炭燃烧 DTG 曲线出现双峰，形状不同于高温热解生物炭燃烧的单峰形式，由于水热生物炭中具有更多的挥发分，从而使水热生物炭作为燃料的产率更高，更适合用此法制备生物炭燃料；不同的升温速率对水热生物炭燃烧有重要影响，升温速率越快，燃料的着火温度、燃尽温度越高，整体向高温区转移，综合燃烧特性指数越大，同时由于其挥发分含量高于高温热解生物炭，着火温度、燃尽温度低于高温热解生物炭，其燃烧性能更接近于生物质燃料，燃烧性能更优。

② 采用一级反应动力学模型和积分法计算挥发分燃烧阶段活化能为 43.0~97.7kJ/mol，固定碳燃烧阶段的活化能为 29.6~41.6kJ/mol，其活化能低于高温热解生物炭，因此水热炭化法更适合于制备生物炭燃料。

水热生物炭燃烧特性区别于高温热解生物炭。由于炭化温度低，水热生物炭产率和能量产率均大于高温热解生物炭，热值低于高温热解生物炭，但热值仍然接近于褐煤。由于水热生物炭中挥发分含量较高温热解生物炭多，因此其综合燃烧特性大于高温热解生物炭，同时由于经过水热炭化后，生物质的疏水性得到了提高，能量密度得到了提升。因此，以固体燃料为目的的水热生物炭优于高温热解生物炭。

目前对于水热生物炭的产业化运用难题主要来自设备的要求高，当设备问题得以解决后，水热生物炭的运用具有广阔的前景。

12.1.5 水热炭在能源领域的应用

水热炭化的生物炭除具有炭材料的吸附能力强、化学性质稳定和再生能力强等优点外，还具有发达的孔隙结构、高的比表面积、稳定的芳香族结构和丰富的表面官能团，使其在能源领域具有广阔的应用前景。

（1）在碳燃料电池中的应用

直接碳燃料电池可以将碳燃料的化学能直接转化为电能，具有污染物排放少、碳燃料能量密度高和原料来源广的优点。生物炭较高的比表面积、丰富的含氧官能团能促进电池的阳极反应，而良好的导电性能以及较低的灰度则能降低欧姆极化，延长电池使用寿命，因此生物炭是直接碳燃料电池理想的阳极材料。张居兵等以竹片为原料、K_2CO_3 为活化剂，在 900℃、碱炭比 1:1、活化时间 120min 的工艺下，制备了比表面积为 1264.4m^2/g、体积电阻率为 1568.7$\mu\Omega \cdot m$、灰分为 7.1%的生物炭。研究发现在流化床电极直接碳燃料电池阳极

半电池中，所制备的竹质生物炭比活性炭纤维与石墨炭材料具有更优的极化性能。此外，张居兵等还发现 HNO_3 浸渍可以增加生物炭表面含氧官能团的种类和含量，也能较大程度地降低生物炭的灰分，而通过乙酸镍进行 Ni 负载后活性炭的体积电阻率降低。

（2）在生物炭能源中的应用

农林废弃物本身虽然可作为一种直接燃料使用，但其具有较高的含水量、较低的能量密度以及庞大的体积，这些缺点都限制了农林废弃物的直接应用。而先将农林废弃物转化为生物炭，再将生物炭作为燃料使用，既能避免农林废弃物燃烧的弊端，还充分利用了生物质资源，并有望借此解决全球能源危机。朱金陵等以玉米秸秆颗粒为原料，在 300℃ 温度下制备了挥发分为 35.8%、热值为 21.3MJ/kg 的生物炭，且研究发现秸秆炭的产率及热值随炭化温度升高而下降。此外，吴琪琳等以板栗壳为原料，在 550~750℃ 温度范围内制备了固定碳含量为 83%~91% 的生物炭，其热值为 30~35MJ/kg，达到了 GB/T 17608—2006 中一级精煤的标准。Abdullah 等以小桉树木材为原料，在 300~500℃ 温度范围内制备了生物炭，其热值（28MJ/kg）与原生物质（10MJ/kg）相比提高了 1.8 倍，可与煤基燃料（26MJ/kg）媲美。庄晓伟等从挥发分、灰分、固定碳含量、燃烧值等方面比较了 7 种生物炭的性能优劣，发现竹炭和木炭最适合作生物质燃料，其燃烧值分别为 29MJ/kg 与 31MJ/kg。但是，生物炭粉末不易储藏与运输，在作为燃料使用时浪费严重。可将生物炭粉末经过二次加工制备成型生物炭燃料，成型燃料与炭粉末相比具有较高的堆密度与强度，无粉尘污染，且在储藏、运输、使用过程中较粉末炭更方便，利用率更高。

12.2 畜禽粪便水热炭化与能源化利用

畜禽粪便的干基高位热值大约为 12MJ/kg，可作为燃料直接燃烧提供热量。比如在北方牧区，牧民们会使用晒干的牛粪作为燃料。但畜禽粪便含有大量水分，规模化饲养过程中为保持畜/禽舍卫生，也会采用水冲的方式清理畜/禽舍，进一步增加了畜禽粪便的含水量，影响了畜禽粪便作为燃料使用途径的推广。另外，畜禽粪便中含有 N、S、Cl、碱金属以及碱土金属等元素，燃烧过程中可能会引起腐蚀、结渣等问题。

水热炭化（hydrothermal carbonization，HTC）是指在一定的温度、反应时间和压力条件下，有机物料经过水热反应分解并转化为水热炭的过程。与传统的热解炭化相比，水热炭化具有物料含水率选择性高、工艺操作简单、能耗低、反应条件温和以及水热炭产量大等优点，被认为是用来处理高含水率有机废物的一种非常有应用前景的技术。畜禽粪便通过水热法制备生物炭，其产率可达 50%~90%，热值可达 32MJ/kg，与高档次烟煤的热值相当。

水热炭化技术可实现畜禽粪便快速处理转化为水热炭的目的，改善畜禽粪便的燃烧特性。产物可用于吸附水中的污染物或作为土壤调节剂，被视为绿色农业发展的重要举措之一。

12.2.1 水热炭化过程的影响因素

与农林废弃物的水热炭化相同，畜禽粪便的水热炭化过程也受物料种类、水热温度和压力、反应时间、液固比、添加剂等诸多因素影响，其中研究较多的是物料种类、水热温度和压力的影响。

（1）物料种类

物料种类不同，所得炭化产物的性质也各不相同。水热炭化反应过程中，一般伴随着 C

的富集和 H、O 的减少，H/C 和 O/C 值相应降低，因此，常用这 2 个比值作为原材料炭化程度指标。Libra 等报道 250℃下制备的鸡粪生物炭 H/C 和 O/C 值分别为 1.22 和 0.39，不到松木生物炭 H/C 的 1/2，说明鸡粪水热炭化程度高于松木。张进红等的研究结果也表明，随着反应温度的升高和反应时间的延长，鸡粪生物炭 H/C 和 O/C 值相应减小，表明鸡粪炭化程度提高。

一般说来，水热反应制备的生物炭（简称湿生物炭）的 H/C 和 O/C 值远高于热解生物炭（简称干生物炭），说明前者的炭化程度低于后者。此外，在一定温度范围内，干生物炭的产率随着炭化温度的升高而降低，与之相同，湿生物炭的产率也随着反应温度的升高而降低，即反应温度越高，更多的干物质转化为气体或液体。这可能是因为升高反应温度，水的介电常数减小，电离常数增加，其性质更接近非极性的有机溶剂，增强了大分子有机物质的溶解析出，不利于缩合或聚合反应。

（2）水热温度和压力

在水热反应体系中，水作为水热反应的介质，其蒸气压变高、密度变小、表面张力变小、黏度变小、离子积变高，活性增强，可促进水热反应的进行。根据 Arrhenius 方程，反应速率常数随温度的升高呈指数函数递增，因此，水热条件下物质反应性能明显增加的主要原因是，水的电离常数随反应温度和压力的上升而增大，进而水的离子积随温度和压强的增大迅速增大，常温常压下不溶于水的矿物或有机物在水热条件下也能诱发离子反应或促进水解反应。

不同温度下畜禽粪便水热炭的产率如图 12-1 所示。可以看出，猪粪（ZF）、牛粪（NF）和鸡粪（JF）的水热炭产率分别从 140℃的 70.0%、74.2% 和 71.4% 降到 220℃的 55.6%、48.8% 和 54.7%。随着水热炭化温度的升高，畜禽粪便水热炭产率逐渐降低，这可能是由于高温利于畜禽粪便水热分解。

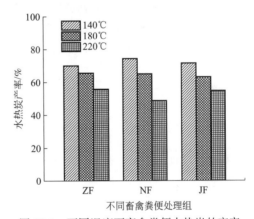

图 12-1　不同温度下畜禽粪便水热炭的产率

此外，不同畜禽粪便水热炭产率的差异，可能是由于水热炭化通过影响其理化组分（挥发分、固定碳和灰分）的产率而影响水热炭的产率。在工业成分分析指标中，水分和灰分属于无机组成成分，挥发分和固定碳属于有机组成成分。随着水热炭化终温的提高，生物炭中灰分增加，挥发分减少，这主要是由于水热炭化温度越高，挥发分中有机物的水热反应进行得越充分，并转化为无机物质或水溶性物质，使挥发分损失量增加，部分不稳定有机质转化为二氧化碳，导致灰分质量分数升高。

（3）添加剂

Lang 等（2018）研究了猪粪与木屑或玉米秸秆混合物水热炭化产物特性及重金属迁移规律，发现与猪粪水热炭相比，混合原料水热炭的 C 含量、热值及能量产率均显著提高，最大分别达到 57.05%、24.20MJ/kg 以及 80.17%，说明木屑或玉米秸秆与猪粪在水热炭化过程中表现出较好的协同效应。此外，混合原料水热炭中重金属（Cu、Zn、Mn）含量及其生物可利用度均呈现下降趋势，上述结果表明猪粪水热炭化处理中木质纤维素类生物质的添加，有助于固体产物的净化以及燃料特性的改善。

Lang 等（2019）还选取 CaO 为添加剂，研究了其对猪粪水热炭化产物特性的影响，研究发现 CaO 的存在使得水热炭的 pH 值和产率升高，同时导致水热炭中 C 和 N 回收率略微降低，而且猪粪中的 P 几乎全部转化为磷酸钙存在于水热炭中。CaO 的添加改变了猪粪水热炭表面官能团特征峰的相对强度，其亲水性及孔隙特性的改善促进了水热炭与土壤之间的离子交换，表明 CaO/猪粪水热炭展现出较好的土壤改良潜力。

12.2.2 水热炭化产物的燃烧特性

不同畜禽粪便的组成和含量，往往会因畜禽种类、饲养模式、生长阶段、饲料配方及管理水平的不同而存在较大差异，因此水热处理得到的水热炭的特性可能不同。周思邈等考察了生猪、奶牛、肉牛、肉鸡和蛋鸡 5 种畜禽粪便（分别采用 SZ、NN、RN、RJ 和 DJ 来表示）水热炭的燃烧特性。

（1）元素组成及碳保留量

畜禽粪便及其水热炭的元素组成如表 12-1 所示。由表可知，畜禽粪便 N 含量的高低顺序依次为猪粪>鸡粪>牛粪，C 和 H 含量的高低顺序依次为牛粪>猪粪>鸡粪，O 含量的高低顺序依次为猪粪>牛粪>鸡粪。可见，不同畜禽粪便水热炭的元素组成随温度变化的规律不一致。随着水热炭化温度的升高，猪粪水热炭和牛粪水热炭的 N 和 O 含量逐渐降低，C 含量逐渐增加，H 含量先增加后降低；而鸡粪水热炭的 N 和 C 含量先降低后增加，O 含量先增加后降低，H 含量逐渐降低。

表 12-1 畜禽粪便及其水热炭的元素组成

样品编码	质量分数/%				H/C	O/C	(O+N)/C	碳保留量/%
	N	C	H	O				
ZF	3.24	34.26	4.87	35.13	1.71	0.77	0.85	—
ZF140	3.24	38.11	4.14	23.04	1.30	0.45	0.53	77.91
ZF180	2.97	42.97	4.51	19.75	1.26	0.34	0.40	82.13
ZF220	3.10	44.64	4.16	7.42	1.12	0.12	0.18	72.54
NF	1.28	37.39	5.30	29.46	1.70	0.59	0.62	—
NF140	1.29	40.13	4.77	34.82	1.42	0.65	0.68	79.62
NF180	1.36	44.80	4.85	26.09	1.30	0.44	0.46	77.83
NF220	1.86	47.12	4.34	15.34	1.11	0.24	0.28	61.51
JF	1.92	26.93	3.74	24.44	1.67	0.68	0.74	—
JF140	1.35	26.77	3.23	22.63	1.45	0.63	0.68	71.10
JF180	1.10	23.57	2.48	22.99	1.26	0.73	0.77	55.31
JF220	1.32	24.43	2.32	14.07	1.14	0.43	0.48	49.62

H/C 被广泛用来评价水热炭的芳香性及稳定性。畜禽粪便水热炭的 H/C 值均低于其粪便的 H/C 值，且随着水热炭化温度的升高而逐渐降低。可见，畜禽粪便经水热炭化后其芳香性及稳定性增强，且随着温度的升高，畜禽粪便水热炭的芳香性及稳定性增强。

(O+N)/C 通常被用来表征物质的极性。随着温度的升高，猪粪和牛粪水热炭的 (O+N)/C 降低，表明其极性随着温度升高而降低；而鸡粪水热炭的 (O+N)/C 则是先增加后降低。O/C 的变化规律基本与 (O+N)/C 的变化一致。较高的 O/C 是由于水热炭表面某些官能团发生氧化导致含氧官能团数量增加。随着水热炭化温度升高，猪粪和牛粪水热炭的 O/C 逐渐降低。

综上可知，畜禽粪便经过水热炭化后，平均超过 50% 的碳被保留在水热炭中，变化范围为 49.6%~82.1%。随着水热炭化温度的升高，猪粪水热炭的碳保留量先增加后减少，且变化幅度不大，而牛粪和鸡粪水热炭的碳保留量则逐渐减少。与 NF140 和 JF140 相比，NF220 和 JF220 的碳保留量分别减少了 22.8% 和 30.2%。由此可见，低温有利于畜禽粪便水热炭中碳的保留。相同温度下，畜禽粪便水热炭的碳保留量大小顺序依次为猪粪＞牛粪＞鸡粪。

（2）水热炭化温度对炭产率和能量回收率的影响

反应温度是影响水热炭化炭产率和能量回收率的重要因素。图 12-2 显示的是 5 种畜禽粪便的炭产率和能量回收率随反应温度的变化趋势。

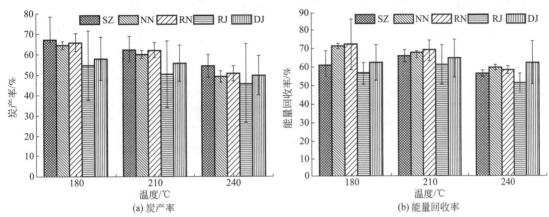

图 12-2　5 种畜禽粪便炭产率和能量回收率随反应温度的变化

注：SZ，生猪粪便；NN，奶牛粪便；RN，肉牛粪便；RJ，肉鸡粪便；DJ，蛋鸡粪便。下同。

从图 12-2 中可以看到，5 种畜禽粪便的炭产率都随着反应温度的升高而减小，其中，生猪、奶牛和肉牛 3 类畜禽粪便的炭产率相差较小，180℃ 时分别为：67.34%±11.2%，64.55%±1.93% 和 65.9%±4.38%，显著大于肉鸡和蛋鸡粪便的炭产率 54.61%±16.93% 和 58.05%±10.41%。它们之间的差距随着反应温度的升高而减小，240℃ 时生猪、奶牛、肉牛、肉鸡和蛋鸡粪便对应的炭产率分别为 54.3%±5.70%、49.33%±2.78%、50.7%±3.63%、45.83%±19.32% 和 49.69%±9.77%。

与炭产率不同，能量回收率随着反应温度的变化规律并不一致。奶牛和肉牛粪便的能量回收率随着反应温度的升高不断减小，而生猪、肉鸡和蛋鸡粪便则在反应温度为 210℃ 时达到了最大能量回收率，分别为 65.45%±3.22%、60.72%±10.77% 和 64.43%±10.42%，低于奶牛和肉牛粪便在反应温度为 180℃ 时的 71.07%±1.23% 和 71.93%±13.71%。这可能与生猪、肉鸡和蛋鸡粪便比奶牛和肉牛粪便含有较多的脂质、蛋白等可提取物有关。

（3）水热炭化温度对元素组成和工业组成的影响

从工业分析结果可以发现，挥发分（VM）的含量随着反应温度的升高不断减少，而固定碳（FC）的含量则不断增大，使得 VM/FC 的值不断减小，有助于提高燃烧时的稳定性。另外，因部分有机物（纤维素、半纤维素、木质素、蛋白质等）发生化学反应生成液体产物，而大部分灰分保留在水热炭中，导致灰分的相对含量增大。但是，大部分碱金属（如 K、Na），以及部分 S、Cl 元素会溶解到水中，使得灰分的熔点升高，能够降低燃烧时结渣的影响。

总的来说，水热炭化提高了畜禽粪便的 HHV，减小了畜禽粪便的 VM/FC，提高了灰分的熔点，使得水热炭化之后的畜禽粪便水热炭更适合当作燃料来使用。为了得到较高的炭产率、碳元素的保留率和能量回收率，水热炭化的反应温度应该控制在 180~210℃之间，这时畜禽粪便的炭产率为 50%~67%，碳元素的保留率为 54%~69%，能量回收率为 56%~72%。

（4）5 种畜禽粪便水热炭化前后燃烧特性分析

以 10℃/min 的升温速率升温到 105℃，并保持 10min，为样品的干燥阶段，表现为样品水分蒸发，质量缓慢下降。图 12-3 中的不同畜禽粪便及其水热炭的燃烧 TG 和 DTG 图，均以干燥阶段后的质量为起始点。第 1 个失重峰对应着挥发分的析出及燃烧阶段，质量变化明显，曲线变化陡峭；第 2 个失重峰对应着固定碳燃烧阶段，曲线变化幅度略低于前一阶段；最后为燃尽阶段，微量固定碳在灰分中继续缓慢燃烧，直至燃尽，曲线平滑。

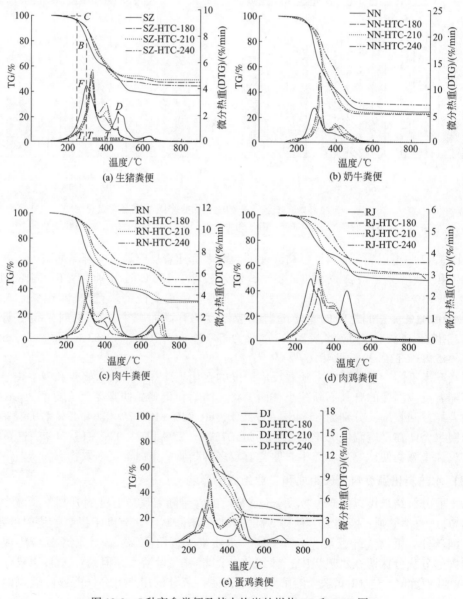

图 12-3　5 种畜禽粪便及其水热炭的燃烧 TG 和 DTG 图

比较同一个样品不同反应温度得到的水热炭的 TG/DTG 曲线可以发现：挥发分的析出及燃烧阶段由畜禽粪便原料的 105~400℃ 减小到水热炭的 105~370℃，不同畜禽粪便及其水热炭的 T_{max1} 则向高温方向移动，由原料的 284~308℃ 升高到水热炭的 312~320℃；与此相反，固定碳燃烧阶段由原料的 400~560℃ 减小到水热炭的 370~520℃，不同畜禽粪便及其水热炭的 T_{max2} 则向低温区移动，由原料的 435~483℃ 减小到水热炭的 404~435℃；并且，水热炭化缩小了不同畜禽粪便 T_{max1} 和 T_{max2} 之间的温度差异，有利于在实际过程中混合在一起应用。这是由于水热反应破坏了生物质原有的结构，使得一些容易挥发的组分溶于水中，然后生成了更为稳定的芳香炭。从工业组成中的挥发分含量也可以看出，随着反应温度的升高，挥发分的含量不断减少。同时发现，挥发分燃烧阶段的最大燃烧速率大于固定碳燃烧的速率。

水热炭的着火点 T_i 随着炭化温度的增大不断提高。5 种畜禽粪便的着火点 T_i，由原料的 222~251℃ 提高到 HTC240℃（240℃ 条件下得到的水热炭）条件下的 256~276℃，着火点的增大提高了储存时的安全性。此外，水热炭化之后的水热炭的燃尽温度 T_f 比原料的低，使得水热炭更容易燃尽，有利于当作燃料来应用。

（5）综合燃烧特性分析

采用综合了样品着火特性和燃尽特性的综合燃烧特性指数 SN 来反映样品的燃烧特性，SN 值越大，说明样品的燃烧特性越佳。计算结果表明，不同原料在不同温度条件下的水热炭相对于原料的综合燃烧特性指数的变化规律是不尽相同的：在 180℃ 和 210℃ 条件下，生猪和蛋鸡粪便水热炭的 SN 值略有增大，奶牛粪便水热炭的 SN 值显著增大，肉牛粪便水热炭的 SN 在 180℃ 条件下增大，而在 210℃ 条件下则差异不明显，肉鸡粪便水热炭的 SN 值均减小；从 SN 值的大小上来说，奶牛和肉牛粪便水热炭的 SN 值均高于生猪、肉鸡和蛋鸡 3 种畜禽粪便得到的水热炭。另外，随着反应温度的继续增大，在 240℃ 时 5 种畜禽粪便的水热炭的综合燃烧特性指数均小于原料，可以发现过高的炭化温度对于提高畜禽粪便的综合燃烧特性是不利的。

总的来说，为了得到燃烧特性良好的水热炭，生猪粪便的水热炭化温度应在 210℃，此时的能量回收率也为最大值 65.45%；奶牛、肉牛和蛋鸡粪便的水热炭化温度应在 180℃，对应的能量回收率分别为 71.07%、71.93% 和 61.82%。而肉鸡粪便水热炭的 SN 值均小于原料，故水热炭化不能提高其燃烧特性。

（6）燃烧活化能分析

采用反应级数 $n=1$ 进行动力学方程的拟合，计算过程中的相关系数 R^2 均在 0.95 以上，表明可以采用一级反应动力学研究畜禽粪便及水热炭的燃烧动力学。

计算结果表明，所有样品在挥发分析出和燃烧阶段的活化能均高于固定碳燃烧阶段的活化能，挥发分的析出及燃烧阶段的活化能范围在 40.60~81.12kJ/mol，固定碳燃烧阶段的活化能范围在 17.72~51.79kJ/mol。这主要是因为挥发分的析出及燃烧阶段温度较低，分子运动慢，需要大量的热量增大分子活性，同时，样品中各组分热解也需要大量热量，因而活化能较高。在固定碳燃烧阶段，热解反应已基本完成，同时热解产生的焦炭具有多孔结构，有利于氧气分子与碳元素的充分接触，且前阶段样品已完成了预热过程，从而样品在固定碳燃烧阶段的活化能较低。

畜禽粪便水热炭在 2 个阶段的活化能均低于畜禽粪便原料，可能是由于水热反应提高了水热炭的孔隙率，有利于氧气的扩散，因此更适合当作燃料使用。在挥发分析出和燃烧阶段奶牛和肉牛粪便水热炭的活化能比生猪、肉鸡、蛋鸡粪便水热炭的活化能高，可能是由于奶

环境能源工程

牛和肉牛粪便原料中木质纤维素成分含量较高，得到的水热炭与木质纤维素类水热炭类似，更为致密。

12.3 城市生活垃圾水热炭化与能源化利用

随着居民生活水平的提高和垃圾分类工作的不断推进，城市生活垃圾中有机物的比重越来越高，主要是由餐厨垃圾组成的湿垃圾。由于餐厨垃圾含水率高、易腐烂变质，传统的固体废弃物处理方式（填埋、焚烧等）并不适用于餐厨垃圾，因此，寻找高效环保的处理方式成了当前的重要任务。

水热炭化工艺是一种能够实现餐厨垃圾无害化处理的技术，目前已成为研究的热点之一。水热法相比传统热解法，较为温和，固型生物炭可通过固液分离获得，对设备要求低；水热炭化无需干燥预处理，一步成炭，更适合于工业应用。

12.3.1 城市生活垃圾水热炭化的工艺过程

以厨余垃圾和食物残渣为主的城市生活垃圾水热炭化技术是在反应温度150~350℃、压力1.4~27.6MPa下，将城市生活垃圾放入密闭的水溶液中反应1h以上以制焦的过程，实际上水热炭化是一种脱水脱羧的煤化过程。

城市生活垃圾中含有纤维素、半纤维素、木质素、蛋白质、无机盐、脂肪及低分子糖类等，所以水热炭化基本上都要经历水解、脱水脱羧、芳香化及缩聚等步骤，在水热的初期阶段都会发生水解反应，而水解反应所需的活化能比大部分裂解反应的低，所以城市生活垃圾的水热降解所需温度更低。低分子有机物在150~180℃发生水热炭化；半纤维素在150~190℃发生醚键的断裂，生成低聚糖及单糖；纤维素因为含有线型巨分子，炭化温度一般在220℃以上；木质素中的芳醚需要在300℃以上才能裂解聚合。

餐厨垃圾经水热炭化转化：一方面长时间的水热处理，灭菌较彻底；另一方面，整个过程在密闭条件下进行，可避免二次污染，环境效益高。且由于反应过程在水中进行，可通过选择合适的添加剂向炭化物中引入其他元素，制备不同形貌的碳复合材料，或对其进行元素掺杂和表面修饰，为生产各种各样的产品提供了巨大的可能。21世纪以来，国内外开始关注水热炭化在高水分、低能量密度的城市生活垃圾和其他固体废弃物方面的利用，研究内容包括了物理化学性质、水热炭热值、燃烧与热解动力学、湿干化脱水性能分析、能量平衡分析以及水热炭形成机理等。

目前关于餐厨垃圾水热炭化技术的研究多集中在实验室及中试阶段，对餐厨垃圾水热炭化工程化的应用研究还有待进一步加强。日本Yoshikawa Kunio团队自2010年开始对城市生活垃圾进行了大量的研究。他们的研究结果发现通过水热处理可将城市生活垃圾转化为均一、低水分且高密度的固体燃料，质量能量密度和体积能量密度最大可分别提高1.41和9.00倍。将其与煤混合燃烧可提高煤脱挥发分燃烧性能，具有较大的燃烧热利用前景。在2011年，Prawisudha等人在Yoshikawa研究的基础上进行了垃圾水热炭化中试试验，结果表明垃圾水热炭的热值可高达20MJ/kg，且垃圾中的不溶有机氯在水热炭化过程中可转化为可溶无机氯，因此水热炭中的不溶有机氯从10000×10^{-6}降低到2000×10^{-6}。美国南卡罗来纳大学D. Berge Nicole团队也对城市污水、城市生活垃圾、厨余垃圾等有长期的关注与研究，碳足迹结果表明49%~75%、20%~37%和2%~11%的碳分别保留在固体炭、液相和气相中。

12.3.2　水热炭化过程的影响因素

水热炭化过程受到多个参数的影响，包括炭化温度、停留时间、物料与水混合比、压力、pH 值以及添加剂等。

Akarsu 等考察了餐厨垃圾水热炭化制备固体燃料，获得的最佳反应条件为 200℃、60min。Saqib 等研究了不同温度对餐厨垃圾水热炭化后水热炭性质的影响，热值和水热炭中碳的比例随着温度的升高而升高，当水热温度为 300℃时得到的水热炭的高位热值达到了 31MJ/kg。Wang 等研究了餐厨垃圾和木质纤维素类物质混合水热炭化，结果表明混合水热炭化可以获得高热值的颗粒燃料。Idowu 等研究采用水热炭化技术回收餐厨垃圾中养分，结果发现水热炭化后餐厨垃圾中的大部分氮、钙和镁仍在固相的水热炭中，而大部分的钾和钠则在液相中，磷的变化和温度及反应时间有关。

Malǎták 等对餐后剩菜、土豆、奶油和生洋葱等进行了水热处理，并对产物的稳定性、热值及是否产生有害副产物进行了考察。结果显示，水热炭化产物碳含量丰富（＞63%）且具有较高热值（＞24MJ/kg），以奶油为原料制备的生物炭的热值高达 31.75MJ/kg，且无有害副产物产生。吴倩芳等以餐厨垃圾为原料，通过添加铁盐水热炭化制备了复合生物炭材料，研究表明，添加三价铁盐有利于餐厨垃圾水解，形成更多规则微米球结构。由于餐厨垃圾中含有大量的多糖和蛋白质等高分子有机物，其降解炭化条件苛刻，速率缓慢，是炭化过程的主要限制条件。Kaushik 等以糖酶和蛋白酶对餐厨垃圾进行预处理，然后采用水热法制备生物炭，有效提高了生物炭的产量，在糖酶与蛋白酶比例为 1∶2 时，生物炭的碳含量达到 65.4%，热值为 26.8MJ/kg。Li 等采用水热法对宾馆采集来的食物残渣（包括除去骨头的纯食物残渣以及包装盒材料纸、塑料等）在不同温度下进行炭化处理。经过 96h 的水热炭化处理，产物的碳回收率均大于 70%，而且相对于温度来说，固液比对碳在固液相中分布的影响更大。由于包装材料保存的能量较低，随着包装材料比例的增大，得到的炭化产物的热值会减小。

金桃等以校园餐厨垃圾为原料，利用水热炭化的方法，在温度为 160~200℃、pH 值为 3~5、反应时间为 2~4h 条件下，通过 3 因素 3 水平正交试验得出餐厨垃圾制生物炭的优化工艺条件：温度为 180℃、pH 值为 4、反应时间为 3h。影响因素的主次顺序为温度＞pH 值＞反应时间。在优化工艺条件下对餐厨垃圾进行水热炭化，得到生物炭的热值为 30.18MJ/kg，转化率为 54.08%。水热炭化改变了餐厨垃圾的 C、H、O 组成比例，生物炭的碳元素质量分数达到 65% 左右，较餐厨垃圾有显著提高。与餐厨垃圾相比，水热炭化得到的生物炭芳香性增加，极性降低。经过对比分析，得出餐厨垃圾制得的生物炭的极性、含碳率高于褐煤，芳香性低于褐煤。

12.3.3　水热炭化产物的特性

与热解炭化相比，水热炭化反应不用对原料进行干燥，而且反应条件相对温和，脱水脱羧是一个放热过程，可为水热反应提供部分能量，因此水热炭化技术的能耗较低。另外，垃圾水热炭化产生的焦炭含有大量的含氧、含氮官能团，焦炭表面的吸水性和金属吸附性相对较强，可广泛用于纳米功能材料、炭复合材料、金属/合成金属材料等。基于其简单的处理设备，方便的操作方法，其应用规模的可调性相对较强。

12.4　污泥水热炭化与能源化利用

污泥水热炭化是将污泥加温加压至一定条件后，使污泥中的有机组分在高温高压的作用

下发生裂解，从而得到生物炭。

12.4.1　污泥水热炭化的工艺过程

污泥水热炭化的基本工艺流程如图 12-4 所示。将脱水后含水率约 80% 的污泥首先切碎，搅拌后加压送入炭化系统。在外部热源的作用下，通过预热和加热，把污泥加热到 240～300℃，并在反应器中停留 15～20min 后，污泥在高温高压的作用下发生裂解，然后进入冷凝系统，经过冷却器就变成了裂解液。污泥从原来的半固体状态变成了液态。液态裂解液经普通脱水装置即可将其中 75% 的水分脱除，含水率达到 50%，体积减小为原来的 40% 以下，可以填埋或者堆肥，也可以进行进一步的干化造粒。如果脱水后的污泥进一步烘干，即可达到含水率 30% 以下。脱水机脱出的污泥水经 MBR（膜生物处理装置）处理后返回污水处理厂。

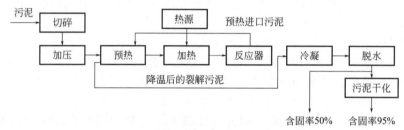

图 12-4　污泥水热炭化的基本工艺流程

污泥水热炭化技术的关键是反应的温度和压力。在一定的温度下，要保证污泥中水分不蒸发，就必须使系统的压力大于该温度下的饱和蒸气压，这样才能保证污泥中的水分依靠裂解而不是蒸发的方式释放出来。由于各国的污水处理现状、饮食结构和处理工艺有所区别，所以污泥炭化物的热值也存在一定的差异。

污泥水热炭化处理具有以下几个方面的优势：a. 水热炭化后的污泥更加有利于厌氧消化和堆肥，为污泥的资源化处置提供了广阔的前景。b. 物料在整个工艺流程中都能用泵泵送，省去了大量固态污泥传输、返混设备和惰性气体保护系统，降低了投资成本、操作难度和爆炸危险。c. 产生的废气较少，减少了对环境的二次污染，而且滤液的 BOD 还能解决地方污水厂 B/C 过低的问题。d. 炭化后污泥的高位热值达到 13MJ/kg，仅比炭化前污泥的热值减少了 6.8%，污泥热值得以最大限度保留，为后续资源化利用奠定了有利的基础。e. 水热炭化的水介质气氛有助于炭化过程中材料表面含氧官能团的形成，因此炭化产物一般含有丰富的表面官能团。f. 水热炭化的设备简单，操作简便且生物炭的产率较高。

12.4.2　剩余污泥的水热炭化

剩余污泥是污水处理的副产物，易腐烂、有恶臭，是各种污染物的集合体，若处置不当，极易对土壤和地下水造成二次污染。由于我国城市化进程持续加快，剩余污泥产量预计年均增长 10% 左右。城市剩余污泥的生物可利用性较差，含水率高达 99% 以上，其中大多为细胞束缚水，用常规的方法很难脱除，脱水后含水率也通常高于 70%，极大地限制了剩余污泥的运输及资源化利用。水热炭化处理一方面很容易破坏微生物细胞，使剩余污泥中的有机物水解，随着水热反应温度的升高和压力的增大，颗粒间碰撞增多导致胶体结构破坏，实现固形物和液体分开。随着水热炭化的进行，炭产物的含水率降低，碳含量及热值显著增加，还降低了工艺成本，且便于储存、运输和进一步处理，从而实现了剩余污泥的减量化、资源化、无害化和稳定化。而且，污泥生物炭如果不再生，可以考虑焚烧以固化其中的重金属，因此近年来剩余污泥的水热炭化处理成为了研究的热点，并被认为是剩余污泥安全处置与资源化利用的重要技术之一。

Lu 等将市政污泥在 220℃、24MPa 条件下水热反应 30min，热值提高了 6.4~9.0 倍，说明低温在一定程度上有利于固态炭的形成。另外，Zhang 等报道了延长水热反应时间同样可以提高生物炭的产量。赵丹等分别采用高温热解法（HTP）、低温热解法（LTP）和水热炭化法（HTC）对生活污水处理厂的剩余污泥进行处理。结果显示，污泥生物炭产率为 LTP > HTC > HTP，而能耗为 HTP > LTP > HTC。研究还发现，热解生物炭和水热生物炭在元素含量及结构性质上有较大区别，热解生物炭含有较多芳香性官能团，且其芳香性随温度升高而升高，而水热生物炭具有较大的极性。水热生物炭基本偏酸性，热解生物炭呈碱性，酸性环境更有利于对重金属的吸附和活化作用。王定美等分别以市政污泥和印染污泥为原料，在不同水热温度下制备生物炭，结果发现，市政污泥的水热炭化主要为脱羧，而印染污泥的水热炭化则以脱水为主，两种生物炭的碳含量和炭产率随着水热温度的升高均有所下降，市政污泥生物炭的碳固定性能明显优于印染污泥。

由于污泥中含有大量重金属，通过水热处理得到的水热生物炭中也会含有重金属，而且重金属含量会随着反应条件的变化而变化。Shi 等发现水热生物炭中的重金属含量会随着反应温度的升高而增加，而它们的可交换部分和酸溶解态、可还原态、可氧化态部分均减少，除了 Cd 以外的重金属残渣含量均有所增加。同时，由于水热生物炭对重金属的吸附能力比较强，如果对城市污泥进行水热炭化处理时加入稻壳，则生物炭中的重金属含量会相对提高。

由于水热炭化的原料无需提前干燥，因此剩余污泥的含水率没有成为其限制因素，通过水热法将剩余污泥炭化，不仅可以实现剩余污泥的无害化、减量化和资源化，同时可将剩余污泥中有机质的碳源固定，可有效解决剩余污泥可利用性差的问题。此法在国内外研究中尚属起步阶段，还需更加深入的研究。

12.4.3 废水污泥的水热炭化

生活污水污泥和工业有机废水污泥作为一种产量巨大的高含水率废弃生物质，其水热炭化将具有污染防治和碳减排的双重效益。Kim 等研究发现，利用水热法处理污泥得到的生物炭中的主要成分是稳定的二氧化硅晶体，可实现污泥的稳定与无害化。Hossain 等利用城市废水处理厂消化污泥进行热解实验研究表明，随着热解温度的升高，部分重金属的 EDTA（乙二胺四乙酸）提取液浓度下降，炭化温度影响了污泥生物炭中重金属元素富集。苟锐等研究表明，水热处理后，脱水泥饼中的束缚水比例大幅降低，由未处理污泥泥饼的 70% 降低至约 30%~40%，脱水效果明显。市政废水处理过程中污泥所含有机物是一些蛋白质、脂肪类和糖类等易降解的成分，而 Lu Xujie 等研究发现来源于印染废水处理中的印染污泥含有的大量染料、浆料、表面活性剂和碱剂等，这些相对稳定的有机物导致污泥难以降解。

12.4.4 污泥水热炭化过程的影响因素

与农林废弃物的水热炭化过程相同，污泥的水热炭化过程也受物料种类、水热温度和压力、反应时间、液固比、催化剂等诸多因素的影响，不同的是，由于污泥中往往含有一定浓度的重金属，因此其水热炭化过程还受重金属的影响。

（1） 物料种类

物料种类不同，所得炭化产物的性质也各不相同。水热炭化反应过程中，一般伴随着 C 的富集和 H、O 的减少，H/C 和 O/C 值相应降低，因此，常用这 2 个值作为原材料炭化程度指标。

王定美等分别针对市政污泥和印染污泥进行了水热炭化过程的研究，结果表明，污泥生物炭的 O/C 值随水热炭化终温的增加，从 150℃的 0.64 下降至 330℃的 0.16，说明水热炭化终温越高，污泥水热炭化进程越趋于脱水还原反应。污泥的性质决定了污泥水热炭化的进程，其中，市政污泥以脱羧为主，而印染污泥以脱水为主。随着水热温度的升高，污泥生物炭中碳含量、生物炭产率和碳回收率均下降。研究还表明，印染污泥的碳回收率受碳含量的影响明显大于受生物炭产率的影响，市政污泥的碳回收率则受炭产率的影响较大。

（2） 水热温度和压力

在水热反应体系中，水作为水热反应的介质，其蒸气压变高、密度变小、表面张力变小、黏度变小、离子积变高，活性增强，可促进水热反应的进行。在工业成分分析指标中，水分和灰分属于无机组成成分，挥发分和固定碳属于有机组成成分。随着水热炭化终温的提高，生物炭中灰分增加，挥发分减少，这主要是由于水热炭化温度越高，挥发分中有机物的水热反应进行得越充分，并转化为无机物质或水溶性物质，使挥发分损失量增加，部分不稳定有机质转化为二氧化碳，导致灰分质量分数越高。一般地，污泥本身较高的灰分质量分数决定了污泥生物炭中灰分质量分数要远高于植物源生物炭。

王定美等针对市政污泥和印染污泥进行的水热炭化过程研究表明：市政污泥炭中稳定碳含量和产率随着水热温度的升高（150~300℃）分别从 4.19% 和 123.6% 升至 6.62% 和 161.2%，并在水热炭化温度 250~300℃增加最明显，顽固性碳指数则从 48.02% 上升至 64.34%；印染污泥炭中稳定碳含量、产率和顽固性碳指数则从 3.80%、103.0% 和 54.26% 分别降至 1.86%、46.5% 和 47.04%，两种污泥表现出明显不同的变化趋势。由此可知，污泥生物炭固碳特性与泥质和水热温度有关。以市政污泥水热炭化法制备生物炭，可以实现碳固定的目标，具有广阔的应用前景，而印染污泥则相反。应进一步研究不同污泥泥质特征指标与炭化固碳特性的关系。

（3） 重金属

污泥中的重金属是制约污泥资源化利用的重要因素。研究表明，污泥炭中重金属质量分数与炭化过程、金属元素的特性等因素有关。Yoshida 等将生活污水污泥进行热解炭化后，发现低沸点金属元素如 As、Cd、Hg 在炭化过程中易于挥发，而高沸点重金属如 Pb、Ni、Cu、Zn 则保存在污泥炭中。Hossain 等利用城市废水处理厂消化污泥进行热解实验研究表明，炭化温度对污泥生物炭中重金属元素富集产生影响，部分重金属的 EDTA 提取态浓度随着热解温度的升高而下降，植物有效性降低。

生物炭中金属元素质量分数与元素本身的性质有关。王定美等对污泥水热炭化过程的研究结果表明，污泥炭中重金属 Zn、Pb、Cu、Cr 的质量分数随水热炭化终温的增大而增大，Ni、Cd、As、Hg 则随水热炭化终温的增大呈现不一致的变化规律，相对原污泥，Zn、Pb、Cu、Cr、Cd 的质量分数分别增加 14.5%~49.4%、39.1%~82.6%、28.5%~73.4%、7.2%~64.5%、53.8%~88.9%，Hg 的质量分数减少 20.5%~83.1%，Ni 和 As 的质量分数分别增加 -4.4%~67.5% 和 -18.1%~40.9%。

污泥炭中重金属元素的相对富集因子大于 1 时，该元素表现为富集性，小于 1 时则为迁移性。污泥炭中重金属元素的相对富集因子在 0.07~0.52，表现为迁移性；在同一水热炭化终温下，以 Hg 的相对富集系数最小，Hg 的迁移性最强。这也证明了污泥中重金属元素在水热炭化过程中，除部分保留在生物炭中外，还有部分在水热反应时发生液化等作用，进入液态产物中，如 Kim 等在水热处理后剩余污泥液体产物中检测到重金属元素。

基于重金属元素质量分数对污泥再生利用的重要性及其在不同炭化条件下的复杂变化，今后应进一步明确重金属等有害物质在水热炭化过程中的转化途径。

12.4.5　污泥水热炭化废水的组成

污泥水热炭化处理被认为是极具潜力的污泥安全处置与资源化利用的技术措施之一。一些研究发现，随着反应温度的提高和反应时间的延长，污泥束缚水脱去的效果提高，炭化反应加剧，固体产物产率增加，液体组分成分和性质也发生明显的变化。不少研究结果显示，固体产物可用作土壤调理剂，不仅改良培肥土壤，而且快速扩大土壤有机碳库，起到封存碳的作用，被认为是目前比较可行的碳捕获与封存的技术措施之一。但对于水热炭化处理的废水组成成分和特性，还需进行分析评价。

张进红等通过比较不同水热炭化处理温度及时间条件下废水中组成成分的差异，研究了废水中碳、氮、磷、钾组成及其含量随水热炭化反应温度和反应时间的变化规律，及废水中重金属含量随水热炭化反应温度和反应时间的变化规律，并对废水进一步生化处理及资源化利用的可行性进行了分析评价。

(1) 颜色及 pH 值

污泥经低温和短时间水热炭化处理后，废水的颜色较深，呈黑褐色，随着反应温度的升高和时间的延长，废水颜色逐渐变浅，260℃ 处理 24h 时的废水转变为浅黄色。废水的酸度也发生显著的变化，190℃ 水热炭化处理污泥 1h，废水的 pH 值从未炭化污泥的 7.61 降低到 6.40，但延长处理时间，pH 值逐渐升高至接近初始值。与之不同，260℃ 水热炭化处理 1h，废水的 pH 值升高至 8.48，且随着处理时间的延长，pH 值缓慢增加，24h 达到 9.14，比初始值提高了 1.53 个单位。

(2) TOC、COD 和 BOD$_5$

水热炭化处理大幅度地提高了废水的 TOC、COD 和 BOD$_5$ 浓度。190℃ 反应 6h 时 COD 和 BOD$_5$ 达到最大值，分别比初始值提高了 2.27 和 9.75 倍，继续反应则缓慢降低，而 TOC 反应 12h 时才达到最大值 17825mg/L。260℃ 反应 1h 三者就达到最大值，分别比初始值提高了 1.91 倍、1.51 倍和 7.09 倍，反应 12h 后，COD 和 BOD$_5$ 基本不变。

(3) 氮、磷和钾

污泥滤液全氮含量高达 2197.87mg/L，主要是铵态氮，占全氮含量的 64.5%，硝态氮含量只占 6.4%。水热炭化处理显著增加了废水中全氮含量，主要是有机氮及铵态氮含量大幅度提高，而硝态氮含量大幅度降低。190℃ 和 260℃ 水热炭化处理 1h，有机氮含量就达到最大值，分别比初始值提高了 3.99 倍和 1.92 倍，延长处理时间，有机氮含量逐渐降低，260℃ 处理 12h 降至接近初始浓度。

铵态氮含量与之相反，随着处理温度的提高和反应时间的延长而增加，反应 18h 才达到最大值，分别比初始值提高了 1.77 倍和 2.45 倍。硝态氮含量尽管大幅度降低，但随反应温度的升高及反应时间的延长而增加，260℃ 反应 24h 时，废水硝态氮含量已增加至初始浓度的 1/2。

污泥滤液中也含有一定量的磷和钾，且 70% 左右的是有机磷，190℃ 低温短时间（＜6h）

环境能源工程

处理污泥废水中全磷含量增加，但260℃高温或长时间处理大幅度降低了废水中磷含量。水热处理显著提高了废水中钾含量，低温长时间处理或高温短时间处理时全钾含量较高。

（4）重金属

水热炭化处理显著提高了污泥废水中 As、Cd、Cr 和 Pb 浓度，但降低了 Cu、Mn 和 Zn 浓度。比起反应时间，反应温度对废水中重金属浓度的影响更大。如260℃高温处理，As 的浓度由 0.032mg/L 增加到 1.408mg/L，增加了近 43 倍，Cd 浓度也由未检出增加到 0.060mg/L。而190℃低温处理大幅度地提高了 Cr 含量，最高达到 2.326mg/L。除了高温废水 As 浓度和低温废水 Cr 浓度超标外，其余废水中重金属含量远低于国家排放限制。

（5）水热炭化处理污泥废水的生化处理适宜性

市政污泥多为脱水污泥，含水率约 80%，大多为细胞束缚水，常规方法很难脱除掉。水热炭化处理很容易地破坏微生物细胞，释放出束缚水，实现固形物和液体分开，不仅实现污泥的减量化，而且可以分别资源化利用和处置固体产物和废水，但两者的特性直接决定进一步处置的技术与难易。

废水处置方法之一是好氧或厌氧生化处理，酸碱度和物质组成成分及含量是影响生化处理的重要因素。研究表明，低温水热炭化处理初期降低废水 pH 值，但高温和长时间处理则提高 pH 值。可能原因是低温反应及反应初期主要是水解反应，蛋白质、多糖等水解为乙酸、丙酸等小分子的有机酸，从而导致 pH 值降低；而高温反应及反应后期随着氨氮物质增加，中和了有机酸，导致 pH 值升高。水热处理能加速污泥固体溶解和水解，从而提高污泥的厌氧消化性能，因此水热处理现已多作为污泥厌氧消化的预处理方式。

污水 BOD_5/COD 值是其生化处理适宜性的一个衡量指标，一般认为 BOD_5/COD 大于 0.3 才适宜采用生化处理，比值越大生化处理越容易。污泥水热炭化后，其废水的 TOC、COD 大幅度升高，显然是由于污泥中微生物细胞被破坏而释放出蛋白质、糖类、脂类和挥发性有机酸等，由于废水中含有丰富的 $C_1 \sim C_5$ 挥发性脂肪酸，适合作为反硝化作用的碳源。处理前废水的 BOD_5/COD 值为 0.13，而处理后增加至 0.36 ~ 0.46，更适合进行生化处理。需要注意的是，高温长时间炭化处理，由于发生美拉德反应，形成含氮多聚物，可能比较难降解，不利于生化处理。

水热炭化处理还导致废水中全氮及全钾含量大幅度增加，Xue 等发现，剩余污泥在较低温度（40~70℃）水热处理 1 ~ 3h 后废水中全氮及全钾含量增加，特别是全氮含量最高达 6311.87mg/L，且 1/2 以上为铵态氮，不能直接用于灌溉，而且在进一步生化处理过程中需要注意氮的转化，尤其要控制氮氧化物的产生与排放。

（6）水热炭化处理污泥废水中重金属回收利用

污泥中含有一定量的重金属，是污泥资源化利用的限制因素之一。经过水热炭化处理后，As、Cd、Cr 和 Pb 等重金属被释放出来，导致废水中这些重金属浓度提高，特别是 As 和 Cr，最高分别达到 1.408mg/L 和 2.326mg/L。其原因可能是这些重金属配位体水解。Appels 等研究也发现，90℃水热处理污泥 60min，增加了废水中 Cd、Cr 和 Pb 等重金属含量。但水热炭化处理释放出的 Cu、Mn 和 Zn 等，可能被产生的金属氧化物吸附，或与未完全水解的含氨基化合物结合，或形成难溶性的磷酸盐，致使其在废水中的浓度降低。

城市是一个巨大的矿床，马学文等估计，每 1000 万吨污泥（含水率 80%）中各类重金属含量高达 2868t，污泥是一个巨大的金属资源库。水热炭化处理导致一些重金属在废水中富集，比起存在于固形物中的重金属，分布于废水中的重金属更容易富集回收利用，可以使用反渗透法、离子交换法、生物膜法等方法实现重金属的回收利用，其可行性有待深入

408

研究。

12.4.6　污泥水热炭的燃烧特性

水热炭化能将污泥等高含水废弃物转变为清洁的低阶燃料，同时具有无须干燥以及低能耗等优势，因此被视为一种潜在的污泥预处理技术。庄修政等的研究表明，水热污泥具有与煤类似的稠环芳构化结构，能在满足现有锅炉要求的条件下实现混合燃料间的均质燃烧。同时，往煤中添加适量的水热污泥亦能提高其混合燃烧的处理效果。Parshetti 等通过往燃煤中按照不同比例（10%～30%）添加水热污泥后发现，其混合燃料的燃烧反应性随水热污泥比例的增加而增大。He 等的研究结果也证明，水热污泥的引入能降低煤燃烧初步反应所需的活化能，进而提高其燃烧效率。在此过程中，水热污泥与煤之间的协同效应是关键。部分研究表明，混合燃烧过程中的协同效应在不同程度上受到污泥中的组分、煤的品质以及混合比例等因素的影响，并且会进一步导致燃烧特性与燃烧行为的差异。Liu 等发现，水热污泥与低阶煤之间的协同效应要比与高阶煤混合燃烧时更为明显，而 Lin 等却表示在不同的混合比例下污泥与各阶煤的协同效应均不相同。

庄修政等以城市污泥（sewage sludge，SS）为对象进行水热炭化处理，随后将其与三种不同品阶煤（褐煤、烟煤与无烟煤）分别进行混合燃烧测试，研究分析了原料的基础理化特性及其单独燃烧过程，结果表明：水热处理能脱除污泥中大量的轻质组分并提高其芳构化程度，使得其燃烧行为与煤相似；同时，水热过程中富集于固相上的碱/碱土金属有利于燃烧过程的催化作用。此外，煤在燃烧过程中的主要失重区间随着煤阶的上升而逐渐增大，其着火点分别为 328℃（褐煤）、455℃（烟煤）和 539℃（无烟煤）。

在水热污泥与煤的混合燃烧过程中，水热污泥中适量轻质挥发分的引入能降低煤发生燃烧反应所需要的活化能，从而提高煤的反应活性并使其更为彻底地燃烧。相比于中高阶煤而言，低阶煤的主要燃烧区间与水热污泥相近，因而在混燃过程中的协同作用最为明显。这体现在其更高的热值（5.8%～6.3%）及更快的失重速率（4.4%～16.1%）上。综合燃料的燃烧性能与燃烧稳定系数而言，水热污泥与低阶煤混合而成的燃料具有较大的优势，并且其混合比例以 30%∶70% 与 50%∶50% 为宜。

参考文献

[1]　袁振宏，吴创之，马隆龙.生物质能利用原理与技术［M］.北京：化学工业出版社，2016.
[2]　任学勇，张扬，贺亮.生物质材料与能源加工技术［M］.北京：中国水利水电出版社，2016.
[3]　袁振宏.生物质能高效利用技术［M］.北京：化学工业出版社，2014.
[4]　骆仲泱，王树荣，王琦，等.生物质液化原理及技术应用［M］.北京：化学工业出版社，2012.
[5]　陈冠益，马文超，颜蓓蓓.生物质废物资源综合利用技术［M］.北京：化学工业出版社，2014.
[6]　陈冠益，马文超，钟磊.餐厨垃圾废物资源综合利用［M］.北京：化学工业出版社，2018.
[7]　解强，罗克浩，赵由才.城市固体废弃物能源化利用技术［M］.北京：化学工业出版社，2019.
[8]　李为民，陈乐，缪春宝，等.废弃物的循环利用［M］.北京：化学工业出版社，2011.
[9]　杨春平，吕黎.工业固体废物处理与处置［M］.郑州：河南科学技术出版社，2016.
[10]　王艳秋.生物质碳及水热炭化技术介绍［J］.江西化工，2018（1）：154-155.
[11]　刘佩垚，赵俊，田伟，等.污泥炭化处理技术综述［J］.资源节约与环保，2019（1）：79-81.
[12]　郭淑青，刘磊，董向元，等.麦秆水热炭化及反应动力学的研究［J］.太阳能学报，2016，37（11）：2733-2740.
[13]　盛聪，宋成芳，单胜道，等.炭化温度和时间对猪粪水热炭性质的影响［J］.江苏农业科学，2019，47（2）：302-305.

[14] 张林，刘云.污泥炭化处置技术比较分析［J］.上海环境科学，2016，35（1）：42-46.

[15] 刘亦陶，魏佳，李军.废弃生物质水热炭化技术及其产物在废水处理中的应用进展［J］.化学与生物工程，2019，36（1）：1-10.

[16] 崔丽萍，史晟，侯文生，等.水热环境下棉纤维水解炭化机理［J］.新型炭材料，2018，33（3）：245-251.

[17] 向天勇，钱广，朱杰，等.稻秸水热炭化的多轮沉积反应［J］.浙江农业学报，2018，30（1）：137-143.

[18] 查湘义.生物质水热炭化产物特性研究［J］.中国环境管理干部学院学报，2018，28（1）：58-61.

[19] 马腾，郝彦辉，姚宗路，等.稻秆水热生物炭燃烧特性评价［J］.农业机械学报，2018，49（12）：340-346.

[20] 庄修政，宋艳培，詹昊，等.水热污泥与煤在混燃过程中的协同效应特性研究［J］.燃料化学学报，2018，46（2）：1437-1446.

[21] 陈维闰，李肖，袁胜利，等.污泥水热炭化技术应用研究［J］.中国油脂，2018，43（9）：135-136，143.

[22] 张传涛，邢宝林，黄光许，等.水热炭化-KOH活化制备核桃壳活性炭电极材料的研究［J］.材料导报，2018，32（7）：1088-1093.

[23] 李飞跃，吴旋，李俊锁，等.温度对畜禽粪便水热炭产率及特性的影响［J］.环境工程学报，2019，13（9）：2270-2277.

[24] 张曾，单胜道，吴胜春，等.炭化条件对猪粪水热炭主要营养成分的影响［J］.浙江农林大学学报，2018，35（3）：398-404.

[25] 周思邈，韩鲁桂，杨增玲，等.碳化温度对畜禽粪便水热炭燃烧特性的影响［J］.农业工程学报，2017，33（23）：233-240.

[26] 黄叶飞，董红敏，朱志平，等.畜禽粪便热化学转换技术的研究进展［J］.中国农业科技导报，2008，10（4）：22-27.

[27] 凌娟，李静，刘茂昌，等.畜禽粪便污染治理的新思维［J］.四川林业科技，2008，29（4）：99-102.

[28] 王艳秋.生物质碳及水热炭化技术介绍［J］.江西化工，2018，1：154-155.

[29] 宫磊，贾通通，王在钊，等.瓜子皮、茶叶、树叶和核桃壳的水热炭化产物及机理［J］.青岛科技大学学报（自然科学版），2018，39（1）：22-28.

[30] 范方宇.玉米秸秆水热炭化和热解法制备生物炭研究［D］.合肥：合肥工业大学，2017.

[31] 范方宇，郑云武，黄元波，等.基于能量产率的油茶壳水热炭化工艺优化［J］.可再生能源，2017，35（6）：805-810.

[32] 董向元，郭淑青，吴婷婷，等.液固比对生物质水热炭化产物结构演变的影响［J］.太阳能学报，2017，38（7）：2005-2011.

[33] 向天勇，朱杰，钱广，等.预增压对稻秸水热炭化的影响［J］.安徽农业科学，2017，45（29）：50-55.

[34] 高英，袁巧霞，陈汉平，等.生物质水热过程中水热炭化理化结构演变特性［J］.太阳能学报，2016，37（12）：3226-3232.

[35] 范方宇，邢献军，施苏薇，等.水热生物炭燃烧特性与动力学分析［J］.农业工程学报，2016，32（15）：219-224.

[36] 樊奥楠，王淑杰，刘万毅，等.水热炭化温度对稻秆燃料特性影响的研究［J］.环境科学与技术，2016，39（2）：103-106.

[37] 郭淑青，董向元，范晓伟，等.玉米秸秆水热炭化产物特性演变分析［J］.农业机械学报，2016，47（4）：180-185.

[38] 郭淑青，董向元.生物质水热炭化转化利用技术［M］.郑州：郑州大学出版社，2016.

[39] 郭淑青，刘磊，董向元，等.麦秆水热炭化及反应动力学的研究［J］.太阳能学报，2016，37（11）：2733-2740.

[40] 吴琼.木质纤维素水热炭化制备炭材料：结构控制与机理研究［D］.哈尔滨：东北林业大学，2016.

[41] 张进红，林启美，赵小蓉，等.水热炭化温度和时间对鸡粪生物炭性质的影响［J］.农业工程学报，2015，31（24）：239-244.

[42] 王栋，乔娜，姚冬梅，等.金属盐类对玉米芯水热炭化过程的影响［J］.吉林师范大学学报（自然科学版），2015（1）：18-22.

[43] 尉士俊，杨冬，时亦飞.水热炭化技术在废弃生物质资源化中的应用研究［J］.节能，2015（1）：59-62.

[44] 王定美，袁浩然，王跃强，等.污泥水热炭化中碳氮固定率的影响因素分析［J］.农业工程学报，2014，30（4）：168-175.

[45] 何选明，王春霞，付鹏睿，等.水热技术在生物质能转换中的研究进展［J］.现代化工，2014，34（1）：26-29.

[46] 洪建军.污泥水热炭化焚烧处理技术与应用［J］.中国给水排水，2014，30（8）：61-63.

[47] 童超.焦化废水剩余污泥炭化水解研究［D］.武汉：华中科技大学，2014.

[48] 王定美，王跃强，袁浩然，等.水热炭化制备污泥生物炭的碳固定［J］.化工学报，2013，64（7）：2625-2632.

[49]　陈业钢，郭海燕，谢广明，等.污泥炭化零排放技术应用［J］.给水排水动态，2013（4）：12-15.

[50]　张进红，罗清，林启美，等.市政污泥水热炭化废水组成成分特征［J］.环境工程学报，2013，7（9）：3363-3368.

[51]　张进红.高含水量废弃生物质水热炭化处理及产物特性［D］.北京：中国农业大学，2013.

[52]　孔娟.蔬菜废弃物水热炭化产物特性与农学利用［D］.北京：中国农业大学，2013.

[53]　吴倩芳，吴建芝，张付申.水热炭化餐厨垃圾制备纳米铁/炭复合材料［J］.环境工程学报，2013，7（2）：695-700.

[54]　吴倩芳，张付申.水热炭化废弃生物质的研究进展［J］.环境污染与防治，2012，34（7）：70-75.

[55]　赵永生，谢勇丽，曾霞，等.正交实验法分析水热炭化的影响因素［J］.科技信息，2012（22）：126.

[56]　王定美，徐荣险，秦冬星，等.水热炭化终温对污泥生物炭产量及特性的影响［J］.生态环境学报，2012，21（10）：1775-1780.

[57]　李保强，刘钧，李瑞阳，等.生物炭的制备及其在能源与环境领域中的应用［J］.生物质化学工程，2012，46（1）：34-38.

[58]　毕三山.污泥炭化工艺的特点与发展展望［J］.人力资源管理，2010（5）：263-264.

[59]　程晓波，仇翀，尹炳奎.污泥炭化制备活性炭［J］.化工环保，2010，30（5）：446-449.

[60]　仝坤，宋启辉，王琦，等.稠油罐底泥炭化处理技术研究与应用［J］.油气田环境保护，2010，20（1）：26-28，32.

[61]　于洪江，杨全凯.污泥水热炭化技术的中试研究［J］.中国建设信息，2009（3）：55-57.

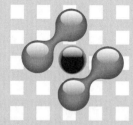

第**13**章　有机废弃物物理转化与能源化利用

对于部分有机废弃物，如工业废水与污泥、生活污水与市政污泥、人畜粪便、城市生活垃圾等，由于其中的有机物含量较低、挥发分较少、灰分含量较高，较难着火，无论采用前述的何种能源化利用方式，都无法实现经济化利用。对此，可根据这类有机废弃物的具体组分，采用物理转化技术，通过有针对性地添加降低含水率的固化剂和引燃剂、除臭剂、缓释剂、催化剂、疏松剂、固硫剂等添加剂，制成合成燃料，以满足普通燃料在低位热值、固化效率、燃烧速率以及燃烧臭气释放等方面的评价指标。

根据所制备合成燃料的状态，有机废弃物物理转化制合成燃料技术可分为合成固体燃料技术和合成浆状燃料技术。合成固体燃料技术也称衍生燃料制备技术。

无论哪种合成燃料技术，均具有以下优点：a.燃料配方灵活；b.有机废弃物合成燃料粒度超细化，有良好的黏温特性；c.脱硫成本低，在有机废弃物混合体系中可直接加入脱硫剂，脱硫效果好；d.重金属污染都集中在灰渣中，固定效果良好，不仅消除了重金属对空气的影响，同时灰渣还可以进行综合利用；e.燃料充分燃烧和恰当添加剂的存在，基本可以消除二噁英的产生；f.可减少干燥工艺，节省投资；g.有机废弃物制成衍生燃料后方便运输，可燃烧发电供热或用于工业锅炉产生蒸汽，大大减少了燃煤的使用，节省了资源。

13.1　衍生燃料制备技术

由有机废弃物生产的固体燃料一般称为垃圾衍生燃料（refused derived fuel，RDF），只由废塑料一种可燃废弃物制成的固型燃料称为再生塑料燃料（recycle plastic fuel，RPF）。RDF技术已在美国、日本、欧洲等一些发达国家和地区引起很大重视，其RDF的应用范围较广。

13.1.1　美国RDF制备技术

美国是世界上第一个应用RDF进行能源化利用的国家，早在1972年就将RDF作为化石燃料的替代品用于发电，但由 RDF 产生的蒸汽对涡轮发动机叶片的腐蚀问题没有得到解决，阻碍了该技术的进一步发展。目前 RDF 技术已很成熟，美国已有 RDF 发电厂 37 家，占发电总量的 21.6%。美国典型的 RDF 生产系统见图 13-1。

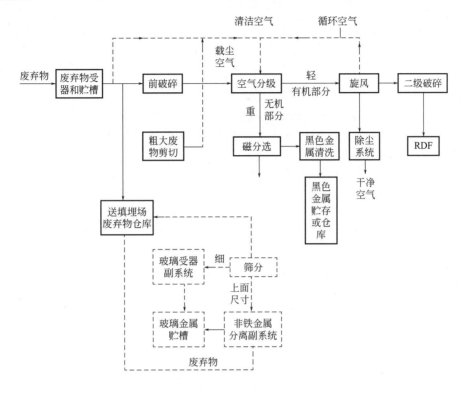

图 13-1　美国典型的 RDF 生产系统

注：实线为确定了的、经常采用的工艺流程的物料方向；虚线为根据不同原料
成分、特点、工艺目标可以选择的工艺环节及相应的物料流向。

美国 Columbia（哥伦比亚）大学对用轮胎制备 RDF 做过初步试验研究，密苏里大学哥伦比亚分校着重对 RDF 与煤混合燃烧特性进行研究。

13.1.2　日本 RDF 制备技术

日本是亚洲应用 RDF 技术最先进的国家之一，Ishikawajima-Harima Heavy Industries Co. Ltd. 对 RDF（单纯可燃垃圾制成）成型生产进行了深入研究，可达到中小规模商用化；名古屋大学（Nagoya University）于 20 世纪 90 年代就着手开发 RDF 燃烧实验，从 1997 年开始进行设备的设计、制造和安装，1998 年进行燃烧实验，对 RDF 燃烧、腐蚀及有害气体的吸附和防治有较多研究，发现其发电效率达到 35%，比直接焚烧垃圾提高了 130%，而且大幅度降低了二次污染，最后以政府投资的方式大力推动 RDF 技术的应用，现有 40 多座 RDF 燃料制造厂，生产的 RDF 主要用于发电。

(1) 川崎重工业公司的 RDF 生产设备

该公司开发的垃圾处理技术以破碎、分选、燃烧、热利用技术为基础，多年来不断进行包含燃烧试验在内的有关 RDF 的大规模研究开发，于 1996 年建设了 20t/d 的 RDF 制造设备，从 1997 年 1 月以后顺利进行了制造试验。其制备工艺见图 13-2。

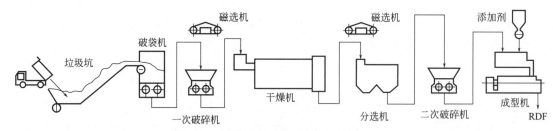

图 13-2　川崎重工业公司的 RDF 制备工艺

整个工艺由破袋、干燥、分选破碎、成型工序构成。各工序处理内容分别为：

① 破袋工序。将收集到的袋装垃圾破袋并破碎成适宜于干燥的大小。

② 干燥工序。利用高温热风干燥垃圾并除臭。

③ 分选破碎工序。将不适于燃料化的物质（铁、铝、石等）分选、除去后，破碎成适于成型的大小。

④ 成型工序。为了防止腐败，加添加剂。通过成型成为具有良好运输性、储藏性、燃烧性的高密度、高强度 RDF 燃料。

该工艺的操作参数为：垃圾处理能力为 2.5t/h；处理垃圾种类为一般废弃物（家庭垃圾）；干燥用燃料为煤油；产品收量为 1.25t/h（根据垃圾的水分而定）；制备的 RDF 燃料为 $\phi16mm \times 50mm$；产品假密度为 $0.6g/cm^3$；工厂建筑物为钢筋混凝土结构，总建筑面积为 $1459m^2$。使用城市垃圾连续不断地进行 RDF 制造试验。城市垃圾的性状差异较大，即使是同一天的垃圾样品，其性状也有很大的差异。在该设备中，即使垃圾有很大的变动，产品的质量也都能保持一定。

生产试验设备满足设置场所防止公害对策基准值。防止污染的主要措施包括：a. 从原料垃圾贮存槽抽吸空气，进行除臭处理，然后排放于大气；b. 对干燥机的排气进行除臭，然后排于大气；c. 干燥机用煤油作燃料；d. 厂房的各部分有充足的空气，进行除尘、除臭处理后排放于大气；e. 风力分选用的空气采用内部循环方式；f. 工厂所有房屋采用全封闭结构建筑物。

RDF 制造设备的特征主要包括：a. 主要设备放置于室内，是完全不会产生臭气、噪声、粉尘的干净系统；b. 分选工序放在干燥工序后面，可进行高精度分选，特别是铝和铁，可确保再资源化的纯度；c. RDF 进行干燥压缩成型，没有臭味，也不会腐败，可长时间保存；d. 由于成型时的压缩力强，RDF 体积密度大、坚固，易于运输和贮藏；e. 采用高效干燥方式，每吨原料垃圾的煤油使用量减少约 60L。

川崎重工业公司计划将可燃烧 RDF 燃料的内循环流化床式锅炉扩大至工业化试验规模，设备 RDF 处理量为 1t/h，蒸汽发生量为 2t/h，蒸汽压力为 8612kPa，设置于该公司内，用于进行 RDF 燃烧及环境负荷试验。该公司还将在福冈县大牟市兴建日本最大规模的 RDF 发电厂，每天使用 315t 固体垃圾作为燃料。这些垃圾将来自附近的 28 个市、町、村，能够将 60 万人产生的垃圾变为电力资源。

（2）田熊公司的 RDF 生产设备

为了有效利用城市垃圾的热能，田熊公司从 1994 年起开发 RDF，并建了城市垃圾 RDF 工业化试验规模设备，1996 年开始运行。该公司的 RDF 生产设备有 2 种：

① 用关东地区 5 个工厂排出的纸、塑料类废弃物作为 RDF 原料，设备系统包含搬运、破碎、分选、衍生燃料化、贮藏、供给、燃烧、热回收、防止公害对策等。所生产的 RDF

热量约为 16329kJ/kg（由特殊纸、加工纸、黏附制品等杂物的废纸、废塑料、废书类制造），RDF 燃烧量为 1950kg/h（46.8t/d），蒸汽量为 10.9t/d，燃烧方式是流化床式。

② 生活垃圾的 RDF 生产设备。用工厂排出的废弃物如废塑料、纸类等制造 RDF，由于不纯物不多、水分少，用破碎、减容化组合方式的 RDF 设备便可以。但用生活垃圾制造 RDF 的设备必须有提取出生活垃圾中可燃物的设备。日本的生活垃圾包括厨余类，与欧美的垃圾相比，水分值高 50% 左右，所以必须有干燥工序。生活垃圾的平均热量约为 6280J/kg，水分约占 50%。

以生活垃圾为对象的 RDF 制造方式有 2 种：a. 供给→破碎→初分选→干燥→二次分选→成型；b. 供给→破碎→分选→成型→干燥。该公司采用第一种方式，在干燥后分选，除异物效果良好，可制造优质 RDF。这是采取将垃圾中的塑料和其他可燃物混合，提高发热量，使塑料熔融，使用黏结剂使其固形化的方式。现在，混入石灰等的方式已成为主流，可以抑制有害气体的产生，燃烧时可除去氯。由于燃烧情况有差异，会产生 HCl，所以要有除去 HCl 的排气处理设备。

运行情况是：设备处理量 3t/d（运转时间为 6~10h/d），以生活垃圾类（以可燃垃圾为对象）和塑料垃圾类废弃物为处理对象。生活垃圾类废弃物（除去水分的物质）包括纸屑、木片灰、草类、落叶等，塑料垃圾类废弃物包括不燃烧的塑料、薄的乙烯树脂类垃圾。所有的垃圾都必须进行破碎分选。两类废弃物的处理可交替进行。

干燥机的处理能力为 500kg/h，预热反应器的处理能力为 100kg/h，成型机的处理能力为 1000kg/h。生产过程为：垃圾直接投入料斗，由传递机投入破碎机，破碎机使用低速双轴遮断式，刃厚 3.5mm，进行剪切。破碎机也兼作破袋机，破碎后用永磁传送带式磁选机除去铁成分后，用干燥机（采用卧式炉）进行干燥处理。水分减到 5% 以下的为优质固体成型物，如果水分在 10% 以上，水蒸气从成型机喷嘴吹出，成为不能成型的散乱状态，所以在投入干燥机前和干燥后出口要安装连续式水分计，掌握垃圾的水分状态。

干燥热源为煤油，可产生热风和脱臭，干燥后臭气用强循环排气方式导入 750~800℃ 的燃烧带，进行高温脱臭后通过热交换口排出。用于干燥机的热风温度为 300~400℃，可进行温度调整，采用在纸类着火温度以下进行运行管理的循环干燥方式。干燥的热源也可使用生产出来的 RDF。燃烧装置必须安装有防止二噁英发生，除去排气中 HCl、NO_x 等有害气体的装置和灰处理装置。干燥后的生活垃圾在干燥物贮藏库贮留后，用成型性强的双轴螺旋机压出成型。在成型喷嘴和投入口的中间加入冲模，采用良好的加热混揉方式，使垃圾中的纸类和塑料充分混合。成型喷嘴的直径有 25mm 和 40mm 两种。在成型过程中加入生石灰。废塑料等物质在磁分选机后，通过铝分选机和风力风选机除去异物，在塑料贮备库贮存，在预热器内加热至 300℃，除去塑料中氯乙烯树脂的氯，进入成型机直接成型。

(3) 新明和工业公司和日立金属公司系统

两公司已把以城市垃圾为对象的 RDF 制造、燃烧系统产品化。用收集车分别收集垃圾，并将收集到的垃圾进行破碎、干燥，挑选出不宜燃烧的物质，然后压缩成型，制造高密度、可长期贮存的 RDF。RDF 制造设备的特点为：a. 干燥后的垃圾用气流搬运，设备布置自由度大，场地小，还可进行风力分选；b. 系统机器及搬运装置为密封结构，可防粉尘、臭气泄漏；c. 在成型之前添加石灰，可降低 RDF 的水分。

RDF 制造设备由于不燃烧垃圾，所以排出的气体以蒸发的水蒸气和除臭处理产生的气体为主，不含二噁英和氮氧化物等有害物质。制成的 RDF 水分在 10% 以下（湿基）。成型前加入添加剂生石灰，所以为碱性，不易腐败，几乎没有臭味。形状为棒状（φ15mm×30mm），由于压缩成型，崩坏的情况很少。

RDF 的燃烧一般采用燃煤炉或流化床炉，而新明和工业公司和神户大学合作，开发了大幅度降低二噁英类致癌物质的 RDF 旋风燃烧设备。将 RDF 粉碎成小粒，预先用燃烧器在过热情况下进行燃烧处理。小粒子与空气的接触面积增加，提高了燃烧效率，可实现高温燃烧。二噁英类物质在低温燃烧的启动和停止时容易产生，在旋风燃烧技术中，由于燃烧效率高，在约 1000℃ 的条件下，$1m^3$ 排气中的二噁英质量为 0.44mg，是现有同规模设备排出量的 1/100。排气中的二噁英用过滤器除去，含有二噁英的灰也可直接熔融分解，焚烧时产生的热由锅炉产生热水或蒸汽作热源利用。

（4）日立制作所的产业废弃物衍生燃料装置

该公司热衷于减少产业废弃物的问题，将工厂废弃的纸屑、木屑、废塑料进行热压缩成型，作燃料使用。RDF 制造设备于 1995 年 10 月投产，成为当时日本国内的先驱者。

系统流程为：收集到的产业垃圾通过料斗、传送器进入粗破碎机进行粗破碎。粗破碎物通过传送带送到网状分选机，将铁屑等金属分别除去后，送到二次破碎机进行细破碎。通过二次破碎物输送带将贮存箱内的纸屑、木屑、废塑料等分别送到各自的定量供给机，再送到热压缩成型机，可防止废弃物散落和臭味散发。也可用垂直配管，使装置占地面积减小。从各定量供给机运送到热压缩成型机途中，用石灰供给机加入石灰，中和、控制燃烧时产生的氯气，并可减轻 RDF 燃烧后的排气对锅炉配管的腐蚀等问题。热压缩成型机用双轴螺旋式，加热废弃物，将废塑料熔化作为黏结剂。设备的处理能力为 4.8t/d，RDF 的成分为纸屑约 40%、木屑约 40%、废塑料约 20%。另外，将 RDF 作为锅炉燃料使用，变为蒸汽、高温水的热能，用于蒸汽透平发电或用作热交换器的供冷等也在研发之中。

（5）其他公司的应用情况

住友金属工业公司在广岛炼铁厂建立了 RDF 工业化试验规模设备，将家庭排出的一般垃圾进行细碎，除去金属使其干燥成为高热量的 RDF 燃料。神户制钢所从 1988 年开始进行 RDF 燃烧发电试验，用当地的一般垃圾制造 RDF，在达到 50t 以上时，用本厂运行的锅炉和煤混烧，混烧效率可达到 5%~10%。

为减少焚烧炉燃烧垃圾所产生的二噁英类有害物质，达到消除公害与有效利用废弃物的双重目标，电源开发公司在若松综合事务所开发了发电效率达到 35% 的 RDF 燃烧装置。该装置的二噁英等完全被控制，产生率几乎为零。装置核心技术是三菱重工业公司的外循环流化床锅炉和住友机械工业公司的再生再循环系统的活性炭脱硫、脱氮装置，从全国范围内接受 RDF，可完成 $(1.5~3)×10^4kW$ 级设备的商业化运行。该公司还在北九州市建设试验发电厂，估计 100 多万人口的县市所产生的可燃垃圾可兴建 $(2~3)×10^4kW$ 的 RDF 发电站，并能达到一般火力发电厂的热效率。

日本再循环管理中心开发了可使 RDF 高效燃烧，二噁英类物质发生浓度在 0.1ng 以下直至清除的 2 种小型锅炉，努力进行 RDF 制造设备和技术的普及工作。

13.1.3　中国 RDF 制备技术

近年来我国城市生活垃圾中可燃组分比例不断增加，垃圾（或经简单处理后的垃圾）的低位发热量基本满足了不需外加燃料便能自行维持燃烧的要求，如深圳市垃圾低位发热量最高可达 7.2MJ/kg，北京、上海、广州以及沿海一些大中城市的垃圾热值已高于 4.5MJ/kg，内地一些中等城市的垃圾热值也在 4.0MJ/kg 以上，一些小城市的垃圾经筛选等简单预处理后热值也可达到 4.0MJ/kg。我国大多数城市土地资源相对缺乏，迫切需要一种减容减量程度高、无害化、处理效果好的垃圾处理技术。RDF 的资源化利用，充分利用了垃圾中蕴藏的大量能源，用于发电或提供生产、生活用能，既解决了垃圾围城、环境污染问题，又节约了能源，形成资源和生态的良性循环，是我国城市固体废弃物资源化利用的适用技术。

虽然我国对 RDF 技术的应用研究起步较晚，但进步较快。中国科学院广州能源研究所固体废物能利用实验室和太原理工大学煤科学与技术山西省重点实验室，1996 年率先开展一系列 RDF 成型、热解、气化、污染物控制等方面的研究，并联合培养了 RDF 技术领域方面的博士生。四川雷鸣生物环保工程有限公司研究设计出符合国内垃圾特性的混合垃圾衍生燃料 RDF 生产线，已建成示范装置。同济大学崔文静、周恭明等对矿化垃圾制备 RDF 燃料进行研究，基于矿化垃圾的特点，通过对矿化垃圾中可燃物质的分离提纯和对其理化性质、燃烧和热解过程的分析，对矿化垃圾中的可燃成分用作制备 RDF 原料的价值进行了初步评价。四川海法可再生能源开发有限公司利用选自生活垃圾的可燃组分加工而成的垃圾衍生燃料，部分替代都江堰水泥厂水泥生产所需要的煤耗，提供垃圾衍生燃料 350t/d，节约用煤量约 6.5×10^4 t/a，并实现 SO_2 减排约 40t/a。黑龙江环境保护科学研究院的张显辉、芋卉等对 RDF 的制备过程及其对环境的影响进行了研究，并研究了三种 RDF 的燃烧技术。刘鲲、于敏等将铁路客运站垃圾制成复合垃圾衍生燃料（C-RDF），掺混到正在运行的燃煤锅炉中进行混烧，掺混比例为 30%C-RDF 和 70%煤。

RDF 技术必须针对各国垃圾的具体特点。我国垃圾中可燃有机成分含量虽然呈逐年上升趋势，但普遍比发达国家少，无机不可燃成分特别是灰土砖石成分比发达国家多。鉴于这个特点，并考虑 RDF 制备过程的成本，我国在生产 RDF 时可以考虑将垃圾与粉煤适当混合以提高热值，成型可参照型煤加工工艺。此外，我国垃圾中金属含量非常低，考虑到经济成本，在 RDF 加工过程中可省去电选和磁选。垃圾经过分选、干燥、破碎、成型，最后的 RDF 成品为椭球形颗粒。如果产品进行焚烧处理，还需在成型前加入 CaO 或 Ca(OH)$_2$ 添加剂，以降低焚烧过程的污染。我国 RDF 生产工艺流程示意如图 13-3。

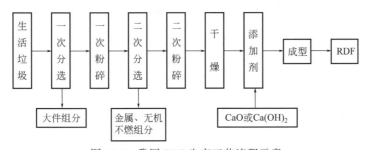

图 13-3　我国 RDF 生产工艺流程示意

衍生燃料技术的推广，必须得到政府的积极支持，如落实税收优惠政策等。衍生燃料技术具有广阔的应用前景，目前限制发展的主要原因就是成本太高。2010 年在苏州市甪直镇建成的 RDF 生产基地中解决了这个难题，他们通过垃圾源头提质后制备 RDF，首先按质分类，按质收集，然后进行人工分选和机械分选后，再破碎压制成型。该系统降低成本的主要原因就是垃圾按质收集后，原料含水率在 15% 左右，节省了很大一部分的干燥成本。

13.2　城市生活垃圾制备衍生燃料

城市生活垃圾又称城市固体废弃物，是城市居民在日常生活或为城市日常生活提供服务的活动中所产生的固体废物。城市生活垃圾按其化学组分可分为有机垃圾和无机垃圾，前者

主要是厨余物、废纸、废塑料、废织物、橡胶制品，以及废家用什具、废旧电器、庭院废物等，后者主要是废金属、玻璃陶瓷碎片、砖瓦渣土、粪便等。城市固体废物成分复杂、性质多变，并且受垃圾产生地的地理位置、气候条件、能源结构、社会经济水平、居民消费水平、生活习惯等多方面因素的影响。

对于城市生活垃圾中的废纸、废塑料、废玻璃、废橡胶、废电池和废旧金属等可回收废物，如果加以回收再利用，不仅可以减少最终无害化处理垃圾的数量，减少对环境的污染，而且可节约资源和能源。因此，要实现垃圾资源化，应从源头开始，加强管理，推行垃圾分类收集。但由于我国人口众多，居民环境意识差，垃圾混合收集等原因，造成了垃圾源头分类难以推行的现状。

对于城市生活垃圾，沈阳航空航天大学李润东教授提出了居民易接受并实行的干湿分类方法。干的一类主要是可回收和高热值的垃圾，可以经过人工分选进行回收利用，之后再经机械分选并对其进行破碎，最后制成 RDF 颗粒；湿的一类主要是厨余垃圾，可以用来堆肥或者进行生物处理，也可用于制 RDF 颗粒。由于此方法能产生一定的经济效益，而且人们对资源和生态环境的日益关注，对实行 RDF 生产的产业化有很大的推进作用。

13.2.1 我国城市生活垃圾的基本特征

城市生活垃圾的基本特征主要包括垃圾的产生量、垃圾的成分、垃圾的发热量、垃圾的含水率等。

（1）垃圾的产生量

城市生活垃圾的产生量主要受人口和经济的影响。目前我国城市人均生活垃圾产生量为 440kg/a，垃圾总量已达 $1.5×10^8$ t/a 以上，占世界的 26.5%，并以每年 8%~10% 的速率迅速增长，据相关部门统计，全国 688 座城市中至少有 200 座以上处于垃圾的包围中；城市周围历年堆存的生活垃圾量已达 $60×10^8$ t，侵占了 5 亿多平方米的土地，垃圾的处理处置问题已经成为我国所面临的最紧迫问题之一。

随着经济的发展，城市生活垃圾的组分出现明显变化，特别是在一些经济发达地区，垃圾中塑料等高热值成分也急剧增加，造成的"白色污染"日趋严重。处理城市生活垃圾，消除"白色污染"，实现垃圾无害化、资源化和减量化，已成为我国必须解决的重大问题。

（2）垃圾的成分

城市生活垃圾的成分是决定垃圾处理工艺的首要依据。影响城市生活垃圾成分的主要因素有经济水平、能源结构、人民的生活习惯、废品的回收利用、地理环境等。我国地域辽阔，南北温差大，东西经济发展不平衡，因此垃圾成分随地域变化很大，但总的来说，我国生活垃圾中有机垃圾和高热值垃圾的含量明显偏高，其中有机垃圾的含量占到 60% 以上，高热值垃圾占 20% 以上。由于成分比较复杂，很难用一种方法把垃圾处理处置好，只有进行源头提质，将干组分用于制备 RDF 或者焚烧，才能很好地进行资源化。

（3）垃圾的发热量

由于我国城市生活垃圾的含水率较高，一般为 55%~65%，导致其热值较低，一般只有 4~6MJ/kg，不能直接进行焚烧，必须要混煤或油才能焚烧，但这会大大提高焚烧成本。垃圾中的高热值组分一般为 30% 左右，但占了垃圾全部热量的 70%，如果能将这 30% 的高热值组分分选出来制备成 RDF 再去焚烧，会有很多优点：热值会提高 3 倍以上，可以达到直接焚烧的标准；燃烧非常稳定；在原料中添加废石灰，不但可以和垃圾混得很均匀，而且在燃烧的时候可以很好地固硫固氯，有防臭的作用。

（4）垃圾的含水率

我国城市生活垃圾的含水率较高，而且随季节和城市变化很大，一般为 55%~65%，一些南方城市在夏天高达 70%，而西方国家一般为 30%~35%。直接利用原生垃圾制备 RDF，必须进行干燥，而且干燥费用占总费用的比例相当高，大大提高了制备 RDF 的成本。如果将垃圾按质分为干湿两类，干类的含水率一般为 15% 左右，只需添加一些生物质和石灰来调节原料的含水率后就可以制备 RDF，不需要进行干燥，节约了很大一部分成本，并且大幅提高了 RDF 的热值，所以进行垃圾源头提质非常重要。

13.2.2　垃圾衍生燃料的特性

城市生活垃圾本身虽然具有一定的热值，但并不是一种理想的固体燃料。垃圾中有机物成分极易腐烂，释放出恶臭，在运输和储藏过程中可能导致环境污染问题；垃圾中一般含有聚氯乙烯塑料、食盐和其他含氯化合物，在焚烧时会产生具有腐蚀性的氯化氢，不仅在焚烧炉内腐蚀金属，导致发电效率较低（仅 10%~15%），而且会在大气中形成酸雨，还有可能产生二噁英。垃圾焚烧后排出的灰渣通常含有重金属（如汞、铅等），如果不处理，会造成二次污染。

近年来，将城市生活垃圾通过分选、粉碎、干燥、成型造粒等过程，生产出高热值、高稳定性固体燃料的处理方法得到了应用。

RDF 大小均匀、所含热值均匀、易于运输和储存、组成相对稳定，在常温下可贮存几个月而不会腐败。添加剂有助于炉内脱氯、脱硫而降低 HCl、SO_x 和二噁英的生成，有利于控制污染物的排放。RDF 可以作为供热、发电和水泥行业的燃料，燃烧后剩余的灰渣不需填埋，直接作为生产水泥的原料。垃圾衍生燃料技术已成为垃圾资源化利用领域的增长点。

（1）RDF 的分类

美国检查及材料协会（ASTM）按城市生活垃圾衍生燃料的加工程度、形状、用途等将 RDF 分成 7 类，见表 13-1。在美国，RDF 一般指 RDF-2 和 RDF-3，瑞士、日本等国家的 RDF 一般是 RDF-5，其形状为 $\phi(10~20)\,mm×(20~80)\,mm$ 圆柱状，热值为 14.6~21.0MJ/kg。

表 13-1　美国 ASTM 的 RDF 分类

分类	内　容	备注
RDF-1	仅仅是将普通城市生活垃圾中的大件垃圾去除而得到的可燃固体废物	
RDF-2	将城市生活垃圾去除金属和玻璃,粗碎通过 152mm 的筛后得到的可燃固体废物	C-RDF(coarse 粗 RDF)
RDF-3	将城市生活垃圾去除金属和玻璃,粗碎通过 50mm 的筛后得到的可燃固体废物	F-RDF(fluff 绒状 RDF)
RDF-4	将城市生活垃圾去除金属和玻璃,粗碎通过 1.83mm 的筛后得到的可燃固体废物	P-RDF(powder 粉 RDF)
RDF-5	将城市生活垃圾去除金属和玻璃,粉碎、干燥、加工成型后得到的可燃固体废物	D-RDF(densityed 细密 RDF)
RDF-6	将城市生活垃圾加工成液体燃料	Liquid fuel（液体燃料）
RDF-7	将城市生活垃圾加工成气体燃料	Gaseous fuel（气体燃料）

（2）RDF 的组成

RDF 的性质随着地区、生活习惯、经济发展水平的不同而不同。RDF 的物质组成一般为：纸 68.0%，塑料胶片 15.0%，硬塑料 2.0%，非铁类金属 0.8%，玻璃 0.1%，木材、橡胶 4.0%，其他物质 10.0%。各种 RDF 的元素分析和工业分析见表 13-2。

表 13-2　各种 RDF 的元素分析和工业分析

种类	元素分析(质量分数)/%							工业分析(质量分数)/%			
	C	N	H	O	S	Cl	灰	M（水分）	FC（固定碳）	V（挥发分）	A（灰分）
RDF(a)	45.9	1.1	6.8	33.7	—	—	12.3	4.0	9.9	77.8	12.3
RDF(b)	48.3	0.6	7.6	31.6	0.1	0.2	11.6	4.5	15.0	73.4	11.6
RDF(c)	40.8	0.9	6.7	38.9	0.6	0.7	11.4	15.5	20.5	68.1	11.4
RDF(d)	42.2	0.8	6.1	39.9	0.1	0.5	10.4	4.0	13.1	76.4	10.4

（3）垃圾衍生燃料的特性

1）防腐性

RDF 的水分为 10%，由于制造过程中加入了一些钙化合物添加剂，具有较好的防腐性，在室内保存 1 年无问题，而且不会因吸湿而粉碎。

2）燃烧性

RDF 的热值高，发热量为 14.6~21.0MJ/kg，且形状均匀一致，有利于稳定燃烧和提高效率。RDF 可单独燃烧，也可和煤、木屑等混合燃烧，其燃烧和发电效率均高于垃圾。

3）环保特性

RDF 含氯塑料只占其中一部分，加上石灰，可在炉内进行脱氯，抑制氯化物气体的产生，烟气和二噁英等污染物的排放量较少，而且在炉内脱氯后形成 $CaCl_2$，有益于排灰固化处理。

4）运营性

RDF 可不受场地和规模的限制而生产，生产方便。一般按 50kg 装袋，卡车运输即可，管理方便。适于小城市分散制造后集中于一定规模的发电站使用，有利于提高发电效率和进行二噁英治理。

5）利用性

RDF 作为燃料使用时虽不如油、气方便，但和低质煤类似。据报道，在日本小野田水泥厂用 RDF 作为水泥回转窑燃料时，其较多的灰分可变成有用原料，该技术已开始在其他水泥厂推广。

6）残渣特性

RDF 制造过程产生的不燃物占 1%~8%，适当处理即可；燃后的残渣占 8%~25%，比焚烧炉灰少，且干净，含钙量高，易利用，对减少填埋场有利。

7）维修管理特性

RDF 生产装置无高温部件，寿命长，维修管理方便，开停方便，适用于处理塑料。而焚烧炉寿命为 15~20 年，定检停工 2~4 周，管理严格，处理废塑料不便，不宜用于填埋处理。

13.2.3　城市生活垃圾 RDF 制备工艺

垃圾衍生燃料的生产原理是将城市生活垃圾分选，其中的可燃成分通过粉碎、干燥，加入一定数量的固硫剂和固氯剂 [一般用 $CaCO_3$、$Ca(HCO_3)_2$ 固硫，碱金属氢化物或硫酸盐固氯]。根据不同要求，可以有选择地加入其他燃料。将混合物制成一定形状，即获得垃圾衍生燃料。

　　垃圾进场经预处理，将可燃部分选出，由一次破碎机破碎为易于干燥的碎粒后，通过输送机进入烘干机，在烘干机内自动滚下。热风在烘干机上部通过，避免物料因与热风接触而着火。通过热风调整含水率，使物料水分降到 8% 以下。干燥后的烟气经除尘排出。干燥后的物料送入风选机，除去不燃物（灰土、碎玻璃、金属等）后，进入二次破碎机，破碎至易成型的小颗粒，添加一定比例的消石灰（脱氧）和防腐剂后送入成型机。成型机连续制出 RDF，经冷却后通过振动筛筛分送入成品漏斗，由自动称量机装袋，筛下物则返回重新成型。所获得的 RDF 产品，水分一般在 10% 以下，挥发物质 55%~75%，固定碳 7%~13%，灰分 12%~25%，发热量 12.5~17.5MJ/kg，燃点 210~230℃，是一种优质的燃料，硬且大小均匀，方便运输及储存，在常温下能在仓内保存一年以上不会腐败。这种燃料可以单独燃烧，也可以根据锅炉工艺要求情况，与煤、燃油混燃。

　　RDF 的制造不受场地和规模限制，适合中、小型垃圾厂分散制造后再收集起来进行高效发电，有利于提高垃圾发电的规模和效益，比用原生垃圾焚烧发电的效率提高 25%~35%，从而使大规模的热能循环利用成为可能。RDF 经分选、脱氯、脱硫处理，可大大减轻烟气对设备的腐蚀，烟气和灰渣比原生垃圾焚烧时减少 2/3，烟气不需要复杂的处理，灰渣干净易治理，因而降低了相关处理设备的投资。灰渣的含钙量高，可以再利用，减少了填埋量。城市生活垃圾衍生燃料技术的主要生产工艺如图 13-4 所示。

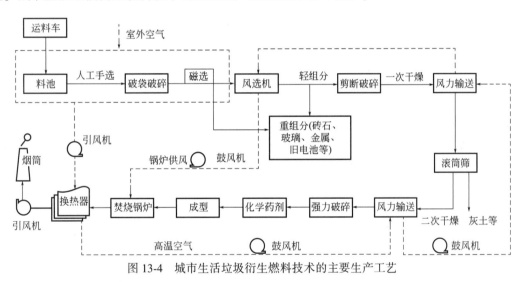

图 13-4　城市生活垃圾衍生燃料技术的主要生产工艺

　　城市生活垃圾衍生燃料的制备工艺一般有散装 RDF 制备工艺、干燥成型 RDF 制备工艺和化学处理的 RDF 制备工艺。

(1) 散装 RDF 制备工艺

　　散装 RDF 是将垃圾通过机械处理和粉碎，制成粉末状，主要作为锅炉辅助燃料和水泥生产燃料。该工艺由美国研发并最早在美国应用，其制造工艺非常简单，如图 13-5 所示，可作为焚烧的前处理过程。生产的散装 RDF 与原生垃圾相比，具有不含大件垃圾、不含非可燃物、粒度比较均匀和有利于稳定燃烧等优点，但由于工艺简单，存在不适于长期储藏、长途运输等缺点，否则会发酵或产生沼气、CO、CO_2 和臭气等，对环境造成污染。

图 13-5　散装 RDF 制备工艺流程

（2）干燥成型 RDF 制备工艺

为了适于长期储藏和长途运输，并使垃圾性质得到进一步稳定，在欧美开发出了一种去除厨房垃圾的干燥成型 RDF 制备工艺，如图 13-6 所示。此工艺是将城市生活垃圾经粉碎、分选、干燥后高压压缩成型，生产的高密度圆柱形或颗粒状固体燃料具有适于长期储存、长途运输、性能较稳定等优点，但由于城市生活垃圾中的厨房垃圾不易除去，虽然 RDF 在短时间内性质稳定，但长期储存时也会吸湿，因此应用不多。

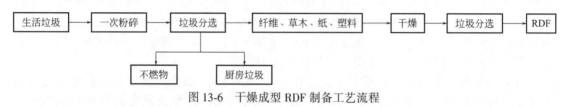

图 13-6　干燥成型 RDF 制备工艺流程

（3）化学处理的 RDF 制备工艺

为解决干燥成型 RDF 加工工艺中厨余物难除去、长时间储存时易变质、易吸湿等不足，在制备过程中导入化学处理方法，从而研发出化学处理的 RDF 制备工艺路线。目前化学处理的 RDF 有两种制备工艺：

① 将分拣、破碎的垃圾高密度压缩后加入低活性度的添加剂，然后成型，此工艺适用于小型设施。

② 将分拣、破碎的垃圾中密度压缩后加入高活性度的添加剂，然后成型，此工艺生产的 RDF 性质稳定，适于长期储存，较适用于大型设施。

图 13-7 所示是瑞士卡特尔（J-carerl）公司开发的 RDF 制备工艺流程，图 13-8 所示是日本再生管理公司（RMJ）的 RDF 制备工艺。这两种工艺是目前世界上具有代表性的化学处理 RDF 的生产工艺，其基本流程都是破碎→分选→干燥→添加化学药剂→成型，所不同的是添加化学药剂是在干燥之前还是之后。

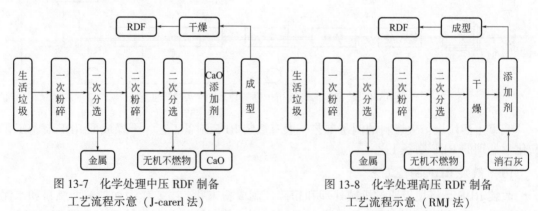

图 13-7　化学处理中压 RDF 制备　　　　图 13-8　化学处理高压 RDF 制备
　　　工艺流程示意（J-carerl 法）　　　　　工艺流程示意（RMJ 法）

1）J-carerl 法

J-carerl 法是先将含有厨房垃圾、不燃物的生活垃圾进行破碎，然后将金属、无机不燃物分选除去，在余下的可燃生活垃圾中加入垃圾量 3%～5% 的生石灰（CaO）进行化学处理，最后进行中压成型和干燥，得到尺寸为 $\phi(10～20)\text{mm}×(20～80)\text{mm}$ 的圆柱状、热值为 14.6～21MJ/kg 的 RDF。

在混合反应器中的反应为：

$$CaO+H_2O \longrightarrow Ca(OH)_2$$

$$Ca(OH)_2+垃圾中的有机物 \longrightarrow 有机酸钙盐+NH_3$$

在干燥机中的反应为：

$$Ca(OH)_2+CO_2 \longrightarrow CaCO_3+H_2O$$

向制备 RDF 的原料中加入添加剂的主要作用有：a. 起防腐剂的作用，使 RDF 长时间贮存时不发臭；b. 减少 RDF 中的氮含量，使 RDF 燃烧时 NO_x 减少；c. 起固硫作用和固氯作用，使 RDF 燃烧时烟气中 HCl 和 SO_x 量减少，并遏制二噁英的产生。从加工工艺角度来看，加入添加剂还有以下优点：a. 通过化学反应，添加剂起了固化作用，成型时不需高压固化设备；b. 压缩成型机的容量降低，动力消耗下降，节约了运行费；c. 干燥机内塑料等不会熔融或燃烧，干燥机可以小型化，节约了设备投资。

J-carerl 法在日本已被荏原制作所、IHI 公司、三菱商事公司、Fujid 公司等引进，并在札幌市和小山町等地分别建成日处理能力 200t 和 150t 的 RDF 加工厂。

2）RMJ 法

RMJ 法工艺流程与 J-carerl 法大致相同，优点也差不多。不同之处是 RMJ 法采用先干燥、后加入消石灰添加剂（石灰加入量约为垃圾的 1/10）的方法，再进行高压成型；而 J-carerl 法是先在垃圾含湿的状态下加入生石灰，再进行中压成型和干燥。采用 RMJ 法，日本在资贺县和富山县分别建成生产能力为 3.3t/h 和 4t/h 的 RDF 加工厂。

13.2.4 垃圾 RDF 的利用

垃圾衍生燃料具有热值高、燃烧稳定、易于运输、易于储存、二次污染低和二噁英类物质排放量低等特点，广泛应用于干燥工程、水泥制造、供热工程和发电工程等领域。

（1）中小公共场合

主要是指温水游泳池、体育馆、医院、公共浴池、老人福利院、融化积雪等方面。

（2）干燥工程

在特制的锅炉中燃烧 RDF，将其作为干燥和热脱臭中的热源利用。

（3）水泥制造

日本将 RDF 的燃烧灰作为水泥制造的原料进行利用，从而取消 RDF 的燃烧灰处理过程，降低运行费用。此技术已实现了工业化应用。

（4）供热工程

在供热工程基础建设比较完备的地区，只需建设 RDF 燃烧锅炉就可以实现 RDF 供热，投资较少。

（5）发电工程

火力发电厂将 RDF 与煤混燃进行发电，十分经济。在特制的 RDF 燃烧锅炉中进行小规模的燃烧发电，也得到了较快的发展。日本政府从 1993 年开始研究 RDF 燃烧发电方案，并已投资进行 RDF 燃烧发电厂的建设。

（6）作为炭化物应用

将 RDF 在隔绝空气的情况下进行热解炭化，制得的可燃气体燃烧作为干燥工程的热源，热解残留物即为炭化物，可作为还原剂在炼铁高炉中替代焦炭进行利用。

在 RDF 燃烧技术研究方面，目前有 3 种形式。

（1）RDF 流化床燃烧技术

目前循环流化床技术以及内循环流化床技术较为普遍，如成川公史等以及丰田隆治在进行燃烧实验时使用的是循环流化床技术，并研究了 Ca 的加入对尾气成分的影响。结果表明：RDF 中的钙化物在燃烧时有很好的除 HCl 气体的效果。而日本荏原公司则研究开发了内循环流化床 RDF 燃烧技术。

（2）RDF 与煤在煤粉炉中的燃烧技术

由于垃圾成分和尺寸波动较大，燃烧煤的煤粉炉很难直接用于燃烧生活垃圾，而在煤中掺混 RDF 被证明是可行并且有效的。

（3）RDF 用于气化

据报道，当气化温度超过 900℃ 时，RDF 的热值比气化气体的热值高，说明垃圾 RDF 可以用于气化。另外，在 RDF 气化过程中添加一些添加剂如高岭土，可以使重金属被固化在固体中。目前在意大利的 Greve 市建有 RDF 气化示范工程。

13.2.5 垃圾 RDF 利用过程存在的问题

垃圾衍生燃料利用过程中也存在许多问题，主要有以下 2 类。

① 垃圾被用于获取热能，但以单纯垃圾焚烧方式供热发电的过程中，会产生二次污染，尤其是烟气问题。

② 垃圾中的含氯物质在热处理过程中会产生 HCl 气体，一方面会引发炉体高温腐蚀的问题，另一方面，它对植物有较强的破坏作用，排放在大气中会形成酸雨造成大气污染。据研究，当温度超过 300℃ 时，HCl 对金属的腐蚀速率迅速加快，但若将锅炉温度控制在 300℃ 以下，发电效率仅有 10%～15%。因此如何有效控制 HCl 的生成对垃圾热利用和发电技术的发展有着重要的意义。

13.2.5.1 燃烧污染排放烟气分析

（1）SO_2 的生成特性分析

SO_2 对环境的危害比较大，是形成酸雨的主要来源之一。垃圾与煤粉混燃过程中产生的 SO_2 主要来自煤，但垃圾中可能含有的少量含硫化合物燃烧后也会产生 SO_2。

1）S 的赋存形态

煤中的 S 以多种不同的形态存在，大致可分为可燃硫和不可燃硫两类。可燃硫在一定条件下可以燃烧从而产生 SO_2，不可燃硫则不能。可燃硫包括有机可燃硫和无机可燃硫两类。有机可燃硫的化学分子式可表示为 $C_xH_yS_z$，包括硫醇、硫醚、硫酮、噻吩等。无机可燃硫主要是黄铁矿，有些煤中含有少量的元素硫和方铅矿、闪锌矿等。不可燃硫主要是硫酸盐硫，通常是石膏（$CaSO_4 \cdot 2H_2O$），有时还含有绿矾（$FeSO_4 \cdot 7H_2O$）等。煤中所含的 S 90% 以上是黄铁矿硫、有机硫及元素 S 等可燃硫。

2）煤中硫的转化

在煤燃烧过程中，处于氧化气氛中的所有可燃硫，都会在受热时从煤中释放出来，并被氧化为 SO_2。煤燃烧中 SO_2 的生成过程主要包括：黄铁矿的氧化、有机硫的氧化、SO 的氧化及元素 S 的氧化等。

在燃煤锅炉的一般燃烧条件下，黄铁矿和 O_2 反应比较完全，即：

$$4FeS_2 + 11O_2 \longrightarrow 2Fe_2O_3 + 8SO_2 \tag{13-1}$$

当炉内温度较高时，反应产物还有 Fe_3O_4。

有机可燃硫在温度超过 200℃ 时还可以部分分解，释放出 H_2S、硫醚、硫醇及噻吩等物质，这些物质的燃点较低，当温度达到 300℃ 以上时，即可燃烧生成 SO_2；未分解的部分和 O_2 直接反应燃烧：

$$C_xH_yS_z+\left(x+\frac{y}{4}+z\right)O_2 \longrightarrow zSO_2+xCO_2+\frac{1}{2}yH_2O \tag{13-2}$$

大多数煤种有机硫的分解反应在 490℃ 左右即可结束，但某些特殊煤种的 S 元素以芳香硫形式存在时，反应可持续到 900℃ 以上。硫铁矿 S 的氧化在 400℃ 左右开始，580℃ 左右结束，反应生成 SO_2 和 Fe_2O_3。

硫酸盐中硫的理论分解温度很高，一般高于 1350℃，在通常的燃烧温度下基本不会分解，不过在某些物质如 MnO_2、Cl_2 等存在时，温度低于 1000℃ 也可以有少量分解。在煤粉炉炉膛中心温度高达 1500~1600℃ 的条件下，也有部分硫酸盐发生热解反应生成 SO_3，大部分硫酸盐中的硫随灰渣及飞灰固定下来。

如果以煤中的可燃硫含量来计算 SO_2 的生成量，往往和实测值有一定差别，这是因为有时并不是全部可燃硫都能发生反应而生成 SO_2。在煤中含有某些碱金属氧化物及一定的炉内燃烧条件下，可以有少量的 S（占 5%~10%）被灰渣固定下来。

3）垃圾中硫的转化

垃圾中的含硫化合物焚烧氧化也会产生 SO_2，而在还原气氛条件中，垃圾中的 H_2S 一般经由如下的动力学过程氧化成 SO_2：

$$H_2S \longrightarrow HS \longrightarrow SO \longrightarrow SO_2 \tag{13-3}$$

反应为：

$$2H_2S+3O_2 \longrightarrow 2SO_2+2H_2O \tag{13-4}$$

$$S+O_2 \longrightarrow SO_2 \tag{13-5}$$

$$Cl_2+H_2O+SO_2 \longrightarrow SO_3+2HCl \tag{13-6}$$

$$C_xH_yO_zS_p+\left(x+\frac{y}{4}+p-\frac{z}{2}\right)O_2 \longrightarrow xCO_2+\frac{y}{2}H_2O+pSO_2 \tag{13-7}$$

4）SO_3 的形成机制

燃烧过程中，在炉膛的高温条件下存在氧原子或在受热面上有催化剂时，一部分 SO_2 会转化为 SO_3，但比例较小，一般生成的 SO_3 不到 SO_2 的 2%。对于煤粉炉，当过量空气系数大于 1.0 时，烟气中也会有 0.5%~2.0% 的 SO_2 进一步氧化成 SO_3。在硫转化过程中，湿度对 SO_2 的转化率有重要的影响。相对湿度低于 40% 时转化速率缓慢，相对湿度高于 70% 时转化速率明显提高。

SO_3 的形成机理主要有：在高温燃烧区域存在的自由氧分裂成具有高反应能力的氧原子，将 SO_2 进一步氧化成 SO_3；烟气接触到某些具有催化性质的物质，如 Fe_2O_3、V_2O_5 等，促使微量 SO_2 氧化成 SO_3，催化作用的主要温度范围是 425~625℃；硫酸盐矿物质的高温分解。

（2）CO 的生成特性分析

CO 是由可燃物不完全燃烧产生的，是烃类燃料和氧发生的化学反应的中间产物。CO 对人体有毒，它能与血液中携带氧的血红蛋白（Hb）形成稳定配合物 COHb。血红蛋白与 CO 的亲和力是与 O_2 的亲和力的 230~270 倍。COHb 配合物一旦形成，就使血红蛋白丧失输送 O_2 的能力，所以 CO 中毒将导致组织低氧症，如果血液中 50% 的血红蛋白与 CO 结合，即可引起心肌坏死。

可燃物中的 C 元素大部分被氧化成 CO_2，但由于燃料在燃烧过程中炉膛局部供氧不足或温度较低，就会产生 CO 排放到周围环境中。当燃烧温度接近 1500℃ 时，CO 转化为 CO_2 的平衡常数会降低，造成 CO 浓度明显升高。关于 CO 的主要反应有：

$$3C+2O_2 \longrightarrow CO_2+2CO \tag{13-8}$$

$$C+CO_2 \longrightarrow 2CO \tag{13-9}$$

$$C+H_2O \longrightarrow CO+H_2 \tag{13-10}$$

产生过多的 CO 会使燃烧效率降低，浪费能源资源，从而会对能源和环境造成更大的压力，因此尾气中 CO 的排放量是检验锅炉等燃烧设备性能的一个重要指标。

（3）NO_x 的生成特性分析

燃料在燃烧过程中产生的氮氧化物主要是 NO，另外还有少量 NO_2。NO_x 在大气中通过一系列复杂的化学反应生成 HNO_2、HNO_3，不仅能产生酸雨，而且还能促进大气气溶胶的形成，对人体健康产生很大的威胁。NO_x 的生成量和排放量与燃烧温度和过量空气系数等燃烧条件有密切关系。

燃料燃烧过程中生成的氮氧化物可分为热力型、燃料型和快速型 3 种。

1）热力型 NO_x

热力型 NO_x 是燃烧时空气中的氮（N_2）和氧（O_2）在高温下生成的 NO 和 NO_2 的总和。根据捷里多维奇理论，在高温下生成 NO 和 NO_2 的总反应式为：

$$N_2+O_2 \Longleftrightarrow 2NO \tag{13-11}$$

$$NO+\frac{1}{2}O_2 \Longleftrightarrow NO_2 \tag{13-12}$$

热力型 NO_x 主要的影响因素是温度和反应环境中的氧浓度。温度与生成速率呈指数函数关系。在 1350℃ 以下时，热力型 NO_x 的生成量很少，但随着温度的升高，NO_x 生成量迅速增加，当温度达到 1600℃ 时，热力型 NO_x 生成量可占炉内 NO_x 生成总量的 25%~30%。研究表明，热力型 NO_x 的生成速率与氧浓度的平方根成正比。

2）燃料型 NO_x

燃料型 NO_x 是燃料中的氮化合物在燃烧过程中发生热分解，并进一步氧化生成的（同时还伴随 NO 的还原反应）。

燃料型 NO_x 的生成机制非常复杂，其生成和破坏过程不仅和燃料的特性、结构、燃料中的 N 受热分解后产生的挥发性 N 和焦炭 N 的比例、成分和分布有关，而且大量的反应过程还和燃烧条件如温度和 O_2 及各种成分的浓度等密切相关。总结近年来的研究工作，燃料型 NO_x 的生成机理大致有以下规律：

① 在一般的燃烧条件下，燃料中的氮有机物首先被分解成氰化氢（HCN）、氨（NH_3）和 CN 等中间产物，它们随挥发分一起从燃料中析出，称之为挥发分 N，挥发分 N 析出后仍残留在焦炭中的氮有机物称为焦炭 N。

② 挥发分 N 中最主要的氮化合物是 HCN 和 NH_3。

③ 挥发分 N 中 HCN 被氧化的主要途径如图 13-9 所示。

从上面的反应途径可以看出，挥发分中的 HCN 氧化成 NCO 后，可能有两条路径，取决于 NCO 进一步所遇到的反应条件。在氧化气氛中，NCO 会进一步氧化成 NO；如遇到还原性气氛，则 NCO 转化为 NH，NH 能在氧化气氛中被氧化成 NO，成为 NO 的生成源；又能与已生成的 NO 进行还原反应，使 NO 还原成 N_2，成为 NO 的还原剂。由此可见，燃料型 NO_x 的反应机制比热力型 NO_x 的复杂得多。

④ 挥发分 N 中 NH_3 被氧化的主要途径如图 13-10 所示。根据这一途径，NH_3 可能为 NO 的生成源，也可能为 NO 的还原剂。

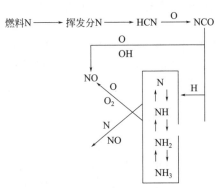

图 13-9　HCN 被氧化的主要途径

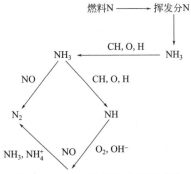

图 13-10　NH_3 被氧化的主要途径

⑤ 在通常的燃烧温度下，燃料燃烧产生的燃料型 NO_x 主要来自挥发分 N 所生成的 NO_x，其占燃料型 NO_x 的 60%~80%，由焦炭 N 所生成的 NO_x 仅占燃料型 NO_x 的 20%~40%。焦炭 N 的析出情况比较复杂，这与 N 在焦炭中 N—C、C—H 之间的结合状态有关。有人认为，焦炭 N 和挥发分 N 一样，是首先以 HCN 和 CN 的形式析出后再和挥发分 NO_x 的生成途径一样氧化为 NO_x。但研究表明，在氧化性气氛中，随着过量空气的增加，挥发分 NO_x 迅速增加，明显超过焦炭 NO_x，而焦炭 NO_x 的增加则较少。

影响燃料型 NO_x 生成的因素主要是煤质（含氮量、挥发分、燃料比等）与燃烧设备运行参数两方面的因素。锅炉燃烧运行方面的因素主要是燃烧区的氧浓度和火焰温度等。燃料型 NO_x 生成速率与燃烧区的氧气浓度的平方成正比。

3）快速型 NO_x

目前对煤燃烧烟气生成机制的研究表明，快速型 NO_x 占 NO_x 生成总量的比例不到 5%。燃煤锅炉生成的 NO_x 主要是 NO（少量的）和 NO_2。对于炉内温度低于 2000K 的炉膛，生成的 NO_x 中燃料型 NO_x 最多，占总量的 75%~80%，热力型 NO_x 次之，快速型 NO_x 最少。

13.2.5.2　烟尘颗粒的生成机制

烟尘是燃料燃烧的产物。烟是一种固体颗粒的气溶胶，一般为燃烧冶炼中熔化的物质在高温下蒸发后又在空气中降温凝聚而产生的。尘是燃料不完全燃烧的产物，与燃烧方式有很大的关系，其颗粒一般在几、几十到几百微米，个别也有几毫米的颗粒。

烟尘按其重力作用下的沉降特征可分为：总悬浮颗粒（指粒径小于 $100\mu m$ 的所有颗粒）、降尘（指粒径大于 $10\mu m$，在重力作用下能很快落到地面的颗粒物）、飘尘（指粒径在 $10\mu m$ 以下，可进入人体呼吸道的颗粒）和黑烟（通常指粒径小于 $1\mu m$ 的颗粒和气体的混合物）。其中飘尘是对人体危害最大的颗粒，几乎都可以进入鼻腔和咽喉，它可以几小时或更长时间飘浮在大气中，其中粒径为 $0.5~5.0\mu m$ 的尘粒，由于气体的扩散作用，可以进入人体肺部黏附在肺泡壁上，通过血液送往全身，从而引发各种疾病。

在煤的燃烧过程中，当煤块受热后温度达 100℃，煤中的水分就逐渐被烘干。当煤块温度继续升高时，在煤尚未与空气作用的条件下，煤开始干馏出烃类及少量的 H_2 和 CO，这些气体的混合物叫挥发物（着火点为 250~700℃）。当温度不断升高时，挥发物逸出的量不断增多，煤粒周围的挥发物在一定的温度条件下遇到空气中的 O_2 就开始着火燃烧，在煤粒外层形成黄色明亮的火焰。煤中的挥发物完全逸出后，所剩下的固态物质就是焦炭。当煤块周围的挥发物燃烧时，放出大量的热将焦炭加热到红热状态，为焦炭的燃烧创造了条件。焦炭是煤的主要可燃物，它的燃烧是固体与气体间进行的化学反应，它比挥发物难燃烧，如何创造焦炭燃尽的条件，关系到煤块的燃烧程度。

垃圾在焚烧过程中，由于高温热分解、氧化的作用，燃烧物及其产物的体积和粒度减小。其中的不可燃物大部分滞留在炉排上以炉渣的形式排出，一部分质小体轻的物质在气流的携带和热泳力的作用下，与炉膛产生的高温气体一起在炉膛内上升，经过与管道的热交换后从烟囱出口排出，形成含有颗粒物即飞灰的烟气流。

13.2.5.3 HCl 的生成特性

国内外学者对 PVC 热解或燃烧时生成 HCl 的特性及 NaCl 生成 HCl 的特性都进行了较为深入的研究。有人对煤中的 HCl 释放特性做了许多研究，结果显示 HCl 的释放主要来自垃圾中有机氯的分解，但同时垃圾中的无机氯在燃烧过程中同样也会有大量 HCl 放出。RDF 不仅组成相对稳定有利于污染物质的控制，而且成型过程中钙化物等添加剂的加入可以减少 HCl 酸性气体的生成。

对于钙化物脱除 HCl 的特性，国内外学者也进行了较多的研究，研究结果表明，钙化物脱氯的最佳温度范围为 873~973K，脱氯反应的动力学可用收缩核模型描述，钙化物的加入促使 RDF 自身在燃烧过程中脱除氯化氢。973K 是最佳脱氯温度，RDF 燃烧过程中释放的氯大部分被 RDF 中的钙化物所捕获。

(1) HCl 的理化特性

常温下 HCl 为无色气体，有刺激性气味，极易溶于水而形成盐酸。HCl 对人体的危害很严重，能腐蚀皮肤和黏膜，致使声音沙哑，鼻黏膜溃疡，眼角膜浑浊，咳嗽直至咳血，严重者出现水肿以致死亡。对于植物，HCl 会导致叶子褪绿，进而变黄、棕、红至黑色的坏死现象。在锅炉中 HCl 可能会腐蚀管壁。

$$Fe+2HCl \longrightarrow FeCl_2+H_2 \tag{13-13}$$
$$FeO+2HCl \longrightarrow FeCl_2+H_2O \tag{13-14}$$
$$Fe_2O_3+2HCl+CO \longrightarrow FeO+FeCl_2+H_2O+CO_2 \tag{13-15}$$
$$Fe_3O_4+4HCl+CO \longrightarrow FeO+2FeCl_2+2H_2O+CO_2 \tag{13-16}$$

除了对 Fe 及其氧化物腐蚀外，Cl 与氯化物还可能在高温条件下对 Cr_2O_3 保护膜造成腐蚀：

$$Cr_2O_3+4HCl+H_2 \longrightarrow 2CrCl_2+3H_2O \tag{13-17}$$

(2) 垃圾焚烧中 HCl 的生成机制

垃圾焚烧过程中 HCl 主要来源于垃圾中的食盐、PVC 等含氯废物。对于 NaCl，以下反应可生成 HCl：

$$NaCl+H_2O \longrightarrow NaOH+HCl \tag{13-18}$$
$$2NaCl+H_2O+SO_2 \longrightarrow Na_2SO_3+2HCl \tag{13-19}$$
$$2NaCl+H_2O+SO_3 \longrightarrow Na_2SO_4+2HCl \tag{13-20}$$
$$2NaCl+H_2O+SiO_2 \longrightarrow Na_2SiO_3+2HCl \tag{13-21}$$

对于 PVC，其热解产生 HCl 的反应可能为：

$$PVC \longrightarrow L+HCl+R+HC \tag{13-22}$$

式中，L 为凝结性有机物；R 为固体焦炭；HC 为挥发性有机组分。

在充分燃烧的情况下，垃圾中有 50%～60% 的 NaCl 会转化为 HCl。在温度低于 360℃ 时，无机氯以固态 NaCl 形式存在，而温度超过 360℃ 后，NaCl 开始和垃圾中其他成灰元素结合生成 $Al_2O_3 \cdot Na_2O \cdot 6SiO_2$（名称为钠长石），因此无机氯也开始转化为 HCl 气体。随着温度升高到 800℃ 后，HCl 浓度开始下降而气态 NaCl 浓度上升，这是由垃圾在焚烧过程中无机氯盐生成 HCl 气体的反应在温度超过 800℃ 后 $\Delta G>0$，反应开始逆向进行，在消耗 HCl 的同时生成气态 NaCl 造成的。

$$4NaCl(g)+2SO_2(g)+O_2(g)+2H_2O(g) \Longleftrightarrow 2Na_2SO_4+4HCl(g) \tag{13-23}$$

(3) HCl 的生成特性分析

1）垃圾的燃烧特性分析

垃圾的基本燃烧特性通常采用燃烧三组分方法进行描述，即废物组成以水分、可燃分和不可燃分来表示。水分组成的分析方法类似含水率的测定，是固体废物在 105℃ 下干燥至恒重后的质量减少量。可燃分和不可燃分的分析方法是在有氧环境中进行的，燃烧过程中固体废物的失重量即为固体废物的可燃组分组成，而残留量为不可燃组分。

2）垃圾中可燃组分元素的物料平衡

根据固体废物的元素分析结果，固体废物中的可燃组分可用 $C_xH_yO_zN_uS_vCl_w$ 表示，固体废物完全燃烧的氧化反应可用总反应式来表示：

$$C_xH_yO_zN_uS_vCl_w+\left(\frac{x}{2}+v+\frac{y-w}{4}-\frac{z}{2}\right)O_2 \longrightarrow xCO+wHCl+\frac{u}{2}N_2+vSO_2+\left(\frac{y-w}{2}\right)H_2O \tag{13-24}$$

燃烧空气和烟气的物料平衡就是根据固体废物的元素分析结果和上述燃烧化学反应方程式，计算燃烧所需空气量和烟气量及其相应组成的。

理论燃烧空气量是指废物（或燃料）完全燃烧时所需要的最低空气量，一般以 A_0 来表示。固体废物中 C、H、O、S、N、Cl 的含量分别以 y_C、y_H、y_O、y_S、y_N、y_{Cl} 来表示，根据固体废物的完全燃烧化学反应方程式，可以计算理论空气量。

但值得注意的是，由于固体废物燃烧过程中，Cl 元素可与 H 元素反应生成 HCl 气体进入烟气，从而减少相应与 H_2 反应的氧气量，因此在含氯量较高的固体废物焚烧的理论燃烧空气量的计算中，应注意 Cl 元素的影响。因此 1kg 垃圾完全燃烧的理论 O_2 需要量 $V_{O_2}^0$ 为：

$$V_{O_2}^0(m^3/kg)=1.866y_C+0.7y_S+5.66(y_H-0.028y_{Cl})-0.7y_O \tag{13-25}$$

空气中 O_2 的体积含量为 21%，所以 1kg 垃圾完全燃烧的理论空气需要量 A_0 为：

$$A_0(m^3/kg)=[1.866y_C+0.7y_S+5.66(y_H-0.028y_{Cl})-0.7y_O]/0.21 \tag{13-26}$$

在实际燃烧过程中，由于垃圾不可能与空气中的 O_2 达到完全混合，为了保证垃圾中的可燃组分完全燃烧，实际空气供给量要大于理论空气需要量。两者的比值即为过量空气系数 α。实际供给的空气量 A 为：

$$A=\alpha A_0 \tag{13-27}$$

固体废物以理论空气量完全燃烧时的燃烧烟气量称为理论烟气产生量。根据固体废物的元素组成，分别以 C、H、O、S、N、Cl、W 表示单位废物中 C、H、O、S、N、Cl 和水分的质量比，则理论燃烧湿基烟气量为：

$$G_0(m^3/kg)=0.79A_0+1.866C+0.7S+0.631Cl+0.8N+11.2(H-0.028Cl)+1.244W \tag{13-28}$$

将实际焚烧烟气量的潮湿气体和干燥气体分别以 G 和 G' 来表示：

$$G=G_0+(\alpha-1)A_0 \tag{13-29}$$

$$G' = G_0' + (\alpha-1)A_0 \tag{13-30}$$

则生成的 HCl 烟气可由以下计算过程得出：

① HCl 的体积分数组成：湿烟气为 $0.631Cl/G$，干烟气为 $0.631Cl/G'$；

② HCl 的质量分数组成：湿烟气为 $1.03Cl/G$，干烟气为 $1.03Cl/G'$。

13.2.5.4 HCl 的控制途径

垃圾焚烧时的 HCl 主要来源于塑料和 PVC 类物质以及食物中存在的无机氯化物的焚烧。为了减少 HCl 的排放量，可以对收集的垃圾进行分选。垃圾中有很大一部分为塑料制品，塑料制品可以作为再生资源回收，这样可使垃圾减容减量，也可减轻支付给环卫部门的垃圾经费，同时还可减少垃圾储运环节中的一些运输费用等。

基本剔除塑料成分后，剩余的垃圾成分与煤粉等按比例混合配制成垃圾衍生物。此时，燃烧 RDF 时 HCl 的生成主要由食物中所含的无机氯化物（主要为 NaCl）贡献。

13.2.5.5 钙化物脱除 RDF 中 HCl 的机制

对于产生的 HCl 气体，可以考虑通过在 RDF 预处理中加入钙化物，达到在脱硫的同时降低 HCl 浓度的效果。常用的脱氯剂有 CaO、$Ca(OH)_2$ 和 $CaCO_3$。这些脱氯剂单独与 HCl 气体进行脱氯的反应为：

$$CaO(s) + 2HCl(g) \Longleftrightarrow CaCl_2(s) + H_2O(g) \tag{13-31}$$

$$Ca(OH)_2(s) + 2HCl(g) \Longleftrightarrow CaCl_2(s) + 2H_2O(g) \tag{13-32}$$

$$CaCO_3(s) + 2HCl(g) \Longleftrightarrow CaCl_2(s) + H_2O(g) + CO_2(g) \tag{13-33}$$

当温度高于 400℃ 时，$Ca(OH)_2$ 还会发生如下反应：

$$Ca(OH)_2(s) \Longleftrightarrow CaO(s) + H_2O(g) \tag{13-34}$$

$$CaO(s) + 2HCl(g) \Longleftrightarrow CaCl_2(s) + H_2O(g) \tag{13-35}$$

研究表明，加入的各种钙化物脱氯剂中，$Ca(OH)_2$ 的脱氯效果较好。RDF 在预处理中应加入的钙化物的量通常按照一定范围内的 Ca/S 或 Ca/Cl 值进行计算。

钙硫摩尔比（Ca/S）可按以下公式计算：

$$Ca/S = \frac{[CaCO_3] \times G}{100} \bigg/ \frac{S \times B}{32} = \frac{32}{100} \times \frac{[CaCO_3]}{S} \times \frac{G}{B} \tag{13-36}$$

式中，32 为 S 的分子量；100 为 $CaCO_3$ 的分子量；G 为石灰石的下料量，lb/h（1lb = 454g）；B 为煤的下料量，lb/h；$[CaCO_3]$ 为石灰石中 $CaCO_3$ 的含量，%；S 为煤中硫的含量，%。

研究表明，当 Ca/Cl 达到 2 时，HCl 的脱除率可达到 99.75%。另有研究表明，当 Ca/(S+0.5Cl) < 2.5 时，随着此比值的增大，脱氯效果变明显，而当 Ca/(S+0.5Cl) > 2.5 时，脱氯效果逐渐变差。研究中当比值为 2.5 时，脱氯效果达到 82.23%。

13.3 废塑料和废橡胶制备衍生燃料

废塑料和废橡胶主要由碳、氢两种元素组成，化学成分和重油相似，燃烧热达 33.6 ~ 42MJ/kg，是一种理想的燃料，因此国外将废塑料用于高炉喷吹代替煤、油和焦，用于水泥回转窑代煤，做成垃圾固形燃料发电和烧水泥，也可制成均匀的固体燃料，均收到了较好的效果，但其中的氯含量应控制在 0.4% 以下。普通的方法是将废塑料粉碎成细粉或微粉，再调和成浆液作燃料，如废塑料中不含氯，则此燃料可用于水泥窑等。最主要的例子有废塑料衍生燃料焚烧以得到蒸汽、电能和热水。

然而，由于废塑料和废橡胶的热值较高，采用焚烧方法进行能源化利用，会在焚烧过程中造成炉膛局部过热，从而导致炉膛及耐火衬里的烧损。另外，焚烧过程中产生的轻质烃类、硫化物、氮氧化物和其他有害有毒物质处理困难，尤其是二噁英问题，国内各地民众反对建设垃圾发电厂的事件时有发生。许多国家相继制定了有关法律、法规，限制大量焚烧废塑料和废橡胶。

为了使废塑料和废橡胶中蕴含的能源得到充分释放并利用，各国都在开发控制焚烧二次污染的技术，衍生燃料技术是实现废塑料和废橡胶高值化热能利用，同时有效减少其环境污染的有效手段。

13.3.1　废塑料制衍生燃料技术

废塑料制衍生燃料（RDF）是将难以再利用的废塑料粉碎，与各种可燃垃圾如废纸、木屑、果壳、城市生活垃圾等混合，并添加以生石灰为主的添加剂，经混合、干燥、加压、固化成直径为 20~50mm 的颗粒燃料，其发热量相当于重油，燃烧效率高，氮氧化物和硫氧化物的排放量很少，可替代煤用作锅炉和工业窑炉的燃料，而且便于运输。

废塑料的热值较高，以其为原料制成衍生燃料，具有燃烧温度高、二次污染低、便于运输和储存等特点，可用于为钢铁冶炼、玻璃等行业提供高温；将塑料与其他低热值废弃物共同制成衍生燃料，可大大拓宽低热值废弃物的应用范围。

废塑料制备衍生燃料的工艺过程是：将收集的废塑料先用调速皮带输送机送进滚筒筛内，使小于筛网孔径的杂质如小石块、玻璃碎片等在重力的作用下被去除，大于筛网孔径的物料随滚筒筛滚动，经皮带机进入无机物去除滚筒部分，经滚筒作用，较大较重的杂质掉落在滚筒两侧，分离出来的废旧塑料则经输送带进入分选阶段，进一步去除杂质后，再由输送带送入破碎机破碎，得到的粒径均匀的物料传输至混粉装置，与其他 RDF 制备物料进行混合，输送到 RDF 颗粒压制成型装置，由 RDF 颗粒成型模具挤压后，获得 RDF 颗粒产品。

（1）塑料含量对 RDF 颗粒成型特性的影响

由于废旧塑料的热值较高，增加其含量可有效提高 RDF 的热值，使其更适于燃烧。李延吉等采用从苏州市甪直镇的城市生活垃圾分选出的塑料、废纸、废旧织物等，生物质采用秸秆和锯末，按照 Ca/Cl 为 1.2 的比例添加 CaO，制备了 RDF。实验用物料的工业分析及元素分析如表 13-3。

表 13-3　实验用物料的工业分析及元素分析

实验样品	元素分析/%					工业分析/%				热值/（MJ/kg）
	C	H	O	N	S	水分	灰分	挥发分	固定碳	
秸秆	41.09	5.94	51.97	0.997	0.14	5.94	7.14	81.3	6.62	18.21
废旧织物	46.8	5.63	47.33	0.24	0.04	1.37	0.33	86.26	12.04	21.14
废纸	42.29	5.3	52.11	0.32	0.05	3.82	20.4	66.40	9.38	14.37
塑料	85.39	14.38	0.07	0.16	0.01	0.18	0.16	99.66	0	43.33

分别对含塑料比例为 20%、30%、40% 和 50% 的 RDF 试样进行了测试，测得的 RDF 物性如表 13-4。

表 13-4　不同含塑料比例的 RDF 的物性

样品	颗粒密度/(g/m³)	堆积密度/(g/cm³)	颗粒长度/mm	热值/(MJ/kg)
20%塑料 RDF	1.245	0.555	15~23	20.10
30%塑料 RDF	1.279	0.509	12~22	22.03
40%塑料 RDF	1.262	0.527	10~20	23.95
50%塑料 RDF	1.171	0.452	8~17	25.88

由表 13-4 可知，随着塑料含量的增加，RDF 的热值明显增加，这主要是因为废旧塑料的热值远高于其他物料，增加其含量可有效提高 RDF 热值，使其更适于燃烧；但 RDF 的颗粒密度及堆积密度都呈现减小趋势，并且颗粒的长度变短，这在 50%塑料含量中尤其明显。从外观看，20%及 30%塑料含量试样粒径均匀、紧实，外观较光亮；40%塑料含量试样开始出现颗粒分层现象，紧实程度较差；50%塑料含量时，RDF 颗粒分层现象更加严重，颗粒长度变短，紧实程度更差，颗粒变得松散易破碎，抗压效果变差，不适合存储及运输。

出现上述现象的原因主要是随着塑料含量的增加，压制过程中塑料受热不均匀，局部过热产生黏结，从而导致颗粒分层，使得成型效果较差。进一步提高塑料含量，发现 RDF 颗粒难以成型。综上所述，RDF 中塑料组分的比例应以小于 50%为宜，避免产生不良效果。

（2）含水率对 RDF 颗粒成型特性的影响

含水率对 RDF 燃料的热值、成型及焚烧效果均有一定的影响。含水率的变化可通过物料混合时添加水量的变化来调节。RDF 试样中含水率分别选取 10%、12%、14%和 16%，测得的 RDF 物性如表 13-5。

表 13-5　不同含水率的 RDF 的物性

样品	颗粒密度/(g/m³)	堆积密度/(g/cm³)	颗粒长度/mm	热值/(MJ/kg)
10%含水率 RDF	1.329	0.555	16~22	22.03
12%含水率 RDF	1.314	0.537	15~25	22.02
14%含水率 RDF	1.307	0.543	15~20	21.98
16%含水率 RDF	1.285	0.531	12~18	21.95

由表 13-5 可知，RDF 的热值随着含水率的增加有所减小，但并不明显，这主要是因为虽然燃烧过程中水分的蒸发会带走一部分热量使热值降低，但 RDF 本身的含水率为 15%左右，通过物料混合时添加水量的变化调节的含水率的增加不明显，因此随着含水率的增加 RDF 的热值变化并不明显。同时，RDF 的颗粒密度及堆积密度都呈下降趋势，随着含水率的增加，颗粒长度变短，尤其是 16%含水率时，大部分颗粒长度较短。主要原因是随着水分的增加，物料变得更加滑润，更容易从环模孔中压出，含水率的增加使生物质的成型性变差，生物质粉末中含水率高时，虽然也能压缩成型，但其稳定性变差，干燥后可变得松散，导致 RDF 颗粒随之散开，颗粒的紧实度及密度有所下降，长度变小。但含水率不能过低，过低会造成物料与模具间摩擦力增大，降低出料速度，从而减少出料量，降低 RDF 的产率，造成能耗增加。综上所述，RDF 制备过程中含水率控制在 10%~14%时为宜。

13.3.2　废橡胶制衍生燃料技术

废橡胶具有较高的热值，也可作为燃料直接燃烧而实现能源化利用，但会带来严重的大气污染。为此，可将其与其他可燃物质如煤、城市生活垃圾等混合制成衍生燃料，既实现其能源化利用，也减轻对大气的污染。

废橡胶制衍生燃料的操作与废塑料大体相同。废橡胶经称量、碎化后与其他可燃物按一定比例混合，经搅拌混匀和成型工艺即可制得衍生燃料。由于废橡胶的热值较高，按一定比例配制的废橡胶衍生燃料也具有较高的热值，在燃烧过程中能产生较高的温度，因此广泛用于高炉、水泥回转窑等。

13.4　污泥制备衍生燃料

污泥中含有的大量有机物和一定的木质纤维素均属于可燃成分，其低位热值在 11MJ/kg 以上，热值相当于贫煤或褐煤，通过适当预处理后，完全可作为制备衍生燃料的原料。由污泥制备衍生燃料的目的是提高污泥的燃烧热值，在满足污泥自持燃烧要求的基础上，提高其燃烧性能，更好地实现产业化制取燃料的目的。

13.4.1　污泥制 RDF 的发展

对有机污泥燃料化的尝试最早起源于 20 世纪 80 年代初 Caver 和 Greenfield 两人。他们直接把浓缩污泥作为原料，用多效蒸发器脱水来制取燃料。人们把这个方法称为 CG 流程。CG 流程所用的污泥不脱水，污泥水分含量高且可以流动，随着水分逐渐被蒸发，污泥失去流动性，无法再使污泥在蒸发器中循环。同时，由于污泥受到高温作用，容易结垢，影响传热效果，使能量收益降低。为解决这两个技术问题，他们提出在污泥中加入比水沸点高的流动介质（轻油或重油），这样可以始终维持污泥的流动性，并防止结垢，顺利解决污泥蒸发过程中存在的两大障碍。经蒸发干燥的污泥，其中固体含量为 88.5%、水分为 1.5%、油分为 10%、热值为 23012kJ/kg。CG 流程为污泥处理开创了一条新途径，但由于使用的是浓缩污泥，而一般污泥的含水率达到 96% 以上，由含水率为 96% 以上的污泥制取燃料的成本比由含水率为 80% 的脱水污泥制取燃料的成本要高 10 倍左右，显然是不合理的。

一般来讲，城市污泥的发热量低，无法达到燃煤的水平，挥发分比较少，灰分含量比较高，因此难着火，难以满足将衍生燃料在锅炉中直接燃烧的条件，因此，除向衍生燃料中加入降低污泥含水率的固化剂外，还需要掺入引燃剂、除臭剂、缓释剂、催化剂、疏松剂、固硫剂等添加剂，以提高其疏松程度，改善衍生燃料的燃烧性能，使污泥衍生燃料满足普通固态燃料在低位热值、固化效率、燃烧速率以及燃烧臭气释放等方面的评价指标。

在污泥制衍生燃料的过程中，污泥热值成为技术可行性的关键制约因素。表 13-6 给出两种城市污泥的基本工业分析及干基热值结果。从表中可以看出：两种城市污泥的干基热值都在 16736kJ/kg 左右，但由于含水率分别达到 80% 左右，因此低位热值还不到 1464.4kJ/kg。主要原因是污泥中存在的不同形式的水分在污泥燃烧过程中先转变为蒸汽，并以相变焓的形式带走部分能量，引起污泥低位热值的降低。由此可见，污泥含水率是影响污泥燃烧热值的一个重要因素。

表 13-6　两种城市污泥的基本工业分析及干基热值

序号	含水率/%	VS(挥发性固体含量)/%	元素分析/%					干基热值/(kJ/kg)	低位热值/(kJ/kg)
			C	H	N	S	O		
1	84.46	66.67	32.97	6.83	5.19	0.58	21.10	17185.36	557.73
2	78.71	64.83	32.72	5.95	5.38	0.81	19.98	16065.72	1451.01

污泥的干基热值范围为 7471.37~17931.37kJ/kg（一般生活污水处理厂生化污泥的热值为 14942.74kJ/kg 左右），实际污水处理厂脱水污泥的含水率为 75%~85%。根据标准大气压下水的相变焓（2502.45kJ/kg）可以确定污泥水分蒸发带走的能量，即污泥中水分汽化的能量损失与含水率的关系，如图 13-11。可以看出，对于干基低位热值为 9962.10kJ/kg 的污泥，水分含量达到 79.9%时，其热值将全部用于污泥所含水分的蒸发，即能量 100%损失。

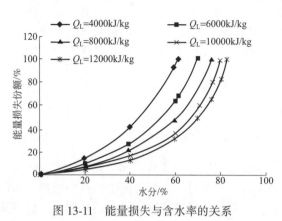

图 13-11　能量损失与含水率的关系

研究表明，污泥自持燃烧的低位热值约为 3486.53kJ/kg，即污泥自持燃烧的最高限含水率为 40%~70%（根据污泥干基热值 7471.37~17931.37kJ/kg 计算所得）。显然，这已经超出了污泥机械脱水设备的脱水能力，因此，如何降低污泥含水率也是污泥衍生燃料制备过程中必须考虑的问题。

13.4.2　污泥制 RDF 的预处理

污泥中的有机物约占干重的 50%，因此污泥含有热能，具有燃料价值。干化后污泥可用作发电厂或水泥厂的燃料。污泥燃料化利用是污泥实现减量化、无害化、稳定化和资源化的另一有效方法。

由于污泥含水率高，污泥燃料化最主要的步骤是除去污泥中的水分。污泥脱水的方法大致可分为自然干燥、机械脱水和加热脱水。自然干燥占地面积大，花费劳力多，干燥时间长，卫生条件差，这种方法不能再应用。机械脱水法是以过滤介质两侧的压力差作为推动力，使污泥水分被强制通过过滤介质形成滤液，固体颗粒被截留在介质上形成滤饼，从而达到脱水的目的。但机械脱水主要脱除污泥中的表面水，脱水率有一定的限度，目前脱水泥饼的含水率一般只能达到 65%~80%，要将污泥中的毛细管水和吸附水脱除，必须采用加热脱水法。污泥加热脱水的方法很多，目前常用的方法有热风干燥、水蒸气干燥和气流干燥。其中水蒸气干燥应用广泛，因为其热效率高，节省能耗，热源温度低，产生的臭气成分和排气量少。一般要经过机械脱水和加热脱水，污泥的含水率才能达到燃料化的要求。

(1) 机械脱水

污泥机械脱水的方法有加压过滤脱水法、离心脱水法、真空过滤脱水法、电渗透脱水法。

1）加压过滤脱水

利用各种加压设备（如液压泵或空压机）来增加过滤的推动力，使污泥上形成 4~8MPa 的压力，这种过滤的方式称为加压过滤脱水。加压过滤脱水所采用的设备通常有板框压滤机和带式压滤机。近年来带式压滤机广泛用于污泥脱水。

带式压滤机是利用滤布的张力和压力对滤布上的污泥施加压力使其脱水的，并不需要真空或加压设备，其动力消耗少，可以连续操作。典型的带式压滤机示意如图 13-12。污泥流入连续转动的上、下两块带状滤布后，先通过重力脱去自由水，滤布的张力和轧辊的压力及剪切力依次作用于夹在两块滤布之间的污泥上而进行脱水。污泥实际上经过重力脱水、压力脱水和剪切脱水三个过程。

刮泥板将脱水泥饼剥离，剥离了泥饼的滤布用喷射水洗刷，防止滤布孔堵塞。冲洗水可以是自来水或不含悬浮物的污水处理厂出水。

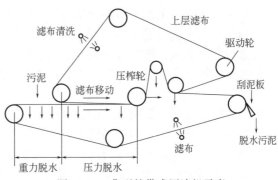

图 13-12　典型的带式压滤机示意

带式压滤脱水与真空过滤脱水不同，它不使用石灰和 $FeCl_3$ 等药剂，只需投加少量高分子絮凝剂，脱水污泥的含水率可降低到 75%~80%，也不增加泥饼量，脱水污泥仍能保持较高的热值。加压过滤脱水的优点是：过滤效率高，对过滤困难的物料更加明显；脱水滤饼固体含量高；滤液中固体浓度低；节省调理剂；滤饼的剥离简单方便。

2）离心脱水

污泥离心脱水设备一般采用转筒机械装置。污泥的离心脱水利用污泥颗粒与水的密度不同，在相同的离心力作用下产生不同的离心加速度，从而导致污泥固、液分离，达到脱水的目的。无机药剂和有机药剂都可应用于离心脱水工艺中。随着聚合物技术和离心机设计的进步，聚合物目前已广泛应用于市政污水污泥的多数离心脱水系统之中。

离心脱水设备的组成有转筒（通常一端渐细）、旋转输送器、覆盖在转筒和输送器上的箱盒、重型铸铁基础、主驱动器和后驱动器。主驱动器驱动转筒，后驱动器则控制传输器速率。转筒机器装置有两种形式，即同向流和反向流。在同向流结构中，固体和液体在同一方向流动，液体由安装在转筒上的内部排放口去除；在反向流结构中，液体和固体的运动方向相反，液体溢流出堰盘。

离心脱水设备的优点是结构紧凑，附属设备少，臭味少，可长期自动连续运行等；缺点是噪声大，脱水后污泥含水率较高，污泥中砂砾易于磨损设备。

3）真空过滤脱水

真空过滤技术出现在 19 世纪后期，美国在 20 世纪 20 年代就将其应用于市政污泥脱水。真空过滤利用抽真空的方法造成过滤介质两侧的压力差，从而产生脱水推动力进行污泥脱水。其特点是运行平稳，可自动连续生产。主要缺点是附属设备较多、工序较复杂、运行费用高。近年来，由于更加有效的脱水设备的出现，真空过滤脱水技术的应用日趋减少。真空过滤也可用于处理来自石灰软化水过程的石灰污泥。

4）电渗透脱水

污泥是由亲水性胶体和大颗粒凝聚体组成的非均相体系，具有胶体的性质，机械方法只能把表面吸附水和毛细水除去，很难将结合水和间隙水除去。而且机械脱水往往是污泥的压密方向与水的排出方向一致，机械作用使污泥絮体相互靠拢而压密，压力越大，压密越甚，堵塞了水分流动的通路。Banon 等采用核磁共振（NMR）的方法，测得机械脱水污泥泥饼的极限含水率为 60%，而该污泥采用压力过滤得到的泥饼实际含水率为 70%~76%。为了节能和提高污泥脱水的彻底性，电渗透脱水技术（electro-osmotic dewatering，EOD）作为一种新颖的固液分离技术正在逐步发展，并开始应用。

带电颗粒在电场中运动或由带电颗粒运动产生电场称为动电现象。在电场作用下，带电颗粒在分散介质中做定向运动，即液相不动而颗粒运动称为电泳（electrophoresis）；带电颗粒固定，分散介质做定向移动称为电渗透（electroosmosis）。根据研究，电渗透脱水可以达到热处理脱水的水平，是目前污泥脱水效果最好的方法之一，脱水率比一般方法提高 10%~20%。

在实际应用中，电渗透脱水大多是在传统机械脱水工艺中引入直流电场，利用机械压榨力和电场作用力来进行脱水的。因为只经过机械脱水的污泥含水率比较高，所以采用两种方式结合进行深度脱水，较为成熟的方法有串联式和叠加式。串联式是将污泥经机械脱水后，再将脱水絮体加直流电进行电渗透脱水；叠加式是将机械压力与电场作用力同时作用于污泥进行脱水。

电渗透脱水具有许多独特的优点：a. 脱水控制范围广。对于一般的污泥脱水法，当污泥浓度和性质发生变化时，即使调整压力等机械条件也只能在很小范围内改变泥饼的含水率，而电渗透脱水可以在很大范围内改变电流强度和电压，调整脱水泥饼的含水率。b. 脱水泥饼性能好。电渗透脱水泥饼的含水率低，可达到 50%~60%，对污泥焚烧或堆肥化处理有利。电渗透脱水过程中污泥温度上升，污泥中一部分微生物被杀灭，泥饼安全卫生。

(2) 加热脱水

污泥中的水分有 4 种存在形式：自由水、间隙水、表面水以及结合水。污泥加热干燥曲线如图 13-13 所示。自由水是蒸发速率恒定时去除的水分；间隙水是蒸发速率第一次下降时所去除的水分，通常指存在于泥饼颗粒间的毛细管中的水分；表面水是蒸发速率第二次下降时所去除的水分，通常指吸附和黏附于固体表面的水分；结合水是干燥过程中不能被去除的水，一般通过化学力与固体颗粒结合。

1）污泥干燥的基本过程

干燥过程一般可分为三个阶段：第一阶段（Ⅰ）为物料预热阶段；第二阶段（Ⅱ）为恒速干燥阶段；第三阶段（Ⅲ）是降速干燥阶段，也称物料加热阶段。污泥干燥速率曲线如图 13-14 所示。

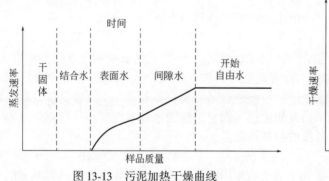
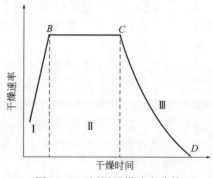

图 13-13　污泥加热干燥曲线　　　图 13-14　污泥干燥速率曲线

① 预热阶段。这一阶段主要对湿物料进行预热，同时也有少量水分汽化。物料温度（假定物料初始温度比空气温度低）很快升到某一值，并近似等于湿球温度，此时干燥速率也达到某一定值，即图 13-14 中的 B 点。

② 恒速干燥阶段。此阶段主要特征是空气传给物料的热量全部用来汽化水分，即空气所提供的显热全部变为水分的相变焓，物料表面温度一直保持不变，水分则按一定速率汽化，即图 13-14 中的 BC 段。

③ 降速干燥阶段。此阶段空气所提供的热量只有一小部分用来汽化水分，大部分用来加热物料，使物料表面温度升高。到达 C 点后，干燥速率降低，物料含水量减少得很缓慢，直到平衡含水量为止。

显然，上述第二阶段为表面汽化控制阶段，第三阶段为内部扩散控制阶段。

2）加热干燥工艺

加热干燥的方法有很多，一般按照加热介质是否与污泥接触分为两类：直接热干化和间接热干化。这两类干燥过程分别建立在传导和对流热力学的理论基础上。

① 直接加热干燥工艺。直接加热干燥技术又称对流热干燥技术。在操作过程中，加热介质（热空气、燃气或蒸汽等）与污泥直接接触，加热介质低速流过污泥层，在此过程中吸收污泥中的水分，处理后的干污泥需与热介质进行分离，排出的废气一部分通过热量回收系统回到原系统中再利用，剩余的部分经无害化处理后排放。直接干燥工艺，相对来说需要更大量的热空气，其中通常混有可燃烧物质，热量在相邻的热蒸汽和颗粒间传递，这是直接干燥器中最基本的热传递方式。直接干燥工艺系统是一个固-液-蒸汽-加热气体混合系统，这一过程是绝热的，在理想状态下没有热量的损失。在直接加热干燥器中，水和固体的温度均不能加热超过沸点，较高的蒸气压使得物料中的水分蒸发。当物料表面的水分蒸气压远远大于空气中的蒸汽分压时，干燥就容易进行了。随着时间的延长，空气中的蒸汽分压逐渐增大，当二者相等时，物料与干燥介质之间的水分交换过程达到平衡，干燥过程就停止了。

直接加热干燥设备有转鼓干燥器、流化床干燥器、闪蒸干燥器等类型，其中转鼓干燥器费用较低、单位效率较高，应用最为广泛。

但所有的直接加热干燥器都有共同的缺点：a. 由于与污泥直接接触，热介质将受到污染，排出的废水和蒸汽需经过无害化处理后才能排放，同时，热介质与干污泥需加以分离，这给操作和管理带来一定的麻烦；b. 所需的热传导介质体积庞大，能量消耗大；c. 气量控制和臭味控制较强，虽然采用空气循环系统可部分消除这一不利影响，但所需费用高；d. 所有的直接干燥工艺都很复杂，均涉及一系列的物理、化学过程，如热量传递过程、质量传递过程、混合、燃烧、传导、分离、蒸发等。

② 间接加热干燥（传导干燥）工艺。在间接加热干燥技术中，热介质并不直接与污泥接触，而是通过热交换器，将热量传递给湿污泥，使污泥中的水分得以蒸发，因此在间接加热干燥工艺中热传导介质可以是可压缩的（如蒸汽），也可以是非可压缩的（如液态的热水、热油等）。同时，加热介质不会受到污泥的污染，省去了后续的热介质与干污泥分离的过程。干燥过程中蒸发的水分在冷凝器中冷凝，一部分热介质回流到原系统中再利用，以节约能源。

蒸汽、热油、热气体等热传导介质加热金属表面，同时在金属表面上传输湿物料，热量从温度较高的金属表面传递到温度较低的物料颗粒上，颗粒之间也有热量传递，这是在间接加热干燥工艺中最基本的热传递方式。间接干燥系统是一个液-固-气三相系统，整个过程是非绝热的，热量可以从外部不断地加入干燥系统内。在间接干燥系统内，固体和水分都可以被加热到100℃以上。搅动可使温度较低的湿颗粒与热表面均匀接触，因而间接加热干燥可获得较高的加热速率，加热均匀。

间接干燥工艺具有如下显著特点：由于可利用大部分低压蒸汽凝结后释放出来的潜热，因此热利用效率较高；不易产生二次污染；由于只有少量的气体导入，因此对气体的控制、净化及臭味的控制较为容易；在有爆炸性蒸气存在时，可免除其着火或爆炸的危险；由干燥而来的粉尘回收或处理均较为容易；可以适当地搅拌，提高干燥效率。

蒸汽干燥法的热效率高，节省能耗，热源温度低，产生的臭气成分和排气量少。污泥多效蒸发干燥是由美国 Carver-Greenfiled 公司开发的，因此简称 CG 法。该法有两种操作方法：一是多效蒸发法；二是多效式机械蒸汽再压缩法。

a. 多效蒸发法。传统的单效蒸发法蒸发 1kg 水所需要的总热量为 4200kJ 以上，如果单采用多效蒸发，每蒸发 1kg 水所需热量为 740～900kJ，同时采用多效蒸发与机械蒸汽再压缩，则蒸发 1kg 水所需热量可以降低到 420kJ。蒸发器主要由加热罐和蒸发室构成，污泥用泵输送到加热罐的最上端，沿传热管呈液膜落下，在此期间被蒸汽充分加热，然后流入真空蒸发室，产生的蒸汽在这里与污泥固体分离。一般由 2~5 个蒸发器串联构成多效蒸发系统，污泥含水率越高，级数越多，以尽可能节约能耗，目前最多为 5 级串联的多效蒸发。

从锅炉产生的蒸汽先进入相邻蒸发器，在这里污泥中水分被蒸发变成蒸汽，蒸汽再依次进入下一个蒸发器，使污泥中的水分蒸发。以四级串联多效蒸发系统为例，理论上采用四效蒸发操作，1kg 蒸汽（蒸汽压力为 0.3MPa，温度为 120℃）可蒸发出 4kg 水分，而单效蒸发器蒸发 1kg 水分需 1.18kg 蒸汽。实际上由于需要将污泥升温、蒸发器壁散热等造成热损失，1kg 蒸汽只能蒸发 3kg 水分，但比单效蒸发器的热量利用率大大提高。

b. 多效式机械蒸汽再压缩法。二次蒸汽再压缩蒸发，又称热泵蒸发。在单效蒸发器中，可将二次蒸汽绝热压缩，随后将其返回到蒸发器的加热室。二次蒸汽压缩后温度升高，与污泥液体形成足够的传热温差，因此可重新作加热剂使用。这样只需补充一定量的能量，就能利用二次蒸汽的大量潜热。实践表明，设计合理的蒸汽再压缩蒸发器的能量利用率可以胜过 3~5 级的多效蒸发器。

当欲干燥的污泥含固率很低，需要的蒸发级数多，超过所能控制的范围时，可以采用多效式机械蒸汽再压缩装置。例如，将含固率 3% 的进料先用 MVR（机械蒸汽再压缩）法蒸发到固体含量 50%~70% 的浓度，再送到多效蒸发器蒸发，比直接用多效蒸发器蒸发更经济合理。

3）干燥设备
① 直接干燥设备
a. 旋转干燥器。旋转干燥器又称转鼓干燥器，具有适当倾斜度的旋转圆筒，圆筒直径 0.3~3m，中间装有搅拌叶片，内侧有提升板。圆筒旋转时物料被提升到一定高度后落下，物料在下落过程中与和其前进方向相同（并流）或相反（逆流）的热风接触，水分被蒸发而干燥。为了使物料在下落过程中充分分散并保持较长时间，综合许多研究结果认为，一般物料投加量占圆筒容积的 8%~12%，转速 2~8r/min 为宜。旋转干燥器能适应进料污泥水分大幅度波动，操作稳定，处理量大，是长期以来最普遍采用的干燥器。但存在局部过热、污泥黏结圆筒壁等问题。

b. 通风旋转干燥器。旋转干燥器的缺点是容积传热系数较小，为了使物料与热风接触更好，提高容积传热系数，在转筒内再装一个带百叶板（导向叶片）的旋转内圆筒，热风通过外圆筒和内圆筒的环状空间（分成多个相隔的空间），从百叶板的间隙透过物料层排出，其结构略比旋转干燥器复杂，但能耗低，污泥也不易在筒壁上黏结。

此外，还有热风带式干燥机、带式流化床干燥器、多段圆盘干燥器、喷雾干燥器、气流干燥器等。

② 传导加热型干燥装置。污泥干燥着重要求能耗低，并能真正解决臭气问题，使之达到实际应用的要求。传导加热型干燥装置是通过加热面热传导将物料间接加热而干燥的装置，产生的臭气少。目前常采用的有蒸汽管旋转干燥器和高速搅拌槽式干燥器两种。

a. 蒸汽管旋转干燥器。这种干燥器是在旋转的圆筒内设置了许多加热管，管内通过热蒸汽，将污泥加热干燥。加热温度比较低，蒸汽中极少含有不凝性气体（漏入的空气），热量几乎全部用于干燥，能量消耗低；干燥器及其连接设备等内部留存的空间小，从而大大降低了由粉尘微粒和燃烧气体引起的爆炸和着火的危险，排气量和排出的粉尘少。但对黏附性大的污泥不适用。

b. 高速搅拌槽式干燥器。这种干燥器在带夹套的圆筒内装有桨式搅拌器，使物料沿加

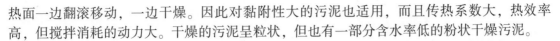

热面一边翻滚移动，一边干燥。因此对黏附性大的污泥也适用，而且传热系数大，热效率高，但搅拌消耗的动力大。干燥的污泥呈粒状，但也有一部分含水率低的粉状干燥污泥。

（3）水热处理

污泥水热处理系统是日本东京大学吉川邦夫教授提出并研发的处理系统。将污泥和温度为 150～300℃、压力为 1.5～3.0MPa 的饱和蒸汽加入密闭的容器中，进行搅拌、反应，以改善污泥的脱水和干燥性能，同时完成污泥的杀菌和除臭过程。经水热处理的污泥可以通过机械方式轻易地脱水 50%～60%，满足污泥自持燃烧热的要求。脱水后的半干污泥可以作燃料，且在处理过程中产生的分离液含有丰富的营养物质，经简单处理后可作为肥料用于农业生产。污泥水热处理技术已成为改善污泥脱水性能的重要预处理技术。

另外，也可通过加入各种类型的添加剂来降低污泥的含水率、减少污泥燃烧产生的臭气、降低合成燃料的燃烧速率，以实现污泥的燃料化利用。污泥合成燃料的性能会受到污泥自身性能的直接影响。污泥的基本性质与污水来源、成分以及处理工艺等紧密相关。污泥中有机物的多少能反映污泥的含热量，可通过以下经验公式计算污泥的热值：

$$Q = 2.3224a\left(\frac{100P_r}{100-G}-b\right)\left(\frac{100-G}{100}\right) \tag{13-37}$$

式中　Q——污泥燃烧热值，kJ/kg；

　　　P_r——挥发性固体含量，%；

　　　G——脱水时投加的无机混凝剂占干固体质量分数，当投加有机混凝剂时，$G=0$；

　　a，b——经验系数，初沉池污泥和消化污泥的 $a=131$、$b=0$，二沉池污泥的 $a=107$、$b=5$。

如果污泥中的挥发性固体即有机物含量少，则其干基热值较低，不适合采用污泥衍生燃料制备技术。一般来讲，二沉池污泥和消化污泥中的有机物含量大于初沉池污泥中的有机物含量，因此更适宜用于制备污泥衍生燃料。

13.4.3　污泥 RDF 的制备方法

污泥燃料化方法目前有三种：一是污泥能量回收系统（hyperion energy recovery system），简称 HERS 法；二是污泥燃料化法（sludge fuel），简称 SF 法；三是浓缩污泥直接蒸发法。

（1）HERS 法

HERS 法工艺流程如图 13-15 所示，它将剩余活性污泥和初沉池污泥分别进行厌氧消化，产生的消化气脱硫后用作发电的燃料。混合消化污泥离心脱水至含水率 80%，加入轻溶剂油，使其变成流动性浆液，送入四效蒸发器蒸发，然后经过脱轻油，变成含水率 2.6%、含油率 0.15% 的污泥燃料。轻油再返回到前端作脱水污泥的流动媒体，污泥燃料燃烧产生的蒸汽一部分用于蒸发干燥污泥，其余蒸汽用于发电。

HERS 法所用物料是经过机械脱水的消化污泥。污泥干燥采用多效蒸发法，一般的蒸发干燥法不能获得能量收益，而采用多效蒸发干燥法可以有能量收益；污泥能量回收采用两种方式，即厌氧消化产生消化气和污泥燃烧产生热能，然后以电力形式回收利用。

（2）SF 法

SF 法的工艺流程如图 13-16 所示。它将未消化的混合污泥经过机械脱水后，加入重油，调制成流动性浆液送入四效蒸发器蒸发，然后经过脱油，变成含水率约 5%～10%、热值为 23027kJ/kg 的污泥燃料。重油返回作污泥流动介质重复利用，污泥燃料燃烧产生蒸汽，作污泥干燥的热源和用于发电，回收能量。

HERS 法与 SF 法的不同之处在于：一是前者污泥先经过消化，消化气和蒸汽发电相结

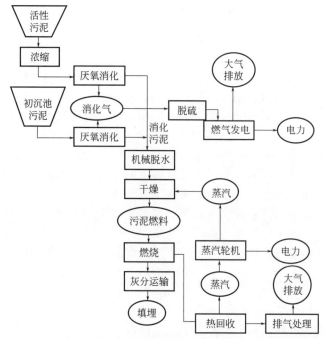

图 13-15   HERS 法工艺流程

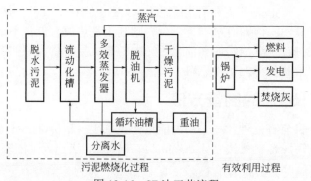

图 13-16   SF 法工艺流程

合回收能量，而后者不经过使污泥热值降低的消化过程，直接将生污泥蒸发干燥制成燃料；二是 HERS 法使用的污泥流动媒体是轻质溶剂油，黏度低，与含水率80%左右的污泥很难均匀混合，蒸发效率低，而 SF 法采用的是重油，与脱水污泥混合均匀；三是 HERS 法采用的轻溶剂油的回收率接近100%，而 SF 法采用的是重油，回收率低，流动介质要不断补充。

（3）浓缩污泥直接蒸发法

HERS 法和 SF 法的物料都是机械脱水污泥，但有些污泥的浓缩脱水性能差，需要投加大量的药剂才能浓缩脱水，操作复杂，运行成本高。日本研制了浓缩污泥直接蒸发法，该法利用平均含固率4.5%的浓缩污泥，加入一定比例的重油，防止水分蒸发后污泥黏结到蒸发器壁上，并始终保持污泥呈流动状态；采用平均蒸发效率为 2.1kg 水/kg 蒸汽的三效蒸发器，蒸发后经过离心脱油，重油循环利用，干燥污泥作污泥燃料，燃烧产生的蒸汽作为污泥蒸发干燥的热源。浓缩污泥直接干燥再燃烧并不是要取得可供外部应用的燃料，而是为了减少将污泥浓缩、脱水再焚烧的能耗。因此，离心脱油的要求低，干燥污泥的总残留油分为40%~50%（干基），以维持锅炉燃烧产生的蒸汽。

13.4.4　制备污泥 RDF 的影响因素

污泥制衍生燃料的技术路线如图 13-17 和图 13-18。

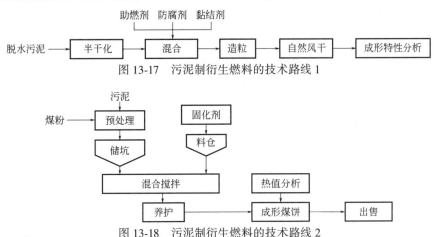

图 13-17　污泥制衍生燃料的技术路线 1

图 13-18　污泥制衍生燃料的技术路线 2

影响污泥衍生燃料热值的因素有：

（1）翻堆频率和翻抛时间

污泥体系在混合后需经过一定的时间来自然干化，在这段时间里应给污泥堆翻堆，以加快混合体系中水分的蒸发。翻堆频率是指一段时间内翻堆的次数，而翻抛时间则着重指有翻堆操作的时间，一般是以天数为单位。总的来说，污泥混合体系的翻堆频率越高，翻抛时间越长，则体系的含水率下降越明显，燃烧性能也越好，燃烧热值也越高。

（2）添加剂

引燃剂的使用改善了衍生燃料的挥发分，燃料易着火。疏松剂可提高衍生燃料的孔隙率，空气可深入燃料的内部，使其反应剧烈而燃烧完全，炉渣的含碳量大大降低。常用的催化剂是金属氧化物。试验表明，在燃料中掺入适量的金属氧化物能促进炭粒完全燃烧，阻止被灼热的炭还原而造成化学热损失，如英国开发的 M.H.T 工艺，为改善型煤的燃烧条件而加入部分铁矿石粉。固硫剂的使用则是考虑到环境保护，使硫的氧化物不扩散到空气中污染大气。

在污泥衍生燃料制备工艺中，通常添加固化剂来提高污泥的固化效果，一般用于固化的材料有膨润土、普通高岭土等，根据固化剂的加入是否有利于提高混合体系的热值以及固化效果来选择。

污泥衍生燃料在燃烧过程中会有令人不快的气味散出，加入泥土或者某些固化剂有利于臭味的减轻。也有学者通过向混合体系中加入经干燥粉碎的贝壳类物质来减少臭味污染，同时还有利于减缓合成燃料的燃烧速率。

除了上述的添加剂以外，工艺中还经常使用一些添加剂来提高污泥衍生燃料的热值和固化效果。提高污泥衍生燃料热值的一般做法是向其中添加经过干燥的木屑、矿化垃圾和煤粉等掺加料，三种物质的基本工业分析及热值分析如表 13-7 所示。

表 13-7　木屑、矿化垃圾、煤粉的基本工业分析及热值分析

序号	含水率/%	元素分析/%					干基热值/(kJ/kg)	低位热值/(kJ/kg)
		C	H	N	S	O		
木屑	45.00	50.00	6.00	0	0	44.00	18660.64	9137.86

序号	含水率/%	元素分析/%					干基热值/(kJ/kg)	低位热值/(kJ/kg)
		C	H	N	S	O		
矿化垃圾	30.00	—	—	—	—	—	11953.69	7614.88
煤粉	3.01	—	—	—	—	—	21827.93	21097.82

木屑、矿化垃圾及煤粉的含水率分别为45.00%、30.00%和3.01%，而三种掺加料中最小的低位热值都在7531.2kJ/kg以上，均属于高热值掺加料。不同掺加料对衍生燃料热值的影响各不相同。

1）矿化垃圾的影响

同济大学赵由才课题组以2天为翻堆周期，研究向污泥中掺入不同比例的矿化垃圾后含水率的变化情况，实验结果如表13-8所示。

表13-8　含水率随时间的变化

矿化垃圾：污泥	1：10(1号)	3：10(2号)	5：10(3号)	7：10(4号)	0：10(5号)
时间/d	含水率/%				
0	71.6	66.1	62.1	53.8	78.6
2	69.8	62.0	59.9	61.5	77.7
4	70.5	61.8	56.3	52.2	74.1
6	69.6	59.6	57.6	46.7	71.7
8	63.0	52.0	46.2	42.6	69.7
10	—	—	—	—	—
12	60.5	40.0		46.9	—
14	56.5	51.5	41.3	34.7	59.7
16	57.0	44.0	37.8	32.5	61.3
18	54.7	41.0	35.8	29.5	61.1
21	55.6	41.3	32.7	30.3	49.8

由表13-8可以看出：向污泥中掺入矿化垃圾可降低污泥的含水率，而且矿化垃圾掺入越多，经过同样的稳定化时间后，混合体系的含水率降得越低。在混合体系含水率低于流变界限含水率62%时，能够满足安全承压要求。因此，从经济性方面考虑，希望能在掺入较少矿化垃圾的基础上尽快使混合体系的含水率低于62%。其中，3号混合材料即使不经历稳定化过程也可以直接安全承压，但为了降低其臭度，简易稳定化过程不可省略，因而其最后的含水率必然大大低于62%，可见，按这个比例混合后进行简易稳定化不是最优化的。混合比例低于3号堆的有1号和2号，但1号混合材料的含水率在8天后仍不能低于62%，从工程应用来看，这也是不经济的，因为需要的稳定化时间越长，预处理场的总面积必然越大，虽然掺入的矿化垃圾少了，但相对增加的处理场面积和额外的翻堆成本来说是得不偿失的。

进一步考察不同环境温度对掺入矿化垃圾污泥混合体系的影响。在天气炎热，即环境温度为32℃条件下，矿化垃圾与污泥的比例为5：10时，测定混合体系的含水率和热值如表13-9所示。

表13-9　矿化垃圾与污泥混合体系的含水率和热值（高温）

时间	试验当天	1天后	3天后	5天后	6天后
含水率/%	56.1	49.8	45.2	22.0	14.1
热值/(kJ/kg)	4354.71	5201.55	5684.80	8590.59	9248.73

矿化垃圾与污泥以 5∶10 的比例混合，体系的含水率为 56.1%，低位热值为 4354.71kJ/kg。随着翻抛时间的延长，体系的含水率逐渐降低，而且，随着时间的延长，含水率下降的速率也增大。翻抛 3 天后，污泥的低位热值升高到 5684.80kJ/kg，完全达到了自持燃烧的要求，而翻抛 6 天后，含水率下降到 14.1%，体系的低位热值达到了 9248.73kJ/kg，不仅满足自持燃烧的要求，而且有余热可利用。

在气温相对较低（20℃以下）、矿化垃圾与污泥的比例为 6∶10 时，其混合体系的含水率和热值见表 13-10 所示。

表 13-10 矿化垃圾与污泥混合体系的含水率和热值（低温）

时间	试验当天	2 天后	4 天后	6 天后	8 天后
含水率/%	56.1	55.4	54.0	51.0	49.8
热值/(kJ/kg)	3928.78	4118.31	4339.23	4812.44	4993.19

当气温较低时，翻抛 8 天后，含水率降至 49.8%，与 32℃ 时矿化垃圾与污泥按 5∶10 混合翻抛 1 天后的含水率相近，这说明温度对污泥含水率的降低有至关重要的影响，但热值的升高有限，从试验当天的 3928.78kJ/kg 升高到 8 天后的 4993.19kJ/kg。污泥满足自持燃烧的最低低位热值为 3486.53kJ/kg，因此，在气温较低的情况下，提高矿化垃圾的比例至 6∶10 基本可以满足自持燃烧的要求。

2）木屑的影响

赵由才等研究了向污泥翻抛体系中添加木屑以提高混合体系的热值。按木屑、矿化垃圾、污泥的比例为 15∶50∶100 进行实验，即加入木屑的比例约 10%。环境温度为 32℃ 条件下测得翻抛过程中的含水率和热值如表 13-11 所示。

表 13-11 木屑、矿化垃圾、污泥混合体系的含水率和热值（高温）

时间	试验当天	1 天后	3 天后	5 天后	6 天后
含水率/%	54.1	47.3	42.5	22.3	13.9
热值/(kJ/kg)	4629.60	5551.33	6098.60	9458.35	10771.71

添加 10% 左右的木屑体系的初始含水率比不掺加木屑体系的要高，但由于木屑具有疏松的效果，体系的脱水效果挺好。随着翻抛时间的延长，体系的含水率逐渐降低，热值逐渐升高。翻抛 6 天后，混合体系的含水率降至 13.9%，低位热值上升到 10771.71kJ/kg，不仅可以满足自持燃烧的热值要求，还可以作为低热值燃料使用。在气温相对较低（常温）的情况下，木屑、矿化垃圾、污泥按 15∶60∶100 的比例混合时，混合体系的含水率和热值如表 13-12 所示。

表 13-12 木屑、矿化垃圾、污泥混合体系的含水率和热值（常温）

时间	试验当天	2 天后	4 天后	6 天后	8 天后
含水率/%	54.6	50.2	48.7	47.6	46.3
热值/(kJ/kg)	4212.03	4943.81	5193.18	5376.02	5592.33

显然，三者混合体系在低温条件下含水率降低比较慢，在翻抛 8 天时间内，含水率仅从 54.6% 降低至 46.3%，热值从 4212.03kJ/kg 升至 5592.33kJ/kg，基本上只能满足自持燃烧的条件。在低温条件下，掺加了木屑的体系能够进一步降低含水率，提高热值，但是效果并不明显。

3）煤粉的影响

除了木屑和矿化垃圾外，还可以考虑采用掺加煤粉的方式来提高污泥的热值。煤的优点是热值高、含水率低，可以将煤块碎成煤粉掺加到污泥中。在固化剂与污泥的比例为 1∶10 的前提下（即每组体系中污泥用量均为 100g）进行实验，结果如表 13-13 所示。

表 13-13　放置 3 天的实验结果

编号		药剂质量/g	煤粉质量/g	含水率/%	低位热值/（kJ/kg）
1 号污泥	1-1	10	0	55.14	3001.18
	1-2	10	5	50.95	5416.19
	1-3	10	10	46.58	6281.86
	1-4	10	15	43.68	6914.90
	1-5	10	20	42.31	8594.77
2 号污泥	2-1	10	10	28.04	9471.74
	2-2	10	15	28.73	12167.91
	2-3	10	20	27.13	11515.20

随着煤粉掺加量的增加，体系含水率逐渐下降，热值也逐渐升高。从表 13-13 的数据可以看出，2 号污泥的脱水效果要明显好于 1 号污泥。1 号污泥的固化剂、煤粉、污泥按 1∶2∶10 的比例混合时，污泥的热值升高到 8594.77kJ/kg，而在同样条件下，2 号污泥体系的污泥热值升高至 11515.20kJ/kg，可见两者均达到了自持燃烧的要求，其中 2 号污泥还可以作为低热值燃料，在燃烧过程中进行热量回收利用。

对于 1 号污泥，延长放置时间至 5d，含水率会进一步下降，热值进一步提高，如表 13-14。固化剂、煤粉、污泥比例为 1∶2∶10 体系的热值达到 14234.39kJ/kg，也可作为低热值燃料进行利用。

表 13-14　放置 5 天的实验结果

编号		药剂质量/g	煤粉质量/g	含水率/%	低位热值/（kJ/kg）
1 号污泥	1-1	10	0	38.45	7800.23
	1-2	10	5	33.26	11040.32
	1-3	10	10	28.47	16597.10
	1-4	10	15	28.34	13627.71
	1-5	10	20	26.14	14234.39

综上可知，城市生活污水处理厂脱水污泥经过掺煤固化后，低位热值大幅上升，在有足够放置时间的情况下，热值可达 12133.6~14255.6kJ/kg，远远超过自持燃烧所需热值，燃烧时可释放大量的热。而普通煤粉的热值约为 16736~23012kJ/kg，因此，掺加少量煤粉固化后的污泥完全可作为一种衍生燃料使用。

13.4.5　污泥质废弃物衍生燃料

除向污泥中加入以上三种添加剂提高热值之外，也有学者向污泥中添加含碳类工业废弃物或工业废油油炸污泥，通过降低其含水率、提高热值，实现污泥特性的改变，促进污泥的燃料化利用。

污泥最主要的特性是含水率高（一般为 80%左右），属于亲水性结构，水分不易自然挥发。掺入多种含碳工业废弃物和添加剂后，污泥大部分内部组成变成疏水性物质，原先难以加工成型的污泥由于改变了物性，为颗粒造型的生产奠定了基础，这种技术被称为污泥质废弃物衍生燃料（RDF-5）技术。RDF-5 是一项可代替矿石燃料的技术，其具体工艺流程为：首先对含水率较高的污泥进行预处理，然后将其与其他含碳工业废弃物进行优化配比，最后进行机械成型。该颗粒采用机械化成型工艺，使之能达到规模生产，污泥产品成为能充分燃烧的锅炉燃料。

颗粒在成型过程之前添加固硫剂，燃烧时可有效降低 SO_2 的排放，减轻对环境的影响。不同质的污泥，可通过不同的配方组合、不同的添加物来提高燃料的强度和耐水性，确保储运过程中燃料的质量。充分利用污泥与多种含碳工业废弃物掺入后的物性改变，采用免烘燥工艺，即下机的燃料可直接入炉燃烧，仅这一项就能节约大量的能源，同时还可节约设备（烘干机、气体净化器）的投资，节约人工和场地，并且没有大量含甲烷的气体排放，减轻温室气体对环境的影响。

将污泥质废弃物转化为燃料的系统包括一系列互相连接的工序，每道工序的设计都围绕缩小污泥体积和节约能源这两个因素进行。具体工艺流程如图 13-19 所示。

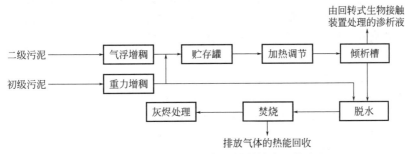

图 13-19　污泥质废弃物衍生燃料技术工艺流程

① 增稠。用空气浮选法和重力作用使初级污泥的固体物含量提高到 6%。

② 混合和均匀。活性污泥和初级污泥按 72∶28 的质量比进行混合。混合物被泵入贮存罐内使其更加均匀，污泥中挥发分物质的含量为 70%～75%。

③ 湿式空气氧化。污泥被泵入湿式空气氧化系统，由空气压缩机提供氧化需要的空气。在加热条件下经氧化分解，使污泥体积缩小，进一步提高污泥的稠度和减少含水量。

④ 倾析槽。在密封的倾析槽内，经加热调节后，污泥稠度进一步提高到 12%～18%。

⑤ 脱水。倾析后的污泥被泵抽到板框式压滤机或滚筒式压滤机上，加工成固含量为 40%的泥饼。

⑥ 燃烧。泥饼被送进一台多膛式燃烧炉，燃烧温度通过调节燃烧空气流量加以控制，一改传统按泥饼的湿度和辅助燃料的供应进行温度控制的方法。

⑦ 废热回收。燃烧炉排出的废气通过废热锅炉回收热量，产生的蒸汽完全可以满足湿式空气氧化系统的需要。多余的蒸汽用来推动涡轮发电机，供锅炉系统的水泵、辅助抽风机、大型焚烧抽风机之用。

通过上述污泥质废弃物衍生燃料工艺生产的燃料，其低位发热量为 12552kJ/kg 左右，全含硫量控制在 0.76%，挥发分高达 43.51%，污泥质废弃物衍生燃料以 25%～30%的比例掺入矿石燃料中，经过多家印染厂导热油锅炉试用，燃烧情况稳定，没有给操作带来任何额外负担。污泥质废弃物衍生燃料经过焚烧后的残渣，可作为制砖、制水泥的原料。残渣中含有硅质、铝质成分，还可替代部分黏土质原料，间接地保护了土地资源。残渣中的重金属元

素也可固定在砖和水泥中，不会对土地造成污染。

污泥质废弃物衍生燃料技术与污泥焚烧处理技术相比，不仅能够节约资金，燃烧炉每年消耗的燃料油还可节省约90%，作为辅助燃料的天然气每年节省72%~77%。通过采用有效的污泥加温调节、脱水和自燃技术，可使处理污泥的过程转化为能源的生产过程，而不再是单一的能源消耗过程，因此可极大减少污水处理厂对外部能源的依赖。

污泥油炸处理是澳大利亚的Carbo Peregrina等提出的一种污泥制固体燃料技术。该技术是用工业废油在140~160℃的条件下对污泥进行油炸，反应时间约为100s，以获得热值较高的固体燃料。虽然该方法可以获得热值较高的燃料，但受废油来源的限制，在实际应用过程中遇到比较多的困难。

13.4.6 污泥衍生燃料的应用

广泛应用于市政污泥处置的方法主要有填埋、堆肥、焚烧和填海，但这些方法都各有不足之处。填埋法操作简单，成本低，已成为最普遍的污泥处置方式，但污泥填埋不仅占用大量土地资源，且渗沥液难以处理，易污染地下水；堆肥工艺简单，成本低，但污泥中所含重金属和细菌病毒易污染土壤和地下水；焚烧法能实现污泥的最大减容，同时燃烧产生的热量可被其他工程利用，在很长时间内被广泛应用，但污泥焚烧比较耗能，对设备要求高且易产生气体污染；填海方法最廉价，但易污染海洋环境，加之《伦敦公约》的限制，该法已于2012年被禁止。由于污泥处置比较耗能，其能耗约占整个污水处理厂总运行成本的20%~60%，且我国的污泥产量较大，因此，寻求一种能满足经济和环境需要、适合中国国情的处置方式至关重要。近年来许多学者研究通过降低含水率、提高热值，来实现污泥特性的改变，促进污泥的燃料化利用，主要有以下几种应用。

（1）污泥制砖技术

污泥的热值按7000kJ/kg计，燃烧每吨干污泥相当于燃烧0.24t原煤，若原煤每吨按800元计算，每吨污泥的热值利用价值约为190元，再加上节省原料费用和处理污泥的补贴资金，因此，通过制砖技术处理污泥，为砖瓦企业节省了燃料和原料，在获得社会效益、环保效益的同时完全有可能获得更大的经济效益，这项技术既利用了污泥自身的热值，又可以高温分解重金属和有机污染物等有毒有害及致癌物质，较好地解决了污泥的二次污染问题。

污泥制砖工艺主要分为砖坯成型、自然干燥和高温焙烧三个阶段。砖坯高压成型，成坯含水率决定了砖坯成型的优劣，成坯含水率控制在25%~30%时，其塑性较合适。自然干燥主要是脱除砖坯中的自由水以达到临界含水率，干燥后砖坯的含水率越大，干燥线收缩率越大，严重影响砖体尺寸，一般干燥线收缩率控制在3%以内。高温焙烧是烧结砖的重要阶段，砖体因排出结合水而产生微小的线收缩率，烧结线收缩率应小于1%，否则砖体会产生裂纹；由于污泥有机物的燃烧，烧失量会随着污泥掺比量的增加而增大，烧失量应控制在50%以内，较大的烧失量会影响砖体的力学性能。

污泥焚烧灰渣也可用于制砖。利用污泥焚烧灰渣制砖时，灰渣的化学成分与制砖黏土的化学成分比较接近，因此，污泥焚烧灰渣制砖有两种方式：一是与黏土等掺和料混合烧砖；二是不加掺和剂单独烧砖。

因污泥焚烧灰渣中SiO_2含量较低，在利用污泥焚烧灰渣制砖时，需按焚烧灰∶黏土∶硅砂=1∶1∶(0.3~0.4)（质量比）添加黏土与硅砂，提高SiO_2含量，形成制砖原料。污泥焚烧灰渣/黏土混合砖的工艺过程为原料制备、成坯、干燥、烧制、养护等，制造工艺均与黏土砖相近，先将污泥经过浓缩、脱水、干燥后进行焚烧，制备成污泥灰，掺入黏土等原料，经干燥、高温烧制而成。烧制成品既可用于非承重结构，也可按标号用于承重结构。制造时可利用现有黏土砖制造厂。将污泥焚烧后收集的灰渣与黏土混合制砖，可不掺加添加剂单独烧砖，也可与黏土掺和后制砖，砖的综合性能好，但没有利用污泥的热值。

用污泥焚烧灰渣制造非建筑承重用的地砖，是一种基本利用焚烧灰渣单一原料的污泥建材利用方法，该方法无需掺和大量黏土，因此有符合相关建材技术政策的优势。

（2）利用造纸污泥生产建筑轻质节能砖

用造纸污泥生产建筑轻质节能砖时，可以利用其中的有机纤维在高温灼烧后留下的微小气孔，同时利用有机纤维燃烧所产生的热量降低生产能耗，具有环保节能的社会效益和经济效益。

浙江省建筑材料科学研究所和平湖市广轮新型建材有限公司合作，以造纸污泥、河道淤泥和页岩为原料，经高温焙烧生产的轻质节能砖，其各项指标均达到国家标准，并具有明显的节能特性，质量比普通砖轻 25%，热导率低 33%。在平湖几家建筑工地上使用后反响较好。

也可将造纸废渣和污泥作为燃煤配料，生产全淤泥多孔砖和标准砖。在砖窑焙烧期间，将一部分造纸废渣和污泥从窑顶放入窑内，替代煤炭燃料。燃烧产生的灰渣再用于制砖，形成制砖生产的闭合生态链，这样既节省了泥土又节省了外投煤和内燃煤的耗量，同时还可提高成品砖的质量。

（3）烧结法生产陶粒

烧结型污泥陶粒主要是粉煤灰陶粒，在原料的成分控制上，以粉煤灰作为提供 SiO_2 和 Al_2O_3 的主体组分，也可选用污水处理厂的污泥。选用城市污泥代替黏土作为黏结剂，既不影响陶粒成本，又可以用全废物来生产陶粒。原料中还需要助熔剂和燃料组分。助熔剂的添加量根据 SiO_2 和 Al_2O_3 的总含量确定，硅铝含量高，助熔剂就多加，反之则少加。燃料组分通常采用煤粉，使污泥能顺利燃烧，这样，陶粒烧结时还利用了污泥的热值，具有以下优点。

① 污泥中有机质和无机成分均得到了有效利用。污泥中的有机质作为焙烧过程的发泡剂，无机成分成为陶粒主要成分。

② 减少了二次污染。制陶粒时，焙烧的高温环境可以完全将难降解有机物、病原微生物、重金属等有害物质分解和固化，具有一定的经济效益和环境效益。

③ 污泥烧制陶粒可充分利用现有陶粒生产设备和水泥窑等，用途广泛，市场前景好，生产成本低。

④ 污泥可替代传统陶粒制造工艺中的黏土和页岩，节约了土地和矿物资源，因此，污泥陶粒利用具有广泛的应用前景。

⑤ 轻集料混凝土具有密度小、强度高、保温隔热、耐火、抗震性能好等优点，得到了迅速发展，现已成为仅次于普通混凝土的用量最大的一种新型混凝土。污泥可取代普通砂石配制轻集料混凝土。

（4）污泥生产水泥技术

自 1997 年以来，我国水泥年产量一直超过 $5×10^8t$，占世界水泥年产量的 1/3 以上，居世界首位并不断增长，但产量的增长伴随着资源的消减、能源的消耗和沉重的环境压力。我国水泥企业多数用黏土作为硅质原料，全部是用煤作燃料，每生产 1t 熟料消耗 0.16t 黏土，消耗 0.11t 标准煤。水泥生产过程中不仅资源和能源消耗量大，还对环境造成严重污染，每吨熟料中平均含 CaO 约 650kg，按此计算，由生料中的 $CaCO_3$ 排出的 CO_2 为 511kg，加上由于燃料燃烧排放的 CO_2，生产 1t 熟料排放 CO_2 就达 1t 左右，另外还排放 SO_2 约 0.74kg 和

NO_x 约 1.51kg。CO_2 会引起温室气体效应，使全球变暖，破坏生态平衡。NO_x 也有引起温室效应和酸雨的情况，还会诱发癌症和呼吸道疾病等问题。

社会进步与文明发展要求我国水泥工业在满足国民经济发展的同时，还应减少环境污染，追求"零排放、零污染"的目标。根据《京都议定书》的约定，水泥工业必须走减少废物排放的道路。水泥是资源、能源消耗性工业，也是 CO_2 排放大户，随着我国经济的快速发展，不可再生资源能源短缺，环境容量压力加大，需承担的国际义务增加，水泥工业以资源能源消耗型进行发展的模式必然受到冲击。因此，水泥工业实施可持续发展战略，循环经济发展模式是必由之路。

水泥生产系统具有较大的热容，对加入的成分具有很强的包容性，同时由于水泥矿物在形成过程中有液相出现，因此，在物料中加入废物后，焚烧残渣可以被水泥矿物吸收或者固溶，不存在残渣处理问题。水泥窑处理污泥的方法在污染的排放和能源的利用上具有较大优势，是固体废物处理和利用的一个较好出路。利用水泥回转窑处理城市污泥并生产生态水泥是一种既安全又经济的方法，可大量节省对垃圾焚烧炉的投资。水泥窑的高温生产条件可保证污泥的充分燃烧；水泥窑的碱性气氛可中和酸性气体；生成的水泥熟料可固化有毒有害物质及重金属离子。由于水泥窑具有处置污泥数量大、投资少（不需另建焚烧炉）、炉内气体温度高、物料在窑内停滞时间长、自净化程度高、二次污染少、处理彻底等优点，同时，利用污泥等废物财政补贴还可能降低水泥的生产成本，因此其经济效益、社会效益和环境效益均较为显著。

13.5 污泥制备浆状燃料

除上述由污泥制备衍生燃料（也称固态燃料）技术外，还可由污泥制备浆状燃料。

污泥浆状燃料制备技术是以机械脱水污泥、煤粉和燃料油及脱硫剂为原料，经过混合研磨加工制成浆状燃料。其特征是燃料有一定的流动性，可以通过管道用泵输送，能像液体燃料那样雾化燃烧。原料中的煤粉可以是一般的动力煤粉，也可以是洗精煤粉。燃料油可以是源自石油的重油，也可以是煤焦油、页岩油或各种回收的废油，以降低成本。

由于污泥中大颗粒物质容易在水中沉降，所以一般污泥浆的成浆稳定性很差。刘海峰等将改性含水污泥放置 2~24h 与煤粉、水和添加剂混合，研磨使固体颗粒粒径小于 0.5mm，获得高浓度污泥浆。成浆浓度提高到 55% 以上，表观黏度在 1000mPa·s 以下，无需额外投加稳定剂，长时间放置不会产生硬沉淀。王庆在改性污泥煤浆中加入黏弹性表面活性剂（碳链长度至少为 16 个碳原子以上的长碳链烷基季铵盐中的任意一种或多种）。该活性剂在水溶液中的浓度高于临界浓度时，其球形胶束可以转化为棒状胶束，在助剂的作用下可以相互缠绕，形成具有空间网格结构的黏弹性浆液，污泥和煤粉被缠绕在棒状胶束之间的空间网格结构之中，可以制备出成浆浓度高于 70% 的高浓度、高稳定性的污泥煤浆。同时该方法制备高浓度污泥煤浆，不需要放置，即配即用。张景云等将含水污泥、煤粉和燃料油混合，经超细研磨和均质至平均粒径为 20μm 以下时，形成一种以油为连续相、污泥和煤粉为分散相的新型结构的浆状燃料。由于粒子微细，分布均匀，超细颗粒物之间有油膜相分隔，所以非常稳定，易于分散雾化，燃烧完全。李建将污泥与低阶褐煤水热脱水提质，将固态产物与水热废液混合制备低黏度高浓度浆体燃料。水热脱水提质，使污泥内部的结合水转化成有利于成浆的自由水，同时将污泥和低阶褐煤炭化提质，成浆浓度增加，甚至可以达到 60%。

污泥浆状燃料中所使用的固体脱硫剂粒度非常微细，与燃料混合得非常充分，均匀地分散在浆状燃料内，有利于提高除硫效率。依条件的不同，燃料中 70%~90% 的硫以硫酸盐的形式被固定在燃烧后的灰分中，用常规除尘方法很容易除去。这种脱硫方法的成本显著低于一般烟道气湿法和干法脱硫的成本。

污泥浆状燃料发电供热流程如图13-20所示。

图13-20 污泥浆状燃料发电供热流程示意图

污泥制备浆状燃料技术与污泥制备RDF燃料技术相比，具有以下优势：

① 生产设备体积小，工艺简单，生产效率高，配套技术和设备成熟，投资少，成本低，易于实施，是一项先进适用的污泥处理和资源化技术。

② 生产过程省去了污泥干燥和造粒工序，显著降低了成本。现在污泥制RDF燃料技术的一个共同点是：湿污泥必须干燥，而污泥合成浆状燃料技术无需对脱水污泥进行干燥。

③ 污泥制备的浆状燃料可以雾化，因此燃烧更加完全。适量水的存在有利于燃料的燃烧。当污泥浆状燃料雾化时，高温下水的迅速汽化膨胀会把雾化形成的燃料粒子"炸碎"，使燃料粒子更加细小，总表面积大大增加，加快燃烧速率，并使燃烧充分彻底，从而克服了污泥RDF燃料难烧透、在炉内停留时间较长等缺点。另外，水在高温下还会与碳发生水煤气反应，生成一氧化碳和氢气，使燃烧干净完全。

参考文献

[1] 陈冠益，马文超，颜蓓蓓.生物质废物资源综合利用技术 [M].北京：化学工业出版社，2015.
[2] 任学勇，张场，贺亮.生物质材料与能源加工技术 [M].北京：中国水利水电出版社，2016.
[3] 朱玲，周翠红.能源环境与可持续发展 [M].北京：中国石化出版社，2013.
[4] 杨天华，李延吉，刘辉.新能源概论 [M].北京：化学工业出版社，2013.
[5] 卢平.能源与环境概论 [M].北京：中国水利水电出版社，2011.
[6] 廖传华，耿文华，张双伟.燃烧技术、设备与工业应用 [M].北京：化学工业出版社，2018.
[7] 廖传华，李聃，王小军，等.污泥减量化与稳定化的物理处理技术 [M].北京：中国石化出版社，2019.
[8] 廖传华，王小军，高豪杰，等.污泥无害化与资源化的化学处理技术 [M].北京：中国石化出版社，2019.
[9] 杨文申，林均衡，阴秀丽，等.垃圾衍生燃料热解半焦气化过程中HCl和H_2S析出规律 [J].燃料化学学报，2019，47（1）：121-128.
[10] 林均衡，杨文申，阴秀丽，等.矿化垃圾衍生燃料热解过程HCl和H_2S析出规律 [J].燃料化学学报，2018，46（2）：152-160.
[11] 黎涛，熊祖鸿，鲁敏，等.成型和灼烧温度对垃圾衍生燃料灰渣理化特性的影响 [J].农业工程学报，2018，34（8）：214-219.
[12] 刘典福，孙雍春，周超群.垃圾衍生燃料在流化床焚烧时NO和N_2O排放特性研究 [J].现代化工，2018，38（4）：182-185.
[13] 林均衡.垃圾衍生燃料热解气化过程中HCl和H_2S释放特性研究 [D].北京：中国科学院大学，2018.
[14] 黎涛，熊祖鸿，鲁敏，等.垃圾衍生燃料灰渣中主要元素变化的研究 [J].环境科学学报，2018，38（8）：3169-3176.
[15] 梅书霞，谢峻林，陈晓琳，等.涡旋式分解炉中煤及垃圾衍生燃料共燃烧耦合$CaCO_3$分解的数值模拟 [J].化工学报，2017，68（6）：2519-2525.
[16] 黎涛，熊祖鸿，房科靖，等.颗粒密度对垃圾衍生燃料燃烧特性的影响 [J].农业工程学报，2017，33（23）：241-245.
[17] 刘成，刘亮，尹艳山，等.TG-FTIR研究垃圾衍生燃料轻质气体析出特性 [J].燃烧科学与技术，2017，23（5）：

471-477.
[18] 杨虎，谢峻林，何峰，等. 垃圾衍生燃料（RDF）的燃烧过程［J］. 环境工程学报，2017，11（3）：1825-1830.
[19] 林顺洪，李伟，柏继松，等. 垃圾衍生燃料掺混污泥共热解特性及动力学分析［J］. 化工进展，2017，36（10）：3904-3910.
[20] 凌鹏，刘亮，刘成，等. 垃圾衍生燃料与褐煤共热解特性及动力学模型比较［J］. 煤炭转化，2017，40（4）：6-12.
[21] 赵学. 生活垃圾协同污泥制备衍生燃料（RDF-5）及其热力特性研究［D］. 重庆：重庆大学，2017.
[22] 李兴华. 垃圾衍生燃料燃烧飞灰中重金属元素的浸出机制研究［D］. 成都：西南交通大学，2017.
[23] 常溢桐. 垃圾衍生燃料气化改质过程中环境负荷物的发生特性研究［D］. 沈阳：东北大学，2017.
[24] 刘成. TG-FTIR 研究垃圾衍生燃料与褐煤共热解特性［D］. 长沙：长沙理工大学，2017.
[25] 刘珍，王汉青，周跃云，等. 微波低温热解对垃圾衍生燃料脱氯及改性性能试验研究［J］. 包装学报，2017，9（6）：9-15.
[26] 郑旭，刘晨，王昕，等. 水泥窑用垃圾衍生燃料燃烧特性的 TG-DTG 研究［J］. 水泥技术，2017（2）：21-28.
[27] 韦丽洁，张春，郑淑奇，等. 垃圾衍生燃料循环流化床系统烟气脱硫技术研究［J］. 黑龙江科技信息，2017（15）：57.
[28] 陈威凯，梁皓翔，郑语萱，等. 以稻草混合甘油制备固态衍生燃料之研究探讨［J］. 宜兰大学工程学刊，2017（12）：77-93.
[29] 刘红刚. 循环流化床锅炉混烧垃圾衍生燃料（RDF）发电技术研究［J］. 黑龙江科技信息，2017（3）：156-157.
[30] 甄丽敏. 浅谈城市生活垃圾处置的新方式：垃圾衍生燃料（RDF）［J］. 建筑工程技术与设计，2017，（33）：1970.
[31] 熊筱，蹇含. 垃圾衍生燃料（RDF）“干化”技术初步探索：以遵义市生活垃圾“干化”试验为例［J］. 环保科技，2017，23（5）：28-31.
[32] 王婷，金保昇，牛淼淼，等. 垃圾衍生燃料流化床气化和 CaO 脱氯的数值模拟［J］. 东南大学学报（英文版），2016，32（3）：317-321.
[33] 周显超，张璐，吴畏. 生活垃圾衍生燃料催化气化制备合成气［J］. 环境工程学报，2016，10（10）：5914-5918.
[34] 于芳芳. 关于污泥生物质衍生固体燃料燃烧特性研究［J］. 环境与可持续发展，2016，41（1）：95-97.
[35] 侯海盟. 生物干化污泥衍生燃料流化床焚烧试验研究［J］. 科学技术与工程，2016，16（18）：303-307.
[36] 陆鹏，王穗兰，胡斌航，等. 生活垃圾衍生燃料分段催化气化［J］. 环境工程学报，2016，10（10）：5873-5880.
[37] 周显超. 垃圾衍生燃料气化-改质制合成气［D］. 沈阳：东北大学，2016.
[38] 贾凯. 碱金属对生物质衍生燃料富氧气化特性的影响［D］. 沈阳：沈阳航空航天大学，2016.
[39] 陈建行. 垃圾衍生燃料等离子体气化模拟研究［D］. 长沙：长沙理工大学，2016.
[40] 赵学，王里奥，刘元元，等. 生活垃圾制备衍生燃料（RDF-5）：以重庆市为例［J］. 环境科学学报，2016，36（7）：2557-2562.
[41] 陈峰，胡勇有，陈丹. 垃圾衍生燃料（RDF）与原煤混合试烧试验分析［J］. 环境卫生工程，2016，24（6）：33-37.
[42] 池晓，徐可培，马学荣. RDF（垃圾衍生燃料）发电技术应用研究世界［J］. 有色金属，2016（3）：85-86.
[43] 周斌，雷建国，冯聚. 秸秆成型燃料与垃圾衍生燃料混合燃烧研究［J］. 中国环保产业，2016（1）：30-35.
[44] 李怡婧，徐竞成，李光明. 城市污水处理厂污泥中能源物质利用的研究进展［J］. 净水技术，2015，34（A1）：9-15.
[45] 李延吉，姜璐，邹科威，等. 垃圾衍生燃料流化床焚烧污染物排放特性［J］. 中南大学学报（自然科学版），2015，46（6）：2350-2358.
[46] 谢欣. 垃圾衍生燃料流化床燃烧特数值研究［D］. 沈阳：沈阳航空航天大学，2015.
[47] 魏国侠，武振华，徐仙，等. 污泥衍生燃料在流化床垃圾焚烧炉混烧试验［J］. 环境科学与技术，2015，38（5）：130-133.
[48] 武继旭，严雪萍，李晔，等. 生活垃圾衍生燃料掺烧过程环境影响分析研究［J］. 工业安全与环保，2015，41（3）：14-17.
[49] 朱明，祝慰，李叶青，等. 垃圾衍生燃料燃烧历程的试验研究［J］. 水泥工程，2015（2）：75-78，83.
[50] 周泳，黄建阳. 垃圾衍生燃料的相关燃烧性能研究［J］. 科技创新导报，2015，12（16）：34-35.
[51] 伏启让，黄亚继，牛淼淼，等. 垃圾衍生燃料流化床富氧气化实验研究［J］. 浙江大学学报（工学版），2014，48（7）：1265-1271.
[52] 李辉，吴晓芙，蒋龙波，等. 城市污泥制备成型衍生燃料技术综述［J］. 新能源进展，2014，2（1）：1-6.
[53] 魏玉芹，周兴求，杨海英，等. 调理压榨后污泥用于制备衍生燃料及燃烧特性研究［J］. 广东化工，2014，41（9）：50-51，88.
[54] 李延吉，邹科威，赵宁，等. 源头提质的高热值垃圾衍生燃料热解产物特性［J］. 中南大学学报（自然科学版），

2014，45（6）：2078-2084.

［55］　李延吉，邹科威，姜璐，等.垃圾衍生燃料焚烧污染物排放实验与模拟［J］.浙江大学学报（工学版），2014，48（7）：1254-1259.

［56］　牛森森，黄亚继，金保昇，等.鼓泡流化床垃圾衍生燃料富氧气化［J］.化工学报，2014，65（12）：4971-4977.

［57］　李春萍.污泥衍生燃料最佳气化温度模糊评价［J］.环境科学与技术，2014，37（11）：147-150.

［58］　胡克萌.生物质衍生燃料气化产气特性研究［D］.沈阳：沈阳航空航天大学，2014.

［59］　胡曙光，聂帅，朱明，等.城市生活垃圾制备水泥窑用衍生燃料的性能分析［J］.安全与环境学报，2014，14（4）：176-180.

［60］　张立静.垃圾衍生燃料热解机理模型和气化特性模拟研究［D］.杭州：浙江大学，2014.

［61］　李春萍，刘阳生，杨飞华，等.垃圾衍生燃料焚烧时重金属在气固两态的分布特性［J］.环境科学与技术，2014，37（3）：169-173.

［62］　马静.生物质衍生燃料气化过程中的固相沉积特性［D］.沈阳：沈阳航空航天大学，2014.

［63］　李延吉，姜璐，邹科威，等.基于 aspen plus 的垃圾衍生燃料热解模拟与实验［J］.浙江大学学报（工学版），2013，47（9）：1637-1643.

［64］　陈红梅.污泥化学干化剂合成及污泥衍生燃料成型技术研究［D］.太原：太原理工大学，2013.

［65］　钱振杰，李凤来，李海波，等.污泥衍生燃料制备技术及性能研究［J］.天津科技，2013，40（3）：34-37.

［66］　尹龙晓.城市污泥燃料化利用实验研究［D］.广州：华南理工大学，2013.

［67］　吴畏.利用废弃物衍生燃料的热化学处理法制富含氢气合成气［J］.环境工程学报，2013，7（4）：1515-1521.

［68］　李春萍.垃圾筛上物衍生燃料（RDF）粘结剂筛选［J］.环境工程，2012，30（A2）：299-301.

［69］　李春萍.三种垃圾筛上物的衍生燃料（RDF）制备［J］.环境工程，2012，30（4）：87-89.

［70］　林晓洪.浆纸污泥制成固态衍生燃料之可行性［J］.中华林学，2012（3）：365-384.

［71］　葛仕福，赵培涛，李杨，等.污泥-秸秆衍生固体燃料燃烧特性［J］.中国电机工程学报，2012，32（17）：110-116.

［72］　陈江，章旭明.城郊乡村生活垃圾衍生燃料热解特性研究［J］.环境污染与防治，2012，34（2）：45-49.

［73］　任福民，高明，陶若虹，等.铁路复合垃圾衍生燃料（C-RDF）的燃烧特性研究［J］.北京交通大学学报，2012，36（4）：72-75.

［74］　赵宁.垃圾衍生燃料热解特性实验研究［D］.沈阳：沈阳航空航天大学，2012.

［75］　何萍，张京京，费志嘉，等.我国污泥合成燃料技术研究进展［J］.化工时刊，2018，32（1）：49-51.

［76］　黄川，李彤，李可欣.城市污泥用作水泥行业替代燃料的可行性分析［J］.安全与环境学报，2018，18（3）：1144-1149.

［77］　薛演振.市政污泥与地沟油混合燃料的特性研究［D］.广州：华南理工大学，2018.

［78］　楼波，薛演振.污泥与地沟油混合燃料的燃烧特性［J］.华南理工大学学报（自然科学版），2018，46（2）：118-123.

［79］　张珂，朱建华，周勇，等.含油污泥油炸脱水过程中热-质耦合传递分析［J］.石油学报（石油加工），2014，30（2）：298-304.

［80］　张晶，吴中华，李占勇，等.城市污水厂污泥的浸泡油炸［J］.环境工程学报，2013，7（1）：4049-4053.

［81］　张晶.城市污泥和餐厨废油制备固体燃料的实验研究［D］.天津：天津科技大学，2013.

［82］　乌登，吴中华，岳莲.城市污泥快速干燥工艺研究进展［J］.干燥技术与设备，2013，11（4）：27-30.

［83］　张晶，岳莲，佟秋芳，等.油炸干燥污泥的热解与燃烧特性研究［J］.干燥技术与设备，2012，10（5）：21-26.

［84］　张晶，佟秋芳，岳莲，等.城市污水厂污泥热风与浸泡油炸干燥特性研究［J］.干燥技术与设备，2012，10（5）：27-32.

［85］　李可欣.污泥用作水泥工业替代燃料合理工艺［D］.重庆：重庆大学，2014.

［86］　苏壮，王强.煤泥浆替代精煤煤浆的效益分析［J］.中国设备工程，2012（11）：66-67.

［87］　许禄钟，吴怡.污泥制合成燃料技术及其工艺特点［J］.四川环境，2012，31（A1）：76-79.

［88］　王娟，潘峰，肖朝伦，等.市政污泥的燃料资源化利用［J］.过程工程学报，2011，11（5）：800-805.

［89］　张长飞，葛仕福，赵培涛，等.污泥合成燃料的研制及燃烧特性研究［J］.环境科学学报，2011，31（1）：130-135.

［90］　李鸿江，顾莹莹，赵由才.污泥资源化利用技术［M］.北京：冶金工业出版社，2010.

［91］　苏铭华.污泥质废弃物衍生燃料的研制开发［J］.中国资源综合利用，2009，27（7）：14-15.

［92］　蒋建国，杜雪梅，杨进辉，等.城市污水厂污泥衍生燃料成型的研究［J］.中国环境科学，2008，28（10）：904-907.

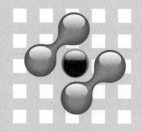

第14章 有机废弃物生物液化与能源化利用

有机废弃物的生物液化与能源化利用是利用微生物体内的酶将有机废弃物中的有机质进行生物转化，生产液体燃料，如乙醇、丁醇或燃料油等，从而实现能源化利用。

14.1　生物液化技术的分类

按生产产品的不同，生物液化技术主要分为生物质发酵制乙醇和丁醇、浮萍微藻制乙醇和生物柴油等液体燃料。

14.1.1　有机物发酵制乙醇

乙醇（ethanol），俗称酒精，是一种无色透明且具有特殊芳香味和强烈刺激性的液体，沸点和燃点较低，属于易挥发和易燃液体。当乙醇蒸气与空气混合时，极易引起爆炸或火灾，因此生产、储存、运输和使用过程中必须严格注意防火，以免发生事故。

14.1.1.1　燃料乙醇的特点与生产方法

作为替代燃料，燃料乙醇具有以下特点：

① 可作为新的燃料替代品，减少对石油的消耗。乙醇作为可再生能源，可以直接作为液体燃料或者同汽油混合使用，可以减少对化石能源石油的依赖，保障本国能源的安全。

② 辛烷值高，抗爆性能好。作为汽油添加剂，可以提高汽油的辛烷值。通常车用汽油的辛烷值一般要求为 90 或 93，乙醇的辛烷值可以达到 111，所以向汽油中加入燃料乙醇可以大大提高汽油的辛烷值，且乙醇对烷烃类汽油组分（烷基化油、轻石脑油）辛烷值的调和效果好于烯烃类汽油组分（催化裂化汽油）和芳烃类汽油组分（催化重整汽油），添加乙醇还可以有效提高汽油的抗爆性。

③ 作为汽油添加剂，可以减少矿物燃料的应用以及对大气的污染。乙醇的氧含量高达 34.7%，相较甲基叔丁基醚（MTBE），可以更少的添加量加入汽油中。汽油中添加 7.7% 乙

醇，氧含量达到 2.7%，如添加 10%乙醇，氧含量可以达到 3.5%，所以加入乙醇可以帮助汽油完全燃烧，以减少对大气的污染。使用燃料乙醇取代四乙基铅作为汽油添加剂，可以消除空气中铅的污染；取代 MTBE，可以避免对地下水和空气的污染。另外，除了提高汽油的辛烷值和含氧量外，乙醇还能改善汽车尾气的质量，减轻污染。一般当汽油中乙醇的添加量不超过 15%时，对车辆的行驶性能没有明显的影响，但尾气中烃类、NO_x 和 CO 的含量明显降低。

④ 乙醇是可再生能源，若采用小麦、玉米、稻谷壳、薯类、甘蔗和糖蜜等生物质发酵生产乙醇，其燃烧所排放的 CO_2 和作为原料的生物质生长所消耗的 CO_2 在数量上基本持平，这对减少大气污染和抑制温室效应意义重大。

乙醇的生产方法有两类：化学合成法和微生物发酵法。

化学合成法生产乙醇是采用石油裂解气产生的乙烯气体来合成乙醇，有乙烯直接合成法、硫酸吸附法和乙炔法等，其中乙烯直接合成法工业应用较多，它是以磷酸为催化剂，在高温条件下将乙烯和水蒸气直接反应生成乙醇。近年来由于受原油价格高涨的影响，化学合成法乙醇生产受到很大制约，目前，合成乙醇在国外约占乙醇总产量的 20%。在此情况下，微生物发酵法乙醇生产得到了快速发展。

微生物发酵法生产乙醇，就是利用微生物（主要是酵母菌）在无氧条件下将糖类、淀粉类或纤维素类物质转化为乙醇。用糖质原料生产乙醇要比用淀粉质原料简单而直接，用淀粉和纤维素制取乙醇需要水解糖化过程，而纤维素的水解要比淀粉难得多。

14.1.1.2　制取燃料乙醇的生物质原料

生物法乙醇生产就是以淀粉质（玉米、小麦等）、糖蜜（甘蔗、甜菜、甜高粱秆汁液等）或纤维质（木屑、农作物秸秆等）为原料，经发酵、蒸馏制成乙醇，将乙醇进一步脱水再添加变性剂（车用无铅汽油）变性后成为燃料乙醇。燃料乙醇是用粮食或植物生产的可加入汽油中的品质改善剂，不是一般的乙醇，而是乙醇的深加工产品。

从工艺角度来看，生物质中只要含有可发酵性糖（如葡萄糖、麦芽糖、果糖和蔗糖等）或可转变为发酵性糖的原料（如淀粉、菊粉和纤维素等）都可以作为乙醇的生产原料。然而从实用性的角度考虑，目前在生产中所采用的原料可分为以下几类。

① 糖质原料。用于乙醇生产的糖质原料包括甘蔗、甜菜和甜高粱等含糖作物以及废糖蜜等。甘蔗和甜菜等糖质原料在我国主要作为制糖工业原料，很少直接用于生产乙醇。废糖蜜是制糖工业的副产品，含有相当数量的可发酵性糖，经过适当的稀释处理和添加部分营养盐分即可用于乙醇发酵，是一种低成本、工艺简单的生产方式。甜菜糖蜜的产量是加工甜菜量的 3.5%~5%，甘蔗糖蜜的产量是加工甘蔗量的 3%左右。

② 淀粉质原料。用于生产乙醇的淀粉质原料包括甘薯、木薯和马铃薯等薯类和高粱、玉米、大米、谷子、大麦和燕麦等粮谷类。

③ 纤维素原料。纤维素原料种类繁多，目前用于乙醇生产或研究的主要包括农作物秸秆、林业加工废弃物、甘蔗渣及城市固体废物等。纤维素原料的主要成分包括纤维素、半纤维素和木质素。纤维素结构与淀粉有共同之处，都是葡萄糖的聚合物，使用纤维素原料生产乙醇是发酵法生产乙醇的基本发展方向之一。

④ 其他原料。用于乙醇生产的其他原料主要指亚硫酸纸浆废液、淀粉厂的甘薯淀粉渣和马铃薯淀粉渣、奶酪工业的副产物（一些野生植物、乳清等）。野生植物虽然含有可发酵性物质，但从经济的角度看，不具备真正成为酒精工业化生产原料的条件，不在非常时期，不应用它作为原料。乳清产量不大，短期内在我国不会成为重要的酒精生产原料。

⑤ 辅助原料。乙醇生产还需要多种辅助原料，在不同生产方法的各工艺流程（如糖化、发酵、水解、脱水、洗涤、消毒和消泡等）中，需要相应的辅助原料，如耐高温的 α-淀粉酶、高活性的糖化酶、酸性蛋白酶和活性干酵母等。此外还需要尿素、纯碱、漂白粉和硫酸等。

14.1.1.3 乙醇发酵的生化反应过程

由淀粉和纤维素原料生产乙醇的生物化学反应可概括为 3 个阶段：大分子物质（包括淀粉、纤维素和半纤维素）水解为葡萄糖和木糖等单糖分子；单糖分子经糖酵解形成 2 分子丙酮酸；在无氧条件下丙酮酸被还原为 2 分子乙醇，并释放 CO_2。糖质原料则不经第一阶段，大多数乙醇发酵菌都有直接分解蔗糖等双糖为单糖的能力，可直接进入糖酵解和乙醇还原过程。

（1）水解反应

大多数乙醇发酵菌都没有水解多糖的能力，或能力低下；没有合成水解酶系的能力，或酶活性很低，不能满足工业生产需求。在乙醇生产工艺中，常采用人工水解的方式将淀粉或纤维素降解为单糖分子。淀粉一般采用霉菌生产的淀粉酶为催化剂，而纤维素则可采用酸、碱或纤维素酶为催化剂。

（2）糖酵解

乙醇发酵过程实际上是酵母等乙醇发酵微生物在无氧条件下利用其特定酶系所催化的一系列有机质分解代谢的生物化学反应过程。反应底物可以是糖类、有机酸或氨基酸，其中最重要的糖类包括五碳糖和六碳糖。由葡萄糖降解为丙酮酸的过程称为糖酵解，包括 4 种途径：EMP 途径、HMP 途径、ED 途径和磷酸解酮酶途径。其中 EMP 途径最重要，一般生产所用的酵母菌都是以此途径发酵葡萄糖生产乙醇。

14.1.2 有机物发酵制丁醇

与乙醇相比，丁醇具有一系列的优势，如具有较低的蒸气压和疏水特性等，使得丁醇的运输依靠现有的汽油输送管道及分销渠道成为可能，是一种理想的汽油替代燃料。丁醇除可作为优质的液体燃料外，还是一种重要的化工原料，用途十分广泛。

14.1.2.1 丁醇的性质及用途

丁醇，分子式 $C_4H_{10}O$ 或 $CH_3CH_2CH_2CH_2OH$，分子量 74.12，相对密度 0.8109，折射率 1.3993（20℃），熔点 90.2℃，沸点 117.7℃，蒸气压 0.82kPa（25℃），闪点 35～35.5℃，自燃点 365℃。纯丁醇是一种无色透明液体，有酒精味，微溶于水，易溶于乙醇、醚及多数有机溶剂，蒸气与空气形成爆炸性混合物，爆炸极限为 1.45%～11.25%（体积分数）。

丁醇是一种重要的 C_4 平台化合物，也是一种战略性产品，用途非常广泛：主要用于合成邻苯二甲酸正丁酯、脂肪二元酸和磷酸丁酯、丙烯酸丁酯及醋酸丁酯等；可经过氧化生产丁醛或丁酸；还可用作油脂、医药和香料的提取溶剂及醇酸树脂的添加剂等。此外，也可用作有机染料和印刷油墨的溶剂、脱蜡剂等。

我国丁醇主要用于生产醋酸丁酯、丙烯酸丁酯、邻苯二甲酸二丁酯（DBP）及医药中间体等，用量较大的是醋酸丁酯、丙烯酸丁酯和邻苯二甲酸二丁酯，分别占我国丁醇消费总量的 32.7%、15.3% 和 9%。

与乙醇相比，丁醇是一种重要的、极具潜力的新型生物燃料，无论是燃烧值还是辛烷值，丁醇都与汽油接近，可以以任意比例与汽油混合，而不需要对汽车进行任何改装。

中国是农业大国，每年约产生 8×10^8 t 农作物秸秆，相当于 4×10^8 t 标准煤。除农作物秸秆外，一些速生牧草、木质原料、废弃纤维素类等也可用于丁醇的发酵生产。

美国的燃料丁醇发酵生产总溶剂质量浓度可达到 $25\sim33g/L$，居世界领先水平，但生产原料主要以玉米淀粉、糖蜜为主。由于原料成本是影响生物丁醇价格的主要因素之一，在粮食短缺与能源危机的双重威胁下，探索纤维素原料生产燃料丁醇成为生物质能源发展战略的重要组成。

关于燃料丁醇燃烧特性的研究，科威特大学的 F. N. Alasfour 在单缸试验机上进行了 30% 丁醇与汽油混合燃料的空燃比、进气温度、点火角对动力性、热效率、废气温度的影响的试验研究，研究发现：相同条件下与纯汽油相比热效率下降 7%；进气温度在 $40\sim60℃$ 时，空燃比为 0.9，NO_x 排放增加 10%；较小的点火提前点，容易爆燃。法国的 Philippedagaut 等在喷射搅拌反应器中研究了 $15\%\sim85\%$ 丁醇汽油的氧化动力学反应。关于丁醇的各种燃烧试验国内鲜有报道，相关的研究只是将丁醇作为助溶剂增加乙醇和柴油的相容性，没有涉及燃烧特性的研究。

14.1.2.2 制备丁醇的基本方法

工业上生产丁醇的方法主要有羰基合成法、发酵法和醇醛缩合法。比较而言，前两种方法应用得更为广泛。丁醇的化学合成方法，除醇醛缩合法外，还有丙烯羰基合成法，主要是丙烯与 CO、H_2 经钴或铑催化发生羰基合成反应生成正丁醛和异丁醛，经加氢得到正丁醇和异丁醇，这也是全球丁醇化学合成法的主要方法。

利用发酵法生产丙酮和丁醇始于 1913 年，是仅次于酒精发酵的世界第二大传统发酵。英国首先改造酒精厂为丙酮丁醇工厂，继而又在世界各地建立分厂，以玉米为原料大规模生产丙酮、丁醇。我国从新中国成立初期开始利用玉米粉进行丙酮、丁醇发酵的工业化生产，同时也形成了稳定的发酵工艺。20 世纪 $50\sim60$ 年代，由于来自石油化工的竞争，丙酮、丁醇发酵工业逐渐走向衰退，但随着石化资源的耗竭和温室效应等环境问题的突出，利用可再生资源生产化工原料和能源物质受到了人们的高度重视，为发酵法生产丙酮、丁醇带来了新的机遇。

14.1.3 有机废水养微藻制生物柴油

微藻作为一种水环境净化生物，很早就被应用于废水中氮、磷以及金属元素等污染物质的去除。微藻生长速率快、收获期短、光合利用效率高。据估计，藻的油脂合成效率达到每年 $58700\sim136900L/ha$，比油料作物高 $10\sim20$ 倍，油菜籽只有 $1190L/(a\cdot ha)$、油棕榈 $5950L/(a\cdot ha)$，微藻作为一种可持续的生物柴油原料受到了人们的关注。

废水养藻制取生物柴油过程包括微藻的培养与采收、油脂提取及生物柴油转化。微藻的培养是微藻生物柴油生产的基础。进行微藻培养之前需要对微藻种类进行筛选。选择的微藻菌株必须具有高生产力和高的油脂含量，有较强的抗污能力，并且能够适应环境的变化。从微藻生物质中可以提取 3 种主要成分：油脂（包括三酰甘油酯和脂肪酸）、碳水化合物及蛋白质。油脂和碳水化合物是制备生物能源（如生物柴油、生物乙醇等）的原料，蛋白质可以用作动物和鱼类的饲料。

14.2 农林废弃物发酵制乙醇

农林废弃物的种类不同，其主要成分也不一样，有些农林废弃物的主要成分是糖，有些农林废弃物的主要成分是淀粉，有些农林废弃物的主要成分是纤维素和半纤维素。但无论何种农林废弃物，都可作为发酵生产燃料乙醇的原料，在一定条件下将其中的有机成分转化加工成燃料乙醇，供汽车和其他工业使用。

14.2.1 糖质原料制乙醇

糖质原料（如甘蔗、甜菜和甜高粱等）所含的糖分主要是蔗糖，是一种由葡萄糖和果糖通过糖苷键结合的双糖，在酸性条件下可水解为葡萄糖和果糖。酵母菌可水解蔗糖为葡萄糖和果糖，并在无氧条件下发酵葡萄糖和果糖生产乙醇。

使用糖质原料生产乙醇，和淀粉质原料相比，可省去蒸煮、液化和糖化等工序，其工艺过程和设备均比较简单，生产周期较短。但是原料的干物质含量高、灰分和胶体物质很多，因此发酵前必须对原料进行预处理，主要包括糖汁的制取、稀释、酸化（最适 pH 值为 4.0~5.4）、灭菌、澄清和添加营养盐。糖质原料制乙醇生产的一般工艺流程如图 14-1 所示。

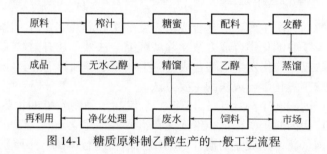

图 14-1　糖质原料制乙醇生产的一般工艺流程

甜高粱茎秆汁液制取乙醇的工艺流程如图 14-2 所示。整个工艺流程包括机械压榨、酸化、消毒、冷却、发酵和蒸馏等几道工序。甜高粱在其茎秆糖分比较高的时候进行采收，采收后，一般情况下需要将其叶及包裹在茎秆上的叶鞘去除后再压榨取汁，这样可以大幅度提

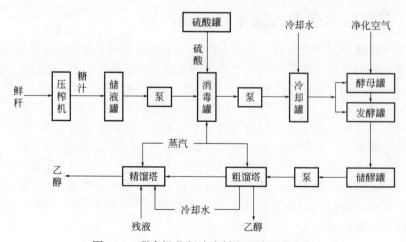

图 14-2　甜高粱茎秆汁液制取乙醇工艺流程

高甜高粱茎秆压榨时的汁液得率。有条件的还可以对新鲜茎秆或汁液进行储藏或保鲜处理，以延长生产企业的原料供应时间。压榨后的甜高粱茎秆残渣可供造纸和作饲料、生物质能原料等综合利用。获取的新鲜甜高粱茎秆汁液在进行一次发酵分解前，需要在消毒罐中进行灭菌处理。灭菌处理后的汁液为了满足酵母生长代谢的需要，还需要添加适当的营养物质（主要包括氮源、镁、磷和钾等），同时适当调节汁液的 pH。

甜高粱茎秆乙醇发酵可以根据不同生产需求和规模选择不同的发酵工艺，一般有间歇式发酵法（发酵时间需 70h）和单双浓度连续发酵法（发酵时间需 24h 左右）。目前较为先进的发酵工艺是采用固定化酵母流化床技术，该工艺可以缩短发酵时间至 6~8h（间歇发酵），乙醇得率在 90% 以下。

14.2.2 淀粉质原料制乙醇

淀粉质原料制取乙醇是以含淀粉的农副产品为原料，经过原料预处理、蒸煮、糖化、发酵和蒸馏等工序，原料经过除杂、粉碎、蒸煮转变为糊精，利用 α-淀粉酶和糖化酶将淀粉转化为葡萄糖，再利用酵母菌产生的酒化酶等将糖转变为酒精和二氧化碳的生物化学过程。以薯干、大米、玉米、高粱等淀粉质原料制乙醇的生产流程如图 14-3 所示。

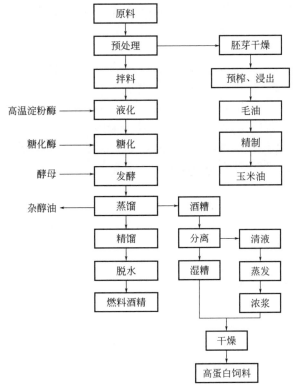

图 14-3 淀粉质原料制乙醇的生产流程

14.2.2.1 原料的预处理

淀粉质原料在收获过程中会带入一些杂质，若不将这些杂质去除，会影响后面的正常操作。因此，在原料投入生产之前要先进行预处理。一般说来，淀粉质原料的预处理主要包括除杂与粉碎两个工序。

（1）原料的除杂

淀粉质原料中，往往掺杂有小铁钉、泥块、杂草、石块等杂质，在运输过程中又会带入一些金属类杂质。如果除杂不彻底而直接用于乙醇生产，可能会导致粉碎机被打坏、泵机磨损、管路堵塞，影响正常的发酵等，从而影响正常运转。另外，泥沙等杂质沉淀也会影响正常发酵过程。

原料除杂一般包括筛选和磁选。筛选多用振动筛去除原料中较大的杂质和泥沙；磁选是用磁铁去除原料中的磁性杂质，如铁钉、螺母等。对于不同的杂质，要配备不同的筛板，以保证最大限度地降低原料中的杂质量，而且磁铁上的杂质要定期清除，以防聚集过多影响除杂效果。

（2）原料的粉碎

谷物或薯类原料的淀粉都是植物体内的储备物质，常以颗粒状态存在于细胞之中，受着植物组织与细胞壁的保护，既不溶于水，也不易和淀粉水解酶接触。因此，需经过机械加工，将植物组织破坏，使其中的淀粉释出，这样的机械加工就是将原料粉碎。粉碎处理可以使原料颗粒减小，增加原料的受热面积，有利于淀粉颗粒的吸水膨胀、糊化，提高热处理效率，缩短热处理的时间。另外，粉末状原料加水混合后容易流动输送，很大程度上减轻投料时的体力劳动。当采用连续蒸煮方法时，各种原料都必须经过粉碎。若采用间歇蒸煮方法，原料可以不经过粉碎而直接呈块状投入蒸煮锅内进行高压蒸煮。原料粉碎方法可分为干法粉碎和湿法粉碎两种。

目前我国大多数酒精厂采用的是干法粉碎，而且都采用二级粉碎，即经过粗碎和细碎两级粉碎，两级粉碎具有动力消耗较低的优点。首先，原料经过除杂工序后进行粗碎，将大块物料破碎成小块物料。粗碎后的物料通过一定尺寸的筛孔后，再送去细粉碎，将小块物料粉碎成符合要求的粉末状物料，细碎后的原料颗粒一般应通过 1.2~1.5mm 的筛孔。粗碎常用的设备是轴向滚筒式粗碎机，也可以用锤式粉碎机。干法粉碎的缺点是：原料粉碎过程中粉尘飞扬，车间环境恶劣；当原料含水较多时，粉碎机的筛网容易被堵塞，粉碎效果降低，同时导致耗电量大大增加。

湿法粉碎是指粉碎时将蒸煮所需用量的水与原料一起加到粉碎机中进行粉碎。此种粉碎方法常用于粉碎湿度比较大的原料，优点是原料粉末不会飞扬，既可以减少原料的损失，又可以改善劳动条件，还可省去通风除尘设备。缺点是湿法粉碎所得到的浆料只能立即直接用于生产，不宜贮藏。另外，湿法粉碎的耗电量要比干法粉碎高出 8%~10%，而且粉碎机易堵塞。一般说来，湿法粉碎不够经济，因此干法粉碎应用更为广泛。

14.2.2.2 蒸煮糊化

各种植物原料通过粉碎、细胞破裂、加水搅拌膨胀后，释出大量淀粉和可溶性物质。然后通过蒸煮，使原料中的细胞组织彻底破裂，淀粉充分糊化，把颗粒状的淀粉变成溶解状的糊液。这时的可溶性糊液才能更好地被淀粉酶利用。由于原料内外附着大量微生物，通过 100℃以上的蒸煮起到了灭菌的作用，这样有效防止了生产中的杂菌污染。通过蒸煮，原料醪液黏度下降，有利于醪液输送和下一工序的操作，而且有利于排除原料中含有的某些低沸点有害物质，如甲醇、氰化物等，对提高产品的质量有较好的作用。

（1）蒸煮过程中原料的变化

淀粉是一种亲水胶体，当淀粉与水接触时，水在渗透压的作用下通过渗透薄膜而进入淀粉颗粒里面，淀粉颗粒吸收水分后就发生膨胀现象，使淀粉的巨大分子链发生扩张。这个过程使得原料的体积膨大，重量增加，因此这种现象称为膨化作用。

淀粉在蒸煮的过程中，从 40℃ 开始膨胀速率加快，当温度升至 60~80℃ 时，淀粉颗粒体积膨胀 50~100 倍，此时，各分子之间的联系削弱，淀粉颗粒分开，这种现象叫作淀粉糊化，淀粉糊化后变成非常黏稠的半透明液体。使淀粉颗粒解体为溶解状态的温度称为糊化温度。糊化温度与淀粉颗粒大小、加水量和预热温度及时间等有关。各种粉碎原料的糊化温度要比相应品种的纯淀粉高一些，因为原料中存在糖类、氮化合物、电解质等物质，它们会增加渗透阻力，降低水的渗透作用，从而使得膨胀速率变慢。马铃薯淀粉的糊化起始温度最低，为 50℃。

糊化后，当温度继续上升到 130℃ 左右时，支链淀粉也几乎全部溶解，网状组织被彻底破坏，淀粉溶液变成黏度较低的流动性醪液，这种现象称为液化。

蒸煮过程中原料不仅发生物理变化，还有一些物质同时发生化学变化。

1) 纤维素和半纤维素

纤维素是植物细胞壁的主要组成部分，当蒸煮温度在 160℃ 以下时，纤维素结构并不发生化学变化，但由于吸水会发生软化。在温度为 160℃、pH 值为 5.8~6.3 的溶液中，半纤维素会发生部分水解。

2) 果胶

果胶物质由半乳糖醛酸或半乳糖醛酸甲酯组成，是植物细胞壁的组成部分，也是细胞间层的填充剂。

在蒸煮时，果胶质生成甲醇。果胶质的含量随原料品种的不同而异，薯类原料中的果胶质比谷类中的高，因此在蒸煮时，薯类原料生成的甲醇量比谷类原料多。当蒸煮压力增加、时间延长时，甲醇的生成量增加，但是甲醇有毒性，与甲醇蒸气接触，会引起头痛、疲劳、呼吸困难等症状。因此，在以薯类为原料进行发酵时，应设法降低蒸煮压力以控制甲醇的生成量。

3) 淀粉和糖

在淀粉本身所含淀粉酶的催化下，淀粉原料在高温蒸煮时形成一部分糖，但是这些糖分在蒸煮时易受到压力和温度的作用而发生变化，使得可发酵性糖受到损失。各种不同的原料在蒸煮过程中，糖分的分解也有所不同。例如，甘薯中主要含有 β-淀粉酶，主要生成麦芽糖及少量的单糖；马铃薯中含有的糖类主要是葡萄糖、果糖以及少量的蔗糖；谷类原料中以蔗糖为主。原料在蒸煮过程中糖的含量会有所增加。

在高压蒸煮过程中己糖脱去三分子水，主要分解为 5-羟甲基糠醛，5-羟甲基糠醛不稳定，进一步分解为戊酮酸和蚁酸。同时生成的部分 5-羟甲基糠醛缩合，生成色素物质。5-羟甲基糠醛中较活泼的羟甲基断裂生成糠醛和甲醛。蒸煮过程中戊糖和己糖一样会脱水生成糠醛，但是糠醛比 5-羟甲基糠醛稳定。

4) 蛋白质及脂肪

当热处理温度从 50℃ 上升到 100℃ 时，大麦中的蛋白质发生了凝结作用和变性作用，可溶性氮量减少；当温度继续升高时，蛋白质又发生溶胀作用，可溶性氮量又会增加。在大麦蒸煮时，蛋白质态氮随温度的升高仍是先降低后增加；而玉米蒸煮时，蛋白质态氮随温度的变化趋势与大麦蒸煮时相反。蛋白质分子是不能水解的，所以氨基态氮仍残留于溶液中没有发生变化。脂肪在原料蒸煮过程中的变化较小。

(2) 影响蒸煮质量的主要因素

1) 料水比和料温

在料浆中添加适量的水，有利于减少糖与氨基酸反应，同时能够减少醪液的焦化现象，

醪液黏度将减小，对酵母发酵有利。如果加水过多，会使料浆过稀，造成工厂生产能力下降，蒸汽消耗增加；反之，如果加水少则料浆过浓，蒸煮醪液黏度大，流动性差，易导致局部过热，造成糖分损失，不利于管道输送及酵母发酵。

另外，调制料浆时，合理的水温可以防止料浆糊化，避免料浆成团不均匀，避免蒸煮不良。而且能充分利用工艺余热，缩短蒸煮时间，减少蒸汽消耗。

2）蒸煮压力、温度与时间

蒸煮压力、温度和时间有着密切的关系。采用较高压力时，时间可以短一些；反之延长蒸煮时间时，压力可以低一些。但过高的压力会增加糖的破坏率，同时某些副反应进行剧烈，例如蒸煮醪液中甲醇含量增加。而且过高的压力与温度会增加蒸汽的消耗。

确定合理的蒸煮条件，应综合考虑使用的原料、设备来规范工艺操作，确定合理的控制参数，兼顾蒸煮醪液的质量指标、能源消耗指标。

（3）蒸煮工艺

常用的蒸煮工艺有高压蒸煮工艺，中温、低温蒸煮工艺和无蒸煮工艺。由于高压蒸煮方式耗能较大，已经逐渐被淘汰，中温、低温蒸煮工艺和无蒸煮工艺已经基本上取代了原来的高温高压蒸煮工艺。

中温蒸煮工艺是在醪液中加入高温液化酶，然后在蒸煮设备中用蒸汽加热到105℃，保持45min。

低温蒸煮工艺是在醪液中加入中温液化酶，例如米根酶和α-淀粉酶，调节醪液pH值，加热至88℃，相比于高温高压蒸煮节约了大量蒸汽；蒸煮醪液从88℃降温至60℃，所用的冷却水量也大大减少。

无蒸煮工艺是充分利用现有的酶制剂，在酶的催化下使淀粉高效地分解。醪液制备好后，再加入适量的果胶和纤维素酶，即送去糖化。这种方法消耗的能量少，设备投入少，但从目前的技术水平看，具有发酵时间长、糖化酶用量大、需要添加其他的辅助酶和易染杂菌等问题，所以，从综合经济效益来看，并不如低温蒸煮工艺。

14.2.2.3 淀粉糖化

淀粉质原料经加压蒸煮后得到的蒸煮液中（或者无蒸煮工艺中的醪液中），淀粉变成了糊精，但还不能直接被酵母菌利用发酵生成酒精，因此糊化醪液在发酵前必须加入一定数量的糖化剂（液体曲、糖化酶），使淀粉、糊精水解生成酵母能发酵的糖类。淀粉转变为糖的这一过程称为糖化，糖化后的醪液称为糖化醪。

糖化的目的是将淀粉水解成可发酵性糖，但在糖化工序内不可能将全部淀粉都转化为糖，相当一部分淀粉和糊精要在发酵过程中进一步酶水解，并生成可发酵性糖。后面这个过程在乙醇生产中称为"后糖化"，前面的糖化工序则称为"前糖化"，简称"糖化"。美国大部分企业已取消了糖化工序，直接进入边糖化边发酵工序，此方法工艺简捷，可以避免60℃糖化罐中耐高温产酸杂菌的危害，而且可以有效地解决营养过度造成的酵母菌过快生长，同时消耗大量糖分产生乙醇又影响了酵母菌代谢的问题。

（1）糖化的原理

淀粉质原料的糖化过程，就是将淀粉液化的产物进一步水解为葡萄糖的过程，并为发酵提供含糖量适宜且保持一定酶活力的无菌或极少数菌的醪液。在进行糖化的过程中，往往需要酸或酶作为糖化剂，因此，工业上常采用的方法有酸法糖化、酶法糖化和酸酶结合法。

酸法糖化又称酸解法，它是以酸（无机酸或有机酸）为催化剂，在高温高压下将淀粉水解转化为葡萄糖的方法。酸解法的淀粉颗粒不宜过大，而且大小也要均匀，颗粒过大会造成水解不彻底。在淀粉的水解过程中，颗粒结晶结构被破坏，α-1,4-葡萄糖苷键和α-1,6-葡萄糖苷键被水解生成葡萄糖，α-1,4-葡萄糖苷键的水解速率大于α-1,6-葡萄糖苷键。此种方法具有生产工艺简单、水解时间短、设备生产能力大等优点，但水解作用是在高温、高压和一定酸浓度下进行的，所以对设备的要求较高，必须耐腐蚀、耐高温高压，而且同时存在副反应，淀粉水解生成的葡萄糖受酸和热的催化作用，会发生复合反应和分解反应，造成葡萄糖的损失而使淀粉的转化率降低，但是淀粉在糖化过程中因葡萄糖分解而造成的损失不多，约在1%以下。

酶法糖化又称酶解法，是用淀粉酶将淀粉水解为葡萄糖的过程。淀粉糖化反应是在糖化酶的作用下发生的。淀粉糖化的具体过程分为两步：第一步是α-淀粉酶水解淀粉分子内部的α-1,4-葡萄糖苷键，将淀粉切断成长短不一的短链糊精及低聚糖，淀粉的可溶性增加，淀粉糊的黏度迅速下降，此过程称为"液化"；第二步是利用糖化酶将糊精或低聚糖进一步水解转变为葡萄糖，称为"糖化"。淀粉的"液化"和"糖化"都是在微生物酶的作用下进行的，因此这种方法也称为双酶水解法。

酶法糖化的优点是：反应条件温和，不需要在高温高压的条件下进行，因此对设备的要求低；可在较高淀粉乳浓度下水解；由于微生物酶制剂中菌体细胞的自溶性，糖液的营养物质较丰富，发酵培养基的组成可以简化；而且酶解的专一性强，淀粉水解的副反应少，因而水解糖液纯度高，淀粉的出糖率高；产品的颜色浅、较纯净、无苦味、质量高，有利于糖液的精制。缺点是反应时间较长，设备较多，而且酶本身是蛋白质，容易造成糖液过滤困难。

酸酶结合法是集酸法及酶法制糖的优点而形成的生产工艺。根据淀粉原料性质又分为酸酶水解法和酶酸水解法。酸酶水解法是先将淀粉水解为糊精或低聚糖，然后再用糖化酶将其水解成葡萄糖的工艺，如玉米等谷物类原料颗粒坚硬，可以先用酸水解到一定程度后再加酶糖化，酸酶法水解液化速率快。酶酸水解法是用α-淀粉酶将淀粉液化到一定程度，然后再用酸水解为葡萄糖的工艺。此种方法避免了酸解法对原料颗粒大小的要求，可采用粗原料淀粉。

（2）影响糖化的因素

糖化是乙醇生产过程中的一个重要过程，糖化过程中很多因素会影响到糖化的效率、糖化醪液的质量，如糖化剂的选择、糖化温度和糖化醪液的 pH 值。为了确保糖化的效率和糖化醪液的质量，这些因素都要加以控制。

① 糖化剂的选择。乙醇生产使用的糖化剂应含有丰富的糖化酶和有利于乙醇生产的酶系。根据原料特点和酶作用机理，乙醇生产选用的糖化剂应包含适量的α-淀粉酶、糖化型淀粉酶等，还应具有较好的耐热性和耐酸性，不产生非发酵性糖类，以及生产制作容易、使用方便、成本低廉等优点。目前使用专业厂家生产的液体曲较为方便。

② 糖化温度。淀粉酶对淀粉的糖化作用，随着温度的升高反应速率加快。一般酶反应过程温度每升高10℃反应速率增加2~3倍。但是当温度过高时，酶蛋白就会逐渐变性而使作用减弱，甚至丧失活性。温度过低，则易染杂菌，所以应选择合适的温度进行糖化。各种酶的反应有其合适的温度，糖化酶在30~70℃均有活性，通常黑曲霉糖化温度在58℃左右，黄曲霉为50~55℃。

③ 糖化醪液的 pH 值。糖化酶作用的最适宜 pH 值为 4.0~5.0，pH 值过高或过低都会使酶失去活性而丧失活力，影响淀粉的糖化，降低乙醇产率。糖化时间不宜过长，在 20~30min 时糖化率约为47%~56%，如果过长，不但所增加的糖量有限，而且会影响后续发酵过程中的后糖化能力，这对淀粉利用率的提高不利；也容易在转移葡萄糖苷酶的作用下，使

可发酵性糖转变为其他糖类，造成损失；而且还会降低糖化设备的利用率。因此，一般宜选用 15~25min 糖化时间。

（3）糖化工艺

糖化的工艺流程一般为：蒸煮醪液冷却至糖化温度；加糖化剂，使蒸煮醪液糖化；淀粉糖化；物料的巴氏灭菌；糖化醪液冷却至发酵温度；用泵送往发酵车间。目前我国乙醇生产中糖化主要采用两种工艺方法：间歇糖化工艺和连续糖化工艺。

间歇糖化工艺即全部糖化过程都在一个设备——糖化锅中进行。我国乙醇厂最常用的方法是：首先清洗糖化锅，在糖化锅内放入一部分水，使水面达到搅拌桨叶高度，然后放入蒸煮醪，边搅拌边开冷却水冷却。蒸煮醪放完并冷却到 62~63℃ 时，加入糖化剂，搅拌均匀后，静置进行糖化 15~30min，再开冷却水和搅拌器，将糖化醪冷却到 28~30℃，然后用泵送至发酵车间。糖化剂的用量因糖化剂的糖化力而异，一般而言，固体曲用量是原料量的 2%~7%，液体曲用量是糖化醪量的 10%~20%。

连续糖化工艺是连续地将蒸煮醪冷却到糖化温度送至糖化锅内进行糖化，然后用连续泵将冷却至发酵温度后的糖化醪送入发酵罐。连续糖化一般不需加水，它的浓度就能满足工艺的要求。其余各项工艺指标控制基本上和间歇糖化相同，糖化时间较短些，糖化效率为 28%~40%。连续糖化工艺目前采用的有三种形式：混合冷却连续糖化、真空冷却连续糖化和二级真空冷却连续糖化。

混合冷却连续糖化的特点是利用原有的糖化设备，前冷却和糖化工序仍在糖化锅中进行，新增加的喷淋冷却或套管冷却设备完成后冷却过程；真空冷却连续糖化的特点是在进入糖化锅之前在真空蒸发器内瞬时冷却至 60℃；二级真空冷却连续糖化不仅前糖化，而且糖化醪从 60℃ 糖化冷却到发酵温度 30℃ 都是采用真空蒸发冷却方法，前糖化和后糖化分别在一级和二级真空蒸发器中进行。

14.2.2.4　乙醇发酵

淀粉质原料经过蒸煮，使淀粉呈溶解状态，又经过糖化酶的作用，部分生成可发酵性糖化醪。在发酵性糖化醪中接入酵母菌，在酵母的作用下，将糖分转变为乙醇和 CO_2，获得乙醇产品。

在乙醇发酵过程中，其主要产物是乙醇和二氧化碳，但同时也伴随产生 40 多种发酵副产物。按其化学性质分，主要是醇、醛、酸、酯 4 大类化学物质。按来源分，有些是由酵母菌的生命活动引起的，如甘油、杂醇油、琥珀酸的生成，有些则是由细菌污染所致，如醋酸、乳酸、丁酸。对于发酵产生的副产物，应加强控制和在蒸馏过程中提取，以保证酒精的质量。

在乙醇发酵过程中，要满足乙醇发酵生产和代谢所必备的条件，要有一定的生物化学反应时间。在生物化学反应过程中还将释放一定量的生物热，若该热量不及时排出，必将直接影响酵母的生长和代谢产物的转换率。因此，发酵罐一般采用密闭式。

14.2.3　纤维素类原料制乙醇

纤维素类原料是地球上最丰富的可再生资源，是农林废弃物的主要组分，也是城市生活垃圾、工业废水、污泥等有机废弃物的重要组分。因此，充分利用含有纤维素的有机废弃物作为燃料乙醇的生产原料，一方面可以扩展燃料乙醇的原料来源，对当前的能源结构是一种有效的补充，另一方面还可对有机废弃物进行充分利用，减轻有机废弃物就地焚烧等初级利用对环境造成的压力。

　　无论何种有机废弃物，其所含的木质素、半纤维素对纤维素的包裹作用以及纤维素本身的结晶状态，使得天然形态的纤维素很难像淀粉那样经蒸煮糖化后被微生物发酵转化为乙醇，一般需要通过预处理、水解糖化和乙醇发酵 3 个关键步骤，才能将木质纤维素类有机废弃物高效转化为乙醇，具体的流程如图 14-4 所示。

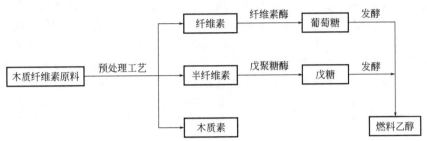

图 14-4　木质纤维素原料制乙醇的生产流程

　　预处理过程可以破坏纤维素的结晶结构，除去木质素，扩大水解过程中催化剂与有机废弃物中有机质表面的接触面积；水解是在酸或酶的催化作用下将原料转化为以己糖、戊糖为代表的可发酵糖；发酵是利用各种微生物发酵单糖生成乙醇。

　　可以看出，纤维素类原料生产乙醇的整个流程与淀粉质原料生产乙醇的主要生产工艺基本相似，不同之处在于：a.纤维素原料预处理；b.纤维素酶的生产和纤维素水解；c.五碳糖的乙醇发酵工艺。

14.2.3.1　木质纤维素原料的预处理

　　由于纤维素被难以降解的木质素所包裹，且纤维素本身也存在晶体结构，阻止纤维素酶接近纤维素表面，使酶难以起作用，所以纤维素直接酶水解的效率很低。因此，需要采取预处理措施，除去木质素、溶解半纤维素或破坏纤维素的晶体结构。

　　预处理是木质纤维素原料生产燃料乙醇中的关键工序，直接影响到最终乙醇的产率。经济有效的预处理技术必须满足以下要求：a.促进糖的形成，或者提高后续酶水解形成糖的能力；b.避免碳水化合物的降解或损失；c.避免副产物形成而阻碍后续水解和发酵过程；d.具有成本效益。

　　目前纤维素类原料的预处理技术有很多种，主要可以分为物理法、物理化学法、生物法和化学法等，如图 14-5。

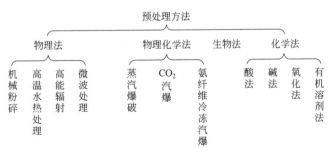

图 14-5　木质纤维素原料预处理方法

　　物理法预处理主要能够增大原料的比表面积、孔径，降低纤维素的结晶度和聚合度，常用的物理方法主要包括机械粉碎、高温水热处理、高能辐射以及微波处理。通常情况下，物理法对环境污染较小，过程简单，但预处理过程需要较高的能量和动力，相应增加生产成本。化学法主要是指以酸、碱、有机溶剂等作为预处理剂，破坏纤维素的晶体结构，打破木质素与纤维素的连接，同时使半纤维素溶解。酸法预处理被认为是对木质纤维素最有效的预处理方法，根据所用酸的浓度不同分为高温稀酸法和低温浓酸法。其中低温浓酸法对设备腐蚀严重，酸回收过程能耗较高，且处理过程会产生乙醇发酵的抑制物；稀酸预处理法的优点是半纤维素的收率较高，是研究最多的预处理工艺之一，并且是工业应用的优先选项，通过优化反应器和有效参数，可以降低工艺缺点的影响，但废酸对环境的影响仍不能消除。

物理化学法是对木质纤维素原料进行蒸汽爆破和化学试剂相结合的预处理方法，两种方法结合使用可以达到更好的预处理效果。这类预处理方法主要包括蒸汽爆破法、氨纤维冷冻汽爆法、CO_2 汽爆法。生物法是利用可以高效分解木质素的微生物来降解木质素，从而提高纤维素和半纤维素的酶糖转化率。生物法具有反应条件温和、专一性强、能耗低、环境污染小等优点，但处理时间长、占地面积大、生产效率低，因此，可考虑与化学法联合使用。

几种预处理工艺对比详见表 14-1。

表 14-1　几种预处理工艺的对比

方法	药剂	操作条件	反应时间	木糖收率/%	酶解效率/%	成本	备注
稀酸水解	酸	>160℃	2~10min	75~90	<85	低	成熟
碱水解	碱			60~75	55	很低	成熟
蒸汽爆破	无	160~260℃	2min	45~65	90	高	
酸催化蒸汽爆破	酸	160~220℃			88(2步)	高	
热水法	无	190~230℃	4s~4min	88~98	>90	高	
氨纤维冷冻汽爆	氨	90℃	30min		50~90(2步)		
CO_2 汽爆	CO_2	5.62MPa			75(2步)		

14.2.3.2　水解糖化

纤维素的糖化有酸法糖化和酶法糖化。

（1）酸法糖化

纤维素类原料的酸法糖化可分为浓酸水解和稀酸水解，它们有不同的机理。

1）浓酸水解

浓酸水解的原理是结晶纤维素在较低的温度下可完全溶解于 72% 的硫酸或 42% 的盐酸中，转化成含几个葡萄糖单元的低聚糖，主要是纤四糖（4 个葡萄糖的聚合物）。把此溶液加水稀释并加热，经一定时间后就可把纤四糖水解为葡萄糖，可有较高的得率。

采用浓酸水解时，应先将除去污物的原料干燥至含水 10% 左右，并粉碎到 3~5mm。然后和 70%~77% 的硫酸混合，以破坏纤维素的结晶结构，最佳酸液和固体的质量比为 1.25∶1（以浓硫酸计）。为了减少糖的损失，这一步的处理温度较低（60~80℃）。然后把酸浓度稀释到 20%~30%，并加热到 80~100℃ 在常压下进行水解。所用时间取决于水解温度和原料中纤维素和半纤维素的含量，可在 40~480min 内变化。水解完成后用过滤法进行固液分离。

浓硫酸法糖化率高，但采用了大量硫酸，需要回收重复利用，且浓酸对水解反应器的腐蚀是一个重要问题。可通过在浓酸水解反应器中加衬耐酸的高分子材料或陶瓷材料来解决。利用阴离子交换膜透析回收硫酸，浓缩后重复使用。该法操作稳定，适于大规模生产，但投资大，耗电量高，膜易被污染。

2）稀酸水解

在纤维素的稀酸水解中，溶液中的氢离子可与纤维素上的氧原子结合，使其变得不稳定，容易和水反应，纤维素长链即在该处断裂，同时又放出氢离子，从而实现纤维素长链的连续解聚，直到分解成为最小的单元即葡萄糖。

稀酸水解工艺一般采用两步法：在较低的温度下进行稀酸水解，将半纤维素水解为五碳糖；在较高温度下进行酸水解，将残留固体（主要为纤维素结晶结构）加酸水解以得到葡萄糖。稀酸水解工艺比较简单，也较为成熟，但糖产率较低，而且水解过程中会生成对发酵有害的物质。

（2）酶法糖化

酶水解是利用纤维素酶水解糖化纤维素，纤维素酶是一个由多功能酶组成的酶系，具有多种酶可以催化水解纤维素生成葡萄糖，主要包括内切葡聚糖酶、纤维二糖水解酶和 β-葡萄糖苷酶，这三种酶协同作用，催化水解纤维素，使其糖化。

酶水解有许多优点。它在常温下进行，微生物的培养与维持仅需要较少的原料，过程能耗低。酶有很高的选择性，可生成单一产物，因此糖产率很高（>35%）。由于酶水解中基本不加化学药品，且仅生成很少的副产物，所以提纯过程相对简单，也避免了污染。但由于纤维素分子是具有异体结构的聚合物，酶解速率较淀粉类物质慢，并且对纤维素酶有很强的吸附作用，致使酶解糖化工艺中酶的消耗量大，酶的生产成本太高，而且水解所需时间长（一般要几天），水解原料需经预处理。

各种纤维素水解工艺的对比如表 14-2 所示。

表 14-2 各种纤维素水解工艺的对比

工艺方法	药剂	水解温度/℃	反应时间	葡萄糖转化率/%
稀酸水解法	<1%稀硫酸	215	3min	50~70
浓酸水解法	30%~70%硫酸	40	2~6h	90
酶水解法	纤维素酶	50	1.5d	75~95

由于构成生物质主要成分的纤维素、半纤维素和木质素之间相互缠绕，且纤维素本身存在结晶结构，会阻止纤维素酶接近纤维素表面，因此直接酶水解的效率很低。通过预处理可除去木质素、溶解半纤维素或破坏纤维素的晶体结构，从而增大其可接触表面，提高水解产率。

预处理方法大致分为物理法、物理-化学法、化学法和生物法 4 类。生物法预处理的速率太慢，尚在研究阶段，目前主要应用的是前三种方法。

物理法主要是机械粉碎，可通过切、碾、磨等工艺使原料的粒度变小，增加和酶的接触表面，更重要的是破坏纤维素的晶体结构。通过切碎可使原料粒度降到 10~30mm，而通过碾磨后可达到 0.2~2mm。

物理-化学法主要包括蒸汽爆裂、氨纤维爆裂和 CO_2 爆裂等。蒸汽爆裂是在高压设备中，用蒸汽将原料加热至 200~240℃，并保持 0.5~20min，高温和高压使木质素软化。然后迅速打开阀降压，造成纤维素晶体的爆裂，使木质素和纤维素分离。水蒸气爆裂的效果主要取决于停留时间、处理温度、原料的粒度和含水量等。研究表明，在较高温度（270℃）和较短停留时间（1min）下处理，或在较低温度（190℃）和较长停留时间（10min）下处理，效果都很好。蒸汽爆裂法的优点是能耗低，可间歇操作也可连续操作，主要适合于硬木原料和农作物秸秆的处理，但对软木的效果较差。其缺点是木糖损失多，且产生对发酵有害的物质。预处理强度越大，纤维素酶水解越容易，由半纤维素得到的糖就越少。氨纤维爆裂是在高温高压下使原料和液态氨反应，同样经一定时间后突然减压，造成纤维素晶体的爆裂。典型的氨纤维爆裂中，处理温度为 90～95℃，维持时间为 20～30min，每千克固体原料用 1～2kg 氨。CO_2 爆裂与氨纤维爆裂基本相似，只是以 CO_2 取代了氨，但其效果比前者差。有人在 5.62MPa 下用该法对草类原料进行处理，每千克原料用 4kg CO_2，24h 后原料中有 75% 的纤维素可被酶水解。

化学法包括碱处理法、稀酸处理法及臭氧处理法等。碱处理法是利用木质素能溶解于碱性溶液的特点，用稀氢氧化钠或氨溶液处理原料，破坏其中木质素的结构，从而便于酶水解的进行。近年来人们较重视用氨溶液处理的方法，因氨易挥发，通过加热可容易地回收（在间歇实验中回收率在 99% 以上），而且预处理效果很好，通过氨预处理还能回收纯度较高的木质素，用作化工原料。稀酸预处理类似于酸水解，通过将原料中的半纤维素水解为单糖，达到使原料结构疏松的目的。水解得到的糖液也可发酵制乙醇。对于水解困难的原料，可在较强烈的条件下进行预处理，或采用两级稀酸预处理的方法。用臭氧处理可以有效地去除木质素，反应在常温下进行，也不会产生有害物质，但成本太高，不实用。

(3) 发酵原料净化

通过酸水解得到的糖液中存在很多有害成分，它们会阻碍微生物的发酵活动，降低发酵效率。大部分有害组分来自纤维素和半纤维素水解产生的副产品，如图 14-6 所示。

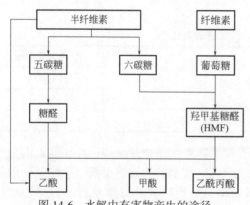

图 14-6　水解中有害物产生的途径

在较强烈的水解条件下，原料中的木质素有 1%～5% 被分解，生成有机酸、酚类和醛类化合物。反应器受腐蚀也会产生一些重金属离子。有害物中量最多的是乙酸（可达 10g/L 以上），由木质素产生的组分虽然总量较少，但对微生物影响很大。一般认为水解液中没有一种组分的浓度会大到能产生很大的毒性，对发酵微生物的毒害作用是很多组分共同作用的结果。各组分毒性的大小与发酵条件有关，如在较高的 pH 值下，有机酸的毒性可显著下降。

人们研究了很多方法来降低有害组分的含量，最简单的办法是把水解液按 1∶3 稀释，但这样将大大降低糖浓度，增加后续工段的成本，从经济上看并不可行。其他方法包括过量加碱法、水蒸气脱吸、活性炭吸附和离子交换树脂等，用得最多的是过量加碱法，即向水解糖液中加入石灰或其他碱液，使在碱性条件下溶解度较小的乙酸盐、糖糠和重金属等有害物质都沉淀脱除。该方法特别适合于硫酸水解，因硫酸钙（石膏）的水解度很小，也可一起脱除。水蒸气脱吸法是利用乙酸、糖糠和酚等有害物质易挥发的特点，将其脱除。排出稀酸水解反应器的液体常经历一个闪蒸过程，可脱除相当量的有害物质。水解液活性炭吸附或离子交换树脂处理也可脱除相当量的醋酸、糖糠和被溶解的木质素。随原料和水解条件的不同，各有害组分的生成量也不同，具体选用哪种方法脱除有害物质，通常需通过实验确定。

目前，研究者们正在试图通过基因工程开发能抗有害组分的微生物，如在这方面取得成功，可简化纤维素生产乙醇的工艺过程，将产生很大的经济效益。

14.2.3.3 糖化发酵

纤维素类原料生产燃料乙醇的关键是糖化发酵，即以纤维素水解得到的糖为原料，通过细菌、真菌和酵母进行发酵制乙醇的过程。纤维素水解糖化后的乙醇发酵工艺与淀粉等其他原料糖化后的乙醇发酵工艺大体相同，但也有不同之处，与普通淀粉质原料的乙醇发酵相比，以纤维素为原料的乙醇发酵过程最终得到的乙醇浓度较低，低的乙醇浓度将导致后续提取工艺的能耗明显增加。因此，如何提高纤维素发酵的乙醇浓度也是纤维素乙醇生产链中的一项重要技术。另外，纤维素类原料的水解产物主要是五碳糖和六碳糖，其中五碳糖不能被酿酒酵母发酵成乙醇，而一般木质纤维素原料水解后获得的六碳糖和五碳糖的比例约为2∶1，因此，纤维素乙醇生产的关键是如何进一步利用半纤维素水解得到的木糖发酵生产乙醇。最好是能够找到同时利用五碳糖和六碳糖的酵母，也就是共发酵技术。

根据糖化和发酵工艺的联合方式，可以将糖化发酵工艺分为：直接发酵技术；分步水解糖化发酵技术（separate enzymatichydrolysis and fermentation，SHF）；同步糖化发酵技术（simultaneous saccharification and fermentation，SSF）；同步糖化共发酵技术（simultaneoussaccharification and Co-fermentation，SSCF）和联合发酵技术（consolidated bioprocessing，CBP）。

SHF法纤维素酶水解和糖发酵水解时间较长，设备多、投资大，但乙醇产率高，能耗低；SSF法比SHF法工艺更具潜力，但发酵酒精度低，能耗高；SSCF是借助于基因工程，组合具有五碳糖、六碳糖共发酵功能的酵母，但瓶颈在于共发酵酶种不好找；CBP法乙醇和发酵酶共生，被认为是最具前景的方法。糖化发酵工艺对比详见表14-3。

表 14-3 糖化发酵工艺对比

工艺	转化率/%			
	纤维素转化为葡萄糖	葡萄糖转化为乙醇	木糖转化为乙醇	半乳糖、甘露糖、阿拉伯糖转化为乙醇
分步水解糖化发酵技术（SHF）	75	85~90		
同步糖化发酵技术（SSF）	80	93	80~92	
同步糖化共发酵技术（SSCF）	88	92	85	90
联合发酵技术（CBP）	90	92~95		

（1）直接发酵技术

生物质直接发酵技术，主要基于纤维素分解细菌来发酵纤维素。直接发酵技术的优点在于工艺简单，成本低，但是乙醇产率不高，还会产生其他副产物，如有机酸等。针对这一问题，Saddler 等利用热纤梭菌（*Clostridiumthermocellum*）和热硫化氢梭菌（*Clostridiumthermo-hydrosulphuricurn*）对预处理后底物进行混合菌发酵，乙醇的产量可以达到70%，同时副产物有机酸也大幅度减少。热纤梭菌可以分解纤维素，若单独用来发酵纤维素，则乙醇的产率较低，大约为50%，混合菌发酵大大提高了产物乙醇的浓度。直接发酵技术的关键在于高效发酵微生物的筛选。

（2）分步水解糖化发酵技术（SHF）

分步水解糖化发酵也称水解发酵二段法，是指纤维素的水解和糖液的发酵在不同的反应器中进行，纤维素底物先经过纤维素酶的糖化降解为可发酵单糖，然后再经酵母发酵将单糖

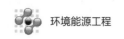

转化为乙醇，其工艺流程如图 14-7 和图 14-8 所示。

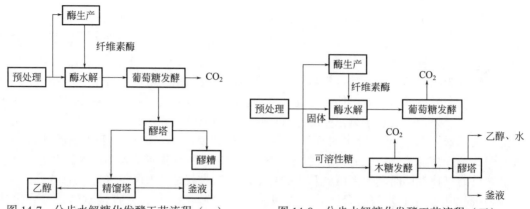

图 14-7　分步水解糖化发酵工艺流程（一）　　　图 14-8　分步水解糖化发酵工艺流程（二）

在图 14-7 所示的分步水解发酵工艺中，预处理得到的含木糖的溶液和酶水解得到的含葡萄糖的溶液混合后首先进入第一台发酵罐，在该发酵罐内用第一种微生物把混合液中的葡萄糖发酵为乙醇，所得醪液再次被蒸馏。这样安排是考虑在预处理得到的糖液中也有相当量的葡萄糖存在，而任何微生物在同时有葡萄糖和木糖存在时，总是优先利用葡萄糖。流程中第二种微生物对葡萄糖的发酵效率比较低，因此这样安排有利于提高木糖的发酵效率，但增加了设备成本。

在图 14-8 所示的工艺流程中，预处理得到的含木糖的溶液和酶水解得到的含葡萄糖的溶液分别在不同的反应器内发酵，所得的醪液混合后一起蒸馏。它少了一个醪塔，有利于降低成本。当所用微生物发酵木糖和葡萄糖的能力提高后，这样的流程安排比较合理。

SHF 法的主要优点是酶水解和发酵过程分别可以在各自的最适条件下进行，纤维素酶水解最适温度一般在 45~50℃，而大多发酵微生物的最适生长温度在 30~37℃。其主要缺点是水解主要产物葡萄糖和纤维二糖会反馈抑制纤维素酶对底物的降解过程。即葡萄糖和纤维二糖的积累会对纤维素酶的活力产生抑制作用，最终导致酶解发酵效率降低。有文献研究报道，当纤维二糖浓度达到 6g/L 时，纤维素酶的活力会下降 60%。产物葡萄糖主要是对 β-葡糖苷酶会产生较大的抑制作用。此外，因酶解过程温度较高，发酵过程需要对发酵罐进行冷却，因此设备比较复杂，投资较大。为了克服水解产物的抑制，必须不断将其从发酵罐中移出。

SHF 法优点比较突出，应用也比较广泛，有研究用分批补料 SHF 法水解生物质，得到了近 70g/L 的乙醇，主要是由于酶解过程得到了很高的糖浓度，酵母细胞也在其最优的生长条件下进行发酵过程。

（3）同步糖化发酵技术（SSF）

为了克服 SHF 工艺的缺点，Gauss 等研究人员早在 1976 年就提出了同时糖化和发酵技术，即把经预处理的原料、纤维素酶和发酵用微生物加入一个发酵罐内，使酶水解和糖液的发酵在同一装置内完成，如图 14-9 所示。

同步糖化发酵可以使酶水解得到的葡萄糖立即被发酵微生物利用转化为乙醇，有效降低了酶解过程中葡萄糖对纤维素酶的产物抑制作用，减少了纤维素酶的用量，并且缩短了反应周期，同时反应器数量的减少，降低了投资成本。由于酶解产生的葡萄糖被酿酒酵母及时代谢转化为乙醇，反应体系中葡萄糖浓度维持在较低水平，产物乙醇的存在使发酵过程处于厌

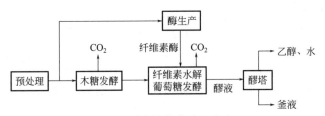

图 14-9　同步糖化发酵工艺流程

氧环境，染菌概率大大减小，因此，提高了乙醇产率。

同步糖化发酵工艺的主要缺点是酶解糖化与发酵的温度不协调，不能同时满足二者反应的最佳温度条件，使糖化和发酵两步反应不能在微生物的最佳状态下进行。酶水解所需的最佳 pH 值在 4~5 之间，二者并无矛盾，但酶水解的最佳温度在 45~50℃，而发酵的最佳温度在 28~30℃，二者不能匹配。实际中的同步糖化发酵常在 35~38℃ 下进行操作，这种处理使酶的活性和发酵的效率都不能达到最大。

为了克服 SSF 技术温度不一致的缺点，研究者们通过改变工艺来强化酶解发酵过程。主要的改进工艺有预酶解同步糖化发酵技术（delayed simultaneous saccharification and fermentation，DSSF）、循环温度同步糖化发酵（cycling temperature simultaneous saccharification and fermentation，CTSSF）、变温同步糖化发酵（temperature-shift simultaneous saccharification and fermentation，TS-SSF）以及同步水解分离发酵（simultaneous saccharification，filtration，and fermentation，SSFF）等，因为以往的 SSF 技术采用的是等温方式，所以这些改进使得纤维素酶的水解效果明显增强。

预酶解同步糖化发酵，即将纤维素类原料在高温条件下先酶解一段时间后，再降温进行 SSF，其结合了 SHF 法的优点使纤维素酶先在其最佳温度条件下降解底物，在反应初期起到降低体系黏度的作用。常春等以蒸汽爆破的玉米秸秆为主要原料，研究了不同 SSF 技术对乙醇得率的影响，结果发现，采用预酶解的 SSF 技术，其乙醇的产量是 54.31%，较传统的 SSF 技术，乙醇产量提高了 5.96%，乙醇浓度也从 2.76g/L 提高至 3.10g/L。

CTSSF 法由陈赫兹等提出，其先将木质纤维素底物在 42℃ 下酶水解 15min，然后将系统温度调节至 37℃，目的是进行同步糖化发酵过程，反应时间为 10h，将此过程进行重复，接下来发酵 72h，与相应的 37℃ 等温 SSF 技术相比，乙醇产量提高 50% 左右。

康玄宇等采用 TS-SSF 技术，使用耐高温的克鲁维酵母 CHY1612，在温度为 45℃、底物浓度为 16%（质量/体积）时，对原料进行同步糖化发酵 24h，然后再将温度降低至 35℃，继续同步糖化发酵 48h，反应结束后乙醇浓度达到 40.2g/L，与温度为 45℃ 时的等温 SSF 过程比较，乙醇产量提高了约 54.5%。

Ishola 等提出了一种 SSFF 技术，即在温度为 50℃ 条件下，原料在水解罐中糖化 24h，然后采用错流方式经过膜过滤将固液分离，含糖的水解液流到发酵罐中，在 30℃ 进行发酵，发酵后醪液再用泵使其回到水解罐中，其中的酶和酵母可进行循环利用。

以上技术虽对 SSF 过程进行了改善，但都存在成本问题，其中 DSSF 技术结合了 SHF 和 SSF 二者的优点，相对其他技术，操作方便，成本低，是高效 SSF 法发展的方向。CTSSF 与 TS-SSF 技术利用温度变化可以在一定程度上解决水解和发酵最适温度之间的差异，然而温度变化也会导致水解酶和发酵酵母失活，但是为了最大限度提高乙醇的产量，采用 CTSSF 和 TS-SSF 技术也是可行的。SSFF 技术最大的特点就是可以实现发酵微生物的循环利用，在一定程度上可节约成本，但是又存在过滤膜的成本问题。

（4）同步糖化共发酵技术（SSCF）

在一般的同步糖化发酵工艺中，预处理产生的富含五碳糖的液体是单独发酵的。为了充分利用底物、提高乙醇产率，己糖与戊糖共发酵工艺（SSCF）技术正得到越来越多的关注和研究。其工艺流程如图 14-10 所示。SSCF 工艺将预处理得到的糖液和处理过的纤维素放在同一个反应器中处理，进一步简化了流程，但对发酵的微生物要求也很高。

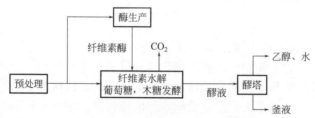

图 14-10　同步糖化共发酵工艺流程

木质纤维素类原料降解过程中半纤维素产生的戊糖和纤维素产生的六碳糖在同一反应体系中进行发酵生产乙醇，此过程需要能够代谢戊碳糖的发酵菌株。SSCF 工艺减少了水解过程的产物反馈抑制作用，再者该技术融入了戊糖的发酵过程，提高了底物利用率和乙醇产率。目前，工业乙醇生产所用的酿酒酵母（*Saccharomyces cerevisiae*）只能代谢葡萄糖而不能代谢木糖，Olofsson 等通过基因工程手段在酿酒酵母中插入木糖还原酶（XR）和木糖醇脱氢酶（XDH）或者插入能够编码木糖异构酶（XI）的基因，实现了木糖的代谢过程。Olofsson 等利用麦草水解液进行 SSCF 过程，发现温度对 SSCF 过程有重要的影响，当温度为 32℃时发酵菌株 TMB3400 能代谢利用的木糖量要比在 37℃条件下的多，原因是当低温时，葡萄糖的释放速率会减缓，更有利于木糖的降解。

此外，为了使系统的葡萄糖的浓度保持在较低的水平，可以采用分批补料的方式，通过增加菌种的接种量，可促进其对木糖的发酵以及提高乙醇产量。Erdei 等研究了麦秆同步糖化共发酵产乙醇时的分批补料过程，与一次加料相比，补料过程乙醇产量平均升高了 13%左右。戊糖、己糖共发酵技术的关键还是发酵菌株的筛选，目前通过基因工程构建高效共发酵的工程菌被大量研究，也取得了积极的进展，但其大规模、商业化应用的研究报道还比较少。目前对于满足 SSCF 工业化生产要求的木糖乙醇发酵菌株的报道较少，TMB3400 是迄今唯一一株已报道的工业化发酵戊糖的酿酒酵母。

（5）联合发酵技术（CBP）

木质纤维素类原料生物转化过程的主要缺点是纤维素酶的生产效率低、成本较高。木质纤维素类原料降解为单糖葡萄糖的过程需要外切葡聚糖酶、内切葡聚糖酶和 β-葡萄糖苷酶等多种酶的协同作用。当前，实验室使用的纤维素酶主要的缺点是酶活力不高、单位纤维素转化所需的酶量过高，导致酶解效率较低。因此，需要持续改进提高菌株产酶和酶活力技术。由于商业用纤维素酶的价格比较高，纤维素酶的成本占纤维素乙醇生产成本的主要部分。为了减少发酵过程中的生产成本，联合发酵（也称联合生物加工，consolidated bioprocessing，CBP）应运而生。

CBP 工艺是在单一或组合微生物群体作用下，将纤维素酶和半纤维素酶的生产、纤维素酶水解糖化、戊糖和己糖发酵产乙醇过程整合于单一系统的生物加工过程，如图 14-11 所示。该工艺流程简单，操作方便，在微生物高效代谢作用下将底物一步转化为乙醇，有利于降低整个生物转化过程的成本。采用联合生物加工技术转化纤维素类底物生产乙醇，目前有两条途径：一是直接发酵技术，即在生产乙醇的过程中，使用既能产纤维素酶也能发酵葡萄糖产乙醇的双功能单一菌株（如热纤梭菌），通过其末端产物乙醇代谢途径的改进以使菌株全功能改进从而提高终产物乙醇得率；二是利用基因工程技术，在能够发酵乙醇的真菌表达系统或细菌表达系统中，向里面导入异源纤维素酶系统，目的是让其能够在预处理后的纤维素底物上生长和发酵。目前，发展适合 CBP 的微生物酶系统主要有三个策略，即天然策略、重组策略和共培养策略。

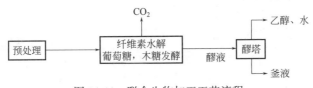

图 14-11　联合生物加工工艺流程

14.2.4　乙醇的脱水

糖液发酵后的发酵醪含有乙醇、微生物和未反应的原料，而且生产过程中水的存在，使得乙醇与水形成二元共沸物，而采用普通精馏方法所得乙醇中水的体积分数约 5%。要获得燃料乙醇，需将乙醇中水的体积分数脱除至 1% 以下。工业上用于乙醇脱水制燃料乙醇的技术主要有共沸精馏法、生物质吸附法和渗透汽化法。共沸精馏法为传统乙醇脱水方法，工艺成熟，应用广泛；生物质吸附法以玉米粉等生物质为吸水剂，同时可以作为原料使用，可降低燃料乙醇的生产成本；渗透汽化法利用渗透汽化膜进行乙醇脱水，制得无水乙醇。

脱水后制成的燃料乙醇再加入少量的变性剂就成为变性燃料乙醇，和汽油按一定比例调和就成为乙醇汽油。

14.3　生物质合成气发酵制乙醇

生物质合成气发酵是一种由生物质间接制备乙醇的方法，该方法集成了热化学和生物发酵 2 种工艺过程。通常是将生物质通过气化，转化为以 CO、CO_2、H_2、CH_4 和 N_2 为主要组分的合成气，然后再通过化学催化和微生物发酵将合成气转化为燃料乙醇等液体燃料，以及平台化合物和精细化学品等。

14.3.1　合成气发酵制乙醇的工艺优势

传统的纤维素乙醇生产工艺，通常先将纤维素、半纤维素水解生成五碳糖和六碳糖，然后再发酵糖类生成乙醇，但是占原料组分 10%~40% 的木质素不能被发酵利用。而且，传统纤维素乙醇生产还存在缺乏有效的木质纤维原料预处理技术、纤维素酶使用成本较高、五碳糖较难被发酵利用等技术瓶颈，致使纤维素乙醇生产的总体经济性较差，制约其产业化进程。相对于传统纤维素乙醇生产工艺，以生物质为初始原料的合成气发酵制乙醇可有效避开纤维原料酸、酶水解的技术障碍，克服传统生物转化过程中木质素不能被有效利用的缺陷，能够实现木质纤维素类生物质组分的全利用，提高原料的利用率。

与合成气化学催化合成（F-T 合成）相比，合成气发酵制乙醇具有反应条件温和，产物得率高，副产物少，对 CO 和 H_2 比例要求不严格，以及对硫化物耐受性高等优点。此外，气化过程可将原料中所有组分转化为以 CO_2、CO 和 H_2 为主要组分的合成气，可消除原料

环境能源工程

之间的化学差异性，一些有毒或难降解的有机物也可通过气化、发酵等过程，转化为乙醇和其他有用化学品。

14.3.2 合成气发酵制乙醇的工艺路线

目前，合成气发酵制低碳混合醇尚未实现工业化，合成气发酵制乙醇的产物一般是低碳混合醇，即 $C_1 \sim C_5$ 醇类的混合物，其中甲醇和乙醇是主要产物。总体路线如图 14-12 所示，主要分为预处理、气化、净化与发酵 4 个系统。

```
┌────────┐ 预处理, 气化, 净化 ┌──────────────┐ 发酵 ┌──────────┐
│ 生物质 │ ─────────────────→ │ 合成气(CO+H₂) │ ───→ │ 醇类燃料 │
└────────┘                    └──────────────┘      └──────────┘
```
图 14-12　合成气发酵制乙醇的总体路线

生物质先经过气化制得气化气体，然后经过除杂、水气变换等处理获得合成气，最后在合成器中发酵制成燃料乙醇。

(1) 合成气的制备

合成气可通过生物质气化获得。根据气化介质的不同，可分为空气气化、富氧气化、水蒸气气化和混合气气化等。气化介质的不同将决定气化气体的组成以及气化气体的利用方式。

(2) 合成气的净化

合成气的净化和调变是生物质生物液化制液体燃料的重要环节。气化得到的气体产物（以水蒸气气化介质为例）由 H_2、CO、CO_2、CH_4、C_2、C_3 及高级烃组成，但同时还含有 NH_3、H_2S、灰和焦油等有害杂质，因此在进入合成反应器之前必须先经过净化处理，以除去杂质气体保证后续合成的顺利进行，同时可以防止对后续合成催化剂的毒害等。

气体中的粉尘会引起后续工序中催化剂的污染和中毒，因此合成气首先要进行除尘处理，一般采用旋风分离器进行气体的除尘，除尘效率达 99%。物料中含有的氮元素在气化后转变为氨，氨在后续反应中可能转变为 NO_x，对环境造成很大的污染。水洗法是工业上常用的有效经济且简单的脱氨方法。经水洗后气体中的微量氨可采用硅胶和分子筛等吸附脱除，经吸附后可使气体中的氨含量小于 0.11×10^{-6} kg/L。

除了氨，合成气中的 H_2S 也必须加以去除，它的存在将造成后续合成反应中的催化剂的中毒。根据脱硫的过程中是否添加水以及脱硫产物的干湿形态，脱硫法分为三大类，即湿法、半干法和干法。生物质中的硫含量大多小于 0.20%，因此生物质气化获得的合成气中的硫含量低于煤气化合成气，以生物质为原料，可以简化脱硫系统，降低成本。

气化过程中产生的焦油会对气化和后续利用产生不利的影响。首先它降低了气化的效率，其次它在低温下冷凝，容易和水、焦炭等物质混合在一起堵塞输气管路，影响气化过程。最有效的处理方法就是将其转变为可燃气体，这样不仅可以保证气化的顺利进行，同时可以提高可燃气体产量。目前可以采用的方法为催化裂解法，最关键的问题是抗失活催化剂的开发。Ni 基和重油裂解催化剂活性高，效果好，但是容易积炭失活；以白云石作为催化剂，制造成本低，在 800℃ 以上具有理想的裂解率。

(3) 合成气的调变

净化后的气体中还含有少量不需要的烃类，可以采用水蒸气重整或 CO_2 重整的方式进行转变，得到需要的产物 CO、H_2 和 CO_2 等。主要发生的反应为：

472

水蒸气重整：

$$C_nH_m + nH_2O \longrightarrow nCO + \left(n + \frac{m}{2}\right)H_2$$

CO_2 重整：

$$C_nH_m + nCO_2 \longrightarrow 2nCO + \frac{m}{2}H_2$$

水气变换：

$$CO + H_2O \Longleftrightarrow CO_2 + H_2$$

经过重整后，气体中 CO 和 H_2 的比例达到后续合成反应的要求。气体产物中的 CO_2 可以采用氨洗涤器进行去除，然后再经过压缩后进合成反应器，经催化合成醇类燃料。

(4) 合成气发酵

整合后的合成气进入发酵设备，通过细菌的作用转化成乙醇。合成气发酵是一个由气体底物、培养液和微生物细胞等组成的气、液、固三相反应过程。气体底物经过多个步骤的传递才能到达微生物的细胞表面被吸收利用，影响合成气发酵的关键限速步骤就是气液传质。由于 H_2 和 CO 在水中的溶解度很低，对传质的影响更大。因此，能否有效提高气液传质速率是选择合成气发酵反应器的依据。

搅拌罐式反应器的搅拌桨能够将大气泡打碎成小气泡，提高气液传质的面积，小气泡的缓慢上升可延长气液接触的时间，从而提高传质效率。由于搅拌罐式反应器能够有效提高传质速率，在合成气发酵实验室研究中应用非常广泛。该类反应器的单位体积搅拌功率（P/V）与 K_{La} 值（体积传质系数）和空塔气速（U_g）有关，提高 U_g 或 P/V 均能有效提高 K_{La} 值，但提高空塔气速会使气体底物的转化率降低，所以通常采用高单位体积搅拌功率来获得高 K_{La} 值。不过，搅拌功率增加意味着能耗的增加，这在一定程度上也限制了搅拌罐式反应器在工业规模上的推广和应用。

柱式反应器如气升式反应器和滴流床反应器，它们不需要机械搅拌，比搅拌罐式反应器耗能要少，较容易获得高 K_{La} 值。滴流床反应器通常为填充床，细胞可固定于固体填充物上，气体连续通过时，液体向下滴过填充物，气体可以向上（逆流）或向下（顺流）流动，气液流速都比较低。滴流床反应器也可以获得较高的 K_{La} 值。但实际上该反应器的应用很少，可能是因为微生物的生长容易导致反应器的堵塞，又或者是因为反应器混合性能不佳，pH 不易控制等。

对于受传质影响的合成气发酵而言，反应器类型的选择非常关键。与此同时，不同的发酵工艺也会影响发酵的转化效率和产物的产率。通常，可通过以下几个途径对发酵工艺予以改进：a. 循环利用气体以提高气体底物的利用率；b. 采用细胞循环和连续操作，随着反应器中细胞浓度的逐步提高，产物浓度也会随之提高；c. 由于菌株生长和发酵环境条件的不同，可采用两步全混流连续搅拌反应器（CSTR）发酵工艺，使细胞生长和产物生成在不同反应器中进行，如 *Clostridium ljungdahlii*（永达尔梭菌）采用两个反应器发酵时乙醇产率比只用一个反应器会提高 30 倍。也可固定化细胞，增强细胞对外界环境的耐受和抵抗能力。

14.3.3　合成气发酵微生物

目前，能以合成气（CO、CO_2 和 H_2）为原料进行生长和代谢的微生物大多属于厌氧微生物，且多以产乙酸菌为主，代谢产物也主要为乙酸，能够发酵合成气产乙醇的微生物则相对较少。常见的合成气乙醇发酵微生物主要包括 *Butyribacterium methylotrophicum*（食甲基丁酸杆菌）、*Clostridium ljungdahlii*（永达尔梭菌）、*Clostridium carboxidivorans*（厌氧食气梭菌）、*Clostridium autoethanogenum* 和 *Eubacterium limosum*（淤泥真杆菌）。其中 *Eubacterium limosum*KIST612、*Clostridium ljungdahlii* 和 *Clostridium carboxidivorans* 的全基因组序列已测定完成。这些菌株利用 CO 或 H_2/CO_2 产乙醇或乙酸的化学计量式分别如下所示：

$$6CO + 3H_2O \longrightarrow CH_3CH_2OH + 4CO_2 \quad \Delta H = -217.9kJ/mol$$

$$2CO_2 + 6H_2 \longrightarrow CH_3CH_2OH + 3H_2O \quad \Delta H = -97.3kJ/mol$$

$$4CO + 2H_2O \longrightarrow CH_3COOH + 2CO_2 \quad \Delta H = -154.9kJ/mol$$

$$2CO_2 + 4H_2 \longrightarrow CH_3COOH + 2H_2O \quad \Delta H = -75.3kJ/mol$$

14.3.4 合成气发酵制乙醇代谢机理

(1) 合成气发酵制乙醇代谢途径

厌氧菌利用合成气发酵产生乙醇主要通过乙酰辅酶 A（acetyl-CoA）途径完成。该途径包含两个分支，即甲基分支和羰基分支（如图 14-13）。

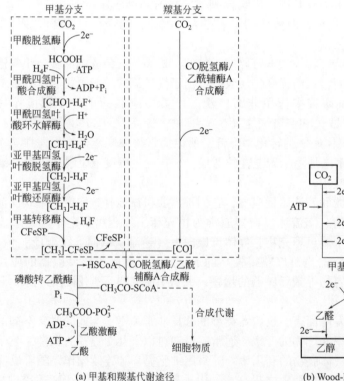

(a) 甲基和羰基代谢途径　　　　(b) Wood-Ljungdahl能量代谢和电子流传递

图 14-13　合成气发酵制乙醇代谢途径

H_4F—四氢叶酸；P_i—无机磷酸；CFeSP—类咕啉铁硫蛋白；HSCoA—辅酶 A；CODH—CO 脱氢酶

二氧化碳首先通过甲酸脱氢酶的作用形成甲酸，然后与四氢叶酸结合形成甲酰四氢叶酸，紧接着在甲酰四氢叶酸环水解酶、亚甲基四氢叶酸脱氢酶、亚甲基四氢叶酸还原酶的协同作用下，转化为甲基四氢叶酸。甲基四氢叶酸又在甲基转移酶的催化下，将其甲基转移给类咕啉铁硫蛋白（Corrinoidiron-sulfur protein，CFeSP），形成甲基类咕啉铁硫蛋白。同时在羰基分支中，CO_2 由 CO 脱氢酶/乙酰辅酶 A 合成酶催化还原为 CO。最后，在 CO 脱氢酶/乙酰辅酶 A 合成酶的作用下，来自甲基类咕啉铁硫蛋白的甲基与 CO、辅酶 A 结合生成乙酰辅酶 A。

乙酰辅酶 A 是该途径物质和能量代谢的重要中间物质，通过合成代谢途径可转化为细胞物质。另外，在磷酸转乙酰酶和乙酸激酶的作用下，乙酰辅酶 A 可转化成乙酸，乙酸还原得到乙醇。乙酰辅酶 A 也可由乙醛脱氢酶作用生成乙醛，乙醛在乙醇脱氢酶催化下生成乙醇。整个 Wood-Ljungdahl 途径中，生成乙酸会产生一分子的 ATP，但合成甲酰四氢叶酸过程又会消耗一分子 ATP，因此净生成的 ATP 为零。微生物自养生长所需的 ATP 由电子传递产生，CO 或 H_2 的氧化反应可向电子传递链提供质子和电子，电子传递过程所产生的跨膜质子梯度促使 ATP 合成酶作用产生 ATP。

（2）合成气发酵制乙醇的关键酶

从合成气（CO、CO_2 和 H_2）到乙醇，许多酶和辅酶因子会参与到微生物的反应过程中，其中与 CO 和 CO_2 代谢利用密切相关的酶类主要有甲酸脱氢酶和 CO 脱氢酶/乙酰辅酶 A 合成酶。

甲酸脱氢酶（formate dehydrogenase，FDH）广泛存在于厌氧菌如产甲烷细菌、梭状芽孢杆菌等中，也存在于兼性厌氧肠道细菌如大肠杆菌、鼠伤寒沙门氏菌、沙雷氏菌属和变形杆菌中，它可以催化甲酸和二氧化碳的可逆氧化还原反应。甲酸脱氢酶是一种保守度较高的酶，不同来源的甲酸脱氢酶中有 60 个氨基酸是完全保守的，有些甲酸脱氢酶间的同源性可高达 75%。来自厌氧微生物的甲酸脱氢酶为 NAD+依赖型酶，含有对氧气敏感的氧化还原活性中心，这些中心包含过渡金属，如钼、钨和非血红素铁等，还含有嘌呤二核苷酸辅因子等。

CO 脱氢酶/乙酰辅酶 A 合成酶（carbonmonoxide dehydrogenase/acetyl-CoA synthase，CODH/ACS）为双功能酶，同时具有 CO 脱氢酶（CODH）和乙酰辅酶 A 合成酶（ACS）的活性，可以催化 CO 氧化成 CO_2，也可催化甲基、CO 和辅酶 A 生成乙酰辅酶 A，为 Wood-Ljungdahl 途径的关键酶类。

14.3.5　合成气发酵制乙醇的影响因素

（1）培养介质

Kim 等尝试使用纳米颗粒来增强丁酸梭菌合成气发酵的过程，研究 6 种类型的纳米颗粒，即钯炭、钯氧化铝、二氧化硅、羟基功能化单壁碳纳米管、氧化铝和氧化铁（Ⅲ），发现二氧化硅纳米粒子质量分数在 0.3%时，在增强气液传质性能方面表现最好。二氧化硅纳米粒子的亲水表面用疏水官能团如甲基和异丙基改性，甲基功能化的二氧化硅纳米粒子比未改性的和用异丙基功能化的二氧化硅纳米粒子在增强传质方面表现要好。通过使用甲基功能化的二氧化硅纳米粒子，CO、CO_2 和 H_2 的溶解度分别提高了 272.9%、200.2%和 156.1%。使用质量分数为 0.3%的甲基功能化二氧化硅纳米粒子，可使 *C. ljungdahlii* 细胞生物量、乙醇和乙酸浓度分别增加 34.5%、166.1%和 29.1%。

生物炭中通常含有丰富的矿物质和金属离子，可用作乙醇发酵微生物的营养物质。Sun 等研究使用来自柳枝稷（SGBC）、饲用高粱（FSBC）、红雪松（RCBC）和家禽垫料（PLBC）的生物炭，与来自酵母的提取物（YE）比较合成气发酵的效果。结果表明 [250mL，150r/min，37℃，CO∶H_2∶CO_2（体积比）为 40∶30∶30]，与 YE 培养基相比，含有 RCBC 和 PLBC 的乙醇产量分别提高了 16.3%和 58.9%。*C. ragsdalei* 在 PLBC 培养基中消耗 H_2 和 CO 的量分别提高了 69%和 40%，SGBC 和 FSBC 培养基中乙醇产量没有显著增加。从 PLBC 培养基中释放最多的 Na、K、Ca、Mg、S 和 P，促进了乙醇产量的提高。

（2）还原剂

还原剂半胱氨酸盐酸能够通过清除氧气来降低生长培养基的氧化还原电位。然而，高剂量的还原剂对细胞生长却是有害的，会导致细胞浓度降低。Abubackar 等在研究 *C. autoethanogenum* 培养条件时，发现还原剂半胱氨酸盐酸盐能够增加乙醇的生成。这一结果与 Sim 和 Kamaruddin 的研究结果一致，他们研究了半胱氨酸盐酸对乙酸梭菌 *Clostridium aceticum* 产乙酸的影响，发现乙酸发酵的最适还原剂浓度为 0.30g/L，培养 60h，CO 能够 100%转化为乙酸，浓度为 1.28g/L。此外，Kimura 等认为甘油分子也可以充当合成气发酵过程中的电子吸收剂。加入甘油后，乙醇产量可增加 1.5 倍（1.4mmol/L）。

（3）pH 值

Tissera 等研究表明 pH 值也是影响合成气发酵过程的关键参数之一。只有在特定的 pH 值下，发酵菌株才能良好生长并具有代谢活性。目前已发现的合成气发酵菌株具有非常广泛的 pH 值适应范围，有的嗜酸，也有能适应较高 pH 值的发酵菌株。如 A. bacchl 适应范围非常广，从中性到碱性条件（pH 10.5）都能良好生长。

（4）气体组成

通常，合成气中会含有乙烯（C_2H_4）、乙烷（C_2H_6）、乙炔（C_2H_2）、焦油、灰分和焦炭颗粒，以及 NO_x 和 SO_x 等成分。这些杂质通过在管道/接头中结垢而削弱发酵过程，并抑制微生物生长，进而导致细胞生长迟滞和产物减少。Datar 等研究发现，合成气未经处理会对微生物的发酵产生抑制作用，主要表现为细胞休眠、氢气摄取停止、代谢途径从生成酸向生成醇转变等。Ahmed 等研究发现，在反应器中增加 0.025mm 的过滤器，可将合成气中的焦油、灰分和其他颗粒物质杂质去除，从而有效避免抑制物对发酵微生物的影响。一氧化二氮（N_2O）被认为是氢化酶的活性抑制剂，可通过增强气化效率或化学吸附（氢氧化钠、高锰酸钾或次氯酸钠）清除 NO。郭颖研究发现，CO 更适合充当 *C. autoethanogenum* 发酵的气态碳源，适量的焦油有利于乙醇的生成，同时也能抑制乙酸的产生。

EsquivelElizondo 等研究表明，培养环境中存在的 CO_2 分子会影响 CO 和/或 H_2 的代谢。其中，单菌培养比混菌培养对气体组成的变化更敏感。如 CO_2 分子会抑制 *Pleomorphomonas* 对 CO 的氧化，降低 *Acetobacterium* 产物中乙醇/乙酸盐比例。H_2 分子虽然不会抑制 *Pleomorphomonas* 和 *Acetobacterium* 中乙醇和氢气的产生，但会降低 CO 的消耗速率。而采用混菌落培养时，CO 消耗速率和菌株总体功能将维持恒定 [（2.6±0.6）mmol/（L·d）]。在膜反应器中持续供应 CO，有利于混合菌培养产物由醋酸转变为乙醇，这可能是由于 CO 分子充当反应电子供体促进了乙醇的生成。

（5）添加发酵终产物的影响

在合成气发酵实践中，可通过有目的地添加某种代谢产物，以改变发酵菌株的产物组成，获得更多的目标产物。Zhang 等研究加入各种终产物，包括乙酸、丁酸、己酸、乙醇和丁醇，评估它们对 *Clostridium carboxidivorans*P7 发酵特性的影响。在 37℃时，发现添加短链脂肪酸会提高乙醇的产量。在 25℃时，补充 C_2 和 C_4 脂肪酸会产生更多相应的高级脂肪醇，而补充己酸会增加 C_2 和 C_4 脂肪酸和乙醇的产生量。乙醇或丁醇的补充导致高温和低温条件下 C_2 和 C_4 酸的产量增加，低温有利于长链醇的生产。

（6）培养基

开发低成本的发酵培养基，对于降低合成气乙醇发酵的生产成本至关重要。Maddipat 等研究表明，使用玉米浆（CSL）代替酵母提取物（YE），可将培养基成本降低 27%，乙醇产量提高 78%。在 CSL 培养基中连续发酵，乙醇、正丙醇和正丁醇的最大浓度分别可达 8g/L、6g/L 和 1g/L。郭颖等采用玉米浆替代酵母膏和维生素，以降低培养基的成本、发现发酵培养基中的酵母膏和维生素，可用低浓度（0.075g/L）的玉米浆替代，替代后乙醇产量上升，乙酸产量也会有所增加。Kundiyana 等研究确定了培养基中 3 种限制性营养物质，即泛酸钙、维生素 B_{12} 和氯化钴（$CoCl_2$）对 *Clostridium ragsdalei* 合成气发酵的影响。利用血清瓶发酵研究表明，3 种限制性营养素间存在交互作用，并对乙醇和乙酸的形成具有显著影响。

(7) 培养方法

目前，合成气乙醇发酵研究多采用纯培养模式。Diender 等研究发现，*Clostridium auto-ethanogenum* 和 *Clostridium kluyveri* 混合培养，能够更高效地将 CO 和合成气转化为 C_4 和 C_6 脂肪酸和醇，共培养中乙酸盐的积累提高了发酵速率。共培养条件下，丁酸盐和己酸盐产率分别可达（8.5±1.1）mmol/（L·d）和（2.5±0.63）mmol/（L·d），丁醇和己醇产率分别为（3.5±0.69）mmol/（L·d）和（2.0±0.46）mmol/（L·d）。

14.4　畜禽粪便发酵制乙醇

畜禽粪便中含有丰富的纤维素和半纤维素等碳水混合物，是生产燃料乙醇潜在的资源。研究显示，牛粪中纤维素含量为 40%、半纤维素为 27%；猪粪中纤维素含量为 32%、半纤维素为 23%。我国每年畜禽养殖业产生的粪便量约为 17.3 亿吨，纤维素和半纤维素的含量就达 11.1 亿吨。从数量上来看是相当可观的，将其作为制取乙醇的新型原料，具有良好的发展前景。因此，如果能把这部分废弃物充分利用起来，将其中的木质纤维素转化为糖，进一步发酵成酒精，不仅可以减少畜禽粪便类废弃物带来的环境污染问题，消除公害，保护环境，也是解决未来能源和资源短缺问题的重要途径，以进一步代替粮食生产酒精。这必将成为解决畜禽粪便污染的新途径，同时也是养殖户增收的重要途径，将会创造巨大的经济效益。

利用畜禽粪便发酵产乙醇有三种方式：a. 直接利用畜禽粪便水解发酵生产乙醇；b. 利用畜禽粪便沼气发酵产物生产乙醇；c. 利用畜禽粪便沼气发酵后的沼液替代乙醇发酵过程的新鲜水和营养物质，简称为沼液替代发酵。

14.4.1　畜禽粪便直接发酵制乙醇

纤维素和半纤维素经过物理化学方法预处理、纤维素酶酶解后，纤维素和半纤维素降解产生的糖可转化为乙醇。一项研究表明，畜禽粪便通过稀酸（3.5% H_2SO_4，121°C，30min）糖化后再进行酶解，牛粪、猪粪、鸡粪总糖回收率分别达到 230.16mg/g 干物质、160.40mg/g 干物质和 98.40mg/g 干物质；获得的糖再用酵母发酵，牛粪的乙醇产率为 56.32mg/g 干物质（约为理论产率的 52.59%），猪粪的乙醇产率为 27.98mg/g 干物质（约为理论产率的 88.66%），鸡粪的乙醇产率为 12.69mg/g 干物质（约为理论产率的 31.32%）。牛粪通过碱预处理、酶水解和运动发酵单胞菌发酵后，发酵液最大乙醇浓度达到 10.55g/L，1t 牛粪可生产 36.9kg 乙醇。

Wen 等利用畜禽粪便进行水解产生可发酵的糖，研究表明，新鲜畜禽粪便在 110℃的条件下，采用 3%的硫酸处理 1h 后，半纤维素被完全降解为阿拉伯糖、半乳糖和木糖。预处理后的粪便使用纤维素酶进行酶解，酶解最适条件为 46℃和 pH 值为 4.8，100g 的畜禽粪便可以产生大约 11.32g 葡萄糖，相当于约有 40%的纤维素被水解。通过碱预处理、酶水解和运动发酵单胞菌发酵作用后，1t 牛粪可生产 36.9kg 乙醇。Timothy A. Kremer 等研究表明，

运动发酵单胞菌能够利用 N_2 来替代传统 N 源，通过运动单胞菌的固 N 作用，乙醇产量可以达到理论最大值 97%，每年可节约纤维素乙醇生产设备费用超过 100 万美元。可以看出，运动发酵单胞菌凭借其独特的代谢途径，利用纤维素原料发酵时乙醇产率高，在禽畜粪便燃料乙醇化的生产中具有良好的应用前景。

14.4.2　畜禽粪便沼气发酵产物制乙醇

畜禽粪污沼气发酵后产生的沼渣沼液中纤维素含量较高，可再用于发酵生产乙醇，此时，沼气发酵过程相当于乙醇生产的预处理。

沼气发酵作为畜禽粪便产乙醇的预处理过程有几个好处：一是沼渣富含容易被乙醇发酵微生物利用的纤维素；二是沼气发酵预处理时间比较短；三是沼气发酵比机械研磨预处理的能耗低。但是，厌氧消化后的纤维素存在物理化学障碍，如存在木质素，会抑制碳水化合物的可利用性和降解性能。在酶解和发酵前需要进行预处理，例如用稀碱、稀酸处理，将纤维素从木质纤维素中溶解出来。Yue 等对牛粪沼渣进行稀硫酸、稀氢氧化钠处理后，再进行酶解发酵产乙醇，试验表明稀碱预处理效果最好，在最适条件下，完全混合式反应器（CSTR）和推流式反应器（PFR）沼渣的乙醇产率分别为 26g/kg 干牛粪、23g/kg 干牛粪，CSTR 的沼渣优于 PFR，因为前者沼渣的纤维素含量为 357g/kg 干沼渣，后者为 322g/kg 干沼渣。沼渣与粪便原料相比，半纤维素少 11%，但是纤维素多 32%。用稀碱处理后（2%氢氧化钠，130℃，2h），酶水解处理后的沼渣（10%干物质）可产生 51g/L 葡萄糖，转化率 90%。对酶水解产物进行乙醇发酵，产率达 72%。研究估算，美国每年 1.2 亿吨牛粪干物质可产生 0.63 亿吨干沼渣，可产生 16.7 加仑（1 加仑≈3.79L）的乙醇。

14.4.3　畜禽粪便沼液替代发酵制乙醇

另一种利用畜禽粪便产乙醇的途径是采用粪污沼气发酵后的沼液替代乙醇发酵过程的新鲜水和营养物质，沼气发酵过程中营养物质如氮、磷、钾、镁、锌、铜等溶解在沼液中，这些物质是乙醇发酵微生物生长代谢所必需的营养物。用沼液作乙醇发酵培养基的另一好处是，因为沼气发酵过程的降解作用，沼液含有更少的抑制物质，如呋喃、酚类物质，这些物质会抑制产乙醇过程的酶水解、乙醇发酵等。在沼液代替乙醇发酵新鲜水和营养物质的研究中，用沼液或离心后沼液作为小麦（24%）培养基产生的乙醇浓度分别为 79.60g/L 和 78.33g/L，乙醇生产效率比水作培养基提高 18%。用沼液代替乙醇发酵新鲜水和营养物质，可降低纤维素乙醇酒精生产费用 10%~20%。

14.5　城市生活垃圾发酵制乙醇

随着居民生活水平的提高和垃圾分类工作的不断推进，城市生活垃圾中有机物的比重越来越高，对于以厨余垃圾和食物残渣为主的湿垃圾，可以通过直接发酵生成乙醇，也可通过气化产生合成气后发酵制乙醇。

14.5.1　生活垃圾直接发酵制乙醇

马鸿志等利用运动发酵单胞菌对餐厨垃圾发酵生产燃料乙醇进行了研究，试验结果表明，糖化酶和蛋白酶对于乙醇发酵影响显著，当同时添加 100U/g 蛋白酶和 100U/g 糖化酶时，乙醇产量达到最大值 53g/L，乙醇转化率为 44%。另外发酵过程中不用添加其他酶和营养物，说明餐厨垃圾自身所含的丰富营养完全可以满足细菌生长的需要。

奚立民等获得了一株同时具有淀粉酶和纤维素酶活性的新霉菌（Rhizopusoryzae TZY1）。利用该菌株与酿酒酵母进行餐厨垃圾共发酵，发酵后淀粉的利用率在88%以上，纤维素的利用率在84%左右。该方法可以避免由于酶失活而使乙醇产率降低的问题，并且不需外加糖化酶类，节约了成本，具有良好的产业化应用前景。

晏辉等以餐厨垃圾为原料，应用同步糖化发酵的方法制取燃料乙醇，在适宜的乙醇发酵条件范围内，乙醇产量最高为15.3mL/100g有机垃圾，有效地回收了餐厨垃圾中有用的物质和能源，实现了餐厨垃圾资源化的目的。

尹玮等以餐厨垃圾酒糟离心液和麸皮为基础培养基，经黑曲霉发酵制取糖化酶。当氯化钙添加量为0.2%时，所产糖化酶的酶活最大为3404.44U/mL，并且表明自制糖化酶可替代工业糖化酶应用于餐厨垃圾酒精发酵中，这不仅可以降低糖化酶和餐厨垃圾的乙醇生产成本，同时也可减少酒糟离心液对环境的污染。

安徽科聚环保新能源有限公司将餐厨垃圾酶解后还原糖浓度可达18%（质量分数），发酵乙醇的浓度达8%~10%（质量分数）。该乙醇经过浓缩和纯化，可作为燃料乙醇的原料。

利用餐厨垃圾发酵生产乙醇，不仅可以解决城市垃圾排放量越来越大且难以处理的环境污染问题，还可以有效地实现其减量化、无害化与资源化，另外对扩大乙醇生产原料来源，降低乙醇生产成本将具有重要意义。

14.5.2　生活垃圾产合成气发酵制乙醇

城市生活垃圾中有机物含量一般为25%~30%，可以在缺氧条件下经气化工艺产出以CO及H_2为主要成分的合成气，经洗涤净化后结合碳一化工工艺产出高附加值的各类化工产品。

城市生活垃圾产合成气发酵制乙醇的工艺主要包括预处理、气化、净化与合成4个系统。

1）预处理系统

城市生活垃圾由收集车或中转车运入厂内，经地磅自动称重后卸入贮坑，贮坑配置有渗滤液处理及臭气处理系统。垃圾经给料斗、落料槽、给料器输送至振动筛分机，粒径大于100mm的物料经磁选机、风选机去除金属及惰性固体后，由破碎机切碎到50mm以下并送入干燥系统，小于100mm的物料经磁选后切碎至50mm以下并送入干燥系统。干燥后的含碳废弃物含水率降至20%左右，经给料机送入气化炉制气。

2）气化系统

经过预处理后的城市生活垃圾通过称重带式输送机及螺旋给料机等设备送入流化床气化炉内，在600~700℃的床料区域热解气化。流化风从底部进入炉膛，为原料供氧并保证流化状态。合成气进入超高段以及重整反应器，小分子含碳物质在反应器内被重整成CO、H_2，此时粗合成气温度提高至925~1000℃，随后进入急冷器中，在水的冷却作用下，迅速降温至750℃以下，进入净化系统。

3）净化系统

冷却后的粗合成气先经旋风分离器除尘，然后进入合成气洗涤净化系统。除尘后的合成气先经换热降至约600℃之后进入文丘里洗涤塔。向塔内喷入碱性液体，除去H_2S、HCl等酸性气体、焦油及95%以上的颗粒物，随后进入普通洗涤塔除去氨气、残留的焦油及少量颗粒物，经二级洗涤后的净合成气进入制乙醇系统。被文丘里洗涤塔、普通洗涤塔除去的焦

油颗粒物，分别进入洗涤塔配套的焦油捕集器，并进行水分、氨气的回收，最终分离的焦油被重新送入气化炉进行二次气化，以保证其中的含碳物质充分转化。

4）发酵合成系统

经净化的合成气进入发酵合成系统，利用厌氧微生物在低温、低压和缺氧条件下，将气化炉产生的合成气通过发酵过程转化为生物乙醇。

城市生活垃圾产合成气发酵制乙醇具有工艺条件温和、设备投资低等优点，但由于发酵工艺及菌株生长的特殊性，很难在长周期内连续化生产，存在装置放大与菌群培养的问题，目前还无法实现大规模乙醇生产。

14.6 林木废弃物发酵制丁醇

用于发酵制丁醇的农林废弃物主要是林木加工废弃物一类的木质纤维素类废弃物。

14.6.1 木质纤维素发酵制丁醇的机理

木质纤维素发酵制丁醇主要采用丙酮-丁醇发酵工艺，分产酸期和产溶剂期两个阶段。在发酵初期，产生大量的有机酸（乙酸、丁酸等），pH 值迅速下降，此时有较多的 CO_2 和 H_2 产生。当酸度达到一定值后，进入产溶剂期，此时有机酸被还原，产生大量的溶剂（丙酮、丁醇、乙醇等），也有部分 CO_2 和 H_2 产生。

（1）产酸期

在这一阶段，葡萄糖经过糖酵解（EMP）途径产生丙酮酸。五碳糖通过磷酸戊糖（HMP）途径转化为 6-磷酸果糖和 3-磷酸甘油醛，进入 EMP 途径。丙酮酸和 CoA 在丙酮酸-铁氧还原蛋白氧化还原酶的作用下生成乙酰-CoA，同时产生 CO_2。铁氧还原蛋白通过 NADH/NADPH 铁氧还原蛋白氧化还原酶及氢酶和此过程耦合，调节细胞内电子的分配和 NADH 的氧化还原，同时产生 H_2。乙酸和丁酸都由乙酰-CoA 转化而来。在乙酸的形成过程中，磷酸酰基转移酶（PTA）催化乙酰-CoA 生成酰基磷酸酯，接着在乙酸激酶（AK）的催化下生成乙酸。丁酸的形成较复杂，乙酰-CoA 在硫激酶、3-羟基丁酰-CoA 脱氢酶、巴豆酶和丁酰-CoA 脱氢酶 4 种酶的催化下生成丁酰-CoA，然后经磷酸丁酰转移酶（PTB）催化生成丁酰磷酸盐，最后丁酰磷酸盐经丁酸激酶去磷酸化，生成丁酸。

（2）产溶剂期

溶剂产生的开始涉及碳代谢由产酸途径向产溶剂途径改变，这种转变机制目前尚未研究透彻。早期的研究认为，这种转变和 pH 值的降低及酸的积累是密不可分的。在产酸期产生大量的有机酸，不利于细胞生长，所以产溶剂期的酸利用被认为是一种减毒作用。但是 pH 值的降低以及酸的积累并不是产酸期向产溶剂期转变的必要条件。

乙酰乙酸-CoA：乙酸/丁酸：CoA 转移酶是溶剂形成途径中的关键酶之一，有广泛的羧酸特异性，能催化乙酸或丁酸的 CoA 转移反应。乙酰乙酸-CoA 转移酶在转化乙酰乙酸-CoA 为乙酰乙酸的过程中可以利用乙酸或丁酸作为 CoA 接受体，而乙酰乙酸脱羧形成丙酮。乙酸和丁酸在乙酰乙酸-CoA：乙酸/丁酸：CoA 转移酶的催化下重利用，分别生成乙酰-CoA 和丁酰-CoA。丁酰-CoA 经过两步法还原生成丁醇。乙酸和丁酸的重利用通过乙酰乙酸-CoA：乙酸/丁酸：CoA 转移酶直接和丙酮的产生结合，因此在一般的间歇发酵中不可能只得到丁醇而不产生丙酮。

14.6.2　木质纤维素发酵制丁醇的工艺过程

生物发酵法制备丁醇的产物中还包含大量的丙酮和少量的乙醇（统称 ABE）等。当 ABE 浓度达到一定值时，微生物停止生长，因此必须采用有效的方法将 ABE 从发酵液中移除，降低产物抑制作用，从而提高发酵率，降低工业成本。针对丁醇发酵产物抑制问题，可采用基因工程（或代谢工程）、发酵分离耦合技术手段加以解决。

丁醇发酵菌株的基因工程（或代谢工程）改造，主要是解除代谢过程中可能存在的产物或者中间产物的抑制，提高菌株对丁醇的耐受性，强化丁醇生产中的关键酶，切断丙酮、乙醇的生成代谢途径，提高丁醇在溶剂中的比例。尽管基因工程手段被认为是最有前途的手段之一，且 *Clostridium acetobutylicum* ATCC824 的全基因序列已经获得，但由于丙酮-丁醇发酵途径极其复杂以及在代谢过程中基因控制很难操作，所以在这一领域的进展仍很缓慢。到目前为止，尚没有适合的基因工程菌能应用于工业化生产。

目前，丙酮-丁醇发酵产物分离耦合的主要技术包括吸附（adsortion）、气提（gas stripping，GS）、液液萃取（liquid-liquid extraction）和渗透汽化（pervaporation，PV）等。

（1）吸附

近年来，通过吸附法分离丙酮-丁醇发酵产物所用的吸附剂主要为硅藻土、活性炭、聚乙烯吡咯烷酮（polyvinylpyridine，PVP）。硅藻土对丁醇及丙酮具有非常高的吸附能力。Meagher 等利用硅藻土吸附丙酮-丁醇发酵液，发现硅藻土对丁醇和丙酮的吸附能力分别为 48mg/g 和 11mg/g，乙酸和丁酸的吸附量小于 1mg/g。PVP 吸附-发酵耦合工艺虽使发酵过程的各性能参数大幅提高，但由于丁醇在置换相中浓度较低，仍需进一步通过精馏等手段浓缩丁醇。相比而言，硅藻土比 PVP 更具吸引力，其可应用的丁醇浓度范围更广。

（2）气提

丙酮-丁醇发酵耦合分离气提的原理主要是利用气体（如 N_2 或发酵自产气体）在发酵液中产泡，气泡截获 ABE，随后在一个冷凝器中压缩收集。当溶液被浓缩后，气体重新回收利用进入发酵器以便截获更多的溶剂，如图 14-14。

气提与底物预处理、发酵及产物移除等过程相耦合可以降低能耗，同时可大大提高发酵产率及底物的利用率，并能降低发酵-分离耦合工艺的成本。Qureshi 等用 *C. acetobutylicum* 以 CFAX 糖（葡萄糖、木糖、半乳糖和树胶醛糖）作为原料发酵生产 ABE，将底物水解、发酵、气提回收等过程耦合后，产率及产量大大提高，同时由于 ABE 的回收，所有糖及酸被转化成 ABE，使得 ABE 的产量及产率比单一发酵过程有所提高，且 ABE 的分离因子达到 12.12。

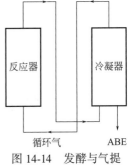

图 14-14　发酵与气提分离耦合工艺示意

（3）液液萃取

液液萃取-发酵分离耦合的原理主要是利用 ABE 在水相和有机相中分配系数不同，向发酵液中添加完全不溶于水、对 ABE 分配系数高、对发酵底物分配系数低和对生产菌株没有毒性的溶剂，将积蓄在培养液中的 ABE 萃取出来，进行连续发酵。该法可有效提高发酵产率、产量及糖的利用率，其工艺流程见图 14-15。

萃取发酵耦合工艺中一个重要的影响因素是萃取剂的毒性。目前研究较多的萃取剂有油醇、苯甲酸苄酯、邻苯二甲酸二丁酯、生物柴油等。以生物柴油作为萃取剂，可结合生物柴油和丁醇的优点，将含有丁醇的生物柴油直接作为高品质燃料使用，省去发酵产物分离过程，在提高发酵强度的同时，节约发酵产物回收所需的能量。生物柴油萃取剂的种类、用量、添加时间及添加方式对萃取发酵的溶剂浓度和发酵强度有一定的影响，生物柴油对发酵菌体也具有一定的毒害作用，但可通过设计新型静态生物反应器来增加 ABE 在油水两相间的传质速率以降低萃取剂对发酵菌体的毒性。

（4）渗透汽化

渗透汽化主要是利用膜的选择性从发酵液中移除 ABE 挥发性组分，发酵液中的挥发组分或有机组分有选择性地在膜内汽化透过，而营养物质、糖以及微生物细胞等被截留下来，ABE 通过浓缩回收，如图 14-16 所示。渗透汽化-发酵的耦合工艺既有利于发酵产率的提高，也有利于提高底物的利用率，同时对发酵体系无污染，是一种清洁、无污染的新型分离技术。

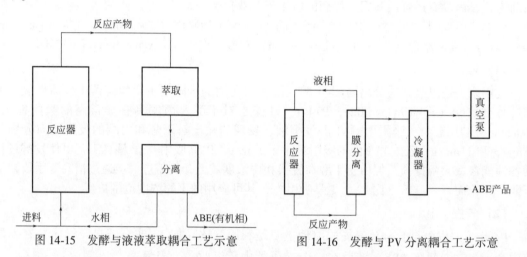

图 14-15　发酵与液液萃取耦合工艺示意　　图 14-16　发酵与 PV 分离耦合工艺示意

然而，到目前为止，无论是吸附、气提、液液萃取还是渗透汽化，其分离效果、应用成本等离工业化要求还有较大差距。随着能源的日益紧张，发酵分离耦合技术必将得到更为广泛的关注。

14.7　废水养浮萍微藻制液体燃料

浮萍和微藻作为一种水环境净化生物，很早就被应用于废水中氮、磷以及金属元素等污染物质的去除。微藻生长速率快、收获期短、光合利用效率高。利用浮萍和微藻制液体燃料受到了广泛的关注，既净化了水质，减轻了当地的环境压力，又产生了能源，缓解了能源紧缺的局面。

14.7.1　浮萍制乙醇

浮萍是常见的漂浮植物，生产周期短、生产总量高，浮萍放养体系对养殖污水的净化效果显著，因其广泛的适应性和较好的污水净化能力受到广泛关注。利用浮萍可有效吸收净化沼液中污染物，李妍等研究了浮萍对沼液中 N、P、COD 的净化去除能力和沼液对其生长的影响。紫背浮萍在稀释 10 倍的沼液中、青萍在稀释 15 倍的沼液中生长及对 N、P 的净化效果最好。紫背浮萍在稀释 20 倍的沼液中、青萍在稀释 15 倍的沼液中对 COD 的净化效果最好。黄辉利用浮萍混养体系对养猪场废水厌氧消化液的处理效果进行了研究，使废水 COD、NH_4^+-N 和 TP 去除率分别为 75.7%、47.6% 和 83.0%，处理系统运行良好。

薛慧玲等筛选出 3 株高淀粉品种：少根紫萍 S3、S1 和多根紫萍 V7。将浮萍全植物水解后，提取糖液进行燃料乙醇发酵，发酵效率最高达 91.83%，既净化水质，又为能源生产提供原料，实现能源生产和环境治理相耦合的技术发展。此外，由于浮萍富含淀粉以及木质素含量较低，可作为丁二酸生产的理想材料，浮萍水解液通过 *Actinobacillus succinogenes* 的发酵作用，丁二酸浓度可以达到 57.85g/L。

14.7.2　微藻制生物柴油

微藻作为一种水环境净化生物，很早就被应用于废水中氮、磷以及金属元素等污染物质的去除，具有显著的环境效益。同时，微藻生长速率快、收获期短、光合利用效率高，据估计，藻的油脂合成效率达到每年 58700~136900L/ha，比油料作物高 10~20 倍，油菜籽只有 1190L/(a·ha)、油棕榈 5950L/(a·ha)，微藻作为一种可持续的生物柴油原料受到了人们的关注。

废水养藻制取生物柴油过程包括微藻的培养与采收、油脂提取及生物柴油转化。微藻的培养是微藻生物柴油生产的基础。进行微藻培养之前需要对微藻种类进行筛选。选择的微藻菌株必须具有高生产力和高的油脂含量，有较强的抗污能力，并且能够适应环境的变化。研究表明，适合在污水中生长的高含油藻种主要有小球藻、栅藻、布朗葡萄藻、盐藻、螺旋藻等几种类型。小球藻是绿藻小球藻科中的一个重要属，可以在不同的环境里生长。研究者利用含油小球藻分别进行了净化粪便污水、猪场废水、牛场废水、发酵污水、牛奶废水等的研究，发现实验所用小球藻在高效净化废水的同时，藻体也积累了大量的油脂，油脂含量为 25.68%~51.4%，脂肪酸组分含量符合生物柴油生产的原料要求标准。栅藻是一种耐污性高的微藻品种，由于对氮、磷的利用率高、生长快速、生物量产率高等特点，也经常被用于废水培养的试验研究。除小球藻和栅藻外，也有学者进行了布朗葡萄藻、盐藻、螺旋藻等含油微藻处理废水的研究。

从微藻中可以提取 3 种主要成分：油脂（包括三酰甘油酯和脂肪酸）、碳水化合物及蛋白质。油脂和碳水化合物是制备生物能源（如生物柴油、生物乙醇等）的原料，蛋白质可以用作动物和鱼类的饲料。

以牛粪液作为培养基培养小球藻生产生物柴油，得到了 25.65g/m^2 的最大生物量以及 2.31g/m^2 的脂肪酸产量。并且收获后附着在泡沫上的微藻作为种子再次进行培养，能得到更高的藻生长量，油产量达到了 2.59g/m^2，总氮和总磷的去除率分别达到了 61%~79% 和 62%~93%。

以猪场废水培养蛋白核小球藻（*Chlorella pyrenoidosa*），生物量生产效率达到 5.03g/(m^2·d)，油脂含量 35.9%，油脂生产效率 1.80g/(m^2·d)，藻类对 NH_4^+-N、TP、COD 的去除率分别达到 75.9%、68.4% 和 74.8%，对 Zn^{2+}、Cu^+、Fe^{2+} 的去除率达到 65.71%、53.64%、58.89%。

由于微藻具有固定 CO_2、能吸收氮和磷作为生长养料等特点，以沼液作为藻类培养基，通入脱硫后的沼气，可同时实现沼液、沼气提纯和生物质能藻类增殖。例如，用猪场废水沼液培养斜生栅藻（*Scenedesmus obliquus*），沼液中 COD、TN、TP 去除率达到 61.58%~75.29%、58.39%~74.63%、70.09%~88.79%，沼气中 CO_2 去除率为 54.26%~73.81%。

采用沼液养藻还存在一些问题。一是藻类在沼液培养基上的生长（0.01~0.8d^{-1}）比合成培养基（1~3d^{-1}）上慢，主要是因为沼液中溶解性和悬浮性物质产生的浊度影响光辐射。目前主要采用沉淀、微滤、离心等方法去除颗粒物质。二是氨抑制，微藻以氨氮为氮源，但是高氨浓度有抑制作用，原壳小球藻（*Chlorella protothecoides*）在氨氮80mg/L以上就受到抑制，栅藻（*Scenedesmus* spp.）的最大氨氮耐受浓度为100mg/L。因为沼液中氨氮浓度为500~1500mg/L，所以一般需要稀释到20~200mg/L。三是有机物的影响，沼液中少量溶解性有机物会促进异养菌的生长，也有可能导致细菌污染。邓良伟等利用鸟粪石沉淀技术预处理沼液，取得了良好的预处理效果。优化鸟粪石沉淀条件，通过添加KH$_2$PO$_4$和MgCl$_2$将N、P、Mg的比例调节到1∶1.2∶1.2，在搅拌过程中添加NaOH调节pH值到8.5后停止搅拌。该技术在降低沼液中铵态氮浓度的同时通过絮凝作用提高沼液的透光率，有利于微藻的生长。鸟粪石沉淀后的上清液用于胶网藻的培养，在培养箱中胶网藻的生物质的生产力可以达到120~200mg/（L·d）。

目前用废水或沼液进行微藻培养在技术上还不成熟，存在一些亟待解决的问题。首先，某些废水或沼液中存在大量抑制微藻生长的有害物质，不能直接用于微藻的培养，需要对其进行预处理。其次，微藻在处理废水后难以与废水或沼液分离。最后，不是每一种微藻都能在废水或沼液中生长，所以需要通过筛选、诱导分离出生长率高、嗜污能力强的藻种。另外，微藻培养及其制备生物柴油的过程中资源消耗高、能源回报低。也有学者认为微藻产油的评估过于乐观，实际产率只能达到10~20g/（m^2·d），只能达到理论值的10%~30%。这些因素限制了微藻生物燃料的商业化应用。

参考文献

[1] 朱玲，周翠红.能源环境与可持续发展［M］.北京：中国石化出版社，2013.
[2] 杨天华，李延吉，刘辉.新能源概论［M］.北京：化学工业出版社，2013.
[3] 卢平.能源与环境概论［M］.北京：中国水利水电出版社，2011.
[4] 任学勇，张场，贺亮.生物质材料与能源加工技术［M］.北京：中国水利水电出版社，2016.
[5] 陈冠益，马文超，颜蓓蓓.生物质废物资源综合利用技术［M］.北京：化学工业出版社，2015.
[6] 骆仲泱，王树荣，王琦，等.生物质液化原理及技术应用［M］.北京：化学工业出版社，2013.
[7] 任学勇，张扬，贺亮.生物质材料与能源加工技术［M］.北京：中国水利水电出版社，2016.
[8] 袁振宏.生物质能高效利用技术［M］.北京：化学工业出版社，2014.
[9] 袁振宏，吴创之，马隆龙.生物质能利用原理与技术［M］.北京：化学工业出版社，2016.
[10] 陈冠益，马文超，颜蓓蓓.生物质废物资源综合利用技术［M］.北京：化学工业出版社，2014.
[11] 陈冠益，马文超，钟磊.餐厨垃圾废物资源综合利用［M］.北京：化学工业出版社，2018.
[12] 解强，罗克浩，赵由才.城市固体废弃物能源化利用技术［M］.北京：化学工业出版社，2019.
[13] 李为民，陈乐，缪春宝，等.废弃物的循环利用［M］.北京：化学工业出版社，2011.
[14] 杨春平，吕黎.工业固体废物处理与处置［M］.郑州：河南科学技术出版社，2016.
[15] 罗虎，李永恒，孙振江，等.木薯生料发酵生产燃料乙醇的工艺优化［J］.生物加工过程，2018，16（4）：80-85.
[16] 黄伊婷，黄清妹，杨亚会，等.大型藻类发酵燃料乙醇的研究进展［J］.中国酿造，2017，36（8）：26-30.
[17] 彭明星.玉米秸秆生产燃料乙醇的实验研究［D］.南阳：南阳师范学院，2017.
[18] 于斌，潘忠，许克家，等.陈化水稻生产燃料乙醇发展趋势和现状［J］.中国酿造，2018，37（2）：19-23.
[19] 李振宇，李顶杰，黄格省，等.燃料乙醇发展现状及思考［J］.化工进展，2013，32（7）：1457-1467.
[20] 杜瑞卿，李来福，刘莹娟，等.木薯同步糖化发酵生产燃料乙醇工艺参数优化［J］.食品工业，2018（2）：147-151.
[21] 杨双峰.一氧化碳厌氧发酵生产燃料乙醇［D］.北京：北京化工大学，2018.
[22] 沈剑.燃料乙醇在美国［J］.中国石化，2018（9）：64-65.
[23] 付晶莹，江东，郝蒙蒙.中国非粮燃料乙醇发展潜力研究［M］.北京：气象出版社，2017.

[24]　孙叶，郑兆娟，徐明月，等.酿酒酵母发酵高浓度乳清粉生产燃料乙醇［J］.生物加工过程，2018，16（1）：89-94.

[25]　蔡灵燕.秸秆酶解及炼制燃料乙醇的研究［D］.银川：宁夏大学，2016.

[26]　王灿，潘忠，许克家，等.陈稻谷全粉碎技术加工燃料乙醇的现状与展望［J］.当代化工，2019，48（1）：193-195.

[27]　王闻，庄新妹，袁振宏，等.纤维素燃料乙醇产业发展现状与展望［J］.林产化学与工业，2014，34（4）：144-150.

[28]　吴文韬，鞠美庭，刘金鹏，等.青贮对柳枝稷制取燃料乙醇转化过程的影响［J］.生物工程学报，2016，32（4）：457-467.

[29]　张元晶，魏刚，吉利娜，等.废纸制造燃料乙醇的酸法预处理研究［J］.化工新型材料，2016，44（7）：55-57，60.

[30]　贾瑞强.混合原料燃料乙醇生产的浓醪发酵工艺研究［D］.杭州：浙江大学，2016.

[31]　高月淑，许敬亮，张志强，等.甘蔗渣高温同步糖化发酵制取燃料乙醇研究［J］.太阳能学报，2014，35（4）：692-697.

[32]　赵龙骏，段钢.浅论我国燃料乙醇的发展趋势［J］.现代食品，2018，5（9）：182-186.

[33]　柏争艳.玉米秸秆发酵制备燃料乙醇生产工艺研究［D］.杭州：浙江大学，2016.

[34]　韩伟，张全，王晨瑜，等.非粮燃料乙醇研究进展［J］.山西农业科学，2014（1）：103-106.

[35]　杨焕磊.利用农业固体废弃物转化燃料乙醇关键技术研究［D］.广州：华南理工大学，2017.

[36]　仇磊，李纪红，李十中.燃料乙醇产业发展现状［J］.化工进展，2013，32（7）：1721-1723.

[37]　李继连，王丽，李忠浩.一种新的畜禽粪便污染处理方法［J］.河北北方学院学报（自然科学版），2010，26（21）：59-61.

[38]　凌娟，李静，刘茂昌，等.畜禽粪便污染治理的新思维［J］.四川林业科技，2008，29（4）：99-102.

[39]　韩璐，李娜，李妍，等.丁醇作为汽油调合组分的可行性研究［J］.石油炼制与化工，2018，49（4）：71-76.

[40]　王鑫，刘海峰，马帅营.正丁醇-生物柴油双燃料高预混燃烧的着火机理［J］.内燃机学报，2018，36（1）：10-19.

[41]　邓京波.生物基丁醇被用作汽油调合组分［J］.石油炼制与化工，2018，49（11）：109.

[42]　孙万臣，李鹏磊，郭亮，等.喷油参数对丁醇/柴油混合燃料燃烧及排放影响［J］.内燃机学报，2017，35（5）：385-392.

[43]　肖敏，吴又多，薛闯.丁醇的生物炼制及研究进展［J］.生物加工过程，2019，17（1）：61-72.

[44]　骆芝婷.氮源调控丙酮丁醇梭菌合成丁醇的机制研究［D］.南宁：广西大学，2018.

[45]　高越，郭晓鹏，杨阳，等.生物丁醇发酵研究进展［J］.生物技术通报，2018，34（8）：24-27.

[46]　王洪，罗惠波，廖玉琴，等.发酵法产丁醇的研究进展［J］.中国酿造，2017，36（4）：10-14.

[47]　张长伟.秸秆生产燃料丁醇绿色工艺研究［D］.北京：北京化工大学，2018.

[48]　武继文.复合菌系强化丁醇发酵体系构建及利用秸秆产丁醇研究［D］.哈尔滨：哈尔滨工业大学，2018.

[49]　马晓键，张霞，常春.丙酮丁醇梭菌发酵玉米秸秆生产丁醇［J］.华南理工大学学报（自然科学版），2014，42（2）：27-32.

[50]　南玉菲.能源草生物转化制取丁醇的初步研究［D］.杨凌：西北农林科技大学，2018.

[51]　石姗姗，高明，汪群慧，等.餐厨垃圾发酵制备生物燃料丁醇的研究［J］.环境工程，2017，35（2）：117-121.

[52]　王艳翠，李晓军，王娜，等.桉木发酵生产丁醇技术研究［J］.食品与发酵科技，2018，54（1）：57-62，95.

[53]　王艳翠，王娜，史吉平，等.丁醇发酵耦合渗透气化分离技术研究进展［J］.现代化工，2018，38（4）：32-36.

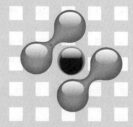

第 15 章 有机废弃物生物气化与能源化利用

有机废弃物的生物气化与能源化利用是利用微生物将有机废弃物中的有机质进行生物转化，生产气体燃料，如甲烷、氢气等，从而实现能源化利用。生产的甲烷或氢气都是清洁能源，因此有机废弃物生物气化不仅可有效降解有机废弃物，减轻环保压力，而且能缓解能源短缺问题，具有重大的社会意义和经济意义。

根据生产的产品，有机废弃物的生物气化技术主要分为厌氧发酵制甲烷、生物发酵制氢气。

15.1 有机废弃物厌氧发酵制甲烷

有机废弃物厌氧发酵制甲烷是以有机废弃物（包括农林废弃物、人畜粪便、城市生活垃圾、污泥、有机废水等）为原料，在适宜的温度、浓度、酸碱度和厌氧的条件下，经过微生物发酵分解作用产生甲烷。

15.1.1 有机废弃物厌氧消化的机理

厌氧消化过程可分为若干阶段，国际上比较流行的厌氧消化阶段学说可分为两阶段学说、三阶段学说和四菌群学说。

（1）两阶段学说

"两阶段学说"认为沼气发酵可分为两个阶段，即产酸阶段和产甲烷阶段，各个阶段的命名主要是根据其主要产物而定的。图 15-1 所示为厌氧反应的两阶段学说。

第一阶段：发酵阶段，又称产酸阶段、酸性发酵阶段或水解酸化阶段，主要是大分子有机物和不溶性有机物的水解和酸化，主要产物是脂肪酸、醇类、CO_2 和 H_2 等。第一阶段参与反应的主要微生物统称为发酵细菌或产酸细菌，这些微生物的特点是：a. 生长速率快；b. 对环境条件（温度、pH 值等）的适应性强。

第二阶段：产甲烷阶段，又称碱性发酵阶段，因为在此发酵阶段产生的有机酸被产甲烷细菌利用，生成 CH_4 和 CO_2，厌氧消化体系的 pH 值上升至 $7.0 \sim 7.5$。该阶段参与反应的主要微生物为产甲烷细菌，产甲烷细菌的主要特点是：a. 生长速率慢，世代时间长；b. 对环境条件（绝对厌氧、温度、pH 值、抑制物等）非常敏感，要求苛刻。由于产甲烷细菌没有消除氧化物的过氧化氢酶，因此在接触氧气后会在很短时间内死亡。

（2）三阶段学说

对厌氧微生物进行深入研究后，发现将厌氧消化过程简单地划分为上述两个过程，不能真实反映厌氧反应过程的本质。因此，Bryant 提出了厌氧消化过程的"三阶段理论"。

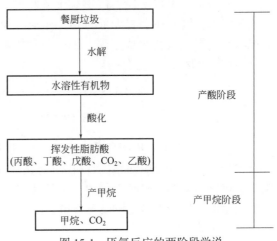

图 15-1 厌氧反应的两阶段学说

第一阶段是水解发酵阶段，复杂的大分子、不溶性的有机物在水解发酵细菌的作用下，首先分解成小分子、溶解性的简单有机物，如碳水化合物经水解后转化为较简单的糖类物质：

$$多糖（如纤维素）\xrightarrow[\text{细胞外酶}]{\text{水解}} 单糖 \xrightarrow[\text{产酸细菌}]{\text{酸化}} 脂肪酸+醇类+CO_2+H_2 \tag{15-1}$$
$$\downarrow$$
$$低聚糖$$

蛋白质被转化为氨基酸：

$$蛋白质 \xrightarrow[\text{细胞外酶}]{\text{水解}} 氨基酸 \xrightarrow[\text{产酸细菌}]{\text{酸化}} 脂肪酸胺+NH_3+CH_4+CO_2+H_2S \tag{15-2}$$
$$\downarrow \qquad\qquad \uparrow$$
$$肽 \rightarrow 胨 \rightarrow 多肽 \rightarrow 二肽$$

脂肪等物质被转化为脂肪酸和甘油等：

$$脂肪 \xrightarrow[\text{细胞外酶}]{\text{水解}} 长链脂肪酸甘油 \xrightarrow[\text{产酸细菌}]{\text{酸化}} 短链脂肪酸+丙酮酸+CH_4+CO_2 \tag{15-3}$$

这些简单的有机物继续在产酸细菌的作用下转化为乙酸、丙酸、丁酸等脂肪酸以及某些醇类物质。由于简单碳水化合物的分解产酸作用要比含氮有机物的分解产氨作用迅速，因此蛋白质的分解在碳水化合物分解后发生。

含氮有机物分解产生的 NH_3 除了提供合成细胞物质的氮源外，在水中部分电离，形成 NH_4HCO_3，具有缓冲消化液 pH 值的作用，因此有时也把继碳水化合物分解后的蛋白质分解产氨过程称为酸性减退期，反应为：

$$NH_3 \underset{}{\overset{+H_2O}{\rightleftharpoons}} NH_4^+ + OH^- \xrightarrow{+CO_2} NH_4HCO_3 \tag{15-4}$$
$$NH_4HCO_3 + CH_3COOH \longrightarrow CH_3COONH_4 + H_2O + CO_2 \tag{15-5}$$

第二阶段是产氢产乙酸阶段，在产氢产乙酸细菌的作用下，第一阶段产生的各种有机酸被分解转化成 H_2 和乙酸。在降解奇数碳素有机酸时还形成 CO_2，如：

$$CH_3CH_2CH_2CH_2COOH + 2H_2O \longrightarrow CH_3CH_2COOH + CH_3COOH + 2H_2 \tag{15-6}$$
$$（戊酸）\qquad\qquad （丙酸）\qquad （乙酸）$$

$$CH_3CH_2COOH + 2H_2O \longrightarrow CH_3COOH + 3H_2 + CO_2 \tag{15-7}$$
$$（丙酸）\qquad\qquad （乙酸）$$

第三阶段是产甲烷阶段，产甲烷细菌将前两阶段中所产生的乙酸、乙酸盐和 H_2、CO_2 等转化为 CH_4，同时还会有少量的 CO_2 生成。此过程由两组生理上不同的产甲烷细菌完成，一组把氢和二氧化碳转化成甲烷，另一组使乙酸或乙酸盐脱羧产生甲烷，前者约占总量的 1/3，后者约占 2/3，反应为：

$$4H_2 + CO_2 \xrightarrow{\text{产甲烷菌}} CH_4 + 2H_2O（占 1/3） \tag{15-8}$$

$$\left.\begin{array}{l} CH_3COOH \xrightarrow{\text{产甲烷菌}} CH_4 + CO_2 \\ CH_3COONH_4 + H_2O \xrightarrow{\text{产甲烷菌}} CH_4 + NH_4HCO_3 \end{array}\right\}（约占 2/3） \tag{15-9}$$

上述三个阶段的反应速率因有机废弃物的性质而异。在以含纤维素、半纤维素、果胶和脂类等有机物为主的有机废弃物中，水解易成为速率限制步骤；简单的糖类、淀粉、氨基酸和一般的蛋白质均能被微生物迅速分解，对以含这类有机物为主的有机废弃物，产甲烷易成为速率限制步骤。

虽然厌氧消化过程可分为上述三个阶段，但在厌氧反应器中，三个阶段是同时进行的，并保持某种程度的动态平衡，这种动态平衡一旦被 pH 值、温度、有机负荷等外加因素所破坏，则首先将使产甲烷阶段受到抑制，其结果会导致低级脂肪酸的积存和厌氧进程的异常变化，甚至会导致整个厌氧消化过程停滞。

（3）四菌群学说

"四菌群学说"认为复杂有机物的厌氧消化过程有四大不同类群的厌氧微生物共同参与，分别是水解发酵细菌、产氢产乙酸细菌、同型产乙酸细菌、产甲烷细菌，其中的同型产乙酸细菌是四菌群学说与三阶段理论最大的不同之处，其功能是将部分 H_2 和 CO_2 转化为乙酸，因此，同型产乙酸细菌又被称为"耗氢产乙酸细菌"。但进一步的研究表明，由 H_2 和 CO_2 通过同型产乙酸细菌合成的乙酸的量很少，一般认为仅占厌氧消化系统中总乙酸量的 5% 左右。

实际上，四菌群学说与三阶段理论在很大程度上对厌氧消化过程的解释是相同的，现在一般将两者合称为"三阶段四菌群"理论。有机物厌氧消化过程的"三阶段四菌群"生物化学过程如图 15-2 所示。

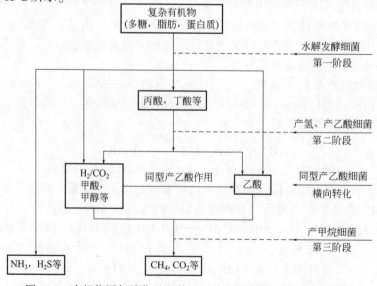

图 15-2　有机物厌氧消化过程的"三阶段四菌群"生物化学过程

由图 15-2 可以看出，有机物的厌氧消化过程包括水解、酸化和产甲烷三个阶段。第一阶段是在水解发酵细菌的作用下，把碳水化合物、蛋白质与脂肪等复杂有机物通过水解与发酵转化成脂肪酸、H_2、CO_2 等产物；第二阶段是在产氢产乙酸细菌的作用下，把第一阶段的产物转化成 H_2、CO_2 和乙酸；第三阶段是通过两组生理上不同的产甲烷细菌的作用，把第二阶段的产物转化为 CH_4 和 CO_2 等产物。一组是把 H_2 和 CO_2 转化成甲烷，即：

$$4H_2 + CO_2 \longrightarrow CH_4 + 2H_2O \tag{15-10}$$

另一组是把乙酸脱羧转化为甲烷，即：

$$CH_3COOH \longrightarrow CH_4 + CO_2 \tag{15-11}$$

厌氧发酵过程中还存在一个横向转化过程，即在同型产乙酸细菌的作用下，把 H_2、CO_2 和有机基质转化为乙酸。

实际上，利用厌氧生物处理含有多种复杂组分的有机废弃物时，在厌氧反应器中发生的反应远比上述过程复杂得多，参与反应的微生物种群也更丰富，而且会涉及许多物化反应过程。

15.1.2　厌氧消化过程中的微生物菌群

厌氧消化过程是一个多种厌氧微生物共同参与的复杂过程。根据代谢的差异，可将厌氧消化过程中参与发酵的细菌分成 4 类菌群，即水解发酵细菌群、产氢产乙酸细菌群、同型产乙酸细菌群和产甲烷细菌群。

（1）水解发酵细菌群

水解发酵微生物包括细菌、真菌和原生动物，统称为水解发酵细菌。在厌氧消化系统中，水解发酵细菌的功能主要有两个方面：a. 将大分子的不溶性有机物水解成小分子的水溶性有机物，水解作用是在水解酶的催化作用下完成的。水解酶是一种胞外酶，因此水解过程是在细菌细胞的表面或周围介质中完成的。发酵细菌群中仅有一部分细菌种属具有分泌水解酶的功能，而水解产物一般可被其他的发酵细菌群所吸收利用。b. 发酵细菌将水解产物吸收进细胞内，经细胞内复杂的酶系统的催化转化，将一部分有机物转化为代谢产物，排入细胞外的水溶液里，成为参与下一阶段生化反应的细菌群吸收利用的物质。

厌氧消化系统中发酵细菌利用的最主要基质是纤维素、碳水化合物、脂肪和蛋白质。这些复杂有机物首先在水解酶的作用下分解为水溶性的简单化合物，其中包括单糖、甘油脂肪酸及氨基酸等。这些水解产物再经发酵细菌的胞内代谢，除产生无机物 H_2、CO_2、NH_3 及 H_2S 外，主要转化为一系列的有机酸和醇类等物质而排泄到环境中去，这些代谢产生的有机物中最多的是乙酸、丙酸、丁酸、乙醇和乳酸等，其次是戊酸、己酸、丙酮、异丙酮、丁醇、琥珀酸等。

发酵细菌群根据其代谢功能主要分为以下几类：

① 纤维素分解菌。参与对纤维素的分解，这类细菌利用纤维素并将其转化为 H_2、CO_2、乙醇和乙酸。纤维素的分解是厌氧消化的重要一步，对消化速率起着制约作用。

② 碳水化合物分解菌。这类细菌的作用是将碳水化合物水解成葡萄糖。以具有内生孢子的杆状菌占优势，丙酮、丁醇梭状芽孢杆菌能分解碳水化合物产生丙酮、乙醇、乙酸和 H_2 等。

③ 脂肪分解菌。这类细菌的功能是将脂肪分解成简单脂肪酸，以弧菌占优势。

④ 蛋白质分解菌。这类细菌的作用是将蛋白质水解形成氨基酸，进一步分解成硫醇、NH_3 和 H_2S，以梭菌占优势。

发酵细菌大多数为异养型细菌群，对环境条件的变化有较强的适应性。另外，发酵细菌

的世代期短，数分钟至数十分钟即可繁殖一代。

（2）产氢产乙酸细菌群

产氢产乙酸细菌是能把第一阶段的发酵产物脂肪酸等转化为乙酸、H_2、CO_2 等产物的一类细菌。产氢产乙酸细菌的代谢产物中有分子态氢，所以体系中氢分压的高低对代谢反应的进行起着重要的调控作用。通过产甲烷细菌利用分子态氢以降低氢分压，对产氢产乙酸细菌的生化反应起着重要作用，一旦产甲烷细菌因受环境条件的影响而放慢对分子态氢的利用速率，其结果必然是降低产氢产乙酸细菌对丙酸、丁酸和乙醇的利用。这也说明了厌氧发酵系统一旦出现问题时，经常出现有机酸积累的原因。

（3）同型产乙酸细菌群

在厌氧消化系统中能产生乙酸的细菌有两类：一类是异养型厌氧细菌，能利用有机基质产生乙酸；另一类是混合营养型厌氧细菌，既能利用有机基质产生乙酸，也能利用 H_2 和 CO_2 产生乙酸，反应过程如式（15-12）所示：

$$4H_2+2CO_2 \longrightarrow CH_3COOH+2H_2O \tag{15-12}$$

前者属于发酵细菌，后者称为同型产乙酸细菌。由于同型产乙酸细菌能通过利用氢而降低氢的分压，不仅对产氢的发酵细菌有利，同时对利用乙酸的产甲烷细菌也有利。

（4）产甲烷细菌群

参与厌氧消化第三阶段的菌种是甲烷菌或称为产甲烷细菌，是甲烷发酵阶段的主要细菌，属于绝对的厌氧菌。产甲烷细菌的能源和碳源物质主要有 H_2/CO_2、甲酸、甲醇、甲胺和乙酸，主要代谢产物是甲烷。

15.1.3　厌氧消化过程的影响因素

一般认为影响厌氧发酵过程的主要因素有两类：一类是工艺条件，包括有机废弃物的组分、负荷率（水力停留时间与有机负荷）、厌氧活性污泥浓度、混合接触状况等；另一类是环境因素，如温度、pH 值、碱度、氧化还原电位、有毒物质等。这些因素都应是工艺可控条件，它们相互之间是紧密相关的。

15.1.3.1　工艺条件的影响

（1）原料组分

有机废弃物是厌氧生物处理的对象，它的组分对厌氧生物处理效果有直接影响。有机废弃物的可生化性是厌氧生物处理的基本条件，通常采用 BOD_5/COD 值来判断，一般认为：$BOD_5/COD \geq 0.3$，即可进行生物处理；$BOD_5/COD = 0.3 \sim 0.6$，认为生化性较好，宜于生物处理；$BOD_5/COD \geq 0.6$，认为生化性良好，最适于生物处理。按照这一判断依据可知：由于餐厨垃圾、农林废弃物的有机成分较多，是最适于厌氧消化产甲烷的；对于人畜粪便、工业废水、市政污泥、工业污泥等，则必须视其组成特性进行调配，才适宜于厌氧消化制甲烷。

1）营养比例

不同微生物在不同环境条件下所需的碳、氮、磷的比例不完全一致。大量试验表明，$C:N:P = (200 \sim 300):5:1$ 为宜，其中 C 以 COD 计算，N、P 以元素含量计算。此比值大于好氧法中的 $100:5:1$，这与厌氧微生物对碳素营养成分的利用率较好氧微生物低有关。在碳、氮、磷比例中，碳氮比例对厌氧消化的影响更为重要。研究表明，合适的碳氮比应为

（10~18）∶1，如图 15-3 和图 15-4 所示。

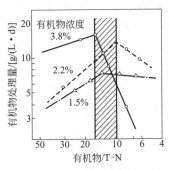

图 15-3　氮浓度与处理量的关系

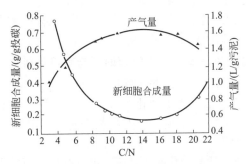

图 15-4　碳氮比与新细胞合成量及产气量的关系

在厌氧处理时提供的氮源，除满足合成菌体所需之外，还有利于提高反应器的缓冲能力。若氮源不足，即碳氮比太高，则不仅厌氧细菌增殖缓慢，而且消化液的缓冲能力降低，pH 值容易下降。反之，则将导致系统中氨的过分积累，pH 值上升至 8.0 以上，抑制产甲烷细菌的生长繁殖，使消化效率降低。

添加 NH_3-N 因提高了消化液的氧化还原电位而使甲烷产率降低，所以氮素以加入有机氮和 NH_4^+-N 营养物为宜。

2）有毒物质浓度

当某些物质浓度超过一定范围时，会对产甲烷消化产生毒性抑制，常见的有毒物质主要有重金属及阴离子 S^{2-}。某些物质对产甲烷消化的毒阈浓度如表 15-1 所示。

表 15-1　某些物质对产甲烷消化的毒阈浓度

物质名称	毒阈浓度界限/(mol/L)	物质名称	毒阈浓度界限/(mol/L)
碱金属和碱土金属 Ca^{2+}、Mg^{2+}、Na^+、K^+	$10^{-1} \sim 10^6$	胺类	$10^{-5} \sim 10^0$
重金属 Cu^{2+}、Zn^{2+}、Ni^{2+}、Hg^{2+}、Fe^{2+}	$10^{-5} \sim 10^{-3}$	有机物质	$10^{-6} \sim 10^0$
H^+ 和 OH^-	$10^{-6} \sim 10^{-4}$		

多种金属离子共存时，毒性有相互拮抗作用，允许浓度可提高。如 Na^+ 单独存在时的毒阈界限浓度为 7000mg/L，而与 K^+ 共存时，若 K^+ 的浓度为 3000mg/L，则 Na^+ 的毒阈界限浓度还可提高 80%，即达到 12600mg/L。S^{2-} 的来源有硫酸盐还原和蛋白质分解过程。当硫酸盐浓度超过 5000mg/L 时，即可对产甲烷消化产生抑制作用，而且硫酸盐还原与产甲烷过程竞争 H^+；在蛋白质分解过程中，NH_4^+ 浓度超过 150mg/L 时，消化即受到抑制。

此外，为了保证产甲烷细菌的活性，促进产甲烷消化过程的顺利进行，要保持消化液的缓冲作用平衡，以维持消化池中 pH 值稳定，必须保持碱度在 2000mg/L 以上。由于脂肪酸是甲烷发酵的底物，为了维持产甲烷过程，其浓度也应维持在 2000mg/L 左右。

3）重金属

微量的重金属对厌氧细菌的生长可能会起到刺激作用，但当其过量时却有抑制微生物生长的可能性。一般认为重金属离子可与菌体细胞结合，引起细胞蛋白质变性并产生沉淀。研究表明，在重金属的毒性大小排列次序上，Ni > Cu > Pb > Cr > Cd > Zn。

毒物的浓度并不等于毒物负荷，在毒物浓度相同的情况下，如果反应器中微生物量多，则相应单位微生物量所忍受的毒物负荷就少。这种现象也可以从重金属离子对微生物毒性的毒理中得到解释。如厌氧生物反应器中微生物浓度高，引起细菌细胞蛋白质变性而产生沉淀

的菌体数占总的活菌数比例就少，相对来说在反应器中剩余的活性微生物就越多，在引起细菌细胞蛋白质变性的同时，重金属离子也相对去除，而剩余的活性微生物可立即得到生长与繁殖，很快就可使反应器复苏。所以在微生物保持较高浓度的新型厌氧生物反应器中，有可能忍受更高的重金属离子浓度。

（2）负荷率（水力停留时间与有机负荷）

厌氧消化的好坏与生物固体停留时间（solid retention time，SRT）有直接关系，对于无回流的完全混合厌氧消化系统，SRT等于水力停留时间（hydraulic retention time，HRT）。随着水力停留时间的延长，有机物降解率和甲烷产率可以得到提高，但提高的幅度与有机物的性质、温度条件、有无毒物等因素相关。

另外，厌氧消化的效果还取决于有机负荷的大小。厌氧消化的有机负荷一般以容积负荷表示，容积负荷表示单位反应器每日接受的有机物的质量（可按VS计或按COD计）。

容积负荷率N_V：反应器单位有效容积在单位时间内接纳的有机物量称为容积负荷率，单位为kg COD/$(m^3 \cdot d)$或kg BOD$_5$/$(m^3 \cdot d)$。

污泥负荷率N_S：反应器内单位重量的污泥在单位时间内接纳的有机物量，称为污泥负荷率，单位为kg BOD$_5$/(kg MLSS · d)、kg BOD$_5$/(kg MLVSS · d)或者kg COD/(kg MLSS · d)、kg COD/(kg MLVSS · d)。

有机负荷是影响厌氧消化效率的一个重要因素，直接影响产气量和处理效率。在一定范围内，随着有机负荷的提高，产气率即单位质量物料的产气量趋向下降，而消化反应器的容积产气量则增多，反之亦然。对于具体应用场合，进料的有机物浓度是一定的，有机负荷或投配率的提高意味着停留时间缩短，则有机物分解率将下降，势必使单位质量物料的产气量减少。但因反应器相对的处理量增多了，单位容积的产气量将提高。

厌氧处理系统的正常运行取决于产酸与产甲烷反应速率的相对平衡。一般产酸速率大于产甲烷速率，若有机负荷过高，则产酸率将大于用酸（产甲烷）率，挥发酸将累积而使pH值下降，破坏产甲烷阶段的正常运行，严重时产甲烷作用停顿，系统失败，并难以调整复苏。此外，有机负荷过高，则过高的水力负荷还会使消化系统中污泥的流失速率大于增长速率而降低消化效率。这种影响在常规厌氧消化工艺中更加突出。相反，若有机负荷过低，物料产气率或有机物去除率虽可提高，但容积产气率降低，反应器容积将增大，使消化设备的利用效率降低，投资和运行费用提高。

（3）厌氧活性污泥浓度

厌氧活性污泥主要由厌氧微生物及其代谢和吸附的有机物、无机物组成。厌氧活性污泥的浓度和性状与消化的效能有密切关系。性状良好的厌氧活性污泥是消化效率的基本保证。厌氧活性污泥的性质主要表现为它的作用效能与沉淀性能，前者主要取决于活微生物的比例及其对底物的适应性和活微生物中生长速率低的产甲烷细菌的数量是否达到与不产甲烷细菌数量相适应的水平。厌氧活性污泥的沉淀性能是指污泥混合液在静止状态下的沉降速率，它与污泥的凝聚性有关。

厌氧生物处理时，有机物主要靠活性污泥中的微生物分解去除，因此在一定范围内，活性污泥浓度越高，厌氧消化的效率也越高。但达到一定程度后，效率的提高不再明显，这主要是因为：a.厌氧污泥的生长率低、增长速率慢，积累时间过长后，污泥中无机成分比例增高，活性降低；b.污泥浓度过高有时易引起堵塞而影响正常运行。

（4）混合接触状况

混合搅拌是提高消化效率的工艺条件之一。在厌氧消化反应器中，生物化学反应是依靠

传质而进行的，而传质的产生必须通过基
质与微生物之间的实际接触。在厌氧消化
系统中，只有实现基质与微生物之间的充
分而有效的接触，才能发生生化反应，才
能最大限度地发挥反应器的处理效能。在
没有搅拌的厌氧消化反应器中，料液常有
分层现象。通过搅拌可消除反应器内的物
料浓度梯度，增加物料与微生物之间的接
触，避免产生分层，促进沼气分离。在连
续投料的消化池中，可使进料迅速地与池
中原料液相混合，如图15-5。

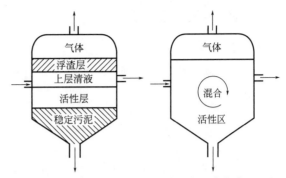

图 15-5　厌氧反应器的静止与混合状态

采取搅拌措施能显著提高厌氧消化的效率，但是对于混合搅拌的程度与强度尚有不同的
观点，如对于混合搅拌与产气量的关系，有资料说明，适当搅拌优于频频搅拌，也有资料说
明，频频搅拌效果较好。一般认为，产甲烷细菌的生长需要相对较宁静的环境，消化池的每
次搅拌时间不应超过1h。也有人认为消化反应器内的物质移动速度不宜超过0.5m/s，因为
这是微生物生命活动的临界速度。搅拌的作用还与污泥的性状有关。当含不溶性物质较多
时，因易于生成浮渣，搅拌的功效更加显著；对含可溶性废物或易消化悬浮固体的污泥，搅
拌的功效相对小一些。

反应器的构造不同，实现接触传质的方式也不一样，归纳起来大致有3种接触传质方
式，即人工搅拌接触、水力流动接触和沼气搅动接触。

1）人工搅拌接触

人工搅拌接触就是利用外加的机械力、水力或气力对反应器中的反应液进行人工搅拌混
合，完全混合厌氧消化池、厌氧接触工艺系统中的生物反应池均采用这种接触方式。

2）水力流动接触

水力流动接触就是进料以某种方式流过厌氧活性污泥层，实现基质与微生物的接触传
质。典型代表为升流式厌氧污泥床反应器。在升流式厌氧污泥床反应器内，当进料穿过厌氧
活性污泥床而上升时，实现微生物与基质的接触，由于进料速度小难以均匀分配，所以这种
接触方式是不充分的。为了强化接触传质，可采用脉冲方式进泥，在进泥点形成了强度较大
的股流，并在其周围产生小范围的涡流和环流，增强接触传质效能。

3）沼气搅动接触

所有厌氧生物反应器内都有沼气产生，厌氧生化反应中产生的气体以分子状态排出细胞
并溶于水中，当溶解达到过饱和时，便以气泡形式析出，并就近附着于疏水性的污泥固体表
面。最初析出的气泡十分微小，随后许多小气泡在水的表面张力作用下合并成大气泡。沼气
泡的搅动接触有两种形式：a. 在气泡的浮力作用下，污泥颗粒上下移动，与反应液接触；
b. 大气泡脱离污泥固体颗粒而上升时，起到搅动反应液的效果。当反应器的负荷率较大时，
单位面积上的产气量就大，气泡的搅动接触作用十分明显。

在厌氧接触系统中，进行连续的搅拌可以实现反应液的完全混合，加速生化反应的进
行。在完全混合厌氧消化池中，可采用水力提升器进行水力循环搅拌，也可采用沼气进行气
力循环搅拌，或采用螺旋桨进行机械循环搅拌，从效能上看以沼气循环搅拌为最佳，机械搅
拌次之，水力循环搅拌最差。

对于大多数厌氧生物反应器，以上3种接触方式中可能同时存在其中两种接触方式，如
升流式厌氧污泥床反应器内既有水力流动接触又有沼气搅动接触。

15.1.3.2 环境因素的影响

（1）温度

温度是影响微生物生命活动过程的重要因素之一，对厌氧微生物及厌氧消化过程的影响尤为显著。

根据厌氧消化温度的不同，可把消化过程分为常温消化、中温消化（28~38℃）和高温消化（48~60℃）。常温消化也称自然消化、变温消化，其主要特点是消化温度随着自然气温的四季变化而变化，但常温消化过程的甲烷产量不稳定，转化效率低。一般认为 15℃是厌氧消化在实际工程应用中的最低温度。在中温消化条件下，温度控制在 28~38℃，此时甲烷产量稳定，转化效率高。但因中温消化的温度与人体温接近，故对寄生虫卵及大肠杆菌的杀灭率较低。高温消化的温度控制在 48~60℃，因而分解速率快，处理时间短，产气量大，并且能有效杀死寄生虫卵。高温对寄生虫卵的杀灭率可达 99%以上，大肠杆菌指数为 10~100，能满足卫生要求（卫生要求对蛔虫卵的杀灭率应达到 95%以上，大肠杆菌指数为 10~100）。但高温消化需要加热和保温设备，对设备工艺和材料要求高。消化时间是指达到产气总量 90%时所需的时间，中温消化的消化时间约为 20 天，高温消化所用的时间要少得多，约为 10 天。

产甲烷细菌对温度的剧烈变化比较敏感，温度的急剧变化和上下波动不利于厌氧消化。研究表明，在厌氧消化过程中，温度在 10~35℃范围内，甲烷的产率随温度升高而提高；温度在 35~40℃范围内，甲烷的产率最大；温度高于 40℃时甲烷产率呈下降趋势。温度低于最优范围时，温度每下降 1℃，消化速率下降 11%。短时间内温度升降 5℃，沼气产量将明显下降，同时会影响沼气中的甲烷含量，尤其是高温发酵对温度变化更为敏感。因此，厌氧消化过程要求温度相对稳定，一天内的温度变化不超过 2~3℃/h。

（2）pH 值

pH 值也是影响厌氧消化微生物生命活动过程的重要因素之一。一般认为 pH 值对微生物的影响主要表现在以下几个方面：a. 各种酶的稳定性均与 pH 值有关；b. pH 值直接影响底物的存在状态，细菌细胞膜对其透过性就有所不同，如当 pH＜7 时，各种脂肪酸多以分子状态存在，易于透过带负电的细胞膜，而当 pH＞7 时，一部分脂肪酸电离成带负电的离子，就难以透过细胞膜；c.透过细胞膜的游离有机酸在细胞内重新电离，改变胞内 pH 值，影响许多生化反应的进行及 ATP 的合成。

参与厌氧消化的产酸细菌和产甲烷细菌所适应的 pH 值范围并不一致。产酸细菌能适应的 pH 值范围较宽，在最适宜的 pH 值范围 6.5~7.0 时，生化反应能力最强。pH 值略低于6.5 或略高于 7.5 时也有较强的生化反应能力。产甲烷细菌能适应的 pH 值范围较窄，各种产甲烷细菌要求的最适宜 pH 值各不相同，如消化反应器中几种常见中温菌的最适宜 pH 值分别为：甲酸甲烷杆菌为 6.7~7.2，布氏甲烷杆菌为 6.9~7.2，巴氏甲烷八叠球菌为 7.0。可见产甲烷细菌的最适宜 pH 值为 6.7~7.2。

厌氧消化反应液的实际 pH 值主要由溶液中酸性物质及碱性物质的相对含量决定，而其稳定性则取决于溶液的缓冲能力。厌氧消化反应液中的酸碱物质有两方面的来源：原料中存在的酸碱物质和生化反应中产生的酸碱物质。一般来说，用于厌氧生物处理的绝大多数有机废弃物（如农林废弃物、生活垃圾等），基本属于中性，对厌氧过程没有任何不良反应；而对于人畜粪便、有机工业废水和污泥等有机废弃物，其中所含酸碱物质主要是一些弱酸和弱碱，其 pH 值大多在 6.0~7.5 之间，有些有机废水的 pH 值可能低至 4.0~5.0，但因酸性物质多是有机酸，随着厌氧消化反应的不断进行，它们会不断减少，pH 值会自然回升，最终维持在中性附近。在厌氧消化过程中会产生各种酸性和碱性物质，它们对消化反应液的 pH 值往往起支配作用。

传统厌氧消化系统通常要维持一定的 pH 值，使其不限制产甲烷细菌的生长，并阻止产酸细菌（可引起挥发性脂肪酸累积）占优势，因此，必须使反应器内的反应物能够提供足够的缓冲能力来中和任何可能的挥发性脂肪酸积累，这样就阻止了在传统厌氧消化过程中局部酸化区域的形成。而在两相厌氧消化系统中，各相可以调控不同的 pH 值，以便使产酸过程和产甲烷过程分别在最佳的条件下进行，pH 值的控制对产甲烷阶段尤为重要。

（3）碱度

消化液中形成的碱性物质主要是氨氮，它是蛋白质、氨基酸等含氮物质在发酵细菌脱氨基作用下形成的。消化液的碱度通常由其中氨氮的含量决定，它能中和酸而使消化液保持适宜的 pH 值。

在消化系统中，NH_3 和 CO_2 反应生成 NH_4HCO_3，使消化液具有一定的缓冲能力，在一定范围内避免 pH 值的突然降低。缓冲剂是在有机物分解过程中产生的，消化液中有 H_2CO_3、氨（NH_3 和 NH_4^+）和 NH_4HCO_3 存在。HCO_3^- 和 H_2CO_3 组成缓冲溶液，当溶液中脂肪酸浓度在一定范围内变化时，不足以导致 pH 值变化。该缓冲溶液一般以碳酸盐的总碱度计。因此在消化系统中，应保持碱度在 200mg/L 以上，使其有足够的缓冲能力。在消化系统管理过程中，应经常测定碱度。

氨有一定的毒性，一般不宜超过 1000mg/L。氨的存在形式有 NH_3 和 NH_4^+，两者的平衡浓度取决于 pH 值。当有机酸积累、pH 值下降时，NH_3 解离为 NH_4^+，当 NH_4^+ 的浓度超过 150mg/L 时，消化受到抑制。

厌氧处理运行中，沼气的产量及组分直接反映厌氧消化的状态。在沼气中一般测不出氢气，含有氢气意味着反应器运行不正常。在反应器稳定运行时，沼气中的甲烷、二氧化碳含量基本是稳定的，此时甲烷含量最高、CO_2 含量最低，产气率也是稳定的。当反应器受到某种冲击时，其沼气组分就会变化，甲烷含量降低、CO_2 含量增加、产气量减少。在工程中沼气计量可以直接读出，沼气中的甲烷、CO_2 分析也较容易，因此监测反应器的沼气产量与组分是控制反应器运行的一种简便易行的方法，其敏感程度常优于 pH 值的变化。

（4）丙酸

丙酸是厌氧消化处理过程中的一个重要中间产物，有研究指出，在某些有机废弃物（如工业废水、剩余污泥等）的厌氧消化系统中，甲烷产量的 35%是由丙酸转化而来的。同其他的中间产物（如丁酸、乙酸等）相比，丙酸向甲烷转化的速率是最慢的，有时丙酸向甲烷的转化过程限制了整个系统的产甲烷速率。丙酸的积累会导致系统产气量的下降，这通常是系统失衡的标志。

丙酸浓度的增加对产甲烷细菌有抑制作用，因此丙酸积累会造成系统失衡。控制厌氧消化系统中的丙酸积累，应控制合适的条件以减少丙酸的产生，同时创造有利条件促进丙酸转化。首先，可以采用两相厌氧消化工艺。水解产酸细菌和产甲烷细菌的最佳生长环境条件不同，通过相分离可以有效地为两类微生物提供优化的环境条件。适当控制产酸相的 pH 值从而抑制丙酸的产生，在产甲烷相中，由于较低的氢分压以及利用氢的产甲烷细菌的存在，促进丙酸被有效转化，从而提高反应器效率和系统稳定性。在高温厌氧处理中，当丙酸是主要的有机污染物而氢气的产生不可避免时，应采用两相厌氧反应器，在第二相中，丙酸可以被去除。两相系统处理能力提高的原因主要是在第二个反应器中，氢分压的降低促进了丙酸的

氧化。

有机负荷的提高往往造成丙酸的产生，从而导致丙酸的积累和系统的失衡，所以，为了抑制厌氧消化系统中的丙酸积累，还可以选择抗冲击负荷的反应器形式。

（5）挥发性脂肪酸

挥发性脂肪酸是厌氧消化过程中重要的中间产物。厌氧消化过程中，负荷的急剧变化、温度的波动、营养物质的缺乏等常常造成挥发性酸的积累，从而抑制产甲烷细菌的生长。在正常运行的中温消化池中，挥发性脂肪酸的质量浓度一般在 $200 \sim 300 mg/L$ 之间。对于挥发性脂肪酸是否是毒性物质，一直存在争议。部分研究人员认为，有机酸浓度超过 $2000 mg/L$ 时就会对厌氧消化不利。而麦卡蒂等则认为，只要 pH 值正常，则产甲烷细菌能够忍受浓度高达 $6000 mg/L$ 的有机酸。

（6）氧化还原电位

厌氧环境是严格厌氧的产甲烷细菌繁殖的最基本条件之一，主要标志是发酵液具有低的氧化还原电位，其值应为负值。某一化学物质的氧化还原电位是该物质由其还原态向其氧化态转化时的电位差。一个体系的氧化还原电位是由该体系中所有形成氧化还原电对的化学物质的存在状态决定的。体系中氧化态物质所占比例越大，其氧化还原电位就越高，形成的环境就越不适于厌氧微生物的生长；反之，如果体系中还原态物质所占比例越大，其氧化还原电位就越低，形成的厌氧环境就越适于厌氧微生物的生长。

不同的厌氧消化系统要求的氧化还原电位值不尽相同，同一系统中不同细菌群要求的氧化还原电位也不尽相同。高温厌氧消化系统要求适宜的氧化还原电位为 $-600 \sim -500 mV$，中温厌氧消化系统要求适宜的氧化还原电位应低于 $-380 \sim -300 mV$。产酸细菌对氧化还原电位的要求不甚严格，甚至可在 $-100 \sim +100 mV$ 的兼性条件下生长繁殖，而产甲烷细菌最适宜的氧化还原电位为 $-350 mV$ 或更低。

厌氧细菌对氧化还原电位敏感的原因主要是菌体内存在易被氧化剂破坏的化学物质以及菌体缺乏抗氧化的酶系，如：产甲烷细菌细胞中的 F_{420} 因子就对氧极其敏感，受到氧化作用时即与酶分离而使酶失去活性；严格的厌氧细菌都不具有超氧化物歧化酶和过氧化物酶，无法抑制各种强氧化状态物质对菌体的破坏作用。

一般情况下，氧溶入发酵液是引起发酵系统氧化还原电位升高的最主要和最直接的因素。但除氧以外，其他一些氧化剂或氧化态物质的存在同样能使体系中的氧化还原电位升高，当其浓度达到一定程度时，同样会危害厌氧消化过程的进行。由此可见，体系中的氧化还原电位比溶解氧浓度更能全面反映发酵液所处的厌氧状态。

控制低的氧化还原电位主要依靠以下措施：a. 保持严格的封闭系统，杜绝空气的渗入，这也是保证沼气纯净及预防爆炸的必要条件；b. 通过生化反应消耗进料中带入的溶解氧，使氧化还原电位尽快降低到要求值。有资料表明，废水进入厌氧反应器后，通过剧烈的生化反应，可使系统的氧化还原电位降到 $-200 \sim -100 mV$，继而降至 $-340 mV$，因此在工程上没有必要对进水施加特别的耗资昂贵的除氧措施，但应防止废水在厌氧处理前的湍流曝气和充氧。

15.1.4 厌氧发酵的方式

根据进料总固体（TS）含量，沼气发酵可分为湿式发酵（TS < 15%）、半干式发酵（TS 介于 15%~20%）和干式发酵（TS 介于 20%~40%）。目前，绝大多数有机废弃物的厌氧发酵过程都是在发酵池内以水为媒介进行的，这种发酵方式称为湿发酵。

对于农林废弃物等固体物料的厌氧发酵过程，除可采用湿发酵外，也可采用干发酵工艺。干发酵（dry anaerobic digestion）又称固态发酵（solid-state fermentation），以固体有机废弃物为原料，体系中的 TS 含量一般为 20%~40%。相较于湿发酵，干发酵处理相同体积的有机垃圾需要的反应器体积较小；除了 TS>50% 的垃圾，一般不需要加大量水稀释，预处理简单、对杂质的去除没有湿发酵工艺的要求高、脱水设备也较为便宜；单位体积内的有机负荷率相对较高，且消化速率较快，因此具有原料利用范围广、有机负荷高、污水处理量少、能耗低、工程占地少等优势。但干发酵工艺需要昂贵的传送及消化处理设备，而且由于盐和重金属的浓度较高，毒性较大，其中氨毒性是主要问题。

15.2　农林废弃物厌氧发酵制甲烷

农林废弃物来源广泛，品种多样，包括农产品加工剩余物、农作物秸秆、林业加工废弃物等，目前已成为广大农村地区户用沼气的主要原料之一。

15.2.1　原料的前处理

对于农林废弃物的厌氧发酵过程，为提高厌氧发酵效率，降低抑制物含量，加快水解速率，通常需要对这些原料进行前处理。

农林废弃物的预处理工艺包括收集、储藏、运输、干燥和粉碎等工序。

（1）收储运模式

原料的收储运是木质纤维素类原料能源化利用的基础。目前国外的收储运技术路线是将原料打捆、装载、运输、堆垛。目前我国秸秆的收储运模式主要有分散型收储运模式和集中型收储运模式。

分散型收储运模式主要以农户、专业户和秸秆经纪人等为主体，把分散的秸秆收集起来后提供给企业。具体有"公司+散户"型模式和"公司+经纪人"型模式。分散型收集模式可将秸秆的储存、运输分散到广大农村和农户去解决，可以将收晒储存问题化整为零地加以解决，可降低企业对原料的投资、管理和维护成本。但这种模式导致企业所需的原料受制于农户、经纪人，同时也存在由原料竞争导致随机收购价格升高的可能性。

集中型收储运模式主要以专业原料收储运公司和农场为主体，负责原料的收集、晾晒、储存、保管及运输，并按照企业要求对交售的原料进行质量把关和统一存放。主要有"公司+基地"型模式和"公司+收储运公司"型模式。采用集中型收储运模式，收储运公司需建设大型原料收储站，占用土地多，还要进行防雨、防潮、防火和防雷等设施建设，并需投入大量人力、物力进行日常维护和管理，一次性投资较大，折旧费用和财务费用等固定成本较高，但该模式可从根本上解决原料供应的随意性和风险，确保原料的质量及其供应的长期稳定性，这将成为主要的发展方向。

（2）粉碎

粉碎是利用机械的方法克服固体物料内部的凝聚力而将其分裂的一种工艺，即用机械力将物料由大块破碎成小块。根据物料粉碎方式和粉碎手段的不同，可将粉碎技术分为铡切式粉碎、锤片式粉碎、揉切式粉碎、组合式粉碎。

铡切式粉碎机又叫铡草机或切碎机，其主要功能是切碎物料的茎秆。铡切式粉碎机的工作原理是利用动定刀所产生的剪力切断农作物的茎秆，达到粉碎的目的。铡切式粉碎机具有结构简单、生产率高等优点。

锤片式粉碎机是利用高速旋转的锤片对要粉碎的物料产生强大的冲力进而达到粉碎物料的目的。该机型的主要特点是结构简单、适应性强、维修方便、粉碎质量好、生产能力强等。锤片式粉碎机按结构可分为立式和卧式，按喂入方式可分为轴向式、径向式等。

揉切式粉碎机主要由揉搓机和揉碎机两种机型构成。揉搓机的工作原理是在粉碎机的凹板上安装能改变高度的齿板和定刀，且呈螺旋走向，喂入的物料经受高速旋转锤片的打击，并且沿轴向流动，当粉碎物料达到一定的粉碎程度时，就会通过齿板空隙落入输送室并被输送机构收集。揉碎式粉碎是铡切与粉碎的结合，经揉碎机加工出来的物料一般呈柔软蓬松的丝状。揉搓机最主要的机构是转子机构，转子机构中的锤片一般采用螺旋式排列。揉搓设备示意图如图 15-6。

揉搓机仍然存在生产效率低、能耗高和不能很好地适应高湿性或高韧性物料的问题。汪莉萍等人将现有的稻秆切碎、粉碎、揉搓等功能融在一个设备中，设计出了组合式稻秆粉碎机，如图 15-7 所示，将进料口设计成自动进料装置，在出料口处安装风机设备，提高了生产率，保证了粉碎质量，减少了人力，降低了能耗。这种复合式稻秆粉碎机适应能力强，对高湿、韧性强的物料都可以加工，适用范围广泛。

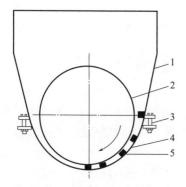

图 15-6　揉搓设备示意图
1—上机体；2—揉搓转子；3—调节螺栓；
4—底壳体；5—揉搓齿杆

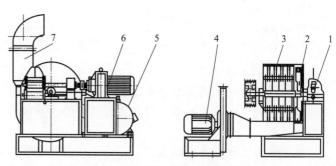

图 15-7　组合式稻秆粉碎机示意图
1—进料机构；2—动力切碎结构；3—揉搓机构；4—输送电机；
5—主电机；6—进料机构调速电机；7—出料管

15.2.2　进料设备

根据原料 TS（总固体浓度，即样品中干物质的含量）不同选用厌氧进料泵，低浓度可选用潜污泵、液下泵，高浓度可选用螺杆泵、螺旋输送机和液压固体泵。螺杆泵是目前国内外沼气工程中应用最广泛的输送泵，但存在维修费用高、能耗高的缺点，对于 TS 超过 25%的原料无法输送。针对干法高浓度物料，欧洲现在主要采用的进料泵有三级螺旋进料泵、凸轮转子泵和高密度固体液压泵等。

（1）螺杆泵

螺杆泵是一种容积式转子泵，主要工作部件由定子和转子组成，相互配合的转子和定子形成了互不相通的密封腔，当转子在定子内转动时，密封空腔沿轴向泵的吸入端向排出端方向运动，介质在空腔内连续地由吸入端输向排出端。螺杆泵的突出优点是输送介质时不形成涡流，对介质的黏性不敏感，可输送高黏度介质。但定子和转子较易损坏，需定期更换。

（2）螺旋输送机

螺旋输送机的工作原理是旋转的螺旋叶片将物料推移而进行螺旋输送，并通过物料自身重量和螺旋输送机机壳对物料的摩擦阻力，使物料与螺旋输送机叶片分离（如图 15-8）。螺旋输送机在输送形式上分为有轴螺旋输送机和无轴螺旋输送机两种。有轴螺旋输送机适用于无黏性的干粉物料和小颗粒物料，如水泥、粉煤灰等，而无轴螺旋输送机适合输送有黏性的和易缠绕的物料，如污泥、生物质等。

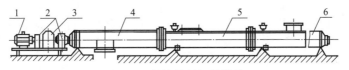

图 15-8　螺旋输送机的结构
1—电动机；2—联轴器；3—减速器；4—头节；5—中间节；6—尾节

（3）液压固体泵

液压活塞泵或固体泵，由液压动力驱动液压油缸，从而推进输送缸，将输送缸内的物料输出至管道，如图 15-9。一般分为单柱塞和双柱塞，德国普茨迈斯特公司生产的 EKO 单柱塞泵和 KOS、KOV、HSP 三种双柱塞泵是最具代表性的液压固体泵，不仅能将固体有机垃圾输送至厌氧发酵反应器，还能在输送过程中对杂质（如小刀、勺子、瓶盖、玻璃等）进行有效分离。其优点是运行非常稳定、可靠，但噪声较大，输送压力可高达 130MPa，排量可达 $0.5 \sim 500 \mathrm{m}^3/\mathrm{h}$。

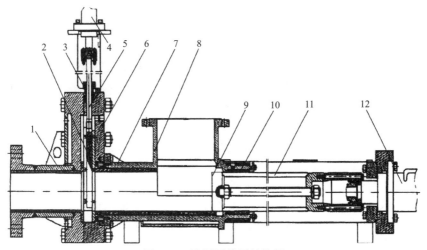

图 15-9　液压固体泵结构图
1—泵头；2—闸板；3—阀杆密封；4—小液压缸；5—阀杆；6—泵体；7—缸体衬套；
8—泵体；9—柱塞头；10—柱塞密封；11—柱塞体；12—大液压缸

15.2.3　厌氧消化反应器

农林废弃物的厌氧消化过程一般在完全混合式反应器（complete stirred tank reactor, CSTR）中进行。

完全混合式厌氧消化池由池顶、池底和池体三部分组成，常用钢筋混凝土筑造。池体可分圆柱形、椭圆形和龟甲形，常用的形状为圆柱形。消化池顶的构造有固定盖和浮动盖两种，国内常用固定盖池顶。固定盖为一弧形穹顶，或截头圆锥形，池顶中央装集气罩。浮动盖池顶为钢结构，盖体可随池内液面变化或沼气贮量变化而自由升降，保持池内压力稳定，

防止池内形成负压或过高的正压。图 15-10 所示为固定盖式消化池，图 15-11 所示为浮盖式消化池。消化池池底为一个倒截圆锥形，有利于排泥。

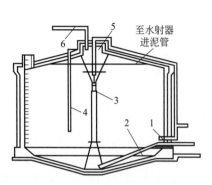

图 15-10　固定盖式消化池
1—进泥管；2—排泥管；3—水射器；4—蒸气罩；5—集气罩；6—污泥气管

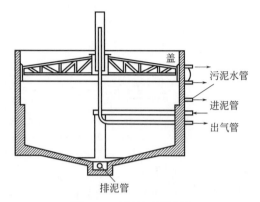

图 15-11　浮盖式消化池

消化液的均匀混合程度对消化池的正常运行影响很大，因此搅拌设备也是消化池的重要组成部分。搅拌设备一般置于池中心。当池子直径很大时，可设若干个均布于池中的搅拌设备。机械搅拌方法有泵搅拌、螺旋桨式搅拌和喷射泵搅拌。

温度是影响微生物生命活动的重要因素之一。为了保证最佳消化速率，消化池一般均设有加热装置。常用加热方式有三种：a. 污泥在消化池外先经热交换器预热到设定温度后再进入消化池；b. 热蒸汽直接在消化器内加热；c. 在消化池内部安装热交换器。a 和 c 两种方式可利用热水、蒸汽或热烟气等废热源加热。

完全混合式厌氧消化池的负荷，中温条件下一般为 $2\sim3kg\ COD/(m^3\cdot d)$，高温条件下为 $5\sim6kg\ COD/(m^3\cdot d)$。

完全混合式厌氧消化池的特点是：可以直接处理悬浮固体含量较高或颗粒较大的料液；在同一个池内实现厌氧发酵反应和液体与污泥的分离，在消化池的上部留出一定的体积以收集所产生的沼气，结构比较简单；进料大多是间歇进行的，也可采用连续进料方式。但同时也存在缺乏持留或补充厌氧活性污泥的特殊装置，消化弛中难以保持大量的微生物和细菌。对无搅拌的消化弛，还存在料液分层现象严重、微生物不能与料液均匀接触、温度不均匀、消化效率低等缺点。

15.2.4　搅拌装置

预处理搅拌机主要应用于集水池、匀浆池和调节池的粪水搅拌均质，防止颗粒在池壁池底凝结沉淀。主要有潜水搅拌机和立式搅拌机。

(1) 潜水搅拌机

潜水混合搅拌机选用多级电机，采用直联式结构，能耗低，效率高；叶轮通过精铸或冲压成型，精度高，推力大，结构紧凑。潜水搅拌机由螺旋桨、减速箱、电动机、导轨和升降吊架组成。

(2) 立式搅拌机

根据选择的工艺路线不同，预处理中针对不同搅拌的要求可选用不同桨叶形式的立式搅拌器。传统的框式搅拌器结构简单，但体积、质量大，效果较低。推进式搅拌器的高效曲面轴流桨是典型轴流桨，适合低黏度流体的混合搅拌，具有低剪切、强循环、高速运行、低能耗的特点，属于能源环保型搅拌器。

能源生态型高浓度沼气发酵工程中匀浆池、进料池等需要搅拌的单元，粪浆 TS 浓度高、黏度高、含有一定的颗粒物，不适合采用常规的潜水/立式搅拌机。四折叶开启涡轮搅拌器具有循环剪切能力，中低速运行，适用于一定浓度和黏度的物料混合搅拌。

无论采取何种形式的搅拌器，都应注意物料中不应有长纤维、塑料袋等易缠绕搅拌器的杂物。

15.2.5　户用沼气池的生产管理

户用沼气池正常启动后，直到出料停止运转，这段时间为沼气池发酵运转阶段，运转是否正常，和沼气池的日常管理工作密切相关。沼气池管理的好坏直接影响沼气质量和产量。为了保证沼气池产气正常，在日常管理中应注意以下几个方面。

(1) 进料和出料要经常化

进料和出料经常化的目的主要是满足沼气微生物生活所必需的原料，以利于沼气微生物的新陈代谢。进料和出料的原则是：先进料后出料，进料和出料体积大致相同。对于正常运转的沼气池，切忌只进料不出料，否则，在料液过满用气时发酵液就会进入导气管导致导气管堵塞。添加新料时，切忌加大用水量，以免降低发酵液浓度，影响产气效果。

对于将沼气池与猪圈及厕所建在一起并相互连通的三结合沼气池，从启动开始便可以陆续向池内进料。但是应估计每天的进料量，当累计进料量达到池容积的 85%~90% 时，开始出料。若进料量不足，则应补加铡短的农作物秸秆以及其他发酵原料。对于非结合的沼气池，启动运行约一个月，当产气量明显下降时，应及时添加新料。要求每 5~6d 加料 1 次，每次加料量占发酵液量的 3%~5%。在此范围内，冬季宜多、宜干（可以 8~9d 加料 1 次）。加秸秆应先用粪水或水压间的料液预湿、堆沤。

(2) 搅拌要经常化

农村户用沼气池一般都未安装搅拌装置，在不搅拌的情况下发酵原料会出现分层现象，从上到下依次是浮渣层、发酵液层和发酵沉渣层。浮渣层发酵原料较多，沼气微生物却很少，原料不能充分利用，而且浮渣层过厚，还会影响沼气进入气箱。发酵液层发酵原料少，水分多，沼气微生物也很少。发酵沉渣层发酵原料多，沼气微生物也多，这是产生沼气的重要部位。由于这 3 个层次的存在，要经常搅拌沼气池内的料液，搅拌有利于打破浮渣层结壳和搅动沉渣，可以使新鲜原料与发酵微生物充分接触，避免沼气池产生短板和死角，提高原料利用率和产气率。搅拌的方法可用长把器物从进料管伸入沼气池内来回拉动，也可以从出料间舀出一部分粪液，倒入进料口，以冲动发酵料液。搅拌每 3~5d 进行 1 次，每次搅拌 3~5min。

(3) 经常检测 pH 值

沼气发酵过程中的产甲烷细菌对环境的要求非常严格，其最适宜的 pH 值范围是 6.8~7.5，所以反应器内的 pH 值应控制在这个范围内，当反应器内的 pH 值低于 6 或高于 8 时，沼气发酵就会受到抑制，甚至停止产气，所以要经常检测 pH 值。配料不当，突然更换添加原料，可能导致发酵液过酸，造成产气量下降或气体中甲烷含量减少。在农村检查 pH 值一般可将 pH 试纸浸泡在发酵液中 1min 左右，然后与标准试纸颜色对照，如发现 pH 值小于 6（即试纸呈土黄色、橙色），说明发酵液呈酸性，应加入适量草木灰、氨水或澄清石灰水调

环境能源工程

节 pH 值至正常范围（6~8）；若 pH 试纸显示橘红色，则表明发酵液呈强酸性，应将大部分或全部料液取出，重新接种，投料启动。

（4）保温

产甲烷细菌是在一定温度范围内进行代谢活动的，在 8~35℃ 范围内，温度越高，产气速率越快。农村户用沼气池一般建于地下，受温度影响较大。对于我国北方地区，冬季气温较低，沼气池内的温度也随之较低，如果低于 10℃，将不能正常产气，所以就必须采取保温措施，保证沼气池正常运行。农村户用沼气池的越冬管理，主要是做好保温措施，防止池体冻坏，并使发酵维持在较好水平，达到较高产气率。越冬管理的时期为寒露到春分，这是因为从寒露开始，气温低于池温，沼气池由吸热变为放热，池温下降速率加快，因此应提早采取保温措施。对于农村户用沼气池常用的保温方法有添加增温剂、池外保温、调节发酵液浓度、搅拌发酵物料提高产气量等。

（5）添加促进剂

促进剂在沼气发酵中有 3 个作用：a. 改善产甲烷细菌的营养状况，满足其营养需要；b. 为发酵微生物提供促进生长繁殖的微量元素；c. 改善和稳定产甲烷细菌的生活环境，加速新陈代谢。促进剂用量小，效果大，但使用过程中应注意：有些促进剂具有两重性，当添加量小或适量时，对沼气发酵有促进作用，如果用量过大，超过一定的限度，则会对发酵产生副作用，变为抑制剂。因此正确使用促进剂非常重要。

15.2.6 户用沼气发酵产物的利用

在户用沼气发酵池中，农林废弃物等经过厌氧发酵，在产生沼气后留下了大量发酵后的残留物——沼液和沼渣。从资源利用的角度出发，应对沼气、沼液和沼渣分别利用。

（1）沼气的利用

农村户用沼气池产生的沼气主要用作民用燃料、用于照明、用于孵化禽类、用于蔬菜种植和用于储粮防虫等。

1）作为民用燃料和用于照明

在广大的农村，沼气可直接作为燃料进行利用或者直接用于照明。将沼气用作农村的能源，不仅清洁卫生，使用方便，而且热效率高。例如，修建一个平均每人 1.0~1.5m³ 的发酵池，人畜粪便以及各种有机废弃物（包括农作物秸秆、餐余垃圾、杂草、落叶、枯枝等）通过发酵后，可基本解决一年四季的燃料和照明发电问题。沼气正在各国农村应用，特别是我国在开发沼气资源方面具有独特的优势。

2）用于孵化禽类

用沼气孵化禽类可以避免传统的炭孵和炕孵工艺造成的温度不稳定和一氧化碳中毒现象。沼气孵化技术可靠，操作方便，孵化率高，不污染环境。

3）用于蔬菜种植

把沼气通入种植蔬菜的大棚或温室内燃烧，利用沼气产生二氧化碳进行气体施肥，不仅具有明显的增产效果，而且符合无公害蔬菜生产的要求。

4）用于储粮防虫

沼气中含氧量极低，向储粮装置中输入适量的沼气并密闭停留一定时间，即可排出空气，形成缺氧窒息的环境，使害虫因缺氧窒息而死亡。此法可保证粮食品质，对粮食无污染，对人体和种子发芽均无影响。此项技术可节约储存成本 60% 以上，减少粮食损失 10% 左右。

（2）沼液、沼渣的利用

对于农村户用沼气池来说，沼液和沼渣是各种有机物经过厌氧发酵生产沼气能源后的残留物，是非常好的有机肥料，所以一般将沼液、沼渣统称为沼肥。根据沼肥所含成分的不同，其所发挥的作用主要有三个方面：a. 其中的有机质和腐殖酸对改良土壤起到重要的作用；b. 其中的氮、磷、钾等元素可满足作物生长的需要；c. 其中的未腐熟原料，施入农田发酵，释放养分，这就是沼渣肥速缓兼备的原因。农作物长期施用沼肥，产量可提高 10% ~ 20%，农产品质量也会有明显提高。可以说，厌氧发酵是沼气和沼肥这两个重要产品的生产过程，沼气解决能源问题，沼肥解决优质农产品的生产问题，所以沼液、沼渣的综合利用是循环农业生产链中不可或缺的重要一环。随着社会的进步，有机食品和绿色食品越来越普遍，沼液、沼渣作为提高食品质量的重要生产原料，其利用将是大势所趋，其价值将不断提高。

沼液、沼渣的性质取决于发酵物料的种类、清理收集方式和方法、发酵前处理以及后处理工艺等多种因素，必须经过实测、化验分析才能确定。表 15-2 分别描述了沼液和沼渣的主要成分。

表 15-2　沼液和沼渣的主要成分

沼肥	主要成分
沼液	沼气发酵过程中分解释放的包括有机质、无机盐类（如铵盐、钾盐、磷酸盐等）可溶性物质；难分解的包括有机残余物（如木质素）、少量的纤维素和半纤维素等；另有腐殖类物质由木质素、蛋白质、多糖类物质经微生物的分解转化而成
沼渣	主要是灰分物质，包括：①可溶性灰分，吸附在有机残渣上或腐殖酸代换结合的铵、钾、磷酸根离子以及某些微量元素等；②难溶性灰分，钙、镁、铁等金属离子形成的硅酸盐类、碳酸盐类、磷酸盐类以及其他盐

沼液、沼渣的成分使其作为肥料主要具备两方面的功效，一是有机肥料功效，二是防治病虫害功能，另外还可作为饲料添加剂。

15.2.7　干发酵工艺及反应器

对于农林废弃物的厌氧发酵制甲烷过程，除大量采用前述的沼气池发酵（也称湿发酵）外，也可采用干发酵工艺。目前常用的干发酵工艺分单相干式连续工艺、两相干式连续工艺和单相干式间歇工艺。

（1）Dranco 竖式推流发酵工艺

Dranco（dry anaerobic composting）竖式推流发酵工艺由比利时有机垃圾系统公司（Organic Waste Systems）于 1988 年提出，是一种立式、高固体、单相、高温、无内部搅拌的连续干发酵消化系统，进料固体浓度可达 15% ~ 40%。目前欧洲已有 24 个工厂采用 Dranco 工艺并运行稳定，物料包括混合餐厨垃圾、分选的城市垃圾、污泥和能源作物等。其关键技术是进料、布料和出料系统。

Dranco 竖式推流发酵工艺流程如图 15-12 所示，消化器主体是一个圆柱形罐体，径高比一般在 1∶2 以上，无机械搅拌。经过筛选、预处理的有机固体废弃物与发酵后的物料（接种物）按一定比例 [1∶（6~8）] 混合，经蒸汽加热后，由进料泵从罐顶泵入发酵罐内，物料仅靠重力沉降，产生的沼气从发酵罐的顶部溢出至沼气储存系统，罐底部呈倒锥体形状，装有阀门和螺旋输送装置，用于出料。出料后经过固液分离，沼液回流至混合进料装置与新鲜物料混合接种，进行循环发酵。研究表明，目前 Dranco 工艺的沼气产量范围在 0.103 ~

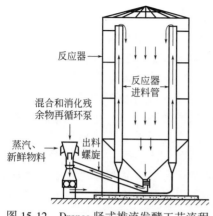

图 15-12　Dranco 竖式推流发酵工艺流程

0.147m³/kg 湿重，发电能力为 0.15~0.32MW·h/t 原料。

（2）Valorga 竖式搅拌工艺

Valorga 工艺是法国 Valorga Intenational S. A. S 公司于 1981 年开发的一种半连续、单相、改良推流式单级干发酵工艺，如图 15-13 所示。Valorga 发酵罐为无机械搅拌的筒仓式发酵罐，罐内 1/3 直径处设置一垂直水泥板。发酵罐进料的 TS 浓度为 25%~30%，蒸汽加热，中温或高温发酵，停留时间为 18~23d，底部输入增压沼气进行搅拌，发酵后物料经脱水堆肥使用，产气率在 0.22~0.27m³/kg VS。

Valorga 工艺在西班牙、德国、意大利及瑞士应用较多，目前已建成 12 座沼气工程，并稳定运行，年处理 104.7 万吨废弃物。荷兰 Barcelona 生活垃圾处理厂采用 Valorga 干发酵工艺，生活垃圾经过筛分、分选后，进入消化罐进行中温（37℃）发酵，共有 3 座消化器，每座直径约 16m，高 22m，每天进料一次，停留时间为 20~30d，从厌氧罐底部射入 5atm（1atm = 101325Pa）的沼气混合搅拌，厌氧罐底部大约有 200 个气流射入点。

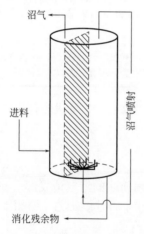

图 15-13　Valorga 竖式搅拌工艺示意图

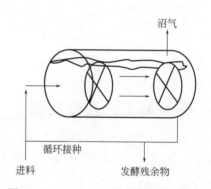

图 15-14　Kompogas 卧式推流发酵装置

（3）Kompogas 卧式推流发酵工艺

瑞典 Kompogas 系统的发酵罐体为水平式推流反应器，如图 15-14 所示。进料前物料经过长约 20m 的套管式换热器进行预加热处理。原料在发酵罐内运动的动力来自搅拌器和发酵罐之间的高压输料泵，位于发酵罐中央低速转动的搅拌器也起到辅助推动原料前进的作用。搅拌转动还可起到帮助沼气释放和促进发酵底物混合的作用。发酵后的沼渣由往复泵引出并传输到脱水单元，采用螺旋挤压机对沼渣进行脱水。

Kompogas 工艺是处理源头分类的有机物的典型工艺，主要包括废物接收、筛选、中间储存及湿度调节等流程。其对原料的基本要求是：平均粒径约 40mm，长度小于 200mm，处理纤维素类废弃物时 TS 含量可大于 30%，处理食品类垃圾时 TS 应小于 30%。Kompogas 工艺的发酵温度约 55℃，停留时间为 15~22d，发酵时完全隔离并加热，高温发酵可消灭植物种子、细菌和病毒。

（4）Biopercolat 干湿两相工艺

WEHRLE 环境股份有限公司开发的 Biopercolat 工艺是一个干湿两相工艺，可分为一级水解酸化阶段和二级发酵阶段。一级水解酸化阶段是高浓度固体有机物在卧式低速搅拌水解酸化罐中微好氧水解得到渗滤液的过程。在微好氧条件下可以提高有机物的分解速率，停留时间为 2~3d。物料经过水解酸化系统处理后，通过螺旋固液分离机进行固液分离，固相进入堆肥系统，液相和渗滤液合并，进入二级发酵系统。二级发酵系统采用带填料的活塞流中温厌氧发酵罐，发酵后部分沼液回流入渗滤系统回用，其余进入后处理工序。该工艺的难点是水解酸化罐渗滤系统防堵塞技术。

（5）车库式批式干发酵工艺

车库式干发酵工艺采用混凝土车库型反应器结构、高精度的液压密封门和高灵敏度的自动监控装置来保证其安全稳定运行，底部可采用管道暖气供热使厌氧发酵温度保持在 38℃ 左右，发酵仓为模块化结构，没有搅拌器，易实现扩展和规模化应用，适用于年产沼气 $100 \times 10^4 m^3$ 以上的大型沼气工程。该技术可直接处理城市垃圾或农林废弃物等高固体含量有机物，是欧洲最成熟的单相、间歇干法沼气发酵工艺。

车库式干发酵系统主要包括物料输配和储藏管理系统，模块化干式发酵车间发酵保温和供热系统，沼气软囊收集和储存系统，沼气发电、提纯和输配系统，沼渣制肥系统。有机固体废弃物与发酵后的底物接种后由装载机或铲车送入密闭的发酵室中发酵。发酵室中通过渗滤液循环喷淋进行连续接种。发酵室内物料加热和渗滤液加热是通过发酵室侧壁加热和渗滤液储槽热交换加热的。

模块化干式发酵车间包括混凝土结构的发酵仓、液压密封门、沼气收集出口、喷淋系统、喷淋液收集系统、增温系统、安全保护装置等。密封门的中心轴安装在车库式发酵仓的进料端顶部墙体，在汽缸的推拉下实现上下旋转式关闭和开启，沼气出口设在车库式发酵仓的顶部，喷淋头设在车库式发酵仓的顶部，喷淋液收集系统设在车库式发酵仓的底部。进料或出料时均可在液压门安全开启后，通过装载车或铲车进行。目前，车库式干发酵装置在欧洲已有规模化应用，但在国内尚处于示范阶段。

与其他干发酵技术相比，车库式干发酵技术具有很多独特的优点：a. 车库式干发酵系统没有搅拌器和管道，操作过程不受无机物质如塑料、沙石等影响，可以使用相对比较粗放的物料，因而简化了物料筛分和预处理过程，降低了工程成本；b. 车库式干发酵装置中没有搅拌器等运动部件，系统可靠性高，能耗小；c. 可使用通用的装载机等工程机械进料、出料，设备利用效率高、通用性强；d. 发酵结束后无沼液产生，经过简单的处理即可作园林肥料或农作物肥料使用，后处理费用低，肥效价值高。但车库式干发酵也有其固有的缺点：由于没有机械搅拌，要求原料在进入发酵仓之前进行接种并充分混合，厌氧停留时间相对较长，间歇性排料时需开启库门，对安全操作要求高，且由于其不能连续运行，一般需要多个车库式反应器，占地面积大。

随着我国沼气技术的发展，大型干发酵系统将成为处理固体有机废弃物的优先工艺。

（6）覆膜干式厌氧发酵槽反应器

固态物料在反应器中经过"好氧升温—厌氧消化—好氧堆肥"三个阶段，生产出沼气和有机肥料两种产品，且没有沼液和其他废物排放。其突出的特点是：利用好氧发酵生物能使固体原料升温，辅以高效保温措施，不用外加热源，可使物料在厌氧产气期内保持"中温"（35~42℃）状态，且温降小于 0.15℃/d，有效提高了沼气产率，减少了系统能耗，降

低了运行成本。

覆膜干式厌氧发酵槽反应器一般需要设计多个发酵槽。以 8 个发酵槽为例,如图 15-15,其中 4 个处于厌氧产气阶段,1 个处于好氧预处理升温阶段,3 个处于脱水制肥阶段。

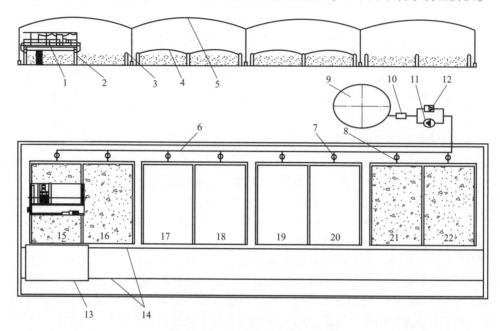

图 15-15　覆膜槽沼气干法发酵系统

1—专用搅拌设备;2—反应器槽体(加保温层);3—专用搅拌设备轨道;4—柔性膜;5—温室;6—输气干管;
7—球阀;8—输气支管;9—储气柜;10—沼气净化器;11—沼气压送机;12—止回阀;
13—专用搅拌设备的移槽机;14—移槽机轨道;15~22—反应器单元

(7) 一体化两相(循环接种式)厌氧消化技术

两相(循环接种式)厌氧消化技术是在中温条件下,以秸秆为原料,从消化器顶部投料,依靠秸秆和发酵液的比重差异形成固液分离,同时通过进料时携带的沼液循环,达到物料循环接种效果的秸秆厌氧消化技术。该技术适合处理干秸秆、青储秸秆等秸秆类物料或秸秆与粪便等的混合性物料。发酵过程中不加水或加少量水,产生的沼液循环用于接种或调节原料特性,基本不产生沼液,有效解决了大量消化产物如何有效处理的难题。但目前该技术运行时间较短。

15.3　畜禽粪便厌氧发酵制甲烷

畜禽粪便厌氧消化是在无氧的条件下,厌氧微生物、兼性厌氧微生物将粪污中有机物转化成沼气(甲烷和二氧化碳)的过程。畜禽粪便产沼气是最为成熟的畜禽粪便能源化利用技术。我国畜禽粪便资源丰富,沼气生产潜力巨大。资料表明,2015 年我国畜禽粪便的沼气最大潜力为 963.77 亿立方米。考虑了畜禽粪便易收集类别和收集系数后,2015 年我国畜禽粪便的沼气可开发潜力为 510.13 亿立方米,其中牛粪的沼气可开发潜力为 208.62 亿立方米,其次是鸡粪和猪粪,分别为 173.27 亿立方米和 128.24 亿立方米。

分散养殖产生的畜禽粪便,可用作户用沼气池的原料;对于集中养殖产生的畜禽粪便,则可作为大型沼气工程的原料。

15.3.1 前处理设备

为防止大的固体物进入后续处理环节，影响后续管道、设备和构筑物的正常使用，固液分离是畜禽粪便沼气发酵工程中不可缺少的环节。根据采取的工艺路线不同，固液分离的位置和功能也不一样。"能源环保型"（要求最终出水达到一定的排放标准后排放到相应水体或进入污水处理管网）采用先分离、后厌氧消化路线，通过固液分离，去除废水中的部分悬浮物和有机物，可使液体部分污染物负荷降低，减小所需厌氧反应器的尺寸及所需的停留时间，增大 COD 的去除效率，以改善出水水质；"能源生态型"（依靠土地处理系统处理发酵后的沼液、沼渣）则采用先厌氧消化，再将厌氧残留物进行固液分离的路线，以提高沼气产量，分离出的沼渣作有机肥，沼液用于农田灌溉，或作液体有机肥。

畜禽粪便沼气工程使用的前处理设备主要有固定格栅、格栅机、水力筛网、卧式离心分离机、挤压式螺旋分离机和带式过滤机。

(1) 固定格栅

在农业畜禽粪便沼气工程中，通常在集粪池和水泵前设置固定格栅，栅条间距一般为 15~30mm，用于拦截较大的杂质。

(2) 格栅机

格栅机的形式较多，在畜禽场中使用较多的是回转式格栅固液分离机，该装置由电动减速机驱动，牵引不锈钢链条上设置的多排工程塑料齿片和栅条，将漂浮污物送上平台上方，然后在齿片和栅条旋转啮合过程中自行将污物挤落，属自清式清污机一类。

(3) 水力筛网

根据畜禽粪便的粒度分布状况进行分离，大于筛网孔径的固体物留在筛网表面，而液体和小于筛网孔径的固体物则通过筛网流出。固体物的去除率取决于筛孔大小。筛孔大则去除率低，但不容易堵塞，清洗次数少；反之，筛孔小则去除率高，但易堵塞，清洗次数多。目前最常用的全不锈钢楔形固定筛由于其在适当的筛距下去除率高，不易堵塞，结构简单和运行稳定可靠，是畜禽养殖场污水处理沼气工程中常用的固液分离方法。

(4) 卧式离心分离机

卧式离心分离机是利用高速旋转的转鼓产生离心力把悬浮液中的固体颗粒截留在转鼓内，并向机外自动卸出，同时在离心力的作用下，悬浮液中的液体通过过滤介质、转鼓小孔被甩出，从而达到液固分离过滤的目的，主要用于分离格栅和筛网等难以分离的、细小的及比重又极其相近的悬浮固体物。卧式离心分离机的转速常达到每分钟几千转，这需要很大的动力，且有耐高速的机械强度，因此动力消耗极大，运行费用高，并且存在专业维修保养的难题。

(5) 挤压式螺旋分离机

挤压式螺旋分离机的结构如图 15-16 所示。粪水固液混合物从进料口被泵入挤压式螺旋分离机内，安装在筛网中的挤压螺旋以 30r/min 的转速将原粪水向前携进，其中的干物质通过与在机口形成的固态物质圆柱体相挤压而被分离出来，液体则通过筛网筛出。机身为铸件，表面涂有防护漆。筛网配有不同型号的筛孔，如 0.5mm、0.75mm、1.0mm。机头可根据固态物质的不同要求调节干湿度。

挤压式螺旋分离机工作效率的高低取决于粪水的储存时间、干物质的含量、粪水的黏度

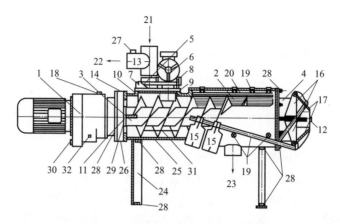

图 15-16　挤压式螺旋分离机结构图

1—电动机齿轮箱组；2—圆形筛网；3—螺旋轴；4—出料口；5—振荡器底座；6—振荡器；7—电动机定时针；8—振荡器弹簧；
9—密封圈；10—垫圈；11—联轴器；12—螺旋定位杆；13—三通；14—注油孔；15—配重块；16—出料口开度调节架；
17—出料口门板；18—齿轮箱注油孔；19—筛网固定螺栓；20—筛网固定槽；21—进料口；22—溢流口；
23—出水口；24—底座支撑；25—分离器壳体；26—密封油渗漏孔；27—压力表孔；
28—固定螺栓；29—轴承法兰；30—排油孔；31—螺旋推进器；32—油位孔

等因素，其平均效率为：猪粪水处理量约为 $20m^3/h$，牛粪水处理量约为 $10\sim15m^3/h$，鸡粪水处理量约为 $7\sim12m^3/h$。

挤压式螺旋分离机分离效率高，主要部件为不锈钢制造，结构坚固，维修保养简便；分离出的干物质含水量低，便于运输，可直接作为有机肥使用。挤压式螺旋分离机既适用于能源生态型厌氧消化残留物的分离，也可用于能源环保型厌氧消化前的固液分离。

（6）带式过滤机

带式过滤机分为辊压型和挤压型两种。带式过滤机的特点是滤饼含水率低，处理能力大，操作管理简便，无振动、无噪声、能耗低。

15.3.2　畜禽粪便厌氧消化反应器

畜禽粪便厌氧消化制甲烷过程所用的厌氧消化反应器主要有完全混合式厌氧反应器、厌氧接触反应器、内循环厌氧生物反应器、厌氧折流板反应器、厌氧复合反应器、升流式厌氧污泥床反应器等。完全混合式厌氧反应器与农林废弃物厌氧消化所用的完全混合式厌氧反应器完全相同。

15.3.2.1　厌氧接触反应器

厌氧接触反应器（anaerobic contact reactor，ACR），是在普通厌氧消化池之后增设二沉池和污泥回流系统，将沉淀污泥回流至消化池，如图 15-17 所示。

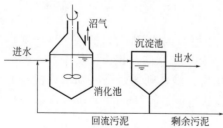

图 15-17　厌氧接触反应器

厌氧接触反应器的主要构筑物有普通厌氧消化池、沉淀分离装置等。废水进入厌氧消化池后，依靠池内大量的微生物絮体降解废水中的有机物，池内设有搅拌设备以保证有机废水与厌氧生物的充分接触，并促使降解过程中产生的沼气从污泥中分离出来，厌氧生物接触池流出的泥水混合液进入沉淀分离装置进行泥水分离。沉淀污泥按一定的比例返回厌氧生物消化池，以保证池内有大量的厌氧微生物。由于在厌氧消化池内存在大量的悬浮态的厌氧活性污泥，从而保证厌氧生物接触工艺高效稳定地运行。

然而，从厌氧消化池排出的混合液在沉淀池中进行固液分离有一定的困难，其原因：一方面，由于混合液中污泥上附着大量的微小沼气泡，易于引起污泥上浮；另一方面，由于混合液中的污泥仍具有产甲烷活性，在沉淀过程中仍能继续产气，从而妨碍污泥颗粒的沉降和压缩。为了提高沉淀池中混合液的固液分离效果，目前采用以下几种方法进行脱气：a. 真空脱气，由消化池排出的混合液经真空脱气器（真空度为 5kPa），将污泥絮体上的气泡除去，改善污泥的沉淀性能；b. 热交换器急冷法，将从消化池排出的混合液进行急速冷却，如将中温消化液从 35℃冷却到 15~25℃，可以控制污泥继续产气，使厌氧污泥有效沉淀，图 15-18 是设真空脱气器和热交换器的厌氧接触法工艺流程；c. 絮凝沉淀，向混合液中投加絮凝剂，使厌氧污泥凝聚成大颗粒，加速沉降；d. 用超滤器代替沉淀池，以改善固液分离效果。此外，为保证沉淀池的分离效果，在设计时，沉淀池内表面负荷应比一般废水沉淀池的表面负荷小，一般不大于 1m/h。混合液在沉淀池内的停留时间比一般废水沉淀时间要长，可采用 4h。

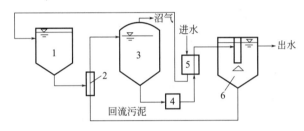

图 15-18　设真空脱气器和热交换器的厌氧接触法工艺流程
1—调节池；2—水射器；3—消化池；4—真空脱气器；5—热交换器；6—沉淀池

厌氧生物接触法的工艺特点是：

① 增加了污泥沉淀池和污泥回流系统，通过污泥回流，保持消化池内污泥浓度较高，一般为 10~15g/L，耐冲击能力强。

② 设有真空脱气装置。由于消化池内的厌氧活性污泥具有较高活性，进入沉淀池后可能继续产生沼气，影响污泥的沉淀，因此在混合液进入沉淀池之前，一般需要使混合液首先通过一个真空脱气器，将附着在污泥表面的细小气泡脱除。

③ 由于增设了污泥沉淀与污泥回流装置，消化池的容积负荷比普通厌氧消化池高，中温消化时，一般为 2~10kg COD/($m^3 \cdot d$)；水力停留时间比普通消化池大大缩短，如常温条件下，普通消化池的水力停留时间一般为 15~30 天，而厌氧生物接触法的水力停留时间一般小于 10 天。

④ 可以直接处理悬浮固体含量较高或颗粒较大的料液，不存在堵塞问题。

虽然混合液经沉淀后出水水质好，但厌氧生物接触法存在混合液难以进行固液分离的缺点。

15.3.2.2　内循环厌氧生物反应器

内循环（internal circulation，IC）厌氧生物反应器是目前处理效能最高的厌氧反应器。反应器被两层三相分离器分隔成第一厌氧反应区、第二厌氧反应区、沉淀区以及气液分离器，每个厌氧反应室的顶部各设一个气-液-固三相分离器，如同两个 UASB（升流式厌氧污泥床）反应器上下重叠串联组成。在第一厌氧反应室的集气罩顶部设有沼气升流管直通反

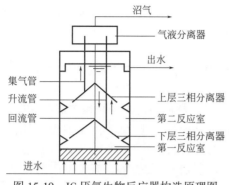

图 15-19　IC 厌氧生物反应器构造原理图

应器顶部的气-液分离器，气-液分离器的底部设一回流管直通反应器的底部。其基本构造如图 15-19 所示。

内循环厌氧生物反应器的特点是在一个反应器内将有机物的生物降解分为两个阶段，底部一个阶段（第一厌氧反应室）处于高负荷，上部一个阶段（第二厌氧反应室）处于低负荷。进水由反应器底部进入第一厌氧反应室与厌氧颗粒污泥均匀混合，大部分有机物在这里被降解而转化为沼气，所产生的沼气被第一厌氧反应室的集气罩收集，沿着升流管上升。沼气上升的同时把第一厌氧反应室的混合液提升至顶部的气-液分离器，被分离出的沼气从气液分离器顶部的导管排走，分离出的泥水混合液沿着回流管返回到第一厌氧反应室的底部，并与底部的颗粒污泥和进水充分混合，实现了混合液的内部循环。内循环的结果使第一厌氧反应室不仅有很高的生物量，很长的污泥龄，并具有很大的升流速度，一般为 10~20m/h，使该室内的颗粒污泥完全达到流化状态，从而大大提高第一厌氧反应室去除有机物的能力。

经第一厌氧反应室处理过的废水会自动进入第二厌氧反应室，被继续进行处理。第二厌氧反应室内的液体上升流速小于第一厌氧反应室，一般为 2~10m/h。该室除了继续进行生物反应之外，还充当第一厌氧反应室和沉淀区之间的缓冲阶段，对防止污泥流失及确保沉淀后的出水水质起着重要作用。废水中的剩余有机物可被第二厌氧反应室内的厌氧颗粒污泥进一步降解，使废水得到更好的净化，提高出水水质。产生的沼气由第二厌氧反应室的集气罩收集，通过集气管进入气-液分离器。第二厌氧反应室的混合液在沉淀区进行固液分离，处理过的上清液由出水管排走，沉淀的污泥可自动返回到第二厌氧反应室。

实际上，内循环厌氧生物反应器是由两个上下重叠的 UASB 反应器串联组成，用下面 UASB 反应器产生的沼气作为提升的内动力，使升流管与回流管的混合液产生一个密度差，实现了下部混合液的内循环，使废水获得强化的预处理。上面的 UASB 反应器对废水继续进行后处理，使出水可达到预期的处理效果。

15.3.2.3　厌氧折流板反应器

厌氧折流板反应器（anaerobic baffled reactor，ABR）的结构如图 15-20 所示，主要由反应器主体和挡板组成。在反应器内垂直设置的竖向导流板将反应器分隔成串联的几个反应室，每个反应室都是一个相对独立的 UASB 系统，其中的污泥可以以颗粒形式或絮状形式存在，废水进入反应器后沿导流板上下折流前进，依次通过每个反应室的污泥床，废水中的有机物通过与微生物的充分接触而得到去除。借助于废水流动和沼气上升的作用，反应室中产生的厌氧污泥在各个隔室内做上下膨胀和沉降运动，但由于导流板的阻挡和污泥自身的沉降性能，污泥在水平方向的流速极其缓慢，从而大量的厌氧污泥被截留在反应室中。

从整个 ABR 反应器来看，反应器内的折流板阻挡了各隔室间的返混作用，强化了各隔室内的混合作用，因而 ABR 反应器内的水力流态是局部为 CSTR 流态、整体为 PF（推流式）流态的一种复杂水力流态型反应器。随

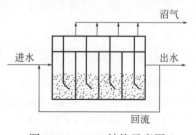

图 15-20　ABR 结构示意图

着反应器内分隔数的增加，整个反应器的流态则更趋于推流式。

正是由于厌氧折流板反应器良好的水力条件，使得反应器具有较高的抗冲击负荷的能力和稳定的污泥截留能力。同时，由于厌氧折流板反应器各隔室内底物浓度和组成不同，逐步形成了各隔室内不同的微生物组成，使反应器内具有良好的颗粒污泥形成及微生物种群分布，因此运行效果良好且稳定。

15.3.2.4　复合型厌氧折流板反应器

复合型厌氧折流板反应器（hybrid anaerobic baffled reactor，HABR）是在反应器池体中至少设置两个用分隔板分隔、串联连接的、带两级反应区和相应气升管、集气管、回流管、气液分离器、三相分离器、气封的内循环厌氧反应室，其结构如图 15-21 所示。该反应器兼有 IC 反应器和 ABR 的优点，既利用了 IC 反应器内循环作用加强污泥与废水之间的充分混合，又能够提高细菌的平均停留时间，从而可以有效地处理高浓度有机废水和污泥。

与厌氧折流板反应器相比，复合型厌氧折流板反应器的改进主要体现在：a. 在最后一格反应室后增加了一个沉降室，流出反应器的污泥可以沉积下来，再被循环利用；b. 在每格反应室的顶部设置填料，防止污泥的流失，而且可以形成生物膜，增加生物量，对有机物具有降解作用；c. 气体被分格单独收集，便于分别研究每格反应室的工作情况，同时也保证产酸阶段所产生的 H_2 不会影响产甲烷细菌的活性。

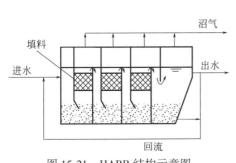

图 15-21　HABR 结构示意图

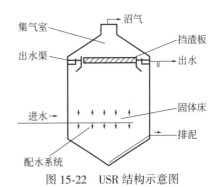

图 15-22　USR 结构示意图

15.3.2.5　升流式固体反应器

升流式固体反应器（upflow solids reactor，USR）是一种结构简单、适用于高悬浮固体原料的反应器，结构如图 15-22 所示。

原料从反应器底部的配水系统进入，均匀分布在反应器底部，然后向上流，通过含有高浓度厌氧微生物的固体床，使有机固体与厌氧微生物充分接触反应，有机固体被水解酸化和厌氧分解，产生沼气。沼气随水流上升起到搅拌混合作用，促进固体与微生物接触。密度较大的微生物及未降解固体等物质依靠被动沉降作用滞留在反应器中，使反应器内保持较高的固体量和生物量，提高了微生物滞留时间，上清液从反应器上部排出，可获得比 HRT 高得多的 SRT 和 MRT（微生物平均滞留时间）。反应器内不设三相反应器和搅拌装置，也不需要污泥回流，在出水渠前设置挡渣板，减少 SS 的流失。在反应器液面会形成一层浮渣层，浮渣层达到一定厚度后趋于动态平衡。沼气透过浮渣层进入反应器顶部，对浮渣层产生一定的"破碎"作用。对于生产性反应器，由于浮渣层面积较大，不会引起堵塞。反应器底部设排泥管，可把多余的污泥和惰性物质定期排出。

首都师范大学利用 USR 进行鸡粪沼气中温发酵研究，进料 TS 为 5%~6%，SS 为 45000~55000mg/L，COD 为 42000~55000mg/L，USR 的负荷可高达 10kg COD/(m³·d)，HRT 为 5d，产气率为 4.88m³/(m³·d)，甲烷含量 60% 左右，SS 去除率 66.2%，COD 去除率 85% 左右。之所以能够达到如此高的负荷和去除率是因为实现了较长的 SRT 和 MRT。

从国内外的研究情况来看，USR 在处理高 SS 废弃物时具有较高的实用价值，许多高 SS 废水如酒精废醪、丙酸废醪、猪粪、淀粉废水等均可使用 USR 进行处理。我国酒精废醪多采用 USR 处理，其有机负荷一般为 6~8kg COD/(m³·d)。

升流式固体反应器（USR）的优点是：a. 反应器内始终保持较高的固体量和生物质，即有较长的 SRT 和 MRT，这是 USR 在较高负荷条件下能稳定运行的根本原因；b. 长 SRT，出水后污泥不需回流，悬浮固体去除率高，可达 60%~70%；c. 当超负荷运行时，污泥沉降性能变差，出水化学需氧量升高，但不易出现酸化现象；d. 产气效率高。

升流式固体反应器（USR）的缺点是：a. 进料固体悬浮物含量大于 6% 时，易出现堵塞布水管等问题，单管布水易短流；b. 对含纤维素较高的料液，应在发酵罐液面增加破浮渣设施，以防表面结壳；c. 沼渣、沼液 COD 浓度含量很高，很难达标排放，一般用于农田施肥。

15.3.2.6 升流式厌氧污泥床反应器

升流式厌氧污泥床反应器［upflow anearobic sludge blanket（bed）reactor，UASB］是一种悬浮生长型的消化器，主要包括污泥床、污泥悬浮层、布水器、三相分离器。其工作原理如图 15-23 所示。

在运行过程中，废水通过进水配水系统以一定的流速自反应器的底部进入反应器，水流在反应器中的上升流速一般为 0.5~1.5m/h，多宜在 0.6~0.9m/h 之间。水流依次流经污泥床、污泥悬浮层至三相分离器。升流式厌氧污泥床反应器中的水流呈推流形式，进水与污泥床及污泥悬浮层中的微生物充分混合接触并进行厌氧分解，厌氧分解过程中产生的沼气在上升过程中将污泥颗粒托起，大量气泡的产生，引起污泥床的膨胀。反应中产生的微小沼气气泡在上升过程中相互结合而逐渐变成较大的气泡，将污泥颗粒向反应器的上部携带，最后由于气泡的破裂，绝大部分污泥颗粒又返回到污泥床区。随着反应器产气量的不断增加，由气泡上升所产生的搅拌作用变得逐渐剧烈，气体便从污泥床内突发性地逸出，引起污泥床表面呈沸腾和流化状态。反应器中沉淀性能较差的絮体状污泥则在气体的搅拌作用下，在反应器上部形成污泥悬浮层；沉淀性能良好的颗粒状污泥则处于反应器的下部形成高浓度的污泥床。随着水流的上升流动，

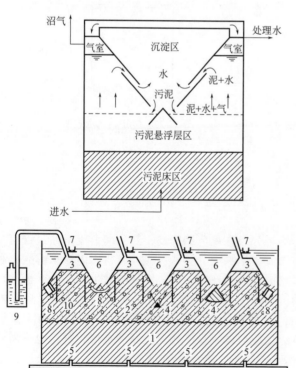

图 15-23　UASB 的工作原理示意图

1—污泥床；2—悬浮污泥层；3—气室；4—气体挡板；5—配水系统；
6—沉降区；7—出水槽；8—集气罩；9—水封；10—垂直挡板

2

气、水、泥三相混合液上升至三相分离器中，气体遇到挡板折向集气室而被有效地分离排出；污泥和水进入上部的沉淀区，在重力作用下泥水发生分离。由于三相分离器的作用，使得反应器混合液中的污泥有一个良好的沉淀、分离和再絮凝的环境，有利于提高污泥的沉降性能。在一定的水力负荷条件下，绝大部分污泥能在反应器中保持很长的停留时间，使反应器中具有足够的污泥量。

UASB 的优点是：a. 反应器中设有气、液、固三相分离器，具有产气和均匀布水作用，实现良好的自然搅拌，并在反应器内形成沉降性能良好的污泥，增加了工艺稳定性；b. UASB 内污泥浓度高达 20~40g VSS/L，COD 去除率可达 80%~95%；c. SRT 和 MRT 长，提高了有机负荷，缩短了水力停留时间；d. 一般不设沉淀池，一般不需污泥回流设备；e. 消化器结构简单，无搅拌装置及填料，节约造价，并避免填料发生堵塞的问题；f. 出水的悬浮物固体含量和有机质浓度低；g. 初次启动过程形成的颗粒污泥可在常温下保存很长时间而不影响其活性，缩短了二次启动时间，可间断或季节性运行，管理简单。

UASB 的缺点是：a. 进料时悬浮固体含量低，若进水中悬浮固体含量较高，会造成无生物活性的固体物在污泥床上的积累，大幅度降低污泥活性，并使床层受到破坏；b. 需要有效的布水器，使进料能均匀分布于消化器的底部；c. 对水质和负荷的突然变化比较敏感，耐冲击能力稍差；d. 污泥床内有短流现象，影响处理能力；e. 当冲击负荷或进料中悬浮固体含量升高时，易引起污泥流失。

15.3.3　不同反应器消化产甲烷的效果

由于畜禽粪污含有高浓度的悬浮物和氨氮，影响了高效厌氧反应器的效率。徐洁泉等对比研究过厌氧复合反应器（UBF）、上流式厌氧污泥床（UASB）和折流厌氧反应器（APBR）处理猪场废水的性能，结果表明反应器及工艺对猪场废水厌氧消化产沼气各项运行指标的影响不明显，温度对反应器性能的影响更大。在温度 10℃ 段，装置平均容积沼气产率 0.32~0.51L/(L·d)，COD 平均去除率为 82.2%~91.0%，平均甲烷含量达 72.2%~76.7%。在 15℃ 段，装置产气率 0.57~0.59L/(L·d)，COD 去除率为 91.6%~91.9%，平均甲烷含量为 68.1%~68.4%。在 25℃ 段，装置产气率 1.93~2.01L/(L·d)，COD 去除率为 90.7%~90.8%，平均甲烷含量为 68.9%~69.8%。杨红男和邓良伟在 35℃ 条件下又对厌氧序批式反应器（ASBR）、厌氧复合反应器（UBF）、升流式固体厌氧反应器（USR）3 种厌氧消化工艺处理猪场废水的性能进行了对比试验。在有机负荷 8g TS/(L·d) 时，3 种反应器容积产气率达到最大值，ASBR、UBF 和 USR 容积沼气产气率分别为 2.503L/(L·d)、2.447L/(L·d) 和 1.916L/(L·d)，COD 去除率分别为 78.1%、79.2%、67.6%，甲烷含量分别为 67.1%、68.2%、59.8%。ASBR 和 UBF 的产气效率接近，优于 USR 工艺。

关于温度对猪场粪污厌氧消化产气效率的影响，杨红男和邓良伟做过系统研究，10℃、15℃、20℃、25℃、30℃ 和 35℃ 条件下猪场粪污最大容积产气率分别为 0.071L 沼气/(L·d)、0.271L 沼气/(L·d)、1.173L 沼气/(L·d)、1.948L 沼气/(L·d)、2.196L 沼气/(L·d) 和 2.871L 沼气/(L·d)，COD 去除负荷分别为 0.760g COD/(L·d)、0.943g COD/(L·d)、1.973g COD/(L·d)、3.053g COD/(L·d)、4.010g COD/(L·d) 和 4.693g COD/(L·d)，COD 去除率分别为 71.8%、82.6%、80.3%、87.9%、88.1% 和 88.8%，甲烷含量分别为 49.8%、51.7%、66.9%、67.0%、69.5% 和 68.0%。

15.3.4　畜禽粪便干式发酵

厌氧消化生产沼气是目前畜禽粪污的主要能源化技术。湿式发酵技术已经在工程上大量应用，但是存在冬季产气效果差、沼液量大、难以完全还田利用、沼液达标处理技术要求高、管理复杂、运行费用高等问题。干发酵技术因为节约用水、管理方便、发酵后的沼液养分浓度高、容易资源化利用，已经成为沼气发酵领域的研究热点。

牛粪与秸秆在低温（20℃）下干式发酵，进料 TS 35%，负荷 6.0g TCOD/(kg 污泥·d)，获得甲烷产率 151.8mL CH$_4$/kg VS，平均 VS 去除率 42.4%。牛粪和垫料在 25℃ 下进行干式沼气发酵，进料 TS 22%～30%，甲烷产率 290mL CH$_4$/g VS。牛粪和秸秆垫料在 37℃ 下进行半连续干式沼气发酵，进料 TS 22%，在负荷 4.2g VS/(L·d)时系统运行稳定，容积产气率大约 0.6L CH$_4$/(L·d)，甲烷含量 65.1%，甲烷产率 0.163L CH$_4$/g VS，达到理论值的 56%。负荷达到 6.0g VS/(L·d)时系统运行不稳定。猪粪在 25℃ 下干式沼气发酵，进料 TS（质量分数）20%、25%、30% 和 35% 的原料，稳定条件下获得了容积沼气产率 2.40L/(L·d)、1.92L/(L·d)、0.911L/(L·d) 和 0.644L/(L·d)，原料沼气产率 0.665L/g VS、0.532L/g VS、0.252L/g VS 和 0.178L/g VS，TS 去除率分别为 46.5%、45.4%、53.2% 和 55.6%。温度对猪粪干发酵影响试验表明，进料负荷 3.46kg VS/(m^3·d)，温度 15℃、25℃、35℃ 下容积产气率分别为 0.220L/(L·d)、1.33L/(L·d)、1.421L/(L·d)，原料沼气产率 0.074L/g VS、0.383L/g VS、0.411L/g VS，甲烷含量分别为 49.4%、59.7%、59.5%。鸡粪含水率低，适合采用干式发酵产沼气，但是鸡粪蛋白质含量高，沼气发酵过程中会产生严重的氨抑制。对于氨抑制，研究者们试验了很多方法，主要是添加微量元素和微生物强化。在氨氮浓度 7200mg/L 时，添加元素硒，甲烷产率从 0.12m^3/kg VS 提高到了 0.26m^3/kg VS。在氨氮浓度 5000mg/L 时，采用微生物 *Methanoculleus bourgensis* 强化完全混合式反应器（CSTR），甲烷产率增加了 31.3%。

15.4　城市生活垃圾厌氧消化产甲烷

城市生活垃圾厌氧消化技术是生物质厌氧消化技术结合城市生活垃圾的物化特性发展而来的，它是将垃圾放置在无氧条件下，由多种微生物分解转化，并保证垃圾渗滤液和产生的气体不泄漏于环境中，最终产生沼气等清洁能源的过程，可用于供热发电。

15.4.1　城市生活垃圾厌氧消化的原理

城市生活垃圾厌氧消化主要运用微生物的厌氧发酵原理，厌氧发酵是垃圾中的有机物在特定的厌氧环境下，多种微生物对有机质进行分解产生沼气的过程，其主要反应是：

$$C_6H_{12}O_6 \longrightarrow 2C_2H_5OH+2CO_2+能量$$
$$2C_2H_5OH+CO_2 \longrightarrow CH_4+2CH_3COOH$$
$$CH_3COOH \longrightarrow CH_4+CO_2$$
$$CO_2+4H_2 \longrightarrow CH_4+2H_2O$$

城市生活垃圾厌氧消化工艺根据发酵物中有机固体浓度的大小可分为湿厌氧消化工艺和干厌氧消化工艺。湿厌氧消化反应体系中的固体原料含量一般在 10% 以内。湿厌氧消化工艺具有启动迅速、排给料方便、技术成熟等优势，是目前处理有机废弃物生产沼气的主流技术，但是该技术也存在不足，如料液易酸化、反应器容积大、沼液和沼渣分离困难等。干厌氧消化反应体系中的固体原料含量达到 20%～30%。干厌氧消化工艺具有管理方便、处理成本低、节约用水等优点，但是相比湿厌氧发酵，存在产气率低、反应时间长等不足。

目前运行的城市生活垃圾厌氧消化工艺主要为中温工艺。高温发酵的反应速率较快，而且高温环境下对有机废物的降解和病原菌的杀灭效果更好，随着国家对排放物卫生指标的提高，高温厌氧消化工艺越来越引起研究者们的关注。但高温发酵易受温度变化等的影响，稳定性较差。

15.4.2　城市生活垃圾湿厌氧消化的发展

第一个进行城市固体废物厌氧消化的工厂于 1939 年在美国成立。在欧洲，厌氧消化工厂在短短几十年内就形成一定规模。预计到 2030 年，沼气生产能力将增长到 $20×10^9 m^3$。特别是德国和瑞士的安装测试沼气厂技术在全球处于领先地位，其处理能力达到（15~200）× $10^6 t/a$。芬兰的 Wassa 工程采用单相湿厌氧消化工艺，采用连续搅拌罐式反应器（continuous stirred tank reactor，CSTR），年处理量为 3000~8500t。在韩国，1/3 的现有厌氧消化工厂正在处理城市生活垃圾或生活垃圾渗滤液用于生产沼气。

中国也正在建设用于城市生活垃圾管理和处理的有机废物处理设施。中国以山东民和牧业 3MW 生物燃气发电工程为典例，采用中温（38℃）发酵工艺，日产沼气 $30000m^3$；经净化的沼气在双膜干式贮气柜中贮存，供给热电联产的发电机组使用，发电量达到 $6×10^4 kW·h/d$，年实现减排 84882t CO_2 当量。

湿厌氧消化处理城市垃圾是一种古老的方法，其消化过程是一个动态、多相、多介质的物理、化学和生物反应紧密相关的复杂过程。其中有机物的生物、化学转化及物质的传输与分布不易监控，在城市垃圾分选、厌氧发酵工艺、二次污染的处理等方面都存在许多问题。

制约厌氧消化处理技术在城市垃圾处理中应用的因素主要表现在：a. 城市垃圾的分选需投入大量的人力物力，系统工程复杂。而城市垃圾的分选效率将直接影响到堆肥生产的成本和产品的质量。随着垃圾分类工作的全民化实施，必然促进垃圾厌氧发酵产业的进一步发展。b. 厌氧微生物对垃圾中复杂有机物的降解能力对发酵过程起决定性作用，选用优良的厌氧菌种是厌氧消化技术的核心。因此，发酵厌氧微生物的筛选、培养和鉴定也成为制约因素之一。c. 厌氧过程中温度、pH 值、营养物质和底物毒性对发酵过程有较大的影响，操作人员要不断监视发酵过程、判断和调整各种参数，很难实现实时监控。d. 消化过程中产生的废水和废气由于处理效果不佳，已成为严重的环境污染源。废气的产生量和浓度随垃圾的不同而改变，容易对处理系统造成冲击负荷，从而导致处理系统的失败。e. 消化产品的腐熟度是衡量厌氧消化过程的最终指标。未经腐熟产品中的有机物和毒性物质会造成植物生长的缺氧和间接毒性，危害作物生长。目前，对堆肥产品的腐熟检测缺乏统一的标准，且检测过程相对复杂，无法进行现场检测。

为克服上述湿法厌氧发酵过程的不足，相关人员开展了城市生活垃圾干式厌氧消化技术的研究。

15.4.3　城市生活垃圾干厌氧消化技术

干厌氧消化也是一种生物反应，在固含率 TS（total solid）20%~30% 的条件下，采用厌氧消化污泥作接种物，TS 与接种物之比为 10∶1，可保证有机垃圾厌氧消化过程的正常运行。这时垃圾的生物降解量、产沼气量和产甲烷量均随 TS 浓度的增高而降低。TS 浓度在 50% 时降低幅度最大。产甲烷过程、挥发酸量和单位质量的挥发性固体 VS（solatile solid）的产气量均与 TS 浓度有关。

运行较为成熟的干厌氧消化工艺主要在欧洲市场。瑞士的 Kompogas 废物处理厂采用连续干式厌氧消化工艺，以生活垃圾为处理对象，通过并联建造反应器，扩大反应装置容量，每个反应器的垃圾处理量为 15000t/a 至 25000t/a，日产气量为 $3200m^3$，可以发电量为 234×

10^4kW·h/a。荷兰 Lelystad 建设的 Biocell 垃圾处理厂采用批量湿式厌氧消化工艺，并联运行，每年处理量为 35000t 分选的城市生活垃圾。荷兰蒂尔堡的 Valorga 工厂采用连续干式厌氧消化工艺，单个沼气池年处理垃圾量为 26000t。比利时布莱希特的 Dranco 工厂，一年单位空间有机负荷处理量为 5.475t。

然而国外的干厌氧消化技术多用于农业领域的能源作物，物料均质单一，并不符合我国垃圾物料特性。针对我国城市生活垃圾物料特性和干厌氧发酵技术的特点，可采用图 15-24 所示的工艺流程。将收集的城市生活垃圾先简单破碎后高压挤压分离，最大限度地保留有机组分，挤压后的"湿物质"作为易生化的组分进入干发酵系统，"干物质"作为易燃组分进入焚烧或气化系统。

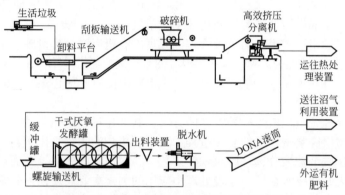

图 15-24　城市生活垃圾干厌氧消化工艺流程

城市生活垃圾干式厌氧消化技术的研究进展一直很慢，其主要原因是随着固体含量的增高，许多影响微生物活性的条件变得更为严格。干式发酵系统的难点在于：a. 生物反应在高固含率的条件下进行；b. 很高的固体含量给搅拌装置的选择和动力配给带来了困难，反应的启动条件苛刻，菌种驯化任务艰巨；c. 需要让进料与接种物充分混合，防止反应器局部有机负荷超高以及消化物质的酸化；d. 氨、重金属、硫酸盐、挥发性有机酸等抑制物的含量可能会提高，对细菌活性产生不利影响，需要采取有效的措施来降低原料中对细菌有毒性的物质含量，运行中存在着较高的不稳定性。

15.5　污水污泥厌氧消化产甲烷

针对有机废水和污泥，当前最主要的处理措施是采用规模化厌氧消化技术，集污水污泥处理、沼气生产和资源化利用于一体的沼气工程。

根据沼气工程的发酵容积和日产沼气量可将其分为大型、中型和小型，如表 15-3 所示。大中型沼气工程与农村户用沼气池的比较见表 15-4。

表 15-3　沼气工程分类

工程规模	单体装置容积 V/m³	总体装置容积 V/m³	沼气产量/(m³/d)
大型	≥300	≥1000	≥300
中型	50≤V<300	100≤V<1000	≥50
小型	20≤V<50	50≤V<100	≥20

表 15-4　大中型沼气工程与农村户用沼气池的比较

规模	农村户用沼气池	大中型沼气工程
用途	能源、卫生	能源、环保
沼液	作肥料	作肥料或进行好氧后处理
动力	无	需要
配套设施	简单	沼气净化、储存、配输、电气、仪表与自动控制
建设形式	地下	大多半地下或地上
设计施工	简单	需工艺、结构、设备、电气与自动控制仪表配合
运行管理	不需专人管理	需专人管理

15.5.1　污水污泥厌氧消化产甲烷的潜能

利用污水污泥中的有机质含量可以预测厌氧消化产甲烷的潜能。表征污水污泥有机质含量的特征指标包括：挥发性固体 VS，化学需氧量 COD，总有机碳 TOC 以及溶解性有机碳 solOC 等。Schievano 利用统计分析方法，首先对污泥有机质特征和污泥 BMP 指标进行简单线性回归分析，获得正相关性较强的主要指标 VS、TOC、OD_{20}（20h respirometric test）以及 CS（cell solubles），再利用多元线性逐步回归分析方法，通过一系列回归关系式比较筛选，最终得到典型的线性预测模型，如式(15-13) 所示。

$$BMP = 8.455VS + 19.176OD_{20}^{1/2} + 10.942TOC + 2.913CS - 1067.198 \qquad (15\text{-}13)$$

式中，BMP 为生化产甲烷潜能，mL/g TS；VS 为挥发性固体，% TS；TOC 为总有机碳，% TS；CS 为细胞内容物，% TS；OD_{20} 为 20h 细胞呼吸需氧量，mg O_2/g TS。

该模型显示了生化产甲烷潜能指标 BMP 与污泥有机质特征指标（如 COD、TOC、VS 等）的关系。利用该模型预测污泥厌氧消化效能的标准误差为 15.8%。

Mottet 应用偏最小二乘法，对包括总固体 TS、挥发性固体 VS、蛋白质 PRO、多糖、脂质以及挥发性脂肪酸 VFA 等在内的 12 项指标进行回归分析，建立并比较了 4 个不同维度的模型，通过交叉验证得到预测误差最小为 11% 的模型，如式(15-14) 所示，提高了预测的精确度。

$$BD = 0.043 - 0.106PRO + 0.661CHD + 0.836LIP + 0.074(COD/TOC) - 0.349solOC$$
$$(15\text{-}14)$$

式中，BD 为厌氧消化生物可利用程度，BD = BMP/350，BMP 为生化产甲烷潜能，mg/L TS；PRO 为蛋白质，g/g VS；CHD 为碳水化合物，g/g VS；LIP 为脂类物质，g/g VS；COD 为化学需氧量，mg/L；TOC 为总有机碳，mg/L；solOC 为溶解性有机碳，g/g solVS，solVS 为溶解性挥发性固体，mg/L。

与 Schievano 的预测模型 [式(15-13)] 相比，Mottet 的计算模型 [式(15-14)] 提高了对污泥厌氧消化性能的预测精度，但需要对污泥中的蛋白质、多糖、脂质、挥发性脂肪酸等物质一一进行含量测定，分析过程较烦琐且工作量大，耗费人力物力，很难应用于实际。

预测模型 [式(15-13) 和式(15-14)] 是由一系列有机质特征指标组成的，不同的有机质特征指标存在一定的相关性和重叠性，造成重复计算，导致部分计算得到的有机质特征指标的贡献与实际转化过程中的贡献不一致。例如，在实际厌氧消化过程中，溶解性有机碳 solOC 更容易被微生物利用，有助于污泥产甲烷，但是在 Mottet 的预测模型中，solOC 的系数为 -0.349，即溶解性有机物对产甲烷有副作用，有悖于实际情况。此外，这两类预测模型仅仅考虑了有机成分的贡献，没有考虑在厌氧消化过程中可能产生抑制作用的因子如重金

属、NH_3 等。

15.5.2　污水污泥厌氧消化产甲烷的工艺

污水污泥厌氧消化产甲烷工艺分为传统厌氧消化工艺和高级厌氧消化工艺。

15.5.2.1　传统厌氧消化工艺

传统厌氧消化工艺也称一段式厌氧消化工艺或中温消化工艺。在厌氧消化过程中只设有一个沼气池或发酵系统，采用中温消化条件，其沼气发酵的过程只在一个发酵池内进行。一段式厌氧消化工艺的最大优点是操作简单，造价较低。目前，大部分用于实际工业生产的厌氧消化处理工程都采用一段式工艺。

厌氧生物处理是一个复杂的生物学过程，有机物在多种厌氧微生物的作用下最终转化为甲烷、CO_2 和 H_2O。在传统的一段式厌氧反应器中，厌氧消化的各个阶段是同时进行的，并保持一定程度的动态平衡，这种动态平衡很容易受 pH 值、温度、有机负荷等外界因素的影响而被破坏。平衡一旦破坏，首先使产甲烷阶段受到抑制，导致低脂肪酸的积存和厌氧进程的异常变化，甚至引起整个厌氧消化过程的停滞。同时，在厌氧消化过程中，各菌群的形态特性和最适生存条件并不一致，特别是产酸细菌和产甲烷细菌。产酸细菌种类多，生长快，对环境条件变化不太敏感；而产甲烷细菌的专一性很强，对环境条件要求苛刻，繁殖缓慢。因此，在一段式厌氧反应器中，不可能满足以及协调各菌群之间的生存条件，这样不可避免地使一些菌种的生存与繁殖受到抑制或破坏，使产甲烷效率降低，同时使有机废弃物得不到很好的处理。

例如，厌氧过程中酸化细菌对酸的耐受能力很强，酸化过程在 pH 值下降到 4 时仍可进行，但是产甲烷过程的最佳 pH 值在 6.5～7.5 之间。因此，pH 值的降低会减少甲烷生成和氢的消耗，并进一步引起酸化末端产物组成的改变，使乙酸、丙酸、丁酸等产物大量生成，产甲烷细菌活力下降，进一步加剧了酸的积累，使 pH 值进一步下降，厌氧消化过程随之减缓，严重时甲烷的形成完全中止。因此，传统的一段式厌氧消化工艺，由于整个降解过程在一个反应器中进行，各大类群微生物需协调生长和代谢，所以无法通过提高负荷的方法提高酸化速率和效率，无法满足高固体负荷降解率的要求。

15.5.2.2　高级厌氧消化工艺

高级厌氧消化是指相对于传统中温厌氧消化能够显著提高挥发性固体负荷降解率的厌氧消化技术。采用高级厌氧消化可以获得比传统中温厌氧消化更高的可再生能源产率及经济效益。目前，高级厌氧消化技术主要有高温厌氧消化、两相厌氧消化、三阶段厌氧消化、延时厌氧消化、协同厌氧消化以及热水解+厌氧消化等工艺形式。

（1）高温厌氧消化工艺

高温消化工艺与传统的中温消化工艺很类似，所不同的是运行温度为 50～57℃。高温消化的一个显著特点是能更高效地灭活病原菌并使反应速率加快。研究结果显示，病原菌的灭活时间随着温度的升高而缩短。高温消化在设计参数上与传统的中温消化有所不同，例如，悬浮固体的负荷要高很多，污泥停留时间（SRT）也会更短，约为 11～15d。

高温消化有几种不同的形式，包括几个高温消化池串联、高温消化+中温消化、中温消化+高温消化+中温消化等形式，最常见的是高温消化+中温消化，这种形式的消化往往又被称为异温分段厌氧消化（TPAD），其显著特点是在利用高温消化的同时又可避免挥发性有机酸释放的恶臭。图 15-25 所示是以工业有机污泥为原料的 TPAD 工艺流程。

高温厌氧消化有诸多优点，包括提高 VSS（挥发性悬浮固体）分解率、池容更小、病原菌灭活效果更好、消化污泥脱水效果更好等。当然，这一技术也存在一些不足，比如单级高温消化会有较重的恶臭、原料加热所需的能量较高、高温对混凝土池体是个考验、污泥脱水滤液中的氨含量较高、温度较高可能会导致换热器堵塞等。为了达到较高的病原菌灭活效果，需要避免消化池在搅拌时由完全混合池型

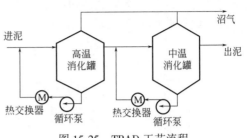

图 15-25　TPAD 工艺流程

所导致的短流问题，因此高温消化池有时会采取间歇的运行方式，或将几个高温消化池串联运行。

（2）两相厌氧消化工艺

传统的厌氧消化包括水解、产酸和甲烷化这三个阶段，通常都是在一个池内完成上述反应过程。水解与酸化过程是相互作用、由相同的微生物种群完成的，所以这两个过程是不可分割的。而为了保持较低的氢分压，产乙酸过程需要嗜氢甲烷细菌的活性，因此产乙酸和产甲烷过程也是不能分开进行的。这意味着厌氧降解过程的相分离只有一种情况，即发酵产酸和产乙酸阶段的分离。把进行水解和发酵产酸的酸化相与产乙酸和产甲烷的产气相分别在不同反应器或同一反应器的不同空间完成，如果不分开，则会相互抑制，效果差。通过相的分离，可大大削弱传统工艺中因酸的积累而导致的反应器"酸化"问题，使产酸细菌和产甲烷细菌各自在最佳环境条件下生长，以避免不同种群生物间的相互干扰和代谢产物转化不均衡而造成的抑制作用，产酸相对进水水质和负荷的变化有较强的适应能力和缓冲作用，可大大削减运行条件的变化对产甲烷细菌的影响，使系统中原料的酸化活性和产甲烷活性均高于一段式工艺，从而系统的处理效率和运行稳定性得到有效的提高。

两相厌氧消化工艺就是按照厌氧消化过程的不同阶段，通过设置酸化罐，将有机废弃物的酸化与甲烷化两个阶段分离在两个串联反应器中，使产酸细菌和产甲烷细菌各自在最佳的环境条件下生长，这样不仅有利于充分发挥其各自的活性，而且提高了处理效果，达到了提高容积负荷率、减小反应器容积、增加系统运行稳定性的目的。

1）液-液两相厌氧发酵工艺

液-液两相厌氧发酵工艺主要用于处理容易酸化的高浓度有机废水，其工艺流程如图 15-26 所示。由于水解酸化细菌繁殖较快，所以酸化反应器体积较小。由于强烈的产酸作用将发酵液 pH 值降低到 5.5 以下，此时完全抑制了产甲烷细菌的活动。产甲烷细菌的繁殖速率较慢，常成为厌氧发酵过程的限速步骤，为了避免有机酸抑制，产甲烷反应器比产酸反应器体积大。因其进料是经酸化和分离的有机酸溶液，悬浮固体含量较低，可采用 UASB，而产酸反应器由于悬浮固体含量较高，可采用 CSTR。

Pacques 工艺及 BTA 工艺是两种典型的液-液两相厌氧发酵工艺。Pacques 是中温工艺，主要处理水果蔬菜垃圾和源头分选有机垃圾，水解反应器中 TS 含量为 10%，采用气流搅拌，消化物经过脱水后，液体部分进入 UASB 反应器，固相中一部分加到水解反应器中作为接种物，剩余部分用于堆肥。BTA 工艺的 TS 含量要求为 10% 左右，中温厌氧消化，产甲烷反应器采用附着式生物膜反应器，延长微生物停留时间，同时为了维持水解反应器的 pH 值在 6~7 之间，产甲烷反应器中消化后的液体又循环回到水解反应器。

图 15-27 所示是用于污泥处理的两相厌氧消化工艺流程。两相厌氧消化在具体实际应用

时会有多种不同的组合形式，包括中温酸化消化+高温产气消化、中温酸化消化+中温产气消化等，为了获得 A 类污泥，其中的一个消化池必须为中温消化。

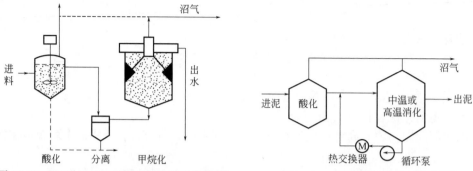

图 15-26　CSTR-UASB 两相厌氧发酵工艺流程　　　图 15-27　两相厌氧消化工艺流程

实现两相分离对整个工艺过程有很大的影响，例如可以提高产甲烷反应器中污泥的产甲烷活性。由于实现了相的分离，进入产甲烷相反应器的污泥是经过产酸相反应器预处理的出泥，其中的有机物主要是有机酸（以乙酸和丁酸为主），这些有机物为产甲烷相反应器的产氢、产乙酸细菌和产甲烷细菌提供良好的基质。同时，由于相的分离，可以将产甲烷相反应器的运行条件控制在更适合于产甲烷细菌生长的环境条件下，因此，可使产甲烷相反应器中产甲烷细菌的活性得到明显提高。有研究表明，两相厌氧消化工艺产甲烷相反应器中产甲烷细菌的数量比单相反应器中的高 20 倍，污泥的活性得到一定程度的强化。

2）固-液两相厌氧发酵工艺

固-液两相厌氧发酵工艺主要用来处理固体有机废弃物，先将秸秆、城市有机垃圾等固体物置于喷淋固体床（也叫固体渗滤床）内进行酸化，之后渗滤液进入 UASB 或 AF（厌氧生物滤池）等高效产甲烷反应器，同时产甲烷相的出水再循环喷淋固体床，如图 15-28。整个工艺过程中，系统没有液体排出，产生的固体残渣可以通过后续处理生产有机肥。通过渗滤液集中收集、沼液喷淋和搅拌等方式，提高系统的消化速率和稳定性，解决传统固体废弃物厌氧发酵中出现的易酸化、难搅拌、产气不稳定等难题。

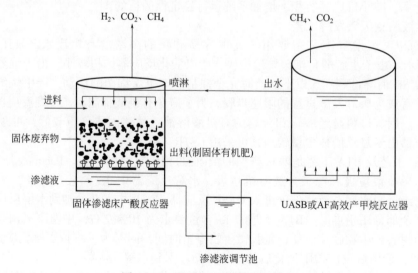

图 15-28　固-液两相厌氧发酵工艺

另外，采用两相发酵工艺，可以在产酸反应器内通过升温或微好氧等方法对难降解的固体有机物进行强化水解。如德国维尔利公司的 Biopercolat 工艺，水解产酸是在较高 TS 含量以及微好氧条件下完成的，微好氧水解反应器以及附着式生物膜产甲烷反应器可以将消化时间缩短为 7d。但有报道指出，由于两相系统较为复杂，两相工艺的商业化应用只占到城市垃圾处理总量的 10%。

（3）三阶段厌氧消化工艺

有机废弃物的厌氧消化可分为三个阶段：水解发酵、酸性发酵和甲烷发酵。为了提高有机废弃物的消化率和去除率，在两相厌氧消化的基础上开发了三阶段厌氧消化工艺。这种消化类型的特点是消化在三个互相连通的消化池内进行。原料先在第一个消化池滞留一定时间进行分解和产气，然后液料进入第二个消化池，再进入第三个消化池继续发酵产气。该消化工艺滞留期长，有机物分解彻底，但投资较高。

（4）延时厌氧消化

延时厌氧消化是将有机废弃物厌氧消化的水力停留时间 HRT 与固体停留时间 SRT 分离，通常是消化池的出泥进行固液分离后再回流到消化池，其工艺流程如图 15-29 所示。

延时厌氧消化的一个关键是用浓缩设备分离污泥，分离后的污泥再与进来的原泥相混合进入消化池，这样做避免了传统厌氧消化池完全混合式的短流、污泥停留时间更长等弊端。延时厌氧消化的优点在于将更多的细菌回流到消化池内进一步分解有机物，提高产气率。实际上，将 SRT 与 HRT 分离的做法最早在 20 世纪 60 年代的纽约就已经开始，当时纽约卫生局的工程师 Torpey 最先提出这一想法，所以在美国有时这种做法又叫 Torpey

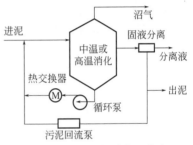

图 15-29　延时厌氧消化工艺流程

工艺，当时主要是通过重力沉降的方法来分离固液，后来采用离心和气浮的方法进行固液分离。

延时厌氧消化的主要优点包括池容减小、VSS 分解率更高、脱水所需的絮凝剂量降低、消化池固体含量提高等。当然，这项技术也存在一些缺点，如增加的固液分离设备可能会抵消由消化池减小所致的占地面积减小。另外，人们对延时消化的一个担忧是在固液分离阶段厌氧细菌是否会受到明显的影响，澳大利亚和美国的几个生产性厌氧消化工程的运行结果显示，固液分离的短暂好氧阶段不会对厌氧细菌造成明显的影响。但一些报告显示，在某些污水处理厂应用这种技术后存在换热器堵塞严重的问题。

（5）协同厌氧消化

协同厌氧消化是指污水处理厂污泥与其他有机废物共同进入消化池进行消化，这些有机废物包括油脂、餐厨废物等。协同厌氧消化在欧美发展迅速，很多污水处理厂都在应用这一技术，美国加州的 EBMUD 污水处理厂由于采用协同厌氧消化而成为美国能量自给污水处理厂的典范。

采用协同厌氧消化的主要动力来自对提高污水处理厂沼气产量的需求，满足污水处理厂能耗的要求，同时使一定地区内的碳足迹最小化。采用协同消化需要注意一些问题，比如外部有机物如果碳含量太高，可能会导致氮的缺乏，从而引起丙酸的积累，但如果碳含量太低，则可能会引起氨中毒，因此需要在营养物的平衡上格外注意。

（6）热水解+厌氧消化

对于初始含湿量较大、消化和脱水都很困难的有机废弃物，如农林废弃物、剩余污泥等，业界发展了很多细胞破壁技术，主要有物理、化学、生物等方法，但绝大多数方法的能耗或成本较高。近几年来热水解技术的发展实践表明，这是极具前景的一项技术。

传统污泥热水解是首先将混合污泥（初沉污泥与剩余污泥）从含固率约3%脱水至16%左右，然后进行热水解。以Cambi工艺为例，该技术主要由三个阶段组成：首先污泥进入浆化罐，利用工艺的废热对污泥进行加热，通常污泥会加热到90℃然后进入反应罐；反应罐的数量会根据处理厂规模大小而有所不同，在反应罐内污泥被加热到165℃左右，压力维持在0.065MPa，反应30min左右；反应之后的污泥进入闪蒸罐迅速泄压，细胞壁大量破碎，闪蒸罐的蒸汽返回浆化罐预热下一批污泥，污泥然后冷却、稀释到9%~10%的含固率。

挪威的Hias污水处理厂于1995年应用了污泥热水解工程，英国泰晤士水务的Chertsey污水处理厂在1999年应用了污泥热水解技术，此后在英国和爱尔兰有数十个项目应用了这一技术。美国华盛顿Blue Plains污水处理厂的污泥热水解工程于2014年投入运行，这是迄今为止全球最大的污泥热水解工程。

除了Cambi之外，还有威立雅的Biothely、Exelys以及荷兰开发的Turbotec等热水解技术。

污泥热水解+厌氧消化工艺有着诸多的技术优点。首先，污泥经过高温、高压的热水解后可以达到A级污泥的标准。其次，污泥热水解使得胞内物质释放，提高了消化效率和VSS分解率，沼气产量会有一定程度的提高；由于细胞壁的破碎，污泥的脱水效果会大为改善，泥饼含固率会提高6%左右。最后，由于污泥经过热水解后消化池的进泥含固率在10%左右，这样会大幅降低消化池的池容，减少投资。当然，热水解也有其自身的弱点，主要是技术复杂、初期投资高、滤液中含有较高浓度的氨氮和COD。

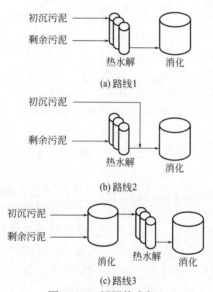

图 15-30 污泥热水解+厌氧消化的不同组合形式

由于世界各地污泥消化在发展侧重点上的不同，污泥热水解+厌氧消化技术在近年来也出现了多种技术的组合形式（图15-30），主要有：a. 初沉污泥与剩余污泥全部进行热水解，然后再厌氧消化；b. 剩余污泥先进行热水解，再与初沉污泥混合进入消化池消化；c. 初沉污泥与剩余污泥全部先进行消化，然后进行热水解，最后进入消化池消化。

上述三种技术组合的应用侧重点不同。路线1适合对处理后泥质有较高要求的场合，可以达到A级污泥的标准，同时所需消化池的池容较小，但是热水解单元的占地面积较大；路线2的出泥达不到A级污泥的标准，但可以达到B级污泥的标准，热水解单元的占地面积最小；路线3的消化池占地面积和热水解的占地面积都较前两者略大，但能量的回收率较高，同时可以达到A级污泥的标准。因此，具体选择哪一种方式取决于当地的实际情况。

15.5.3 污水污泥厌氧消化反应器

大中型沼气工程所使用的反应器种类很多，根据水力停留时间（HRT）、污泥停留时间

（SRT）和生物停留时间（MRT）的不同，可将反应器分为 3 种类型，见表 15-5。

表 15-5　厌氧反应器（工艺）分类

反应器类型、工艺	厌氧消化特征	反应器举例
常规型	MRT＝SRT＝HRT	常规反应器
		推流式厌氧反应器（PFR）
		完全混合式反应器（CSTR）
污泥滞留型	（MRT 和 SRT）＞HRT	厌氧接触反应器（ACR）
		升流式厌氧污泥床反应器（UASB）
		升流式固体反应器（USR）
		厌氧膨胀颗粒污泥床反应器（EGSB）
		内循环厌氧反应器（IC）
		折流式反应器（ABR）
附着膜型	MRT＞（SRT 和 HRT）	厌氧生物滤池（AF）
		纤维填料床（PFB）
		复合厌氧反应器（UBF）
		厌氧流化床（FBR）
		厌氧膨胀床（EBR）
干发酵工艺	反应器中原料 TS 大于 20%	干发酵反应器
两相厌氧发酵工艺	产酸相和产甲烷相分开进行	两相厌氧发酵反应器

第一类反应器为常规反应器，其特征为 MRT、SRT 和 HRT 相等，即液体、固体和微生物混合在一起，出料时同时被冲出，反应器内没有足够的生物，并且固体物质由于停留时间较短得不到充分的消化，因此效率较低；第二类反应器为污泥滞留型反应器，其特征是通过各种固液分离方法，将 HRT、SRT 和 HRT 加以区分，从而在较短 HRT 的情况下获得较长的 MRT 和 SRT，在出料时，微生物和固体物质所构成的污泥得以保留，提高反应器内微生物浓度的同时，延长固体有机物的停留时间使其充分消化；第三类反应器即附着膜型反应器，在反应器内填充有惰性支持物供微生物附着，在进料中的液体和固体穿流而过的情况下滞留微生物于反应器内，从而提高微生物浓度以有效提高反应器效率。此外，还开发了针对高固含量污泥的两相厌氧发酵工艺。

在选择反应器形式时，一定要根据具体的工程情况选用合适的反应器。除前述各型反应器外，可用于污水污泥厌氧消化过程的反应器还包括以下各种。

15.5.3.1　推流式厌氧反应器

推流式厌氧反应器（pluf flow reactor，PFR）也称塞流式反应器，是一种长方形非完全混合式反应器。高浓度悬浮固体发酵原料从一端进入，呈活塞式推移状态从另一端排出。该反应器内无搅拌装置，产生的沼气移动可为料液提供垂直的搅拌作用。料液在反应器内呈自然沉淀状态，一般分为四层，从上到下依次为浮渣层、上清液、活性层和沉渣层，其中厌氧微生物活动较为旺盛的场所局限在活性层内，因而效率较低，多于常温下运转。料液在沼气池内无纵向混合，发酵后的料液借助于新鲜料液的推动而排走。进料端呈现较强的水解酸化作用，甲烷的产生随着出料方向的流动而增强。由于该体系进料端缺乏接种物，所以要进行

固体的回流。为减少微生物的冲出，在消化器内应设置挡板以利于运行的稳定。

推流式厌氧反应器的优点是：a. 不需要搅拌，池形结构简单，能耗低；b. 适用于高 SS 废水的处理，尤其适用于牛粪的厌氧消化；c. 运行方便，故障少，稳定性高。其缺点是：a. 固体物容易沉淀于池底，影响反应器的有效体积，使 HRT 和 SRT 降低，效率低；b. 需要污泥回流作为接种物；c. 因该反应器面积/体积值较大，反应器内难以保持一定的温度；d. 易产生厚的结壳。

推流式厌氧反应器的另一种形式是改进的高浓度推流工艺（HCF），HCF 反应器的原理图如图 15-31 所示。HCF 是一种推流、混合及高浓度相结合的发酵装置。厌氧罐内设机械搅拌，以推流方式向池后不断推动，HCF 厌氧反应器的一端顶部有一个带格栅并与消化池气室相隔离的进料口，在厌氧反应器的另一端，料液以溢流和沉渣形式排出。该工艺进料浓度高，干物质含量可达 8%；能耗低，不仅加热能耗少，而且装机容量小，耗电量低；与 PFR 相比，原料利用率高；解决了浮渣问题；工艺流程简单；设施少，工程投资省；操作管理简便，运行费用低；原料适应性强；没有预处理，原料可以直接入池；卧式单池容积小，便于组合。

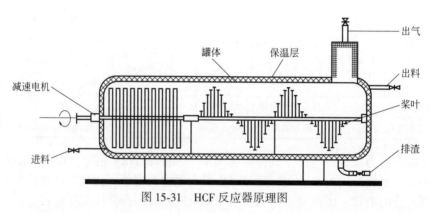

图 15-31　HCF 反应器原理图

15.5.3.2　厌氧膨胀颗粒污泥床反应器

厌氧膨胀颗粒污泥床反应器（expanded granular sludge blanket，EGSB）是在 UASB 反应器的基础上改进发展起来的第三代厌氧生物反应器，与 UASB 反应器相比，它们最大的区别在于反应器内液体上升流速的不同，在 UASB 反应器中，水力上升流速一般小于 1m/h，污泥床更像一个静止床，而 EGSB 反应器通过采用出水循环，水力上升流速一般可超过 5～10m/h，所以整个颗粒污泥床是膨胀的，从而保证了进水与污泥颗粒的充分接触，使得它可以用于多种有机废水或污泥的处理，并获得了较高的处理效率。EGSB 反应器这种独有的特征使它可以进一步向着空间化方向发展，反应器的高径比可高达 20 或更高。因此对于相同容积的反应器而言，EGSB 反应器的占地面积大为减小，同时出水循环的采用也使反应器所能承受的容积负荷大大增加，最终可减小反应器的体积。

EGSB 反应器的结构如图 15-32 所示。EGSB 反应器的主要组成可分为进水分配系统、气-液-固分离器以及出水循环部分。进水分配系统的主要作用是将进水均匀地分配到整个反应器的底部，并产生一个均匀的上升流速。与 UASB 反应器相比，EGSB 反应器由于高径比更大，其所需要的配水面积会较小，同时采用了出水循环，其配水孔口中的流速会更大，因此系统更容易保证配水均匀。三相分离器仍然是 EGSB 反应器最关键的构造，其主要作用是将出水、沼气、污泥三相进行有效的分离，使污泥保留在反应器内。

与 UASB 反应器相比，EGSB 反应器内的液体上升流速要大得多，因此必须对三相分离器进行特殊的改进。改进可采用以下几种方法：a. 增加一个可以旋转的叶片，在三相分离器底部产生一股向下的水流，有利于污泥的回流；b. 采用筛鼓或细格栅，可以截留细小颗粒污泥；c. 在反应器内设置搅拌器，使气泡与颗粒污泥分离；d. 在出水堰处设置挡板以截留颗粒污泥。

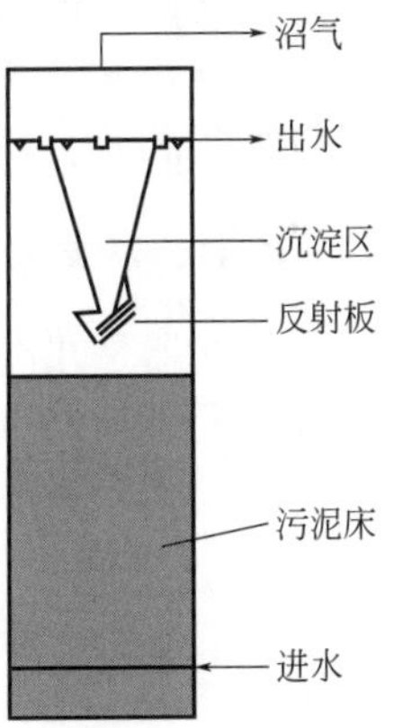

出水循环部分是 EGSB 反应器与 UASB 反应器的不同之处，其主要目的是提高反应器内的液体上升流速，使颗粒污泥床层充分膨胀，废水与微生物之间充分接触，加强传质效果，还可以避免反应器内死角和短流的发生。

图 15-32 EGSB 反应器结构示意图

15.5.3.3 分阶段多相厌氧反应器

分阶段多相厌氧反应器（staged multi-phase anaerobic reactor，SMPA）的理论思路是：a. 在各级分隔的单体中培养出合适的厌氧细菌群落，以适应相应的底物组分及环境因子；b. 防止在各个单体中独立发展形成的污泥互相混合；c. 各个单体内的产气互相隔开；d. 工艺流程更接近于推流式，系统因而具有更高的去除率，出水水质更好。

从上述的思路可以看出，分阶段多相厌氧反应器的理论依据来源于对厌氧降解机理的深入理解，分阶段多相厌氧反应理论是两相厌氧反应理论的发展，两相厌氧反应理论可以看作是分阶段多相厌氧理论的特例。Lettinga 教授指出，组成多相厌氧反应器的单体反应器既可以是 EGSB 反应器，也可以是 UASB 反应器。

15.5.3.4 厌氧迁移式污泥床反应器

厌氧迁移式污泥床反应器 [anaerobic moved blanket (bed) reactor，AMBR] 具有有机负荷率高、占地面积小、形成颗粒污泥、水力负荷高的特点，在使水力停留时间短的同时仍保持较高的污泥停留时间。

AMBR 反应器有两种不同的构造类型。一种是在反应器中间格室底部有一圆形开孔（圆孔尺寸可以调整），底部的小孔可以使底物与污泥充分接触，保证污泥的迁移，同时可防止发生短路循环。当 COD 负荷增加时，产气量也会增加，从而导致进水室的扰动增大，污泥迁移速率增大，此时增加孔的尺寸可以显著减小污泥迁移率。这种类型的反应器的水力停留时间（HRT）通常较长。另一种在相邻格室中设置一系列垂直安装的导流板（导流板间距可调），以减少底物的短路循环。导流板与反应器壁要有足够的距离以防止大的颗粒污泥通过时发生阻塞。该种构型的反应器适用于水力停留时间较短的情况。另外，在相同的条件下，使用具有导流板的反应器发生短路循环的概率将会大大降低。

AMBR 反应器是多室串联运行，至少有三个格室，反应器两侧各有进、出水口。运行时进水从反应器的一端水平流入，从另一端流出，因而出水室中的有机底物浓度最低，生物体对底物的利用效率也最低，产气量小，出水室可作为内部澄清池，减少出水中的生物量。为了防止微生物在出水室累积，定期反向运行，出水室变为进水室，进水室变为出水室。为达到连续进出水的目的，反向运行前有从中间单元室进水的过渡阶段。为促进污泥与污水的充分接触，3 个格室中均设置污泥搅拌设施间歇搅拌。系统出水口前设置挡板以防止污泥的流失。

从整个反应器内的水流状态来看，AMBR 反应器属于推流式，但每个格室内由于机械混合、产气的搅拌作用而表现为完全混合的状态。这种整体上为推流式（PF）、局部区域为完全混合式（CSRT）的多个反应器串联工艺对有机物的降解速率和处理效果无疑高于单个CSRT反应器，而且在一定的处理能力下所需的反应器容积也比单个CSRT低得多。

15.5.3.5 厌氧滤器

厌氧滤器是在内部安置有惰性介质（又称填料），包括焦炭及合成纤维填料等。沼气发酵细菌，尤其是产甲烷细菌具有在固体表面附着的习性，它们呈膜状附着于介质上并在介质之间空隙里相互黏附成颗粒状或絮状存留下来，当污水通过生物膜时，有机物被细菌利用而生成沼气。

填料的主要功能是为厌氧微生物提供附着生长的表面积，一般来说，单位体积反应器内载体的表面积越大，可承受的有机负荷越高。此外，填料还要有相当的空隙率，空隙率越高，在同样的负荷条件下HRT越长，有机物去除率越高。另外，高空隙率对防止滤池堵塞和产生短流均有好处。

近年来研制成功的YDT型弹性纤维填料的性能比软纤维填料要好，因软纤维填料运行时间稍长后往往纤维之间造成黏连并结球，因而缩小了表面积和空隙体积。经实验测定表明，弹性纤维填料实用比表面积大，不易结球和堵塞滤器，生物膜生成较快，也易脱膜，使生物膜更新迅速，有机负荷较高。

厌氧滤器的优点是：a.不需要搅拌操作；b.由于具有较高的负荷率，使反应器体积缩小；c.微生物呈膜状固着在惰性填料上，能够承受负荷变化；d.长期停运后可更快地重新启动。其缺点是：a.填料的费用较高，安装施工较复杂，填料寿命一般1~5年，要定时更换；b.易产生堵塞和短路；c.只能处理低SS含量的废水，对高SS含量废水的处理效果不佳并易堵塞。

15.5.3.6 厌氧膜生物反应器

厌氧膜生物反应器（anaerobic membrane bioreactor，AnMBR）的研究大都是把膜技术作为生物系统出水过滤的末端处理单元。通过在厌氧反应器末端添加过滤膜，可以有效地防止厌氧污泥的流失，同时对改善出水水质和确保反应器内污泥浓度有积极的作用。

AnMBR常用的厌氧系统主要有升流式厌氧污泥床反应器（UASB）、厌氧颗粒膨胀污泥床（EGSB）、厌氧流动床（FB）、厌氧生物滤池（AF）、折流式厌氧反应器（ABR）等。

AnMBR的膜组件主要是超滤膜和微滤膜，在膜组件的配置上主要有两种形式，即外置式和内置式，外置式［图15-33(a)］是将膜组件和生物反应器分开放，在这一配置中，因为反应器中缺少空气鼓泡，需要通过水泵进行液体循环以形成膜表面的切向流来改善膜污染状况。目前的研究表明膜每透过$1m^3$水量，往往需要$25~80m^3$的料液（污泥混合液）循环

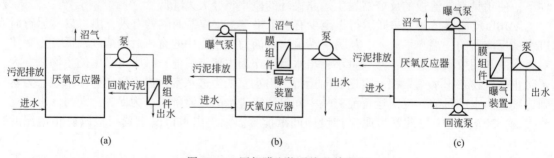

图 15-33　厌氧膜生物系统及其配置

量，因而需要较高的能耗。但由于这一配置能有效改善膜污染，是目前 AnMBR 中最普遍的配置。内置式是将膜组件浸入液体水槽中，这一配置需要曝气来防止膜表面污泥沉积层的形成，但反应器需要保持厌氧的环境，因而往往将厌氧消化产生的沼气用于对膜表面进行冲刷。根据是否将膜组件直接放入反应器内，内置式又可分为两种形式，如图 15-33（b）和图 15-33（c）。

浸没式厌氧旋转膜生物反应器（submerged anaerobic rotaty membrane bioreactor，SDRAn-MBR）通过内置双轴旋转膜组件的同向旋转，在膜表面产生一定强度的剪切力以减轻膜表面的浓差极化及凝胶层的形式，从而有效控制膜污染（见图 15-34）。

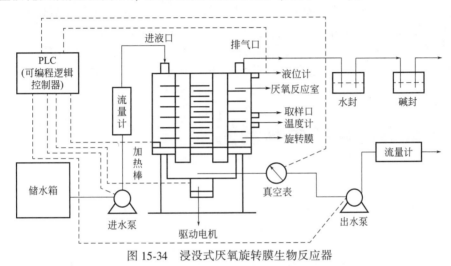

图 15-34　浸没式厌氧旋转膜生物反应器

15.5.4　污水污泥沼气发酵产物的综合利用

对于以污水污泥为原料的大型沼气工程而言，其沼气产量相当可观，主要用于燃烧发电、动力燃料等，也可用作原料制取化工产品。

（1）用于燃烧发电

大型沼气工程产生的沼气经过预处理或提纯，去除其中的水分和硫化氢等杂质之后可作为高热值燃料用于各种内燃机（如汽油机、柴油机和煤气机等）带动电动机进行发电，解决某些区域的电力供应不足问题。沼气发电有两种形式：一是单独用沼气燃烧；二是沼气与汽油或柴油混合燃烧。前者稳定性差但较经济，后者则相反。目前沼气发电机大多由柴油发电机或汽油发电机改装而成。沼气发电比油料发电便宜，如果考虑到环境因素，它将是一种很好的能源利用方式。利用沼气发电一方面可以缓解当前能源紧缺的紧张局面，另一方面可以消耗自行发酵产生的甲烷，减轻温室效应。

（2）用作动力燃料

$1m^3$ 沼气的热值相当于 0.5kg 汽油或 0.6kg 柴油。沼气经深度处理，将二氧化碳含量降至 3% 以下并除去有害成分后，可以像天然气一样作为汽车燃料。沼气作为汽车燃料时，通常将高压沼气装入气瓶，一车数瓶备用。采用沼气与柴油混合燃烧，可节省 17% 的柴油。

（3）用作化工原料

沼气经过净化，可以得到纯净的甲烷。甲烷是一种重要的化工原料，在高温、高压或有催化剂的作用下，可进行多种反应。甲烷在光照条件下，分子中的氢原子能逐步被卤素原子取代，生成一氯甲烷、二氯甲烷、三氯甲烷和四氯甲烷的混合物，这4种物质都是重要的有机化工原料，其中一氯甲烷是制取有机硅的原料，二氯甲烷是塑料和醋酸纤维的溶剂，三氯甲烷是合成氟化物的原料，四氯甲烷（也称四氯化碳）既是溶剂又是灭火剂，而且是制造尼龙的原料。

在特殊条件下，甲烷还可以转变为甲醇、甲醛和甲酸等。甲烷在隔绝空气加强热（1000~2000℃）的条件下，可裂解生成炭黑和氢气。甲烷在1600℃高温下（电燃处理）能裂解成乙炔和氢气，乙炔可以用来制取醋酸、化学纤维和合成橡胶。甲烷在800~850℃高温并有催化剂存在的条件下，能跟水蒸气反应生成氢气和一氧化碳，是制取氨、尿素、甲醇的原料。沼气中的二氧化碳也是重要的化工原料，沼气在利用之前，如将二氧化碳分离出来，可以提高沼气的燃烧性能，还能用二氧化碳制造干冰冷凝剂和碳酸氢铵肥料。

污水污泥厌氧发酵生产沼气后的残留物包括沼液和沼渣。经过发酵作用后，污水污泥原本含有的各种有害物质会转移至沼液或沼渣中，因此应根据沼液、沼渣的具体组成，区别性地实现综合利用。绝大部分是将沼液、沼渣制成有机肥料。

15.6　有机废弃物生物制氢

氢是一种理想的清洁能源，具有资源丰富、燃烧热值高、清洁无污染、适用范围广等特点，可以替代多种化石能源，如煤、石油、天然气等，并能有效应用于内燃机、涡轮机和喷射发动机等。从未来能源的角度来看，氢是高能值、零排放的洁净燃料，特别是以氢为燃料的燃料电池，具有高效性和环境友好性，将成为未来理想的能源利用形式。

有机废弃物生物气化制氢是以有机废弃物为原料，产氢微生物通过光能或发酵途径生产氢气的过程。利用有机废弃物制氢，对于缓解日益紧张的能源供需矛盾和环境污染问题具有特殊的意义，是极具吸引力和发展前景的途径之一。

15.6.1　有机废弃物生物制氢的方法

生物制氢是微生物自身新陈代谢的结果，生成氢气反应是在常温、常压和接近中性的温和条件下进行的碳中立反应，比热化学方法和电化学方法耗能少。生物法制氢可分为光反应和暗发酵反应两种生物途径，如直接生物光解制氢（绿藻）、间接生物光解制氢（蓝细菌）、暗发酵制氢（发酵细菌）和光发酵制氢（光合细菌），国内外已针对生物法制氢开展了大量研究，以提高产氢量和产氢速率，各途径各有其优缺点及产氢特性。

(1) 直接生物光解制氢

直接生物光解制氢与植物的光合作用过程相关，是在厌氧条件下，绿藻以光和CO_2作为唯一能量来源，将水分解为氢气的过程。微藻类通过光合作用中心，从水中直接制取氢气，将光能以氢能形式转化为可储存的化学能，该方法是从可再生资源中制取清洁能源，生能过程清洁无污染且原料水资源丰富可持续。该反应方程式大体如下：

$$2H_2O+太阳能\xrightarrow{\text{光合作用中心}}2H_2+O_2 \tag{15-15}$$

在绿藻直接生物光解反应中，光合器官捕获光子，产生的激活能分解水产生低氧化还原电位还原剂，该还原剂进一步还原氢酶中质子（H^+）与环境中释放的电子结合形成氢气。

绿藻直接生物光解制氢工艺有一个优点，即使光照强度较低，厌氧条件下利用氢气作为电子供体的固定CO_2的过程中，太阳能利用效率仍能达到22%。但是氢化酶对氧气极为敏感，因此需要进一步研究如何克服直接生物光解水过程中的氧气抑制效应。

（2）间接生物光解制氢

间接生物光解制氢是蓝细菌通过光合作用中心，从水中直接制取氢气，将光能以氢能形式转化为可储存的化学能的生物过程。蓝细菌是一种好氧的光养细菌，存在两种不同的蓝细菌菌群，绝大多数蓝细菌由固氮酶催化放氢，其余是氢化酶催化放氢。

间接生物光解制氢途径由以下几个阶段组成：a. 通过光合作用，培养生物质资源（蓝细菌等）；b. 所获得的碳水化合物（蓝细菌等）的浓缩；c. 蓝细菌等进行黑暗厌氧发酵，产生少量 H_2 和小分子有机酸，该阶段与发酵细菌作用原理和效果相似，理论上，1mol 葡萄糖生成 4mol 氢气和 2mol 乙酸；d. 暗发酵产物转入光合反应器，蓝细菌进行光照厌氧发酵（类似光合细菌），乙酸彻底分解产生 H_2。以上阶段反应式大致表示如下：

$$6H_2O+6CO_2+光 \longrightarrow C_6H_{12}O_6+6O_2 \tag{15-16}$$

$$C_6H_{12}O_6+2H_2O \longrightarrow 4H_2+2CH_3COOH+2CO_2 \tag{15-17}$$

$$2CH_3COOH+4H_2O+光 \longrightarrow 8H_2+4CO_2 \tag{15-18}$$

总反应式为：

$$12H_2O+光 \longrightarrow 12H_2+6O_2 \tag{15-19}$$

间接生物光解制氢过程中，碳水化合物被氧化放出氢气，为了克服氧气对氢化酶的抑制效应并实现连续运行，可在不同阶段和空间进行氧气和氢气的分离。

（3）光发酵制氢

光发酵制氢是不同类型的光合细菌（PSB）以光为能量来源，通过发酵作用将有机基质转化为 H_2 和 CO_2 的反应。光合细菌在光照条件下利用有机物作供氢体兼碳源进行光合作用，而且具有随环境条件变化而改变代谢类型的特性，光合细菌还可以在厌氧条件下，以光为能源，利用小分子有机酸（如乙酸、丁酸、乳酸等）作为碳源，进行转化制氢。

利用光合细菌进行生物法制氢有如下优点：a. 可以利用多种基质进行细菌生长和氢气生产；b. 基质利用率高；c. 在不同环境条件下仍具有较强代谢能力；d. 能够吸收利用较大波谱范围的光，能承受较强的光强；e. 由于副产物中没有氧气产生，因此不存在氧气的抑制问题。总的来说，光发酵制氢能使有机组分彻底转化为氢气，氢气生产由需 ATP 固氮酶驱动，ATP 通过光合作用过程中对光的捕捉得到。

光合细菌生物制氢过程同藻类制氢过程一样，是太阳能驱动下的光合作用的结果，但是光合细菌只有一个光合作用中心，利用捕获的太阳能进行 ATP 生产，高能电子通过能量流还原铁氧化还原蛋白，还原后的铁氧化还原蛋白及 ATP 在固氮酶的作用下驱动质子氢。有机物不能直接从水中接收电子，因此有机酸等常被用来作为基质。

多个独立环节构成了整个光发酵制氢系统，它们被分为以下几组：a. 酶系统；b. 碳流——特指三羧酸循环；c. 光合作用膜器官。光合制氢过程中，这些组通过电子、质子和 ATP 的交换联系在一起，整体路线如图 15-35 所示。

在光合细菌光发酵制氢过程中，氢气生产和消耗由固氮酶和氢化酶协调。固氮酶的基本功能是将分子氮固定，生成能被用作有机物氮源的氨。固氮酶能还原氮中的质子，副产物便是氢气。氢化酶是生物制氢代谢过程中另一种起关键作用的酶，在不同条件下，氢化酶作用不同，有氢气存在时，氢化酶是电子受体，是吸氢酶，但有低电位电子供体存在、利用水中的质子作为电子受体时，氢化酶就转变为放氢酶。

光合细菌能够利用多种基质作为生长和代谢产氢的碳源和氮源，产氢速率和基质转化率经常被用作衡量产氢特性的指标。当利用特殊基质进行产氢时，其理论产量可以通过如下假

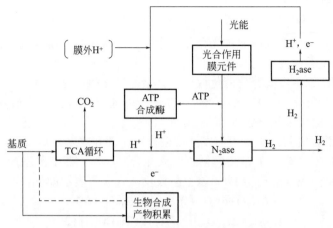

图 15-35　光合细菌制氢过程总示意图

H_2ase—氢化酶；N_2ase—固氮酶；e^-—电子；H^+—质子；ATP—三磷酸腺苷；TCA 循环—三羧酸循环

设反应式中特定基质的化学计量数进行转换估算。

$$C_xH_yO_z+(2x-z)H_2O \longrightarrow \left(\frac{y}{2}+2x-z\right)H_2+xCO_2 \qquad (15\text{-}20)$$

当产氢速率和基质转化率共同被考虑时，有机酸的基质转化率要高于糖类物质。pH、温度、培养基成分和光照强度也会影响光合细菌的生长和代谢产氢，因此，为了得到较高的产氢量和产氢速率，需要对最适宜的工艺参数进行优化。

（4）暗发酵制氢

暗发酵制氢又称厌氧发酵法生物制氢，在厌氧条件下，利用厌氧化能异养菌将有机物转化为有机酸进行甲烷发酵，氢作为副产品获得。相比光发酵产氢，暗发酵制氢具有许多优点：a. 发酵法生物制氢主要利用有机底物的降解获取能量，无需光源，产氢过程不依赖于光照条件，工艺控制条件温和、易于实现；b. 发酵产氢微生物的产氢能力普遍高于光合产氢细菌；c. 发酵产氢细菌的生长速率较快，可快速为发酵设备提供更丰富的产氢微生物，且兼性发酵产氢细菌更易于保存和运输，使得发酵法生物制氢技术更易于实现规模化生产；d. 发酵法生物制氢可利用的底物范围广，包括葡萄糖、蔗糖、木糖、淀粉、纤维素、半纤维素等，且底物产氢效率明显高于光合法制氢，因而制氢的综合成本较低；e. 由于不受光源限制，在不影响过程传质及传热的情况下，制氢反应器的容积可达到足够大，从而从规模上提高单套装置的产氢量。

微生物种类是影响发酵产氢的重要因素，不同种类的微生物对同一有机底物的产氢能力不同，即使同一种微生物，不同菌株的产氢能力也存在差异。目前用于厌氧发酵产氢研究的微生物可分为纯菌株和混合菌种两个方面。

纯菌株产氢研究中，厌氧产氢菌发酵产氢具有较高氢气产率，但对环境要求严格而不易操作；兼性菌同样具有较高产菌能力，并且对环境有良好的适应性，操作运行方便且易推广。就目前来看，纯培养主要是进行发酵产氢的理论研究，包括产氢菌的分类、适应的环境、代谢功能以及产氢能力等，在实际应用中难以实现。

在发酵产氢中，将同属或异属的菌种进行共同培养，建立合理的菌群组成结构，利用多种菌种的协同作用弥补环境对单一菌种造成的影响，创造互为有利的生态条件，实现协同产氢，可最大限度地提高产氢效率。利用混合菌种制氢具有许多优点：a. 混合菌群发酵产氢的能力较强，尤其是高效产氢菌的混合较单一纯菌株产氢量有较大提高；b. 混合菌群不存在纯菌株系统存在的杂菌污染问题，无需对混合发酵菌进行预先灭菌处理，若利用的混合菌种为厌氧活性污泥，则可以通过它的培养形成沉降性能良好的絮体，避免菌体在连续流状态下流失；c. 运行操作简单，便于管理，提高了生物制氢工业化生产的可行性。

15.6.2 有机物厌氧发酵产氢的途径

许多专性厌氧细菌和兼性厌氧细菌能厌氧降解有机物产生氢气，主要物质包括：甲酸、丙酮酸、各种脂肪酸等有机酸、淀粉纤维等糖类。主要反应类型有：各种羧酸脱氢为 CO_2；长链脂肪酸脱氢为短链脂肪酸；β-酮酸脱氢为 CO_2 或短链脂肪酸；α,β-不饱和脂肪酸脱氢为短链饱和脂肪酸；羟基脂肪酸脱氢为短链脂肪酸；醛、醛糖、酮糖脱氢为短链脂肪酸或 CO_2；醇脱氢为酸或 CO_2；硫酸化合物脱氢为有机酸、CO_2 和巯基硫化物；无机物脱氢为相应的氧化物等。

它们发酵有机物产生氢气的形式主要有两种：一种是丙酮酸脱氢系统，在丙酮酸脱羧脱氢生成乙酰的过程中，脱下的氢经铁氧还蛋白的传递作用而释放出分子氢；另一种是 $NADH/NAD^+$ 平衡调节产氢气。还有产氢产乙酸菌的产氢作用以及 NADPH 作用生物产氢。

(1) EMP 途径中的丙酮酸脱羧产氢

发酵细菌体内缺乏完整的呼吸链电子传递体系，发酵过程中通过脱氢作用所产生的"过剩"电子，必须有适当的途径得到"释放"，使物质的氧化与还原过程保持平衡，以保证代谢过程的顺利进行。通过发酵途径直接产生分子氢，是某些微生物为解决氧化还原过程中产生的"过剩"电子所采用的一种调节机制。

复杂碳水化合物经水解后生成单糖，单糖通过丙酮酸途径实现分解，产生氢气的同时伴随挥发酸或醇类物质的生成。微生物的糖酵解经过丙酮酸的途径主要有 EMP（embden-meyerhof-parnas）途径、HMP（hexose monophosphate pathway）途径、ED（entner-doudoroff）途径和 PK（phosphoketolase）途径。丙酮酸是物质代谢中重要的中间产物，在能量代谢中发挥着关键作用，其经发酵后转化为乙酸、丙酸、丁酸、乙醇或乳酸等。丙酮酸在不同微生物种群的作用下分解的产物不同，因此导致产氢能力不同。许多微生物在代谢过程中可产生分子氢，仅细菌就有 20 多个属的种类。在丙酮酸各种不同去路的代谢途径中，实验发现包括丁酸发酵、混合酸发酵和细菌乙醇发酵可以产生氢气，其中丁酸发酵和混合酸发酵报道较多，例如梭菌属为丁酸发酵中的主要产氢细菌，肠杆菌为混合酸发酵中的主要产氢细菌。细菌乙醇发酵也有产氢和不产氢两种情况，已发现的产氢细菌较少，主要为梭菌属（Clostridium）细菌、瘤胃球菌属（Ruminococcus）、拟杆菌属（Bacteroides）等。

发酵产氢细菌（包括螺旋菌属）直接产氢过程发生于丙酮酸脱羧作用中，可分为两种方式：

1）梭状芽孢杆菌型

如图 15-36(a) 所示，丙酮酸首先在丙酮酸脱氢酶的作用下脱酸，形成硫胺素磷酸-酶的复合物，将电子转移给还原态的铁氧还蛋白，然后在氢酶的作用下被重新氧化成氧化态的铁氧还蛋白，产生分子氢。

2）肠道杆菌型

也称甲酸裂解型，如图 15-36(b) 所示，是通过甲酸裂解的途径产氢，丙酮酸脱羧后形成的甲酸以及厌氧环境中 CO_2 和 H^+ 生成的甲酸，通过铁氧还蛋白和氢酶作用分解为 CO_2 和 H_2。

由图 15-36 可见，通过 EMP 途径的发酵产氢过程，虽然形式有所不同，但均与丙酮酸

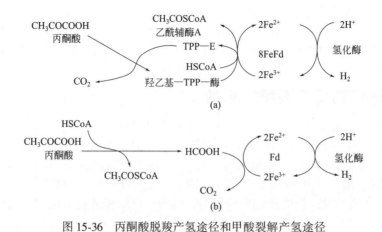

图 15-36 丙酮酸脱羧产氢途径和甲酸裂解产氢途径
(a) 丙酮酸脱羧产氢途径; (b) 甲酸裂解产氢途径

脱羧过程有关。

(2) 辅酶 I 的氧化还原平衡调节产氢

在碳水化合物发酵过程中,经 EMP 途径产生的还原型辅酶 I(NADH+H$^+$)须通过与末端酸性产物(乙酸、丙酸、丁酸、丙酮和乳酸等)相耦联而得以氧化为氧化型辅酶 I(NAD$^+$),从而保证代谢过程中的 NADH+H$^+$/NAD$^+$ 的平衡。这也是之所以产生各种发酵类型(丙酸型、丁酸型及乙醇型等)的重要原因。

生物体内的 NAD$^+$ 与 NADH+H$^+$ 的比例是一定的,当 NADH+H$^+$ 的氧化过程相对于其形成过程较慢,即消耗量少于其形成量时,必然会造成 NADH+H$^+$ 的积累。为了保证生理代谢过程的正常进行,生物体就会采取一定的调节机制,减少末端酸性产物的产率以减少 NADH+H$^+$ 的再生。在厌氧氢化酶的作用下,过多的 NADH+H$^+$ 可通过释放分子氢以使 NADH+H$^+$ 氧化再生,即:

$$NADH+H^+ \longrightarrow NAD^+ + H_2, \Delta G = -21.84 kJ/mol$$

上述过程为耗能反应,并随着 pH 值的降低,耗能减少。虽然在标准状况下,NADH+H$^+$ 转化为 H$_2$ 的过程不能自发进行,但有研究表明,在 NADH-铁氧还蛋白氢化还原酶和铁氧还蛋白氧化酶的作用下,该反应还是能够进行的。

(3) 产氢产乙酸菌的产氢作用

氢气是厌氧发酵过程中间步骤的副产物,布赖恩特于 1979 年提出四阶段厌氧发酵理论。

第一阶段为水解阶段。大分子有机物在细菌胞外酶的作用下分解为小分子水解产物,其能够溶解于水并透过细胞膜被细菌所利用,其中包括碳水化合物的水解、蛋白质的水解以及脂类和纤维素的水解等。例如淀粉被淀粉酶水解为麦芽糖和葡萄糖,蛋白质被蛋白酶水解为短肽与氨基酸,纤维素被纤维素酶水解为纤维二糖与葡萄糖等。水解过程属于酶促反应,通常较为缓慢,因此被认为是含高分子有机物或悬浮物污水厌氧降解的速率限制步骤。

第二阶段为酸化阶段。水解产生的小分子化合物在发酵细菌细胞内转化为更为简单的化合物并分泌到细胞外,包括氨基酸和糖类的厌氧氧化以及较高级脂肪酸与醇类的厌氧氧化。这一阶段的主要产物包括 VFA、醇、醛和 CO$_2$、H$_2$ 等。

第三阶段为产氢产乙酸阶段。这一阶段主要由产氢和产乙酸细菌群把水解酸化阶段形成的产物进一步分解为乙酸、氢气、二氧化碳以及新的细胞物质。其中包括由中间产物形成乙酸和氢气(产氢产乙酸)以及由氢气和二氧化碳形成乙酸(同型产乙酸)。主要的产氢产乙酸反应有：

S′菌株将乙醇转化为乙酸和分子氢的反应：

$$CH_3CH_2OH+H_2O \longrightarrow CH_3COOH+2H_2 \qquad \Delta G=+192kJ/mol \qquad (15\text{-}21)$$

沃尔夫互营杆单孢菌通过 β-氧化分解丁酸为乙酸和氢的反应：

$$CH_3CH_2COOH+2H_2O \longrightarrow CH_3COOH+3H_2+CO_2 \qquad \Delta G=+48.1kJ/mol \qquad (15\text{-}22)$$

专性厌氧的沃林互营杆菌在氧化分解丙酸盐时，形成乙酸盐、H_2 和 CO_2，其反应为：

$$CH_3CH_2CH_2COOH+2H_2O \longrightarrow 2CH_3COOH+2H_2 \qquad \Delta G=+76.1kJ/mol \qquad (15\text{-}23)$$

从反应的吉布斯自由能变化可知，在相同条件下，以上各反应进行的难易程度是不同的。当氢分压小于 15kPa 时，乙醇即能自动进行产氢产乙酸反应，而丁酸必须在氢分压为 0.2kPa 以下时才能进行产氢产乙酸反应，丙酸则要求更低的氢分压（9Pa）。在厌氧消化系统中，降低氢分压的工作必须依靠产甲烷细菌来完成。由此可见，通过产甲烷细菌利用分子态氢以降低氢分压，对产氢产乙酸细菌的生化反应起着非常重要的调控作用。在产酸相反应器中，产氢产乙酸细菌的存在数量会受到水解停留时间（HRT）的影响，在 HRT 较小（如 HRT＜5h）时，大分子的水解酸化可能有足够的反应时间，而对于后续的产氢产乙酸过程则是一个限制因素。

第四阶段为产甲烷阶段。这一阶段包括两组生理性质不同的专性厌氧产甲烷细菌群。一组可利用氢气和二氧化碳合成甲烷或利用一氧化碳和氢气合成甲烷；另一组可利用乙醇脱羧生成甲烷和二氧化碳或利用甲酸、甲醇等裂解为甲烷。

（4）NADPH 在生物产氢过程中的作用

由上述分析可以看出，氢气只是有机物质在厌氧消化过程中产氢产乙酸阶段的中间产物。厌氧环境中有机底物被氧化还原，受氢体辅酶 NAD^+ 或 $NADP^+$ 接受被脱氢酶作用脱去的氢质子，从而生成 NADH 或 NADPH。在无氧外源氢受体条件下，底物脱氢后产生的还原力 [H] 未经呼吸链传递而直接被内源性中间代谢产物接受，从而产生 NADH 或 NADPH，再通过厌氧脱氢酶脱去 NADH 或 NADPH 上的氢，其氧化后产生氢气。如果厌氧产酸细菌体内 NADH 或 NADPH 的平衡受到破坏，NADH 或 NADPH 循环停止，则生物代谢过程就会受到抑制。

氢气是万能的电子供体，产生后很容易被消耗，尤其当产甲烷细菌存在并且环境条件适宜的时候。因此，要想利用厌氧发酵获得氢气，就必须通过条件控制使厌氧发酵第三阶段和第四阶段断开，让上述反应不连续。可以采用的途径一般为改变环境条件（如强酸、强碱、极端热或者极端冷）下能够形成芽孢，一旦条件适宜，芽孢即复苏恢复活性。而产甲烷细菌等由于不能形成芽孢，在极差条件下会被杀死而失去活性。因此，可通过极端环境处理达到筛选菌种的目的。

（5）氢酶的催化机理

氢酶（hydrogenase）是催化产氢反应的关键性酶，但这种酶不是专一性的产氢酶。氢酶除了在有足够还原力时催化产氢外，还可以催化吸氢反应。1931 年 Stephenson 和 Stickland 首次在大肠杆菌中发现了氢酶，1974 年 Chen 等人首先从巴氏梭菌中分离纯化了可溶性氢酶，随后有多种氢酶从不同的微生物中被分离纯化。氢酶是催化伴有氢分子吸收与释放的氧化还原反应酶，它们存在于肠道细菌群、硫酸还原细菌、梭菌、固氮菌属、氢单胞菌属等细菌和某些藻类中。根据氢酶种类的不同，由氢所还原的电子受体（或放出 H_2 的电子供体）有 NAD^+、Fe 铁氧还蛋白和细胞色素 C3（硫酸还原菌）三种，它们直接或间接通过氢酶参与色素、NAD^+ 及有机基质进行的氧化还原反应，并且还能进行氢分子和水之间的重氢交换

反应,以及仲氢和正氢之间的转换反应。氢酶是产氢代谢中的关键酶,能够产氢的微生物都含有氢酶,它催化氢气与质子相互转化的反应如下:

$$H_2 \longrightarrow 2H^+ + 2e^- \tag{15-24}$$

目前发现的氢酶按照所含金属原子的种类可以分成 [NiFe] 氢酶、[NiFeSe] 氢酶、[Fe] 氢酶和不含任何金属原子的氢酶四种。[NiFe] 氢酶广泛存在于各种微生物中,分为吸氢酶和放氢酶。[Fe] 氢酶催化产氢的活性比 [NiFe] 氢酶高 100 倍,对氧非常敏感,例如梭菌和绿藻的 [Fe] 氢酶。虽然对二者有较多的研究,并且都已经确定其晶体结构,但核苷酸序列分析表明 [Fe] 氢酶和 [NiFe] 氢酶在结构上有很大差异。

虽然 [NiFe] 氢酶和 [Fe] 氢酶的结构起源有很大的不同,但从结构上看都是由电子传递通道、质子传递通道、氢气分子传递通道和活性中心四部分组成,在催化机制上基本是一致的。质子和电子分别通过质子传递通道和电子传递通道传递到包藏于酶内部的活性中心,形成的氢气分子再由其传递通道释放到酶的表面。[NiFe] 氢酶活性中心是由 Ni 和 Fe 组成的,异双金属原子中心以四个硫代半胱氨酸残基通过硫链连接在酶分子上。[Fe] 氢酶的活性中心是两个 Fe 原子(Fe$_1$ 和 Fe$_2$)组成的双金属中心,该活性中心通过 Fe$_1$ 上的一个硫代半胱氨酸与近端 [4Fe~4S] 簇相连而连接在酶分子上。[NiFe] 氢酶和 [Fe] 氢酶均含有一个空的或是电位上空的位点,该位点可能同结合 H$_2$ 有关。

分子氢的进入是由狭窄的隧道连接成的疏水性内部空腔介导的,网络状隧道的一端连接着活性中心的空位点,而其他几个端口则通向外部介质,孔道上的疏水性残基延伸到分子表面形成几个疏水性斑点作为气体的入口,这是通过氢酶结构的拓扑分析,氙气扩散的 X 衍射研究,结合分子动力学计算得出的结论。对氢酶内部分子氢逸散的动力学研究表明,气体从蛋白分子内逸出主要利用的就是这条通道,推测氧气分子作为大多数氢酶的抑制物,很可能也是利用相同的通道进入了活性中心。

15.6.3 厌氧消化制氢过程的影响因素

在厌氧消化产氢过程中,环境条件是很重要的控制因素。pH 值、微量元素(主要是铁离子)、原料特性(包括原料性质、有机质浓度、氨氮浓度、碳氮比和氧化还原电位)、温度、氢气分压、发酵底物、营养物质、金属离子、发酵产物、有机酸浓度等对反应过程中氢气的产量、浓度和延迟时间等都有很重要的影响。

(1) pH 值的影响

厌氧消化过程是氧化与还原的统一过程,这个过程中有能量的产生和转移,所产生的能量中有一部分变成热量散发掉,有一部分供合成反应和其他活动所需,其余的能量被贮存在 ATP 中,以备生长、运动所用。在厌氧消化过程中,有机物仅发生部分氧化,以其中间代谢产物为最终电子受体,其产物是低分子有机物。在此过程中,pH 值和 ORP(氧化还原电位)是两个非常关键的控制条件,它们能够影响生化反应的"进行方向和程度"。pH 值是厌氧生物处理过程中的一个重要控制参数,pH 值的高低影响了产氢微生物细胞内氢化酶的活性和代谢途径,另外还会影响细胞的氧化还原电位、基质可利用性、代谢产物及其形态等。厌氧消化体系中的 pH 值是体系中 CO$_2$、H$_2$S 等在气液两相间的溶解平衡、液相内的酸碱平衡以及固液两相间离子溶解平衡等综合作用的结果,而这些又与反应器内发生的生化反应直接相关。

通过对产酸发酵细菌的演替规律的研究,发现 pH 值是影响发酵类型的重要因素,pH 值为 5 时,可以是产氢较多、可被产甲烷细菌进一步利用的"丁酸型"发酵,也可以是产氢少、使降解过程恶化的"丙酸型"发酵。在产氢能力最高时,pH 值为 5.5,产出液中乙醇、乙酸、丁酸的体积分数分别为 10.17%、19.01%、69.13%,此时产氢较多的"丁酸型"

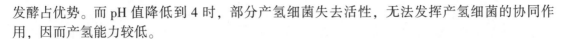

发酵占优势。而 pH 值降低到 4 时，部分产氢细菌失去活性，无法发挥产氢细菌的协同作用，因而产氢能力较低。

(2) 铁的影响

铁在自然界中广泛存在，作为制氢反应中不可或缺的物质，影响厌氧发酵产氢的效能。这主要是因为铁是氢化酶和铁氧还蛋白的重要组成成分，氢化酶在体内的活性往往随着铁的消耗而下降。在产氢发酵细菌中一般含有 4Fe 或 8Fe 铁氧还蛋白，其中以 8Fe 铁氧还蛋白为主，其活性中心为 $Fe_4S_4(C-Cys)_4$ 型。

(3) 原料的影响

1) 原料性质的影响

有机废弃物的来源和性质对有机废弃物的发酵产氢效果具有较大的影响。蔡木林等对比了 4 种不同来源污泥的发酵产氢效果，结果表明：同样是从传统活性污泥法中获得的污泥，由其 VSS/SS 的差别而导致了产氢率有较大的差异。而采用传统污泥法 (CAS) 和膜生物反应器 (MBR) 处理生活污水正常运行情况下所产生的污泥，其发酵产氢能力大致相当，没有明显的差别。

2) 有机质浓度的影响

肖本益等在对不同浓度的热预处理污泥进行厌氧发酵时发现，当热预处理污泥的 pH 值在 6.5~8.0 时，污泥浓度越高，产氢量越多，当污泥质量浓度为 17.60g/L 时，产氢体积达到 28.63mL。污泥浓度过高或过低都会影响氢气产率，这是因为：当污泥浓度过高时，污泥中溶解性有机物也随之增加，微生物大量聚集且迅速产氢，致使反应瓶中氢气量迅速累积，造成系统氢分压过高，进而影响氢气的进一步生成；当污泥浓度过低时，可溶解性有机物较少，微生物数量减少，产氢量不足。

3) 氨氮浓度的影响

氨氮是高氮废物 (污泥、食品加工废水、厨余垃圾等) 厌氧消化系统稳定性的重要影响因素之一。虽然氨氮是微生物重要的氮源，但在污泥厌氧消化过程中，厌氧微生物细胞很少繁殖，因此，只有很少量的氮被转化为细胞物质，大部分可发生降解的有机氮都被还原为消化液中的氨氮。氨氮在反应过程中能够中和厌氧消化产生的挥发性有机酸，对系统的 pH 值具有缓冲作用。

随着体系氨氮浓度的增大，pH 值上升，挥发性有机酸的浓度降低。但如果氨氮浓度过高，又将会影响微生物的活性，因为游离氨能很容易地通过细胞膜，从而对微生物产生毒害作用，所以，多数研究者认为非离子化的氨是氨氮产生抑制作用的主要原因。氨氮浓度和 pH 值都是非离子化的氨浓度主要影响因素，当 pH=7 时，游离氨占氨氮的 1%，当 pH 值上升到 8 时，游离氨可占氨氮的 10%。氨氮的具体抑制浓度根据反应器类型、微生物种群和反应条件等的变化而不同，经过驯化的微生物对氨氮的浓度也有更高的抵抗力，而两相厌氧消化系统对氨氮的抑制会有更大的抵抗能力。在高含氮废物的厌氧消化产氢过程中，通过调节进料的有机负荷来控制氨氮的浓度是最直接最有效的方法。

对于高含氮废物 (食物垃圾、污泥等) 的厌氧消化产氢，尤其是高固体浓度的系统，由于微生物合成所需要的氮素有限，随着反应的进行，蛋白质在代谢过程中生成的氨氮在反应器内会逐渐积累，从而对反应造成影响。曹先艳等人研究了以尿素作为氮源对餐厨垃圾厌氧发酵产氢的影响，结果表明，体系中氨氮的浓度在 3.58~7.89g/L 的范围内，对氢气的产生有促进作用，其中氨氮浓度为 6.24g/L 时得到最大氢气产率 (126.8mL/g)。氨氮浓度超过 7.89g/L 时，对体系产生抑制作用，氢气产量开始下降。然而，实验中当氨氮浓度超过

5.93g/L 时，体系反应的延迟时间超过了 13.64h，因此，综合考虑氢气产量和产氢效率，应该控制反应过程中氨氮的浓度低于 6g/L，总氮浓度低于 12g/L。反应物液相中的主要副产物是乙酸和丁酸，但随着氨氮浓度的提高，体系进入了稳定的抑制状态，体系只产生有机酸而没有氢气。郝小龙等人做了类似的实验，采用人工有机蔗糖废水通过厌氧发酵产氢气，分析废水中糖降解速率、比产氢率和产氢率，以考察水体中 NH_4^+ 浓度（0~8000mg/L）对厌氧发酵产氢的影响。结果表明，当 NH_4^+ 浓度在 1200~2400mg/L 时，对微生物的厌氧发酵产氢有促进作用，但当 NH_4^+ 浓度大于 4800mg/L 时，对厌氧发酵产氢产生显著的抑制作用，并且对其发酵液相产物也有明显的影响。因此，在厌氧发酵有机废水产氢的过程中，需检测与调控水体中的总 NH_4^+ 浓度，从而达到较高的产氢效率。

4）碳氮比的影响

在污泥的发酵产氢过程中，微生物是产氢的主体，系统中产氢细菌的数量直接影响着产氢效率，但是产氢细菌的生长状况和代谢水平也会决定系统的处理效果和能力。碳氮比（C/N）直接影响微生物的生长、代谢途径、代谢产物的积累、基因表达以及酶活性水平等等。以污泥为底物时，污泥的 C/N 是不定的，这就需要在发酵前对污泥的 C/N 进行合理的调理，以达到最大的产氢量和最稳定的产氢效果。

刘和等研究了碳氮比对厌氧发酵类型的影响，结果表明：当碳氮比为 12 时，消化链球菌属为优势菌群，相对丰度占 34%，发酵类型为乙酸型发酵；当碳氮比为 56 时，优势菌群为丙酸杆菌属和梭菌属，发酵类型呈丙酸型发酵；而当碳氮比为 156 时，梭菌属的相对丰度达到 41%，形成了丁酸型发酵。王勇等的研究结果表明，当碳氮比>200 时，发酵类型呈乙酸型发酵，且此时产氢效率最佳。

5）ORP 的影响

发酵体系中的 ORP 的控制应根据目标优势菌群而定，若目标优势菌群为专性厌氧菌，应降低 ORP，兼性厌氧菌则可适当升高。降低发酵体系中的 ORP 可以采取加入还原剂如维生素 C、H_2S 等方法，如果要提高发酵体系的 ORP，则可通入空气，提高氧的分压。

(4) 温度的影响

在消化菌群以及基质一定的条件下，反应温度对厌氧发酵产氢过程影响显著。

产氢微生物的种类有很多，不同种属的产氢细菌最适合的发酵产氢温度存在较大的差异。出于操作方便和节能等各方面考虑，目前大多数研究多采用 36℃ 中温进行发酵产氢，其实，部分产氢菌（如 *Thermotoga elfii*）的产氢温度达到 65℃，甚至某些微生物在 70℃ 下仍能发酵产氢。根据 Van't Hoff 定律，在一个严格的温度范围内，温度每升高 10℃，化学反应速率加快 1 倍。当温度在 15~36℃ 变化时，*E. cloacae* 的氢气产量随温度升高而增加，36℃ 时达到最大产氢率，但当超过 36℃ 时，其产氢量开始下降。但并不是所有产氢细菌的温度变化规律都如此，*E. aerogen* 以蔗糖为基质产氢时，其产氢率的增加可一直持续到 40℃。有实验表明，用沉淀池污泥中混合菌群产氢，温度从 20℃ 升高到 55℃ 时，随着温度的升高，产氢率和产氢速率均升高，最佳产氢温度可能超过 55℃，其原因可能是由于接种物中同时存在中温和高温产氢细菌，优势菌随着温度升高逐渐从中温菌转变为高温菌。

在传统厌氧反应器中，温度是影响微生物生存及生物化学反应最重要的因素之一，随着各种新型高效厌氧反应器的发展，反应器内的污泥停留时间增大，远大于水力停留时间，温度效应就不十分显著了。有研究发现，厌氧折流板反应器（ABR 反应器）稳定运行仅两周后，当温度从 35℃ 降低到 25℃ 时，总的 COD 去除率并没有明显地减少。产生这种情况的原因很复杂，主要原因是新型高效厌氧反应器中生物浓度的提高，使得在一定范围内的温度对厌氧消化过程的影响不是很大。因为温度只是影响厌氧反应器效率的众多因素之一，当反应器通过提高厌氧污泥浓度或其他措施促进反应时，在很大程度上能够补偿或缓冲温度的影响。

(5) 分压的影响

氢的产生是细菌将铁氧还蛋白和携带氢的辅酶再氧化的一种过程，根据气液平衡关系，气相中如果积累了较高浓度的氢，则必然使液相中氢浓度升高，不利于再氧化过程的进行，从而使产氢过程受到抑制。另外，氢分压还会影响发酵产物的组成及含量。因此，如何在微生物发酵产氢过程中减少其对产氢的抑制是发酵产氢技术的关键之一。

在厌氧发酵产氢过程中，发酵液中氢分压的大小也会影响产氢过程的顺利进行。因为氢气体积分数的升高会改变产氢的代谢途径，转而生成一些更具还原性的物质，如乳酸、乙酸、丙酮和丁醇等。降低氢气分压的方法，一是采用连续释放氢气达到减小氢气分压的目的，二是采用惰性气体吹脱减小氢分压。

(6) 其他因素的影响

1）发酵底物

发酵生物制氢可利用底物的范围极为广泛，从葡萄糖、淀粉、乳糖、甘露醇、纤维素等单质到加工废水、米麸、废纸浆、固体垃圾滤液、餐厨垃圾、糖蜜废水等有机废物都可作为氢气转化的生物质。

2）营养物质

研究报道，添加污泥营养物质，如铁、磷酸盐等，能够提高系统氢气的产量。

3）金属离子

根据生物制氢理论和微生物营养学，一定浓度下对产氢细菌产氢能力有促进作用的金属主要有铁、镍和镁等，而汞、铜等重金属对许多氢酶产生强烈的抑制作用。

4）发酵产物

兼性厌氧条件下的发酵产氢过程为丙酸型发酵，主要末端产物为丙酸和丁酸，H_2 的产量极低；厌氧条件下的发酵过程为丁酸型发酵，主要末端产物为丁酸，H_2 的产量有所提高；严格厌氧条件下的发酵过程为乙醇型发酵，主要末端产物为乙酸和乙醇，H_2 含量较高。发酵产物中的有机酸的积累会毒害微生物，因此，发酵产氢过程应尽量避免丙酸和丁酸的产生和积累，将发酵过程控制在乙醇型发酵是有利的。

5）有机酸浓度

产氢微生物利用有机营养物进行厌氧发酵，其产物除了氢气外，还有挥发性脂肪酸、醇类物质等，这些产物一旦在微生物的体内或体外环境中积累过多，就会对微生物活性及其生理过程产生影响。微生物发酵产氢过程中发生有机酸的积累会降低系统的 pH 值，从而影响产氢过程。通常认为丙酸的积累会抑制厌氧过程，因此，厌氧过程中应尽量避免丙酸的产生和积累。

15.7　农林废弃物生物制氢

一般来说，可用于生物发酵产氢的基质应具备以下特点：a. 碳水化合物的含量较高；b. 资源丰富并且价格低廉；c. 具有较高的能量转化率。我国每年产生大量的农林废弃物，这些农林废弃物都满足生物发酵产氢基质的特点，如将其作为生物制氢的原料，不仅能有效消除

其造成的环境污染，还可获得清洁能源，具有重要的环境意义与经济价值。

以农林废弃物为原料的生物制氢方法分两种：一种是厌氧发酵（也称暗发酵）生物制氢，是厌氧微生物以碳水化合物作为能量来源，生成氢气，不需要光照条件，在产氢的同时还产生有机酸和醇类等副产物；另一种是暗发酵与光发酵结合发酵制氢。

15.7.1　厌氧发酵产氢

如前所述，农林废弃物在适宜的条件下均可通过厌氧发酵产生沼气。厌氧发酵制氢是厌氧发酵制沼气的一个分支，是在酸性条件下抑制有机物厌氧发酵过程中的产甲烷阶段，转而产氢。

张无敌等研究证明以农作物秸秆为原料，以沼气发酵后的厌氧活性污泥为天然产氢菌种的来源，在25℃左右、pH 4.5~5.5时，可以获得氢气。秸秆主要是纤维素、半纤维素和木质素交织在一起形成的有机混合体，秸秆发酵产氢的瓶颈在于秸秆中木质纤维素的水解。需要先通过机械方法或者化学方法对秸秆进行脱木质素处理，才能作为生物制氢的原料。另外，农作物秸秆发酵产氢受限于微生物在水解复杂的农作物秸秆、降解纤维素微晶结构及纤维素分解为可溶性糖过程中的水解活性，即受限于秸秆的微生物分解预处理。

马来西亚的Krishnan等分别研究了菠萝蜜皮渣及混合废弃果皮（西瓜、菠萝、木瓜、芒果、蜜瓜、番石榴、猕猴桃、杨桃、蒲桃等）的厌氧发酵产氢情况，产气量分别为0.72L/g VS（菠萝蜜皮渣）和0.73L/g VS（混合废弃果皮），氢气含量分别为（55±2）%和（63±2）%。Venkata等研究了甜橙皮的预处理及发酵产氢试验，结果表明：甜橙皮在pH值为7.0、处理时间40min的条件下，消化效果最好；在发酵产氢过程中，产氢量受到基质成分和浓度的影响，当有机负荷增加时，有机酸浓度会增加，同时产氢量也提高。

施翔星等在室温（15~23℃）条件下，采用批式发酵工艺进行菠萝皮渣厌氧发酵制氢的试验研究，菠萝皮渣的产氢潜力为156.9mL/g TS或164.19mL/g TVS（TVS为总挥发性固体）。方明发现在苹果果渣中接种污泥，煮沸30min可以缩短产氢的迟滞时间，最大累积产氢量为106.93mL/g TS，平均产氢速率为14.97mL/（g TS·h）。张娜研究发现随果渣浓度的增加，产氢量和平均产氢速率都是先增高后降低，当果渣浓度为20g/L时，产氢量和平均产氢速率达到最大值，分别为934mL/L和57.0mL/（L·h），而当果渣浓度增大到25g/L时，产氢速率降至829mL/L，平均产氢速率也降到了53.1mL/（L·h）。

由上可知，果皮（渣）类农业废弃物用于产氢发酵具有可行性，并且其产氢过程受果皮预处理方式、接种物的驯化方式、基质中碳水化合物浓度及有机负荷的影响。另外，产氢过程中挥发性有机酸的浓度及基质pH值的改变也不同程度地影响产氢量及产氢率。

15.7.2　预处理对厌氧发酵产氢的影响

在农作物秸秆厌氧发酵生物制氢过程中，氢气的产量取决于还原糖的含量，而还原糖则来源于秸秆的水解，可见秸秆的预处理在其厌氧发酵产氢过程中起到非常关键的作用。

在农作物秸秆经机械粉碎后，目前采用的预处理方法主要有四类：化学预处理、物理预处理、化学和物理混合预处理，生物预处理。采用单一的化学预处理方法存在诸多不足，如反应条件较难掌握、反应温度高、处理时间长、占用空间大、处理效果不理想等。针对不同的秸秆原料，采用化学和物理结合的预处理方法可以显著提高微生物水解速率。Leyla等采用碱处理、热处理、微波处理、热碱处理和微波碱处理等多种方式进行了预处理试验，发现碱处理、微波碱处理和热碱处理具有显著的增溶作用，并且经碱处理后的甜菜浆具有最大的产氢速率（115.6mL H_2/g COD）。Pan等发现采用1.5% H_2SO_4，在121℃条件下预处理

60min 后的玉米秸秆产氢效果最优，处理后的最大产氢速率为 209.8mL/g TVS，是未处理的小麦秸秆产氢速率的 45 倍。另外，大粒度的玉米秸秆采用黄孢原毛平革菌（*Phanerochaete chrysosporium*）预处理的方法效果较好，降解率可达 45.2%。

对农作物秸秆采用适宜的预处理方法不但能提高产氢量，还可促进其他产氢发酵环节的改善，如 Li 等发现在产氢发酵过程中秸秆预处理后不但能提高产氢速率，还能缩短产氢滞后期。

15.7.3 暗发酵-光发酵联合制氢

由暗发酵和光发酵相结合的发酵不仅可以提高氢气的产量，而且能够更有效地降解底物基质中的脂肪酸。Zong 等研究表明，木薯不仅可以作为产氢发酵的底物，而且在暗发酵和光发酵的两步反应中的总产氢速率达到 810mL H_2/g 木薯，优于木薯单一发酵方式的产氢结果（70.0mL H_2/g TVS）。

农作物秸秆的产氢发酵同样也适于采用暗发酵-光发酵耦合的生物制氢技术。多个研究表明，暗发酵-光发酵耦合的发酵技术可以使农作物秸秆的产氢速率显著提高。Hidayet 等探讨了以小麦秸秆为原料进行光发酵-暗发酵过程中的最佳产氢的暗光生物量比，结果表明暗光生物量比例为 1/7 时产氢最优，此时产氢发酵速率高于单纯的光发酵或者暗发酵。Su 等不但通过对比试验得出蒸汽加热、微波加热/碱预处理和酶解为水葫芦较优的预处理方式，而且在预处理后接种混合产氢菌群进行暗发酵-光发酵联合产氢试验，产氢速率从单纯暗发酵的 6.7mL H_2/g TVS 提高到了 522.6mL H_2/g TVS。

Cheng 等采用与 Su 等相似的预处理方式对水稻秸秆进行预处理，在随后的暗发酵与光发酵相结合的产氢发酵过程中，产氢速率从暗发酵的 155mL H_2/gTVS 提高到了 463mL H_2/gTVS。

目前暗发酵-光发酵耦合的生物制氢技术存在的难点是在暗发酵和光发酵产氢的两步骤间存在有较长的延缓期，即光发酵细菌利用还原糖生长繁殖与利用有机酸发酵产氢之间存在较长的滞后期，导致基质中积累了较高浓度的有机酸而抑制了暗发酵细菌及光发酵细菌的生长繁殖与代谢。

15.8 畜禽粪便生物制氢

畜禽粪便中含有丰富的纤维素和半纤维素等碳水混合物。研究显示，牛粪中纤维素含量为 40%、半纤维素为 27%，猪粪中纤维素含量为 32%、半纤维素为 23%，满足生物制氢对基质的要求。如能将畜禽粪便用作生物制氢的原料，不仅能消除畜禽粪便对环境造成的污染，缓解当地的环境压力，而且可以获得清洁能源，缓解能源紧张的局面。

以畜禽粪便为原料的生物制氢主要有两种途径：一是利用光合细菌制氢；二是利用厌氧发酵细菌制氢。

15.8.1 光合细菌制氢

能够产氢的光合微生物为真核藻类和光合细菌。该真核藻类含光合系统 PS I 和 PS II，不含固氮酶，H_2 代谢全部由氢化酶调节。产氢真核微生物进行类似植物光合作用的光解水产氢过程，原料为水和太阳能，来源丰富且低廉，是一种理想的制氢方法。但是，水分解产生的 O_2 会抑制氢酶的活性，并促进吸氢反应。光合细菌产氢是在光合磷酸化提供能量和还原型硫化物或降解有机物提供还原能力的情况下，由固氮酶和氢酶共同催化完成的。光合细菌含有丰富的光合色素——细菌叶绿素和类胡萝卜素，形成光合系统Ⅰ，可以在厌气、光照条件下进行光合自养生长，或在微好氧或好氧条件下进行异养生长。光合细菌具有产氢不放氧、产氢纯度高、对太阳光谱响应范围宽及可与多种生物形成良好微生态体系的特点，被认为是很有希望的绿色氢来源之一。

有研究者筛选光合细菌 PSB1、PSB2、PSB3、PSB4 处理猪粪废水，产生的气体中氢气含量分别为 60%、50%、58%、42%，COD 转化率分别为 75.4%、59.8%、80%、54.8%。另一项光合细菌红假单胞菌（$Rhodobacter\ sphaeroides$）利用猪粪水产氢的研究表明，猪粪污水 COD 为 5687mg/L、3500mg/L、1214mg/L 时的体积产氢率分别为 23.7mL/(L·d)、18.5mL/(L·d)、15.0mL/(L·d)，产氢结束后 COD 值分别降至 3586mg/L、2135mg/L、723mg/L，但是氢气含量低于 6%。利用光合细菌处理牛粪水，最大容积产气率可达 28.3mL/(L·h)，平均容积产气率 11.65mL/(L·h)，平均氢气浓度 55%，原料利用率为 71.48%，平均原料转化率为 52.60mL/g COD。温度是影响产氢量的最显著因素，其他因素的影响程度顺序依次为光照强度→原料 pH 值→PSB 初期活性，各因素中较佳的水平条件即较好的产氢条件组合是温度为 30℃，光照强度为 1600lx，原料 pH 值为 7.0，PSB 初期活性为对数生长后期 60h。

15.8.2 暗发酵生物制氢

暗发酵生物制氢也称厌氧发酵制氢，是指微生物利用有机物在化学能的作用下进行发酵制氢。与光合制氢相比，暗发酵生物制氢有以下优越性：a. 不受光照限制，可实现持续稳定产氢；b. 产氢菌种的产氢能力高于光合产氢菌种；c. 原料来源丰富且价格低廉。相对于光合制氢，暗发酵生物制氢更能够在短时间内实现。

畜禽粪便中含有大量可用于发酵产氢的微生物、未被消化吸收的有机物质（纤维素、半纤维素、蛋白质等）及微生物生长代谢过程所必需的 N、P 等营养物质，可提供厌氧发酵制氢微生物生长所需的营养物质，如将其作为制氢原料，既得到清洁能源氢气，又实现了废弃物的资源化，在缓解能源危机、减少环境污染等方面具有积极的现实意义。

张无敌等研究证明，以农作物秸秆、畜禽粪便为原料，以沼气发酵后的厌氧活性污泥为天然产氢菌种的来源，在 25℃左右、pH 4.5~5.5 时，可以获得氢气。在其试验中所采用的 10 种原料中，产氢潜力最高的是猪粪，最低的是小麦秸秆。随后卢怡等也得出了相似的研究结果，猪粪的产氢潜力优于含纤维素的农业废弃物。猪粪的干物质中 80.1% 为有机物，易分解性有机碳为 27.3%，半纤维素及纤维素的含量较低，粗脂肪和木质素的含量较高，并且猪粪含 N 量较高，占干物质的 3.61%。

卢怡等采用恒温厌氧发酵工艺，用乳酸调控发酵 pH 值在 4.7~5.5，对牛粪和鸡粪产氢进行了研究，二者的产氢潜力分别为 32.33mL/g TS、33.58mL/g TS。李倬同时以牛粪为产氢底物和天然厌氧产氢菌源，在批式厌氧发酵产氢条件下，通过底物预处理方式，控制初始 pH 值为 5.0，底物浓度为 70g/L 的情况下，牛粪的最大累积产氢量为 19mL H_2/g TVS，最大氢浓度为 38.6%，产氢速率为 1.1mL H_2/g TVS；在 5L 放大试验中，在操作 pH 值为 5.0 时，牛粪发酵产氢效果最好，最大累积产氢量可达 21.5mL H_2/g TVS。

樊耀亭等用牛粪堆肥，以活性污泥为天然菌源，利用强制曝气的方法，获得了可以高效产氢的优势产氢菌群，以玉米秸秆、酒糟、麦麸、麦秸秆为底物厌氧发酵制得氢气，产氢潜力高达 126.9mL H_2/g TVS、54.4mL H_2/g TVS、102.0mL H_2/g TVS、68.0mL H_2/g TVS。猪粪的产氢潜力可以达到 0.5L H_2/L 粪肥。半连续试验表明，在 pH 值 5.5、HRT 为 12h、负荷 96.2kg VS/($m^3 \cdot d$) 条件下，产气率 102.1mL H_2/h，氢气浓度 23.6%。

Tenca 等研究了水果（苹果、梨）、蔬菜残渣与猪粪的最佳产氢比例，结果表明，在水果、蔬菜残渣与猪粪的比例为 35/65 时，停留时间 HRT 为 2 天时可得到最大产氢率（126±22）mL/g VS，氢气占气体含量的 42%±5%。

15.9　城市生活垃圾厌氧发酵制氢

随着能源结构的改变和居民生活水平的提高，城市生活垃圾中有机物的含量越来越高，尤其是近两年大力推行"垃圾分类"工作以来，以厨余垃圾和食物残渣为主要成分的湿垃圾中，挥发性固体与总固体含量的比值（VS/TS）达到 90% 以上，十分容易被生物降解，而且营养成分丰富，配比均衡，是十分理想的厌氧发酵底物。利用这类城市生活垃圾发酵制氢，对固体废弃物污染控制及节能减排具有重要意义。

15.9.1　厌氧发酵产氢效率的影响因素

影响厌氧发酵产氢效率的因素主要有发酵底物特性、pH、ORP、重金属以及添加剂等。

（1）发酵底物特性

餐厨垃圾成分复杂，是油、蔬菜、果皮、果核、米面、鱼、肉、骨，以及废餐具、纸巾等的大杂烩，其主要组分为蛋白质、脂肪和淀粉三大类，分别具有相应的最佳发酵微生物与外界条件，难以实现餐厨垃圾发酵产氢过程的最优化控制。因此，很多研究者利用餐厨垃圾中的单一组分，如蛋白质、脂肪、淀粉与难降解的纤维类物质等，进行产气能力、最佳底物与工艺控制条件方面的研究。Okamoto 等将米饭、卷心菜和胡萝卜三种物质在 120mL 玻璃瓶里面进行中温（37±1）℃ 条件的发酵产氢，达到了较高的产氢效率：0.86～4.29mmol H_2/g VSS 米饭，2.00～3.16mmol H_2/g VSS 卷心菜和 1.17～2.75mmol H_2/g VSS 胡萝卜。目前的研究结果表明，碳水化合物如淀粉、糖蜜等是十分理想的产氢底物，而蛋白质与脂肪的发酵产氢效率较低；部分氨基酸可以被氧化降解，转化为相应的挥发性酸和氢气，而其中蛋白质的水解成为发酵产氢的限速步骤；脂肪降解生成长链脂肪酸和甘油，甘油可以迅速被降解利用，而长链脂肪酸在缺乏产甲烷菌的条件下，难以通过微生物之间的合营关系得到降解。

目前利用混合餐厨垃圾作为底物的研究日益增多，主要目的在于综合各类因素，培养合适的混合菌种，研究最佳工艺控制条件和最大转化效率，证实餐厨垃圾发酵产氢的可行性。杨占春等用主要成分为米饭的餐厨垃圾在 400mL 左右的反应器内进行半连续式的发酵产氢，最大产氢速率达到 486.6mol H_2/($m^3 \cdot d$)，混合气体中氢气含量为 65%，并获得了一系列最佳的工艺控制条件。

（2）pH 与 ORP

pH 与 ORP 是餐厨垃圾发酵产氢的重要环境因素与控制参数。在其他条件一定时，通过 pH 调控可以影响系统中产氢微生物优势种群，改变系统发酵产氢途径，影响最终产气效率。当 pH>6.0 或 4.5<pH<5.3 时主要发生丁酸型发酵；pH<4.5 时发生乙醇型发酵。当体系中的 pH 值低于 5.0 时可以有效抑制产甲烷菌的活性，减少氢气的消耗；但当体系中 pH 值进一步降低，也会影响产氢菌的活性。任南琪等在此基础上进一步提出了三类发酵菌群（乙醇型、丁酸型、丙酸型）pH 与 ORP 的二维实际生态位图。席北斗等对不同 pH 值（3.0～11.0）处理条件下的发酵系统进行研究，结果发现在碱性条件（pH=11.0）时，产

环境能源工程

氢率达到了最大，而且氢气的消耗率很小，基本没有甲烷生成，可能的原因是碱处理减少了产甲烷菌等耗氢微生物。

（3）重金属与添加剂

Na⁺是餐厨垃圾中最主要的金属离子。Na⁺不仅是微生物细胞的构成组分，而且一定的盐浓度对维持细胞的渗透压有着重要作用。洪天求等以蔗糖为底物，对不同Na⁺浓度条件下的产氢率、比产氢率和糖降解率等进行研究，结果发现：Na⁺浓度较低（<1000mg/L）时，对微生物的活性和产氢能力有不良影响；而Na⁺浓度在1000~2000mg/L之间时，对发酵产氢有一定促进作用；Na⁺浓度的进一步提高（8000~16000mg/L），会逐渐影响微生物对营养物质的吸收而产生抑制作用。

铁广泛存在于发酵产氢微生物的细胞色素、酶的辅助因子、铁氧还蛋白和其他铁硫蛋白中，是大多数细菌生长的必要元素。镍也是厌氧菌种某些酶的必要元素，但高浓度的镍对微生物的生理代谢有毒害作用。镁不仅是酶的辅助成分，也是细胞膜和细胞壁的组成成分，而且对一些重金属的毒性有拮抗作用。林明等对典型的乙醇型产氢菌种B49受铁、镍、镁三种金属离子的影响进行研究，结果发现三种金属均对微生物的生长发酵有促进作用，但在微生物生长不同时期的地位有所不同。在发酵初期金属离子的促进作用顺序为$Fe^{2+}>Mg^{2+}>Ni^{2+}$，末期顺序为$Fe^{2+}>Ni^{2+}>Mg^{2+}$。曹东福等对不同价态的铁对发酵产氢效率与氢气浓度的影响进行进一步研究，发现Fe、Fe^{2+}、Fe^{3+}对污水处理厂厌氧污泥发酵蔗糖的产氢效果都有促进作用，在Fe^{2+}浓度为1000mg/L时产氢率达到了最大，最高产氢浓度为56.5%。Wang等在铁对产氢菌种B49影响的实验中发现，在一定浓度内单质Fe的作用大于Fe^{2+}。这与丁杰等研究不同价态铁对实验室培养混合菌种的作用结果一致。导致实验结果出现差异的原因可能是在不同产氢微生物中不同价态的铁起的作用不同。

另外，研究者对一些可以促进发酵产氢的添加剂进行了研究。曹先艳等发现在反应器内添加表面活性剂与偏硅酸钠，能抑制产甲烷菌等耗氢菌的生长，提高产气量。许丽英等将酵母粉添加到B49发酵糖蜜废水中，发现明显地促进了产气。推测是因为酵母粉中含有的烟酸是NADH与NADPH的前体，参与了递氢过程和氧化还原反应。

15.9.2 厌氧发酵制氢反应器

不同类型的反应器对微生物稳定生长、物料传质与气体溶解释放等有重大影响。以传统厌氧反应器为参照，国内外研究者对反应器进行改进以提高发酵产氢能力，并研究其产氢特性。带搅拌器的CSTR反应器在发酵产氢中应用最多，Lay等利用CSTR发酵淀粉，获得产氢效率为71.4mol $H_2/(m^3 \cdot d)$。李建政等利用CSTR反应器培养发酵产氢微生物，发现细菌在反应器内团聚成小球状，产氢效率进一步提高到254.5mol $H_2/(m^3 \cdot d)$。Chang等进行了UASB反应器发酵蔗糖的研究，细菌能够自固定化成0.43mm的小球，产氢速率为53.5mmol $H_2/(g \cdot d)$，气体中含氢量为44.4%。Zhang利用喷淋床反应器进行葡萄糖发酵产氢，氢气比生成速率达到56.7mmol $H_2/(g \cdot L)$[普通反应器30.4mmol $H_2/(g \cdot L)$]，该结果表明喷淋床反应器能够实现高浓度制氢的目的。

一般的悬浮制氢系统存在菌液容易被洗出的问题，限制了反应器内微生物浓度进而影响制氢效率。固定化反应器可以为微生物提供载体，提高单位体积的微生物含量，改善制氢效果。目前的制氢系统固定化方法以物理吸附法和包埋法为主，而采用的载体多样化。Chang等用传统的多孔载体丝瓜状海绵（LS）、活性炭（AC）与膨润土（EC）固定城市污水处理厂污泥中的产氢微生物，并对三者在固定床中的处理效果进行了比较。实验结果表明，LS

对微生物的富集效果不明显，而填充 AC 和 EC 的反应器中微生物含量明显得到改善，产氢效率分别达到了 18.8mmol H_2/(h·L) 和 58.9mmol H_2/(h·L)。活性炭载体具有高孔隙率与低水力停留时间的特点，有利于微生物的生长与底物的传质，提高产气效率。Lee 等采用以活性炭为载体的填充床进行蔗糖发酵，在填充率为 90%、水力停留时间仅为 0.5h 条件下，获得的产氢效率为 330.4mol H_2/(h·L)。这与 Wu 等对以活性炭为载体的反应器的研究结果一致。

与无机填充料相比，矿化垃圾是一种很好的生物载体，垃圾孔隙率高，离子交换容量大，而且富含多种有益微生物生长的微量元素。曹先艳等将填埋 10 年的矿化垃圾填入餐厨垃圾厌氧发酵产氢体系中，矿化垃圾丰富了产氢体系的微生物菌群，而且对 pH 有一定调节缓冲作用，使得餐厨垃圾发酵产氢率提高了 59.4%。但是固定化方法中，大量载体填入占据了反应器空间，妨碍了制氢反应器产氢效能的进一步提高。此外，载体对微生物的毒性以及对二氧化碳与氢气扩散的妨碍作用也是固定化反应器的缺点。

15.10　污水污泥厌氧发酵制氢气

利用生活污水、有机污泥作为制氢原料，既可实现有机废弃物的资源化利用，减轻对环境的污染，又可缓解能源紧缺局面，是一种发展前景广阔、环境友好的制氢方法。目前应用最多的是厌氧发酵产氢。

利用剩余污泥制氢，不但成本低廉，而且废物可再利用，可达到污泥减量化、无害化的目的。污泥厌氧发酵工艺主要由四个阶段组成，即水解、酸化、产氢产乙酸、甲烷化。污泥厌氧消化的周期较长，主要是因为水解是整个过程的限速阶段，这是因为污泥中的有机物大部分是微生物的细胞物质，这些物质被微生物的细胞壁所包裹，难以被微生物所利用。

15.10.1　预处理对制氢过程的影响

为了提高污泥厌氧发酵的效率，加速污泥厌氧发酵，目前通常采用各种预处理方法来破坏污泥细胞的细胞壁，将污泥细胞内的物质释放出来。另外，污泥是多种微生物的混合体，产氢微生物和嗜氢微生物共存，在厌氧发酵过程中，产氢微生物所产生的氢气会迅速被嗜氢微生物所利用。但是一些产氢微生物能形成芽孢，其耐受不利环境条件的能力比普通微生物强。通过预处理，可以抑制污泥中的耗氢微生物，达到筛选产氢微生物的目的。

不同的预处理方法对污泥厌氧消化产氢的作用不同，主要的预处理方法有物理法（微波预处理、超声波预处理、热预处理、过滤预处理等）、化学法（酸性预处理、碱性预处理等）和生物法（酶预处理等）。

（1）物理法预处理

1）微波预处理

微波是指频率为 0.3~300GHz 的电磁波。在微波电磁场的作用下，生物体内的一些分子将会发生变形和振动，使细胞膜功能受到影响，使细胞膜内外液体的电状况发生变化，引起生物作用的改变。对剩余污泥进行微波预处理，主要是利用电磁场的热效应和生物效应的共同作用，在短时间内产生热量，破坏细胞结构，达到杀灭产甲烷细菌的目的，而部分产氢细菌和产酸细菌由于芽孢的形成而免遭破坏，从而提高颗粒污泥的产氢性能。

黄惠莹等在用 90W 的微波预处理污泥时发现，当预处理时间为 6min 时，比产氢速率可达 8.03mmol/(g·d)。沈良等的研究表明，微波预处理颗粒污泥的最佳时间是 5min，此条件下的产气量为 59mL/g，其中氢气的体积分数是 39.8%，分别是未预处理时的 2.5 倍和 3.6 倍。微生物总量的下降会导致气体产生量减少，COD 的降解量也随之降低。产氢过程中 COD 只能去除 20%~40%，剩余的 COD 主要以挥发性有机酸的形式存在。C. Eskicioglu 等将接种的污泥在 96℃ 下采用微波进行预处理，发现氢气产量比传统的加热预处理提高了 (16±4)%，说明微波预处理对于产气有积极作用。

Liang Guo 等的研究表明，在用微波炉以 720W 功率持续辐射 1L 污泥 5min 后，得到的最大产氢率为 15.9mL/g，占到产气量的 72.3%，这是因为此种预处理方式有效抑制了厌氧消化过程中耗氢细菌的活性，使底物的厌氧消化过程停留在产氢产乙酸阶段，产甲烷细菌在恢复至正常条件 26.0h 后仍未恢复活性。该研究与 C. C. Wang 的研究结果相一致。

微波预处理剩余污泥不仅可以实现污泥资源化、减量化和无害化，还可以提高产气量和产气速率，同时对后续的厌氧消化有一定的促进作用。因此，微波预处理剩余污泥被认为是极具发展前景的污泥预处理技术。微波预处理技术不仅加热快、热效高，同时可提高污泥的破解效果和厌氧消化性能。

2）超声波预处理

超声波预处理可以使污泥中微生物的细胞壁破裂，促进胞内溶解性有机物释放，同时空化现象产生的气泡破裂可以改变污泥的结构，有利于剩余污泥的有机物释放，从而改善剩余污泥的活性。

谢波等的研究表明，利用 Somifier S-450D 模拟式超声波细胞破碎仪，在频率为 20kHz、能量密度为 2W/mL 的条件下连续辐射污泥 5min，可产气 11.2mL，氢气体积分数为 41.00%，平均产气量为 6.03mL/g，处理后污泥的 SCOD（溶解性 COD）为 1190mg/L，氢气产量为 4.6mL，产氢量的变化与 SCOD 的变化相似。

超声波预处理具有无污染、能量密度高、破解速率快、穿透性好、方向性好等特点，所以超声波处理污泥作为一个研究热点日益受到人们的关注。污泥经过超声波预处理后其脱水性能大大提高，大幅度减少了污泥量，提高了其对有机物的降解能力，同时加速了污泥的厌氧消化过程。

3）热预处理

污泥中的固体有机物在热预处理过程中经历溶解和水解两个过程。第一步是微生物絮体的离散和解体，细胞内的有机物质被释放出来并不断溶解；第二步是溶解性有机物不断水解，脂肪水解成甘油和脂肪酸，碳水化合物水解成小分子的多糖或单糖，蛋白质水解成多肽、二肽、氨基酸，氨基酸进一步水解成低分子有机酸、氨及二氧化碳。由于热预处理加速了污泥的水解，污泥中难以生物降解的固体有机物转化成易生化降解的小分子有机物，因此，热水解污泥的厌氧消化性能得到改善。同时，热水解污泥碱度的增大，还能提高后续厌氧消化体系的缓冲性能。

陈文花等的研究表明，污泥累计产氢量和最大比产氢率都随温度的升高先增大后减小，时间对其几乎没有影响。在温度为 75℃、处理时间为 10min 的最佳条件下，污泥累计产氢量最大，为 20.3mL，比原污泥提高了 19 倍，最大比产氢率为 212.6mL/(kg·h)，是原污泥的 9 倍。热预处理后，污泥厌氧发酵产氢的过程主要是降解蛋白质，降解率为 20%~41%，糖降解很少，降解率仅为 8%~27%。

谢波等采用污泥厌氧发酵制氢，在温度为 121℃、加热时间为 30min 的条件下，对 *Pseudononas* sp. GL1 菌株进行灭菌预处理，他们发现经灭菌处理的污泥产氢体积为 29.20mL，氢气体积分数为 81.45%，产氢率为 30.07mL/g，同微波和超声波预处理相比较，其产氢效果最佳。B. Y. Xiao 等也通过研究指出，经过灭菌预处理的污泥产氢能力显著提高，氢气产率从未处理污泥的 0.35mL/g 提高到 16.26mL/g。

污泥经过热水解预处理后，溶解性化学需氧量（SCOD）和挥发性脂肪酸（VFA）浓度显著增大、pH 值降低、碱度增大，并且，热水解污泥中溶解性化学需氧量（SCOD）在总化学需氧量（TCOD）中的比率随着热水解温度的升高和热水解时间的延长而不断增大。热水解预处理促使污泥固体溶解和水解，从而提高污泥的厌氧消化性能。在 170℃ 热水解 30min 时，污泥 TCOD 的去除率从热水解前的 38.11% 提高到 56.78%，污泥中 TCOD 的沼气产率从热水解前的 160mL/g 提高到 250mL/g。而当温度过高时，则会生成中间产物，在一定程度上抑制厌氧消化。污泥经过 170℃、30min 的热水解预处理后，上清液容易厌氧消化，TCOD 的去除率达到 89.50%，并且悬浮固体的厌氧消化性能也得到提高，TCOD 的去除率为 44.47%。

4）过滤预处理

污泥经过过滤处理后，可以显著提高可溶性糖类、蛋白质等发酵基质的含量，从而有效提高产氢细菌的产氢量。C. C. Wang 等将一种分离出的 *Clostridium* sp. 菌分别接种于原污泥以及经过滤后的滤液中，并观察其产氢效果。结果发现，直接接种在污泥中的菌种其 TCOD 的最高产 H_2 速率为 5.6mg/g，而接种在滤液中的菌种其 TCOD 的最大产 H_2 速率为 14.1mg/g，并且总产气量也远大于前者。

（2）化学法预处理

1）酸性预处理

刘常青等人对市政污泥进行了不同 pH 值的酸性预处理，并以酸性预处理污泥为基质进行了厌氧发酵产氢的批量试验，结果表明：通过酸性预处理可以对耗氢细菌起到抑制作用，最佳的酸性预处理条件为调整原污泥的 pH 值至 3.0，放置 24h；pH 值为 3.0 的酸性预处理污泥对产氢细菌和耗氢细菌均有强烈的抑制作用，而 pH 值高于 4 时，酸性预处理对耗氢细菌的抑制作用不明显。酸性预处理能起到一定的溶胞作用，使污泥中溶解性的糖和蛋白质含量增加，不同的酸性预处理对糖和蛋白质的溶解效果随 pH 值的升高而降低，pH 值为 2.0 的酸性预处理污泥中，可溶性糖和可溶性蛋白质的浓度分别达到了原污泥的 3.1 倍和 9.9 倍。陈文花的研究表明，污泥经过 pH 值为 3.0 的酸性预处理后，在初始 pH 值为 11.0 的条件下进行厌氧发酵产氢，其累计产氢量最高为 14.66mL，产氢速率为 1.4mL/h，这与 M. L. Cai 的研究结果相吻合。酸性预处理污泥在厌氧发酵产氢过程中主要降解的有机物质为蛋白质，其中蛋白质的降解率为 55.95%，糖降解率为 20.09%。

刘旭东等的研究表明，在 pH=3.0 下处理过的污泥产氢能力最高，1mol 葡萄糖产氢气 1.29mol，气体产氢速率最大达到 1.14L/d，其中氢气所占百分比最高。李建政等的研究表明，将剩余污泥的种泥样品经过酸预处理后，表现出良好的产氢性能，葡萄糖的氢气转化率为 1.51mol/mol，污泥的比产氢率为 27.29mmol/g。

2）碱性预处理

研究表明，活性污泥厌氧反应的控制步骤在于水解步骤。活性污泥经碱预处理后可增大厌氧消化反应速率，而且有机物的去除率及生物可分解率均有所提高。污泥的碱预处理，不仅可以杀灭耗氢细菌，富集产氢细菌，而且可以起到溶胞的作用，即将污泥中的有机物（主要成分为蛋白质）释放出来，使难溶解颗粒物向溶解性物质转变，为发酵产氢提供底物，从而提高污泥厌氧消化产氢的效率。蔡木林为了提高污泥厌氧消化过程中氢气的产量，采用碱预处理污泥，使氢气的产量大大提高。

陈文花等的研究表明，污泥经过 pH=12.0 的碱性预处理后，在初始 pH=5.0 的条件下进行厌氧发酵产氢，累计产氢量可达 22.97mL，产氢速率为 0.25mL/h，污泥中蛋白质的降解率为 64.97%，污泥中糖的降解率为 28.63%。Benyi Xiao 等的研究表明，在 pH=12.0 的条件下对污泥进行 24h 的碱处理后，在控制初始 pH 值为 11.5 的条件下进行发酵可获得最大产氢率，为 11.68mL/g，这与 M. L. Cai 等研究的剩余污泥经过碱性预处理后其产氢率可达 14.4mL/g 的结果相一致。李建政等的研究表明，将剩余污泥的种泥样品经过碱处理后，同样表现出良好的产氢性能，葡萄糖的氢气转化率为 1.34mol/mol，污泥的比产氢率为 21.69mmol/g。

污泥碱性预处理对加碱量并非没有限制。廖翠玲等认为，碱预处理过程中若 pH 值太高，则伴随着褐变反应的发生，反而降低了生物的可分解度，从而降低了预处理的效果。

曹先艳等人的试验表明，碱预处理也能提高餐厨垃圾厌氧消化过程氢气的产量。随着预处理 pH 值的升高，产生氢气的持续时间逐渐变长，但相对地，反应的延迟时间也变长。当预处理 pH 值为 12 时，氢气的体积分数和产量均达到最大，分别为 41% 和 90mL/g。

(3) 生物法预处理

生物法预处理也称酶预处理，是向污泥中直接投加酶制剂或投加能够分泌胞外酶的细菌。酶能够催化有机物的分解，使长链蛋白质、碳水化合物和脂类的黏性降低，透水性能提高，同时还可以使难降解的大分子有机物分解成小分子物质，提高生物污泥的可生化性。

潘维等的研究表明，外加淀粉酶预处理污泥 4h 后，SCOD/TCOD 可从原污泥的 6.36% 增加到 30.93%，蛋白质和可溶性糖的增加幅度更大，分别是原污泥的 8.65 倍和 51.65 倍，可见水解效果良好。淀粉酶预处理污泥接种产氢细菌后，产氢效果较好，最大产氢率可达 13.92mL/g，分别为淀粉酶预处理污泥未接种产氢细菌的 1.88 倍，为 60℃ 热预处理污泥接种产氢细菌的 2.83 倍，为 60℃ 热预处理污泥未接种产氢细菌的 3.09 倍。朱小峰等利用嗜热酶污泥溶解（S-TE）技术对剩余污泥进行预处理时发现，经过 S-TE 预处理的污泥在未接种外在产氢细菌时，产氢效果良好，最大产氢率为 16.3mL/g，且发酵气体中只含有 H_2 和 CO_2，此最大产氢值能维持 10h 左右。

15.10.2　添加剂对制氢过程的影响

很多化学药品具有杀毒灭菌的作用，也即具有抑制耗氢细菌生长、富集产氢细菌的效果，如酚、合成洗涤剂（阴离子型）、染料等，其中阴离子表面活性剂因其独特的作用而在堆肥、厌氧消化中得到越来越多的应用，一方面其具有杀菌的作用，另一方面阴离子表面活性剂在环境中容易被微生物降解，不会给环境造成额外的负担。陈银广等选用十二烷基硫酸钠、十二烷基苯磺酸钠、α-烯基磺酸钠、脂肪醇聚氧乙烯醚羧酸钠等阴离子表面活性剂抑制产甲烷细菌的活性，促进污泥产酸，获得的最大有机酸浓度为 1069.08mg/L，是不加阴离子表面活性剂的 20～30 倍，大大提高了污泥厌氧发酵过程中有机酸的产量。

阴离子表面活性剂（十二烷基苯磺酸钠）与酶的混合物能够有效抑制耗氢细菌的生长，提高水解酶的活性，提高氢气的产率和产量。曹先艳等选取了一种阴离子表面活性剂与酶（质量比例为 99:1）的混合物作为耗氢细菌的抑制剂来富集产氢细菌。实验结果表明，添加表面活性剂与酶的混合物能够抑制产甲烷细菌等耗氢细菌的生长，提高体系的氢气产量。添加剂的最佳投加量为接种污泥质量的 4%，试验获得的最大氢气浓度为 50%，最大氢气产量为 114.5mL/g。在污泥与餐厨垃圾混合体系中，固定添加剂的投加量为 0.6g，当二者的混合比例小于 40% 时，体系氢气的体积分数和产量相对较高，当污泥与餐厨垃圾的比例超过 50% 时，体系检测到甲烷，氢气的产量降低。

参考文献

[1] 廖传华，王万福，吕浩，等.污泥稳定化与资源化的生物处理技术 [M].北京：中国石化出版社，2019.
[2] 解强，罗克浩，赵由才.城市固体废弃物能源化利用技术 [M].北京：化学工业出版社，2019.
[3] 陈冠益，马文超，钟磊.餐厨垃圾废物资源综合利用 [M].北京：化学工业出版社，2018.
[4] 尹军，张居奎，刘志生.城镇污水资源综合利用 [M].北京：化学工业出版社，2018.
[5] 汪苹，宋云，冯旭东.造纸废渣资源综合利用 [M].北京：化学工业出版社，2017.
[6] 任学勇，张扬，贺亮.生物质材料与能源加工技术 [M].北京：中国水利水电出版社，2016.
[7] 杨春平，吕黎.工业固体废物处理与处置 [M].郑州：河南科学技术出版社，2016.
[8] 陈冠益，马文超，颜蓓蓓.生物质废物资源综合利用技术 [M].北京：化学工业出版社，2014.
[9] 朱玲，周翠红.能源环境与可持续发展 [M].北京：中国石化出版社，2013.
[10] 杨天华，李延吉，刘辉.新能源概论 [M].北京：化学工业出版社，2013.
[11] 卢平.能源与环境概论 [M].北京：中国水利水电出版社，2011.
[12] 黄旎诗.干式厌氧发酵技术在城市生活垃圾处理中的应用 [J].四川建筑，2019，39（5）：154-157.
[13] 邓良伟，吴有林，丁能水，等.畜禽粪污能源化利用研究进展 [J].中国沼气，2019，37（5）：3-14.
[14] 徐青，杨威，凌长明.城市生活垃圾厌氧消化技术研究进展 [J].广州航海学院学报，2019，27（1）：1-6.
[15] 邵威龙，辛伟，冯如筠，等.制浆造纸污泥的厌氧产甲烷性能初步研究 [J].轻工科技，2018，34（4）：86-87，113.
[16] 李秋园，代淑梅，申明华.连续全混反应处理木薯酒精废水产沼气能力研究 [J].基因组学与应用生物学，2018，37（5）：2074-2079.
[17] 李嘉铭.玉米秸秆联产生物氢烷的中试实验及生命周期评价 [D].北京：中国农业大学，2016.
[18] 杜强强，戴明华，黄鸥.污泥热水解厌氧消化工艺热系统设计探讨 [J].中国给水排水，2017，33（6）：63-68.
[19] 杨光，张光明，张盼月，等.添加三氯化铁对中温污泥厌氧消化优化调理 [J].环境工程学报，2017，11（8）：4725-4731.
[20] 丁月玲，张焕焕，董滨，等.有机生活垃圾与脱水污泥协同厌氧消化工艺的性能 [J].净水技术，2017，36（2）：40-44，50.
[21] 易敏，蒋亚蕾，王双飞，等.两种造纸废水的厌氧内循环反应器内颗粒污泥菌群及结构特性的对照分析 [J].造纸科学与技术，2017，36（3）：72-78.
[22] 王少坡，郑莎莎，王亚东，等.污泥厌氧消化的热预处理研究进展 [J].环境工程学报，2016，10（10）：5336-5347.
[23] 吕丰锦，韩云平，刘俊新，等.污泥有机成分与污泥厌氧消化潜能的研究进展 [J].环境工程，2016，34（A1）：467，780-785.
[24] 黄欣怡，张珺婷，王凡，等.餐厨垃圾资源化利用及其过程污染控制研究进展 [J].化工进展，2016，35（9）：2945-2951.
[25] 袁梦冬.规模化猪场废水处理系统中氧化塘产甲烷和脱氮微生物学机理研究 [D].杭州：浙江大学，2016.
[26] 周红军，江皓，聂红.多原料高浓度混合共发酵制气与纯化提质研究最终报告 [J].科技资讯，2016，14（7）：164-165.
[27] 张竣.餐饮垃圾与渗滤液联合厌氧消化实验研究 [D].武汉：华中科技大学，2016.
[28] 韦科陆.规模化糖饮酒精废液厌氧产沼气启动运行研究与实践 [J].轻工科技，2016，32（7）：106-107，109.
[29] 张涛，朱洪光.基于餐厨垃圾的两相法发酵制氢制甲烷研究进展 [J].中国石油石化，2016（22）：96-97.
[30] 秦向东，龚舒静，马俊花，等.7种添加剂对杂交狼尾草厌氧发酵产沼气的影响 [J].中国沼气，2015，33（6）：38-43.
[31] 冯玉杰，张照韩，于艳玲，等.基于资源和能源回收的城市污水可持续处理技术研究进展 [J].化学工业与工程，2015，32（5）：20-28.
[32] 张辰，王磊，谭学军，等.污水污泥高温与中温厌氧消化对比研究 [J].给水排水，2015，41（8）：33-37.
[33] 成靓.城市污水污泥处理工艺研究：以某污水处理厂为例 [D].西安：长安大学，2015.
[34] 李雪，林聪，沙军冬，等.不同生物预处理方式对污泥厌氧消化过程性能的影响 [J].农业机械学报，2015，46（8）：186-191.

［35］ 郝晓地, 刘斌, 曹兴坤, 等.污泥预处理强化厌氧水解与产甲烷实验研究［J］.环境工程学报, 2015, 9（1）: 335-340.

［36］ 杨光, 张光明, 王洪臣.污泥厌氧消化的沼气转化性能讨论［J］.中国给水排水, 2015, 31（18）: 22-27.

［37］ 粮时光, 张健, 王双飞, 等.剩余污泥热水解厌氧消化中试研究［J］.环境工程学报, 2015, 9（1）: 431-435.

［38］ 李晓帅, 张栋, 戴翎翎, 等.污泥与餐厨垃圾联合厌氧消化产甲烷研究进展［J］.环境工程, 2015, 33（9）: 100-104.

［39］ 袁海荣, 朱超, 刘茹飞, 等.污泥与麦秸协同厌氧消化性能研究［J］.中国沼气, 2015, 33（3）: 38-44.

［40］ 李军, 马延康, 刘健, 等.碳氮比对以产甲烷颗粒污泥为载体的厌氧消化启动的影响［J］.水处理技术, 2015, 41（6）: 96-99, 111.

［41］ 张超君.剩余污泥厌氧发酵产沼气的工艺优化及沼液的资源化利用［D］.包头: 内蒙古科技大学, 2015.

［42］ 吴羽璇.污泥与餐厨垃圾混合厌氧发酵产甲烷研究［D］.天津: 天津大学, 2015.

［43］ 刘建伟, 周晓, 闫旭, 等.城市生活垃圾和污水厂剩余污泥联合厌氧消化产气性能研究［J］.可再生能源, 2015, 33（6）: 933-937.

［44］ 陈思思, 戴晓虎, 薛勇刚, 等.影响高含固厌氧消化性能的重要因素研究进展［J］.化工进展, 2015, 34（3）: 831-839, 856.

［45］ 袁玲莉, 孙岩斌, 文雪, 等.不同预处理对餐厨垃圾厌氧联产氢气和甲烷的影响［J］.中国沼气, 2015, 33（2）: 13-18.

［46］ 徐霞, 韩文彪, 赵玉柱.温度对剩余污泥和生活垃圾联合厌氧消化的影响［J］.中国沼气, 2015, 33（5）: 50-53.

［47］ 张晨光, 祝金星, 王小韦, 等.餐厨垃圾、粪便和污泥联合厌氧发酵工艺优化研究［J］.中国沼气, 2015, 33（1）: 13-16.

［48］ 程洁红, 戴雅, 张春勇, 等.污泥的高温微好氧消化-厌氧消化工艺研究［J］.环境工程学报, 2015, 9（12）: 6059-6064.

［49］ 逯清清, 牟小建, 胡真虎.剩余污泥含水率对中温固态厌氧消化的影响［J］.中国给水排水, 2015, 31（3）: 79-81, 85.

［50］ 王玲玲, 孙德栋, 任晶晶, 等.次氯酸钠预处理污泥对厌氧消化的影响［J］.大连工业大学学报, 2015, 34（3）: 183-186.

［51］ 郭志伟, 李勇, 倪海亮, 等.投配率对餐厨垃圾与污泥二级高温厌氧发酵产甲烷的影响［J］.可再生能源, 2015, 33（2）: 314-319.

［52］ 李雪.微生物法预处理污泥厌氧消化过程性能优化研究［D］.北京: 中国农业大学, 2015.

［53］ 王平.热水解厌氧消化工艺的分析和应用探讨［J］.给水排水, 2015, 41（1）: 33-38.

［54］ 康凯.餐厨垃圾与污泥混合厌氧消化处理［D］.大连: 大连理工大学, 2015.

［55］ 张洪.餐厨垃圾与污泥混合两级厌氧消化工艺影响因素的研究［D］.苏州: 苏州科技学院, 2015.

［56］ 陈德强.市政脱水污泥厌氧消化过程中产气规律研究［D］.成都: 西南石油大学, 2015.

［57］ 郑育毅, 林鸿, 罗鸿信, 等.污泥与餐厨垃圾联合厌氧发酵产氢余物产甲烷过程底物指标变化［J］.环境工程学报, 2015, 9（1）: 425-430.

［58］ 罗鸿信, 林鸿, 余育方, 等.污泥与餐厨垃圾联合厌氧发酵产氢余物产甲烷条件优化研究［J］.环境工程学报, 2014, 8（8）: 3449-3453.

［59］ 乔梦阳, 孙德栋, 王玲玲, 等.过氧乙酸预处理污泥对厌氧消化的影响［J］.大连工业大学学报, 2014, 33（3）: 197-199.

［60］ 冯应鸿.零价铁强化剩余污泥厌氧消化的研究［D］.大连: 大连理工大学, 2014.

［61］ 刘吉宝, 倪晓棠, 魏源送, 等.微波及其组合工艺强化污泥厌氧消化研究［J］.环境科学, 2014, 35（9）: 3455-3460.

［62］ 张利军, 谢继荣, 马文瑾, 等.污泥厌氧消化、沼气优化利用成本分析［J］.给水排水, 2014, 40（C1）: 145-148.

［63］ 韩文彪, 徐霞.Ts对城市有机垃圾和剩余污泥联合厌氧消化的影响［J］.可再生能源, 2014, 32（9）: 1418-1422.

［64］ 韩文彪, 徐霞, 赵玉柱.接种量对城市有机垃圾和剩余污泥联合厌氧消化的影响［J］.中国沼气, 2014, 32（5）: 6-12.

［65］ 徐霞, 韩文彪, 赵玉柱.金属离子对剩余污泥和生活垃圾联合厌氧消化的影响［J］.中国沼气, 2014, 32（3）: 47-50.

［66］ 李美艳.污水处理厂污泥特征对其能源化效率的影响研究［D］.北京: 中国科学院大学, 2014.

［67］ 谢欣欣, 周俊, 吴美容, 等.酸碱预处理对芦蒿秸秆厌氧发酵的影响［J］.化工学报, 2014, 65（5）: 1883-1887.

［68］ 许勇.餐厨垃圾两相厌氧发酵性能的研究［D］.沈阳: 东北林业大学, 2014.

[69] 陈祥.餐厨垃圾两相厌氧发酵氨氮特性与控制方法研究 [D].杭州：浙江大学，2014.

[70] 周彦峰.马铃薯茎叶与玉米秸秆混合厌氧发酵特性及工艺参数研究 [D].杨凌：西北农林科技大学，2014.

[71] 袁小利.稻秸的高效渗滤降解与厌氧发酵工艺研究 [D].杭州：浙江农林大学，2014.

[72] 王小韦，祝金星，陈芳，等.城市生活垃圾推流式厌氧干发酵技术 [J].环境卫生工程，2014，22（5）：25-27，30.

[73] 谭文英，许勇，王述洋.餐厨垃圾两相厌氧消化制沼气研究进展 [J].节能技术，2014，32（2）：128-132.

[74] 张强，稽冶，冀伟.餐厨垃圾能源化研究进展 [J].化工进展，2013，32（3）：558-562.

[75] 孙全平.油菜秸秆厌氧发酵特性与产气潜力研究 [D].杨凌：西北农林科技大学，2013.

[76] 马慧娟.预处理对麦秸生物产沼气的影响研究 [D].南京：南京农业大学，2013.

[77] 尹籽深.餐厨垃圾制沼新工艺及装备研究 [D].哈尔滨：东北林业大学，2013.

[78] 王吉敏.剩余污泥中木质纤维素厌氧产甲烷实验研究 [D].北京：北京建筑大学，2013.

[79] 王续瑛.餐厨垃圾综合处理工艺分析研究 [D].广州：华南理工大学，2013.

[80] 王国华，王峰，伊学农，等.餐厨垃圾与污水污泥两相厌氧共消化试验研究 [J].给水排水，2013，39（1）：128-132.

[81] 张万钦，吴树彪，胡乾乾，等.微量元素对沼气厌氧发酵的影响 [J].农业工程学报，2013，29（10）：1-11.

[82] 施云芬，王旭晖，孙萌，等.厌氧颗粒污泥中产甲烷菌的研究进展 [J].硅酸盐通报，2013，32（11）：2263-2267.

[83] 贾舒婷，张栋，赵建夫，等.不同预处理方法促进初沉/剩余污泥厌氧发酵产沼气研究进展 [J].化工进展，2013，32（1）：193-198.

[84] 王广君，吴静，左剑恶，等.城市污泥高固体浓度厌氧消化的研究进展 [J].中国沼气，2013，31（6）：9-12.

[85] 刘京，刘顿，韩丽，等.北方地区污泥厌氧消化工艺应用现状分析 [J].中国给水排水，2012，28（22）：46-49.

[86] 杜连柱，张克强，梁军锋，等.厌氧消化数学模型 ADM1 的研究及应用进展 [J].环境工程，2012，30（4）：48-52.

[87] 张韩，李晖，韦萍.餐厨垃圾处理技术分析 [J].环境工程，2012，30（2）：258-261，282.

[88] 张海成，张婷婷，郭燕，等.中国农业废弃物沼气化资源潜力评价 [J].干旱地区农业研究，2012，30（6）：194-199.

[89] 赵云飞，刘晓玲，李十中，等.餐厨垃圾与污泥高固体联合厌氧产沼气的特性 [J].农业工程学报，2011，27（10）：255-260.

[90] 钱靖华，田宁宁，余杰.城市污水污泥厌氧消化技术及能源消耗 [J].给水排水，2010，36（A1）：102-104.

[91] 王星，赵天涛，赵由才.污泥生物处理技术 [M].北京：冶金工业出版社，2010.

[92] 杨智满.微藻藻渣生物质厌氧发酵制氢气和甲烷技术研究 [D].北京：中国科学院，2010.

[93] 李明.餐厨垃圾厌氧发酵制氢产甲烷一体化工艺及设备开发 [D].上海：同济大学，2008.

[94] 刘建华，胡燕，金豪杰，等.间歇膨胀复合厌氧反应器的开发及应用 [J].中国给水排水，2018，34（14）：28-32.

[95] 张剑，陈小光，柳建设，等.螺旋对称流厌氧反应器处理糖蜜酒精废水研究 [J].山东农业大学学报（自然科学版），2018，49（1）：135-140.

[96] 张剑，柳建设.螺旋对称流厌氧反应器流场特性研究 [J].山东农业大学学报（自然科学版），2018，49（2）：219-223.

[97] 刘玮.2级厌氧反应器处理发酵类抗生素废水 [J].水处理技术，2018，44（7）：78-82.

[98] 王震林.外挂式厌氧反应器在工厂化循环水养殖中的应用效果研究 [D].上海：上海海洋大学，2018.

[99] 吴楚明.内流式厌氧反应器中颗粒污泥的形成及其流变特性的研究 [D].广州：广东工业大学，2018.

[100] 卢瑶.IC厌氧反应器运行过程微生物群落演替及功能的研究 [D].南昌：南昌大学，2018.

[101] 戴若彬.螺旋对称流厌氧反应器高效机理及其生物还原偶氮染料过程强化 [D].上海：东华大学，2018.

[102] 刘结友，曲亮.基于全混合厌氧反应器厌氧发酵猪粪产生沼液的环境影响分析 [J].中国农业科技导报，2018，20（11）：127-134.

[103] 李广胜，雷利荣.厌氧反应器处理造纸废水工程实践 [J].中国造纸，2018，37（7）：53-58.

[104] 贾超，高志清，王恒海，等.IC厌氧反应器新型布水系统 [J].环境工程学报，2017，11（3）：1329-1334.

[105] 胡超，邵希豪，晏波，等.内循环厌氧反应器设计问题的探讨 [J].工业水处理，2017，37（9）：5-9.

[106] 李江条.厌氧反应器流态模拟及其优化设计 [D].兰州：兰州理工大学，2017.

[107] 杨闪.新型厌氧反应器的流体力学及发酵试验研究 [D].郑州：郑州大学，2017.

[108] 刘健峰，王强，田光亮，等.膨胀颗粒污泥床厌氧反应器原废水循环启动的实验研究 [J].环境污染与防治，2017，39（1）：77-81.

[109] 李志华，翟艳丽，俞晓阳，等.新型高效厌氧反应器代替UBF处理垃圾焚烧渗滤液 [J].中国给水排水，2017，

33（6）：109-112.

[110] 郑心愿，董黎明，汪苹，等.多相内循环厌氧反应器内颗粒污泥特性分析［J］.环境科学与技术，2017，40（6）：73-77.

[111] 成昌艮，吕锡武，代洪亮.农村生活污水高效厌氧反应器性能优化［J］.水处理技术，2016，42（6）：118-123.

[112] 李星国.氢与氢能［M］.北京：机械工业出版社，2012.

[113] 汪洋.高效清洁的氢能［M］.兰州：甘肃科学技术出版社，2014.

[114] 王赓，郑津洋，蒋利军，等.中国氢能发展的思考［J］.科技导报，2017，35（22）：105-110.

[115] 吴素芳.氢能与制氢技术［M］.杭州：浙江大学出版社，2014.

[116] 朱俏俏，程纪华.氢能制备技术研究进展［J］.石油石化节能，2015，5（12）：51-54.

[117] 杨琦，苏伟，姚兰，等.生物质制氢技术研究进展［J］.化工新型材料，2018，46（10）：247-250，258.

[118] 王建涛，李柯，禹静.生物制氢和氢能发电［J］.节能技术，2010，28（1）：56-59.

[119] 苏会波，程军，岑可法.微波酸水解纤维素生物质制氢的研究［J］.中国酿造，2013，32（A1）：17-20，28.

[120] 张斌阁，孙彩玉，边喜龙，等.豆制品加工废水生物制氢系统启动与运行优化［J］.哈尔滨商业大学学报（自然科学版），2019，35（1）：40-43，59.

[121] 宋梓梅，裴梦富，宋亚楠，等.鸡粪与果蔬废弃物混合基质的厌氧发酵产氢特性［J］.西北农林科技大学学报（自然科学版），2018，46（11）：63-69.

[122] 王勇，任连海，赵冰，等.初始pH和温度对餐厨垃圾厌氧发酵制氢的影响［J］.环境工程学报，2017，11（12）：6470-6476.

[123] 王淑静，裴同英，王文琴，等.葡萄糖对厌氧颗粒污泥厌氧发酵产氢特性的影响［J］.中国给水排水，2017，33（13）：108-112.

[124] 唐弓斌，陈一帆，肖锋，等.餐厨垃圾厌氧产氢净化工艺研究［J］.现代化工，2017，37（3）：183-186.

[125] 刘新媛，鲍振博，彭锦星，等.餐厨垃圾厌氧发酵制氢技术的研究进展［J］.天津农学院学报，2017，24（2）：95-99.

[126] 贾璇，王勇，任连海，等.湿热预处理对北京市典型餐厨垃圾生物制氢潜力的影响［J］.环境工程学报，2017，11（11）：6034-6040.

[127] Chaudhry Arslan.餐厨垃圾厌氧消化的生物制氢研究［D］.南京：南京农业大学，2016.

[128] 张全国，孙堂磊，荆艳艳，等.玉米秸秆酶解上清液厌氧发酵产氢工艺优化［J］.农业工程学报，2016，32（5）：233-238.

[129] 王园园，张光明，张盼月，等.污泥厌氧发酵制氢研究进展［J］.水资源保护，2016，32（4）：109-116.

[130] 李嘉铭.玉米秸秆联产生物氢烷的中试实验及生命周期评价［D］.北京：中国农业大学，2016.

[131] 董娇.厌氧污泥暗发酵生物制氢条件优化与填料菌种附着研究［D］.天津：天津大学，2016.

[132] 付杰.木瓜蛋白酶胁迫剩余污泥厌氧发酵制氢效能研究［D］.长春：吉林建筑大学，2016.

[133] 王淑静，王占北，樊娟，等.热处理程度对厌氧颗粒污泥发酵产氢性能的影响［J］.中国给水排水，2016，32（13）：36-40.

[134] 高斯，孙义，刘晋，等.有机废弃物厌氧生物制氢处理［J］.沈阳化工大学学报，2015，29（3）：282-288.

[135] 代东梁，韩相奎，李广，等.剩余污泥厌氧发酵制氢效率的研究进展［J］.工业水处理，2015，35（6）：1-5.

[136] 罗娟，田宜水，宋成军，等.玉米秸秆厌氧产氢工艺参数优化［J］.农业工程学报，2015，31（2）：235-240.

[137] 代东梁.冻融预处理对剩余污泥制氢效能的研究［D］.长春：吉林建筑大学，2015.

[138] 孙立红，李金波，陶虎春.厌氧发酵过程中产氢菌源的预处理方法及其影响因素［J］.山东化工，2015，44（1）：22-29.

[139] 谢欣欣，周俊，吴美容，等.酸碱预处理对芦蒿秸秆厌氧发酵的影响［J］.化工学报，2014，65（5）：1883-1887.

[140] 王建华，杜光明，刘瑞元，等.棉花秸秆厌氧发酵制氢研究［J］.中国农业大学学报，2014，19（1）：180-185.

[141] 李瑞雪.碳氮比对厌氧发酵生物制氢影响规律的研究［D］.西安：西北大学，2014.

[142] 李涛.生物质发酵制氢过程基础研究［D］.郑州：郑州大学，2013.

[143] 刘旭，马春红，及增发，等.利用甜高粱秸秆厌氧发酵制氢的研究［J］.云南农业大学学报（自然科学版），2013，28（1）：140-144.

[144] 杨力.餐厨垃圾厌氧发酵生物制氢试验研究［D］.长沙：湖南大学，2013.

[145] 李超.厌氧发酵生物制氢工艺优化及反应器设计［D］.天津：天津大学，2013.

[146] 纵岩.盐度和底物浓度对海水养殖场有机废弃物厌氧发酵产氢的影响研究［D］.青岛：中国海洋大学，2013.

[147] 王娟，翟世涛，夏志强，等.利用固体废弃物微生物发酵产氢研究进展［J］.中国农学通报，2013，29（9）：139-148.

［148］　任晓庆. 氧与光合微生物联合制氢工艺实验研究［D］. 郑州：河南农业大学，2012.

［149］　李永峰，韩伟，杨传平. 厌氧发酵生物制氢［D］. 哈尔滨：东北林业大学出版社，2012.

［150］　叶妮妮，周兴求，伍健东. 初始 pH 值对微波预处理颗粒污泥厌氧发酵制氢的影响［J］. 中国沼气，2012，30（1）：13-16.

［151］　孙静娴. 有机废弃物的资源化与厌氧发酵模型研究［D］. 上海：上海交通大学，2011.

［152］　仲云龙，姚建松，李建平，等. 有机废弃物厌氧发酵参数优化对产氢的影响［J］. 农机化研究，2011（8）：197-199，204.

［153］　梁晶. 畜禽粪便资源化利用技术和厌氧发酵法生物制氢［J］. 环境科学与管理，2012，37（3）：52-55.

［154］　田京雷. 养殖场鸡粪废水厌氧发酵产氢技术研究［D］. 北京：北京科技大学，2011.

［155］　刘常青，陈娜蓉，郑育毅，等. 污泥厌氧发酵产氢研究进展［J］. 海峡科学，2012（4）：3-6.

［156］　陈鸣岐. 基于能值理论的发酵法生物制氢技术环境-资源-经济综合效率评价［D］. 哈尔滨：哈尔滨工业大学，2010.

［157］　孙学习，李涛，任保增，等. 玉米秸秆厌氧生物发酵制氢的特性研究［J］. 北京理工大学学报，2010，30（5）：599-602.

［158］　张茂林，李领川，沈晓武，等. 玉米芯糖化水解及发酵法生物产氢［J］. 化工学报，2009，60（2）：465-470.

［159］　李涛. 生物质厌氧发酵制氢工艺条件及影响规律研究［D］. 郑州：郑州大学，2009.

［160］　王玉. 玉米秸秆厌氧发酵生物制氢的实验研究［D］. 西安：西北大学，2009.

［161］　刘瑞光. 醋糟厌氧发酵生物制氢试验研究［D］. 镇江：江苏大学，2009.

［162］　李智. 葡萄糖和苹果渣厌氧发酵生物制氢的研究［D］. 西安：西北大学，2008.

［163］　王铭玮. 固体有机废弃物生物制氢的研究［D］. 上海：上海交通大学，2008.

［164］　李延川，魏云林，王华. 固体废弃物处理与产氢技术［J］. 生物工程学报，2008，24（6）：914-920.

［165］　胡庆丽. 玉米秸秆厌氧发酵生物制氢放大实验研究［D］. 郑州：郑州大学，2007.

［166］　郭强. 餐厨垃圾滚筒式发酵制氢反应器设计及运行参数调控［D］. 上海：同济大学，2007.

［167］　曹东福. 果汁饮料废水厌氧发酵生物制氢技术基础研究［D］. 昆明：昆明理工大学，2007.

［168］　袁玉玉. 餐厨垃圾厌氧发酵制氢添加剂作用研究［D］. 上海：同济大学，2007.

［169］　马晶伟. 糖类废弃物厌氧发酵生物制氢试验研究［D］. 长沙：湖南大学，2007.

［170］　陈雅静，李旭兵，佟振合，等. 人工光合成制氢［J］. 化学进展，2019，33（1）：38-49.

［171］　李旭. 光合细菌（Rhodobacter sphaeroides）生物制氢及其光生物反应器研究［D］. 上海：华东理工大学，2011.

［172］　杨鸿辉. 秸秆的暗发酵及其废液的光催化与光生物产氢的基础研究［D］. 西安：西安交通大学，2011.

［173］　王永忠. 固定化光合细菌光生物制氢反应器传输与产氢特性［D］. 重庆：重庆大学，2008.

［174］　师玉忠，张全国，王毅，等. 生物质制氢的光合细菌连续培养技术实验研究［J］. 农业工程学报，2008，24（6）：218-221.

［175］　张军合. 太阳能光合生物制氢系统及其光谱耦合特性研究［D］. 郑州：河南农业大学，2006.

［176］　罗福坤. 组合化学法筛选光催化剂分解生物质制氢的研究［D］. 长沙：湖南大学，2005.

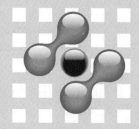

第16章 产业结构调整与环境保护

循环经济是美国经济学家 K. 波尔丁于 20 世纪 60 年代提出的，作为一种科学的发展观，循环经济是一种全新的经济发展模式，与传统经济模式有着本质的区别。传统的高消耗、高产量、高废弃的发展模式已对自然环境造成恶性破坏：不可再生的化石能源日趋枯竭，环境污染日益严重，由水质型缺水导致的水资源供需矛盾日渐突出，水土流失现象更加明显。循环经济就是在可持续发展的思想指导下，按照清洁生产的方式，对能源及其废弃物实行综合利用的生产活动过程。要求把经济活动组成一个"资源—产品—再生资源"的反馈式流程，其特征是低开采、高利用、低排放。简言之，循环经济是按照生态规律利用自然资源和环境容量，实现经济活动的生态化转向。

对于造成环境污染的有机废弃物，以前由于认识上的错位而将其视为"垃圾"，环境治理的目的便是利用各种方法将这些有机废弃物去除。实际上，所有的有机废弃物都可认为是"放错了地方的资源"，因为废弃物中的有机成分蕴藏着大量的化学能，直接去除会造成大量能源物质的浪费。因此，应将其中潜在的能源加以回收与利用。

然而，虽然可通过采取本书介绍的各种方法实现有机废弃物的能源化利用，减少其对环境的污染，但毕竟废弃物的能量品位较低，从物质循环与能流分析的角度来看，废弃物的大量产生不仅降低了生产原料的利用率，同时也浪费了大量的能量。有机废弃物的能源化利用是手段而不是目的，从循环经济的角度来讲，真正的目的应是尽量减少生产过程中废弃物的产生量与能源的消耗量，使所有的原料和能源在不断进行的经济循环中得到合理利用，把人类的经济活动对自然和环境的影响降低到尽可能小的程度。

经过新中国成立之后几十年的发展，我国已建立了相对齐全的工业体系，这对促进国民经济与国防建设的飞速发展起到了重要的支撑作用。从整体上看，我国目前的产业结构是第一产业占绝对优势，但受我国国情的限制，第一产业的发展大都是以牺牲环境为代价的，从而导致了非常严峻的环境问题。为了实现党中央提出的"碧水、蓝天、净土"的发展目标，根据当前经济发展的需要，对我国的产业结构进行合理调整，不仅能促进当地经济的健康发展，同时也是促进污染减排的有力抓手。

16.1　工业产品全流程的物能分析

无论生产何种产品，其全流程的物能流动如图 16-1 所示。在水媒介中，通过加入一定的能量（为化学反应的发生创造压力条件和温度条件），原料发生化学反应，生成所需的产品。与此同时，未反应完全的原料和反应过程中的副产物以废弃物（废渣和废气）的形式排出体系，多余的水则以废水的形式排出。

图 16-1　工业产品全流程的物能流动示意

以我国的支撑产业——化学工业为例，对于产品的全流程而言，由于化学反应过程的选择性与可逆性，所加入的原料无法完全利用，因此化工行业在创造大量高附加值产品的同时，对水资源的需求和污染物的排放也非常巨大，从而导致水资源开发利用过度，水环境、大气环境污染日益严重。另外，所有制造产品的化学反应过程都无法自发进行，必须为化学反应的发生创造良好的条件，因此，所有的化工产品生产过程均需消耗大量的能量。这些能量一部分用于驱动机、泵等过程机器为化学反应的发生创造压力条件，另一部分用于对物料（包括原料和产品）进行加热或冷却。能量在利用与转换过程中的不可逆损失（包括量的减少和质的降低），导致化工行业属于高耗能行业。

16.1.1　原料的流动

化工产品生产过程所处理的原料及所生产的产品种类繁多，根据当今世界工业生产发展的现状和趋势，可将各种工业化学产品分为无机产品和有机产品两大类。

16.1.1.1　原料

无论生产何种产品，都离不开相应的原料。化工产品生产过程所用的原料主要有如下几种。

（1）无机产品及原料

无机产品主要指传统的基本化工产品，包括"三酸"（硫酸、硝酸和盐酸）、"两碱"（纯碱和烧碱）、无机肥料（氮、磷、钾肥）、无机盐和无机非金属材料（水泥、陶瓷）等许多化工产品。其基本特征是以无机矿物作为原料，生产的产品也均为无机物。

矿物原料是许多基本化工产品生产的专用原料，例如，硫酸生产必须使用硫或硫铁矿；磷肥生产离不开磷灰石；钾肥生产要用钾矿；纯碱生产需用盐或盐卤和石灰石；水泥生产需要石灰石。矿物原料品种多，质量和品位各不相同，工业使用之前一般都要进行试验研究，以寻求最恰当的加工路线和最适宜的操作条件。在开发利用某种矿物原料主要成分的同时，应注意综合利用其他成分，并避免产生污染环境的废料。对于一些品位不高的矿物原料，可采用选矿（富集）或配矿（调配）等原料预处理手段来提高品位，使原料得到充分利用。

（2）有机产品及原料

有机产品及原料又可分为石油化工产品及原料、基本化工产品及原料和精细化工产品三大类。

环境能源工程

1）石油化工产品及原料

凡是全部或部分以原油（液体石油）或天然气为原料，经过转化反应而制得的新化合物或元素，都可以称为石油化学品。工业上用的石油化工原料主要是液体石油、炼油气（或炼厂气）以及天然气三大类。

2）基本化工产品及原料

基本有机化工产品的原料，在 20 世纪初主要是煤。煤通过干馏（或炼焦）生成焦炉气、煤焦油和焦炭，焦炉气和煤焦油中的有机物就是有机化工产品的主要原料。后来，利用煤和石灰制得了电石，由电石可生产乙炔，以乙炔为原料可制造出有关的有机化工产品。与此同时，煤和焦炉气制得含一氧化碳和氢的合成气也是当时有机化工产品的重要原料。由于用石油化工原料生产的有机化工产品品种多，成本低，所以它们逐渐取代了煤焦并大量用于制造有机化工产品。到目前为止，绝大多数有机化工产品都是由石油或天然气制得的，因此它们也属于石油化工产品。

3）精细化工产品

精细化工产品的生产是以基本化工原料、有机合成材料和高分子材料为基础，做进一步的深加工，以制得具有某些特殊性能或专门功能的化学品。精细化工产品具有品种多、产量小、纯度高、加工技术特殊、商品性强、更新快等特点，在国民经济各部门和人民物质文化生产中得到广泛的应用。

（3）生物质碳资源

随着化石资源的减少，有关可再生生物质碳资源的转化利用引起全球的广泛关注，目前生物质能已经成为世界各国转变能源结构的重要战略措施，许多新兴生物质能技术正处于研发示范阶段，有望在未来 10~20 年内逐步实现工业化应用。根据我国农副产品的产量及分布特点，将贮量巨大的生物质资源作为工业化学过程的原料具有广阔的应用前景。目前国内外的研究重点集中在生物质能源的开发与利用方面。

16.1.1.2　废物的产生

化学工业的最大特点之一是，既能采用不同的原料生产同一种产品，也可采用同一原料生产不同的产品，而且反应过程大多都是可逆过程，也就是反应无法完全进行，总存在一个反应平衡。因此，化学反应过程呈现出选择性与可逆性。

对于产品的生产过程而言，由于化学反应过程的选择性与可逆性，所加入的原料无法完全利用，因此化工行业在创造大量高附加值产品的同时，部分未完全参与反应或反应不彻底的原料或反应过程的中间产物就会形成相对于产品而言的废物。一般地，这些废物均会以废气、废水和废渣的形式存在，这就是通常所说的工业"三废"。随着现代化工产业趋向大型化生产，所产生的大量废气、废水、废渣更加集中排放，对它们的处理不但涉及物料的综合利用，而且还关系到环境污染和生态平衡。如很多工业废气中的硫化氢、二氧化硫、氧化氮等，废水与废渣中的有机物、重金属组分等都需要妥善处理。

实际上，所有的废弃物都可认为是"放错了地方的资源"，如果简单地将其排放，不仅污染了环境，给企业和社会造成压力，而且造成资源的浪费。其实几乎所有的废弃物都是可以回收利用的。例如，某些工业废气（包括烟气）含有硫化物，可以作为生产硫酸和硫酸盐的原料；酸洗金属排出的废酸含有大量的硫酸和硫酸亚铁，可以用来提取硫酸亚铁或用于分解磷灰石制磷肥；焙烧硫铁矿排出的废渣含铁的氧化物，可用于炼铁；固体废弃物通过焚烧可以回收能量；城市污泥和高浓度有机废水通过气化可产生生物质气。

工业废料的利用不仅可以变废为宝，扩大原料来源，而且可以消除工业污染，保护环

境，具有重大的经济效益和社会效益。

16.1.2　能的流动与能效领跑者

我国的能源结构是"富煤贫油少气"，传统能源是以煤炭为主的化石能源。但化石能源的大量使用会导致严重的环境问题，如 CO_2、NO_x 排放导致的温室效应，粉尘排放导致的雾霾，SO_2 排放导致的酸雨等。

为了保护环境，并减少企业的能源支出，目前各界都在大力开展能效领跑者行动。

能效领跑者制度最早由日本经济产业省于 1998 年推出，其基本做法是：把政策实行之时市场上所销售的家电等产品当中效率最高的产品性能设定为该类产品 5 年后的能效目标，政府对限期内不能达到节能要求的企业做出公示和处理。1999 年，日本首先在家用电器和汽车等行业推行能效领跑者制度。到 2009 年，日本已有 23 种设备制定并成功实施了领跑者标准。该制度的实施，有效推动了日本节能环保技术和相关产业的发展。

受日本能效领跑者制度的启示，近年来，我国开始在节能领域探索建立领跑者制度。《国务院关于印发"十二五"节能减排综合性工作方案的通知》（国发〔2011〕26 号）、《国务院关于加快发展节能环保产业的意见》（国发〔2013〕30 号）、《大气污染防治行动计划》（国发〔2013〕37 号）和《2014—2015 年节能减排低碳发展行动方案》（国办发〔2014〕23 号）均提出实施能效领跑者计划，推动超高效节能产品市场消费。2014 年，国家发展和改革委员会等 7 部门联合制定发布了《能效领跑者制度实施方案》（发改环资〔2014〕3001 号），明确规定领跑者制度的基本思路、主要内容和激励政策等。按照该实施方案，国家将定期发布能源利用效率最高的终端用能产品目录、单位产品能耗最低的高耗能产品生产企业名单、能源利用效率最高的公共机构名单以及能效指标，树立能效标杆。同时，还将对能效领跑者给予政策扶持，并适时将能效领跑者指标纳入强制性能效、能耗限额国家标准，不断提高能效准入门槛。

从国内外实践来看，能效领跑者制度具有以下显著特点：

（1）补贴条件具有高端性

领跑者制度不仅要求补贴对象的能效达到能效标准的最高等级，而且要求其能效性能在同类产品中属于最高。这使补贴对象范围很窄。

（2）补贴过程具有动态性

领跑者制度对某一或某些节能产品的补贴是阶段性的，一旦市场上有了能效性能更高的产品，就会对新的高效产品进行补贴，因而补贴条件持续攀高，对象始终动态变化。

（3）与技术标准具有联动性

领跑者制度注重与能效标准的配套。一方面，领跑者必须符合最高的能效标准；另一方面，最高的能效标准会定期进行调整，并及时修订已经滞后的能效标准，从而通过标准升级来体现领跑性。

（4）对推动技术进步的效果更显著

该制度通过滚动实施财政补贴，鼓励生产者不断研发生产比现状能效性能更高的节能产品，因而更能推动技术进步。

能效领跑者制度的实施，可促使企业采用先进的技术与设备、进一步强化用能管理、改善原料结构等措施，进一步降低其能耗。通过实施能效领跑者制度，行业能效领跑者标杆指标正在成为行业的能耗标准，并通过技术改造、淘汰落后产能、严格新建项目节能评估审查

 环境能源工程

等工作，提高行业整体能效水平。

16.1.3　水的流动与水效领跑者

化工生产具有高温、高压、易燃、易爆等特点，用水量大，用水保证率要求高。在化工产品生产过程中，水的作用有：一是作为工艺介质参与化学反应，这部分水称为工艺水；二是对物料进行冷却，称为冷却水；三是对物料进行加热，主要以蒸汽形式存在；四是作为媒介，起分散物料、提高反应过程速率的作用，这部分水统称为其他用水。据有关资料统计，在化工行业用水中，间接冷却水约占88%，工艺水约占7%，其他约占5%，用水量大。

与此同时，化工行业也是污水排放大户。水是工业污染物杂质排放的重要载体，化工行业排放的废水量和COD均居第一位。因为，在化工行业开展节约用水与污染物减排，对于减缓当地水资源供应短缺的矛盾、减小当地环境压力、降低企业的运行成本，具有重要意义。

水效领跑者的概念是借鉴能效领跑者制度而产生的，是指同类可比范围内水资源利用效率处于领先水平的企业或单位。实施水效领跑者制度对增强全社会节水减排动力、推动节水环保产业发展、节约水资源、减少废水排放、保护环境具有重要意义。依据《关于实行最严格水资源管理制度的意见》（国发〔2012〕3号）和《水污染防治行动计划》（国发〔2015〕17号），为贯彻落实《中共中央关于制定国民经济和社会发展第十三个五年规划的建议》和《中华人民共和国国民经济和社会发展第十三个五年规划纲要》对开展水效领跑者引领行动的有关要求，化工行业生产企业要广泛开展对标达标行动，开展节水技术的创新与节水改造活动，进而形成推动水效水平不断提升的长效机制，促进节水减排。

16.2　中国产业结构调整与环境保护

产业结构是指一个国家的产业在一定时期的结构状况，即各产业的比重、构成并延伸到产业组织结构、技术结构等方面，是一定时期生产力的体现。它的形成是由一定时期经济发展水平和资源配置所决定的，它反映了一定时期一个国家经济的基本构成，并随着经济的发展在不断变化。产业结构的变化对经济增长有着决定性的影响。

调整产业结构就是通过扩张、收缩、改组、改造等方式，优化各产业之间的生产联系、制约关系和数量比例，对各产业进行动态的资源配置，促使产业结构合理化，以保证国家和区域经济的可持续发展。正确处理环境保护与产业结构调整的关系需要首先理解这两项工作的互助性和协调性。

16.2.1　产业结构调整与环境保护的关系

行为科学理论告诉我们，人的行为受需要的支配，在诸多需要之中，当前的需要是最基本的需要，这种需要支配着人的当前行为。在涉及人的生存与发展需求时，生存需要就成为人们当前的、基本的、内在的需要，发展需要就成为人们非当前的、非基本的、外在需要。在这种情况下，人们对需要的满足顺序是先当前、后长远。

面对经济建设和环境保护两个问题，只有当环境问题对人类的生存构成威胁时，人们才能把环境保护看成是当前需要，放在与经济建设同等重要的位置，才能注重当前利益和长远利益的有机结合，既考虑到经济建设又考虑到环境保护，做到同时选择、统筹兼顾。而在一定情况下，人们往往把经济建设看成是当前需要，首先考虑的是眼前利益，把经济建设放在第一位，而把环境保护看成是长远利益，放在第二位。这说明，由于需要的层次不同，环境与经济不是一个完全统一体，相对于人这一主体而言，环境保护与经济建设之间有时是冲突和矛盾的。特别是在传统的发展模式之下，环境保护与经济建设更多地表现出相互制约的关系。

人类如何解决这一矛盾，将环境保护与经济建设的对立关系转化为统一的关系，从宏观理论上讲就是实施可持续发展战略。从具体实践上看，就是调整产业结构和产品结构，淘汰落后的污染工艺和设备，减少重复性建设，杜绝或避免结构性污染和生态破坏，促进经济增长方式的转化。

所以，加快产业结构调整是今后一个时期内国家及各级地方政府做好环境保护工作的中心任务，这不仅是环境与发展综合决策的切入点，也是宏观环境管理和微观环境管理的结合点，还是经济建设与环境保护协调统一的平衡点。以此为突破口，落实环境保护基本国策，实现区域经济的可持续发展。

16.2.2　中国产业结构调整的意义

当今世界发达国家大都在不同的历史时期依次经历了由贫困所引起的环境破坏阶段、由工业化发展所引起的环境污染阶段以及由大量生产大量消费所引起的生活垃圾泛滥等三个阶段。目前，中国正被上述三种环境问题同时困扰，面临着极其复杂的局面。

中国的产业结构调整具有以下两种意义：从宏观上讲，资本密集度与技术密集度相对较高的产业迅速成长，导致它们在经济整体中的比重大大提高；从微观上讲，构成产业的各个企业通过提升其资本积累和技术能力，或者通过提高集中度、形成产业聚集等产业组织结构调整手段，推进产品的高附加值化和开发、生产、流通等各阶段的效率化，从而提高整个产业创造附加价值的能力。在上述微观层面上的产业调整中，环境保护是主要政策手段，尤其是那些规模小、设备落后的小企业被列入关停名单。

在中国工业化过程中，优先发展重工业战略需要消耗大量的能源，而能源结构过度依赖化石燃料造成了中国环境问题的恶化，但这并不意味着后发国家在环境问题和工业化发展之间存在必然的二律相反（trade-off）的关系，我们可以通过提高环境效率达到经济发展与环境保护的相对平衡。然而，在中国产业特有的发展历史过程中，以"五小工业"为中心的优先发展地方重工业战略，导致中国产业组织结构过度分散，也导致重工业具有较强的劳动密集型产业的特征，从而导致企业无法充分发挥规模经济效应，也同时导致中国环境效率极为低下。这种小规模多投入的生产模式，从根本上说是一种争夺资源式的发展模式。目前，中国面临着向和谐社会过渡的关头就必须转换这种模式。然而，伴随中国经济的高速增长，市场有效需求不断扩大，造成产业间分业加剧。进入 21 世纪以后，中国出现了"再重工业化"的势头，尤其在民营企业大量涌入重化工业之后，产业组织结构更为分散，为中国经济转型带来了困难，也为国家产业结构调整增加了难度。

对中国来说，环境问题已经成为一个迫在眉睫亟须解决的问题。决定产业转型（或者说经济增长模式的转型）的关键还在于转型意识，加快企业从追求利润最大化向社会责任经营转型。从中国与世界的环境效率对比可以看出，中国与发达国家的差距较大，发达国家向发展中国家的环境技术转让将是解决世界环境问题的重要手段。中国也应通过开发新能源、减少对化石能源的过度依赖、促进能源结构合理化等手段加强环境保护。

16.2.3　环境保护对产业结构调整的促进

由于环境保护主要是指人类为解决现实或潜在的环境问题来协调人类与环境的关系，保

护人类的生存环境，从而能够在此基础上保障经济社会的可持续发展而采取的各种行动，只有在进行这些工作的基础上才能促进环境保护与产业结构调整之间的关系更加稳定与健康。

（1）合理运用高新技术

正确处理环境保护与产业结构调整关系的第一步是合理运用高新技术。新时期我国的产业结构调整开始要求具有更高的技术含金量，这意味着产业结构的调整需要有更多的高素质劳动力作为支持，这些工作人员可以合理运用高新技术充分地更合理地利用资源去从事经济发展，从而能够在此基础上取得更大的经济效益与社会效益。另外，为了能够使我国的先进产业得到高效持续发展，需要在传统产业中不断地采用成熟的先进技术，以获得最佳的技术效益，并且达到投入小产出大的目标。

（2）充分运用有限资源

正确处理环境保护与产业结构调整关系需要更加充分地运用有限的资源。企业在充分运用有限的自然资源过程中，首先应拿出一定量的资金和劳动力去保护企业正常运行过程中会接触到的自然环境，从而能够在合理的限度内更加充分地运用资源发展经济，最终能够实现低污染和零排放的环境保护目标。其次，在环境保护的过程中，我国的各个产业部门之间还应当相互协调，并且相互间提供技术支持与市场，因此可以达到一个产业的废料或排放物也就是另一个产业原料的环保使用效果。与此同时，各个产业部门都能够充分运用资源就意味着能够将人类的活动限制在自然环境的承受范围内，最终起到保护自然环境和自然资源的效果。

（3）促进循环经济发展

正确处理环境保护与产业结构调整关系的关键在于促进循环经济的发展。我国在促进循环经济发展的过程中应当合理地在生产加工和消费过程中再一次将废物进行合理的利用，而不是选择将其大量地排放到环境中。另外，我国在促进循环经济发展的过程中应当将这种经济模式建立在物质不断循环利用上，从而能够在此基础上按照自然生态系统的运行规律来组成一个"资源—产品—再生资源"的物质流反复循环的生产模式，并且以这一模式来最终促进我国产业经济链的升级与优化。

（4）坚持以人为本原则

正确处理环境保护与产业结构调整关系需要坚持以人为本原则。产业结构的调整在于为社会提供更多的能够满足人民群众各种需要的产品和服务，因此可以说产业结构转型的根本就是在于以人民的需求为核心。另外，环境保护工作的开展也在于让人民群众的生活更加健康，并且免受环境污染带来的影响和痛苦。因此可以说环境保护与产业结构调整的根本目标是完全一致的。而环境保护与产业结构所具有的差距仅仅是发展途径和优化方式上的区别，这意味着我国只有持续地进行产业的高尖端调整，在这一过程中实现无污染或者减少环境污染并且充分利用资源，才能够为我国国民经济和人民生活水平的提升奠定坚实的基础。

16.3 产业结构调整的机理

对产业结构进行调整，可按照资源消耗、污染排放两个方面，从产业结构的合理化和高级化两个维度进行分析，如图16-2所示。

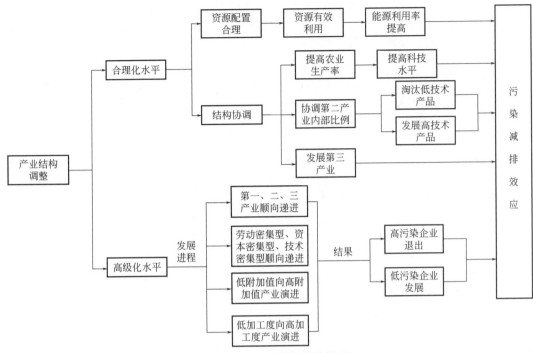

图 16-2　产业结构调整的机理

16.3.1　合理化水平

产业布局的合理化，是指合理的产业布局应满足资源配置合理和结构协调两个方面的内容，是进行社会再生产必不可少的条件。产业合理化布置，需要产业间的素质协调，各产业间相对地位协调，产业间关联方式协调，供给和需求在数量与结构上协调。

从产业结构合理化的程度看，有四个方面的内容：

① 充分利用本国的资源以及国际分工的好处，使生产要素得到最佳组合；

② 实现国民经济各部门的协调发展；

③ 能取得较高的整体经济效益，并能保证社会有效需求的满足；

④ 实现人口、资源、环境的良性循环。

从产业结构的合理化角度来看，对企业有三方面的要求：

① 在生产过程中大力推行清洁生产机制，对生产过程的各个环节加强清洁生产的应用与开发，在整个生产过程中加强监管与控制；

② 在能源消耗方面，积极参与"能效领跑者"行动，根据国际国内先进企业的节能降耗经验，引入标杆，在日常生产活动中加强对标达标活动，使企业的能耗水平不断降低；

③ 在水资源节约方面，积极参与"水效领跑者"行动，使自身的水耗水平不断降低。

16.3.2　高级化水平

产业结构的高级化水平，是指产业的布局应由低附加值向高附加值、由低加工度向高加工度转变，也是由劳动密集型向资本密集型、再向技术密集型发展的过程。从这一角度看，低附加值、劳动密集型、高投入高废弃型的企业将被淘汰，并逐步建立起一批高附加值、高技术含量、原料循环利用的绿色产业，如节能环保型、智能制造型、高新材料型等，并不断

提高这些产业在产业结构和经济结构中的比重，从而实现资源消耗减少、污染排放降低。

从产业的结构比例看，高级化有三个方面的内容：

① 在整个产业结构中，由第一产业占优势比重逐级向第二、第三产业占优势比重演进，即产业重点依次转移；

② 在产业结构中由劳动密集型产业占优势比重逐级向资金密集型、技术密集型占优势比重演进，即向各种要素密集度依次转移；

③ 在产业结构中由制造初级产品的产业占优势比重逐级向制造中间产品、最终产品的产业占优势比重演进，即向产品形态依次转移。

从产业结构高级化的程度看，有四个方面的内容：

① 产业高附加值化，即产品价值中所含剩余价值比例大，具有较高的绝对剩余价值率和超额利润，是企业技术密集程度不断提高的过程；

② 产业高技术化，即在产业中普遍应用高技术（包括新技术与传统技术复合）；

③ 产业高集约化，即产业组织合理化，有较高的规模经济效益；

④ 产业高加工度化，即加工深度化，有较高的劳动生产率。

为实现产业结构的高级化水平，政府可出台相关的政策，通过税收、环境规划或市场竞争手段，督促企业创新研发和进行相关技术引入，将产业由资源消耗型向创新驱动型转变，提升行业资源清洁生产的利用效率，缓解产业污染强度较大的现状，提高整体生态效率。另外，对实行清洁生产、达标排放的企业，政府可通过减免税收等优惠，缓解企业因一次性投入过大而造成的暂时亏损现象，保障企业健康发展。

16.3.3 合理化与高级化的关系

产业结构的合理化水平是高级化水平的基础。合理化水平就是使不均衡的产业结构均衡化，如通过改善交通、能源、主要原材料等基础产业滞后的现状，保障产业的正常发展。而产业结构的高级化水平则是加快发展高技术产业，利用先进的科学技术对传统产业进行改造升级，使其物耗、能耗、水耗不断降低，进而提高产品附加值。当然，所有这些都必须建立在产业结构协调发展的基础上。

基于上述三点要求，可以形成以下结论：

① 调整的目的是不断提高企业的技术水平，大力促进循环经济模式下清洁生产方式的应用。为此，政府应充分发挥监管与引领作用，采取政策、税收与金融手段，促进企业的创新驱动，不断开发和引入先进生产工艺，提高产品的附加值，降低生产过程的废物产生量与排放量。

② 调整是为了促进污染物排放减少和水资源消耗减少，即产业结构调整的合理化水平对污染物排放减少与水资源消耗减量应具有正相关关系，产业结构调整越合理，越能促进污染减排和水资源节约。因此，调整的前提是基于当地经济的发展和产业技术能力的提高，不是简单的"一刀切"式的关停，而是引导企业不断挖掘自身的节能节水降耗潜力，实现可持续发展。

16.4 产业结构调整的对策

根据产业结构调整的机理，为提高污染物减排和水资源节约水平，进一步促进循环经济模式的建立，确保可持续发展战略的实现，可从以下方面着手对产业布局进行优化调整。

16.4.1　提高产业结构的合理化水平

提高产业结构的合理化水平，应从局域地区和整个地区乃至全国范围两个方面着手。

从局域地区，提高产业结构的合理化水平，就是尽量依托当地的资源优势，减少资源的对外依存度，减缓当地的运输压力。对于"两头在外"，即原料靠外地供给、产品在外地销售的企业，应坚决取缔。同时，尽量实现产业链的延伸，既减少对初级原料的消耗，又提升了产品的附加值。

从整个地区乃至全国范围来看，由于各省市间的发展差距非常大，经济发展与技术水平不同，按照协同发展的要求，先进地区要带动落后地区的经济发展，应打破地域壁垒，优化资源配置，不仅可使产业布局更加合理化，而且在发展经济的同时实现污染减排和水资源节约的目标。

进一步优化产业结构，为区域产业分工优化提供强大动力。调研显示由于我国发展初期，技术手段落后，在城市发展过程中技术含量较低、资源依赖性较强的产业会成为首要选择。城市之间出现大量雷同的产业项目投资，致使各省市间专业化程度不高、工业趋同性较强，并未按照自身优势建立多元化的工业体系。产业结构的不合理，直接导致了城市发展缓慢、区域恶性竞争、资源浪费巨大、环境污染严重等问题的产生。针对这一现状，提出以下对策。

① 结合《中国制造2025》战略，加快发展战略性新兴产业的同时，注重制造业供给侧结构性改革，持续推进传统产业的技术改造升级；

② 深化工业化和信息化融合发展，将互联网技术和智能设备引入传统企业，通过物联网、大数据和云计算等信息技术，对生产过程实现数字化、可视化和智能化管理，以实现清洁、高效的绿色生产，最大限度地减少生产过程所带来的生态失衡问题；

③ 实施绿色制造工程，全面推动绿色循环低碳发展；

④ 全面协调可持续发展，注重不同产业间的相互补充，促进产业结构的动态均衡和产业素质的提高；

⑤ 重点发展高技术服务业和科技服务业，为打造坚实工业体系提供保障。

16.4.2　提升产业结构的高级化水平

提升产业结构的高级化水平，推动产业结构优化升级，是经济持续稳定高速发展的核心保障。从发达国家或地区的发展经验看，产业结构高级化是推动经济转型和高质量发展的重要途径。产业结构高级化是产业结构重心由第一产业向第二产业和第三产业逐次转移的过程，意味着产业高附加值化、高技术化、高集约化、高加工度化。

初期走工业化发展道路，都是以牺牲环境来获取经济发展的，因此导致中国的环境问题日趋严重，产业发展趋同性较强、专业程度不高。针对这一问题，提出如下几点对策。

（1）发挥政府引领作用，完善政策措施

建设良好创新环境。创新驱动发展需要大力引进和集聚创新资源，建设有利于吸引创新资源的环境非常重要。激励创新的公共服务环境离不开政府的政策支持，高效廉洁的行政环境，健全的法制环境，尤其是对知识产权的法律保护。同时政府应高度重视高新技术的引进与推广，加大对高新技术产业进行技术研发等创新活动的扶持力度，限制或逐步淘汰高耗水高排污的企业，积极引导企业对尖端、重大技术进行引进、模仿、学习、消化。鼓励企业自主创新，根据各省市的资源禀赋及产业结构发展优势产业。重点建设产学研一体化的合作创新平台体系，充分发挥高校、研究所等科研单位的科技创新优势，开展高校、研究所、企业

的研发机构协同合作，建立多元化、深层次的交流合作机制，实现最大限度的技术集聚效应，大力推进科技成果在实际应用中的转化。

（2）发展循环经济，培育绿色产业

采取综合措施，建立推进产业生态化的长效机制。坚持从源头上杜绝高耗能污染项目的建设，积极推广节能新技术、新工艺、新设备，加快形成节约能源资源、水资源的发展方式。严格准入机制，严格实行环境、能耗、水耗、质量和污染物排放总量前置审核制度，在项目选择上，坚决杜绝高污染、高能耗、低附加值的企业，优先选择高附加值、技术密集型项目。加快发展新一代信息技术、高端装备、新能源新材料产业等新兴产业，引导工业向智能化、数字化、绿色化发展，提升产业层次、优化产业结构、实现转型升级。

实施节能工程，组织实施循环经济试点，推进重点行业、重点领域、企业、产业园区按循环经济模式的要求发展，不断提升产业生态化水平，鼓励按照循环经济模式的要求建设和改造。

（3）完善政府支撑体系，促进产业结构高级化

完善产业导向政策，加强产业结构调整方向和重点的引导，在项目建设、税费征缴、信贷扶持等方面提供具体的优惠和倾斜，在新产品开发、品牌建设等方面提供相应的支持，制定鼓励发展技术和资金密集型产业政策，根据不同产业情况，适当提高建设项目在土地、环保、节能、技术、安全等方面的准入标准。

多渠道加大资金投入力度，扶持培育新兴产业发展。整合专项资金，集中用于大企业培育、新兴产业发展、企业技术改造、区域创新体系建设等方面，重点支持关系产业全局的关键领域、战略性新兴产业的领头项目。通过营造良好环境，引导和带动社会民间资本的投入。

（4）构建人才支持体系，加快产业结构高级化

加大创新投入，重视培养创新人才，创新驱动可以替代、节约有限的能源、土地等物质资源。不仅如此，政府还应加大对科技创新的投入，积极支持高校、企业开展合作，采取定向、委托培养等形式为企业输送实用型、复合型人才。也可选派人员到国外学习。还可通过扩大交流与合作，积极培养未来发展需要的各类高级人才，优选一批人才到国外参加培训、学习，提高掌握和应用世界高端产业先进技术的能力，引导资源向创新领域流动和集聚，以获得更多的高新技术。同时，应为创新人才提供理想的工作环境，优化社会服务，加强创新人才的引进与培养。

此外，对于创新人才的引进需要有针对性，能够切实迎合当地产业发展和市场的需求，充分利用地方优势和产业结构特点，切忌盲目跟风。创新人才培养工程建设应立足现代产业体系战略，多专业多层次培养，必须根据市场需要有针对性地引进创新人才、创新管理机制，建立合理有效的绩效考评体系和薪酬分配制度，并完善多层次全方位的创新人才培养系统。按照市场需求，加快创新和复合型人才培养，为现代产业体系建设和经济快速发展提供强有力的智力支撑。

16.4.3 建立区域合作联动机制

加强区域合作是实现区域协调发展的重要途径之一，地市之间的产业关联度越高，产业间的合作性就越高，竞争性就越弱。因此，要提高区域内综合竞争力，必须构建区域合作联动机制。

建立政府间合作与联动机制是一项艰巨的工程，也是一种立体的联动机制，它可以全面覆盖各个领域，弥补体制缺陷和机制缺失。从这个意义上说，政府必须建立区域合作与联动三大机制，即交流机制、协调机制、同域功能管理机制。以上三大区域合作与联动机制的建立，可以使得区域经济一体化得到快速发展，带动产业协调发展，为完善市场经济体制创造有效的制度环境。但是，这三大区域合作与联动机制的建立并不是一蹴而就的，要真正发挥其作用，不断完善政府间的区域合作与联动机制，必须提出以下要求：一是建设区域统一市场，发挥本区域的优势，避免产业结构趋同；二是建立区域性资本市场，成立区域共同发展基金；三是以发挥区域优势来为本区域企业发展提供更为广阔的市场，使企业在更大的范围内开展区域分工与合作；四是树立全局观念，在国家宏观政策指导下，统筹本区域的产业发展规划，扶持发展各地的优势产业，避免产业结构趋同化；五是要高度重视环境保护工作，努力实现人与自然关系的协调发展；六是大力发展区域综合交通运输体系，形成区域综合交通运输体系，改善生产力布局，促进区域经济的持续协调发展。

从更高的战略层面构建各省市间的产业分工省际协调机制。由于近几年经济下行压力大、传统行业产能过剩、环境污染趋于严峻等问题较为突出，各省市都面临着调整优化产业结构、寻找新的经济增长点的任务，各省市产业发展重点存在趋同性，导致了产业分工格局的恶化以及生产要素作用的扭曲。因此要严密注意各省市产业专业化程度降低以及工业同构度加深的问题，坚持深化专业化分工和省际合作的基本原则，建立各省市间的产业分工省际协调机制，协调各地区的布局，兼顾合理化水平和高级化水平，利用航道及铁路网等加强地区间的协作能力，将技术密集型、资源密集型等清洁产业逐步向中西部地区转移，从而最终构建合理健康的产业发展体系。

16.4.4　强化辐射带头作用

世界城市群的发展历程表明，中心城市与周边地区之间的关系，首先是集聚关系，然后是辐射关系。先把资源集聚到中心城市，然后中心城市又对周边地区产生辐射效应，帮助这些地区加快发展起来，最后，中心城市与周边中小城市形成互相影响、互相依存的良性互动关系。

因此，打造中心城市成为区域发展的增长极对促进区域经济社会发展起着至关重要的作用，而实现中心城市的这些作用，人力资本聚集是关键因素。不同的中心城市在区域人力资本聚集中的作用是不同的，有的以集聚作用为主，有的以溢出作用为主。因此，中心城市在确定发展战略和政策时应根据自身实际情况进行选择，同时兼顾中心城市与周边城市的联系，最终实现区域间协调发展。

上海作为我国的经济中心城市和长江经济带的龙头城市，更应充分强化并发挥其辐射带头作用。为此，党中央提出：进一步提升上海作为国际门户和国家交通枢纽的功能，强化综合交通的服务能力，提高对内对外两个扇面的辐射服务能力，充分发挥上海在国家"一带一路"和长江经济带发展战略中的支点作用，更好地促进长三角区域协同发展。

聚焦具有全球影响力的科技创新中心建设，集聚创新资源，吸引创新人才，建立长三角区域协同创新体系，使上海成为全球创新网络中的重要枢纽和主要科技策源地之一，并以科技创新为核心带动城市的全面创新。

16.4.5　推进市场一体化

打造对外开放新格局，积极推进市场一体化。调研结果显示扩大对外开放有利于产业分工格局，而市场化进程的推进并未有效推动产业分工格局的优化，这是由完善的市场体系尚未建立以及政府过度追求经济增长而过多地采取干预行为所导致的。

市场经济是需求导向型经济，供给和需求是经济内在关系中两个相互依存的基本方面，供给的总量扩张与结构调整必须以需求变化为导向，实现需求又必须依赖供给。全力畅通以生产为起点经过交换、分配达到消费、再反馈至生产的循环，支撑社会化扩大再生产有序推进，促成供求在各个层次上实现动态均衡、螺旋式上升，才能实现国民经济的良性循环。国民经济内部循环处于健康而良性的状态，是构建国内国际双循环并能够实现内外部相互促进的重要基础和关键支撑。

一方面，实行东西开放和海陆开放并举，更好地推动"引进来"和"走出去"相结合，更好地利用国际国内两个市场、两种资源，构建开放型经济新体制，形成全方位开放新格局。立足上中下游地区对外开放的不同基础和优势，因地制宜提升开放型经济发展水平。

另一方面，坚持以市场为主导，建立完善的资源配置、要素流通、产权交易等市场体系，弱化行政干预，建立市场一体化的体系。重点发展高端产业、高增值环节和总部经济，加快培育以技术、品牌、质量和服务为核心的竞争新优势，率先打造开放型经济升级版。率先构建引领跨境电子商务和国际贸易发展的规则体系。加快内陆开放型经济高地建设。推动区域互动合作和产业集聚发展，打造重庆西部开发开放重要支撑和武汉等内陆开放型经济高地。完善口岸支点布局，支持在国际铁路货物运输沿线主要站点和重要内河港口合理设立直接办理货物进出境手续的查验场所，支持内陆航空口岸增开国际客货运航线、航班。

参考文献

[1]　朱玲，周翠红.能源环境与可持续发展 [M].北京：中国石化出版社，2013.

[2]　杨天华，李延吉，刘辉.新能源概论 [M].北京：化学工业出版社，2013.

[3]　王海杰，陈稳.郑州航空港经济区与长三角经济区的联动机制研究 [J].河南农业大学学报，2018，52（4）：632-639.

[4]　李京文，郑友敬，齐建国.技术进步与产业结构问题研究 [J].科学学研究，1988（4）：43-54，114.

[5]　何平，陈丹丹，贾喜越.产业结构优化研究 [J].统计研究，2014，31（7）：31-37.

[6]　刘志彪.重化工业调整：保护和修复长江生态环境的治本之策 [J].南京社会科学，2017（2）：1-6.

[7]　王玉燕，汪玲.长江经济带产业分工变化及其影响因素研究 [J].商业研究，2018（3）：123-131.

[8]　赵彤.长江经济带人力资本结构及竞争力研究 [J].南通大学学报（社会科学版），2018，34（3）：31-36.

[9]　王金营，李庄园，李天然.中心城市在区域人力资本聚集中的作用 [J].人口研究，2018，42（3）：9-23.

[10]　陈强.吉林市产业转型升级研究 [D].长春：吉林大学，2018.

[11]　李向阳.山西省产业承接效应及其影响因素研究 [D].太原：山西财经大学，2017.

[12]　王基铭.优化工业行业空间布局，实现区域协调发展 [J].化工学报，2015，66（1）：1-6.

[13]　杨晓宇.区域协调发展让产业布局更优化 [J].化工管理，2014（4）：55-57.

[14]　郭红霞.危险化工企业选址及安全优化布局研究 [D].青岛：中国海洋大学，2011.

[15]　王保忠，何炼成，李忠民.低碳经济背景下区域产业布局优化问题研究 [J].经济纵横，2013（3）：100-104.

[16]　童莉，周学双，段飞舟，等.我国现代煤化工面临的环境问题及对策建议 [J].环境保护，2014，42（7）：45-47.

[17]　刘畅，毛战坡，王世岩.煤化工行业规划水资源论证需水量核定相关问题的探讨：以甘肃省煤化工产业布局规划为例 [J].中国水利，2015（5）：29-32.

[18]　薛炳刚.我国化工园区产业发展存在的问题及对策思考 [J].中国石油和化工经济分析，2011（10）：54-57.

[19]　田兴宇.正确处理环境保护与产业结构调整的关系 [J].人间，2016（4）：33.

[20]　王京滨.中国的产业结构调整与环境保护 [J].攀登，2010，29（4）：7-18.